KB158702

합격선언

건축구조

합격선언
건축구조

초판 발행 2022년 1월 7일
2쇄 발행 2023년 1월 20일

편 저 자 | 주한종
발 행 처 | ㈜서원각
등록번호 | 1999-1A-107호
주 소 | 경기도 고양시 일산서구 덕산로 88-45(가좌동)
대표번호 | 031-923-2051
팩 스 | 031-923-3815
교재문의 | 카카오톡 플러스 친구[서원각]
영상문의 | 070-4233-2505
홈페이지 | www.goseowon.com

▷ 이 책은 저작권법에 따라 보호받는 저작물로 무단 전재, 복제, 전송 행위를 금지합니다.
▷ 내용의 전부 또는 일부를 사용하려면 저작권자와 (주)서원각의 서면 동의를 반드시 받아야 합니다.
▷ ISBN과 가격은 표지 뒷면에 있습니다.
▷ 파본은 구입하신 곳에서 교환해드립니다.

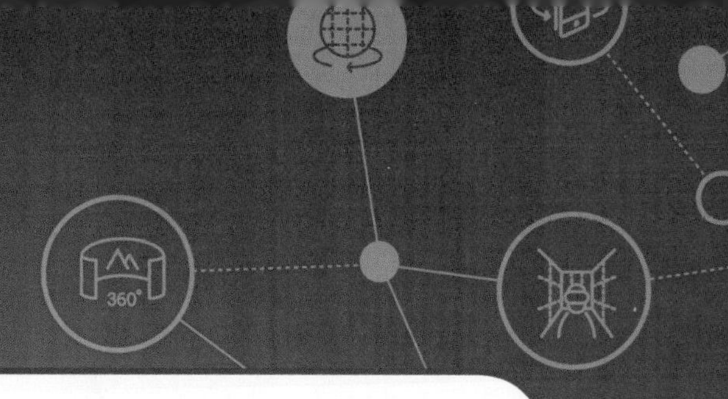

PREFACE

'정보사회', '제3의 물결'이라는 단어가 낯설지 않은 오늘날, 과학기술의 중요성이 날로 증대되고 있음은 더 이상 말할 것도 없습니다. 이러한 사회적 분위기는 기업뿐만 아니라 정부에서도 나타났습니다.

기술직공무원의 수요가 점점 늘어나고 그들의 활동영역이 확대되면서 기술직에 대한 관심이 높아져 기술직공무원 임용시험은 일반직 못지않게 높은 경쟁률을 보이고 있습니다.

기술직공무원 합격선언 시리즈는 기술직공무원 임용시험에 도전하려는 수험생들에게 도움이 되고자 발행되었습니다.

본서는 방대한 양의 이론 중 필수적으로 알아야 할 핵심이론을 정리하고, 출제가 예상되는 문제만을 엄선하여 수록하였습니다. 또한 최신 출제경향을 파악할 수 있도록 최근기출문제를 수록하였습니다.

신념을 가지고 도전하는 사람은 반드시 그 꿈을 이룰 수 있습니다. 서원각이 수험생 여러분의 꿈을 응원합니다.

STRUCTURE

건축구조 전반에 대해 필수적으로 알아야 할 내용을 정리하여 수록했습니다.

제3편 하중 및 내진설계

03 활하중

❶ 활하중

(1) 활하중 일반사항

① **활하중의 정의** … 주로 건축물의 입주자, 사용자, 가구와 사무용품 등이 건축물에 대해 발생시키는 하중이다. 등분포활하중과 집중하중으로 나뉘며 이 중 해당 구조부재에 큰 응력을 발생시키는 경우를 적용한다.

② **집중활하중** … 도서관의 서가, 주차장의 차량 등 구조물의 한 곳에 집중적으로 작용하는 하중이다. 집중하중에 대한 검토는 현실적으로 기둥이나 큰 보의 경우보다는 슬래브와 작은 보에 해당되며 경간이 짧은 경우이다. 집중하중은 1부재의 설계에서 단 1개소에만 작용한다.

③ **하중접촉면** … 집중활하중은 하중접촉면에 균등하게 작용하는 것으로 가정하나 모멘트나 전단력 산정 시에는 1점의 집중하중으로 변환시켜 작용시킬 수 있다.

(2) 부하면적과 영향면적

① **부하면적** … 연직하중을 전달하는 구조부재가 분담하는 하중의 크기를 바닥면적으로 나타낸 것이다.

② **영향면적** … 연직하중 전달 구조부재에 미치는 하중의 영향을 바닥면적으로 나타낸 것이다. 기둥 및 기초의 영향면적은 부하면적의 4배, 보의 영향면적은 부하면적의 2배, 슬래브의 영향면적은 부하면적과 같다. (단, 부하면적 중 캔틸레버 부분은 4배나 2배를 적용하지 않고 그대로 영향면적에 단순합산한다.)

[기둥 및 보의 영향면적]

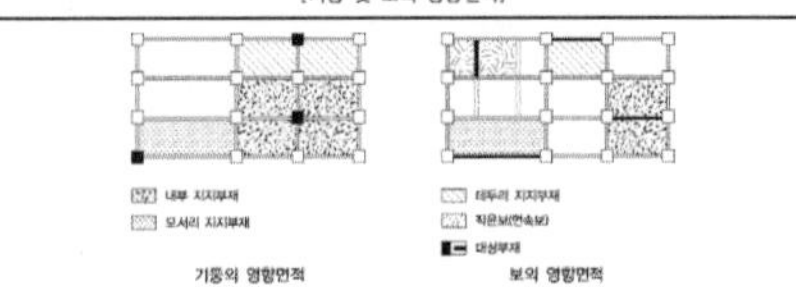

기둥의 영향면적 보의 영향면적

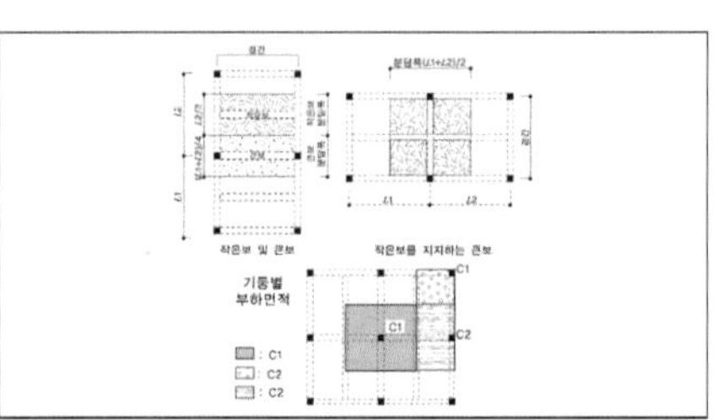

(3) 기본 활하중

① **활하중**

㉠ 활하중은 건축물의 입주자나 사용자와 함께 가구, 사무용기구 및 저장품 등이 건축물 내를 차지하거나 사용함으로써 발생하는 하중이다.

㉡ 활하중은 등분포활하중과 집중활하중으로 분류하며 2가지 중에서 해당 구조부재에 큰 응력을 발생시키는 경우를 적용한다.

㉢ **유사활하중**

- 손스침하중 : 지붕, 발코니, 계단 등의 난간 손스침 부분에 대해서는 0.9kN의 집중하중 또는 2세대 이하의 주거용 구조물일 때 0.4kN/m, 기타의 구조물일 때 0.8kN/m의 등분포하중을 임의의 방향으로 고려하여야 한다.
- 내벽횡하중 : 건축물 내부에 설치되는 높이 1.8m 이상의 각종 내벽은 벽면에 직각방향으로 작용하는 0.25 kN/m² 이상의 등분포하중에 대하여 안전하도록 설계한다. 다만, 이동성 경량칸막이벽 및 이와 유사한 것은 제외한다.
- 고정사다리하중 : 가로대를 가진 고정사다리의 활하중은 최소한 1.5kN의 집중하중을 각 부재에 가장 큰 하중효과를 일으키는 위치에 적용하여야 하며 3m 높이마다 하나 이상이 작용하도록 하여야 한다.

㉣ **차량방호하중**

- 승용차 방호하중 : 승용차용 방호시스템은 임의의 수평방향으로 30kN의 집중하중에 저항하도록 설계하여야 한다. 이 집중하중은 바닥면으로부터 0.45m와 0.70m 사이에서 가장 큰 하중효과를 일으키는 높이에 적용하며 하중접촉면은 0.3m×0.3m 이하로 하여야 한다.
- 화물차 및 버스의 방호하중 : 국내·외의 공인된 설계지침에 따라 산정하여야 한다.

지엽적인 내용들도 체계적으로 암기할 수 있도록 짜임새있게 표 형식으로 구성하였습니다.

- 전단철근 : 전단력에 저항하도록 부재의 복부에 배치한 철근(사인장철근 또는 복부철근이라고 함)으로 스터럽과 굽힘철근이 있다.
- 스터럽 : 정철근이나 부철근을 둘러싸고 이에 직각이나 45° 이상의 경사로 배치된 철근
- 굽힘철근 : 휨모멘트에 대하여 필요없는 부분의 휨인장철근을 30° 이상의 경사로 구부려 올리거나 또는 구부려 내린 복부철근(절곡철근이라고도 함)
- 옵셋굽힘철근 : 기둥의 연결부에서 단면치수가 변하는 경우에 배치되는 구부린 주철근
- 보조철근 : 설계하중에 대한 계산에 의해서 그 단면적이 정해지지 않는 철근
- 조립용철근 : 철근을 조립할 경우 철근의 위치를 확보하기 위해서 사용되는 철근
- 가외철근 : 콘크리트의 건조수축이나 온도변화 등에 의해 콘크리트에 발생되는 인장력에 대비하기 위하여 추가로 넣는 철근
- 표피철근 : 보의 전체높이(h)가 900mm를 초과하는 경우 보의 복부 양 측면에 부재의 축방향으로 배치되는 철근
- 띠철근 : 축방향 철근의 위치를 확보하기 위해서 정해진 간격마다 축방향 철근을 횡방향으로 결속하는 철근
- 나선철근 : 축방향 철근을 정해진 간격으로 나선형으로 둘러싼 철근

(7) 콘크리트의 최소피복두께

① 프리스트레스하지 않은 부재의 현장치기콘크리트의 최소피복두께

종류			피복두께
수중에서 타설하는 콘크리트			100mm
흙에 접하여 콘크리트를 친 후 영구히 흙에 묻혀있는 콘크리트			75mm
흙에 접하거나 옥외의 공기에 직접 노출되는 콘크리트	D19 이상의 철근		50mm
	D16 이하의 철근 지름 16mm 이하의 철선		40mm
옥외의 공기나 흙에 직접 접하지 않는 콘크리트	슬래브, 벽체, 장선	D35 초과 철근	40mm
		D35 이하 철근	20mm
	보, 기둥	f_{ck} < 40MPa	40mm
		$f_{ck} \ge$ 40MPa	30mm
	쉘, 절판부재		20mm

(단, 보와 기둥의 경우 f_{ck}(콘크리트의 설계기준압축강도)가 40MPa 이상이면 위에 제시된 피복두께에서 최대 10mm만큼 피복두께를 저감시킬 수 있다.)

② 프리스트레스하는 부재의 현장치기콘크리트의 최소피복두께

종류			피복두께
흙에 접하여 콘크리트를 친 후 영구히 흙에 묻혀있는 콘크리트			75mm
흙에 접하거나 옥외의 공기에 직접 노출되는 콘크리트	벽체, 슬래브, 장선구조		30mm
	기타 부재		40mm
옥외의 공기나 흙에 직접 접하지 않는 콘크리트	슬래브, 벽체, 장선		20mm
	보, 기둥	주철근	40mm
		띠철근, 스터럽, 나선철근	30mm
	쉘부재 절판부재	D19 이상의 철근	철근직경
		D16 이하의 철근, 지름 16mm 이하의 철선	10mm

㉠ 흙 및 옥외의 공기에 노출되거나 부식환경에 노출된 프리스트레스트콘크리트 부재로서 부분균열등급 또는 완전균열등급의 경우에는 최소피복두께를 50% 이상 증가시켜야 한다. (다만 설계하중에 대한 프리스트레스트 인장영역이 지속하중을 받을 때 압축응력 상태인 경우에는 최소피복두께를 증가시키지 않아도 된다.)

㉡ 공장제품 생산조건과 동일한 조건으로 제작된 프리스트레스하는 콘크리트 부재에서 프리스트레스되지 않은 철근의 최소피복두께는 프리캐스트콘크리트 최소피복두께규정을 따른다.

③ 프리캐스트콘크리트의 최소피복두께

구분	부재	위치	최소피복두께
흙에 접하거나 또는 옥외의 공기에 직접 노출	벽	D35를 초과하는 철근 및 지름 40mm를 초과하는 긴장재	40mm
		D35 이하의 철근, 지름 40mm 이하인 긴장재 및 지름 16mm 이하의 철선	20mm
	기타	D35를 초과하는 철근 및 지름 40mm를 초과하는 긴장재	50mm
		D19 이상, D35 이하의 철근 및 지름 16mm를 초과하고 지름 40mm 이하인 긴장재	40mm
		D16 이하의 철근, 지름 16mm 이하의 철선 및 지름 16mm 이하인 긴장재	30mm
흙에 접하거나 또는 옥외의 공기에 직접 접하지 않는 경우	슬래브 벽체 장선	D35를 초과하는 철근 및 지름 40mm를 초과하는 긴장재	30mm
		D35 이하의 철근 및 지름 40mm 이하인 긴장재	20mm
		지름 16mm 이하의 철선	15mm
	보 기둥	주철근(15mm 이상이어야 하고 40mm 이상일 필요는 없음)	철근직경 이상
		띠철근, 스터럽, 나선철근	10mm
	쉘 절판	긴장재	20mm
		D19 이상의 철근	15mm 또는 직경의 1/2 중 큰 값
		D16 이하의 철근, 지름 16mm 이하의 철선	10mm

한 눈에 전체적인 맥락을 파악할 수 있도록 체계적으로 구성하였습니다.

TIP

싱크홀(sink hole)

㉠ 글자 그대로 지반이 갑자기 가라앉아 생긴 구멍으로서 아무런 예고 없이 건물들을 파괴시키고, 순식간에 사람이 매몰되기도 한다.

㉡ 석회암 등 퇴적암이 많은 지역에서 주로 발생하는 자연 현상이지만 상하수도 공사, 지하철 공사, 지하수 개발, 지하매설물 설치 등이 이루어진 연약지반에서도 흔하게 발생된다.

㉢ 최근 폭우로 인한 지반유실로 인해 여러 곳에서 대형 싱크홀이 발생하여 이에 대한 철저한 대책마련이 시급한 상황이다.

5 각종 흙파기 및 흙막이 공법

(1) 흙파기 공법의 종류

① **오픈컷공법** … 굴착단면을 토질의 안정구배인 사면이 유지되도록 파내는 공법이다. 지반이 양호하고 여유가 있을 때 적용한다.

② **아일랜드컷공법** … 중앙부분을 먼저 터파기하고 기초를 축조한 후 이를 반력으로 버팀대를 지지하여 주변흙을 굴착하여 지하구조물을 완성하는 공법이다.

③ **트렌치컷공법** … 아일랜드컷공법과 역순으로 공사한다. 주변부를 선굴착한 후 기초를 구축하여 중앙부를 굴착한 후 기초구조물을 완성하는 공법이다.

④ **수평버팀대공법** … 가장 일반적인 공법으로서 널말뚝을 박고 흙파기를 하면서 수평버팀대를 댄다.

[흙파기 공법 개념도]

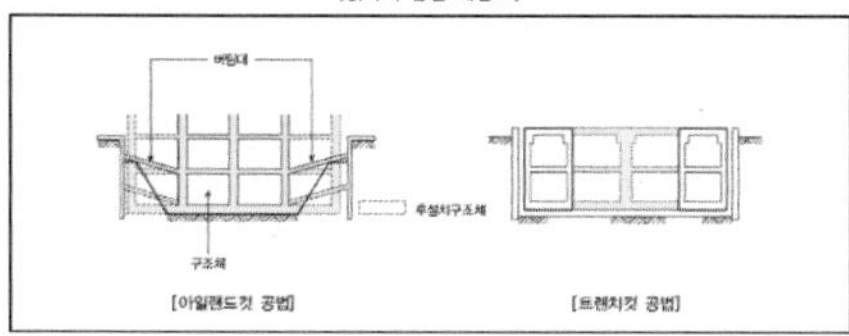

[아일랜드컷 공법] [트렌치컷 공법]

checkpoint

■ 탑다운(Top-Down) 공법

- 1층 바닥을 작업장으로 활용을 하면서 지상층공사와 지하층공사가 동시에 진행이 되는 공법이다.
- 지하층 굴착을 하기 전에 강재를 선매입하고 토사를 굴착해 나가면서 골조를 설치해 나간다.
- 공기의 단축을 꾀할 수 있고, 주변지반에 대한 영향이 적어 도심부에 위치한 공사현장에서 주로 적용된다.
- 1층 슬래브를 우선 형성한 후 지하공사와 지상공사를 위한 작업공간을 확보할 수 있다.
- 지하층공사의 경우 기둥이음이나 벽체이음, 바닥판 이음 등의 수직부재의 이음부 처리에 어려움이 있다.

■ 탑다운 공법의 시공과정

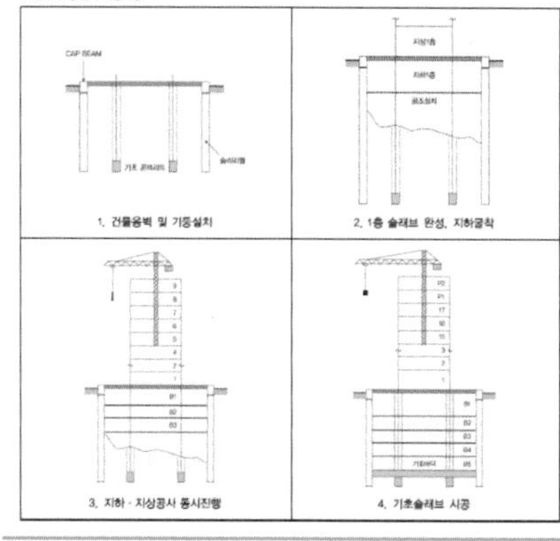

건축구조 이론과 관련된 삽화들을 충분히 수록하여 명확히 개념을 숙지할 수 있도록 구성하였습니다.

Ⓐ 비교적 고가이며 결함부의 보수가 불리하다.

ⓑ 부풀어 오를 수 있으며 접착제 사용시 주의가 요구된다.

4 도막 방수

(1) 개념

도료상태의 방수재를 바탕면에 여러 번 칠해서 방수막을 형성하는 방수법이다.

(2) 특징

① 방수의 신뢰성이 적다.

② 균일한 두께로 시공하기 곤란하다.

③ 보수가 용이하다.

④ 시공이 간단하다.

⑤ 경량이다.

⑥ 내후성이 우수하다.

⑦ 노출공법이 가능하다.

[아스팔트 방수]

[시멘트액체 방수]

[시트 방수]

[도막 방수]

5 안 방수, 바깥 방수

(1) 안 방수

구조체(지하외벽체) 안쪽면에 방수층을 만들고 보호층(벽돌이나 모르타르 등)으로 방수하는 방식이다.

(2) 바깥 방수

구조체(지하외벽체) 바깥쪽면에 방수층을 만들고 여기에 바름층(벽돌, 무근콘크리트 등)으로 마감처리하여 방수하는 방식이다.

(3) 안 방수와 바깥 방수의 비교

비교내용	안 방수	바깥 방수
적용개소	수압이 적고 얕은 지하실	수압이 크고 깊은 지하실
바탕만들기	따로 만들 필요가 없다	따로 만들어야 한다
공사시기	자유롭다	본 공사에 선행해야 한다.
공사용이성	간단하다	상당한 난점이 있다
경제성(공사비)	비교적 싸다	비교적 고가이다
보호누름	필요하다	없어도 무방하다

STRUCTURE

상세한 삽화와 관련사항들을 일목요연하게 정리하였습니다.

③ **부분강접합**

㉠ 모멘트를 전달하지만 접합부재 사이의 회전변형은 무시할 정도가 아니다.

㉡ 구조물의 해석에서 접합부의 힘－변형 거동특성이 포함되어야 한다.

㉢ 구성요소는 강도한계상태에서 충분한 강도, 강성 및 변형능력을 보유해야 한다.

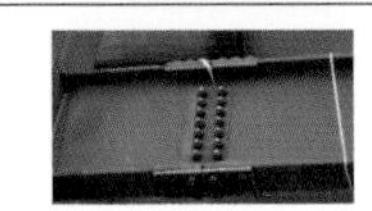

강접합(모멘트접합)

단순접합(전단접합)

(3) 이음부 설계

① **보 이음 일반사항**

㉠ 보 이음에는 이음판(splice)를 사용하여 4면 이음을 하고 보통 홈용접이나 볼트체결법을 사용한다.

㉡ 공장제작의 경우 대부분 홈용접이 사용되고 현장설치의 경우 전체용접이나 고장력볼트가 사용된다. 홈용접이 완벽하게 실시된 경우 이음부 강도는 원래 보의 강도와 같다.

㉢ 이음 재료는 원래 부재의 역할을 할 수 있어야 한다. 즉, 플랜지를 연결한 이음판은 플랜지의 역할을 해야 하고 웨브를 연결한 이음판은 웨브의 역할을 해야 한다.

② **기둥 이음 일반사항** … 볼트접합을 이용한 기둥이음에는 이음판(splice)이 사용된다.

㉠ 기둥 접합부는 서로 밀착되도록 가공(Metal Touch)하여 하중전달이 원활하도록 하는 것이 원칙이다.

㉡ 기둥이 압축력만 받는 경우를 포함하여 전단력, 휨모멘트를 받는 경우 반드시 이음판을 사용해야 한다.

㉢ 상부 기둥 단면 춤이 하부 기둥 단면 춤보다 작지만 그 차이가 30mm보다 작을 경우 끼움판(filler plate)을 사용하고 차이가 30mm 이상일 경우 맞댐판(butt plate)도 사용한다.

㉣ 끼움판 두께는 $(\frac{\text{양단면 춤의 차}}{2} - \text{세우기 여유폭})$이고, 폭은 플랜지 폭과 같게 하고 상부기둥 플랜지 폭보다 크지 않게 한다.

㉤ **메탈터치**(Metal touch, Mill finish)**이음**: 강재와 강재를 빈틈없이 밀착시키는 것의 총칭으로 이음부에서 단면에 인장응력이 발생할 염려가 없고 접합부 단면의 면이 페이싱 머신, 또는 로타리 플레이너 등의 절삭가공기를 사용하여 마감하여 밀착되는 경우에는 소요압축력 및 소요휨모멘트 각각의 1/2은 접촉면에서 직접 전달되는 것으로 설계할 수 있다.

(4) 주각부

철골주각부 앵커의 파괴형태

콘크리트용 앵커의 인장하중에 의한 파괴유형에는 앵커파괴(Steel failure), 뽑힘파괴(Pull-out), 콘크리트파괴(Break out), 콘크리트쪼갬파괴(Splitting), 플라이아웃(Fly-out)파괴가 있다.

TIP

콘크리트용 앵커의 파괴유형

㉠ 인장하중에 의한 파괴유형: 앵커파괴(Steel-failure), 뽑힘파괴(Pull-out), 콘크리트파괴(Break out), 콘크리트쪼갬파괴(Splitting), 측면파열파괴(Side-face blowout)

㉡ 전단하중에 의한 파괴유형: 앵커파괴(Steel-failure), 플라이아웃(Fly-out)파괴, 콘크리트파괴(Break out)

- 앵커뽑힘: 앵커 자체 또는 앵커의 주요부가 주변 콘크리트를 심각하게 파괴시키지 않은 상태로 미끄러져 뽑히는 현상
- 측면파열: 앵커의 묻힘깊이가 크고 측면 피복두께가 작은 경우 콘크리트 상부면에서는 파괴가 거의 발생하지 않으면서 묻힌 헤드 주변 콘크리트의 측면 파괴가 발생하는 현상
- 플라이아웃: 짧고 강성이 큰 앵커가 작용하는 전단력의 반대방향으로 변위가 발생하면서 앵커의 후면 콘크리트를 탈락시키는 현상
- Prying Action(지렛대 작용): 강구조에서 하중점과 볼트, 접합된 부재의 반력사이에서 지렛대와 같은 거동에 의해 볼트에 작용하는 인장력이 증폭되는 현상

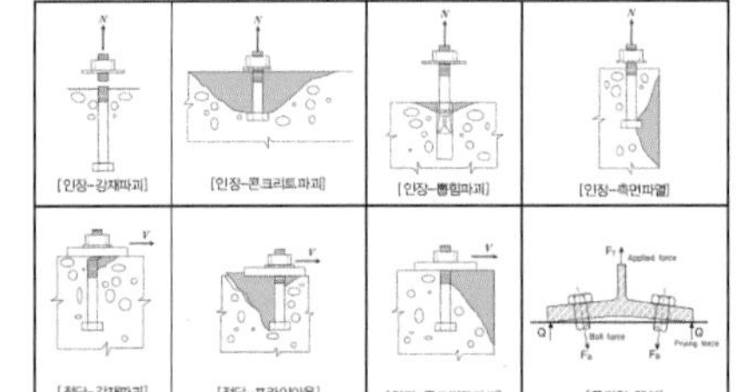

[인장-강재파괴]	[인장-콘크리트파괴]	[인장-뽑힘파괴]	[인장-측면파열]
[전단-강재파괴]	[전단-프라이아웃]	[전단-콘크리트파괴]	[플라잉 액션]

최근 시행된 기출문제를 수록하여 시험 출제경향을 파악할 수 있도록 하였습니다.

최근 기출문제 분석

2019 국가직

1 **그림과 같이 양단고정보에 등분포하중(w)과 집중하중(P)이 작용할 때, 고정단 휨모멘트(MA, MB)와 중앙부 휨모멘트(MC)의 절댓값 비는? (단, 부재의 휨강성은 EI로 동일하며, 자중을 포함한 기타 하중의 영향은 무시한다)**

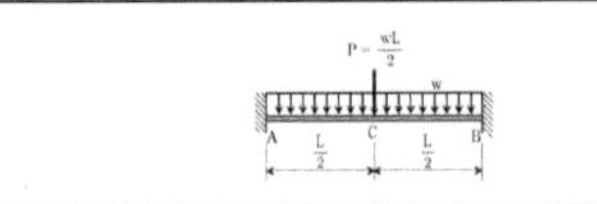

① $|M_A|:|M_C|:|M_B| = 1.2:1.0:1.2$

② $|M_A|:|M_C|:|M_B| = 1.4:1.0:1.4$

③ $|M_A|:|M_C|:|M_B| = 1.6:1.0:1.6$

④ $|M_A|:|M_C|:|M_B| = 2.0:1.0:2.0$

TIP 중첩의 원리를 적용하면 바로 풀 수 있는 문제이다.

등분포하중에 의해 발생되는 각 점의 휨모멘트는 $M_{Aw} = M_{Cw} = -\frac{wL^2}{12}$, $M_{Bw} = +\frac{wL^2}{24}$이다.

중앙에 작용하는 집중하중에 의해 발생되는 각 점의 휨모멘트는 $M_{Ap} = M_{Cp} = -\frac{PL}{8}$, $M_{Cp} = +\frac{PL}{8}$이다.

$|M_A| = |M_C| = \left|-\frac{wL^2}{12} - \frac{PL}{8}\right|$, $|M_B| = \left|+\frac{wL^2}{24} + \frac{PL}{8}\right|$

$P = \frac{wL}{2}$이므로 이를 대입하면

$|M_A| = |M_C| = \left|-\frac{wL^2}{12} - \frac{PL}{8}\right| = \left|-\frac{wL^2}{12} - \frac{wL^2}{16}\right| = \frac{7wL^2}{48}$

$|M_B| = \left|+\frac{wL^2}{24} + \frac{PL}{8}\right| = \left|+\frac{wL^2}{24} + \frac{wL^2}{16}\right| = \frac{5wL^2}{48}$

따라서 $|M_A|:|M_C|:|M_B| = 1.4:1.0:1.4$가 된다.

Answer 1.②

2017 서울시 2차

2 **정정구조와 비교하였을 때 부정정구조의 특징으로 가장 옳지 않은 것은?**

① 부정정구조는 부재에 발생하는 응력과 처짐이 작다.

② 부정정구조는 모멘트재분배 효과로 보다 안전을 확보할 수 있다.

③ 부정정구조는 강성이 작아 사용성능에서 불리하다.

④ 부정정구조는 온도변화 및 제작오차로 인해 추가적 변형이 일어난다.

TIP 부정정구조는 정정구조보다 강성이 높고 구조적 안전성이 우수하다.

2017 서울시 2차

3 **다음 그림과 같은 등분포하중을 받는 단순보(a)와 양단고정보(b)의 경우에, 중앙점(L/2)에 작용하는 휨모멘트와 발생하는 최대처짐에 대한 각각의 비율(a:b)로 옳은 것은? (단, 탄성계수와 단면2차모멘트는 동일하다.)**

w(kN/m) w(kN/m)

L(m) L(m)

(a) (b)

① 휨모멘트비 3:1 처짐비 4:1

② 휨모멘트비 4:1 처짐비 5:1

③ 휨모멘트비 4:1 처짐비 4:1

④ 휨모멘트비 3:1 처짐비 5:1

TIP

A w B, L	$M_c = \frac{wl^2}{8}$	$\delta_{max} = \frac{5wL^4}{384EI}$
A w B, l/2 l/2	$M_c = \frac{wl^2}{24}$	$\delta_{max} = \frac{wL^4}{384EI}$

Answer 2.③ 3.④

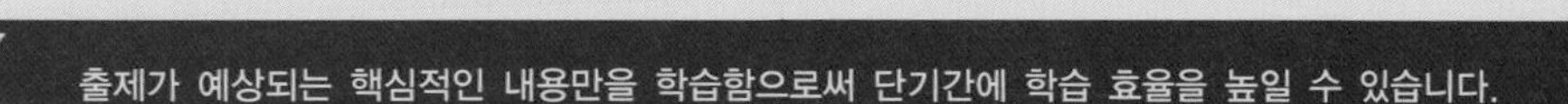

출제가 예상되는 핵심적인 내용만을 학습함으로써 단기간에 학습 효율을 높일 수 있습니다.

출제 예상 문제

1 다음 그림과 같은 부정정보의 자유단에 집중하중 P가 작용할 경우 고정지점 A단의 휨모멘트 M_A는?

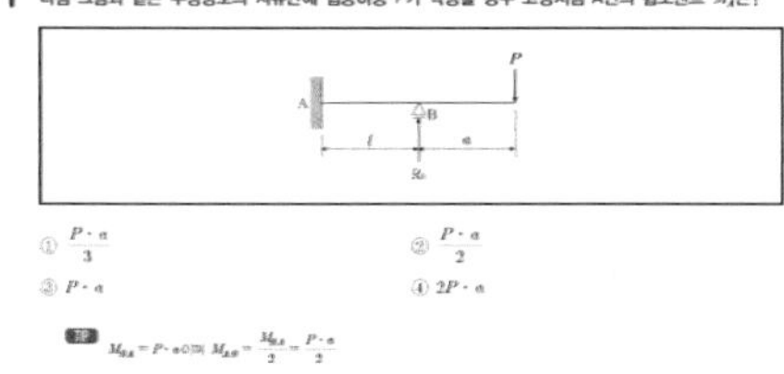

① $\frac{P \cdot a}{3}$ ② $\frac{P \cdot a}{2}$
③ $P \cdot a$ ④ $2P \cdot a$

TIP $M_{BA} = P \cdot a$이며 $M_{AB} = \frac{M_{BA}}{2} = \frac{P \cdot a}{2}$

2 다음 그림과 같은 보에서 지점모멘트 M_B의 크기는?

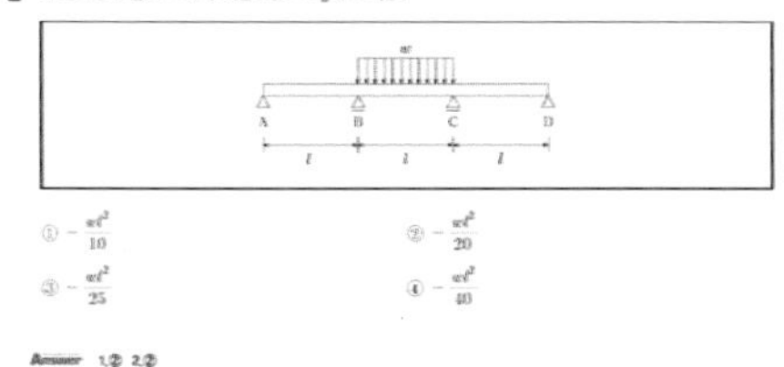

① $-\frac{wl^2}{10}$ ② $-\frac{wl^2}{20}$
③ $-\frac{wl^2}{25}$ ④ $-\frac{wl^2}{40}$

Answer 1.② 2.②

TIP
$$M_A\left(\frac{l}{I}\right)+2M_B\left(\frac{l}{I}+\frac{l}{I}\right)+M_C\left(\frac{l}{I}\right)=0-\frac{6\times\frac{wl^2}{12}\times\frac{l}{2}}{I\cdot l}$$
$$M_B = M_C = -\frac{wl^2}{20}$$

3 양단고정보 AB의 왼쪽지점이 각 θ만큼 회전할 경우 발생하는 반력을 순서대로 바르게 나열한 것은?

	R_A	M_A
①	$\frac{2EI}{L^2}\theta$	$\frac{4EI}{L^2}\theta$
②	$\frac{4EI}{L^2}\theta$	$\frac{6EI}{L}\theta$
③	$\frac{6EI}{L^2}\theta$	$\frac{4EI}{L}\theta$
④	$\frac{12EI}{L^3}\theta$	$\frac{2EI}{L^2}\theta$

TIP 처짐각법을 적용하여 해석하는 전형적인 문제이다.
$\theta_A = -\theta$, $\theta_B = 0$이다.
$$M_{AB} = M_{FAB} + \frac{2EI}{L}(2\theta_A + \theta_B) = 0 + \frac{2EI}{L}(-2\theta + 0) = -\frac{4EI}{L}\theta$$
$$M_{BA} = M_{FBA} + \frac{2EI}{L}(2\theta_B + \theta_A) = 0 + \frac{2EI}{L}(0 - \theta) = -\frac{2EI}{L}$$
$$\sum M_B = 0: R_A \times L - \frac{4EI}{L}\theta - \frac{2EI}{L} = 0,\ R_A = \frac{6EI}{L^2}\theta$$

Answer 3.③

최근 신설되거나 개정된 건축관련법규를 꼼꼼하게 검토하고 반영하였습니다.

부록

건축구조기준 개정사항

1 2021년 2월 구조설계기준 개정사항

개정 전

콘크리트의 최소피복두께

① 프리스트레스하지 않은 부재의 현장치기콘크리트의 최소피복두께

종류			피복두께
수중에서 타설하는 콘크리트			100mm
흙에 접하여 콘크리트를 친 후 영구히 흙에 묻혀있는 콘크리트			80mm
흙에 접하거나 옥외의 공기에 직접 노출되는 콘크리트	D29이상의 철근		60mm
	D25이하의 철근		50mm
	D16이하의 철근		40mm
옥외의 공기나 흙에 직접 접하지 않는 콘크리트	슬래브, 벽체, 장선	D35 초과 철근	40mm
		D35 이하 철근	20mm
	보, 기둥		40mm
	쉘, 절판부재		20mm

단, 보와 기둥의 경우 f_{ck}(콘크리트의 설계기준압축강도)가 40MPa 이상이면 위에 제시된 피복두께에서 최대 10mm만큼 피복두께를 저감시킬 수 있다.

개정 후

콘크리트의 최소피복두께

① 프리스트레스하지 않은 부재의 현장치기콘크리트의 최소피복두께

종류			피복두께
수중에서 타설하는 콘크리트			100mm
흙에 접하여 콘크리트를 친 후 영구히 흙에 묻혀있는 콘크리트			75mm
흙에 접하거나 옥외의 공기에 직접 노출되는 콘크리트	D19이상의 철근		50mm
	D16이하의 철근 지름 16mm이하의 철선		40mm
옥외의 공기나 흙에 직접 접하지 않는 콘크리트	슬래브, 벽체, 장선	D35 초과 철근	40mm
		D35 이하 철근	20mm
	보, 기둥	$f_{ck} < 40MPa$	40mm
		$f_{ck} \geq 40MPa$	30mm
	쉘, 절판부재		20mm

단, 보와 기둥의 경우 f_{ck}(콘크리트의 설계기준압축강도)가 40MPa 이상이면 위에 제시된 피복두께에서 최대 10mm만큼 피복두께를 저감시킬 수 있다.

개정 전

② 프리스트레스하는 부재의 현장치기콘크리트의 최소피복두께

종류			피복두께
흙에 접하여 콘크리트를 친 후 영구히 흙에 묻혀있는 콘크리트			80mm
흙에 접하거나 옥외의 공기에 직접 노출되는 콘크리트	벽체, 슬래브, 장선구조		30mm
	기타 부재		40mm
옥외의 공기나 흙에 직접 접하지 않는 콘크리트	슬래브, 벽체, 장선		20mm
	보, 기둥	주철근	40mm
		띠철근, 스터럽, 나선철근	30mm
	쉘부재 절판부재	D19 이상의 철근	철근 직경
		D16 이하의 철근, 지름 16mm 이하의 철선	10mm

흙 및 옥외의 공기에 노출되거나 부식환경에 노출된 프리스트레스트콘크리트 부재로서 부분균열등급 또는 완전균열등급의 경우에는 최소 피복 두께를 50% 이상 증가시켜야 한다. (다만 설계하중에 대한 프리스트레스트 인장영역이 지속하중을 받을 때 압축응력 상태인 경우에는 최소 피복 두께를 증가시키지 않아도 된다.)
공장제품 생산조건과 동일한 조건으로 제작된 프리스트레스하는 콘크리트 부재에서 프리스트레스되지 않은 철근의 최소 피복 두께는 프리캐스트콘크리트 최소피복두께규정을 따른다.

개정 후

② 프리스트레스하는 부재의 현장치기콘크리트의 최소피복두께

종류			피복두께
흙에 접하여 콘크리트를 친 후 영구히 흙에 묻혀있는 콘크리트			75mm
흙에 접하거나 옥외의 공기에 직접 노출되는 콘크리트	벽체, 슬래브, 장선구조		30mm
	기타 부재		40mm
옥외의 공기나 흙에 직접 접하지 않는 콘크리트	슬래브, 벽체, 장선		20mm
	보, 기둥	주철근	40mm
		띠철근, 스터럽, 나선철근	30mm
	쉘부재 절판부재	D19 이상의 철근	철근 직경
		D16 이하의 철근, 지름 16mm 이하의 철선	10mm

흙 및 옥외의 공기에 노출되거나 부식환경에 노출된 프리스트레스트콘크리트 부재로서 부분균열등급 또는 완전균열등급의 경우에는 최소 피복 두께를 50% 이상 증가시켜야 한다. (다만 설계하중에 대한 프리스트레스트 인장영역이 지속하중을 받을 때 압축응력 상태인 경우에는 최소 피복 두께를 증가시키지 않아도 된다.)
공장제품 생산조건과 동일한 조건으로 제작된 프리스트레스하는 콘크리트 부재에서 프리스트레스되지 않은 철근의 최소 피복 두께는 프리캐스트콘크리트 최소피복두께규정을 따른다.

CONTENTS

PART 01 일반구조

PART 02 구조역학

PART 03 하중 및 내진설계

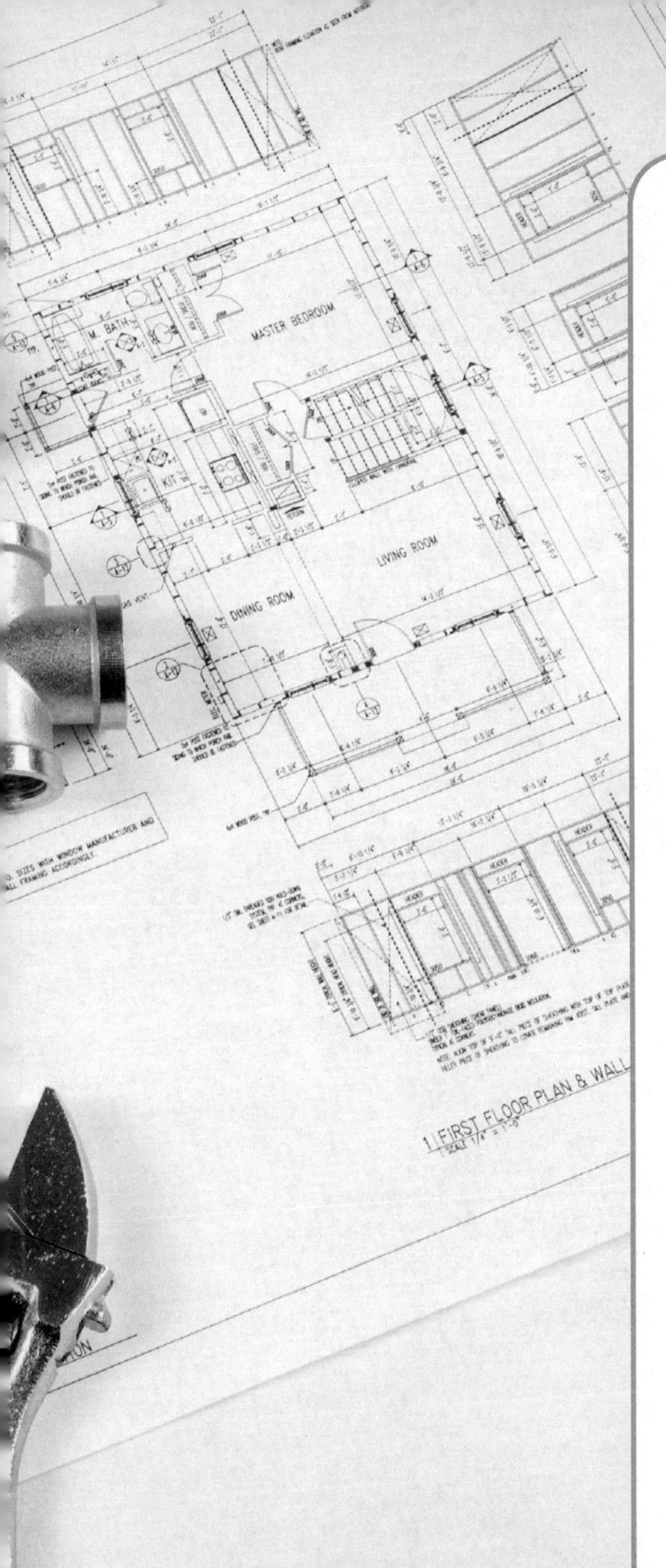

CONTENTS

PART 04 철근콘크리트구조

PART 05 강구조

PART 06 막구조

PART 부록

일반구조

제1편 일반구조

01 총론

01 건축 구조의 개요

1 건축 구조의 범위

(1) 건축 구조의 개념

① **건축 구조** … 건축물의 3대 요소는 기능(Function), 구조(Construction), 미(Esthetic)로 건축 구조는 건축물의 내적인 구조를 경제적이고 합리적으로 설계하고자 하는 것이다.

② **건축 구조의 요건** … 안정성, 내구성, 경제성, 거주성 등을 갖추어야 한다.

(2) 건축물의 개념

① **주택** … 일반 주거의 용도에 쓰이는 것을 말한다.

② **가옥** … 주택 외에 공장이나 사무소 등을 포함한 것을 말한다.

③ **건물** … 가옥보다 더 광범위하게 지칭하는 것이며 벽이 없는 플랫폼, 정자 등도 포함한다.

④ **건축물** … 건물보다 더욱 광범위한 것으로 지붕이 없는 굴뚝, 담장, 탑 등도 포함한다.

⑤ **건설물**(건조물) … 건축물 외에도 지상의 모든 공작물을 포함한다.

⑥ **공작물** … 인공적 작업으로 지상, 지하에 축조된 모든 시설물로서 건설물보다 더 광범위하다.

(3) 건축과 토목의 차이

① 건축은 인간의 거주공간을 만드는 행위에서 시작하였으나 토목은 하천의 범람으로부터 집과 마을을 보호하기 위한 치수공사에서 시작이 되었다.

② 우리가 종종 보는 건축물들을 건축하는 것이 건축이라면, 그러한 건축이 가능하도록 대지를 조성하고 건축물이 주거공간으로서의 기능이 가능하도록 하기 위한 기반시설(댐과 저수지, 상하수도 공급배관 등)을 건설하는 것이 토목인 것이다.

③ 도로나 교량, 항만, 공항, 철도 역시 건축과 건축을 이어주는 매개의 역할을 하는 것으로서 대지의 조건을 조성하는 토목 행위이다.

④ 건축은 토목이 만들어 놓은 기반 위에서 생활하는 사람들이 거주하는 공간을 만드는 것이라고 볼 수 있다. 즉, 토목이 대지를 계획하는 행위라면 건축은 그 대지 위의 공간을 계획하는 것이라고 볼 수 있다.

⑤ 한 예로, 잠실롯데월드타워 건설프로젝트를 살펴보면, 제2롯데월드를 만드는 것은 인간이 거주하고 생활할 수 있는 공간인 사무실과 오피스텔 건물을 만드는 것이므로 건축이라고 할 수 있으며 이러한 제2롯데월드를 방문하는 사람들이 거쳐 가야만 하는 도로와 교량, 그리고 잠실지하철역과 터널, 이를 지나는 지하철의 이동통로, 제2롯데월드와 연결된 상하수도, 통신, 전기 등의 배관 시설의 설치는 모두 토목이라고 할 수 있다.

TIP

토목을 Civil Engineering이라 부르게 된 이유 … 토목을 영어로 Civil Engineering이라고 부르게 된 유래는 로마시대에서부터 시작된다. 당시에는 건축과 토목이 서로 다른 개념이 아닌 하나의 통합된 건설로 보았으며 황제의 권위를 위한 대형 구조물들의 건설이 진행되고 있었는데, 로마의 시민권을 획득하기 위한 여러 가지 방법 중에는 군대에 복무하는 것이 있었다. 이 군인들은 정복지마다 새로운 도로를 만들고 도시에는 목욕탕과 극장 등 대규모의 시설들을 건립하였다. 그 후 로마가 멸망한 후 세월이 흘러 르네상스시대가 도래했을 때 도시에는 군대가 아닌 시민들을 위한 시설을 만드는 기술이 필요하였고 고전주의 부흥이라는 시대의 트렌드에 따라 로마군대의 건설기술들을 연구하기 시작하였다. 이때 군대의 기술과 구분하는 용어로 "민간기술(Civil Engineering)"이라고 부르기 시작한 것이다.

❷ 건축물의 구성요소

(1) 기초(Foundation)

① 건물을 지탱하고 지반에 안정시키기 위해 건물의 하부에 구축한 구조물을 말한다.

② 건물의 중량 및 건물에 가해진 각종 하중을 안전하게 지반에 고정시키고, 건물의 허용 이상의 침하, 경사이동이나 변형, 진동 등의 장애가 일어나지 않게 하는 것을 목적으로 하는 구조물이다.

지정 … 기초부분 또는 지반을 더욱 튼튼하게 보강하는 구성요소이다.

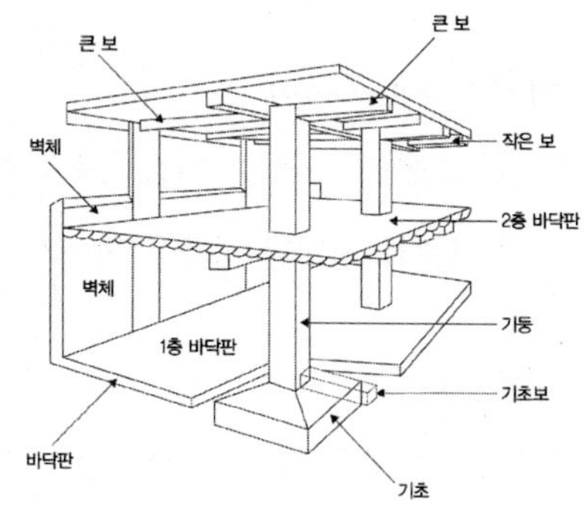

[건축물의 구성 부재]

(2) 기둥(Column)

① 바닥판, 보, 지붕 등과 같은 가로재들의 하중을 받는 수직재이다.

② 기초에 받은 하중을 전달하며, 기둥 그 자체의 수직재 하중도 전달한다.

(3) 벽(Wall)

① 건물의 바깥둘레나 내부의 칸막이가 이루는 수직부분을 지칭한다.

② 벽의 종류

㉠ **외벽** : 건물의 안과 밖을 구별하는 벽이다.

㉡ **칸막이벽** : 내부의 공간 사이를 구별하는 벽이다.

㉢ **내력벽**(bearing wall) : 건축물에서 지붕의 무게나 위층 구조물의 무게(하중)를 견디어 내거나 힘을 전달하기 위해 만든 건축물의 주요 구조부 중 하나로 공간을 수직으로 구획하는 벽을 말한다.

㉣ **비내력벽**(nondearing wall) : 단순히 칸을 막기 위해 블록이나 벽돌로 쌓은 벽으로 상부의 하중을 받지 못하는 벽이다. 장막벽, 칸막이벽도 비내력벽에 속한다.

(4) 보(Girder, Beam)

① 바닥 · 장선 등을 지지하는 것으로 기둥과 기둥 사이를 가로지르는 수평재로서 큰 보(Girder)라고 한다.

② 작은 보(Beam)는 큰 보와 큰 보 사이를 가로지르는 수평부재이다.

③ 기둥간격이 큰 구조물은 기둥과 기둥 사이는 큰 보(Girder)로 연결하고 큰 보의 중간에 작은 보(Beam)를 설치하여 상부 바닥판(Slab)의 처짐을 방지한다.

(5) 바닥(Floor ; Slab)

① 수직구조체(보, 기둥, 벽)를 튼튼하게 연결하는 구조체이다.

② 자체 하중과 적제된 하중을 받아서 기둥이나 보에 전달한다.

(6) 지붕(Roof)

건축물의 최상부를 막아서 비나 눈 등이 내부로 들어오는 것을 막는 구조로 모양과 기울기가 다양하다.

(7) 천장(Ceiling)

반자라고도 불리우는 것으로 윗층의 밑바닥, 지붕 밑을 막아서 내부의 상부구조체를 구성하는 요소이다.

(8) 계단(Stairs)

① 바닥의 일부로 층계라고도 불리운다.

② 높이가 다른 바닥을 연결하는 통로의 역할을 한다.

(9) 수장(Fixture)

① 장식을 목적으로 구조체에 붙여서 대는 것을 말한다.

② 마감공사로 불리기도 하며 벽면마감, 바닥마감, 천장마감 등 여러 부분에 걸쳐서 이루어진다.

③ 가장 많은 종류의 건축재료가 사용되며 수많은 공종이 동시에 진행되어 세밀한 공정관리가 요구된다.

(10) 창호(Window ; Door)

① 창과 문을 통틀어 창호라고 한다.

② 출입, 통풍, 채광 등의 목적으로 사용된다.

02 건축물의 구조기준

❶ 하중

(1) 하중의 개념

구조물에 작용하는 힘(또는 무게)을 하중이라 하며 이는 여러 종류가 있다.

(2) 하중의 종류

① **정적하중** … 사하중(dead load), 활하중(live load)

㉠ **고정하중**(사하중) : 구조체와 이에 부착된 비내력 부분 및 각종 설비 등의 중량에 의하여 구조물의 존치 기간 중 지속적으로 작용하는 연직하중

㉡ **적재하중**(활하중) : 건축물 및 공작물을 점유 사용함으로써 발생하는 하중

TIP

지붕적재하중(지붕활하중) … 유지보수 작업 시 작업자, 장비 및 자재에 의한 작업하중 또는 점유 사용과는 무관한 화분 또는 이와 유사한 소형 장식물 등 이동 가능한 물체에 의하여 지붕에 작용하는 하중

② **동하중** … 적설하중, 풍하중, 지진하중, 토압 및 지하수압, 온도하중, 유체압 및 용기내용물하중, 운반설비 및 부속장치 하중 등

③ **장기하중** … 구조물에 장시간 동안 작용하는 하중으로 고정하중과 활하중을 합한 것을 말한다.

④ **단기하중** … 구조물에 단시간 동안(일시적으로) 작용하는 하중으로 장기하중에 기타하중(설하중, 풍하중, 지진하중, 충격하중 등)을 합한 것을 말한다.

2 골조방식과 부재

(1) 골조방식

전단내력벽방식	
전단벽방식	벽체에 구성된 면으로 횡력(수평력)을 저항하도록 하는 구조이다.
내력벽방식	상부에서 내려오는 하중과 횡력(수평력)을 부담하는 방식이다.
모멘트골조방식	
모멘트골조	기둥과 보로 구성하는 라멘골조가 횡력과 수직하중을 저항하는 구조로서 부재와 접합부가 휨모멘트, 전단력, 축력에 저항하는 골조이다. 보통모멘트골조, 중간모멘트골조, 특수모멘트골조 등으로 분류한다.
보통모멘트골조	연성거동을 확보하기 위한 특별한 상세를 사용하지 않은 모멘트골조
모멘트연성골조	접합부와 부재의 연성을 증가시키며 횡력(수평력)에 대한 저항을 증가시키기 위한 모멘트골조방식이다.
이중골조	횡력의 25% 이상을 부담하는 모멘트연성골조가 가새골조나 전단벽에 조합되는 방식으로써 중력하중에 대해서도 모멘트연성골조가 모두 지지하는 구조이다.
건물골조방식	수직하중은 입체골조가 저항하고, 지진하중은 전단벽이나 가새골조가 저항하는 구조방식
가새골조방식	
가새골조	횡력에 저항하기 위하여 건물골조방식 또는 이중골조방식에서 중심형 또는 편심형의 수직트러스 또는 이와 동등한 구성체
편심가새골조	경사가새가 설치되어 가새부재 양단부의 한쪽 이상이 보-기둥 접합부로부터 약간의 거리만큼 떨어져 보에 연결되어 있는 가새골조
중심가새골조	부재에 주로 축력이 작용하는 가새골조로 동심가새골조라고도 한다.
보통중심가새골조	가새시스템의 모든 부재가 주로 축력을 받는 방식
특수중심가새골조	가새시스템의 모든 부재들이 주로 축력을 받는 대각가새골조 ※ 대각가새 : 골조가 수평하중에 대해 트러스 거동을 통해서 저항할 수 있도록 경사지게 배치된(주로 축력이 지배적인) 구조부재
X형가새골조	한 쌍의 대각가새들이 가새의 중간 근처에서 교차하는 중심가새골조

V형가새골조	보의 상부 또는 하부에 위치한 한 쌍의 대각선가새가 보의 경간 내의 한 점에 연결되어 있는 중심가새골조로, 대각선가새가 보 아래에 있는 경우는 역V형가새골조라고도 한다.
좌굴방지가새골조	대각선가새골조로서, 가새시스템의 모든 부재가 주로 축력을 받고, 설계층간변위의 2.0배에 상당하는 힘과 변형에 대해서도 가새의 압축좌굴이 발생하지 않는 골조

- 전단벽 – 골조상호작용시스템 : 전단벽과 골조의 상호작용을 고려하여 강성에 비례하여 횡력을 저항하도록 설계되는 전단벽과 골조의 조합구조시스템
- 비가새골조 – 부재 및 접합부의 휨저항으로 수평하중에 저항하는 골조
- 횡구속골조 – 횡방향으로의 층변위가 구속된 골조
- 비구속골조 – 횡방향의 층 변위가 구속되지 않은 골조

TIP

주골조와 부골조

㉠ **주골조** : 풍하중에 저항하여 전체 구조물을 지지하거나 안정시키기 위하여 배치된 구조골조 또는 구조부재들의 집합으로서 구조물 전체에 작용하는 풍하중을 지반에 전달하는 역할을 한다. 기둥, 보, 지붕보, 도리 등을 말한다. 또한, 구조부재인 브레이스, 전단벽, 지붕트러스, 지붕막 등이 전체하중을 전달하기 위하여 사용되었다면 주골조로 본다.

㉡ **부골조** : 창호와 외벽패널 등에 가해지는 풍하중을 주골조에 전달하기 위하여 설치된 2차구조부재(파스너, 퍼린, 거트, 스터드 등)이다.

(2) 부재

① **벽** … 두께에서 직각으로 측정하여 수평치수가 그 두께의 3배를 넘는 수직부재를 벽이라 한다.

② **기둥** … 축압축 하중을 지지하는 데 쓰이는 부재로 높이가 최소 단면 치수의 3배이거나 그 이상이다.

③ **비구조부재** … 건축물의 구성부재이지만 차양 · 장식탑 · 비내력벽, 기타 이와 유사한 것으로서 구조해석에서 제외되는 건축물의 구성부재를 말한다.

❸ 건축 구조의 분류

(1) 재료에 따른 분류

구분	장점	단점
목 구조	• 시공이 용이하고 공기가 짧다. • 외관이 미려하며 인간 친화적이다.	• 부패에 취약하여 변형이 발생하기 쉬워 관리가 어렵다. • 화재에 취약하며 다른 재료에 비해서 내구성이 약하다.
조적식 구조	• 시공이 간편하며 다양한 평면의 구현이 가능하다. • 내화, 내구, 방한, 방서가 우수하고 외관이 장중하나.	• 횡력에 약하여 고층건축의 내력벽으로는 적합하지 않다. • 균열이 쉽게 발생하며 습기에 취약하다.
블록 구조	• 내화성능이 우수하며 공사가 용이하다. • 공사비가 저렴하며 자재관리가 용이하다.	• 횡력에 약하여 내력벽을 구성할 시 철근으로 보강을 해야 한다. • 균열이 쉽게 발생하며 습기에 취약하다.
철근 콘크리트 구조	• 내진, 내화, 내구성능이 우수하다. • 강성이 높아 내력벽의 주재료로 사용된다.	• 중량이 무거우며 공사 시 대형장비들이 요구된다. • 공사비가 비싸며 품질관리가 어렵다.
철골 구조	• 규격화되어 있고 외력에 의한 변형이 적어 시공과 관리가 용이하다. • 장스팬 공간의 구성이 용이하다.	• 화재에 매우 취약하여 반드시 내화피복을 해야 한다. • 공사비가 비싸며 전문인력이 요구된다.
철골철근 콘크리트 구조	• 내진, 내화, 내구성이 매우 우수하다. • 장스팬, 고층건물에 주로 적용되며 안정성이 높다. • 구조물의 형상치수를 자유롭게 선택할 수 있고 유지보수비용이 절감된다.	• 공기가 길고 공사비가 비싸다. • 시공을 하기가 복잡하다. • 자중이 다른 구조방식에 비해 크며 철거에 어려움이 있다.
석 구조	• 내화, 내구, 방한, 방서에 좋다. • 외관이 미려하면서 장중하다.	• 횡력에 약하며 대재를 얻기가 어렵다. • 인장강도가 약하여 보나 슬래브와 같은 부재로 사용하기에는 무리가 있다.

(2) 구성 양식에 따른 분류

① **가구식**(Post ; Lintel) … 가늘고 긴 부재를 이음과 맞춤에 의해서 즉, 강재나 목재 등을 접합하여 뼈대를 만드는 구조이다.

㉠ **특징** : 부재 배치와 절점의 강성에 따라 강도가 좌우된다.

㉡ **종류** : 철골 구조, 목 구조, 트러스 구조

② **조적식**(Masonry) … 개개의 단일개체를 접착제로 쌓아올린 구조이다.

㉠ **특징** : 개개의 단일개체 강도와 접착제 강도에 의해 전체적인 강도가 좌우되며 횡력에 약한 단점이 있다.

㉡ **종류** : 벽돌 구조, 블록 구조, 석 구조

③ **일체식**(Monolithic) … 미리 설치된 철근 또는 철골에 콘크리트를 부어넣고 굳게 되면 전 구조체가 일체가 되도록 한 구조이다.

㉠ **특징** : 내구성, 내진성, 내화성이 강하다.

㉡ **종류** : 철근 콘크리트 구조, 철골 철근 콘크리트 구조

(3) 시공상 분류

① 건식 구조(Dry construction)

㉠ 물이나 흙을 사용하지 않고 뼈대를 가구식으로 하여 기성재를 짜맞춘 구조로 재료의 규격화, 경량화가 필요하다.

㉡ 재료가 기성제품이기 때문에 공사기간이 짧으며, 겨울에도 시공이 가능하다.

② 습식 구조(Wet construction)

㉠ 건식 구조와 반대되는 구조로써 물을 사용하는 철근 콘크리트 구조, 조적식 구조 등이 있다.

㉡ 물을 사용하기 때문에 동절기 공사가 곤란하여 공사기간이 길고 품질관리가 어렵다.

㉢ 형태를 자유롭게 할 수 있다.

③ 조립식 구조(공장 구조)

㉠ 개념 : 구조의 자재를 일정한 공장에서 생산하여 가공하고 부분 조립하여 공사현장에서 짜맞추는 구조이다.

㉡ 장점

- 공장생산으로 대량생산이 가능하다.
- 기계화 시공으로 공사기간이 단축된다.
- 아파트, 공장 등에 유리하다.
- 인건비 및 재료비가 절약되므로 공사비가 절약된다.

㉢ 단점

- 접합부가 일체화 될 수 없어 접합부 강성이 취약하다.
- 소규모 공사에는 불리하다.
- 풍압력 및 지진에 약하다.
- 중량물이므로 운반 시 불편하다.

4 기타 특수 구조

(1) 특수형상구조

일반적인 건축물의 구조형상은 직육면체 형상이 주를 이룬다. 그러나 컴퓨터기술과 건축공법의 발전, 신소재 개발 등으로 인해 다양한 형상의 건축물이 등장할 수 있었으며 이는 특수한 구조체의 디자인을 통해서 가능하게 되었다. 이러한 특수한 형상의 구조체는 주로 초고층빌딩, 경기장, 집회장, 문화관련 집회시설 등과 같은 대규모 건축물에 주로 적용된다. (특수형상구조와 건축법에서의 특수구조건축물은 서로 독립된 개념임에 유의한다.)

check point

■ **건축법에서의 제시하는 특수구조 건축물의 대상기준**

1. 건축물의 주요구조부가 공업화박판강구조(PEB : Pre-Engineered Metal Building System), 강관 입체트러스(스페이스프레임), 막 구조, 케이블 구조, 부유식구조 등 설계 · 시공 · 공법이 특수한 구조형식인 건축물
2. 6개층 이상을 지지하는 기둥이나 벽체의 하중이 슬래브나 보에 전이되는 건축물(전이가 있는 층의 바닥면적 중 50퍼센트 이상에 해당하는 면적이 필로티 등으로 상하부 구조가 다르게 계획되어 있는 경우로 한정한다.)
3. 건축물의 주요구조부에 면진 · 제진장치를 사용한 건축물
4. 건축구조기준에 따른 허용응력설계법, 허용강도설계법, 강도설계법 또는 한계상태설계법에 의하여 설계되지 않은 건축물
5. 건축구조기준의 지진력 저항시스템 중 다음 각 목의 어느 하나에 해당하는 시스템을 적용한 건축물
   가. 철근콘크리트 특수전단벽
   나. 철골 특수중심가새골조
   다. 합성 특수중심가새골조
   라. 합성 특수전단벽
   마. 철골 특수강판전단벽
   바. 철골 특수모멘트골조
   사. 합성 특수모멘트골조
   아. 철근콘크리트 특수모멘트골조
   자. 특수모멘트골조를 가진 이중골조 시스템

(2) 종류

① 입체트러스(스페이스 프레임) 구조

㉠ 단위트러스 여러 개를 입체적으로 짜서 넓은 평판이나 곡면을 구성한 것이다.
㉡ 선형부재들을 결합한 것으로 힘의 흐름을 전달시킬 수 있도록 구성된 구조시스템으로서 구성성분이 2차적인 경우도 있으나 거시적으로는 평판이나 곡면의 형상을 이룬다.
㉢ 선형부재 및 부재를 서로 연결하는 조인트볼로 구성된다.
㉣ 부재는 콘, 슬리브, 볼트, 핀 등으로 결합되어 있고 각각의 크기는 구조계산에 의해 결정된다.
㉤ 조인트볼은 부재의 볼트가 결합될 수 있도록 작은 구멍(탭홀)이 각각 결정된 각도에 맞추어 결합된다.
㉥ 무지주 대공간 구조시스템의 일종으로서 구조물을 이루는 각 단위구조의 특성에 따라 연속체로 치환된 전체구조물의 특성으로 보인다.
㉦ 스페이스 프레임 중에서 절점에 직선부재들이 연결된 형태는 스페이스 트러스이며 축력만을 전달한다.
㉧ 구조체의 최소 그리드가 일반적으로 작기 때문에 2차 부재를 생략할 수 있다.

TIP

트러스는 2개 이상의 직선부재의 양단을 마찰이 없는 힌지로 연결해 만든 구조물로서 절점의 회전이 자유로워 모멘트에 저항할 수 없으므로 부재에는 인장이나 압축만 작용하게 된다.

TIP

서울시청 신청사 건물 내부에 들어서면 수많은 트러스로 구성된 구조체를 볼 수 있는데 이것이 바로 스페이스 프레임 구조이다. 전면유리판의 형상이 곡면형상을 이루고 있으며 이에 따라 지지구조체도 곡면형상을 이루고 있다. 이 외에도 인천국제공항과 같은 고층의 대형공간이 요구되는 곳에 스페이스 프레임이 적용된다.

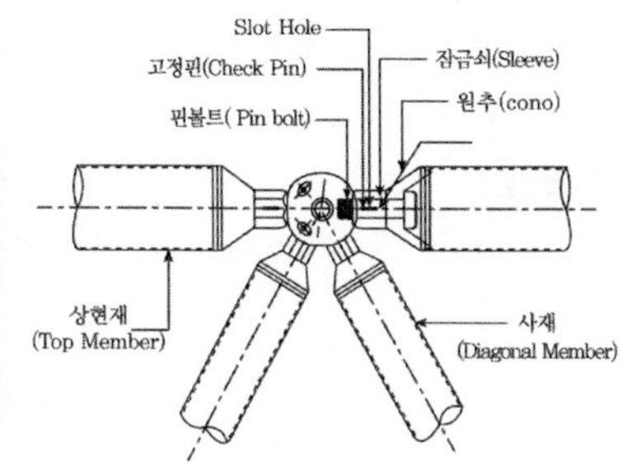

② 박판 구조

㉠ **곡면 구조** : Dome, Shell과 같은 구조로 철근콘크리트의 엷은 부재면을 곡면으로 하여 힘을 받도록 한 구조이다.

㉡ **절판 구조** : 얇은 판을 물결모양과 유사하게 접어서 하중을 지탱하도록 만든 구조로서 면내하중과 면외하중으로 나누어진 하중을 부재가 저항하는 구조이다. (절판구조를 사용하면 단면2차모멘트값이 크게 증가하고 면외하중에 대한 저항력이 커져 휨에 대한 저항이 강해지므로 장스팬구조에 주로 사용된다.)

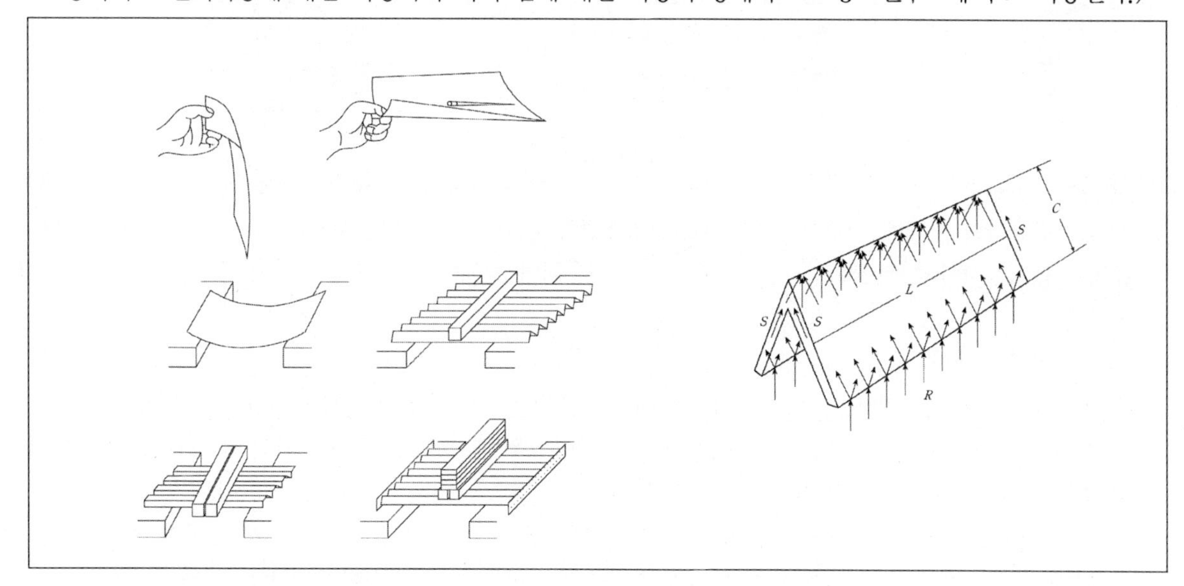

③ **현수 구조** … 바닥, 지붕 등에 슬래브를 케이블로 지지시키는 구조로 케이블은 인장력만을 담당한다.

④ 막구조

㉠ 자중을 포함하는 외력을 막응력으로 저항하는 구조물로서 휨과 비틀림에 대해서는 저항하지 못한다.

㉡ 해석은 형상해석, 응력-변형도해석, 재단도해석의 순서로 이루어지며 필요하다면 시공해석도 수행해야 한다.

㉢ 구조해석법에는 유한요소법, 동적이완법, 내력밀도법 등이 있다.

TIP

공기막구조 … 천(합성수지의 계통)을 이용해 그 내부에 공기를 넣어 인장력으로 외력에 저항하는 구조로 넓은 실내공간을 필요로 하는 체육관 등에 사용된다.

⑤ **돔 구조** … 경선방향으로는 아치구조와 유사한 방법으로 하중을 전달하지만, 위선방향으로 구조체가 저항력이 있는 점이 아치구조와 다른 중요한 특징이다. 돔의 표면 연속성이 경선을 따라 벌어지려는 구조물의 거동을 마치 원통형의 후프처럼 위선방향으로 하나의 표면을 형성하면서 구조적 변형을 억제시키는 역할을 하게 된다.

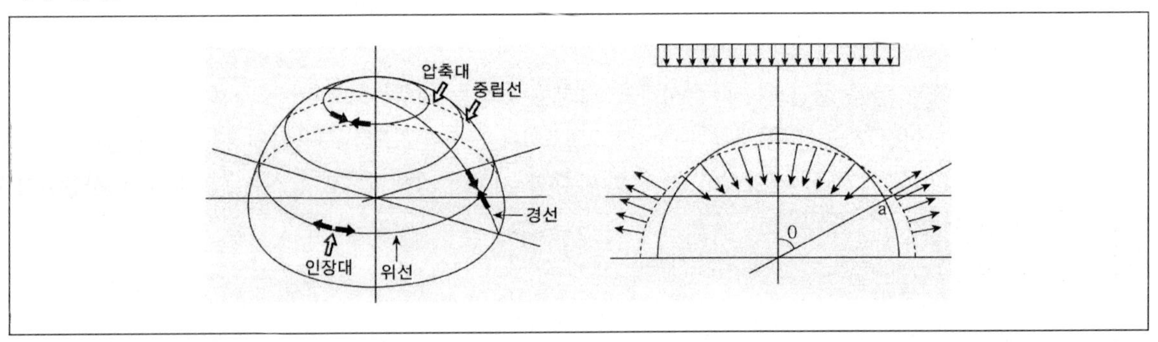

⑥ **쉘 구조** … 조개나 계란의 껍질은 두께가 얇음에도 불구하고 높은 강도를 가지고 있다. 이러한 자연에서의 형태를 응용하여 두께에 비해서 강성이 있는 곡면판에 의한 입체구조를 쉘구조라고 한다. 절판과 같은 이유에서 큰 간 사이(스팬이라고도 한다)의 지붕에 사용되며 형태의 기하학적 특성에 따라 여러 가지 명칭의 쉘이 있다.

㉠ 곡면판 구조이다.

㉡ 일반적으로 하중을 면내응력으로 지지하기 때문에 얇은 두께로 대경간의 지붕을 만들 수 있다.

㉢ 상향의 포물선이 하향의 포물선을 따라 평행 이동하였을 때 생기는 곡면을 가진 쉘을 HP쉘이라 한다.

㉣ 쉘구조의 종류에서 추동형쉘은 HP쉘을 말한다.

㉤ **추동형쉘**(Hyperbolic Paraboloid Shell) : 글자 그대로 평면을 선에 따라 밀어서 형태가 만들어지는 쉘이다. 즉, 임의의 곡선에 대해 그 곡선과 수직을 유지하는 다른 곡선이나 직선을 따라 평행이동을 시키는 선들을 연결하여 만들어진 형상을 한 구조체이다.

- 구형쉘은 아치평면을 평면을 통과하는 1개의 축선을 중심으로 회전을 시켰을 때 나타나는 곡면으로 된 회전쉘이며 이는 추동형쉘로 보기에는 무리가 있다.
- 원통형쉘은 아치평면을 1개의 축선을 따라 밀어서 만든 추동형쉘의 일종이다.

TIP

HP(Hyperbolic Paraboloid Shell)쉘구조 … Hyperbolic Paraboloid는 "쌍곡포물면"을 의미한다.

㉠ 직교하는 2개의 포물선으로 이루어진 곡면을 가진 쉘로서 상향포물선이 하향 포물선을 따라 이동하였을 때 생기는 곡면이다.

㉡ 평면을 평행이동시켜 생기는 곡면(추동면)에 의한 구조이다.

㉢ HP쉘구조 구성의 기본은 직선이다. 철근콘크리트의 HP쉘의 형틀은 직선형태로 구성되므로 형틀제작이 용이하다.

㉣ HP쉘은 일반적인 쉘면이 2방향 곡률을 갖는 것과 달리 1방향의 곡률을 갖는다.

㉤ 면내 전단력으로 수직하중에 저항하기 때문에 부재가 얇아도 되며, 면내 전달력에 의해 하중을 주변지지체에 전달할 수 있다.

㉥ HP쉘의 아치작용 축에서는 압축응력에 따라 형태가 변형되지만 현수작용 측에서는 인장응력에 의해 형태변형이 저지되어 결과적으로 가장자리는 휨모멘트가 적게 걸리게 된다.

㉦ HP곡면을 몇 개의 단위로 짜 맞추면 여러 종류의 지붕형태가 만들어진다.

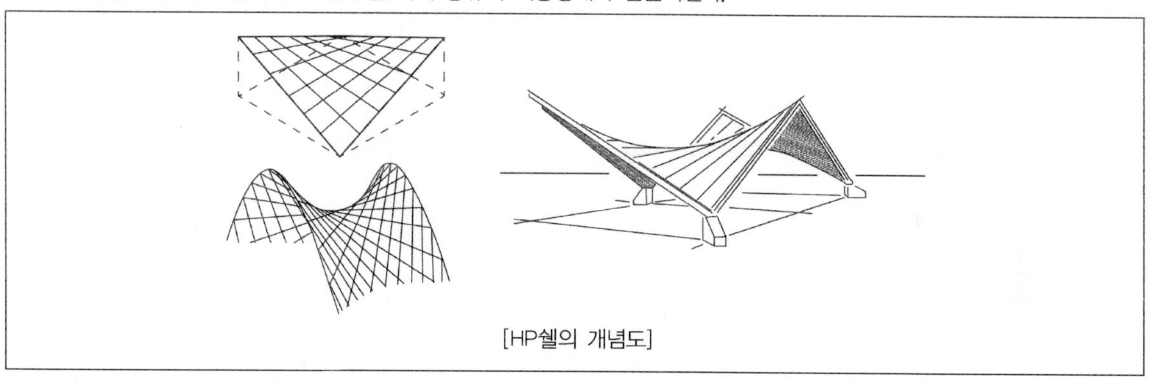

[HP쉘의 개념도]

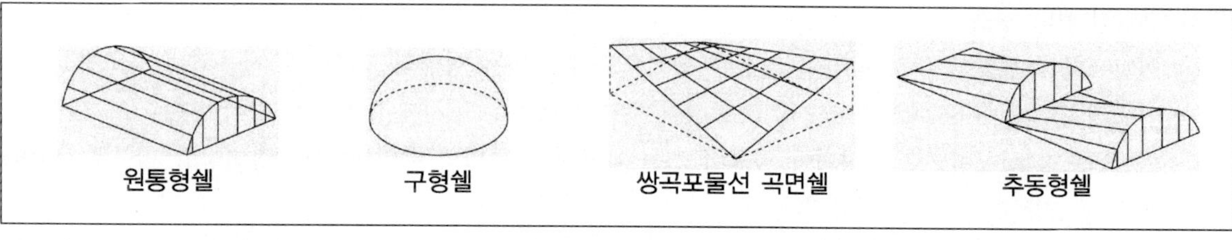

[특수 구조]

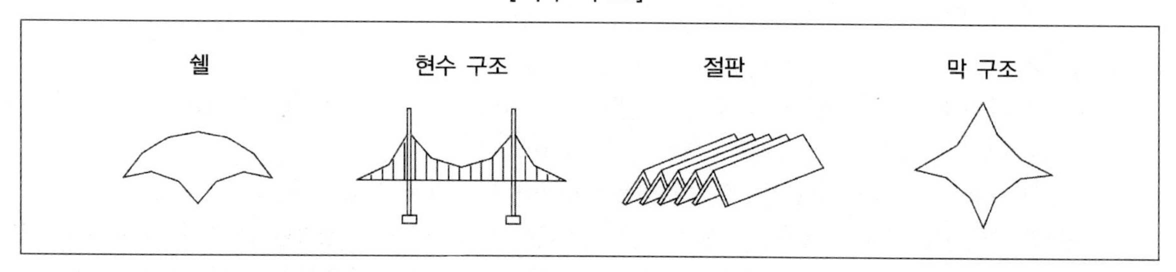

❺ 고층(초고층)구조

(1) 개요

고가의 토지를 적게 사용하면서도 필요한 실면적을 얻을 수 있도록 한 구조이다. 이는 횡방향으로 변위가 커지기 때문에 구조체의 강도보다는 충분한 강성을 가질 수 있는 형태로 하여야 한다.

(2) 구조형식(Structure type)

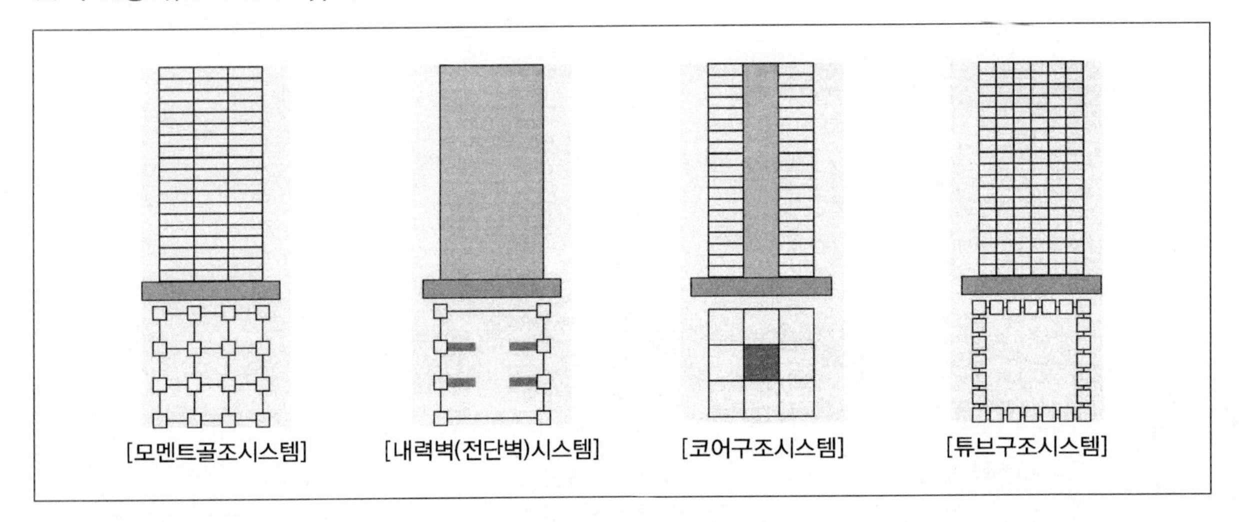

① 내력벽(전단벽) 구조

㉠ 아파트나 호텔같이 주로 공간이 일정한 면적으로 분할되는 형태의 건축물에 사용되는 구조방식으로 전단벽의 간격을 3.6m에서 5.4m 정도로 하여 축력과 횡력을 동시에 지지하는 방식이다.

㉡ 일반적으로 선형벽으로 구성되어 있으며 건물 내에서 선형벽의 배열에 따라 장변방향 벽구조, 단변방향 벽구조, 2방향 벽구조로 분류된다.

㉢ 수평력은 다이아프램으로 작용하는 바닥구조에 의해 전단벽에 전달되는데 전단벽은 높은 강도를 가지므로 전단과 전도에 의한 휨을 지지한다.

② 코어 구조

㉠ 건물의 크기와 기능에 따라 수직 교통 시스템과 에너지 공급 시스템(엘리베이터, 계단, 화장실, 기계실 등)을 집중시켜 한 개 또는 여러 개의 코아를 형성시킨 구조이다.

㉡ 건물의 수평안정을 위한 전단벽구조로도 이용되며 코아의 위치나 형태는 제안을 받지 않는다.

㉢ 수평하중을 받는 전단벽-코아는 지상에서 솟은 거대한 캔틸레버 보로 생각할 수 있다. 코아는 연직하중을 받기 때문에 그로 인한 압축력이 가해지므로 수평하중에 의한 인장응력은 고려할 필요가 없다.

㉣ 철골이나 철근콘크리트 또는 두 재료를 합성하여 사용할 수 있다.

③ 모멘트골조 구조

㉠ 기둥과 보가 강접합되어 기둥-보 구조의 문형골조(portal Frame)을 형성하며 접합부가 충분한 강성을 가지고 있으므로 부재각이 변하지 않는다고 가정하고 수평하중에 대해 기둥, 보, 접합부의 휨강성에 의해 저항하도록 한 시스템이다.

㉡ 골조의 강도와 강성은 보와 기둥의 크기에 비례하며 기둥간격과 반비례한다.

㉢ 효율적 거동과 좁은 간격으로 배치된 기둥 및 건물 외주부에 춤이 큰 보를 설치함으로써 얻어질 수 있다.

㉣ **이중모멘트골조방식** : 횡력의 25% 이상을 부담하는 연성모멘트골조가 전단벽이나 가새골조와 조합되어 있는 구조방식

㉤ **건물모멘트골조방식** : 골조전단벽구조라고도 하며 수직하중은 입체골조가 저항하고 지진하중은 전단벽(코어)이나 가새골조가 저항하는 구조방식

checkpoint

■ **건물의 휨변형과 전단변형**

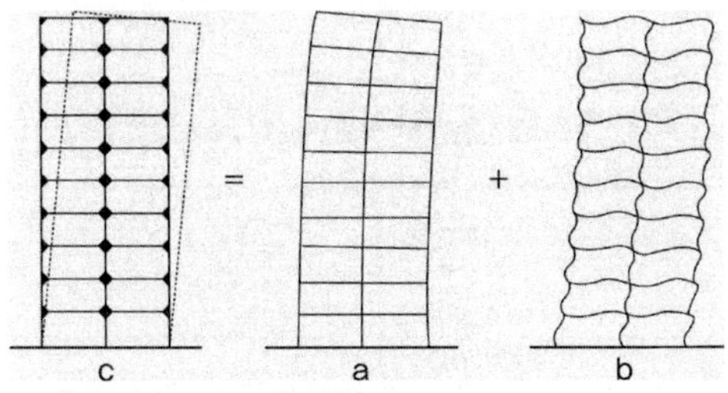

- **캔틸레버 휨에 의한 변형** : 위 그림 (a)와 같은 변형이다. 구조물에 수평하중이 작용하면 구조물은 전도모멘트를 받게 되어 마치 거대한 수직캔틸레버와 같이 작용하며, 부재들의 축방향 변형에 의해서 휘게 된다. 이때 기둥길이의 증가 및 감소로 수평변위가 유발되는데 이 변위는 구조물의 전체 변위의 20% 정도가 된다.
- **보와 기둥의 휨에 의한 변형** : 위 그림 (b)와 같은 변형으로서 전단변형형상이라고 불리며 보와 기둥에 수평 및 수직의 전단력이 작용함에 따라 이들 부재에는 휨모멘트가 생기며 구조물은 변형이 된다. 이 변형은 보에 의한 변형 65%와 기둥에 의한 변형 15%로 건물 전체 변형의 80%에 해당된다. 처짐곡선은 전단력도와 일치하며, 변형은 최대 전단력이 생기는 구조물의 기초부(base)에서 가장 크게 된다.
- 어느 구조물이던 휨거동과 전단거동이 동시에 일어나지만 그 비율에서 차이가 있다. 얇고 긴 중실형 부재는 휨거동이 재배하고 춤이 크고 짧은 중실형 부재는 전단거동이 지배하며 춤이 크고 짧은 중공형 부재는 큰 전단변형이 발생한다.
- 기둥의 휨강성은 보의 휨강성보다 크다. (길이가 길므로) 보에 의해 발생하는 수평변위가 기둥에 의해 발생하는 수평변위보다 크게 되므로 수평변위를 줄이려면 보의 휨강성을 키워야 한다. (고층구조물의 수평변위에 대한 기여도는 전단이 80%, 휨이 20%를 차지한다. 전단변형이 지배적인(전단내력이 약한) 모멘트골조에 가새를 설치하게 되면 휨변형 지배적으로 변하게 된다.)

⑥ 골조 – 아웃리거시스템

㉠ 고층 건축물에서 횡하중을 부담하는 중앙부의 전단벽 코어에서 캔틸레버와 같은 형식으로 뻗어 나와 외곽부 기둥이나 벨트트러스에 직접 연결하여 주변 구조를 코어에 묶어 주는 것이다.

㉡ 벨트트러스는 구조물의 외곽을 따라 설치되어 있는 트러스층이다.

㉢ 아웃리거란 내부코어와 벨트트러스를 연결시켜 주는 벽 혹은 트러스층이다.

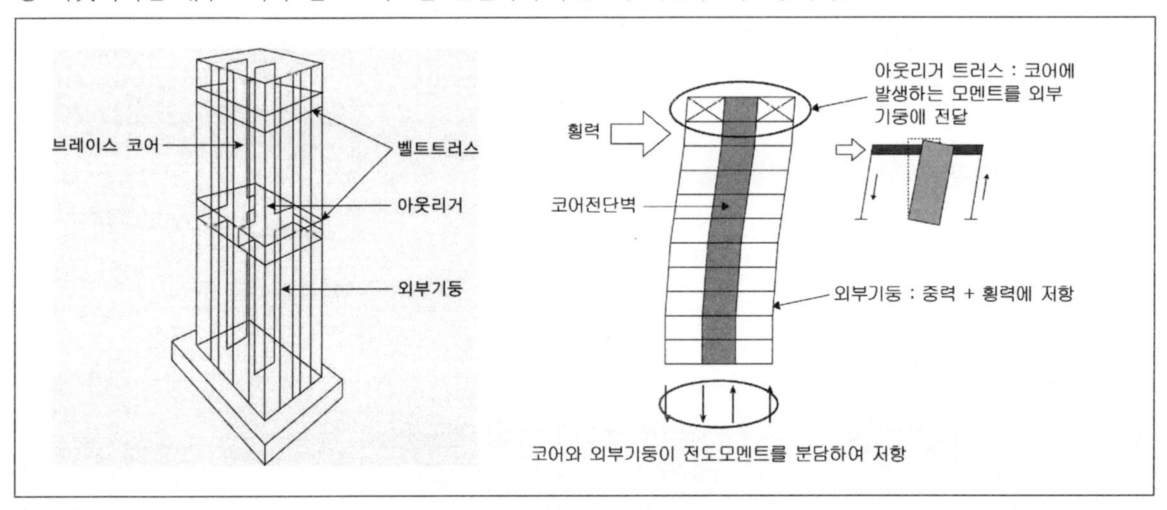

TIP

아웃리거시스템

㉠ 아웃리거시스템의 등장
- 모멘트골조는 전단변형이 크게 발생하므로 고층에 적합하지 않으며 여기에 가새를 설치한다고 할지라도 휨변형이 크게 발생하므로 역시 적합하지 않다. 이러한 문제에 의해 아웃리거시스템이 등장하게 되었다.
- 아웃리거는 기둥부재와 연결이 되며 슬라브도 이와 함께 거동시키기 위하여 외주부에 벨트트러스를 설치하여 아웃리거와 연결시켜 일체화한다.

㉡ 아웃리거시스템의 기둥부등축소 현상
- 코어의 강성은 외부기둥의 강성보다 훨씬 크기 때문에 부등축소가 크게 발생하는 문제가 있다.
- 외측기둥과 내부코어를 연결하는 강성이 큰 아웃리거 트러스에 부등축소에 따른 큰 추가응력이 발생한다.
- 부등축소에 따른 추가응력을 감소시키기 위해 딜레이조인트, 아웃리거댐퍼, Shim plate 등을 설치한다.

㉢ 오프셋 아웃리거시스템
- 아웃리거가 코어와 직접 연결되지 않고 수평이동되어 외부기둥만을 연결한 시스템이다.
- 일반적인 코어아웃리거 시스템은 아웃리거가 코어에 직접 연결되는 반면 오프셋 아웃리거는 코어에 직접 연결되지 않고 일정거리 떨어져 시스템을 형성한다.
- 일반적인 코어 아웃리거시스템에 비해 수평변위, 층간변위비, 전도모멘트분담비 등에서 효율이 다소 감소하지만 구조적 거동효율의 차이는 크지 않다.

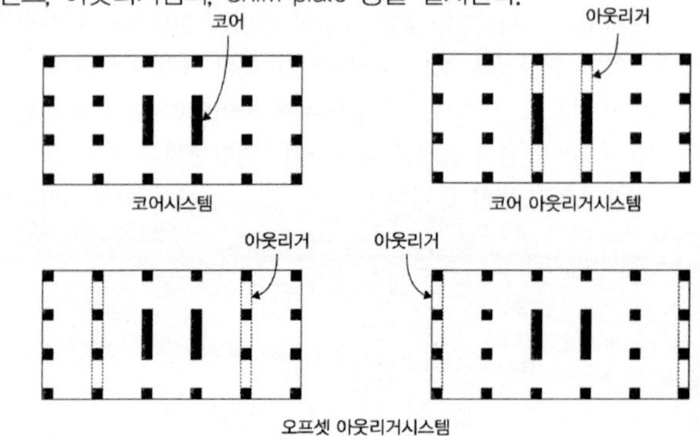

• 오프셋 아웃리거시스템이 제대로 기능을 발휘하려면 바닥슬래브의 강성이 커야하고 아웃리거와 코어 사이에서 수평 면내 전단력을 전달할 수 있을 정도의 충분한 강성이 있어야 한다. 평면계획에 유동성을 부여할 수 있다.

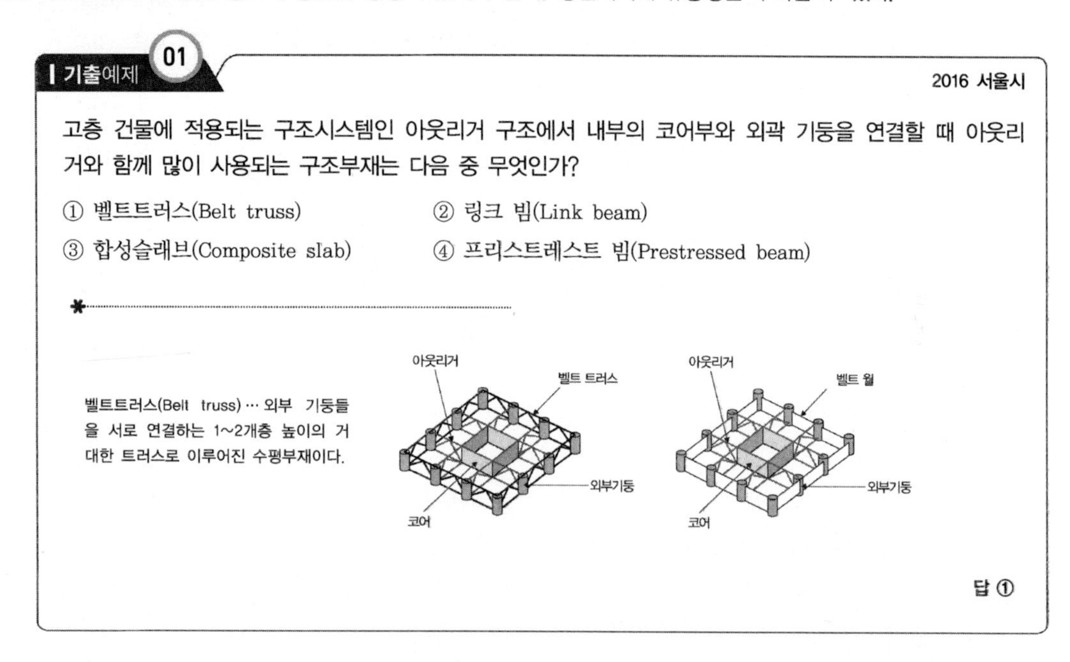

| 기출예제 01 2016 서울시

고층 건물에 적용되는 구조시스템인 아웃리거 구조에서 내부의 코어부와 외곽 기둥을 연결할 때 아웃리거와 함께 많이 사용되는 구조부재는 다음 중 무엇인가?

① 벨트트러스(Belt truss) ② 링크 빔(Link beam)

③ 합성슬래브(Composite slab) ④ 프리스트레스트 빔(Prestressed beam)

✱

벨트트러스(Belt truss) … 외부 기둥들을 서로 연결하는 1~2개층 높이의 거대한 트러스로 이루어진 수평부재이다.

답 ①

⑦ 튜브구조

㉠ 튜브구조의 정의

• 건물 외주부에 밀실한 벽과 같은 효과를 내기 위해 기둥을 매우 촘촘히 박고 이 기둥들은 춤이 큰 스팬드럴 보(수직부재를 서로 연결시켜 주는 수평부재)로 연결시켜 마치 튜브와 같은 벽체를 형성하고 외부의 기둥이 대부분의 횡력에 대해 저항하는데 이 매커니즘은 속이 빈 상자형 캔틸레버와 유사하다.

• 수평하중 저항시스템이 건물 외주부에 위치하며 내부구조체는 연직하중만 지지하면 되도록 하여 기둥이나 보의 배치가 자유롭게 된다.

TIP

보는 상대적으로 기둥보다 강성이 작으므로 같은 하중이 가해질 경우 기둥보다 보가 큰 변형을 일으키게 되고 횡방향 변위량에 더 큰 영향을 미치게 된다.

㉡ 전단지연

• 하중과 같은 횡하중이 건물에 작용할 때 하중이 외측기둥에 균등하게 배분되는 것이 아니라 코너부에 집중적으로 배분되는 현상이다. 인장응력, 압축응력이 균등하게 발생하는 이상적인 경우와는 달리 실재로는 코너부에서 상대적으로 큰 응력이 발생하고 중앙부에서는 작은 응력이 발생하게 되어 응력분포가 비선형적으로 나타나게 된다.

• 중립축에 가까운 기둥들의 전단저항능력은 코너부의 기둥들보다 작으므로 전단변형이 쉽게 일어나게 되어 응력이 감쇄되나 중립축에서 거리가 가장 먼 코너부 기둥은 강성이 크므로 큰 응력을 발생하게 되는 것이다.

- 전단지연을 방지하기 위해서는 응력분산을 위해 모서리쪽에 기둥을 촘촘히 배치하거나 스팬드럴빔의 강성을 증가시키거나 가새를 설치(브레이싱은 전단변형을 하려고 할 때 브레이스가 중간에 연결되어 인장력으로 저항을 하여 전단변형을 줄여주게 된다.)하거나 묶음튜브구조를 적용한다.

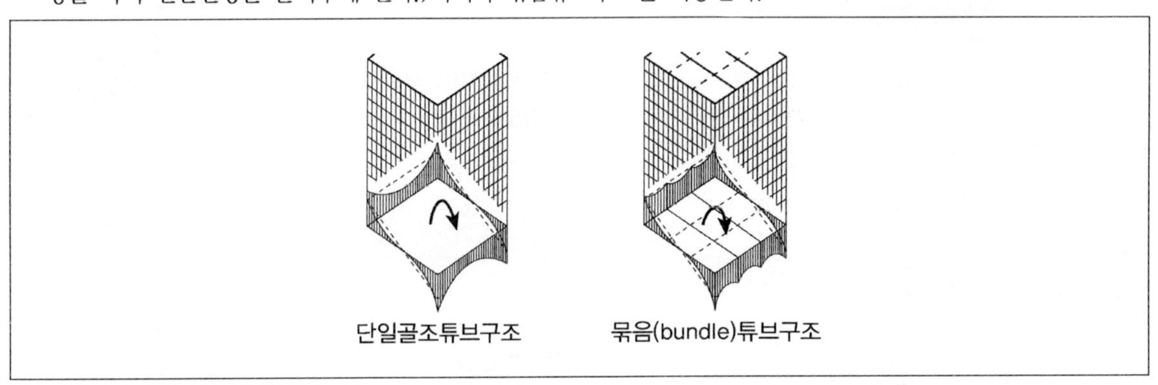

단일골조튜브구조　　묶음(bundle)튜브구조

㉢ 골조튜브구조

- 튜블러 방식중 가장 최초로 사용한 구조형식으로 외부에 기둥간격을 3m 이내로 촘촘히 배치하고 기둥사이에 큰 보를 강접합하여 연결한 형태로써 외부기둥이 구조물의 횡하중과 연직하중을 동시에 지지하게 된다.
- 건물 모서리부분의 응력이 상대적으로 커지게 되는 전단지연현상이 발생할 수 있는데 건물의 높이가 높아질수록 전단지연현상은 더 크게 나타난다.

㉣ 가새튜브구조

- 골조형 튜블러 구조는 스팬드럴보의 강성에 의해 전단변형과 같은 문제가 야기되므로 이를 방지하고 구조체의 강성을 증가 시키기 위하여 외곽에 가새를 설치하여 횡력을 부담시킨 시스템이다.
- 존 핸콕빌딩에서 처음 사용되었으며, 골조튜브가 스팬드럴보의 강성에 의해 전단지연현상과 같은 문제가 야기되므로 이를 최소화하고 강성을 증가시키기 위해 외부에 가새를 설치하여 횡력을 부담하게 한 구조이다.
- 대각선 부재인 가새는 각 교점이 모서리기둥에 접합되어 거대한 가새골조처럼 거동을 하므로 전단지연효과를 줄이게 되며, 골조튜브 방식에 비하여 기둥간격을 넓게 배치할 수 있고 캔틸레버 거동에 가까워서 횡력에도 효율적이다.
- 모서리 기둥이 큰 하중을 부담하게 되며 전체골조가 사선방향의 가새형식이 되어 횡력에는 효율적이지만 수직력에 대해서는 비경제적이다.
- 기존 튜브구조에서 중앙부의 기둥에 전달되던 축력들이 가새를 통하여 모서리기둥으로 분배가 되어 골조튜브구조에 비해 넓게 트인 공간을 형성할 수 있다.

㉤ 이중튜브구조(Tube in Tube)

- 골조튜브구조의 강성을 증가시키기 위해 내부의 코어를 가새접합된 철골구조나 콘크리트 전단벽을 배치한 구조이다.
- 외부골조튜브의 전단변형을 감소시키고 외부 튜브와의 상호작용에 의해 회전저항능력이 향상된다.
- 횡력에 대해 상층부에서는 외부튜브가 지지하고 저층부에서는 내부튜브가 지지하게 되어 보다 효율적으로 거동을 하는 방식으로 골조전단벽 구조방식과 비슷하다.

ⓑ 묶음튜브구조

- 구조 평면 중간부에 횡력과 평행한 방향으로 강성이 큰 튜브구조체를 넣어 횡력을 지지하는 방식이다.
- 내부 웨브골조와 외곽벽체골조의 변형량이 서로 큰 차이가 없이 발생하며 각각의 횡변형 강성에 따라 전단력이 분배되므로 웨브골조의 강성을 증가시켜 구조체의 효율성을 증가시켰다.
- 전단지연현상을 감소시켜 기둥에서의 응력들이 단일튜브구조보다 효율적으로 분배시킬 수 있으므로 기둥의 간격이 넓어지게 되고 보의 춤도 낮출 수 있게 된다.
- 시어스타워에 적용되었으며 4열의 강절골조가 각각의 방향으로 형성되어 서로 연결된 9개의 튜브다발(Bundled tube)을 형성하고 있다.
- 내부에 촘촘히 배열된 보와 기둥들은 하나의 다이어프램(막)처럼 되고 횡하중에 대해 캔틸레버보의 웨브처럼 작용을 하여 전단변형을 줄이고 휨강성을 증가시킨다.

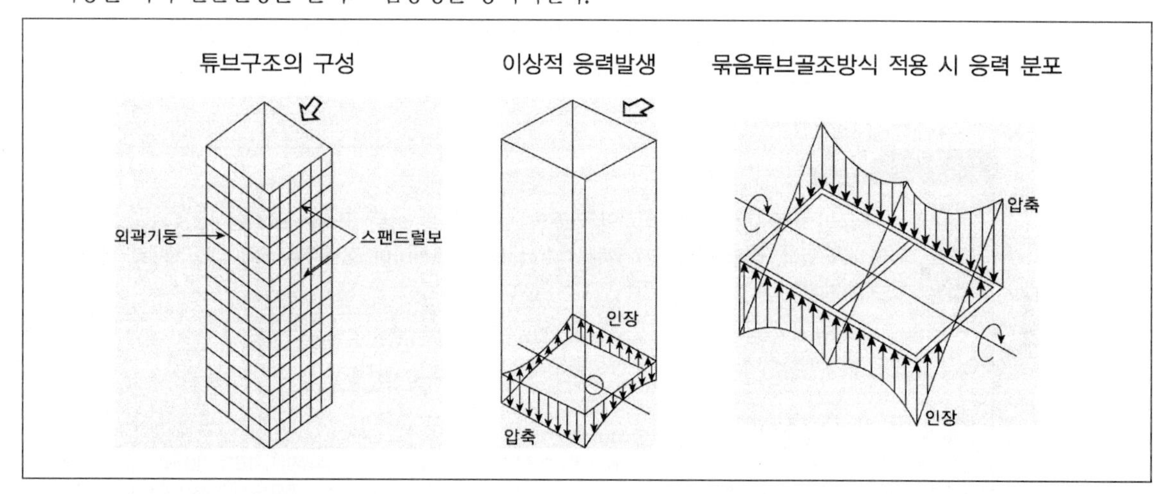

기출예제 02 2010 지방직

건물 구조시스템에 대한 설명으로 옳지 않은 것은?

① 연성모멘트골조방식은 횡력에 대한 저항능력을 증가시키기 위하여 부재와 접합부의 연성을 증가시킨 구조이다.

② 공동주택의 층간소음 저감을 위한 표준바닥구조시스템에서 슬래브의 최소 두께는 벽식구조가 라멘구조보다 두껍다.

③ 튜브를 여러 개 겹친 묶음튜브(bundled tube) 구조를 사용하면 전단지연(shear lag) 현상이 증가될 수 있으므로 주의해야 한다.

④ 아웃리거는 건물의 내부 코어와 외부 기둥을 연결하는 트러스 시스템이다.

묶음튜브구조를 적용하면 전단지연 현상이 감소하게 되며 일반튜브구조에 비해 전체적으로 안정된 구조를 이루게 된다.

답 ③

⑧ 다이어그리드 구조(대각가새시스템)

㉠ 다이어그리드는 Diagonal(대각선)과 Grid(격자)가 합쳐진 개념으로서 삼각트러스 모듈로 구성된다.

㉡ 기존의 외곽가새구조의 경우 가새가 횡력을 부담하고 기둥이 축력을 부담하면서 층간변위에 의한 전단력은 기둥이 부담하였으나 건물이 초고층화되면서 비틀림이 증대하고 과대변위가 발생하여 기둥-보로 구성된 전통적인 구조형식으로는 구조물을 지지하는데 한계가 있다.

㉢ 다이어그리드 시스템은 가새가 축력과 횡력을 동시에 부담함에 따라 층간변위에 의한 전단력이 가새의 축력으로 전달이 되어 구조적으로 더욱 안정화된다.

㉣ 삼각형의 기본모듈이 건물의 외곽을 구성하기 때문에 비틀림에 대한 저항성능이 우수하며 대각가새는 기둥과 가새의 역할을 동시에 수행한다.

㉤ 잠실역의 제2롯데월드는 이 구조방식을 적용하였다.

㉥ 대각선(diagonal)과 그리드(grid)의 합성어로 가새를 반복적으로 사용한 형태의 구조이다.

㉦ 접합부 시공이 어려워 고도의 기술이 요구된다.

기출예제 03 2015 국가직

초고층 건축물이 비틀리거나 기울어지면 기존의 수직기둥과 보로 구성된 구조형식으로는 구조물을 지지하는 데 한계가 있다. 이를 극복하기 위해서 수직기둥을 대신하여 경사각을 가진 대형가새로 횡력에 저항하는 구조시스템은?

① 아웃리거 구조시스템
② 묶음튜브 구조시스템
③ 골조-전단벽 구조시스템
④ 다이아그리드 구조시스템

✱ 다이아그리드 구조시스템은 삼각형 형상의 트러스를 기본단위구조로 하여 이를 연속적으로 조합시켜 기존의 기둥-보 구조보다 수평하중에 대한 강성을 증가시킨 구조시스템이다.

답 ④

⑨ 슈퍼프레임구조

㉠ 모듈화된 구조부재를 반복해서 겹쳐나가는 형태의 복잡한 3차원 트러스 형태와 응력이 큰 곳에 구조체를 집중적으로 배치하여 경제성, 안정성을 확보하는 구조체가 등장하였는데 이를 통칭하여 슈퍼프레임구조(메가구조)라고 부른다.

㉡ 횡하중과 연직하중에 모두 저항하기 위해 막대한 크기의 대형기둥(메가컬럼)과 전달보 형식의 트러스 수평부재를 사용하는 구조형식을 취하고 있으며 대형기둥은 횡력에 효율적으로 저항할 수 있도록 해야 한다.

㉢ 구조체는 횡력에 저항하기 충분한 강성을 확보해야 하고 연직하중과 횡하중을 지지할 수 있도록 부재의 강도가 충분해야 하므로 코너의 기둥의 크기를 크게 하고(이를 메가칼럼이라고 한다.) 각 중간 설비실층에는 벨트트러스를 넣어 횡강성을 증가시킨다.

㉣ 대부분의 초고층 건물은 아래부분이 크고 윗부분이 줄어드는 형태를 이루는데 이는 바람의 저항을 최소화하고 진동에 대한 감쇄현상에 도움을 주기 위한 것이다.

⑩ **스파인구조**(Spine structure) … 횡하중에 저항하는 부재들 간에 연속성을 부여하는 고층건물에 적합한 구조이다. 슈퍼기둥을 중심으로 하여 여러 종류의 부재를 조합한 구조이다. (Spine은 척추, 등뼈를 의미한다.)

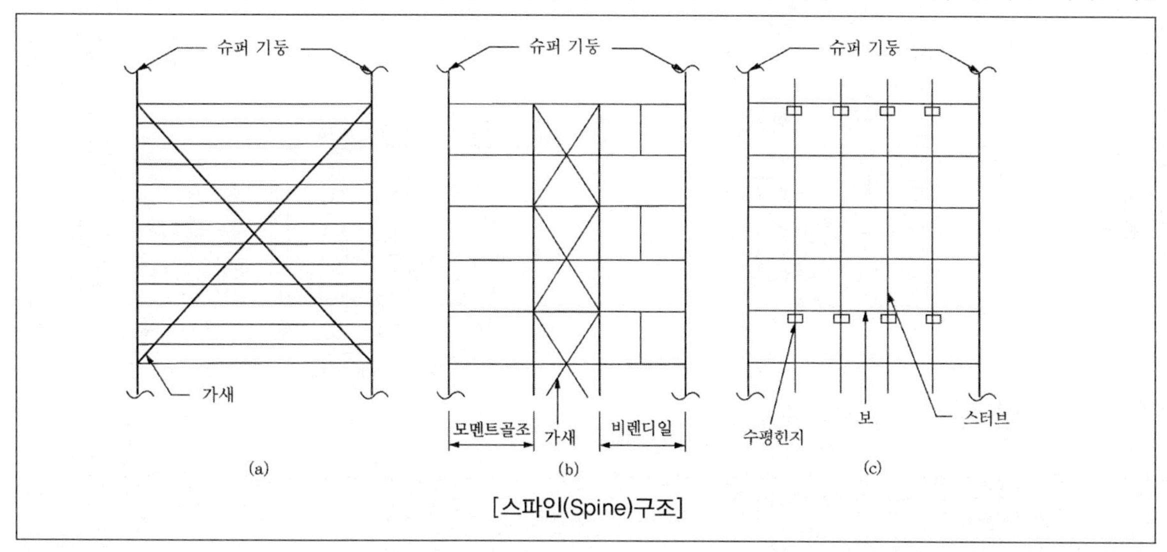

[스파인(Spine)구조]

TIP

롯데월드 슈퍼타워 적용기술들

㉠ 롯데월드타워의 무게는 약 75만톤 → 서울시민 전체 이상
㉡ 직경 1m, 길이 30m의 108개 콘크리트 파일로 지반보강
㉢ 축구장 크기 이상의 면적과 두께 6.5m의 매트기초 → 레미콘 5,210대 동원
㉣ 진도 9의 강진과 초속 80m의 내풍을 견디는 내진, 내풍성능
㉤ 아웃리거구조에 의한 흔들림제어력
㉥ 트러스골조를 유닛으로 한 Diagrid 구조
㉦ 초고강도 콘크리트 → 80MPa 이상으로, 1평방센티미터당 800kg까지 견딤
㉧ 초고압펌프에 의한 콘크리트 타설
㉨ 고성능 ACS거푸집 적용
㉩ 21,000개의 커튼월 → 모든 커튼월이 각각 모양이 다름
㉪ 초고성능 엘리베이터 → 초당 10m의 상승속도, 더블데크타입
㉫ 피난용승강기 19대 설치

checkpoint

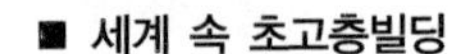

■ 세계 속 초고층빌딩

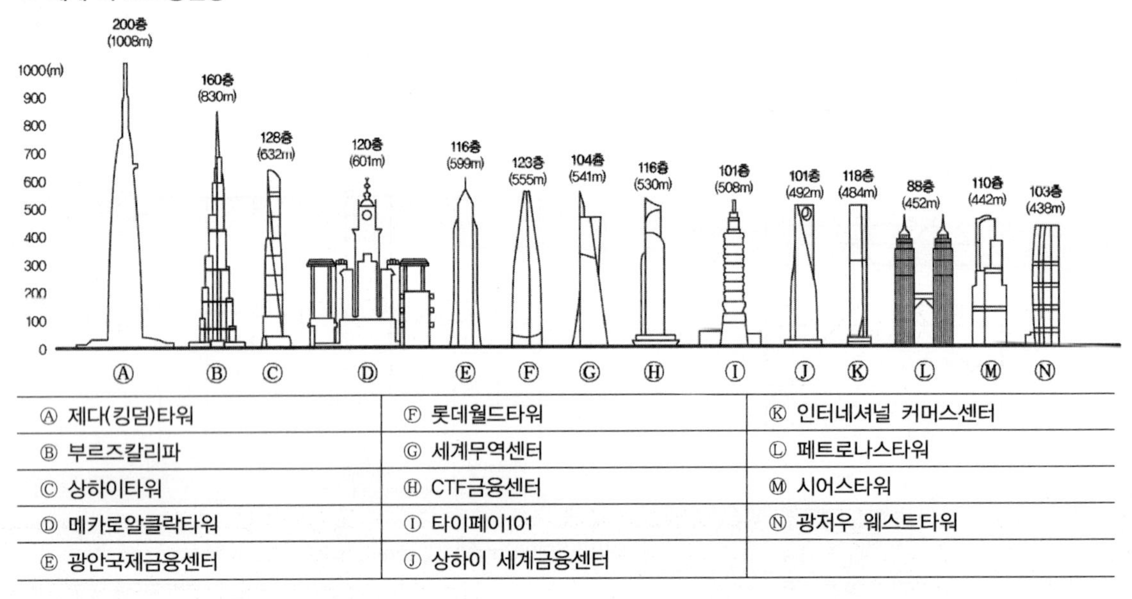

Ⓐ 제다(킹덤)타워	Ⓕ 롯데월드타워	Ⓚ 인터네셔널 커머스센터
Ⓑ 부르즈칼리파	Ⓖ 세계무역센터	Ⓛ 페트로나스타워
Ⓒ 상하이타워	Ⓗ CTF금융센터	Ⓜ 시어스타워
Ⓓ 메카로얄클락타워	Ⓘ 타이페이101	Ⓝ 광저우 웨스트타워
Ⓔ 광안국제금융센터	Ⓙ 상하이 세계금융센터	

03 건축구조기술자

❶ 책임구조기술자

(1) 책임구조기술자의 정의

건축구조분야에 대한 전문적인 지식, 풍부한 경험과 식견을 가진 전문가로서 이 기준에 따라 건축구조물의 구조에 대한 구조설계 및 구조검토, 구조검사 및 실험, 시공, 구조감리, 안전진단 등 관련 업무를 책임지고 수행하는 기술자를 말한다.

(2) 책임구조기술자의 자격

책임구조기술자는 건축구조물의 구조에 대한 설계, 시공, 감리, 안전진단 등 관련 업무를 각각 책임지고 수행하는 기술자로서, 책임구조기술자의 자격은 건축 관련 법령에 따른다.

(3) 책임구조기술자의 책무

건축구조기준의 적용을 받는 건축구조물의 구조에 대한 구조설계도서(구조계획서, 구조설계서, 구조설계도 및 구조체공사시방서)의 작성, 시공, 시공상세도서의 구조적합성 검토, 공사단계에서의 구조적합성과 구조안전의 확인, 유지 · 관리 단계에서의 구조안전확인, 구조감리 및 안전진단 등은 해당 업무별 책임구조기술자의 책임 아래 수행하여야 한다.

(4) 책임구조기술자의 서명 · 날인

① 구조설계도서와 구조시공상세도서, 구조분야 감리보고서 및 안전진단보고서 등은 해당 업무별 책임구조기술자의 서명 · 날인이 있어야 유효하다.

② 건축주와 시공자 및 감리자는 책임구조기술자가 서명 · 날인한 설계도서와 시공상세도서 등으로 각종 인 · 허가행위 및 시공 · 감리를 하여야 한다.

2 구조안전의 확인

건축구조물의 안전성, 사용성, 내구성을 확보하고 친환경성을 고려하기 위해서는 설계단계에서부터 시공, 감리 및 유지 · 관리 · 단계에 이르기까지 이 기준에 적합하여야 하며, 이를 위한 각 단계별 구조적합성과 구조안전의 확인사항은 다음과 같다.

(1) 구조설계도서의 구조안전 확인

건축구조물의 구조체에 대한 구조설계도서는 책임구조기술자가 이 기준에 따라 작성하여 구조적합성과 구조안전이 확보되도록 설계하였음을 확인하여야 한다.

(2) 시공상세도서의 구조안전 확인

시공자가 작성한 시공상세도서 중 이 기준의 규정과 구조설계도서의 의도에 적합한지에 대하여 책임구조기술자로부터 구조적합성과 구조안전의 확인을 받아야 할 도서는 다음과 같다.

① 구조체 배근시공도

② 구조체 제작 · 설치도(강구조 접합부 포함)

③ 구조체 내화상세도

④ 부구조체(커튼월 · 외장재 · 유리구조 · 창호틀 · 천정틀 · 돌붙임골조 등) 시공도면과 제작 · 설치도

⑤ 건축 비구조요소의 설치상세도(구조적합성과 구조안전의 확인이 필요한 경우만 해당)

⑥ 건축설비(기계 · 전기 비구조요소)의 설치상세도

⑦ 가설구조물의 구조시공상세도

⑧ 건설가치공학(V.E.) 구조설계도서

⑨ 기타 구조안전의 확인이 필요한 도서

(3) 시공 중 구조안전 확인

시공과정에서 구조적합성과 구조안전을 확인하기 위하여 책임구조기술자가 이 기준에 따라 수행해야 하는 업무의 종류는 다음과 같다.

① 구조물 규격에 관한 검토 · 확인

② 사용구조자재의 적합성 검토 · 확인

③ 구조재료에 대한 시험성적표 검토

④ 배근의 적정성 및 이음 · 정착 검토

⑤ 설계변경에 관한 사항의 구조검토 · 확인

⑥ 시공하자에 대한 구조내력검토 및 보강방안

⑦ 기타 시공과정에서 구조의 안전이나 품질에 영향을 줄 수 있는 사항에 대한 검토

(4) 유지 · 관리 중 구조안전 확인

유지 · 관리 중에 이 기준에 따라 구조안전을 확인하기 위하여 건축주 또는 관리자가 책임구조기술자에게 의뢰하는 업무의 종류는 다음과 같다.

① 안전진단

② 리모델링을 위한 구조검토

③ 용도변경을 위한 구조검토

④ 증축을 위한 구조검토

checkpoint

■ 건축물 안전진단

- 정기안전점검 : 경험과 기술을 갖춘 자에 의한 세심한 외관조사 수준의 점검으로서 시설물의 기능적 상태를 판단하고 시설물이 현재의 사용요건을 계속 만족시키고 있는지 확인하기 위한 관찰로 이루어지며 점검자는 시설물의 전반적인 외관형태를 관찰하여 중대한 결함을 발견할 수 있도록 세심한 주의를 기울여야 한다. (6개월마다 1회에 걸쳐 시행해야 한다.)
- 정밀점검 : 시설물의 현재 상태를 정확히 판단하고, 최초 및 이전에 기록된 상태로부터 변화를 확인하며 구조물이 현재의 사용조건을 계속 만족시키고 있는지 확인하기 위하여 면밀한 외관조사와 간단한 측정 · 시험장비로 필요한 측정 및 시험을 실시한다. [A등급(우수)일 경우 4년에 1회 이상, B~C등급(양호/보통)일 경우 3년에 1회 이상, D~E등급(미흡/불량)일 경우 2년에 1회 이상 시행해야 한다.]
- 정밀안전진단 : 관리주체가 안전점검을 실시한 결과 시설물의 재해 및 재난 예방과 안전성 확보 등을 위하여 필요하다고 인정하는 경우에 실시하는 진단으로서 정기안전점검으로 쉽게 발견할 수 없는 결함부위를 발견하기 위하여 정밀한 외관조사와 각종 측정 · 시험장비에 의한 측정 · 시험을 실시하여 시설물의 상태평가 및 안전성평가에 필요한 데이터를 확보하기 위함이다. [시설물의 안전 및 유지관리에 관한 특별법에 따른 1종 시설물로서 완공 후 10년이 지난 때부터 1년 이내에 실시하여야 하며, 그 후에는 이전 정밀안전진단을 완료한 날을 기준으로 A등급(우수)일 경우 6년에 1회 이상, B~C등급(양호/보통)일 경우 5년에 1회 이상, D~E등급(미흡/불량)일 경우 4년에 1회 이상 실시하여야 한다.]

등급	상태
A(우수)	문제점이 없는 최상의 상태
B(양호)	보조부재에 경미한 결함이 발생하였으나, 기능 발휘에는 지장이 없으며 내구성 증진을 위하여 일부의 보수가 필요한 상태
C(보통)	주요부재에 경미한 결함 또는 보조부재에 광범위한 결함이 발행하였으나 전체적인 시설물의 안전에는 지장이 없으며, 주요부재에 내구성 · 기능성 저하방지를 위한 보수가 필요하거나 보조부재에 간단한 보강이 필요한 상태
D(미흡)	주요부재에 결함이 발생하여 긴급한 보수 · 보강이 필요하며 사용제한 여부를 결정하여야 하는 상태
E(불량)	주요부재에 발생한 심각한 결함으로 인하여 시설물의 안전에 있어 즉각 사용을 금지하고 보강 또는 개축을 하여야 하는 상태

■ **제1종 시설물, 제2종 시설물, 제3종 시설물 (시설물 안전 및 유지관리에 관한 특별법)**

• 제1종 시설물
- 공동주택 외의 건축물로서 21층 이상 또는 연면적 5만제곱미터 이상의 건축물
- 연면적 3만제곱미터 이상의 철도역시설 및 관람장
- 연면적 1만제곱미터 이상의 지하도상가(지하보도면적을 포함)

• 제2종 시설물
- 16층 이상 20층 이하의 공동주택
- 1종 시설물에 해당하지 아니하는 공동주택 외의 건축물로서 16층 이상 또는 연면적 3만제곱미터 이상의 건축물
- 1종 시설물에 해당하지 아니하는 고속철도, 도시철도 및 광역철도 역시설
- 1종 시설물에 해당하지 않는 다중이용건축물 및 연면적 5천제곱미터 이상의 전시장
- 1종 시설물에 해당하지 않는 연면적 5천제곱미터 이상의 지하도상가(지하보도면적을 포함)

• 제3종 시설물
- 준공 後 15년이 경과된 5층 이상 15층 이하의 공동주택
- 준공 後 15년이 경과된 연면적 660제곱미터를 초과하고 4층 이하인 연립주택
- 준공 後 15년이 경과된 연면적 1천제곱미터 이상 5천제곱미터 미만인 판매시설, 숙박시설, 운수시설, 문화 및 집회시설, 의료시설, 장례식장, 종교시설, 위락시설, 관광휴게시설, 수련시설, 노유자시설, 운동시설, 교육시설
- 준공 後 15년이 경과된 연면적 5백제곱미터 이상 1천제곱미터 미만의 문화 및 집회시설 중 공연장 및 집회장, 종교시설, 운동시설
- 준공 後 15년이 경과된 연면적 3백제곱미터 이상 1천제곱미터 미만의 위락시설, 관광휴게시설
- 준공 後 15년이 경과된 11층 이상 16층 미만의 위락시설 또는 연면적 5천제곱미터 이상 3만제곱미터 미만의 건축물
- 준공 後 15년이 경과된 연면적 1천제곱미터 이상의 공공청사
- 5천제곱미터 미만의 상가가 설치된 지하도상가(지하보도면적 포함)

TIP

구조안전 및 내진설계 확인서 예시(소규모건축물 – 콘크리트구조)

1) 공사명				
2) 대지위치				
3) 규모	지상 2층 층고	m	층수	지하( )층 / 지상( )층
	지상 1층 층고	m	연면적	㎡
	지하층 층고	m		
4) 용도	주거 시설( ) / 근린생활 시설( )			*「소규모건축구조기준」 참조
5) 구조형식	횡구속골조( ) / 비횡구속골조( )			
6) 적용제한	설계 하중	바닥 고정하중 초과 유무	유 / 무	
		바닥 활하중 초과 유무	유 / 무	
		적설하중 초과지역 해당	유 / 무	
		풍하중 초과지역 해당	유 / 무	
	구조 계획	수직부재 불연속	유 / 무	
		1,2층 구조형식 동일성	유 / 무	
		캔틸레버보	유 / 무	
			길이 m	* 최대 1.5m 이하
7) 평면 계획	평면 크기	가로길이 :	m	* 가로 세로 비율
		세로길이 :	m	1 : 5 이하
	기둥경간	최대 m,	최소	m
	보 배치간격	최대 m,	최소	m
8) 재료 강도	콘크리트	f_{ck} = MPa	철근	f_y = MPa
9) 슬래브	단변방향 최대경간	m	두께	mm
10) 보	구분	최대경간(m)	단면크기(mm)	
			폭	깊이
	작은보			
	큰보			
	작은보를 지지하는 큰보			
11) 기둥	최대누적부하면적(㎡)		단면크기(mm)	
			폭	깊이
	2층 기둥			
	1층 기둥			
	지하층 기둥			
12) 기초	매립지역/연약한 토사지반 해당 유무		유 / 무	
	기초형식/두께		기둥하부: / 벽체하부: /	
13) 전단벽	배치 방향	총 벽체길이(m)		벽체두께(mm)
		1층	2층	
	가로 방향			
	세로 방향			
14) 비구조요소	건축 비구조요소			공사단계에서 확인이 필요한 비구조요소 기재
	기계 · 전기 비구조요소			
15) 특이사항				

「건축법」 제48조 및 같은 법 시행령 제32조에 따라 건축물의 구조안전 및 내진설계 확인서를 제출합니다.

년 월 일

작성자(설계자) : (인)

주소 : / 연락처 :

최근 기출문제 분석

2020 국가직

1 건축구조물의 구조설계 원칙으로 규정되어 있지 않은 것은?

① 친환경성

② 경제성

③ 사용성

④ 내구성

TIP 건축구조물의 구조설계 원칙

㉠ 안전성 : 건축구조물은 유효적절한 구조계획을 통하여 건축구조물 전체가 각종 하중에 대해 구조적으로 안전하도록 한다.

㉡ 사용성 : 건축구조물은 사용에 지장이 되는 변형이나 진동이 생기지 아니하도록 충분한 강성과 인성의 확보를 고려한다.

㉢ 내구성 : 구조부재로서 특히 부식이나 마모훼손의 우려가 있는 것에 대해서는 모재나 마감재에 이를 방지할 수 있는 재료를 사용하는 등 필요한 조치를 취한다.

㉣ 친환경성 : 건축구조물은 저탄소 및 자원순환 구조부재를 사용하고 피로저항성능, 내화성, 복원가능성 등 친환경성의 확보를 고려한다.

2019 지방직

2 강관이나 파이프가 입체적으로 구성된 트러스로 중간에 기둥이 없는 대공간 연출이 가능한 구조는?

① 절판구조

② 케이블구조

③ 막구조

④ 스페이스 프레임구조

TIP 스페이스 프레임구조는 강관이나 파이프가 입체적으로 구성된 트러스로 중간에 기둥이 없는 대공간 연출이 가능한 구조이다.

Answer 1.② 2.④

2018 제1회 지방직

3 인장력만을 이용하는 구조 형식은?

① 케이블(Cable) 구조

② 돔(Dome) 구조

③ 볼트(Vault) 구조

④ 아치(Arch) 구조

TIP 케이블구조는 인장력만을 이용하는 전형적인 구조이다.

2017 국가직

4 공업화 건축 중에서 모듈러 공법의 특징으로 옳지 않은 것은?

① 건물의 해체 및 재설치가 용이하다.

② 기존 공법보다 공기를 단축할 수 있다.

③ 주요 구성 재료의 현장생산과 현장조립에 의한 고품질 확보가 가능하다.

④ 현장인력을 줄일 수 있어 현장 통제가 용이해진다.

TIP 모듈러 공법은 주요 구성 재료의 공장생산 및 공장조립에 의한 고품질의 확보가 이루어진다.

Answer 3.① 4.③

출제 예상 문제

1 다음 중 지진에 가장 약한 구조는?

① 철근 콘크리트 구조
② 철골 구조
③ 목 구조
④ 벽돌 구조

TIP 벽돌 구조
㉠ 장점
- 시공방법 및 그 구조가 간단하다.
- 내구적이다.
- 방화적이다.
- 외관이 미려하고 장중하다.
- 방서 · 방한적이다.

㉡ 단점
- 대형건물이나 고층에 사용이 불가능하다.
- 횡력, 지진, 수평력에 약하다.
- 건축물의 자중이 무겁다.
- 벽체에 습기가 차기 쉽다.

2 다음 중 구성 양식에 따른 분류에 속하지 않는 것은?

① 내진 구조
② 일체식 구조
③ 가구식 구조
④ 조적식 구조

TIP **건축 구조의 분류**
㉠ **재료에 따른 분류**: 목 구조, 조적식 구조, 블록 구조, 철근 콘크리트 구조, 철골 구조, 철골 철근 콘크리트 구조, 돌 구조
㉡ **구성 양식에 따른 분류**: 가구식 구조, 조적식 구조, 일체식 구조
㉢ **시공상 분류**: 건식 구조, 습식 구조

Answer 1.④ 2.①

3 **구조 계획에 관한 설명으로 옳지 않은 것은?**

① 철골조에서는 가새골조, 칸막이벽의 배치상황에 따라 비틀림 현상이 생길 수 있다.
② 전단벽이나 가새는 수평력 부담률에 알맞는 강도와 강성이 필요하다.
③ 건물의 비틀림 강성을 높이기 위해서는 전단벽이나 가새를 평면상 외주부보다도 중심부에 배치함이 유리하다.
④ 전단벽이나 가새골조가 충분한 역할을 하기 위해서는 바닥구조의 충분한 강도와 강성이 필요하다.

TIP ③ 비틀림 응력은 재축에 가까운 곳에는 거의 응력을 받지 않으므로, 비틀림 강성을 높이기 위해 설치하는 전단벽이나 가새는 주로 외주부에 배치된다. 가새의 경우에는 실내에도 설치해야 하므로 건물 사용의 불편을 덜기 위해서 중앙 복도를 피하여 균등하게 분산시킨다.

4 **건축 구조의 분류에 의한 설명 중 옳지 않은 것은?**

① 조립식 구조는 경제적이나 공기가 길다.
② 조적식 구조는 조적 단위 재료의 접착 강도가 클수록 좋다.
③ 일체식 구조는 각 부분 구조가 일체화되어 비교적 균일한 강도를 가진다.
④ 가구식 구조는 각 부재의 접합 및 짜임새에 따라 구조체의 강도가 좌우된다.

TIP **조립식 구조** … 인건비 및 재료비의 절약으로 공사비가 절약되며 기계화 시공으로 공사기간도 단축된다.

5 **다음 설명 중 옳지 않은 것은?**

① 구조 내력이라 함은 구조 내력상 주요한 부분인 구조 부재와 접합부 등이 견디는 응력이다.
② 벽이라 함은 두께에 직각으로 측정한 수평치수가 그 두께의 2배를 넘는 수직부재이다.
③ 가새골조라 함은 트러스 방식으로서 주로 축방향 응력을 받는 부재로 구성된 가새방식이다.
④ 층간변위라 함은 인접층 사이의 상대수평변위이다.

TIP **벽** … 두께에 직각으로 측정하여 수평치수가 그 두께의 3배를 넘는 수직부재이다.

Answer 3.③ 4.① 5.②

6 **다음 중 조립식 구조의 특징으로 옳지 않은 것은?**

① 현장 기후조건의 영향을 적게 받는다.
② 대량생산이 가능하다.
③ 접합부의 강성이 크다.
④ 부재와 크기가 정확하다.

TIP 조립식 구조의 특징
㉠ 접합부가 일체화 될 수 없어 접합부 강성이 취약하다.
㉡ 공장생산으로 대량생산이 가능하므로 소규모 공사에는 불리하다.
㉢ 규격화된 제품으로 아파트, 공장, 사무실 등에 유리하다.
㉣ 기성제품으로 현장에서 조립을 하는 과정뿐이기에 현장 기후조건의 영향을 적게 받는다.

7 **건식 구조에 관한 설명 중 옳지 않은 것은?**

① 시공이 간단하다.
② 공사기간이 길다.
③ 겨울에도 시공이 가능하다.
④ 구조의 대량생산이 가능하다.

TIP 건식 구조 … 물이나 흙을 사용하지 않고 뼈대를 가구식으로 하여 기성재를 짜맞춘 구조로 재료가 규격화, 경량화된다. 기성제품이기 때문에 공사기간이 짧으며 겨울에도 시공이 가능하다.

8 **목 구조에 관한 설명 중 옳지 않은 것은?**

① 공사기간이 짧다.
② 외관이 미려하며 인간친화적이다.
③ 내화 및 내구성에 강하다.
④ 시공이 간단하다.

TIP 목 구조는 나무로 만드는 것이므로 내화 및 내구성에 제일 취약하다.

Answer 6.③ 7.② 8.③

9 **다음 각 구조의 장 · 단점이 옳은 것은?**

① 철근 콘크리트 구조 – 공사기간이 길지만 균일한 시공이 용이하다.
② 목 구조 – 외관이 미려하며 인간친화적이고 내화 및 내구성이 강하다.
③ 블록 구조 – 방화에 강하고 경량이며 공사비가 적다.
④ 돌 구조 – 횡력에 가장 강하다.

TIP ① 공사기간이 길고 균일한 시공이 곤란하다.
② 내화 및 내구성에 취약하다.
④ 지진, 횡력에 약하다.

10 **내화력이 가장 뛰어난 구조는?**

① 일체식 구조
② 목골 구조
③ 목 구조
④ 철골 구조

TIP 일체식 구조는 미리 설치된 철근 또는 철골에 콘크리트를 부어넣어서 굳게 되면 전 구조체가 일체가 되도록 한 구조로 내구, 내진, 내화성에 강하다. 그 주조의 종류에는 철근 콘크리트 구조와 철골 철근 콘크리트 구조가 있다.

11 **내화력에 가장 약한 구조는?**

① 철근 콘크리트 구조
② 벽돌 구조
③ 시멘트 벽돌 구조
④ 철골 구조

TIP 철골 구조는 가구식 구조로, 콘크리트나 다른 재료로 피복되지 않은 상태이므로 화열에 대단히 약한 구조체이다.

12 **공사비가 고가이고 비교적 내화성이 떨어지는 구조는?**

① 시멘트 블록 구조
② 철근 콘크리트 구조
③ 철골 구조
④ 나무 구조

TIP 철골 구조는 비교적 내화성과 내구성이 떨어지면서 공사비가 고가이다.

Answer 9.③ 10.① 11.④ 12.③

13 습식 구조에 속하지 않는 것은?

① 조립식 구조

② 철근 콘크리트 구조

③ 벽돌 구조

④ 철골 철근 콘크리트 구조

TIP ① 구조의 자재를 일정한 공장에서 생산하여 가공하고 부분 조립하여 공사현장에서 짜 맞추는 조립구조이다.
※ **습식 구조** … 철근 콘크리트 구조, 철골 철근 콘크리트 구조, 벽돌 구조 등 물을 사용하는 방식이다.

14 다음의 구성 양식에 의한 분류 중 옳지 않게 연결된 것은?

① 철골조는 가구식 구조이다.

② 철근 콘크리트 구조는 일체식 구조이다.

③ 목 구조는 일체식 구조이다.

④ 벽돌조는 조적식 구조이다.

TIP ③ 목 구조는 가구식 구조이다.

15 철골 철근 콘크리트 구조의 설명 중 옳지 않은 것은?

① 고층건물과 대규모 건물에 적합한 구조이다.

② 지진과 화재에 대단히 약하다.

③ 공사비가 비싸다.

④ 건물의 중량이 크다.

TIP 철골 철근 콘크리트 구조
㉠ 장점 : 내진 · 내화 · 내구성이 좋다, 장스팬, 고층건물에 강하다.
㉡ 단점 : 공기가 길고 공사비가 비싸며 시공하기에 복잡하다.

Answer 13.① 14.③ 15.②

16 횡력에 가장 약한 구조물은 어느 것인가?

① 목 구조　　② 철골 구조
③ 석 구조　　④ 철근 콘크리트 구조

TIP 횡력에 약한 구조는 벽돌 구조, 블록 구조, 석 구조가 있는데 그 중 가장 약한 구조는 석 구조이다.

17 다음 중 구성 양식에 의한 분류는?

① 현장 구조　　② 조립 구조
③ 가구식 구조　　④ 건식 구조

TIP 구성 양식에 의한 분류
㉠ 가구식 구조(Post ; Lintel) : 가늘고 긴 부재를 이음과 맞춤에 의해서 즉, 강재나 목재 등을 접합하여 뼈대를 만드는 구조이다.
㉡ 조적식 구조(Masonry) : 개개의 단일개체를 접착제로 쌓아 올린 구조이다.
㉢ 일체식 구조(Monlithic) : 미리 설치된 철근 또는 철골에 콘크리트를 부어넣어서 굳게 되면 전 구조체가 일체가 되도록 한 구조이다.

18 다음 중 철골 철근 콘크리트 구조의 설명으로 옳지 않은 것은?

① 철근 콘크리트 구조보다 시공의 정도가 좋지 못하다.
② 철근 콘크리트 구조보다 내력상 더 우수하다.
③ 내화, 내진, 내구 구조이다.
④ 가격 부담이 크다.

TIP ① 철골 철근 콘크리트는 철근 콘크리트로 피복을 한다거나 뼈대에 형강재 등으로 씌우고 보강한 구조로 시공하는 것이기에 철근 콘크리트보다 시공의 정도가 양호하다.

Answer 16.③ 17.③ 18.①

19 다음은 각 구조의 특징이다. 연결이 옳지 않은 것은?

① 블록 구조 – 공사비가 저렴하며 경량이다.
② 철골 구조 – 내구성 및 내화성이 강하다.
③ 벽돌 구조 – 시공이 간편하며 횡력에 약하다.
④ 철근 콘크리트 구조 – 중량이 무겁고 공사비가 비싸다.

TIP 철골 구조는 공기가 짧고 시공이 용이하여 장스팬에 유리하나 내구성 및 내화성이 취약부분이다.

20 다음 중 조적식 구조에 대한 설명으로 옳지 않은 것은?

① 횡력에 강하다.
② 시공이 간편하다.
③ 벽돌 구조, 블록 구조, 석 구조 등이 있다.
④ 개개의 단일개체를 접착제로 쌓아올린 구조이다.

TIP 조적식 구조
㉠ 개념 : 개개의 단일개체를 접착제로 쌓아올린 구조이다.
㉡ 장점 : 시공이 간편하고 내화, 내구성이 좋다.
㉢ 단점 : 횡력에 약하며 균열이 쉽게 생기고 습기에 약하다.
㉣ 종류 : 벽돌 구조, 블록 구조, 석 구조 등이 있다.

21 다음 중 습식 구조에 대한 설명은?

① 부재 배치와 절점의 강성에 따라 강도가 좌우되는 구조이다.
② 구조의 자재를 일정한 공장에서 생산한 후 가공하고 조립하여 공사현장에서 짜 맞추는 구조이다.
③ 물과 흙을 사용하여 시공하는 구조이다.
④ 공사기간이 짧으며 겨울에도 시공이 가능하다.

TIP 습식 구조는 건식 구조와 반대되는 구조로, 물을 사용하여 하는 시공 구조이며, 철근 콘크리트 구조, 조적식 구조가 있다.

Answer 19.② 20.① 21.③

22 다음 중에 습식 구조가 아닌 것은?

① 벽돌 구조
② 조립식 구조
③ 철근 콘크리트 구조
④ 철골 철근 콘크리트 구조

TIP **습식 구조**(Wet construction) … 물을 사용하기 때문에 동절기 공사가 곤란하며 공사기간이 길고 품질관리가 어렵다. 철근 콘크리트 구조, 벽돌 구조, 철골 철근 콘크리트 구조 등이 이에 속한다.

23 다음 중 각 구조에 대해서 잘못 연결된 것은?

① 철골 구조 – 일체식 구조
② 석 구조 – 조적식 구조
③ 철근 콘크리트 구조 – 일체식 구조
④ 목 구조 – 가구식 구조

TIP ① 철골 구조는 가구식 구조에 속한다. 가구식 구조는 가늘고 긴 부재를 이음과 맞춤에 의해서 뼈대를 만드는 구조로 철골 구조 이외에 나무 구조가 있다.

24 다음 구조 방법 중 비교적 초기 설계하기가 자유로운 구조는?

① 벽돌 구조
② 철골 구조
③ 철근 콘크리트 구조
④ 목 구조

TIP 철근 콘크리트 구조는 설계 시에 공간 자유도를 극대화시킬 수 있으며 설계하기가 자유로운 구조이다.

25 다음의 블록 구조의 장 · 단점 중 옳지 않은 것은?

① 수직력에 약하다.
② 대건축물, 고층건물에 부적합하다.
③ 대량생산이 가능하다.
④ 경량이다.

TIP **블록 구조** … 대량생산이 가능하여 공사비가 적게 들고, 방화에 강하며, 경량이다. 또한 균열과 횡력에 약하기 때문에 대건축물, 고층건물에 사용하기에는 부적합하다.

Answer 22.② 23.① 24.③ 25.①

26 다음 중 하중의 종류에 대한 설명으로 바르지 않은 것은?

① 고정하중은 건축물의 구조부와 설비시설 및 고정되어 있는 비내력 부분 등의 중량을 전부 포함한 하중을 말한다.

② 활하중은 사람, 물품 등 건축물의 각 실 및 바닥의 용도에 따라 변경되는 하중을 말한다.

③ 설하중, 풍하중은 장기하중에 속하며 지진하중은 단기하중에 속한다.

④ 장기하중은 고정하중과 활하중을 합한 것이다.

TIP 단기하중은 구조물에 단시간 동안(일시적으로) 작용하는 하중으로 장기하중에 기타하중(설하중, 풍하중, 지진하중, 충격하중 등)을 합한 것을 말한다.

27 다음 보기는 여러 가지 구조방식들을 설명하고 있다. 보기의 빈칸에 들어갈 말로 알맞은 것을 순서대로 나열한 것은?

- 이중골조시스템은 횡력의 (가) 이상을 부담하는 모멘트 연성골조가 가새골조나 전단벽에 조합되는 방식으로서 중력하중에 대해서도 모멘트연성골조가 모두 지지하는 구조이다.
- (나)는 경사가새가 설치되어 가새부재 양단부의 한쪽 이상이 보-기둥 접합부로부터 약간의 거리만큼 떨어져 보에 연결되어 있는 구조시스템이다.
- (다)는 기둥과 보로 구성하는 라멘골조가 횡력과 수직하중을 저항하는 구조이다.

	(가)	(나)	(다)
①	25%	편심가새골조	모멘트골조
②	20%	중심가새골조	횡구속골조
③	33%	특수중심가새골조	비가새골조
④	50%	좌굴방지가새골조	건물골조

TIP
- 이중골조시스템은 횡력의 25% 이상을 부담하는 모멘트 연성골조가 가새골조나 전단벽에 조합되는 방식으로서 중력하중에 대해서도 모멘트연성골조가 모두 지지하는 구조이다.
- 편심가새골조는 경사가새가 설치되어 가새부재 양단부의 한쪽 이상이 보-기둥 접합부로부터 약간의 거리만큼 떨어져 보에 연결되어 있는 구조시스템이다.
- 모멘트골조는 기둥과 보로 구성하는 라멘골조가 횡력과 수직하중을 저항하는 구조이다.

Answer 26.③ 27.①

28 **다음은 입체트러스(스페이스프레임)구조에 관한 사항들이다. 이 중 바르지 않은 것은?**

① 입체트러스구조는 단위트러스 여러 개를 입체적으로 짜서 넓은 평판이나 곡면을 구성한 것이다.
② 입체트러스구조는 기본적으로 선형부재 및 부재를 서로 연결하는 조인트볼로 구성된다.
③ 구조체의 최소 그리드가 일반적으로 작기 때문에 2차 부재를 필히 고려해야 한다.
④ 무지주 대공간 구조시스템의 일종으로서 구조물을 이루는 각 단위구조의 특성에 따라 연속체로 치환된 전체구조물의 특성으로 보인다.

TIP 입체트러스구조는 구조체의 최소 그리드가 일반적으로 작기 때문에 2차 부재를 생략할 수 있다.

29 **다음은 골조-아웃리거시스템에 관한 사항들이다. 이 중 바르지 않은 것은?**

① 벨트 트러스는 구조물의 외곽을 따라 설치되어 있는 트러스층이다.
② 아웃리거란 내부코어와 벨트트러스를 연결시켜 주는 벽 혹은 트러스층이다.
③ 횡력(수평력)은 주로 아웃리거가 부담하고 연직하중은 코어전단벽이 부담한다.
④ 코어의 강성은 외부기둥의 강성보다 훨씬 크기 때문에 부동축소가 크게 발생하는 문제가 있다.

TIP 아웃리거시스템은 횡력(수평력)은 코어전단벽과 외부기둥이 주로 분담하고, 전도모멘트는 코어와 외부기둥이 분담하여 저항한다. 아웃리거는 코어에 발생하는 모멘트를 외부기둥에 전달하는 역할을 하는 부재이다.

30 **다음 중 오프셋 아웃리거시스템에 대하여 잘못 설명한 것은?**

① 일반적인 코어 아웃리거시스템은 아웃리거가 코어에 직접 연결되는 반면 오프셋 아웃리거는 코어에 직접 연결되지 않고 일정거리 떨어져 시스템을 형성한다.
② 일반적인 코어 아웃리거시스템에 비해 수평변위, 층간변위비, 전도모멘트분담비 등에서 효율이 다소 감소하지만 구조적 거동효율의 차이는 크지 않다.
③ 오프셋 아웃리거시스템은 아웃리거가 코어와 직접 연결된 상태에서 외부기둥만을 연결한 시스템이다.
④ 오프셋 아웃리거시스템이 제대로 기능을 발휘하려면 바닥슬래브의 강성이 커야하고 아웃리거와 코어 사이에서 수평 면내 전단력을 전달할 수 있을 정도의 충분한 강성이 있어야 한다.

TIP 오프셋 아웃리거시스템은 아웃리거가 코어와 직접 연결되지 않고 수평이동되어 외부기둥만을 연결한 시스템이다.

Answer 28.③ 29.③ 30.③

31 다음 중 튜브구조에 관한 설명으로 바르지 않은 것은?

① 일반적으로 밀실한 벽과 같은 효과를 내기 위해서 기둥을 촘촘히 박는다.
② 수평력(횡력)에 의해 캔틸레버 거동을 하는 거대한 부재로 볼 수 있다.
③ 수평하중 저항시스템이 건물 내부에 위치하며 외부구조체는 연직하중만 지지하면 되도록 하여 기둥이나 보의 배치가 자유롭게 된다.
④ 건물 외주부에 강성이 큰 저항시스템을 배치하여 튜브를 형성하는 시스템이다.

TIP 수평하중 저항시스템이 건물 외주부에 위치하며 내부구조체는 연직하중만 지지하면 되도록 하여 기둥이나 보의 배치가 자유롭게 된다.

32 다음 중 다이아그리드(Diagrid)구조 시스템에 관한 설명으로 바르지 않은 것은?

① 가새가 축력과 횡력을 동시에 부담함에 따라 층간변위에 의한 전단력이 가새의 축력으로 전달이 되어 구조적으로 더욱 안정화된다.
② 서울에 위치한 롯데월드타워는 이 구조방식을 적용하였다.
③ 삼각형의 기본모듈이 건물의 외곽을 구성하기 때문에 비틀림에 대한 저항성능이 우수하다.
④ 접합부 시공이 용이하여 다른 구조시스템에 비해 공기가 단축되는 이점이 있다.

TIP
다이아그리드구조시스템은 접합부의 시공이 어려워 고도의 기술이 요구된다.

33 다음 보기에서 설명하고 있는 구조시스템은?

횡하중에 저항하는 부재들 간에 연속성을 부여하는 고층건물에 적합한 구조로서 슈퍼기둥을 중심으로 하여 여러 종류의 부재를 조합한 구조시스템이다.

① 메가칼럼구조
② 스파인구조
③ 특수모멘트골조
④ 모멘트연성골조

TIP 스파인구조(Spine Structure) … 횡하중에 저항하는 부재들 간에 연속성을 부여하는 고층건물에 적합한 구조로서 슈퍼기둥을 중심으로 하여 여러 종류의 부재를 조합한 구조시스템이다.

Answer 31.③ 32.④ 33.②

34 책임구조기술자는 구조안전을 확인하고 이에 대해서 책임을 지는 기술자이다. 다음 중 책임구조기술자가 확인해야 하는 시공 중 구조안전 확인사항에 속하지 않은 것을 모두 고르면?

> ㉠ 사용구조자재 적합성 확인
> ㉡ 리모델링을 위한 구조검토
> ㉢ 설계변경에 관한 사항의 구조검토 · 확인
> ㉣ 배근의 적정성 및 이음 · 정착 검토
> ㉤ 구조재료에 대한 시험성적표 검토
> ㉥ 용도변경을 위한 구조검토

① ㉠, ㉢
② ㉡, ㉤
③ ㉢, ㉣
④ ㉡, ㉥

TIP ㉡, ㉥은 유지관리 중 구조안전확인사항이다.

시공과정에서 구조적합성과 구조안전을 확인하기 위하여 책임구조기술자가 이 기준에 따라 수행해야하는 업무의 종류는 다음과 같다.

㉠ 구조물 규격에 관한 검토 · 확인
㉡ 사용구조자재의 적합성 검토 · 확인
㉢ 구조재료에 대한 시험성적표 검토
㉣ 배근의 적정성 및 이음 · 정착 검토
㉤ 설계변경에 관한 사항의 구조검토 · 확인
㉥ 시공하자에 대한 구조내력검토 및 보강방안
㉦ 기타 시공과정에서 구조의 안전이나 품질에 영향을 줄 수 있는 사항에 대한 검토

Answer 34.④

02 토질 및 기초

01 기초구조

1 지반의 분류

(1) 흙의 분류 및 성질

흙의 종류	입경	성질
자갈	5 ~ 35mm	밀실한 자갈층은 비교적 좋은 지반이지만 밀실하지 않은 자갈층은 좋지 못한 지반이다.
모래	0.05 ~ 5mm	건조해지면 응집력이 작아지며 밀실한 모래층은 지지력이 비교적 크다.
실트	0.05mm ~ 0.005mm	모래와 성분이 거의 동일하다.
진흙	0.005mm ~ 0.001mm	연질의 진흙은 무르지만 경질의 진흙은 단단하다.
롬	–	모래, 실트, 진흙이 혼합된 것으로 주성분에 따라 모래질 롬, 실트질 롬, 진흙질 롬으로 분류된다.
콜로이드	0.001mm 이하	많이 쌓이면 면모형태가 된다.

TIP

- **콜로이드(colloid)** … 분산질(용질에 해당하는 입자)의 크기가 10나노미터 정도인 입자가 분산매(용매에 해당한다)에 분산되어 있는 상태를 말한다. 예를 들면, 비눗물은 비누가 분산질이고 물이 분산매인 콜로이드인 것이다.
- **에멀젼** … 액체가 다른 액체에 작은 방울처럼 퍼져있는 용액이다. "emulsion"의 뜻은 "우유와 같이 된다"는 의미로, 우유가 물과 지방, 그리고 여러 성분으로 이루어진 대표적인 유화액인 것에서 유래되었다.

(2) 사질지반과 점토질지반의 비교

비교항목	사질지반	점토질지반
투수계수	크다	작다
가소성	없다	크다
압밀속도	빠르다	느리다
내부마찰각	크다	없다
점착성	없다	크다
전단강도	크다	작다
동결피해	적다	크다
불교란시료	채취가 어렵다	채취가 쉽다

종류	부피증가율	C
경암	70 ~ 90%	1.3 ~ 1.5
연암	30 ~ 60%	1 ~ 1.3
자갈섞인 점토	35%	0.95
점토 + 모래 + 자갈	30%	0.9
점토	20 ~ 45%	0.9
모래, 자갈	15%	0.9

토질		휴식각	파내기 경사각
모래	건조	25 ~ 40	40 ~ 70
	보통	30 ~ 45	60
	습윤	20 ~ 30	40
보통흙	건조	20 ~ 45	40
	보통	30 ~ 45	50
	습윤	15 ~ 30	50
자갈	암반	30 ~ 40	60
	모래, 진흙	20 ~ 38	40
	반섞이		
진흙	건조	20 ~ 40	80
	보통	20 ~ 35	70
	습윤	15 ~ 20	40
연암	암반	–	–
	경암	–	–

checkpoint

■ 흙의 전단강도 산정식

$\tau = c + \sigma\tan\phi$ (c는 점착력, σ는 일축압축강도, ϕ는 내부마찰각)

흙의 전단강도 산정 시 점성토의 경우 내부마찰각이 매우 작으므로 일반적으로 이를 무시하며, 사질토의 경우 점착력이 매우 작으므로 이를 무시한다.

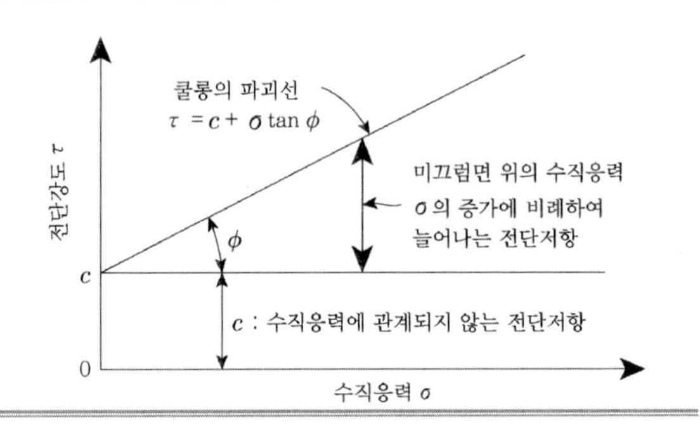

TIP

터파기경사각과 휴식각

㉠ **휴식각**(안식각, 자연경사각) : 흙입자의 부착력, 응집력을 무시한 채 흙의 마찰력만으로 중력에 대해서 안정된 비탈면과 원지반이 이루는 사면각도를 말한다.

㉡ **터파기경사각** : 일반적으로 휴식각의 2배 정도로 한다.

TIP

건축구조기준(KDS 41)에 제시된 지반의 종류

지반종류	지반종류호칭	분류기준	
		기반암 깊이	토층 평균 전단파속도
S_1	암반 지반	3 미만	–
S_2	얕고 단단한 지반	3~20	200 이상
S_3	얕고 연약한 지반	3~20	120 초과 260 미만
S_4	깊고 단단한 지반	20 초과 50 미만	180 이상
S_5	깊고 연약한 지반	20 초과 50 미만	120 초과 180 미만
	매우 연약한 지반	3 이상	120 이하
S_6	부지 고유의 특성평가 및 지반응답해석이 요구되는 지반		

checkpoint

■ 흙의 구성

• 흙의 전체 체적은 흙 입자만의 체적, 간극의 체적(간극 속의 물의 체적과 공기의 체적의 합)을 합친 값이다.

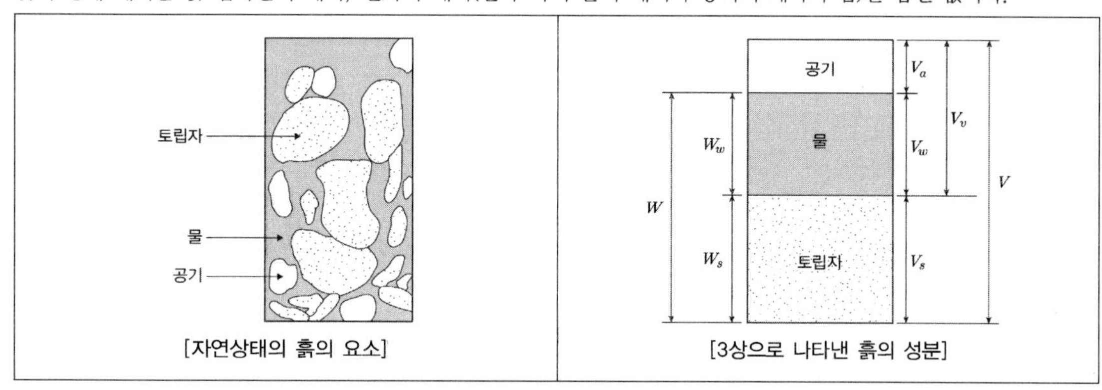

[자연상태의 흙의 요소] [3상으로 나타낸 흙의 성분]

• 흙의 성질

흙의 물리적 성질	흙의 공학적 성질
흙의 구성상태, 구성요소 간의 상관관계	자연상태의 흙이 가지고 있는 투수성, 압축성, 강도
함수비시험, 비중시험, 아터버그한계시험, 입도분석시험	투수시험, 압밀시험, 전단강도시험, 다짐시험, CBR시험
교란된 시료 사용	불교란 시료를 사용

■ 기본 용어

• 압밀 : 포화된 점토지반이 하중을 받음으로써 오랜 시간에 걸쳐 간극수가 빠져나감과 동시에 침하가 발생하는 현상
• 다짐 : 사실지반에 외력을 가하여 공기가 빠져나가면서 압축되는 현상
• 흡착수 : 이중층 내에 있는 물을 말하며 물이라기보다는 고체에 가까운 성질을 갖는다. 점토의 consistency, 투수성, 팽창성, 압축성, 전단강도 등 공학적 성질을 좌우한다.
• 자유수 : 이중층 외부에 있는 물을 말한다. 시료 건조시 노건조하는 것은 자유수만을 제거하기 위함이다.
• 상대밀도 : 조립토가 자연상태에서 조밀한가 또는 느슨한가를 나타내는 것으로 사질토의 다짐정도를 나타낸다.
• 아터버그 한계 : 토양수분상태가 소수성과 액성의 중간인 점. 특정기로 25회 낙하시킬 때 1㎝간격으로 떨어졌던 토양이 만나게 되는 수분상태.
• 수축지수 : 소성한계와 수축한계의 차로서 흙이 반고체로 전재할 수 있는 범위이다.
• 소성지수 : 액성 한계와 소성 한계의 차로서 흙이 소성상태로 존재할 수 있는 함수비의 범위를 나타낸다. (즉, 균열이나 점성적 흐름없이 쉽게 모양을 변화시킬 수 있는 범위를 표시한다.) 이 값이 클수록 역얀지반이 되므로 기초기반으로 부적합하다.
• 액성지수 : 흙이 자연상태에서 함유하고 있는 함수비의 정도를 표시하는 지수이다. (단위가 무차원임에 유의) 액성지수가 1보다 큰 흙은 액체상태에 있는 흙이다.
• 연경지수 : 액성한계와 자연함수비의 차를 소성지수로 나눈 값이다. (단위가 무차원임에 유의) 이 값이 1이상이면 흙은 안정상태에 있다고 보며 0미만(음수)이면 불안정상태로 보며 액체상태에 있다.
• 팽창작용 : 벌킹은 모래속의 물의 표면장력에 의해 팽창하는 현상이며 스웰링은 점토가 물을 흡수하여 팽창하는 현상이다.
• 비화작용 : 점착력이 있는 흙을 물속에 담글 때 고체-반고체-소성-액성의 단계를 거치지 않고 물을 흡착함과 동시에 입자간의 결합력이 약해져 바로 액성상태로 되어 붕괴되는 현상

■ 흙의 단위중량

- 공극(간극)비 : e로 표기하며, 흙 입자만의 체적에 대한 공극의 체적비(무차원)로서 1보다 클 수 있다.
- 공극률 : n으로 표기하며, 흙 전체의 체적에 대한 공극의 체적 백분율 (%)
- 포화도 : S로 표기하며 공극 속에 물이 차 있는 정도로서 공극체적에 대한 물의 체적비
- 함수비 : w로 표기하며, 흙 입자만의 중량에 대한 물의 중량 백분율 (%)
- 함수율 : w' 로 표기하며, 흙 전체의 중량에 대한 물의 중량 백분율 (%)
- 체적과 중량의 상관관계식 : $S \cdot e = w \cdot G_s$ (포화도와 공극비의 곱은 함수비와 비중의 곱과 같다.)
- 습윤밀도 : r_t로 표기하며, 흙덩어리의 중량을 이에 해당되는 체적으로 나눈 값.
- 건조밀도 : r_d로 표기하며, 물을 제외한 흙 입자만의 중량을 체적으로 나눈 값.
- 포화단위중량 : r_{sat}로 표기하며 공극에 물이 가득찼을 때의 습윤단위중량.
- 수중단위중량 : 물 속에서의 단위중량이며 r_{sub}로 표기한다. 포화단위중량에서 물의 단위중량을 뺀 값이다.

단위중량의 대소: 흙입자만의 단위중량 r_s ≥ 포화단위중량 r_{sat} ≥ 습윤단위중량 r_t ≥ 건조단위중량 r_d ≥ 수중단위중량 r_{sub}

습윤밀도	건조밀도	포화단위중량	수중단위중량
$r_t = \dfrac{G_s + \dfrac{S \cdot e}{100}}{1+e} \cdot \gamma_w$	$r_d = \dfrac{r_t}{1+\dfrac{w}{100}}$	$r_{sat} = \dfrac{G_s + e}{1+e}\gamma_w$	$r_{sub} = \dfrac{G_s - e}{1+e}\gamma_w$

상대밀도 : $D_r = \dfrac{e_{\max} - e}{e_{\max} - e_{\min}} = \dfrac{\gamma_d - \gamma_{dmin}}{\gamma_{dmax} - \gamma_{dmin}} \times \dfrac{\gamma_{dmax}}{\gamma_d} \times 100$

$e_{\max}$: 가장 느슨한 상태의 공극비, $e_{\min}$: 가장 조밀한 상태의 공극비, e : 자연상태의 공극비,

r_{dmax} : 가장 조밀한 상태의 건조단위중량, r_{dmin} : 가장 느슨한 상태의 건조단위중량, r_d : 자연상태의 건조단위중량

■ 흙의 연경도

점착성이 있는 흙은 함수량이 점점 감소함에 따라 액성, 소성, 반고체, 고체의 상태로 변화하는데 함수량에 의해 나타나는 이러한 성질을 흙의 연경도라고 한다.

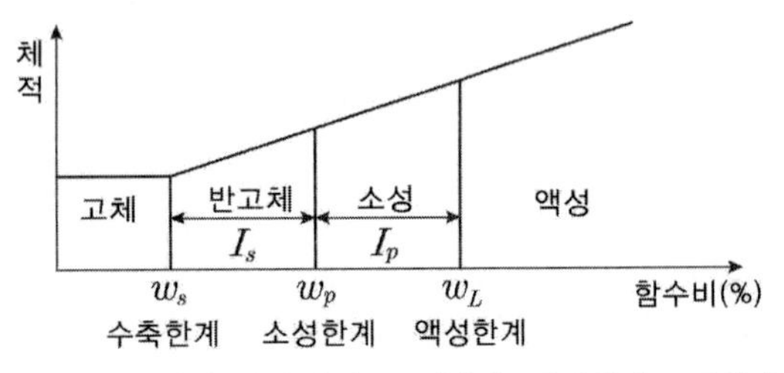

- 아터버그한계 : 수축한계, 소성한계, 액성한계로 구분된다.
- 수축한계 w_s : 흙이 고체에서 반고체상태로 변하는 경계함수비이다.

−고체영역의 최대함수비이다.

−반고체 상태를 유지할 수 있는 최소함수비이다.

–함수량을 감소해도 체적이 감소하지 않고 함수비가 증가하면 체적이 증가한다.
• 소성한계 w_p : 흙이 반고체에서 소성상태로 변하는 경계함수비
–소성을 나타내는 최소함수비이다.
–반고체 영역의 최대함수비이다.
• 액성한계 w_L : 흙이 소성 상태에서 액체 상태로 바뀔 때의 함수비
–소성을 나타내는 최대함수비이다.
–점성유체(액성상태)가 되는 최소함수비이다.
–유동곡선에서 낙하회수 25회에 해당하는 함수비이다.
–점토분(세립토)이 많을수록 액성한계와 소성지수가 크다.
–함수비 변화에 대한 수축과 팽창이 크므로 노반재료로 부적당하다.
• 소성지수 : 흙이 소성상태로 존재할 수 있는 함수비의 범위로서 액성한계에서 소성한계를 뺀 값이다.

소성지수(%)	수축지수(%)	액성지수(무차원)	연경지수(무차원)
$PI = w_L - w_P$	$SI = w_p - w_s$	$LI = \frac{w_n - w_p}{I_P}$	$CI = \frac{w_L - w_n}{I_p}$

Tip. 액성한계와 소성지수의 값이 크면 점토와 콜로이드 크기의 입자함량이 많으므로 기초에 적합하지 않다.

■ 주요 개념

• 공극(간극)률 : 흙 전체의 체적에 대한 공극의 체적을 백분율로 표시한 값
• 간극비 : 흙 속에서 공기와 물에 의해 차지되고 있는 입자 간의 간격을 말하며, 흙 입자의 체적에 대한 간극의 체적의 비로 정의된다.
• 함수율 : 흙 전체의 무게에 대한 물의 무게를 백분율로 표시한 것이다.
• 함수비 : 흙만의 무게에 대한 물의 무게를 백분율로 표시한 것이다.
• 포화도 : 공극 속에 물이 차 있는 정도를 나타내며, 물의 체적을 공극의 체적으로 나눈 값이다.
• 수중밀도 : 흙이 수중에 있으면 흙의 체적만큼 부력을 받게 되므로 부력만큼의 단위중량이 감소하게 되는데 이때의 밀도를 말한다.
• 상대밀도 : 자연상태의 조립토의 조밀한 정도를 나타내는 것으로 사질토의 다짐정도를 나타낸다.
• 흙의 연경도 : 점착성이 있는 흙은 함수량이 차차 감소하면 액성→소성→반고체→고체의 상태로 변화하는데 함수량에 의하여 나타나는 이러한 성질을 흙의 연경도라 한다.
• 액성한계 : 흙이 액성에서 소성으로 변화할 때의 함수비
• 소성한계 : 흙이 소성 상태에서 반고체 상태로 바뀔 때의 함수비
• 수축한계 : 함수량을 감소시켜도 체적은 더 이상 감소하지 않고, 함수비가 그 이상으로 증가되면 체적이 증대하는 한계의 함수비
• 소성지수 : 액성 한계와 소성 한계의 차
• 수축지수 : 흙이 반고체상태로 존재할 수 있는 함수비의 범위
• 액성지수 : 흙의 유동가능성의 정도를 나타낸 것으로 0에 가까울수록 흙은 안정한 상태이다.
• 연경지수 : 점토에서 상대적인 굳기를 타나낸 것으로 이 값이 1이상이면 안정상태이다.
• 활성도 : 흙의 팽창성을 판단하는 기준으로 활주로, 도로 등의 건설재료를 판단하거나 점토광물을 분류하는데 사용된다.

■ **흙의 분류**

① 일반적인 흙의 분류

㉠ **조립토** : 큰 돌(호박돌), 자갈, 모래가 있으며 입자형이 모가 나 있으며 일반적으로 점착성이 없다.

㉡ **세립토** : 실트, 점토와 같이 입자가 매우 작으며 일반적으로 점착성을 갖는다.

㉢ **유기질토** : 동식물의 부패물이 함유되어 있는 흙으로 한랭하고 습윤한 지역에서 발달한다. (이탄, 흑니, 산호토 등)

㉢ 입경에 의한 흙의 성질

공학적 성질	조립토	세립토
투수성	크다	작다
소성	비소성	소성
간극률	작다	크다
점착성	0	크다
압축성	작다	크다
압밀속도	순간적	장기적
마찰력	크다	작다

② 흙의 분류법

㉠ **통일분류법** : 제2차 세계대전 당시 미공병단의 비행장 활주로를 건설하기 위해 Casagrande가 고안한 분류법으로 1952년에 수정된 후 세계적으로 가장 많이 사용된다.

구분	제1문자	제2문자
조립토	• G : 자갈 • S : 모래	• W : 양립토 • P : 빈립토 • M : 실트질 • C : 점토질
세립토	• M : 실트 • C : 점토 • O : 유기질토	• L : 저압축성 • H : 고압축성
고유기질토	• Pt : 이탄	

㉡ AASHTO분류법(개정 PR법)

- 흙의 입도, 액성한계, 소성지수, 군지수를 사용하여 A-1에서 A-7가지 7개의 군으로 분류하고 각각을 세분하여 총 12개의 군으로 분류한다.
- 도로, 활주로의 노상토 재료의 적부를 판단하기 위해 사용되며 이외의 분야에서는 사용하지 않는다.

구분	통일분류법	AASHTO분류법
조립토, 세립토 구분	0.074mm 통과량을 기준으로 50% 이상인 경우 세립토로 분류	0.074mm 통과량이 35% 이상인 경우 세립토로 분류
모래질, 자갈질 분류	확실함	불확실함
모래, 자갈의 구분	4.76mm를 기준으로 분류	2.0mm를 기준으로 분류
기호	흙의 특성을 잘 나타냄	흙의 특성을 잘 나타내지 못함
유기질 흙 분류	확실한 분류체계가 있음	확실한 분류체계가 없음

■ **입도분포**

• 입도는 모래입자의 크기를 나타내며, 입도분포가 균등하다는 것은 입경이 매우 불균등하여 입도조성이 좋지 않다는 것이다. (이를 빈립토라고 한다.)
• 입도조성이 양호하다는 것은 통일분류법에서의 균등계수와 곡률계수값을 모두 만족한 상태라는 의미이다. (입도분포 곡선이 완만한 형상을 이룬다.)

■ **비화작용**

점착력이 있는 흙을 물속에 담글 때 고체→반고체→소성→액성의 단계를 거치지 않고 물을 흡착함과 동시에 입자 간의 결합력이 약해져 바로 액성상태로 붕괴되는 현상이다. 비화작용에 의해서 전단강도가 급격히 감소하게 되므로 토공사 전에 철저히 고려해야 한다.

■ **말뚝의 시간효과**

느슨한 모래 및 정규 압밀토 지반은 지지력이 증가되는 경향이 있으나 조밀한 모래 및 과입밀 지반의 경우는 그 반대 경향이 있다.

(3) 지중의 응력분포

① **모래질 지반** … 침하는 양단부에서 먼저 일어나게 된다.

② **점토질 지반** … 침하는 중앙부분이 응력분포가 적기 때문에 중앙부에서 먼저 일어난다.

③ 접지압의 분포각도는 기초면으로부터 30° 이내로 제한한다.

[지압응력 분포도]

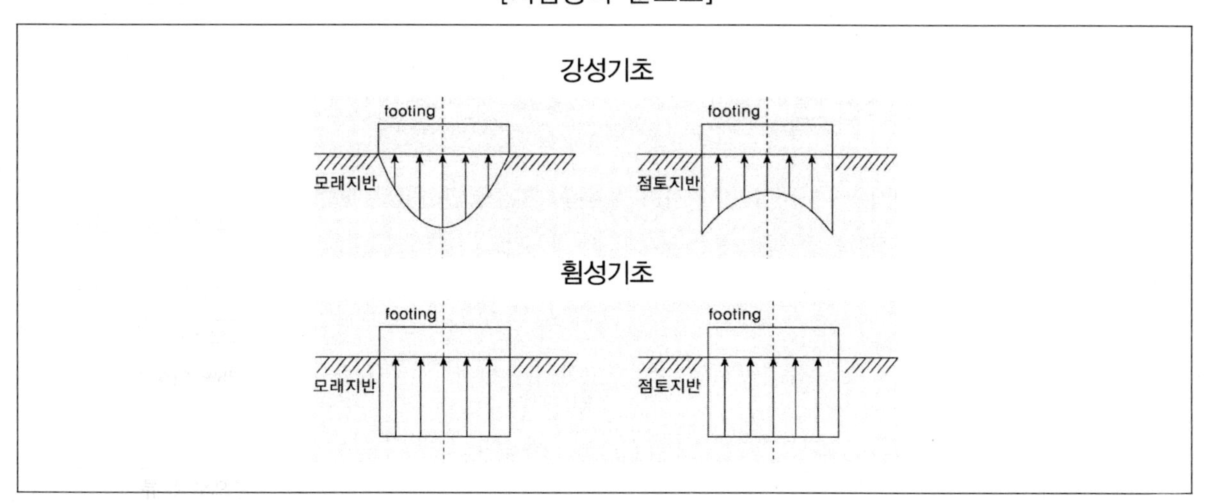

직접기초 앞의 접지압 산정을 위한 가정	산정식
[독립기초] • 기초판 저면의 도심에 수직하중의 합력이 작용할 때에는 접지압이 균등하게 분포된 것으로 가정하여 산정한다. 편심하중을 받는 독립기초판의 접지압은 직선적으로 분포된다고 가정하여 산정할 수 있다. • 부등침하가 발생하기 쉬우므로 그 대책으로 기초보(지중보)를 설치하며 말뚝기초의 설계에 있어서 하중의 편심발생에 대해 검토해야 한다. (σ_e는 설계용접지압, P는 기초자중을 포함한 기초판에 작용하는 수직하중, A_f는 기초판의 저면적, f_a는 허용지내력)	$\sigma_e = \frac{P}{A_f} \le f_a$
[복합기초] • 복합기초의 접지압은 직선분포로 가정하고 하중의 편심을 고려하여 산정할 수 있다. (σ_e는 설계용접지압, α는 하중의 편심과 저면의 형상으로 정해지는 접지압계수, $\sum P$는 기초자중을 포함한 기초판에 작용하는 수직하중, A_f는 기초판의 저면적, f_a는 허용지내력)	$\sigma_e = \alpha \cdot \frac{\sum P}{A_f} \le f_a$
[연속기초] • 연속기초의 접지압은 각 기둥의 지배면적 범위 안에서 균등하게 분포되는 것으로 가정하여 산정할 수 있다. (A_n는 설계용접지압, P_n는 기초자중을 포함한 기초판에 작용하는 수직하중, A_f는 기초판의 저면적, f_a는 허용지내력)	$\sigma_e = \frac{P_n}{A_n} \le f_a$

2 지반조사

(1) 지반조사의 순서

① **사전조사** … 예비지식으로 지반개황 추정(문헌조사, 현지답사, 기존건물조사)

② **예비조사**

㉠ 예비조사는 기초의 형식을 구상하고 본조사의 계획을 세우기 위하여 시행하는 것으로서 대지 내의 개략적인 지질의 특성 및 지하수의 위치 등을 파악하는 것이다.

㉡ 예비조사는 기초의 지반조사 자료의 수집 지형에 따른 지반개황의 판단 및 부근 건축물 등의 기초에 관한 제조사를 시행하는 것이다.

㉢ 대지조건에 따라 천공조사, 표준관입시험, 샘플링, 물리적 탐사, 시굴 등을 적절히 실시한다.

③ **본조사**

㉠ 본조사는 기초의 설계 및 시공에 필요한 제반 자료를 얻기 위하여 시행하는 것으로 천공조사 및 기타 방법에 의하여 대지 내의 지반구성과 기초의 지지력 침해 및 시공에 영향을 미치는 범위 내의 지반의 여러 성질과 지하수의 상태를 조사하는 것이다.

㉡ 조사범위, 조사간격, 조사지점 및 조사길이는 예비조사에서 추정되는 지반상황과 건축물 등의 규모, 종류에 따라서 정하는 것으로 한다.

㉢ 조사항목 지반의 상황에 따라서 적절한 원위치시험과 토질시험을 하고 지지력 및 침하량의 계산과 기초공사의 시공에 필요한 지반의 성질을 구하는 것으로 한다.

④ **추가조사** … 추정지지층이나 기초형식이 부적당할 때(재조사), 본조사의 결과를 보완, 보강할 때(보충조사) 행함

| 기출예제 01 2016 지방직

다음 중 건축구조기준에서 제시된 지반조사에 대한 설명으로 옳지 않은 것은? 2016 지방직

① 예비조사는 기초의 형식을 구상하고 본조사의 계획을 세우기 위해 시행한다.
② 예비조사에서는 대지 내의 개략의 지반구성, 층의 토질의 단단함과 연함 및 지하수의 위치 등을 파악한다.
③ 본조사의 조사항목은 지반의 상황에 따라서 적절한 원위치시험과 토질시험을 하고, 지지력 및 침하량의 계산과 기초공사의 시공에 필요한 지반의 성질을 구하는 것으로 한다.
④ 평판재하시험의 최대 재하하중은 지반의 극한지지력의 2배 또는 예상되는 장기 설계하중의 2.5배로 한다.

평판재하시험의 최대 재하하중은 지반의 극한지지력 또는 예상되는 설계하중의 3배로 한다.

답 ④

(2) 지반조사방법의 종류

① **지하탐사** … 터파보기, 탐사간(짚어보기), 물리적 지하탐사(탄성파식, 전기저항식, 음파탐사, 중력탐사, 방사능탐사)

② **보링**(관입시험) … 오거보링, 수세식보링, 충격식보링, 회전식보링

③ **시료채취**(샘플링) … 교란시료의 채취, 불교란 시료의 채취

④ **사운딩** … 표준관입시험, 베인테스트

⑤ **토질시험** … 물리적시험, 역학적시험

⑥ **지내력시험** … 평판재하시험, 말뚝재하시험

(3) 지지력과 지내력의 차이

① **지지력** … 의미상 지내력보다 포괄적이어서 모든 물체(땅과 말뚝)의 받치는 힘을 의미하며, 힘의 범위는 지지력의 극한값이 된다.

② **지내력** … 모든 물체가 아닌 지반만의 받치는 힘을 나타내는데 힘의 범위는 지반 지지력에 안전율을 적용한 허용 지지력을 의미한다. 지내력은 지지력의 개념에 "허용침하량"을 추가한 개념이다.

TIP

㉠ 말뚝의 극한지지력 : 말뚝이 지지할 수 있는 최대하중
㉡ 말뚝의 허용지지력 : 말뚝의 극한지지력을 안전율로 나눈 것
㉢ 말뚝의 허용지내력 : 말뚝의 허용지지력을 만족하면서 침하가 허용침하량 이내로 되도록 하는 하중

(4) 토질주상도

① 토질시험이나 표준관입시험 등을 통하여 지층경연, 지층서열상태, 지하수위 등을 조사하여 지층의 단면상태를 축적으로 표시한 예측도

② 조사지역, 작성자, 날짜, 보링의 종류, 지하수위위치, 지층두께와 구성상태, 심도에 따른 토질 및 색조, N치, 샘플링방법 등이 기재됨(시추(보링)주상도에는 지하수위레벨은 있어도 동결심도는 확인할 수가 없다. 지내력은 정확한 값은 아니지만 토질의 종류와 N치를 가지고 추정하는 식을 사용하여 구한 값을 표시한다.)

(5) 대표적인 본조사 시험

① 샘플링

Sampling의 종류	특징	필요구멍지름	Sample tube
Thinwall Sampling	연약점토 채취	85mm 이상	두께 1.1 ~ 1.3mm
Composite Sampling	다소 굳은 점토 채취	85mm 이상	두께 1.3mm
Denison Sampling	굳은 점토 채취	100mm 이상	두께 1.1 ~ 1.3mm
Foil Sampling	연약점토 연결시료 채취	125mm 이상	두께 4.5mm

② 사운딩

㉠ Rod선단에 설치한 저항체를 땅속에 삽입하여서 관입, 회전, 인발 등의 저항으로 토층의 성상을 탐사하는 것

㉡ **정적사운딩** : 베인테스트, 휴대용원추관입시험, 화란식 원추관입시험, 스웨덴식 관입시험, 이스키미터

㉢ **동적사운딩** : 표준관입시험, 동적원추관입시험

③ **보링**(Boring) … 지반을 천공하고 토질의 시료를 채취하여 지층상황을 판단하는 방법

㉠ **보링의 목적**

- 흙(토질)의 주상도 작성
- 토질조사(토질시험)
- 시료채취
- 지하수위측정
- Boring공 내의 원위치시험
- 지내력측정

㉡ **보링의 종류**

- 오거보링 : 오거의 회전으로 시료를 채취하며 얕은 점토질 지반에 적용
- 수세식보링 : 물로 흙을 씻어내어 땅에 구멍을 뚫는 방법. 연약한 토사에 수압을 이용하여 탐사
- 충격식보링 : 각종 형태의 무거운 긴 철주를 와이어 로프로 매달아 떨어뜨려서 땅에 구멍을 내는 방법. 경질층의 깊은 굴삭에 사용되며 와이어로프 끝에 Bit를 달고 낙하충격으로 토사, 암석을 파쇄 후 천공
- 회전식보링 : 동력에 의하여 내관인 로드 선단에 설치한 드릴 피트를 회전시켜 땅에 구멍을 뚫으며 내려간다. 지층의 변화를 연속적으로 비교적 정확히 알 수 있음 (로터리보링=코어보링, 논코어보링(코어 채취를 하지 않고 연속적으로 굴진하는 보링), 와이어라인공법(파들어 가면서 로드 속을 통해 코어를 당겨 올리는 공법)

TIP

시추조사(보링)의 규격에는 그 천공직경에 따라 EX, AX, BX, NX로 구분된다. 여기서 E, A, B, N과 같은 명칭은 약자에 의한 명칭이라기보다는 Drill-rod의 type에 따른 구분명칭이다. B type의 구경을 가진 드릴로드를 사용하면 BX, N type의 구경을 가진 드릴로드를 사용하면 NX와 같은 방식이다.

④ **표준관입시험**(Standard penetration test)

㉠ 추의 무게는 63.5kg, 추의 낙하높이는 75cm, N치는 30cm 관입하는 타격 횟수, 토질 시험의 일종이다.

㉡ 지반이 건물 무게를 견딜 수 있는 능력을 측정하는 시험이다.

㉢ 기초의 설계 및 흙막이 설계를 위해 시험한다.

㉣ 사질토의 상대밀도, 점성토의 전단강도 등 여러 가지 지반의 특성을 파악한다.

[표준관입시험 및 베인테스트]

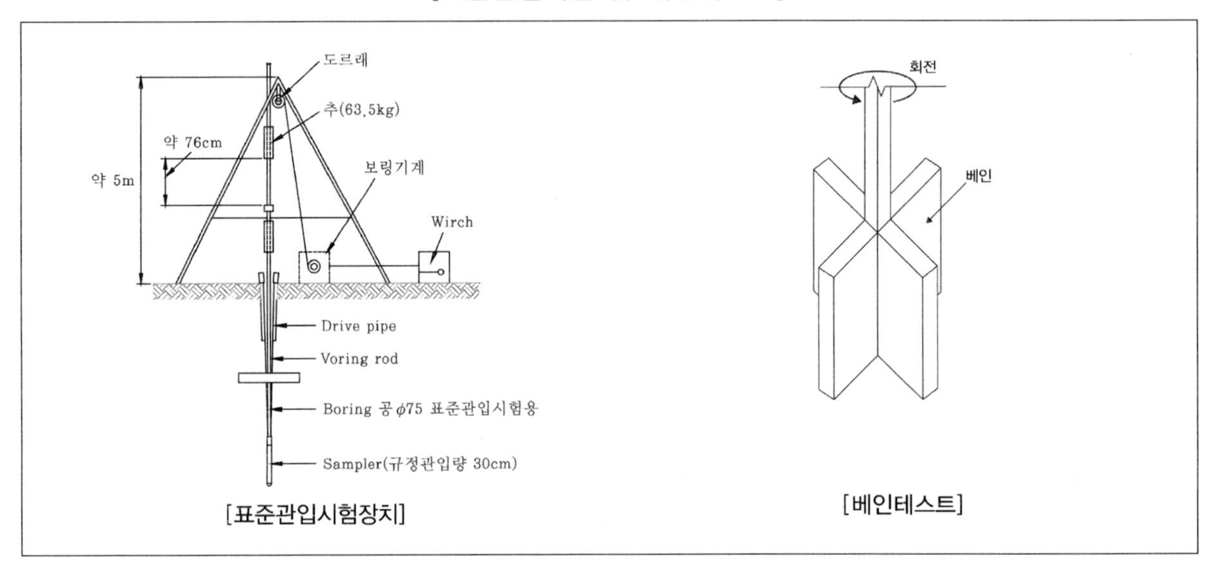

[표준관입시험장치] [베인테스트]

ⓜ **N값의 보정방법** : 토질에 의한 보정, 상재압에 의한 보정, Rod길이에 따른 응력보정, 해머낙하방법에 의한 에너지보정

[표준관입시험 N값의 밀도측정 및 N값 보정법]

N값	점토지반	N값	모래지반
30 ~ 50	매우 단단한 점토	30 ~ 50	밀실한 모래
15 ~ 30	단단한 점토	10 ~ 30	중정도 모래
8 ~ 15	비교적 경질 점토	5 ~ 10	느슨한 모래
4 ~ 8	중정도 점토	5 이하	아주 느슨한 모래
2 ~ 4	무른 점토		
0 ~ 2	아주 무른 점토		

⑤ **베인테스트**(Vane Test)

㉠ 연약 점토지반의 점착력을 판별하여 전단강도를 추정하는 방법이다.

㉡ 땅 속의 토층에서 시료를 채취하지 않고 보링 구멍을 이용하여 +자 날개형의 베인을 지반에 박고 회전시켜 그 저항력에 의하여 연약점토 지반의 점착력을 판별한다.

⑥ **지내력시험**

㉠ **평판재하시험**

• 평판재하시험의 재하판은 직경 300mm를 표준으로 하며, 예정기초의 저면에 설치한다.

• 최대재하하중은 지반의 극한지지력 또는 예상되는 장기설계하중의 3배로 한다.

- 재하는 5회 이상으로 나누어 시행하고 각 하중 단계에 있어서 침하가 정지되었다고 인정된 상태에서 하중을 증가한다.
- 침하가 2시간에 0.1mm 이하일 때, 또는 총 침하량이 20mm 이하일 때 침하가 정지된 것으로 간주한다.
- 하중 증가의 크기는 매회 재하 10kN 이하 예정파괴 하중의 1/5 이하로 한다.
- 24시간이 경과한 후 0.1mm 이하의 변화를 보인 때의 총 침하량이 20mm 침하될 때까지의 하중 또는 총 침하량이 20mm 이하이지만 지반이 항복상태를 보인 때까지의 하중 가운데 작은 값을 기준으로 산정한 것을 단기허용지내력도로 한다.
- 실제 건축물에 적용되는 장기허용지내력도는 단기허용지내력도의 1/2로 한다.
- 장기하중에 대한 지내력은 단기하중 지내력의 1/2, 총 침하하중의 1/2, 침하정지 상태의 1/2, 파괴 시 하중의 1/3 중 작은 값으로 한다.
- 하중 방법에 따라 직접 재하시험, 레벨 하중에 의한 시험, 적재물 사용에 의한 시험 등이 있다.

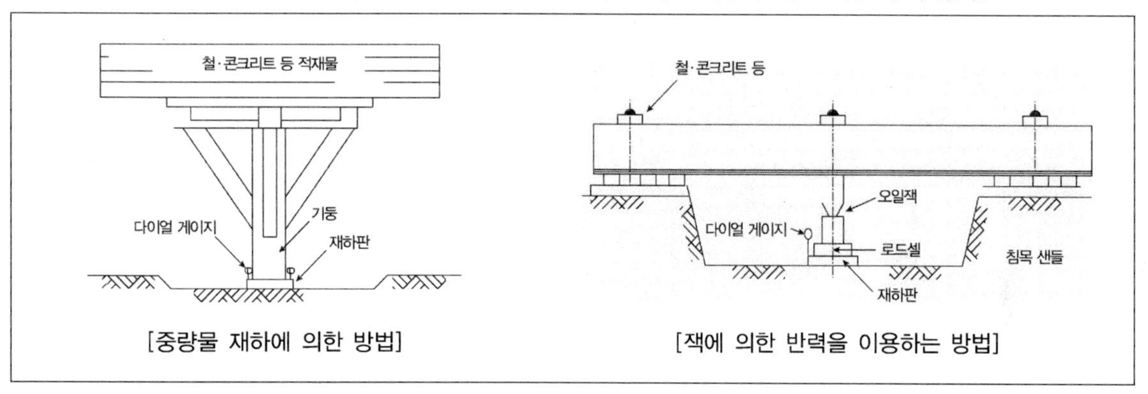

[중량물 재하에 의한 방법] [잭에 의한 반력을 이용하는 방법]

I 기출예제 02 2016 서울시 (7급)

다음 중 연약지반에서 부등침하를 방지하는 대책으로 옳지 않은 것은? 2016 서울시(7급)

① 줄기초와 마찰말뚝기초를 병용한다.
② 지하실 바닥 구조의 강성을 높인다.
③ 건물의 중량을 최소화시킨다.
④ 건물의 평면길이를 짧게 한다.

✱

서로 다른 기초방식을 병용하면 부등침하가 유발되기 쉽다.

답 ①

㉡ 말뚝재하시험

- 사용 예정인 말뚝에 대해 실제로 사용되는 상태 또는 이것에 가까운 상태에서 지내력 판정의 자료를 얻는 시험으로서 직접적으로 지내력을 확인하는 방법이다.
- 말뚝의 재하시험에서 최대의 하중은 원칙적으로 말뚝의 극한지지력 또는 예상되는 장기설계하중의 3배로 하며 적절한 시행방법을 따른다.
- 정재하시험과 동재하시험으로 구분된다.

㉢ 말뚝박기시험

- 말뚝의 허용지지력을 측정하기 위한 시험이다.
- 말뚝공이의 중량은 말뚝무게의 1 ~ 3배로 해야 한다.
- 시험용 말뚝은 실제말뚝과 꼭 같은 조건으로 박아야 한다.
- 정확한 위치에 수직으로 박고, 휴식시간 없이 연속으로 박는다.
- 말뚝기초로 계획 시 시험말뚝은 영구말뚝과 같은 조건으로 하여 적어도 3개 이상을 박아 오차를 줄인다.
- 최종관입량은 5회 6mm 이하인 경우 거부현상으로 본다.
- 말뚝박기기계를 적절히 선택하고 필요한 깊이에서 매회의 관입량과 리바운드량을 측정하는 것을 원칙으로 한다.
- 떨공이의 낙고는 가벼운 공이일 때 2 ~ 3m, 무거운 공이일 때 1 ~ 2m 정도이다.

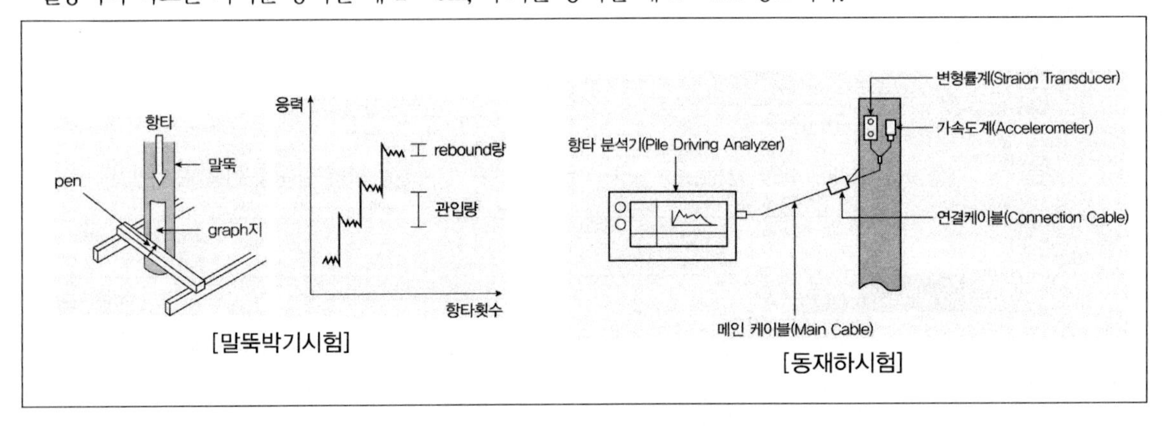

[말뚝박기시험] [동재하시험]

❸ 부동침하와 언더피닝

(1) 부동침하의 원인

① 한 건물에서 부분적으로 상이한 침하가 발생하는 현상이다.

② 원인으로는 연약층, 경사지반, 이질지층, 낭떠러지, 증축, 지하수위변경, 지하구멍, 메운땅 흙막이, 이질지정, 일부지정 등이 있다.

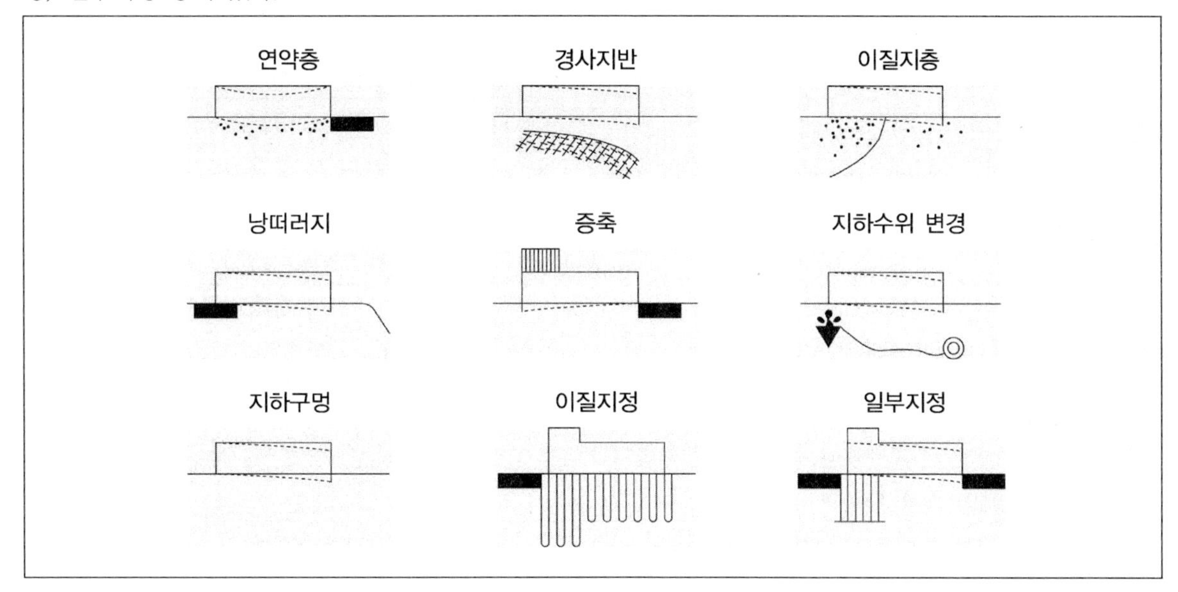

(2) 부동침하의 대책

① 건물의 길이를 작게 하고 강성을 높일 것

② 건물의 경량화 및 중량 분배를 고려할 것

③ 인접건물과의 거리를 멀게 할 것

④ 마찰말뚝을 사용하고 서로 다른 종류의 말뚝 혼용을 금지할 것

⑤ 지하실을 설치하고 되도록 온통기초로 할 것

⑥ 지중보나 지하연속벽을 통해 기초 상호간을 연결할 것

⑦ 언더피닝 공법을 적용할 것

TIP

언더피닝 … 인접한 건물 또는 구조물의 침하방지를 목적으로 하는 지반보강방법의 총칭으로 차단공법, 보강공법, 직접지지법 등이 있다.

④ 지반개량공법

(1) 일반적인 지반개량공법

공법	적용되는 지반	종류
다짐공법	사질토	동압밀공법, 다짐말뚝공법, 폭파다짐법 바이브로 컴포저공법, 바이브로 플로테이션공법
압밀공법	점성토	선하중재하공법, 압성토공법, 사면선단재하공법
치환공법	점성토	폭파치환공법, 미끄럼치환공법, 굴착치환공법
탈수 및 배수공법	점성토	샌드드레인공법, 페이퍼드레인공법, 생석회말뚝공법
	사질토	웰포인트공법, 깊은우물공법
고결공법	점성토	동결공법, 소결공법, 약액주입공법
혼합공법	사질토, 점성토	소일시멘트공법, 입도조정법, 화학약제혼합공법

(2) 점성토지반 개량공법의 종류

① **압성토 공법** … 성토에 의한 기초의 활동 파괴를 막기 위하여 성토 비탈면 옆에 소단 모양의 압성토를 만들어 활동에 대한 저항모멘트를 증가시키는 공법이다. 이 공법은 압밀촉진에는 큰 효과는 없으나 샌드드레인 공법을 병행하면 효과가 있다.

② **치환공법** … 연약 점토지반의 일부 또는 전부를 조립토로 치환하여 지지력을 증대시키는 공법으로 공사비가 저렴하여 많이 이용된다. 굴착치환공법과 강제치환공법이 있다.

③ **프리로딩공법**(Preloading 공법, 사전 압밀 공법, 여성토 공법) … 구조물의 시공 전에 미리 하중을 재하하여 압밀을 끝나게 하여 지반의 강도를 증가시키는 공법이다.

④ **샌드드레인공법**(Sand drain 공법) … 연약 점토지반에 모래 말뚝을 설치하여 배수거리를 단축하므로 압밀을 촉진시켜 압밀시간을 단축시키는 공법이다

⑤ **다짐모래말뚝공법**(Compozer공법, Sand Compaction공법, 모래말뚝 압입공법) … 연약지반 중에 진동 또는 충격하중으로 모래를 압입하여 직경이 큰 다져진 모래말뚝을 조성하는 공법이다.

⑥ **페이퍼드레인공법** … 원리는 샌드드레인 공법과 유사하며, 모래 말뚝 대신에 합성수지로 된 페이퍼를 땅 속에 박아 압밀을 촉진시키는 공법이다. 이 공법은 자연함수비가 액성한계 이상인 초연약점토 지반에 효과적인 공법이다,

⑦ **팩드레인공법** … 샌드드레인공법의 모래말뚝 절단현상을 해결하기 위하여 합성섬유로 된 포대에 모래를 채워 넣어 연직 배수모래기둥을 만드는 연직배수공법이다.

TIP

연직배수공법 관련 용어

㉠ 교란영역 : 드레인을 타설하면 타설로드의 관입에 의해 주변점토가 교란되는 영역이 발생하는데 이 영역은 투수계수가 감소되어 압밀이 다른 부위보다 지연이 된다.

㉡ 통수저항 : 배수재의 투수성이 낮거나 유로면적이 작거나 배수거리가 길어지면 배수재 내부의 과잉간극수압이 0이 아닌 양(+)수가 되어 배수저항을 받게 되는데 이를 통수저항이라고 한다.

㉢ 막힘 : 배수재가 배수기능을 장기간 수행하다 보면 점토입자가 드레인재의 표면을 감싸는 필터재에 붙어서 두꺼운 층을 형성하거나 드레인재 내부에 관입하여 배수통로가 막히는 현상이 발생하게 되는 현상이다.

㉣ 샌드심(Sand seam) : 점토 지반 내의 수위 변동과 환경 변화에 의하여 얇은 모래 또는 실트층이 존재하는 것을 샌드심이라 한다. 샌드심이 존재하는 경우 사전압밀공법이 매우 큰 효과를 불러일으킨다.

⑧ **전기침투공법** … 포화된 점토지반 내에 직류 전극을 설치하여 직류를 보내면, 물이 (+)극에서 (−)극으로 흐르는 전기침투현상이 발생하는데 (−)극에 모인 물을 배수하여 탈수 및 지지력을 증가시키는 공법이다.

⑨ **침투압공법** … 포화된 점토지반 내에 반투막 중공원통을 설치하고 그 속에 농도가 높은 용액을 넣어서 점토지반 내의 물을 흡수 및 탈수시켜 지반의 지지력을 증가시키는 공법이다.

⑩ **생석회 말뚝 공법**(Chemico pile 공법) … 생석회는 수분을 흡수하면서 발열반응을 일으켜서 체적이 2배 이상으로 팽창하면서 탈수 효과, 건조 및 화학 반응 효과, 압밀 효과 등에 의해 지반을 강화하는 공법이다.

구분	샌드드레인	팩드레인	플라스틱보드 드레인
공법 원리	모래말뚝 설치 후 배수거리 단축을 통한 압밀침하촉진	모래말뚝 대신 섬유망에 모래를 충전	모래말뚝 대신 플라스틱드레인 보드를 설치
시공 심도	평균 25m	평균 25m	평균 20m
배수재	모래	섬유망, 모래	드레인보드
시공기간	중장기	장기	단기
N치 관련	N치가 25 이상이면 압입이 어려움	N치가 10 이상이면 압입이 어려움	N치가 8 이상이면 압입이 어려움
장점	• 상부에 매립층이 있을 경우 관입저항을 극복 • 국내 시공사례 및 경험 풍부 • 모래말뚝이 활동에 대한 저항효과가 있으며 투수효과가 우수	• 샌드드레인에 비해 배수재와 샌드심 절단우려가 적음 • 모래량을 절감할 수 있고 배수재 타설기간을 단축이 가능함 • 시공속도가 빠르며 시공여부를 육안으로 확인 가능함	• 샌드드레인에 비해 배수재와 샌드심 절단우려가 적음 • 장비가 경량이며 국내 시공사례가 많음 • 샌드드레인에 비해 공사비가 저렴하고 재료구입이 용이함
단점	• 모래말뚝 설치 시 교란영역이 확장됨 • 소성유동으로 인한 모래말뚝 및 자연적으로 형성된 샌드심 절단 우려 • 양질의 모래가 다량 필요함 • 장비중량이 커서 통행성 확보가 어려움 • 시공속도가 느리며 공사비가 고가임	• 연약지반 심도가 불규칙한 지역은 타설심도의 조절이 어려움 • 장비중량이 커서 접지압 관리가 어려움 • 철저한 품질관리가 요구됨	• 드레인보드 제품의 철저한 품질관리가 요구됨 • 주행성 확보용 복도가 요구됨
시공 관리	곤란	양호	양호

TIP

토질관련 주요현상

㉠ 액상화현상 : 사질토 등에서 지진 등의 작용에 의해 흙 속에 과잉 간극 수압이 발생하여 초기 유효응력과 같아지기 때문에 전단저항을 잃는 현상이다.

㉡ 다일레턴시(Dilatancy) : 사질토나 점토의 시료가 느슨해져 입자가 용이하게 위치를 바꾸므로 용적이 변화하는 것을 의미한다.

㉢ 용탈현상 : 약액주입을 실시한 지반 내 결합물질이 시간이 흐르면서 제 기능을 발휘하지 못하게 되는 현상이다.

㉣ 틱소트로피 : 교란시켜 재성형한 점성토 시료를 함수비의 변화 없이 그대로 방치하여 두면 시간이 경과되면서 강도가 회복(증가)되는 현상이다.

㉤ 리칭현상 : 점성토에서 충격과 진동 등에 의해 염화물 등이 빠져나가 지지력이 감소되는 현상이다.

(3) 사질토지반 개량공법

① **다짐모래말뚝공법** … 나무말뚝, 콘크리트말뚝, 프리스트레스 콘크리트 말뚝 등을 땅속에 여러 개 박아서 말뚝의 체적만큼 흙을 배제하여 압축함으로써 간극을 감소시키고 단위 중량, 유효응력을 증가시켜서 모래지반의 전단강도를 증진시키는 공법이다.

② **바이브로플로테이션공법**(Vibro-floatation공법) … 연약한 사질지반에 수직으로 매어단 바이브로플로트라고 불리는 몽둥이 모양의 진동체를 그 선단에 장치된 노즐에서 물을 분사시키면서 동시에 플로트를 진동시켜서 자중에 의하여 지중으로 관입하는 공법이다.

③ **폭파다짐공법** … 인공지진 즉, 다이너마이트의 폭발 시 발생하는 충격력을 이용하여 느슨한 모래지반을 다지는 공법으로 표층다짐은 잘 이루어지지 않으므로 추가 다짐이 필요하다.

④ **전기충격공법** … 포화된 지반 속에 방전전극을 삽입한 후 이 방전전극에 고압전류를 일으켜서, 이때 생긴 충격력에 의해 지반을 다지는 공법이다.

⑤ **약액주입공법** … 지반의 특성을 목적에 적합하게 개량하기 위하여 지반 내에 관입한 주입관을 통하여 약액을 주입시켜 고결하는 공법이다.

TIP

배수공법과 탈수공법 … 일반적으로 탈수공법이라 함은 연직배수재를 지반에 관입시켜 배수거리를 짧게 함으로써 지중의 물을 빼내는 공법으로서 페이퍼드레인, 팩드레인과 같은 연직배수공법을 의미한다. (엄밀히 말하면 탈수공법은 배수공법의 일종으로 볼 수 있다.)

TIP

영구배수공법 … 지하수위가 높은 지반에서 건축물의 지하공사 시 적용하는 방수공법만으로는 건물의 안정성을 보장할 수 없으므로 지하수압에 대한 영구적인 조치로서 실시하는 공법이다. 아파트 공사에서 주로 적용한다.

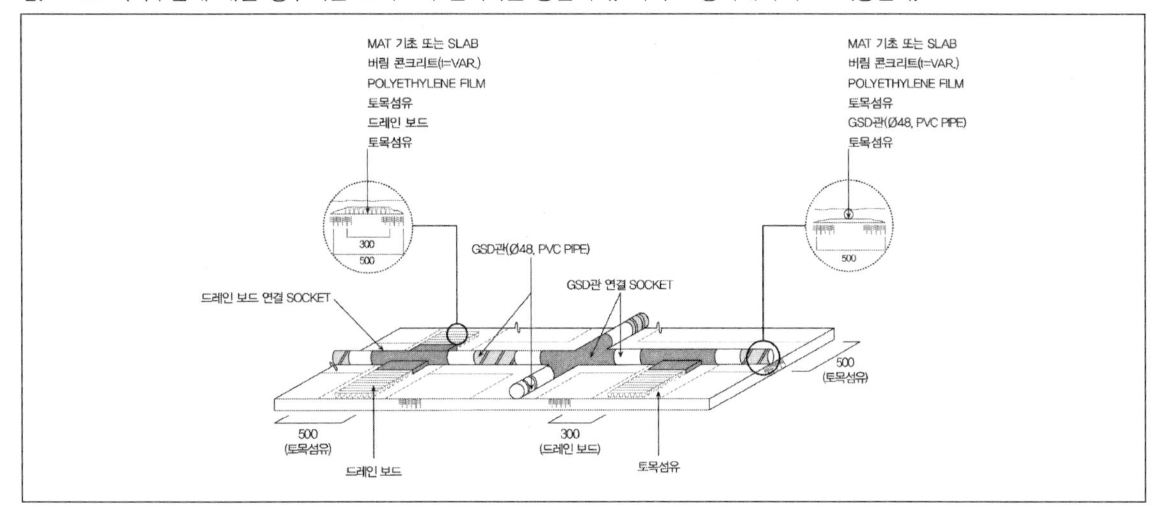

TIP

싱크홀(sink hole)

㉠ 글자 그대로 지반이 갑자기 가라앉아 생긴 구멍으로서 아무런 예고 없이 건물들을 파괴시키고, 순식간에 사람이 매몰되기도 한다.

㉡ 석회암 등 퇴적암이 많은 지역에서 주로 발생하는 자연 현상이지만 상하수도 공사, 지하철 공사, 지하수 개발, 지하매설물 설치 등이 이루어진 연약지반에서도 흔하게 발생된다.

㉢ 최근 폭우로 인한 지반유실로 인해 여러 곳에서 대형 싱크홀이 발생하여 이에 대한 철저한 대책마련이 시급한 상황이다.

5 각종 흙파기 및 흙막이 공법

(1) 흙파기 공법의 종류

① **오픈컷공법** … 굴착단면을 토질의 안정구배인 사면이 유지되도록 파내는 공법이다. 지반이 양호하고 여유가 있을 때 적용한다.

② **아일랜드컷공법** … 중앙부분을 먼저 터파기하고 기초를 축조한 후 이를 반력으로 버팀대를 지지하여 주변흙을 굴착하여 지하구조물을 완성하는 공법이다.

③ **트렌치컷공법** … 아일랜드컷공법과 역순으로 공사한다. 주변부를 선굴착한 후 기초를 구축하여 중앙부를 굴착한 후 기초구조물을 완성하는 공법이다.

④ **수평버팀대공법** … 가장 일반적인 공법으로서 널말뚝을 박고 흙파기를 하면서 수평버팀대를 댄다.

[흙파기 공법 개념도]

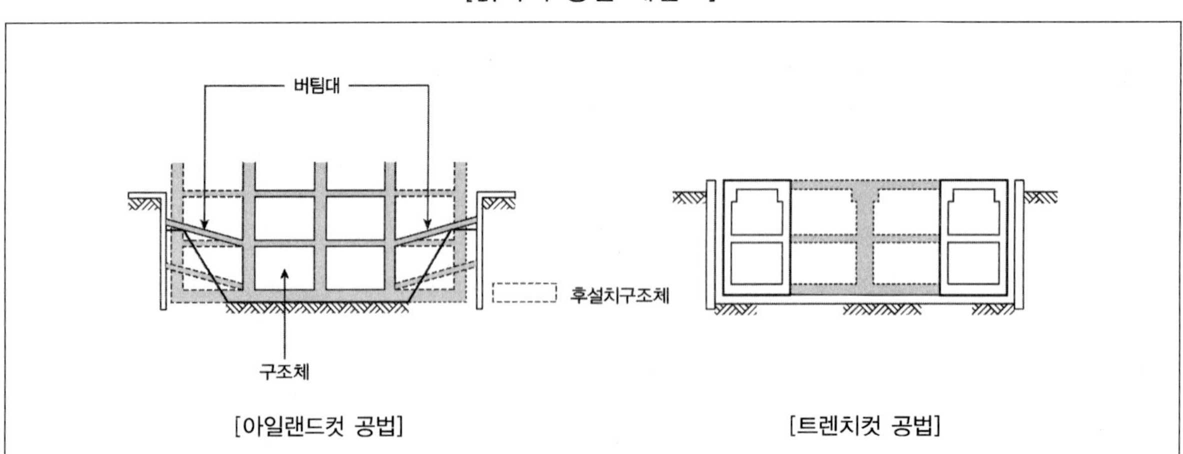

checkpoint

■ 탑다운(Top-Down) 공법

- 1층 바닥을 작업장으로 활용을 하면서 지상층공사와 지하층공사가 동시에 진행이 되는 공법이다.
- 지하층 굴착을 하기 전에 강재를 선매입하고 토사를 굴착해 나가면서 골조를 설치해 나간다.
- 공기의 단축을 꾀할 수 있고, 주변지반에 대한 영향이 적어 도심부에 위치한 공사현장에서 주로 적용된다.
- 1층 슬래브를 우선 형성한 후 지하공사와 지상공사를 위한 작업공간을 확보할 수 있다.
- 지하층공사의 경우 기둥이음이나 벽체이음, 바닥판 이음 등의 수직부재의 이음부 처리에 어려움이 있다.

■ 탑다운 공법의 시공과정

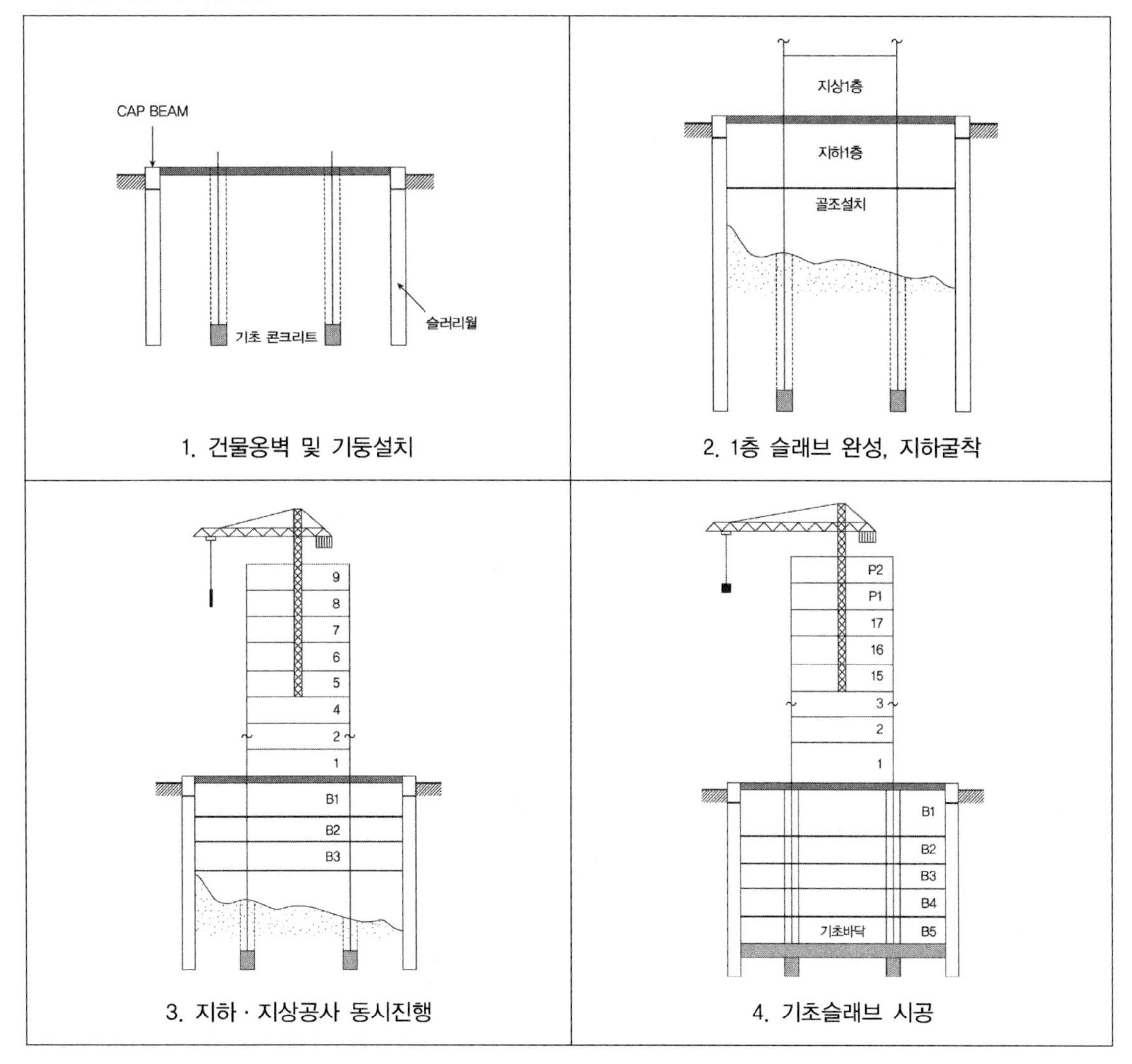

(2) 흙막이 파괴의 종류

구분	정의 및 방지대책
보일링	• 정의 : 사질지반에서 발생하며 굴착저면과 굴착배면의 수위차로 인해 침투수압이 모래와 같이 솟아오르는 현상 • 흙막이의 근입깊이를 경질지반까지 박는다. • 부분굴착을 하여 굴착지반의 안정성을 향상시킨다. • 아일랜드 컷 공법을 적용한다. • 강성이 큰 흙막이를 사용한다.
히빙	• 정의 : 점토질지반에서 발생하며 굴착면 저면이 부풀어오르는 현상이다. • 흙막이의 근입깊이를 경질지반까지 박는다. • 강성이 큰 흙막이를 사용한다. • 배수공법을 적용하여 지하수위를 저하시킨다.
파이핑	• 정의 : 수밀성이 적은 흙막이벽 또는 흙막이벽의 부실로 인한 구멍, 이음새로 물이 배출되는 현상 • 차수성이 높은 흙막이공법을 사용한다. • 배수공법을 적용하여 지하수위를 저하시킨다.

TIP

분사현상(Quick Sand) … 주로 모래지반에서 일어나는 현상으로 상향침투수압에 의해 흙입자가 물과 함께 유출되는 현상을 말한다. 분사현상이 심해지면 보일링현상이 발생하게 되며 보일링현상이 심해지면 파이핑 현상이 나타난다.

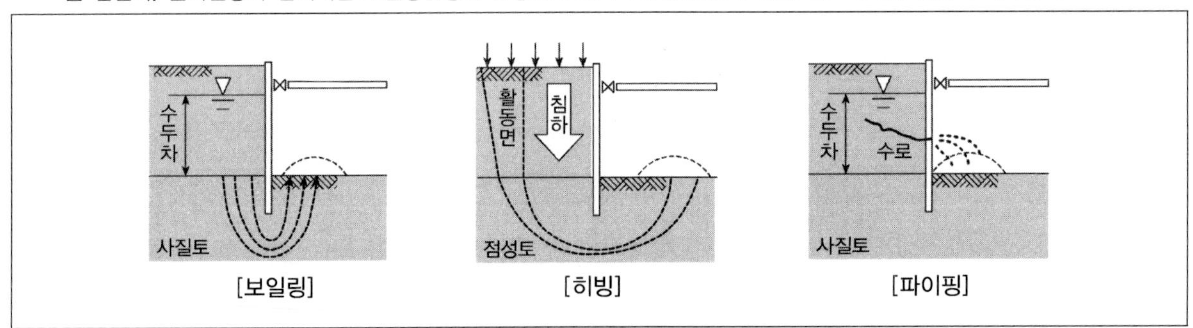

[보일링] [히빙] [파이핑]

(3) 흙막이 공법의 종류

① **어스앵커식 공법** … 흙막이벽의 배면 흙속에 고강도 강재를 사용하여 보링 공내에 모르타르재와 함께 시공하는 공법

② **어미말뚝식 흙막이공법** … 통나무를 1.5 ~ 2m 간격으로 박고 그 사이에 널을 대고 흙막이를 하는 공법

③ **오픈컷 공법** … 굴착단면을 토질의 안정구배에 따른 사면으로 실시하는 공법

④ **버팀대식 공법** … 굴착외주에 흙막이벽을 설치하고 토압을 흙막이벽의 버팀대에 부담하고 굴착하는 공법

⑤ **지하연속법 공법** … 흙막이 자체가 지하구조물의 옹벽을 형성하는 공법

⑥ **주열식 공법** … 현장타설 콘크리트를 사용하여 주열식 말뚝을 형성하고 이를 연속적으로 배열하여 흙막이 벽체를 형성하는 공법(CIP, PIP, MIP 등)

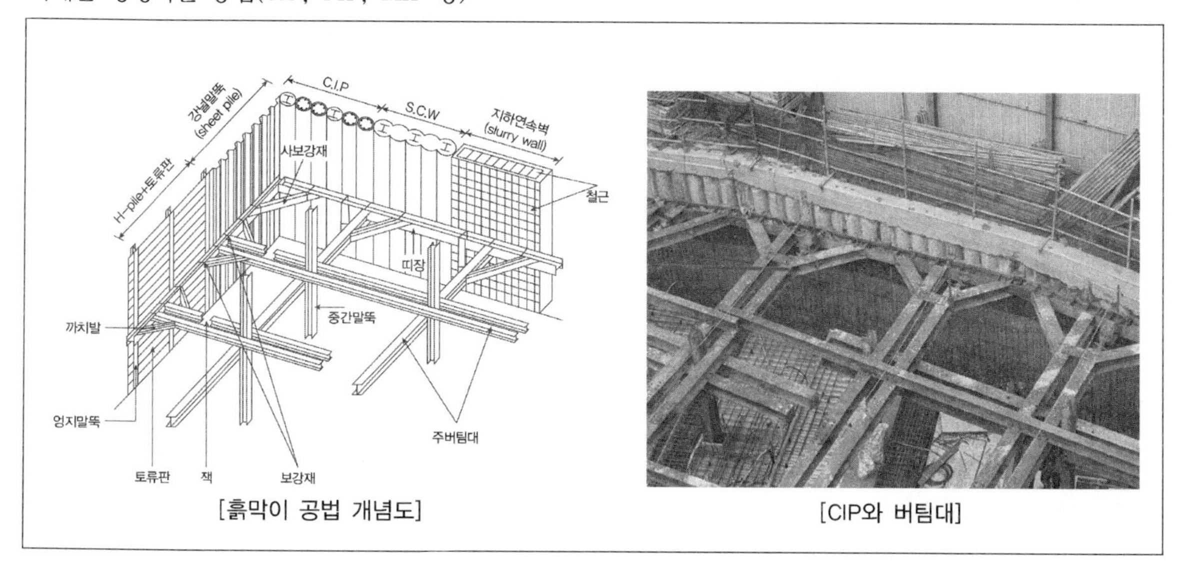

[흙막이 공법 개념도]

[CIP와 버팀대]

TIP

흙막이벽의 계측관리 항목과 측정기기

㉠ 인접구조물의 기울기측정 : 틸트미터(tilt meter), 트랜싯(transit)
㉡ 인접구조물의 균열측정 : 크랙게이지(crack gauge)
㉢ 지중수평변위의 계측 : 인클라이노 미터(inclino meter)
㉣ 지중수직변위의 계측 : 익스텐션 미터(extension meter)
㉤ 지하수위의 계측 : 지하수위계(water level meter)
㉥ 간극수압의 계측 : 피에조미터(piezometer)
㉦ Strut 부재응력측정 : 로드셀(load cell)
㉧ 토압측정 : 토압측정계(soil pressure gauge)
㉨ 지표면 침하측정 : 레벨스탭(level & staff)
㉩ 소음측정 : 사운드 레벨 미터(sound level meter)
㉪ 진동측정 : 바이브로미터(vibrometer)

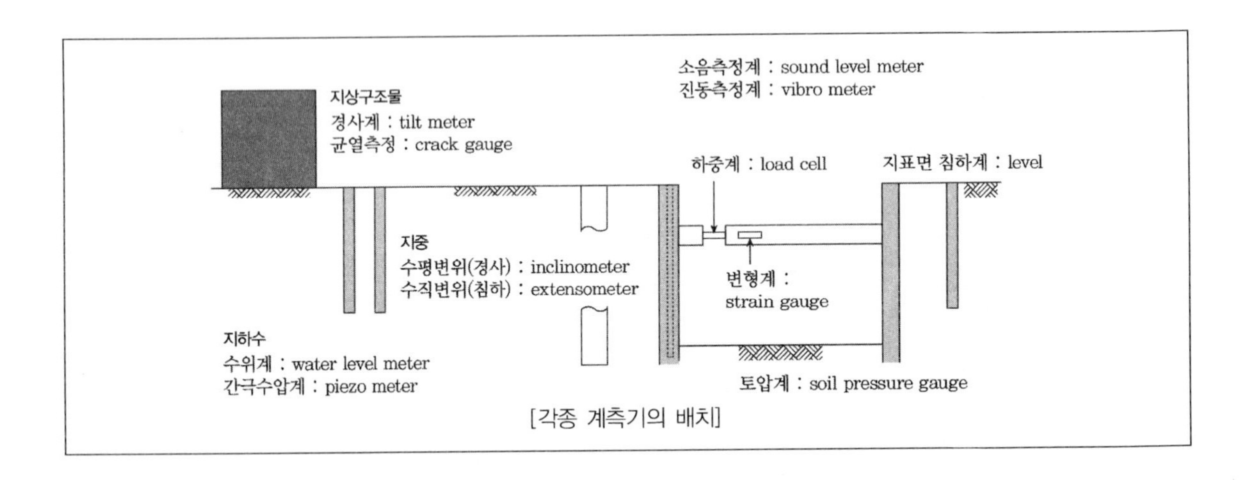

[각종 계측기의 배치]

6 기초구조

(1) 기초와 지정의 개념

① 기초 … 건물의 최하단(기둥 하부)에서 기초판 하부까지를 말하며 건물의 상부하중을 받아 지정 또는 지반에 안전하게 전달시키는 구조부분이다.

② 지정 … 지반의 지내력을 향상시키기 위해서 기초 자체나 지반을 보강하는 기초판 하부의 구조이다.

[기초 구조]

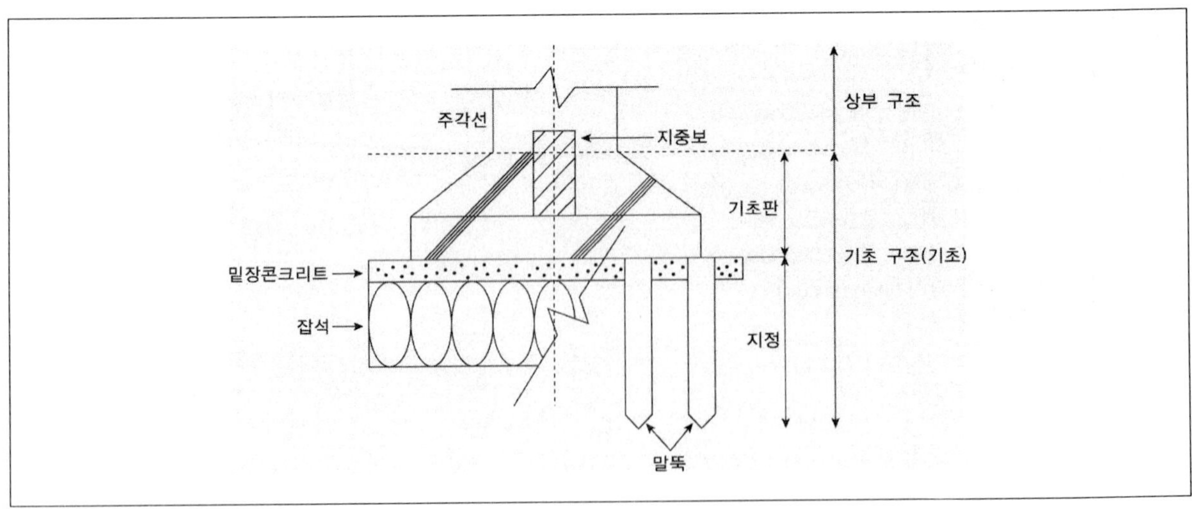

(2) 기초의 종류

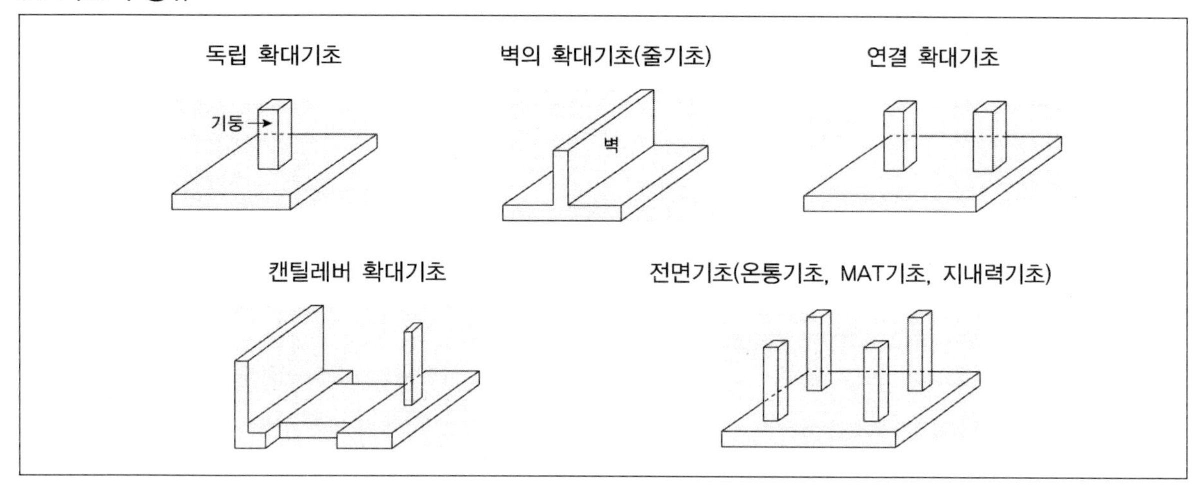

① **독립기초** … 기둥마다 별개의 독립된 기초판을 설치하는 것. 일체식 주고에서는 지중보를 설치하여 기초판의 부동침하를 막고 주각부의 휨모멘트를 흡수하여 구조물 전체의 강성을 높인다.

② **확대기초** … 상부구조물의 하중을 지반에 안전하게 분포시킬 목적으로 그 바닥면적을 확대시킨 구조물이다.

③ **복합기초** … 2개 이상의 기둥으로부터 전달되는 하중을 1개의 기초판으로 지지하는 방식이다. 기둥간격이 좁거나 대지경계선 너머로 기초를 내밀 수 없을 때 사용한다.

④ **줄기초** … 일정한 폭과 깊이를 가진 연속된 띠 형태의 기초. 건축물 밑부분에 공기층을 형성하여 환기 등이 원활하여 더운지방에서 많이 이용한다.

⑤ **온통기초** … 건물의 하부 전체 또는 지하실 전체를 하나의 기초판으로 구성한 기초로 상부구조물의 하중이 클 때, 연약지반일 때 사용한다.

checkpoint

■ **기초의 분류**

- 기초는 직접기초와 말뚝기초로 대분되며, 직접기초(얕은기초)는 기초 저면을 통해 직접 하중을 전달하는 구조이며 말뚝기초는 말뚝을 통해 하중을 전달하는 구조이므로 깊은 기초라고 한다.
- 직접기초는 기초판의 두께가 기초판의 폭보다 크지 않으며 독립기초, 줄기초, 복합기초, 온통기초 등이 이에 해당된다.
- 독립기초 : 개개의 기둥을 독립적으로 지지하는 정사각형, 또는 직사각형의 2방향 슬래브기초를 말한다.
- 복합기초 : 하나의 기초판 위에 두 개 이상의 기둥이 배치된 기초를 말한다.

• 캔틸레버 확대기초 : 두 기둥이 서로 상당히 떨어져 있으며 한 기둥이 대지경계선에 면해 있을 때 두 기둥을 지중보로 이은 형태의 기초이다.

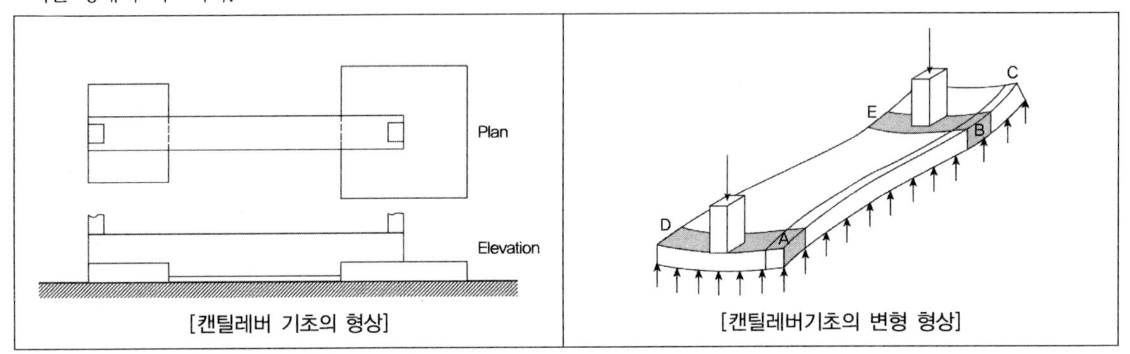

[캔틸레버 기초의 형상] [캔틸레버기초의 변형 형상]

• 말뚝기초는 상부는 독립기초와 같은 형태이나 그 하부를 말뚝이 지지하고 있는 기초를 말하며 피어(Pier)기초라고도 한다.
• 얕은기초 : 지표면 가까이에 굳은 지층이 있어서 얕은기초판을 통해 상부구조의 하중을 직접 지반에 전달시키는 형식으로서 근입깊이에 대한 기초폭의 비가 4 미만인 기초를 말한다. (직접기초라고도 한다.)
• 깊은기초 : 지표면 가까이에는 지반이 약하고 깊은 곳에 굳은 지층이 있는 경우에 상부구조물의 규모가 크고 지지지반이 깊은 경우 상부하중을 지지층까지 전달하기 위한 형식의 기초로서 말뚝기초가 이에 해당된다.
• 기초와 지정 : 기초는 기둥하부에서 기초판 하부까지를 말하며 지정은 지반을 보강한 기초판 하부구조를 말한다.

■ **복합기초로 설계하기 위한 조건**

• 두 기둥이 서로 가까이에 있어 독립기초로 하기가 어려울 때
• 외부기둥이 대지 경계선에 가까이에 있어 독립기초로는 균형유지가 어려울 때

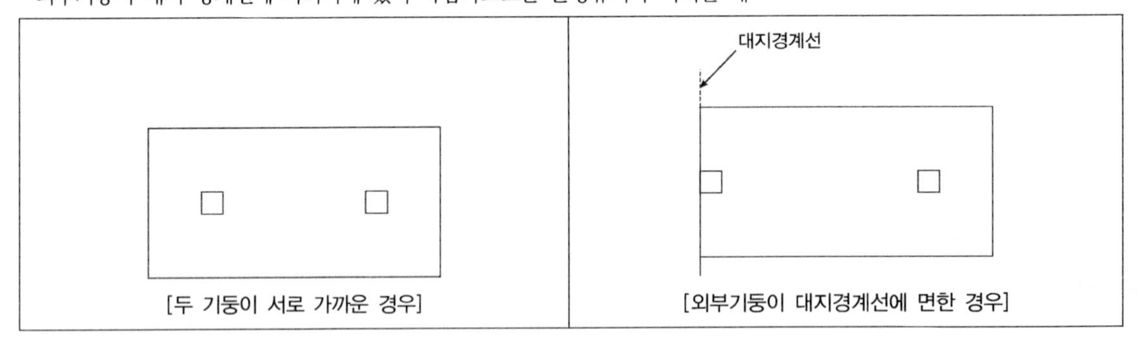

[두 기둥이 서로 가까운 경우] [외부기둥이 대지경계선에 면한 경우]

■ **지중보**

• 기초보라고도 하며, 서로 떨어져 있는 두 기초를 연결하는 보이다.
• 기초의 중심축하중을 유도하여 건물의 부동침하를 억제하는 효과가 있다.
• 상부로부터 작용하는 하중편심에 의해 발생되는 지중응력을 균등하게 하여 안정성을 확보한다.

■ **기초판의 해석원리**

기초판과 기둥을 거꾸로 하면 기둥으로 지지되는 보나 슬래브가 된다. 앞에서 배운 보, 슬래브 해석과 동일한 원리가 적용된다.

기출예제 03 2013 국가직

다음 중 독립기초에 발생할 수 있는 부동침하를 방지하고, 주각의 회전을 방지하여 구조물 전체의 내력 향상에 가장 적합한 부재는?

① 아웃리거(Outrigger) ② 어스앵커(Earthanchor)
③ 옹벽 ④ 기초보

✱

기초보(지중보)는 기초와 기초를 연결하는 수평보로 주각부의 강성을 증대시킨다.

답 ④

(3) 말뚝의 종류

① 재질에 따른 분류

㉠ 나무말뚝

- 지하수위가 변하는 위치에서는 부식이 크나 물속에 잠긴 상태에서 오래 견딘다.
- 소나무, 낙엽송, 잣나무 등 부패에 강한 생나무를 주로 사용하며 벌목 후 2개월 이내에 사용한다.
- 지름은 15 ~ 21cm, 길이는 3 ~ 6m 정도, 휨정도는 길이의 1/50 이하, 양마구리 중심선이 재안에 들 수 있는 나무를 사용한다.

㉡ 원심력 철근콘크리트말뚝(RC pile)

- 원심력을 이용하여 제작된 중공말뚝이다.
- 말뚝 재료의 구입이 쉽고 재질이 균일하다.
- 강도가 크므로 지지말뚝에 양호하다.
- 길이 15m 이하에서는 경제적이다.
- 이음부의 신뢰성이 적으며 중량이 크다.
- 중간 굳기의 토층(N = 30)은 관통이 안 된다.
- 타입 시 말뚝 본체에 균열이 생기기 쉽다.

㉢ 프리스트레스트 콘크리트말뚝(PC pile)

- Pre－tension 방법 : 피아노선을 미리 인장시켜 놓고 그 주변에 콘크리트를 치고 콘크리트 경화 후 피아노선의 인장장치를 늦추어 콘크리트에 프리스트레스를 가한다.
- Post－tension 방법 : 콘크리트에 미리 세장공을 만들어 놓고 콘크리트에 정착시킴으로써 콘크리트에 프리스트레스를 가한다.
- 압축강도가 500kgf/cm^3 이상이다.
- 타입 시 인장응력을 받을 경우 프리스트레스가 유효하게 작용하여 인장파괴의 방지에 효력이 있다.
- 휨 모멘트 작용 시 변형량이 적고 균열이 적어 강재가 부식하지 않고 내구성이 크다.

- 대구경 제조와 시공이 가능하며, 이음의 시공이 쉽다.
- RC 말뚝에 비하여 고가이다.
- 말뚝길이 15m 이하이거나 경하중을 지지하는 말뚝 등에 사용 시 RC 말뚝에 비하여 비경제적이다.

㉣ **고강도 콘크리트말뚝**(PHC pile)

- 프리텐션방식에 의한 고강도 원심력 콘크리트 파일로서 PC파일에서 더 나아가 콘크리트 압축강도를 1.6배 이상 증가시킨 고강도 파일이다.
- 고온고압으로 양생하거나 혼합재를 사용하여 압축강도 $800kgf/cm^3$ 이상으로 제조한 말뚝이다.
- PC말뚝보다 지지력이 커서 시공 본수가 줄어든다.
- 항타에 의한 타격에너지에 더 큰 저항력을 갖는다.
- 자재비가 더 비싸다.

TIP

PHC는 Pretensioned spun High strength Concrete Piles의 약자이며 spun은 "~을 잡아서 늘인"이라는 의미이다.

㉤ 현장타설 콘크리트 말뚝

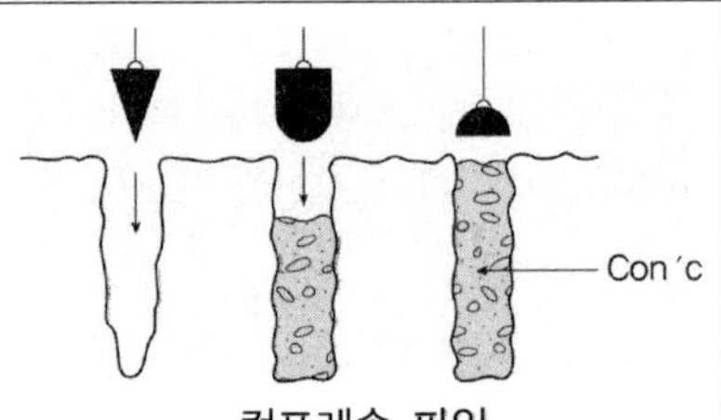 컴프레솔 파일	• 1.0 ~ 2.5ton의 3가지 추를 사용한다. • 원추형추로 낙하시켜 천공한다. • 잡석과 콘크리트를 교대로 투입한 후 추로 다진다. • 지하수의 유출이 작은 굳은 지반의 짧은 말뚝을 형성한다.
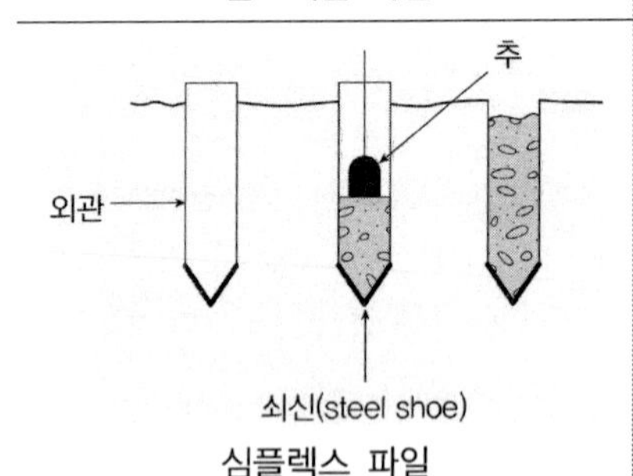 심플렉스 파일	• 철관을 쳐서 박아 넣고 이 속에 콘크리트를 부어 넣어 중추로 다지며 외관을 뽑아내는 공법이다. • 연약지반인 경우 얇은 철판의 내관을 사용한다.
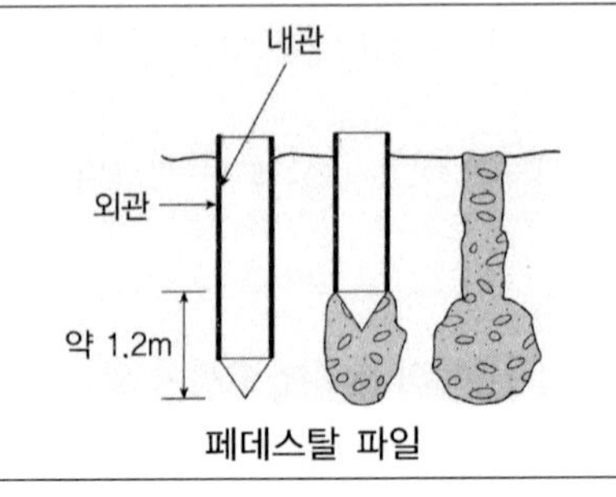 페데스탈 파일	• 심플렉스 파일의 개량형으로 지지력 증대를 위해 구근을 형성한다. • 대중적인 현장말뚝으로 콘크리트의 손실이 크다. • 구근직경은 70 ~ 80cm이며 기둥직경은 45cm 내외이고 지지력은 200 ~ 300kN이다.

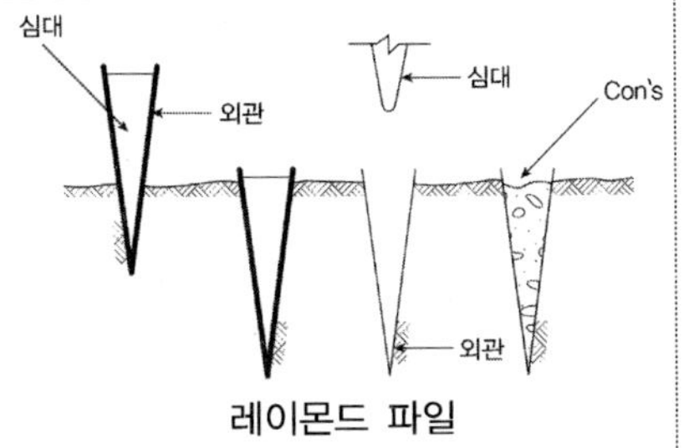 레이몬드 파일	• 외관이 땅속에 남는 유곽 말뚝이다. • 얇은 철판재 외관에 심대(Core)를 넣고 박아 심대를 뽑고 콘크리트를 넣은 후 다진다.
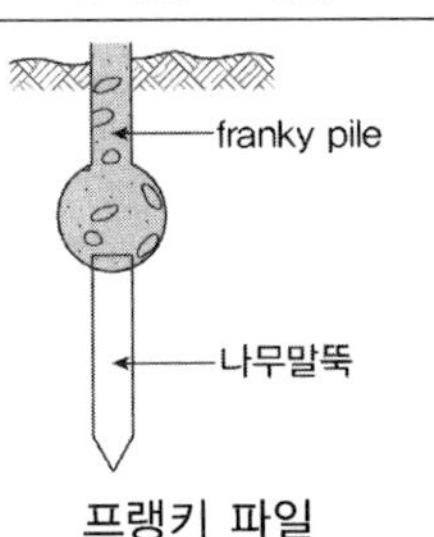 프랭키 파일	• 심대 끝에 원추형 주철재의 마개달린 외관을 사용한다. • 외관을 박고 내부 마개 제거 후 콘크리트를 넣고 추로 다진다. • 마개 대신 나무말뚝을 사용하면 상수면 깊은 곳의 합성말뚝으로 편리하다.
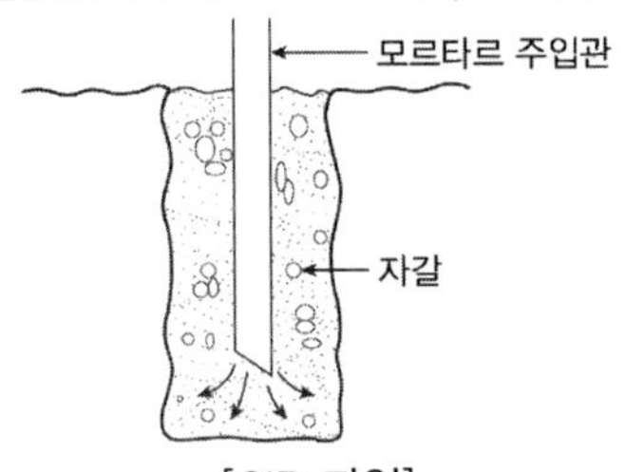 [CIP 파일] 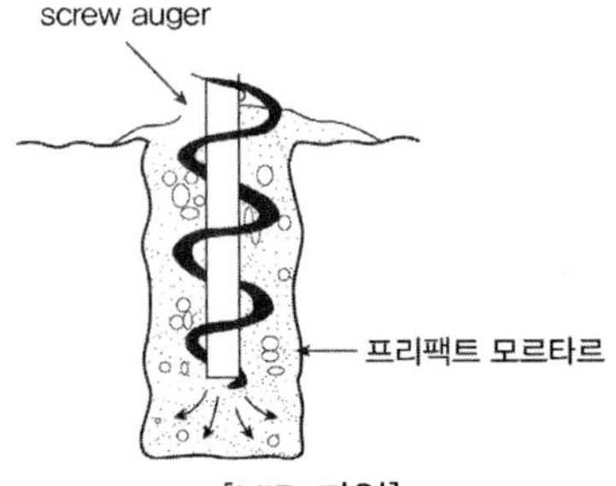 [MIP 파일] 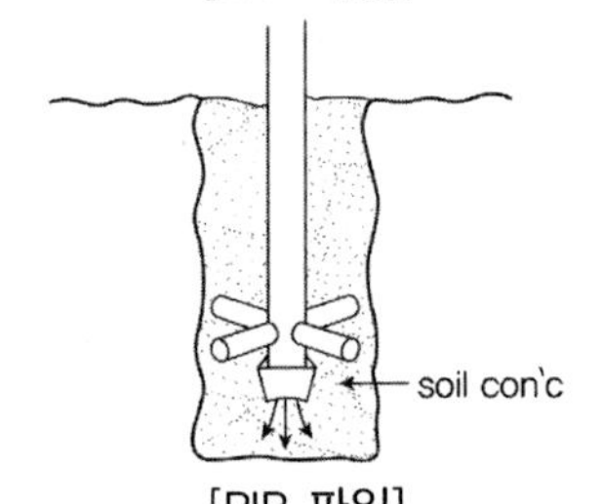 [PIP 파일] 프리팩트 파일	• 굵은 골재를 거푸집 속에 미리 넣어두고 후에 파이프를 통해서 모르타르를 압입하여 타설하여 말뚝을 형성하는 방법이다. 재료분리를 방지할 수 있으며 수밀성이 증대되고 부착력이 증대된다. • CIP공법 : 오거로 구멍을 굴착한 후 자갈을 채워 넣고 미리 배치한 주입관을 통해 모르타르를 주입하는 공법 • PIP공법 : 오거로 소정의 깊이까지 굴착한 다음 흙과 오거를 동시에 끌어올리면서 오거 선단을 통해 모르타르, 잔자갈 콘크리트를 주입하는 공법 (CIP는 자갈을 먼저 채워 넣고 주입관을 통해 모르타르를 주입하나 PIP는 자갈을 나중에 채워 넣으며 오거선단을 통해 모르타르를 주입한다는 차이점이 있다.) • MIP공법 : 파이프 회전용의 선단에 커터로 흙을 뒤섞으며 지중으로 파고 들어간 다음, 파이프 선단에서 모르타르를 분출시켜 흙과 모르타르를 혼합하여 소일콘크리트말뚝을 형성하는 공법 (CIP, PIP와 달리 커터로 흙을 뒤섞는다.)

㉥ 강재(강관)말뚝

- 지지층에 깊이 관입, 지지력이 크다.
- 중량이 가볍고, 단면적이 크다.
- 휨저항이 크고, 수평, 충격력 등에 대한 저항성이 크다.
- 경질층에 타입, 인발이 용이하다.
- 부식되며 재료비가 비싸다.

② 기능에 따른 분류

㉠ **선단지지 말뚝**(point bearing pile) : 축하중의 대부분을 말뚝 선단을 통하여 지지층에 전달하는 말뚝으로서 지지층이란 말뚝의 재료에 따라 다르겠으나 사질토층는 SPT의 N값 50 이상, 점성토 지반은 N값 30 이상인 지층이 상당한 두께(5m) 이상 존재할 때를 말한다. 선단지지 말뚝은 대체로 장기 하중에 대해서 잔류 침하량이 크지 않아서 침하에 까다로운 구조물 기초에 적당하다.

㉡ **지지 말뚝**(bearing pile) : 하부에 존재하는 견고한 지반에 어느 정도 관입시켜 지지하게 하는 것으로 관입한 부분의 마찰력과 선단지지력에 의존하는 말뚝이다.

㉢ **마찰 말뚝**(friction pile) : 상부구조물의 하중을 주로 말뚝의 주변마찰력으로 지지하며 지지 가능한 지층이 너무 깊게 위치하여 지지층까지 말뚝을 설치할 수 없어서 말뚝의 선단지지력을 기대하지 못할 때에 적용한다.

㉣ 마찰말뚝의 길이는 흙의 전단 강도, 가해진 하중, 그리고 말뚝의 크기에 따라 달라진다.

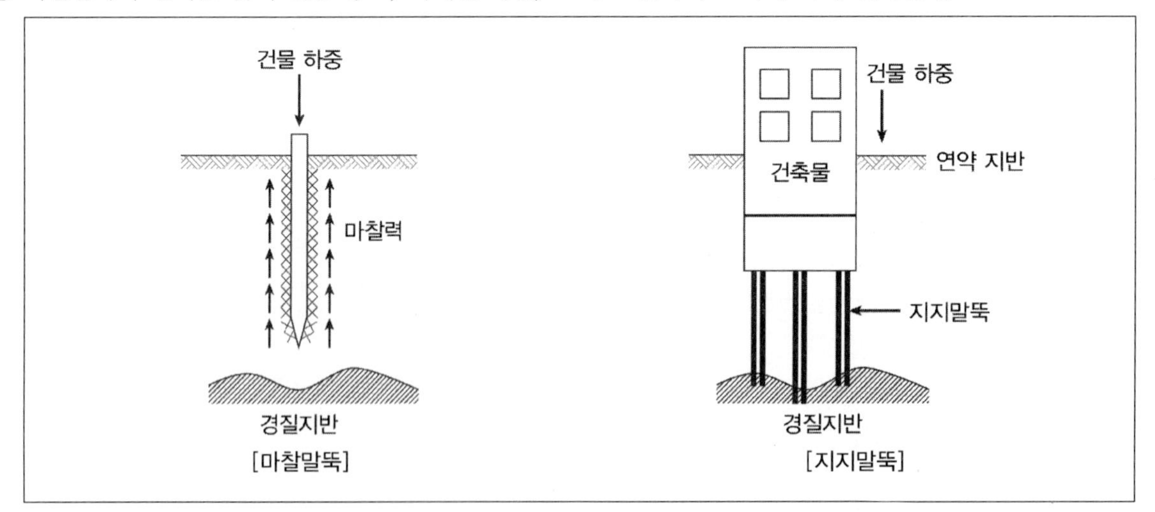

㉤ **다짐말뚝**(compaction pile) : 말뚝을 지반에 타입하여 지반의 간극을 말뚝의 부피만큼 감소시켜서 지반이 다져지는 효과를 얻기 위하여 사용하는 말뚝으로 주로 느슨한 사질지반의 개량에 사용된다.

ⓑ **활동 억제말뚝**(sliding control pile) : 사면 등의 활동을 억제하거나 중지시킬 목적으로 유동중인 지반에 설치하는 말뚝으로 대개 충분한 전단강도를 얻기 위하여 직경 2 ~ 3m로 시공한다.

ⓢ **수평 저항말뚝**(lateral load bearing pile) : 말뚝에 작용하는 수평력은 말뚝의 강성과 주변 지반, 특히 지표 부근 표층의 지반 반력으로 저항하게 되므로 말뚝과 지반의 상성이 충분히 확보되어야 한다. 수평 하중을 지지하는 데는 연직 말뚝보다 경사 말뚝을 이용하는 것이 더 바람직하다.

ⓞ **인장말뚝**(tension pile) : 주로 인발력에 저항하도록 계획된 말뚝으로 마찰말뚝과 원리는 같으나 힘의 방향이 다르다. 말뚝자체가 인장력을 받으므로 인장에 강한 재질을 사용한다.

(4) 말뚝의 이음

① 충전식 이음은 위, 아래의 말뚝에서 강선이 나오도록 하고 이를 자른 후 철근으로 위, 아래의 말뚝을 연결한 후 거푸집을 설치한 후 콘크리트를 타설하는 방법으로 강성이 좋으나 시공기간이 오래 걸린다.

② 용접식 이음은 말뚝 상호간의 철근을 용접하고 다시 외부에 보강철판을 용접하여 잇는 방법으로 강성이 좋으나 용접의 부식이 문제가 된다.

③ 볼트식 이음은 말뚝 이음부를 볼트식으로 조여 잇는 방법으로 시공이 간단하고 가격이 저렴하나, 타격 시 변형의 우려가 있고 강도가 약한 단점이 있다.

④ 장부식 이음은 말뚝 이음부에 장부를 채워 잇는 방법으로 구조가 간단하고 단시간에 시공이 가능하나, 강성이 작아 타격 시에도 구부러지기 쉬우며 좌굴이나 변형에 취약하다.

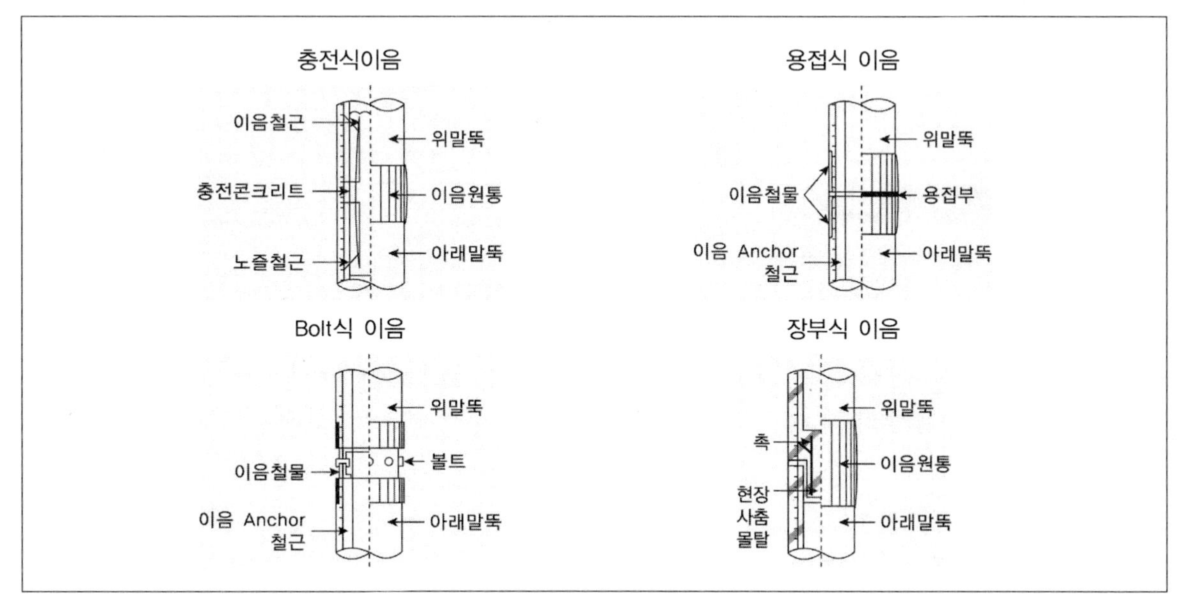

(5) 말뚝기초 시공의 기본사항

① 말뚝의 혼용

㉠ 동일 구조물에서는 지지말뚝과 마찰말뚝을 혼용해서는 안 된다.

㉡ 타입말뚝, 매입말뚝, 현장타설 콘크리트말뚝의 혼용, 재종이 다른 말뚝의 사용은 가능한 한 피하여야 한다.

② 말뚝의 설치간격

종별	중심간격	길이	지지력	특징
나무말뚝	2.5D 60cm 이상	7m 이하	최대 10ton	• 상수면 이하에 타입 • 끝마루직경 12cm 이상
기성콘크리트 말뚝	2.5D 75cm 이상	최대 15m 이하	최대 50ton	• 주근 6개 이상 • 철근량 0.8% 이상 • 피복두께 3cm 이상
강재말뚝	직경, 폭의 2배 75cm 이상	최대 70m	최대 100ton	• 깊은 기초에 사용 • 폐단 강관말뚝간격 2.5배 이상
매입말뚝	2.0D 이상	RC말뚝과 강재말뚝	최대 50 ~ 100ton	• 프리보링공법 • SIP공법
현장타설 콘크리트말뚝	2.0D 이상 D+1m 이상		보통 200ton 최대 900ton	• 주근 4개 이상 • 철근량 0.25% 이상
공통 적용	• 간격 : 보통 3 ~ 4D (D는 말뚝외경, 직경) • 연단거리 : 1.25D 이상, 보통 2D 이상 • 배치방법 : 정열, 엇모, 동일건물에 2종 말뚝 혼용금지 • 기초판 주변으로부터 말뚝 중심까지의 최단거리는 말뚝지름의 1.25배 이상으로 한다. 다만, 말뚝머리에 작용하는 수평하중이 크지 않고 철근의 정착에 문제가 없는 경우의 기초판은 말뚝의 수직외면으로부터 최소 100mm 이상 확장한다.			

기출예제 04 2014 지방직 변형

다음 중 말뚝의 재료에 따른 구조세칙에 대한 설명으로 옳은 것은?

① 나무말뚝을 타설할 때 그 중심간격은 말뚝머리지름의 2.0배 이상 또한 600mm 이상으로 한다.

② 기성콘크리트말뚝을 타설할 때 그 중심간격은 말뚝머리지름의 3.0배 이상 또한 650mm 이상으로 한다.

③ 강재말뚝을 타설할 때 그 중심간격은 말뚝머리의 지름 또는 폭의 2.5배 이상 또한 750mm 이상으로 한다.

④ 매입말뚝을 배치할 때 그 중심간격은 말뚝머리지름의 2.0배 이상으로 한다.

✱

① 나무말뚝을 타설할 때 그 중심간격은 말뚝머리지름의 2.5배 이상 또한 600mm 이상으로 한다.

② 기성콘크리트말뚝을 타설할 때 그 중심간격은 말뚝머리지름의 2.5배 이상 또한 750mm 이상으로 한다.

③ 강재말뚝을 타설할 때 그 중심간격은 말뚝머리의 지름 또는 폭의 2.0배 이상 또한 750mm 이상으로 한다.

답 ④

③ 말뚝의 시공법

㉠ **타격공법**(타입공법) : 디젤해머, 스팀해머, 드롭해머 등을 이용하는 방법으로 진동과 소음이 크다.

㉡ **진동공법** : 상하로 요동하는 바이브로 해머를 이용하여 진동타입이나 진동압입하는 공법이다.

㉢ **압입공법** : 유압잭을 이용한 무소음, 무진동공법 또는 회전압입, 진동압입과 수사식을 병용한다.

㉣ **프리보링공법** : 파일구멍을 선굴착 후 매입하거나 타입, 압입을 병용하는 방법으로 스크류 오거나 회전식 버켓 등으로 굴착한다.

㉤ **수사식공법** : 물을 고속분사하여 타입, 압입을 병용한다.

㉥ **중굴공법** : 말뚝의 중공부에 삽입 후 굴착, Open type의 말뚝에 사용한다.

TIP

압입공법, 프리보링공법, 수사식공법, 중굴공법은 무소음, 무진동 공법이다.

④ 대구경 현장파일 공법

㉠ **베노토공법**(올케이싱공법) : 해머그랩으로 굴착하며 적용지반이 다양하다. 굴착하는 전체에 외관(Casing)을 박고 공사를 하여 공벽붕괴를 방지한다. 공사비가 고가이고 기계가 대형이며 케이싱 인발 시 철근피복파괴가 우려된다.

㉡ **리버스서큘레이션공법** : 역순환공법으로 지하수위보다 2m 이상 높게 물을 채워 정수압($20kN/m^2$)과 이수를 안정액으로 하여 공벽붕괴를 방지한다. 역타설공법(Top Down공법)에서 기둥을 타설할 때 사용한다. 정수압의 관리가 어렵고 공벽붕괴의 우려가 있으며 피압수가 있을 때 작업이 곤란하다.

㉢ **어스드릴공법** : 어스드릴 굴삭기를 이용. 기계가 간단하며 기동성이 우수하고 굴착속도가 빠르다. 주로 지하수가 없는 점성토 지반에 적용한다. 5m 이상의 사력층에서는 굴착이 곤란하며 슬라임처리의 어려움이 있다.

㉣ **우물통기초** : 피어기초의 일종으로 심초, 심관공법 등이 있으며 인력으로 굴착하는 공법이다. RC조나 철재 등을 사용한다. 경질지반에 충분히 도달시키고 최소지름은 90cm 이상 전길이는 최소지름의 15배 이하로 한다.

㉤ **잠함기초** : 지하구조체를 지상에서 구축, 침하시키는 공법으로 개방잠함, 용기잠함 공법 등이 있다.

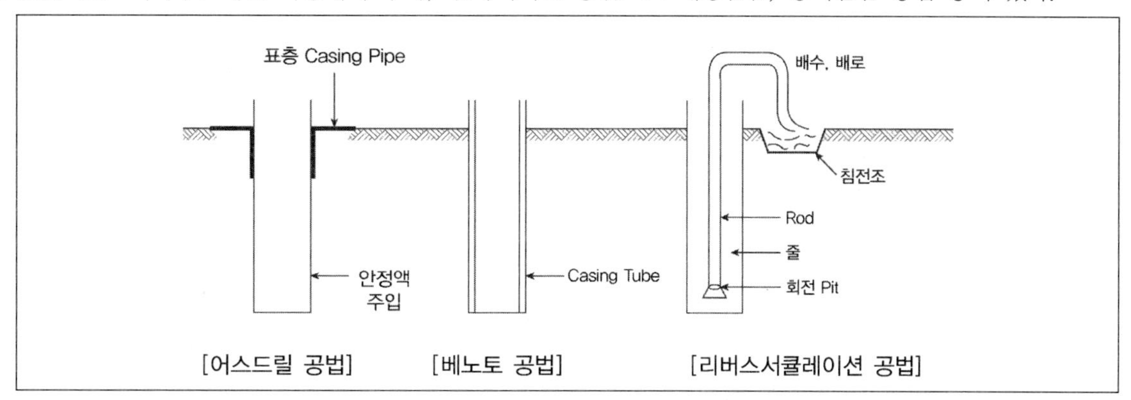

(6) 말뚝의 지지력

① 말뚝의 지지력에 관한 주요사항

㉠ 말뚝기초는 기초의 분류에서 깊은 기초에 속한다.

㉡ 무리말뚝의 각 개의 말뚝이 발휘하는 지지력은 단독말뚝보다 작다.

㉢ 말뚝의 지지력은 선단지지력과 주면마찰력의 합으로 나타낸다.

㉣ 일반적으로 말뚝 끝이 암반에 도달하면 선단지지말뚝, 연약점성토에 도달하면 마찰말뚝으로 구분한다.

㉤ 말뚝의 부(負)의 주면마찰력이 작용하면 지지력은 감소한다.

㉥ 말뚝이 점토지반을 관통하고 있을 때에는 부마찰력에 대해 검토를 할 필요가 있다.

㉦ 부마찰력을 방지하기 위해 되도록 표면적이 작은 말뚝을 사용한다.

TIP

주면마찰력과 부마찰력

㉠ 주면마찰력 : 말뚝 주위 표면과 흙 사이의 마찰력

㉡ 부마찰력 : 부주면마찰력의 줄임말로서, 말뚝 주위의 지반이 말뚝보다 더 많이 침하하게 되면 주면마찰력이 하향으로 발생하게 되어 하중의 역할을 하게 되는데 이때의 주면마찰력을 부마찰력이라 한다.

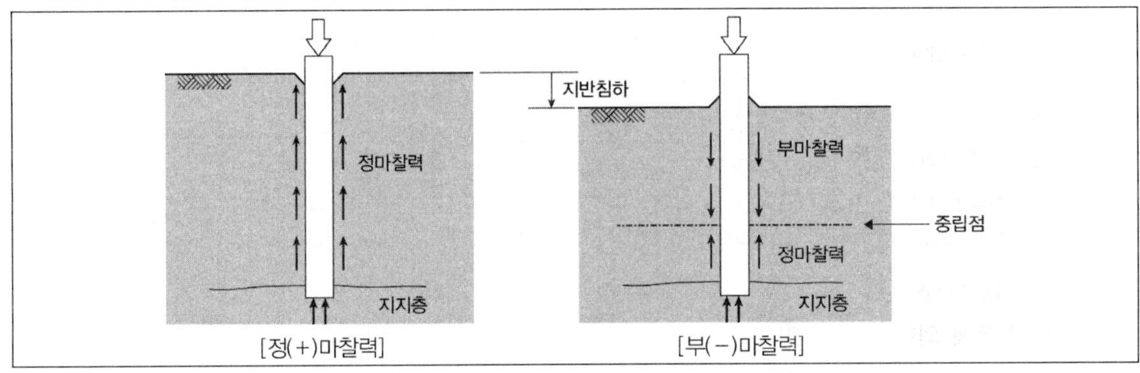

[정(+)마찰력] [부(−)마찰력]

checkpoint

■ **부주면마찰력의 발생원인 및 피해, 방지대책**

① 발생원인

㉠ 지반 중에 연약지반이 있을 때
㉡ 되메우기를 했거나 치환상태 불량지역에 항타 시
㉢ 파일간격을 지나치게 조밀하게 하여 항타했을 때
㉣ 함수율이 매우 큰 지반에 항타 시
㉤ 피압수의 영향이 큰 지반인 경우
㉥ 지표면에 과적재물을 장기간 적재 시
㉦ 말뚝이음부의 단면적이 기존 말뚝의 단면적보다 클 때

② 피해

㉠ 갑작스런 지반침하가 되어 구조물에 치명적인 피해를 줄 수 있음
㉡ 말뚝의 지지력이 저하되고 건축물에 누수가 발생할 수 있음
㉢ 말뚝이 깊게 박혀있고, 부마찰력이 연직방향의 힘과 수평방향의 힘이 합한 형태로 작용할 경우 말뚝이 파괴가 될 수 있음

③ 방지대책

㉠ 항타 전에 연약지반을 개량하여 지지력을 확보
㉡ 말뚝의 표면적을 최소화하여 부마찰력을 감소
㉢ 연직배수공법을 적용하여 지하수위 저하
㉣ 내외관을 분리한 슬라이딩 방식의 이중관 말뚝 시공
㉤ 말뚝이음부의 단면적을 기존말뚝의 단면적과 동일하게 시공

② 말뚝의 허용지지력 산출방법

㉠ 재하시험에 의한 방법(지지, 마찰말뚝) : 동적, 정적 재하시험이 있다.
㉡ 말뚝박기 시험에 의한 방법(지지말뚝)
㉢ 지반의 허용응력도에 의한 방법(지지말뚝)
㉣ 표준관입시험에 의한 방법(지지말뚝)
㉤ 토질시험에 의한 방법(마찰말뚝) (Terzaghi의 극한지지력 공식, Meyerhof공식)
㉥ 동역학적 추정공식(파일항타분석기 이용, 모든 type의 말뚝이 가능)

③ 말뚝의 허용지지력

㉠ 타입 말뚝의 허용지지력 : 타입말뚝의 장기 허용지지력은 장기허용압축응력도에 최소단면적을 곱한 값 이하, 재하시험결과에 의한 항복하중의 1/2 및 극한하중의 1/3 중 가장 작은 값으로 한다. 다만, 현장타설 콘크리트말뚝에서 재하시험을 하지 않을 경우에는 지지력산정식에 의해 구해지는 극한지지력의 1/3 이하의 값으로 할 수 있다.

ⓛ **매입말뚝 및 현장타설 콘크리트말뚝의 지지력 :** 매입말뚝 및 현장타설 콘크리트말뚝의 허용지지력은 장기허용 압축응력에 최소단면적을 곱한 값 이하, 재하시험결과에 의한 항복하중의 1/2 및 극한하중의 1/3 중 가장 작은 값으로 한다. 다만, 현장타설 콘크리트말뚝에서 재하시험을 하지 않을 경우에는 지지력산정식에 의해 구해지는 극한지지력의 1/3 이하의 값으로 할 수 있다.

④ 말뚝의 재료별 허용응력(장기허용압축응력)

㉠ 나무말뚝

- 나무말뚝의 장기허용압축응력은 소나무, 낙엽송, 미송에 있어서는 5MPa 기타의 수종에 있어서는 제8장에서 표시한 상시 습윤상태에 있는 경우의 값과 5MPa 중 작은 값을 택한다.
- 단기허용압축응력은 장기허용압축응력의 1.5배로 한다. 여기서 허용지지력은 나무말뚝의 최소단면에 대해 구하는 것으로 한다.

㉡ 기성콘크리트말뚝

- 기성콘크리트말뚝의 장기허용압축응력은 콘크리트설계기준강도의 최대 1/4까지를 말뚝재료의 장기허용압축응력으로 한다. 단기허용압축응력은 장기허용압축응력의 1.5배로 한다.
- 사용하는 콘크리트의 설계기준강도는 35MPa 이상으로 하고 허용지지력은 말뚝의 최소단면에 대하여 구하는 것으로 한다.

㉢ 현장타설 콘크리트말뚝

- 현장타설 콘크리트말뚝의 최대 허용압축하중은 각 구성요소의 재료에 해당하는 허용압축응력을 각 구성요소의 유효단면적에 곱한 각 요소의 허용압축하중을 합한 값으로 한다.
- 철근의 허용압축응력은 항복강도의 40% 이하로 하고, 형강의 허용압축응력은 항복강도의 50% 이하로 한다.
- 콘크리트의 최대 허용압축응력은 아래의 표에 따른다. 단, 수중 또는 안정액 속에서 타설하여야 하는 경우에는 콘크리트가 물 또는 안정액과 섞이지 않도록 트레미공법 등에 의해 소정의 콘크리트 품질이 확보되어야 한다. 표의 케이싱 재료는 강재로 제한한다.

[압축을 받는 콘크리트의 허용압축응력]

조건	최대허용응력
① 영구케이싱이 없는 현장타설콘크리트	$0.30f_{ck}$
② 강관 및 이외 영구케이싱 또는 암 내부의 현장타설콘크리트	$0.33f_{ck}$
③ 영구케이싱 내부의 현장타설콘크리트	$0.40f_{ck}$

③의 조건은 다음 사항을 모두 만족시키는 경우에 해당한다.
1. 케이싱의 단면적은 허용압축하중의 계산에 포함하지 않는다.
2. 케이싱은 주변 흙과 접촉되는 전체길이를 축회전방식(mandrel)으로 설치되어야 한다.
3. 케이싱의 두께는 1.75mm 이상으로 한다.
4. 케이싱의 단면은 콘크리트를 구속할 수 있도록 이음부가 없거나 이음부의 강도가 모재 이상이어야 한다.
5. 케이싱 강재의 설계기준항복강도는 콘크리트의 설계기준압축강도의 6배 이상이어야 한다.
6. 케이싱의 공칭직경은 406mm 이하이어야 한다.

㉣ 강재말뚝

• 강재말뚝의 장기허용압축력은 일반의 경우 부식부분을 제외한 단면에 대해 재료의 항복응력과 국부좌굴응력을 고려하여 결정한다.
• 단기허용압축응력은 장기 허용압축응력의 1.5배로 한다.

TIP

세장비에 의한 허용응력 감소의 한계값(n)

말뚝의 종류	n	세장비의 상한값
RC 말뚝	70	90
PC 말뚝	80	105
PHC 말뚝	85	110
강관 말뚝	100	130
현장타설 콘크리트 말뚝	60	80

⑤ **말뚝재료의 허용응력 저감** … 이음말뚝 및 세장비가 큰 말뚝에 대해서는 말뚝재료의 허용압축응력을 다음과 같이 저감한다.

㉠ **이음말뚝의 저감** : 이음말뚝에 있어서 이음의 종류와 개수에 따라 말뚝재료의 허용압축응력을 저감한다.

㉡ **무타격말뚝의 저감** : 타격력을 전혀 사용하지 않고 시공하는 말뚝의 이음에 대해서는 타입말뚝 이음저감률의 1/2을 택할 수 있다.

㉢ **세장말뚝의 저감** : 말뚝의 세장비가 큰 말뚝에 있어서 그 말뚝의 재질, 단면의 형상, 지반상황 및 시공방법에 따라 다음 식으로 산정되는 μ(%)에 해당하는 비율만큼 말뚝재료의 허용압축응력을 저감한다.

• $\mu = \frac{L}{d} - n$ (μ : 세장비에 대한 저감률(%), L/d : 말뚝의 세장비, n : 재료의 허용압축응력을 저감하지 않아도 되는 세장비의 한계값)

TIP

㉠ 말뚝의 지지력 추정을 위한 정역학적 공식 : Terzaghi, Meyerhof, Dunham, Dorr
㉡ 말뚝의 지지력 추정을 위한 동역학적 공식 : Engineering-news, Hiley, Sander, Weisbach

[Terzaghi의 지지력 공식]

$$q_{ult} = \alpha \cdot C \cdot N_c + \beta \cdot \gamma_1 \cdot B \cdot N_r + \gamma_2 \cdot D_f \cdot N_q$$

- α, β : 기초 모양에 따른 형상계수
- C : 기초저면 하부지반의 점착력(kN/m^2)
- γ_1 : 기초저면 하부지반 단위체적중량(kN/m^3)
- γ_2 : 기초저면 상부지반 단위체적중량(kN/m^3)
- N_c, N_r, N_q : 지지력계수이며 내부마찰각 ϕ의 함수
- D_f : 기초에 근접한 최저지반에서 기초저면까지의 깊이(m)
- B : 기초저면의 최소폭(m), 원형일 때는 지름

Terzaghi의 지지력 공식은 점착력, 기초폭, 기초근입깊이라는 3가지 요소에 의해 결정된다. 지지력계수 N_c, N_r, N_q는 수동토압계수의 함수이며 내부마찰각의 함수로서 흙의 점착력과는 관련이 없다.

기초저면 형상	연속	정사각형	장방형	원형
α	1.0	1.3	1.0 + 0.3B/L	1.3
β	0.5	0.4	0.5 − 0.1B/L	0.3

[Meyerhof 공식]

$$Q_u = Q_p + Q_f = 40 \cdot N \cdot A_p + \frac{1}{5} \cdot \overline{N_s} \cdot A_s$$

- Q_u : 말뚝의 극한지지력
- Q_f : 말뚝의 주면마찰력
- A_p : 말뚝선단의 단면적
- A_s : 모래층 말뚝의 주면적
- Q_p : 말뚝의 선단지지력
- N : 말뚝선단부위의 N치
- $\overline{N_s}$: 모래층의 N치의 평균치

7 토압이론

(1) 토압의 종류

① 정지토압(P_o) … 수평(횡)방향으로 변위가 없을 때의 토압이다.

② 주동토압(P_A)

㉠ 벽체가 뒤채움흙의 압력에 의해 배면 흙으로부터 떨어지도록 작용하는 토압이다.

㉡ 뒤채움흙의 압력에 의해 벽체가 흙으로부터 멀어지는 변위를 일으킬 때 뒤채움흙은 수평방향으로 팽창을 하면서 파괴가 일어나는데 이때의 토압을 주동토압이라고 한다.

㉢ 주동토압으로 파괴가 일어나면 옹벽 배면에 있는 흙(뒤채움흙)은 아래로 가라앉는다.

③ 수동토압(P_P)

㉠ 어떤 외력에 의해 흙막이벽체가 뒤채움흙 쪽으로 변위를 일으킬 때 뒤채움흙은 수평방향으로 압축을 하면서 파괴가 일어나는데 이때의 토압을 압축하는 수동토압이라고 한다.

㉡ 수동토압으로 파괴가 일어나면 옹벽배면에 있는 흙은 지표면으로 부풀어 오른다.

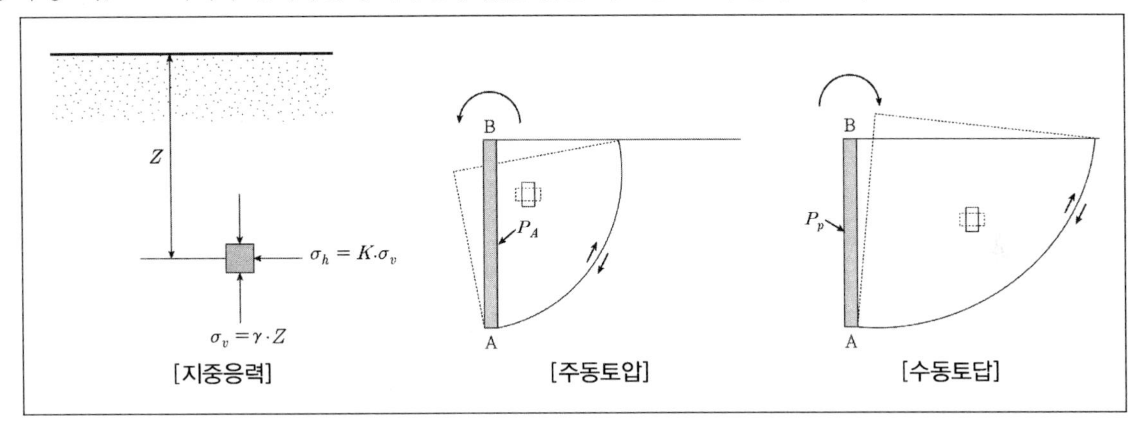

(2) 흙의 자중으로 인한 지중응력

① 지중에 있는 흙은 상부의 흙들에 의한 연직방향의 하중과 수평방향의 하중이 가해지며 이로 인해 응력이 발생하게 된다.

② 연직방향의 응력은 흙의 비중과 지면으로부터의 깊이를 곱한 값이 된다. ($\sigma_v = \gamma \cdot Z$)

③ 수평방향의 응력은 연직방향응력값에 토질의 특성에 따라 달라지는 토압계수 K를 곱한 값이 된다. ($\sigma_h = K \cdot \sigma_v = K \cdot \gamma \cdot Z$)

④ 정지토압계수 K_o는 지중의 토립자에 발생하는 연직방향응력에 대한 수평방향응력의 비이므로 $K_o = \dfrac{\sigma_h}{\sigma_v}$의 식이 성립한다. (여기서 γ는 토립자의 비중, K는 토압계수, Z는 지반면으로부터의 깊이이다.)

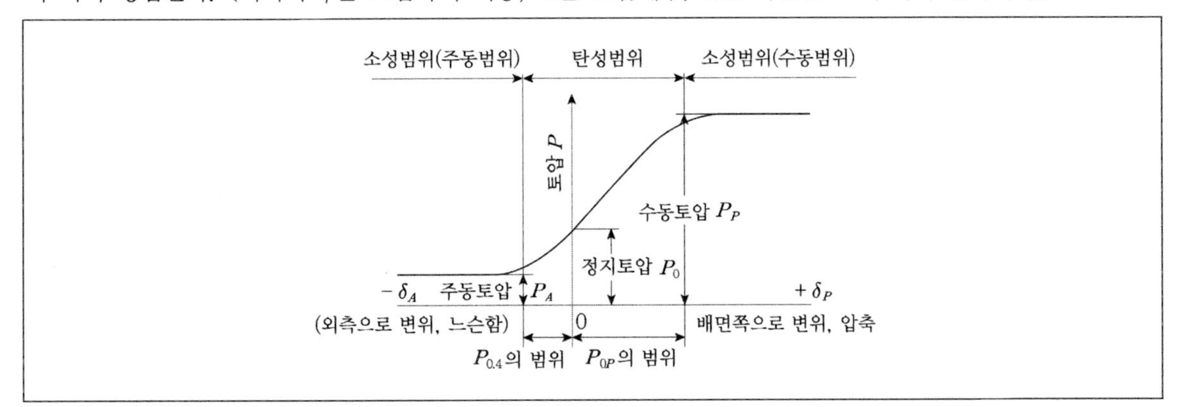

[흙막이에 작용하는 토압력도]

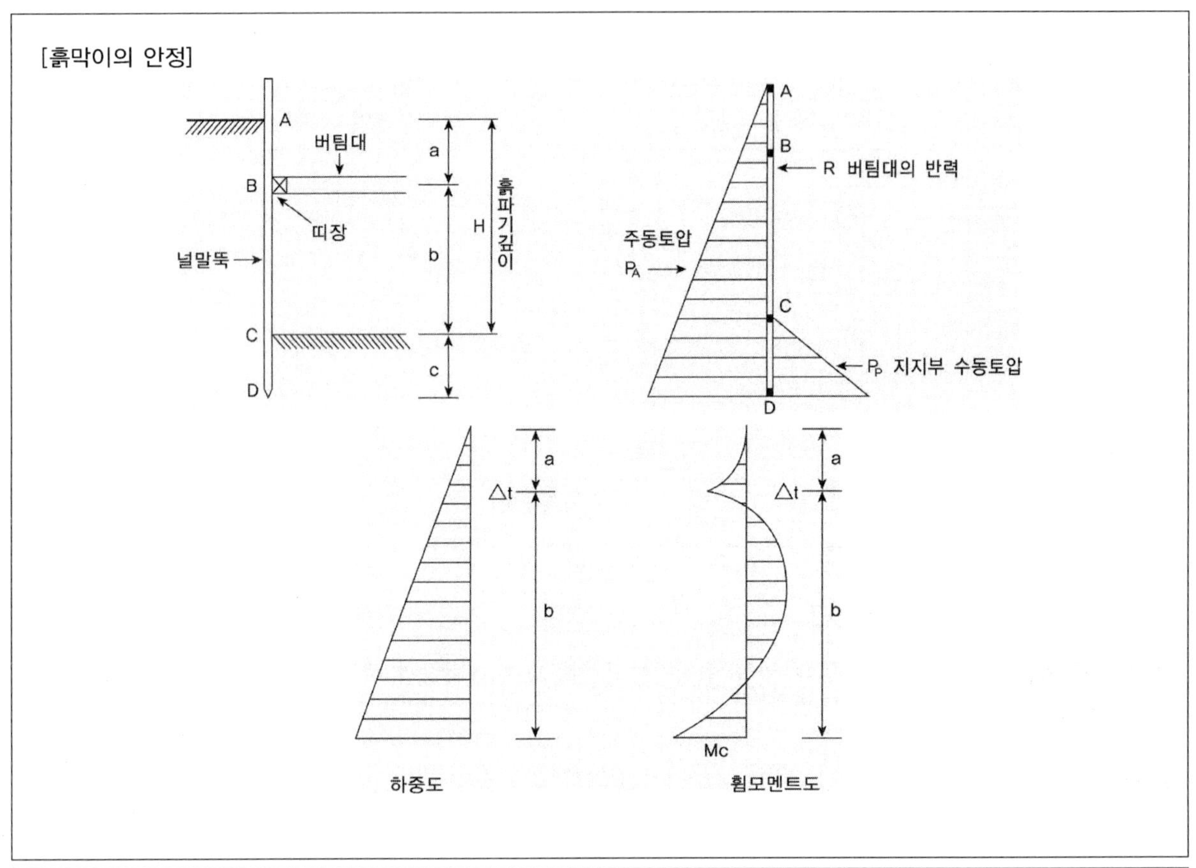

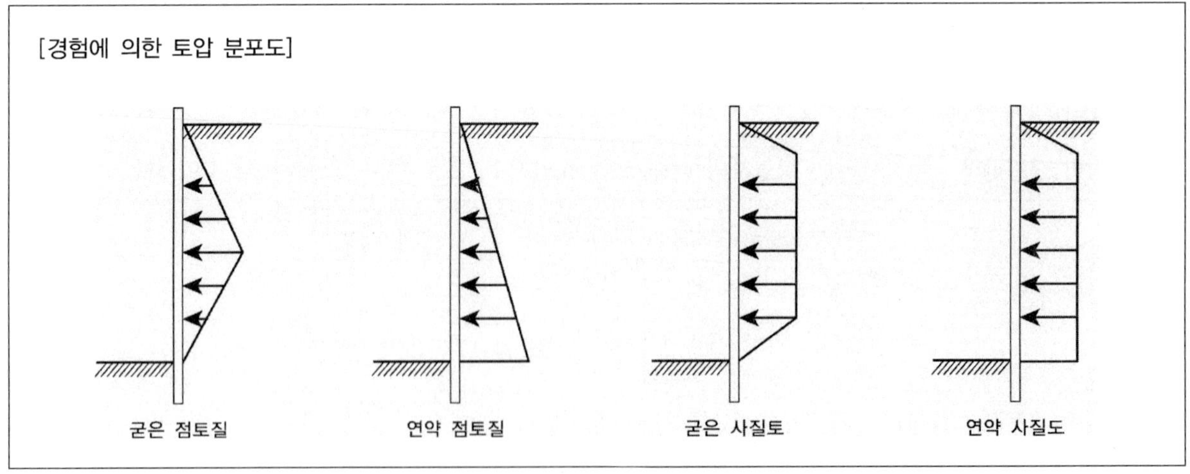

(3) 주동토압(측압)의 산정식

① 연직옹벽에 작용하는 주동토압의 산정식

- 전주동토압 : $P_A = \frac{1}{2} \cdot K_A \cdot r \cdot H^2$
- 주동토압계수 : $K_A = \tan^2(45^o - \frac{\phi}{2}) = \frac{1-\sin\phi}{1+\sin\phi}$
- 토압의 작용점 : $\bar{y} = \frac{1}{3}H$

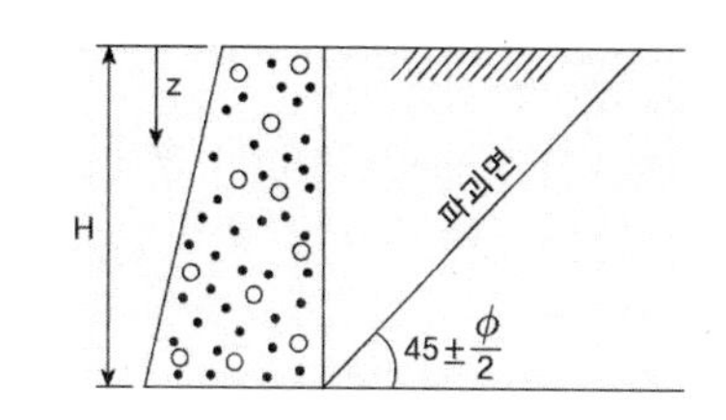

TIP

수동토압계수 $K_P = \tan^2(45^\circ + \frac{\phi}{2}) = \frac{1+\sin\phi}{1-\sin\phi}$ (ϕ는 입자간의 내부마찰각)

② 모래지반과 점토지반의 측압계수

지반		측압계수
모래지반	지하수위가 얕을 경우	0.3 ~ 0.7
	지하수위가 깊을 경우	0.2 ~ 0.4
점토지반	연질 점토	0.5 ~ 0.8
	경질 점토	0.2 ~ 0.5

checkpoint

탄성론에 의한 즉시침하

$S_i = q_o \cdot B \cdot \frac{1-\mu^2}{E_s} \cdot I_s$

q : 기초의 하중강도(t/m²)

B : 기초의 폭(m)

μ : 지반의 푸아송비

E : 흙의 탄성계수(변형계수)

I_w : 침하에 의한 영향값

㉠ **평판재하시험에 따른 즉시침하량 추정에 사용되는 계수** : 기초의 폭, 기초의 침하계수, 재하판의 폭, 재하판의 침하계수, 평판의 침하량

㉡ **탄성이론에 의한 즉시침하량 추정에 사용되는 계수** : 지반의 탄성계수, 지반의 푸아송비, 기초의 폭, 등분포하중, 영향계수, 변형계수

③ 지반의 침하

㉠ **탄성침하** : 하중재하를 하자마자 발생하는 침하(탄성론에 의한 즉시침하식으로 구한다.)

㉡ **1차 압밀침하** : 점성토 지반에서 탄성침하 후 장기간에 걸쳐서 압밀에 의해 지중의 간극수가 빠져나오게 되어 발생하는 지반침하

㉢ **2차 압밀침하** : 1차 압밀침하가 종료된 후에 발생하는 침하로서 점성토의 크리프현상에 의해 일어나는 침하

8 유효응력과 간극수압

① 초기에 물은 전체의 하중을 받치고 있지만 이후 시간이 경과하면서 물이 빠져나오기 시작하면서 물의 압력이 차츰 감소되고 하중은 스프링으로 옮겨지기 시작한다.

② 일정한 하중이 가해지고 있는 경우, 스프링이 하중 전부를 부담하기까지의 거동은 비선형적으로 이루어지게 된다.

③ 하중이 가해지기 직전의 간극수압은 정수압을 나타내지만 하중이 가해지면 간극수압이 증가하여 과잉간극수압상태에 이르게 된다. 이후 시간이 경과하고 배수가 시작되면 간극수압은 정수압까지 줄어들게 된다.

최근 기출문제 분석

2019 서울시 (2차)

1 그림과 같이 높이 h인 옹벽 저면에서의 주동토압 P_A 및 옹벽 전체에 작용하는 주동토압의 합력 H_A의 값은? (단, γ는 흙의 단위중량, K_A는 흙의 주동토압계수이다.)

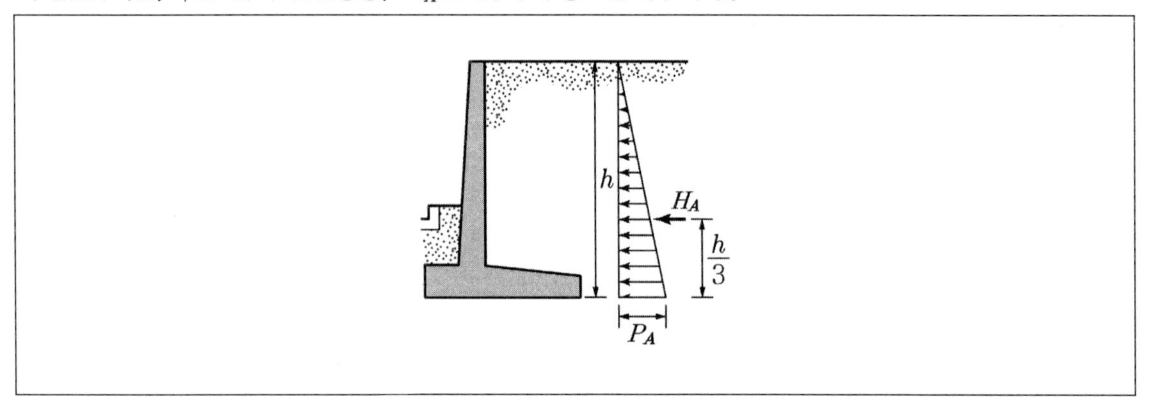

① $P_A = K_A \gamma h^2$, $H_A = \frac{1}{3} K_A \gamma h^3$

② $P_A = K_A \gamma h$, $H_A = \frac{1}{3} K_A \gamma h^2$

③ $P_A = K_A \gamma h^2$, $H_A = \frac{1}{2} K_A \gamma h^3$

④ $P_A = K_A \gamma h^2$, $H_A = \frac{1}{2} K_A \gamma h^2$

TIP 옹벽저면에서의 주동토압은 $P_A = K_A \gamma h^2$

옹벽 전체에 작용하는 주동토압의 합력은 $H_A = \frac{1}{2} K_A \gamma h^2$

Answer 1.④

2019 서울시 (2차)

2 건축물 기초구조에서 현장타설콘크리트말뚝에 대한 설명으로 가장 옳지 않은 것은?

① 현장타설콘크리트말뚝의 단면적은 전 길이에 걸쳐 각 부분의 설계단면적 이하여서는 안 된다.

② 현장타설콘크리트말뚝의 선단부는 지지층에 확실히 도달시켜야 한다.

③ 현장타설콘크리트말뚝은 특별한 경우를 제외하고 주근은 4개 이상 또는 설계단면적의 0.15% 이상으로 하고 띠철근 또는 나선철근으로 보강하여야 한다.

④ 현장타설콘크리트말뚝을 배치할 때 그 중심 간격은 말뚝머리 지름의 2.0배 이상 또는 말뚝머리 지름에 1,000mm를 더한 값 이상으로 한다.

TIP 현장타설콘크리트말뚝은 특별한 경우를 제외하고 주근은 4개 이상 또는 설계단면적의 0.25% 이상으로 하고 띠철근 또는 나선철근으로 보강하여야 한다.

2019 서울시 (1차)

3 말뚝기초에 대한 설명으로 가장 옳은 것은?

① 말뚝기초의 허용지지력은 말뚝의 지지력에 따른 것으로만 한다.

② 말뚝기초의 설계에 있어서는 하중의 편심에 대하여 검토하지 않아도 된다.

③ 동일 구조물에서 지지말뚝과 마찰말뚝을 혼용할 수 있다.

④ 타입말뚝, 매입말뚝 및 현장타설콘크리트말뚝의 혼용을 적극 권장하여 경제성을 확보할 수 있다.

TIP ② 말뚝기초의 설계에 있어서는 하중의 편심에 대하여 검토해야 한다.
③ 동일 구조물에서 지지말뚝과 마찰말뚝을 혼용하지 않도록 한다.
④ 타입말뚝, 매입말뚝 및 현장타설콘크리트말뚝을 혼용하지 않도록 한다.

Answer 2.③ 3.①

2018 서울시 (2차)

4 **포화사질토가 비배수상태에서 급속한 재하를 받아 과잉간극수압의 발생과 동시에 유효응력이 감소하는 현상은?**

① 분사현상

② 액상화

③ 사운딩

④ 슬라임

TIP 토질관련 주요현상

㉠ 액상화현상 : 사질토 등에서 지진 등의 작용에 의해 흙 속에 과잉 간극 수압이 발생하여 초기 유효응력과 같아지기 때문에 전단저항을 잃는 현상이다.

㉡ 다일레턴시(Dilatancy) : 사질토나 점토의 시료가 느슨해져 입자가 용이하게 위치를 바꾸므로 용적이 변화하는 것을 의미한다.

㉢ 용탈현상 : 약액주입을 실시한 지반 내 결합물질이 시간이 흐르면서 제 기능을 발휘하지 못하게 되는 현상이다.

㉣ 틱소트로피 : 교란시켜 재성형한 점성토 시료를 함수비의 변화없이 그대로 방치하여 두면 시간이 경과되면서 강도가 회복(증가)되는 현상이다.

㉤ 리칭현상 : 점성토에서 충격과 진동 등에 의해 염화물 등이 빠져나가 지지력이 감소되는 현상이다.

2018 국가직

5 **현장 말뚝재하실험에 대한 설명으로 옳지 않은 것은?**

① 말뚝재하실험은 지지력 확인, 변위량 추정, 시공방법과 장비의 적합성 확인 등을 위해 수행한다.

② 말뚝재하실험에는 압축재하, 인발재하, 횡방향재하실험이 있다.

③ 말뚝재하실험을 실시하는 방법으로 정재하실험방법은 고려할 수 있으나, 동재하실험방법을 사용해서는 안 된다.

④ 압축정재하실험의 수량은 지반조건에 큰 변화가 없는 경우 구조물별로 1회 실시한다.

TIP 말뚝재하시험에서는 동재하실험방법의 사용도 가능하다.

Answer 4.② 5.③

2016 지방직

6 **다음과 같은 조건의 편심하중을 받는 독립기초판의 설계용접지압은? (단, 접지압은 직선적으로 분포된다고 가정한다)**

> - 하중의 편심과 저면의 형상으로 정해지는 접지압계수(α) : 0.5
> - 기초자중(W_F) : 500kN
> - 기초자중을 포함한 기초판에 작용하는 수직하중(P) : 3,000 kN
> - 기초판의 저면적(A) : 5㎡
> - 허용지내력(f_e) : 300kN/㎡

① 250kN/㎡ ② 300kN/㎡

③ 500kN/㎡ ④ 600kN/㎡

TIP $\sigma_e = \alpha \cdot \dfrac{\sum P}{A} \leq f_e$에 따라 주어진 값을 대입하면 300kN/㎡이 도출된다.

- σ_e : 설계용 접지압
- α : 하중의 편심과 저면의 형상으로 정해지는 접지압계수
- $\sum P$: 기초자중을 포함한 수직하중의 합
- A : 기초판의 저면적
- f_e : 허용지내력

2016 서울시

7 **다음 중 구조물의 기초에 대한 설명으로 가장 옳은 것은?**

① 온통기초가 그 강성이 약할 때에는 복합기초와 동일하게 취급하여 접지압을 산정할 수 있다.

② 직접기초의 저면은 온도변화와 무관하게 일정한 깊이를 확보하면 된다.

③ 동일 구조물에서는 지지말뚝과 마찰말뚝을 혼용하는 것을 피한다.

④ 지반이 매우 약하면 하중-침하 특성이 크게 다른 타입말뚝과 매입말뚝을 혼용하는 것을 권장한다.

TIP ① 온통기초는 그 강성이 충분할 때 복합기초와 동일하게 취급할 수 있고 접지압은 복합기초와 같이 산정할 수 있다.
② 직접기초의 저면은 온도변화에 의하여 기초지반의 체적변화를 일으키지 않고 또한 우수 등으로 인하여 세굴되지 않는 깊이에 두어야 한다.
④ 지반이 매우 약하면 하중-침하 특성이 크게 다른 타입말뚝과 매입말뚝을 혼용하는 것을 피해야 한다.

Answer 6.② 7.③

출제 예상 문제

1 건축구조기준(KDS 41)의 지반분류표에 제시된 지반의 종류에서 깊고 연약한 지반은?

① S_1　　② S_3

③ S_4　　④ S_5

TIP

<table>
<tr><th rowspan="2">지반종류</th><th rowspan="2">지반종류호칭</th><th colspan="2">분류기준</th></tr>
<tr><th>기반암 깊이</th><th>토층 평균 전단파속도</th></tr>
<tr><td>S_1</td><td>암반 지반</td><td>3 미만</td><td>-</td></tr>
<tr><td>S_2</td><td>얕고 단단한 지반</td><td>3~20</td><td>200 이상</td></tr>
<tr><td>S_3</td><td>얕고 연약한 지반</td><td>3~20</td><td>120 초과 260 미만</td></tr>
<tr><td>S_4</td><td>깊고 단단한 지반</td><td>20 초과 50 미만</td><td>180 이상</td></tr>
<tr><td rowspan="2">S_5</td><td>깊고 연약한 지반</td><td>20 초과 50 미만</td><td>120 초과 180 미만</td></tr>
<tr><td>매우 연약한 지반</td><td>3 이상</td><td>120 이하</td></tr>
<tr><td>S_6</td><td colspan="3">부지 고유의 특성평가 및 지반응답해석이 요구되는 지반</td></tr>
</table>

2 다음 중 부동침하의 대책으로서 바르지 않은 것은?

① 지중보나 지하연속벽을 통해 기초 상호간을 연결하는 것이 좋다.

② 건물의 길이를 작게 하고 강성을 높여야 한다.

③ 지하실을 설치하고 되도록 온통기초로 하는 것이 좋다.

④ 인접건물과의 거리를 가능한 한 가깝게 하는 것이 좋다.

TIP 부동침하를 방지하기 위해서는 가능한 한 인접건물과의 거리를 멀게 하는 것이 좋다.

Answer 1.④ 2.④

3 **다음은 평판재하시험에 관한 사항들이다. 이 중 바르지 않은 것은?**

① 재하판은 직경 300mm를 표준으로 하며, 예정기초의 저면에 설치한다.
② 최대재하하중은 지반의 극한지지력 또는 예상되는 장기설계하중의 5배로 한다.
③ 재하는 5회 이상으로 나누어 시행하고 각 하중 단계에 있어서 침하가 정지되었다고 인정된 상태에서 하중을 증가한다.
④ 침하가 2시간에 0.1mm 이하일 때, 또는 총 침하량이 20mm 이하일 때 침하가 정지된 것으로 간주한다.

TIP 최대재하하중은 지반의 극한지지력 또는 예상되는 장기설계하중의 3배로 한다.

4 **다음은 지내력시험에 관한 사항들이다. 이 중 바르지 않은 것은?**

① 하중 증가의 크기는 매회 재하 10kN 이하 예정파괴 하중의 1/5 이하로 한다.
② 24시간이 경과한 후 0.1mm 이하의 변화를 보인 때의 총 침하량이 20mm 침하될 때까지의 하중 또는 총 침하량이 20mm 이하이지만 지반이 항복상태를 보인 때까지의 하중 가운데 작은 값을 기준으로 산정한 것을 단기허용지내력도로 한다.
③ 장기하중에 대한 지내력은 단기하중 지내력의 1/2, 총 침하하중의 1/2, 침하정지 상태의 1/2, 파괴 시 하중의 1/3 중 큰 값으로 한다.
④ 하중 방법에 따라 직접 재하시험, 레벨 하중에 의한 시험, 적재물 사용에 의한 시험 등이 있다.

TIP 장기하중에 대한 지내력은 단기하중 지내력의 1/2, 총 침하하중의 1/2, 침하정지 상태의 1/2, 파괴 시 하중의 1/3 중 작은 값으로 한다.

5 **다음 중 사질토의 지반개량공법이 아닌 것은?**

① 샌드드레인공법
② 다짐말뚝공법
③ 폭파다짐법
④ 동압밀공법

TIP 샌드드레인공법은 점성토의 지반개량공법이다.

Answer 3.② 4.③ 5.①

6 다음 그림과 같은 응력의 분포를 보이는 기초는?

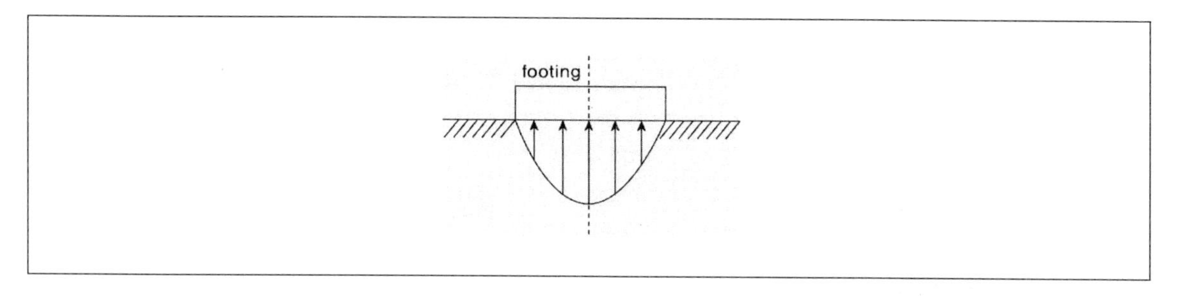

① 모래지반 위의 강성기초 ② 점토지반 위의 강성기초
③ 모래지반 위의 휨성기초 ④ 점토지반 위의 휨성기초

TIP

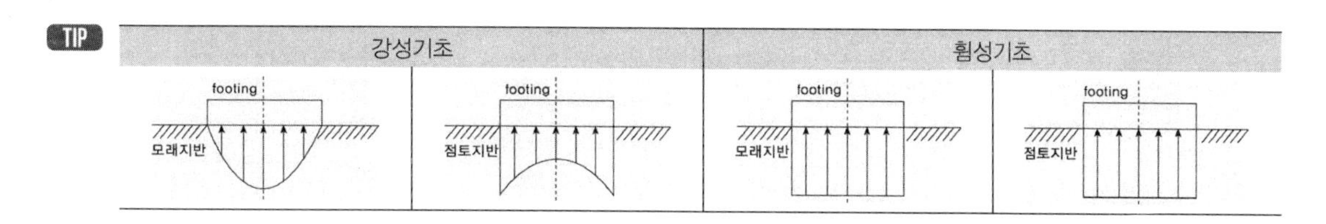

7 다음 중 점성토의 지반개량공법이 아닌 것은?

① 폭파치환공법 ② 페이퍼드레인공법
③ 웰포인트공법 ④ 약액주입공법

TIP 웰포인트공법은 사질토의 지반개량공법이다.

8 다음 보기에서 설명하고 있는 흙막이 공법은?

중앙부분을 먼저 터파기하고 기초를 축조한 후 이를 반력으로 버팀대를 지지하여 주변흙을 굴착하여 지하구조물을 완성하는 공법이다.

① 오픈컷 공법 ② 아일랜드컷 공법
③ 트렌치컷 공법 ④ 탑다운 공법

TIP 보기의 내용은 아일랜드컷 공법에 관한 설명이다.

Answer 6.① 7.③ 8.②

9 다음 중 토압의 크기를 바르게 비교한 것은?

① 수동토압(P_p) = 정지토압 = 주동토압(P_A)
② 주동토압(P_A) > 정지토압 > 수동토압(P_p)
③ 수동토압(P_p) > 정지토압 > 주동토압(P_A)
④ 정지토압 > 수동토압(P_p) > 주동토압(P_A)

TIP 토압의 크기 : 수동토압(P_p) > 정지토압 > 주동토압(P_A)

10 다음 중 경질 점토지반의 측압계수는?

① 0.1 ~ 0.3
② 0.2 ~ 0.5
③ 0.3 ~ 0.7
④ 0.5 ~ 0.8

TIP

지반		측압계수
모래지반	지하수위가 얕을 경우	0.3 ~ 0.7
	지하수위가 깊을 경우	0.2 ~ 0.4
점토지반	연질 점토	0.5 ~ 0.8
	경질 점토	0.2 ~ 0.5

11 다음 보기의 빈 칸에 들어갈 말로 알맞은 것을 순서대로 바르게 나열한 것은?

> 타입말뚝의 장기 허용지지력은 장기허용압축응력도에 최소단면적을 곱한 값 이하, 재하시험결과에 의한 항복하중의 ㈎ 및 극한하중의 ㈏ 중 가장 작은 값으로 한다. 다만, 현장타설 콘크리트말뚝에서 재하시험을 하지 않을 경우에는 지지력산정식에 의해 구해지는 극한지지력의 1/3 이하의 값으로 할 수 있다.

	㈎	㈏
①	1/2	1/3
②	1/3	1/2
③	1/5	1/8
④	1/6	1/8

TIP 타입말뚝의 장기 허용지지력은 장기허용압축응력도에 최소단면적을 곱한 값 이하, 재하시험결과에 의한 항복하중의 1/2 및 극한하중의 1/3 중 가장 작은 값으로 한다. 다만, 현장타설 콘크리트말뚝에서 재하시험을 하지 않을 경우에는 지지력산정식에 의해 구해지는 극한지지력의 1/3 이하의 값으로 할 수 있다.

Answer 9.③ 10.② 11.①

12 다음 중 세장비의 상한값이 가장 작은 말뚝은?

① RC말뚝
② PC말뚝
③ 현장타설 콘크리트 말뚝
④ PHC말뚝

TIP 세장비에 의한 허용응력 감소의 한계값(n)

말뚝의 종류	n	세장비의 상한값
RC 말뚝	70	90
PC 말뚝	80	105
PHC 말뚝	85	110
강관 말뚝	100	130
현장타설 콘크리트 말뚝	60	80

13 다음 보기의 내용은 기성콘크리트 말뚝에 관한 사항들이다. 빈 칸에 들어갈 말로 알맞은 것을 순서대로 바르게 나열한 것은?

> ㉠ 기성콘크리트말뚝의 장기허용압축응력은 콘크리트설계기준강도의 최대 (가)까지를 말뚝재료의 장기허용압축응력으로 한다. 단기허용압축응력은 장기허용압축응력의 (나)배로 한다.
> ㉡ 사용하는 콘크리트의 설계기준강도는 (다) 이상으로 하고 허용지지력은 말뚝의 최소단면에 대하여 구하는 것으로 한다.

	(가)	(나)	(다)
①	1/2	1.2	30MPa
②	1/4	1.5	35MPa
③	1/5	1.8	38MPa
④	1/6	2.1	42MPa

TIP ㉠ 기성콘크리트말뚝의 장기허용압축응력은 콘크리트설계기준강도의 최대 1/4까지를 말뚝재료의 장기허용압축응력으로 한다. 단기허용압축응력은 장기허용압축응력의 1.5배로 한다.
㉡ 사용하는 콘크리트의 설계기준강도는 35MPa 이상으로 하고 허용지지력은 말뚝의 최소단면에 대하여 구하는 것으로 한다.

Answer 12.③ 13.②

14 다음은 토압의 작용력도를 나타낸 그림이다. (가), (나), (다), (라)에 들어갈 말로 알맞은 것을 순서대로 바르게 나열한 것은?

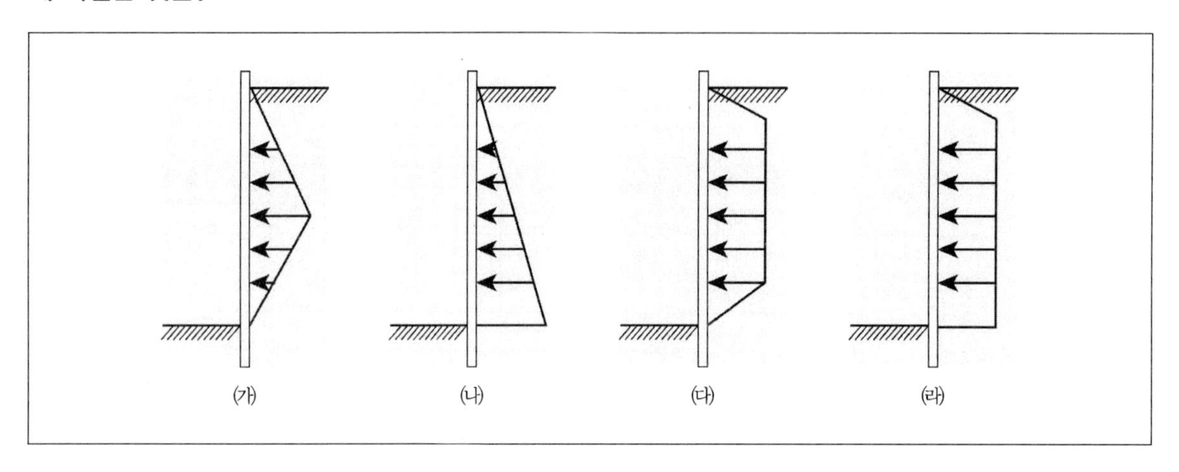

	(가)	(나)	(다)	(라)
①	연약 점토	굳은 사질토	연약 사질토	굳은 점토
②	연약 사질토	굳은 사질토	연약 점토	굳은 점토
③	굳은 점토	연약 점토	굳은 사질토	연약 사질토
④	굳은 점토	굳은 사질토	연약 사질토	연약 점토

TIP

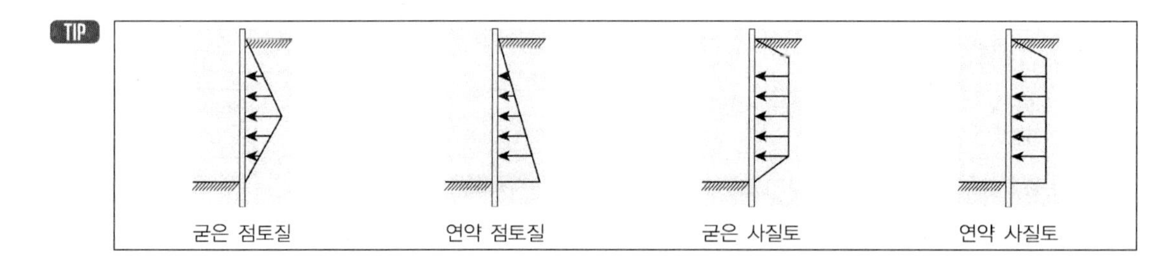

Answer 14.③

15 연약지반 위에 성토를 실시한 다음 말뚝을 시공하였다. 시공 후 발생될 수 있는 현상에 대한 설명으로서 바른 것은?

① 성토를 실시하였으므로 말뚝의 지지력은 점차 증가하게 된다.

② 말뚝을 암반층 상단에 위치하도록 시공하였다면 말뚝의 지지력에는 변함이 없다.

③ 압밀이 진행됨에 따라 지반의 전단강도가 증가되므로 말뚝의 지지력은 점차 증가하게 된다.

④ 압밀로 인하여 부의 주면마찰력이 발생되므로 말뚝의 지지력은 감소하게 된다.

TIP ① 성토로 인하여 상부로부터 가해지는 하중의 증가에 의해, 시간이 지남에 따라 말뚝의 지지력은 감소하게 된다.
② 말뚝을 암반층 상단에 위치하도록 시공하였다면 부마찰력이 발생할 때 말뚝의 지지력은 감소하게 된다.
③ 압밀이 진행됨에 따라 지반의 전단강도는 증가될 수도 있으나 성토정도의 여부에 따라 말뚝의 지지력은 전체적으로 감소가 될 수 있다.

16 연약점성토층을 관통하여 철근콘크리트파일을 박았을 때 부마찰력(Negative Friction)은? (단, 이때 지반의 일축압축강도 $q_u = 2t/m^2$, 파일직경 $D = 50cm$, 관입깊이 $l = 10m$이다.)

① 15.71t ② 18.53t

③ 20.82t ④ 24.24t

TIP 부마찰력 $U \cdot l_c \cdot f_s = \pi \cdot 0.5 \cdot 10 \cdot \frac{2}{2} = 15.71t$ (여기서 마찰응력 $f_s = \frac{q_u}{2} = c$이다.)

17 어떤 흙의 전단시험결과 $c = 1.8kg/cm^2$, $\phi = 35^o$, 토립자에 작용하는 수직응력 $\sigma = 3.6kg/cm^2$일 때 전단강도는?

① $4.89kg/cm^2$

② $4.32kg/cm^2$

③ $6.33kg/cm^2$

④ 3.86kkg/cm^2

TIP $\tau = C + \sigma \tan\phi = 1.8 + 3.6\tan 35^o = 4.32kg/cm^2$

Answer 15.④ 16.① 17.②

18 다음 그림과 같은 옹벽배면에 작용하는 주동토압의 크기를 구하면? (ϕ는 내부마찰각, c는 점착력, γ_t는 흙의 비중이다.)

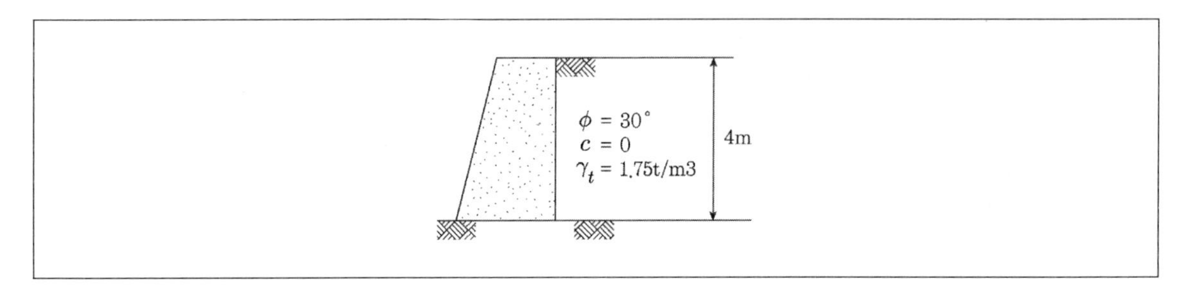

① 4.2t/m

② 3.7t/m

③ 4.7t/m

④ 5.2t/m

TIP 주동토압계수 $K_a = \tan^2\left(45^o - \frac{\phi}{2}\right) = \frac{1-\sin\phi}{1+\sin\phi} = \frac{1}{3} = 0.33$

주동토압

$P_a = \frac{1}{2} \cdot K_a \cdot \gamma \cdot H^2 = \frac{1}{2} \cdot 0.33 \cdot 1.75 \cdot 4^2 = 4.7t/m$

19 테르자기(Terzaghi)의 얕은 기초에 대한 지지력공식 $q_u = \alpha c N_c + \beta \gamma_1 B N_\gamma + \gamma_2 D_f N_q$에 대한 설명으로 바르지 않은 것은?

① 계수 α, β를 형상계수라 하며 기초의 모양에 따라 결정된다.

② 기초의 깊이 D_f가 클수록 극한지지력도 이와 더불어 커진다고 볼 수 있다.

③ N_c, N_r, N_q는 지지력계수라 하는데 내부마찰각과 점착력에 의해서 정해진다.

④ γ_1, γ_2는 흙의 단위중량이며 지하수위 아래에서는 수중단위 중량을 써야한다.

TIP N_c, N_r, N_q는 지지력계수라 하는데 내부마찰각에 의해서 정해지나 점착력과는 무관하다.

Answer 18.③ 19.③

20 다음 그림과 같이 점토질 지반에 연속기초가 설치되어 있다. Terzaghi 공식에 의한 이 기초의 허용지지력 q_u는 얼마인가? (단, $\phi = 0$이며, 폭(B)=$2m$, $N_e = 5.14$, $N_q = 1.0$, $N_r = 0$ 안전율은 $F_s = 3$이다.)

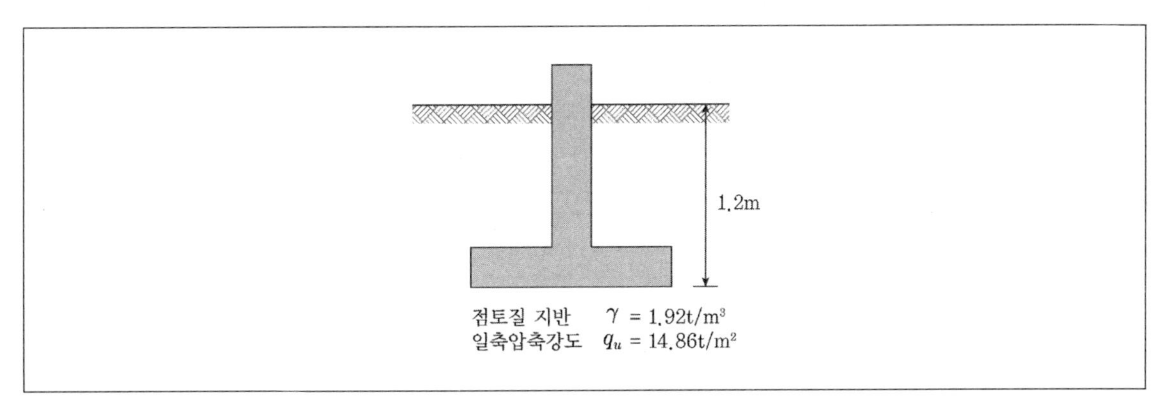

① 6.4t/m²

② 13.5t/m²

③ 18.5t/m²

④ 40.49t/m²

TIP 극한지지력

$q_u = \alpha \cdot c \cdot N_c + \beta \cdot r_1 \cdot B \cdot N_r + r_2 \cdot D_f \cdot N_q$

$= 1.0 \times 7.43 \times 5.14 + 0.5 \times 1.92 \times 2 \times 0 + 1.92 \times 1.2 \times 1.0 = 40.49t/m^2$

여기서 점착력 $C = \frac{q_u}{2} = \frac{14.86}{2} = 7.43t/m^2$

허용지지력 $q_a = \frac{q_u}{F} = \frac{40.49}{3} = 13.5t/m^2$

Answer 20.②

제1편 일반구조

03 조적식 구조

01 벽돌 구조

❶ 일반사항

(1) 조적식 구조의 특징

① 장점

㉠ 시공방법 및 그 구조가 간단하다.
㉡ 내구적이다.
㉢ 방화적이다.
㉣ 외관이 미려하고 장중하다.
㉤ 방서·방한적이다.

② 단점

㉠ 대형건물이나 고층에 사용이 불가능하다.
㉡ 횡력, 지진, 수평력에 약하다.
㉢ 건축물의 자중이 무겁다.
㉣ 벽체에 습기가 차기 쉽다.

(2) 벽돌의 규격과 품질

① 벽돌의 규격(단위 : mm)

구분	길이	너비	두께
기존형	210	100	60
표준형	190	90	57
내화벽돌	230	114	65
허용오차	±3	±3	±4

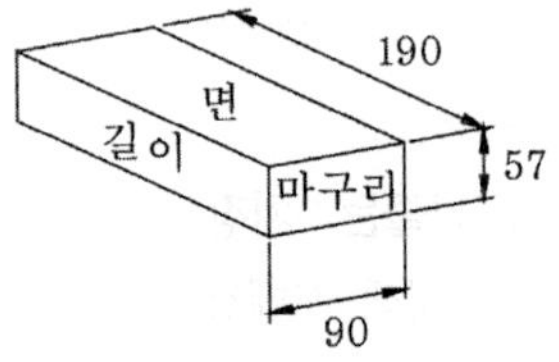

190
길이 면
마구리
57
90

[표준형]

② 벽돌의 품질

등급		흡수율	압축강도	소성	기타 성질
1급	1호	20% 이하	150kg/cm^2 이상	양호한 것	• 벽돌의 비중 : 1.5 ~ 2.0 • 중량 : 1.9 ~ 3.5kg
	2호				
2급	1호	23% 이하	100kg/cm^2 이상	보통인 것	
	2호				

(3) 벽돌의 종류

① 보통벽돌

㉠ 붉은벽돌 : 완전한 연소로 구워낸 것이다.

㉡ 검정벽돌 : 불완전한 연소로 구워낸 것이다.

② 특수벽돌

㉠ 이형벽돌 : 특별한 곳에 사용할 수 있도록 그 목적에 맞는 모양으로 만들어낸 것이다.

㉡ 경량벽돌 : 가볍고 단열성 및 차음 성능이 좋다.

㉢ 내화벽돌 : 고온에 견딜 수 있도록 점토질로 만든 벽돌이다.

③ 시멘트벽돌 … 시멘트와 모래를 섞어서 만든 벽돌이다. 모양이나 크기는 190×90×57로 보통벽돌의 붉은벽돌과 같다.

④ 아스벽돌 … 시멘트와 석탄 재강을 섞어서 만든 벽돌이다.

⑤ 광재벽돌 … 광재를 주원료로 만든 벽돌이다.

⑥ 날벽돌 … 날흙으로 만든 벽돌로 굽지 않은 벽돌이다.

(4) 모르타르

① 줄눈

㉠ 벽돌과 벽돌 사이를 접촉시키는 모르타르 부분으로 표준 10mm의 두께로 한다.

㉡ 모래의 입도는 1.2 ~ 2.5mm이고, 모르타르는 물을 붓고 난 후 1시간 후부터 응결이 시작되며 10시간이면 끝난다.

㉢ 통줄눈 : 세로 줄눈의 상하가 연결되어 있는 형태로, 이것은 집중현상이 일어나 균열이 생긴다.

㉣ 막힌줄눈 : 조적조에서 응력을 분산시키기 위해서 사용하는 줄눈이다.

㉤ 치장줄눈 : 치장벽돌면은 쌓기가 완료되면 줄눈을 흙손 등으로 눌러 8mm 정도로 줄눈파기를 하며 때때로 백색 시멘트 및 색소를 사용하기도 한다.

② 줄눈의 종류

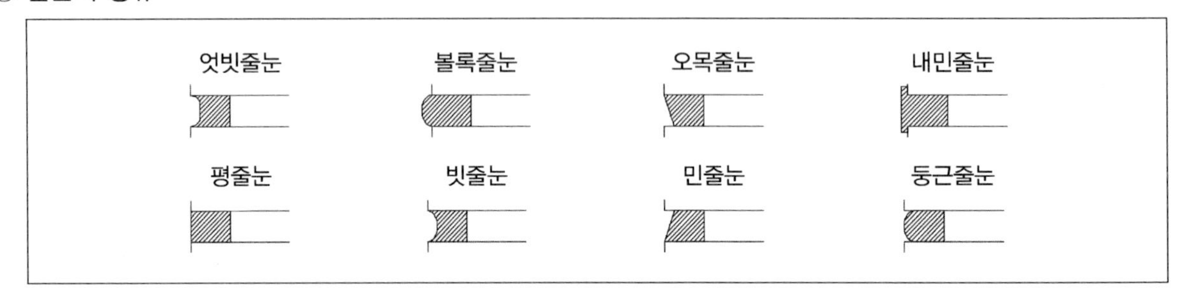

[막힌줄눈]

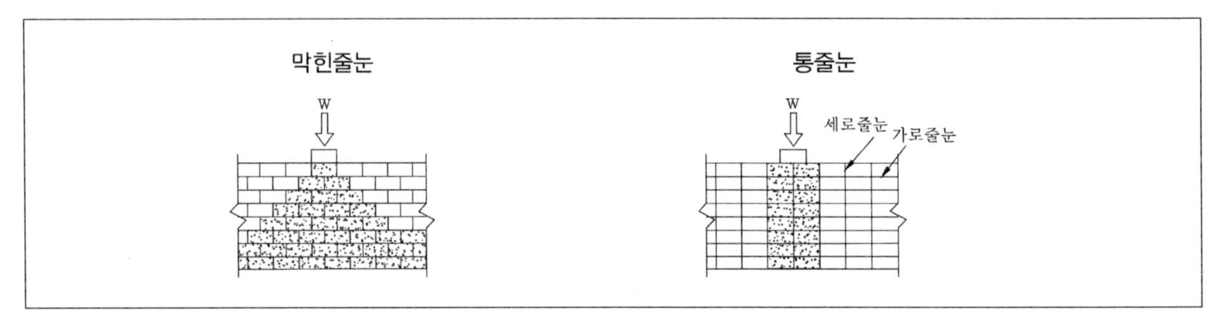

③ 조적조의 줄눈 시공 시 주의할 사항

㉠ 가로줄눈은 수평실을 이용하여 일직선이 되도록 한다.

㉡ 세로줄눈은 다림추를 이용하여 일직선이 되도록 한다.

㉢ 수평실은 5 ~ 10켜마다 안팎으로 치고 나머지는 한쪽만 친다.

㉣ 가로줄눈의 두께는 10mm로 한다.

㉤ 사춤 모르타르는 5켜 이내마다 한다.

㉥ 줄눈 형태의 정확성을 유지해야 한다.

2 벽돌 쌓기

(1) 벽돌쌓기공사 일반사항

① 가로 및 세로줄눈의 너비는 도면 또는 공사시방서에 정한 바가 없을 때에는 10mm를 표준으로 한다.

② 벽돌쌓기는 도면 또는 공사시방서에서 정한 바가 없을 때에는 영식 쌓기 또는 화란식 쌓기로 한다.

③ 세로줄눈의 모르타르는 벽돌 마구리면에 충분히 발라 쌓도록 한다.

④ 하루의 쌓기 높이는 1.2m(18켜 정도)를 표준으로 하고, 최대 1.5m(22켜 정도) 이하로 한다.

⑤ 치장줄눈은 줄눈 모르타르가 충분히 굳기 전에 줄눈파기를 한다.

⑥ 붉은 벽돌은 벽돌쌓기 하루 전에 벽돌더미에 물 호스로 충분히 젖게 하여 표면에 습도를 유지한 상태로 준비하고, 더운 하절기에는 벽돌더미에 여러 시간 물뿌리기를 하여 표면이 건조하지 않게 해서 사용한다. 콘크리트 벽돌은 쌓기 직전에 물을 축이지 않으며 내화벽돌은 물축임을 하지 말아야 한다.

⑦ 벽돌에 부착된 흙이나 먼지는 깨끗이 제거한다.

⑧ 줄기초, 연결보 및 바닥 콘크리트의 쌓기면은 작업 전에 청소하고 우묵한 곳은 모르타르로 수평지게 고른다. 그 모르타르가 굳은 다음 접착면은 적절히 물축이기를 하고 벽돌쌓기를 시작한다.

⑨ 모르타르는 배합과 보강 등에 필요한 자재의 품질 및 수량을 확인한다.

⑩ 모르타르는 지정한 배합으로 하되 시멘트와 모래는 건비빔으로 하고, 사용할 때에는 쌓기에 지장이 없는 유동성이 확보되도록 물을 가하고 충분히 반죽하여 사용한다.

⑪ 벽돌공사를 하기 전에 바탕점검을 하고 구체 콘크리트에 필요한 정착철물의 정확한 배치, 정착철물이 콘크리트 구체에 견고하게 정착되었는지 여부 등 공사의 착수에 지장이 없는가를 확인한다.

⑫ 세로줄눈은 통줄눈이 되지 않도록 하고, 수직 일직선상에 오도록 벽돌 나누기를 한다. (세로줄눈은 보강블록조를 제외하고는 막힌줄눈으로 하는 것이 원칙이다.)

⑬ 가로줄눈의 바탕 모르타르는 일정한 두께로 평평히 펴 바르고, 벽돌을 내리누르듯 규준틀과 벽돌나누기에 따라 정확히 쌓는다.

⑭ 벽돌은 각부를 가급적 동일한 높이로 쌓아 올라가고, 벽면의 일부 또는 국부적으로 높게 쌓지 않는다.

⑮ 연속되는 벽면의 일부를 트이게 하여 나중쌓기로 할 때에는 그 부분을 층단 들여쌓기로 한다.

⑯ 직각으로 오는 벽체의 한편을 나중 쌓을 때에도 층단 들여쌓기로 하는 것을 원칙으로 하지만 부득이할 때에는 담당원의 승인을 받아 켜걸음 들여쌓기로 하거나 이음보강철물을 사용한다. 먼저 쌓은 벽돌이 움직일 때에는 이를 철거하고 청소한 후 다시 쌓는다.

⑰ 물려 쌓을 때에는 이 부분의 모르타르는 빈틈없이 다져 넣고 사춤 모르타르도 매 켜마다 충분히 부어 넣는다.

⑱ 벽돌벽이 블록벽과 서로 직각으로 만날 때에는 연결철물을 만들어 블록 3단마다 보강하여 쌓는다.

⑲ 벽돌벽이 콘크리트 기둥(벽)과 슬래브 하부면과 만날 때는 그 사이에 모르타르를 충전한다.

(2) 벽체의 종류

① **내력벽**(Bearing wall) … 일반적으로 외측벽에 해당되는 것으로 상부 구조물의 하중을 기초에 전달하는 벽이다.

② **장막벽**(비내력벽, Curtain wall) … 경미한 칸막이벽으로 벽 자체의 하중만을 받는 벽이다.

③ **이중벽**(중공벽, Cavity hallow wall) … 보온 및 방습을 위한 벽으로 중간부에 공간을 두게 이중으로 쌓는 벽이다.

(3) 일반 쌓기(쌓기방법에 의한 분류)

양식	방법	사용양식	역할	비고
영국식 쌓기	한 켜는 마구리 쌓기, 다음 켜는 길이 쌓기로 교대로 쌓는 방법이다.	반절 또는 이오토막 사용	내력벽	가장 튼튼하게 쌓는 방법으로 통줄눈이 생기지 않는다.
미국식 쌓기	5켜는 치장벽돌로 길이 쌓기, 다음 한 켜는 마구리 쌓기로 한다(뒷면은 영식, 앞면은 치장벽돌로 쌓기).	치장벽돌 사용	내력벽	통줄눈이 생기지 않는다.
프랑스식 쌓기 (플레밍식)	매 켜에 길이 쌓기와 마구리 쌓기를 교대로 병행하여 쌓는 방법이다.	많은 토막벽돌 사용	장막이벽, 비내력벽	튼튼하지 못하여 통줄눈이 많이 생긴다. 의장적 효과를 보기 위해서 사용한다.
네덜란드식 쌓기	한 면은 벽돌 마구리와 길이가 교대로 되게 하고 다른 한 면은 영식 쌓기로 한다.	모서리에 칠오토막 사용	내력벽	모서리가 견고하며 가장 일반적인 방법으로 일하기가 쉬워 국내에서 가장 많이 사용한다.

[일반 쌓기의 유형]

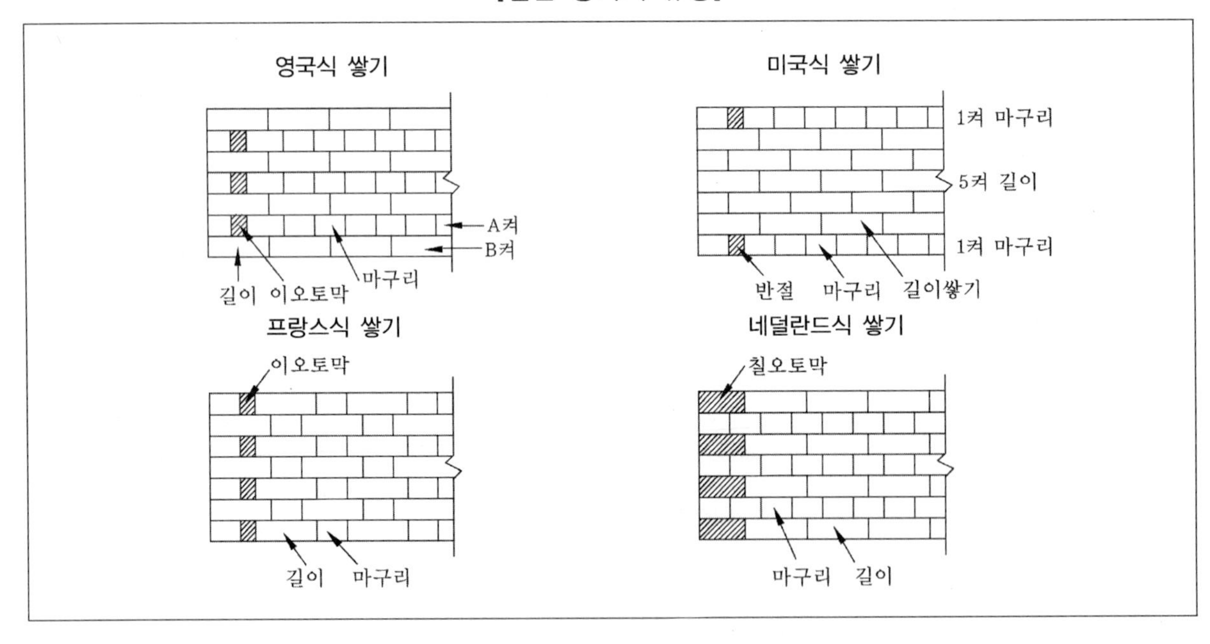

(4) 기본 쌓기

① **길이 쌓기** … 길이방향으로 쌓는 가장 얇은 벽돌 쌓기로 벽두께가 0.5B이다.

② **마구리 쌓기** … 마구리면이 보이도록 쌓는 방법으로 벽두께는 1.0B이다.

③ **길이세워 쌓기** … 길이면이 보이게 하는 것으로 벽돌 벽면을 수직으로 세워 쌓는 방법이다.

④ **옆세워 쌓기** … 마구리면이 내보이도록 벽돌 벽면을 수직으로 쌓는 방법이다.

[기본 쌓기의 유형]

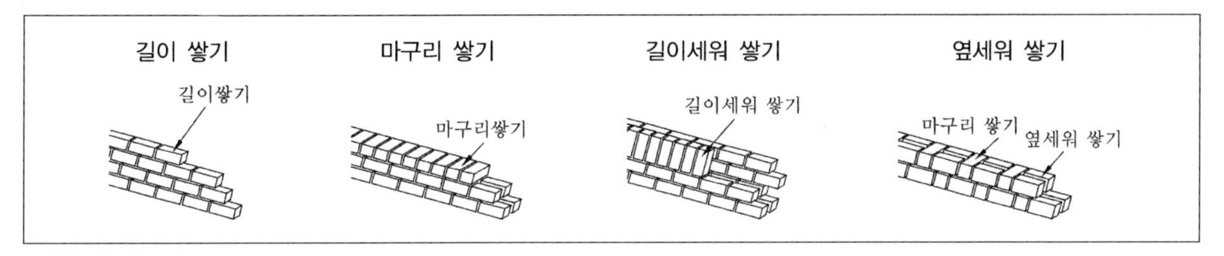

(5) 각부 쌓기

① **기둥 쌓기**…두께는 최소 1.5B 이상으로 하며 통줄눈이 생기지 않도록 시공해야 한다. 수직으로 쌓아올려야 하며, 충격이나 횡력이 예상되는 곳에는 충분하게 보강을 해주어야 한다.

② 기초 쌓기

㉠ 벽돌조의 기초는 연속기초로 해야 한다.

㉡ 내쌓기는 한 켜당 $\frac{1}{8}$B, 두 켜당 $\frac{1}{4}$B, 맨 밑켜는 벽두께의 2배 이상으로 길이쌓기를 해야 유리하다.

㉢ 기초에 사용되는 벽돌은 강도가 크고 흡수율이 적은 것을 사용해야 한다.

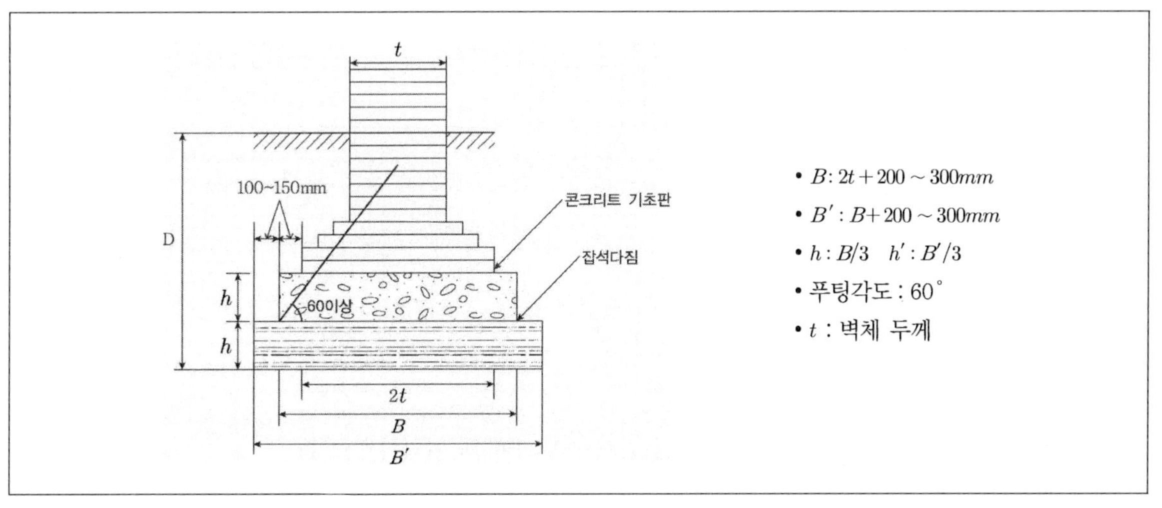

③ 중간 내쌓기

㉠ 중간 내쌓기는 한 켜당 $\frac{1}{8}$B, 두 켜당 $\frac{1}{4}$B로 한다.

㉡ 내미는 정도는 2B로 한다.

㉢ 내쌓기는 방화벽이나 마루를 설치할 목적으로 벽돌을 내밀어 쌓는 방식이다. 벽면에서 한 켜(1/8B), 두 켜(1/4B) 정도 내어 쌓으며 내쌓기 한도는 2.0B이며 마구리쌓기로 한다.

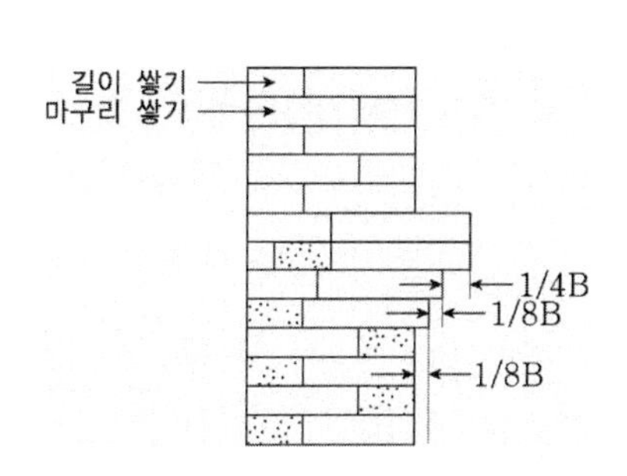

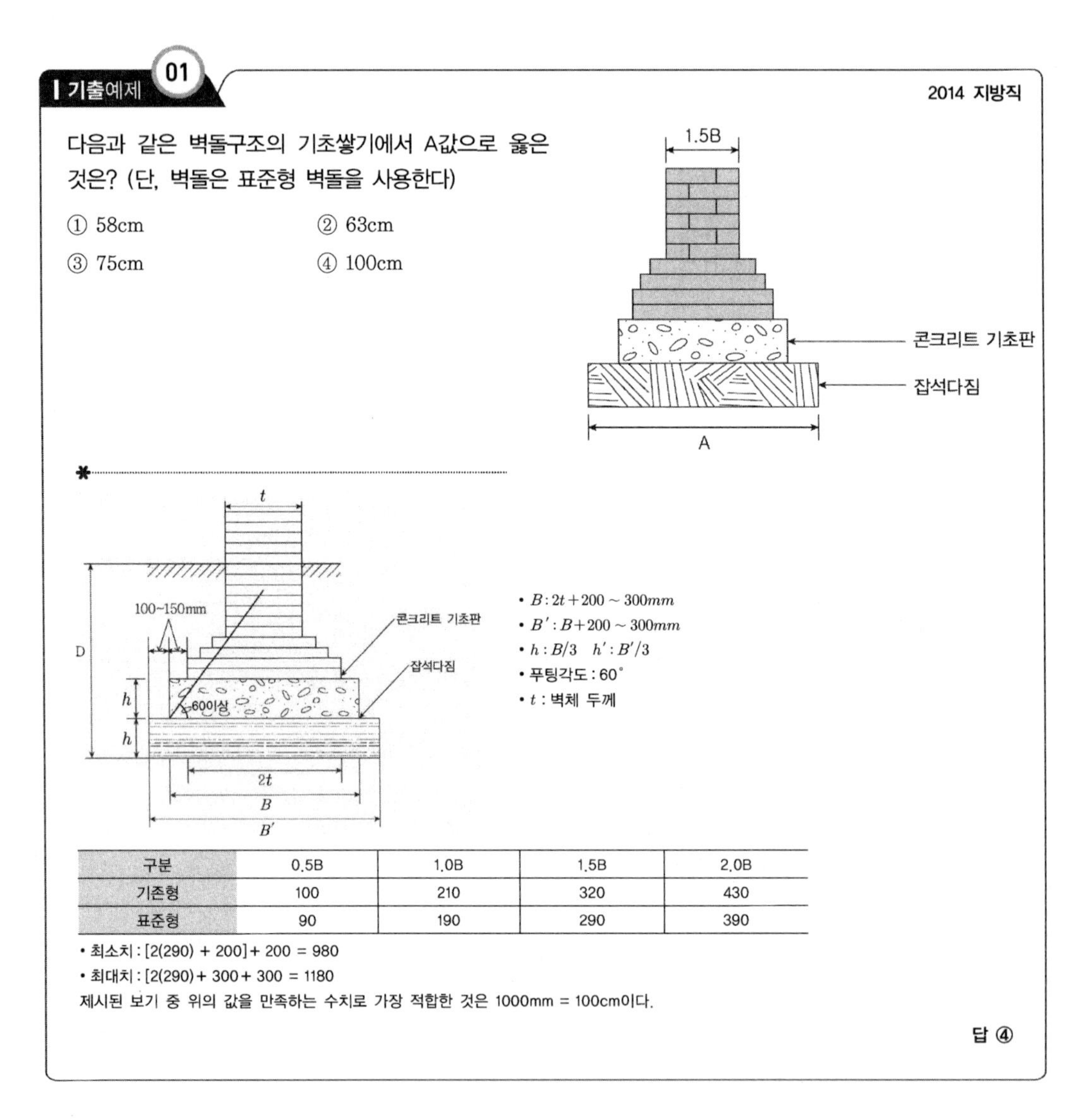

기출예제 01 — 2014 지방직

다음과 같은 벽돌구조의 기초쌓기에서 A값으로 옳은 것은? (단, 벽돌은 표준형 벽돌을 사용한다)

① 58cm　　② 63cm
③ 75cm　　④ 100cm

* $B: 2t+200 \sim 300mm$
* $B': B+200 \sim 300mm$
* $h: B/3 \quad h': B'/3$
* 푸팅각도 : 60°
* t : 벽체 두께

구분	0.5B	1.0B	1.5B	2.0B
기존형	100	210	320	430
표준형	90	190	290	390

* 최소치 : [2(290) + 200] + 200 = 980
* 최대치 : [2(290) + 300 + 300 = 1180

제시된 보기 중 위의 값을 만족하는 수치로 가장 적합한 것은 1000mm = 100cm이다.

답 ④

④ **층단 떼어 쌓기**…층단 떼어 쌓기는 공사를 계속하지 못하고 일시적으로 중지할 경우에 통줄눈의 발생을 막기 위해서 쌓는 방법이다. 즉, 긴 벽돌벽 쌓기의 경우 벽 일부를 한 번에 쌓지 못하게 될 때 벽 중간에서 점점 쌓는 길이를 줄여 마무리하는 방법이다.

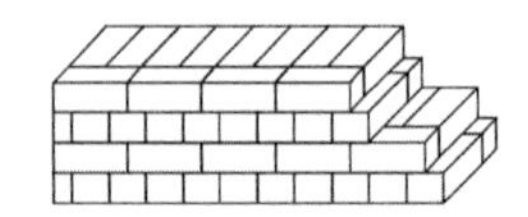

⑤ **공간 쌓기** … 바깥벽의 방습, 단열, 방한을 위해서 벽돌벽 중간쯤에 5 ~ 6cm 정도의 공간을 두면서 쌓는 방법이다.

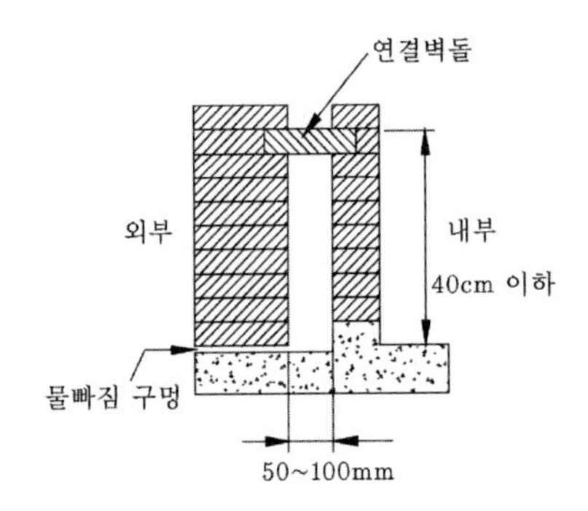

⑥ **아치 쌓기**

㉠ **기능** : 아주 조그만 개구부라도 아치를 해야 한다. 이는 상부에서 오는 수직압력이 아치의 축선을 따라 직접적인 압력으로만 전달하게 한 것으로 부재의 하부에 인장력이 생기지 않게 한 구조이다.

㉡ **아치의 종류**

- 본 아치 : 사다리꼴 모양으로 특별히 주문한 아치용 벽돌을 써서 쌓는 것이다.
- 막만든 아치 : 보통벽돌을 쐐기모양(아치모양)으로 다듬어서 만든 것이다.
- 거친 아치 : 보통벽돌을 그대로 쓰고 줄눈을 쐐기모양으로 한 것이다.
- 층두리 아치 : 아치의 너비가 넓을 때 여러 층을 지어 겹쳐 쌓는 것이다.

[아치 쌓기의 유형]

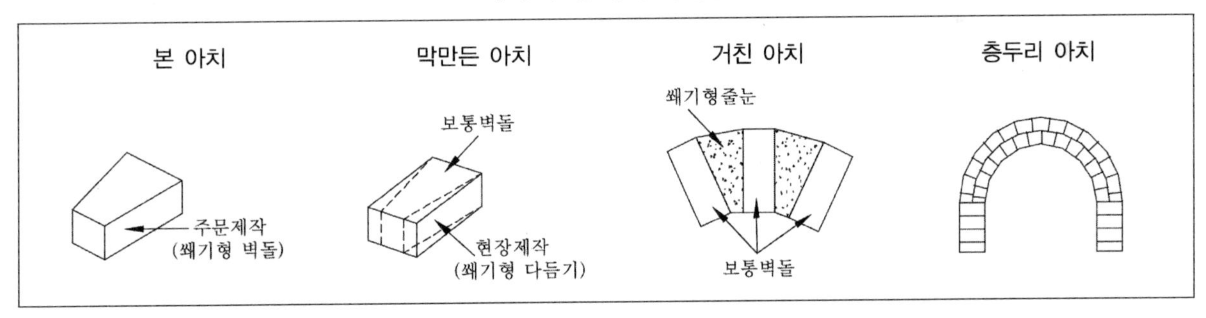

⑦ **창문틀 옆 쌓기**

㉠ 창문틀은 수평, 수직의 위치를 정확히 설치하고 쌓도록 한다.

㉡ 창문 가로틀의 위 · 아래는 뿔을 내서 20cm 이상 옆 벽돌에 물리도록 한다.

㉢ 창문틀 주위, 벽돌 사이에 모르타르(사춤 모르타르)를 빈틈없이 넣어서 수밀성을 유지한다.

⑧ 창대 쌓기

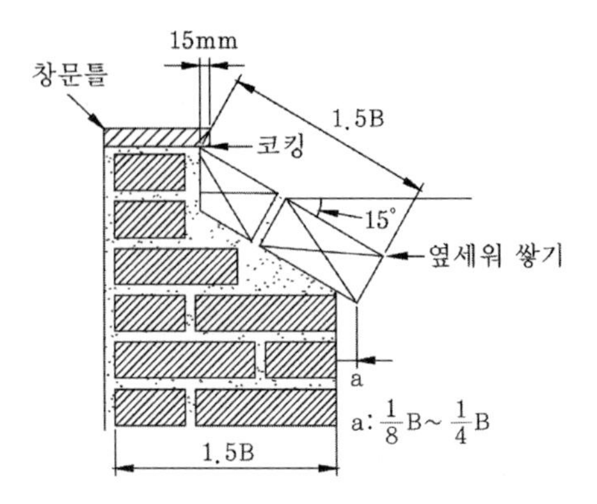

㉠ 창대벽돌은 윗면을 15° 정도로 경사지게 하여 옆세워 쌓기를 한다.

㉡ 벽돌의 돌출길이는 벽돌면에 일치시키거나, $\frac{1}{8}$B ~ $\frac{1}{4}$B 정도 내밀어 쌓는다.

㉢ 창문틀 밑에 1.5cm 정도 벽돌의 위 끝을 들어가게 끼운다.

㉣ 벽돌길이는 1.5B 또는 벽두께 이하로 한다.

㉤ 방수처리에 유의하도록 한다.

⑨ 내화벽 쌓기

㉠ 내화벽돌은 그 자체가 기건성이므로 물축임을 하지 않고 쌓아야 한다.

㉡ 저장 시 빗물에 젖지 않게 한다.

㉢ 모르타르도 내화 모르타르, 단열 모르타르를 사용하도록 한다.

벽돌의 마름질 형태

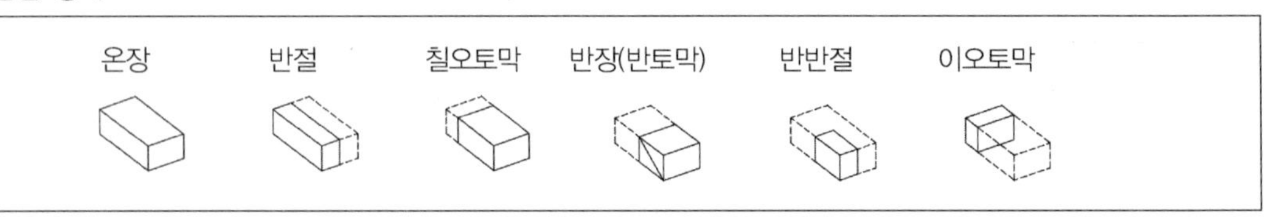

⑩ 켜 걸름 들여 쌓기

㉠ 교차되는 벽에 나중쌓기를 하는 방법이다.

㉡ 벽돌물림 자리를 내어 벽돌 한 켜 걸름으로 $\frac{1}{4}$ ~ $\frac{1}{2}$B를 들여서 쌓는다.

⑪ **영롱쌓기** … 벽돌면에 구멍을 내어 쌓는 것으로 장막벽이며 장식적 효과가 있다.

⑫ **기초쌓기** … 연속기초로 쌓으며 벽돌 맨 밑의 너비는 벽체두께의 2배 정도이다. 기초를 넓히는 경사도는 60도 이상, 기초판의 너비는 벽돌면보다 10~15cm 정도 크게 한다.

⑬ **엇모쌓기** … 벽면에 변화감을 주고자 벽돌을 45도 각도로 모서리가 면에 나오도록 쌓아 그림자 효과를 낸다.

⑭ **무늬쌓기** … 벽돌면에 무늬를 넣어 줄눈에 효과를 주는 의장적 효과가 있다.

⑮ **모서리 및 교차부 쌓기** … 서로 맞닿은 부분에 쌓는 내력벽으로 통줄눈이 생기지 않는 특징이 있다.

❸ 벽돌벽 균열원인 및 대책

(1) 벽돌벽의 균열원인

① 건축물 계획설계상의 결함

㉠ 기초의 부동침하

㉡ 건축물의 평면 및 입면이 불규칙하거나 불합리한 배치

㉢ 집중하중, 불규칙한 하중, 충격 및 횡력

㉣ 개구부 크기의 불합리 및 불균형 배치

㉤ 벽돌벽의 두께 · 길이 · 높이에 대한 벽체의 강도 부족

② 건축물 시공상의 결함

㉠ 벽돌 자체의 강도 부족

㉡ 모르타르의 강도 부족

㉢ 재료의 신축성(흡수 및 온도에 대한)

㉣ 이질재(잘못된 코킹)와의 접합 및 불완전한 시공

㉤ 장막벽 상부, 즉 콘크리트 보 밑의 모르타르 다져넣기 부족

㉥ 모르타르 회반죽의 들뜨기 및 신축 현상

(2) 벽돌벽의 균열대책

① 복잡한 평면을 구성하지 않는다(ㄱ자, ㄷ자).

② 건물의 중량을 줄인다.

③ 사전조사를 면밀히 해서 부동침하에 대해서 고려한다.

④ 집중하중이 되지 않도록 하여 중량을 고루 배분한다.

⑤ 이질재와의 접합은 신축줄눈, 조절줄눈을 설치한다.

⑥ 좋은 질의 벽돌과 모르타르를 선별하여 사용한다.

⑦ 개구부간 사이는 한다.

⑧ 불균형 배치는 피한다.

⑨ 창문과 벽체를 일체화시킨다.

(3) 백화현상(Efflorescence)

① 개념

㉠ 벽돌벽 외부에 하얀 부분이 생기는 것을 말하며 백태라고도 한다.

㉡ 벽 표면에 침투하는 우수에 의해서 줄눈의 모르타르 부분의 석회분(CaO)이 수산화석회[$Ca(OH)_2$]로 되어 표면에서 공기 중의 탄산가스(CO_2)나 벽의 유황분을 만나 결합하여 생기는 물질이다.

㉢ **1차 백화** : 모르타르를 배합할 때 발생하는 백화로서 물청소 외 빗물 등에 의해 쉽게 제거가 된다.

㉣ **2차 백화** : 조적 중이나 조적 완료 후에 외부로부터 스며든 수분에 의해 발생하는 변화이다.

TIP

백화는 북향의 건물에서 종종 일어나는데 이는 북향 벽면에서는 다른 벽면보다 수분의 증발이 빠르지 않으므로 내부에서 백화성분이 녹아있는 용액이 표면으로 스며 나오기 쉽기 때문이다.

② 백화현상의 화학기호

㉠ 수화반응 : $CaO + H_2O \rightarrow Ca(OH)_2$

㉡ 중성화 : $Ca(OH)_2 + CO_2 \rightarrow CaCO_3 + H_2O$

㉢ 백화현상 : $Na_2SO_4 + CaCO_3 \rightarrow Na_2CO_3 + CaSO_4$

③ 백화의 발생원인

㉠ 벽돌 자체의 소성이 부족할 때 발생한다.

㉡ 벽돌 자체의 흡수율이 높을 때 발생한다.

㉢ 모르타르의 배합이 불량할 때 발생한다.

㉣ 줄눈을 불량 시공했을 경우에 발생한다.

㉤ 벽체의 균열 발생으로 빗물이 침투할 경우에 발생한다.

④ 방지대책

㉠ 벽돌이 잘 구워져서 소성이 좋은 벽돌을 사용한다.

㉡ 흡수율이 적은 벽돌을 사용한다.

㉢ 벽면에 방수처리(파라핀 도료 등을 뿜칠한다)를 한다.

㉣ 차양이나 돌림띠 등의 비막이를 설치한다.

㉤ 조립률이 큰 모래, 분말도가 큰 시멘트를 사용한다.

㉥ 줄눈 모르타르에 방수제를 혼합해서 밀실하게 시공한다.

㉦ 염산과 물의 비를 1 : 5 정도로 혼합한 용액으로 씻어내면 어느 정도 제거할 수 있다.

㉧ 외부는 연수(알칼리성분이 적은 물)로 씻어내고 완전건조시킨 후 발수제를 벽돌과 줄눈 전체에 빠짐없이 도포한다.

㉨ 내부는 알코올에 설탕을 용해시킨 후 용액을 도포한다.

TIP

백화현상의 정의와 반응식

㉠ 백화현상 : 백태라고도 하며 벽에 침투하는 빗물에 의해서 모르타르 중의 석회분이 공기중의 탄산가스와 결합하여 벽돌이나 조적벽면에 흰가루가 돋는 현상

㉡ 백화현상의 반응식은 $Ca(OH)_2 + H_2O \rightarrow CaCO_3 + CO_2$ 이다.

백화현상이 발생하면 우측과 같이 변하게 된다.

[백화현상 방지법]

- 조립률이 큰 모래, 분말도가 큰 시멘트를 사용한다.
- 물시멘트비를 줄여야 한다.
- 표면에 파라핀 도료나 실리콘 뿜칠을 행한다.
- 부배합을 피해야 한다. (시멘트의 양이 증대하면 가용성분의 함유량이 증대하기 때문에 백화현상이 발생하기 때문이다.)
- 염산 : 물 = 1 : 5 용액으로 씻어 내면 백화를 어느 정도 제거할 수 있고, 시간이 지나면서 백화 발생이 조금씩 줄어든다.
- 석회는 절대로 혼합해서는 안 된다.

02 블록 구조

❶ 일반사항

(1) 블록의 종류

① 기본형 블록 … BI형, BM형, BS형, 재래형 등이 있으며, 우리나라에서는 BI형을 기본으로 사용한다.

② 이형 블록

㉠ 창대 블록 : 창대의 밑에 쌓는 블록으로 물흘림이 달린 블록이다.

㉡ 인방 블록(U 블록) : 창문틀 위에 쌓아 철근을 배근하거나 콘크리트를 그 속에 넣어 다져서 인방보를 만드는 블록이다.

㉢ 쌤 블록(Jamb block) : 창문틀의 좌우의 옆에 쌓아서 창문틀이 잘 물리도록 만든 블록이다.

[블록의 종류]

기본 블록	창대 블록(WSB)	인방 블록(LB)	창쌤 블록(WJB)
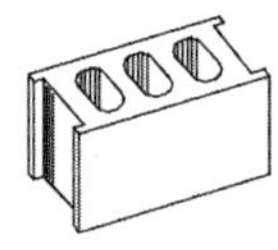	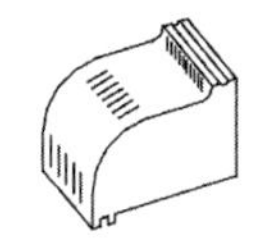	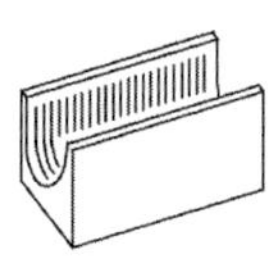	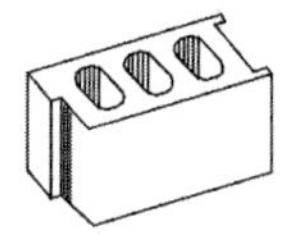

(2) 블록의 치수와 품질

① 블록의 치수

형상	치수			허용치	
	길이	높이	두께	길이 · 두께	높이
기본 블록	390	190	190 150 100	±2	±3
이형 블록	길이, 높이, 두께는 최소치수를 90mm 이상으로 한다.				

② 블록의 품질

㉠ 겉모양은 균일하고 비틀림, 균열, 흠 등이 없는 것을 선택한다.

㉡ 블록 자체의 강도차가 적으면서 균일한 것이 좋다.

㉢ 기건상태의 체적비중에 따라 1.9 이상은 중량블록, 1.9 미만인 것은 경량블록이다.

㉣ 물은 기름 · 산 · 알칼리 등이 없는 것을 사용한다(콘크리트 및 철근에 악영향이 없도록).

㉤ 블록의 등급 및 압축강도

종류	전단면적에 대한 압축강도
1급 블록	$80kg/cm^2$
2급 블록	$60kg/cm^2$
3급 블록	$40kg/cm^2$

(3) 벽량, 벽두께, 내력벽의 길이

① 벽량공식

$$\text{벽량}(cm/m^2) = \frac{\text{벽의 길이}(cm)}{\text{실면적}(m^2)}$$

㉠ 내력벽의 길이의 총합계를 그 층의 바닥면적으로 나눈 값이다.
㉡ 큰 건축물일수록 벽량을 증가시켜 횡력에 저항하는 힘을 크게 해야 한다.

② **벽두께** … 주요 지점간의 거리에 $\frac{1}{50}$ 이상 또는 15cm 이상이다.

③ **내력벽의 길이** … 벽 양쪽의 개구부 높이 평균값의 30% 이상 또는 55cm 이상이다.

(4) 블록 쌓기

① 블록 쌓기의 주의사항
㉠ 블록에서 모르타르의 접착부분만 물축임을 해준다.
㉡ 철근을 넣은 빈속에는 콘크리트나 모르타르를 사춤한다.
㉢ 1일 쌓는 높이는 1.2m ~ 1.5m(6켜 ~ 7켜) 이하로 균일한 높이로 쌓도록 한다.
㉣ 블록의 살두께가 두꺼운 것은 두꺼운 면이 위로 가게 하여 쌓는다.
㉤ 보통 줄눈은 10mm 기준, 통줄눈을 하지 않고 막힘 줄눈을 하지만 보강블록조는 통줄눈을 해야 철근배근 등 시공상 유리하다.
㉥ 인방보는 좌우 지지벽에 최소 20cm 이상으로 하나 보통은 40cm 정도 물리도록 한다.

② 모르타르
㉠ 모르타르 배합비 : 1 : 3 ~ 1 : 5
㉡ 모르타르 강도 : 블록 강도×(1.3 ~ 1.5배)
㉢ 모래의 지름 : 1.2mm 정도
㉣ 물의 중량 : 시멘트 중량의 60 ~ 70%
㉤ 모르타르의 종류와 용적배합비

모르타르의 종류		용적배합비(세골재/결합재)
줄눈모르타르	벽체용	2.5~3.0
	바닥용	3.0~3.5
붙임모르타르	벽체용	1.5~2.5
	바닥용	0.5~1.5
깔 모르타르	바탕 모르타르	2.5~3.0
	바닥용 모르타르	3.0~6.0
안채움 모르타르		2.5~3.0
치장줄눈용 모르타르		0.5~1.5

② 블록 구조

(1) 블록 구조의 특징

① 장점

㉠ 공기 단축이 가능하며 다른 재료들에 비해 경비가 절약된다.

㉡ 수직 · 수평하중을 잘 견딜 수 있어서 내구성이 크다.

㉢ 불연구조이다(연소성이 없다).

㉣ 시공이 간편하다.

② 단점

㉠ 균열이 발생하기 쉽다.

㉡ 건축물의 규모가 클 때는 부적합하다.

㉢ 횡력에 약하다.

(2) 블록 구조의 분류

① **단순 조적 블록 공사**(내력벽, 비내력벽, 장막벽)

㉠ 모서리나 중간요소 기준이 되는 곳을 쌓은 뒤에 수평실을 친 후 모서리부부터 차례로 쌓아 나간다.

㉡ 하루에 1.5m(블록 7켜 정도) 이내를 표준으로 하여 쌓는다.

㉢ 모르타르 바름높이(사춤높이)는 3켜 이내로 하여 블록 상단에서 약 5cm 아래에 둔다.

㉣ 빈속의 경사에 의한 살 두께가 큰 편을 위로 하여 쌓는다.

㉤ 일반 블록쌓기는 막힌줄눈, 보강 블록조는 통줄눈으로 한다.

㉥ 블록을 쌓은 후 바로 줄눈을 누르고, 줄눈파기를 하고 치장줄눈을 하도록 한다.

TIP

줄눈파기 … 치장줄눈을 만들기 위해서 장해가 되는 모르타르를 제거하는 것으로 벽돌 쌓기가 끝난 직후에 벽돌면에서 10mm 정도 깊이로 파는 것을 말한다.

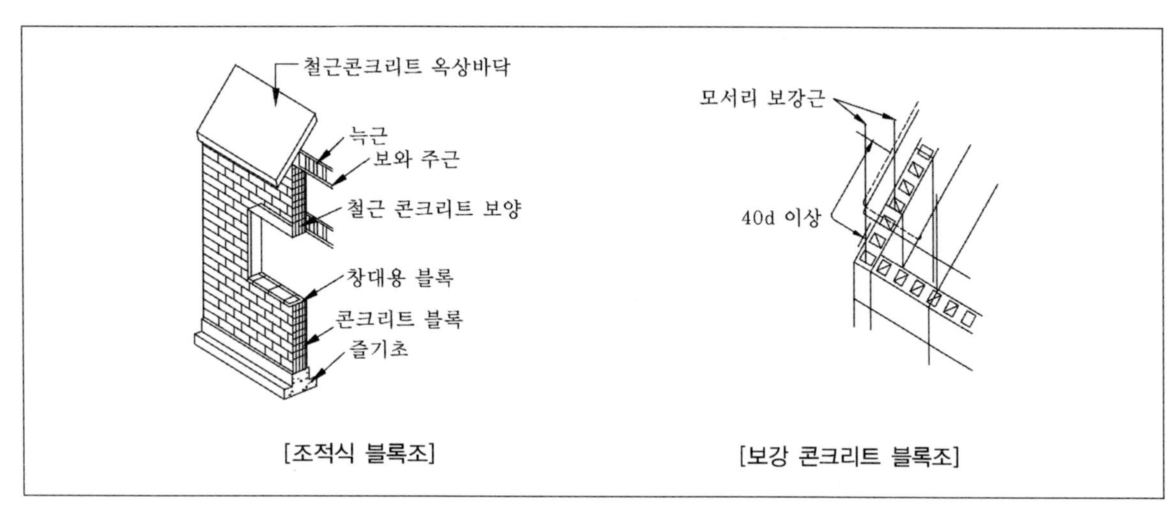

[조적식 블록조] [보강 콘크리트 블록조]

② **보강 콘크리트 블록조** … 통줄눈 쌓기로 해야 하며 수평 · 수직근을 배근하고 콘크리트를 보강하여 휨 · 전단 파괴에 대하여 저항하기 위한 쌓기 방법이다.

㉠ 세로근의 배근

- 벽끝, 모서리, 교차부, 개구부, 갓둘레, 기타 지시된 곳에 배근한다.
- 기초보 하단에서 윗층 테두리보까지 잇지 않고 40d 이상 정착한다.
- 항상 진동없이 배근하도록 한다.
- 세로근은 구부리지 않고 배근한다.
- 그라우트나 모르타르의 피복두께는 2cm 이상으로 한다.

기출예제 02

보강블록조에서 철근보강 방법에 대한 설명으로 옳지 않은 것은?

① 철근은 굵은 것을 조금 넣는 것보다 가는 것을 많이 넣는 것이 좋다.
② 세로철근의 정착길이는 철근지름의 40배 이상으로 한다.
③ 세로철근의 정착이음은 보강블록 속에 둔다.
④ 철근을 배치한 곳에는 모르타르 또는 콘크리트로 채워 넣어 철근피복이 충분히 되고 빈틈을 없게 한다.

✱

세로근은 원칙적으로 기초 및 테두리보에서 위층의 테두리보까지 잇지 않고 배근하여 그 정착길이는 철근직경의 40배 이상으로 하며 상단의 테두리보 등에 적정 연결철물로 세로근을 연결한다.

답 ③

㉡ 가로근의 배근

• 단부는 180°로 갈고리를 내어 세로근에 연결한다.
• 피복두께는 2cm 이상으로 한다.
• 모서리 가로근 단부 및 개구부 상하부 가로근은 40d 이상으로 정착시킨다.
• 모서리 부분 ϕ 9mm 이상의 철근을 수직으로 구부려 60cm 간격으로 한다.

[철근 배근]

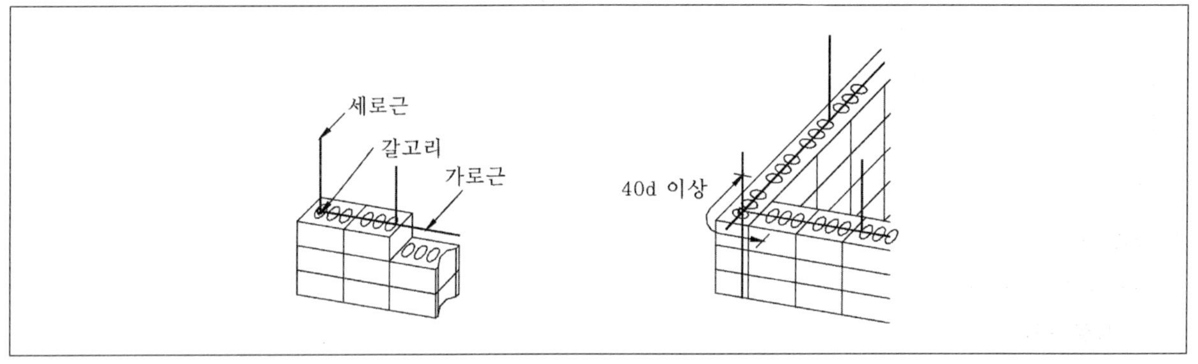

㉢ **보강근** : 굵은 철근보다는 가는 철근을 많이 넣어서 철근주장을 증가시킨다.

㉣ **콘크리트 모르타르 사춤**

• 벽끝, 모서리, 교차부, 문꼴(개구부) 주위에 모르타르를 채워 넣는다.
• 보강철근의 피복 두께는 2cm 이상으로 한다.
• 사춤은 매단이나 3켜 이내로 한다.
• 이어붓기는 블록 상단에서 5cm 아래로 둔다.

㉤ **테두리보**(Wall girder)

• 조적조의 벽체를 보강하여 층도리, 처마, 지붕 등의 부분에 둘러댄 철근 콘크리트조의 보를 말한다.
• 집중하중을 균등 분산한다.
• 벽체를 일체화하여 건축물의 강도를 증진시킨다.
• 춤은 벽두께의 1.5배 이상, 30cm 이상으로 한다.
• 세로근을 정착시키도록 한다.

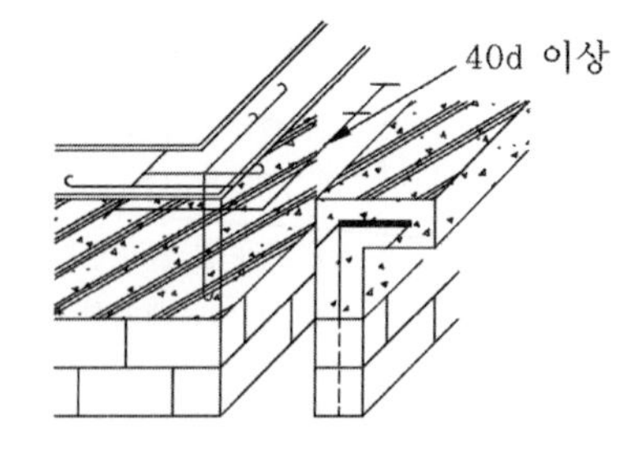

TIP

테두리보의 설치목적

㉠ 분산된 벽체를 일체로 하여 하중을 균등히 분포한다.
㉡ 집중하중을 분산하여 보강한다.
㉢ 세로철근을 정착한다.
㉣ 수직균열을 방지한다.
㉤ 최상층을 철근 콘크리트 바닥판으로 할 때를 제외하고는 테두리보를 두는 것을 원칙으로 한다.

기출예제 03 2010 국가직 (7급)

다음 중 보강 블록조에서 사용하는 테두리 보의 특징으로 옳지 않은 것은?

① 벽체를 일체화시키고 하중을 균등하게 분포시킨다.
② 세로철근을 정착시킨다.
③ 벽면의 수평균열을 방지한다.
④ 개구부의 상부와 같이 하중을 집중적으로 받는 부분을 보강한다.

✱

보강블록조에서 사용되는 테두리보는 벽면의 수직균열을 방지하는 역할을 한다.

답 ③

ⓑ 인방보(Lintel)

- 개구부 상부의 하중과 벽체 자중에 대해서 안전을 목적으로 하여 보강블록조의 가로근을 배근하는 것으로 Wall girder의 역할도 하도록 한다.
- 인방블록인 경우는 좌우 벽면에 20cm 이상 걸치도록 하고 철근은 40d 이상 정착시키도록 한다.

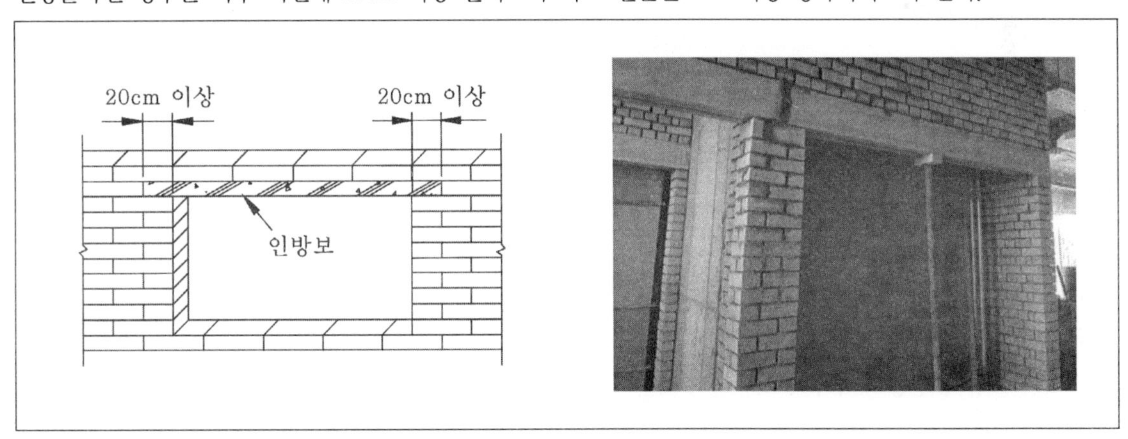

ⓢ 기초보(Footing beam) : 기초와 기초를 잇는 보로서 땅 밑에 설치되므로 지중보라고도 한다.

- 기초의 부동침하를 방지한다.
- 기초판의 두께는 15cm 이상으로 한다.
- 내력벽을 연결하여 벽체를 일체화시킨다.
- 상부하중을 균등히 지반에 전달하도록 한다.

③ 거푸집 블록조

㉠ 개념 : ㅁ자형 · ㄷ자형 · ㄱ자형 등으로 살 두께가 작고 속이 없는 블록 안에 철근을 배근하고 콘크리트를 부어넣는 블록조이다.

㉡ 장점 : 블록 자체가 거푸집이 되므로 목재 거푸집을 사용하는 경우보다 공사진행속도가 빠르다.

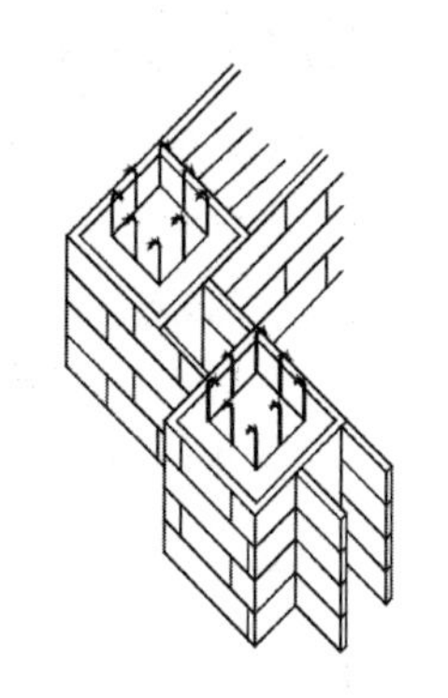

㉢ 단점

- 콘크리트를 부어넣을 때는 여러 번에 나누어 부어야 하므로 이음새가 많아져 강도가 나쁘다.
- 철근 콘크리트의 접착 피복이 불안전하다.
- 블록 안의 작은 빈속은 콘크리트를 부어넣고 다져 넣기가 쉽지 않다.

03 석구조

❶ 석구조의 개요

(1) 석구조의 특징

① 장점

㉠ 불연재료로서 압축력에 강하여 내구성, 내화성이 좋다.

㉡ 외관이 장중하며 미려하다.

㉢ 풍화나 마모에 대하여 우수하다.

㉣ 좋은 석재가 풍부하다.

㉤ 방한, 방서 성능이 우수하다.

② 단점

㉠ 가공하기가 까다롭다.

㉡ 지진이나 횡력에 약하다.

㉢ 자재의 값이 고가이다.

㉣ 화재에 노출되면 균열이 생기고 파열되게 되면 강도가 떨어진다.

㉤ 긴 형상의 자재를 얻기 어렵다.

(2) 석재의 특징

① 석재의 종류 및 특징

성인에 의한 분류	석재	용도	특징
화성암	화강암	조적재, 구조재, 건축 내외장재	• 경도, 강도, 내마모성, 색채, 광택이 우수하다. • 큰 재료를 얻을 수 있다. • 조직이 균일하고 내화성이 약하다.
	안산암	구조재, 장식재	• 큰 재료를 얻기 어렵다. • 경도, 강도, 내구성, 내화성이 있다. • 색조가 일정치 않고 절리에 의해 가공이 용이하다.
	현무암	판석재	판석재로 많이 사용한다.
수성암	사암	경량구조재, 외벽재, 내장재	• 조직이 치밀하고 규산질 사암 등 경질의 것은 내구성이 있다. • 모래가 퇴적 교착되어 생성되므로 내화력이 크다.
	석회암	시멘트의 원료	쓰이는 용도가 광범위하다.
	점판암	지붕재료, 비석, 바닥, 판석, 숫돌, 외벽	• 흡수성이 작고 재질이 치밀하여 강하다. • 내산성이 약하다. • 풍화되기 쉽다.
변성암	대리석	실내 장식재, 조각재	산성에 약하여 실외 사용은 드물며 실내 장식용으로 사용된다.
	트래버틴	실내 장식재	• 대리석의 일종이다. • 다공질 무늬가 있고 요철부가 생겨 입체감이 있다.

② 석재의 흡수율, 강도, 비중

㉠ 석재의 흡수율 : 응회암 > 사암 > 안산암 > 화강암> 점판암 > 대리석

㉡ 석재의 압축강도 : 화강암 > 대리석 > 안산암 > 점판암 > 사문암 > 사암 > 응회암 > 부석

㉢ 석재의 비중 : 사문암 > 점판암 · 대리석 > 화강암 > 안산암 > 사암 > 응회암

2 석재의 사용

(1) 석재 사용 시 주의사항

① 석재를 시공할 때는 균일제품을 사용해야 하므로 공급에 차질이 없도록 한다.

② 압축응력을 받는 곳에만 사용한다.

③ 취급상 $1m^3$ 이하로 가공하며, $1m^3$ 이상의 석재는 높은 곳에 사용하지 않아야 한다.

④ 예각을 피하도록 한다.

⑤ 내화성에 주의한다.

(2) 표면 마무리 순서

① 혹두기(메 다듬)

㉠ 석공구 : 쇠메

㉡ 마름돌의 거친면을 쇠메로 다듬는다.

② 정 다듬

㉠ 석공구 : 정

㉡ 혹두기면을 정으로 쪼아 평평하게 다듬는다.

③ 도드락 다듬

㉠ 석공구 : 도드락 망치

㉡ 정 다듬면을 도드락 망치로 더욱 평탄하게 다듬는다.

④ 잔 다듬

㉠ 석공구 : 날 망치

㉡ 날 망치로 처음 두 번은 직교방향, 한 번은 평행방향으로 마무리한다.

⑤ 물갈기

㉠ 석공구 : 숫돌, 금강사

㉡ 잔 다듬면을 숫돌이나 금강사로 갈아서 광택나게 한다.

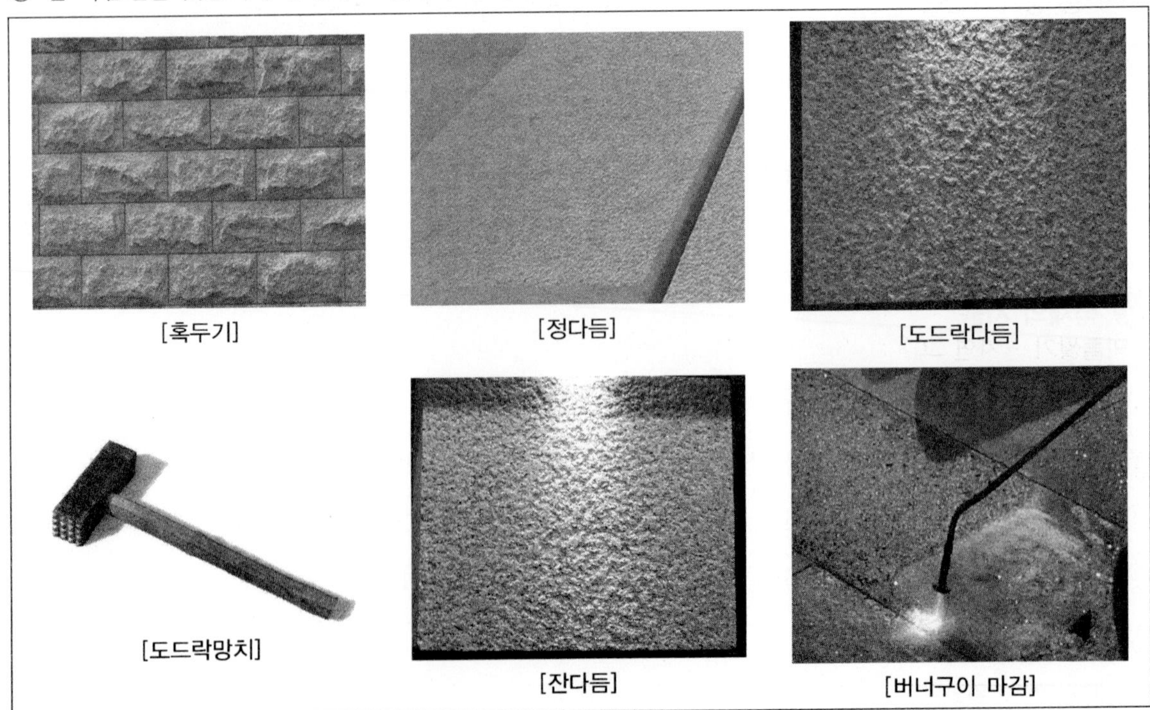
[혹두기] [정다듬] [도드락다듬]
[도드락망치] [잔다듬] [버너구이 마감]

TIP

연마, 반연마, 버너마감

㉠ 연마(물갈기, 폴리싱) : 유리표면 같은 형태로 매끄럽게 마감처리하는 방법으로 표면이 미끄럽게 된다.

㉡ 반연마 : 혼드마감이라고도 하며 광택 없이 갈아낸 마감을 말한다. 연마마감이 어느 정도 진행된 상태에서 이를 중지한 채로 마감처리하는 방법이다. 화강암, 대리석을 비롯한 대부분의 검은색 계통의 석재를 혼드마감하면 표면에 안개가 낀 것처럼 뿌옇게 되며 미끄럼 방지와 흡수력이 발생한다.

㉢ 버너마감(버너구이) : 돌의 표면을 강한 열을 가하여 팽창시켜 나무껍질처럼 터져 나오게 하여 표면을 거칠게 마감하는 방법으로서 미끄럼 방지 및 거친무늬의 효과가 있다.

[석공구]

쇠메 정 도드락 망치 날 망치 숫돌

(3) 돌 쌓기의 분류

① **바른층 쌓기** … 1켜마다 수평줄눈이 일직선으로 연속된 줄눈이 되게 쌓는 방법이다.

② **허튼층 쌓기** … 줄눈이 불규칙하게 쌓아지며, 거친돌 쌓기에 주로 사용된다.

③ **층지어 쌓기** … 3켜 정도마다 일정한 간격으로 수평줄눈이 형성되도록 쌓는 것이다.

④ **거친돌 쌓기** … 맞댄면은 그대로 하고 거친 다듬으로 하여 불규칙하게 쌓는 것이다.

⑤ **다듬돌 쌓기(디딤돌 쌓기)** … 돌의 모서리 맞댄면을 일정하게 다듬어 쌓는 것이다.

⑥ **찰쌓기** … 석재를 쌓을 때 틈새에 회반죽이나 모르타르(콘크리트)를 써서 쌓는 방식이다.

⑦ **메쌓기** … 석재를 쌓을 때 회반죽이나 모르타르를 쓰지 않고 서로 물리도록 다듬어 쌓는 방식이다. 일명 건쌓기

⑧ **막돌쌓기** … 자연 그대로 가공되지 않은 돌, 또는 거칠게 마감한 돌을 겹쳐 쌓은 돌쌓기이다.

[돌 쌓기의 유형]

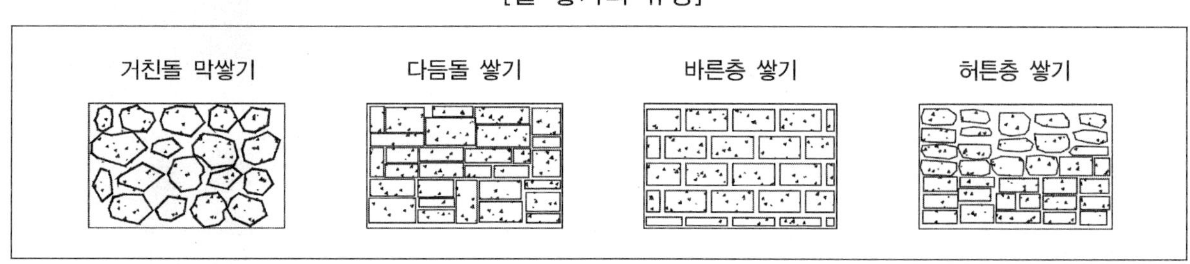

(4) 석축쌓기의 분류

① **건성 쌓기** … 돌 위에 뒤고임돌만 다져 넣는다.

② **사춤 쌓기** … 맞댄면만 콘크리트와 모르타르를 깔고 뒷면을 잡석다짐한다.

③ **찰 쌓기** … 가장 견고한 쌓기로 돌과 돌 사이에 모르타르를 다져 넣고 뒤고임에는 콘크리트를 사춤한다.

04 조적조의 시공 및 구조 주요사항

❶ 주요 시공사항

(1) 조적식 구조 주요 시공사항(보강블록조 제외)

① 조적조 내력벽의 길이는 55cm 이상 10m 이하이며 내력벽으로 둘러싸인 면적은 80제곱미터 이하, 칸막이 벽의 두께는 9cm 이상(단, 지상층의 하중을 받으면 19cm 이상) 벽량은 15cm/제곱미터 이상이다.

TIP

조적조 내력벽 기준

㉠ 내력벽의 길이가 10m를 넘을 경우 부축벽을 설치해야 한다.

㉡ 내력벽의 높이는 4m 이하여야 한다.

② 하루 쌓기는 1.2m(18켜) 이상 1.5m(22켜) 이하

③ 공간쌓기는 건축물의 외벽을 이중으로 쌓는 것이며 바깥벽이 주벽체이며 안쪽 부벽체는 반장쌓기로 한다.

④ 파라펫벽의 두께는 200mm 이상이어야 하며 높이는 두께의 3배를 넘을 수 없다.

⑤ 내쌓기의 최대 내민 한도는 2B이며 마구리쌓기를 원칙으로 한다. 맨 위는 2켜 내쌓는다.

⑥ 창대는 옆세워 쌓기로 해야 한다.

⑦ 백화현상 방지를 위해서 사용하는 염산용액의 농도는 1 : 5(물)이어야 한다.

⑧ 벽체면적 0.4제곱미터당 적어도 직경 9.0mm의 연결철물이 1개 이상 설치되어야 한다.

⑨ 공간쌓기벽의 공간너비가 80mm 이상, 120mm 이하인 경우에는 벽체면적 0.3제곱미터당 직경 9.0mm의 연결철물을 1개 이상 설치해야 한다.

⑩ 연결철물 간의 수직과 수평간격은 600mm와 900mm를 초과할 수 없다.

⑪ 개구부 가장자리에서 300mm 이내에 최대 간격 900mm인 연결철물을 설치해야 한다.

⑫ 홈파기

㉠ 세로홈파기 : 층높이의 3/4 이상 연속되는 경우 홈파기 깊이는 벽두께의 1/3 이하여야 한다.

㉡ 가로홈파기 : 길이는 3m 이하여야 하며 깊이는 벽두께의 1/3 이하여야 한다.

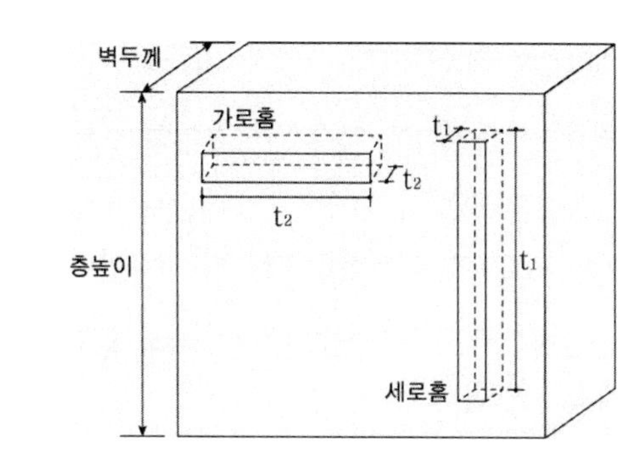

(2) 보강블록조 주요시공사항

① 통줄눈으로 시공하되 모서리부는 막힌줄눈으로 해야 한다.

② 벽의 세로근은 잇거나 구부리지 말아야 한다.

③ 블록의 모든 구멍에 콘크리트를 메워야 하는 것이 아니며 보강근이 설치되는 곳에 모르타르, 또는 콘크리트로 사춤하여 움직이지 않게 고정해야 한다.

④ 벽량은 보 방향과 도리방향별로 따로 산정해야 한다.

2 조적조의 프리즘시험

(1) 조적조의 프리즘시험

① 프리즘은 그라우트 또는 모르타르가 포함된 단위조적의 개체로 조적조의 성질을 규정하기 위해 사용하는 시험체이다.

② 조적조 설계에 사용되는 탄성계수는 다음과 같다.

조적개체	강재	전단탄성계수
$E_m = 750f_m'$, 최대 20,500MPa	$E_s = 206{,}000MPa$	$G = 0.4E_m$

③ 시공 전에는 5개의 프리즘을 제작 · 시험한다.

④ 담당원에 의해 승인되고 규정에 따라 제작 · 시험된 최소 30개의 프리즘에 의한 시험성적을 사용한다.

⑤ 프리즘 제작에 사용하는 재료는 시공 시 사용될 재료로 하여야 하며 실제 시공조건에 부합되어야 한다.

⑥ 프리즘에 사용되는 조적개체와 모르타르는 조적체에 사용되는 것과 같아야 한다.

⑦ 프리즘의 평균압축강도는 구조설계에 적용한 기준압축강도 f'_m의 1.33배 이상이어야 한다.

⑧ 구조설계에 규정된 허용응력의 1/2을 적용한 경우에는 시공 중 시험이 필요하지 않다.

⑨ 구조설계에 규정된 허용응력을 모두 적용한 경우에는 벽면적 500m^{2}당 3개의 프리즘을 제작 · 시험한다.

⑩ 프리즘은 최소한 1개 이상의 가로줄눈이 포함되어야 하며, 두께 대 높이의 비가 1.5 이상 5를 초과할 수 없다.

⑪ 프리즘시험성적에 따라 압축강도를 검증할 때, 프리즘의 평균압축강도는 최소시험값의 125%로 한다.

⑫ 프리즘은 온도 21 ± 3℃, 상대습도 90% 이상의 조건에서 7일 동안 보양하고, 그 후에 21 ± 3℃, 상대습도 30% ~ 50%에서 시험할 때까지 보양한다.

⑬ 현장에서 만든 프리즘은 90% 습도에서 48 ~ 96시간 동안 교란되지 않은 채 보양하고, 실험실에 운반하여 계속 보양한다.

⑭ 프리즘의 압축시험은 공시체의 경우와 같이 캡을 씌워 실시하며, 프리즘은 28일간 보양하는 것을 기준으로 한다.

기출예제 04 2012 국가직 (7급)

다음 중 건축구조기준에 따른 조적조의 프리즘시험에 대한 설명으로 옳지 않은 것은?

① 시공 전에는 5개의 프리즘을 제작 · 시험한다.

② 프리즘시험성적에 따라 압축강도를 검증할 때, 프리즘의 기준압축강도는 평균압축강도 이상이어야 한다.

③ 구조설계에 규정된 허용응력의 1/2을 적용한 경우에는 시공 중 시험이 필요하지 않다.

④ 구조설계에 규정된 허용응력을 모두 적용한 경우에는 벽면적 500㎡당 3개의 프리즘을 제작 · 시험한다.

✱ 압축강도는 시험한 모든 프리즘의 평균값으로 하지만 최소 시험값의 125%를 초과할 수 없다.

답 ②

3 주요 구조사항

(1) 조적식 구조 주요 구조사항(보강블록조 제외)

① 토압을 받는 내력벽은 조적식구조로 해서는 안 된다. (단, 높이 2.5m 이하는 벽돌구조가 가능하다.)

② 조적조에 사용되는 기둥과 벽체의 유효높이는 부재의 양단에서 부재의 길이 축에 직각방향으로 횡지지된 부재의 최소한의 순높이이다. 부재 상단에 횡지지되지 않은 부재의 경우 지지점부터 부재높이의 2배로 한다.

③ 조적식 구조의 담의 높이는 3m 이하로 하며, 일정길이마다 버팀벽을 설치한다.

④ 조적조 구조물은 강도설계법, 경험적 설계법, 허용응력도 설계법 중 한 가지로 설계한다.

⑤ 조적벽이 횡력에 저항하는 경우 전체높이가 13m 이하, 처마높이 9m 이하여야 한다.

⑥ 휨강도의 계산에서 조적조벽의 인장강도를 무시한다.

⑦ 폭이 1.8m를 넘는 개구부의 상부는 철근콘크리트구조의 윗인방을 설치해야 한다.

⑧ 각 층의 대린벽으로 구획된 각 벽에 있어서 개구부 폭의 합계는 그 벽 길이의 1/2 이하로 해야만 한다.

⑨ 조적식 구조인 벽에 설치하는 개구부에 있어서는 각 층마다 그 개구부 상호간 또는 개구부와 대린벽의 중심과의 수평거리는 그 벽의 두께의 2배 이상으로 하여야 한다. (단, 개구부 상부가 아치구조인 경우에는 그러하지 않다.)

⑩ 벽돌벽체의 두께는 벽 높이의 1/20 이상이다.

⑪ 층고가 2.7m를 넘지 않는 1층 건물의 속찬 조적벽의 공칭두께는 150mm 이상이다.

⑫ 2층 이상의 건물에서 조적내력벽의 두께는 200mm 이상이다.

⑬ 건축물의 높이가 11m 이상, 벽길이가 8m 이상이면 1층 벽체의 두께는 40cm이다.

⑭ 조적식 구조인 칸막이 벽의 두께는 90mm 이상이어야 하며 조적식 구조인 칸막이벽의 바로 윗층에 조적식 구조인 칸막이벽이나 주요 구조물을 설치하는 경우 당해 칸막이벽의 두께는 190mm 이상이어야 한다. (단, 테두리보 설치 시 제외)

⑮ 내력벽 두께는 마감재 두께를 포함하지 않으며 내력벽 두께는 직상층 내력벽 두께보다 작아서는 안 되며 내력벽 두께 산정은 다음값 중 큰 값으로 한다.

구조별	내력벽 두께
벽돌벽	H/20
블록벽	H/16
돌과 다른 조적체 병용	H/15

벽높이	5m 미만		5m ~ 11m		11m 이상		$A > 60m^2$		
벽길이	8m 미만	8m 이상	8m 미만	8m 이상	8m 미만	8m 이상	1층	2층	3층
1층	150	190	190	290	290	390	190	290	390
2층			190	190	190	290		190	290
3층			190	190	190	190			190

⑯ 하나의 층에 있어서의 개구부와 그 바로 위층에 있는 개구부와의 수직거리는 600mm 이상으로 해야 한다. 같은 층의 벽에 상하의 개구부가 분리되어 있는 경우 그 개구부 사이의 거리도 또한 같다.

⑰ 조적식 구조인 내어민창이나 내어쌓기창은 철골 또는 철근콘크리트로 보강해야 한다.

2014 서울시 (7급)

다음 중 조적조에 관한 설명 중 옳지 않은 것은?

① 보강콘크리트 블록 구조를 제외한 내력벽의 조적재는 막힌 줄눈으로 시공하고, 내력벽의 길이는 10m를 넘을 수 없다.

② 단위재의 강도와 모르타르의 접착력에 의해 구조체의 강도가 결정된다.

③ 돌구조의 내력벽의 두께는 해당 벽높이의 1/15 이상으로 한다.

④ 조적조의 간격으로서 그 높이가 2m 이하인 벽일 때 쌓기용 모르타르의 결합재와 세골재의 용적 배합비는 1 : 7로 할 수 있다.

⑤ 내력벽의 두께는 벽돌벽인 경우는 해당 벽높이의 1/20 이상, 블록벽인 경우는 1/16 이상으로 한다.

*

모르타르의 종류		용적배합비(세골재/결합재)
줄눈모르타르	벽체용	2.5~3.0
	바닥용	3.0~3.5
붙임모르타르	벽체용	1.5~2.5
	바닥용	0.5~1.5
깔 모르타르	바탕 모르타르	2.5~3.0
	바닥용 모르타르	3.0~6.0
안채움 모르타르		2.5~3.0
치장줄눈용 모르타르		0.5~1.5

답 ④

(2) 보강블록조 주요 구조사항

① 보강근과 조적조의 변형률은 중립축으로부터의 거리에 비례한다.

② 칸막이 벽의 두께는 90mm 이상으로 해야 한다.

③ 보강근의 최대 크기는 29mm으로 보강근의 지름은 공동의 최소 크기 1/4을 초과하지 않아야 한다. 벽체나 벽체 골조의 공동 안에는 최대 2개까지 보강근이 허용된다.

④ 보강근은 모르타르나 그라우트에 완전 매입되어야 하고, 40mm 또는 철근 직경의 2.5배 이상의 피복을 유지해야 한다.

⑤ 90° 표준 갈고리의 내민길이는 보강근 직경의 최소 12배 이상으로 한다.

⑥ 테두리보는 수직균열을 방지하며 세로철근을 정착시킨다. (눌러주기 때문이다. 수평균열과는 상관이 없다.)

⑦ 세로철근은 절대로 이음을 해서는 안 되며 기초벽, 기초보, 테두리보에 정착한다.

⑧ 횡력을 받을 때 발생되는 전단력이 블록강도의 1/2을 초과하면 벽면에 계단 모양의 균열이 발생하므로 세로근에 가로근을 결속하여 배치해야 한다.

⑨ 테두리보의 춤은 벽두께의 1.5배 이상으로 하되, 단층 건물에서는 250mm 이상, 2, 3층 건물에서는 300mm 이상으로 한다.

⑩ 테두리보의 원형철근을 주근으로 사용할 경우, 9mm 또는 12mm의 단배근이 가능하지만 중요한 보는 12mm 이상의 복근으로 배근한다.

⑪ 보의 너비는 일반적으로 대린벽 간 중심거리 간격의 1/20 이상으로 한다.

TIP

보강콘크리트블럭조적조로 구성된 모멘트저항 벽체골조의 설계 시 유의사항

㉠ 보

- 보의 순경간은 보깊이의 2배 이상이어야 한다.
- 보의 공칭깊이는 두 개의 단위 조적개체 혹은 400mm를 넘을 수 없으며, 보의 폭에 대한 보의 깊이 비는 6을 넘을 수 없다.
- 보의 폭은 200mm 또는 피어 경간의 1/26을 넘을 수 없다.

㉡ 피어

- 피어의 공칭깊이는 2,400mm를 넘을 수 없다.
- 공칭깊이는 2개의 피어 단위 또 810mm 중 큰 값보다 작지 않아야 한다.
- 피어의 공칭 폭은 보의 공칭 폭 또는 200mm 또는 보 사이의 순높이 1/14 중 큰 값보다 작아야 한다.
- 피어의 깊이에 대한 높이의 비는 5를 넘을 수 없다.

4 프리캐스트 콘크리트

(1) 프리캐스트 콘크리트구조 설계원칙

① 프리캐스트 콘크리트 부재를 설계할 때에는 거푸집 제거, 저장, 운반, 조립 등을 포함한 초기 제조에서 구조물의 완성에 이르기까지 일어날 수 있는 모든 하중과 충격하중 및 구속조건을 고려하여야 한다.

② 프리캐스트 콘크리트 부재는 인접 부재와 하나의 구조시스템으로서 역할을 하기 위하여 모든 접합부와 그 주위에서 발생할 수 있는 단면력과 변형을 고려하여 설계하여야 한다.

③ 상호 연결된 구조 부재에 관한 영향을 포함하여 초기 및 장기처짐의 영향을 설계에 고려하여야 한다.

④ 프리캐스트 콘크리트 부재 및 이와 상호 연결된 부재, 접합부에 대하여 허용오차가 규정되어야 하며, 프리캐스트 콘크리트 부재 및 접합부를 설계할 때 이들 오차의 영향을 반영하여야 한다.

⑤ 연결부와 지압부를 설계할 때에는 건조수축, 크리프, 온도, 탄성변형, 부동침하, 풍하중, 지진하중 등을 포함하여 부재에 전달되는 모든 힘의 영향을 고려하여야 한다.

⑥ 설계할 때 사용된 제작과 조립에 대한 허용오차는 관련 도서에 표시하여야 하며, 부재를 설계할 때 일시적 조립 응력도 고려하여야 한다.

⑦ 프리캐스트 콘크리트 부재 및 구조는 설계하중 조합에 의하여 계산된 소요강도 이상의 설계강도를 가져야 한다.

⑧ 프리캐스트 콘크리트 벽판이 기둥이나 독립기초판의 수평연결 부재로 설계되는 경우 깊은보 작용이나 횡좌굴과 처짐에 대한 영향을 설계에 고려하여야 한다.

⑨ 프리캐스트 콘크리트 부재의 설계기준강도는 21MPa 이상으로 하여야 한다.

기출예제 06 2018 국가직 (7급)

다음 중 건축구조기준에서 프리캐스트 콘크리트 부재설계의 일반적인 설계 원칙에 대한 설명으로 옳은 것은?

① 프리캐스트 콘크리트 부재의 설계기준강도는 18MPa 이상으로 하여야 한다.
② 설계할 때 사용된 제작과 조립에 대한 허용오차는 관련 도서에 표시하여야 하며, 부재를 설계할 때 일시적 조립 응력은 고려하지 않는다.
③ 프리캐스트 벽판을 사용하는 3층 이상의 내력벽구조에서 횡방향 연결철근은 바닥슬래브 또는 지붕바닥과 수직되며 내력벽 간격의 두 배 이하로 배치하여야 한다.
④ 프리캐스트 콘크리트 부재는 인접 부재와 하나의 구조시스템으로서 역할을 하기 위하여 모든 접합부와 그 주위에서 발생할 수 있는 단면력과 변형을 고려하여 설계하여야 한다.

✱

① 프리캐스트 콘크리트 부재의 설계기준강도는 21MPa 이상으로 하여야 한다.
② 설계할 때 사용된 제작과 조립에 대한 허용오차는 관련 도서에 표시하여야 하며, 부재를 설계할 때 일시적 조립 응력도 고려해야 한다. (일시적 조립응력도 받을 수 있도록 설계하여야 한다.)
③ 프리캐스트 벽판을 사용하는 3층 이상의 내력벽구조에서 횡방향 연결철근은 바닥슬래브 또는 지붕바닥과 수직되며 내력벽 간격 이하로 배치하여야 한다.

답 ④

(2) 프리캐스트 콘크리트 구조세칙

① 프리캐스트 콘크리트 구조물의 횡방향, 종방향, 수직방향 및 구조물 둘레는 부재의 효과적인 결속을 위하여 인장연결철근으로 일체화하여야 한다. 특히 종방향과 횡방향 연결철근을 횡하중저항구조에 연결되도록 설치하여야 한다.

② 프리캐스트 부재가 바닥 또는 지붕층 격막구조일 때, 격막구조와 횡력을 부담하는 구조를 연결하는 접합부는 최소한 4~5kN/m의 공칭인장강도를 가져야 한다.

③ 프리캐스트 기둥은 1.5Ag(단위는 N) 이상의 공칭인장강도를 가져야 한다.

④ 하중에 의해 요구되는 단면보다 큰 단면으로 설계된 기둥의 경우, 감소된 유효단면적을 사용하여 최소철근량과 설계강도를 결정하여도 좋다. 이때 감소된 유효단면적은 전체 단면적의 1/2 이상이어야 한다.

⑤ 프리캐스트 벽판은 최소한 2개의 연결철근으로 서로 연결되어야 하며, 연결철근 하나의 공칭인장강도는 45kN 이상이어야 한다.

⑥ 해석결과 기초바닥 저면에 인장력이 발생되지 않을 때에는 위에 규정된 연결철근은 흙에 직접 지지되는 콘크리트 바닥슬래브에 정착시킬 수 있다.

⑦ 프리캐스트 콘크리트의 경우 단순히 연직하중에 의한 마찰력만으로 저항하는 접합부 상세는 사용할 수 없다.(하나의 보에 손상이 발생할 경우 다른 부재의 하중재하능력에 영향을 주지 않기 위해서 지지부재의 변형을 최소화하여야 하는데 이처럼 연직하중에 대한 지지부재의 변형을 최소화하고 접합부의 급격한 파괴를 방지하기 위하여 마찰력만으로 저항하는 접합부 사용을 금하는 것이다. 연결철근과 같은 방법을 이용하여 연결시켜야 그 변형에 저항하여 급격한 파괴를 막을 수 있다.)

| 기출예제 07

2013 지방직

다음 중 조적벽이 구조물의 횡안정성 확보를 위해 사용될 때 경험적 설계를 위한 전단벽간의 최대 간격 비율(벽체간 간격 : 전단벽 길이)이 가장 큰 바닥판 또는 지붕 유형은?

① 콘크리트타설 철재 데크
② 현장타설 콘크리트
③ 무타설 철재 데크
④ 프리캐스트 콘크리트

✱

조적벽이 구조물의 횡안정성 확보를 위해 사용될 때 경험적 설계를 위한 전단벽간의 최대 간격 비율(벽체간 간격:전단벽길이)

바닥판 또는 지붕유형	벽체간 간격 : 전단벽 길이
현장타설 콘크리트	5 : 1
프리캐스트 콘크리트	4 : 1
콘크리트 타설 철재 데크	3 : 1
무타설 철재 데크	2 : 1
목재 다이어프램	2 : 1

답 ②

checkpoint

■ 프리캐스트 콘크리트의 최소피복두께

구분	부재	위치	최소피복두께
흙에 접하거나 또는 옥외의 공기에 직접 노출	벽	D35를 초과하는 철근 및 지름 40mm를 초과하는 긴장재	40mm
		D35 이하의 철근, 지름 40mm 이하인 긴장재 및 지름 16mm 이하의 철선	20mm
	기타	D35를 초과하는 철근 및 지름 40mm를 초과하는 긴장재	50mm
		D19 이상, D35 이하의 철근 및 지름 16mm를 초과하고 지름 40mm 이하인 긴장재	40mm
		D16 이하의 철근, 지름 16mm 이하의 철선 및 지름 16mm 이하인 긴장재	30mm
흙에 접하거나 또는 옥외의 공기에 직접 접하지 않는 경우	슬래브 벽체 장선	D35를 초과하는 철근 및 지름 40mm를 초과하는 긴장재	30mm
		D35이하의 철근 및 지름 40mm 이하인 긴장재	20mm
		지름 16mm 이하의 철선	15mm
	보 기둥	주철근 (15mm 이상이어야 하고 40mm 이상일 필요는 없음)	철근직경 이상
		띠철근, 스터럽, 나선철근	10mm
	쉘 절판	긴장재	20mm
		D19 이상의 철근	15mm또는 직경의 1/2 중 큰 값
		D16 이하의 철근, 지름 16mm 이하의 철선	10mm

(3) 3층 이상의 프리캐스트 내력벽구조에 대한 최소규정

① 종방향 또는 횡방향 연결철근은 바닥과 지붕에 22.5kN의 공칭강도를 가지도록 설계하여야 한다. 연결철근은 내부벽체 지지점에 설치하여야 하며, 또한 부재와 외벽 사이에도 배치하여야 한다. 이때 연결철근은 바닥슬래브와 지붕구조평면에서 600mm 이내에 위치시켜야 한다.

② 종방향 연결철근은 바닥슬래브 또는 지붕바닥과 평행되며 중심간격이 3.0m 이내이어야 한다. 개구부가 있을 때는 그 주위에 응력이 적절히 전달되도록 연결철근을 개구부 주위에 추가로 배치하여야 한다.

③ 횡방향 연결철근은 바닥슬래브 또는 지붕바닥과 수직되며 내력벽의 간격 이하로 배치하여야 한다.

④ 각층 바닥 또는 지붕층 바닥 주위의 둘레 연결철근은 모서리에서 1.2m 이내에 있어야 하며, 73kN 이상의 공칭인장강도를 가져야 한다.

⑤ 수직연결철근은 모든 벽체에 배치하여야 하며, 건물 전체높이에 연속되도록 하여야 한다. 인장강도는 벽체의 수평방향으로 4.5kN(원래 45,000N/m) 이상이어야 한다. 또한, 수직 연결철근은 각 프리캐스트벽 패널당 2개 이상 설치하여야 하고, 그 중심간격은 3.6m 이하로 한다.

| 기출예제 08 2012 국가직 (7급)

3층 이상 프리캐스트콘크리트 내력벽구조의 설계규정에 대한 설명으로 옳지 않은 것은?

① 종방향 또는 횡방향 연결철근은 바닥과 지붕에 22.5kN의 공칭강도를 가지도록 설계하여야 한다.
② 종방향 연결철근은 바닥슬래브 또는 지붕바닥과 평행되며, 중심 간격이 4m 이내이어야 한다.
③ 횡방향 연결철근은 바닥슬래브 또는 지붕바닥과 수직되며, 내력벽의 간격 이하로 배치하여야 한다.
④ 수직연결철근은 모든 벽체에 배치하여야 하며, 건물 전체 높이에 연속되도록 하여야 한다.

종방향 연결철근은 바닥슬래브 또는 지붕바닥과 평행되며, 중심간격이 3m 이내여야 한다.

답 ②

(4) 접합부의 설계

① 프리캐스트 접합부에서 그라우트 연결, 전단키, 기계적 이음장치, 철근, 보강채움 등을 통해 힘을 전달하여야 한다.

② 접합부에 의한 힘전달에 대한 적합성은 해석이나 실험에 의해 결정하여야 한다.

③ 여러 가지 구조재료를 사용하는 접합부를 설계할 경우 상대 강성과 강도 및 연성 등을 고려하여야 한다.

④ 접합부는 구조일체성이 확보되도록 설계하여야 한다.

⑤ 비정상하중으로 인하여 접합부가 파괴되더라도 구조물 전체가 붕괴되지 않도록 설계하여야 한다.

| 기출예제 09 2009 국가직 (7급)

프리캐스트 콘크리트 건축물의 일체성 확보 요건에 대한 설명으로 옳지 않은 것은?

① 프리캐스트 콘크리트 구조물의 종방향과 횡방향 연결철근은 횡하중 저항구조에 연결되도록 설치하여야 한다.
② 프리캐스트 부재가 바닥 또는 지붕층 격막구조일 때, 격막 구조와 횡력을 부담하는 구조의 접합부는 최소한 4,500N/m의 공칭인장강도를 가져야 한다.
③ 프리캐스트 벽 패널은 벽 패널당 최소한 2개의 수직 연결 철근을 사용하여야 하며 연결철근 하나당 공칭인장강도는 4,500N 이상이어야 한다.
④ 일체성 접합부는 강재의 항복으로 파괴가 유발되도록 설계하여야 한다.

프리캐스트 부재가 바닥 또는 지붕층 격막구조일 때, 격막 구조와 횡력을 부담하는 구조의 접합부는 최소한 45,000N/m(45kN/m)의 공칭인장강도를 가져야 한다.

답 ③

5 조적조의 내진설계를 위한 조건

① **접합부** … 바닥슬래브와 벽체간의 접합부는 최소 3.0kN/m의 하중에 저항할 수 있도록 최대 1.2m 간격의 적절한 정착기구로 정착력을 발휘하여야 한다.

② 파라펫

㉠ 파라펫의 두께는 200mm 이상이어야 하며 높이는 두께의 3배를 넘을 수 없고, 파라펫벽은 하부 벽체보다 얇지 않아야 한다.

㉡ 파라펫의 높이가 600mm를 초과하는 경우 지진하중에 견디도록 설계한다.

㉢ 철근과 조적조의 피복두께는 얇은 그라우트의 경우 6mm, 거친 그라우트의 경우에는 12mm보다 작아서는 안 된다.

TIP

파라펫(Parapet) … 건물 지붕이나 발코니 등에 설치되는 난간으로서 바닥과의 접합부에서 누수 및 균열이 발생하기 쉬우므로 구조설계 및 시공 시 주의를 요한다.

③ 비보강조적조

㉠ 전체높이가 13m, 처마높이가 9m 이하의 건물로서 경험적 설계법의 벽체높이, 횡안정, 측면지지, 최소두께를 만족하지 않는 경우 비보강조적조의 내진설계는 건축구조기준에서 제시하는 설계지진하중의 산정방식과 등가정적해석법, 동적해석법의 구조해석을 따른다.

㉡ 비보강조적조의 부재의 설계는 조적식구조의 설계일반사항을 만족하여야 한다.

④ 보강조적조

㉠ 허용응력설계법 또는 강도설계법에 따라 철근보강을 해야 한다.

㉡ 최소단면적 130mm^{2}의 수직벽체철근을 각 모서리와 벽의 단부, 각 개구부의 각 면 테두리에 연속적으로 배근해야 하며, 수평 배근의 최대간격은 1.2m 이내여야 한다.

㉢ 벽체 개구부의 하단과 상단에서는 600mm 또는 철근직경의 40배 이상 연장하여 배근해야 한다.

㉣ 구조적으로 연결된 지붕과 바닥층, 벽체의 상부에 연속적으로 배근한다.

㉤ 벽체의 하부와 기초의 상단부에 장부철근으로 연결배근한다.

㉥ 균일하게 분포된 접합부 철근이 있는 경우를 제외하고는 3m의 최대간격을 유지한다.

6 허용응력설계법과 강도설계법

(1) 허용응력설계법과 강도설계법에 의한 보강조적조 공통구조세칙

① **원형철근** … 6mm 이상의 원형철근은 사용을 금한다.

② 길이방향철근의 간격

㉠ 평행한 철근의 순간격은 기둥 단면을 제외하고 철근의 공칭직경이나, 25mm보다 작아서는 안 되지만, 이음철근은 예외로 한다.

㉡ 철근과 조적조의 피복두께는 얇은 그라우트의 경우 6mm, 거친 그라우트의 경우 12mm보다 작아서는 안 된다.

㉢ 평행한 철근순간격은 기둥단면을 제외하고, 철근의 공칭직경이나 25mm보다 작아서는 안 되지만 이음철근은 예외로 한다.

㉣ 철근과 조적조의 피복두께는 얇은 그라우트의 경우에 6mm, 거친 그라우트의 경우에는 12mm보다 작아서는 안 된다. 속빈 조적재의 중간살 부분은 수평철근의 설치대로 사용할 수 있다.

③ 휨철근의 정착

㉠ 인장이나 압축이 작용하는 철근은 충분히 정착되어야 하며, 철근의 정착길이는 묻힘길이와 정착 또는 인장만 받는 경우는 갈고리의 조합으로 확보할 수 있다.

㉡ 지지점이나 캔틸레버의 자유단을 제외하고, 모든 철근은 인장력에 저항하기 위해서 변곡점으로부터 철근직경의 12배나 보춤 중 큰 값 이상으로 연장하여 배근하여야 한다. 다음 중 하나 이상의 조건이 만족되지 않을 때는 정모멘트에 대한 휨철근은 연장 배근해야 한다.

- 전단보강근이 배근된 경우라도 작용전단력이 공칭전단강도의 1/2를 초과하지 않아야 한다.
- 소요강도 이상의 전단보강근은 절단점으로부터 각 방향으로 보 깊이의 크기범위 내에 배근되어야 하며, 간격은 $d/8r_b$을 초과할 수 없다.
- 연속철근은 휨모멘트에 대해 필요한 철근단면적의 2배 또는 전단보강근의 부착강도에 필요한 지름의 2배 이상의 철근단면적이어야 한다.

㉢ 부모멘트에 대한 소요철근량의 최소한 1/3 이상은 변곡점부터 소요강도의 1/2 이상이 발휘될 수 있을 만큼 충분히 연장되어야 하며, 연장길이는 순스팬의 1/16이나 보 깊이 d 중 큰 값 이상이어야 한다.

㉣ 연속보나 캔틸레버보, 그리고 골조의 부재에 부모멘트에 대한 인장철근은 부착이나 갈고리 또는 기계적인 정착기구 등으로 지지부재에 적절히 정착되어야 한다.

㉤ 단순보나 연속보의 자유단에서 필요한 정모멘트소요철근단면적의 최소한 1/3 이상 보를 지지하는 부재 내부로 최소한 150㎜ 이상 연장되어야 한다. 연속보의 경우 단부에서 정모멘트에 소요철근 단면적의 1/4 이상을 연장한다.

㉥ 휨부재에서의 압축철근은 지름 6㎜ 이하인 띠철근이나 전단보강근으로 보강되어야 하며, 보강철근의 간격은 주 방향철근지름의 16배나 띠철근지름의 48배 중 작은 값을 초과할 수 없다.

④ **전단보강근의 정착** … 전단보강근으로 사용되는 철근은 다음의 방법들 중의 하나에 의해 단부가 정착되어야 한다.

㉠ 길이방향 철근에 180°로 감은 갈고리로 조립한다.

㉡ 보 단면의 중립축에서 압축측으로 충분히 정착한다.

㉢ 표준갈고리가 소요응력 52MPa를 발휘할 수 있도록 충분한 정착길이가 확보되어야 한다. 묻힘길이는 보 중앙으로부터 갈고리까지의 거리를 넘지 않는 것으로 가정한다.

- U자형 또는 여러 개의 U자형 전단보강근의 단부는 전단보강근의 직경 이상으로 길이방향 철근을 따라 90° 이상 굽혀서 전단보강근 지름의 12배 이상 연장 정착해야 한다.
- 폐쇄형 전단보강근의 단부는 길이방향 철근을 따라 90° 이상 구부려 전단보강근 지름의 최소 12배 이상 연장하여 정착길이를 확보하여야 한다.

⑤ 띠철근

㉠ 기둥의 길이방향철근은 테두리에 띠철근으로 둘러싸야 하며 길이방향철근은 135° 이하로 굽어진 폐쇄형 띠철근으로 고정되어야 한다.

㉡ 길이방향철근 중 모서리에 위치한 철근은 둘러싸인 띠철근에 의해 고정되어야 하며, 하나씩 교대로 길이방향철근은 띠철근에 의해 고정되어야 한다.

㉢ 띠철근과 길이방향철근은 기둥 표면으로부터 38㎜ 이상에서 130㎜ 이하로 배근되어야 한다. 띠철근이 길이방향철근에 대해 설치되거나 설치된 철근에 하중이 작용하지 않는 비보강조적조인 경우에는 수평바닥연결부에 설치될 수 있다. 띠철근의 간격은 길이방향철근지름의 16배, 띠철근지름의 48배 또는 기둥의 단변길이를 초과하지 않아야 하고, 450㎜ 이하이어야 한다.

㉣ 길이방향철근이 D22 이하일 경우에는 띠철근의 지름은 최소 6㎜ 이상으로 길이방향철근이 D22 이상의 경우에는 최소 D10 이상이어야 한다.

⑥ 기둥에 설치되는 앵커볼트 보강용 띠철근

㉠ 기둥 상부에 설치된 앵커볼트 주위에는 띠철근을 추가적으로 배근해야 한다.

㉡ 띠철근은 각각 최소 4개의 앵커볼트나 최소 4개의 수직방향철근으로 보강하거나 또는 합해서 4개의 앵커볼트와 수직방향철근에 대하여 보강해야 한다.

㉢ 띠철근은 기둥 상부로부터 50㎜ 이내에 최상단 띠철근을 설치하며, 기둥 상부로부터 130㎜ 이내에 단면적은 260㎟ 이상으로 배근하여야 한다.

⑦ 휨부재에서의 압축철근 … 지름 6mm 이하인 띠철근이나 전단보강근으로 보강되어야 하며 보강철근의 간격은 주방향철근 지름의 16배나 띠철근 지름의 48배 중 작은 값을 초과할 수 없다.

⑧ 휨응력산정을 위한 압축면적의 유효폭

㉠ 공칭벽두께나 철근 중심간 거리의 6배를 초과하지 않는다.

㉡ 통줄눈 쌓기벽체의 유효폭은 마구리가 열린 조적개체가 사용될 경우가 아니면 유효폭이 공칭벽두께나 철근중심간격 또는 홑겹벽길이의 3배를 초과하지 않는다.

(2) 허용응력설계법에 의한 보강조적조의 구조세칙

① 품질확인 규정상 특별한 검사를 필요로 하지 않는 경우 조적조의 허용응력은 절반으로 저감하여 설계한다. 단, 철근의 허용응력, 조적조 및 철근의 탄성계수와 전단탄성계수는 감소시키지 않는다.

② 용접이나 기계적 이음은 인장력을 받는 경우의 철근의 설계기준항복강도의 125%를 발휘해야 한다. 단, 내진구조의 일부가 아니고 휨을 받지 않는 경우의 기둥에 들어있는 압축철근에 대해서는 압축강도만 발휘하면 된다.

③ 최대철근의 직경은 35mm이이야 한다.

④ 최대철근 면적은 겹침이 없는 경우에는 공동면적의 6%, 겹침이 있는 경우에는 12%가 되어야 한다.

⑤ 줄눈보강근 이외에 모든 철근은 모르타르나 그라우트에 묻혀 있어야 하고, 최소 피복으로 조적개체를 포함하여 최소한 19mm, 외부에 노출되어 있을 때는 40mm, 흙에 노출되어 있을 때는 50mm 묻혀 있어야 한다.

⑥ 이형철근 및 이형철선에 요구되는 정착길이는 인장력을 받을 경우 $l_d = 0.29 d_b f_y$, 압축력을 받을 경우 $l_d = 0.22 d_b f_y$ 이다.

⑦ 원형철근에 대한 정착길이는 인장력을 받는 이형철근 및 이형철선에 요구되는 정착길이의 2배이다.

⑧ 갈고리는 압축력에 대하여 효과적인 배근방법이 아니며 52MPa 이상의 인장응력을 발생하는 하중을 받지 않도록 한다.

⑨ 철근의 이음길이는 철근지름에 대해 압축에 대해서는 30배, 인장에 대해서는 40배 이상이어야 한다.

⑩ 용접이나 기계적 이음은 인장력을 받는 경우의 철근의 설계기준 항복강도의 125%를 발휘해야 한다.

⑪ 충전이웃한 이음부분이 76mm 이하로 떨어져 있는 경우에는 요구되는 이음길이가 30% 증가된다. 단, 이음길이가 철근지름의 24배 이상이면 증가시킬 필요가 없다.

(3) 강도설계법에 의한 보강조적조의 구조세칙

① 강도설계법에 의한 보강조적조 설계의 기본가정

㉠ 조적조는 파괴계수 이상의 인장응력을 견디지 못한다.

㉡ 보강철근과 조적조의 변형률은 중립축으로부터의 거리에 비례한다.

㉢ 조적조 압축면에서의 최대변형률은 0.003이다.

㉣ 휨강도 계산에서는 조적조 벽의 인장강도를 무시하지만 처짐을 구할 때는 고려한다.

㉤ 조적조의 압축강도와 조적조의 변형률은 직사각형 응력블록형상을 따른다.

㉥ 보강철근은 조적재료에 의해 완전 부착이 되어야 하나의 재료로 거동하는 것으로 한다.

② 강도설계법에 의한 보강조적조의 구조세칙

㉠ 보강근의 최대크기는 29mm이고, 보강근의 직경은 공동의 최소크기의 1/4을 초과해서는 안 된다.

㉡ 벽체나 벽체 골조의 공동 안에는 최대 2개까지 보강근이 허용된다.
㉢ 직경 10mm에서 25mm까지는 보강근의 6배이고, 직경 29mm부터 35mm까지는 8배로 한다.
㉣ 기둥과 피어에서 수직보강근 사이의 간격은 보강근 공칭직경의 1.5배 또는 40mm보다 작아서는 안 된다.
㉤ 모든 보강근은 모르타르나 그라우트에 완전히 매입되어야 하고, 40mm 또는 $2.5d_b$ 이상의 피복을 유지해야 한다.
㉥ 180° 갈고리의 내민길이는 보강근 직경의 4배 이상 또는 65mm 이상으로 한다.
㉦ 135° 갈고리의 내민길이는 보강근 직경의 6배 이상으로 한다.
㉧ 90° 갈고리의 내민길이는 보강근 직경의 12배 이상으로 한다.

(4) 경험적 설계법

① **경험적 설계법의 정의** … 현재까지의 경험을 근거로 하여 별도의 구조계산 없이 조적부재의 치수를 결정하는 설계법이다. (담당자는 건축구조전문가가 아닌 경우도 있다.) 이 설계법이 적용가능한 대상은 소규모 건축물이며 수직하중은 내력벽에 편심없이 적용이 되고 보강효과는 고려하지 않는다.

② **경험적 설계법의 적용을 위한 조건**
㉠ 조적벽이 횡력에 저항하는 경우 전체높이가 13m, 처마높이가 9m 이하이어야 경험적 설계법을 적용할 수 있으며 조적벽과 처마높이가 제한규정 이하더라도 층수가 3층 이상일 경우는 내진설계기준에 따른다.
㉡ 2층 이상의 건물에서 조적전단벽 및 조적내력벽의 공칭두께는 최소 200mm 이상이어야 한다.
㉢ 층고가 2.7m를 넘지 않는 1층 건물의 속찬 조적벽의 공칭두께는 150mm 이상으로 할 수 있으며, 이때 높이 1.8m 이하의 박공지붕이 추가로 사용될 수 있다.
㉣ 파라펫벽의 두께는 200mm 이상이어야 하며, 높이는 두께의 3배를 넘을 수 없으며, 파라펫벽은 하부 벽체보다 얇지 않아야 한다.
㉤ 기초벽의 최대높이는 2.4m, 최대하중은 $4.8kN/m^2$으로 제한한다.
㉥ 조적벽이 구조물의 횡안정성 확보를 위해 사용될 때는 전단벽들이 횡력과 평행한 방향으로 배치가 되어야 한다. 횡안정성을 위해 전단벽이 요구되는 각 방향에 대하여 해당방향으로 배치된 전단벽 길이의 합계가 건물의 장변길이의 50% 이상이어야 한다. 이 때 개구부는 전단벽의 길이합계 산정 시 제외된다.
㉦ 경험적 설계를 위한 전단벽의 최대간격은 다음과 같다.

바닥판 또는 지붕유형	벽체간 간격 : 전단벽 길이
현장타설 콘크리트	5 : 1
프리캐스트 콘크리트	4 : 1
콘크리트 타설 철재 데크	3 : 1
무타설 철재 데크	2 : 1
목재 다이어프램	2 : 1

최근 기출문제 분석

2020 국가직

1 조적식 구조에 대한 설명으로 옳지 않은 것은?

① 전단면적에서 채워지지 않은 빈 공간을 뺀 면적을 순단면적이라 한다.

② 한 내력벽에 직각으로 교차하는 벽을 대린벽이라 한다.

③ 가로줄눈에서 모르타르와 접한 조적단위의 표면적을 가로줄눈면적이라 한다.

④ 기준 물질과의 탄성비의 비례에 근거한 등가면적을 전단면적이라 한다.

TIP 기준 물질과의 탄성비의 비례에 근거한 등가면적을 환산단면적이라 한다.

2019 지방직

2 다음 중 조적식 구조의 용어에 대한 설명으로 옳지 않은 것은?

① 대린벽은 비내력벽 두께방향의 단위조적개체로 구성된 벽체이다.

② 속빈단위조적개체는 중심공간, 미세공간 또는 깊은 홈을 가진 공간에 평행한 평면의 순단면적이 같은 평면에서 측정한 전단면적의 75%보다 적은 조적단위이다.

③ 유효보강면적은 보강면적에 유효면적방향과 보강면과의 사이각의 코사인값을 곱한 값이다.

④ 환산단면적은 기준 물질과의 탄성비의 비례에 근거한 등가면적이다.

TIP 대린벽은 서로 직각으로 교차되는 벽을 말한다.

2018 지방직

3 일반 조적식 구조의 설계법으로 옳지 않은 것은?

① 허용응력설계
② 소성응력설계
③ 강도설계
④ 경험적설계

TIP 조적식 구조의 설계법은 허용응력설계법, 강도설계법, 경험적설계법이 있다.

Answer 1.④ 2.① 3.②

2018 지방직

4 조적식 구조의 용어에 대한 설명으로 옳지 않은 것은?

① 대린벽은 비내력벽 두께방향의 단위조적개체로 구성된 벽체이다.

② 속빈단위조적개체는 중심공간, 미세공간 또는 깊은 홈을 가진 공간에 평행한 평면의 순단면적이 같은 평면에서 측정한 전단면적의 75%보다 적은 조적단위이다.

③ 유효보강면적은 보강면적에 유효면적방향과 보강면과의 사이각의 코사인값을 곱한 값이다.

④ 환산단면적은 기준 물질과의 탄성비의 비례에 근거한 등가면적이다.

TIP 대린벽은 서로 직각으로 교차되는 벽을 말한다.

2014 국가직 (7급)

5 다음은 프리캐스트콘크리트(PC)부재의 제작, 운반, 설계, 시공에 대한 설명이다. 옳은 것만을 모두 고르면?

㉠ PC부재를 설계할 때에는 제작, 운반, 조립 과정에서 생할 수 있는 충격하중과 구속조건을 고려해야 한다. ㉡ PC부재의 콘크리트 설계기준강도는 21MPa 이상으로 하여야 한다. ㉢ PC벽판을 기둥의 수평연결부재로 설계하는 경우 PC 벽판의 높이와 두께의 비는 제한하지 않아도 된다. ㉣ 경간이 20m인 보의 경우, 단일보로 설계하고 제작한 PC보를 차량으로 운반하여 시공할 수 있다.

① ㉠, ㉣
② ㉡, ㉢
③ ㉠, ㉡, ㉢
④ ㉠, ㉡, ㉢, ㉣

TIP
- 경간이 15m 이상이면 차량으로 운반이 어려워진다.
- PC부재를 설계할 때에는 제작, 운반, 조립 과정에서 발생할 수 있는 충격하중과 구속조건을 고려해야 한다.
- PC부재의 콘크리트 설계기준강도는 21MPa 이상으로 하여야 한다.
- 프리캐스트 벽판이 기둥이나 독립확대기초판의 수평연결 부재로 설계되는 경우 프리캐스트 벽판의 높이와 두께의 비는 제한하지 않아도 되는데, 다만 이때 깊은 보 작용이나 횡좌굴과 처짐에 대한 영향을 설계에 고려하여야 한다.

Answer 4.① 5.③

2012 지방직

6 **다음 중 조적식 구조의 구조제한사항에 대한 설명으로 옳지 않은 것은?**

① 하나의 층에 있어서 개구부와 그 바로 위층에 있는 개구부와의 수직거리는 60cm 이상으로 해야 한다.

② 토압을 받는 내력벽은 조적식구조로 하여서는 아니 된다. 다만, 토압을 받는 부분의 높이가 2.5m를 넘지 아니하는 경우에는 조적식구조인 벽돌구조로 할 수 있다.

③ 조적식 구조의 담의 높이는 4m 이하로 하며, 일정길이마다 버팀벽을 설치해야 한다.

④ 각층의 대린벽으로 구획된 각 벽에 있어서 개구부의 폭의 합계는 그 벽 길이의 1/2 이하로 해야 한다.

TIP 조적식 구조의 담의 높이는 3m 이하로 하며 일정길이마다 버팀벽을 설치해야 한다.

Answer 6.③

출제 예상 문제

1 다음 중 벽돌 쌓기에 대한 설명으로 옳지 않은 것은?

① 기둥 쌓기시에는 최소 1.5B 이상의 두께로 통줄눈이 생기지 않도록 시공한다.

② 중간 내 쌓기는 한 켜당 $\frac{1}{8}$B, 두 켜당 $\frac{1}{4}$B로 한다.

③ 내화벽돌은 물축임을 하지 않고 쌓아야 한다.

④ 기초에 사용되는 벽돌은 강도가 크고 흡수율이 큰 것을 사용한다.

TIP ④ 기초에 사용되는 벽돌은 강도가 크고 흡수율이 작은 것을 사용해야 한다.

2 다음 중 벽량의 단위로 옳은 것은?

① m^2/cm ② m^2

③ cm/m^2 ④ kg/cm^2

TIP 벽량

㉠ 벽량(cm/m^2) = $\frac{\text{벽의 길이}(cm)}{\text{실면적}(m^2)}$

㉡ 내력벽의 길이의 총합계를 그 층의 바닥면적으로 나눈 값이다.

㉢ 큰 건축물일수록 벽량을 증가시켜 횡력에 저항하는 힘을 크게 해야 한다.

Answer 1.④ 2.③

3 다음 중 가장 튼튼한 벽돌 쌓기법은?

① 미국식 쌓기
② 영국식 쌓기
③ 프랑스식 쌓기
④ 네덜란드식 쌓기

TIP 영국식 쌓기는 한 켜는 마구리 쌓기, 다음 켜는 길이 쌓기로 교대로 쌓는 방법으로 가장 튼튼하며 통줄눈이 생기지 않는다.
① 5켜는 치장벽돌로 길이 쌓기, 다음 한 켜는 마구리 쌓기하는 방법으로 통줄눈이 생기지 않는다.
③ 매 켜에 길이 쌓기와 마구리 쌓기를 교대로 병행하여 쌓는 방법으로 튼튼하지 못하여 통줄눈이 많이 생긴다.
④ 한 면은 벽돌 마구리와 길이가 교대로 되게 하고 다른 한 면은 영식 쌓기로 하는 방법으로 모서리가 견고하며 가장 일반적인 방법이다.

4 다음 중 튀어나온 곳을 쇠메로 때려내는 정도로 마감하는 것은?

① 도드락 다듬
② 정 다듬
③ 혹두기
④ 잔 다듬

TIP 석재의 표면 마무리
㉠ 혹두기(메 다듬) : 마름돌의 거친면을 쇠메로 다듬는 것
㉡ 정 다듬 : 혹두기한 면을 정으로 쪼아서 평평하게 다듬는 것
㉢ 도드락 다듬 : 정 다듬한 면을 도드락 망치로 더욱 평탄하게 다듬는 것
㉣ 잔 다듬 : 날 망치로 처음 두 번은 직교방향으로, 한 번은 평행방향으로 마무리하는 것
㉤ 물갈기 : 잔 다듬을 한 면을 숫돌이나 금강사로 갈아서 광택나게 하는 것

5 블록 벽체 쌓기에 관한 설명으로 옳지 않은 것은?

① 상부에 규준틀을 견고하게 세운다.
② 블록 평면 나누기를 정확하게 한다.
③ 밑바탕은 적당히 물축이기를 한다.
④ 기준 벽돌은 규준틀에 맞추어 쌓는다.

TIP ① 규준틀은 모서리나 중간부분에 견고하게 설치해야 한다.

Answer 3.② 4.③ 5.①

6 벽돌 벽체 쌓기에 대한 설명으로 옳은 것은?

① 내 쌓기는 보통 $\frac{1}{8}$B 두 켜씩 또는 $\frac{1}{4}$B 한 켜씩 내 쌓고, 내미는 정도는 2B 한도로 한다.

② 영국식 쌓기는 길이 켜의 모서리 부분에 칠오토막을 사용하여 통줄눈이 생기지 않도록 한다.

③ 공간 쌓기는 속찬벽 쌓기에 비하여 방음, 방한, 방서 등의 효과가 떨어진다.

④ 기초 쌓기는 벽체에서 $\frac{1}{4}$B 씩 내어 쌓고 맨 밑의 너비를 벽두께의 2배 정도로 한다.

TIP 기초 쌓기 … $\frac{1}{4}$B씩 한 켜나 두 켜씩 내어 쌓고 맨 밑의 너비는 벽두께의 2배가 되게 하고 두켜 쌓기 한다.

7 벽돌벽에 생기는 백화현상에 대한 설명 중 옳지 않은 것은?

① 시멘트에 포함된 탄산칼슘이 빗물과 작용한 것이다.

② 벽돌 원료인 점토와 모르타르에 염분이 없는 물을 사용한다.

③ 줄눈에는 모르타르를 충분히 채운다.

④ 줄눈 모르타르에 석회를 섞는다.

TIP 백화현상(Efflorescence)

㉠ 개념 : 벽돌벽 외부에 하얀 부분이 생기는 것을 말하며 백태라고 한다. 이것은 벽 표면에 침투하는 우수에 의해서 줄눈의 모르타르 부분의 석회분이 수산화석회로 되어 표면에서 공기 중의 탄산가스나 벽의 유황분을 만나 결합하여 생기는 물질이다.

㉡ 방지대책
- 흡수율이 적고 소성이 좋은 벽돌을 사용한다.
- 파라핀 도료 등을 뿜칠로 하여 벽면을 방수처리 해준다.
- 비막이를 설치한다(차양, 돌림띠).
- 줄눈 모르타르는 방수제를 혼합해서 밀실하게 사용한다.
- 조립률이 큰 모래, 분말도가 큰 시멘트를 사용한다.

Answer 6.④ 7.④

8 **방음, 방열의 목적으로 제작된 벽돌은?**

① 경량벽돌
② 오지벽돌
③ 붉은벽돌
④ 이형벽돌

TIP 벽돌의 종류 중에서 단열, 흡음, 방음, 보온의 효과를 목적으로 만들어진 것은 경량벽돌이다.

9 **벽의 모서리나 끝부분을 쌓을 때 이오토막, 반절이 필요한 쌓기 방법은?**

① 네덜란드식 쌓기
② 영국식 쌓기
③ 플레밍식 쌓기
④ 미국식 쌓기

TIP 영국식 쌓기 … 한 켜는 마구리 쌓기, 다음 켜는 길이 쌓기로 교대로 쌓는 방법으로 가장 튼튼하게 쌓을 수 있으며 통줄눈이 생기지 않는다.

10 **보강 블록조에 관한 설명으로 옳지 않은 것은?**

① 보강 블록조의 내력벽은 벽의 두께를 15cm 이상으로 한다.
② 하루에 쌓는 블록의 높이는 7단 이내로 한다.
③ 모서리와 개구부 주위에는 D13(ϕ 12) 이상의 세로근을 배치한다.
④ 내력벽으로 둘러싸인 부분의 바닥면적은 $50m^2$를 넘을 수 없다.

TIP 보강 블록조의 내력벽으로 둘러싸인 부분의 바닥면적은 $80m^2$를 넘을 수 없다.

Answer 8.① 9.② 10.④

11 1급 벽돌의 설명 중 옳지 않은 것은?

① 압축강도 150kg/cm² 이상
② 흡수율 23% 이상
③ 허용 압축강도 22kg/cm² 이상
④ 무게 2.2kg/장

TIP 벽돌의 품질

등급		흡수율	압축강도	허용 압축강도	무게
1급	1호	20% 이하	150kg/cm² 이상	22kg/cm² 이상	2.2kg/장
	2호				
2급	1호	23% 이하	100kg/cm² 이상	15kg/cm² 이상	2.0kg/장
	2호				

12 표준형 벽돌로 2.5B 쌓기한 벽체가 있다. 그 두께는?

① 47cm
② 48cm
③ 49cm
④ 50cm

TIP 표준형 벽돌의 두께

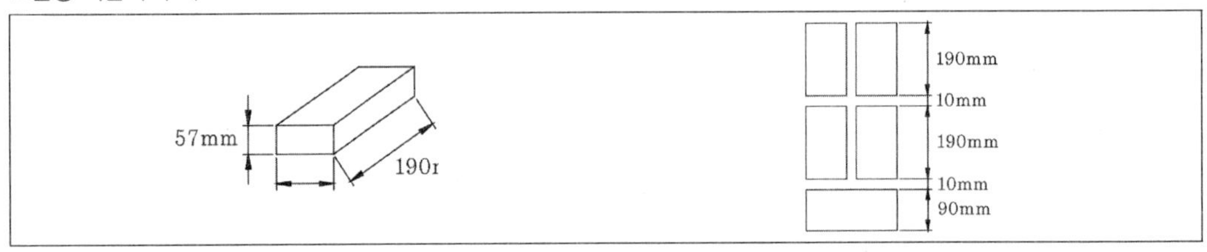

2.5B 쌓기
= 190mm + 190mm + 20mm(줄눈) + 90mm
= 490mm = 49cm

13 우리나라에 가장 많이 사용하고 있는 벽돌 쌓기 방법은 무엇인가?

① 영국식 쌓기
② 프랑스식 쌓기
③ 네덜란드식 쌓기
④ 미국식 쌓기

TIP 네덜란드식 쌓기(화란식 쌓기) … 한 면은 벽돌 마구리와 길이가 교대로 되게 하고 다른 한 면은 영식 쌓기로 하는 방식이다. 가장 일반적인 벽돌 쌓기 방법으로, 모서리가 견고하고 일하기가 쉬워 국내에서 가장 많이 사용되고 있다.

Answer 11.② 12.③ 13.③

14 다음은 화강암에 대한 설명이다. 옳지 않은 것은?

① 압축강도가 높은 편이다.

② 내화성이 강하다.

③ 조직이 균일하며 내마모성이 우수하다.

④ 비중이 크다.

TIP 화강암의 장 · 단점

㉠ 장점
- 조직이 균일하며 경도 · 강도 · 내마모성이 우수하다.
- 색채와 광택이 우수하다.
- 큰 재료를 얻을 수 있다.
- 압축강도가 높다.

㉡ 단점 : 내화성이 약하다.

15 블록의 종류 중 가장 많이 사용되는 블록은?

① BB형 ② BS형

③ BM형 ④ BI형

TIP 블록의 종류 중 BI형이 기본으로, 가장 많이 사용된다.

16 다음은 돌 쌓기를 나타낸 것이다. 이 중에서 바른층 쌓기는 무엇인가?

①

②
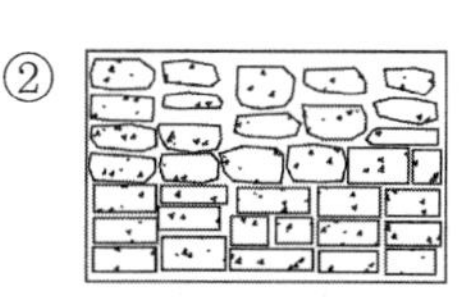

③
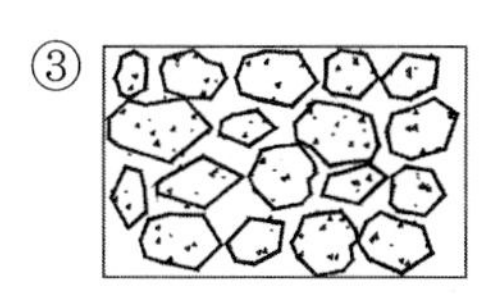

④
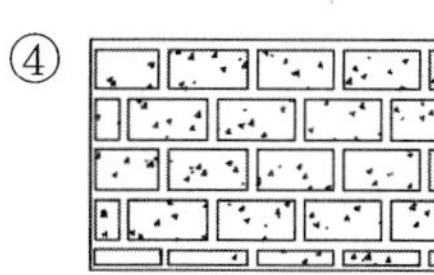

TIP **바른층 쌓기** … 한 켜마다 수평줄눈이 일직선으로 연속된 줄눈이 되게 쌓는 방법이다.

Answer 14.② 15.④ 16.④

17 창문틀의 좌우 옆에 쌓아서 창문이 잘 물리도록 만든 블록은 무엇인가?

① 쌤 블록 ② 창대 블록
③ 창문 블록 ④ 인방 블록

TIP 블록의 종류
㉠ 쌤 블록(Jamb block) : 창문틀의 좌우 옆에 쌓아서 창문틀이 잘 물리도록 만든 블록
㉡ 창대 블록 : 창대의 밑에 쌓는 블록으로 물흘림이 달린 블록
㉢ 인방 블록(U 블록) : 창문틀 위에 쌓아 철근을 배근하거나 콘크리트를 그 속에 넣어 다져서 인방보를 만드는 블록

18 다음은 보강 콘크리트 블록조에 테두리보를 설치하는 이유이다. 옳지 않은 것은?

① 수평력에 견디기 위해서
② 하중을 균등히 분포시키기 위해서
③ 벽에 창호를 설치할 때 크기를 크게 하기 위해서
④ 지붕, 바닥 및 벽체의 자중을 내력벽에 전달시키기 위해서

TIP 테두리보의 설치목적
㉠ 분산된 내력벽을 일체로 되게 하여 하중을 균등하게 분포시키기 위해 설치한다.
㉡ 수직균열의 방지를 위해서 설치한다.
㉢ 세로철근의 정착을 위해서 설치한다.
㉣ 집중하중을 받는 부분을 보강하기 위해서 설치한다.

19 다음은 석재의 종류를 나열해 놓은 것이다. 석재의 흡수율이 큰 것부터 옳게 나열한 것은?

㉠ 대리석	㉡ 화강암
㉢ 사암	㉣ 안산암
㉤ 점판암	㉥ 응회암

① ㉤ > ㉡ > ㉢ > ㉣ > ㉥ > ㉠ ② ㉥ > ㉢ > ㉣ > ㉡ > ㉤ > ㉠
③ ㉡ > ㉢ > ㉠ > ㉣ > ㉥ > ㉤ ④ ㉢ > ㉥ > ㉣ > ㉡ > ㉠ > ㉤

TIP 석재의 흡수율이 큰 순서 … 응회암 > 사암 > 안산암 > 화강암 > 점판암 > 대리석

Answer 17.① 18.③ 19.②

20 다음은 보강 블록조에 관한 설명이다. 옳지 않은 것은?

① 콘크리트는 철근이 배근된 구멍에만 채운다.
② 내력벽의 두께는 15cm 이상으로 한다.
③ 담의 높이는 3m 이하로 한다.
④ 내력벽은 통줄눈으로 쌓지 못한다.

TIP 조적식 블록 구조에서는 보통 줄눈 10mm로 막힌줄눈을 쌓는 것이 원칙이지만 보강 블록조는 철근을 배근하고 해야 하므로 통줄눈으로 하는 것이 좋다.

21 다음은 공간 쌓기에 관한 설명이다. 옳지 않은 것은?

① 방습, 단열, 방한을 목적으로 한다.
② 바깥벽은 0.5B의 두께로 쌓도록 한다.
③ 벽돌벽 중간쯤에 5 ~ 6cm 정도의 공간을 두면서 쌓는다.
④ 세로연결 철물은 50cm 이내마다, 가로연결 철물은 80cm 이내마다 한다.

TIP 세로연결 철물은 40cm 이내마다, 가로연결 철물은 90cm 이내마다 한다.

22 보통벽돌을 쐐기(아치)모양으로 다듬어서 만든 아치는?

① 본 아치
② 막만든 아치
③ 거친 아치
④ 층두리 아치

TIP ① 사다리꼴 모양으로 특별히 주문한 아치용 벽돌을 써서 쌓는 것
② 보통벽돌을 쐐기모양(아치모양)으로 다듬어서 만든 것
③ 보통벽돌을 그대로 쓰고 줄눈을 쐐기모양으로 한 것
④ 아치의 너비가 넓을 때 여러 층을 지어 겹쳐 쌓는 것

Answer 20.④ 21.④ 22.②

23 **벽돌벽의 균열원인 중 계획설계상 발생한 균열이 아닌 것은?**

① 벽돌벽의 두께 · 길이 · 높이에 대한 벽체의 강도 부족
② 벽돌과 모르타르 자체의 강도 부족
③ 기초의 부동침하
④ 건축물의 평면 및 입면의 불합리한 배치

TIP 벽돌벽 건축물의 균열원인
㉠ 계획설계상 결함
• 기초의 부동침하
• 건축물의 평면 및 입면의 불합리한 배치
• 집중하중, 불규칙한 하중, 충격 및 횡력
• 개구부 크기의 불합리한 배치
• 벽돌벽의 두께 · 길이 · 높이에 대한 벽체의 강도 부족
㉡ 시공상 결함
• 벽돌 및 모르타르 자체의 강도 부족
• 재료의 신축성(흡수 및 온도에 의한)
• 이질재와의 접합 및 불완전한 시공
• 모르타르 다져넣기 부족
• 모르타르 회반죽의 들뜨기 및 신축현상

24 **다음은 조적식 구조의 시공에 관한 사항들이다. 이 중 바르지 않은 것은? (단, 보강블록조를 제외한 사항들이다.)**

① 파라펫벽의 두께는 200mm 이상이어야 하며 높이는 두께의 3배를 넘을 수 없다.
② 내쌓기의 최대 내민 한도는 4B이며 마구리쌓기를 원칙으로 한다.
③ 창대는 옆세워 쌓기로 해야 한다.
④ 연결철물간의 수직과 수평간격은 600mm와 900mm를 초과할 수 없다.

TIP 내쌓기의 최대 내민 한도는 2B이며 마구리쌓기를 원칙으로 한다.

Answer 23.② 24.②

25 **다음은 조적식 구조의 시공에 관한 사항들이다. 이 중 바르지 않은 것은? (단, 보강블록조를 제외한 사항들이다.)**

① 개구부 가장자리에서 300mm이내에 최대 간격 900mm인 연결철물을 설치해야 한다.
② 층 높이의 3/4 이상 연속되는 홈을 세로로 팔 때는 그 홈의 깊이는 벽두께의 1/2 이하여야 한다.
③ 벽체면적 0.4제곱미터당 적어도 직경 9.0mm의 연결철물이 1개 이상 설치되어야 한다.
④ 하루 쌓기는 1.2m(18켜) 이상 1.5m(22켜) 이하이다.

TIP 층 높이의 3/4 이상 연속되는 홈을 세로로 팔 때는 그 홈의 깊이는 벽두께의 1/3 이하여야 한다.

26 **다음은 조적조의 프리즘 시험에 관한 사항들이다. 이 중 바르지 않은 것은?**

① 시공 전에는 3개의 프리즘을 제작 · 시험한다.
② 프리즘 제작에 사용하는 재료는 시공 시 사용될 재료로 하여야 하며 실제 시공조건에 부합되어야 한다.
③ 프리즘에 사용되는 조적개체와 모르타르는 조적체에 사용되는 것과 같아야 한다.
④ 프리즘의 평균압축강도는 구조설계에 적용한 기준압축강도 f'_m의 1.33배 이상이어야 한다.

TIP 시공 전에는 5개의 프리즘을 제작 · 시험한다.

27 **다음은 보강블록조의 주요시공사항들이다. 이 중 바르지 않은 것은?**

① 통줄눈으로 시공하되 모서리부는 막힌줄눈으로 해야 한다.
② 벽의 세로근은 잇거나 구부리지 말아야 한다.
③ 블록의 모든 구멍에 콘크리트를 메워야 하는 것은 아니다.
④ 벽량은 보 방향과 도리방향별로 따로 산정할 필요는 없다.

TIP 벽량은 보 방향과 도리방향별로 따로 산정해야 한다.

Answer 25.② 26.① 27.④

28 **다음은 조적조의 프리즘시험에 관한 사항들이다. 이 중 바르지 않은 것은?**

① 프리즘은 그라우트 또는 모르타르가 포함된 단위조적의 개체로 조적조의 성질을 규정하기 위해 사용하는 시험체이다.

② 구조설계에 규정된 허용응력의 1/2을 적용한 경우에는 시공 중 시험이 필요하지 않다.

③ 구조설계에 규정된 허용응력을 모두 적용한 경우에는 벽면적 $500m^2$당 3개의 프리즘을 제작·시험한다.

④ 프리즘시험성적에 따라 압축강도를 검증할 때, 프리즘의 평균압축강도는 최소시험값의 150%로 한다.

TIP 프리즘시험성적에 따라 압축강도를 검증할 때, 프리즘의 평균압축강도는 최소시험값의 125%로 한다.

29 **다음은 조적식 구조의 주요구조사항들이다. 이 중 바르지 않은 것은? (단, 보강블록조는 제외한다.)**

① 토압을 받는 내력벽은 조적식 구조로 해서는 안 된다.

② 조적조에 사용되는 기둥과 벽체의 유효높이는 부재의 양단에서 부재의 길이 축에 직각방향으로 횡지지된 부재의 최소한의 순높이이다.

③ 휨강도의 계산에서 조적조벽의 인장강도를 고려한다.

④ 조적식 구조의 담의 높이는 3m 이하로 하며, 일정길이마다 버팀벽을 설치한다.

TIP 조적식구조에서 휨강도의 계산에서 조적조벽의 인장강도를 무시한다.

30 **다음은 조적식 구조의 주요구조사항들이다. 이 중 바르지 않은 것은? (단, 보강블록조는 제외한다.)**

① 폭이 1.8m를 넘는 개구부의 상부는 철근콘크리트구조의 윗인방을 설치해야 한다.

② 조적벽이 횡력에 저항하는 경우 전체높이가 13m 이하, 처마높이 9m 이하여야 한다.

③ 각 층의 대린벽으로 구획된 각 벽에 있어서 개구부 폭의 합계는 그 벽 길이의 80% 이하로 해야만 한다.

④ 내력벽두께는 마감재 두께를 포함하지 않는다.

TIP 각 층의 대린벽으로 구획된 각 벽에 있어서 개구부 폭의 합계는 그 벽 길이의 1/2 이하로 해야만 한다.

Answer 28.④ 29.③ 30.③

31 다음은 보강블록조의 주요구조사항들이다. 이 중 바르지 않은 것은?

① 세로철근은 이음을 할 수 있으며 기초벽, 기초보, 테두리보에 정착한다.

② 횡력을 받을 때 발생되는 전단력이 블록강도의 1/2을 초과하면 벽면에 계단 모양의 균열이 발생하므로 세로근에 가로근을 결속하여 배치해야 한다.

③ 테두리보의 원형철근을 주근으로 사용할 경우, 9mm 또는 12mm의 단배근이 가능하지만 중요한 보는 12mm 이상의 복근으로 배근한다.

④ 보의 너비는 일반적으로 대린벽간 중심거리 간격의 1/20 이상으로 한다.

TIP 세로철근은 절대로 이음을 해서는 안 되며 기초벽, 기초보, 테두리보에 정착한다.

32 다음은 프리캐스트 콘크리트의 구조에 관한 사항들이다. 이 중 바르지 않은 것은?

① 프리캐스트 콘크리트 구조물의 횡방향, 종방향, 수직방향 및 구조물 둘레는 부재의 효과적인 결속을 위하여 인장연결철근으로 일체화하여야 한다.

② 프리캐스트 부재가 바닥 또는 지붕층 격막구조일 때 ,격막구조와 횡력을 부담하는 구조를 연결하는 접합부는 최소한 4,5kN/m의 공칭인장강도를 가져야 한다.

③ 프리캐스트 벽판은 최소한 2개의 연결철근으로 서로 연결되어야 하며, 연결철근 하나의 공칭인장강도는 4.5kN 이상이어야 한다.

④ 프리캐스트 콘크리트의 경우 단순히 연직하중에 의한 마찰력만으로 저항하는 접합부 상세는 사용할 수 없다.

TIP 프리캐스트 벽판은 최소한 2개의 연결철근으로 서로 연결되어야 하며, 연결철근 하나의 공칭인장강도는 45kN 이상이어야 한다.

Answer 31.① 32.③

33 다음은 조적조의 내진설계를 위한 조건들이다. 이 중 바르지 않은 것은?

① 바닥슬래브와 벽체간의 접합부는 최소 3.0kN/m의 하중에 저항할 수 있도록 최대 1.2m 간격의 적절한 정착기구로 정착력을 발휘하여야 한다.

② 파라펫의 두께는 200mm이상이어야 하며 높이는 두께의 3배를 넘을 수 없고, 파라펫벽은 하부 벽체보다 얇지 않아야 한다.

③ 비보강조적조의 부재의 설계는 조적식구조의 설계일반사항을 만족하여야 한다.

④ 보강조적조는 벽체 개구부의 하단과 상단에서는 200mm 또는 철근직경의 20배 이상 연장하여 배근해야 한다.

TIP 보강조적조는 벽체 개구부의 하단과 상단에서는 600mm 또는 철근직경의 40배 이상 연장하여 배근해야 한다.

34 다음은 조적조의 강도설계법 적용 시 기본가정들이다. 이 중 바르지 않은 것은?

① 조적조는 파괴계수 이상의 인장응력을 견디지 못한다.

② 보강철근과 조적조의 변형률은 중립축으로부터의 거리에 비례한다.

③ 처짐을 구할 때 조적조 벽의 인장강도를 무시한다.

④ 조적조 압축면에서의 최대변형률은 0.003이다.

TIP 휨강도 계산에서는 조적조 벽의 인장강도를 무시하지만 처짐을 구할 때는 고려한다.

35 다음은 강도설계법에 의한 보강조적조의 구조세칙이다. 이 중 바르지 않은 것은?

① 보강근의 최대크기는 29mm이고, 보강근의 직경은 공동의 최소크기의 1/4을 초과해서는 안 된다.

② 벽체나 벽체 골조의 공동 안에는 최대 2개까지 보강근이 허용된다.

③ 135° 갈고리의 내민길이는 보강근 직경의 4배 이상으로 한다.

④ 90° 갈고리의 내민길이는 보강근 직경의 12배 이상으로 한다.

TIP 135° 갈고리의 내민길이는 보강근 직경의 6배 이상으로 한다.

Answer 33.④ 34.③ 35.③

36 **다음은 조적조의 경험적 설계법에 관한 사항들이다. 이 중 바르지 않은 것은?**

① 조적벽이 횡력에 저항하는 경우 전체높이가 13m, 처마높이가 9m 이하이어야 경험적 설계법을 적용할 수 있다.

② 조적벽과 처마높이가 제한규정 이하더라도 층수가 3층 이상일 경우는 내진설계기준에 따라야 한다.

③ 기초벽의 최대높이는 2.4m, 최대하중은 4.8kN/m^2으로 제한한다.

④ 횡안정성을 위해 전단벽이 요구되는 각 방향에 대하여 해당방향으로 배치된 전단벽 길이의 합계가 건물의 장변길이의 25% 이상이어야 한다.

TIP 횡안정성을 위해 전단벽이 요구되는 각 방향에 대하여 해당방향으로 배치된 전단벽 길이의 합계가 건물의 장변길이의 50% 이상이어야 한다.

37 **다음 중 경험적 설계를 위해 고려하는 "벽체 간의 최대 간격 : 전단벽의 길이"의 비가 "4 : 1"인 바닥판 또는 지붕유형은?**

① 현장타설 콘크리트

② 프리캐스트 콘크리트

③ 콘크리트 타설 철재 데크

④ 목재 다이어프램

TIP

바닥판 또는 지붕유형	벽체간 간격 : 전단벽 길이
현장타설 콘크리트	5 : 1
프리캐스트 콘크리트	4 : 1
콘크리트 타설 철재 데크	3 : 1
무타설 철재 데크	2 : 1
목재 다이어프램	2 : 1

Answer 36.④ 37.②

38 다음 중 벽돌쌓기에 대한 설명으로 바르지 않은 것은?

① 가로 및 세로줄눈의 너비는 도면 또는 공사시방서에 정한 바가 없을 때에는 10mm를 표준으로 한다.

② 벽돌쌓기는 도면 또는 공사시방서에서 정한 바가 없을 때에는 미식 쌓기 또는 불식 쌓기로 한다.

③ 하루의 쌓기 높이는 1.2m(18켜 정도)를 표준으로 하고, 최대 1.5m(22켜 정도) 이하로 한다.

④ 치장줄눈은 줄눈 모르타르가 충분히 굳기 전에 줄눈파기를 한다.

TIP 벽돌쌓기는 도면 또는 공사시방서에서 정한 바가 없을 때에는 영식 쌓기 또는 화란식 쌓기로 한다.

39 다음은 아치구조에 사용되는 벽돌쌓기 방식에 대한 설명이다. 빈칸에 들어갈 말로 알맞은 것을 순서대로 나열한 것은?

- (가) : 사다리꼴 모양으로 특별히 주문한 아치용 벽돌을 써서 쌓는 것이다.
- (나) : 보통벽돌을 쐐기모양(아치모양)으로 다듬어서 만든 것이다.
- (다) : 보통벽돌을 그대로 쓰고 줄눈을 쐐기모양으로 한 것이다.
- (라) : 아치의 너비가 넓을 때 여러 층을 지어 겹쳐 쌓는 것이다.

	(가)	(나)	(다)	(라)
①	본 아치	막만든 아치	거친 아치	층두리 아치
②	막만든 아치	거친 아치	층두리 아치	본 아치
③	거친 아치	층두리 아치	막만든 아치	본 아치
④	층두리 아치	본 아치	거친 아치	막만든 아치

TIP
- 본 아치 : 사다리꼴 모양으로 특별히 주문한 아치용 벽돌을 써서 쌓는 것이다.
- 막만든 아치 : 보통벽돌을 쐐기모양(아치모양)으로 다듬어서 만든 것이다.
- 거친 아치 : 보통벽돌을 그대로 쓰고 줄눈을 쐐기모양으로 한 것이다.
- 층두리 아치 : 아치의 너비가 넓을 때 여러 층을 지어 겹쳐 쌓는 것이다.

Answer 38.② 39.①

40 다음 중 벽돌의 백화현상을 방지하기 위한 방법으로 부적합한 것은?

① 흡수율이 적은 벽돌을 사용한다.

② 조립률이 작은 모래를 사용한다.

③ 염산과 물의 비를 1 : 5정도로 혼합한 용액으로 씻어내면 어느 정도 제거할 수 있다.

④ 분말도가 큰 시멘트를 사용한다.

TIP 백화현상을 방지하기 위해서는 조립률이 큰 모래를 사용해야 한다.

41 다음 중 조적블록공사에 관한 사항으로 바르지 않은 것은?

① 빈속의 경사에 의한 살 두께가 작은 편을 위로 하여 쌓는다.

② 일반 블록쌓기는 막힌줄눈방식으로 한다.

③ 블록을 쌓은 후 바로 줄눈을 누르고, 줄눈파기를 하고 치장줄눈을 하도록 한다.

④ 하루에 1.5m(블록 7켜 정도) 이내를 표준으로 하여 쌓는다.

TIP 빈속의 경사에 의한 살 두께가 큰 편을 위로 하여 쌓는다.

42 다음은 프리캐스트 콘크리트의 최소피복두께에 관한 사항이다. 이 중 바르지 않은 것은?

① 흙에 접하거나 또는 옥외의 공기에 직접 노출되는 벽체에 사용되는 D35를 초과하는 철근 및 지름 40mm를 초과하는 긴장재의 경우 최소피복두께는 40mm이다.

② 흙에 접하거나 또는 옥외의 공기에 직접 노출되는 벽 이외의 부재에 사용되는 D19 이상, D35 이하의 철근 및 지름 16mm를 초과하고 지름 40mm 이하인 긴장재의 경우 최소피복두께는 30mm이다.

③ 흙에 접하거나 또는 옥외의 공기에 직접 접하지 않는 보부재의 주철근의 경우 최소피복두께는 철근직경 이상이어야 한다.

④ 흙에 접하거나 또는 옥외의 공기에 직접 접하지 않는 슬래브부재에 사용되는 D35를 초과하는 철근 및 지름 40mm를 초과하는 긴장재의 경우 최소피복두께는 30mm이다.

TIP 흙에 접하거나 또는 옥외의 공기에 직접 노출되는 벽 이외의 부재에 사용되는 D19 이상, D35 이하의 철근 및 지름 16mm를 초과하고 지름 40mm 이하인 긴장재의 경우 최소피복두께는 40mm이다.

Answer 40.② 41.① 42.②

04 목 구조

01 목 구조의 개요

❶ 목 구조의 특성

(1) 장점

① 비중이 작고 가공이 용이하다.

② 열전도율이 작으므로 보온 · 방한 · 차음의 효과가 크다.

③ 외관이 아름답다.

④ 내장재 및 가구재로 사용된다.

⑤ 구조방법이 간단하고 공기가 짧다.

(2) 단점

① 내화성 및 내구성이 취약하다.(250도에서 인화하며 450도에서 발화한다.)

② 흡수성과 신축 변형이 크다.

③ 부패 · 충해 · 풍해의 영향을 받는다.

(3) 목재의 요구성능

① 강도가 커야한다.

② 건조에 의한 변형 및 수축이 작아야 한다.

③ 내충해성, 내부식성이어야 한다.

④ 가공이 용이해야 한다.

② 목재의 종류 및 특성

(1) 종류

① **구조재** … 옹이 · 엇결 · 죽 · 썩음 등의 기타 강도를 축소하는 요인이 되는 흠을 제거하고 변형이 생기지 않도록 건조된 목재로, 침엽수로서 적송 · 흑송 · 삼나무 · 잣나무 · 전나무 등이 쓰이고, 활엽수로는 밤나무 · 느티나무 등이 사용된다.

② **수장재** … 치장을 위해 사용되는 목재로 옹이가 없는 곧은 결재가 좋으며 창호재나 가구재와 같이 변형이 되지 않도록 함수율 15%의 기건상태로 건조시켜 사용한다. 적송 · 홍송 · 낙엽송 등의 침엽수가 사용되고, 느티나무 · 단풍나무 · 박달나무 · 참나무 등의 활엽수가 사용된다.

③ **창호재** … 나왕, 삼목, 뽕나무, 전나무, 졸참나무 등이 있다.

④ **가구재** … 침엽수, 활엽수, 티크, 나왕, 마호가니, 흑단, 자단 등이 있다.

TIP

침엽수와 활엽수의 비교

㉠ 침엽수
- 바늘잎 나무라하여 잎이 가늘고 뾰족하다.
- 활엽수에 비해 진화정도가 느리며 구성세포의 종류와 형태도 훨씬 단순하다.
- 도관(양 끝이 둥글게 뚫려있고 천공판 조직이 이웃 도관끼리의 물 움직임을 활발하게 한다)이 없다.
- 직선부재의 대량생산이 가능하다.
- 비중이 활엽수에 비해 가볍고 가공이 용이하다.
- 수고(樹高)가 높으며 통직하다.

㉡ 활엽수
- 너른잎나무라 하여 넓고 평평하다.
- 참나무 같이 단단하고 무거운 종류가 많아 Hard wood라고도 한다.
- 침엽수에 비해 무겁고 강도가 크므로 가공이 어렵다.
- 도관이 있다

구분	침엽수	활엽수
섬유 조직	헛물관(가느다란 관)이 나무 전체를 스펀지처럼 꽉 채우고 있어 가볍고 무르다.	듬성듬성 물관(약간 굵은 관)이 있고 조직이 빽빽하게 차 있어 밀도와 강도가 높다.
내구성	충격과 외부하중에 약하다.	충격과 외부하중에 강하다.
작업성	강도가 약하므로 가공이 용이하다.	강도가 높아 가공이 어렵다.
내화성	화재에 취약하다.	화재에 강하다.
가격	저렴하다.	비싸다.
대표 수종	소나무(파인), 가문비나무(스프러스), 삼나무, 전나무, 낙엽송, 미송 등	자작나무, 단풍나무(메이플), 참나무(오크), 물푸레나무(애쉬), 호두나무(월넛), 마호가니, 티크 등

(2) 재료적 특성

① 함수율

㉠ 섬유포화점

- 세포와 세포 사이 수액이 증발한 상태로 함수율이 30% 정도일 때를 말한다.
- 섬유포화점 이상이면 강도가 불변하고, 이하이면 건조정도에 따라서 강도가 변화한다.

㉡ 기건상태 : 대기 중 수분과 균형을 이루는 상태로 함수율이 10 ~ 15% 정도이며 섬유포화점 강도의 약 3배가 된다.

㉢ 절건상태 : 함수율이 0%인 상태이다.

함수율	전건재	기건중	섬유포화점	비고
	(절대건조) 0%	(공기중) 15%	30%	
수장재	A종	B종	C종	함수율은 전단면에 대한 평균치
함수율	18% 이하	20% 이하	24% 이하	
구조재	18~24% 내의 것을 사용한다.			

② 함수율에 따른 강도 변화

㉠ 변재가 심재보다 수축률이 크다.

㉡ 섬유방향 강도가 직각방향 강도보다 크다.

㉢ 목재의 함수율이 30% 이상이면 강도와 수축변형이 거의 일정하다.

㉣ 목재의 함수율이 30% 이하이면 강도가 증가한다.

㉤ 신축률 : 축방향(0.35%) < 지름방향(8%) < 촉방향(14%)

기출예제 01 2010 국가직 (7급)

다음 중 목재의 특성에 대한 설명으로 옳지 않은 것은?

① 목재의 함수율과 강도는 상관성이 없다.
② 목재의 강도는 섬유방향에 따라 다르다.
③ 목재는 열전도율이 작으므로 방한방서성이 뛰어나다.
④ 목재의 비중과 강도는 밀접한 관계가 있다.

✱ 목재의 함수율이 섬유포화점 이하에서는 함수율에 따른 강도변화가 급속히 이루어져서 강도가 급속히 증가하게 된다.

답 ①

[목재의 수축률]

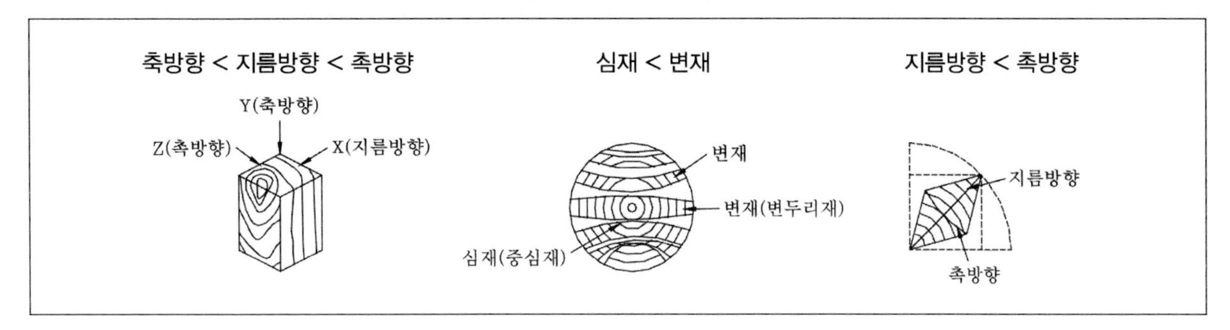

TIP

심재와 변재의 비교

비교항목	심재	변재
비중	크다	작다
신축성	작다	크다
내후, 내구성	크다	작다
강도	크다	약하다
목재의 홈	거의 없다	많이 발생한다

[목재의 단면]

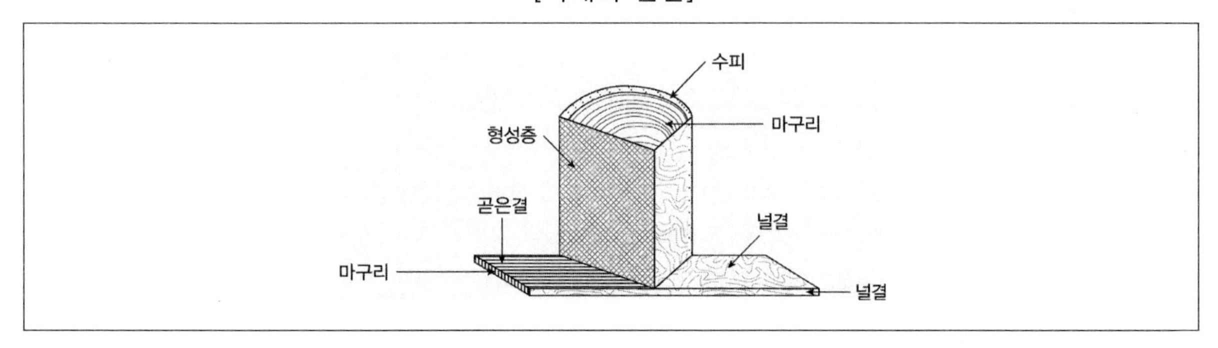

③ 비중 … 보통 0.4 ~ 0.8이다.

④ 목재의 강도

㉠ 섬유 평행강도 : 인장력 > 휨력 > 압축력 > 전단력

㉡ 목재의 허용강도 : 목재 최대강도 $\times\left(\frac{1}{7} \sim \frac{1}{8}\right)$ 정도를 적용시킨다.

⑤ 무늬의 종류

㉠ 곧은 결 : 나이테에 직각방향으로 켠 목재면이 나타내는 나무결이다.

㉡ **널결** : 나이테에 평행방향으로 켠 목재면이 나타내는 나무결이다.

㉢ **무늬결** : 나뭇결이 여러 원인으로 불규칙하게 아름다운 무늬를 나타낸다.

㉣ **엇결** : 휘거나 꼬이며 자란 나무를 직선으로 켜서 나타나는 것으로 나이테가 경사진 나무결이다.

2015 서울시 (7급)

다음 중 목재의 치수를 실제치수보다 큰 25의 배수로 올려서 부르기 편하게 사용하는 치수는?

① 제재치수 ② 건조재치수

③ 공칭치수 ④ 생재치수

*

공칭치수 … 구조용 목재의 치수를 반올림하여 단순화한 치수명으로 목재의 치수를 실제치수보다 큰 25의 배수로 올려서 부르기 편하게 사용하는 치수, 미국에서는 실제치수가 $3\frac{1}{2}'' \times 1\frac{1}{2}''$(106㎜ × 38㎜)인 목재를 더 편리한 호칭치수로 4″ × 2″ (100 × 50)이라고 부른다.

답 ③

⑥ 목재의 치수

㉠ 1자(尺)는 10치(寸)이며 1치(寸)는 손가락 한마디를 의미하며 3cm이다.

㉡ 1재(才)는 목재의 가로 세로 길이가 각각 1치×1치×12자인 것을 말한다.

㉢ **각재** : 두께가 60mm 이상이고 너비는 두께의 3배 미만인 것으로서 횡단면이 정방향인 정각재, 장방형인 평각재가 있다.

㉣ **판재** : 두께가 60mm 미만이고 너비는 두께의 3배 이상인 것으로서 좁은 판재, 넓은 판재, 두꺼운 판재로 구분한다.

㉤ **정척물** : 목재의 길이가 규격에 맞게 일정하게 된 것을 말하며 1.8m, 2.7m, 3.6m가 있다.

㉥ **장척물** : 정척물보다 긴 것으로서 보통 정척물보다 0.9m씩 길어진 것을 말한다.

㉦ **단척물** : 목재의 길이가 1.8m 미만인 것을 말하며 길이 1.8m를 기준으로 30cm씩 짧다.

㉧ **난척물** : 정척물이 아닌 것을 말하며 길이 1.8m를 기준으로 30cm씩 길다.

㉨ **공칭치수** : 구조용 목재의 치수를 반올림하여 단순화한 치수명으로 목재의 치수를 실제치수보다 큰 25의 배수로 올려서 부르기 편하게 사용한다.

㉩ **제재치수** : 제재소에서 톱켜기한 치수로서 구조재와 수장재의 치수로 목재의 단면을 표시하는 지정치수의 특기가 없을 경우 사용한다. (실재 치수는 제재하기 전보다 톱날두께인 2mm정도 작아진다.)

㉪ **마무리치수** : 창호재, 가구재의 치수로 건조에 따른 수축을 고려한 대패질로 마무리한 치수이다.

㉫ **생재치수** : 건조되지 아니한 채재(함수율 15%초과)로 대패가공한 생재의 치수이다.

㉬ **건조재치수** : 건조 및 대패가공이 된 이후의 실제치수이다.

02 목재의 접합

❶ 접합의 종류

(1) 이음

① 개념 … 목재를 길이방향으로 잇는 방법을 말한다.

② 이음의 위치

㉠ 심 이음 : 중심에서 잇는 것이다.

㉡ 내 이음 : 내밀어서 잇는 것이다.

㉢ 벼개 이음 : 가로 받침재를 대고 그 위에 잇는 것이다.

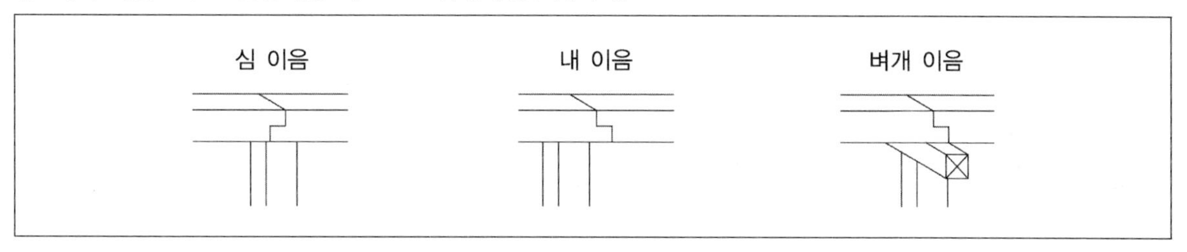

③ 이음의 종류

㉠ 맞댄 이음(Butt joint) : 두 부재를 단순히 맞대어 잇는 방법으로, 잘 이어지지 않으므로 덧판을 대고 볼트 조임이나 큰 못으로 연결해 준다. 이는 평보같은 압력이나 인장력을 받는 재에 사용된다.

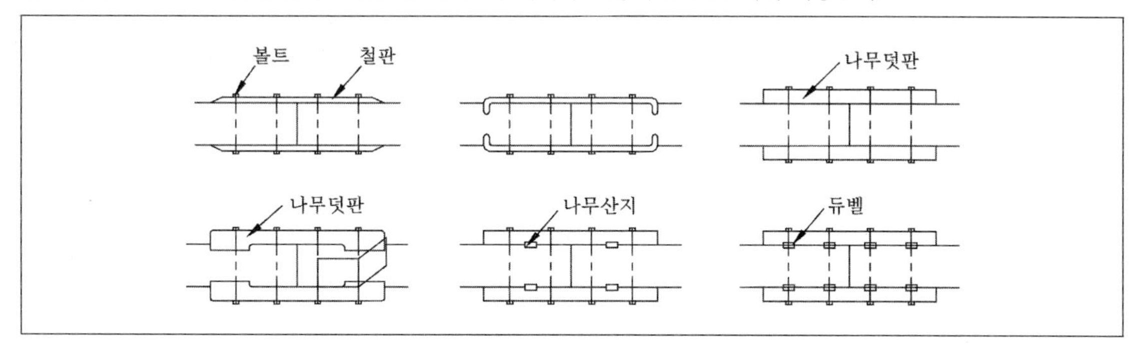

㉡ **겹친 이음**(Lap joint) : 두 부재를 단순히 겹치게 해서 볼트, 산지, 큰 못 등으로 보강한 이음이며, 듀벨이나 볼트를 사용한 이음은 간사이가 큰 구조에 쓰인다.

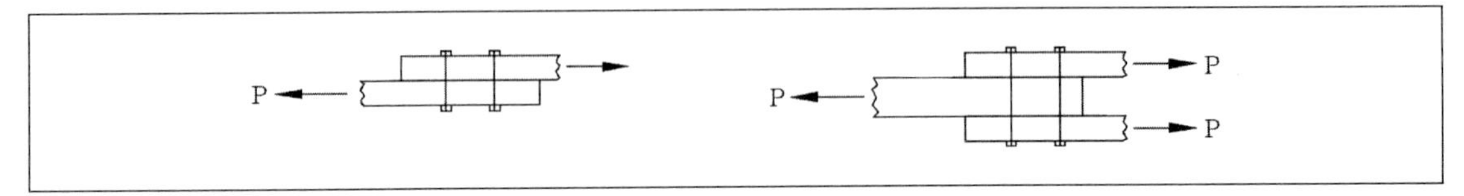

㉢ **따낸 이음** : 두 부재가 서로 물려지도록 파내고 맞추어 이은 것으로 안전을 위해서 큰 못, 산지, 볼트 죔 등으로 보강하고 쓴다.

- 주먹장 이음(Dovetail joint) : 한 재의 끝을 주먹 모양으로 만들어 다른 한 재에 파들어가게 함으로써 이어지게 한 간단한 이음으로, 공작하기도 쉽고 튼튼하기 때문에 널리 사용된다.

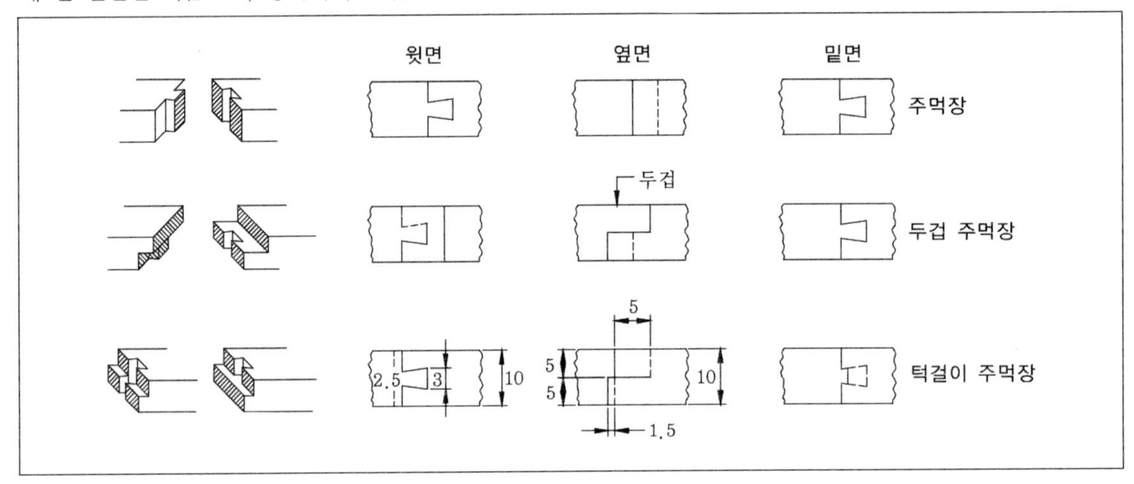

- 메뚜기장 이음(Locust joint)

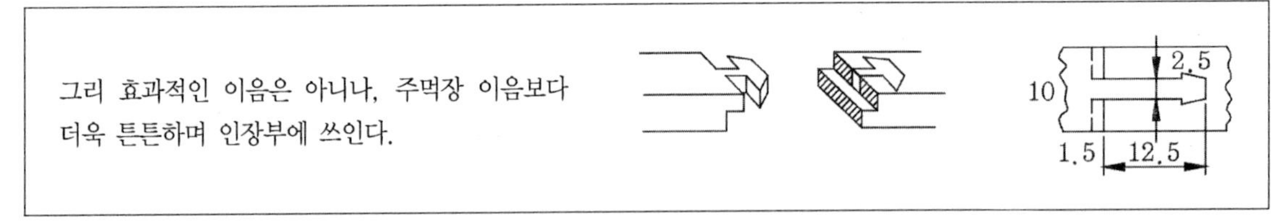
그리 효과적인 이음은 아니나, 주먹장 이음보다 더욱 튼튼하며 인장부에 쓰인다.

- 엇걸이 이음(Scai joint) : 비녀(산지) 등을 박아서 더욱 튼튼한 이음으로 중요한 가로재 내이음은 보통 엇걸이 이음을 통해서 한다.

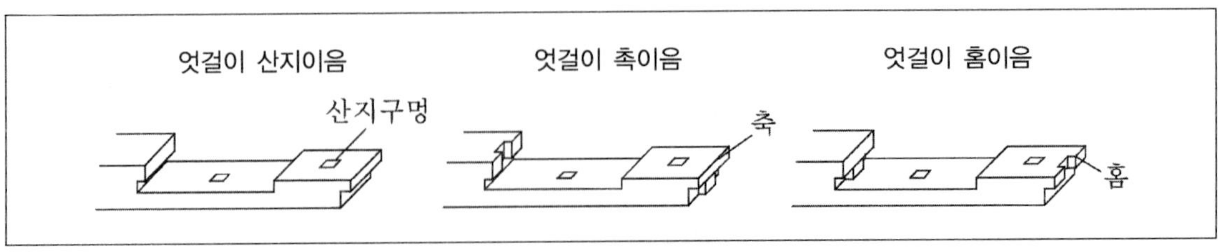

• 빗걸이 이음(Splayed joint)

보의 방향이 이동되는 것을 방지하기 위하여 촉 · 꺽쇠 · 볼트 등으로 보강하는 목재의 이음 방식

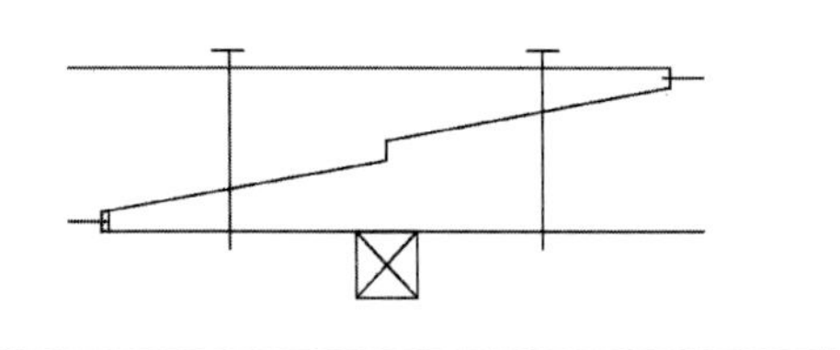

• 기타 이음

– 빗 이음 : 서로 빗 잘라 이은 것으로 서까래, 띠장, 장선 등에 쓰인다.
– 엇빗 이음 : 반자틀 이음이라고도 한다.
– 반턱 이음 : 서로 반턱으로 잇는 방법이다.
– 홈 이음 : 한 쪽은 홈을 파고 다른 한 쪽은 턱솔을 지어 잇는 방법이다.
– 턱솔 이음 : 홈 이음과 같은 것으로, 턱솔의 종류로는 T, ㄱ, +, ㄷ자형 등이 있다.
– 상투 이음 : 턱솔이 재의 복판에 있어 내보이지 않게 된 장부이다.
– 산자 이음 : 여러 가지 이음을 보강하여 따로 대는 것이다.
– 은장 이음(Cramp joint) : 두 부재를 맞대고 같은 재 또는 참나무로 나비형의 은장을 끼워 이은 것으로 못, 볼트보다 뒤틀림에 강하다.

기출예제 03

다음 중 목구조의 목재접합에 대한 설명으로 옳지 않은 것은?

① 산지는 부재 이음의 모서리가 벌어지지 않도록 보강하는 얇은 철물이다.
② 쪽매는 마루널과 같이 길고 얇은 나무판을 옆으로 넓게 이어대는 이음이다.
③ 듀벨은 목재의 전단변형을 억제하여 접합하는 보강철물이다.
④ 연귀맞춤은 모서리 등에서 맞춤할 때 부재의 마구리가 보이지 않게 45° 접어서 맞추는 방식이다.

✱

산지는 이음이나 맞춤 자리에 두 부재를 꿰뚫어 꽂아서 이음이 빠지지 않게 하는 나무 촉이나 못 등을 말한다.

답 ①

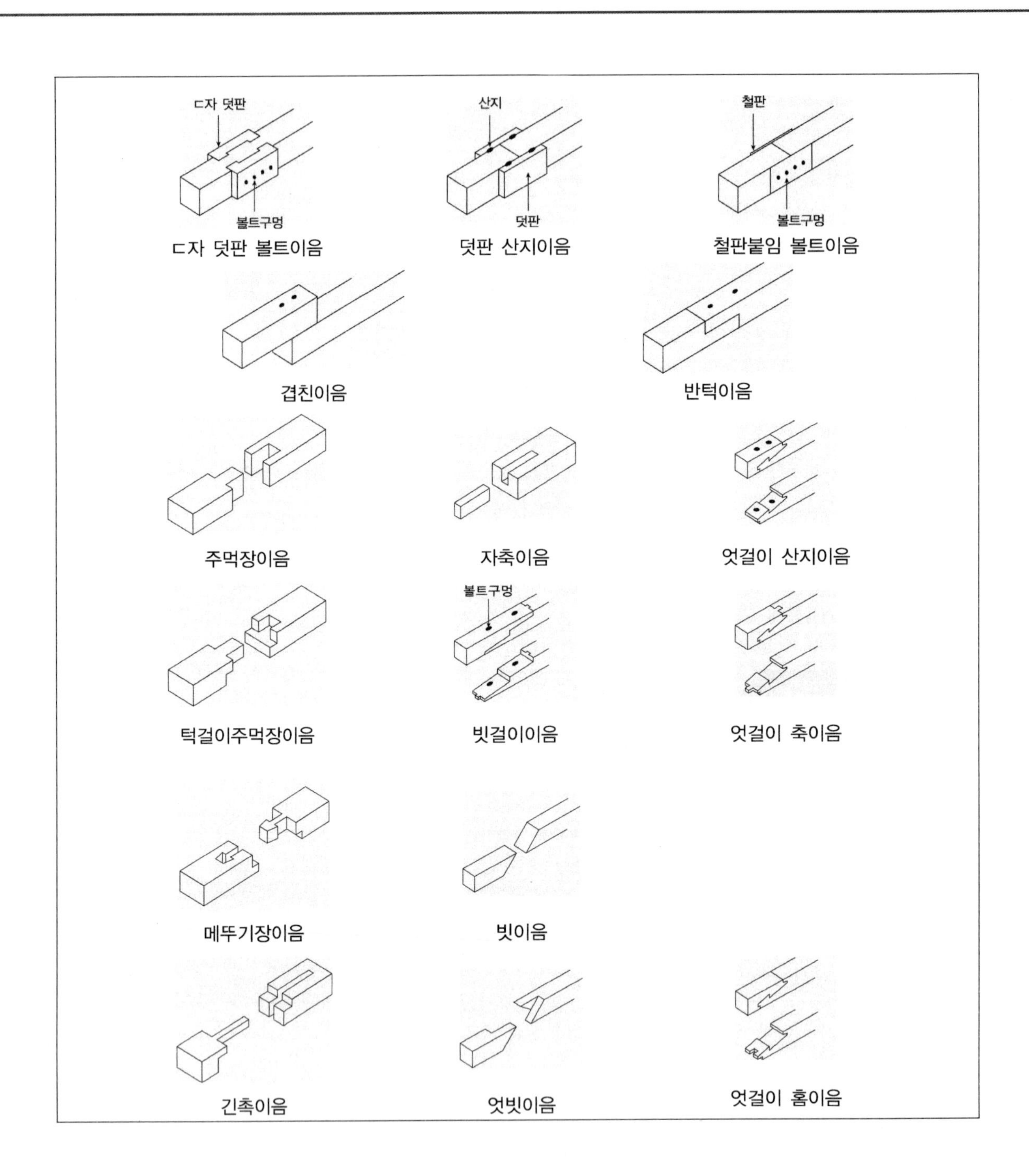
ㄷ자 덧판
볼트구멍
ㄷ자 덧판 볼트이음
산지
덧판
덧판 산지이음
철판
볼트구멍
철판붙임 볼트이음
겹친이음
반턱이음
주먹장이음
자촉이음
엇걸이 산지이음
턱걸이주먹장이음
볼트구멍
빗걸이이음
엇걸이 축이음
메뚜기장이음
빗이음
긴촉이음
엇빗이음
엇걸이 홈이음

(2) 맞춤

① 개념 … 부재와 부재를 방향이 다르게 맞추는 방법이다.

② 맞춤의 종류

㉠ 장부 맞춤

- 기름장 장부 맞춤 : 왕대공 + 마룻대
- 빗턱통 맞춤 : 왕대공 + ㅅ자보
- 안장 맞춤 : 평보 + ㅅ자보
- 걸침턱 맞춤 : 평보 + 깔도리
- 부채장부 맞춤 : 모서리 기둥 + 토대
- 주먹장 맞춤 : 토대 + 토대
- 긴 장부 맞춤 : 기둥 상부
- 짧은 장부 맞춤 : 왕대공 + 평보, 기둥하부

TIP

왕대공 트러스

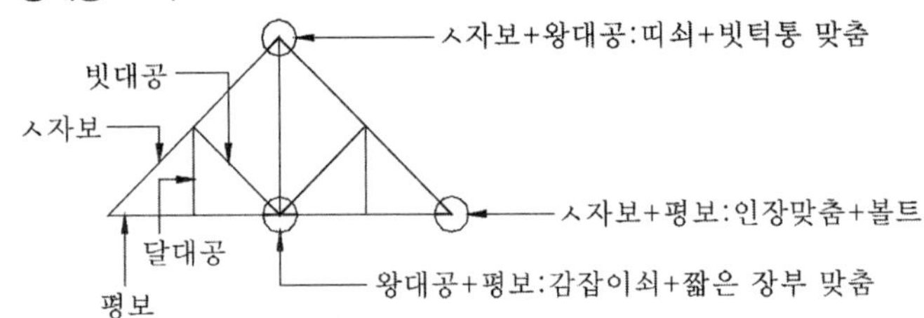

㉠ 왕대공이 받는 힘(평보, 달대공) : 인장력
㉡ 경사부재가 받는 힘(빗대공, ㅅ자보) : 압축력
㉢ ㅅ자보가 받는 힘 : 압축력+휨모멘트
㉣ 평보가 받는 힘 : 인장력+휨모멘트
㉤ 가장 큰 힘을 받는 것 : ㅅ자보

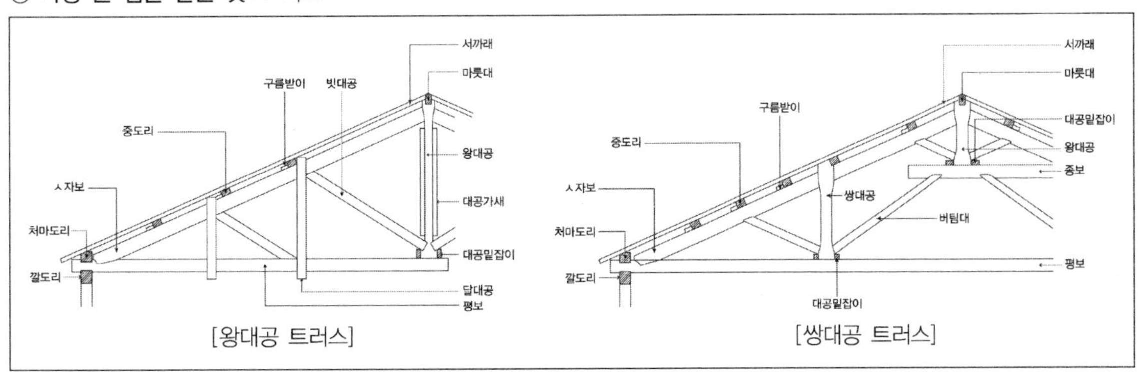

[왕대공 트러스] [쌍대공 트러스]

TIP

쌍대공 지붕틀 … 지붕틀 구성재의 접합법은 기본적으로 왕대공 지붕틀과 같지만 구조적으로 2개의 왕대공이 필요하고 A자보가 쌍대공에 의해 상하로 구분되며 종보를 쓰는 등의 차이접이 있다. 보통 10m 이상의 경간이거나 지붕 속을 다락방(Attic Room)으로 이용하고자 할 때 적용된다.

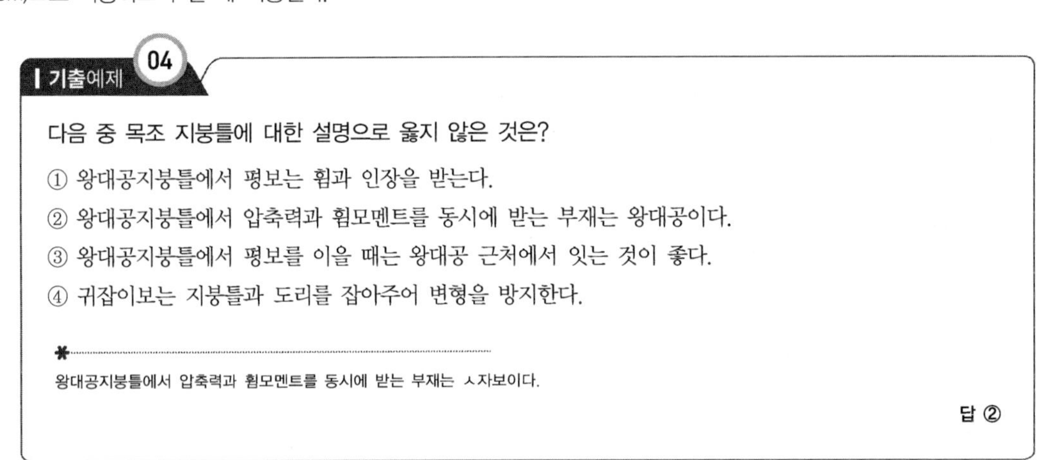

기출예제 04

다음 중 목조 지붕틀에 대한 설명으로 옳지 않은 것은?

① 왕대공지붕틀에서 평보는 휨과 인장을 받는다.
② 왕대공지붕틀에서 압축력과 휨모멘트를 동시에 받는 부재는 왕대공이다.
③ 왕대공지붕틀에서 평보를 이을 때는 왕대공 근처에서 잇는 것이 좋다.
④ 귀잡이보는 지붕틀과 도리를 잡아주어 변형을 방지한다.

*

왕대공지붕틀에서 압축력과 휨모멘트를 동시에 받는 부재는 ㅅ자보이다.

답 ②

㉡ **맞인장부, 산지, 쐐기** : 장부를 제물에 내지 않고 끼워, 맞춤을 더욱 튼튼하게 하는 데 쓰이는 것이다.

㉢ **연귀 맞춤**(Miter) : 나무 마구리를 감추면서 튼튼한 맞춤을 할 때 쓰이는 것이다.

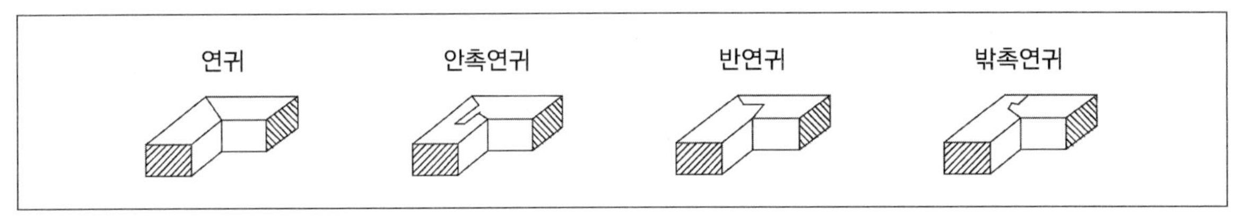

맞춤의 종류	턱맞춤	걸침턱맞춤	안장맞춤
형태	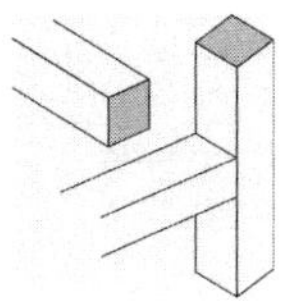	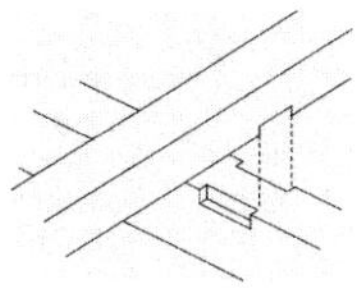	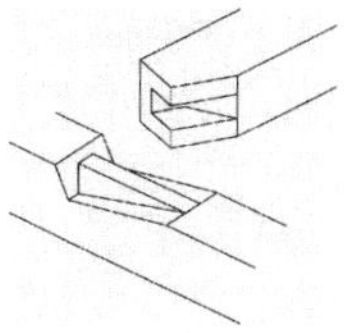
사용용도	벽체, 인방보, 개구부	장선과 멍에 도리와 평보	ㅅ자보와 평보 경사재와 수평재
맞춤의 종류	부채장부	반턱맞춤	턱솔맞춤
형태	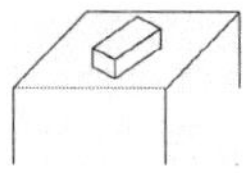	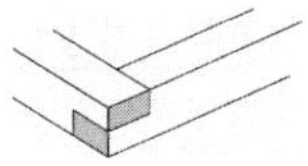	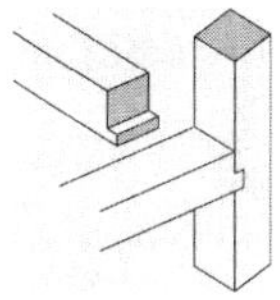
사용용도	토대와 기둥	도리 등의 직각재	문틀과 문선 윗틀과 선틀
맞춤의 종류	짧은 장부맞춤	가름장 맞춤	연귀맞춤
형태	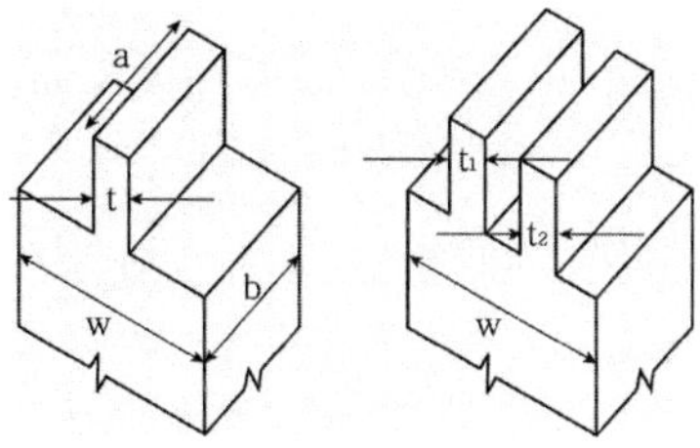 a, t, b, w t_1, t_2, w • 외장부 : $t = \frac{W}{3}$ • 겹장부 : $t_1 = t_2 = \frac{W}{5}$	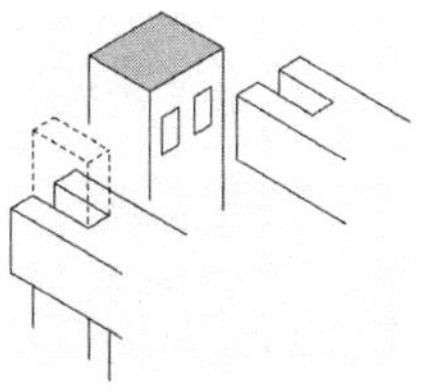	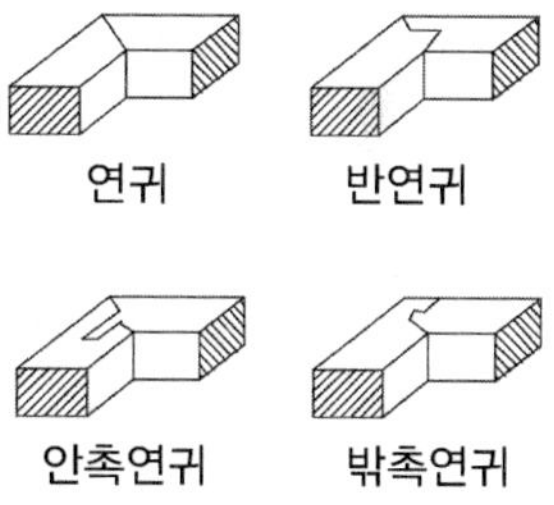 연귀 반연귀 안촉연귀 밖촉연귀
사용용도	평보와 왕대공 수직재와 수평재	기둥과 중방 왕대공과 마룻대	토대와 토대

㉣ 쪽매 : 폭이 좁은 널을 옆 대어 붙여 그 폭을 넓게 하는 것으로, 마루널이나 양판문의 양판제작에 주로 사용된다.

[쪽매의 종류]

종류	형상	종류	형상
맞댄쪽매	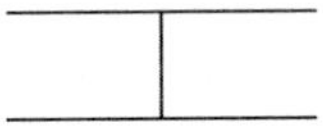	양끝 못 맞댐쪽매	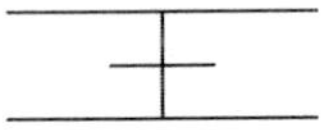
반턱쪽매	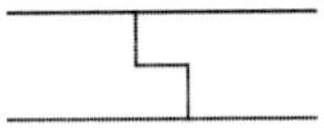	빗쪽매	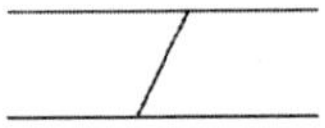
틈막이 대쪽매	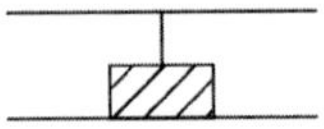	오늬쪽매	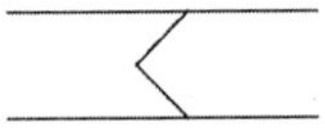
딴혀쪽매	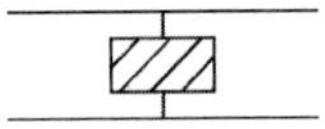	제혀쪽매	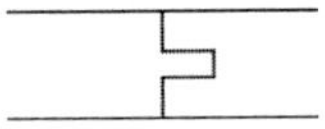

- 맞댄쪽매(plain butt joint) : 널 옆을 대패질 마무리하여 서로 맞댄 후 널 위에서 못질하는 것으로 정밀도를 필요로 하지 않는 실용적인 툇마루에 쓰인다.
- 반쪽매(slip lap joint) : 널의 옆을 널 두께의 반만큼 깎아서 맞댄면의 틈을 감추게 하는 것으로 두께 15mm 미만의 널깔기에 사용된다.
- 틈막이쪽매(panel strip joint) : 징두리판벽에 주로 사용하며 쪽매하여 댄 널의 틈을 가리기 위하여 좁은 널을 덧댄 것이다.
- 오늬쪽매(herring bone joint) : 널의 옆에 살촉모양으로 솔기를 낸 것으로 흙막이 널에 쓰인다.
- 양끝못 맞댄쪽매(doube point nail plain joint) : 맞댄쪽매에 양끝못을 사용한 것으로 용도는 맞댄쪽매와 같다.
- 빗쪽매(splayed joint) : 널의 옆을 경사면으로 대패질 한 것으로 반자널 쪽매 등에 사용한다.
- 제혀쪽매(tongued & groove joint) : 널의 한 옆을 제물로 혀를 내고 다른 재의 옆면은 혀가 물리도록 홈을 판 것으로 혀의 위에서 빗못질 하므로 못 머리가 감추어진다. 보행진동이 있는 마루널 깔기에 가장 적합한 방법이며, 양판문의 양판 또는 징두리 양판문의 징두리판에도 사용한다.
- 딴혀쪽매(spline joint) : 널의 양옆에 홈을 파고 혀를 따로 끼워 댈 수 있게 만든 것으로 마루널 깔기에 쓰인다.

(3) 이음과 맞춤 시 주의사항

① 재는 될 수 있는 한 적게 깎아내는 것이 좋으며 이음과 맞춤은 응력이 적게 발생되는 곳에서 이루어져야 한다.

② 미관보다는 구조적 안정성을 우선해야 한다.

③ 이음, 맞춤 단면은 응력의 방향과 직각을 이루는 것이 좋으며 응력이 균등히 전달되어야 한다.

④ 맞춤부위의 보강을 위해서는 파스너를 사용할 수 있으며, 이 경우 사용하는 재료에 적합한 설계기준을 적용한다.

⑤ 접합부에서 만나는 모든 부재를 통하여 전달되는 하중의 작용선은 접합부의 중심 또는 도심을 통과해야 하며 그렇지 않은 경우에는 편심의 영향을 설계에 고려해야 한다.

⑥ 인장을 받는 부재에 덧댐판을 대고 길이이음을 하는 경우에 덧댐판의 면적은 요구되는 접합면적의 1.5배 이상이어야 한다.

⑦ 구조물의 변형으로 인하여 접합부에 2차응력이 발생할 가능성이 있는 경우에는 이를 설계에서 고려해야 한다.

⑧ 못 접합부에서 경사못박기는 부재의 약 30도의 경사각을 갖도록 하고 부재끝면에서 1/3 지점부터 박는다.

⑨ 접합부위에 못으로 인한 현저한 할렬이 발생해서는 안 되며 할렬이 발생할 가능성이 있는 경우에는 못지름의 80%를 초과하지 않는 지름의 구멍을 미리 뚫고 못을 박는다.

⑩ 정확하게 가공하여 빈틈이 없어야 한다.

기출예제 05 2018 지방직

목구조에서 맞춤과 이음 접합부에 대한 설명으로 옳지 않은 것은?

① 인장을 받는 부재에 덧댐판을 대고 길이이음을 하는 경우에 덧댐판의 면적은 요구되는 접합면적의 1.3배 이상이어야 한다.
② 맞춤 부위의 보강을 위하여 접합제를 사용할 수 있다.
③ 구조물의 변형으로 인하여 접합부에 2차응력이 발생할 가능성이 있는 경우 이를 설계에서 고려한다.
④ 접합부에서 만나는 모든 부재를 통하여 전달되는 하중의 작용선은 접합부의 중심 또는 도심을 통과하여야 하며 그렇지 않을 경우 편심의 영향을 설계에 고려한다.

인장을 받는 부재에 덧댐판을 대고 길이이음을 하는 경우에 덧댐판의 면적은 요구되는 접합면적의 1.5배 이상이어야 한다.

답 ①

03 보강철물

❶ 못

(1) 못의 길이

박아야 하는 나무 두께의 2.5 ~ 3.0배로 하고 마구리에서는 3.0 ~ 3.5배 정도로 한다.

(2) 각 재의 두께

못지름(d)의 6배 이상으로 한다.

(3) 특징

① 경미한 곳 외에는 1개소에서 4개 이상 박는 것을 원칙으로 한다.

② 못은 목재의 섬유방향에 대해서 엇갈림 박기로 한다.

③ 습기나 가스에 의해 부식이 우려되는 곳은 녹막이 처리나 아연도금을 한 못을 쓰도록 한다.

(4) 못 배치의 최소간격

① 가력방향의 하중이 작용하는 편의 가장자리에서 12d, 상호간은 10d, 하중이 작용하지 않는 편의 가장자리에서 5d 이상이어야 한다.

② 인장력에 의해서 더 둔 길이는 15d이다.

③ 가력 직각방향 끝에서 5d, 상호간 5d이다.

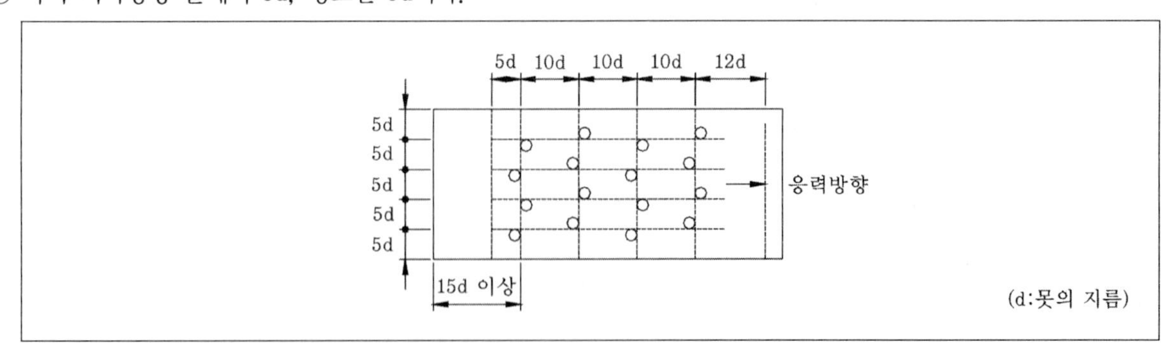

❷ 기타 보강철물

(1) 꺾쇠(Clamp)

목 구조에서 보강하거나 접합을 하기 위해서 사용한다.

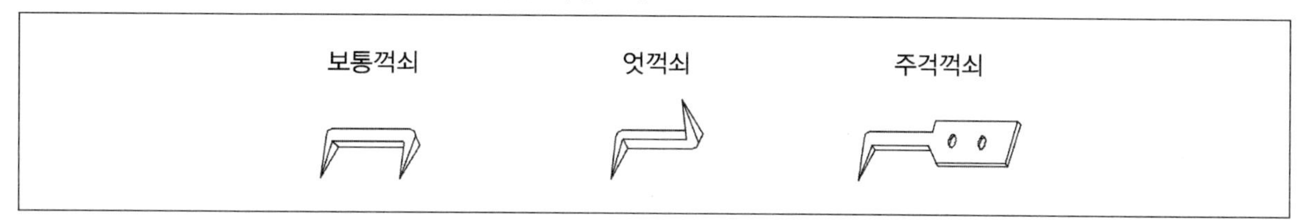

(2) 나사못

나사못 지름의 $\frac{1}{2}$ 정도를 미리 구멍을 뚫어놓은 다음 나사못 길이 $\frac{1}{3}$ 이상을 틀어서 박도록 한다.

(3) 볼트

볼트는 인장력을 부담하는 철물로 구조용은 12mm, 경미한 곳은 9mm 정도를 쓴다.

(4) 듀벨

① 듀벨과 볼트를 병행해서 사용하게 되며 듀벨은 전단력에, 볼트는 인장력에 저항을 한다. 따라서 두 철물을 겸용해서 사용하도록 한다.

[듀벨]

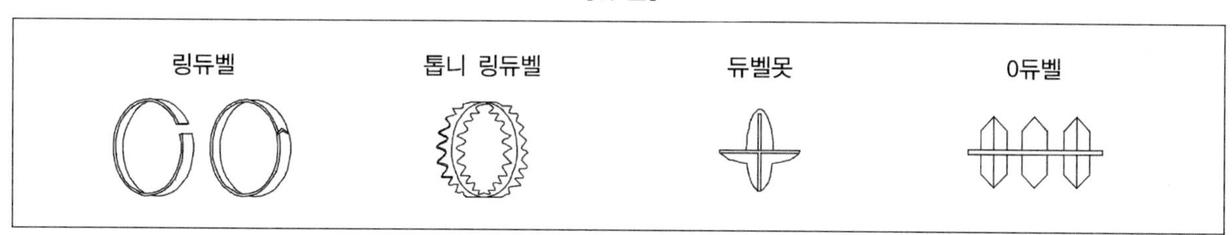

② 듀벨을 접합할 경우 유의사항

㉠ 듀벨의 배치는 동일 섬유방향에 엇갈리도록 배치한다.

㉡ 압입식 듀벨을 쓰는 부재는 균열이 생기지 않게 듀벨 종류에 따라 충분한 단면과 여분의 길이를 둔다.

㉢ 듀벨의 볼트에는 인장볼트, 와셔를 사용한다.

(5) 띠쇠, 감잡이쇠, ㄱ자쇠, 인장쇠

① **띠쇠** … 기둥과 층도리, ㅅ자보와 왕대공 맞춤부에 사용하는 것이다.

② **감잡이쇠** … 왕대공과 평보와의 연결철물이다.

③ **ㄱ자쇠** … 모서리 기둥과 층도리의 맞춤에 사용한다.

④ **인장쇠** … 작은 보와 큰 보의 연결부에 사용한다.

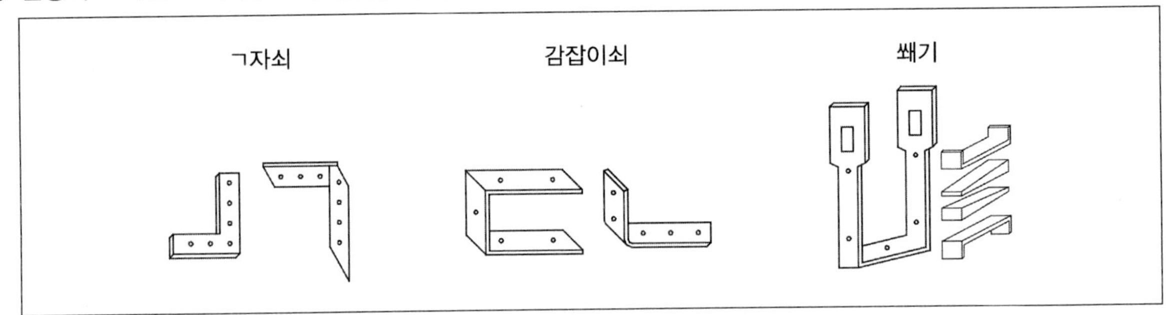

TIP

보강철물의 사용개소

보강철물	사용장소
양나사볼트	처마도리와 깔도리
감잡이쇠	평보와 왕대공
볼트	ㅅ자보와 평보
주걱볼트	보와 처마도리
양꺾쇠	빗대공과 ㅅ자보
감잡이쇠, 꺾쇠, 띠쇠	토대와 기둥
인장쇠	큰 보와 작은 보
앵커볼트	기초와 토대
띠쇠	왕대공과 ㅅ자보
엇꺾쇠, 볼트	달대공과 ㅅ자보

TIP

산지 · 촉 · 쐐기

㉠ 산지 : 원형 또는 각형으로 된 가는 형상의 나무로 된 보강재로서 목재의 빠짐이나 변위발생을 방지한다.

㉡ 촉 : 접합면에 네모 구멍을 하고 작은 나무토막(촉)을 박아 넣고 포개어 접합재의 이동을 방지한다.

㉢ 쐐기 : 직사각형 단면에 길이가 짧은 나무토막을 빗켜서 납작하게 만든 것이다.

04 목조의 뼈대와 마루 구조

❶ 목조의 뼈대 구조

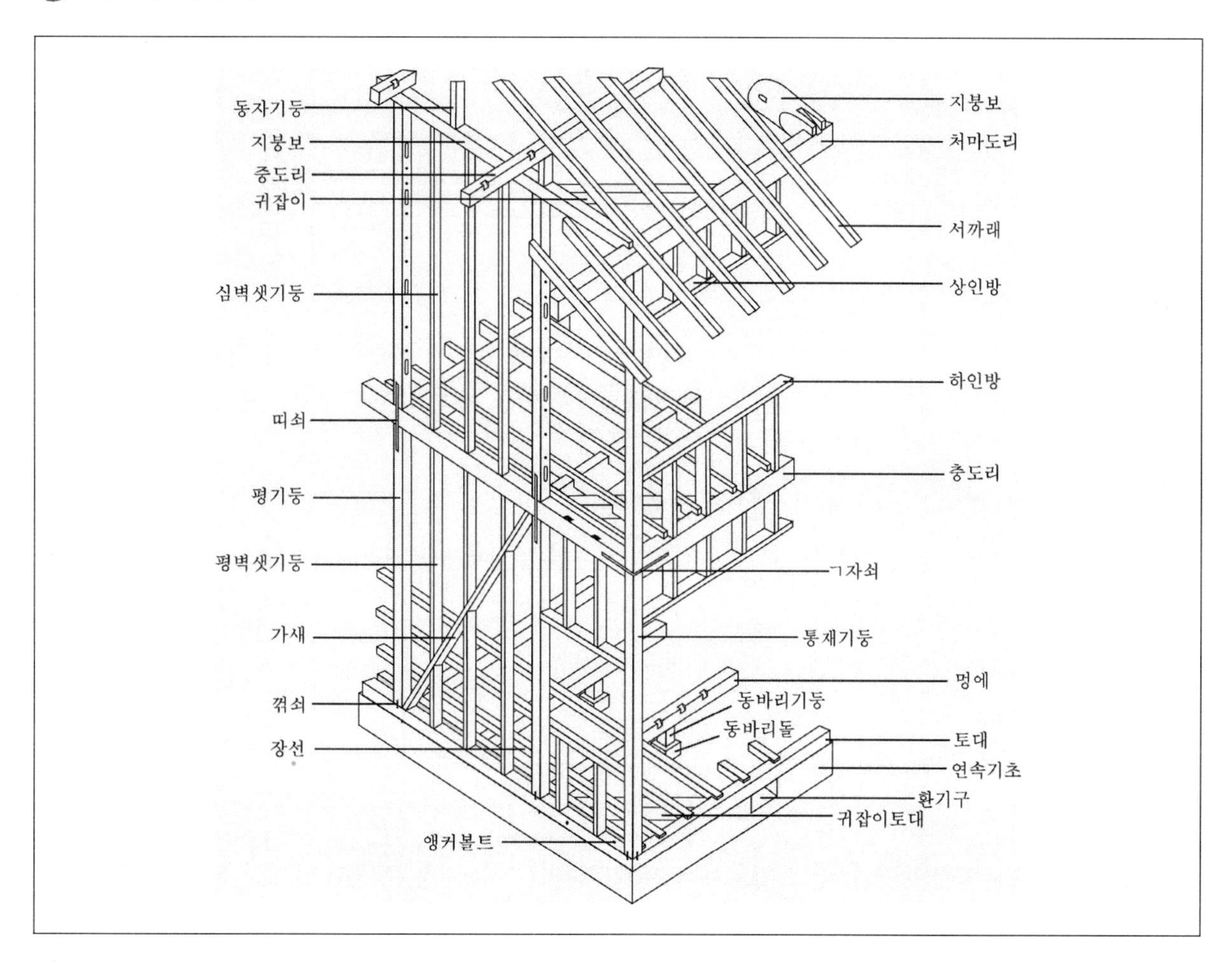

기출예제 06 2017 지방직

다음 중 목구조의 뼈대를 구성하는 수평 부재의 시공 순서를 바르게 나열한 것은?

① 토대 → 깔도리 → 층도리 → 처마도리
② 토대 → 층도리 → 깔도리 → 처마도리
③ 처마도리 → 토대 → 층도리 → 깔도리
④ 처마도리 → 토대 → 깔도리 → 층도리

*

목구조의 뼈대를 구성하는 수평 부재의 시공 순서는 토대 → 층도리 → 깔도리 → 처마도리 순이다.

답 ②

(1) 토대(Ground sill)

① 토대는 기초 위에서 기둥 밑을 연결하여 고정시키므로 상부에서 오는 하중을 기초에 전달하는 역할을 하며, 상부구조 중 가장 아래에 놓여 있는 토대를 바깥토대라 하고, 건물 내부를 구획한 벽 밑의 토대를 간막이 토대라 한다.

② **설치장소** … 기초에서 2 ~ 4m마다 앵커볼트로 긴결한다.

③ **방부처리 방법** … 토대가 기초나 모르타르에 접촉되는 부분은 방부제를 칠하고 1 ~ 3cm 정도 간격을 두는 것이 좋다.

④ **크기** … 보통의 기둥과 같게 하거나 다소 크게 하도록 한다.

⑤ **이음 맞춤** … 엇걸이 산지이음과 턱걸이 주먹장 이음을 한다.

⑥ **모서리 맞춤** … 턱솔 넣은 장부 맞춤과 연귀장부 맞춤을 한다.

⑦ **귀잡이 토대**

㉠ 모서리의 토대 변형을 방지하는 토대로서 주로 바깥벽의 모서리부분, 외벽과 내벽의 교차부, 내벽의 교차부 등에 설치한다.

㉡ 귀잡이 토대가 기둥의 반쪽 이상일 때는 빗턱통 넣고 볼트죔으로 하고, 기둥의 귀잡이 토대는 좁은 널일 때에는 토대 윗면에 덧대거나 따 넣고 못을 박는다.

㉢ 바깥벽의 모서리 부분, 외벽과 내벽의 교차부 또는 내벽의 교차부에 설치하는 토대의 모서리에는 변형이 발생하지 않도록 45도 각도로 길이 1m 정도의 토대를 배치한다.

(2) 기둥(Stud, Post)

① 본기둥

㉠ 통재기둥

- 밑층에서 위층까지 1개의 재로 연결되는 기둥이다.
- 건물의 모서리, 벽, 구석 등의 교차부에 주로 배치된다.
- 길이는 5~7m 정도이며 통재기둥 간의 간격은 6m 정도이다.
- 2층 이상인 목조건물은 모서리 기둥에 통재기둥을 하도록 한다.

㉡ 평기둥

- 한 층에만 서는 기둥이다.
- 통재기둥 사이에 1.8m 간격으로 배치한다.

② 샛기둥

㉠ 평벽에서 상부의 하중을 받지 않고 가새의 휨을 방지하며 문꼴의 변형을 막아준다.

㉡ 기둥을 보완하고 벽구조를 더욱 튼실하게 한다.

㉢ 본기둥 사이에 벽체를 이루는 것으로 가새의 옆 휨을 막는 데 효과적이다.

㉣ 크기는 본기둥의 반쪽 또는 $\frac{1}{3}$쪽으로 한다.

㉤ 간격은 40 ~ 60cm로 한다.

㉥ 위 · 아래는 가로재에 짧은 장부 큰 못치기로 한다.

③ 동자기둥 … 기둥길이가 짧고 상부 하중을 받는 기둥이다.

④ 조립기둥

㉠ 경간이 큰 공장 · 창고 등의 기둥 계산에서는 단일재로 크기를 충족하기 어렵기 때문에 2개 이상의 부재를 조립하여 만든 기둥이다.

㉡ 최근에는 집성재를 사용하면 단면크기의 제한이 적게 되어 큰 단면을 만들 수 있다.

2018 국가직 (7급)

다음 중 건축구조기준에서 목구조에 대한 설명으로 옳지 않은 것은?

① 목구조의 가새에는 내력저하를 초래하는 따냄을 피한다.

② 목구조의 토대는 기초에 긴결한다. 긴결철물은 약 2m 간격으로 설치하고, 가새단부와 토대의 이음 등의 응력집중이 예상되는 부근에는 별도의 긴결철물을 설치한다.

③ 바닥틀은 수직하중에 대해서 충분한 강도 및 강성을 가져야하며, 수평하중에 의해서 생기는 전단력을 안전하게 내력벽에 전달할 수 있는 강도 및 강성을 갖는 구조로 한다.

④ 단일기둥은 원칙적으로 이음을 피하며, 부득이 이음을 할 경우는 접합부에 주의하고 또한 부재의 중앙부분에서 이음을 한다.

*

단일기둥은 원칙적으로 이음을 피하며 부득이 이음을 할 경우에는 접합법에 주의하고 부재의 중앙부분에서의 이음을 피해야 한다.

답 ④

(3) 도리

① **층도리**(Girth)

㉠ 층도리는 2층 마루바닥이 있는 부분에 수평으로 대는 가로재를 말한다.

㉡ 층도리의 너비는 기둥과 똑같이 하고, 춤의 너비는 1 ~ 2배 정도로 한다.

② **깔도리**(Wall plate)

㉠ 깔도리는 기둥 맨 위의 처마부분에 수평으로 대어 지붕틀 자체의 하중을 기둥에 전달하는 역할을 한다.

㉡ 크기는 기둥과 같거나 춤이 조금 높은 것을 사용하도록 하고 이음은 엇걸이 산지이음을 한다.

③ **처마도리**(Pole plate)

㉠ 처마도리는 지붕틀의 평보 위에 깔도리와 같은 방향으로 대는 것을 말한다.

㉡ 크기는 깔도리, 중도리, 마루대 또는 기둥과 같게 하거나 작게 해도 된다.

(4) 인방, 꿸대, 기둥 밑잡이

① 인방

㉠ 기둥 사이의 가로대에 창문틀 상하벽을 받고 하중을 기둥에 전달하여 창문틀을 끼워대는 뼈대를 말한다.

㉡ 창문의 위에 있는 것을 상인방, 벽 중간에 있는 것을 중인방(중방), 벽체 하부에 놓이는 것을 하인방(지방)이라고 한다.

㉢ 창벽체 하부에 설치되는 것은 창대, 문 밑에 놓이는 것은 문지방이라 한다.

㉣ 인방의 크기는 기둥 크기로 하며, 기둥 간격이 2㎝ 이상일 때는 기둥 단면의 2/3 정도로 하고, 중간에 달대공을 설치하며, 기둥에 빗턱 통넣고 장부맞춤하여 꺾쇠치기를하고 띠쇠로 보강한다.

② **꿸대** … 기둥 사이를 가로로 꿰뚫어 넣어 연결해서 사용하는 수평구조재로서 외를 엮어대는 힘살을 말한다.

③ **기둥 밑잡이**(Plinth) … 층도리와 평행하게 보 위에 대서 층보의 전도를 막기 위해서 사용하는 가로재로 기둥과 같은 크기 정도의 소나무를 쓰도록 한다.

(5) 가새(Diagonal bracing)

① **개념** … 가새는 수평력에 견디도록 한 것으로 안전한 구조를 목적으로 한다.

② **특징**

㉠ 가새는 결손시키거나 파내서 구조내력상 지장을 주어서는 절대 안 된다.

㉡ 압축력을 부담하고 있는 가새는 접하게 되는 기둥 단면적의 $\frac{1}{3}$ 이상의 단면적을 갖는 목재를 사용해야 하며, 두께는 3.5cm 이상으로 한다.

㉢ 인장력을 부담하는 가새는 폭 9cm, 두께 1.5cm 이상의 목재, 또는 지름 9mm 이상의 철근을 사용한다.

③ **응력의 산정**

㉠ 가새의 경사는 45°에 가까울수록 좋다.

㉡ **가새에 생기는 응력**

$$X = \frac{d}{l} \cdot p$$

- X : 가새에 일어나는 압축응력(kg)
- l : 기둥의 간격(m)
- d : 가새의 길이(m)
- p : 뼈대에 가해지는 수평력(kg)

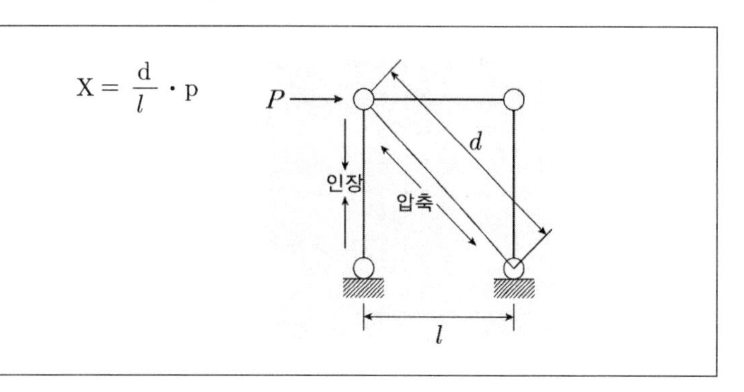

④ **가새설치의 원칙**

㉠ 상부보다는 하부에 많이 배치시킨다.

㉡ X자형으로 배치시킨다.

㉢ 보나 기둥에 대칭이 되도록 배치시킨다.

㉣ 보나 기둥의 중간에 가서 끝단을 대지 말아야 한다.

압축가새	• 두께 : 골조기둥 단면적의 1/3쪽 이상, 35mm 이상 • 폭 : 90mm 이상
인장가새	• 두께 : 기둥의 1/5폭, 15mm 이상 • 폭 : 90mm 이상 • 인장가새는 D10 이상 철근대용 가능

(6) 버팀대와 귀잡이

① 버팀대(Angle brace)

㉠ 수평력에 대해서는 가새보다 약하지만 가새를 댈 수 없는 곳에 사용하는 것이 유리하다.

㉡ 접합점의 강성을 높이기 위해 설치하며 뼈대의 모서리를 고정시키기 위해서 빗대서 사용하는 재이다.

② 귀잡이(Horizontal bracing) … 토대 · 보 · 도리 등의 수평재가 서로 수평으로 만나는 접합부에서 귀(모서리)를 안정되게 함으로써 접합에 강성을 두어 변형이 발생하지 않도록 빗방향으로 대는 귀잡이 토대, 귀잡이 보 등을 말하며, 맞춤은 주로 짧은장부빗턱맞춤으로 하고 볼트 조임을 한다.

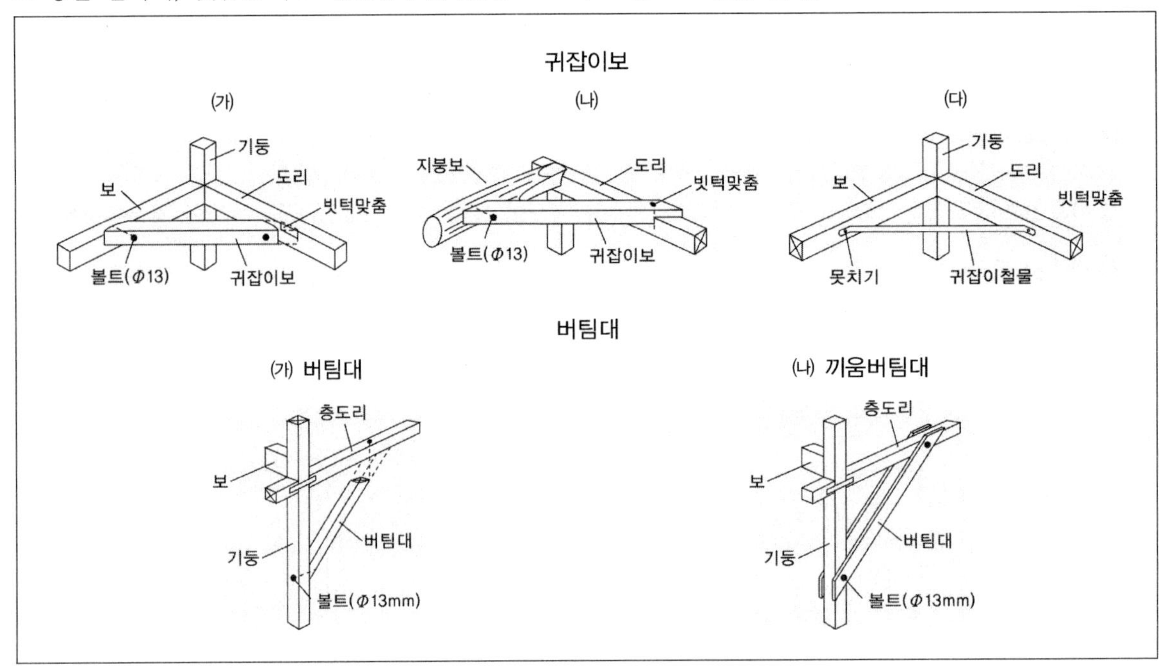

❷ 마루 구조

(1) 1층 마루

① 개념

㉠ 1층 마루는 동바리 마루와 납작마루로 분류된다.

㉡ 마루 밑의 방습 · 방부는 지면에서 45cm 이상 높이도록 하고, 목 구조에서는 지반면에서 1m 높이까지 방부처리를 한다.

㉢ 외벽 마룻바닥 밑부분에는 벽의 길이 5m 이하마다 면적 300cm^2 이상에 환기구멍을 만들도록 하여 방습 · 방부에 대비한다.

② **동바리 마루** … 마루의 밑에 동바리돌(호박돌)을 놓고 그 위에 동바리를 세우고 동바리 위에 멍에를 건 후 그 위에 직각방향으로 장선을 걸친 후 마루널을 깐다.

㉠ **동바리**(Floor post) : 100 ~ 120mm의 각재를 사용하고 아래쪽에는 호박돌, 위쪽에는 멍에와 짧은 장부 맞춤을 한다.

㉡ **멍에**(Sleeper) : 간격은 0.9 ~ 1.8m 정도로 하고 마루를 깔 방의 길이방향으로 길게 걸쳐서 댄다(각 개의 크기는 90 ~ 120mm로 한다).

㉢ **장선**(Floor joint) : 45 ~ 60mm 정도의 소나무 각목을 사용하여 400 ~ 500mm 간격으로 멍에에 직각이 되게 걸쳐서 댄다.

㉣ **마루널** : 두께 18 ~ 24mm, 너비 80 ~ 120mm 정도의 건조재를 제혀쪽매로 사용한다.

③ 납작 마루

㉠ 창고나 임시건물에 마루를 낮게 놓을 때 사용한다.

㉡ 마루로 깔 재료는 내식성이 강한 것을 쓴다.

㉢ 장선 · 멍에는 방제칠을 하여 사용한다.

㉣ 통나무를 양면치기 해서 450 ~ 500mm 간격으로 장선을 배치한 뒤 그 위에 마루널을 깔도록 한다.

㉤ 호박돌이나 땅바닥 위에 방의 길이방향에 600 ~ 900mm 간격으로 100mm ~ 120mm 정도의 멍에를 배치하도록 한다.

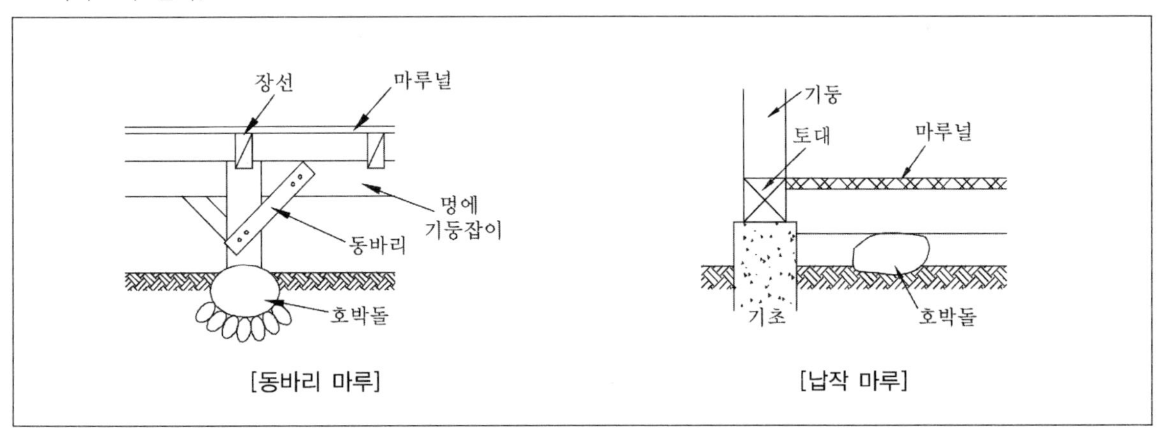

[동바리 마루] [납작 마루]

(2) 2층 마루

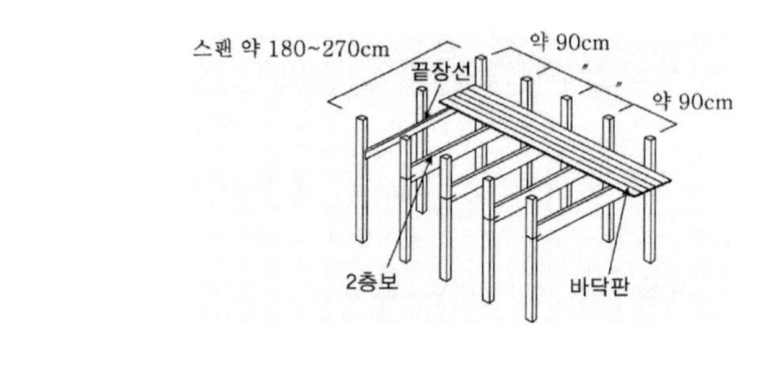

홑마루틀(장선마루) : 간사이가 적을 경우(스팬이 2.5m 미만인 경우) 보를 쓰지 않고 직접 장선만을 걸어서 마루널을 깔아 사용한다.

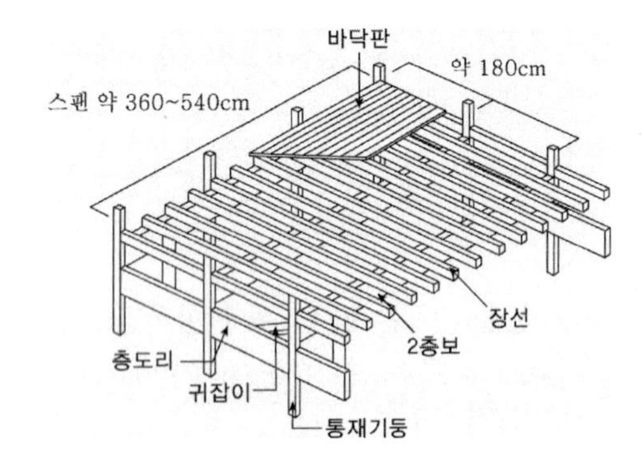

보마루틀 : 스팬이 2.5 ~ 6.4m 미만인 경우 보를 걸어 장선을 받게 하고 그 위에 마루널을 깔아서 사용한다.

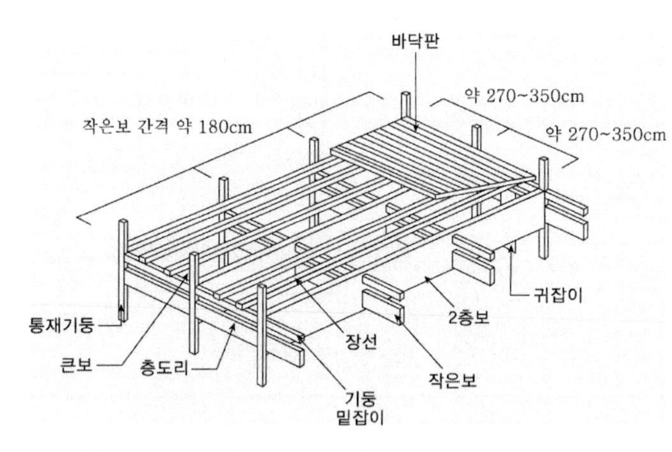

짠마루틀 : 스팬이 6.4m 이상인 경우 큰보, 작은 보를 걸고 그 위에 장선을 대고 마루널을 깔아서 사용한다.

05 구조용 목재

❶ 구조용 목재의 종류와 등급

(1) 구조용 목재의 종류와 등급

① 침엽수 구조재 수종의 종류

수종	주요 사항
낙엽송류	• 낙엽송, 더글라스퍼, 북미 낙엽송, 북양 낙엽송 • 비중이 0.50 이상인 수종 (KBC 2016 기준으로 비중이 0.55 이상)
소나무류	• 소나무, 편백나무, 리기다소나무, 북미 솔송나무, 북미 전나무 • 비중이 0.45 이상 0.50 미만인 수종 (KBC 2016 기준으로 비중이 0.50 이상 0.55 미만인 수종)
잣나무류	• 잣나무, 가문비나무, 북미 가문비나무, 북양 가문비나무, 북양 적송, 라디에타소나무, 북미 S-P-F • 비중이 0.40 이상 0.45 미만인 수종 (KBC 2016 기준으로는 비중이 0.45 이상 0.50 미만인 수종)
삼나무류	• 삼나무, 전나무, 북미소나무 • 비중이 9.35 이상 0.40 미만인 수종 (KBC 2016 기준으로는 비중이 0.40 이상 0.45 미만인 수종)

② **침엽수 구조재의 등급** … 침엽수 구조용재는 육안으로 표면을 관찰하여 결점의 크기 및 분산 정도에 따라 등급을 구분한 육안등급구조재와 등급구분기계에 의하여 휨탄성계수를 측정하여 등급을 구분한 기계등급구조재로 분류된다.

㉠ **육안등급구조재** : 침엽수구조재의 각 재종별로 규정된 등급별 품질기준들을 육안으로 검사하여 등급을 구분한 구조재이다.

- 1종구조재 : 공칭두께가 50mm 이상 125mm 미만이고 공칭너비가 50mm 이상인 구조용 목재
- 2종구조재 : 두께와 너비가 공칭 125mm 이상이며 두께와 너비의 치수차이가 52mm 이상인 구조용 목재
- 3종구조재 : 두께와 너비가 공칭 125mm 이상이고 두께와 너비의 치수차이가 52mm 미만인 구조용 목재
- 침엽수 구조재의 건조상태 구분

구분		기호	함수율
건조재	건조재 15	KD15	15% 이하
	건조재 18	KD18	18% 이하
생재		G	18% 초과

㉡ **기계등급구조재** : 휨탄성계수를 측정하는 기계장치에 의하여 목재의 강도 및 강성을 측정하여 등급을 구분한 구조재이며 휨탄성계수와 구조재의 결점사항에 관한 품질기준들에 의해 12가지 등급(E6 ~ E17)으로 구분한 구조재이다.

TIP

대형목구조, 경골목구조 판정기준

㉠ 대형목구조 : 주요구조부가 공칭치수 125mm × 125mm(실체치수 114mm × 114mm) 이상의 부재로 건축되는 목구조

㉡ 경골목구조 : 주요구조부가 공칭두께 50mm (실제두께 38mm)의 규격재로 건축된 목구조

2 구조용 목재 구조기준

(1) 구조용 목재의 가공제품

① 작은 판재나 폐목자재를 접착하여 강도를 비롯한 각종 성능을 향상시킨 집성목이다.

② 용도에 따라 적합한 성능을 가지는 강한 목재를 생산할 수 있으며 원하는 형상대로 디자인을 할 수 있다.

③ 여러 가지 장점이 있어 장선, 보, 스터드, 문 창틀재 등의 건축부재로 사용된다.

④ 제조에 사용하는 나무는 주로 소나무류(pine), 삼나무류(cedar), 스프러스(sprus), 전나무류(douglas fir) 등 다양하다.

⑤ **글루램**(Glulam, 접착가공목재) … 공칭치수 2인치 두께 이하의 건조제재목을 이용하여 핑거조인트(finger joint) 방식으로 장축 부재로 만들고 평행하게 여러 층으로 적층, 접착 후 재가공한다. (길이 방향으로 잡착한 다음, 이것들을 다시 적층하여 길이가 길고 두께와 폭이 큰 기둥의 형태로 만든 제품)

⑥ LVL(laminated veneer lumber, 단판적층재) … 여러 층의 단판을 제품의 길이 방향으로 목리에 평행하게 접착하여 제조한 구조용 집성재이다.

⑦ PSL(paralled strand lumber, 패럴램) … 단판(veneer)을 잘라 만든 스트랜드의 밀도를 높이며 서로 접착하여 제품의 길이 방향으로 스트랜드를 배열하여 제조한 구조용 집성재로 LVL과 OSB의 중간현태 목질복합재료이다.

⑧ **I형 장선** … LVL로 구성된 플랜지(flange)와 합판 및 OSB로 구성된 웹(web)으로 구성된 조립보로서 긴 경간의 장선이나 서까래에 사용된다.

⑨ OSB(oriented stand board) … 얇고 넓은 스트랜드(두께 1mm 이하, 길이 80mm)를 판재의 길이 및 폭 방향으로 층을 이루도록 배열하여 내수성 접착제로 적층구성한 판상의 제품이다.

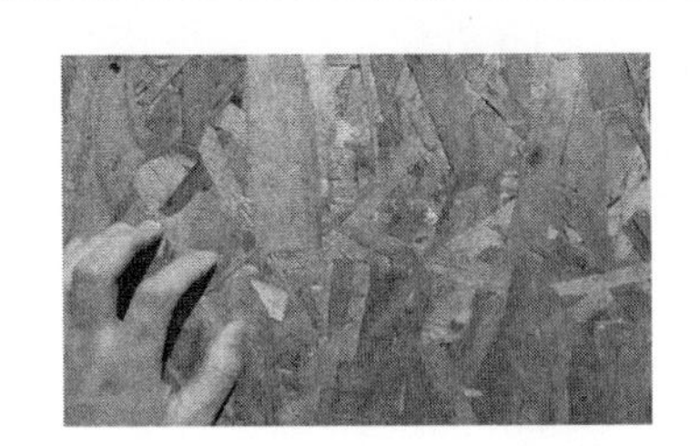

[OSB합판의 형상]

⑩ LSL(laminated strand lumber) … OSB와 유사하게 아스펜의 넓고 짧은 스트랜드로 제조되며, I-joist와 규격이 같고 테두리장선과 창호의 헤더로 사용된다.

TIP

집성재 … 단판(veneer)을 길이 방향으로 평행하게 접착시켜 적층구성한 것

TIP

구조용합판과 구조용집성재의 차이

㉠ 구조용합판은 합판은 최소 3매 이상의 얇은 판(단판)을 1매마다 섬유방향이 서로 직교하도록 접착제로 겹쳐서 붙여 만든 것이다. (이때 겹쳐진 판의 수는 3, 5, 7.. 등의 홀수를 이룬다.) 이러한 합판 중 구조성능에 관한 일정 조건들(강도, 크기 등)을 충족시키는 것을 구조용합판이라고 한다.

㉡ 집성재는 글자 그대로 여러 부재를 접착제로 붙여서 만든 구조용목재로서 두께 15~50mm의 단판들을 섬유방향으로 평행이 되도록 여러 장을 겹쳐서 접착한 것이다. 이 중 구조성능에 관한 일정 조건들을 충족시키는 것을 구조용 집성재라고 한다.

㉢ 즉, 집성목재가 합판과 다른 점은 판의 섬유방향을 평행으로 붙인 것과 홀수가 아니라도 된다는 점, 그리고 합판과 같은 얇은 판이 아니라 보나 기둥에 사용할 수 있는 단면을 가진다는 점에서 차이가 있다.

(2) 목구조 설계의 기본요구사항

① 응력과 변형의 산정은 탄성해석에 의한다. 단, 경우에 따라서 접합부 등에서는 국부적인 탄소성변형을 고려할 수 있다.

② 핀 또는 강접합으로 가정하기 어려운 경우 접합부 실상을 적절히 고려한 탄성스프링접합으로 가정할 수 있다.

③ 가정한 절점이 실상과 다를 경우에는 필요에 따라 2차 응력의 영향을 고려해야 한다.

④ 크리프에 의한 변형이 큰 경우 필히 크리프를 고려해야 한다.

⑤ 건물외주벽체 및 주요칸막이벽 등 구조내력상 중요한 부분의 기초는 가능한 연속기초가 되도록 한다.

(3) 설계허용응력 산정

① 침엽수 육안등급구조재의 기준허용응력(단위 : MPa)

수종군	등급	섬유방향의 기준허용응력					
		휨응력	인장응력	압축응력	섬유직각방향의 압축응력	전단응력	탄성계수
낙엽송류	1등급	8.0	5.5	9.0	3.5	0.65	11,500
	2등급	6.0	4.0	6.0	3.5	0.65	10,500
	3등급	3.5	2.5	3.5	3.5	0.65	9,500
소나무류	1등급	7.5	5.0	7.5	3.0	0.5	10,000
	2등급	6.0	3.5	4.5	3.0	0.5	9,000
	3등급	3.5	2.0	3.0	3.0	0.5	8,000
잣나무류	1등급	6.0	5.0	7.0	2.5	0.45	8,500
	2등급	5.0	3.5	4.5	2.5	0.45	7,500
	3등급	3.0	2.0	3.0	2.5	0.45	7,500
삼나무류	1등급	5.0	4.0	6.0	2.5	0.4	8,000
	2등급	4.0	2.5	4.0	2.5	0.4	7,000
	3등급	2.5	1.5	2.5	2.5	0.4	6,000

② 침엽수 기계등급 구조재의 기준허용응력 (단위 : MPa) … 침엽수 기계등급 구조재의 품질기준(휨탄성계수와 구조재의 결점사항)에 의하여 E6 ~ E17까지의 등급으로 구분한다.

등급	기준허용응력(MPa)					
	F_b	F_t	F_c	$F_{c\perp}$	F_v	E
E6	6.2	2.4	7.2	2.0	0.9	6,000
E7	7.2	3.1	8.5	2.0	0.9	7,000
E8	8.2	4.1	9.6	2.5	1.0	8,000
E9	9.0	5.5	10.1	2.5	1.0	9,000
E10	10.0	6.0	11.2	3.0	1.1	10,000
E11	11.3	7.4	11.7	3.0	1.1	11,000
E12	12.4	8.2	12.0	3.5	1.2	12,000
E13	13.0	9.4	12.4	3.5	1.2	12,000
E14	14.0	10.7	12.8	3.5	1.2	12,000
E15	15.5	12.0	13.2	3.5	1.2	13,000
E16	16.0	13.0	13.5	3.5	1.2	13,000
E17	17.5	14.1	13.9	4.0	1.3	14,000

③ 기준 허용응력의 보정

㉠ 육안등급구조재와 기계등급구조재에 대한 기준허용응력은 건조사용조건 이하의 사용함수율에서 기준재하기간일 때 적용한다.

㉡ 설계허용응력은 기준허용응력에 적용 가능한 모든 보정계수를 곱하여 결정한다.

㉢ 목재는 장기하중보다는 단기하중의 경우 더 큰 최대하중을 지지하는 성질을 가진다.

㉣ 기준하중기간은 약 10년의 누적된 기간 동안 총설계하중이 작용함으로써 부재에 설계허용응력까지의 응력을 최대로 가하는 경우에 해당한다.

④ 보정계수

설계허용응력 기준허용응력	하중기간 계수	습윤계수 인사이징계수	온도 계수	보안정 계수	치수 계수	부피 계수	평면사용 계수
허용휨응력	O	O	O	O	O	O	O
허용인장응력	O	O	O	–	O	–	–
허용전단응력	O	O	O	–	–	–	–
섬유직각방향의 허용압축응력	–	O	O	–	–	–	–
허용압축응력	O	O	O	–	O	–	–
탄성계수		O	O	–	–	–	–
장부촉허용지압응력	O	–	O	–	–	–	–

설계허용응력 기준허용응력	반복부재 계수	곡률 계수	형상 계수	기둥안정 계수	전단응력 계수	좌굴강성 계수	지압면적 계수
허용휨응력	O	O	O	–	–	–	–
허용인장응력	–	–	–	–	–	–	–
허용전단응력	–	–	–	–	O	–	–
섬유직각방향의 허용압축응력	–	–	–	–	–	–	O
허용압축응력	–	–	–	O	–	–	–
탄성계수	–	–	–	–	–	O	–
장부촉허용지압응력	–	–	–	–	–	–	–

기출예제 08

2016 지방직 변형

다음 중 건축구조기준에서 제시된 구조용 목재의 설계허용휨응력 산정 시 적용하는 보정계수가 아닌 것은?

① 하중기간계수 ② 온도계수

③ 습윤계수 ④ 부패계수

✱

구조용 목재의 설계허용휨응력 산정 시 적용하는 보정계수에 부패계수는 속하지 않는다.

답 ④

㉠ **하중기간계수(C_D)** : 하중조합에 대한 하중기간계수는 해당조합에서 가장 짧은 하중기간의 하중기간계수로 한다. 변형한계에 근거한 탄성계수 E 및 섬유직각방향기준 허용압축응력 F_C에는 적용하지 않는다. 가설구조물에서의 하중기간계수는 3개월 이내인 경우 1.20을 적용할 수 있다. 수용성 방부제 또는 내화제로 가압처리된 구조부재에 대해서는 하중기간계수를 1.6 이하로 적용한다. 또한 접합부에는 충격에 대한 하중기간계수를 적용하지 아니한다.

설계하중	하중기간계수	하중기간
고정하중	0.9	영구
활하중	1.0	10년
적설하중	1.15	2개월
시공하중	1.25	7일
풍하중, 지진하중	1.6	10분
충격하중	2.0	충격

㉡ **습윤계수(C_M)** : 구조부재의 사용함수율이 건조사용조건보다 높은 경우에는 습윤계수 C_M을 적용하여 보정한다.

㉢ **온도계수(C_t)** : 65℃ 이하의 고온에서 장시간 노출되는 구조부재에 대해서는 온도계수 C_T를 적용하여 보정한다.

㉣ **보안정계수(C_L)** : 기준허용휨응력 F_b에는 보안정계수 C_L을 적용하여 보정한다. 휨하중을 받는 집성재의 경우 보안정계수 C_L은 부피계수 C_V와 동시에 적용하지 않고 이들 계수 중 작은 값을 적용하여 보정한다.

㉤ **형상계수(C_f)** : 원형단면 또는 대각면에 하중을 받는 정사각형단면(마름모꼴단면)의 휨부재에 대해서는 기준허용휨응력 F_b에 형상계수 C_f를 적용하여 보정한다. 원형단면의 형상계수는 1.18이며 마름모꼴 단면의 형상계수는 1.414이다. 원형 또는 마름모꼴 휨부재에 형상계수를 적용하면 동일한 횡단면적을 갖는 정사각형 부재와 동일한 모멘트 지지성능을 가지게 된다. 그리고 테이퍼원형단면 부재의 경우 가변단면의 보로 취급한다.

㉥ **기둥안정계수(C_p)** : 섬유방향기준허용압축응력 F_c에는 기둥안정계수 C_p를 적용하여 보정한다.

ⓢ **전단응력계수(C_H)** : 전단응력계수 C_H는 1종구조재 및 2종구조재에 적용한다. 기준 전단허용응력은 구조용재에 할렬, 분할 및 윤할 등의 갈라짐이 발생하는 것을 고려하여 주어진 값이므로 구조용재에 발생한 이들 갈라짐의 길이가 알려져 있고 그 값이 사용중에 증가되지 않을 것으로 예상되는 경우에는 전단응력계수를 곱할 수 있다.

ⓞ **좌굴강성계수(C_T)** : 좌굴강성계수 C_T는 4가지 조건을 만족하는 트러스 압축현재의 탄성계수(E)에 적용하며 4가지 조건을 모두 만족하지 못하는 경우 $C_T = 1.0$이 된다. 좌굴강성계수를 적용하기 위한 조건은 다음과 같다.

TIP

좌굴강성계수 C_T를 적용하기 위한 4가지 조건

- 부재치수는 38×89mm 이하이다.
- 트러스 상현재 윗면에 두께 9.5mm 이상의 구조용 합판이나 OSB 등의 구조용 판재가 연속적으로 이 기준에 의하여 요구되는 못 등의 적절한 파스너로 접합되어야 한다.
- 해당 부재는 휨과 축압축의 조합응력을 받는다.
- 트러스는 건조사용조건하에서 사용한다.

ⓩ **지압면적계수(C_b)** : 부재끝면에서 75mm 이상 떨어진 길이 150mm 이하인 지압의 경우 F_C에 지압면적계수 C_b를 적용한다.

ⓒ **인사이징계수(C_i)** : 구조재에 인사이징 처리한 경우 인사이징계수 C_i를 적용하여 보정한다.

TIP

인사이징 … 구조재에 방부제를 깊고 균일하게 침투시키기 위하여 약제처리가 어려운 목재의 재면에 칼자국 모양의 상처를 섬유방향으로 낸 후 방부제를 처리하는 방법

ⓚ **치수계수(C_F)** : 두께 38 ~ 89mm의 육안등급구조재(1종구조재)에 대한 허용 휨응력, 허용 인장응력, 허용 압축응력은 치수계수 C_F를 적용하여 보정한다.

ⓣ **평면사용계수(C_{fu})** : 두께 38 ~ 89mm의 구조재가 넓은 재면에 하중을 받는 경우에는 기준허용휨응력 F_b에 평면사용계수 C_{fu}를 적용하여 보정한다.

ⓟ **반복부재계수(C_r)** : 두께 38 ~ 89mm의 규격재를 장선, 트러스 현재, 서까래, 스터드, 널판, 갑판 또는 이와 비슷한 부재로 사용하는 경우 기준허용휨응력 F_b에 반복부재계수 $C_r = 1.15$를 곱하여 조정한다.

⑤ 보정계수 적용 시 주의해야 할 사항

㉠ 휨하중을 받는 집성재에 대해서는 보안정계수와 부피계수를 동시에 적용하지 않으며 두 보정계수 중 작은 값을 적용해야 한다.

㉡ 치수계수는 휨하중을 받는 육안등급구조재와 원형단면 구조재에만 적용한다.

㉢ 부피계수는 휨하중을 받는 집성재에만 적용한다.

㉣ 평면사용계수는 휨하중을 받는 1종구조재(규격재) 및 집성재에만 적용한다.

ⓜ 반복부재계수는 휨하중을 받는 1종구조재(규격재)에만 적용한다.
ⓑ 곡률계수는 휨하중을 받는 집성재의 굽은 부분에만 적용한다.
ⓢ 좌굴강성계수는 38×89mm 이하인 작은 치수의 구조재 트러스 압축현재에만 적용한다. 이 규정은 트러스 압축현재의 윗면에 두께 9mm 이상의 합판덮개를 못질하여 휨과 섬유방향의 압축응력을 동시에 받는 경우에 한해 적용한다.

checkpoint

■ **경골목조전단벽을 사용 시 적용하는 계수**

기본 지진력 저항 시스템	설계계수			내진설계 범주에 따른 시스템의 제한과 높이(m) 제한		
	반응수정 계수	시스템 초과강도계수	변위증폭 계수	A 또는 B	C	D
내력벽 시스템	6.0	3.0	4.0	허용	허용	허용
건물골조 시스템	6.5	2.5	4.5	허용	허용	허용

(4) 벽체, 격막의 형상비 제한사항

전단벽의 종류	높이–나비의 최대비율
구조용 목질판재로 덮고 모든 측면에 못을 박은 전단벽 (지진하중에 대해 설계하는 경우에 높이–나비의 최대비율은 2:1까지 허용될 수 있다.)	3.5:1
파티클보드로 덮고 모든 측면에 못을 박은 전단벽	2:1
대각선 덮개를 단층으로 설치한 전단벽	2:1
섬유판으로 덮은 전단벽	1.5:1

수평격막의 종류	길이 – 나비의 최대비율
구조용 목질판재로 덮고 모든 측면에 못을 박은 격막	4 : 1
구조용 목질판재로 덮고 중간이음부에 보막이가 없는 격막	3 : 1
대각선 덮개를 단층으로 설치한 격막	3 : 1
대각선 덮개를 이중으로 설치한 격막	4 : 1

TIP

특수한 경우의 허용 형상비

㉠ 구조용 목질판재 또는 파티클보드로 덮고 모든 측면에 못을 박은 전단벽은 지진 이외의 하중에 대하여 설계하는 경우 전단벽의 형상비를 3.5 : 1까지 허용할 수 있다.

㉡ 석고보드, 드라이비트, 시멘트플라스터 등으로 덮은 전단벽은 보막이가 설치되지 않은 경우로서 보막이가 설치되는 경우에 전단벽의 형상비는 2 : 1까지 허용할 수 있다.

기출예제 09 2017 서울시

다음 중 건축구조기준에 따라 목구조의 벽, 기둥, 바닥, 보, 지붕은 일정 기준 이상의 내화성능을 가진 내화구조로 하여야 한다. 주요구조부재의 내화시간으로 가장 옳은 것은?

① 내력벽의 내화시간 : 1시간~3시간
② 보 · 기둥의 내화시간 : 1시간 이내
③ 바닥의 내화시간 : 3시간 이상
④ 지붕틀의 내화시간 : 1시간~3시간

✱

구분				내화시간
벽	외벽	내력벽		1 시간~3 시간
		비내력벽	연소 우려가 있는 부분	1 시간~1.5 시간
			연소 우려가 없는 부분	0.5시간
	내벽			1 시간~3 시간
보 · 기둥				1 시간~3 시간
바닥				1 시간~2 시간
지붕틀				0.5시간~1시간

답 ①

(5) 목구조 접합부 설계

① 일반사항

㉠ 구조용목재, 집성재 및 기타 공학목재를 이용한 목구조에서 사용하는 못, 볼트, 스프리트링 또는 전단플레이트, 래그나사못 및 트러스플레이트접합부의 공학적설계에 적용한다.

㉡ 접합부 내의 부재나 파스너의 비대칭배열에 따라 발생하는 휨모멘트를 고려하여 설계하는 경우를 제외하고 구조부재나 파스너는 접합부 내에서 대칭으로 배열한다.

㉢ 일반적으로 널리 알려진 이론, 실물 및 모형에 대한 시험, 이론모형의 연구 또는 광범위한 사용경험에 기초한 분석에 의하여 어떤 접합부가 최종목적에 적합하다는 것이 증명된 경우 이 기준의 규정에 의한 제한을 받지 않는다.

㉣ 이 기준에 수록된 접합부의 허용전단내력은 파스너에 의하여 부재의 표면끼리 서로 밀착하며 함수율의 계절적 변이에 따른 부재의 수축이 허용되는 조건에 적용한다.

㉤ 목재 내에 횡인장응력을 유발시키는 편심접합부는 적절한 시험이나 분석에 의하여 작용하중을 지지하기에 충분하다는 사실이 증명된 경우를 제외하고 사용할 수 없다.

㉥ 이 기준에 수록된 단일파스너 접합부에 대한 기준허용전단내력은 접합부의 항복모드를 모형화한 항복한계공식에 근거한 것으로서 해당 수종의 모든 등급에 적용한다.

㉦ 하나의 접합부에 동일한 항복모드를 나타내는 같은 형태 및 비슷한 치수의 파스너가 2개 이상 사용되는 경우에 해당 접합부의 총 설계허용내력은 각각의 파스너에 대한 설계허용내력의 합으로 한다.

㉧ 설계허용내력은 기준허용전단내력에 적용 가능한 보정계수를 곱하여 산정한다.

㉨ 목구조에 사용되는 파스너는 인장, 전단, 휨, 지압 및 좌굴에 저항하기 위하여 적절한 금속설계기법으로 설계한다. 접합부의 내력이 목재보다는 파스너의 내력에 의하여 좌우되는 경우에 이 기준에 주어진 기준허용전단내력의 보정계수를 적용할 수 없다.

㉩ 목구조가 콘크리트 또는 벽돌 구조와 접합되고 그 접합부의 내력이 목재보다는 콘크리트 또는 벽돌의 내력에 의하여 좌우되는 경우에 이 기준에 주어진 기준허용전단내력의 보정계수를 적용할 수 없다.

㉪ 파스너접합부에서 접합부의 설계내력은 파스너의 지압내력에 좌우되며 파스너의 지압내력은 접합부의 항복모드에 의하여 결정된다.

㉫ 접합부의 기준허용내력은 접합부를 구성하는 구조재의 수종은 다음 표와 같이 구분한다.

수종구분	포함 수종
가	낙엽송류, 북부헴퍼 또는 전건비중 0.55 이상의 수종
나	소나무류, 남부헴퍼, 북부 SPF, 해송, 남부소나무 또는 전건비중 0.5 이상, 0.55 미만의 수종
다	잣나무류, 남부 SPF, 로지폴소나무, 폰데로사소나무 또는 전건비중 0.45 이상, 0.5 미만의 수종
라	삼나무류, 알래스카 삼나무 또는 전건비중 0.4 이상, 0.45 미만의 수종

② 맞춤과 이음 접합 일반사항

㉠ 길이를 늘이기 위하여 길이방향으로 접합하는 것을 이음이라고 하고 경사지거나 직각으로 만나는 부재 사이에서 양 부재를 가공하여 끼워 맞추는 접합을 맞춤이라고 한다.

㉡ 맞춤 부위의 목재에는 결점이 없어야 한다.

㉢ 맞춤 부위에서 만나는 부재는 빈틈없이 서로 밀착되도록 접합한다.

㉣ 맞춤 부위의 보강을 위하여 접착제 또는 파스너를 사용할 수 있으며, 이 경우 사용하는 재료에 적합한 설계기준을 적용한다.

㉤ 접합부에서 만나는 모든 부재를 통하여 전달되는 하중의 작용선은 접합부의 중심 또는 도심을 통과하여야 하며 그렇지 않은 경우 편심의 영향을 설계에 고려한다.

㉥ 인장을 받는 부재에 덧댐판을 대고 길이이음을 하는 경우에 덧댐판의 면적은 요구되는 접합면적의 1.5배 이상이어야 한다.

ⓢ 구조물의 변형으로 인하여 접합부에 2차응력이 발생할 가능성이 있는 경우 이를 설계에서 고려한다.
ⓞ 맞춤접합부의 종류에는 맞댐과 장부, 쐐기, 연귀 등이 있으며 접합부의 상세구조에 따라 다시 여러 가지로 세분할 수 있다.

③ 볼트 배치 관련 용어

㉠ **간격** : 볼트의 중심을 연결한 직선을 따라 측정된 볼트의 중심 사이의 거리
㉡ **끝면거리** : 부재의 직각으로 절단된 끝면으로부터 가장 가까운 볼트의 중심까지 섬유에 평행하게 측정한 거리
㉢ **볼트의 열** : 하중방향으로 배열된 2개 이상의 볼트
㉣ **부하측면** : 섬유에 수직한 하중을 받는 부재에서 하중에 의하여 볼트가 움직이는 방향에 있는 측면
㉤ **비부하측면** : 부하측면의 반대쪽 측면
㉥ **연단거리** : 부재의 측면으로부터 가장 가까운 볼트의 중심까지 섬유에 수직하게 측정한 거리

④ 위치계수

㉠ 기준허용전단내력은 연단거리과 끝면거리, 간격이 총설계내력을 지지하기 위하여 요구되는 최소치 이상인 볼트접합부에 적용하는 값이다.
㉡ 연단거리와 끝면거리, 간격이 요구되는 최소치에 미달하는 경우 볼트에 대한 끝면거리 및 간격 요건에 의하여 결정되는 위치계수 중에서 최소치를 볼트접합부에 대한 기준허용전단내력에 곱한다.
㉢ 2면전단 또는 다중전단 접합부에 대하여는 모든 전단면에 대한 위치계수 중에서 최소치를 그 접합부 내의 모든 볼트에 적용한다.

⑤ 연단거리

㉠ 섬유에 평행 또는 수직한 하중을 받는 볼트에 대하여 요구되는 최소연단거리는 아래의 표와 같다.

하중방향		최소연단거리
섬유에 평행한 하중	$l/D \leq 6$	$1.5D$
	$l/D > 6$	$1.5D$와 볼트열 사이의 간격 중에서 더 큰 값
섬유에 수직한 하중	부하 측면	$4D$
	비부하 측면	$1.5D$

㉡ 최소연단거리를 결정하기 위하여 사용되는 l/D는 l_m/D 또는 l_s/D중에서 작은 값으로 한다. (l_m = 목재 주부재 내의 볼트 길이mm, l_s = 목재 측면부재 내의 볼트 길이의 합, mm)
㉢ 횡인장응력을 지지할 수 있는 보강이 이루어지지 않은 경우, 구조재나 집성재보의 중립축 아래에 집중하중이 작용할 수 없다.

⑥ 끝면거리

㉠ 섬유에 평행 또는 수직한 하중을 받는 볼트에 대하여 요구되는 최소끝면거리는 다음 표와 같다.

하중방향		최소끝면거리	
		감소된 기준허용 전단내력	총기준허용 전단내력
섬유에 수직한 압축		$2D$	$4D$
섬유에 평행한 압축		$2D$	$4D$
섬유에 평행한 인장	침엽수	$3.5D$	$7D$
	활엽수	$2.5D$	$5D$

㉡ 볼트의 끝면거리가 위에 제시된 표에 수록된 감소된 기준허용전단내력을 위한 최소치와 총기준허용전단내력을 위한 최소치의 중간인 경우에 위치계수 $C_\Delta = \dfrac{\text{실제 끝면거리}}{\text{총기준허용내력에 대한 최소 끝면거리}}$

㉢ 볼트의 축에 경사진 하중이 작용하는 경우, 총기준허용전단내력에 대한 최소전단면적은 총기준허용전단내력에 대한 최소끝면거리를 갖는 평행부재접합부의 전단면적과 같아야 한다. 감소된 기준허용전단내력을 위한 최소전단면적은 총기준허용전단내력을 위한 최소전단면적의 1/2으로 하여야 한다. 실제 전단면적이 중간값을 갖는 경우에 위치계수 $C_\Delta = \dfrac{\text{실제 전단면적}}{\text{총기준허용내력에 대한 최소 전단면적}}$를 적용한다.

⑦ 볼트의 간격

㉠ 섬유에 평행 또는 수직한 하중을 받는 경우, 1열 내의 볼트의 최소간격은 다음의 표와 같다.

하중방향	최소간격	
	감소된 기준허용전단내력	총기준허용전단내력
섬유에 평행한 하중	$3D$	$5D$
섬유에 수직한 하중	$3D$	$5D$

㉡ 1열 내의 볼트의 간격이 위 표에 제시된 감소된 기준허용전단내력을 위한 최소치와 총기준허용전단내력을 위한 최소치의 중간인 경우에 위치계수C_Δ는 $C_\Delta = \dfrac{\text{실제 간격}}{\text{총기준허용내력에 대한 최소 간격}}$

⑧ 볼트의 열 간격

㉠ 섬유에 평행 또는 수직한 하중을 받는 경우에 볼트 열의 최소간격은 아래의 표와 같다.

하중방향		최소간격
섬유방향하중		$1.5D$
섬유직각방향하중	$l/D \le 2$	$2.5D$
	$2 < l/D < 6$	$(5l + 10D)/8$
	$l/D \ge 6$	$5D$

㉡ 볼트 열의 최소간격을 결정하기 위하여 사용되는 l/D 은 식 (1.5-12)와 식 (1.5-13) 중에서 더 작은 값으로 한다.

㉢ 하나의 금속측면판에 사용된 볼트에서 주부재의 섬유방향과 평행하게 배열된 볼트열의 가장 바깥쪽 열의 거리가 125 mm를 초과할 수 없다.

⑨ 볼트군

㉠ 하나의 접합부에 2개 이상의 볼트가 사용되는 무리작용계수 C_g 를 적용하여야 한다.

㉡ 가능하다면 섬유에 수직한 하중을 받는 부재에서는 볼트를 대칭으로 엇갈리게 배치하는 것을 원칙으로 한다.

㉢ 볼트접합부가 섬유에 경사진 하중을 받는 경우, 주부재 내에서 응력의 균일한 분포와 각각의 볼트에 대한 하중의 균일한 분포를 위하여 각 부재의 중심축이 볼트의 저항의 중심을 통과하도록 한다.

⑩ 스플릿링 및 전단플레이트의 접합조건

㉠ 부재의 끝면이 섬유방향에 경사지게 절된 경우 파스너 직경의 중앙 1/2 내의 임의의 점으로부터 섬유방향에 평행하게 측정된 끝면거리가 직각절단부재에 대하여 필요한 끝면거리 이상이어야 하며, 파스너의 중심으로부터 부재의 경사면까지의 수직거리가 최소연단거리 이상이어야 한다.

㉡ 지름 6mm의 스프리트링에는 지름 12mm의 볼트 또는 래그나사못을 사용하고 지름 102mm의 스프리트링에는 지름 20mm의 볼트 또는 래그나사못을 사용한다.

⑪ 트러스플레이트의 기준허용내력감소

㉠ 트러스플레이트를 함수율이 19%를 초과하는 목재에 설치한 경우 기준허용내력을 20% 감소시켜야 한다.

㉡ 내화약제에 의하여 가압처리된 목재에 설치된 트러스플레이트의 기준허용내력은 약제공급업체의 자료에 의한다.

㉢ 45° 이하의 경사각 θ 인 접합부에 작용하는 모멘트의 영향을 고려해 주기 위하여 접합부의 기준허용내력에는 예각감소계수 H_R을 곱하여 줌으로써 트러스플레이트가 트러스의 상현재 및 하현재의 축하중을 견딜 수 있도록 설계한다.

㉣ 목재부재의 좁은면에 설치된 트러스플레이트에 대한 기준허용내력은 넓은면에 설치된 접합부에 대한 기준허용내력에서 15% 감소시킨 값으로 한다.

㉤ 트러스플레이트접합부에서 목재부재의 끝면으로부터 12mm 이내와 측면으로부터 6mm 이내의 부위에는 트러스플레이트의 핀이 없어야 한다.

기출예제 10 2017 서울시

「건축구조기준(KDS 41)」에 따른 목구조 접합부 설계에 관한 사항으로 가장 적합하지 않은 것은?

① 목구조에 사용되는 파스너는 인장, 전단, 휨, 지압 및 좌굴에 저항하기 위하여 적절한 금속설계기법으로 설계한다.

② 접합부의 설계허용내력은 기준허용전단내력에 적용가능한 보정계수를 곱하여 산정한다.

③ 하나의 접합부에 동일한 항복모드를 나타내는 같은 형태 및 비슷한 치수의 파스너가 2개 이상 사용되는 경우에 해당 접합부의 총 설계허용내력은 각각의 파스너에 대한 설계허용내력의 최댓값으로 한다.

④ 목재 내에 횡인장응력을 유발시키는 편심접합부는 적절한 시험이나 분석에 의하여 작용하중을 지지하기에 충분하다는 사실이 증명된 경우를 제외하고는 사용할 수 없다.

✱

하나의 접합부에 동일한 항복모드를 나타내는 같은 형태 및 비슷한 치수의 파스너가 2개 이상 사용되는 경우에 해당 접합부의 총 설계허용내력은 각각의 파스너에 대한 설계허용내력의 합으로 한다.

답 ③

최근 기출문제 분석

2019 서울시 9급 2차

1 3층 규모의 경골목조건축물의 내력벽 설계에 대한 설명으로 가장 옳지 않은 것은?

① 내력벽 사이의 거리를 10m로 설계한다.

② 내력벽의 모서리 및 교차부에 각각 2개의 스터드를 사용하도록 설계한다.

③ 3층은 전체 벽면적에 대한 내력벽면적의 비율을 25%로 설계한다.

④ 지하층 벽을 조적조로 설계한다.

TIP 내력벽의 모서리 및 교차부에 각각 3개 이상의 스터드를 사용하도록 설계한다.

2018 제1회 지방직 9급

2 목구조의 구조계획 및 각부구조에 대한 설명으로 옳지 않은 것은?

① 구조해석 시 응력과 변형의 산정은 탄성해석에 의한다. 다만, 경우에 따라 접합부 등에서는 국부적인 탄소성 변형을 고려할 수 있다.

② 기초는 상부구조가 수직 및 수평하중에 대하여 침하, 부상, 전도, 수평이동이 생기지 않고 지반에 안전하게 지지하도록 설계한다.

③ 골조 또는 벽체 등의 수평저항요소에 수평력을 적절히 전달하기 위하여 바닥평면이 일체화된 격막구조가 되도록 한다.

④ 목구조 설계에서는 고정하중, 바닥활하중, 지붕활하중, 적설하중, 풍하중, 지진하중을 적용한 세 가지 하중조합을 고려하여 사용하중조합을 결정한다.

TIP 목구조 설계에서는 고정하중, 바닥활하중, 지붕활하중, 적설하중, 풍하중, 지진하중을 적용한 다음의 네 가지 하중조합을 고려하여 사용하중조합을 결정한다.

Answer 1.② 2.④

2018 국가직 9급

3 목재에 대한 설명으로 옳지 않은 것은?

① 목재 단면의 수심에 가까운 중앙부를 심재, 수피에 가까운 부분을 변재라 한다.
② 목재의 단면에서 볼트 등의 철물을 위한 구멍이나 홈의 면적을 포함한 단면적을 순단면적이라 한다.
③ 기계등급구조재는 기계적으로 목재의 강도 및 강성을 측정하여 등급을 구분한 목재이다.
④ 육안등급구조재는 육안으로 목재의 표면결점을 검사하여 등급을 구분한 목재이다.

TIP 순단면적은 목재의 단면에서 볼트 등의 철물을 위한 구멍이나 홈의 면적을 제외한 나머지 단면적이다.

2018 국가직

4 다음 중 목재의 기준 허용휨응력 F_b로부터 설계 허용휨응력 F_b'을 결정하기 위해서 적용되는 보정계수에 해당하지 않는 것은?

① 좌굴강성계수 C_T
② 습윤계수 C_M
③ 온도계수 C_t
④ 형상계수 C_f

TIP 목재의 기준 허용휨응력을 결정하기 위해서 적용되는 보정계수는 하중기간계수, 습윤계수, 온도계수, 보안정계수, 치수계수, 부피계수, 평면사용계수, 반복부재사용계수, 곡률계수, 형상계수이다. (좌굴강성계수는 탄성계수를 구할 때 적용한다.)

2013 지방직 변형

5 다음 중 구조용 목재에 대한 설명으로 옳지 않은 것은?

① 기계등급구조재는 휨탄성계수를 측정하는 기계장치에 의하여 등급 구분한 구조재이다.
② 건조재는 침엽수구조재의 건조상태구분에 따라 KD15와 KD18로 구분한다.
③ 육안등급구조재는 침엽수구조재의 각 재종별로 규정된 등급별 품질기준에 따라서 5가지 등급으로 구분한다.
④ 침엽수구조재의 수종구분은 낙엽송류, 소나무류, 잣나무류, 삼나무류로 구분한다.

Answer 3.② 4.① 5.③

TIP 구조용목재의 재종은 KS F3020(침엽수구조용재)에 따른다. 구조용목재의 재종은 육안등급구조재와 기계등급구조재의 2가지로 구분된다.

- 육안등급구조재 : 1종구조재(규격재), 2종구조재(보재), 3종구조재(기둥재)로 구분되며 KS F3020에 제시된 침엽수구조재의 각 재종에 따라 규정된 등급별 품질기준(옹이지름비, 둥근모, 갈라짐, 평균나이테간격, 섬유주행경사, 굽음, 썩음, 비틀림, 수심, 함수율, 방부-방충처리)에 따라 1등급, 2등급, 3등급으로 각각 구분한다.
- 기계등급구조재 : 기계등급구조재는 휨탄성계수를 측정하는 기계장치에 의하여 등급 구분한 구조재를 말하며 KS F3020에 제시된 침엽수기계등급구조재의 품질기준(휨탄성계수와 구조재의 결점사항)에 의하여 E6, E7, E8, E9, E10, E11, E12, E13, E14, E15, E16, E17 등 12가지 등급으로 구분한다.

2013 지방직

6 다음 중 목구조 접합부에 대한 설명으로 옳은 것은?

① 길이를 늘이기 위하여 길이 방향으로 접합하는 것을 맞춤이라 하고 경사지게 만나는 부재 사이에서 양 부재를 가공하여 끼워 맞추는 접합을 이음이라 한다.

② 맞춤부위에서 만나는 부재는 서로 밀착되지 않도록 공간을 두어 접합한다.

③ 인장을 받는 부재에 덧댐판을 대고 길이이음을 하는 경우 덧댐판의 면적은 요구되는 접합면적의 1.0배 이상이어야 한다.

④ 못 접합부에서 경사못박기는 부재와 약 30도의 경사각을 갖도록 한다.

TIP ① 길이를 늘이기 위하여 길이 방향으로 접합하는 것을 맞춤이라 하고 경사지게 만나는 부재 사이에서 양 부재를 가공하여 끼워 맞추는 접합을 맞춤이라 한다.

② 맞춤부위에서 만나는 부재는 서로 밀착되도록 공간을 두어 접합한다.

③ 인장을 받는 부재에 덧댐판을 대고 길이이음을 하는 경우 덧댐판의 면적은 요구되는 접합면적의 1.5배 이상이어야 한다.

Answer 6.④

출제 예상 문제

1 다음 중 나무 마구리를 감추면서 창문 등의 마무리에 이용되는 튼튼한 맞춤은?

① 안장 맞춤 ② 연귀 맞춤
③ 장부 맞춤 ④ 주먹장 맞춤

TIP ① 경사재와 수평재의 맞춤 형식으로 평보와 ㅅ자보에 쓰인다.
③ 장부를 내고 또 다른 부재에는 장부구멍을 파서 끼우는 맞춤법이다.
④ 조작이 간단하고 철물 등을 사용하지 않아도 한 방향 외의 방향으로는 빠지지 않는다.

2 토대에 대한 설명으로 옳은 것은?

① 기둥 사이의 가로대에 창문틀 상하벽을 받고 하중을 기둥에 전달하여 창문틀을 끼워 대는 뼈대이다.
② 접합점의 강성을 높이기 위해 설치하며 뼈대의 모서리를 고정시키기 위해서 빗대서 사용하는 재이다.
③ 기둥 맨 위의 처마부분에 수평으로 대어 지붕틀 자체의 하중을 기둥에 전달한다.
④ 목 구조 벽체의 최하부에 위치하여 기둥 밑을 고정하고 상부에서 오는 하중을 기초에 전달하는 뼈대이다.

TIP ① 인방
② 버팀대
③ 깔도리

Answer 1.② 2.④

3 다음 주 목재의 사용설명으로 옳지 않은 것은?

① 수장재는 건조가 중요하므로 함수율 15% 정도까지 건조시킨다.
② 구조재는 함수율이 18 ~ 25% 정도이다.
③ 목재수축률은 심재가 변재보다 크다.
④ 창호재는 나왕, 삼목, 뽕나무, 전나무 등을 사용한다.

TIP ③ 목재의 수축률은 심재보다 변재가 크다.

4 다음 중 목재의 접합 시 주의사항으로 옳지 않은 것은?

① 이음과 맞춤은 응력이 큰 곳에서 해야 한다.
② 재는 될 수 있는 한 적게 깎아내야 한다.
③ 응력이 균등히 전달되도록 한다.
④ 정확하게 가공하여 빈틈이 없어야 한다.

TIP 목재의 이음과 맞춤 시 주의사항
㉠ 재는 될 수 있는 한 적게 깎아내야 한다.
㉡ 응력이 적은 곳에서 만들어야 한다.
㉢ 공작이 간단하게 하고 모양에 치중하지 말아야 한다.
㉣ 응력이 균등히 전달되도록 한다.
㉤ 이음, 맞춤 단면은 응력의 방향에 직각으로 한다.
㉥ 정확하게 가공하여 빈틈이 없어야 한다.

5 다음 중 멍에가 설치되는 위치는?

① 반자틀 상부 ② 장선 밑
③ 문 상부 ④ 서까래 밑

TIP 멍에는 마루를 깔 방의 길이방향으로 길게 걸쳐 장선 밑에 설치한다.

Answer 3.③ 4.① 5.②

6 목 구조체에 대한 설명으로 옳지 않은 것은?

① 기둥은 상부 하중을 토대로 전달시켜 주는 수직재로 통재기둥과 평기둥으로 구분한다.
② 토대는 전달된 하중을 기초에 균등히 분포시켜 주는 수평재로 기둥을 고정하고 벽체를 치는 뼈대가 된다.
③ 가새는 목조 벽체를 수평력에 대하여 안정된 구조가 되도록 하는 부재로 인장가새와 압축가새가 있다.
④ 심벽식은 외부에서 기둥이 보이지 않게 하는 벽식 구조로 주로 양식 구조에서 많이 사용된다.

TIP 심벽…우리나라 전통 목조에서와 같이 뼈대 사이에 벽을 만들어 뼈대가 보이도록 만든 구조로, 뼈대가 보이므로 단면이 작은 가새를 배치하게 되며, 평벽에 비하여 구조는 약하지만 목조의 고유한 아름다움을 표현할 수 있다.

7 동바리 마루 구조에 관한 설명으로 옳지 않은 것은?

① 동바리돌(주춧돌) – 동바리 – 멍에 – 직각방향으로 장선 – 마루널 순으로 시공한다.
② 동바리 위는 멍에와 긴 장부 맞춤으로 한다.
③ 장선과 멍에의 배치간격은 45cm ~ 90cm 내외로 한다.
④ 마루널은 보통 제혀쪽매로 한다.

TIP 동바리의 아래쪽에는 호박돌, 위쪽에는 멍에와 짧은 장부 맞춤을 한다.

8 목철 합성 지붕틀에서 철재를 사용하는 부재는 어떤 응력이 작용하는가?

① 압축응력　② 인장응력
③ 전단력　④ 휨모멘트

TIP 철재를 사용하는 부재는 인장응력에 작용한다.

Answer 6.④ 7.② 8.②

9 **토대에 관한 설명으로 옳지 않은 것은?**

① 토대가 기초와 닿는 면에는 방부제를 칠한다.
② 토대에 기둥을 끼워 맞출 때에는 부재 단면에 결손이 커지지 않도록 주의한다.
③ 토대는 기둥 밑둥을 연결하여 하중을 기초에 고르게 분포시키고 기둥의 부동침하를 막는다.
④ 귀잡이 토대는 토대에 걸침턱 맞춤으로 연결한다.

TIP 귀잡이 토대는 토대에 빗통을 넣어 짧은 장부 맞춤 볼트조임을 한다.

10 **목 구조에서 가새에 대한 설명으로 옳지 않은 것은?**

① 벽체에 가해지는 수직력에 유효한 부재이다.
② 가새의 경사는 45°에 가까울수록 유리하다.
③ 압축력을 받는 가새의 두께는 5cm 이상이다.
④ 인장력을 받는 가새의 두께는 15mm, 폭은 90mm 이상의 단면을 사용한다.

TIP 가새는 벽체에 가해지는 수평력에 견디도록 한 부재로 안전한 구조를 목적으로 한다.

11 **왕대공 지붕틀의 간사이는 보통 몇 m 정도가 적당한가?**

① 6m ② 10m
③ 15m ④ 20m

TIP 왕대공 지붕틀의 간사이는 보통 10m 정도로 하고 최대 20m 정도까지 할 수 있다. 간격은 1.8～2.7m 정도로 한다.

12 **다음 중 목조 왕대공 지붕틀 중에서 가장 큰 힘을 받는 부재는?**

① 평보 ② 왕대공
③ ㅅ자보 ④ 빗대공

TIP 목조 왕대공 지붕틀 중에서 가장 큰 힘을 받는 부재는 ㅅ자보이다.

Answer 9.④ 10.① 11.② 12.③

13 목재 이음에서 덧판을 대고 큰 못이나 볼트 죔을 하며, 나무 덧판을 쓰는 경우 짜맞추거나 듀벨을 쓰면 이음이 훨씬 강해지는 이음은?

① 맞댄 이음　　② 겹친 이음
③ 따낸 이음　　④ 중복 이음

TIP 맞댄 이음(Butt joint) … 두 부재를 단순히 맞대어 잇는 방법으로 잘 이어지지 않으므로 덧판을 대고 볼트 조임이나 큰 못으로 연결해 준다. 이는 평보같은 압력이나 인장력을 받는 재에 사용된다.

14 목 구조의 1층 건물에 쓰이지 않는 부재는?

① 장선　　② 멍에
③ 처마도리　　④ 통재기둥

TIP 통재기둥
㉠ 밑층에서 윗층까지 1개의 재로 연결되는 기둥으로 2층 이상인 목조건물의 모서리 기둥에 쓰인다.
㉡ 길이는 5 ~ 7m이다.

15 다음 중 목조 왕대공 지붕틀 중에서 압축력과 휨모멘트를 동시에 받는 부재는 무엇인가?

① ㅅ자보　　② 평보
③ 달대공　　④ 빗대공

TIP 왕대공 트러스 부재가 받는 힘
㉠ 평보, 달대공 : 인장력
㉡ 빗대공, ㅅ자보 : 압축력
㉢ ㅅ자보 : 압축력 + 휨모멘트
㉣ 평보 : 인장력 + 휨모멘트

Answer 13.① 14.④ 15.①

16 다음은 목재 강도에 관한 설명이다. 옳지 않은 것은?

① 심재가 변재보다 수축률이 작다.
② 섬유방향의 강도가 직각방향의 강도보다 작다.
③ 섬유포화점 이상의 상태에서 함수율이 변해도 강도는 변하지 않는다.
④ 목재의 함수율이 30% 이하이면 강도가 증가한다.

TIP 함수율에 따른 강도 변화
㉠ 변재가 심재보다 수축률이 크다.
㉡ 섬유방향의 강도가 직각방향의 강도보다 크다.
㉢ 목재의 함수율이 30% 이상이면 강도와 수축변형이 거의 일정하다.
㉣ 목재의 함수율이 30% 이하이면 강도가 증가한다.
㉤ 내구성, 비중, 강도는 변재보다 심재가 크다.
㉥ 신축률 : 축방향(0.35%) < 지름방향(8%) < 촉방향(14%)

17 다음은 목 구조에서 보강철물과 사용개소를 연결지은 것이다. 연결이 잘못된 것은?

① 인장쇠 – 큰 보와 작은 보
② 주걱볼트 – 보와 처마도리
③ 감잡이쇠 – 처마도리와 깔도리
④ 띠쇠 – 왕대공과 ㅅ자보

TIP 보강철물의 사용개소

보강철물	사용장소
양나사볼트	처마도리, 깔도리
감잡이쇠	평보, 왕대공
볼트	ㅅ자보, 평보
주걱볼트	보, 처마도리
양꺾쇠	빗대공, ㅅ자보
꺾쇠, 띠쇠, 감잡이쇠	토대기둥
인장쇠	큰 보, 작은 보
앵커볼트	기초토대
띠쇠	왕대공, ㅅ자보
엇꺾쇠볼트	달대공, ㅅ자보

Answer 16.② 17.③

18 다음 중 구조용으로 쓰이는 나무에 속하지 않는 것은?

① 소나무　　② 잣나무
③ 참나무　　④ 밤나무

TIP 나무의 종류
㉠ 구조재 : 소나무, 낙엽송, 잣나무, 밤나무, 전나무, 느티나무, 나왕, 삼송, 회나무 등
㉡ 수장재 : 느티나무, 낙엽송, 참나무, 적송, 홍송, 나왕, 박달나무, 단풍나무 등
㉢ 창호재 : 나왕, 삼목, 뽕나무, 전나무, 졸참나무, 느티나무 등
㉣ 가구재 : 티크, 나왕, 마호가니, 침엽수, 활엽수 등

19 목 구조에서 구조재로 쓰이는 목재의 함수율로 적당한 것은?

① 5 ~ 10%　　② 10% ~ 15%
③ 18 ~ 20%　　④ 18% ~ 25%

TIP 구조재의 함수율은 18% ~ 25%이다.

20 다음 중 맞댄쪽매의 기호로 알맞은 것은?

①　　② 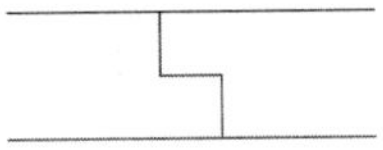
③ 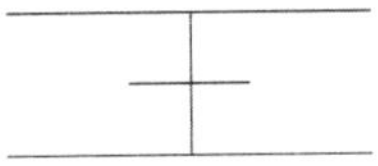　　④

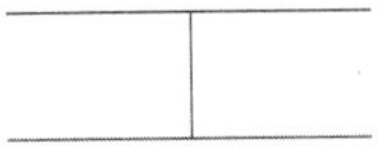

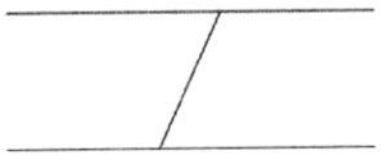

TIP 쪽매의 종류

종류	맞댄쪽매	반턱쪽매	틈막이대쪽매	딴혀쪽매
형상	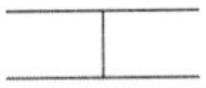	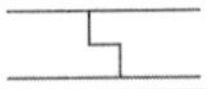	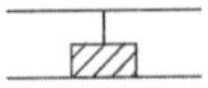	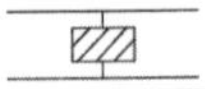
종류	양끝못맞댐쪽매	빗쪽매	오늬쪽매	제혀쪽매
형상	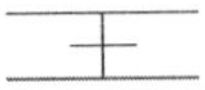			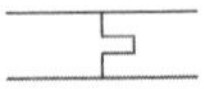

Answer 18.③ 19.④ 20.①

21 2층 마루 중 홀 마루는 얼마일 때 쓰이는가?

① 2.5m 미만
② 3.0m 미만
③ 5.5m 미만
④ 6.4m 미만

TIP 2층 마루
㉠ 홑마루 : 2.5m 미만
㉡ 보마루 : 2.5 ~ 6.4m 미만
㉢ 판마루 : 6.4m 이상

22 다음 중 목조 벽체의 가새 설치방법 중 가장 좋은 방법은?

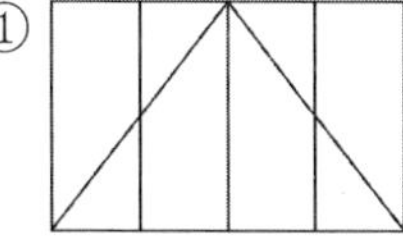

②
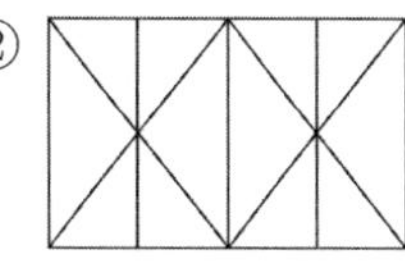

③
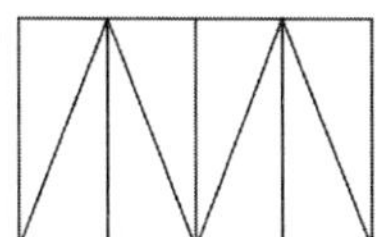

④
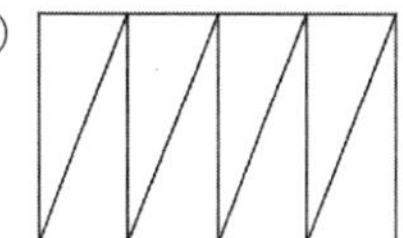

TIP 가새의 경사는 45°에 가까울수록 유리하며 대칭으로 배치하고 인장가새와 압축가새를 교대로 번갈아 설치해 수직재와 수평재에 손상을 주지 않도록 설계한다.

23 마루 구조 중 1층 마루에서 마루 밑의 방부처리는 얼마까지 해야 하는가?

① 1m
② 1.5m
③ 2m
④ 2.2m

TIP 마루 밑의 방습 및 방부는 지면에서 45cm 이상 높이도록 하고, 목 구조에서는 지반면으로부터 1m 높이까지 방부처리를 한다.

Answer 21.① 22.③ 23.①

24 못으로 보강 시 못이 진동에 의해서도 솟아오르지 않는 특성을 가진 가장 이상적인 쪽매의 종류는?

① 맞댄 쪽매
② 제혀 쪽매
③ 오니 족매
④ 딴혀 쪽매

TIP 제혀 쪽매 … 널 한쪽 옆에 서로 물려지게 혀를 내고 한 옆에서 못질하여 머리가 감추어지도록 하는 방식이다.

25 다음은 목구조의 재료적 특징에 관한 사항들이다. 이 중 바르지 않은 것은?

① 열전도율이 낮으며 전기에 대해서도 절연성이 강하다.
② 산이나 알칼리 등에 강하다.
③ 불에 쉽게 타게 되며 부패가 쉽게 발생한다.
④ 전단에 대해서 강하고 인장에 대해서 약하다.

TIP 목재는 전단에 대해서 약하다.

26 다음은 목재의 함수율에 관한 사항들이다. 이 중 바르지 않은 것은?

① 전건상태는 재료 내부의 공극에 수분이 전혀 없는 상태이다.
② 기건상태는 함수율 10 ~ 15% 정도의 상태로 대기중의 수분과 균형을 이루고 있는 상태이다.
③ 목재 세포가 최대한도의 수분을 포함한 상태로서 함수율은 약 30%이다.
④ 목재는 섬유포화점 이하에서는 함수율에 관계없이 강도가 일정하다.

TIP 목재의 함수율이 섬유포화점 이상인 경우는 강도 및 신축률이 일정하나 섬유포화점 이하에서는 강도가 급속히 증가한다.

Answer 24.② 25.④ 26.④

27 다음 보기에 제시된 육안등급구조재의 종류는?

두께와 너비가 공칭 125mm 이상이며 두께와 너비의 치수차이가 52mm 이상인 구조용 목재이다.

① 1종 구조재 ② 2종 구조재
③ 3종 구조재 ④ 4종 구조재

TIP 육안등급구조재 … 침엽수구조재의 각 재종별로 규정된 등급별 품질기준들을 육안으로 검사하여 등급을 구분한 구조재이다.
㉠ 1종구조재 : 공칭두께가 50mm 이상 125mm 미만이고 공칭너비가 50mm 이상인 구조용 목재
㉡ 2종구조재 : 두께와 너비가 공칭 125mm 이상이며 두께와 너비의 치수차이가 52mm 이상인 구조용 목재
㉢ 3종구조재 : 두께와 너비가 공칭 125mm 이상이고 두께와 너비의 치수차이가 52mm 미만인 구조용 목재

28 목재단판 스트랜드를 평행한 방향으로 접착한 고강도 구조용 목재는?

① 패럴램 ② OSB
③ 구조용집성재 ④ 구조용합판

TIP 목재단판 스트랜드를 평행한 방향으로 접착한 고강도 구조용 목재는 패럴램이다.

29 다음은 허용응력의 산정을 위해 적용해야 하는 보정계수의 적용에 관한 사항들이다. 이 중 바르지 않은 것은?

① 휨하중을 받는 집성재에 대해서는 보안정계수와 부피계수를 동시에 적용하지 않으며 두 보정계수 중 큰 값을 적용해야 한다.
② 치수계수는 휨하중을 받는 육안등급구조재와 원형단면 구조재에만 적용한다.
③ 부피계수는 휨하중을 받는 집성재에만 적용한다.
④ 곡률계수는 휨하중을 받는 집성재의 굽은 부분에만 적용한다.

TIP 휨하중을 받는 집성재에 대해서는 보안정계수와 부피계수를 동시에 적용하지 않으며 두 보정계수 중 작은 값을 적용해야 한다.

Answer 27.② 28.① 29.①

30 다음 보기의 빈 칸에 들어갈 말로 알맞은 것을 순서대로 바르게 나열한 것은?

> ㉠ : 목재접합에서 한 목재의 끝을 다른 목재의 구멍에 맞추는 것
> ㉡ : 부재를 직각이나 경사를 두어 접합하는 것
> ㉢ : 서로 다른 목재를 길이 방향으로 접합하는 것
> ㉣ : 목재를 섬유방향과 평행으로 옆대어 붙이는 것

	㉠	㉡	㉢	㉣
①	맞춤	이음	장부	쪽매
②	장부	맞춤	이음	쪽매
③	쪽매	맞춤	장부	이음
④	이음	쪽매	맞춤	장부

TIP 목구조의 접합
㉠ 장부 : 목재접합에서 한 목재의 끝을 다른 목재의 구멍에 맞추는 것
㉡ 맞춤 : 부재를 직각이나 경사를 두어 접합하는 것
㉢ 이음 : 서로 다른 목재를 길이 방향으로 접합하는 것
㉣ 쪽매 : 목재를 섬유방향과 평행으로 옆대어 붙이는 것

31 보의 방향이 이동되는 것을 방지하기 위하여 촉·꺽쇠·볼트 등으로 보강하는 목재의 이음 방식은?

① 메뚜기장 이음
② 주먹장 이음
③ 빗걸이 이음
④ 엇걸이 이음

TIP 빗걸이 이음 … 보의 방향이 이동되는 것을 방지하기 위하여 촉·꺽쇠·볼트 등으로 보강하는 목재의 이음 방식

Answer 30.② 31.③

32 다음은 목구조 설계 시 기본요구사항들이다. 이 중 바르지 않은 것은?

① 크리프에 의한 변형이 큰 경우 필히 크리프를 고려해야 한다.
② 건물외주벽체 및 주요칸막이벽 등 구조내력상 중요한 부분의 기초는 가능한 연속기초가 되도록 한다.
③ 응력과 변형의 산정은 기본적으로 비탄성해석에 의한다.
④ 가정한 절점이 실상과 다를 경우에는 필요에 따라 2차응력의 영향을 고려해야 한다.

TIP 응력과 변형의 산정은 기본적으로 탄성해석에 의한다.

33 다음 보기에서 설명하고 있는 2층 마루틀의 종류는?

> 간사이가 적을 때에는 보를 쓰지 않고 층도리와 칸막이도리에 장선을 걸쳐대고 마루를 깐다. 이 경우 장선은 춤이 높은 것을 사용하게 되므로 옆으로 휘는 것을 방지하기 위해 장선가새나 장선잡이를 두며 이 때의 마루구성을 홑마루틀 또는 장선마루틀이라 한다. 복도 등 좁은 곳에 사용된다.

① 납작마루틀
② 동바리마루틀
③ 홑마루틀
④ 짠마루틀

TIP 보기의 내용은 홑마루틀에 관한 설명이다.

34 다음은 지붕의 구성재들을 영어로 번역한 것이다. 이 중 바르지 않은 것은?

① 마룻대 : ridge
② 추녀마루 : hip
③ 골 : valley
④ 차양 : eaves

TIP eaves는 처마를 의미한다.

Answer 32.③ 33.③ 34.④

35 **다음 중 목재의 종류 및 특성에 관한 설명으로 바르지 않은 것은?**

① 수장재로는 주로 침엽수가 사용되며, 구조재로는 주로 활엽수가 사용된다.
② 치장을 위해 사용되는 목재로 옹이가 없는 곧은 결재가 좋으며 창호재나 가구재와 같이 변형이 되지 않도록 함수율 15%의 기건상태로 건조시켜 사용한다.
③ 침엽수는 활엽수에 비해 가격이 저렴하다.
④ 소나무, 삼나무, 낙엽송은 침엽수에 속한다.

TIP 수장재로는 주로 활엽수가 사용되며, 구조재로는 주로 침엽수가 사용된다.

36 **다음은 목재의 재료적 특성에 관한 사항들이다. 이 중 바르지 않은 것은?**

① 섬유포화점은 세포와 세포 사이 수액이 증발한 상태를 말하며 함수율이 20% 정도일 때를 말한다.
② 수장재는 A종, B종, C종으로 분류되며 이 중 C종이 함수율이 가장 높다.
③ 변재가 심재보다 수축률이 크며 섬유방향 강도가 직각방향 강도보다 크다.
④ 신축률은 촉방향이 지름방향보다 크며 지름방향이 축방향보다 크다.

TIP 섬유포화점은 세포와 세포 사이 수액이 증발한 상태를 말하며 함수율이 30% 정도일 때를 말한다.

37 **목구조에는 다양한 보강철물이 사용되는데 그 중 못은 목구조접합부에 가장 흔히 사용되는 보강철물이다. 이러한 못에 대한 설명으로 바르지 않은 것은?**

① 각재의 두께는 못 지름의 6배 이상이어야 한다.
② 못은 1개소에서 4개 이상을 박는 것을 원칙으로 한다.
③ 못의 길이는 박아야 하는 나무 두께의 3.0배~3.5배로 하되 마구리에서는 2.0~3.0배 정도로 한다.
④ 못은 목재의 섬유방향에 대해서 엇갈림 박기로 한다.

TIP 못의 길이는 박아야 하는 나무 두께의 2.5배~3.0배로 하되 마구리에서는 3.0~3.5배 정도로 한다.

Answer 35.① 36.① 37.③

38 목재의 이음방식에는 여러 종류가 있다. 다음 보기는 이러한 목재의 이음방식에 관한 사항들이다. 빈칸에 들어갈 알맞은 말을 순서대로 바르게 나열한 것은?

> • (가) : 한 재의 끝을 주먹 모양으로 만들어 다른 한 재에 파들어 가게 함으로써 이어지게 한 간단한 이음으로, 공작하기도 쉽고 튼튼하기 때문에 널리 사용된다.
> • (나) : 보의 방향이 이동되는 것을 방지하기 위하여 촉, 꺾쇠, 볼트 등으로 보강하는 목재의 이음방식이다.

	(가)	(나)
①	주먹장 이음	빗걸이 이음
②	엇빗 이음	홈 이음
③	산자 이음	은장 이음
④	엇걸이 이음	턱솔 이음

TIP • 주먹장 이음 : 한 재의 끝을 주먹 모양으로 만들어 다른 한 재에 파들어 가게 함으로써 이어지게 한 간단한 이음으로, 공작하기도 쉽고 튼튼하기 때문에 널리 사용된다.
• 빗걸이 이음 : 보의 방향이 이동되는 것을 방지하기 위하여 촉, 꺾쇠, 볼트 등으로 보강하는 목재의 이음방식이다.

39 쪽매는 폭이 좁은 널을 옆대어 붙여 그 폭을 넓게 하는 것으로, 마루널이나 양판문의 양판제작에 주로 사용된다. 다음 중 이러한 쪽매의 종류에 대한 설명으로 바르지 않은 것은?

① 맞댄쪽매는 널 옆을 대패질 마무리하여 서로 맞댄 후 널 위에서 못질하는 것으로 정밀도를 필요로 하지 않는 실용적인 툇마루에 쓰인다.
② 반쪽매는 널의 옆을 널 두께의 반만큼 깎아서 맞댄면의 틈을 감추게 하는 것으로 두께 15mm 미만의 널깔기에 사용된다.
③ 빗쪽매는 널의 한 옆을 제물로 혀를 내고 다른 재의 옆면은 혀가 물리도록 홈을 판 것으로 혀의 위에서 빗못질 하므로 못 머리가 감추어진다.
④ 딴혀쪽매는 널의 양옆에 홈을 파고 혀를 따로 끼워 댈 수 있게 만든 것으로 마루널 깔기에 쓰인다.

TIP 제혀쪽매는 널의 한 옆을 제물로 혀를 내고 다른 재의 옆면은 혀가 물리도록 홈을 판 것으로 혀의 위에서 빗못질 하므로 못 머리가 감추어진다. 빗쪽매는 널의 옆을 경사면으로 대패질 한 것으로 반자널 쪽매 등에 사용한다.

Answer 38.① 39.③

40 다음은 목조의 뼈대구조에 대한 설명이다. 빈 칸에 들어갈 말로 알맞은 것을 순서대로 바르게 나열한 것은?

> • (가)는 기초 위에서 기둥 밑을 연결하여 고정시키므로 상부에서 오는 하중을 기초에 전달하는 역할을 한다.
> • (나)는 모서리의 토대 변형을 방지하는 토대로서 주로 바깥벽의 모서리부분, 외벽과 내벽의 교차부, 내벽의 교차부 등에 설치한다.
> • (다)은 평벽에서 상부의 하중을 받지 않고 가새의 휨을 방지하며 문꼴의 변형을 막아준다.
> • (라)는 기둥 맨 위의 처마부분에 수평으로 대어 지붕틀 자체의 하중을 기둥에 전달하는 역할을 한다.

	(가)	(나)	(다)	(라)
①	귀잡이토대	토대	동자기둥	처마도리
②	토대	귀잡이토대	샛기둥	깔도리
③	귀잡이토대	버팀대	통재기둥	층도리
④	버팀대	토대	경골기둥	인방

TIP
• 토대는 기초 위에서 기둥 밑을 연결하여 고정시키므로 상부에서 오는 하중을 기초에 전달하는 역할을 한다.
• 귀잡이토대는 모서리의 토대 변형을 방지하는 토대로서 주로 바깥벽의 모서리부분, 외벽과 내벽의 교차부, 내벽의 교차부 등에 설치한다.
• 샛기둥은 평벽에서 상부의 하중을 받지 않고 가새의 휨을 방지하며 문꼴의 변형을 막아준다.
• 깔도리는 기둥 맨 위의 처마부분에 수평으로 대어 지붕틀 자체의 하중을 기둥에 전달하는 역할을 한다.

41 다음 중 목구조 설계에서 보정계수 적용 시 주의해야 할 사항으로 바르지 않은 것은?

① 치수계수는 휨하중을 받는 육안등급구조재와 원형단면 구조재에만 적용한다.
② 부피계수는 휨하중을 받는 집성재에만 적용한다.
③ 평면사용계수는 휨하중을 받는 1종구조재(규격재) 및 집성재에만 적용한다.
④ 휨하중을 받는 집성재에 대해서는 보안정계수와 부피계수를 동시에 적용한다.

TIP 휨하중을 받는 집성재에 대해서는 보안정계수와 부피계수를 동시에 적용하지 않으며 두 보정계수 중 작은 값을 적용해야 한다.

Answer 40.② 41.④

42 **구조용 목재는 작은 판재나 폐목자재를 접착하여 강도를 비롯한 각종 성능을 향상시킨 집성목이며 매우 다양한 종류가 있다. 이러한 집성목의 종류에 관한 설명으로 바르지 않은 것은?**

① 글루램은 접착가공목재를 말하며 공칭치수 2인치 두께 이하의 건조제재목을 이용하여 핑거조인트(finger joint) 방식으로 장축 부재로 만들고 평행하게 여러 층으로 적층, 접착 후 재가공한다.

② L.V.L은 단판적층재로서 여러 층의 단판을 제품의 길이 방향으로 목리에 평행하게 접착하여 제조한 구조용 집성재이다.

③ 패럴램은 얇고 넓은 스트랜드(두께 1mm 이하, 길이 80mm)를 판재의 길이 및 폭 방향으로 층을 이루도록 배열하여 내수성 접착제로 적층구성한 판상의 제품이다.

④ I형장선은 단판적층재로 구성된 플랜지(flange)와 합판 및 OSB로 구성된 웹(web)으로 구성된 조립보로서 긴 경간의 장선이나 서까래에 사용된다.

TIP
- O.S.B(oriented stand board) : 얇고 넓은 스트랜드(두께 1mm 이하, 길이 80mm)를 판재의 길이 및 폭 방향으로 층을 이루도록 배열하여 내수성 접착제로 적층구성한 판상의 제품이다.
- 패럴램 : 단판(veneer)을 잘라 만든 스트랜드의 밀도를 높이며 서로 접착하여 제품의 길이 방향으로 스트랜드를 배열하여 제조한 구조용 집성재로 LVL과 OSB의 중간현태 목질복합재료이다.

43 **다음은 목구조재의 기준 허용응력의 보정에 관한 사항들이다. 이 중 바르지 않은 것은?**

① 육안등급구조재와 기계등급구조재에 대한 기준허용응력은 건조사용조건 이하의 사용함수율에서 기준재하기간일 때 적용한다.

② 설계허용응력은 기준허용응력에 적용 가능한 모든 보정계수를 곱하여 결정한다.

③ 기준하중기간은 약 20년의 누적된 기간 동안 총설계하중이 작용함으로써 부재에 설계허용응력까지의 응력을 최대로 가하는 경우에 해당한다.

④ 목재는 장기하중보다는 단기하중의 경우 더 큰 최대하중을 지지하는 성질을 가진다.

TIP 기준하중기간은 약 10년의 누적된 기간 동안 총설계하중이 작용함으로써 부재에 설계허용응력까지의 응력을 최대로 가하는 경우에 해당한다.

Answer 42.③ 43.③

44 다음 보기는 전단벽의 종류별 높이-나비의 최대비율을 나타내고 있다. 이 때 빈 칸에 들어갈 말을 순서대로 바르게 나열한 것은?

전단벽의 종류	높이-나비의 최대비율
구조용 목질판재로 덮고 모든 측면에 못을 박은 전단벽	(가)
파티클보드로 고 모든 면에 을 박은 전단벽	(나)
대각선 덮개를 단층으로 설치한 전단벽	
섬유판으로 덮은 전단벽	(다)

	(가)	(나)	(다)
①	2:1	3.5:1	2.5:1
②	3.5:1	2:1	1.5:1
③	2.5:1	3:1	2:1
④	1.5:1	2.5:1	3:1

TIP

전단벽의 종류	높이-나비의 최대비율
구조용 목질판재로 덮고 모든 측면에 못을 박은 전단벽	3.5:1
파티클보드로 고 모든 면에 을 박은 전단벽	2:1
대각선 덮개를 단층으로 설치한 전단벽	
섬유판으로 덮은 전단벽	1.5:1

45 벽체-격막의 형상비 제한에 의하면 다음 표에 제시된 전단벽의 종류별 "높이/나비의 값"으로 잘못된 것은?

① 섬유판으로 덮은 전단벽은 3 : 1이다.
② 구조용 목질판재 또는 파티클보드로 덮고 모든 측면에 못을 박은 전단벽은 2 : 1의 비이다.
③ 석고보드, 드라이비트, 시멘트플라스터 등으로 덮은 전단벽은 1.5 : 1이다.
④ 대각선 덮개를 단층으로 설치한 전단벽은 2 : 1이다.

TIP 섬유판으로 덮은 전단벽은 1.5 : 1이다.

Answer 44.② 45.①

제1편 일반구조

05 지붕공사와 방수

01 지붕공사

1 지붕공사의 개요

(1) 개념

지붕공사는 주구조체 공사가 끝나고 미장공사, 내부 조적공사 등을 착수하기 전에 이루어지는 공사로서 건물의 최상부를 형성하기 위한 공사로서 일사, 강우, 적설에 그대로 노출되는 부분이므로 철저한 방수와 단열이 이루어져 한다.

(2) 지붕의 종류

① 박공지붕(Gable roof) … 건물의 모서리에 추녀가 없고 용마루까지 벽이 삼각형이 되어 올라간 지붕이다.

② 모임지붕(Hip roof) … 건물의 모서리에 오는 추녀마루가 용마루까지 경사지어 올라가 모이게 된 지붕이다.

③ 외쪽지붕(Shed roof) … 지붕 전체가 한쪽으로만 물매진 지붕이다.

④ 방형지붕 … 지붕 중앙부의 한 쪽 지점으로부터 4방향으로 내려오는 지붕이다.

⑤ 꺾인지붕 … 박공지붕처럼 한 번에 올라간 것이 아니라 꺾임을 줘서 올리는 지붕이다.

⑥ 합각지붕(Gambrel roof) … 지붕 위에 까치 박공이 달리게 된 지붕으로, 끝은 모임지붕처럼되고 용마루 부분에 3각형의 벽을 만든 지붕이다.

⑦ 맨사드지붕(Mansard roof) … 모임지붕 물매의 상하가 다르게 된 지붕으로, 전후 양면 또는 사면이 한 번 꺾여 두 물매로 된 지붕이다.

⑧ 톱날지붕(Saw－tooth roof) … 외쪽지붕이 연속하여 톱날 모양으로 된 지붕으로 해가림을 겸하고 변화가 적은 북쪽광선만을 이용한다.

⑨ 부섭지붕(Half－span roof) … 외쪽지붕이 다른 건물의 외벽에 부속집 모양으로 있는 지붕이다.

⑩ 부른지붕(Convex roof) … 지붕면의 한가운데가 불러오른 지붕이다.

⑪ **욱은지붕**(Concave roof) … 지붕면 중간이 우그러 내린 지붕이다.

⑫ **평지붕**(Flat roof) … 지붕면의 물매가 없이 수평으로 된 지붕으로 주로 철근 콘크리트 구조에 많으며 형태상으로 분류할 때 가장 단순한 지붕의 형식이며 지붕에서 보행이 가능하다.

⑬ **솟을지붕**(monitor roof) … 지붕의 일부가 높이 솟아 오른 지붕 또는 중앙간 지붕이 높고 좌우간 지붕이 낮게 된 지붕으로 통풍, 채광을 위해서 지붕의 일부분을 더 높이 솟아 오르게 하는 작은 지붕으로 공장 등의 경사창에 많이 사용하다.

⑭ **반원지붕**(Barrel shell roof) … 지붕전체가 반원형으로 된 지붕이다.

⑮ **돔**(Domed roof) … 돔 구조의 지붕 또는 돔 모양으로 된 지붕이다.

⑯ **뾰족지붕**(Pinnade roof spire) … 지붕의 물매가 가파른 지붕으로 방형, 원추형, 다각형 등이 있다.

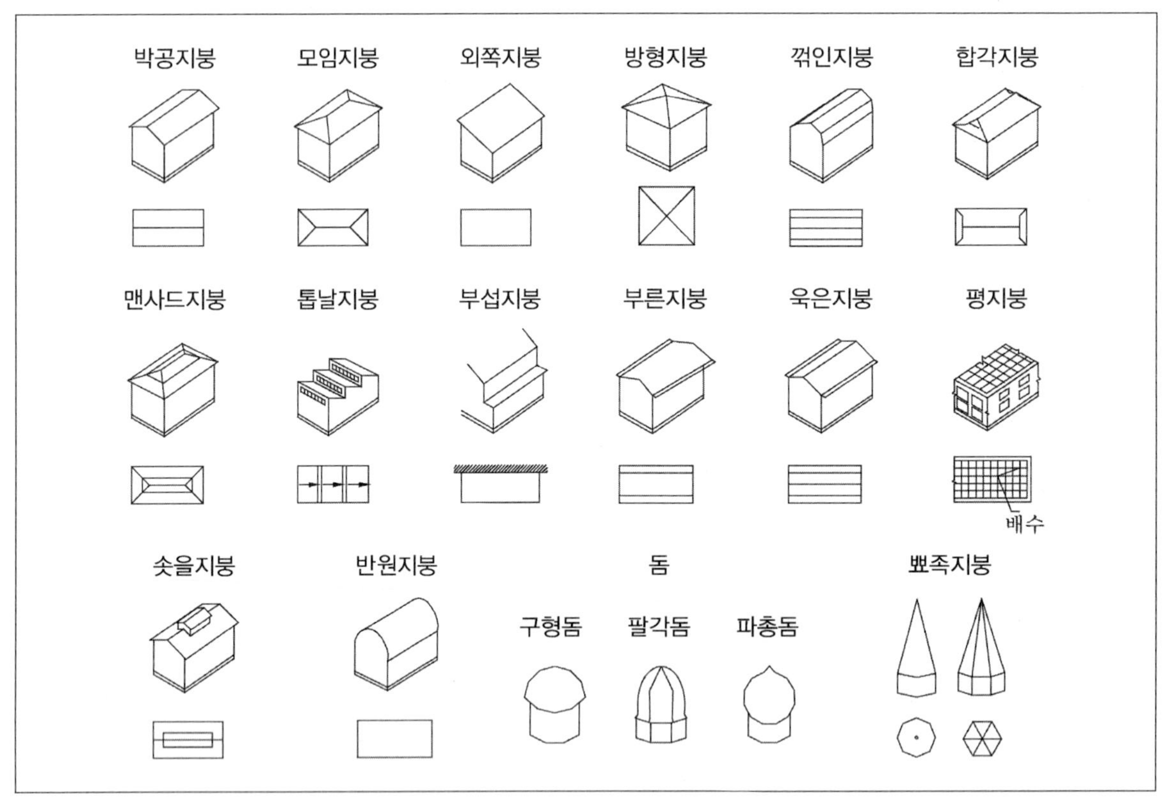

(3) 지붕재료에 요구되는 사항

① 시공에 용이하며 보수가 편리하고, 공사비용이 저렴할 것

② 방화적이고 열전도율이 적어서 내한·내열성이 클 것

③ 수밀하고 내수적이며, 습도에 의한 신축이 적을 것

④ 외관이 미려하고 건물과 조화를 이룰 것

(4) 지붕의 물매

① 개념 … 10cm 수평거리에 대한 직각삼각형의 높이를 말한다.

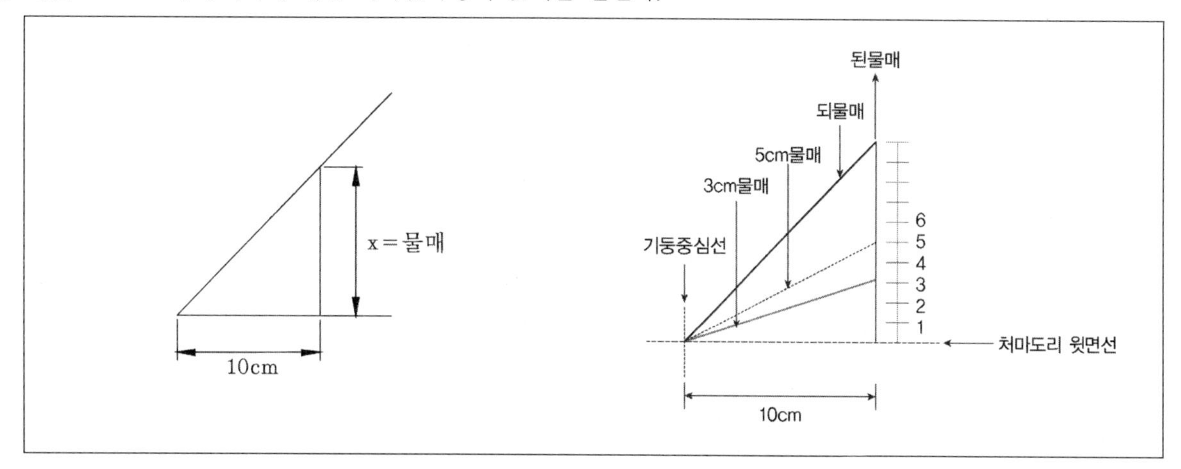

② 물매의 종류

㉠ 평물매 : 경사가 45° 미만일 때

㉡ 되물매 : 경사가 45°일 때

㉢ 된물매 : 경사가 45° 이상일 때

㉣ 귀물매 : 추녀마루(지붕귀마루)의 물매로 평물매를 $\sqrt{2}$ 로 나눈 값이다.

③ 지붕재료별 표준물매

지붕재료	물매
평기와	$\frac{1}{50} \sim \frac{1}{200}$
시멘트기와	$\frac{4}{10}$ 이상
천연슬레이트, 석면평슬레이트	$\frac{5}{10}$ 이상
석면골슬레이트, 평금속판	$\frac{3}{10}$ 이상
기와가락, 골금속판	$\frac{2.5}{10}$ 이상
토기와	$\frac{4.5}{10}$ 이상

❷ 기와잇기

(1) 기와잇기의 개념

지붕에 기와를 잇는 일로 지붕널 또는 산자 엮은 바탕 위에 시멘트기와, 한식기와 등을 이어놓는 일을 말한다.

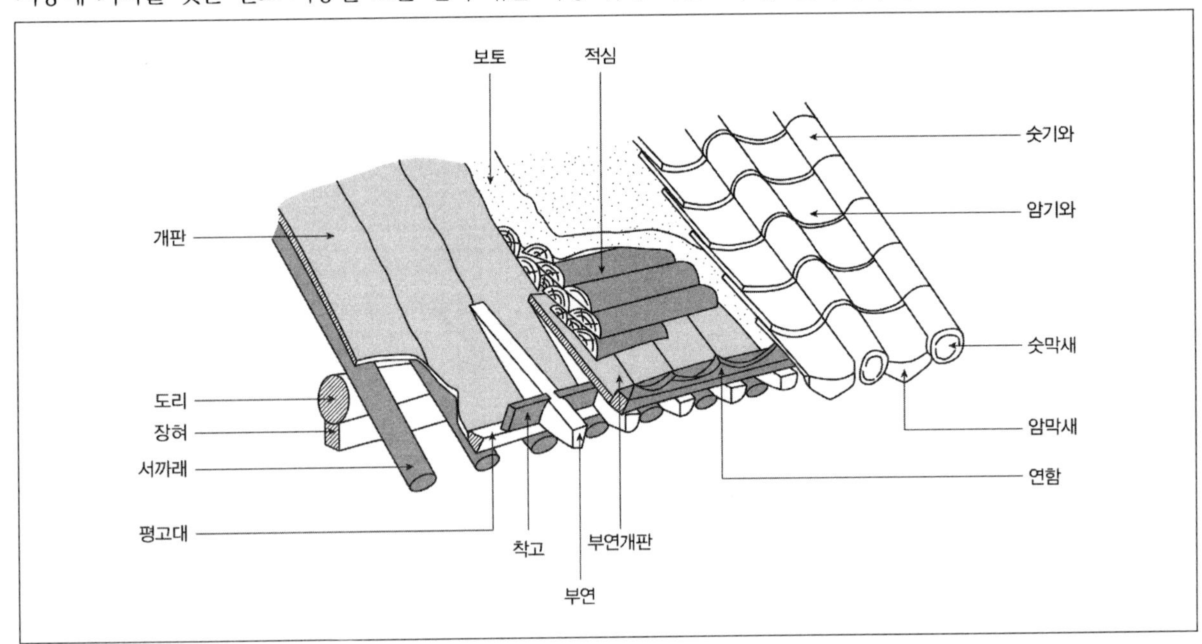

(2) 한식기와

① **착고** … 지붕마루의 기와골에 맞추어 수키와를 다듬어 옆세워 대는 기와를 말한다.

② **부고** … 착고 위에 옆세워 대는 수키와를 말한다.

③ **알매흙** … 암키와 밑의 진흙을 말한다.

④ **홍두깨흙** … 수키와 밑의 진흙을 말한다.

⑤ **아귀토** … 수키와 처마끝에 막새 대신에 회반죽을 둥글게 바른 것을 말한다.

⑥ **단골막이** … 착고막이로 수키와 반토막을 간단히 댄 것을 말한다.

⑦ **머거블** … 용마루의 끝마구리에 수키와를 옆세워서 댄 것을 말한다.

⑧ **내림새** … 처마끝에 잇는 암키와로 암키와를 막아주는 것을 말한다.

⑨ **막새** … 처마끝에 잇는 비흘림판이 달린 수키와로 수키와 끝을 막아주는 것을 말한다.

[지붕마루]

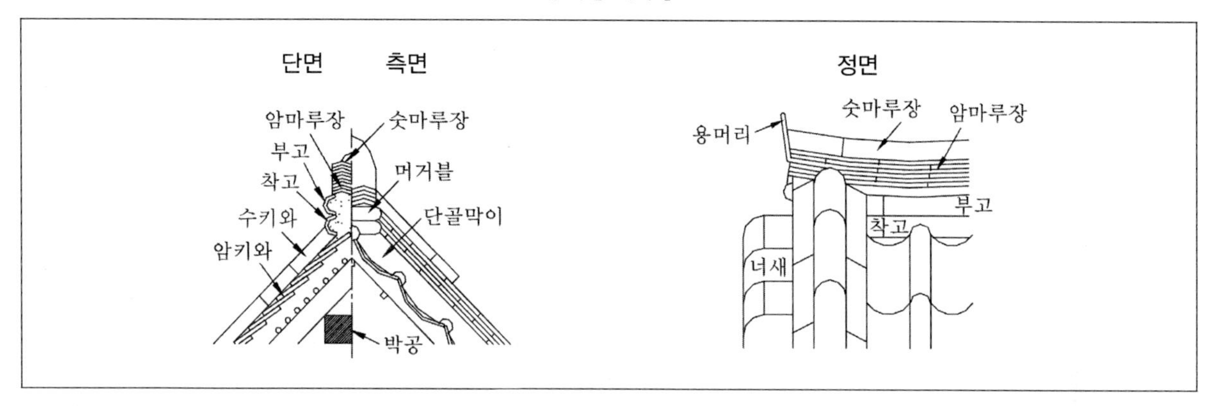

(3) 슬레이트잇기

① **천연슬레이트** … 흡수율이 적은 점판암, 이판암을 가공한 슬레이트로 크기는 길이 360mm × 너비 180mm × 두께 6 ~ 9mm이다.

② **석면슬레이트**(석면골슬레이트) … 시멘트 86 : 석면 14의 비율로 적당히 돌가루 등을 혼합하여 압착성형한 슬레이트이다.

(4) 금속판잇기

① 금속판의 종류

㉠ **함석판** : 철판에 아연도금한 것으로, 녹슬기가 쉽고 일산화탄소에 약하다.

㉡ **동판** : 황동판, 청동판이 있으며 알칼리, 암모니아 가스에 약하다.

㉢ **아연판** : 산 및 알칼리에 약하며 동판에 접촉되면 부식된다.

㉣ **알루미늄판** : 염해에 약해서 해안가에서 사용하는 것은 부적합하나, 경량이고 내식성 전기전도, 열반사율이 좋다.

㉤ **납판** : 목재나 회반죽에 닿으면 부식된다. 그러나 내식성이 강하고 주조하기는 쉽다.

② 잇기방법

㉠ **평판잇기** : 바탕방수지 겹침길이는 9×12cm 이상으로 하고 밑창판은 25cm 정도의 간격으로 못을 박아 대고, 감싸기판을 거멀띠에 접어 걸어 밑창판과 지붕판을 감싸 기판과 같이 꺾어서 접는다.

㉡ **기와가락잇기** : 지붕널 위에 서까래 위치와 같이 기와가락을 대고 함석판을 잇는 방법이다.

㉢ **골함석잇기** : 중도리에 못을 박아서 댄다. 가로겹침길이는 작은골판 2.5골, 큰골판 1.5골 이상으로 하고 세로겹침길이는 15cm 정도로 한다.

TIP

금속판잇기 … 금속판을 잇는 방법은 여러 가지가 있으나 거멀접기법이 가장 흔히 활용된다.

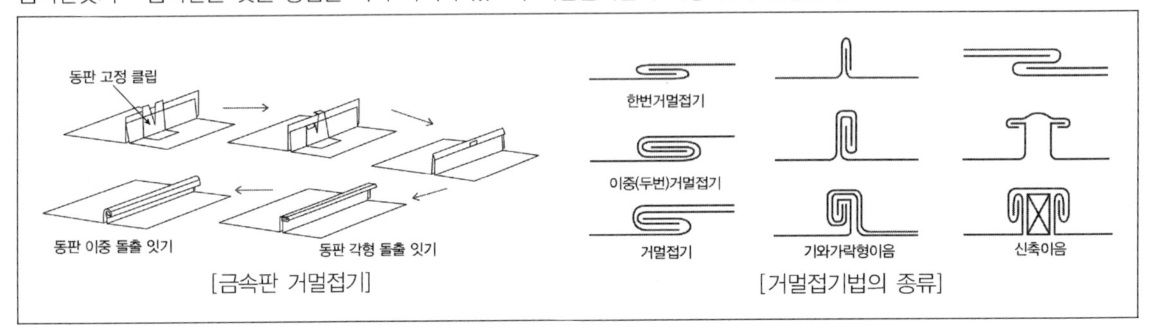

[금속판 거멀접기] [거멀접기법의 종류]

③ 홈통

(1) 빗물 이동순서 및 재료

① **빗물 이동순서** … 처마홈통 → 깔대기홈통 → 장식통 → 선홈통 → 보호관 → 낙수받이돌

② **재료** … 홈통은 보통 함석 #28 ~ #30 두께를, 동판은 0.3 ~ 0.5mm 두께를 사용한다. 홈통걸이는 아연도금, 철물, 주철제를 사용하고 홈통보호관은 주철관을 사용한다.

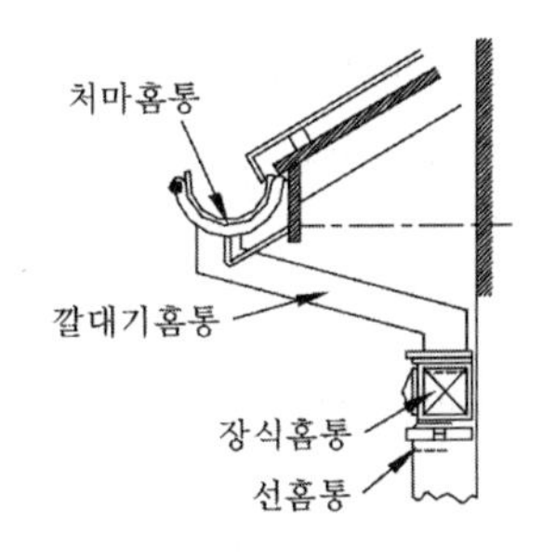

[홈통공사(밖홈통)]

(2) 종류

① **처마홈통**

㉠ 처마끝부에 설치한 홈통이다.

㉡ 물흘림 경사는 $\frac{1}{50}$ ~ $\frac{1}{200}$ 사이로 한다($\frac{1}{100}$이 적당).

㉢ 4.5cm 정도 겹쳐대고 20 ~ 30m마다 신축이음을 한다.

㉣ 홈걸이의 간격은 90cm 정도로 한다.

② **선홈통**

㉠ 맞붙임은 거멀접기로 하고 수밀하게 붙인다.

㉡ 30mm 이상 꽂아 넣고 납땜한다.

㉢ 철관, 보호관을 연결할 때에는 60mm 이상 꽂아 넣는다.

㉣ 안감기를 원칙으로 한다.

③ 깔대기홈통

㉠ 처마홈통과 선홈통을 연결하는 것이다.

㉡ 15° 기울기를 유지하여 설치한다.

㉢ 하부는 지름의 $\frac{1}{2}$ 내외를 선홈통 속에 꽂아 넣는다.

④ 장식홈통 … 선홈통 상부에 설치하고 홈통, 낙수구, 깔대기홈통을 받아 선홈통에 연결하는 것으로 장식을 겸하여 준다.

02 방수

❶ 아스팔트방수

(1) 방수재료

① 아스팔트 콤파운드 … 블론 아스팔트에 분말이나 유지를 혼합한 것으로 신축이 크고 가장 좋은 재료이다.

② 스트레이트 아스팔트 … 연화점이 낮고 내구성이 떨어지기 때문에 지하실 방수에 사용된다. 건축공사에서는 잘 쓰이지 않으나 신축성이 좋고 교착력이 우수하다.

③ 블론 아스팔트 … 옥상방수에 많이 사용되는 것으로 연화점이 안전하다.

④ 아스팔트 프라이머 … 아스팔트가 바탕모르타르에 부착이 용이하게 하기 위해서 아스팔트와 휘발성 용재를 혼합해서 만든 것이다.

⑤ 방수지 … 망형 루핑, 아스팔트 펠트, 아스팔트 루핑 등이 있다.

(2) 아스팔트 방수의 시공순서

① 여러 층의 아스팔트 펠트를 가열 용융한 아스팔트, 에멀젼화한 아스팔트, 용제에 녹인 아스팔트 등으로 몇 겹으로 접착하여 방수층을 구성해가는 공법이다.

② 8차 방수인 경우의 시공순서

아스팔트 프라이머→아스팔트→아스팔트 펠트→아스팔트→아스팔트 펠트→아스팔트→아스팔트 펠트→아스팔트

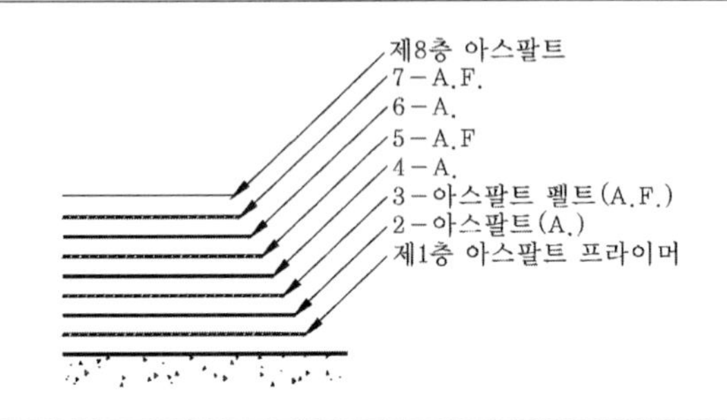

2 시멘트 액체 방수

(1) 재료

① **충진성 재료** … 콘크리트나 모르타르 내부 공간을 안정하게 채우는 것을 말한다.

② **발수성 재료** … 물과 모래를 분리시키는 수지, 명반, 비누 등이 있다.

③ **화학성 재료** … 소석회의 유출을 방지하는 것을 말한다.

(2) 시멘트 액체 방수의 시공순서

① 제1공정 … 방수액 침투→시멘트풀(시멘트 + 방수액)→방수액 침투→시멘트 모르타르(시멘트 + 방수액 + 모래)

② 제2공정 … 제1공정을 2～3회 반복 한 후 표면을 보호 방수 모르타르로 마무리한다.

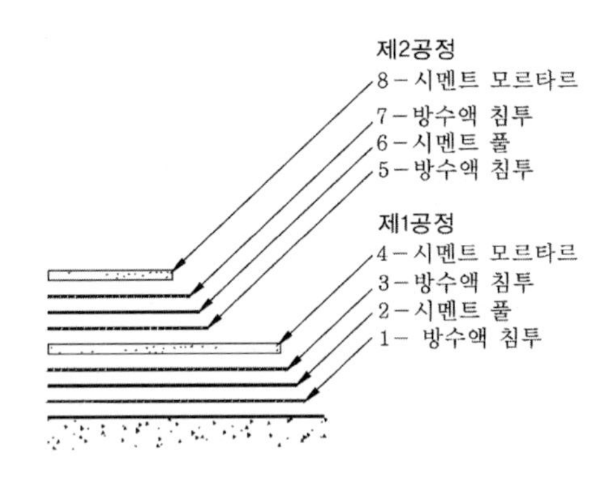

TIP

아스팔트 방수와 시멘트 액체 방수의 비교

내용	아스팔트 방수	시멘트 액체 방수
바탕처리	• 완전건조상태이다 • 요철을 없앤다 • 바탕모르타르바름을 한다	• 보통건조상태이다 • 보수처리 시공을 철저히 한다 • 바탕바름은 필요없다
시공용이도	복잡하다	간단하다
균열발생정도	발생이 거의 없다	자주 발생한다
외기의 영향	작다	크다
방수층의 신축성	크다	작다
시공비용	비싸다	싸다
보호누름	필요하다	없어도 무방하다
내구성	크다	작다
방수성능	신뢰도가 높다	신뢰도가 낮다
결합부 발견	어렵다	쉽다
보수범위	광범위하다	국부적이다

③ 시트 방수

(1) 개념

아스팔트처럼 다층방식의 방수시공으로 두께 0.8～2.0mm의 시트를 1층으로 대체하는 방수공법이다.

(2) 시트의 상호간격

① 겹친이음 시 5cm 이상 서로 겹쳐야 한다.

② 맞댄이음 시 10cm 이상 서로 겹쳐야 한다.

③ 시트 방수의 특징

㉠ 제품의 규격화로 두께가 균일하다.
㉡ 시공이 신속하고 공기가 단축된다.
㉢ 상온에서 시공할 수 있으며 화재의 위험이 적다.
㉣ 신축성이 있어 균열에 유리하다.
㉤ 바탕면의 평활도가 완전해야 한다.
㉥ 복잡한 부위의 시공이 어렵고 시트이음부의 결함이 크다.

㉦ 비교적 고가이며 결함부의 보수가 불리하다.
㉧ 부풀어 오를 수 있으며 접착제 사용시 주의가 요구된다.

❹ 도막 방수

(1) 개념

도료상태의 방수재를 바탕면에 여러 번 칠해서 방수막을 형성하는 방수법이다.

(2) 특징

① 방수의 신뢰성이 적다.

② 균일한 두께로 시공하기 곤란하다.

③ 보수가 용이하다.

④ 시공이 간단하다.

⑤ 경량이다.

⑥ 내후성이 우수하다.

⑦ 노출공법이 가능하다.

[아스팔트 방수]

[시멘트액체 방수]

[시트 방수]

[도막 방수]

5 안 방수, 바깥 방수

(1) 안 방수

구조체(지하외벽체) 안쪽면에 방수층을 만들고 보호층(벽돌이나 모르타르 등)으로 방수하는 방식이다.

(2) 바깥 방수

구조체(지하외벽체) 바깥쪽면에 방수층을 만들고 여기에 바름층(벽돌, 무근콘크리트 등)으로 마감처리하여 방수하는 방식이다.

(3) 안 방수와 바깥 방수의 비교

비교내용	안 방수	바깥 방수
적용개소	수압이 적고 얕은 지하실	수압이 크고 깊은 지하실
바탕만들기	따로 만들 필요가 없다	따로 만들어야 한다
공사시기	자유롭다	본 공사에 선행해야 한다.
공사용이성	간단하다	상당한 난점이 있다
경제성(공사비)	비교적 싸다	비교적 고가이다
보호누름	필요하다	없어도 무방하다

(4) 복합방수

① 옥상녹화공사 시방서에 주로 나오는 복합방수공법이다. (SPECIAL STRUCTURE COMBINED WITH ASPALT SHEET & POLY URETHANE WATER PROOFING이라는 이름이 너무 길어서 SSAP공법이라고 하는 것이 좋다.)

② 특수구조 개량아스팔트시트와 폴리우레탄을 복합적으로 사용하는 방수공법으로서 시트방수와 도막방수의 장점을 채택하고 단점을 보완하였다.

③ 시트 상호 간의 조인트 부위만 바탕과 접착이 되는 부분절연공법으로서 바탕의 거동(균열, 수축, 팽창)에 대한 대응성이 우수하며, 시트와 시트 사이의 조인트부위를 보강테이프와 폴리우레탄을 사용하여 충진, 일체화시켜 높은 수밀성을 갖는다.

④ 바탕의 습기나 평활도에 의한 영향이 적으며 보수공사 시 누름콘크리트를 제거하지 않고도 바로 시공이 가능하다. (바탕의 종류에 관계없이 시공이 가능함)

최근 기출문제 분석

2008 국가직 (7급)

1 지붕잇기에 관한 설명으로 옳지 않은 것은?

① 기와와 같은 소형판은 강풍이 불 경우 빗물의 역류현상에 의해 누수되기 쉬우므로 바탕판 위에 아스팔트 루핑 등의 방수지를 깐 다음 기와잇기를 한다.

② 아스팔트 싱글은 두꺼운 펠트(felt)에 아스팔트를 침투시키고 그 표면에 연화점이 높은 양질의 아스팔트를 도포한 후 채색 모래를 압착시킨 것이다.

③ 슬레이트 잇기에는 평잇기, 기와가락잇기, 골판잇기가 있으며 못으로 하는 직접접합보다는 거멀접기와 거멀 쪽을 이용한 간접접합을 하여 이음줄의 파손을 방지한다.

④ 개량기와는 암기와와 숫기와를 한 장으로 붙여 만든 것으로 잇기가 편리하고 경제적이어서 널리 사용된다.

TIP 평잇기, 기와가락잇기, 골판잇기가 있으며 못으로 하는 직접접합보다는 거멀접기와 거멀쪽을 이용한 간접접합을 하여 이음줄의 파손을 방지하는 것은 금속판 잇기이며 슬레이트 잇기는 일자잇기와 마름모 잇기가 있다.

Answer 1.③

2008 국가직 (7급)

2 방수공사에 관한 설명으로 가장 옳지 않은 것은?

① 아스팔트 방수는 내산성, 내알카리성, 내구성, 방수성, 접착성, 전기절연성 등이 좋다.

② 시멘트 액체방수는 발수성 물질의 작용으로 콘크리트나모르타르 중에 존재하는 수극, 공극 등을 충전함으로써 흡수와 투수에 대한 저항성을 증대시키는 방법이다.

③ 아스팔트 방수는 결함부 발견이 어렵고 공사기간이 시멘트 액체방수보다 길다.

④ 시멘트 액체방수는 외기의 영향이 작고 방수층의 신축성이 크다.

TIP 시멘트 액체방수는 외기의 영향이 크며 방수층의 신축성이 거의 없다.

비교내용	아스팔트방수	시멘트 액체방수
바탕처리	바탕모르타르바름	다소습윤상태, 바탕모르타르불필요
외기의 영향	작다	크다
방수층 신축성	크다	거의 없다
균열발생정도	잔균열이 발생하나 비교적 안생기고 안전하다	잘 생기며 비교적 굵은 균열이다.
방수층 중량	자체는 적으나 보호누름으로 커진다.	비교적 작다.
시공난이도	복잡하다	비교적 적다
보호누름	필요하다	필요없다
공사비	비싸다	싸다
방수성능	높다	낮다
재료취급성능	복잡하다	간단하다
결함부발견	어렵다	쉽다
보수비용	비싸다	싸다
방수층 마무리	불확실하고 난점이 있다	확실하고 간단하다
내구성	크다	작다

Answer 2.④

출제 예상 문제

1 박공지붕에서 박공의 처마끝에 쓰이는 기와는?

① 감새 ② 적새

③ 귀내림새 ④ 감내림새

TIP 박공지붕에서 박공의 처마끝에 쓰이는 기와는 감내림새로, 박공끝에 쓰는 감새와 내림새를 겸하게 만들거나 감새와 내림새를 합친 모양의 기와이다.

2 지붕잇기에 관한 설명으로 옳지 않은 것은?

① 기와잇기의 물매는 $\frac{4}{10}$ 이상으로 한다.

② 한식기와잇기의 바탕은 산자위 알매흙을 바른다.

③ 기와가락잇기는 누수의 방지 및 풍압에 약하다.

④ 골슬레이트의 겹치기는 상 · 하 10 ~ 15cm, 옆은 1.5 ~ 2.5골 정도로 한다.

TIP ③ 기와가락잇기는 누수방지 및 풍압에 강한 이음이다.

Answer 1.④ 2.③

3 지하실 방수법에 대한 설명으로 옳지 않은 것은?

① 지하실 방수층은 아스팔트 방수층이 시멘트 방수층보다 유리하다.
② 바깥 방수층은 공사의 시기에 제약을 받는다.
③ 지하실이 깊을수록 수압이 커지므로 수압에 충분한 내력을 가져야 한다.
④ 바깥 방수법은 안 방수법보다 수압처리가 곤란하다.

TIP 안 방수와 바깥 방수

구분	안 방수	바깥 방수
수압	수압이 작을 때 사용한다	수압과 무관하다
공사시기	자유롭다	본공사에 선행되어야 한다
공사용이성	간단하다	상당히 복잡하다
방수층바탕	필요없다	따로 만든다
보호누름	필요하다	없어도 무방하다
내수압처리	불가능하다	가능하다
경제성	싸다	고가이다

4 금속판잇기에 대한 설명으로 옳지 않은 것은?

① 얇은 강판은 비교적 값이 싸고 가장 널리 쓰이지만 산에 약하다.
② 동판은 우설에 맞으면 탄산동의 껍질이 생겨 방부가 되므로 내구력도 크고 알칼리성에 대해서도 강하다.
③ 아연판은 가벼우며 가공하기 쉽고 수중이나 공기 중에서도 내구력이 크지만 산과 알칼리에 약하다.
④ 알루미늄판은 경금속재료로 염에 약하므로 해안지역에서는 곤란하다.

TIP ② 동판은 우설에 맞으면 탄산동의 껍질이 생겨 방부가 되므로 내구력은 크나 알칼리성에 대해서는 부식되기가 쉽다.

Answer 3.④ 4.②

5 다음 그림에서 ㉠은 한식기와 이음의 어디를 말하는가?

① 암마루장
② 수키와
③ 부고
④ 착고막이

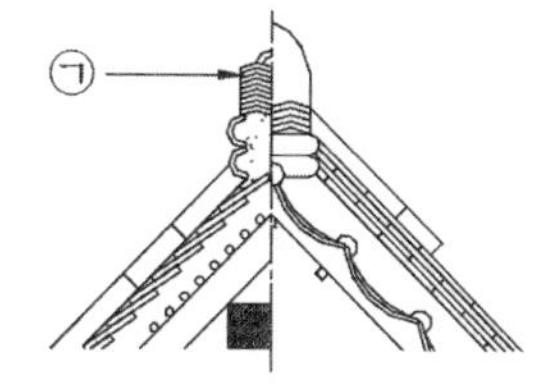

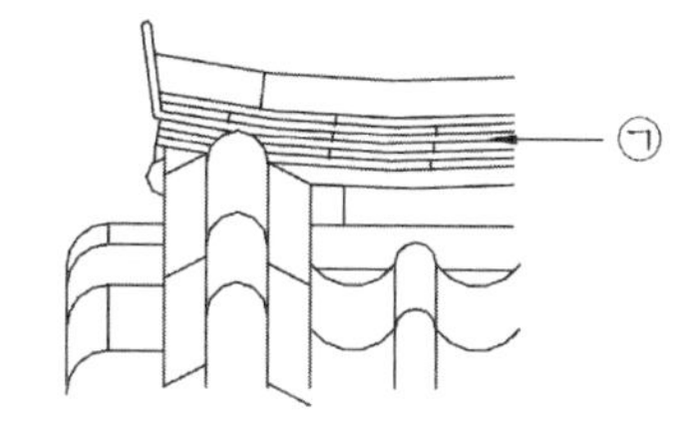

TIP 암마루장은 지붕 마루를 꾸미는데 쓰는 평평한 기와이다.
※ 한식기와 용어
㉠ 착고 : 지붕마루의 기와골에 맞추어 수키와를 다듬어 옆세워 대는 기와를 말한다.
㉡ 부고 : 착고 위에 옆세워 대는 수키와를 말한다.
㉢ 알매흙 : 암키와 밑의 진흙을 말한다.
㉣ 홍두깨흙 : 수키와 밑의 진흙을 말한다.
㉤ 아귀토 : 수키와 처마끝에 막새 대신에 회반죽을 둥글게 바른 것을 말한다.
㉥ 단골막이 : 착고막이로 수키와 반토막을 간단히 댄 것을 말한다.
㉦ 머거블 : 용마루의 끝마구리에 수키와를 옆세워서 댄 것을 말한다.
㉧ 내림새 : 처마끝에 잇는 암키와로 암키와를 막아주는 것을 말한다.
㉨ 막새 : 처마끝에 잇는 비흘림판이 달린 수키와로 수키와 끝을 막아주는 것을 말한다.

6 아스팔트 8층 방수공사에서 제 3 층에 사용되는 것은 무엇인가?

① 블론 아스팔트
② 아스팔트 펠트
③ 스트레이트 아스팔트
④ 아스팔트 콤파운드

TIP 아스팔트 8층 방수공사의 시공순서 … 아스팔트 프라이머 → 아스팔트 → 아스팔트 펠트 → 아스팔트 → 아스팔트 펠트 → 아스팔트 → 아스팔트 펠트 → 아스팔트

7 지붕틀이 $\frac{5}{10}$ 이다. 이 때 수평길이 3m에 대한 높이는?

① 1.0m
② 1.3m
③ 1.5m
④ 1.8m

TIP $10 : 5 = 3 : x$
$10x = 15$
$x = 1.5$m

Answer 5.① 6.② 7.③

8 다음은 지붕에 관한 설명이다. 이 중 옳지 않은 것은?

① 지붕물매는 간사이가 작을수록 급하게 잡는다.
② 맨사드지붕은 지붕 속을 이용함에 있어서 편리하다.
③ 합각지붕은 지붕에서의 채광 및 환기가 좋지 않다.
④ 물매는 같은 재료인 경우 그 재료 하나하나가 작을수록 급하게 잡는다.

TIP ① 지붕물매는 간사이가 큰 건물일수록 급하게 잡도록 한다.

9 홈통에 대한 설명으로 옳지 않은 것은?

① 처마홈통은 처마끝부에 설치하는 홈통으로 90cm 간격으로 한다.
② 선홈통은 30mm 이상 꽂아넣고 납땜한다.
③ 장식홈통은 선홈통 하부에 설치하는 것으로 선홈통의 물을 받는다.
④ 깔때기 홈통은 처마홈통과 선홈통을 연결한다.

TIP ③ 장식홈통은 선홈통 상부에 설치하는 것으로 깔때기 홈통을 받아 선홈통에 연결하고 장식을 겸하여 준다.

Answer 8.① 9.③

제1편 일반구조

06 수장과 창호

01 수장(Fixture)

❶ 반자

(1) 반자의 구성 및 설치순서

① 반자의 구성

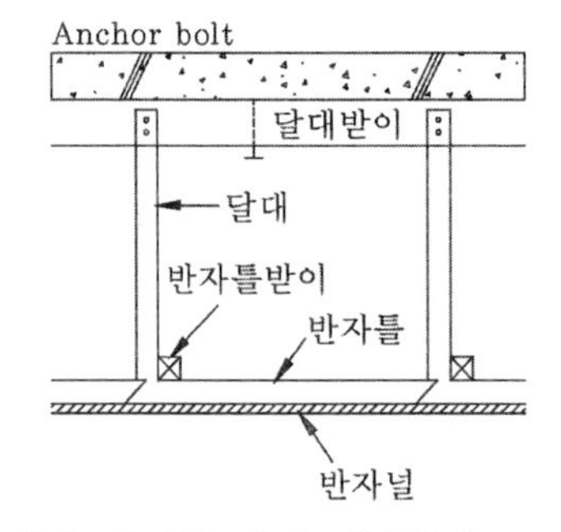

㉠ **달대** … 반자틀을 위에서 달아매는 세로재로 위에는 달대받이, 아래는 반자틀받이가 있다.

㉡ **달대받이** … 반자의 달대를 받는 가로재로 지름 9cm 정도의 통나무로 약 90cm 간격으로 한다.

㉢ **반자틀받이** … 반자틀을 받는 재로 반자틀받이에 못을 박아 반자틀을 댄다.

㉣ **반자틀** … 천장을 막기 위해 짜 만든 틀을 총칭하는 말로 반자를 드리기 위해 가늘고 긴 나무를 가로 · 세로로 짜 만든 틀이다.

㉤ **반자돌림대** … 반자와 벽의 교차점에 있는 돌림대를 말한다. 반자돌림은 벽과 반자를 같은 회반죽으로 할 때에는 회반죽 자체로 하거나 또는 석고 조각물을 붙여 만들지만 벽면과 반자의 재료가 다르거나 목조에서는 대개 나무로 한다.

② **반자 설치순서** … 달대받이 → 반자돌림대 → 반자틀받이 → 반자틀 → 달대 → 반자널

(2) 반자의 종류

① **구성반자**(Integrated ceiling)

㉠ 구석의 일부나 천장 주위에 반자를 낮게 하여 일반반자와 대조가 되게 하는 것이다.

㉡ 거실 및 응접실 등의 장식, 음향효과, 전기조명 시 간접조명을 만들기 위해서 설치하는 것이다.

② **널반자**(Wood board ceiling) … 반자틀 밑에 널을 치올려 못을 박아 대는 것을 말한다.

③ **건축판반자**(Architectural board ceiling) … 석고판, 합판, 섬유재 등을 대는 반자를 말한다.

④ **우물반자**(Coffered ceiling) … 격자 모양으로 틀을 짜서 만든 반자를 말한다.

❷ 계단

(1) 계단의 구성

① 디딤판 … 옆판에 통을 넣은 후 쐐기치기를 하여 고정시킨다.

② 챌판 … 상부의 디딤판에 홈을 파 넣은 후 좌·우 옆판에 통을 넣고 쐐기치기를 한다.

③ 옆판 … 아래는 멍에에 위는 계단받이보에 걸치고 주걱볼트조임을 하며 엄지기둥에 주먹장부넣기로 한다. 옆판은 디딤판과 챌판의 하중이 모이는 곳이다.

④ 계단멍에 … 계단의 너비가 1.2m 초과하여 디딤판의 처짐이나 보행 시 발생하는 진동을 막기 위해서 중간에서 보강하는 것이다.

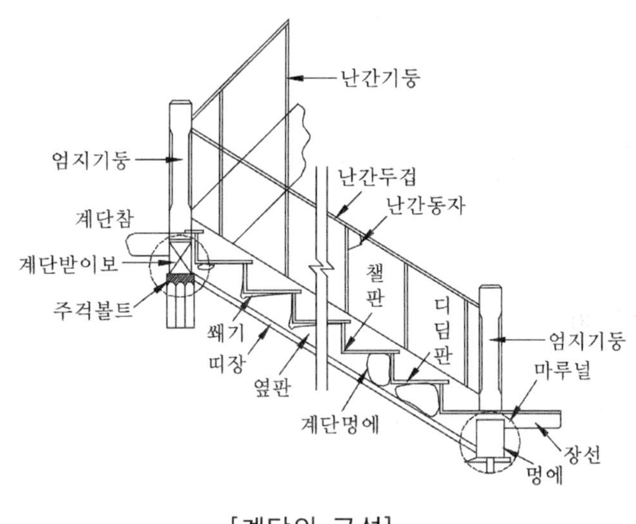

[계단의 구성]

(2) 계단의 종류

① 형상에 의한 분류 … 곧은계단, 꺾은계단, 돌음계단, 나선계단, 경사로 등이 있다.

② 재료에 의한 분류 … 목조계단, 돌 또는 벽돌조계단, 철근콘크리트조계단, 철골조계단, 합성계단 등이 있다.

[계단의 형태와 종류]

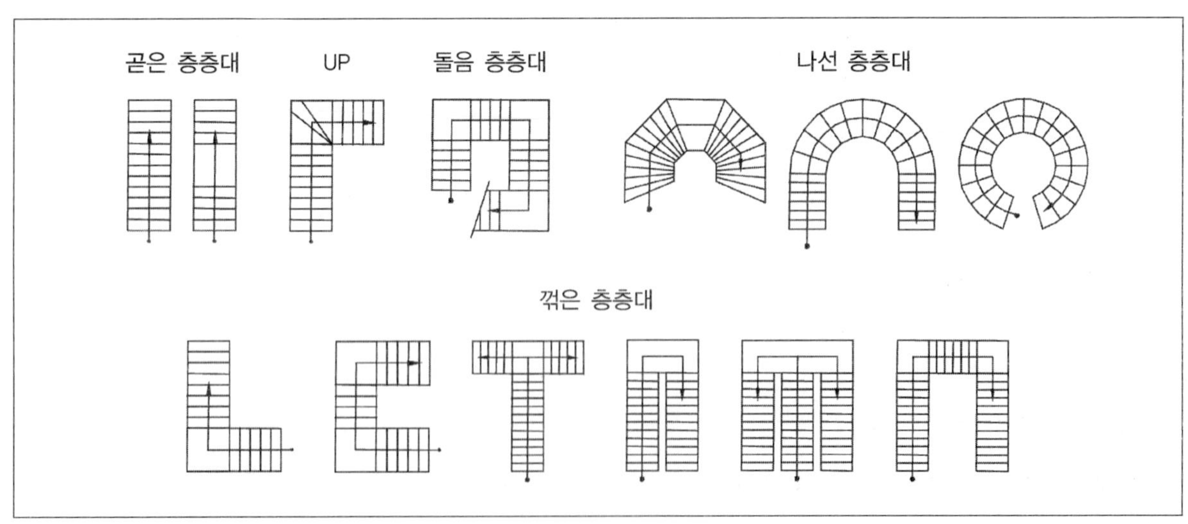

③ 벽체

(1) 징두리판벽(Wainscotting wall)

글자 그대로 징두리에 붙여 만든 나무벽이다. 바닥에서 1m 높이까지 판재를 붙여 마무리한 것이다. 판벽을 하지 않고 도료를 칠하기도 한다. 이 널은 넓은 띠장에 대고 아래쪽은 걸레받이를, 위쪽은 두겁대를 설치한다.

① 내부벽체높이 1.2m(약 $\frac{1}{3}$) 내외의 하부바닥벽을 징두리 또는 굽도리라 한다.

② 널은 띠장에 못 박아서 대고 밑은 걸레받이에, 위는 두겁대에 홈을 파 넣는다.

(2) 걸레받이

바닥과 벽의 접속부에 대어 의장을 좋게 하고 벽 마감재의 오염 및 손상을 방지하며 깨끗이 청소하기 위한 목적으로 설치한다.

① **걸레받이 재료** … 인조석 갈기, 목재, 모르타르바름, 대리석판, 타일, 금속판 붙임 등이 있다.

② 안벽하부벽과 바닥이 접하는 부분을 청결하게 보이도록 한 것으로 높이는 20cm 정도, 두께는 2 ~ 3cm 정도이며 벽보다 1 ~ 2cm 정도 내밀거나 드려밀기로 한다.

(3) 고막이

① 외벽하부에 높이 50cm, 두께 1 ~ 3cm 정도 돌출하거나 들여 민 부분을 말한다.

② 건물하부가 튼튼한 느낌을 주고 더러워지기 쉬운 하부를 상부로부터 분리하여 준다.

(4) 세로판벽

기둥, 샛기둥 또는 벽돌벽에 가로띠장을 대고 띠장의 직각방향으로 널을 세워 마무리한 것이다.

(5) 코펜하겐 리브

장식적이고 흡음효과가 있는 장식적인 벽면을 구성하기 위한 벽마감재로서 단면이 곡면을 이루고 있다. 코펜하겐 방송국의 벽에 음향효과를 내기 위하여 오림목을 특수한 단면으로 만들어 사용한 것이 시초이나 지금은 음향효과가 필요 없는 곳에서도 의장재료로 많이 사용된다. 시공방법은 세로판 벽에 준한다.

④ 바닥

(1) 바름바닥

① 모르타르바름

㉠ 모르타르는 물과 함께 섞은 뒤 1시간 후부터 굳기 시작하므로 10시간 내에 끝낸다.

㉡ 시멘트 : 모래 = 1 : 3 ~ 1 : 5

② 인조석바름

㉠ 초벌(모르타르바름) → 정벌(종석을 섞은 모르타르를 바르고 씻어내기, 잔다듬 깔기)

㉡ 백색 시멘트, 종석, 안료, 돌가루, 물 등을 반죽하여 바닥에 바른다.

TIP

인조석 … 대리석, 사문암, 화강암 등의 쇄석을 종석(인조석을 만드는데 사용되는 여러 가지 종류의 작은 돌)으로 하여 시멘트에 안료를 섞어 다진 후 천연석재와 유사하게 성형시킨 인공석재이다. 흔히 볼 수 있는 계단의 바닥재인 '테라죠'는 인조석의 일종이다.

(2) 널 깔기

① **마루널쪽매** … 마루널을 장선에 옆대어 붙이는 것을 말한다.

② **나무쪽매** … 콘크리트 모르타르 위나 마루널 위에 각종 나무무늬 모양을 따라 붙여 게우는 것을 말한다.

③ **쪽매 바닥판**(플로어링 블록) … 두께 1.5 ~ 2.5cm, 길이 30cm, 너비 6 ~ 10cm 정도의 널쪽을 30cm 정도의 각으로 판을 지어 마구리나 뒷면에 철물을 쪽매한 판을 말한다.

(3) 기타 바닥 구조

① **액세스플로어**(Access floor) … 정방형의 바닥 패널을 받침대로 지지시켜서 만든 이중바닥구조이다. 이 바닥 밑으로 공조설비, 컴퓨터설비, 전기배관 등의 설치 및 유지관리를 한다. 보수하는 것이 매우 편리한 구조이다.

② **플로팅플로어**(Floating floor) … 바닥 충격음방지를 목적으로 한 구조이다. 고체전달음이 구조체에 전달되지 않도록 바닥 자체에 완충재를 넣고 분리시킨 구조이다.

02 창호

❶ 목재창호제

(1) 목재문틀

① 문틀의 명칭

㉠ **윗틀**(Head) : 문틀의 세로선틀 위에 가로로 대는 울거미이다.

㉡ **중간틀**(Transom bar) : 창문이 위 · 아래에 있을 때 그 중간에 가로대는 창호틀의 한 부재이다.

㉢ **중간선대**(Middle style) : 문 중간에 세워대는 창문 울거미이다.

㉣ **밑틀**(Window stool) : 창문틀의 맨 아래에 가로대는 틀의 한 부재이다.

[문틀 구조]

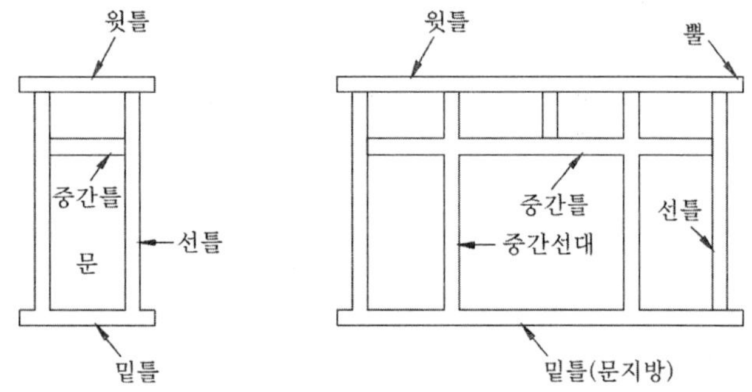

윗틀
중간틀
문
선틀
밑틀
윗틀
뿔
중간틀
중간선대
선틀
밑틀(문지방)

② 문틀 크기 … 출입문의 높이는 180 ~ 220cm 정도로 하고 문 한짝 크기는 60 ~ 120cm로 한다.

③ 문틀 짜기

㉠ 문지방의 마모에 대비해서 참나무를 사용하도록 한다.

㉡ 윗틀과 밑틀은 뿔을 5cm 정도 내밀어둔다.

㉢ 선틀은 윗틀에 내닫이 턱장부, 내닫이 쌍장부, 연귀 내닫이 쌍장부 쐐기치기로 한다.

④ 문틀 세우기

㉠ **먼저 세우기** : 조적식 벽체에서는 먼저 세운 후에 벽체와 일체시켜 고정시킨다.

㉡ **나중 세우기** : 목조나 콘크리트 벽체에서는 나중 세우기를 한다.

㉢ **문선** : 주위 바름벽과 마무리를 좋게 하여 문꼴을 보기 좋게 만들도록 한다. 재료가 수축해서 틈이 생기지 않게 하기 위해 문선에 6 ~ 9mm 이상 홈을 파 모르타르를 묻도록 한다.

㉣ **풍소란** : 2개 문짝을 달았을 때 틈새가 나지 않게 반턱이나 제혀쪽매 등으로 물리게 하여 방풍을 제어하고자 설치하는 것이다.

⑤ 목재문틀의 구조

㉠ 여닫이문

- 외여닫이, 쌍여닫이가 있다.
- 문지도리(돌쩌귀, 정첩)를 문선틀에 달아서 여닫는다.
- 문장부, 바닥지도리 등을 한쪽 상하부에 정지하여 여닫는다.

㉡ **자재문(자유문)** : 자유정첩을 달아 안팎을 자유로 열고 닫기를 하는 문이다.

㉢ **회전문** : 호텔, 은행 등의 출입문에 설치하여 통풍이나 기류를 방지하고 출입하는 인원을 조절하는 목적을 가지고 있다.

㉣ **미닫이문** : 문짝을 상하 문틀에 홈을 파서 끼우고 옆벽에 몰아 붙이는 문의 형태로 1짝이나 2짝을 달기도 한다.

㉤ **미서기문** : 상하 홈대에 문 한 짝을 다른 한 짝 옆에 밀어붙이는 문으로 2짝 또는 4짝을 달기도 한다.

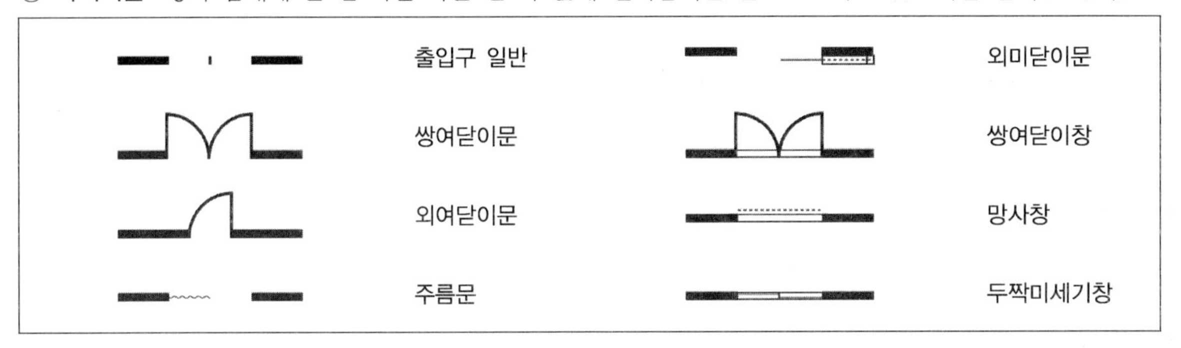

⑥ 문의 종류

㉠ 널문

- 널판지 : 너비가 넓은 두꺼운 널에 거멀 띠장을 댄 문이다.
- 띠장문 : 널에 띠장을 대거나 문 울거미 중간에 띠장 또는 가새를 대고 널을 붙인 것이다.
- 널문 : 문 울거미를 짜고 그 안에 널을 붙인 것이다.

㉡ **양판문** : 울거미를 짜고 그 정간에 양판(넓은 판)을 끼워 넣는 문이다.

㉢ **징두리 양판문** : 채광을 목적으로 하는 곳에 쓰이며 문의 징두리에 양판을 대고 위쪽에 유리를 끼운 문이다.

㉣ **플러시문** : 문틀을 짜고 그 양면에 합판을 붙여서 평평하게 만든 문으로 가장 많이 사용한다.

㉤ **합판문** : 울거미를 짜고 울거미 중간에 합판 한 장을 끼운 문이다.

㉥ **널도듬문** : 한편에 널을 붙이고 한편은 종이로 바른 문이다.

㉦ **도듬문** : 울거미를 짜고 중간살을 가로 · 세로로 넣어 종이를 두껍게 바른 문이다.

㉧ **유리문** : 울거미를 짜고 그 중간에 살을 넣고 유리를 끼운 문이다.

㉨ **창호지문** : 울거미를 짜고 그 안에 가는 살을 넣고 한 면에 창호지를 바른 문이다.

㉢ **세살문** : 울거미를 짜고 그 안에 가는 살을 가로 · 세로로 댄 문이다.

㉣ **비늘살문** : 울거미를 짜고 얇고 넓은 살을 빗대어서, 채양, 통풍이 되는 문이다.

㉤ **망사문 · 발문** : 울거미에 망사나 발을 댄 문이다.

TIP

양판문과 플러시문

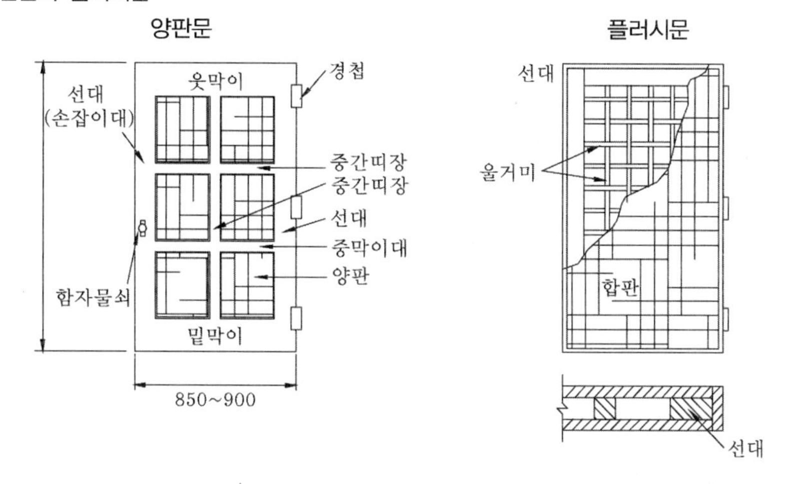

(2) 목제창

① 설치사항

㉠ 목제창은 바닥에서 창선반 또는 밑홈대까지의 높이는 75cm, 좌식거실에서는 36 ~ 40cm, 학교 · 사무소 · 은행 등은 80 ~ 100cm 정도로 한다.

㉡ 창 위에 셔터케이스나 커튼 박스를 설치할 수도 있다.

㉢ 문홈대에서 윗홈 깊이는 1.5cm, 밑홈 깊이는 0.2cm 정도로 한다.

㉣ 창유리는 2방 퍼티, 4방 퍼티를 대고 끼운다.

② 창의 종류

종류	내용
여닫이창	• 외여닫이 · 쌍여닫이가 있다. • 외부창의 밑틀, 중간틀의 웃면은 물흘림 경사 $\frac{1}{5}$ 정도로 한다.
미닫이창 미서기창	• 미닫이문, 미서기문과 구조방법이 같다. • 안쪽 벽면에 창선반을 두고 이중창을 했을 때만 구조가 다르다.
오르내리창	환기에 매우 유효하며 창의 개폐는 추, 와이어, 로프, 도르레로 한다.
회전창	좌우 셔틀 중간에 회전지도리를 대고 돌려서 여는 창이다.
기타	붙박이창, 망사창, 발창, 비늘창, 창살, 겹창, 주마창 등이 있다.

❷ 금속창호제

(1) 일반사항

① 창문틀 주위에 방수 모르타르로 빈틈없이 다져 채운다(때론 코킹재를 채우기도 한다).

② 유리를 댈 때 퍼티는 클리프를 사용한다.

TIP

퍼티 … 현장에서는 "빠대"라고도 하며 일반적으로 흰색의 액상재료로서 창유리의 장착, 판자의 도장, 철관의 이음매 고정 등에 사용되는 재료이다. 탄산칼슘분말 · 돌가루 · 산화아연 등을 보일유 · 유성니스 · 래커와 같은 전색제(展色劑)로 개어서 만든, 페이스트상의 접합제이다.

③ 용접부는 녹막이 칠을 하기 전에 그라인더로 갈아내고 마무리한다.

④ 울거미 및 문틀재료는 두께 1.6 ~ 1.8mm 정도가 많이 쓰인다.

(2) 특징

① 장점

㉠ 변형이 적고 문단속이 잘 되면서 튼튼하다.

㉡ 목재창호보다 내화적이며 기밀성이 우수하다.

㉢ 가공이 용이하며 다양한 형상의 자재를 제작할 수 있다.

② 단점

㉠ 녹이 슬기 쉬우며 이종금속을 서로 접합할 경우 부식현상이 발생할 수 있다.

㉡ 도장이 벗겨질 경우 미관상 매우 좋지 않게 된다.

(3) 금속창호의 종류

종류	내용
스틸도어 (Steel door)	• 양판문, 징두리 양판문, 플러시문, 주름문, 셔터 행거 스틸도어, 유리문, 방화문, 금고문 등이 있다. • 문틀은 #13(2.41mm), 널판은 #14(2.11mm), 울거미는 #16(1.65mm), 문선유리틀은 #17(1.47mm)을 사용한다.
스틸새시 (Steel sash)	• 여닫이, 미서기, 미닫이, 기밀창, 미들창, 회전창, 젖힘창, 들창, 밸런스창 등이 있다. • 중공식, 압연식, 판금식의 새시바가 있다.
스테인레스스틸창호 (Stainless steel door & Window)	• 일반 강제창호와 같은 형식 · 구조 등으로 만든다. • 일반 강제보다 녹슬지 않는다. • 공사비가 비싸서 특수한 경우만 쓴다.

셔터 (Shutter)	• 개폐방법은 수동식, 전동식, 자동식이 있다. • 도난방지, 방연 · 방화를 목적으로 사용한다. • 슬랫, 네트, 파이프 형태 등이 있다.

(4) 경금속창호

① 알루미늄새시의 특징

㉠ 장점

• 공작이 자유롭고 기밀성이 있다.

• 비중은 철의 약 $\frac{1}{3}$ 이며 녹이 잘 슬지 않고 사용연한이 길다.

㉡ 단점

• 용접부가 철보다 약하고 모르타르나 콘크리트 등의 알칼리성에도 약하다.

• 이질 금속제와 접촉되면 부식된다.

② 스테인레스창호의 특징

㉠ 장점 … 내구력이 있고 잘 녹슬지 않는다.

㉡ 단점 … 무겁고 가공이 어려우며 가격이 비싸다.

3 창호철물과 특수문

(1) 창호철물

① **자유정첩**(Double acting butt) … 스프링을 장치하여 안팎으로 자유로이 여닫게 되는 정첩으로 외자유정첩(한면용)과 양자유정첩(양면용)이 있다.

② **레버터리힌지**(Lavatory hinge) … 스프링힌지의 일종으로 공중용 변소, 전화실, 출입문 등에 쓰인다. 저절로 닫혀지나 15cm 정도는 열려있어, 표시기가 없어도 비어 있는 것이 판별되고 사용 시는 안에서 꼭 닫아 잠그게 되어있다.

③ **플로어힌지**(Floor hinge) … 오일 또는 스프링을 써서 문을 열면 저절로 닫혀지는 장치를 하고 바닥에 묻어 설치한 다음 문의 징두리를 여기에 꽂아 돌게하는 창호철물이다.

④ **피벗힌지**(Pivot hinge) … 플로어 힌지를 쓸 때 문의 위촉의 돌대로 쓰는 철물이다.

⑤ **도어클로저**(Door closer)… 문과 문틀에 장치하여 문을 열면 저절로 닫혀지는 장치가 되어 있는 창호철물로 스프링과 피스톤 장치로 기름을 넣는 통에 피스톤 장치가 있어 개폐속도를 조절한다.

⑥ **함자물쇠** … 자물쇠를 작은 상자에 장치한 것으로 출입문 등 문의 울거미 표면에 붙여대는 자물쇠이다.

⑦ **실린더자물쇠** … Pin tumbler lock, 자물통이 실린더로 된 것으로 텀블러 대신 핀을 넣은 실린더 볼트가 함께 있다.

⑧ **도어스톱** … 여닫이문이나 장지를 고정하는 철물, 문받이 철물로 문틀의 내면에 둔 돌기부분으로서 문을 닫을 때 문짝이 지나치지 않도록 하기 위한 것이다.

⑨ **도어체크**(Door check) … 문과 문틀에 장치하여 문을 열면 저절로 닫혀지는 장치가 되어 있는 창호철물이다.

⑩ **도어홀더** … 여닫이 창호를 열어서 고정시켜 놓는 철물이다.

⑪ **오르내리꽂이쇠** … 쌍여닫이문(주로 현관문)에 상하고 정용으로 달아서 개폐를 방지한다.

⑫ **크리센트** … 오르내리창의 윗막이대 윗면에 대어 다른 창의 밑막이에 걸리게 되는 걸쇠이다.

⑬ **멀리온** … 창틀 또는 문틀로 둘러 싸인 공간을 다시 세로로 세분하는 중간 선틀로 창면적이 클때에는 스틸 바만으로서는 약하며 또한 여닫을 때의 진동으로 유리가 파손될 우려가 있으므로 이것을 보강하고 외관을 꾸미기 위하여 강판을 중공형으로 접어 가로나 세로로 댄다.

(2) 특수문

① 무테문(Frameless door)

㉠ 테는 가로재(상하)에만 댄다.

㉡ 두께는 10 ~ 12mm의 강화유리로 한다.

㉢ 피봇힌지로 하여 상하를 단다.

㉣ 아크릴판인 경우 두께 12 ~ 18mm를 쓴다.

② 아코디언문 … 병풍과 같이 여닫는 문으로 칸막이문으로 사용한다.

③ 자동개폐문

㉠ 외여닫이, 쌍여닫이, 미서기 등의 종류가 있다.

㉡ 전동장치로 되어서 바닥의 매트 스위치를 밟아야 한다.

④ 차음문

㉠ 판 사이에 암면, 유리섬유를 끼워 음을 차단시키는 문이다.

㉡ 방송실 · 녹음실에 쓰인다.

⑤ 에어도어 … 건물의 출입구에서 상하로 분류시킨 공기층을 이용하여 건물내외의 공기유통을 차단시키는 장치이다.

⑥ 금고문 … 방도적 · 방화적으로 만든 문이다.

4 유리(Glass)

(1) 일반사항

① 한장의 크기

㉠ 소판 : $60 \times 90cm^2$ 이하

㉡ 중판 : $90 \times 120cm^2$ 이하

㉢ 대판 : $90 \times 120cm^2$ 이상

② 두께 3mm 이하는 얇은 판유리, 그 이상은 두꺼운 판유리라고 한다.

③ 안전유리의 종류는 접합유리, 강화유리, 망입유리가 있다.

④ 공사현장에서 절단이 불가능한 유리는 강화유리, 복층유리, 유리블록이다.

(2) 유리의 종류

① **판유리** … 실내건축에서 가장 많이 사용되는 유리로 맑은 유리 또는 투명 유리라고 하며 원료 중 불순물인 미량의 철분으로 인해 약간의 녹색을 띄는 유리로서 창호, 쇼윈도, 진열장 등에 사용된다.

② **접합유리** … 2장 이상의 판유리 사이에 투명하고 내열성과 접착성이 강한 접합 필름을 삽입하고 내부의 공기를 제거한 후 온도와 압력을 높여 판유리들을 서로 접합한 것으로, 파손 시에 파편이 비산하는 것을 방지할 수 있으며 충격에 대한 흡수능력이 우수하다. 주로 건축물, 쇼윈도 등의 용도에 사용되며 승용차의 전면 유리 역시 접합 유리를 쓰고 있다.

③ **강화유리** … 유리를 연화점(500~600℃) 가깝게 가열하고 양면에 냉기를 불어 넣고 급랭시켜 표면에 압축, 내부에 인장력을 도입한 유리로서 강도가 높고 파손율이 낮으며 내열성이 뛰어나다. (파손 시 보통 유리는 날카로운 면이나, 뾰족한 형태로 부서지는 반면 강화유리는 작은 입자로 부서지기 때문에 안정성을 확보할 수 있다. 고층빌딩의 외벽유리, 건축물의 출입문 등에 주로 사용된다.)

④ **복층(Pair)유리** … 두 장의 판유리 사이에 공간을 두어 최소 두 겹 이상으로 만들어진 판유리로서 공간 안에는 공기의 습기를 흡수할 수 있는 건조제가 들어있다.

⑤ **망입유리** … 유리 안에 금속철망을 삽입한 판유리로서 충격에 강하며 파손 시 유리파편들이 금속망에 붙어 있으므로 안전성을 확보할 수 있다. 위험물 취급소의 창이나 지하철 플랫폼 주변 계단 부근의 방화구역 등에 사용된다.

⑥ **형판유리** … 한쪽 면 또는 양쪽 면에 여러 가지 모양의 작은 요철 무늬를 낸 판유리, 또는 유리면에 무늬를 입힌 것으로 줄무늬, 몰 다이야, 은격자, 크로스 햄머드 등이 있으며 장식용으로 쓰인다.

⑦ **색유리** … 유리로 자외선 투과로 인한 변색을 방지하고 내부로 들어오는 태양열과 빛을 차단해 준다.

TIP

물유리는 건축용으로 사용되는 유리가 아닌, 액체로 된 유리로서 규산나트륨, 규산칼륨, 규산리튬의 수용액이다.

⑧ **유리블록** … 의장용에 사용되는 투명유리로 열전도가 적다.

⑨ **무늬유리** … 출입문, 스크린에 사용되는 유리로 판 한면에 각종 무늬를 돋힌 것이다.

⑩ **자외선투과유리** … 병원, 온실, 요양소, 일광욕실에 사용되는 유리로, 위생상 좋은 자외선을 투과한다.

⑪ **자외선차단유리** … 의류진열장, 박물관진열장에 사용되며, 물질의 노화 및 변색을 방지한다.

⑫ **로이(Low-E) 유리** … 저방사유리라고도 하며, 일반 유리 내부에 적외선 반사율이 높은 특수금속막(일반적으로 은 사용)을 코팅한 유리로서 건축물의 단열성능을 높이는 유리이다. 특수금속막은 가시광선을 투과시켜 실내의 채광성을 높여주고 적외선은 반사하므로 실내외 열의 이동을 극소화시켜 실내의 온도변화를 적게 만들어주는 에너지 절약형 유리이다.

(3) 유리 설치 공법

유리 설치 공법은 부정형 실링재를 사용한 고정법과 정형 실링재를 사용한 고정법, 서스펜션공법, 구조실란트공법, 나사고정법 등 여러 가지가 있다.

① **부정형 실링재 공법**

㉠ **서스펜션공법** : 대형 판유리의 자중 및 휨 변형을 방지하기 위해 철물을 사용하여 매다는 공법이다.

㉡ **탄성실란트공법** : 유리를 끼우고 유리와 프레임이 맞닿는 면에 탄성실란트를 주입하는 방식이다.

㉢ **퍼티고정공법** : 금속, 나무 등의 홈에 유리를 끼우는 경우에 퍼티를 사용하여 고정하는 방법으로 삼각못박기 퍼티고정법과 클립퍼티 고정법이 주로 사용된다.

② **정형 실링재 공법**

㉠ 주로 알루미늄 창호의 유리끼움 방법으로 사용하며 경제성과 시공성이 있으나 기밀성, 수밀성이 좋지 않다.

㉡ **글레이징 Channel 고정법** : 금속 또는 플라스틱의 U형 홈에 U자형 개스킷을 문선상으로 감고 끼우는 방법이다.

㉢ **구조 개스킷공법** : 지퍼개스킷 고정법이라고도 하며 클로로프렌 공무를 소요의 형상으로 빼내어 만든 것으로 고무의 물리적 특성과 내후성을 살려서 유리를 보존하는 방법으로 주로 고정창에 사용된다. V형 개스킷 고정법, H형 개스킷 고정법이 있다.

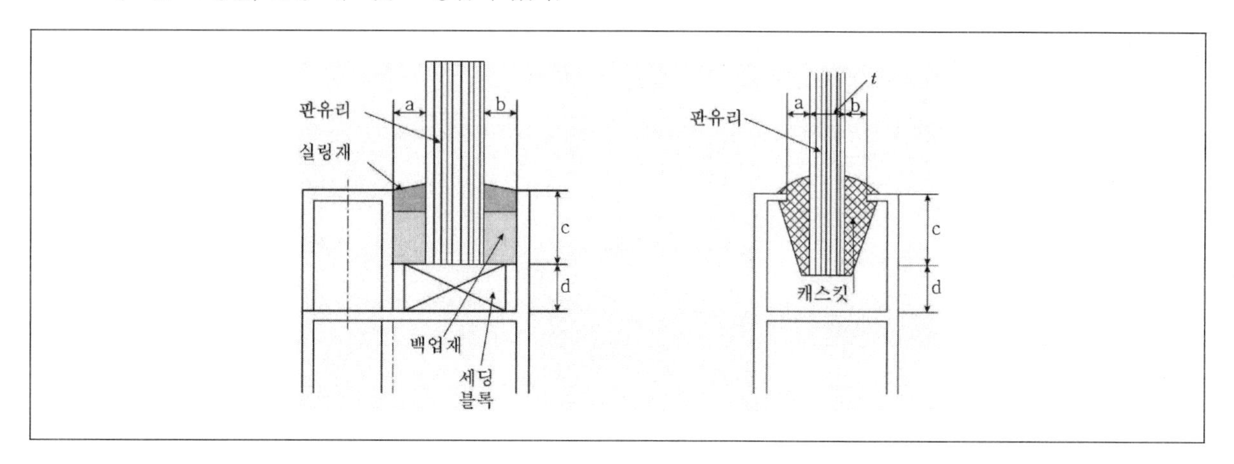

③ **서스펜션공법(대형유리 현수공법)**

㉠ 대형의 판유리를 사용하여 유리만으로 벽면을 구성하는 방법으로 유리 상단을 특제의 철물로 끼워서 달아매는 방법과 리브가 있는 유리를 달아매는 방법이 있다.

㉡ 자중에 의해 완전한 평면이 되므로 화학적 성능손상이 없으며 유리내부에 압축응력의 발생이 최소화된다.

㉢ 투시영상 등의 광학적 기능이 향상되며 개방감이 있는 연결된 큰 개구부도 시공이 가능하다.

④ 구조실란트공법(Structural Glazing 공법)

㉠ 구조용 접착제(Structural Sealant)로 유리판을 지지하는 공법으로 Glass Unit 간의 접합부 Frame을 유리배면에 위치시켜 유리를 접착지지하는 공법이다.

㉡ 실란트로 잡아주는 변의 수에 따라 1변 SSG공법부터 4변 SSG공법으로 구분한다.

⑤ 기타 공법

㉠ 나사고정법 : 거울, 장식유리 등의 모서리에 구멍을 뚫고 장식나사로 고정한다.

㉡ 철물고정법 : 거울, 장식유리 등의 상하에 철물을 부착하여 하부의 받침철물로 하중을 지지하는 공법이다.

㉢ 접착고정법 : 거울, 장식유리 등을 양면접착테이프나 접착제를 이용하여 고정하는 방법이다.

㉣ 접착, 지지철물병용고정법 : 거울, 장식유리 등의 배면을 바탕면에 접착하고 유리단부를 지지철물로 고정하는 방법이다.

㉤ 강화유리문 고정법 : 강화유리문을 플로어힌지 등을 사용하여 고정하는 방법이다.

㉥ 유리펜스(fence)고정법 : 강화유리, 접합유리 등으로 난간, 칸막이벽으로 사용하기 위해 계단의 측판 또는 바닥에 매입된 철물을 사용해 고정하는 방법이다.

㉦ 방연벽고정법 : 망입유리를 천정 바탕면에 실리콘계 실링재와 받침철물을 사용하여 방연벽으로 하는 고정방법이다.

출제 예상 문제

1 **다음 설명 중 옳지 않은 것은?**

① 마루널은 폭이 넓은 널일수록 나쁘다.
② 장선은 보를 받치는 부재이다.
③ 목재마루 밑에는 방습층이 있어야 한다.
④ 가새는 강성을 높여주는 역할을 한다.

TIP 장선 … 마루널을 받치는 부재이다.

2 **반자에 관한 설명으로 옳지 않은 것은?**

① 바름반자는 회반죽, 플라스터, 모르타르 등을 바른다.
② 널반자는 반자틀에 널을 붙인다.
③ 살대반자는 석고판, 금속판을 댄다.
④ 우물반자는 반자틀을 격자모양으로 한다.

TIP ③ 살대반자는 6～9mm 정도의 합판이나 널을 대고난 후 그 밑에 살대를 대야 한다.

3 **옆벽에 몰아 붙이거나 벽 속에 밀어넣는 형식의 창호로 가장 적당한 것은?**

① 미서기창호 ② 미닫이창호
③ 여닫이창호 ④ 오르내리창

TIP ① 두 줄홈에 두 창짝이 각각 끼어 서로 딴 쪽 창의 밑에 붙여 열게된 창이다.
② 문짝을 상하 문틀에 홈을 파서 끼우고 옆벽에 몰아붙이는 창호로 1짝이나 2짝을 단다.
③ 측벽에 정첩을 달아 여닫게 된 창이다.
④ 창에 추를 달아 문틀 상부에 댄 도르레에 걸어내려 창이 상하로 오르내릴 수 있는 창이다.

Answer 1.② 2.③ 3.②

4 유리끼우기에 관한 설명 중 옳지 않은 것은?

① 퍼티고정공법은 프레임과 유리 사이에 퍼티를 끼워 고정하는 방법으로 풍압이 높은 최고층 건축물에 최적의 공법이다.

② 서스펜션공법은 대형 판유리의 자중 및 휨 변형을 방지하기 위해 철물을 사용하여 매다는 공법이다.

③ 실링공법은 유리를 끼우고 유리압축의 프레임 사이에 실링재를 끼우는 방식이다.

④ 개스킷공법은 알루미늄새시의 유리끼움에 주로 사용되며 탄력성이 있는 U자형 개스킷을 문성상에 감싸고 끼운다.

TIP ① 퍼티고정공법은 퍼티를 사용하는 고정법으로 간단한 창문공사에 사용하며, 풍압이 높은 고층건물에서 적당하지 않은 방법이다.

5 다음 중 징두리는 어디에 설치하는가?

① 외부의 벽 상부　　② 외부의 벽 하부

③ 내부의 벽 상부　　④ 내부의 벽 하부

TIP ④ 굽도리, 징두리는 내부의 벽 하부에서 0.9～1.5m의 높이 정도로 판벽을 설치한 부분을 말한다.

6 다음 중 반자 설치순서를 바르게 나열한 것은?

㉠ 달대받이	㉡ 반자널
㉢ 반자틀	㉣ 반자틀받이
㉤ 반자돌림대	㉥ 달대

① ㉠→㉤→㉥→㉢→㉡→㉣

② ㉠→㉤→㉣→㉢→㉥→㉡

③ ㉠→㉣→㉢→㉤→㉥→㉡

④ ㉠→㉣→㉤→㉡→㉥→㉢

TIP 반자 설치순서 … 달대받이→반자돌림대→반자틀받이→반자틀→달대→반자널

Answer 4.① 5.④ 6.②

7 반자의 종류 중 반자틀 밑에 널을 치올려 못 박아 대는 것을 무엇이라 하는가?

① 구성반자 ② 널반자
③ 건축판반자 ④ 우물반자

TIP ① 거실 및 응접실 등의 장식, 음향효과, 전기조명시 간접조명을 만들기 위해서 설치하는 것을 말한다.
② 반자틀 밑에 널을 치올려 못 박아 대는 것을 말한다.
③ 석고판, 합판, 섬유재 등을 대는 반자를 말한다.
④ 격자모양으로 틀을 짜서 만든 반자를 말한다.

8 문의 종류 중 문의 징두리에 양판을 대고 위쪽에 유리를 끼운 문을 무엇이라 하는가?

① 플러시문 ② 합판문
③ 징두리 양판문 ④ 망사문

TIP ① 문틀을 짜고 그 양면에 합판을 붙여서 평평하게 만든 문으로 가장 많이 사용된다.
② 울거미를 짜고 울거미 중간에 합판 한 장을 끼운 문이다.
③ 채광을 목적으로 하는 곳에 쓰이며, 문의 징두리에 양판을 대고 위쪽에 유리를 끼운 문을 말한다.
④ 울거미에 망사나 발을 댄 문이다.

9 창호철물의 종류 중 공중전화 Box나 공중변소에 사용되는 것으로 약 15cm 정도 열려지게 만드는 철물은 무엇인가?

① 레버터리힌지 ② 크리센트
③ 도어클로저 ④ 플로어힌지

TIP ② 오르내리창의 윗막이대 윗면에 대어 다른 창의 밑막이에 걸리게 되는 걸쇠이다.
③ 문과 문틀에 장치하여 자동으로 문을 닫는 장치이다.
④ 오일 또는 스프링을 써서 문을 열면 저절로 닫혀지는 장치를 설치하고 문의 징두리를 꽂아 돌게 한다.

Answer 7. ② 8.③ 9.①

제1편 일반구조

07 마무리 및 기타 구조

01 미장

❶ 미장의 개요

(1) 개념

흙 · 회반죽 · 모르타르 등을 벽 · 천장 · 바닥 등에 바르는 일로 각종 마무리공사 중 건물의 우열을 결정하는 규준이 될 만큼 중요한 공사이다.

(2) 미장재료의 구분 및 특성

<table>
<tr><td rowspan="5">기경성</td><td rowspan="2">진흙질</td><td colspan="2">진흙</td></tr>
<tr><td colspan="2">새벽흙</td></tr>
<tr><td rowspan="3">석회질</td><td colspan="2">회반죽</td></tr>
<tr><td colspan="2">회사벽</td></tr>
<tr><td colspan="2">돌로마이트 플라스터</td></tr>
<tr><td rowspan="5">수경성</td><td rowspan="4">석고질</td><td rowspan="3">석고플라스터</td><td>순석고플라스터</td></tr>
<tr><td>혼합석고플라스터</td></tr>
<tr><td>보드용 플라스터</td></tr>
<tr><td>무수석고</td><td>경석고 플라스터</td></tr>
<tr><td colspan="3">시멘트 모르타르, 인조석바름, 테라조바름 등</td></tr>
<tr><td colspan="2">화학경화성</td><td colspan="2">2액형 에폭시수지 바닥마감재 등</td></tr>
<tr><td colspan="2">고화성</td><td colspan="2">응용아스팔트 바닥마감재
아스팔트 모르타르 등</td></tr>
</table>

① 기경성(수축성)

㉠ 진흙질

• 진흙

– 진흙 + 모래 + 짚여물 + 물반죽으로 구성되어 있다.

– 외바탕 흙벽시공, 재벌바름용으로 사용된다.

• 새벽흙

– 새벽흙 + 모래 + 여물 + 해초풀로 구성되어 있다.

– 흙벽의 재벌, 정벌바름에 쓰인다.

㉡ 석회질

• 회반죽

– 소석회 + 모래 + 여물 + 해초풀로 구성되어 있다.

– 여물은 균열, 해초풀은 접착력을 방지한다.

• 회사벽

– 석회죽 + 모래로 구성되어 있다.

– 흙벽의 정벌바름, 회반죽 고름, 재벌바름에 사용된다.

• 돌로마이트 플라스터(마그네시아 석회)

– 마그네시아 + 석회 + 모래 + 여물로 구성되어 있다.

– 건조수축이 커서 균열 발생이 많다.

– 지하실에 부적당(물에 약함)하다.

② 수경성(팽창성)

㉠ 순석고 플라스터

• 순석고 + 모래 + 물로 구성되어 있다.

• 중성이고 경화속도가 빠르다.

㉡ 배합석고 플라스터

• 배합석고 + 모래 + 여물 + 물로 구성되어 있다.

• 약알칼리성을 띤다.

• 경화속도는 보통이다.

㉢ 경석고 플라스터

• 무수석고 + 모래 + 여물 + 물로 구성되어 있다.

• 수축이 거의 없다.

• 경도가 높고 경화가 빠르다.

③ 용액성(간수)

㉠ 특수재료로 고토질인 마그네시아 시멘트가 있다.

㉡ 마그네시아 시멘트의 특징
- 마그네시아를 주원료로 한다.
- 탄산마그네슘을 800～900℃로 가소하여 만든 고급시멘트이다.
- 착색이 용이하다.
- 경화가 빠르다.
- 물에 약하다.

(3) 미장공사에서의 주의사항

① 모르타르는 빈배합으로 한다.

TIP

빈배합과 부배합

㉠ **빈배합** : 콘크리트에 시멘트의 단위량이 적은 배합
㉡ **부배합** : 콘크리트에 시멘트의 단위량이 많은 배합

② 양질의 재료를 사용한다.

③ 배합은 정확하게 하며 혼합은 충분하도록 한다.

④ 1회의 바름두께(6mm)는 가급적 얇게 여러 번 한다.

⑤ 쇠손질을 충분히 한다.

⑥ 급격한 건조를 피한다.

⑦ 시공 중이나 경화 중에는 진동을 피해야 한다.

⑧ 초벌 후 재벌까지의 기간을 충분히 잡도록 한다.

2 바름의 종류

(1) 시멘트 모르타르 바름

① 바름두께

㉠ 천장 · 차양은 15mm, 내벽은 18mm, 외벽 · 바닥은 24mm를 표준 바름두께로 한다.
㉡ 마무리두께는 천장 · 차양은 15mm 이하, 기타는 15mm 이상으로 한다.
㉢ 1회의 바름두께는 바닥을 제외하고 6mm를 표준으로 한다.
㉣ 두껍게 바르는 것보다 얇게 여러 번 바르는 것이 좋다.

② 재료의 배합

시공장소	초벌(시멘트 : 모래)	재벌, 고름질(시멘트 : 모래)	정벌(시멘트 : 모래 : 소석회)
바깥벽	1:2	–	1:2:0.5
천장 · 차양	1:3	1:3	1:3:0
안벽	1:3	1:3	1:3:0.3
바닥	–	–	1:2:0

(2) 회반죽 바름

① 혼합재료

㉠ 회반죽은 해초풀, 여물, 소석회, 모래를 혼합한다.

㉡ 해초풀(은행초, 미역, 해초)

- 균열을 방지한다.
- 강도, 점도, 부착력을 증대시킨다.

㉢ 여물(짚여물, 삼여물, 종이여물, 털여물)

- 균열 및 수축을 방지할 목적으로 쓰인다.
- 강도를 보강한다.

② 일반사항

㉠ 해초풀을 끓인 다음 24시간 이상 방치할 때는 표면에 석회를 소량 뿌려 부패를 방지하도록 한다.

㉡ 공사시방에 따른 지정이 없는 경우 벽에는 15mm, 천장과 차양에는 12mm 바름두께로 한다.

㉢ 해초풀의 초벌 · 재벌 바름용은 2회 거르기를 한다(2.5mm 체).

(3) 돌로마이트 플라스터 바름공사

① 돌로마이트 플라스터의 특징

㉠ 경화가 느리다.

㉡ 수축성이 커서 균열 발생이 쉽다.

㉢ 시공이 용이하고 값이 싸다.

㉣ 알칼리성이다.

㉤ 도장(페인트칠)이 불가능하다.

㉥ 기경성이다.

② 일반사항

㉠ 수염간격은 300mm 이하로 마름모꼴 모양으로 배열하고, 창문 주위 등은 150mm 이하 간격으로 한 줄 배열한다.

㉡ 작업 중에는 통풍을 방지하고, 바름 후에는 적당히 환기하면서 서서히 건조시킨다.
㉢ 실내온도가 5℃ 이하일 때는 공사를 중지해야 하며, 5℃ 이상으로 난방하여 온도를 유지한다.

(4) 석고 플라스터 바름

① 일반사항
㉠ 수경성이며, 경화가 빠르기 때문에 혼합 즉시 사용하도록 한다.
㉡ 작업 중에는 통풍을 방지하고, 작업 후에는 적당한 환기로 건조시킨다.
㉢ 석고 플라스터에 시멘트, 소석회, 돌로마이트 플라스터 등을 현장에서 혼합하여 사용할 수 없다.
㉣ 실내온도가 5℃ 이하일 때는 공사를 중단하고, 난방하여 5℃ 이상으로 유지해야 한다.

TIP

석고 플라스터와 돌로마이트 플라스터의 비교

	석고 플라스터	돌로마이트 플라스터
주성분	석고	마그네시아 석고
경화	빠르다	늦다
경도	높다	낮다
마감	희고 곱다	곱지 못하다
도장	도장 가능	도장 불가능
성질	중성	알칼리성
반응	수경성	기경성
가격	비싸다	싸다

02 도장

❶ 도장의 개요

(1) 도장재료의 구성요소

도료의 구성요소는 도막요소와 색소가 있으며 도막요소(전색제)에는 수지, 첨가제, 용제 등이 있다.

① **전색제** … 도료 속의 안료를 분산시키는 액상성분으로서 바인더(접착제)와 희석용제로 구성된다. 안료를 녹여 칠할 수 있게 해주며 안료와 안료를 서로 붙잡아 고정시키는 역할을 한다. 도장 후 공기와 접촉하여 산화피막을 형성하는 것으로 건조성 지방유 및 용해수지 등이 있으며 건성유와 반건성유로 분류할 수 있다.

② **첨가제** … 수지(resin) 및 착색제의 물성(분산, 건조, 경화 등)을 조정하기 위한 도막형성 부요소이다.

TIP
수지(resin)는 고분자화합물 중 합성섬유와 합성고무를 제외한 것으로 무정형의 고체 및 반고체 물질로 물에 녹지 않고 알코올과 에테르 등에 잘 녹는다. 용제에 용해되며 도포하면 용제는 증발하고 수지만 남아 피막을 형성하는 것으로 천연수지와 합성수지가 있다.

③ **용제**(solvent) … 도장작업성을 위해 혼입하는 도막형성 조요소로서 수지, 안료, 첨가제 등을 용해 또는 분산시키며 도장 후 도막에서 잔류없이 증발을 한다. 이는 조용제, 공용제, 희석용제로 구분된다.

④ **희석제**(thinner) … 기름의 점도를 줄여 솔질이 잘 되도록 하는 것으로 휘발성이다. (테레핀유, 벤젠, 알코올, 초산메틸, 초산아밀, 초산부틸, 휘발유 등)

⑤ **색소**(stain) … 색소는 착색제(Stain)이라고도 하며 안료와 염료가 있다. 안료는 물, 알코올, 휘발유, 기름 등에 용해되지 않는 불투명 유색분말을 말하며, 도막에 빛깔을 주고, 기름 층을 두껍게 하여 기밀하게 하고, 내구력을 증진시킨다. 투명도료는 도막요소만으로 구성되어 있으며 착색(Enamel)도료는 도막요소에 색소를 첨가한다. 그림물감은 색을 내는 안료가 그 입자 그대로 보존되어 화면에 붙어 있지만, 염료와 같은 경우는 색을 내는 입자가 물에 녹는다.

백색	연백, 아연화, 리트폰, 티탄백 등
적색	주토, 연단, 산화 제2철, 레이크
황색	리사지, 일산화납, 아연노랑, 크롬노랑, 황토 등
초록	크롬초록, 산화크롬초록, 아연초록
파랑	감청, 군청, 코발트청
검정	카본블랙, 흑연
금속색	알루미늄 분말, 황동분말

⑥ **마감제**(Varnish) … 칠해진 도료의 피막을 보호하는 역할을 한다.

⑦ **촉진제** … 화학 반응속도를 촉진시키는 물질로서 도료 공업에 있어서는 수지의 강화 또는 가교화를 촉진시키는 물질이다.

TIP
1액형=원액(주제)+희석제 / 2액형=원액(주제)+희석제+경화제

(2) 도장재료의 구분 및 특징

① 페인트

㉠ 수성 페인트

- 성분 : 안료 + 교착제(카세인, 아리비아고무, 아교) + 물
- 건조가 비교적 빠르다.
- 물을 용제로 사용하므로 경제적이고 공해가 없다.
- 알칼리성 재료의 표면에 도포가 가능하다.
- 도포방법이 간단하고 보관의 제약이 없다.
- 무광택으로 내수성이 없으므로 실내용으로 주로 사용된다.
- 최근에는 수성 페인트에 합성수지와 유화제를 섞어 만든 에멀션 페인트가 많이 이용된다.

㉡ 유성 페인트

- 성분 : 안료 + 용제 + 희석제 + 건조제
- 반죽의 정도에 따른 분류 : 된반죽 페인트, 중반죽 페인트, 조합 페인트
- 광택과 내구력이 좋으나 건조가 늦다.
- 철제, 목재의 도장에 쓰인다.
- 알칼리에는 약하므로 콘크리트, 모르타르 면에 바를 수 없다.

㉢ 유성 에나멜 페인트

- 유성 바니시를 전색제로 하여 안료를 첨가한 것으로 일반적으로 내알칼리성이 약하다.
- 일반 유성 페인트보다는 건조시간이 느리고, 도막은 탄성 · 광택이 있으며 경도가 크다.
- 스파 바니쉬를 사용한 에나멜 페인트는 내수성 · 내후성이 특히 우수하여 외장용으로 쓰인다.

㉣ 에멀션 페인트

- 성분 : 수성 페인트 + 유화제 + 합성수지
- 내외부에 사용가능하며 내구성 · 내수성이 우수하다.

㉤ 합성수지 페인트

- 성분 : 합성수지(아크릴, 비닐계, 폴리에스테르, 실리콘 등) + 중화제 + 안료
- 도막이 단단하며 건조가 빠르다.
- 투광성이 우수하다.
- 내마모성, 내산성, 내알칼리성이 우수하다.
- 회반죽면, 콘크리트 도장에 사용된다.

② 바니쉬(니스)

㉠ 유성 바니쉬

- 성분 : 수지 + 건성유 + 희석제
- 천연수지나 합성수지를 휘발성 용제를 섞어 투명 담백한 막으로 되고 기름이 산화되어 유성 바니쉬, 휘발성 바니쉬, 래커 바니쉬로 나뉜다.

• 유성 바니쉬는 유성 페인트보다 건조가 약간 빠른 편이고, 광택이 있고 투명하고 단단한 도막을 만드나 내후성이 적어 실내 목재 표면에 많이 이용된다.
• 내화학성이 나쁘고 시간이 지나면 누렇게 변색하는 단점이 있다.

㉡ 휘발성 바니쉬
• 성분 : 수지 + 휘발성 용제
• 천연수지를 사용한 것은 목재나 가구도장에 사용되며 합성수지를 사용한 것은 목재나 금속면에 사용된다.

③ 래커

㉠ 클리어 래커
• 성분 : 수지 + 휘발성 용제 + 소화섬유소
• 유성 바니쉬에 비하여 도막이 얇고 견고하다.
• 담갈색 빛으로 시공 후에는 우아한 광택이 있다.
• 내수성, 내후성이 다소 부족하여 실내용으로 주로 이용한다.
• 목재면의 무늬를 살리기 위한 도장 재료로 적당하다.
• 속건성이므로 스프레이를 사용하여 시공하는 것이 좋다.

㉡ 에나멜 래커
• 유성 에나멜 페인트에 비하여 도막은 얇으나 견고하며 기계적 성질(내구성, 내후성)도 우수하다.
• 도막이 견고하므로 주로 외장용에 사용한다.
• 닦으면 광택이 나지만 불투명 도료이다.

④ 스테인(stain, 색올림)
㉠ 작업이 용이하다.
㉡ 색상을 선명하게 할 수 있다.
㉢ 표면을 보호하여 내구성을 증대시킨다.
㉣ 색올림이 표면으로부터 분리되지 않도록 해야 한다.
㉤ 수성 스테인, 알코올 스테인, 유성 스테인 등이 있다.

(3) 일반사항

① 칠은 일반적으로 초벌, 재벌, 정벌로 3회에 걸쳐서 한다.

② 1회 바름두께는 얇게 여러 번 칠한다.

③ 칠을 해갈수록 짙게 칠해서 칠을 하지 않은 부분과 구별되게 한다.

④ 급격히 건조시키지 않는다.

⑤ 상대습도가 85%를 초과하거나 기온이 5℃ 미만이면 작업을 중지한다.

❷ 도장방법

(1) 솔칠

① 위에서 아래로, 왼쪽에서 오른쪽으로 한다.

② 돼지털로 솔길이가 고르게 된 것이 가장 좋다.

(2) 롤러칠

① 평평하고 넓은 면에 유리하며 속도가 빠르다.

② 표면이 거칠거나 불규칙한 부분에 주의를 요한다.

(3) 문지름칠

헝겊에 솜을 싸서 도료를 묻혀서 바른다.

(4) 뿜칠(Spray gun)

① 압축공기를 이용한 것으로 초기건조가 빨라 작업능률이 좋다.

② 뿜칠거리는 뿜칠면에서 30cm를 표준으로 잡고 일정한 속도로 평행이동한다.

③ 뿜칠나비는 $\frac{1}{3}$ 정도를 겹치게 하고 각 회마다 전 회의 방향에 직각으로 한다.

03 온돌과 기타 구조

❶ 온돌 구조

(1) 일반사항

① 효율적이며 위생적인 난방 구조이다.

② 불아궁, 구들고래, 굴뚝의 3부분으로 구성된다.

③ 바닥이 균등하게 데워져야 한다.

④ 가스가 유출되지 않아야 하며 습기가 차면 안 된다.

(2) 구조

① **구들고래** … 불목, 부넘이, 고래두둑, 바람막이로 구성되어 있다.

② **불아궁이** … 짧은 벽 중간 위치에 둔다.

③ **굴뚝** … 굴뚝 자리는 굴뚝 밑에 고래바닥보다 20～30cm 정도 골을 둠으로써 역류를 방지하도록 한다.

④ **부뚜막** … 부뚜막 너비는 7인 가족 기준으로 볼 때 35～55cm의 솥이 걸리고, 앞뒤에 벽돌 반장을 축조할 수 있는 너비 60～75cm 정도로 하도록 한다.

⑤ **고막이** … 밑인방, 토대 밑의 벽으로 벽돌이나 돌 등을 모르타르, 진흙으로 쌓는다.

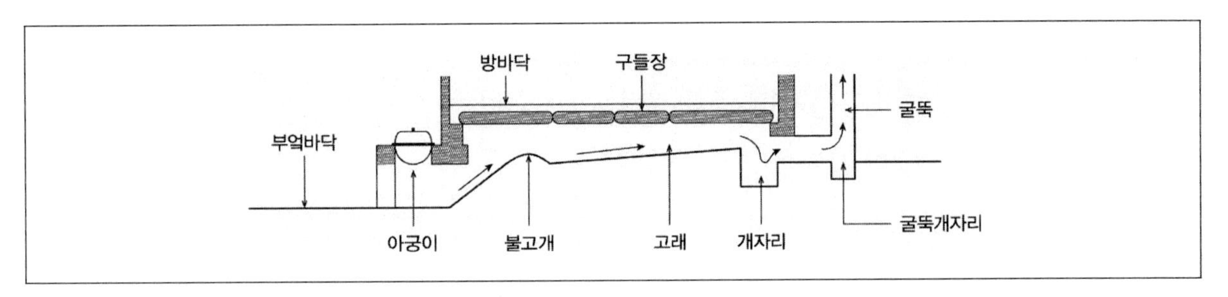

2 기타 구조

(1) 커튼월 구조

① 개념

㉠ 공장생산부재로 구성되는 비내력벽으로, 구조체의 외벽에 고정철물을 사용하여 부착시킨다.

㉡ 초고층건물에 많이 사용한다.

[커튼월 구조의 종류]

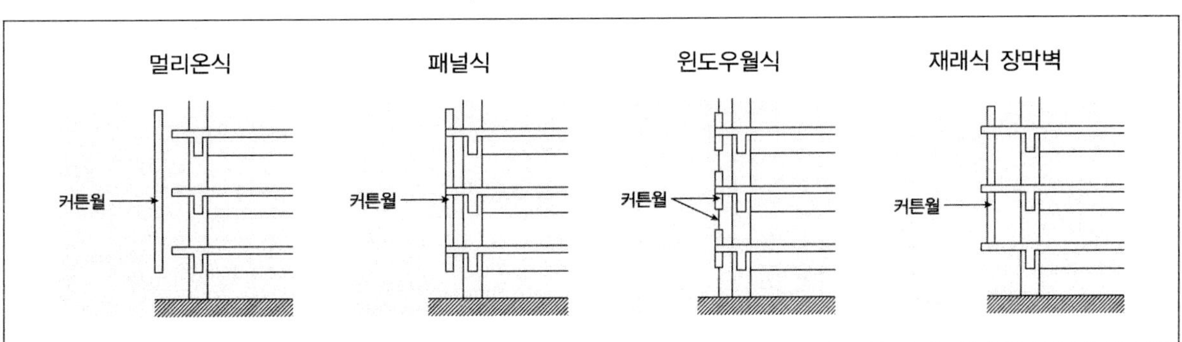

② **커튼월이 갖추어야 할 성능** … 내진성, 내풍압성, 방수성, 수밀성, 방화성, 방연성, 차음성, 기밀성, 내구성, 내화성 등을 갖춰야 한다.

③ 시험

㉠ **풍동시험**(Wind Tunnel Test) : 건물준공 후 문제점을 사전에 파악하고 설계에 반영하기 위하여 건물주변 600m 반경 내에 실물축적 모형을 만들어 10 ~ 50년간(혹은 100년간)의 최대풍속을 가하여 실시하는 시험이다.

㉡ **실물대모형시험**(Mock－up Test) : 풍동시험을 근거로 설계한 3개의 실물모형을 만들어 건축예정지에 최악의 조건으로 시험하는 것이다.

㉢ 시험항목

- 풍동시험항목 : 외벽풍압, 구조항목, 고주파응력, 풍압영향, 건물풍
- 실물모형시험항목 : 예비시험, 기밀시험, 정압수밀시험, 동압수밀시험, 구조시험, 층간변위시험

(2) 보온 및 방음 구조

① 보온 구조의 일반사항

㉠ 석면, 암면, 유리면, 규조토 등을 사용하여 보온 · 보냉 구조로 한다.

㉡ 열관류율이 작은 구조로 한다.

㉢ 공기층을 설치한다.

㉣ 틈이 없게 시공한다.

㉤ 복층유리(페어글래스)나 이중창을 설치한다.

② 방음 구조

㉠ 벽을 두껍게 하고 틈이 없게 시공한다.

㉡ 페어글래스나 이중창을 사용한다.

㉢ 이중벽으로 투과손실을 크게 한다.

㉣ 바닥마감과 바탕 등에 완충재를 사용한다.

㉤ 바닥재료는 리놀륨, 고무, 비닐타일 등을 사용하고, 천장은 연질의 텍스, 음향효과판을 사용한다.

최근 기출문제 분석

2019 서울시 (7급)

1 **다음 〈보기〉의 설명에 해당하는 페인트로 가장 옳은 것은?**

> 안료, 건성유, 건조제, 희석제로 구성되어 있으며 내후성, 내마모성이 좋고 건물의 내외부에 널리 쓰이나 건조가 늦다.

① 에멀젼(션) 페인트
② 에나멜 페인트
③ 수성페인트
④ 유성페인트

TIP 유성페인트의 특성
- 재료 : 안료 + 용제 + 희석제 + 건조제
- 반죽의 정도에 따른 분류 : 된반죽 페인트, 중반죽 페인트, 조합 페인트
- 광택과 내구력이 좋으나 건조가 늦다.
- 철제, 목재의 도장에 쓰인다.
- 알칼리에는 약하므로 콘크리트, 모르타르 면에 바를 수 없다.

2010 지방직

2 **커튼월(curtain wall)에 대한 설명으로 옳지 않은 것은?**

① 대부분 공장에서 생산되므로 현장인력이 절감되는 이점이 있다.
② 자중과 상부 커튼월의 하중을 지지하여야 한다.
③ 패스너(fastener)는 고정방식, 회전방식, 슬라이드방식 등이 있다.
④ 고층건물을 경량화하는 이점이 있다.

TIP 커튼월은 공장 생산 부재로 구성되는 비내력벽이므로 상부커튼월의 하중을 지지하지는 않는다.

Answer 1.④ 2.②

2010 국가직 (7급)

3 **미장공사의 사용재료에 의한 분류에 있어 기경성 미장재료가 아닌 것은?**

① 토벽

② 석고 플라스터

③ 돌로마이트 플라스터

④ 소석회

TIP 기경성재료 : 진흙질, 회반죽, 돌로마이트 플라스터, 마그네시아시멘트, 아스팔트모르타르
수경성재료 : 순석고 플라스터, 경석고 플라스터, 시멘트 모르타르

Answer 3.②

출제 예상 문제

1 커튼월에 관한 설명으로 옳지 않은 것은?

① 커튼월은 공장에서 생산하므로 현장에서 인력절감의 이점이 있다.
② 커튼월은 고층건물에 많이 채용되며 자중과 상부 커튼월의 하중을 이겨내야 한다.
③ 커튼월의 패스너(Fastener)는 고정방식, 회전방식, 슬라이딩방식이 있다.
④ 커튼월은 건축물 고층화에 따라 외벽을 경량화하는 이점이 있다.

TIP ② 상부에 있는 커튼월을 담당하지 않는다.

2 시멘트 모르타르바름의 재료배합 중 초벌작업의 안벽에 시멘트와 모래의 비율은?

① 1 : 2
② 1 : 3
③ 2 : 3
④ 3 : 5

TIP 재료의 배합

시공장소	초벌(시멘트 : 모래)	재벌, 고름질(시멘트 : 모래)	정벌(시멘트 : 모래 : 소석회)
바깥벽	1 : 2	–	1 : 2 : 0.5
천장 · 차양	1 : 3	1 : 3	1 : 3 : 0
안벽	1 : 3	1 : 3	1 : 3 : 0.3
바닥	–	–	1 : 2 : 0

3 다음은 도장공사의 주의사항을 나열한 것이다. 옳지 않은 것은?

① 바탕의 건조가 되지 않았을 때는 칠공사를 하지 않는다.
② 야간에는 칠작업을 하지 않는다.
③ 초벌작업부터 정벌작업까지 같은 색으로 칠해야 한다.
④ 강한 바람이 불 때는 먼지가 묻을 수 있으므로 외공칠은 하지 않는다.

TIP ③ 도장공사는 얇게 여러 번 칠을 한다. 그렇기 때문에 칠의 유무를 판단해야 하므로 초벌작업부터 정벌작업까지 점점 짙은 색으로 시공을 해나가야 한다.

Answer 1.② 2.② 3.③

4 **다음은 시멘트 모르타르 바름벽에 대한 기술이다. 옳은 것은?**

① 시멘트와 모래의 배합비는 1 : 3 ~ 1 : 5 정도가 적당하다.
② 전체적인 바름두께는 20mm 정도로 한다.
③ 초벌 → 재벌 → 정벌 바름 순으로 한다.
④ 라스바탕일 경우에는 아스팔트루핑을 붙이고서 바를 수도 있다.

TIP 시멘트 모르타르 바름을 할 때 시멘트와 모래의 배합비는 1 : 3 ~ 1 : 5 정도가 적당하다.

5 **다음은 돌로마이트 플라스터 바름을 나열한 것이다. 옳지 않은 것은?**

① 가소성이 높은 재료이기 때문에 풀을 혼합하지 않아도 된다.
② 회반죽에 비해서 건조수축이 작다.
③ 조기강도가 크다.
④ 기경성으로 습기가 많은 곳에는 사용하지 않는 것이 좋다.

TIP ② 돌로마이트 플라스터는 회반죽에 비해서 건조수축이 크다.

6 **다음 중 돌로마이트 플라스터의 혼합재료가 아닌 것은?**

① 마그네시아 석회
② 진흙
③ 모래
④ 여물

TIP 돌로마이트 플라스터의 혼합재료 … 마그네시아 석회 + 모래 + 여물

Answer 4.① 5.② 6.②

7 다음은 석고 플라스터와 돌로마이트 플라스터를 비교한 것이다. ㉠㉡ 안에 들어갈 적당한 것은?

	석고 플라스터	돌로마이트 플라스터
경화속도	빠르다	늦다
주성분	석고	(㉠)
성질	(㉡)	알칼리성

① 시멘트, 산성
② 시멘트, 중성
③ 마그네시아 석고, 중성
④ 마그네시아 석고, 산성

TIP 석고 플라스터의 주성분은 석고로 이루어져 경화속도가 빠르고 그 성질은 중성이다. 돌로마이트 플라스터의 주성분은 마그네시아 석고로 경화속도가 다소 늦은 알칼리성의 재료이다.

8 건물을 준공한 후에 언제 발생할지 모를 문제점을 파악하고 설계에 반영할 목적으로 시험하는 것을 무엇이라 하는가?

① 모크업테스트
② 베인테스트
③ 슬럼프시험
④ 풍동시험

TIP ① 풍동시험으로부터 나온 설계 풍하중을 토대로하여 설계상 그대로 실물모형을 제작하여 설정된 최악의 외부환경상태에 노출시켜 설정된 외기조건이 실물모형에 어떠한 영향을 주는 가를 비교 · 분석하는 실험이다.
② 연약 점토 지반의 점착력을 판단하여 전단 강도를 추정하는 방법이다.
③ 사질지반의 밀도를 측정하기 위한 시험으로 보링구멍을 이용하여 로드 끝에 샘플러를 달고 76cm 상단에서 63.5kg의 추를 떨어뜨려 샘플러가 지반으로 30cm 관입시키는데 필요한 타격횟수 N값을 구하는 것이다.
④ 건물이 준공된 후에 언제 발생할지 모를 문제점을 파악해서 설계에 반영한다. 이 시험을 통해 건물주변의 기류를 파악해서 풍해를 예측하거나 대책을 세울 수 있는 시험이다.

9 다음은 도료의 종류이다. 건축물 외장 도료로 부적당한 것은?

① 바니시
② 유성페인트
③ 래커
④ 크레오소트

TIP ① 바니시는 천연수지를 건성유로 녹여 희석제를 가한 것으로 니스라고도 하는데, 건축물 외장도료로는 사용하기가 부적당하다.

Answer 7.③ 8.④ 9.①

10 미장공사를 하고 난 후 균열이나 박락이 생기는데 그 이유로 옳지 않은 것은?

① 여물이나 모래가 많을 때
② 바름의 두께가 같지 않을 때
③ 재료가 수축이 일어났을 때
④ 구조체가 변형을 일으켰을 때

TIP ① 미장공사를 하기 위해서 여물이나 모래를 넣으면 균열이나 박락을 줄일 수 있다.

11 다음 도료 중 시공을 했을 때 건조속도가 가장 빠른 것은?

① 유성 페인트
② 수성 페인트
③ 래커
④ 바니시

TIP ① 내후성 · 내마모성이 크고 가장 많이 사용하나 알칼리에 약하며 건조가 늦다.
② 내알칼리성이며 무광이다. 비내수성 모르타르나 회반죽면에 사용해야 한다.
③ 래커는 시공을 한 후 10～20분 정도면 건조가 되므로 스프레이를 이용한다.
④ 합성수지, 아스팔트, 안료 등에 건성유나 용제를 첨가한 것으로, 칠하면 매끄럽고 광택이 나고 투명막으로 되며 실내의 목부나 외부의 도장에 쓰인다.

12 다음은 회반죽에 관한 설명이다. 옳지 않은 것은?

① 회반죽의 바름두께는 15mm 정도로 한다.
② 석고를 회반죽에 소량을 혼합하면 강도, 경화속도가 증가한다.
③ 시멘트 모르타르보다 경도는 약하다.
④ 바름을 할 때 초벌이 반건조된 후에 재벌을 발라야 한다.

TIP ④ 회반죽이 경화될 때에는 수축 · 균열이 발생한다. 그러므로 초벌이 완전히 굳어서 균열이 다 생기면 그 후에 재벌바름을 해야 한다.

Answer 10.① 11.③ 12.④

13 도장작업을 중단해야 하는 온도와 습도는 얼마인가?

① 온도 : 5℃ 미만, 습도 : 85% 초과

② 온도 : 10℃ 이하, 습도 : 50% 이상

③ 온도 : 5℃ 이상, 습도 : 80% 이하

④ 온도 : 10℃ 이상, 습도 : 50% 이하

TIP ① 도장작업은 온도 5℃ 미만, 습도 85% 초과일 때나, 강한 바람이 불거나 비가 올 경우에는 중단해야 한다.

Answer 13.①

구조역학

01 힘과 모멘트

01 힘과 모멘트

1 힘에 관한 기본개념

(1) 힘의 3요소

힘은 벡터의 성질을 가지며 크기와 방향, 작용점을 갖는다.

성분	크기	방향	작용점
표시법	길이로 표시	각으로 표시	좌표로 표시

TIP

벡터와 스칼라

㉠ 벡터 : 크기와 방향이 있는 물리량, 즉 크기에 방향성을 함께 고려하여야 설명이 가능한 물리량이다. 물리량 중 변위, 속도, 가속도, 힘, 운동량, 충격량, 중력장, 전기장, 자기장 등은 벡터량이다.

㉡ 스칼라 : 크기만 있고 방향이 없는 물리량, 즉 방향성을 가지지 않는 성분이다. 물리량 중 시간, 부피, 질량, 온도, 속력, 에너지, 전위 등은 스칼라량이다.

(2) 힘의 분해 및 합성

① 힘의 분해 … 힘은 서로 직교하는 x방향 성분과 y방향 성분으로 분해를 할 수 있다.

㉠ 힘 F의 x방향 성분 : $F_x = F \cdot \cos\theta$

㉡ 힘 F의 y방향 성분 : $F_y = F \cdot \sin\theta$

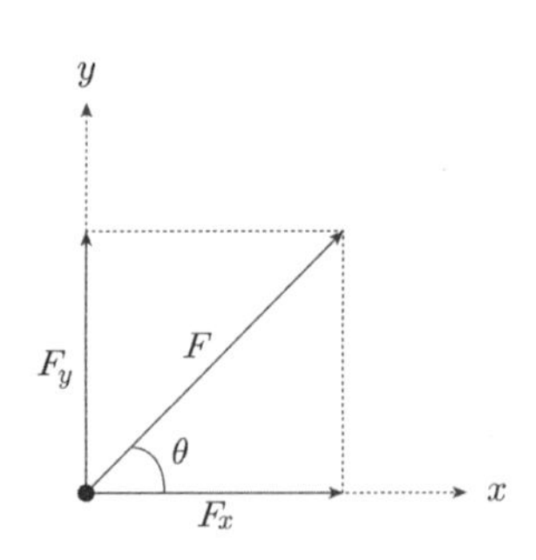

② 힘의 합성

㉠ 도해법

- 시력도 : 힘의 합력을 구하기 위해 순서대로 평행이동시켜 힘의 삼각형법에 의해 합력을 구하는 방법이다. 힘의 3요소 중 합력의 크기와 방향을 구할 수 있다.
- 연력도 : 1점에 작용하지 않는 여러 힘을 합성할 때 합력의 작용선을 찾는 방법이다. 서로 평행한 여러 개의 평면력을 가장 쉽게 합성할 수 있는 방법이다.

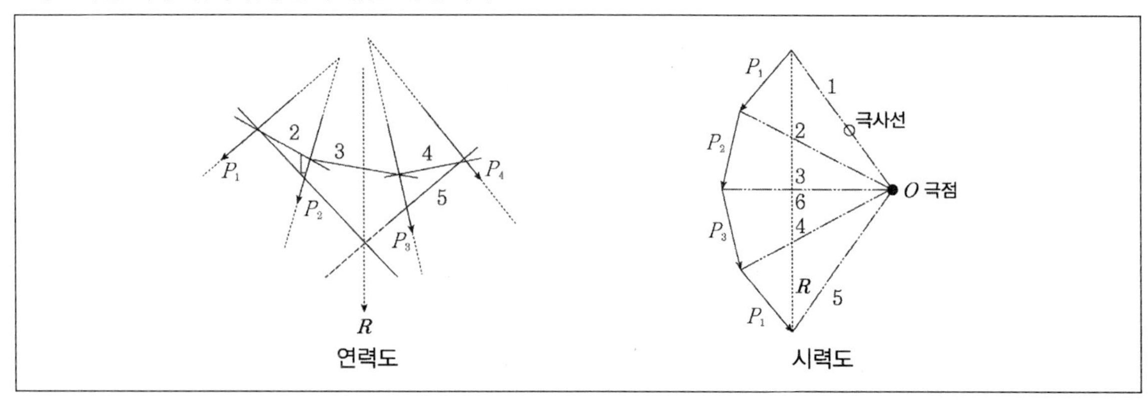

㉡ 계산식

- 합력의 크기 : $R=\sqrt{\sum H^2+\sum V^2}$
- 합력의 방향 : $\tan\alpha=\dfrac{\sum V}{\sum H}$ 에서 $\alpha=\tan^{-1}\dfrac{\sum V}{\sum H}$

㉢ 각 α를 이루고 있는 두 힘의 합성

- $R=\sqrt{F_1^2+F_2^2+2F_1\cdot F_2\cdot\cos\alpha}$ 이며 $\alpha=\tan^{-1}\dfrac{F_2\sin\alpha}{F_1+F_2\cos\alpha}$

(3) 모멘트

① **모멘트의 크기** ··· $M_o = P \times l$로서 모멘트는 가하는 힘과 힘의 중심으로부터 힘의 작용점까지의 수직거리를 곱한 값이다.

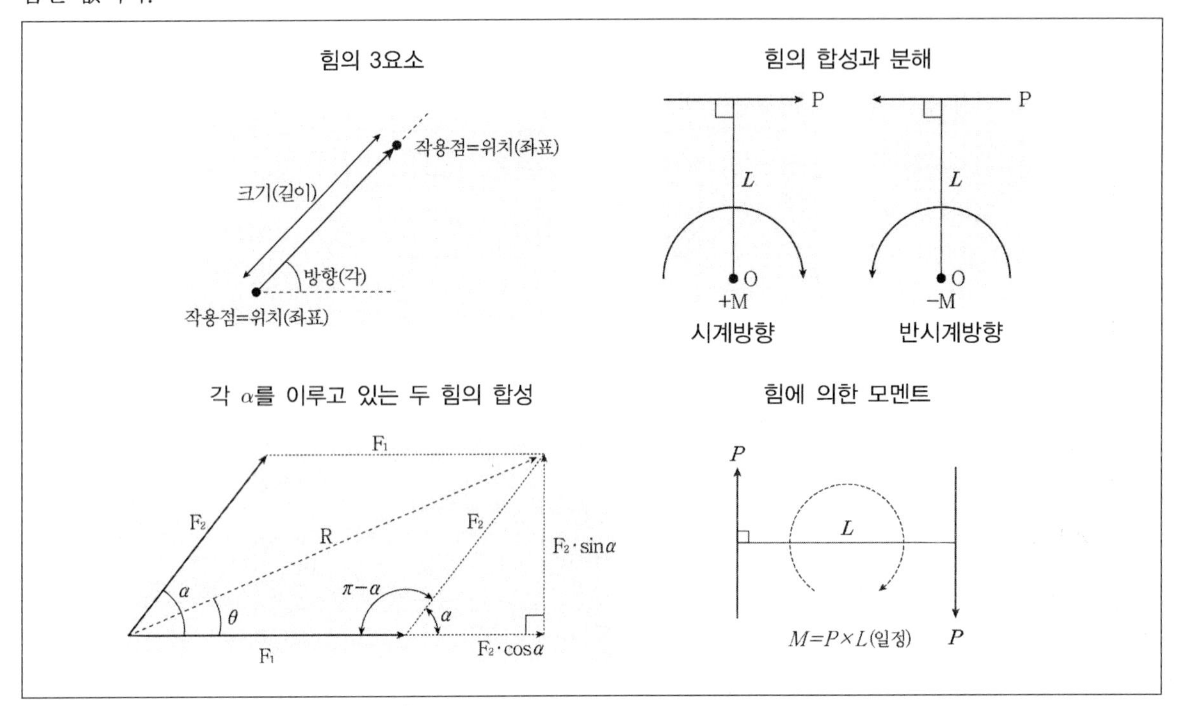

② 우력(짝힘)과 우력모멘트

㉠ 우력

- 크기가 같고 방향만 반대인 2개의 나란한 1쌍의 힘이다.
- 우력의 크기는 우력모멘트로 표시한다.

㉡ **우력모멘트** : 우력모멘트의 크기는 어느 점을 기준으로 하건 상관없이 항상 동일한 크기이며 그 크기는 서로 우력관계를 이루는 두 힘 간의 거리에 힘을 곱한 값이다.

2 힘에 관한 정리

(1) 바리뇽(Varignon)의 정리

① 여러 개의 평면력들의 한 점에 대한 모멘트의 합은 이들 평면력의 합력이 그 점에 대한 모멘트와 같다.

② **합력의 크기** ··· $R = P_1 + P_2 + P_3 + P_4$

③ 합력의 방향은 아래 방향

④ 합력의 작용점은 $R \cdot x = P_1x_1 + P_2x_2 + P_3x_3 + P_4x_4$ 이므로

$$x = \frac{P_1x_1 + P_2x_2 + P_3x_3 + P_4x_4}{R}$$

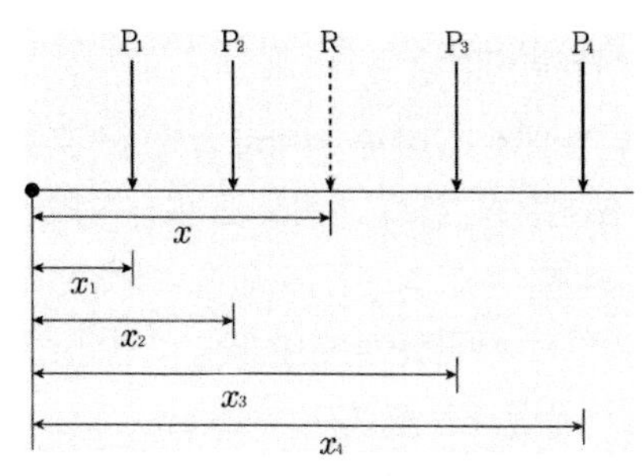

(2) 힘의 평형방정식

힘의 평형이라 함은 어떤 물체에 작용하는 수평력, 수직력, 모멘트의 합이 0이 되어 물체의 이동이나 회전이 없는 상태를 의미한다.

① $\sum H = 0$ … 물체가 힘의 형평을 이루기 위해서는 수평력의 합이 0이어야 한다.

② $\sum V = 0$ … 물체가 힘의 형평을 이루기 위해서는 수직력의 합이 0이어야 한다.

③ $\sum M = 0$ … 물체가 힘의 형평을 이루기 위해서는 모멘트의 합이 0이어야 한다.

(3) 라미의 정리

한 점에 작용하는 3개의 힘이 평형을 이룰 때 각 힘은 힘들 간의 사이각을 이용한 사인법칙($\frac{P_1}{\sin\theta_1} = \frac{P_2}{\sin\theta_2} = \frac{P_3}{\sin\theta_3}$)이 성립되는 원리에 의해 힘을 해석하는 정리이다. 이때 3개의 힘들이 평형을 이루기 위해서는 시력도는 폐합이 되어야 한다.

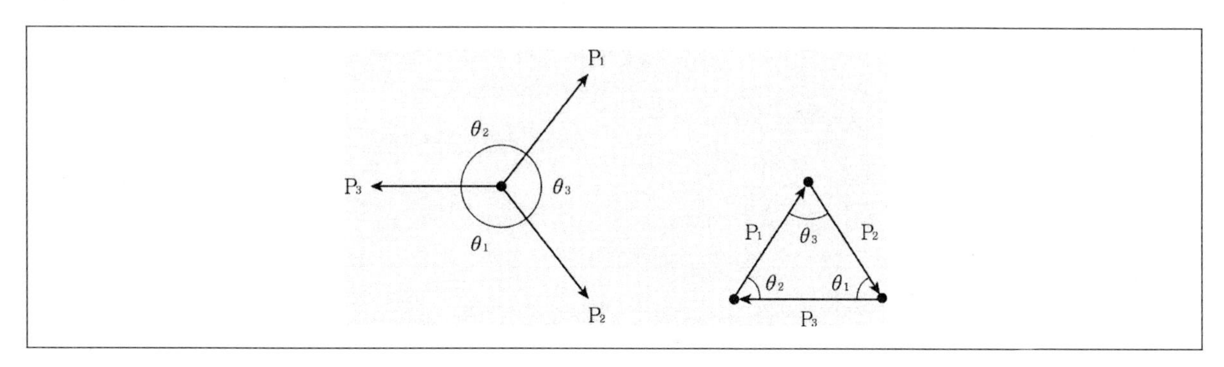

(4) 자유물체도

어떤 물체에 있어서 지지하고 있는 구조물의 지점을 제거하고 물체에 작용하는 모든 힘을 표시해 준 그림으로, 구조물의 힘의 평형상태 또는 임의 단면의 힘의 평형상태를 나타낸다. 이는 평형방정식을 사용하여 어떤 물체의 단면에 작용하는 힘을 쉽게 알도록 하기 위해서 작성된다. (자유물체란 그리려는 물체를 구조물로부터 완전히 분리하여 형태만을 그린 물체이다.)

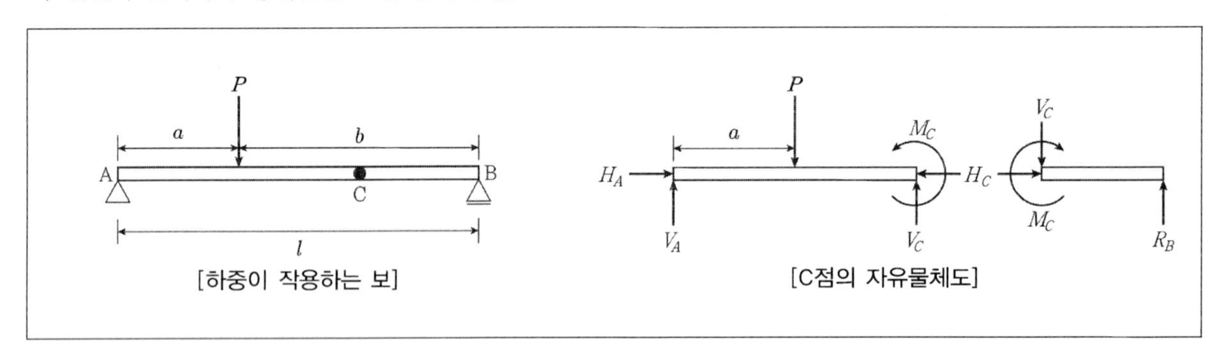

[하중이 작용하는 보] [C점의 자유물체도]

(5) 3차원 모멘트

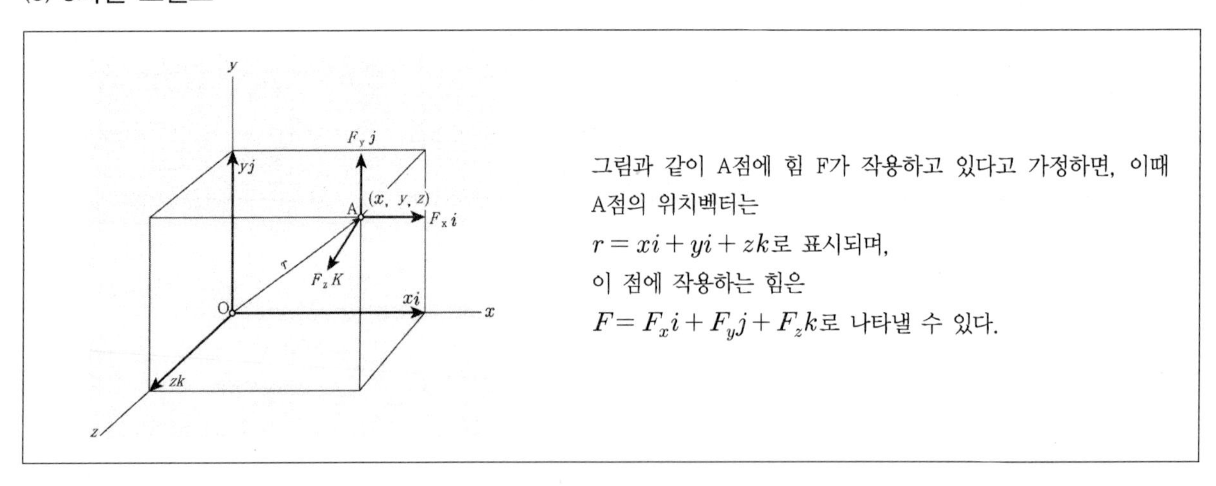

그림과 같이 A점에 힘 F가 작용하고 있다고 가정하면, 이때 A점의 위치벡터는

$r = xi + yi + zk$로 표시되며,

이 점에 작용하는 힘은

$F = F_x i + F_y j + F_z k$로 나타낼 수 있다.

이 경우, O점을 축으로 하여 힘 F가 강체를 회전시키기 위해 발생시키는 힘은 $M_o = r \times F = M_x i + M_y j + M_z k$가 된다.

(M_o은 위치벡터 r과 힘 F를 서로 벡터곱을 한 값이다.)

$M_o = r \times F$ 이며

$$M_o = \begin{vmatrix} i & j & k \\ x & y & z \\ F_x & F_y & F_z \end{vmatrix} = (r_y F_y - r_z F_y)i + (r_x F_z - r_z F_x)j + (r_x F_y - r_y F_x)k$$

$M_x = yF_z - zF_y$, $M_y = zF_x - xF_z$, $M_z = xF_y - yF_x$라고 할 경우, 힘 F에 의해 O점에 대해 강체를 회전시키는 모멘트의 크기는

$|M_o| = \sqrt{M_x^2 + M_y^2 + M_z^2}$ 가 되며,

$\cos\theta_x = \dfrac{M_x}{|M_o|}$, $\cos\theta_y = \dfrac{M_y}{|M_o|}$, $\cos\theta_z = \dfrac{M_z}{|M_o|}$가 성립한다.

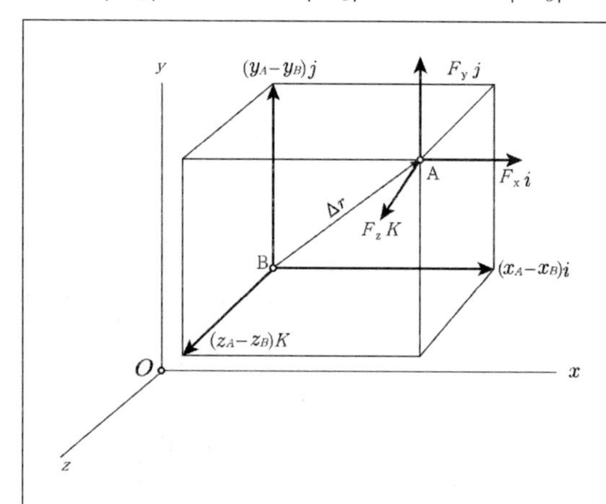

만약 점 A에 작용하는 힘 F의 임의점 B에 대한 모멘트 M_B를 계산해야 할 경우에는 아래의 그림과 같이 $r_A = r_B + \Delta r$이므로

벡터 r대신에 벡터 $\Delta r = r_A - r_B$를 이용하면 된다.

$M_B = \Delta r \times F = (r_A - r_B) \times F$이며

$M_B = \begin{vmatrix} i & j & k \\ \Delta x & \Delta y & \Delta z \\ F_x & F_y & F_z \end{vmatrix}$ 이다.

$(\Delta x = x_A - x_B,\ \Delta y = y_A - y_B,\ \Delta z = z_A - z_B)$

(6) 마찰력과 도르래

① **마찰력** … 마찰은 운동을 방해하는 성질이며 마찰력은 마찰로서 운동을 방해하는 저항력이다. 이 마찰력보다 큰 힘이 작용해야 물체는 움직일 수 있다.

㉠ **마찰력의 특성**

- 마찰력은 물체의 운동방향과 반대방향으로 작용한다.
- 마찰력은 수직항력에 비례한다.
- 마찰력은 접촉면의 성질에 따라 변한다.
- 마찰력과 마찰계수는 접촉면의 면적과는 관계가 없다.
- 동마찰력은 미끄럼 속도에 무관하다.

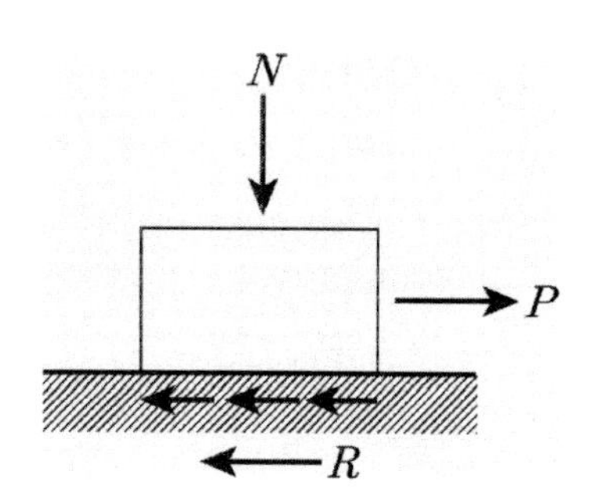

㉡ **마찰력의 종류**

- 마찰력(R) = 마찰계수(μ) × 수직항력(N)
- 정지마찰력 : 물체가 움직이기 전의 마찰력
- 최대정지마찰력 : 물체가 움직이려는 순간에 작용하는 마찰력(동마찰력보다 크다.)
- 동마찰력 : 물체가 움직이는 동안의 마찰력

[경사면의 미끄럼 마찰력(R)]	[굴림마찰력(R)]
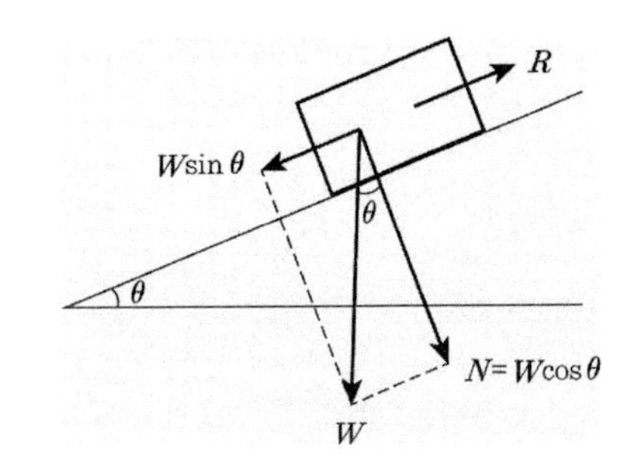	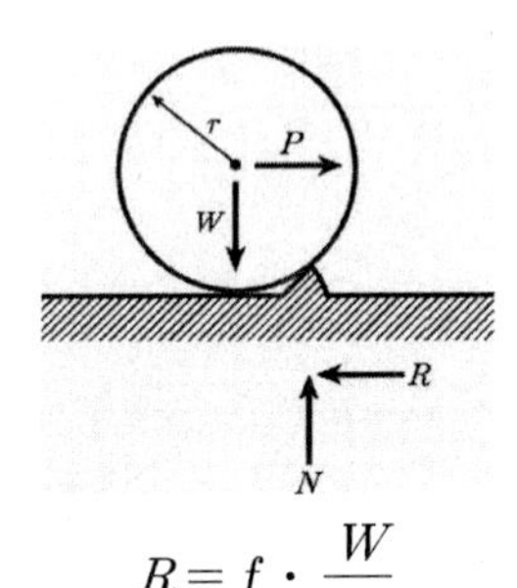
마찰계수(μ) × 수직항력(N) = 마찰계수(μ) × 물체의 자중 × cosθ	$R = f \cdot \dfrac{W}{r}$ (N : 수직항력, P : 하중(수평력), W : 자중, f : 마찰계수)

② **도르래** … 도르래는 다음과 같이 고정도르래, 움직도르래, 복합도르래가 주로 사용되며 원리는 다음과 같다.

㉠ **고정도르래** • 도르래 자체의 이동이 없으며 바퀴의 회전만으로 물체를 들어 올리는 도르래로 제1종 지레의 역할을 한다. • $\sum M_A = 0,\ P \times r - W \times r = 0,\ P = W$ • 즉, 힘에 대한 이득은 없으나 힘의 방향을 바꾸고 물체를 쉽게 들어 올리도록 한다.	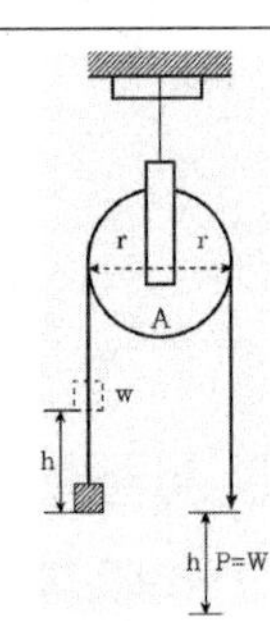
㉡ **움직도르래** • 도르래 축의 이동과 바퀴의 회전으로 물체를 들어 올리는 도르래로서 제2종 지레의 역할을 한다. • $\sum M_A = 0,\ -P \times 2r + W \times r = 0,\ P = \dfrac{W}{2}$ • 힘에 있어서는 2배의 이득이 생기지만 일의 원리에 의해 가한 일과 하는 일이 같아야 하므로 물체가 움직인 거리는 당긴 거리의 1/2이 된다.	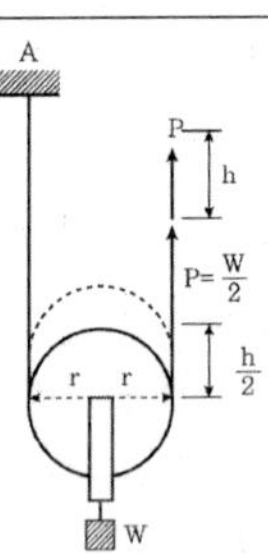
㉢ **복합도르래** • 고정도르래와 움직도르래를 결합한 도르래이다. • 실재로 가장 많이 사용되는 도르래이며 시험문제에서도 가장 많이 출제되는 유형의 도르래이다.	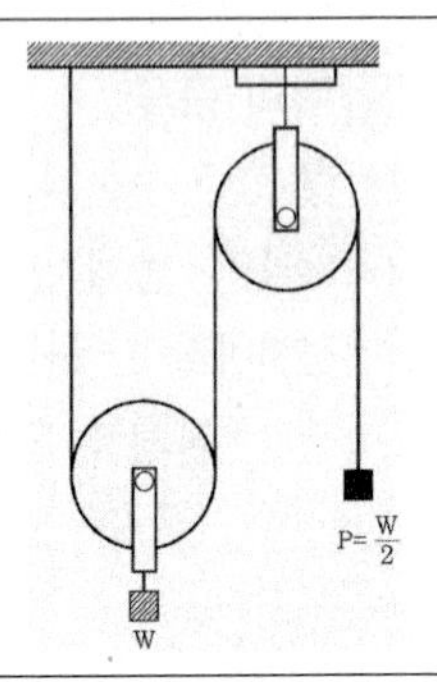

출제 예상 문제

1 다음 그림에서 O점에 대한 모멘트는 얼마인가? (모멘트의 크기는 우측을 +로 한다.)

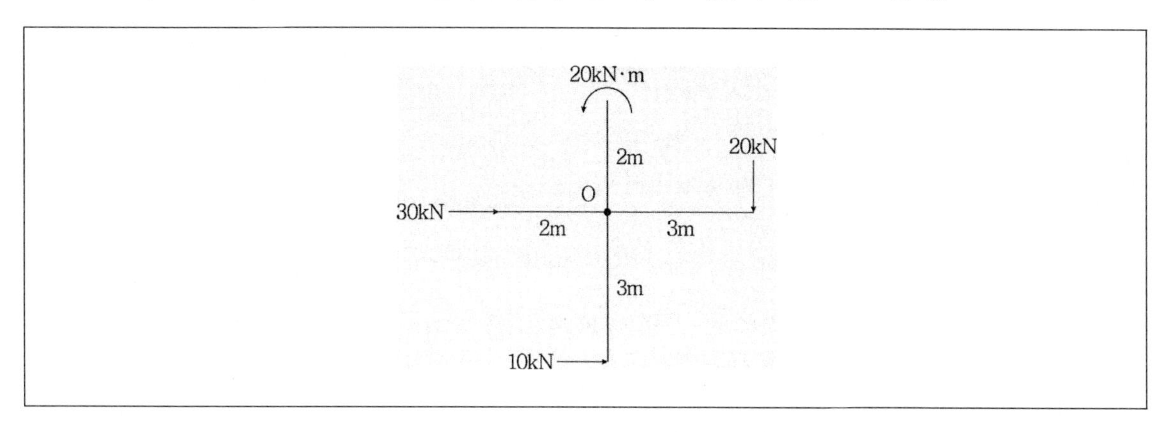

① $+5kN \cdot m$　　② $-5kN \cdot m$

③ $+10kN \cdot m$　　④ $+15kN \cdot m$

TIP $M_o = -(20kN \cdot m) + (20kN)(3m) - (10kN)(3m) = +10kN \cdot m$

Answer 1.③

2 다음 그림과 같은 평행력에 있어서 P_1, P_2, P_3, P_4의 합력의 위치는 O점에서 어느 정도의 거리에 위치하는가?

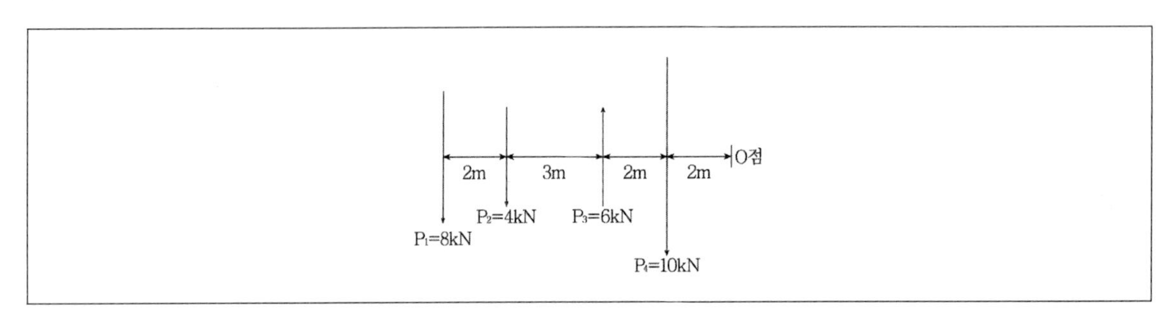

① 5.2m
② 5.6m
③ 6.0m
④ 6.5m

TIP 합력의 크기 : $R=-(8)-(4)-(6)-(10)=-16kN(\downarrow)$
O점에 대한 합력의 작용위치 x를 구하면
$R\cdot x=P_1\cdot x_1+P_2\cdot x_2+P_3\cdot x_3$에서
$-(16)(x)=-(8)(9)-(4)(7)+(6)(4)-(10)(2)$이므로
$\therefore\ x=6.0m$

3 다음 그림에서 힘 P의 점 O에 대한 모멘트의 크기는?

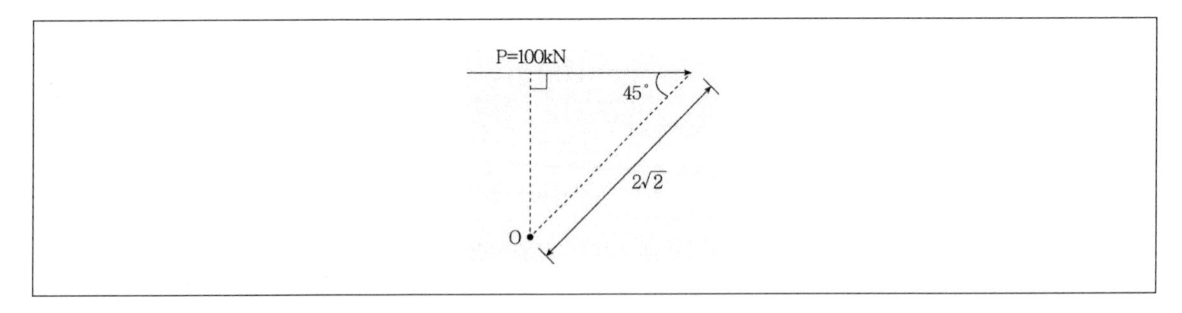

① 50kN · m
② −75kN · m
③ −150kN · m
④ 200kN · m

TIP 모멘트는 힘과 수직거리의 곱이므로
$M_o=+(100)(2\sqrt{2}\cdot\sin45^o)=+200kN\cdot m$

Answer 2.③ 3.④

4 다음 그림에서 두 힘의 합력의 크기를 구하면?

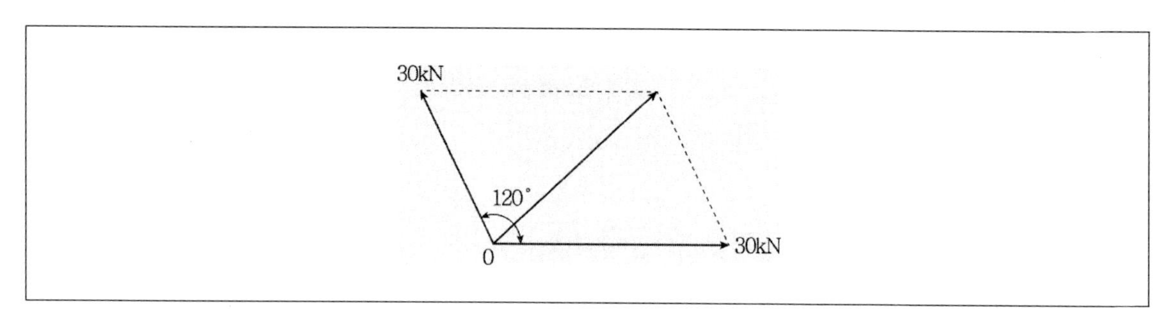

① 15kN
② 30kN
③ 45kN
④ 50kN

TIP $R=\sqrt{P_1^2+P_2^2+2P_1P_2\cos\theta}=\sqrt{30^2+30^2+2(30)(30)(\cos 120^o)}=30kN$

5 다음 그림에서 R은 서로 평행한 두 힘 P_1, P_2의 합력이다. 합력 R이 작용하는 점을 P_1으로부터 x라 할 경우 x의 값으로 바른 것은?

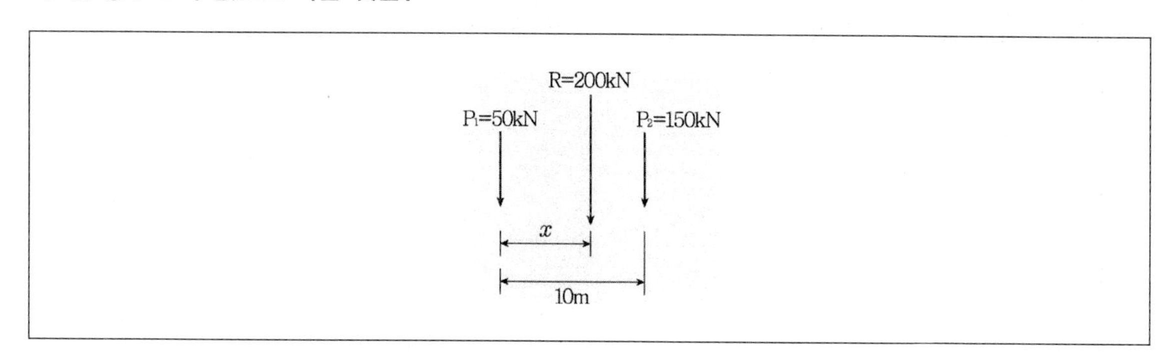

① 6.4m
② 6.9m
③ 7.5m
④ 8.1m

TIP ㉠ 합력의 모멘트 : $+(200)(x)$
㉡ 분력의 모멘트 : $+(150)(10)$
$\therefore$ $200 \cdot x=1{,}500$에서 $x=7.5m$

Answer 4.② 5.③

6 다음 그림에서 AC부재가 받는 인장력은?

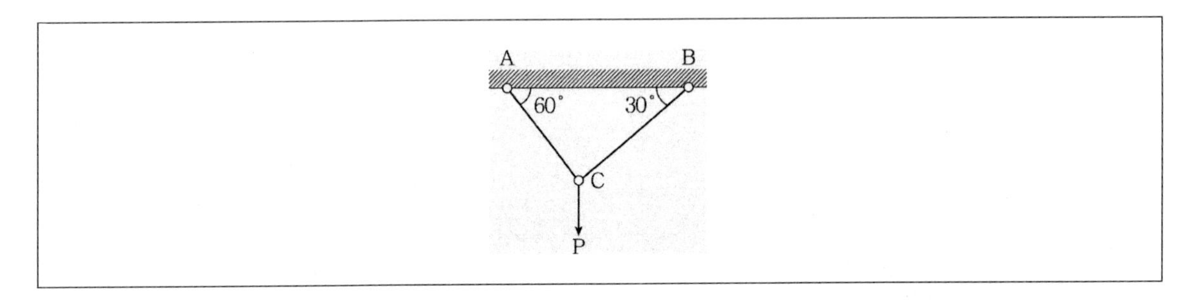

① $\frac{P}{2}$

② P

③ $\frac{\sqrt{3}}{2}P$

④ $2P$

TIP $\frac{P}{\sin 90^o} = \frac{AC}{\sin 120^o}$ 이므로 $AC = \frac{\sqrt{3}}{2}P$

7 다음 그림과 같은 구조물에서 T부재가 받는 힘의 크기는?

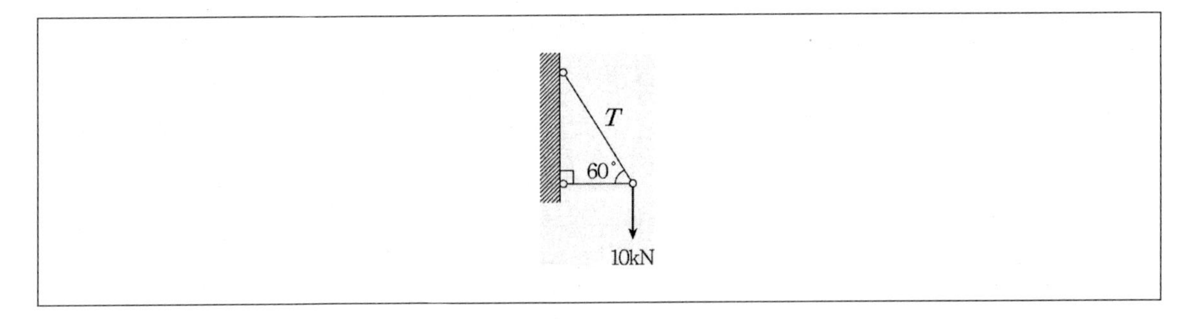

① 8.5kN

② 11.5kN

③ 13.5kN

④ 15.0kN

TIP $\frac{10kN}{\sin 120^o} = \frac{T}{\sin 90^o}$ 이므로 $\therefore T = 11.547kN$

Answer 6.③ 7.②

8 다음 그림과 같은 구조의 부재 AC의 부재력은?

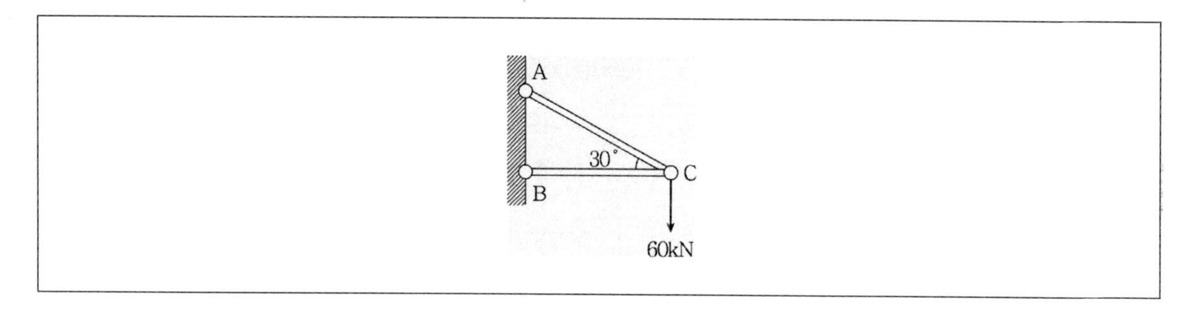

① $75kN$

② $100kN$

③ $80\sqrt{3}\,kN$

④ $120kN$

TIP

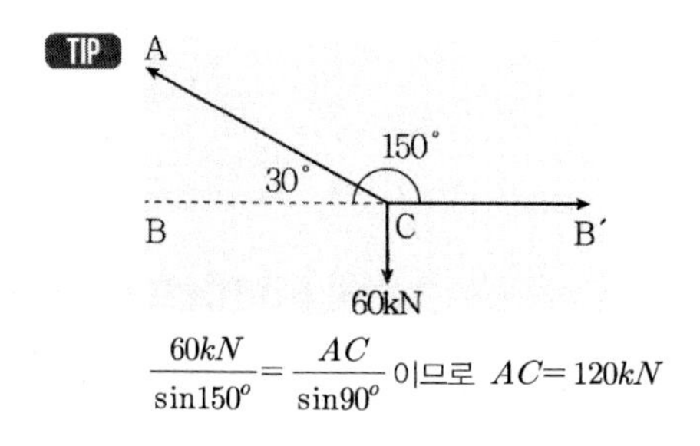

$\frac{60kN}{\sin 150^o} = \frac{AC}{\sin 90^o}$ 이므로 $AC = 120kN$

Answer 8.④

9 **아래 그림과 같은 결합 도드래를 이용하여 500kN의 물체를 들어올릴 때 요구되는 힘은?**

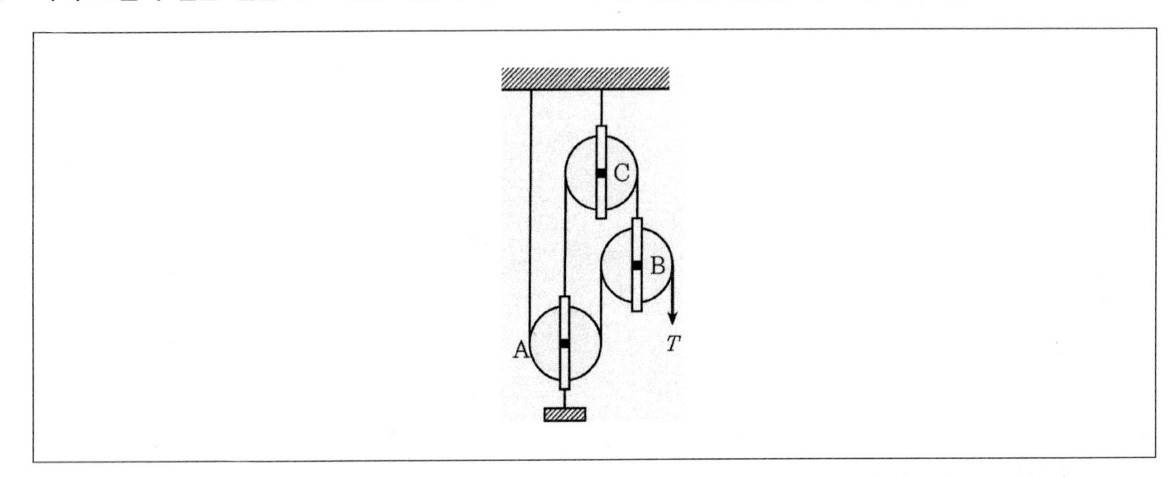

① 50 ② 125

③ 250 ④ 500

TIP 주어진 그림의 도르래에서 평형방정식을 적용하면 우측 그림과 같은 자유물체도를 작성할 수 있다.

물체가 있는 위치에서부터 평형방정식을 적용하면 다음의 식이 성립해야 한다.

$\sum V=0: T+2T+T=500$

따라서 $T=\frac{500}{4}=125[kN]$

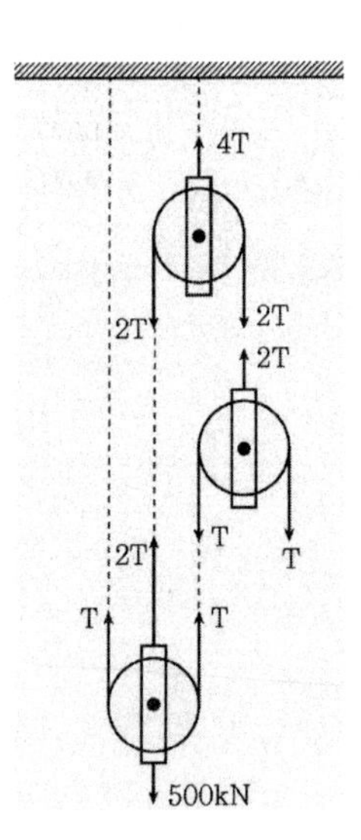

Answer 9.②

10 부양력 200[kg]인 기구가 수평선과 60˚의 각으로 정지상태에 있을 때 기구의 끈에 작용하는 인장력 T와 풍압 w를 구하면?

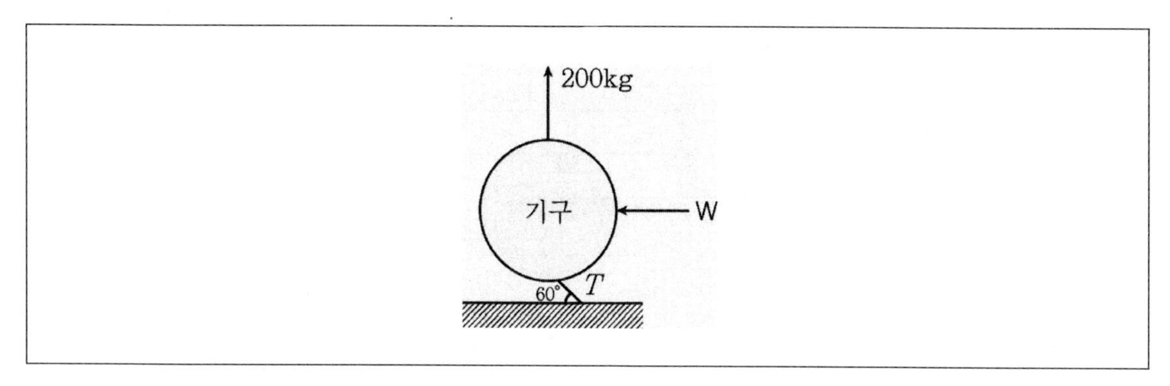

① T=220.94[kg], w=105.47[kg]

② T=230.94[kg], w=115.47[kg]

③ T=220.94[kg], w=125.47[kg]

④ T=230.94[kg], w=135.47[kg]

TIP $\frac{W}{\sin 30^o} = \frac{200}{\sin 60^o} = \frac{T}{\sin 90^o}$ 가 성립해야 하므로,

$W = \frac{\sin 30^o}{\sin 60^o} \cdot 200 = 115.47[kg]$

$W = \frac{\sin 90^o}{\sin 60^o} \cdot 200 = 230.94[kg]$

Answer 10.②

11 아래 그림에서 블록 A를 뽑아내는데 필요한 힘 P는 최소 얼마 이상이어야 하는가? (단, 블록과 접촉면과의 마찰계수는 $\mu = 0.3$ 이다.)

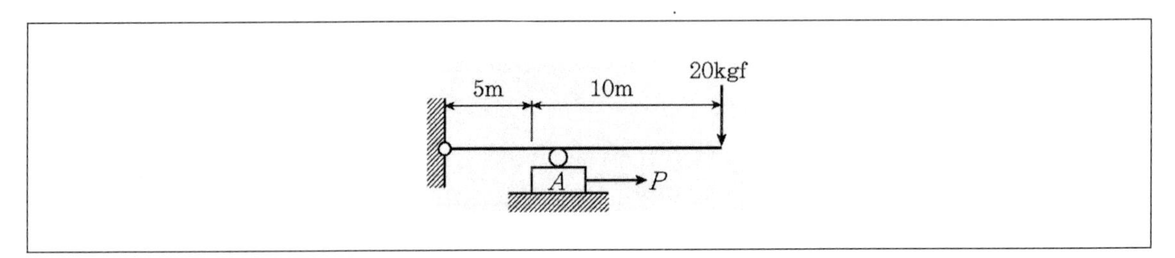

① 6kg
② 9kg
③ 15kg
④ 18kg

TIP 벽체에 붙어있는 힌지점에 대한 모멘트는 0임을 이용한다.

$\sum M = 20 \cdot 15 - R_A \cdot 5 = 0$, $R_A = 60kg$

마찰계수를 고려하면 $60 \times 0.3 = 18kg$

Answer 11.④

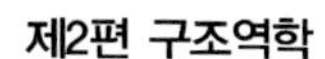

02 단면의 성질

❶ 단면의 각종 특성값

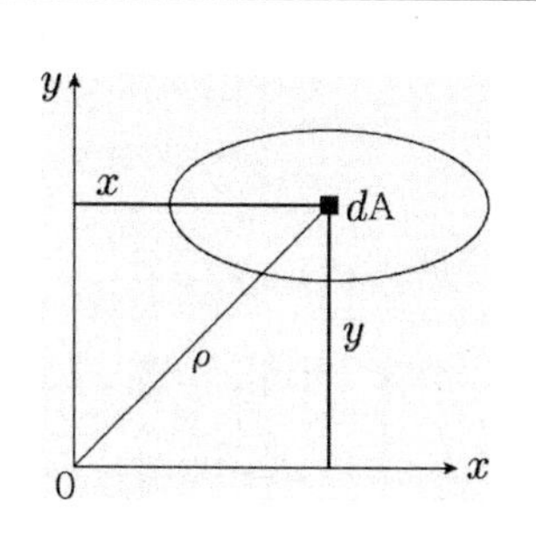

단면모멘트	기본식
단면 1차모멘트	$G_X=\int_A ydA,\ G_Y=\int_A xdA$
단면 2차모멘트	$I_X=\int_A y^2dA,\ I_Y=\int_A x^2dA$
단면 상승모멘트	$I_{XY}=\int_A xydA$
단면 극2차 모멘트	$I_p=\int_A \rho^2dA=I_x+I_y$

① 단면 1차모멘트(G_X, G_Y) ⋯ 주어진 단면의 미소면적과 X, Y축으로부터 그 미소면적까지의 거리를 곱하여 전단면에 대해 적분한 값이다.

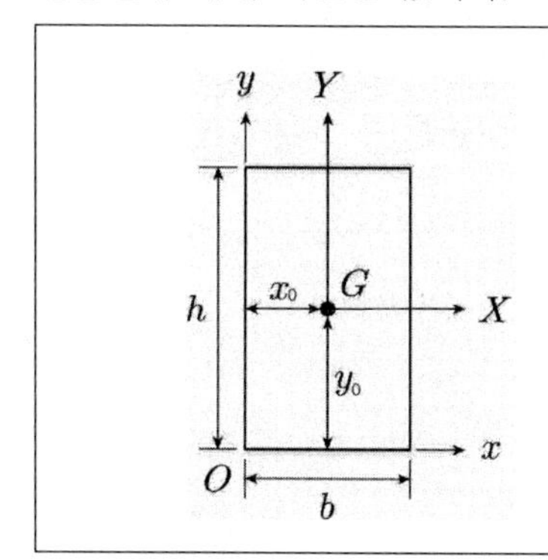

- G_x는 x축에 대한 단면 1차모멘트
- G_X는 X축에 대한 단면 1차모멘트
- G_y는 y축에 대한 단면 1차모멘트
- G_Y는 Y축에 대한 단면 1차모멘트

※ 대소문자 구분에 유의

② 단면 2차모멘트(I_X, I_Y) ⋯ X, Y축에서부터 미소면적의 도심까지의 거리를 제곱한 값에 미소면적을 곱하여 전단면에 대해 적분한 값이다.

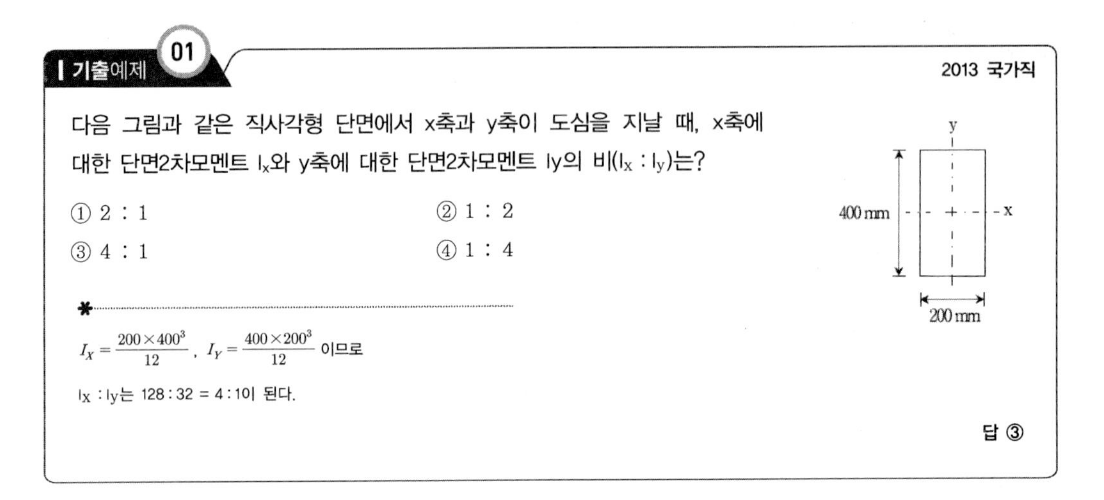

기출예제 01 2013 국가직

다음 그림과 같은 직사각형 단면에서 x축과 y축이 도심을 지날 때, x축에 대한 단면2차모멘트 I_x와 y축에 대한 단면2차모멘트 Iy의 비($I_x : I_y$)는?

① 2 : 1 ② 1 : 2
③ 4 : 1 ④ 1 : 4

✱

$I_X = \frac{200 \times 400^3}{12}$, $I_Y = \frac{400 \times 200^3}{12}$ 이므로

$I_X : I_Y$는 128 : 32 = 4 : 1이 된다.

답 ③

③ **단면계수(Z)** … 도심축에 대한 단면2차 모멘트를 도심에서 단면의 상단 또는 하단까지의 거리로 나눈 값이다.

④ **단면 2차 반경(r)** … 단면 2차 모멘트를 단면적으로 나눈 값의 제곱근이다.

⑤ **단면 2차 극모멘트**(극관성 모멘트, I_p) … 단면의 미소면적과 극점에서 도심까지의 거리(극거리)의 제곱을 곱하여 전단면에 대하여 적분한 것이다.

⑥ **단면상승모멘트(I_{XY})** … 임의 단면의 미소면적 dA와 X, Y축에서 그 미소면적까지의 거리 x, y를 곱한 값을 전단면적에 대해 적분한 값을 단면상승 모멘트라고 한다.

⑦ **평행축정리** … 도심을 지나는 축으로부터 일정 거리(e)가 떨어진 축에 대한 단면2차 모멘트의 값은 다음과 같이 산정한다. ($I_x = I_X + Ae^2$)

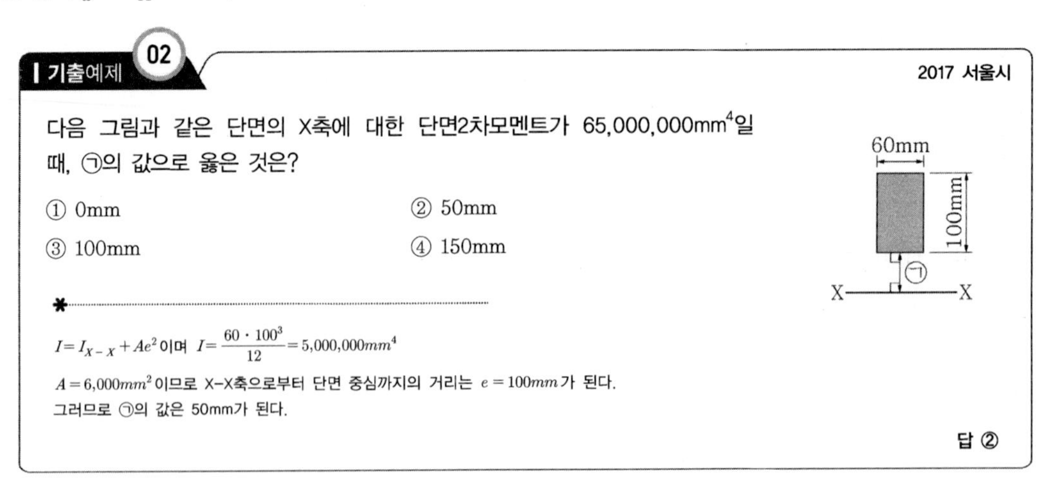

기출예제 02 2017 서울시

다음 그림과 같은 단면의 X축에 대한 단면2차모멘트가 65,000,000mm⁴일 때, ㉠의 값으로 옳은 것은?

① 0mm ② 50mm
③ 100mm ④ 150mm

✱

$I = I_{X-X} + Ae^2$ 이며 $I = \frac{60 \cdot 100^3}{12} = 5,000,000mm^4$

$A = 6,000mm^2$ 이므로 X-X축으로부터 단면 중심까지의 거리는 $e = 100mm$가 된다.
그러므로 ㉠의 값은 50mm가 된다.

답 ②

⑧ **주축** … 원점 O를 지나는 주축들은 단면2차 모멘트(관성모멘트)를 최대 및 최소가 되게 하는 한 쌍의 직교축을 말한다.

⑨ **주단면 2차모멘트** … 어떤 단면의 최대 단면2차모멘트 및 최소 단면2차모멘트를 말한다.

⑩ **주점** … 특정한 한 점을 통과하는 모든 축에 관한 단면2차 모멘트(관성모멘트)가 같은 점을 주점이라고 한다.

구분	직사각형(구형) 단면	이등변삼각형 단면	중실원형 단면
단면형태	y, Y, h, x_0, G, X, y_0, x, O, b	y, Y, x_1, y_1, h, x_0, G, X, y_0, x, O, b	y, Y, r, x_0, G, X, y_0, x, O, D
단면적	$A=bh$	$A=\frac{bh}{2}$	$A=\pi r^2=\frac{\pi D^2}{4}$
도심위치	$x_0=\frac{b}{2},\ y_0=\frac{h}{2}$	$x_0=\frac{b}{2},\ y_0=\frac{h}{3},\ y_1=\frac{2h}{3}$	$x_0=y_0=r=\frac{D}{2}$
단면 1차 모멘트	$G_X=G_Y=0$ $G_x=\frac{bh^2}{2},\ G_y=\frac{bh^2}{2}$	$G_X=G_Y=0$ $G_x=\frac{bh^2}{6},\ G_y=\frac{bh^2}{4}$	$G_X=G_Y=0$ $G_x=A\cdot y_o=\pi r^3$ $=\frac{\pi D^3}{8}$
단면 2차 모멘트	$I_X=\frac{bh^3}{12},\ I_Y=\frac{hb^3}{12}$ $I_x=\frac{bh^3}{3},\ I_y=\frac{hb^3}{3}$	$I_X=\frac{bh^3}{36},\ I_Y=\frac{hb^3}{48}$ $I_x=\frac{bh^3}{12},\ I_y=\frac{7hb^3}{48}$ $I_{x1}=\frac{bh^3}{4}$	$I_X=I_Y=\frac{\pi r^4}{4}=\frac{\pi D^4}{64}$ $I_x=\frac{5\pi r^4}{4}=\frac{5\pi D^4}{64}$
단면계수	$Z_X=\frac{bh^2}{6},\ Z_Y=\frac{hb^2}{6}$	$Z_{X(상단)}=\frac{bh^2}{24}$ $Z_{X(하단)}=\frac{bh^2}{12}$	$Z_X=Z_Y=\frac{\pi r^3}{4}$ $=\frac{\pi D^3}{32}$
회전반경	$r_X=\frac{h}{2\sqrt{3}},\ r_x=\frac{h}{\sqrt{3}}$ $r_Y=\frac{b}{2\sqrt{3}},\ r_y=\frac{b}{\sqrt{3}}$	$r_X=\frac{h}{3\sqrt{2}},\ r_x=\frac{h}{\sqrt{6}}$ $r_{x1}=\frac{h}{\sqrt{2}}$	$r_X=\frac{r}{2}=\frac{D}{4}$ $r_x=\frac{\sqrt{5}\,r}{2}=\frac{\sqrt{5}\,D}{4}$
단면 2차 극모멘트	$I_{P(G)}=\frac{bh}{12}(h^2+b^2)$ $I_{P(O)}=\frac{bh}{3}(h^2+b^2)$	$I_{P(G)}=\frac{bh}{144}(3b^2+4h^2)$ $I_{P(O)}=\frac{bh}{48}(4h^2+7b^2)$	$I_{P(G)}=\frac{\pi r^4}{2}=\frac{\pi D^4}{32}$ $I_{P(O)}=\frac{5\pi r^4}{2}=\frac{5\pi D^4}{32}$
단면상승 모멘트	$I_{XY}=0$ $I_{xy}=\frac{b^2h^2}{4}$	$I_{XY}=0$ $I_{XY}=\frac{b^2h^2}{12}$	$I_{XY}=0$ $I_{XY}=\pi r^4=\frac{\pi D^4}{16}$

최근 기출문제 분석

2020 지방직

1 단면계수의 특성에 대한 설명으로 옳지 않은 것은?

① 단면계수가 큰 단면이 휨에 대한 저항이 크다.

② 단위는 cm^4, mm^4 등이며, 부호는 항상 정(+)이다.

③ 동일 단면적일 경우 원형 단면의 강봉에 비하여 중공이 있는 원형강관의 단면계수가 더 크다.

④ 휨 부재 단면의 최대 휨응력 산정에 사용한다.

TIP 단면계수는 도심축에 대한 단면2차 모멘트를 도심에서 단면의 상단 또는 하단까지의 거리로 나눈 값으로서 단위는 m^3, mm^3이다.

2014 서울시

2 구조부재의 단면성질과 그 용도를 짝지어 놓은 것 중 옳지 않은 것은?

① 단면2차모멘트(I_x) : 보의 처짐 계산에 적용된다.

② 단면2차반경($i_x = \sqrt{A/I_x}$) : 좌굴하중을 검토하는데 적용한다.

③ 단면극2차모멘트(I_p) : 부재의 비틀림응력을 계산한다.

④ 단면계수(Z_c) : 보의 전단응력 산정에 적용된다.

⑤ 단면상승모멘트(I_{xy}) : 주응력을 계산하는데 적용한다.

TIP 단면계수는 주로 보의 최대휨응력 산정에 적용된다.

Answer 1.② 2.④

2013 국가직

3 다음 그림과 같은 직사각형 단면에서 x축과 y축이 도심을 지날 때, x축에 대한 단면2차모멘트 Ix와 y축에 대한 단면2차모멘트 Iy의 비(Ix : Iy)는?

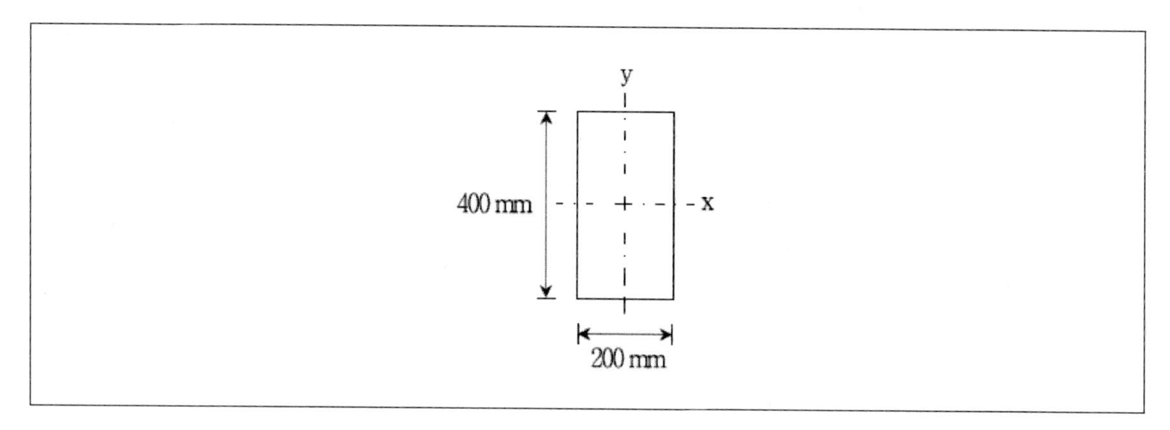

① 2 : 1
② 1 : 2
③ 4 : 1
④ 1 : 4

TIP $I_X = \frac{200 \times 400^3}{12}$, $I_Y = \frac{400 \times 200^3}{12}$ 이므로

$I_x : I_Y$는 128 : 32 = 4 : 1이 된다.

Answer 3.③

출제 예상 문제

1 다음 빗금친 부분의 도심의 x 좌표는?

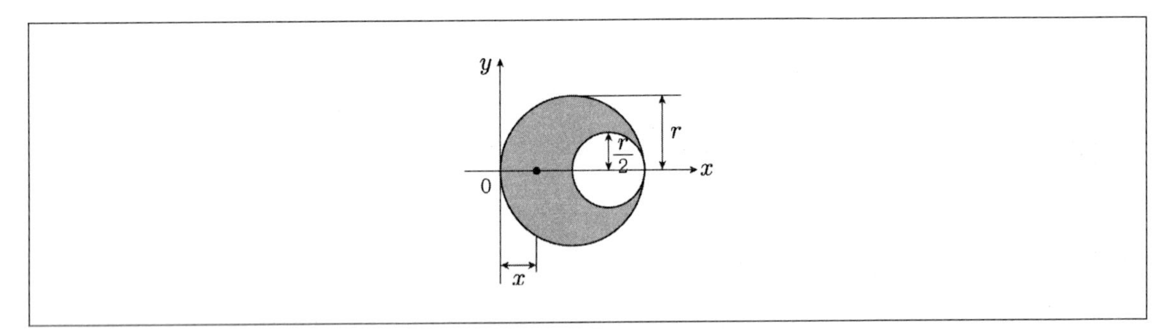

① $\frac{3}{4}R$

② $\frac{2}{3}R$

③ $\frac{5}{6}R$

④ $\frac{3}{8}R$

TIP

$$G_y = A \cdot x = \pi r^2 \times r - \frac{\pi r^2}{4} \times \frac{3}{2} r = \frac{5}{8}\pi R^3$$

$$A = \frac{3}{4}\pi R^2,\ x = \frac{G_y}{A} = \frac{5}{6}R$$

Answer 1.③

2 다음 그림에서 x축으로부터 빗금친 부분의 도형에 대한 도심까지의 거리 y를 구하면?

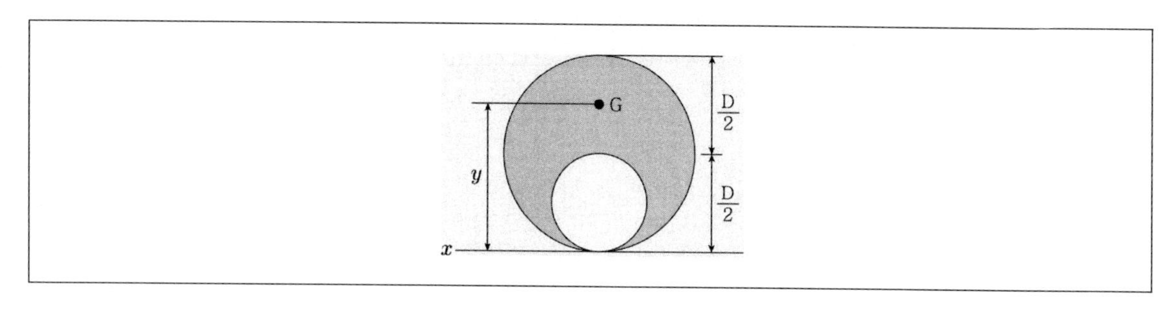

① $\frac{1}{2}D$
② $\frac{1}{3}D$
③ $\frac{7}{12}D$
④ $\frac{3}{4}D$

TIP $G_x = \frac{7\pi D^3}{64}, A = \frac{3\pi D^2}{16}, \bar{y} = \frac{G_x}{A} = \frac{7}{12}D$

3 다음 도형에서 X축에 대한 단면2차 모멘트의 값은?

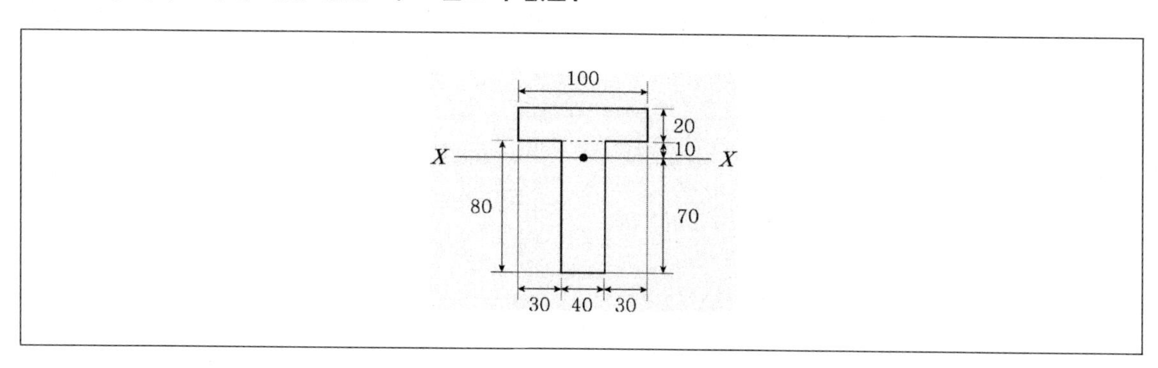

① $2.61 \times 10^6 \text{mm}^4$
② $3.28 \times 10^6 \text{mm}^4$
③ $3.74 \times 10^6 \text{mm}^4$
④ $4.16 \times 10^6 \text{mm}^4$

TIP $I_x = I_X + Ay_o^2$.

$$I_X = \frac{100 \times 20^3}{12} + 100 \times 20 \times 20^2 + \frac{40 \times 90^3}{12} + 40 \times 80 \times 30^2$$
$$= 3.74 \times 10^6 mm^4$$

Answer 2.③ 3.③

4 다음 그림과 같은 I형 단면의 도심축에 대한 단면2차 모멘트는?

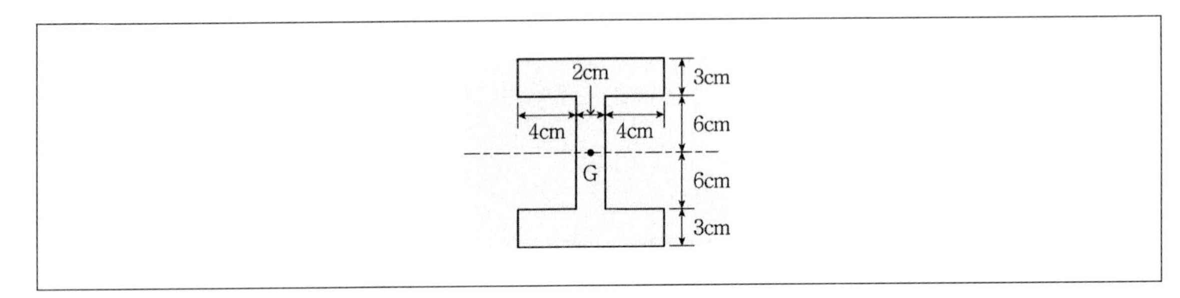

① $3,708\text{cm}^4$
② $3,810\text{cm}^4$
③ $3,865\text{cm}^4$
④ $3,915\text{cm}^4$

TIP $I=\frac{bh^3}{12}=\frac{10\times18^3}{12}-\frac{8\times12^3}{12}=3,708cm^4$

5 다음 그림과 같은 원형단면의 지름이 d일 때 중심 O에 관한 극2차 모멘트는?

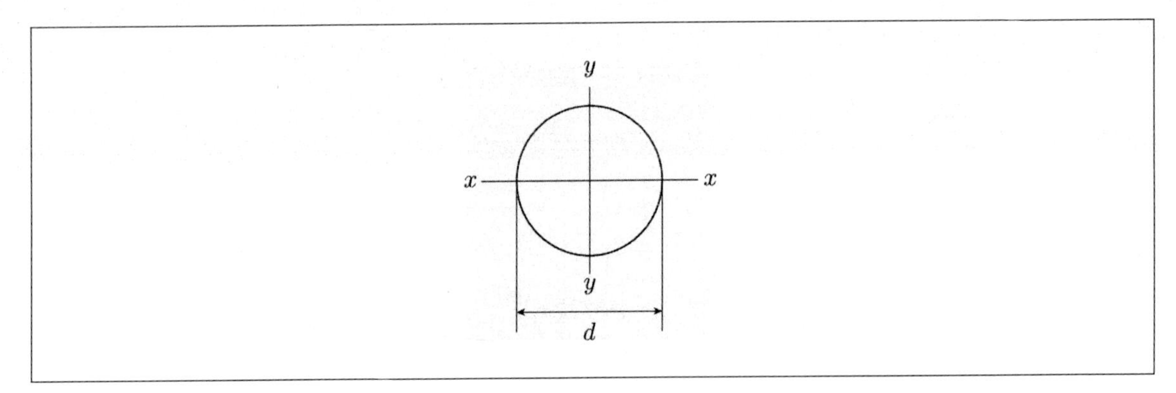

① $\frac{\pi d^4}{16}$
② $\frac{\pi d^4}{32}$
③ $\frac{\pi d^4}{48}$
④ $\frac{\pi d^4}{128}$

TIP $I_P=I_x+I_y=\frac{\pi d^4}{64}+\frac{\pi d^4}{64}=\frac{\pi d^4}{32}$

Answer 4.① 5.②

6 다음 그림과 같은 직사각형 단면의 A점에 대한 단면 극2차모멘트의 크기는?

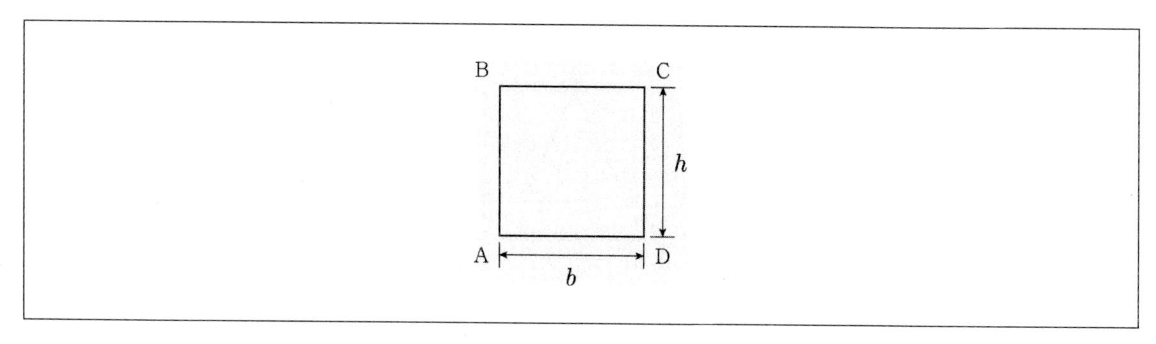

① $\frac{bh}{3}(b^2+h^2)$　　② $\frac{bh}{6}(b^2+h^2)$

③ $\frac{b^2h}{3}(b+h)$　　④ $\frac{bh}{6}(b^3+h^3)$

TIP $I_p = I_x + I_y = \frac{bh^3}{3} + \frac{hb^3}{3} = \frac{bh}{3}(b^2+h^2)$

7 다음 그림과 같은 정사각형 단면에 대해 $x-y$축에 관한 단면상승모멘트(I_{xy})의 값은?

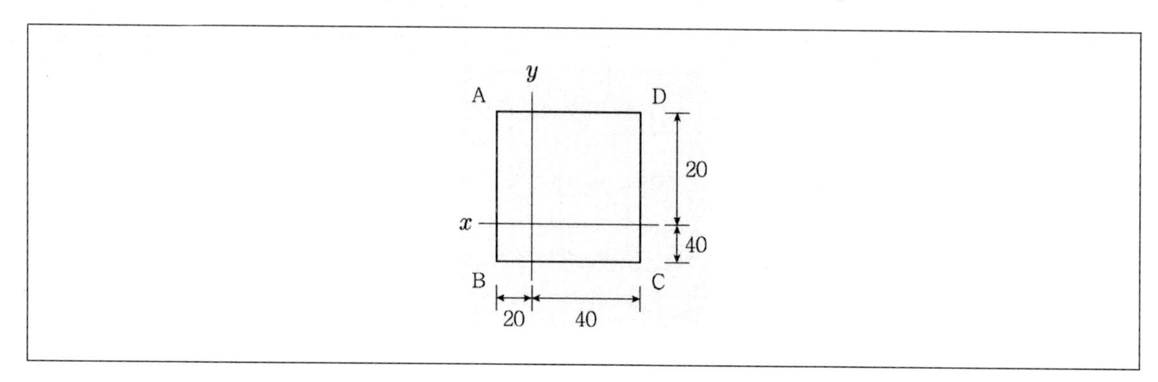

① $1.8\times10^5\text{cm}^4$　　② $3.6\times10^5\text{cm}^4$

③ $4.8\times10^5\text{cm}^4$　　④ $6.4\times10^5\text{cm}^4$

TIP $I_{xy} = x_o y_o dA = Ax_o y_o = 3.6\times10^5 cm^4$

Answer 6.① 7.②

8 다음 단면의 중립축 상단의 단면계수는?

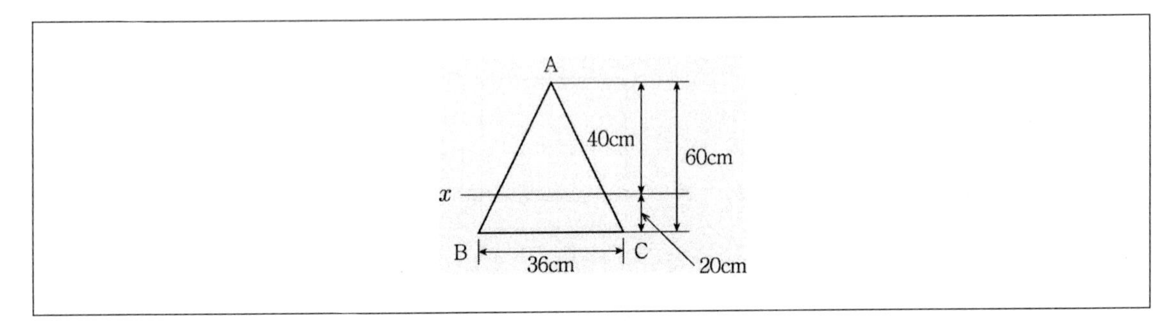

① 3,800cm^3 ② 4,600cm^3

③ 5,400cm^3 ④ 6,200cm^3

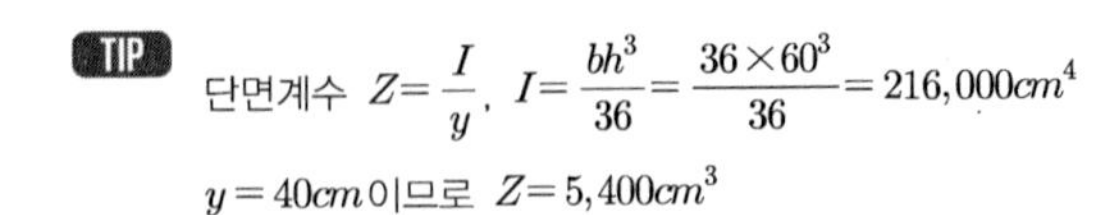
TIP 단면계수 $Z=\frac{I}{y}$, $I=\frac{bh^3}{36}=\frac{36\times60^3}{36}=216,000cm^4$

$y=40cm$이므로 $Z=5,400cm^3$

9 다음 그림과 같은 T형 단면의 $x-x$축에 대한 회전반지름의 크기는?

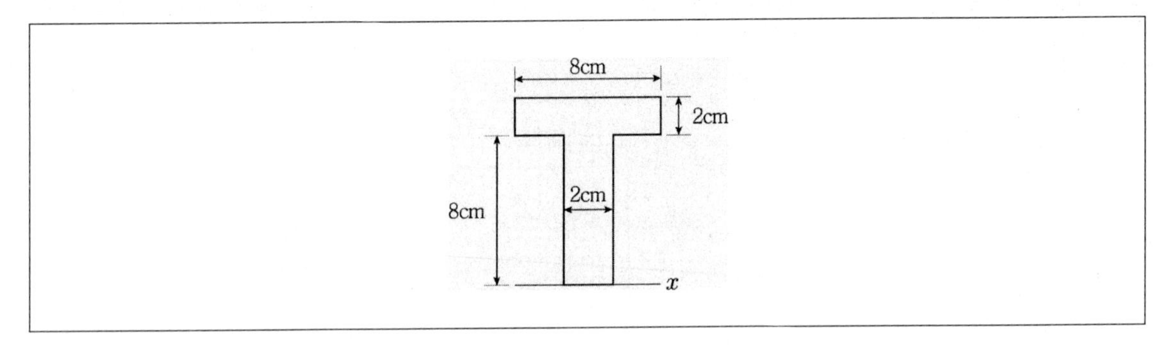

① 6.84cm ② 7.16cm

③ 7.42cm ④ 7.86cm

TIP $I_x=\frac{8\times2^3}{12}+8\times2\times9^2+\frac{2\times8^3}{3}=1,642.6cm^4$

$A=16+16=32cm^2$

$r_x=\sqrt{\frac{I_x}{A}}=7.165cm$

Answer 8.③ 9.②

10 다음 그림과 같은 지름 d인 원형단면에서 최대 단면계수를 가지는 직사각형 단면을 얻기 위한 b/h의 값은?

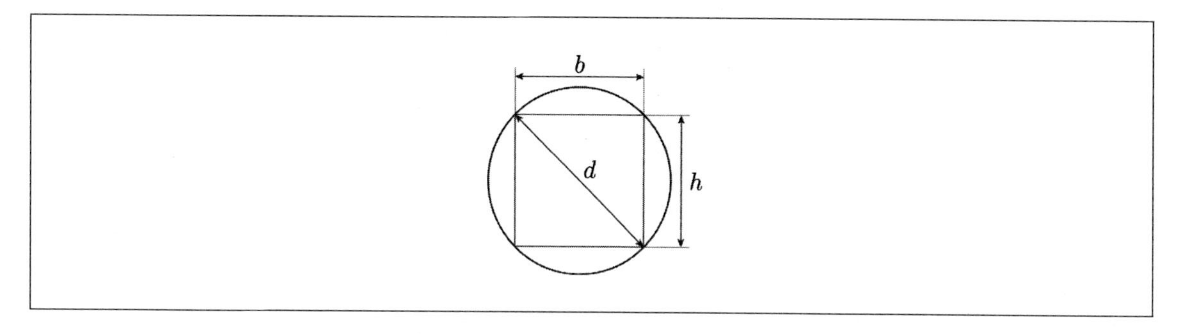

① $\frac{1}{3}$

② $\frac{1}{2}$

③ $\frac{1}{\sqrt{2}}$

④ $\frac{1}{\sqrt{3}}$

TIP $Z=\frac{bh^2}{6} \cdot d^2=b^2+h^2, h^2=d^2-b^2$

$\therefore Z=\frac{b}{6}(d^2-b^2)$이므로 $\frac{dZ}{db}=\frac{1}{6}(d^2-3b^2)=0$

$b=\frac{d}{\sqrt{3}}, h=\frac{\sqrt{2}}{\sqrt{3}}d$이므로 $\frac{b}{h}=\frac{1}{\sqrt{2}}$

Answer 10.③

11 다음 그림과 같은 직사각형 단면의 O점을 지나는 주축의 방향을 표시한 식은?

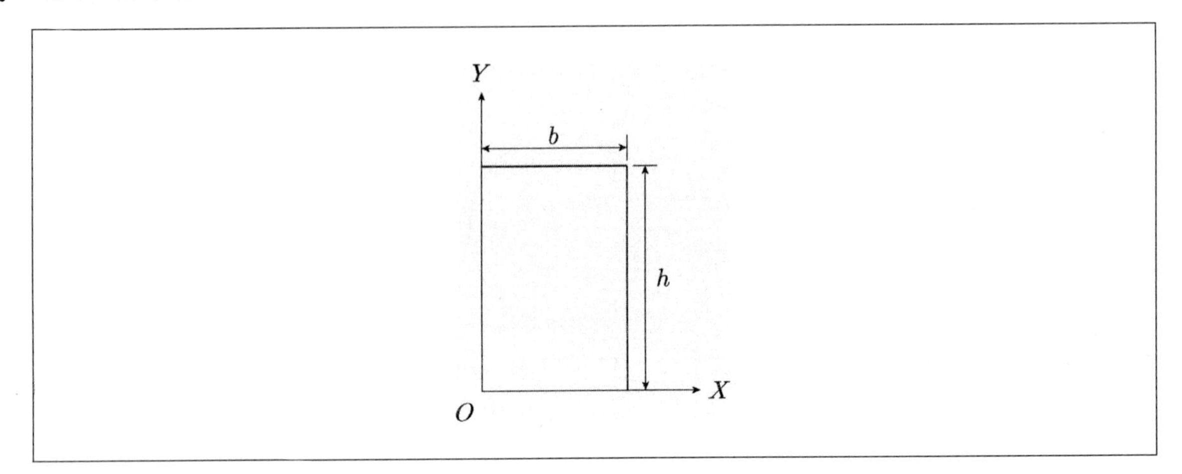

① $\tan 2\theta = -\dfrac{3bh}{2(h^2-b^2)}$

② $\tan 2\theta = -\dfrac{2bh}{3(h^2-b^2)}$

③ $\tan 2\theta = -\dfrac{3bh}{4(h^2-b^2)}$

④ $\tan 2\theta = -\dfrac{2bh}{(h^2-b^2)}$

TIP

$$\tan 2\theta = -\frac{2I_{xy}}{I_x - I_y} = -\frac{2\times\dfrac{b^2h^2}{4}}{\dfrac{bh^3}{3}-\dfrac{hb^3}{3}} = -\frac{3bh}{2(h^2-b^2)}$$

Answer 11.①

03 구조물 개론

❶ 구조물의 안정성

(1) 지점

구조물과 구조물이 연결된 곳 또는 부재와 지반이 연결된 곳이며 이동지점(롤러지점), 회전지점(힌지지점, 활절지점), 고정지점으로 분류된다.

① **이동지점**(롤러지점) … 롤러에 의하여 회전이 자유롭고 수평방향의 이동이 자유로우나 지지면에 수직한 방향으로는 이동할 수 없는 지점

② **회전지점**(힌지지점) … 힌지를 중심으로 자유롭게 회전할 수 있으나 어느 방향으로도 이동할 수 없는 지점

③ **고정지점** … 보가 다른 구조물과 일체로 된 구조체로 어느 방향으로도 이동할 수 없고 회전도 할 수 없는 지점

종류	지점 구조상태	기호	반력수
이동지점 (롤러지점)	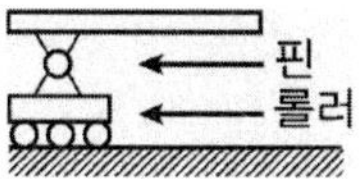 핀 롤러	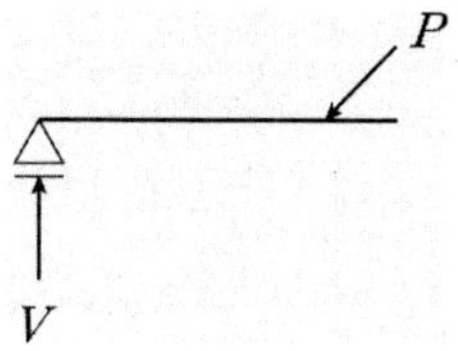 P V	수직반력 1개
회전지점 (힌지지점)	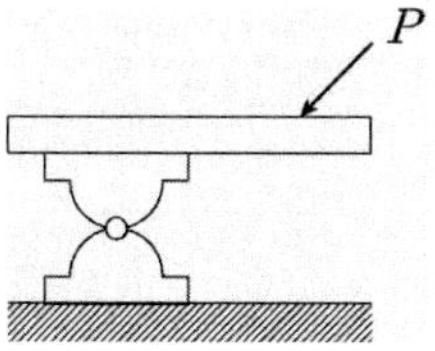 P	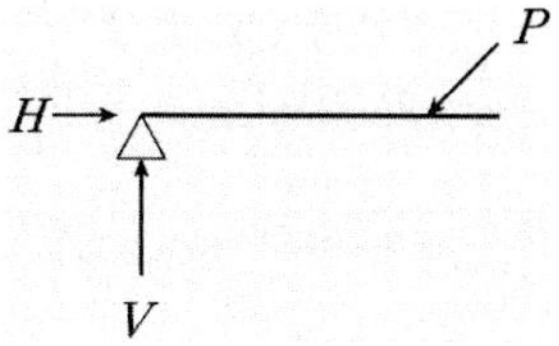 P H V	수직반력 1개 수평반력 1개

종류	지점 구조상태	기호	반력수
고정지점	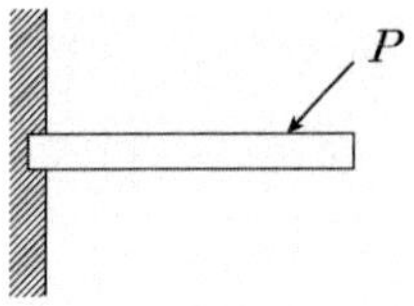	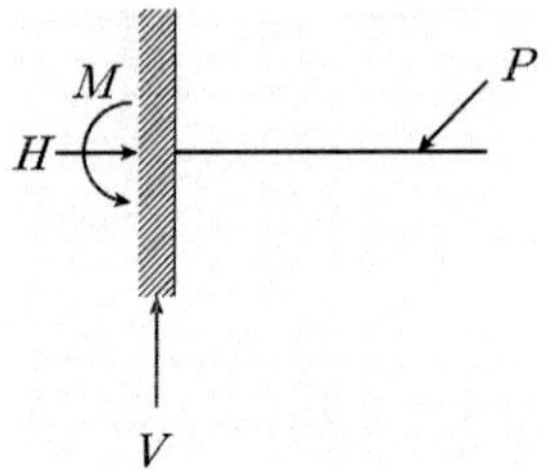	수직반력 1개 수평반력 1개 모멘트반력 1개
탄성지점 (스프링지점)	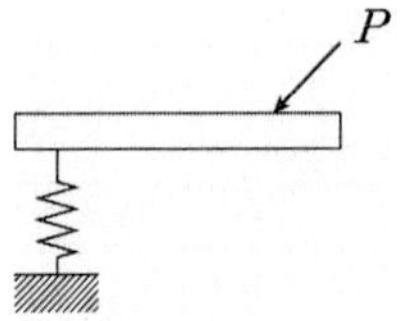	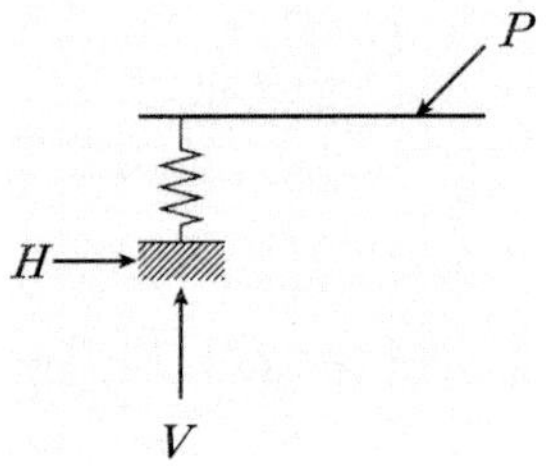	수직반력 1개 수평반력 1개
탄성고정지점 (회전스프링지점)	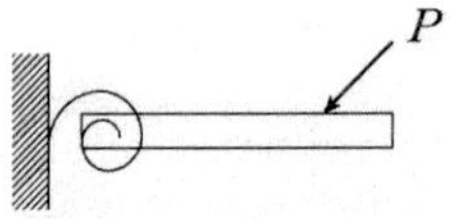	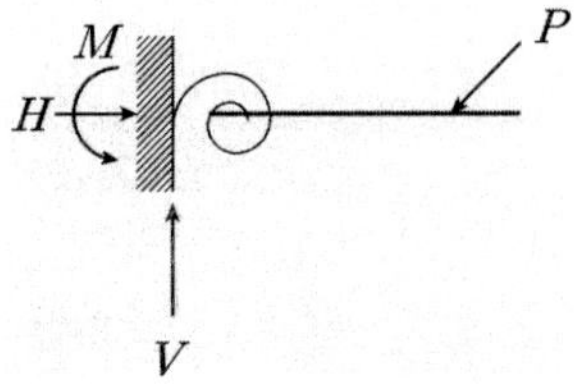	수직반력 1개 수평반력 1개 모멘트반력 1개

(2) 하중의 종류

① **집중하중** … 구조물의 임의 한 점에 단독으로 작용하는 하중이다.

② **등분포하중** … 하중의 크기가 일정하게 분포되어 있는 하중이다.

③ **등변분포하중** … 하중의 크기가 직선적으로 변화하는 하중이다. (댐의 수압, 옹벽의 토압 등)

④ **모멘트하중** … 물체를 회전시키거나 구부리려는 하중이다.

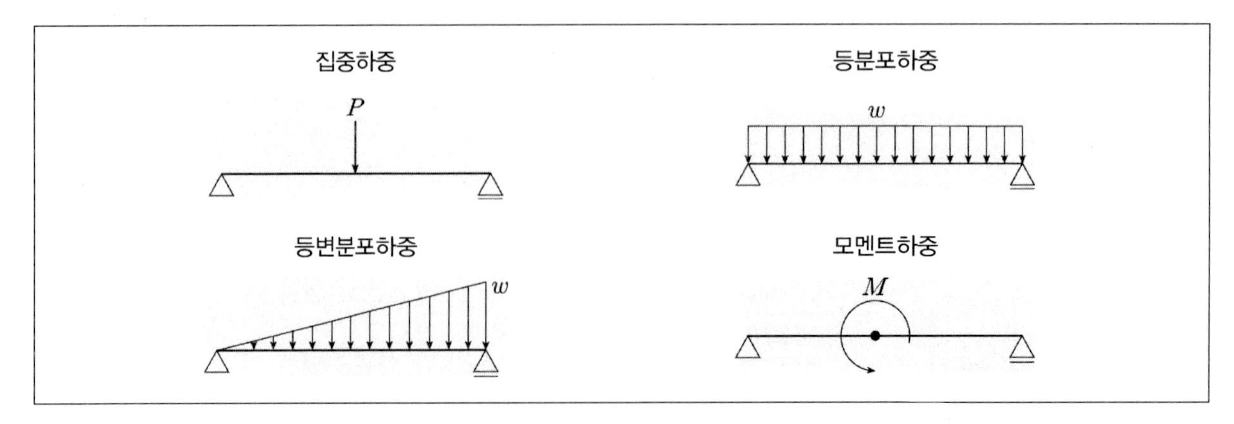

(3) 구조물의 안정과 평형

① **안정** … 외력이 작용했을 경우 구조물이 평형을 이루는 상태

② **불안정** … 외력이 작용했을 경우 구조물이 평형을 이루지 못하는 상태

③ **외적안정** … 외력이 작용했을 때 구조물이 움직이지 않는 상태

④ **내적안정** … 외력이 작용했을 때 구조물의 형태가 변하지 않는 상태

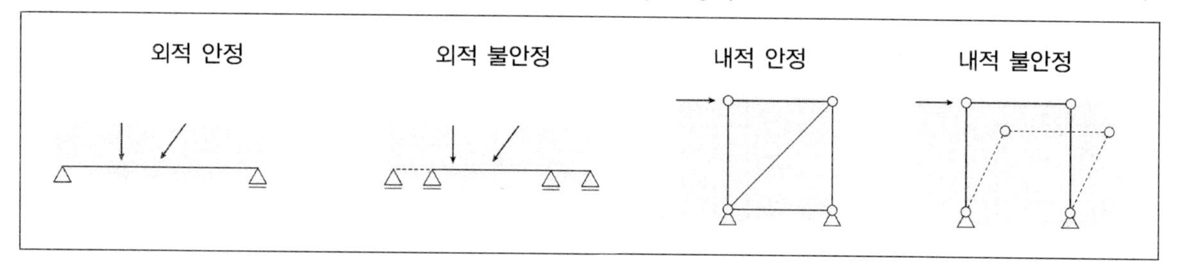

(4) 정정과 부정정

① **정정** … 힘의 평형조건식만으로 반력과 부재력을 구할 수 있는 상태

② **부정정** … 힘의 평형조건식만으로는 반력과 부재력을 구할 수 없는 상태

③ **외적부정정** … 정역학적 평형조건식으로 반력계산이 불가능한 상태

④ **내적부정정** … 정역학적 평형조건식으로 부재력계산이 불가능한 상태

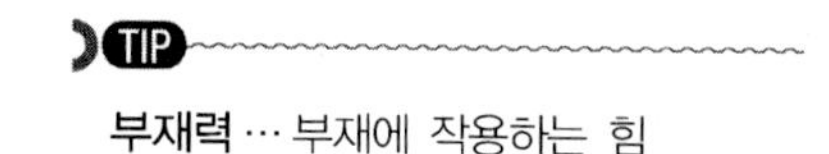

부재력 … 부재에 작용하는 힘

(5) 절점(격점)

구조물을 구성하고 있는 부재와 부재가 연결되는 접합점이다.

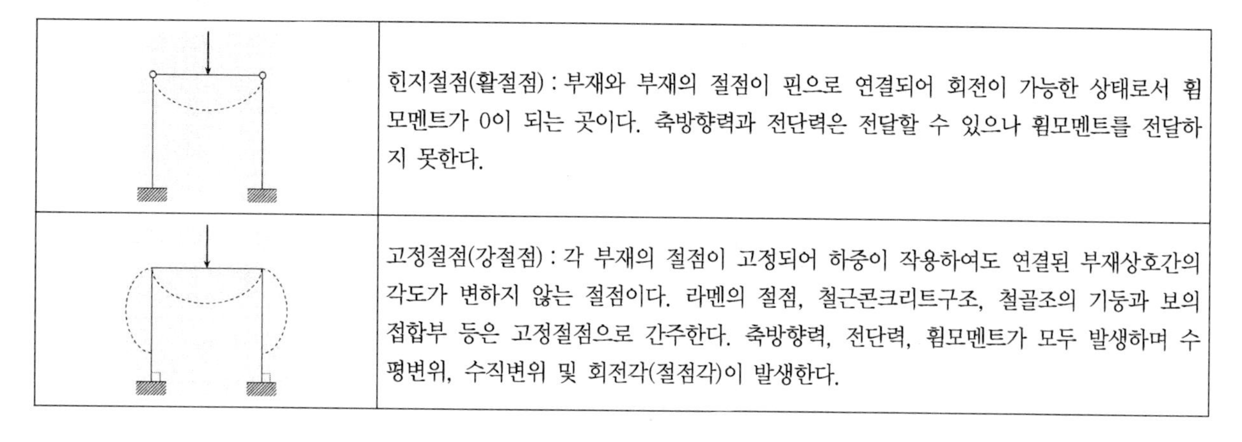

	힌지절점(활절점) : 부재와 부재의 절점이 핀으로 연결되어 회전이 가능한 상태로서 휨모멘트가 0이 되는 곳이다. 축방향력과 전단력은 전달할 수 있으나 휨모멘트를 전달하지 못한다.
	고정절점(강절점) : 각 부재의 절점이 고정되어 하중이 작용하여도 연결된 부재상호간의 각도가 변하지 않는 절점이다. 라멘의 절점, 철근콘크리트구조, 철골조의 기둥과 보의 접합부 등은 고정절점으로 간주한다. 축방향력, 전단력, 휨모멘트가 모두 발생하며 수평변위, 수직변위 및 회전각(절점각)이 발생한다.

절점형태				
강절점수	1	2	3	1
부재수	2	3	4	3
절점수	1	1	1	1
절점형태				
강절점수	1	2	3	0
부재수	4	4	4	4
절점수	1	1	1	1

(6) 구조물의 안정성 판별식

① 모든 구조물에 적용가능한 식 ⋯ $N = r + m + S - 2K$

여기서, N : 총부정정 차수, r : 지점반력수, m : 부재의 수, S : 강절점 수, K : 절점 및 지점수(자유단포함)

㉠ 내적 부정정 차수 : $N_e = r - 3$

㉡ 외적 부정정 차수 : $N_i = N - N_e = 3 + m + S - 2K$

㉢ $N < 0$이면 불안정구조물, $N = 0$이면 정정구조물, $N > 0$이면 부정정구조물이 된다.

② 단층 구조물의 부정정차수 ⋯ $N = (r-3) - h$ [h : 구조물에 있는 힌지의 수 (지점의 힌지는 제외)]

③ 트러스의 부정정차수 ⋯ $N = (r+m) - 2K$ (트러스의 절점은 모두 힌지이므로 트러스부재의 강절점수는 0이다.)

| 기출예제 01

2014 서울시

다음 중 그림과 같은 구조물의 판별 결과는?

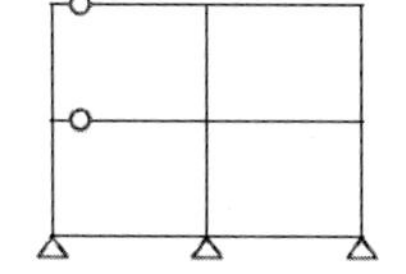

① 15차 부정정 구조물
② 13차 부정정 구조물
③ 10차 부정정 구조물
④ 7차 부정정 구조물
⑤ 5차 부정정 구조물

✱

부정정차수 $N=r+m+s-2k$
- 반력수(r) : 6
- 부재수(m) : 14
- 강절점수(s) : 15
- 절점수(k) : 11

계산결과 13이 산출된다.

답 ②

최근 기출문제 분석

2016 국가직 (7급)

1 다음 구조물의 안정도 판별 결과로 옳은 것은?

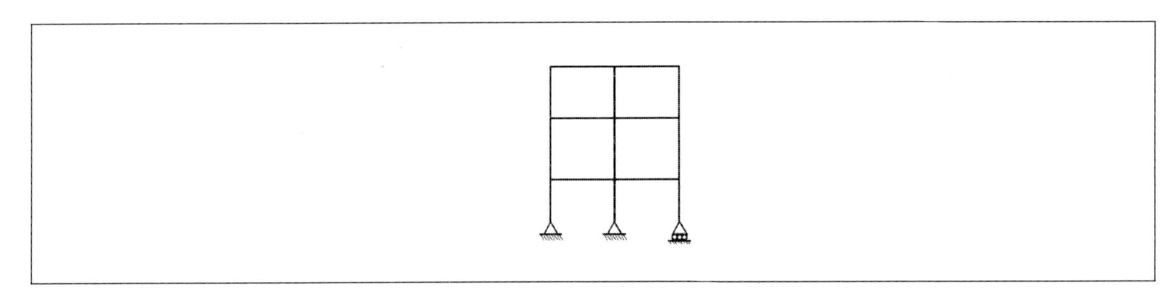

① 불안정
② 안정, 2차 부정정
③ 안정, 14차 부정정
④ 안정, 20차 부정정

TIP 구조물의 안정성 판별식

$N=r+m+S-2K$

여기서, N : 총부정정 차수, r : 지점반력수, m : 부재의 수, S : 강절점 수, K : 절점 및 지점수(자유단포함)

$N=5+15+18-2\cdot 12=14$

2013 국가직

2 다음 구조물의 부정정차수는?

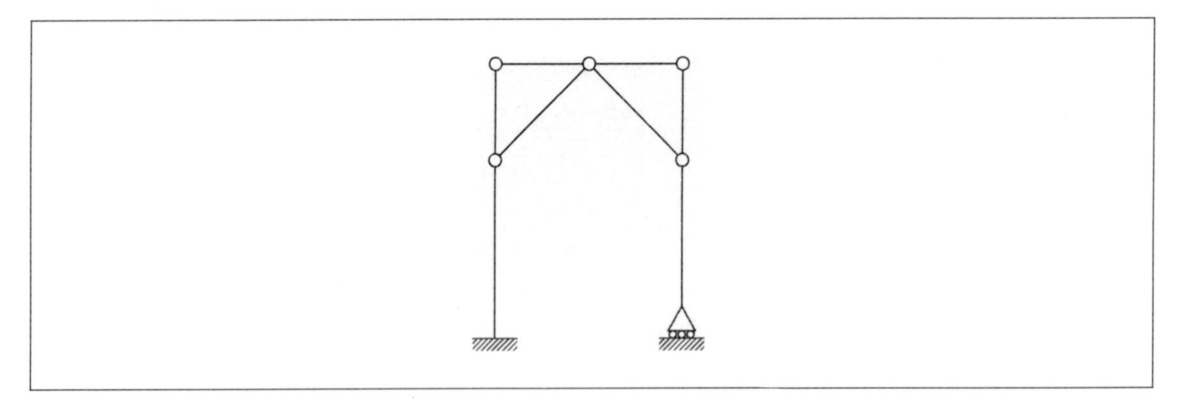

Answer 1.③ 2.①

① 1차
② 2차
③ 3차
④ 4차

TIP 부정정차수 = 반력수 + 부재수 + 강절점수 − 2 × 절점수 = 4 + 8 + 3 − 2 × 7 = 1차 부정정

2013 지방직

3 그림과 같은 구조물의 판별 결과로 옳은 것은?

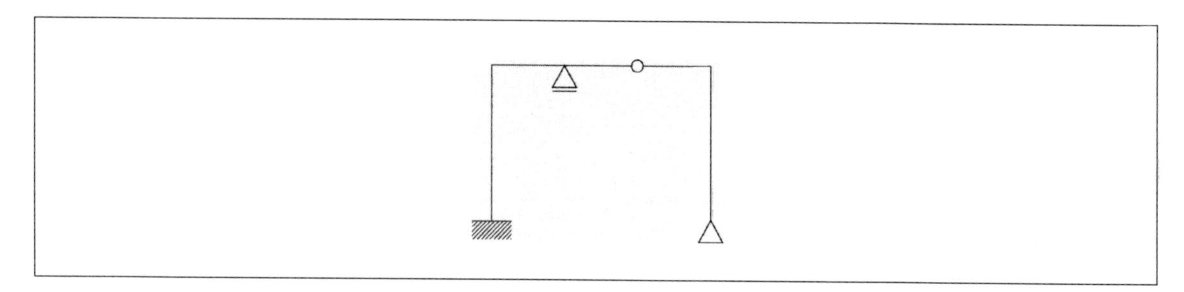

① 불안정 구조물
② 정정 구조물
③ 1차 부정정 구조물
④ 2차 부정정 구조물

TIP 부정정차수 = 반력수 + 부재수 + 강절점수 − 2 × 절점수 = (5 + 5 + 3) − (2 × 6) = 1차 부정정

Answer 3.③

출제 예상 문제

1 다음 그림과 같은 구조물의 부정정차수는?

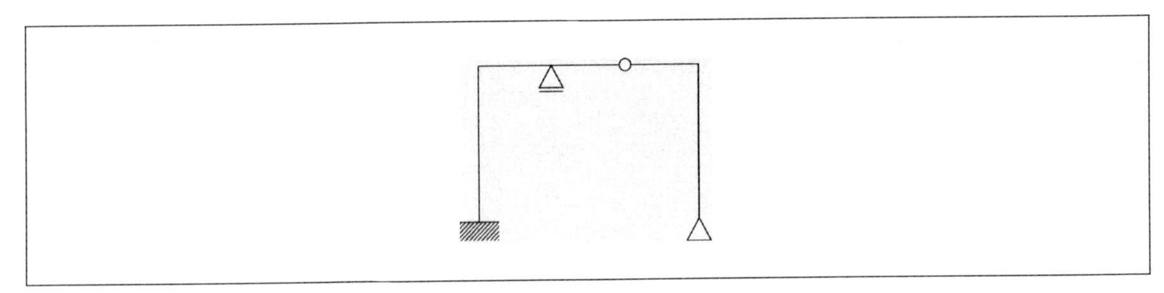

① 1차 부정정
② 2차 부정정
③ 3차 부정정
④ 4차 부정정

TIP $N=m+r+k-2j=6+5+3-2\times 6=2$
N: 부정정차수, m: 부재수, r: 반력수, k: 강절점수,
j: 지점과 자유단을 포함한 절점수

2 다음 그림과 같은 트러스의 부정정차수는?

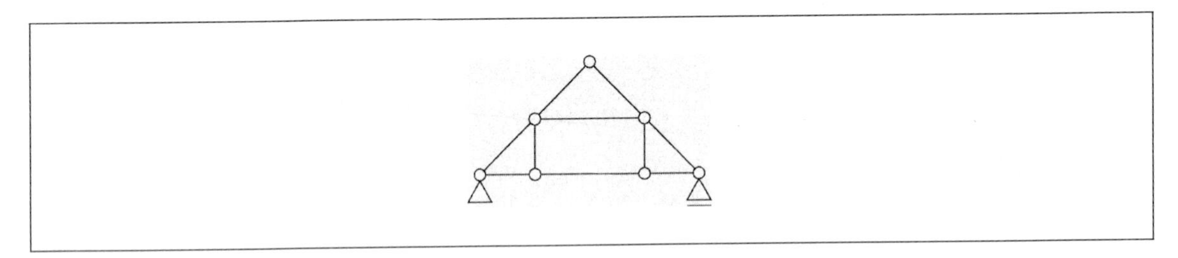

① 불안정
② 1차 부정정
③ 3차 부정정
④ 5차 부정정

TIP $N=m+r+k-2j=10+3+0-2\times 7=-1$이므로 불안정

Answer 1.② 2.①

3 다음 그림과 같은 구조물의 부정정차수를 구하면?

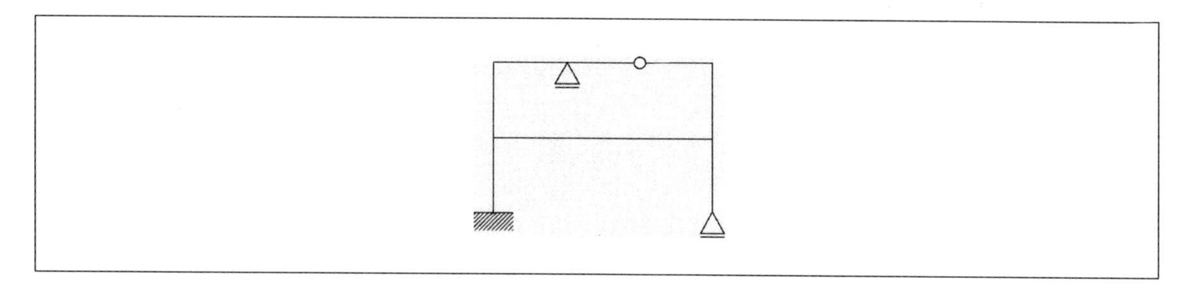

① 1차 부정정 ② 2차 부정정
③ 3차 부정정 ④ 4차 부정정

TIP $N = m + r + k - 2j = 8 + 5 + 7 - 2 \times 8 = 4$
N: 부정정차수, m : 부재수, r : 반력수, k : 강절점수,
j : 지점과 자유단을 포함한 절점수

4 다음 그림과 같은 구조물의 부정정차수를 구하면?

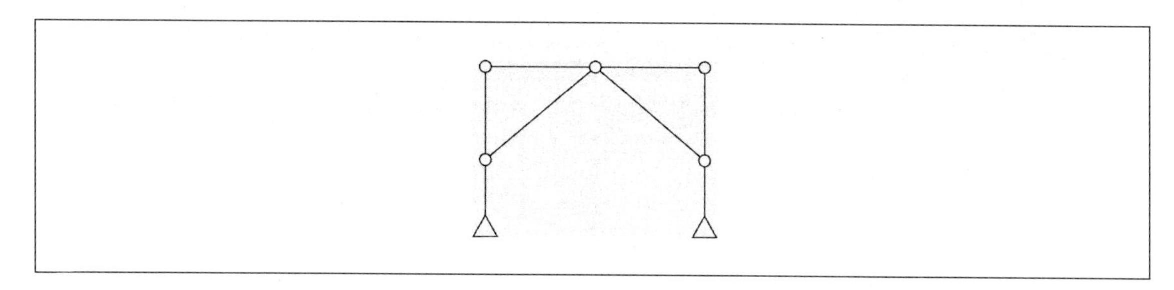

① 0차 ② 1차
③ 2차 ④ 3차

TIP $N = m + r + k - 2j = 8 + 4 + 3 - 2 \times 7 = 1$
N: 부정정차수, m : 부재수, r : 반력수, k : 강절점수,
j : 지점과 자유단을 포함한 절점수

Answer 3.④ 4.②

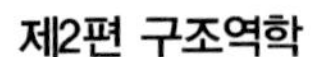

04 정정보

❶ 정정보의 정의 및 종류

(1) 정정보의 정의

① 보(Beam)의 정의 … 부재의 축에 직각방향으로 작용하는 하중을 지지하는 휨 부재

② 정정보의 정의 … 힘의 평형조건식 ($\sum H=0,\ \sum V=0,\ \sum M=0$)에 의하여 해석이 가능한 보

(2) 정정보의 종류

① 게르버보 … 부정정인 연속보에 적당한 힌지(핀절점)를 넣어서 정정보로 만든 것이다.

② 단순보 … 한 끝은 회전지점, 다른 끝은 이동지점인 보이며 같은 크기의 하중이 작용하는 같은 스팬의 양단 고정보보다 처짐이 크다.

③ 캔틸레버 … 고정단과 자유단으로 구성된 보이며 외팔보라고도 불린다.

④ 내민보 … 단순보의 한 끝 또는 양끝을 지점 밖으로 내민보이며 정정보이다.

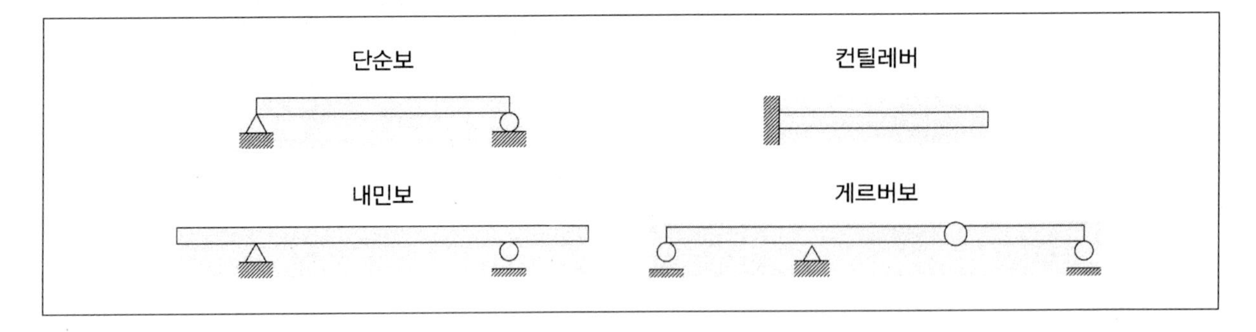

(3) 부정정보의 종류

① **일반적인 부정정보** … 2개 이상의 힌지지점으로 되어 있거나 2개 이상의 힌지지점과 1개 이상의 롤러지점으로 된 보

② **연속보** … 1개 이상의 힌지지점과 2개 이상의 롤러지점을 가진 보

③ **양단고정보** … 부재의 양단이 고정지점으로 된 보

④ **1단고정 타단이동보** … 부재의 1단이 고정지점으로 타단이 롤러지점인 보

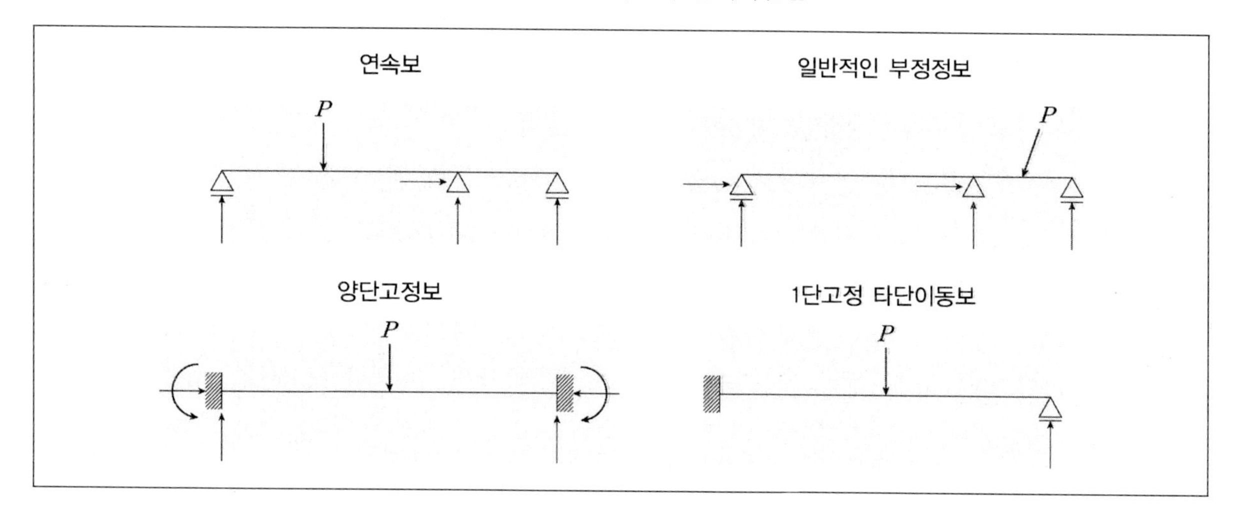

(4) 보에 발생하는 힘

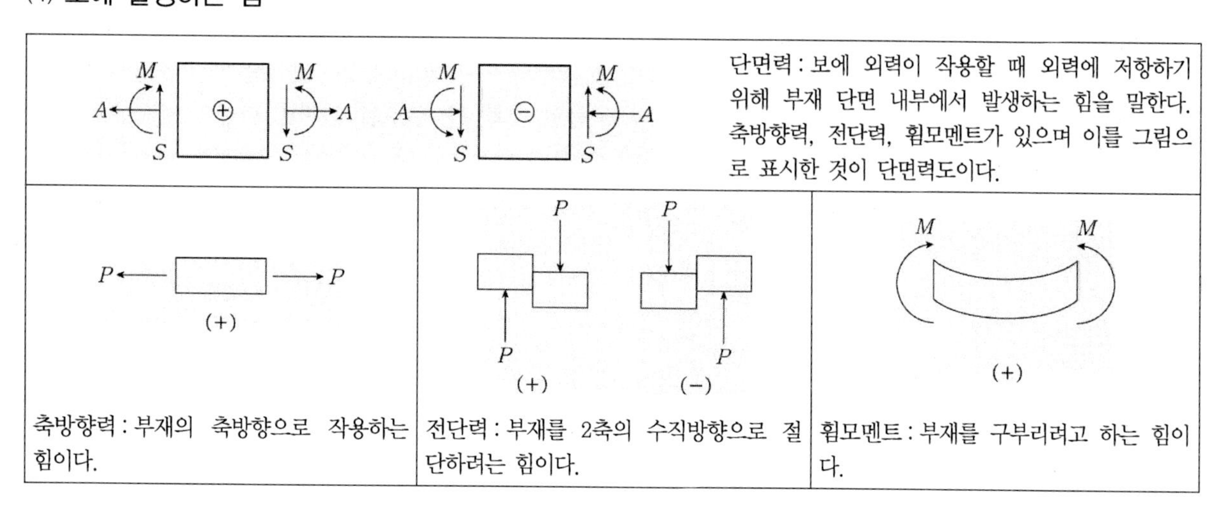

TIP

S는 Shear force(전단력)을 나타내는 기호이다.

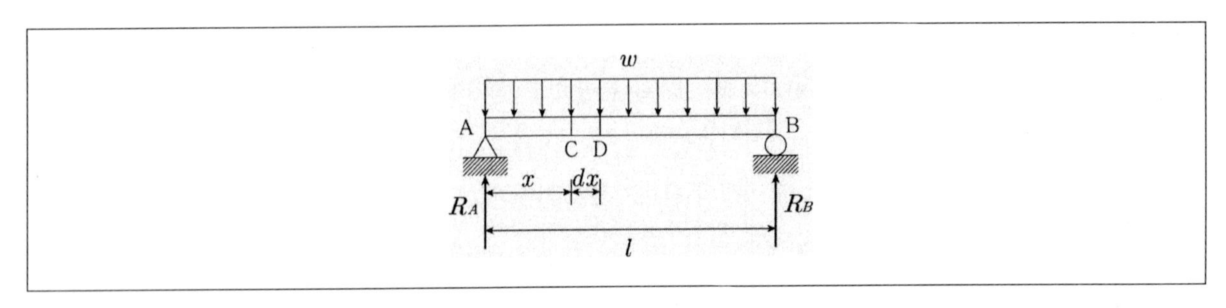

① **전단력** … 등분포 하중과 전단력의 관계는 다음과 같다.

$$\sum V=0,\ S_x-(S_x+dS_x)-w\cdot dx=0\ \ \therefore \frac{dS_x}{dx}=-w$$

여기서 (−)는 등분포하중이 하향으로 작용하는 것을 의미한다.

$$S_C-S_D=-\int_C^D w\cdot dx$$

② **휨모멘트** … $\sum M_n=0,\ \ M_x-(M_x+dM_x)+S_x\cdot dx-\frac{w\cdot (dx)^2}{2}=0$이며 여기서 $(dx)^2$을 무시하면 $\frac{dM_x}{dx}=S_x$이며 $dM_x=S_x\cdot dx$가 되는데 임의의 두 구간에 대해 적분하면 두 구간의 휨모멘트 차이는 $M_C-M_D=\int_C^D S_x\cdot dx$이다. 그러므로 휨모멘트와 전단력, 하중과의 관계는 $\frac{d^2M}{dx^2}=\frac{dS}{dx}=-w$이 성립한다. 이를 다시 적분으로 표시하면 $M=\int Sdx=-\iint wdxdx,\ S=-\int wdx$가 된다.

즉, 등분포 하중이 작용하는 단순보의 경우 하중을 거리에 대해서 적분하면 전단력이 되며 전단력을 거리에 대해서 적분하면 휨모멘트가 된다. (즉, 휨모멘트를 거리로 미분하면 그 단면에 작용하는 전단력이 되며 전단력을 거리로 미분하면 단위하중에 (−)의 부호를 붙인 것과 같다.) 즉, 임의의 단면의 휨모멘트는 그 단면의 좌측이나 우측에 작용하는 모든 외력에 의한 모멘트의 합이다. (집중하중이 작용하는 단순보의 경우도 위와 동일한 원리가 적용된다.)

기출예제 01 2011 국가직

다음 중 보에서 생기는 부재력에 대한 설명으로 옳지 않은 것은?

① 전단력은 수직전단력과 수평전단력이 있다.

② 등분포하중이 작용하는 구간에서의 전단력의 분포형태는 1차 직선이 된다.

③ 휨모멘트는 전단력이 0인 곳 중에서 최댓값을 나타낸다.

④ 지점의 전단력의 크기는 지점반력보다 항상 크다.

✱

지점 전단력의 크기는 지점반력과 같다.

답 ④

③ 캔틸레버의 응력도

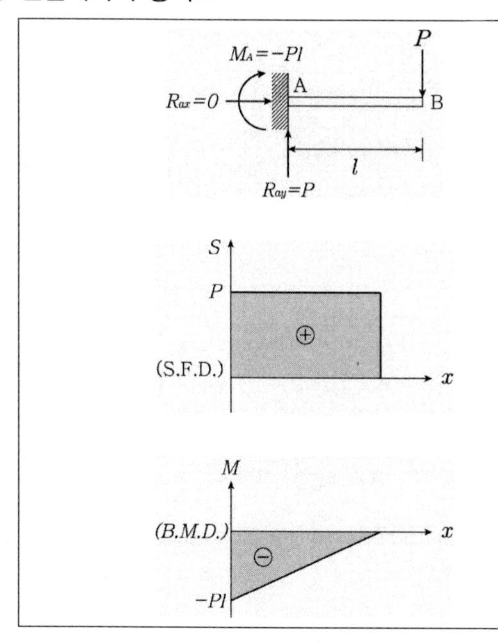

㉠ 자유단에 집중하중이 작용하는 경우

지점반력

$\sum H=0,\ R_{ax}=0$

$\sum V=0,\ R_{ay}=P(\uparrow)$

$\sum M_A=0,\ M_A=P\cdot l$

거리 x인 곳의 전단력

$S_x=P$

거리 x인 곳의 휨모멘트

원점 B, $0\le x\le 1$

$M_x=-P\cdot x$

$x=0$인 곳에서는 $M=0$

$x=l$인 곳에서는 $M=-P\cdot l$

TIP

반력의 표시

R_{Ax} : A점에서 발생하는 x축방향의 반력

R_{Ay} : A점에서 발생하는 y축방향의 반력

R_H : 수평방향 반력

R_V : 수직방향 반력

(5) 내민보와 게르버보

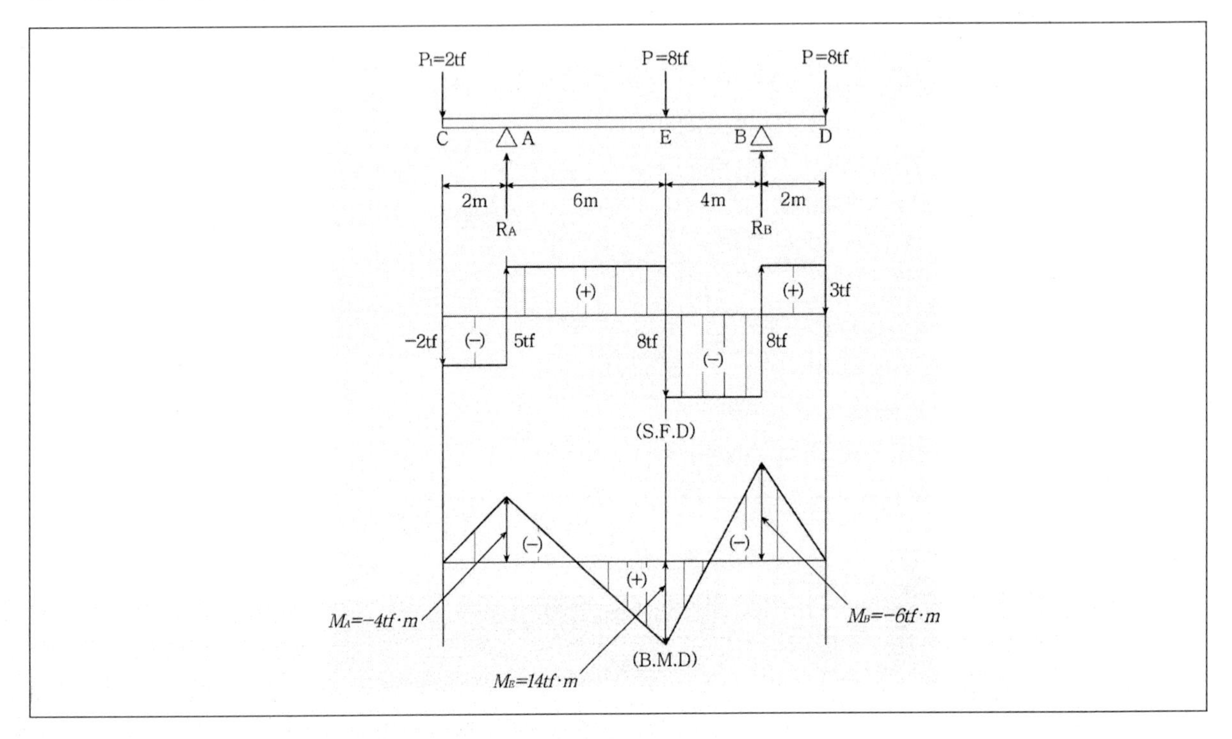

① 내민보

㉠ 한 지점의 내민부분에 하중이 작용할 때는 반대측 지점에서 (−) 반력이 생긴다.

㉡ 내민 부분의 전단력은 하중이 하향일 경우는 캔틸레버와 같이 지점 좌측에서는 (−), 지점 우측에서는 (+)이다.

㉢ 내민보의 중앙부에 작용하는 하중은 단순보와 같이 (+)의 휨모멘트가 생기며, 내민 부분에 작용하는 하중은 캔틸레버와 같이 (−)의 휨모멘트를 일으킨다.

㉣ 내민보의 양지점 사이의 해법은 내민 부분의 휨모멘트를 먼저 구하고, 그 휨 모멘트를 지점에 작용하여 모멘트 하중을 받는 단순보 해법과 같다.

② 게르버보

㉠ 부정정 연속보에 활절을 넣어 정정보로 만든 보로서 힘의 평형방정식으로 풀 수 있다.

㉡ 게르버보는 구조상 내민보와 단순보 또는 캔틸레버와 단순보를 조합한 보로서 해법의 순서로는 단순보의 반력을 구해 그 반력을 외력으로 작용 시켜 다른 하중과 함께 푼다.

㉢ 활절 지점에서 전단력은 그대로 전달되며 휨모멘트는 0이다.

㉣ 전단력이 0이 되는 곳에서 정(+), 부(−)의 극대모멘트가 생기며, 그 중의 큰 값을 최대값으로 취한다.

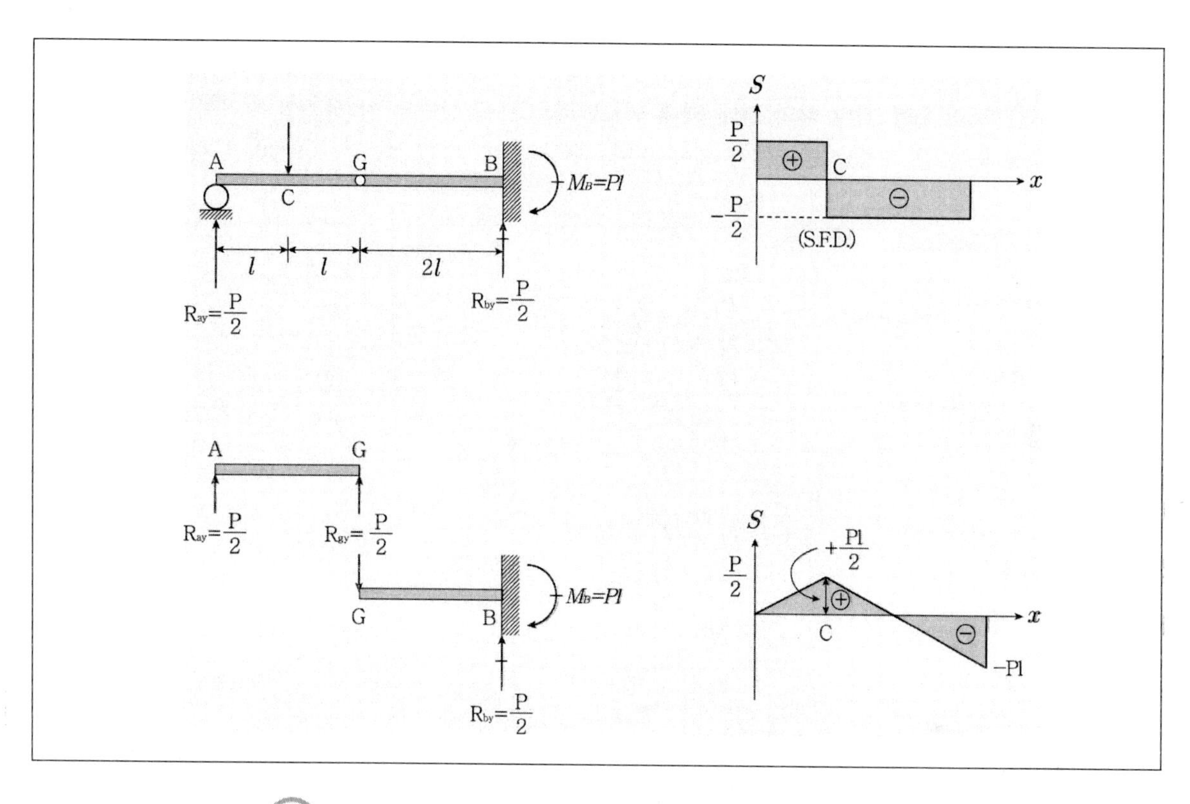

| 기출예제 02

2012 지방직

다음 내민보의 B점에 작용하는 반력[kN]과 모멘트[kN · m]는? (단, 시계방향 모멘트를 정모멘트로 한다)

① 상향반력 4.5, 모멘트 0

② 상향반력 4.5, 부모멘트 2

③ 하향반력 4.5, 정모멘트 2

④ 하향반력 4.5, 모멘트 0

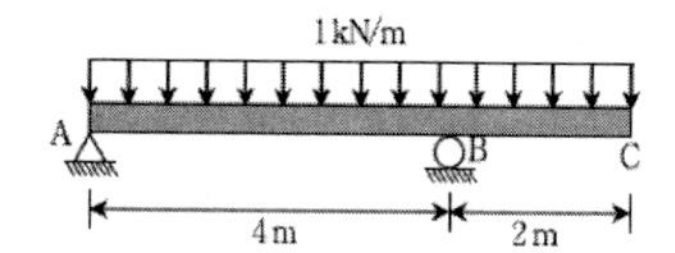

B점의 반력 산정과정

$\sum M_A = -(R_A \times 4) + (1\times 2\times 5) + (1\times 4\times 2) = 0$

$R_B = 4.5kN(\uparrow)$

B점의 모멘트 산정

$\sum M_B = -(1\times 2)\times 1 = -2kN\cdot m$

답 ②

(6) 절대최대휨모멘트

연행하중이 단순보의 위를 지날 때의 절대 최대 휨모멘트는 보에 실리는 전 하중의 합력의 작용점과 그와 가장 가까운 하중(또는 큰 하중)과의 1/2이 되는 점이 보의 중앙에 있을 때 큰 하중 바로 아래의 단면에서 생긴다.

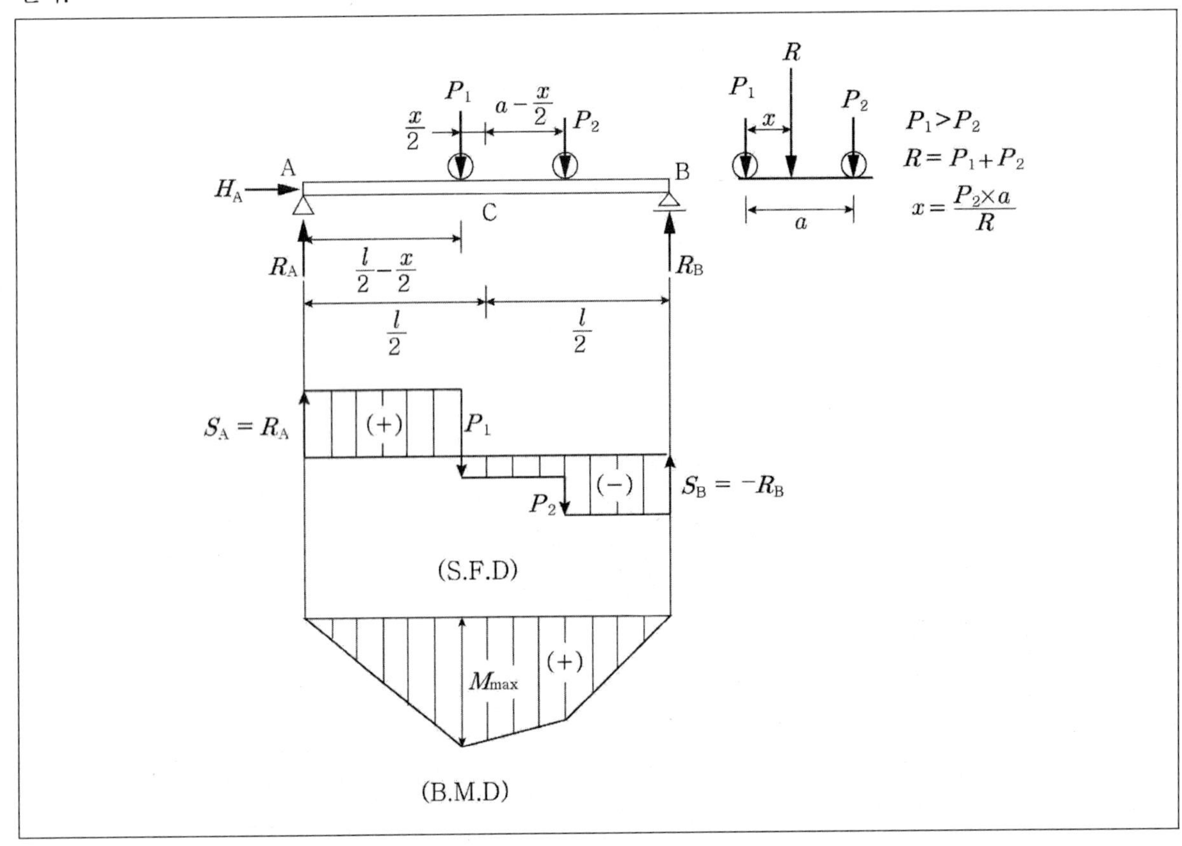

최근 기출문제 분석

2020 지방직

1 그림과 같이 등분포하중(ω)을 받는 정정보에서 최대 정휨모멘트가 발생하는 위치 x는?

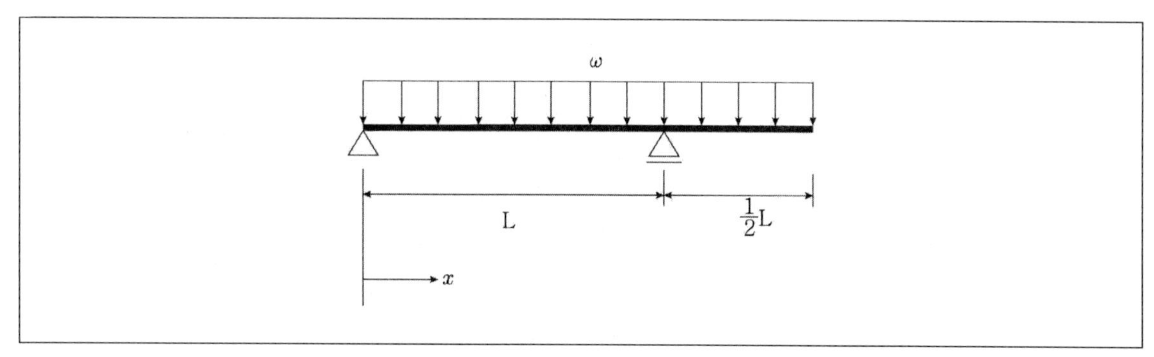

① $\frac{1}{4}$L　　② $\frac{1}{3}$L

③ $\frac{3}{8}$L　　④ $\frac{1}{2}$L

TIP 휨모멘트가 최대인 점에서는 전단력이 0이 되는 특성을 통하여 최대휨모멘트가 발생하는 점을 찾을 수 있다.
우선 각 지점의 반력을 구하기 위해 등분포하중을 1개의 집중하중으로 변환시키면 이동지점의 반력을 구할 수 있다.
$\sum M_A = 1.5wL \cdot \frac{1.5L}{2} - R_B \cdot L = 0$이어야 하므로 $R_B = \frac{9}{8}wL$이 되며 힘의 평형원리에 따라 연직력의 합이 0이 되어야 하므로 $\sum V = 1.5wL - \frac{9}{8}wL - R_A = 0$을 만족하는 $R_A = \frac{3}{8}wL$이 된다.

전단력이 0이 되는 지점은 $V_x = \frac{3}{8}wL - wx = 0$를 만족하는 곳이므로 $x = \frac{3}{8}L$이 된다.

Answer 1.③

2018 서울시 2차

2 **〈보기〉와 같은 보에서 D점에 최대 휨모멘트가 유발되기 위하여 가하여야 하는 C점의 집중하중(P)의 크기는?**

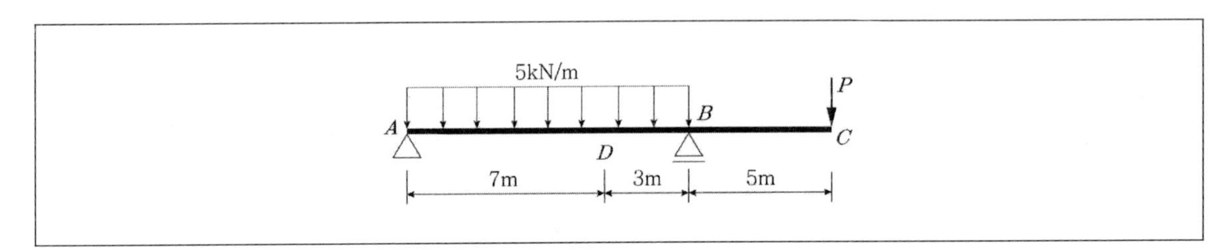

① 20kN(↑) ② 20kN(↓)

③ 45kN(↑) ④ 45kN(↓)

TIP A지점의 반력은 상향으로 가정하고 P는 그림처럼 하향으로 가정하면 다음의 식이 성립해야 한다.

$\sum M_B = 0 : R_A \cdot 10 - 5 \cdot 10 \cdot 5 + 5 \cdot P = 0$

여기서 A점의 반력은 $R_A = \frac{250-5P}{10}(\uparrow)$

D점에서 휨모멘트가 최대가 되려면, 전단력이 0이 되어야 하므로, $V_D = R_A - 5 \cdot 7 = 0$이어야 한다.

따라서 $R_A = 35[\text{kN}](\uparrow)$이어야 하며,

$R_A = \frac{250-5P}{10}[\text{kN}] = 35[\text{kN}]$이므로, 하중 P는 −20[kN]이 되며 이는 본래 가정한 하향의 반대인 상향력을 의미한다. 따라서 P는 20kN(↑)어야 한다.

2018 서울시 (7급)

3 **다음 〈보기〉와 같은 단순보 중앙점의 휨모멘트가 0이 되기 위해서 필요한 집중하중 P의 크기는?**

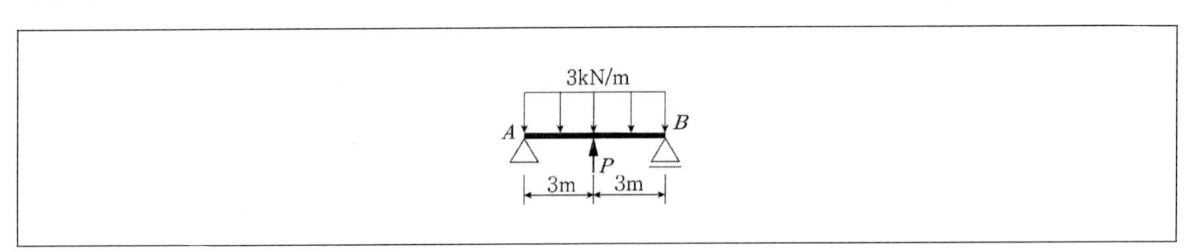

① 3kN ② 6kN

③ 9kN ④ 12kN

TIP 등분포하중으로 인한 중앙점의 최대휨모멘트와 집중하중에 의한 중앙점의 최대휨모멘트의 크기가 서로 같아야 하므로 $\frac{wL^2}{8} = \frac{3 \cdot 6^2}{8} = \frac{PL}{4} = \frac{P \cdot 6}{4}$을 만족하는 $P = 9[kN]$이 된다.

Answer 2.① 3.③

2016 서울시

4 다음 단순보의 A, D지점에서의 수직반력(R_A, R_D)의 크기는 각각 얼마인가?

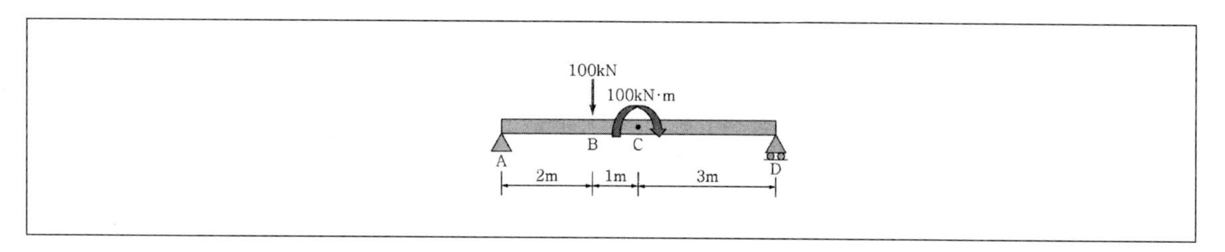

	R_A	R_D		R_A	R_D
①	100kN	100kN	②	50kN	50kN
③	100kN	50kN	④	50kN	100kN

TIP
$$R_A = 100 \cdot \frac{2}{3} - 100 \cdot \frac{1}{6} = 100 \cdot \frac{1}{2} = 50kN$$
$$R_B = 100 \cdot \frac{1}{3} + 100 \cdot \frac{1}{6} = 100 \cdot \frac{1}{2} = 50kN$$

2011 국가직 (7급)

5 그림과 같은 하중을 받는 단순보에서 경간의 중앙부에 발생하는 휨모멘트로 옳은 것은?

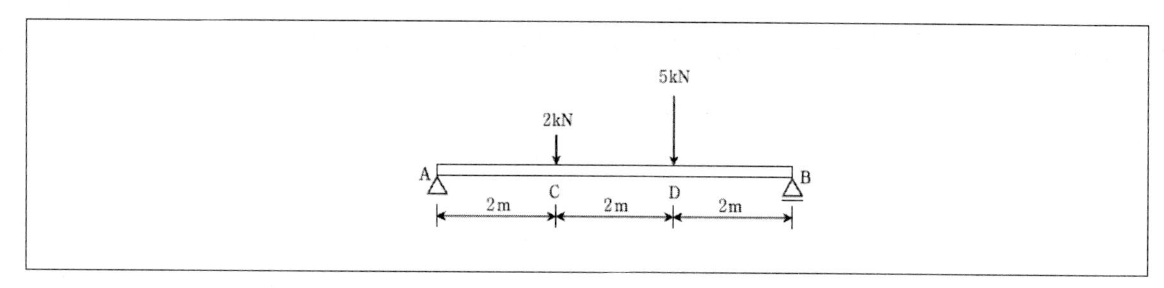

① 5kN · m

② 6kN · m

③ 7kN · m

④ 8kN · m

TIP
- A점의 수직반력

$\sum M_B = (R_A \times 6) - (2\times 4) - (5\times 2) = 0$

$\therefore R_A = 3kN$

- 중앙점의 휨모멘트 산정

$\therefore M = (3\times 3) - (2\times 1) = 7kN\cdot m$

Answer 4.② 5.③

출제 예상 문제

1 다음 단순보에서 휨모멘트가 0이 되는 점은 점 A로부터 몇 m의 거리인가?

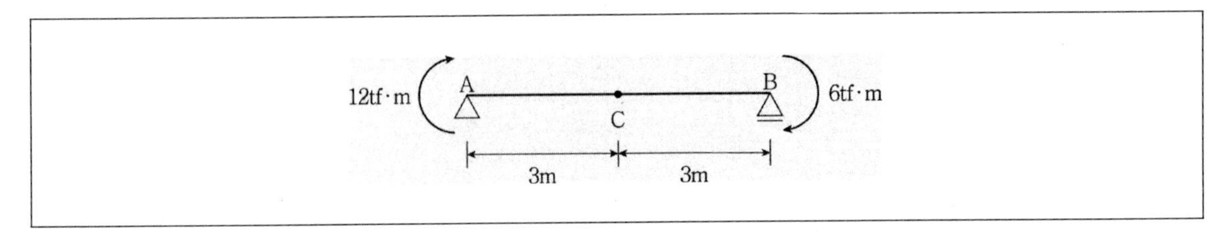

① 2m
② 3m
③ 4m
④ 5m

TIP $\sum M_B = 0 : R_A \times 6m + 12tf \cdot m + 6tf \cdot m = 0, \therefore R_A = -3tf(\downarrow)$

$\sum V = 0 : -R_A + R_B = 0, \ \therefore R_B = R_A = 3tf(\uparrow)$

전단력 : $S_{AB} = 3tf$

중앙 C점에서의 휨모멘트 : $M_C = -3tf \times 3m + 12tf \cdot m = 3tf \cdot m$

휨모멘트가 0이 되는 점 : $M = -3tf \times x + 12tf \cdot m = 0, \ \therefore x = 4m$

2 다음 단순보의 C점에서의 휨모멘트값은?

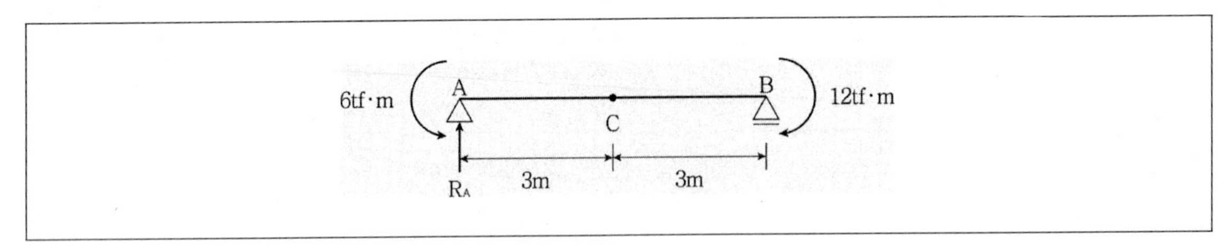

① −5tf · m
② −9tf · m
③ −12tf · m
④ −15tf · m

TIP $\sum M_B = 0 : R_A \times 6m - 6tf \cdot m + 12tf \cdot m = 0, \ \therefore R_A = -1tf$

$M_C = -1tf \times 3m - 6tf \cdot m = -9tf \cdot m$

Answer 1.③ 2.②

3 다음 그림과 같은 단순보에 모멘트하중 M_1과 M_2가 작용하고 있을 때 C점의 휨모멘트를 구하는 식으로 바른 것은? (단, 시계방향이 +이다.)

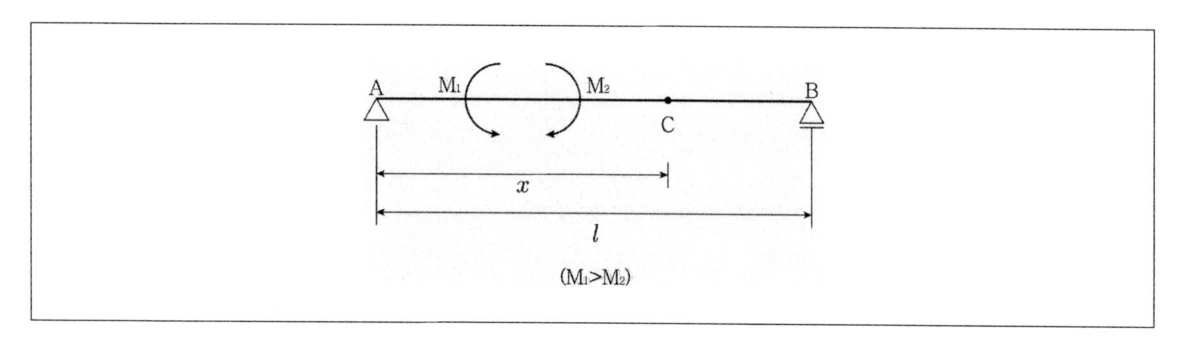

① $\dfrac{M_1 - M_2}{l} + M_1 - M_2$

② $\dfrac{M_1 - M_2}{l}x + M_1 + M_2$

③ $\dfrac{M_1 - M_2}{l}x - M_1 + M_2$

④ $\dfrac{M_1 + M_2}{l}x + M_1 - M_2$

TIP $\sum M_A = 0 : R_B \cdot l + M_1 - M_2 = 0,\ \therefore R_B = \dfrac{M_2 - M_1}{l}$

$M_C = \dfrac{M_2 - M_1}{l}(l - x) = \dfrac{M_1 - M_2}{l}x - M_1 + M_2$

4 다음 중 등분포하중(w), 전단력(S), 휨모멘트(M)의 관계식으로 옳은 것은?

① $S = \int w \cdot dx = -\iint M \cdot dx \cdot dx$

② $M = \int S \cdot dx = -\iint w \cdot dx \cdot dx$

③ $w = \int M \cdot dx = -\iint S \cdot dx \cdot dx$

④ $M = \int w \cdot dx = -\iint S \cdot dx \cdot dx$

TIP 등분포하중(w), 전단력(S), 휨모멘트(M)의 관계식은 $M = \int S \cdot dx = -\iint w \cdot dx \cdot dx$이다.

Answer 3.③ 4.②

5 다음 그림과 같은 지점 A의 반력을 구한 값은?

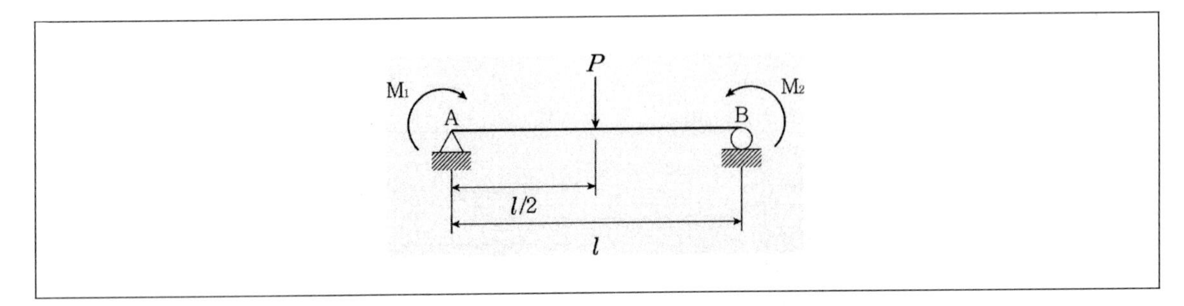

① $R_A = \frac{P}{3} + \frac{M_2 - M_1}{l}$

② $R_A = \frac{P}{3} + \frac{M_1 + M_2}{l}$

③ $R_A = \frac{P}{2} + \frac{M_2 - M_1}{l}$

④ $R_A = \frac{P}{2} - \frac{M_2 + M_1}{l}$

TIP $\sum M_B = 0 : R_A \times l + M_1 - P \times \frac{l}{2} - M_2 = 0, \ \therefore R_A = \frac{P}{2} + \frac{M_2 - M_1}{l}$

6 다음 그림과 같은 단순보의 중앙점 C에서 발생하는 휨모멘트는?

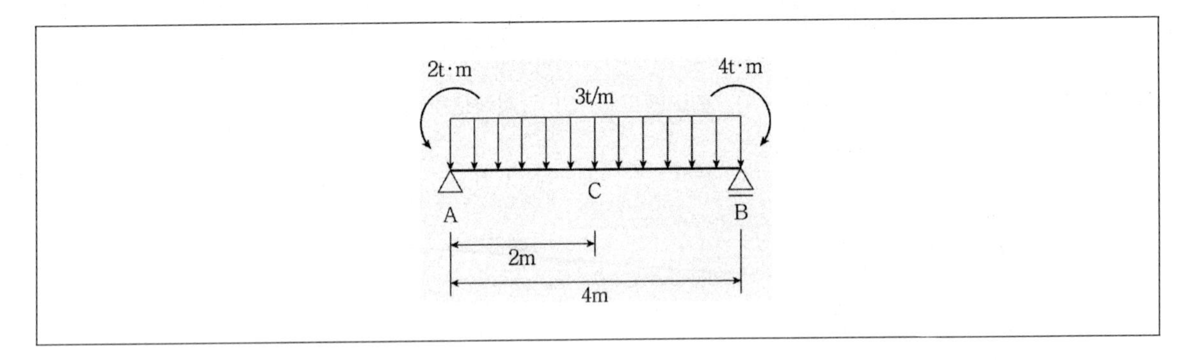

① 1t · m

② 2t · m

③ 3t · m

④ 4t · m

TIP $\sum M_B = 0 : R_A \times 4 - 2 - 12 \times 2 + 4 = 0, \ R_A = 5.5t$

$M_C = 5.5 \times 2 - 2 - 6 \times 1 = 3t \cdot m$

Answer 5.③ 6.③

7 다음 그림의 단순보의 A지점에 발생하는 반력은?

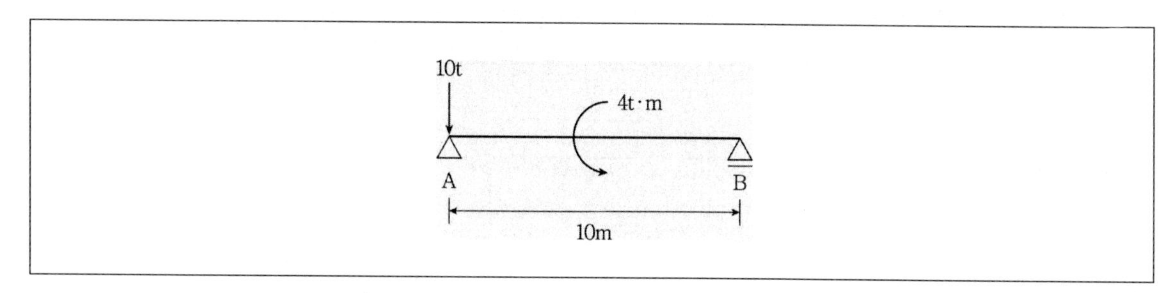

① 9.6t
② 10.4t
③ 12.6t
④ 13.2t

TIP $\sum M_B = 0 : R_A \times 10 - 10 \times 10 - 4 = 0,\ R_A = \frac{104}{10} = 10.4t$

8 다음 캔틸레버보의 C점에서의 휨모멘트의 크기는?

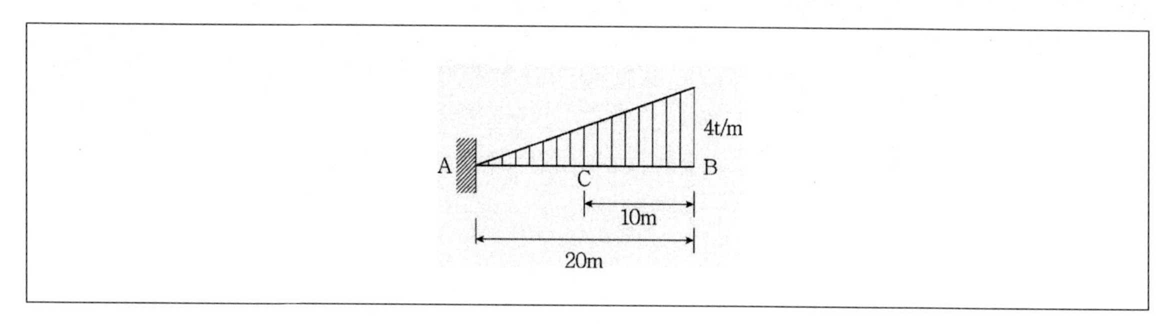

① 124.8t · m
② 196.6t · m
③ −166.7t · m
④ −185.4t · m

TIP $M_C = -\left(2 \times 10 \times \frac{10}{2} + 2 \times 10 \times \frac{1}{2} \times \frac{20}{3}\right) = -166.7t \cdot m$

Answer 7.② 8.③

9 다음 그림과 같은 내민보에서 C단에 P=2,400kg의 하중이 150°의 경사로 작용하고 있다. A단의 연직 반력 R_A를 0으로 하려면 AB구간에는 어느 정도의 등분포하중이 작용해야 하는가?

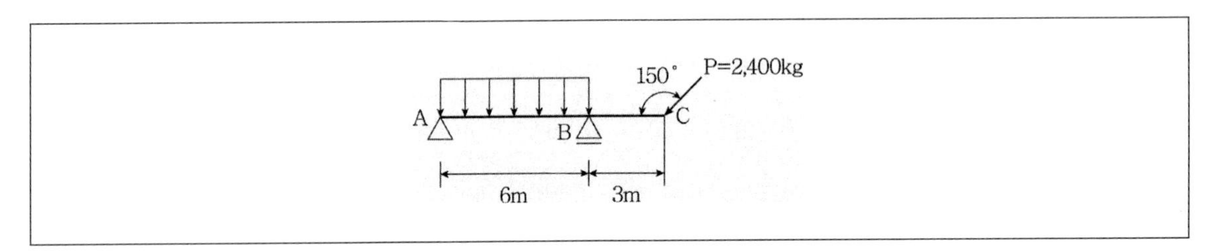

① 150kg/m
② 200kg/m
③ 250kg/m
④ 280kg/m

TIP $\sum M_B = 0 : R_A \times 6 - W \times 6 \times 3 + 2400 \sin 30^o \times 3 = 0$
$R_A = 0$이 되려면 $18W = 3,600$이므로 $W = 200kg/m$

10 다음 겔버보에서 B점의 휨모멘트는 얼마인가?

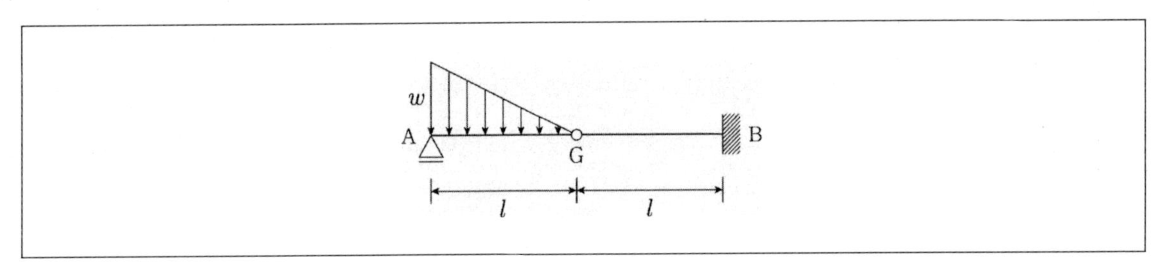

① $M_B = -\frac{wl^2}{2}$
② $M_B = -\frac{wl^2}{3}$
③ $M_B = -\frac{wl^2}{6}$
④ $M_B = -\frac{wl^2}{12}$

TIP $\sum M_A = 0 : -R_G \times l + \frac{wl}{2} \times \frac{l}{3} = 0,\ R_G = \frac{wl}{6}$
$M_B = -\frac{wl}{6} \times l = -\frac{wl^2}{6}$

Answer 9.② 10.③

11 다음 정정보에서 A점의 연직반력을 구하면?

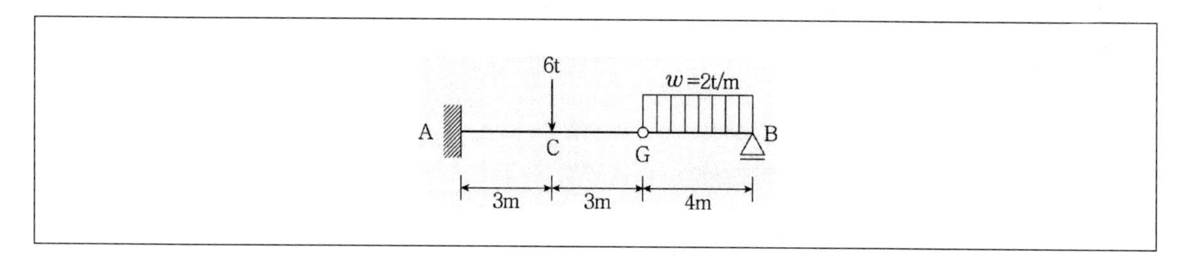

① 6t
② 10t
③ 14t
④ 18t

TIP $\sum M_B = 0 : R_G = \frac{2\times 4\times 2}{4} = 4t,\ R_A = 6+4 = 10t$

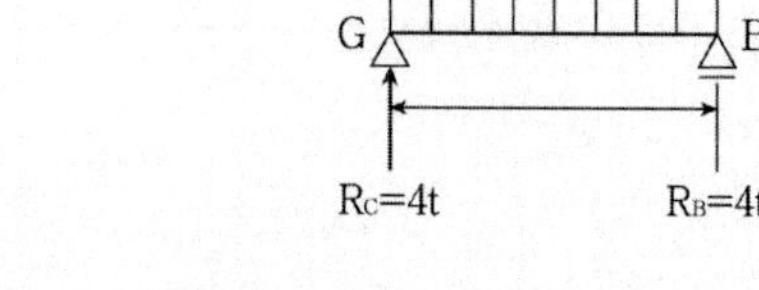

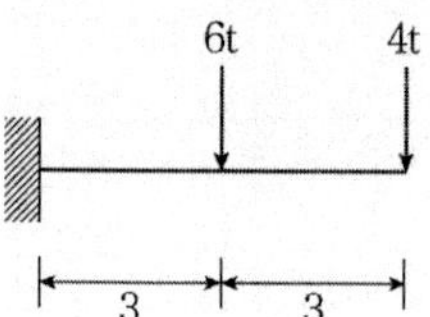

Answer 11.②

12 다음 그림 ㈎와 같은 하중이 그림 ㈏와 같은 단순보 위를 통과하는 경우 이 보에 절대 최대휨모멘트를 발생시키는 하중 9t의 위치는 B지점으로부터 얼마인가?

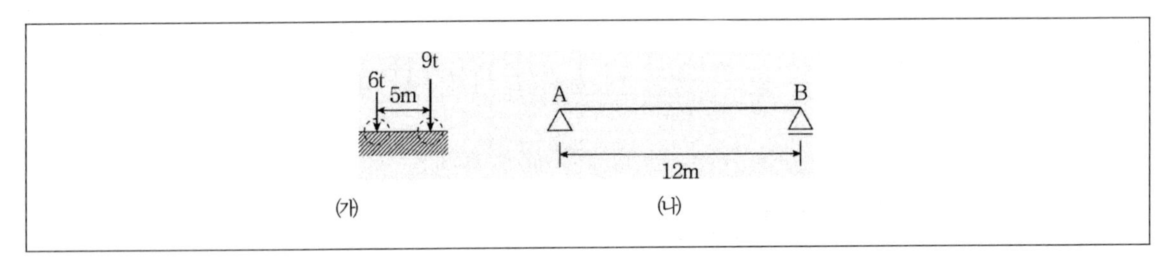

① 3m
② 4m
③ 5m
④ 7m

TIP 합력과 가까운 하중과의 $\frac{1}{2}$점이 보의 중앙에 위치할 경우 큰 하중의 바로 아래에서 절대최대휨모멘트가 발생한다. 그러므로 B로부터 5m 떨어진 곳에서 절대최대휨모멘트가 발생한다.

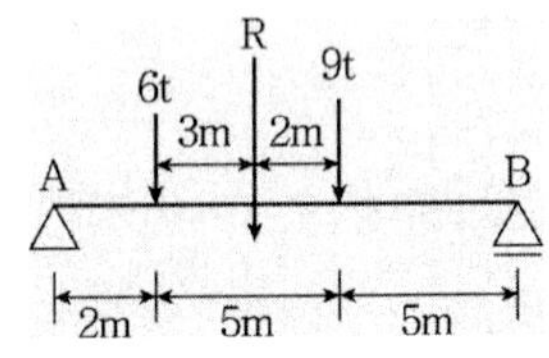

Answer 12.③

13 경간이 10m인 단순보에 그림과 같은 이동 활하중이 지날 때 발생할 수 있는 절대 최대 휨모멘트는?

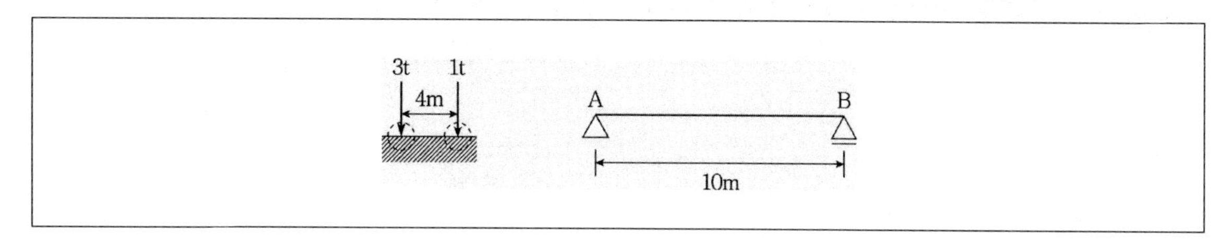

① 3.6t · m
② 6.4t · m
③ 8.1t · m
④ 9.6t · m

TIP $1\times4=4\times x$이므로 $x=1m$

$\sum M_B=0:R_A\times10-3\times5.5-1\times1.5=0,\ R_A=1.8t$

$\sum M_{max}=1.8\times4.5=8.1t\cdot m$

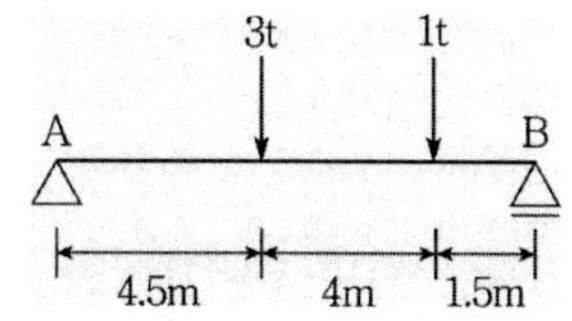

※ 절대최대휨모멘트가 발생하는 곳은 두 작용력의 합력이 작용하는 위치와 큰 힘이 작용하는 위치의 중간이 부재의 중앙에 위치했을 때이며 이때 큰 힘이 작용하는 위치에서 절대최대 휨모멘트가 발생한다.

Answer 13.③

05 정정라멘과 정정아치

1 정정라멘과 정정아치의 해석

(1) 정정라멘구조의 해석

① 라멘구조의 해석법

㉠ 라멘구조물은 각 부재가 강절점으로 연결되어 있는 구조물로서 외력에 의해 부재가 변형되더라도 부재의 절점각이 항상 90˚를 유지하는 구조물이다.

㉡ 응력(단면력)의 해석 원리는 정정보의 해석과 동일하게 특정 단면으로부터 어느 한쪽(보통 왼쪽)에 작용하는 모든 외력에 대해서 구한다. (캔틸레버의 경우 자유단에서부터 구한다.)

㉢ 3힌지 라멘의 경우 중간의 핀절점의 휨모멘트가 0이 되는 조건과 힘의 평형방정식을 적용해 반력을 구한다.

㉣ 정정라멘(Rahmen)은 라멘 중 정정구조물(힘의 평형식으로 부재력과 지점의 반력해석이 가능한 구조물)을 의미하며 라멘(Rahmen)은 독일어로서 "틀(프레임)"이란 의미이다.

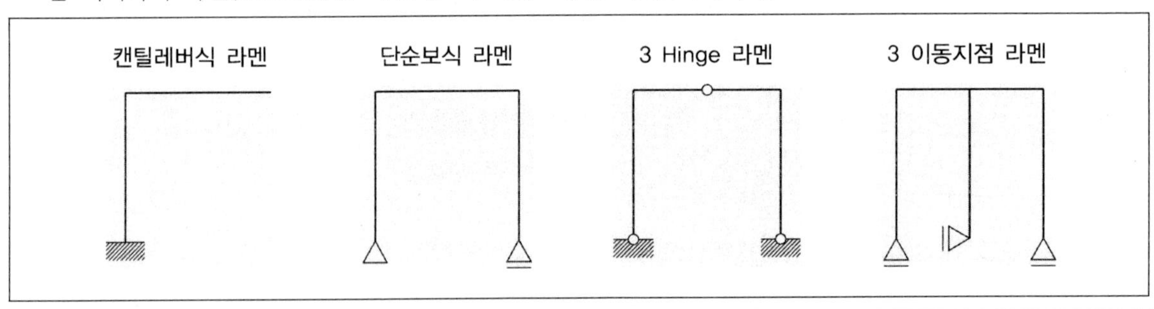

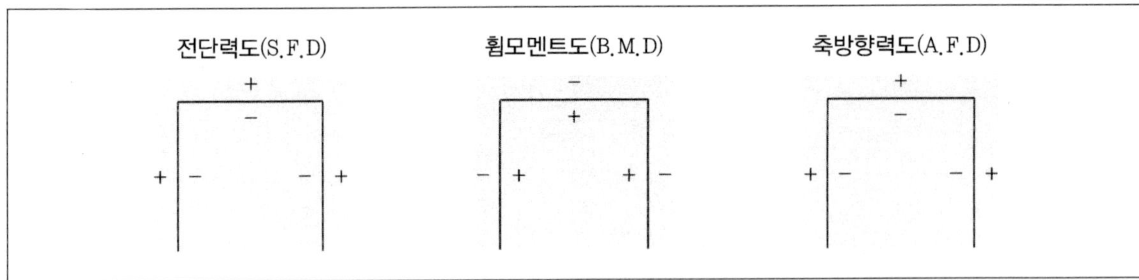

② 라멘구조물 해석의 예

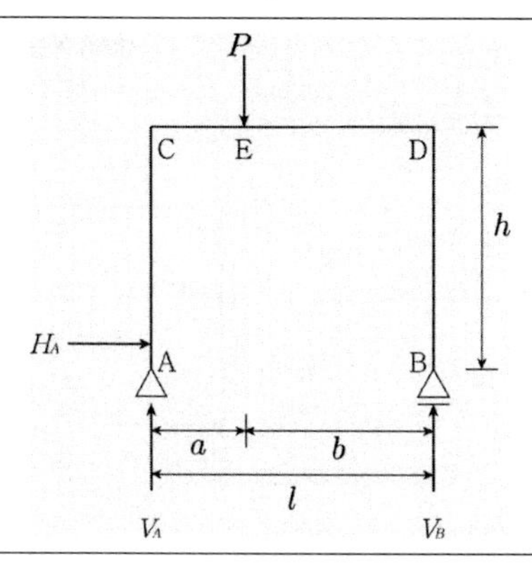

㉠ 반력의 산정

- 보기에 제시된 라멘구조물은 B점을 중심으로 하여 회전이 일어나지 않으므로 B점을 중심으로 한 모멘트는 0이어야 한다.

  $\sum M_B = V_A \cdot l - P \cdot b = 0$이어야 하므로 $V_A = \frac{P \cdot b}{l}$

- 라멘구조물은 수직방향으로 이동하지 않기 때문에 수직력의 합이 0이 되어야 한다.

  $\sum V = V_A + V_B = P$이어야 한다.

- 라멘구조물은 수평방향으로 이동하지 않기 때문에 수평력의 합이 0이 되어야 한다.

  $\sum H = H_A = 0$

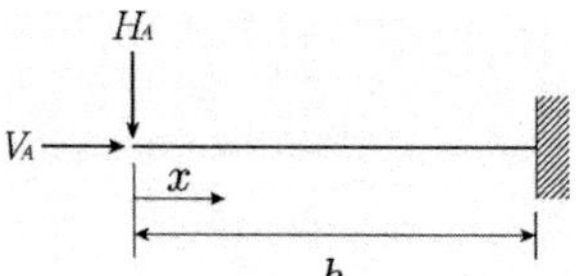

㉡ AC부재의 축방향력(N_x), 전단력(Q_x), 휨모멘트(M_x)

- $N_x = -V_A = -\frac{P \cdot b}{l}$
- $Q_x = 0$
- $M_x = 0$

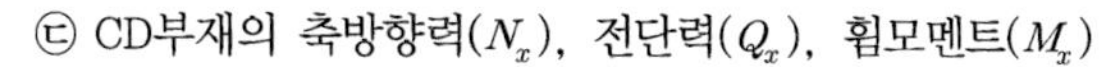

㉢ CD부재의 축방향력(N_x), 전단력(Q_x), 휨모멘트(M_x)

- $Q_{CE} = V_A = \frac{P \cdot b}{l}$

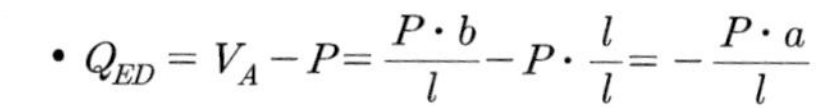

- $Q_{ED} = V_A - P = \frac{P \cdot b}{l} - P \cdot \frac{l}{l} = -\frac{P \cdot a}{l}$
- $M_{CE} = V_A \cdot x = (\frac{P \cdot b}{l}) \cdot x$ (1차식)
- $M_C = 0\ (\because x = 0)$
- $M_E = \frac{P \cdot a \cdot b}{l}\ (\because x = a)$
- $M_{(E-D)} = V_A \cdot x - P(x - a)$
- $M_E = \frac{P \cdot a \cdot b}{l}\ (\because x = a)$
- $M_D = 0\ (\because x = l)$

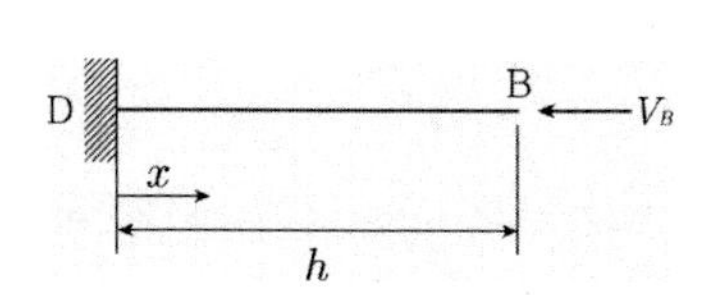

㉣ DB부재의 축방향력(N_x), 전단력(Q_x), 휨모멘트(M_x)

- $Q_x = 0$
- $M_x = 0$
- $N_x = -V_B = -\frac{P \cdot a}{l}$

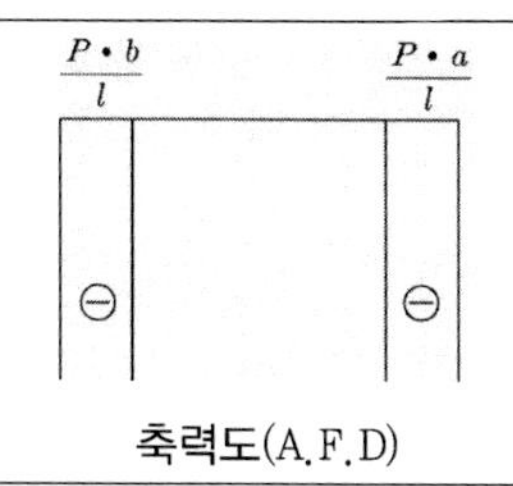

축력도(A.F.D)

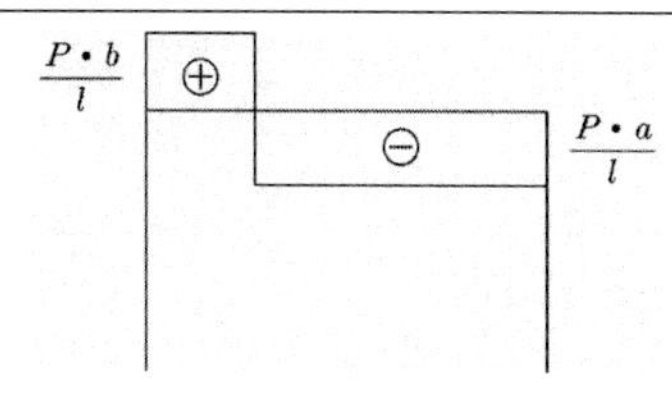

전단력도(S.F.D)

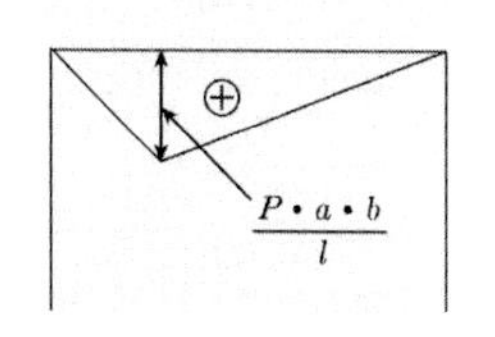

휨모멘트도(B.M.D)

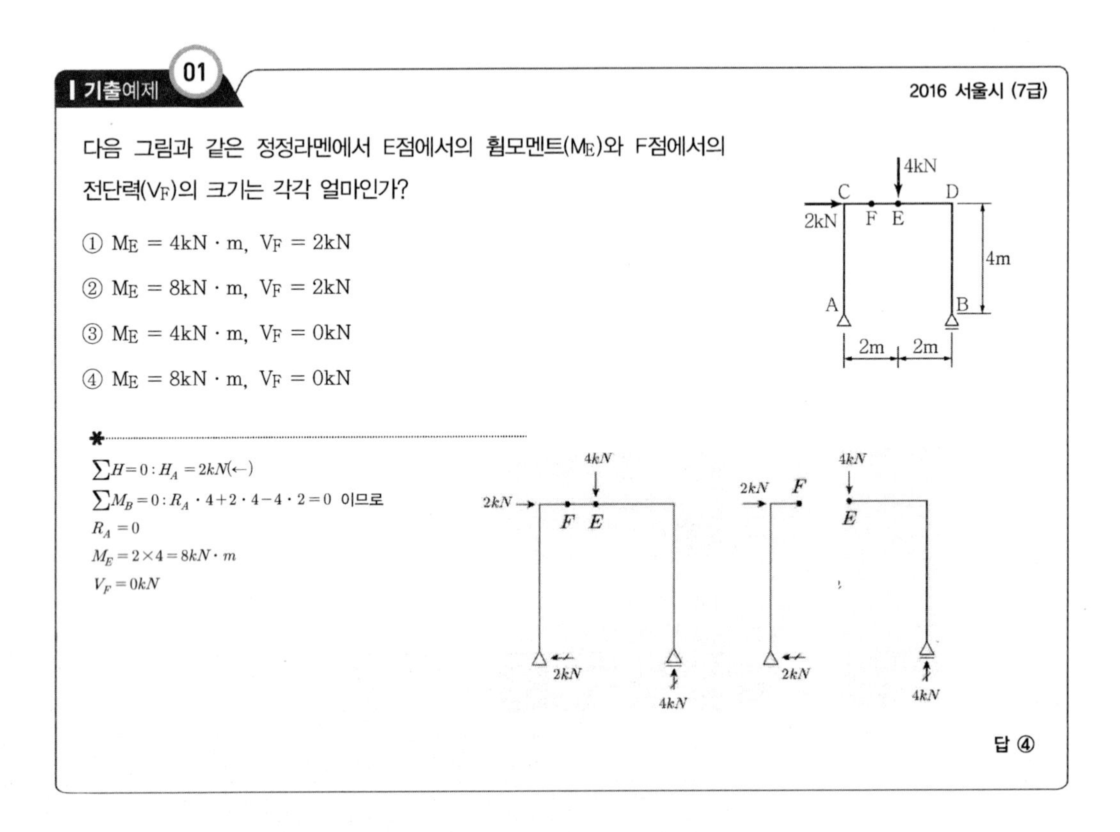

기출예제 01 2016 서울시 (7급)

다음 그림과 같은 정정라멘에서 E점에서의 휨모멘트(M_E)와 F점에서의 전단력(V_F)의 크기는 각각 얼마인가?

① M_E = 4kN · m, V_F = 2kN

② M_E = 8kN · m, V_F = 2kN

③ M_E = 4kN · m, V_F = 0kN

④ M_E = 8kN · m, V_F = 0kN

*

$\sum H=0 : H_A = 2kN(\leftarrow)$

$\sum M_B = 0 : R_A \cdot 4 + 2 \cdot 4 - 4 \cdot 2 = 0$ 이므로

$R_A = 0$

$M_E = 2 \times 4 = 8kN \cdot m$

$V_F = 0kN$

답 ④

(2) 정정아치구조의 해석

① 아치구조의 주요특성

㉠ 수평보는 지간이 길어지면 휨모멘트가 커지므로 경제적인 설계를 위해서, 즉 휨모멘트를 감소시키기 위하여 게르버보, 연속보, 아치 등을 채택한다.

㉡ 아치는 양단의 지점에서 중앙으로 향하는 수평반력에 의해 아치의 각 단면에서 휨모멘트가 감소한다.

㉢ 아치 부재의 단면은 주로 축방향 압축력을 지지하게 된다. (휨모멘트는 2차적인 문제이다.)

㉣ 캔틸레버아치, 3힌지아치, 타이드아치는 정정구조물이다.

㉤ 등분포하중을 받는 3활절 포물선 아치는 전단력이나 휨모멘트는 발생하지 않으며 축방향력만 발생하므로 이 원리를 잘 활용하면 경제적인 단면설계를 할 수 있다. (3활절 아치에서 아치 모형이 포물선이냐 원형이냐에 따라 선도가 다르게 나타난다. 포물선형이면 축방향력만 존재하고 원형이면 축방향력, 전단력, 모멘트가 모두 존재한다.)

TIP

아치의 원리

㉠ 아치구조는 고대시대부터 지금에 이르기까지 사용된 구법으로서 미관이 수려하고 구조적으로도 안정도가 높아 인간이 사용하는 구조물에 필수적으로 도입되는 방식이다.

㉡ 아치벽돌은 상부의 하중을 지반으로 전하고, 지반은 이에 연직반력을 발생시키는데 벽돌은 압축력에 강하므로 구조적으로 안정적인 형상이 된다.

② **아치의 해법** … 반력산정의 경우 기본적으로 라멘의 해법과 동일하나 부재의 중앙 외의 단면에 작용하는 축방향력, 전단력, 휨모멘트 산정의 경우 곡선경로를 따라 적분을 해야 하는 점이 다르며 다소 복잡하다. 특히 응력선도의 작성 시 곡선재인 점에 유의해야 한다.

㉠ **아치구조물 해석의 예1)**

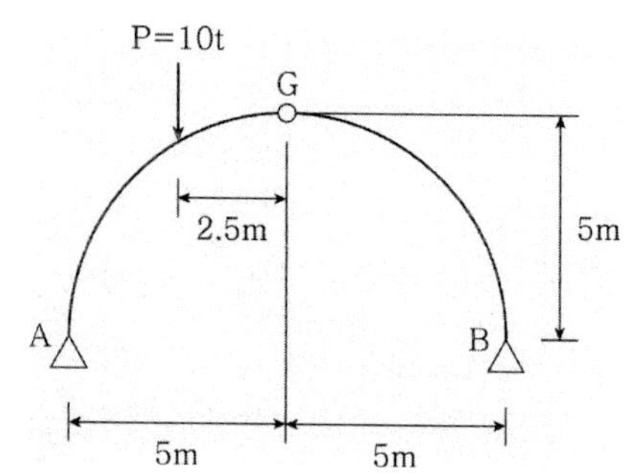

A점을 중심으로 한 회전이 일어나지 않으므로 $\sum M_A = 0$이어야 한다.

$\sum M_A = V_B \times 10 - 10 \times 2.5 = 0$이므로 $V_B = 2.5t$

또한 G점은 힌지절점이며 이 점을 중심으로 우측부재의 회전이 발생하지 않으므로 B점의 수평력과 수직력은 다음의 관계가 성립한다.

$\sum M_G = H_B \cdot 5 - V_B \cdot 5 = 0$, 따라서 $H_B = 2.5t(\leftarrow)$가 성립한다.

TIP

중앙부에 힌지가 있는 포물선 형태의 3활절(힌지)아치는 등분포하중을 받게 되면 축방향력만 발생하게 된다. (원형 형태의 3활절아치는 축방향력, 전단력, 휨모멘트가 모두 발생하게 된다.)

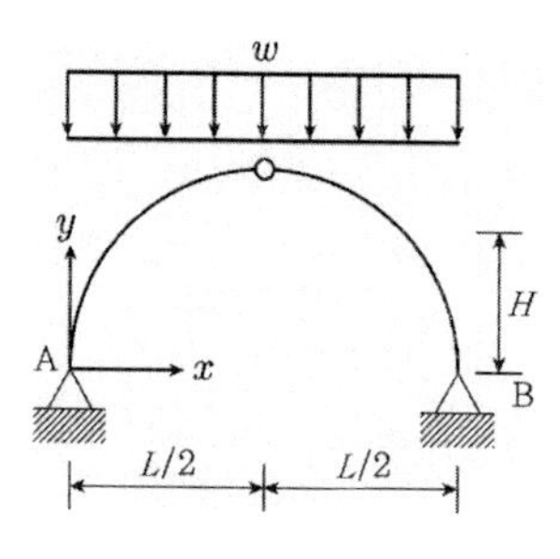

기출예제 02 2016 서울시 (7급)

다음 그림과 같은 단순보 반원 아치 구조의 단면력에 대한 설명으로 옳은 것은? (단, 아치의 반지름 길이 = L)

① 전단력이나 휨모멘트는 발생하지 않으며 축방향력만 존재한다.

② 지지단에서는 축방향력과 전단력이 0이다.

③ 휨모멘트가 최대인 곳은 C지점이며, 휨모멘트의 크기는 $\frac{PL}{2}$이다.

④ 축방향력은 A 지점에서 최대이고, 이동단인 B 지점에서는 0이다.

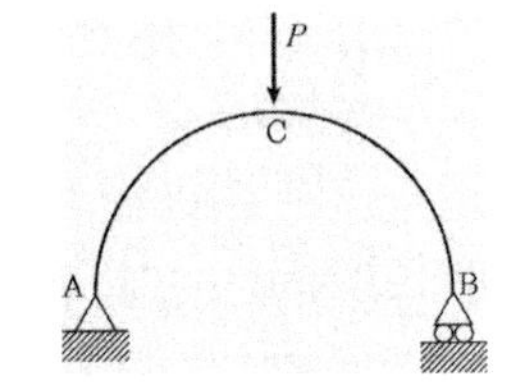

*

① 전단력이나 휨모멘트, 축방향력이 모두 발생하게 된다.

② 지지단에서는 휨모멘트와 전단력이 0이다.

④ 축방향력은 A, B지점에서 최대이며 P/2이다.

답 ③

㉡ 아치구조물 해석의 예2)

다음과 같은 캔틸레버형 아치의 경우 다음과 같이 해석을 해야 한다.

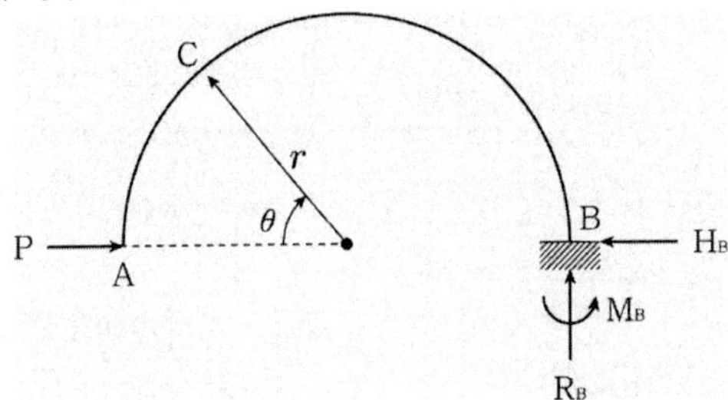

- 보의 특정 단면에 작용하는 전단력, 휨모멘트를 구하기 위해서는 단면의 한쪽만을 고려하는 것처럼 아치의 경우도 이와 마찬가지이다.
- C점에 작용하는 힘을 기하학적으로 표현하면, 전단력 $V=-P\cdot\cos\theta$, 축방향력 $A=-P\cdot\sin\theta$, 휨모멘트 $M=-P\cdot y=-P\cdot r\cdot\sin\theta$이다.

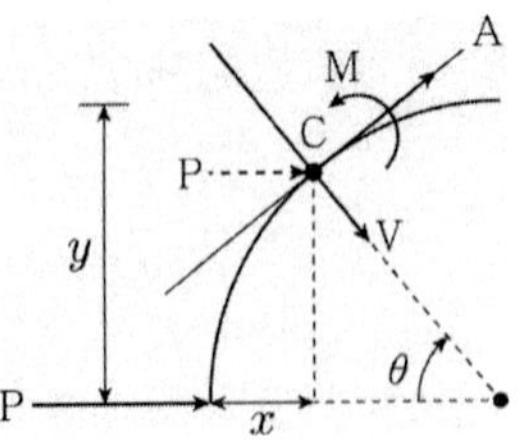

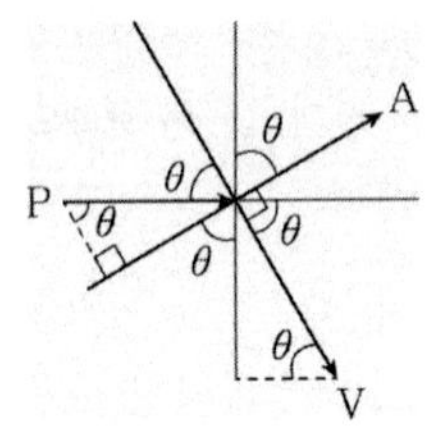

• 전단력도, 축력도, 휨모멘트도의 작도

전단력도	축력도	휨모멘트도
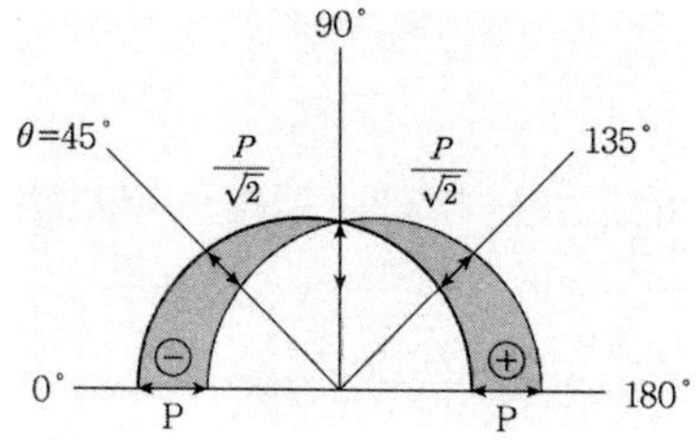 90˚, θ=45˚, 135˚, $\frac{P}{\sqrt{2}}$, $\frac{P}{\sqrt{2}}$, ⊖, ⊕, 0˚, 180˚, P, P	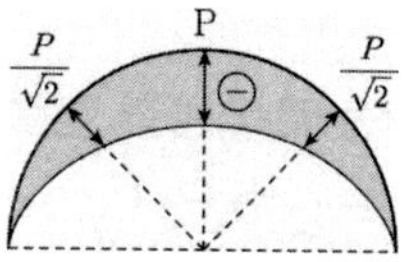 P, $\frac{P}{\sqrt{2}}$, $\frac{P}{\sqrt{2}}$, ⊖	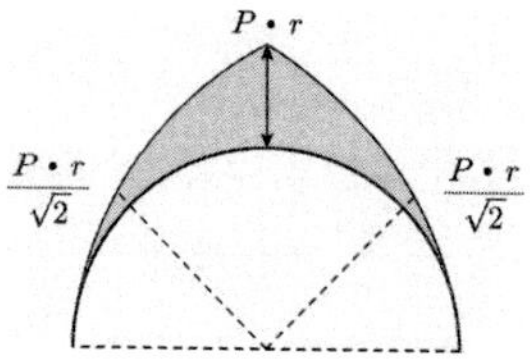 $P \cdot r$, $\frac{P \cdot r}{\sqrt{2}}$, $\frac{P \cdot r}{\sqrt{2}}$
$V=-P \cdot \cos\theta$	$A=-P \cdot \sin\theta$	$M=-P \cdot r \cdot \sin\theta$
$\theta=0^o$: $V=-P$	$\theta=0^o$: $A=0$	$\theta=0^o$: $M=0$
$\theta=45^o$: $V=-\frac{1}{\sqrt{2}}P$	$\theta=45^o$: $A=-\frac{1}{\sqrt{2}}P$	$\theta=45^o$: $M=-\frac{1}{\sqrt{2}}P \cdot r$
$\theta=90^o$: $V=0$	$\theta=90^o$: $A=-P$	$\theta=90^o$: $M=-P \cdot r$

최근 기출문제 분석

2018 제1회 지방직 9급

1 다음 구조물의 지점 A에서 발생하는 수직방향 반력의 크기는? (단, 부재의 자중은 무시한다)

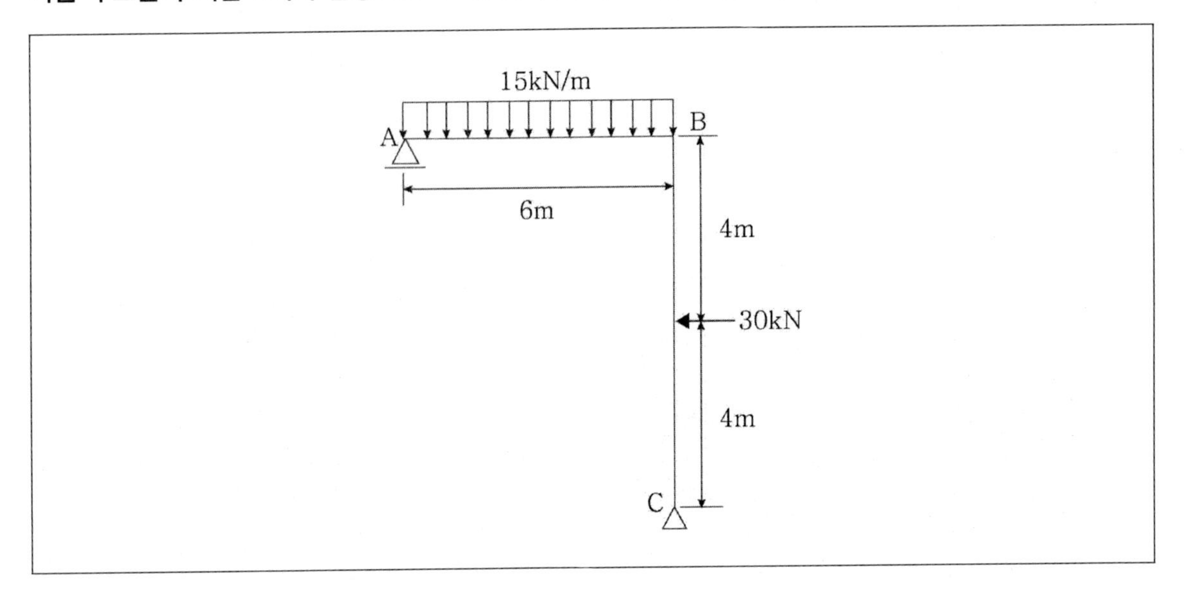

① 65kN (↑)

② 70kN (↑)

③ 75kN (↑)

④ 80kN (↑)

TIP A지점은 이동지점으로서 수평반력은 0이 된다.
C점을 기준으로 하여 모멘트가 평형을 이루어야 하므로, A점의 수직방향 반력을 R_A라고 하고 AB부재에 걸쳐 작용하는 등분포하중을 계산의 편의상 집중하중으로 치환시켜서 모멘트평형조건을 구하면,

$\sum M_C = 0 : R_A \cdot 6 - 90 \cdot 3 - 30 \cdot 4 = 6R_A - 390 = 0$

$\therefore R_A = 65[\text{kN}](\uparrow)$

Answer 1.①

2015 국가직 9급

2 단순보형 아치가 중앙부에 수직력 P를 받을 때, 축방향 응력도(Axial Force Diagram)의 형태로 옳은 것은? (단, 아치의 자중은 무시하며, r은 반경, −기호는 압축력, +기호는 인장력을 나타낸다)

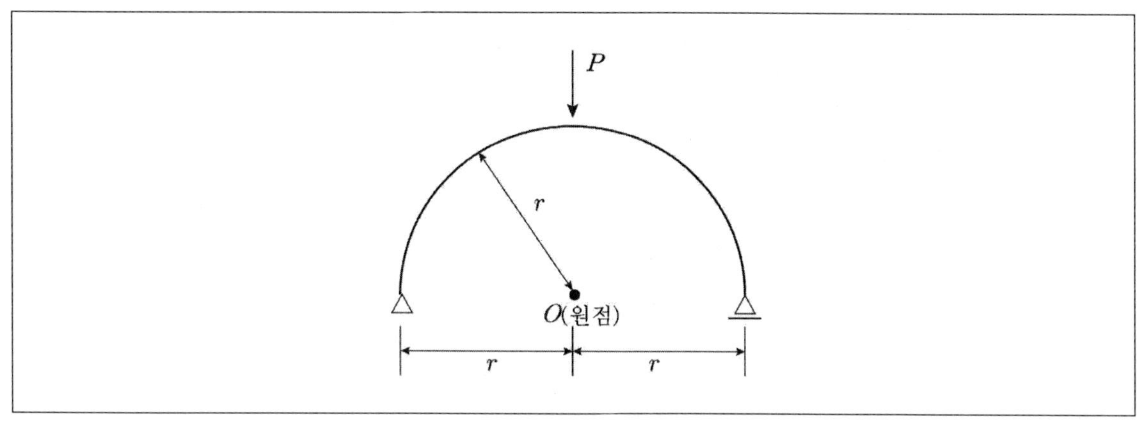

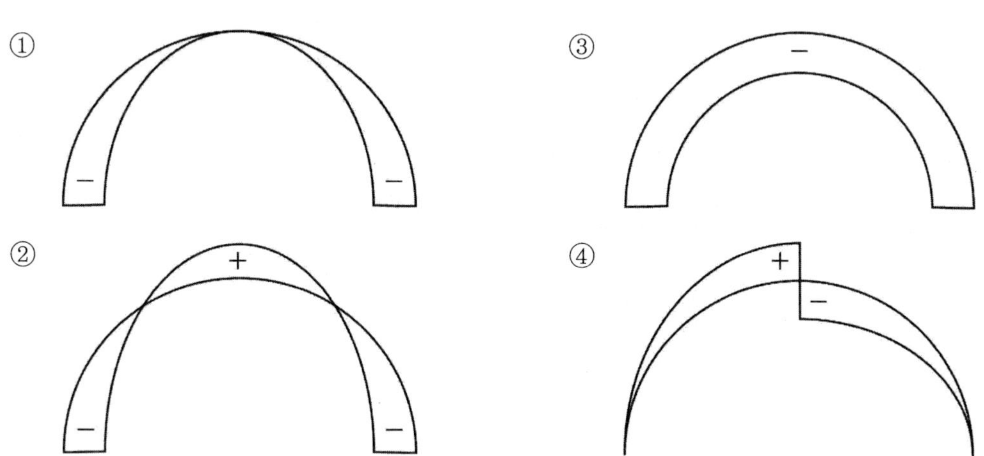

TIP 하중이 작용하는 중앙점의 좌우측 모두 압축력이 작용하게 된다.
그러므로 ①과 ② 중 하나가 답이 되는데 연직집중하중이 작용하는 곳에서 축방향응력이 0이 되어야 하므로 ①이 답이 된다.

Answer 2.①

출제 예상 문제

1 다음 라멘구조물의 반력을 바르게 구한 것은?

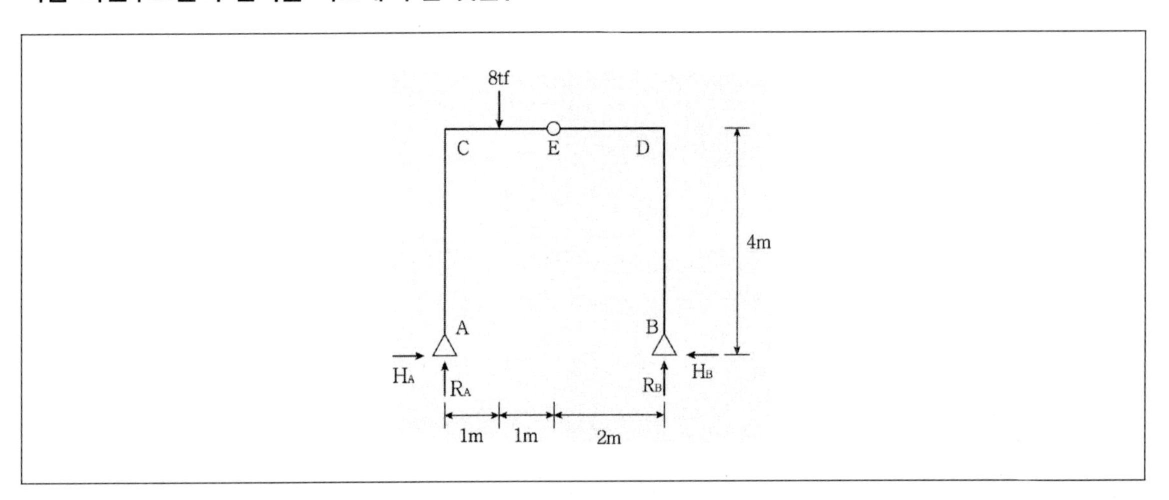

① $R_A = 6tf$, $R_B = 2tf$, $H_A = 1tf$
② $R_A = 4tf$, $R_B = 1tf$, $H_A = 3tf$
③ $R_A = 3tf$, $R_B = 2tf$, $H_A = 1tf$
④ $R_A = 2tf$, $R_B = 3tf$, $H_A = 2tf$

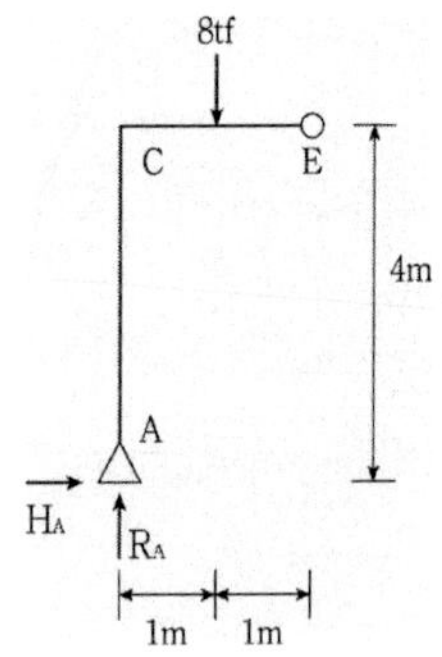

$\sum M_B = 0 : R_A \times 4m - 8tf \times 3m = 0$, $\therefore R_A = 6tf$

$\sum V = 0 : R_A + R_B - 8tf = 0$, $\therefore R_B = 2tf$

$\sum M_E = 0 : 6tf \times 2m - H_A \times 4m - 8tf \times 1m = 0$, $\therefore H_A = 1tf$

$\sum H = 0 : H_A - H_B = 0$, $\therefore H_A = H_B = 1tf$

Answer 1.①

2 다음 그림과 같은 3활절 포물선 아치의 수평반력은?

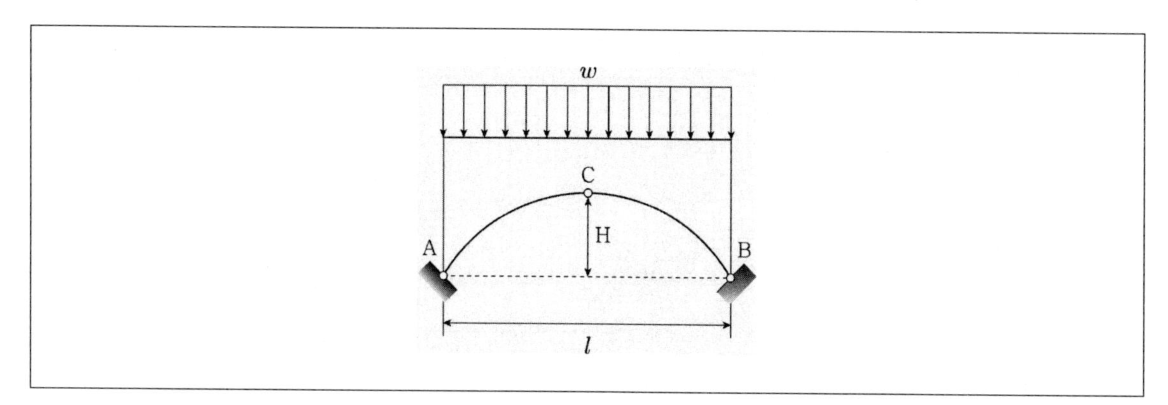

① $H_A = \dfrac{wl^2}{4H}(\leftarrow)$

② $H_A = \dfrac{wl^2}{6H}(\leftarrow)$

③ $H_A = \dfrac{wl^2}{8H}(\rightarrow)$

④ $H_A = \dfrac{wl^2}{16H}(\rightarrow)$

TIP

$\sum M_B = 0 : V_A \cdot l - \dfrac{wl^2}{2} = 0,\ V_A = \dfrac{wl}{2}$

$\sum M_C = 0 : V_A \cdot \dfrac{l}{2} - H_A \cdot H - \dfrac{wl}{2} \cdot \dfrac{l}{4} = 0$

$H_A = \dfrac{1}{H}\left(\dfrac{wl^2}{4} - \dfrac{wl^2}{8}\right)$이므로 $H_A = \dfrac{wl^2}{8H}(\rightarrow)$

Answer 2.③

3 다음 그림과 같은 3힌지 아치에 있어서 A점의 수직반력은 $V_A = 11.4t$이 된다. 이 때 A점의 수평반력 H_A는?

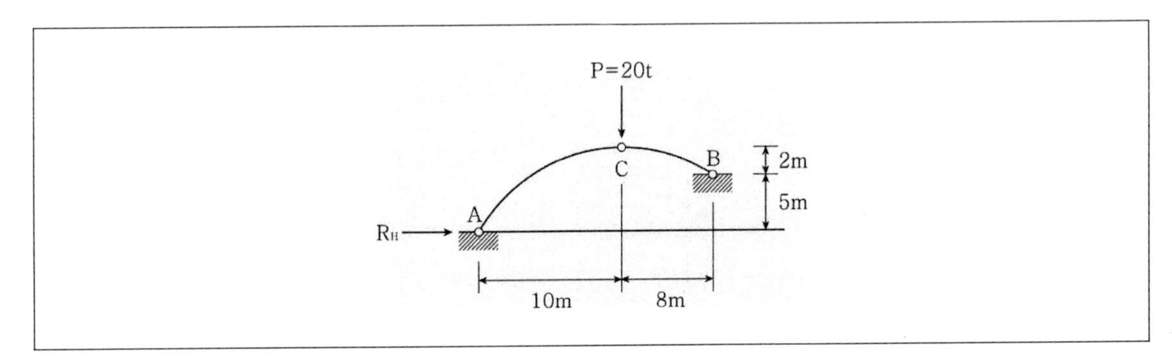

① 16.85t
② 19.62t
③ 21.05t
④ 24.35t

TIP $\sum M_B = 0 : 18R_A - 5R_H = 20 \times 8$

$\sum M_C = 0 : 10R_A - 7R_H = 0$

$\therefore R_H = 21.05t(\rightarrow)$

Answer 3.③

4 다음과 같이 10t의 하중을 받고 있는 아치에서 A지점의 수직반력과 수평반력의 합력을 구하면?

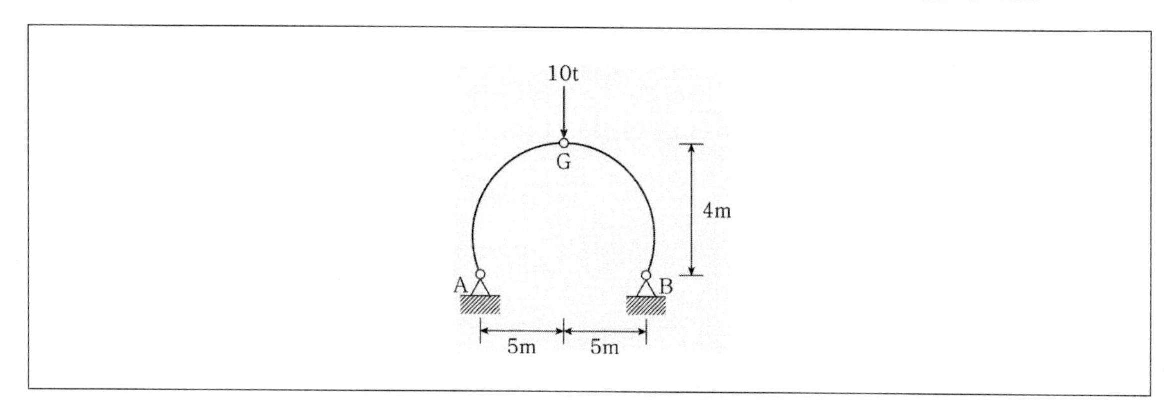

① 4.2t
② 6.4t
③ 8.0t
④ 9.6t

TIP 아치구조물이 좌우대칭이므로 $R_A = 5t(\uparrow)$

$\sum M_G = 0 : 5\times5 - H_A \times 4 = 0,\ H_A = 6.25t(\rightarrow)$

$\therefore R = \sqrt{5^2 + 6.25^2} \fallingdotseq 8t$

Answer 4.③

5 다음 그림과 같은 3힌지 아치의 A점의 수평반력의 크기는?

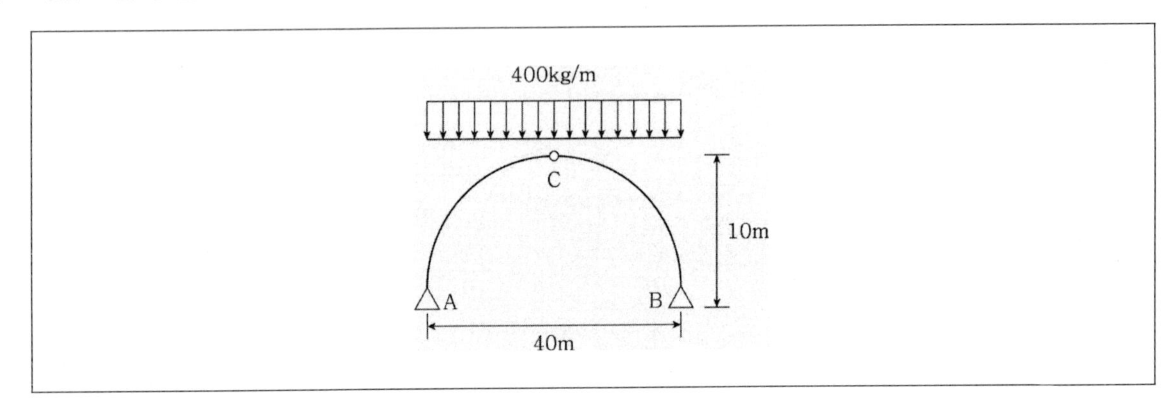

① 2t
② 4t
③ 6t
④ 8t

TIP $P = wl = 0.4 \times 40 = 16t$

좌우대칭이므로 $V_A = 8t(\uparrow)$

$\sum M_C = 0 : 8 \times 20 - H_A \times 10 - 8 \times 10 = 0$

$H_A = \frac{160 - 80}{10} = 8t(\rightarrow)$

Answer 5.④

6 다음 그림과 같은 3힌지 아치에서 A점의 수직반력은 $V_A = 11.4t$ 이다. 이 때, A점의 수평반력의 크기는?

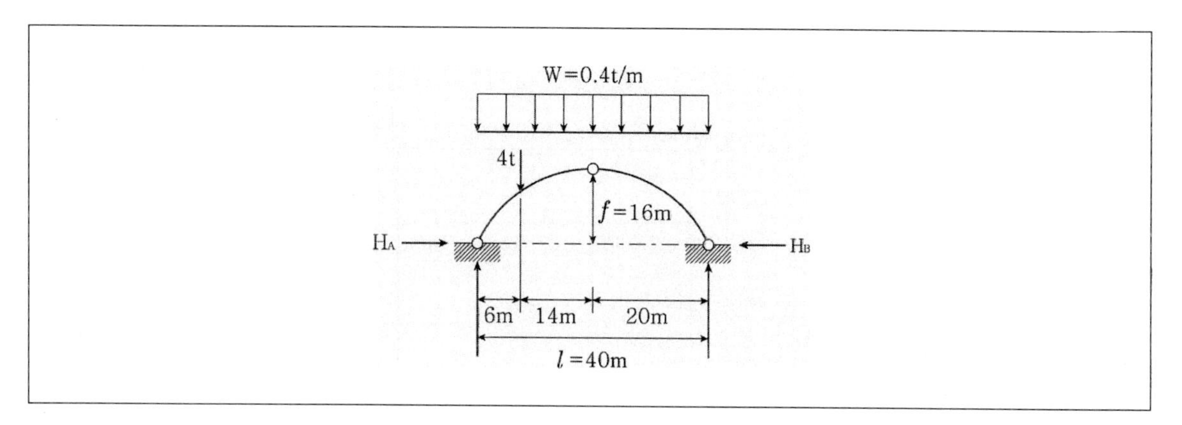

① 5.75t
② 7.68t
③ 9.24t
④ 10.56t

TIP $H_A \cdot 16 - 11.4 \times 20 + 4 \times 14 + 0.4 \times 20 \times 10 = 0$
$H_A = 5.75t(\rightarrow)$

Answer 6.①

7 다음 그림과 같은 라멘의 수평반력 H_A 및 H_B는?

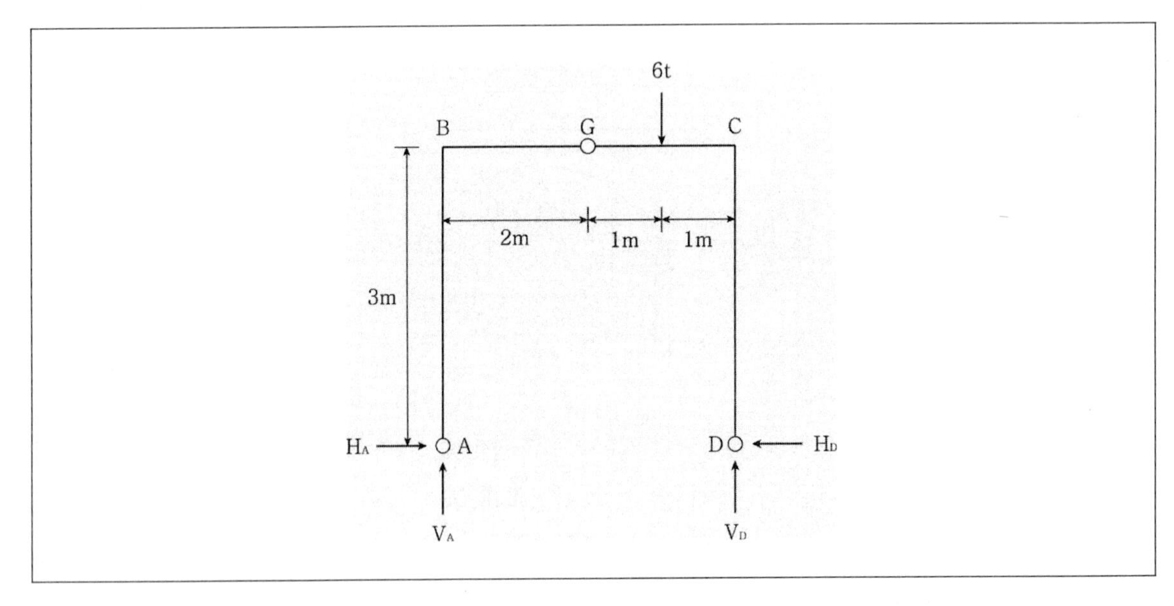

① $H_A = 0.5t(\rightarrow)$, $H_D = 2t(\leftarrow)$

② $H_A = 1t(\rightarrow)$, $H_D = 1t(\leftarrow)$

③ $H_A = 1.5t(\leftarrow)$, $H_D = 1t(\leftarrow)$

④ $H_A = 2t(\rightarrow)$, $H_D = 1t(\leftarrow)$

TIP $\sum M_D = 0 : V_A \times 4 - 6 \times 1 = 0,\ V_A = 1.5t(\uparrow)$

$M_{G,좌측} = 0 : 1.5 \times 2 - H_A \times 3 = 0,\ H_A = 1t(\rightarrow)$

$\sum H = 0 : H_A - H_D = 0,\ H_D = 1t(\leftarrow)$

Answer 7.②

제2편 구조역학

06 트러스의 해석

1 트러스 부재의 해석

(1) 트러스 관련 기본사항

① 트러스의 정의 … 최소한 3개 이상의 부재들을 접합시켜 삼각형 형상을 이루는 부재. 또는 이러한 부재를 조합시켜 만든 구조물을 의미한다.

② 트러스 부재의 명칭

㉠ 현재 : 트러스의 외부를 형성하는 부재로 상현재와 하현재가 있다.

㉡ 수직재 : 상현재와 하현재를 잇는 수직방향의 부재이다.

㉢ 격점(절점) : 부재 사이의 접합점이다.

㉣ 격간길이 : 현재상의 절점 간의 거리이다.

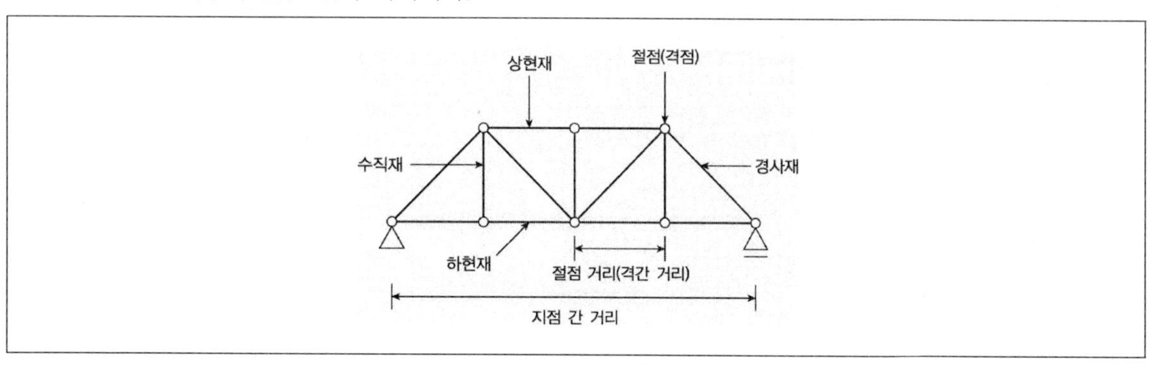

③ 트러스의 종류

㉠ 프랫트러스 : 경사재가 인장재이며 경사방향이 양단에서 중심으로 하향하는 트러스이다.

㉡ 하우트러스 : 경사재가 압축재이며 경사방향이 양단에서 중심으로 상향하는 트러스이다.

㉢ 와렌트러스 : 사재의 방향을 좌우 교대로 배치한 트러스이다.

㉣ 비렌딜트러스 : 기본단위를 사각형의 격자형태로 구성한 트러스로서 경사재가 없다.

TIP

프랫트러스는 사재가 인장력을 받으며, 와렌트러스는 사재가 압축력을 받는다. 강재는 압축에 취약하므로 인장을 받을 수 있도록 한 프랫트러스가 선호된다.

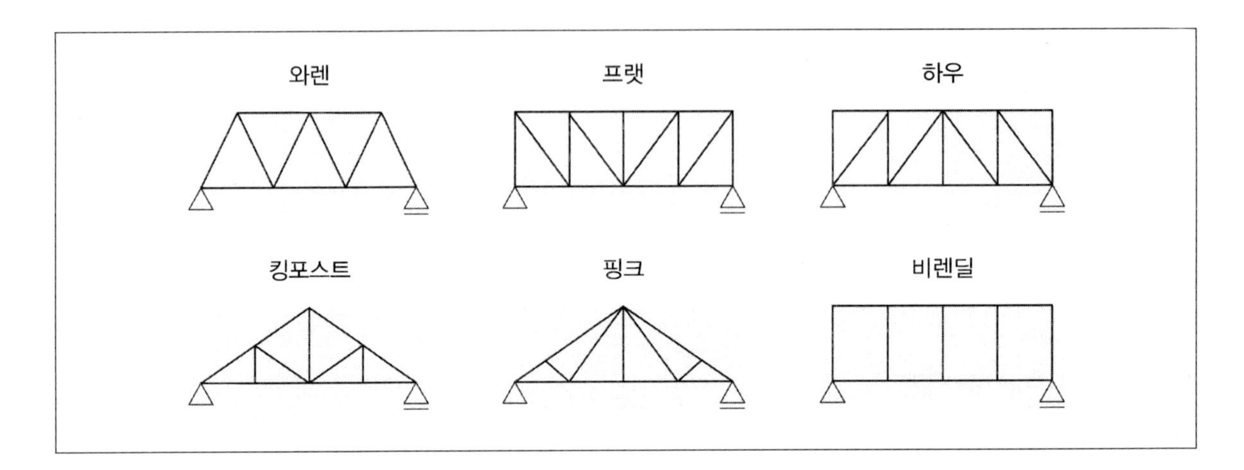

기출예제 01 2011 지방직

다음 중 트러스 구조형식 중 경사부재를 삭제하는 대신 절점을 강절점화하여 정적 안정성을 확보한 것은?

① 하우트러스(Howe Truss)

② 와렌트러스(Warren Truss)

③ 비렌딜트러스(Vierendeel Truss)

④ 프랫트러스(Pratt Truss)

✱

비렌딜 트러스란 트러스의 상현재와 하현재 사이에 수직재로 구성되어 있으며 각 절점은 강접합으로 이루어져 고층건물 최하층에 넓은 공간을 필요로 할 때나 많은 힘을 받을 때 사용하는 구조이다.

답 ③

(2) 트러스해석의 전제조건

가정되는 이상적인 트러스는 다음과 같은 조건을 만족한다.

① 모든 외력의 작용선은 트러스를 품는 평면 내에 존재한다. (면외하중이 작용하지 않는다.)

② 부재들은 마찰이 없는 핀으로 연결되어 있으며 회전할 수 있다.

③ 부재들은 마찰이 없는 핀으로 연결되어 있다. 따라서 삼각형만이 안정한 형태를 이루며, 부재들에 인접한 부재는 휘지 않는다.

④ 모든 부재는 직선으로 되어 있다. 그러므로 축방향력으로 인한 휘는 힘(휨모멘트)은 발생하지 않는다.

⑤ 모든 외력과 반작용(힘의 방향의 반대에서 작용하는 힘)은 격점에서만 작용한다.

⑥ 하중으로 인한 변형(부재의 길이 변화)은 매우 작으므로 무시한다.

기출예제 02

2017 서울시

다음 중 트러스 구조 해석을 위한 가정으로 가장 옳지 않은 것은?

① 트러스의 모든 하중과 반력은 오직 절점에서만 작용한다.

② 절점법에 의한 트러스 부재력은 절점이 아닌 전체 평형조건으로부터 산정한다.

③ 트러스 부재는 인장력 또는 압축력의 축력만을 받는다.

④ 트러스는 유연한 접합부(핀 접합)에 의해 양단이 연결되어 강체로서 거동하는 직선부재의 집합체이다.

*

- 절점법은 트러스 내 모든 부재에 걸리는 힘을 결정할 때 효과적이나 특정 부위, 또는 몇 개의 부재만 해석하고자 할 경우에는 불필요한 해석을 피할 수 없으므로 보다 효율적인 절단법을 적용한다. (글자 그대로 절점에서의 평형조건을 이용하는 방법이 절점법이다.)
- 절점법은 부재나 절점을 모두 분해하여 절점에 대해 하나의 자유물체로 하여 평형을 취하는 방법이다.
- 절단법(단면법)은 하나의 부재나 하나의 트러스가 아니라 트러스 전체를 2개 혹은 3개로 가상으로 절단하여 분리된 일부분의 트러스를 자유물체로 간주하여 평형을 취하는 방식이다.

답 ②

(3) 절점법과 절단법

① 절점법(격점법)

㉠ 부재의 한 절점에 대하여 힘의 평형조건식을 적용하여 미지의 부재력을 구하는 방법으로 비교적 간단한 트러스에 적용시킨다. ($\sum V=0$, $\sum H=0$)

㉡ 트러스 전체를 하나의 보로 보고 가정하여 반력을 산정한다. 캔틸레버 트러스는 반력을 산정하지 않아도 부재력 산정이 가능하다.

㉢ 각 절점에서 이 절점에 작용하는 모든 항(하중, 반력)에 대해 $\sum H=0$, $\sum V=0$의 식을 사용하여 미지의 부재력을 산정한다. 이때 방정식이 2개이므로 미지의 부재력인 2개 이하인 절점부터 차례로 산정해야 한다.

㉣ 계산에서 힘의 부호는 상향과 우향을 정(+), 하향과 좌향을 부(−)로 한다.

㉤ 부재력은 모두 인장으로 가정하여 산정하며 따라서 결과가 (+)이면 인장, (−)이면 압축이 된다.

㉥ 트러스의 부재력 산정 시 절점에서부터 멀어지는 힘이 작용하면 인장력이 작용한다고 본다. (반대로 절점으로 가까워지는 힘이 작용하면 압축력이 작용한다고 본다.)

ⓢ 절점법을 적용한 트러스 해석의 예)

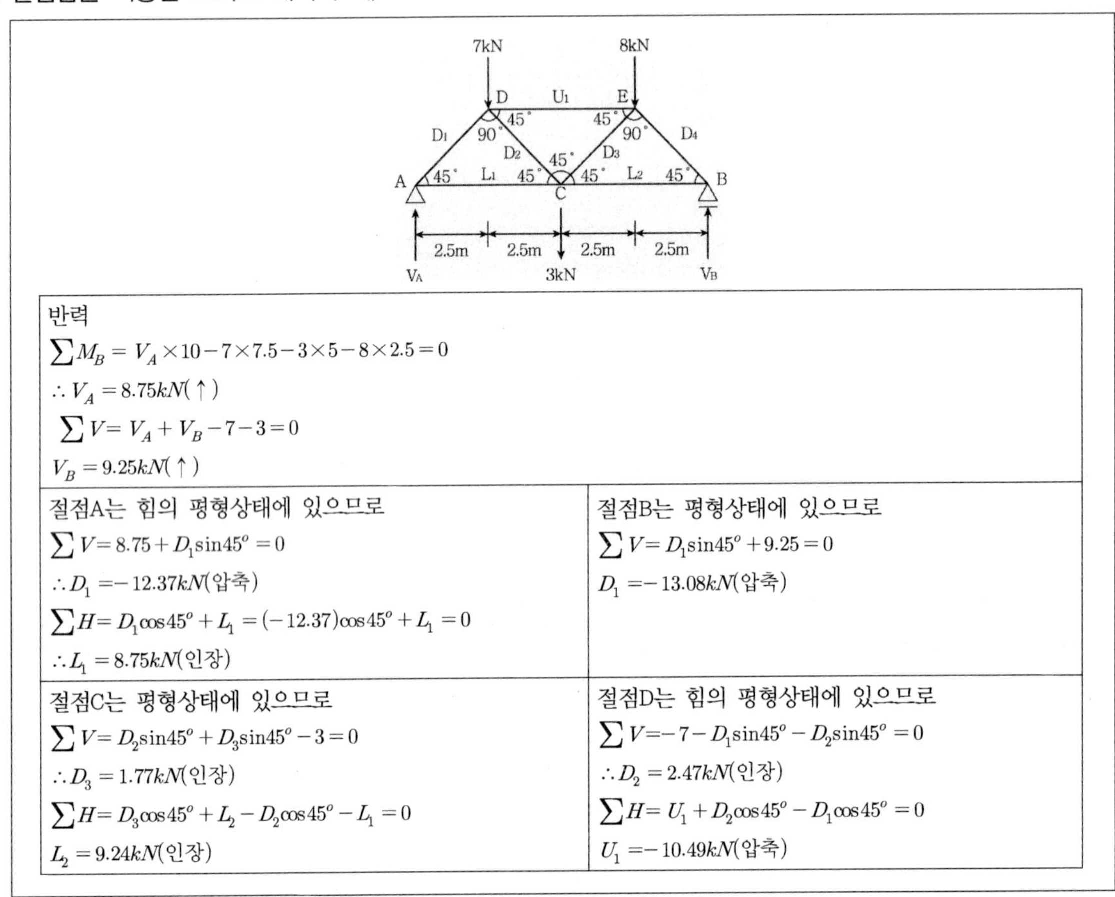

반력 $\sum M_B = V_A \times 10 - 7 \times 7.5 - 3 \times 5 - 8 \times 2.5 = 0$ $\therefore V_A = 8.75kN(\uparrow)$ $\sum V = V_A + V_B - 7 - 3 = 0$ $V_B = 9.25kN(\uparrow)$	
절점A는 힘의 평형상태에 있으므로 $\sum V = 8.75 + D_1 \sin 45^o = 0$ $\therefore D_1 = -12.37kN$(압축) $\sum H = D_1 \cos 45^o + L_1 = (-12.37)\cos 45^o + L_1 = 0$ $\therefore L_1 = 8.75kN$(인장)	절점B는 평형상태에 있으므로 $\sum V = D_1 \sin 45^o + 9.25 = 0$ $D_1 = -13.08kN$(압축)
절점C는 평형상태에 있으므로 $\sum V = D_2 \sin 45^o + D_3 \sin 45^o - 3 = 0$ $\therefore D_3 = 1.77kN$(인장) $\sum H = D_3 \cos 45^o + L_2 - D_2 \cos 45^o - L_1 = 0$ $L_2 = 9.24kN$(인장)	절점D는 힘의 평형상태에 있으므로 $\sum V = -7 - D_1 \sin 45^o - D_2 \sin 45^o = 0$ $\therefore D_2 = 2.47kN$(인장) $\sum H = U_1 + D_2 \cos 45^o - D_1 \cos 45^o = 0$ $U_1 = -10.49kN$(압축)

② 절단법

㉠ 트러스의 면내에 작용하는 외력과 부재력을 힘의 평형조건식을 사용하여 산정하는 방법으로 트러스의 임의 부재력을 직접 산정할 수 있는 장점이 있다.

㉡ **모멘트법**(Ritter법) : 상현재나 하현재의 부재력을 구할 때 적용한다. ($\sum M = 0$)

- 0부재를 제외하고 부재력을 모르는 부재가 3개 이내가 되도록 절단한다.
- 절단된 부채 중 구하고자 하는 부재 이외의 부재가 만나는 점을 기준으로 힘의 평형조건식으로 계산한다.
- 부재력을 구하고자 하는 부재와 부재력을 구할 필요가 없는 부재를 구분하여 관계식을 통해 계산한다. (외력과 반력을 반드시 포함해서 계산해야 함)

㉢ **전단력법**(Culmann법) : 수직재나 사재의 부재력을 구할 때 적용한다. ($\sum V = 0$)

- 0부재를 제외하고 부재력을 모르는 부재가 3개 이내에 되도록 절단한다.
- 절단된 단면의 한쪽에 있는 외력과 절단된 부재(부재력을 구하고자 하는 부재)의 응력을 힘의 평형조건식으로 계산한다. (외력과 반력을 반드시 포함해서 계산해야 한다.)

㉣ 절단법을 적용한 트러스의 해석순서 및 적용예제

- 절단법 적용순서
  ① 격점법과 같이 트러스 전체를 하나의 보로 가정하여 반력을 산정한다.
  ② 미지 부재력이 3개 이하가 되도록 가상 단면을 절단한다.
  ③ 절단된 구조체의 어느 한쪽을 선택하여 힘의 평형조건식을 사용하여 부재력을 산정한다.
  ④ 부재력은 모두 인장으로 가정하여 산정하며 결과가 +이면 인장, −이면 압축이 된다.
- 절단법의 적용을 통한 트러스 해석의 예

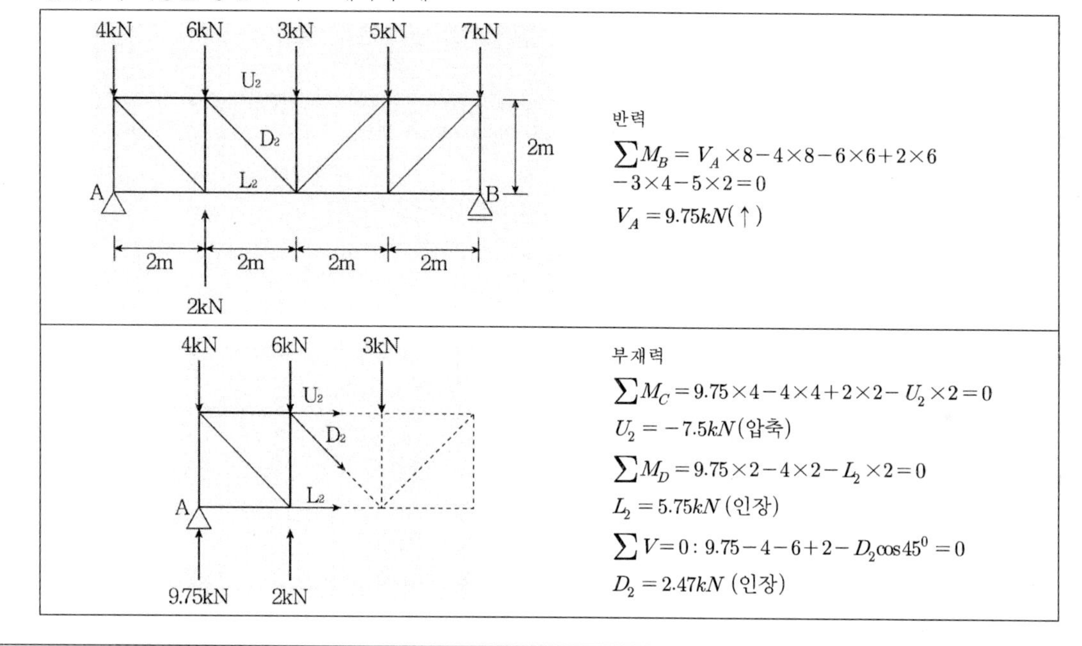

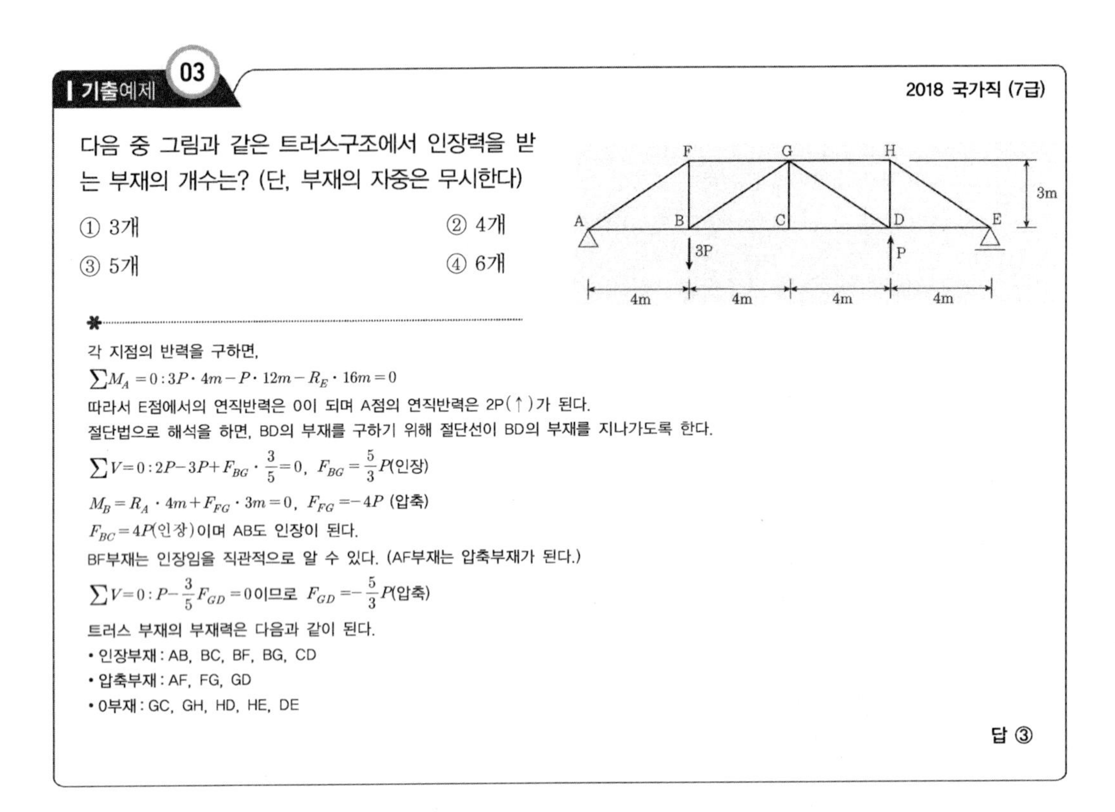

| 기출예제 03

2018 국가직 (7급)

다음 중 그림과 같은 트러스구조에서 인장력을 받는 부재의 개수는? (단, 부재의 자중은 무시한다)

① 3개 ② 4개

③ 5개 ④ 6개

✽

각 지점의 반력을 구하면,

$\sum M_A = 0 : 3P \cdot 4m - P \cdot 12m - R_E \cdot 16m = 0$

따라서 E점에서의 연직반력은 0이 되며 A점의 연직반력은 2P(↑)가 된다.

절단법으로 해석을 하면, BD의 부재를 구하기 위해 절단선이 BD의 부재를 지나가도록 한다.

$\sum V = 0 : 2P - 3P + F_{BG} \cdot \frac{3}{5} = 0$, $F_{BG} = \frac{5}{3}P$(인장)

$M_B = R_A \cdot 4m + F_{FG} \cdot 3m = 0$, $F_{FG} = -4P$ (압축)

$F_{BC} = 4P$(인장)이며 AB도 인장이 된다.

BF부재는 인장임을 직관적으로 알 수 있다. (AF부재는 압축부재가 된다.)

$\sum V = 0 : P - \frac{3}{5}F_{GD} = 0$이므로 $F_{GD} = -\frac{5}{3}P$(압축)

트러스 부재의 부재력은 다음과 같이 된다.

- 인장부재 : AB, BC, BF, BG, CD
- 압축부재 : AF, FG, GD
- 0부재 : GC, GH, HD, HE, DE

답 ③

(3) 트러스의 영(0)부재 판별

① **영(0)부재** … 트러스 해석상의 가정에서 변형을 무시한다고 했으므로 계산상 부재력이 0이 되는 부재가 존재한다. 이 부재를 영부재라고 한다. 이러한 영부재는 변형과 처짐을 억제하고 구조적으로 안정을 유지하기 위해서 설치를 한다.

② **트러스의 영(0)부재 판별 원칙**

㉠ 두 개의 부재가 모이는 절점에 외력이 작용하지 않을 경우 이 두 부재의 응력은 0이다.

㉡ 절점에 외력이 한 부재의 방향에 작용 시에는 그 부재의 응력은 외력과 같고 다른 부재의 응력은 0이다.

㉢ 외력 P가 0인 경우 서로 마주보는 트러스 부재들은 모두 축하중만 받기 때문에 나머지 부재에 작용하는 부재력을 상쇄시킬 능력이 없으므로 평형을 이루려면 이 부재의 부재력은 결국 0이 되어야 한다.)

㉣ 3개의 부재가 절점에서 교차되고 있고, 2개의 부재가 동일선상에 있으며, 나머지 하나의 부재가 동일 직선상에 있지 않을 경우 절점에 외력 P가 작용할 때, 이 부재의 응력은 외력 P와 같고 동일 직선상에 있는 두 개의 부재응력은 서로 같다.

㉤ 한 절점에 4개의 부재가 교차되어 있고 그 절점에서 외력이 작용하지 않는 경우 동일 선상에 있는 2개의 부재의 응력은 서로 동일하다. (트러스의 0부재를 찾기 위해서는 외력과 반력이 작용하지 않는 절점, 또는 3개 이하의 부재가 모이는 절점을 우선 찾는 것이 좋다.)

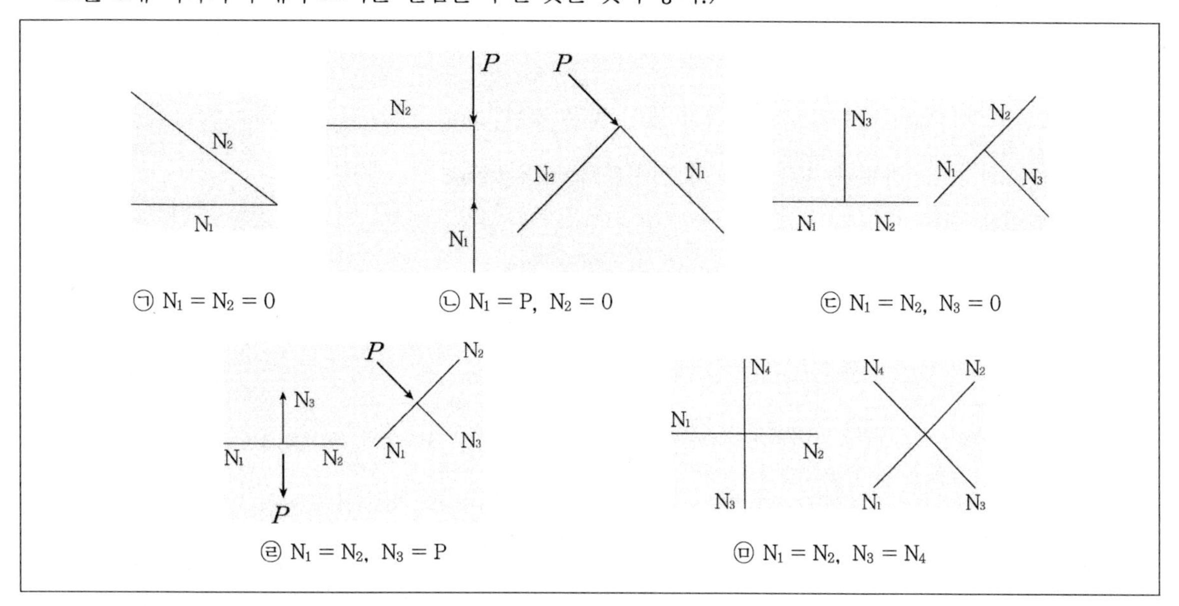

기출예제 04 2012 지방직

다음과 같은 하중을 받는 트러스에서 응력이 없는 부재의 수[개]는? (단, 트러스 부재의 자중은 무시한다)

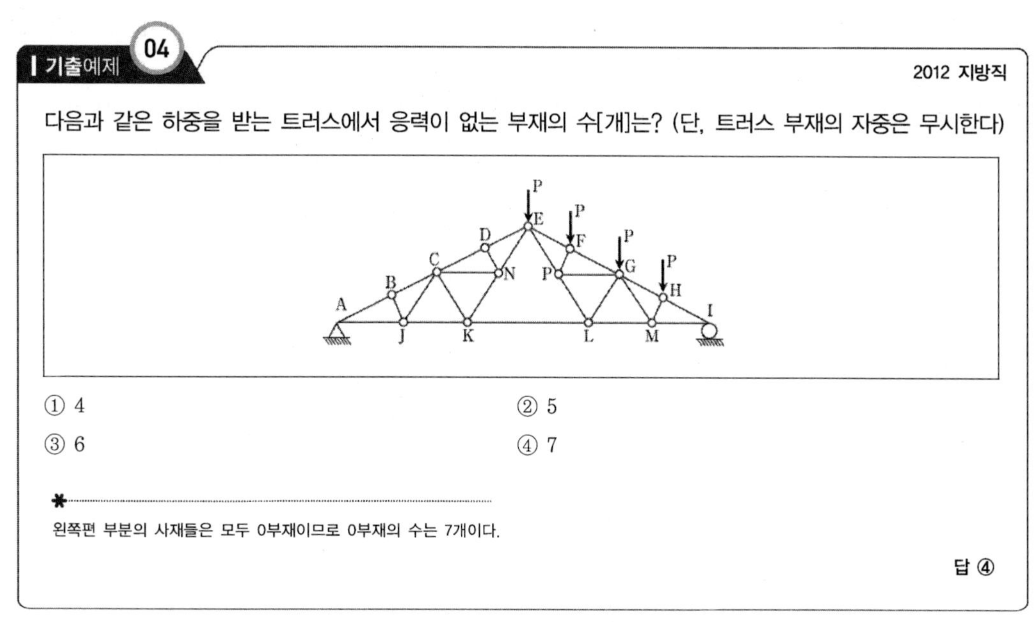

① 4 ② 5

③ 6 ④ 7

✱ 왼쪽편 부분의 사재들은 모두 0부재이므로 0부재의 수는 7개이다.

답 ④

최근 기출문제 분석

2017 서울시

1 트러스 구조 해석을 위한 가정으로 가장 옳지 않은 것은?

① 트러스의 모든 하중과 반력은 오직 절점에서만 작용한다.

② 절점법에 의한 트러스 부재력은 절점이 아닌 전체 평형조건으로부터 산정한다.

③ 트러스 부재는 인장력 또는 압축력의 축력만을 받는다.

④ 트러스는 유연한 접합부(핀 접합)에 의해 양단이 연결되어 강체로서 거동하는 직선부재의 집합체이다.

TIP 절점법은 트러스내 모든 부재에 걸리는 힘을 결정할 때 효과적이나 특정 부위, 또는 몇 개의 부재만 해석하고자 할 경우에는 불필요한 해석을 피할 수 없으므로 보다 효율적인 절단법을 적용한다.
절점법은 부재나 절점을 모두 분해하여 절점에 대해 하나의 자유물체로 하여 평형을 취하는 방법이다.
단면법은 하나의 부재나 하나의 트러스가 아니라 트러스 전체를 2개 혹은 3개로 가상으로 절단하여 분리된 일부분의 트러스를 자유물체로 간주하여 평형을 취하는 방식이다.

2015 지방직

2 다음 정정 트러스 구조에서 부재력이 0인 부재는? (단, 모든 부재의 자중은 무시한다)

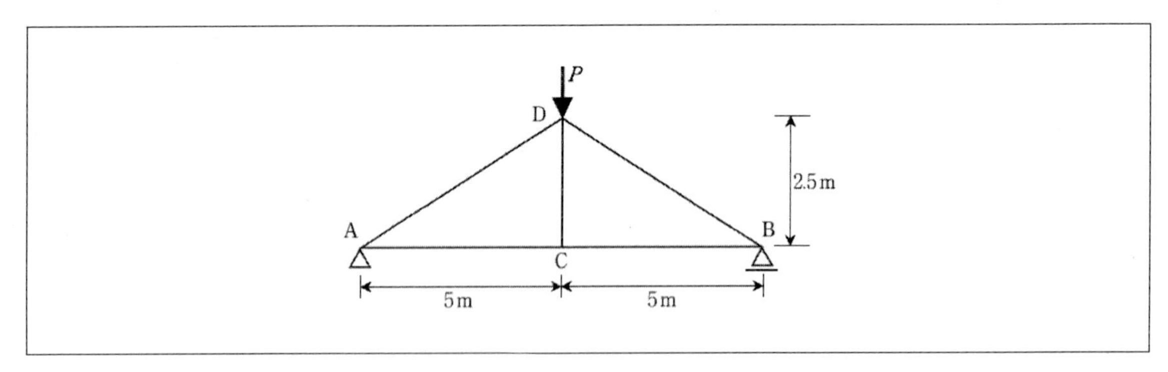

① CD 부재

② AC 부재

③ AD 부재

④ 부재력이 0인 부재는 없다.

TIP 제시된 트러스의 0부재는 CD부재 단 하나이다.

Answer 1.② 2.①

2015 서울시

3 **다음과 같이 집중하중 1,000N을 받고 있는 트러스의 부재 FG에 걸리는 힘은?**

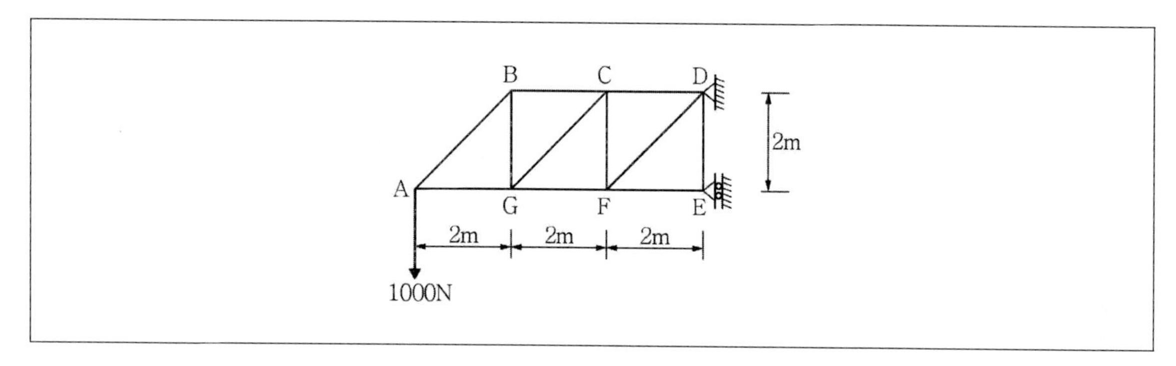

① 2,000N(압축)
② 2,000N(인장)
③ 4,000N(압축)
④ 4,000N(인장)

TIP 풀이1)

$\sum V = GC \cdot \sin\theta + V_A$ 이므로 $GC = \dfrac{V_A}{\sin 45^o} = \sqrt{2}\, V_A$

구하려는 부재를 제외한 나머지 부재의 교점에 대해서

$\sum M_B = 0$을 취하여 부재 FG에 걸리는 힘을 구한다.

$\sum M_B = -1{,}000 \cdot 2 - 1{,}000\sqrt{2} \cdot \dfrac{2\sqrt{2}}{2} + 2 \cdot GF = 0$

$GF = 2{,}000N$(압축)

풀이2)

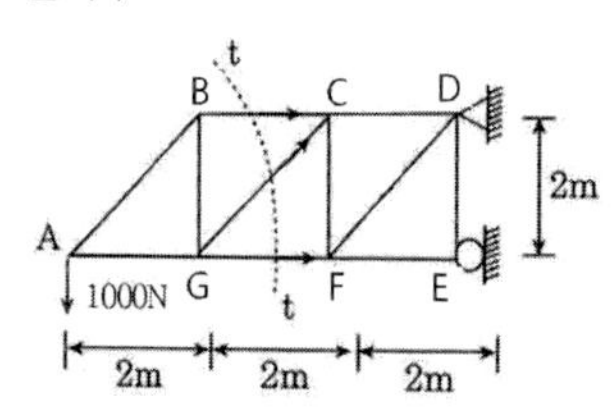

t-t 절단면에서 좌측에 대해 힘의 평형조건식을 적용하여 모멘트의 중심점을 C점으로 한다.

$\sum M_C = -1{,}000 \times 4 - GF \times 2 = 0$ 이므로

$GF = 2{,}000N$(압축)

Answer 3.①

출제 예상 문제

1 다음과 같은 트러스에서 AC의 부재력은?

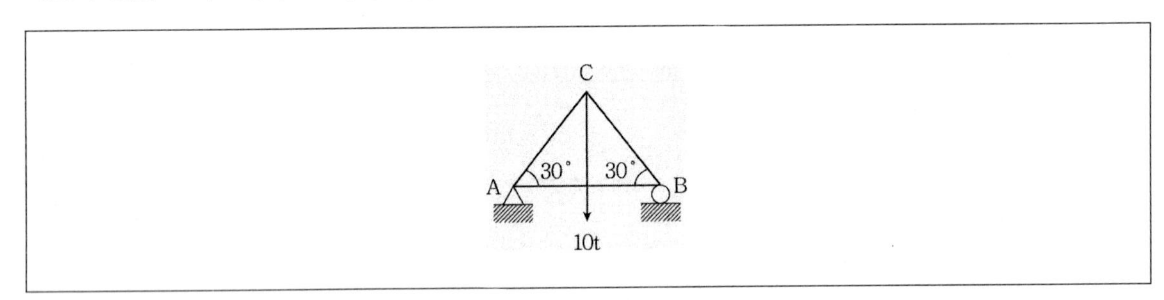

① 2.5t(압축)
② 5.0t(인장)
③ 7.5t(인장)
④ 10.0t(압축)

TIP $\sum M_B = 0 : R_A = 5t(\uparrow)$

절점 A에서 $\sum V = 0$, $AC\sin 30^o = 5t$ 이므로

$AC = 10t$(압축)

Answer 1.④

2 다음 그림과 같은 캔틸레버 트러스에서 DE부재의 부재력은?

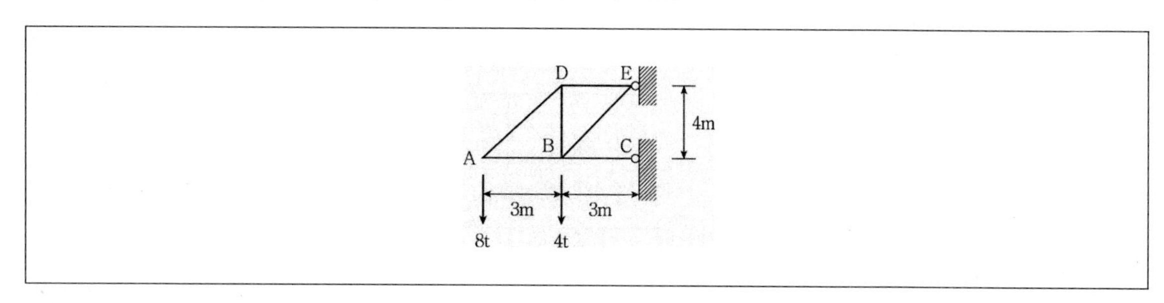

① 4t(압축)　　② 6t(인장)

③ 8t(압축)　　④ 10t(인장)

TIP $\sum M_B = 0 : 8 \times 3 = DE \times 4$

$\therefore DE = \frac{24}{4} = 6t$(인장)

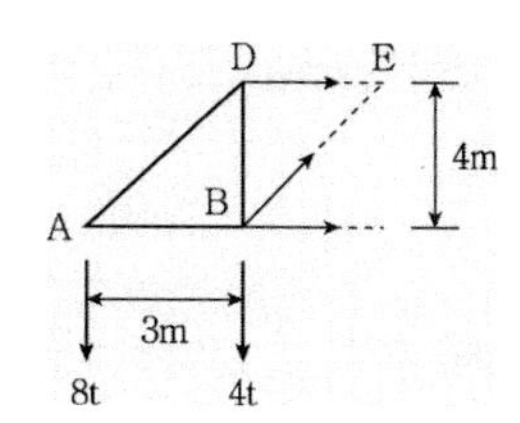

3 다음 트러스에서 U부재의 부재력을 구하면?

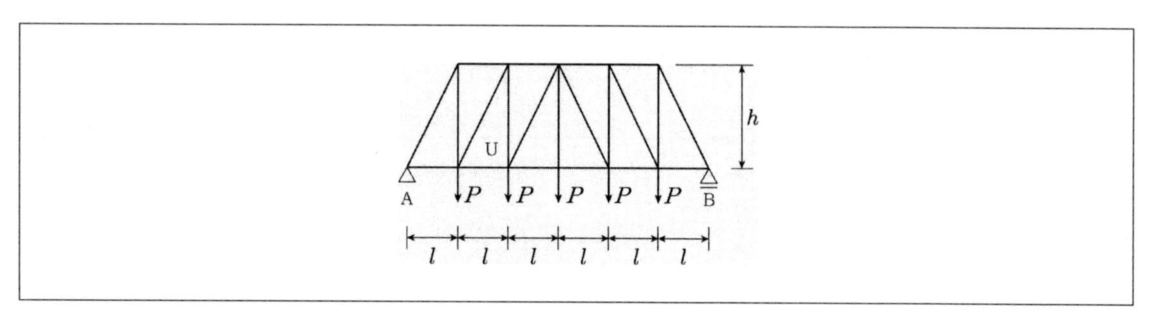

① $\frac{3Pl}{h}$　　② $\frac{4Pl}{h}$

③ $\frac{5Pl}{h}$　　④ $\frac{6Pl}{h}$

TIP $\sum M_C = 0 : 2.5P \times 2l - P \times l = U \times h$, $\therefore U = \frac{4Pl}{h}$

Answer 2.② 3.②

4 다음 트러스부재의 U부재에서 발생되는 압축내력의 크기는?

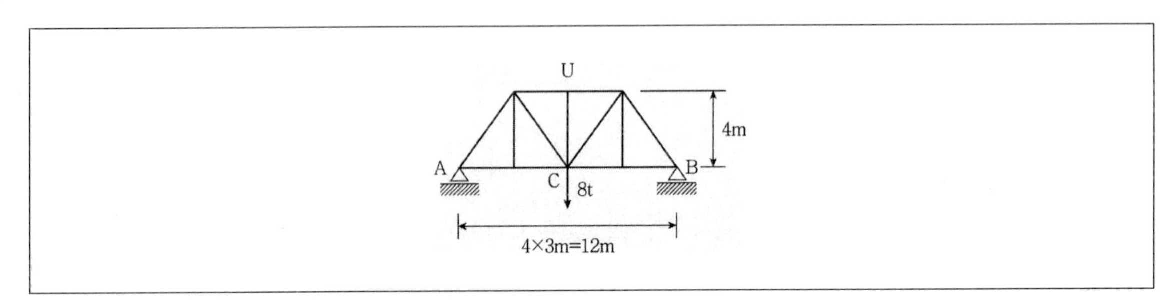

① 4t
② 6t
③ 8t
④ 10t

TIP $R_A = 8/2 = 4t$, $\sum M_C = 0 : 4 \times 6 + u \times 4 = 0, u = 6t$(압축)

5 다음 트러스부재의 N_1 부재의 부재력은?

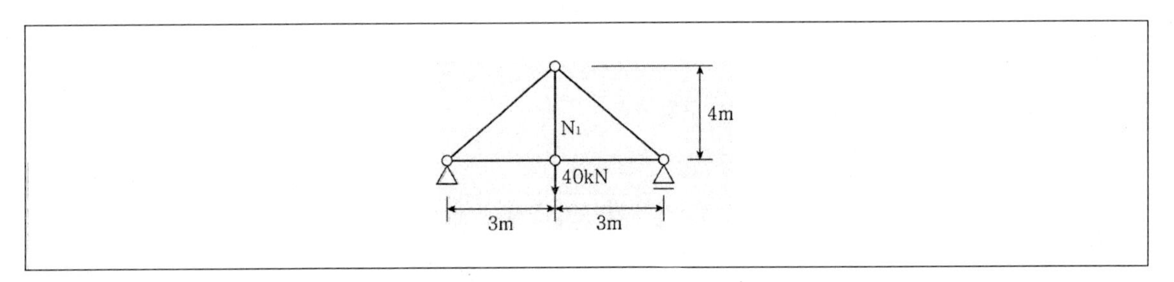

① 10kN
② 20kN
③ 40kN
④ 50kN

TIP 40kN이 작용하고 있는 절점이 힘의 평형을 이루어야 하므로
$\sum V = 0 : -(40) + (N_1) = 0, N_1 = +40kN$(인장)

Answer 4.② 5.③

6 다음 그림과 같은 트러스의 A부재의 부재력은? (인장력을 +, 압축력을 −로 한다.)

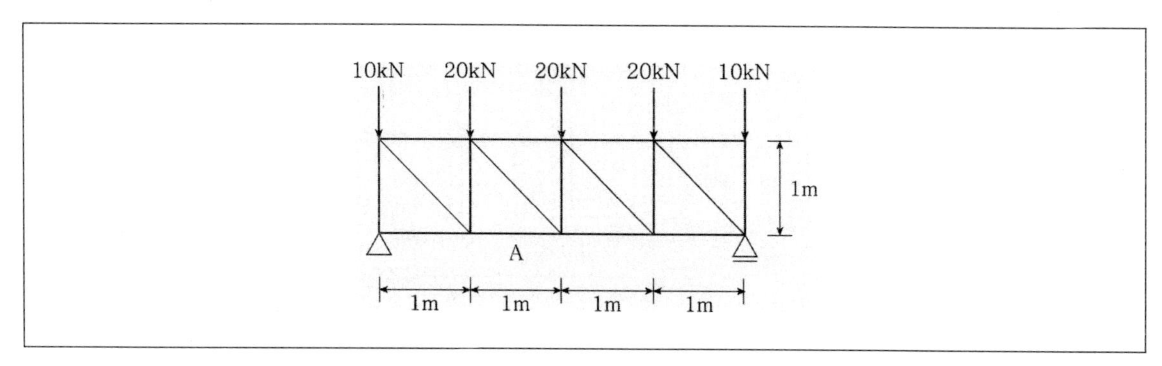

① +20kN
② −30kN
③ +30kN
④ −40kN

TIP

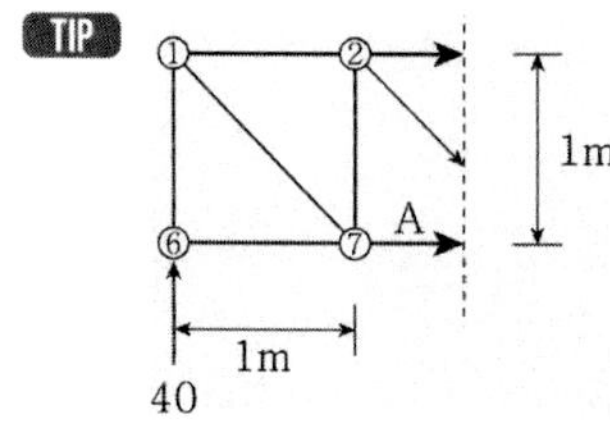

A부재의 부재력을 구하기 위해서 상현재의 두 번째 절점②에서 모멘트를 계산해야 한다.

$\sum M_{②,Left} = 0$, $+(40)(1)-(10)(1)-(A)(1)=0$이므로

$A=+30kN$(인장)

Answer 6.③

7 다음 그림과 같이 트러스에 하중이 작용할 경우 BD부재의 부재력을 구하면?

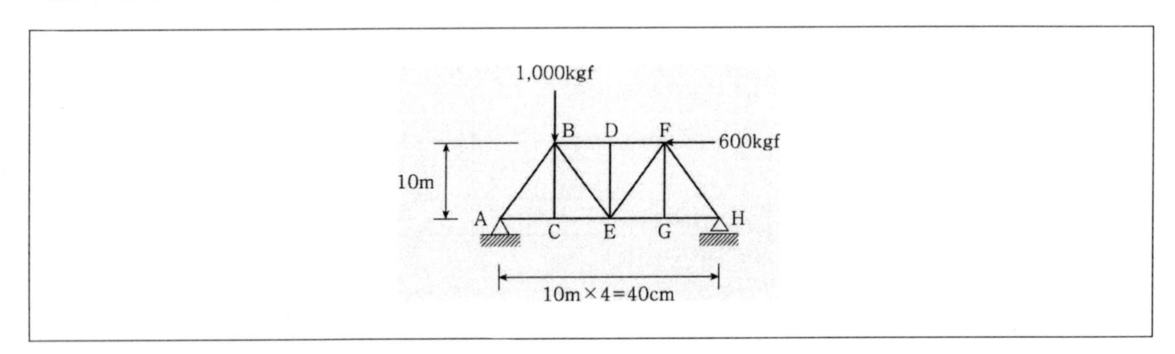

① 500kg(압축)
② 600kg(인장)
③ 700kg(인장)
④ 800kg(압축)

TIP $\sum M_B = 0 : R_A \times 40 - 1000 \times 30 - 600 \times 10 = 0, R_A = 900kg(\uparrow)$

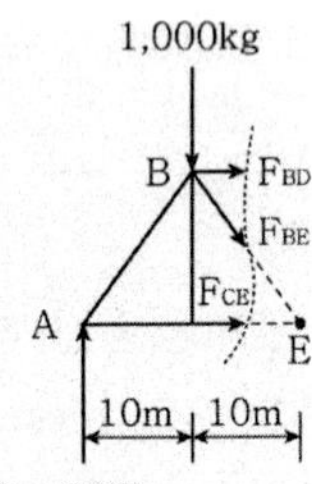

R_A=900kg

$\sum M_E = 0 : 900 \times 20 - 1000 + F_{BD} \times 10 = 0,\ F_{BD} = -800kg$

Answer 7.④

8 **다음 그림과 같은 와렌(Warren) 트러스에서 부재력이 0인 부재는 몇 개인가?**

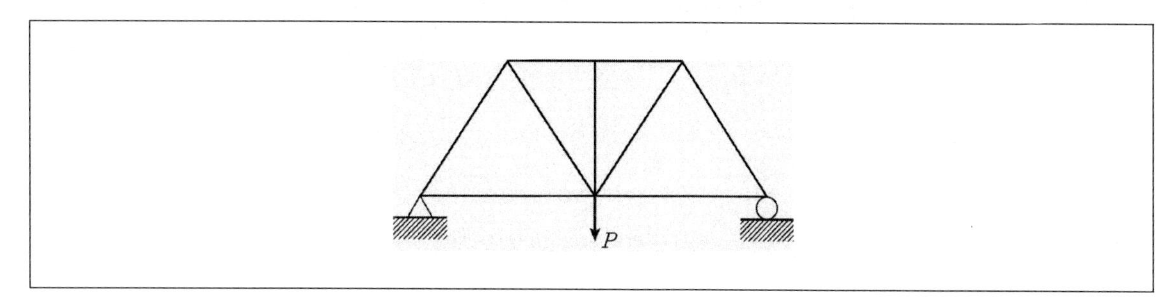

① 0개　　② 1개

③ 2개　　④ 3개

TIP 절점A의 경우 $\sum F_y = 0$이어야 하므로 1번 부재는 압축재이다. 또한 $\sum F_x = 0$으로부터 6번 부재는 인장재이다.
절점E의 경우 절점 A에서처럼 4번 부재는 압축재이고 5번 부재는 인장재이다.
절점 B의 경우 $\sum F_y = 0$이어야 하므로 7번 부재는 인장재이다. 또한 $\sum F_x = 0$으로부터 2번 부재는 압축재이다.
절점 D의 경우 절점B에서처럼 9번 부재는 인장재이고, 3번 부재는 압축재이다.
절점 C의 경우 $\sum F_y = 0$으로부터 8번부재는 부재력이 0인 부재이다.
따라서, 총 9개 부재에 대한 부재력을 판별하면 다음과 같다.

- 압축재 : 1번, 2번, 3번, 4번
- 인장재 : 5번, 6번, 7번, 9번
- 0부재 : 8번

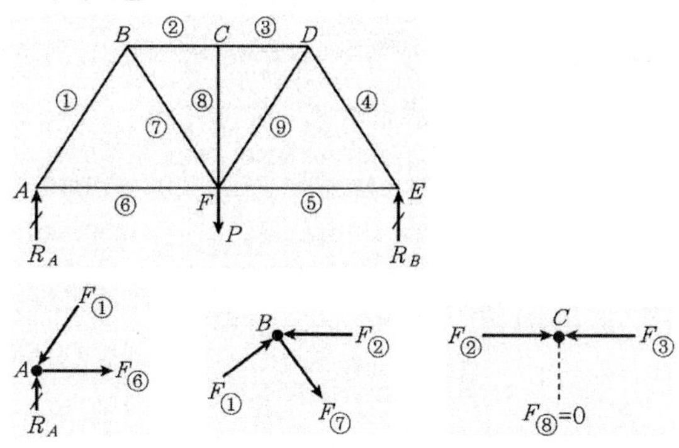

Answer 8.②

07 재료역학의 기초

01 재료역학의 기초

❶ 응력과 변형률

(1) 응력(stress)의 개념

① 구조물에 외력이 작용하면 임의 부재에 단면력이 발생한다. 단면력의 종류에는 축력, 전단력, 휨모멘트, 비틀림모멘트가 있다. 이 단면력에 의해 내력이 발생하며 이 내력을 단면적으로 나눈 것을 응력이라고 한다.

② 응력의 단위 $\cdots$ kgf/cm^2, t/m^2, $N/m^2 = Pa$, $N/mm^2 = MPa$

(2) 응력의 종류

응력의 종류는 단면에 작용하는 방향에 따라 수직응력과 접선응력으로 구분할 수 있다. 수직응력은 단면에 수직하게 발생하는 응력을 말하고 접선응력 또는 평행응력은 단면에 평행하게 발생하는 응력을 말한다.

구분	응력작용방향	종류
수직응력(법선응력)	부재 단면에 수직하게 작용	축방향응력
		휨응력
접선응력	부재단면에 평행하게 작용	직접전단응력
		펀칭전단응력
		휨부재 전단응력
		비틀림응력

TIP

재료의 특성

㉠ **탄성**(Elasticity) : 물체에 외력이 작용하면 순간적으로 변형이 생기지만 외력을 제거하면 순간적으로 원형으로 회복하는 성질이다. 응력과 변형도가 직선 관계를 나타내고 후크(Hooke)의 법칙이 성립한다.

㉡ **소성**(Plasticity) : 재료에 작용하는 외력이 어느 한도에 도달하면 외력의 증가 없이 변형만이 증가하는 성질이다.

㉢ **연성**(Ductility) : 재료가 인장하중을 받아 신장되었을 때 비례한도(또는 항복점) 이후 절단되지 않고 연장이 되는 성질로 재료가 파괴에 이르기까지 큰 변형을 할 수 있는 능력이다.

㉣ **취성**(Brittleness) : 재료가 변형하려고 할 경우 파괴되기 쉬운 성질로서 재료가 파괴에 이르기까지 큰 변형이 일어나지 않는 성질이다. (유리나 주철 등은 이러한 성질의 물체이다.)

㉤ **인성**(Toughness) : 재료가 변형에너지를 흡수할 수 있는 능력이다. 인성이 클수록 외부에서 가해지는 큰 하중에 대한 저항성능이 우수하다.

㉥ **전성**(Malleability) : 재료를 두들기거나 압연했을 때 평행으로 연장되는 성질이다.

(3) 변형률

① 축변형률

㉠ **길이변형률**(선변형률) : 부재가 축방향력(인장력, 압축력)을 받을 때의 변형량(Δl)을 변형 전의 길이(l)로 나눈 값이다.

㉡ **세로변형률** : 부재가 축방향력을 받을 때 부재단면폭의 변형량을 변형 전의 폭으로 나눈 값이다.

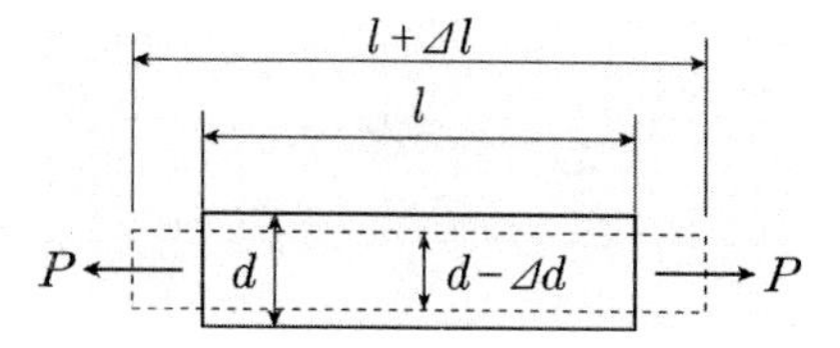

㉢ **체적변형률** : 부재에 축방향력을 가한 후의 변형량을 부재에 축방향력을 가하기 전의 체적으로 나눈 값이다. 체적변형률은 길이변형률의 약 3배 정도이다.

② 휨변형률

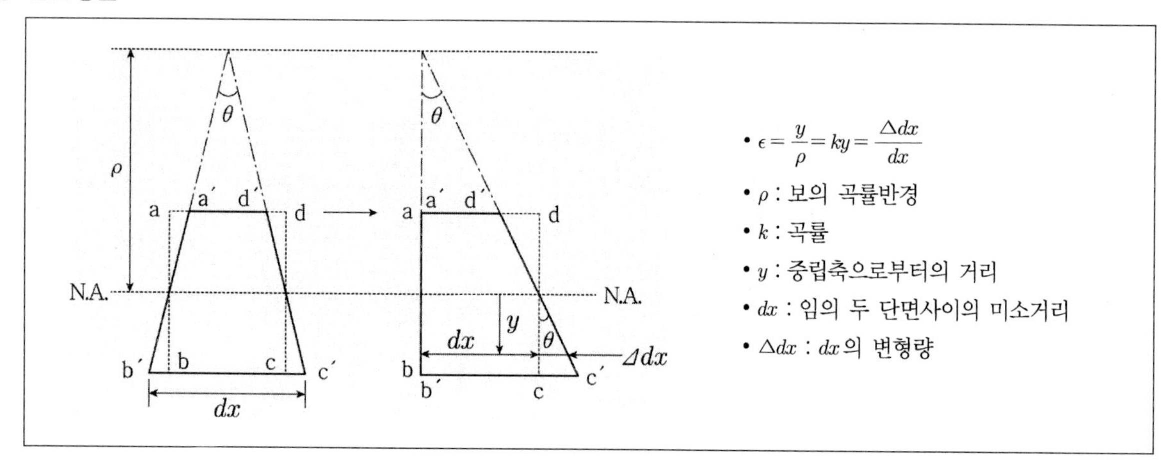

③ 전단변형률

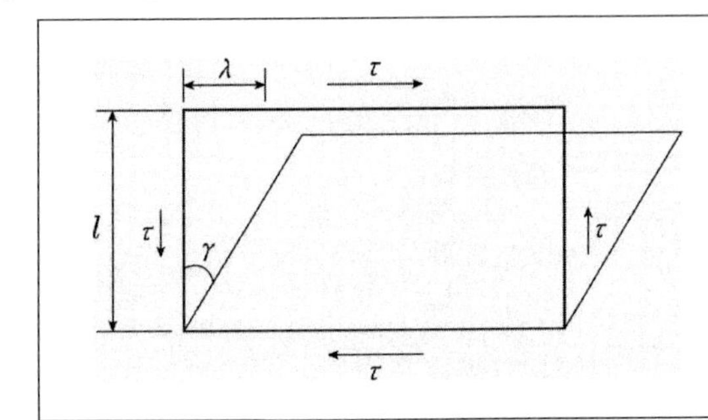

$$\gamma = \frac{\lambda}{l} \quad (\tau = G \cdot \gamma)$$

G는 전단탄성계수이며

$$G = \frac{E}{2(1+\nu)} = \frac{E}{2\left(1+\frac{1}{m}\right)} = \frac{mE}{2(m+1)})$$

(γ은 전단응력, υ는 포아송비, m은 포아송수이다.)

④ 비틀림 변형률

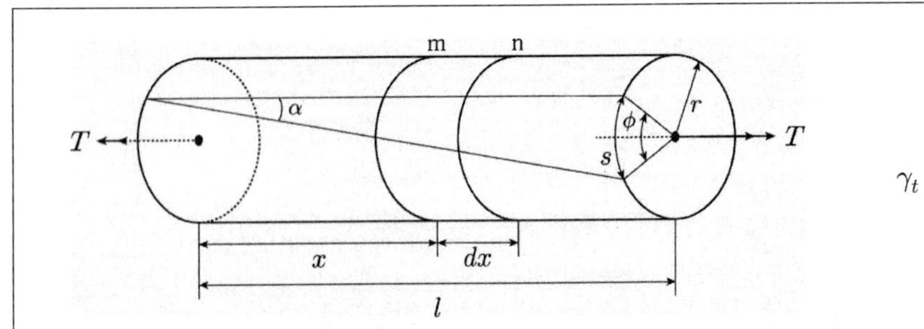

$$\gamma_t = \frac{r \cdot \phi}{l} \quad (\tau_t = G \cdot \gamma_t)$$

(4) 응력－변형률 선도

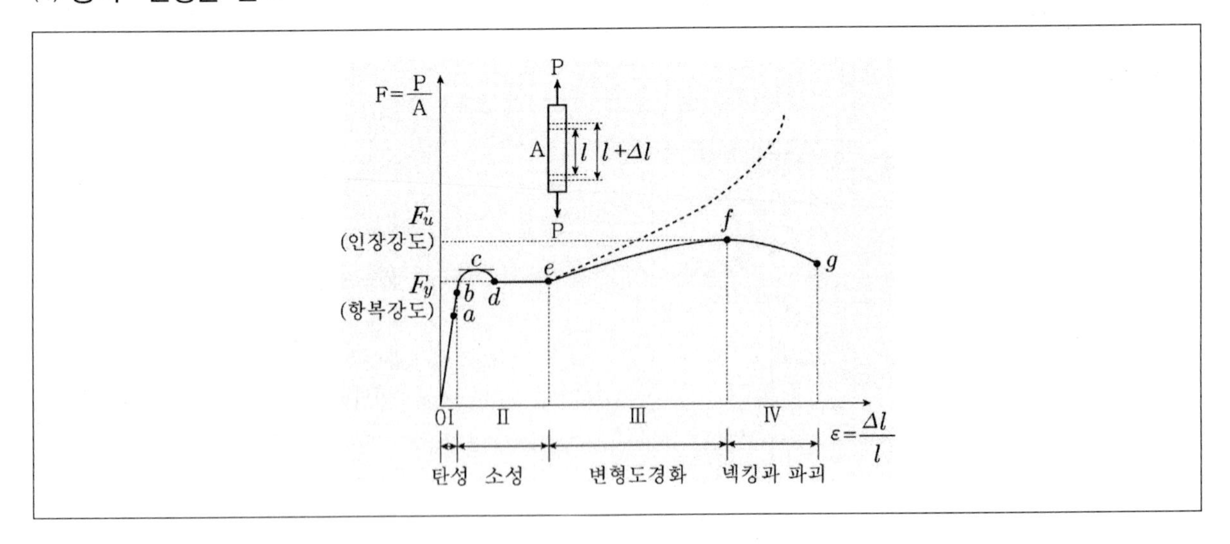

구간	명칭	특성
O－a	직선구간	응력과 변형도의 관계는 직선이며 비례적인 구간이다. O－a의 기울기를 탄성계수라 하며 후크의 법칙이 성립한다.
a점	비례한도	응력과 변형도가 비례하여 선형관계를 유지하는 한계의 응력이다. 점 a를 넘어서면 응력과 변형도는 비례관계가 아니다.
b점	탄성한도	비례한도보다 다소 높으며 탄성한도까지 하중을 가하였다가 제거하면 원점으로 되돌아가는 지점이다. a－b구간은 비선형이다.
c점	상항복점	인장시험 중 시험편이 항복하기 이전의 최대하중을 원단면적으로 나눈 값이다.
d점	하항복점	강재의 항복강도를 의미한다. 강재의 영구변형은 항복점이 분명하지 않은 경우 O－a 기울기를 0.2%로 오프셋(offset)하여 만나는 점을 항복강도로 하거나 0.5%의 총변형도에 해당하는 응력을 항복강도로 정의한다.
e점	변형도 경화시점	연성이 있는 강재에서 항복점을 지나 상당한 변형이 진행된 후 항복강도 이상의 저항능력이 다시 나타나기 시작하는 점이다.
f점	인장강도	시험편이 받을 수 있는 최대응력이다. 시험편 절단시의 하중을 원단면적으로 나눈 값이다.
g점	파괴점	시험편이 파괴되는 강도이다.
Ⅰ구간	탄성영역	응력과 변형도가 비례관계를 가지는 영역이다.
Ⅱ구간	소성영역	변형도만 증가하는 영역이다.
Ⅲ구간	변형도 경화영역	응력과 변형도가 비선형적으로 증가하는 영역이다.
Ⅳ구간	파괴영역	변형도는 증가하지만 응력은 오히려 줄어드는 부분이다. 넥킹현상에 의하여 단면적이 현저히 감소된다.

(5) 후크의 법칙

① 한 재료가 선형 탄성거동을 할 때 응력은 변형률에 비례한다.

$\sigma = \epsilon E$ (여기서 σ: 축응력, ϵ: 변형률, E: 탄성계수)

② 후크의 법칙은 인장뿐만 아니라 압축에 대해서도 성립한다.

이를 식으로 $\frac{P}{A} = \frac{\Delta l}{l}E$, $E = \frac{P \cdot l}{A \cdot \Delta l}$

TIP

탄성계수 E와 체적탄성계수 K의 관계

$$K = \frac{E}{3(1-2\nu)} = \frac{E}{3(1-2\cdot\frac{1}{m})} = \frac{mE}{3(m-2)}$$

| 기출예제 01

2018 서울시 (7급)

다음 중 〈보기〉와 같이 2개의 정사각형 형태단면을 가진 강철막대가 축하중 P를 받고 있을 때, 막대 AB가 150MPa의 축방향 인장응력을 받는다면 BC의 인장응력값은?

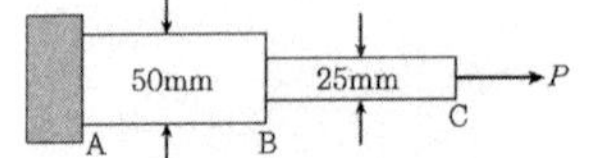

① 150MPa ② 300MPa
③ 450MPa ④ 600MPa

✱

단면의 크기가 4배의 차이가 나며, 응력은 하중을 단면적으로 나눈 값이다. 주어진 그림을 보면 각 단면에 동일한 힘 P가 작용하므로 BC에는 AB막대에 발생하는 150MPa의 4배의 응력인 600MPa가 발생하게 된다.

답 ④

(6) 포아슨비와 포아슨수

① 포아슨비(v)는 축방향 변형률에 대한 축의 직각방향 변형률의 비이다.

$$v = \frac{\text{가로 변형률}}{\text{세로 변형률}} = \frac{\text{축에 직각방향 변형률}}{\text{축방향 변형률}}$$

② 포아슨수는 포아슨비의 역수이다. (코르크의 포아슨수는 0이다.)

$$v = \frac{\epsilon_d}{\epsilon_l} = \frac{l \cdot \Delta d}{d \cdot \Delta l} = \frac{1}{m}$$ (v : 포아슨비, m : 포아슨수)

TIP

각 물질별 포아슨비

종류	포아슨비	종류	포아슨비
고무	0.50	콘크리트	0.12
금	0.43	유리	0.22
스테인레스강	0.30	모래	0.30
주철	0.24	코르크	0

③ 포아슨비의 식은 단일방향으로만 축하중이 작용하는 부재에 적용된다.

④ 포아슨비는 항상 양의 값만을 갖으며 정상적인 재료에서 포아슨비는 0과 0.5 사이의 값을 가진다.

⑤ 포아슨비가 0인 이상적 재료는 축하중이 작용할 경우 어떤 측면의 수축이 없이 한쪽 방향으로만 늘어난다.

⑥ 포아슨비가 1/2 이상인 재료는 완전비압축성 재료이다.

| 기출예제 02 | 2016 서울시 |

다음 중 탄성계수 E값이 3.9GPa이고, 포아송비(Poisson s ratio)가 0.3인 재료의 전단탄성계수 G값은 얼마인가?

① 1GPa ② 1.5GPa
③ 2GPa ④ 3GPa

✱

$G=\frac{E}{2(1+v)}=\frac{3.9}{2(1+0.3)}=1.5$

답 ②

TIP

재료역학에 적용되는 엔지니어의 법칙(가정)

- 재료는 등방성으로서 재료의 역학적 성질이 모든 방향에서 같다.
- 재료는 선형탄성체로서 하중이 가해져 변형된 후에도 하중을 제거하면 다시 변형되기 전의 오기상태로 되돌아간다.
- 구조는 동질체로서 균열이나 갈라짐, 구멍 또는 다른 불연속성을 야기하는 것이 없다.
- 하중을 받는 구조물의 변형은 매우 작아 구조물의 거동을 결정하는데 하중을 받지 않을 때의 형상으로 계산해도 큰 오차를 유발시키지 않는다.
- 단면의 평면은 평면을 유지하므로 하중을 가하기 전에 편평한 단면은 하중을 가해도 평면을 유지한다.

2 휨응력

(1) 휨응력의 기본공식

① 휨모멘트를 받는 부재의 단면에서는 단면에 수직한 응력이 발생한다. 즉, 휨응력(σ)은 중립축으로부터의 거리에 비례한다.

$$\sigma=\frac{M}{I}y$$

M : 휨모멘트, I : 단면2차 모멘트

y : 중립축으로부터의 거리

② 보에 외력이 작용할 때 휨모멘트에 의해 부재 단면의 수직방향으로 발생하는 응력을 휨응력이라고 하고 그 크기는 중립축으로부터 응력을 구하고자 하는 점까지의 거리에 비례한다.(중립축 : 휨부재에서 휨변위가 발생한 후에도 축방향의 길이 변화가 없는 축. 즉 휨변형률이 0인 축을 중립축이라고 하고 중립축이 이루는 면을 중립면이라고 한다. 중립축에서 휨변형률이 0이므로 휨응력은 0이 된다.)

(2) 휨응력 공식 도출

① 공식도출을 위한 베르누이-오일러의 기본가정

㉠ 재질은 균질하며 등방성이다.

㉡ 충격하중이 작용하지 않는다.

㉢ 탄성한계점 이내에서는 응력의 크기는 변형률에 비례한다. (훅의 법칙)

㉣ 부재축에 직각인 단면은 휨모멘트를 받아서 휘게 되어도 축에 직각인 평면을 유지한다.

㉤ 보는 비틀림, 또는 좌굴에 의해서 변형이 되지 않고 순수한 휨에 의해서만 변형이 발생한다고 가정한다.

② 휨응력 공식의 성립 원리

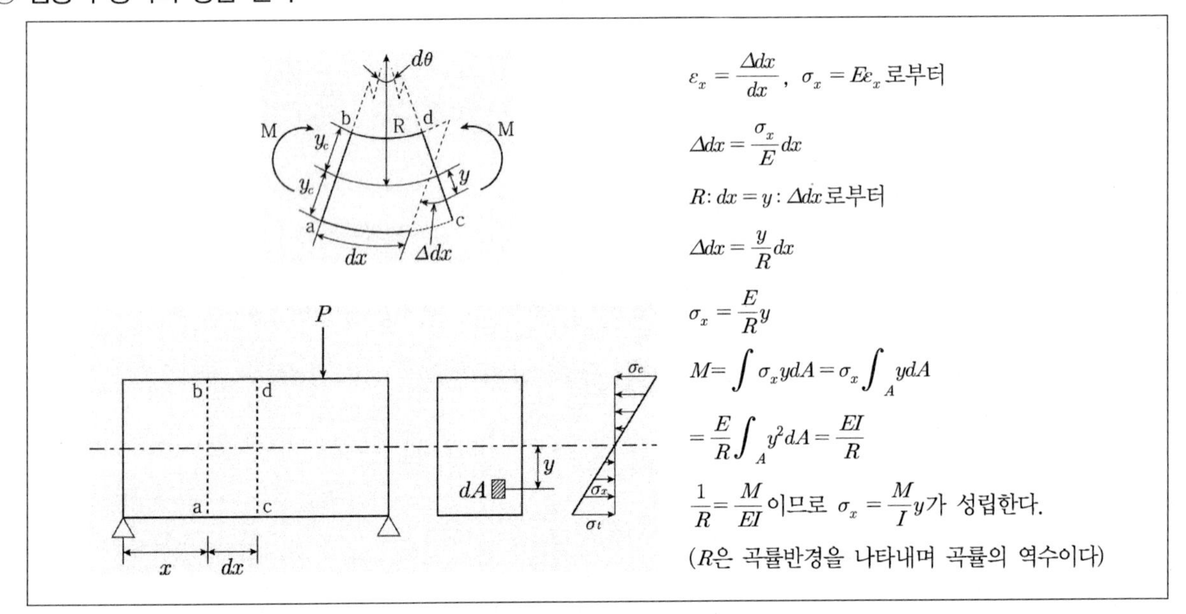

TIP

평면유지의 법칙

"부재축에 직각인 단면은 부재의 변형 후에도 마찬가지로 부재축과 직각이다."라는 법칙. 이 법칙에 의해 휨 모멘트나 축방향 힘에 의한 부재의 축방향 신축량이나 변형을 계산할 수가 있으며, 또한 훅의 법칙과의 관련에 의해 변형으로부터 응력이 구해진다.

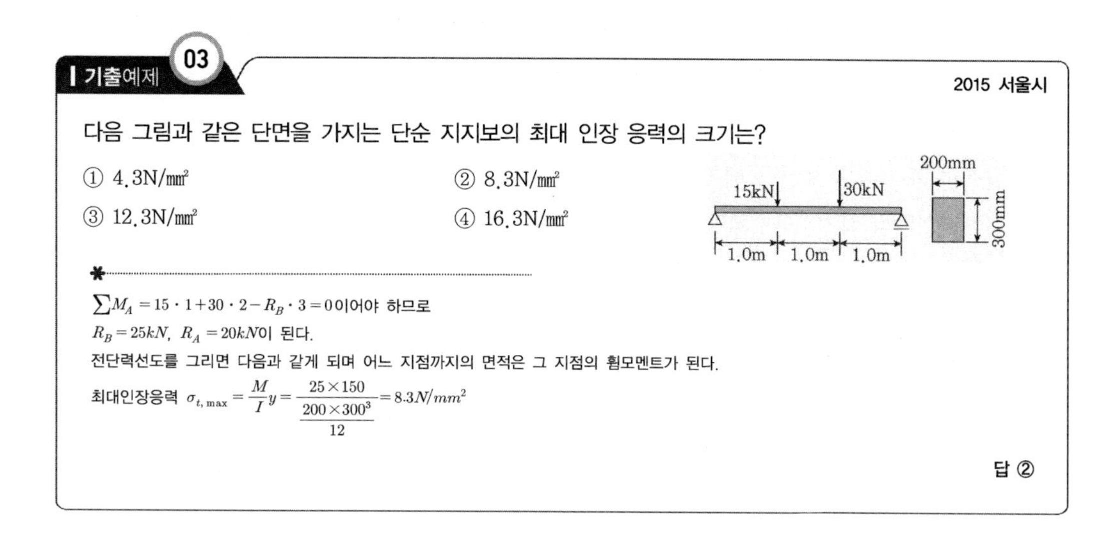

기출예제 03 2015 서울시

다음 그림과 같은 단면을 가지는 단순 지지보의 최대 인장 응력의 크기는?

① 4.3N/㎟ ② 8.3N/㎟

③ 12.3N/㎟ ④ 16.3N/㎟

$\sum M_A = 15 \cdot 1 + 30 \cdot 2 - R_B \cdot 3 = 0$이어야 하므로

$R_B = 25kN,\ R_A = 20kN$이 된다.

전단력선도를 그리면 다음과 같게 되며 어느 지점까지의 면적은 그 지점의 휨모멘트가 된다.

최대인장응력 $\sigma_{t,\max} = \frac{M}{I}y = \frac{25 \times 150}{\frac{200 \times 300^3}{12}} = 8.3N/mm^2$

답 ②

(3) 항복모멘트와 소성모멘트

탄소성재료로 구성된 보의 하중 증가에 따른 단면응력의 변화는 다음과 같다.

TIP

탄소성재료 … 재료에 외력을 가하면 변형이 생기는데 이것이 특정치(탄성한계)를 넘게 되면 탄성을 잃어버리고 소성상태가 된다. 탄소성재료란 이처럼 탄성과 소성을 모두 갖는 재료를 말한다.

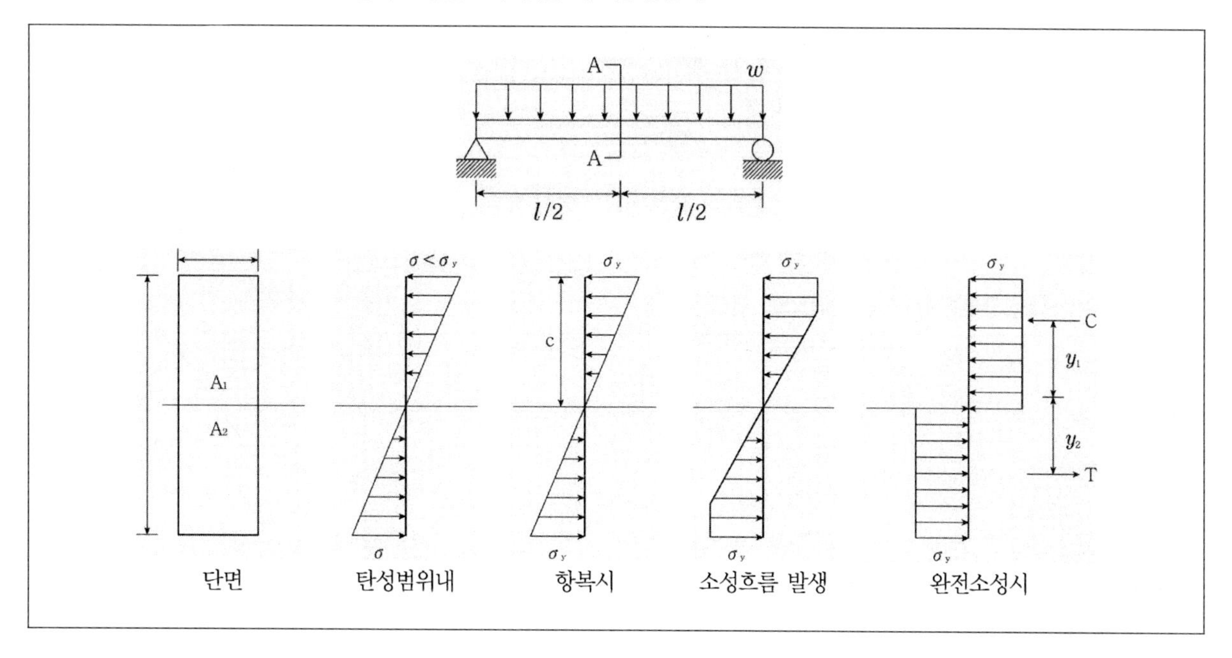

① **항복모멘트** … 탄소성 재료로 구성된 보에서 단면연단의 휨응력이 항복응력에 도달할 때의 휨모멘트이다. 항복응력에 단면계수를 곱한 값과 같다.

② **소성모멘트**

㉠ 탄소성 재료로 구성된 보에서 전단면의 휨응력이 항복응력에 도달할 때의 휨모멘트이다.

㉡ **소성모멘트의 크기** : 우력모멘트의 원리에 의해 $M_p = C \cdot y_1 + T \cdot y_2$이며

$$M_p = \sigma_y \cdot Z_p = \frac{\sigma_y \cdot A(y_1 + y_2)}{2}$$ (y_1, y_2는 중립축에서 면적 A_1, A_2의 도심까지의 거리이다.)

㉢ **소성중립축의 위치** : 중립축 상부의 압축응력의 합(압축력)과 중립축 하부의 인장응력의 합(인장력)의 크기가 서로 같다는 조건으로부터 구할 수 있다. 압축력과 인장력이 같아야 하므로 $\sigma_y \cdot A_1 = \sigma_y \cdot A_2$이며 $A_1 = A_2$이므로 소성상태의 중립축은 전단면적을 상·하로 이등분한다.

	응력도	크기
항복모멘트	$-\sigma_y$, $\frac{h}{2}$, N.A., $\frac{h}{2}$, σ_y, $\frac{h}{3}$, $\frac{h}{3}$, d, $C=\frac{\sigma_y \cdot b \cdot h}{4}$, $T=\frac{\sigma_y \cdot b \cdot h}{4}$	$M_y = \sigma_y \cdot Z = \frac{\sigma_y \cdot bh^2}{6}$ $M_y = C \cdot d = T \cdot d$ $= \frac{\sigma_y \cdot bh}{4} \times \frac{2h}{3}$ $= \frac{\sigma_y \cdot bh^2}{6}$
소성모멘트	b, $\frac{h}{2}$, N.A., $\frac{h}{2}$, $\frac{h}{4}$, $\frac{h}{4}$, d, $C=\frac{\sigma_y \cdot b \cdot h}{4}$, $T=\frac{\sigma_y \cdot b \cdot h}{4}$	$M_p = \sigma_y \cdot Z_p = \frac{\sigma_y \cdot bh^2}{4}$

③ **형상계수** = 소성모멘트 / 항복모멘트 [단면 모양에 따른 형상계수 : 마름모(2.0), 원형(1.7), 직사각형(1.5), I형 단면(1.2)]

④ **소성계수** … 소성모멘트를 항복응력으로 나눈 값

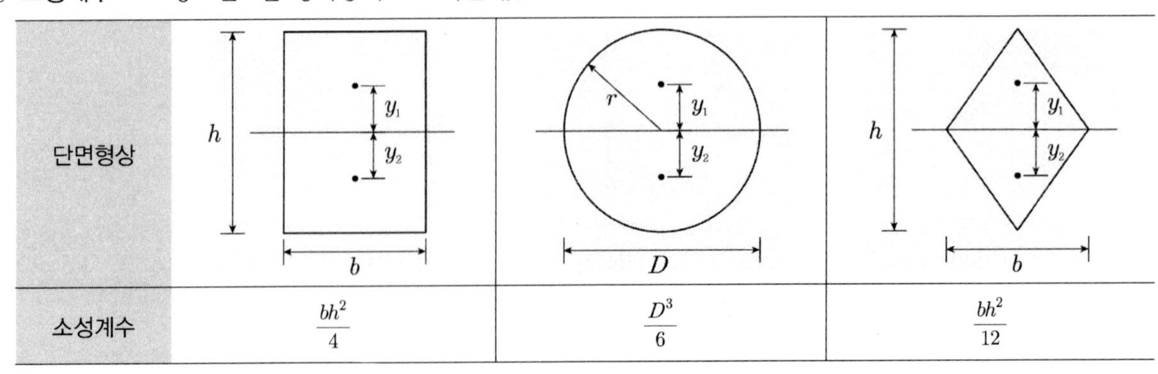

단면형상	직사각형 (h, b, y_1, y_2)	원형 (r, D, y_1, y_2)	마름모 (h, b, y_1, y_2)
소성계수	$\frac{bh^2}{4}$	$\frac{D^3}{6}$	$\frac{bh^2}{12}$

| 기출예제 04

2016 서울시

다음 중 폭이 b이고 깊이가 h인 사각형 단면의 탄성단면계수에 대한 소성단면계수의 비로 옳은 것은?

① 1/2 ② 2/3

③ 4/3 ④ 3/2

✱

단면계수(Z)는 도심축에 대한 단면2차 모멘트를 도심에서 단면의 상단 또는 하단까지의 거리로 나눈 값이다. 폭이 b이고 깊이가 h인 사각형 단면의 탄성단면계수는 $\frac{bh^2}{6}$ 이며 소성단면계수는 $\frac{bh^2}{4}$ 이다.

답 ④

(4) 소성 휨

① **소성 휨** … 보의 응력이 재료의 비례한도를 넘을 때까지 하중을 계속 가하면 재료가 더 이상 후크의 법칙을 따르지 않는다. (이런 재료를 탄소성재료, 또는 완전소성재료라고 한다.) 이때의 휨을 비탄성휨이라고 하며 소성 휨이라고도 한다.

② 소성 휨의 해법상 가정

㉠ 변형률은 중립축으로부터의 거리에 비례한다.

㉡ 응력-변형률의 관계는 항복점에 도달할 때까지는 탄성이지만 항복점 이후부터는 무제한 소성흐름이 발생한다.

㉢ 압축측의 응력-변형률 관계는 인장측과 동일한 것으로 간주한다.

③ 소성힌지

㉠ 어떤 보의 특정부분에서 단면 전체가 소성상태가 되었다는 것은 단면 전체가 항복응력에 도달했다는 것으로서 이 상태에서는 더 이상 응력을 받을 수 없게 되며 이를 소성힌지가 형성되었다고 한다.

㉡ 보는 소성힌지를 중심으로 회전하는 기구가 형성되면서 점진적으로 붕괴가 되는데 이처럼 소성힌지가 형성될 때의 휨모멘트를 소성모멘트라고 부른다.

❸ 전단응력

(1) 직접전단과 펀칭에 의한 전단응력

① 직접전단(단순전단)에 의한 전단응력

㉠ 직접전단은 볼트, 핀, 리벳, 용접부 등의 설계에 사용된다.

㉡ 직접전단에 의한 전단응력은 부재의 축에 수직하게 작용하는 전단력에 의해 부재의 단면에 평행하게 발생한다.

㉢ 일면전단(단전단) : $r = \dfrac{P}{A}$, 이면전단(복전단) : $r = \dfrac{P}{2A}$ (여기서, P는 전단력이 된다.)

② 펀칭전단에 의한 전단응력

㉠ 펀칭전단에 의한 전단응력은 펀칭기에 의해서 강판을 뚫을 때 펀칭되는 단면에 평행하게 발생하는 응력을 말한다.

㉡ 펀칭전단응력 $r = \dfrac{P}{A} = \dfrac{P}{\pi dh}$ (여기서, d는 펀칭되는 구멍의 지름이고 h는 강판의 두께이다.)

(2) 보의 전단응력

① 전단력과 전단응력

㉠ 등분포하중이 전지간에 걸쳐 작용하는 보에 외력이 작용할 때 서로 인접한 단면을 따라 크기는 같고 서로 반대방향으로 작용하여 단면을 자르려는 힘을 전단력이라고 하며 이 전단력에 의해 단면을 따라 발생하는 단위면적당 힘을 전단응력이라고 한다.

㉡ 전단응력의 크기 : $\tau_B = \dfrac{SG}{Ib}$

- S : 부재 단면의 전단력
- I : 중립축에 대한 단면 2차 모멘트
- b : 전단응력을 구하고자 하는 위치의 폭
- G : 단면의 연단으로부터 전단응력을 구하고자 하는 위치까지 면적의 중립축에 대한 단면 1차 모멘트

② 보에 발생하는 전단응력의 특성

㉠ 전단응력은 곡선변화한다.

㉡ 최대전단응력 : $\tau_{\max} = \dfrac{S_{\max}}{I} \cdot (\dfrac{G}{b})_{\max} = \alpha \cdot \dfrac{S_{\max}}{A}$ (α의 값 : 이 값을 전단계수라고 하며 사각형 단면인 경우 3/2, 원형 단면인 경우 4/3, 이등변 삼각형인 경우 3/2)

㉢ 일반적으로 최소 전단응력은 단면의 연단에서 발생되고 최대전단응력은 중립축에서 발생하지만 단면의 모양 및 재질의 특성에 따라 최대전단응력의 발생 위치가 달라지게 된다.

(3) 전단중심

① **전단중심** … 비틀림이 없는 단순굽힘상태(순수휨상태)를 유지하기 위한 하중의 전단응력의 합력이 통과하는 위치나 점

② 양측에 대칭인 단면의 전단중심은 도심과 일치한다.

③ 어느 한 축에 대칭인 단면의 전단중심은 대칭축상에 존재한다.

④ 어느 축에도 대칭이 아닌 경우의 전단중심은 축상에 위치하지 않을 경우가 많다.

⑤ 비대칭단면 중에 특히 두 개의 좁은 직사각형으로 구성된 단면에서는 전단중심은 두 단면의 연결부에 위치한다.

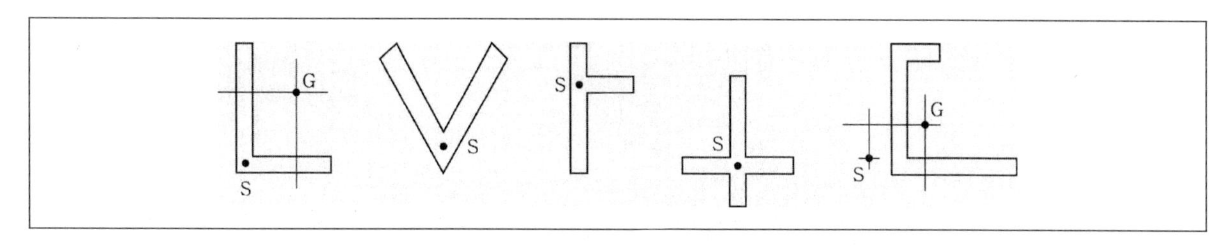

02 평면응력

❶ 평면응력의 정의

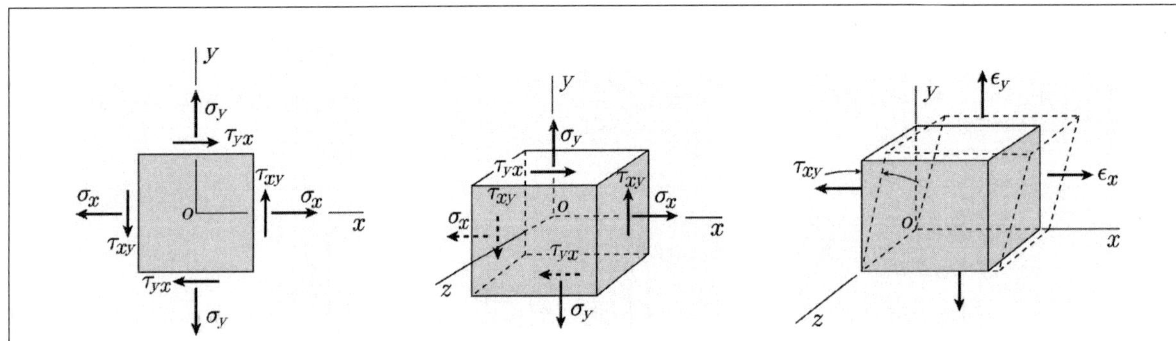

• 평면응력 : 평면에 작용하는 응력들을 말하며 이러한 평면응력은 평면변형을 발생시킨다.
• 평면응력상태 : 평면에 평면응력이 작용하고 있는 상태이다. (xy평면에 3개의 응력, 즉 x방향의 응력, y방향의 응력, 전단응력만이 작용하고 있는 상태이다.)
• 평면변형 : xy평면에 발생하는 3개의 변형, 즉 x축방향으로의 변형, y축방향의 변형, 그리고 전단변형을 의미한다.

❷ 1축, 2축응력 발생 시 부재의 단면응력

(1) 1축응력이 발생하고 있는 부재의 단면응력

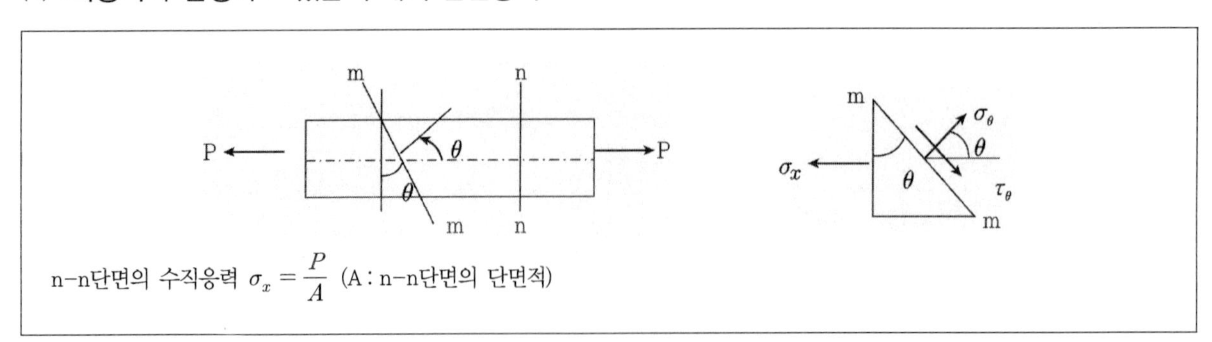

n-n단면의 수직응력 $\sigma_x = \dfrac{P}{A}$ (A : n-n단면의 단면적)

① 경사면에서의 수직응력(σ_θ)와 전단응력(r_θ)의 도출

m-m단면의 단면적	m-m단면의 수직력	m-m단면의 전단력
$A' = \dfrac{A}{\cos\theta}$	$N = P\cos\theta$	$S = P\sin\theta$

② 수직응력 $\sigma_\theta = \dfrac{N}{A'} = \dfrac{P}{A} \cdot \cos^2\theta = \sigma_x \cdot \cos^2\theta$

③ 전단응력 $r_\theta = \dfrac{S}{A'} = \dfrac{P}{A} sin\theta \cdot \cos\theta = \dfrac{P}{2A} sin2\theta = \dfrac{\sigma_x}{2} sin2\theta$

(2) 2축응력이 발생하고 있는 부재의 단면응력

임의의 평면상에서 각 θ만큼 회전한 요소에 작용하는 평면응력 σ_θ와 τ_θ는 다음과 같다.

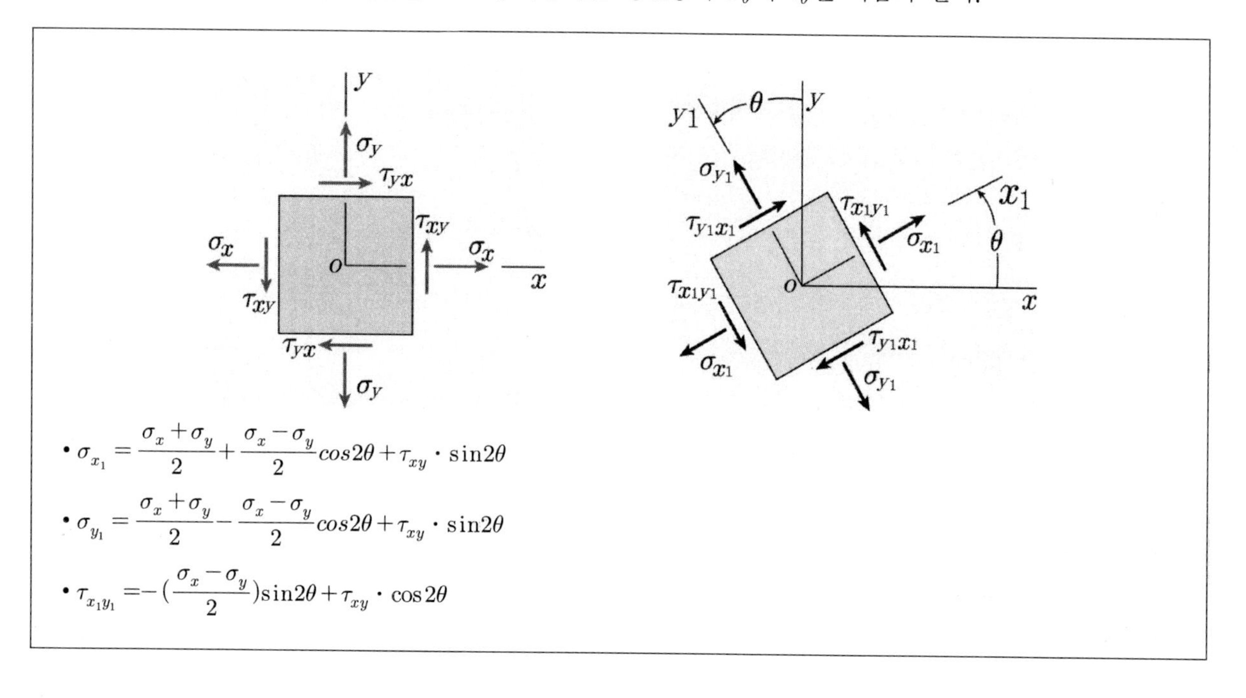

❸ 주응력과 모어원

(1) 주응력

① **주응력** … 평면응력에서 각 θ가 0°에서 360°까지 변하는 동안, σ_θ가 최대(또는 최소)인 경우 이 σ_{θ_p}를 주응력이라고 하며, 그때의 각 θ_P를 주평면각이라 한다. 휨과 전단이 동시에 작용하는 구조물에서 최대응력을 구하는 문제는 결국 주응력을 구하라는 문제이다. 이러한 주응력을 구하기 위해서 사용되는 것이 바로 모어원이다.

② **주평면** … 주응력이 작용하는 평면을 말한다. 주응력은 주평면에 수직으로 작용하며 전단응력은 이 주평면에 평행한 방향으로 작용한다.

③ **주평면각** … 모어원에서 처음 원을 그린 A, B점에서 주응력 작용면까지를 $2\theta_P$로 두며, 요소에서는 θ_P가 된다. (주평면은 주응력이 작용하고 있는 면이 된다.) 이때, 모어원의 A점은 요소의 ab면에 해당하는 응력을 나타내므로 모어원의 $2\theta_P$와 동일한 방향으로 요소에 θ_P만큼 회전한 것이 주평면이 된다. (θ_P는 시계방향이 (+)이다.)

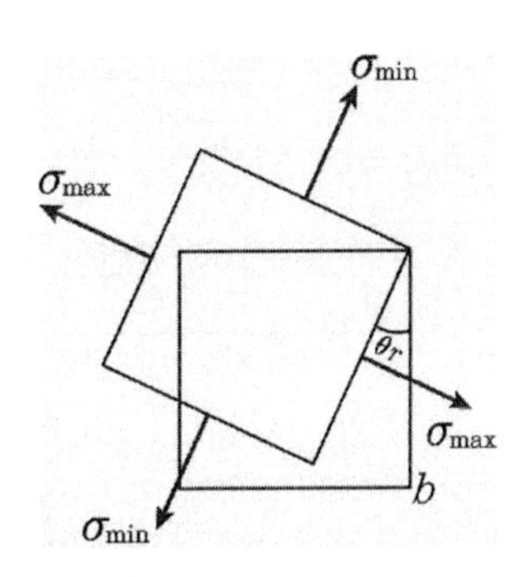

(2) Mohr's Circle

① 요소에 우측과 같은 응력이 작용하고 있다고 하면 모어원을 이용한 주응력 $\sigma_{\max}$와 $\sigma_{\min}$은 우측의 원(모어원)을 작도하여 구할 수 있다.

② **모어원의 작도법**

다음 그림의 원이 모어원이다. 이 원을 작도하면 주응력과 최대전단응력을 손쉽게 구할 수 있다. 주어진 평면응력조건에 해당되는 A점과 B점을 찾아 서로 연결한 직선의 길이를 지름으로 하는 원이 모어원이며 이 원의 반지름이 최대전단응력이 되며 이 원이 x축과 만나는 x좌표의 최댓값과 최솟값이 주응력이 되는 것이다. (모어원의 좌표축은 보통 사용하는 1사분면을 (+)로 설정하고, x축을 면에 대한 수직응력(σ), y축을 면에 평행한 전단응력(τ)으로 둔다. 수직응력(σ)은 인장인 경우를 (+), 전단응력(τ)은 시계방향인 경우를 (+)로 둔다.)

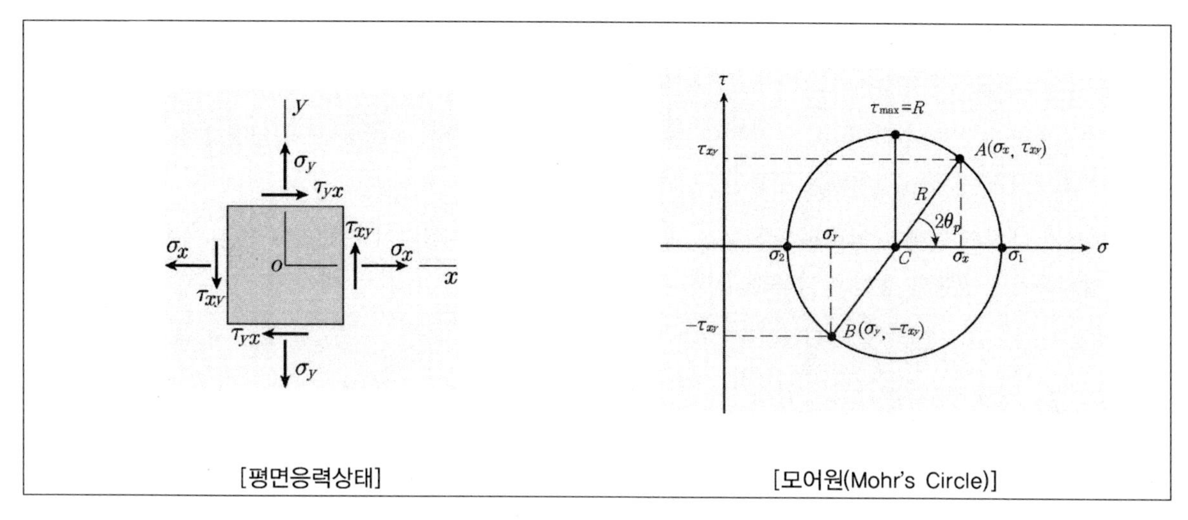

[평면응력상태] [모어원(Mohr's Circle)]

③ 주응력과 최대전단응력의 크기

㉠ 주응력의 크기 $\sigma_{\max,\min} = \dfrac{\sigma_x+\sigma_y}{2} \pm \sqrt{(\dfrac{\sigma_x-\sigma_y}{2})^2+\tau_{xy}^2}$ (위의 그림에서 $\sigma_{\max}=\sigma_1$, $\sigma_{\min}=\sigma_2$이다.)

㉡ 주평면각을 구하기 위한 식 $\tan 2\theta_P = \dfrac{2\tau_{xy}}{\sigma_x-\sigma_y}$

㉢ 최대전단응력 $\tau_{\max,\min} = \sqrt{(\dfrac{\sigma_x-\sigma_y}{2})^2+\tau_{xy}^2}$ (최대전단응력의 크기는 모어원의 반지름, 주응력 차이의 1/2과 같다.)

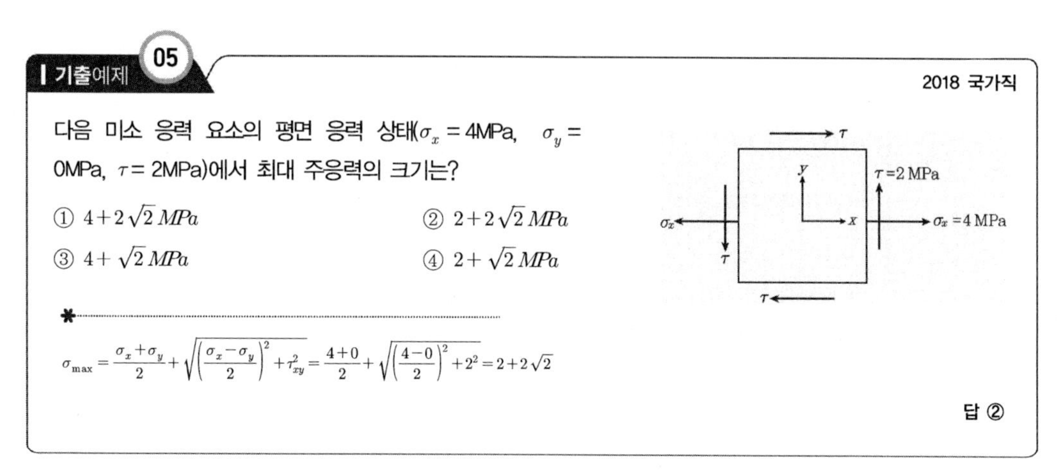

기출예제 05 2018 국가직

다음 미소 응력 요소의 평면 응력 상태(σ_x = 4MPa, σ_y = 0MPa, τ = 2MPa)에서 최대 주응력의 크기는?

① $4+2\sqrt{2}\,MPa$ ② $2+2\sqrt{2}\,MPa$

③ $4+\sqrt{2}\,MPa$ ④ $2+\sqrt{2}\,MPa$

*

$\sigma_{\max} = \dfrac{\sigma_x+\sigma_y}{2} + \sqrt{\left(\dfrac{\sigma_x-\sigma_y}{2}\right)^2+\tau_{xy}^2} = \dfrac{4+0}{2} + \sqrt{\left(\dfrac{4-0}{2}\right)^2+2^2} = 2+2\sqrt{2}$

답 ②

(3) 그 외 여러 가지 응력

① 온도응력

㉠ 온도변화 △T에 의해 일어나는 축방향 변형률 $\varepsilon = \alpha(\Delta T)$ (단, α는 부재의 열팽창계수)

㉡ 온도변형률 자체는 길이와는 무관한 부재 고유의 성질이다.

② **압력용기 내부의 압력** … 압력용기란 용기 내부에서 유체에 의한 압력이 가해지고 있는 용기로서 내압을 받는 압력용기의 방향별 응력은 다음과 같다.

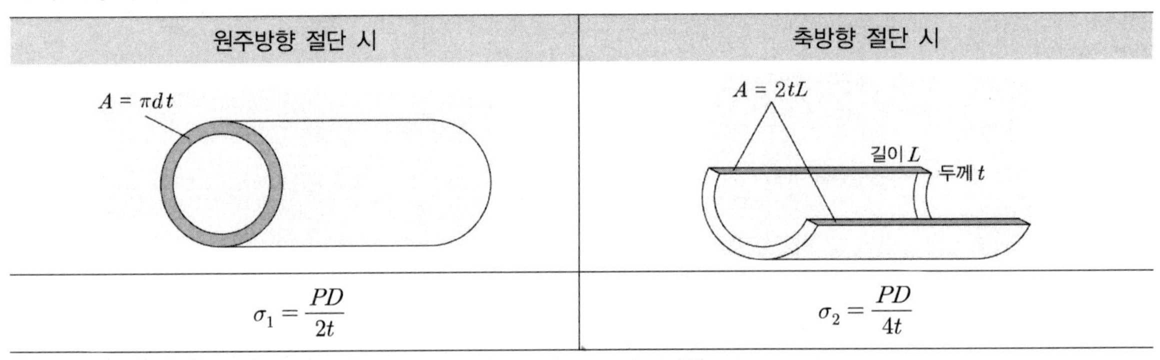

원주방향 절단 시	축방향 절단 시
$\sigma_1 = \dfrac{PD}{2t}$	$\sigma_2 = \dfrac{PD}{4t}$

기출예제 06

다두께가 6mm이고 안지름이 180mm인 원통형 압력용기가 14kgf/cm^2의 내압을 받는 경우, 이 압력용기의 원주 방향 및 축 방향 인장응력[kgf/cm^2]은?

	원주 방향	축 방향
①	210	420
②	420	840
③	210	105
④	420	210

✱

축방향 인장응력 $\sigma_{t,축방향} = \dfrac{PD}{4t} = \dfrac{14 \cdot 18}{4 \cdot 0.6} = 105$

원주방향 인장응력 $\sigma_{t,길이방향} = \dfrac{PD}{2t} = \dfrac{14 \cdot 18}{2 \cdot 0.6} = 210$

답 ③

최근 기출문제 분석

2020 지방직 9급

1 **그림과 같이 등분포하중(ω)을 받는 철근콘크리트 캔틸레버 보의 설계에서 고려해야 할 사항으로 옳지 않은 것은? (단, EI는 일정하다)**

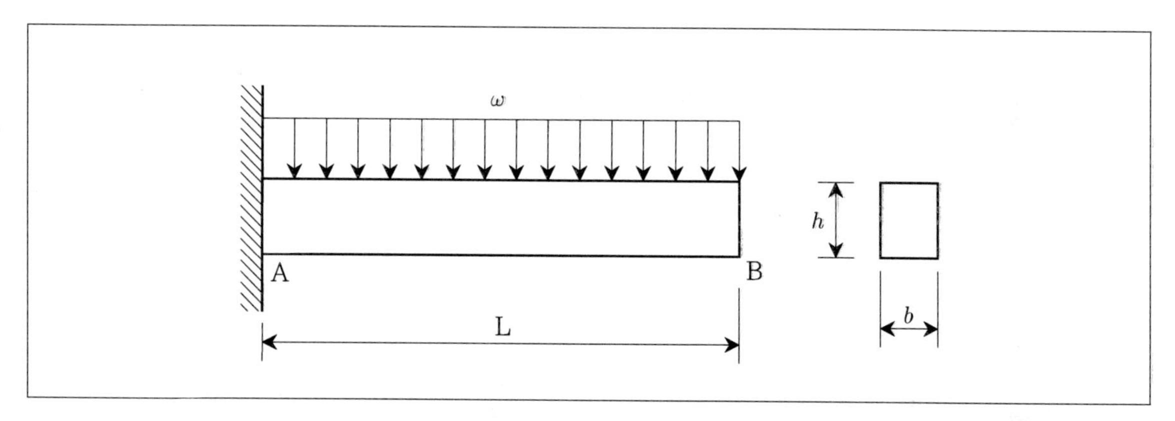

① 등분포하중에 의한 보의 휨 균열은 고정단(A) 위치의 보 상부보다는 하부에서 주로 발생한다.

② 등분포하중에 의한 보의 전단응력은 자유단(B)보다는 고정단(A) 위치에서 더 크게 발생한다.

③ 보의 처짐을 감소시키기 위해서는 단면의 폭(b)보다는 단면의 깊이(h)를 크게 하는 것이 바람직하다.

④ 휨에 저항하기 위한 주인장철근은 보 하부보다는 상부에 배근되어야 한다.

TIP 직관적으로 살펴보아도 답을 찾을 수 있는 문제이다. 보의 상부에 인장응력이 가해지게 되므로 등분포하중에 의한 보의 휨 균열은 고정단(A) 위치의 보 하부보다는 인장응력이 크게 작용하는 상부에서 주로 발생한다.

Answer 1.①

2019 지방직

2 **그림과 같이 내민보에 등변분포하중이 작용하는 경우 B점에서 발생하는 휨모멘트는? (단, 보의 자중은 무시한다)**

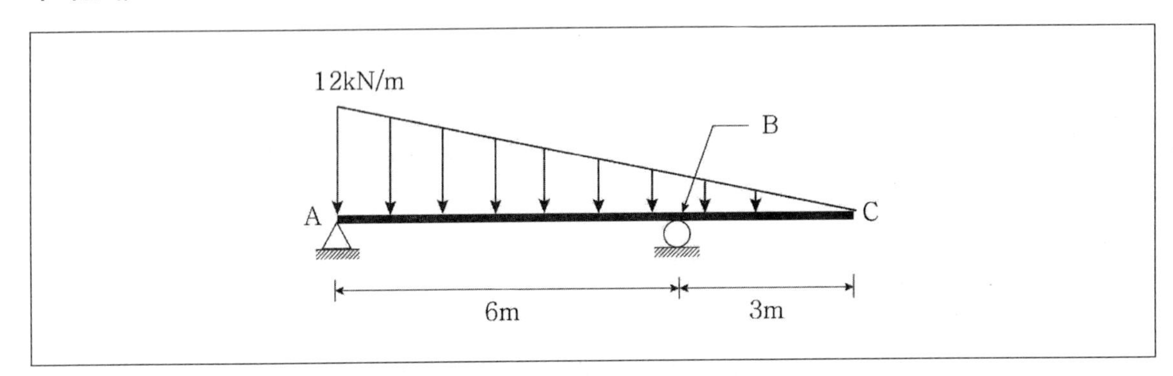

① -3[kN · m]

② -6[kN · m]

③ -9[kN · m]

④ -12[kN · m]

TIP 직관적으로 바로 답이 나와야 하는 문제이다.
BC구간을 캔틸레버로 볼 수 있으며, BC구간상의 등변분포하중의 합력은 6[kN]이 되며 이 합력의 작용위치는 B점으로부터 1m떨어진 곳이고 부의 휨모멘트가 발생하므로 -6[kN · m]이 B점에서 발생하게 된다.

2017 지방직

3 **단면적이 200mm^{2}로 균질하고 길이가 2m인 선형탄성 부재가 길이방향으로 10kN의 중심인장력을 받을 경우, 늘어나는 길이는? (단, 부재의 자중은 무시하고 탄성계수 E=200,000N/mm^{2}이다)**

① 0.5mm

② 1.0mm

③ 1.5mm

④ 2.0mm

TIP $$\Delta = \frac{PL}{AE} = \frac{100[\text{kN}] \cdot 2[\text{m}]}{200[\text{mm}^2] \cdot 2 \cdot 10^5[\text{N/mm}^2]} = 0.5[\text{mm}]$$

Answer 2.② 3.①

2015 지방직

4 **다음 중 단면의 크기가 10cm×10cm이고 길이가 2m인 기둥에 80kN의 압축력을 가했더니 길이가 2mm 줄어들었다. 이 부재에 사용된 재료의 탄성계수는?**

① 8.0×10^2MPa

② 8.0×10^3MPa

③ 8.0×10^4MPa

④ 8.0×10^5MPa

TIP $\Delta = \frac{PL}{AE} = \frac{80kN \cdot 2000}{(100)(100) \cdot E} = 2$이므로 $E = 8.0 \times 10^3$MPa

2013 국가직 (7급)

5 **다음 중 보 구조물의 휨에 대한 설명으로 옳지 않은 것은?**

① 보에 휨이 작용할 때 인장도 압축도 되지 않고 원래의 길이를 유지하는 부재 단면의 축을 중립축이라 한다.

② 휨 변형을 하기 전 보의 중립축에 수직한 단면은 휨 변형 후에도 수직한 면을 그대로 유지한다.

③ 보에 휨이 작용할 때 발생하는 부재의 곡률은 작용시킨 휨모멘트에 반비례한다.

④ 보에 휨이 작용할 때 발생하는 부재의 곡률 반지름은 휨 강성에 비례한다.

TIP 보에 휨이 작용시 발생하는 부재의 곡률은 작용시킨 휨모멘트에 비례한다.

곡률($\frac{1}{R}$)과 휨모멘트의(M)의 관계는 $\frac{1}{R} = \frac{d\theta}{dx} = \frac{d^2y}{dx^2} = -\frac{M}{EI}$이 성립한다.

R은 곡률반경이다.

Answer 4.② 5.③

출제 예상 문제

1 양단에 고정되어 있는 지름 4cm의 강봉을 처음 10℃에서 20℃까지 가열했을 때 온도의 응력값은? (단, 탄성계수는 $2.0 \times 10^6 kg/cm^2$, 선팽창계수는 12×10^{-6}/℃이다.)

① $125kg/cm^2$
② $175kg/cm^2$
③ $252kg/cm^2$
④ $284kg/cm^2$

TIP $\sigma = E \cdot \varepsilon = E \cdot \alpha \cdot t = 2.1 \times 10^6 \times 12 \times 10^{-6} \times 10 = 252kg/cm^2$

2 $\phi 15 \times 30cm$의 콘크리트 공시체가 45t의 축방향 하중을 받을 경우, 이 공시체에서 일어나는 최대전단응력은?

① $96.8kg/cm^2$
② $127.4kg/cm^2$
③ $152.6kg/cm^2$
④ $168.2kg/cm^2$

TIP 단축응력에서의 최대전단응력

$$\tau = \frac{\sigma}{2} = \frac{P}{2A} = \frac{4 \times 45{,}000}{2 \times \pi \times 15^2} = 127.4kg/cm^2$$

Answer 1.③ 2.②

3 지름 2.5cm의 강봉을 1,000t으로 당길 경우 강봉의 지름이 줄어든 값은 얼마인가? (단, 푸아송비는 1/5, 탄성계수는 $2.1 \times 10^6 kg/cm^2$이다.)

① 0.025cm ② 0.049cm
③ 0.055cm ④ 0.061cm

TIP 훅의 법칙으로부터

$$\varepsilon = \frac{\sigma}{E} = \frac{P}{EA} = \frac{1,000,000}{2.1 \times 10^6 \times \frac{\pi \times 2.5^2}{4}} = 0.097$$

푸아송비 : $\nu = \frac{\beta}{\varepsilon} = \frac{1}{5}$, $\beta = \varepsilon \times \frac{1}{5} = 0.0194$

$\Delta d = \beta \cdot d = 0.0485cm$

4 파괴 압축응력이 $500kg/cm^2$인 정사각형 단면의 잣나무가 압축력 5t을 안전하게 받을 수 있는 한 변의 최소길이는 얼마인가? (단, 안전율은 10이다.)

① 5cm ② 7cm
③ 10cm ④ 12cm

TIP 안전율이 10이므로 압축력을 50t으로 생각하고 설계해야 한다.

$A = \frac{P}{\sigma_a} = \frac{50,000}{500} = 100cm^2$, $\therefore a = 10cm$

5 40t의 압축을 받고 있는 강관기둥에서 바깥지름을 20cm로 할 경우 강관의 안지름의 최대값은? (단, 허용응력은 $1,200kg/cm^2$으로 한다.)

① 12.4cm ② 14.6cm
③ 18.9cm ④ 21.5cm

TIP $\sigma = \frac{P}{A}$, $A = \frac{P}{\sigma} = \frac{40,000}{1,200} = 33.33cm^2$

$A = \frac{\pi}{4}(D^2 - d^2)$이므로 $A = 314 - 0.785d^2 = 314 - 33.33$

$\therefore d = 18.9cm$

Answer 3.② 4.③ 5.③

6 다음 그림에서와 같은 T형 단면을 가진 단순보가 있다. 이 보의 지간은 3m이고, 오른쪽지점으로부터 왼쪽으로 1m 떨어진 곳에 하중 $P=450kg$이 걸려 있다. 이 보 속에 작용하는 최대 전단응력은?

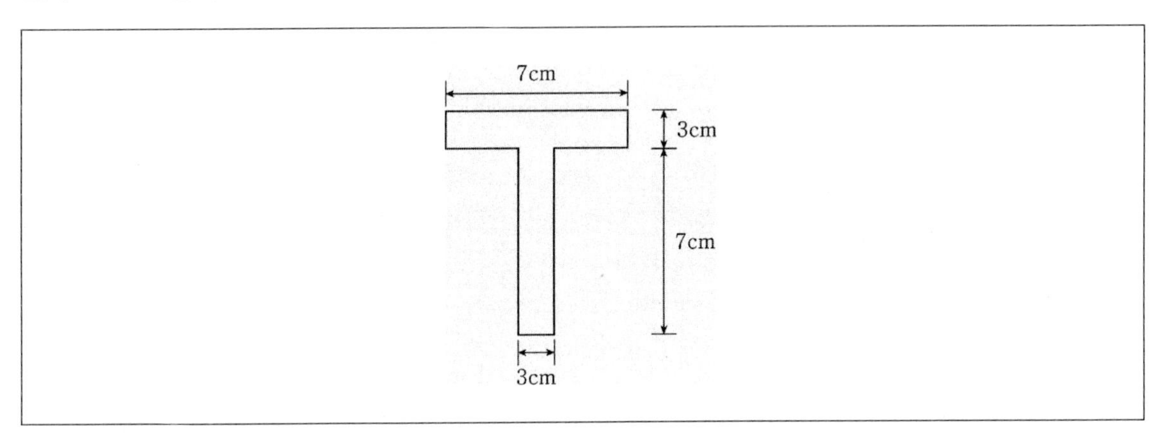

① 10.6kg/cm²
② 14.8kg/cm²
③ 18.2kg/cm²
④ 20.1kg/cm²

TIP $\tau=\frac{S}{Ib}G_s,\ S=300kg$

$I=\frac{7\times3^3}{12}+21\times2.5^2+\frac{3\times7^3}{12}+21\times2.5=364cm^4$

$G_x=6\times3\times3=54cm^3$

$\tau=\frac{300\times54}{364\times3}=14.84kg/cm^2$

7 지름이 50cm, 두께가 0.5cm인 원형파이프에 단위면적당 내부압력이 10kg/cm²일 때 원응력의 크기는?

① 150kg/cm²
② 250kg/cm²
③ 500kg/cm²
④ 750kg/cm²

TIP $\sigma=\frac{p\cdot r}{t}=\frac{P\cdot D}{2t}=\frac{10\times25}{0.5}=500kg/cm^2$

Answer 6.② 7.③

8 다음 보에서 발생하는 최대 휨응력의 크기는?

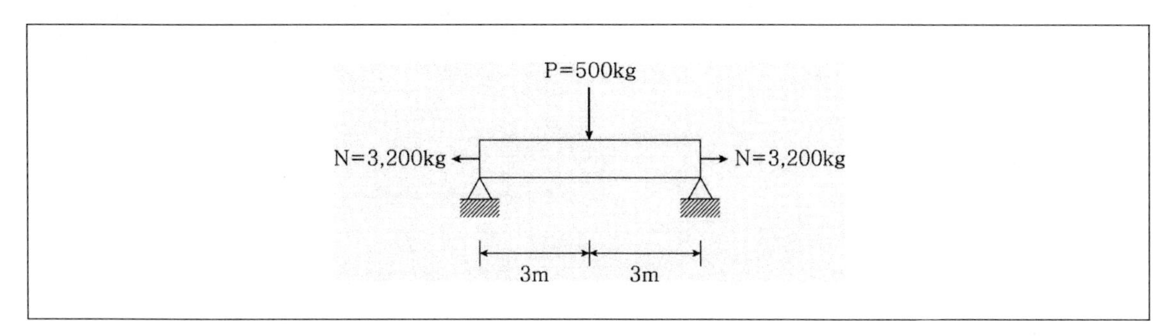

① $32.8kg/cm^2$ ② $36.2kg/cm^2$
③ $40.4kg/cm^2$ ④ $45.2kg/cm^2$

TIP $\sigma = \frac{N}{A} + \frac{M}{Z}$, $M = \frac{Pl}{A} = \frac{500 \times 600}{4} = 75{,}000kg \cdot cm$

$Z = \frac{15 \times 30^2}{6} = 2{,}250cm^3$, $N = 3{,}200kg$

$A = 450cm^2$, $\sigma = \frac{3{,}200}{450} + \frac{75{,}000}{2{,}250} = 40.44kg/cm^2$

9 길이 10m인 단순보 중앙에 집중하중 $P = 2t$이 작용할 경우 중앙에서의 곡률반지름 R은? (단, $I = 400cm^4$, $E = 2.1 \times 10^6 kg/cm^2$이다.)

① 8.4m ② 10.6m
③ 16.8m ④ 19.6m

TIP $M = \frac{Pl}{4} = \frac{2 \times 10}{4} = 5t \cdot m$, $\frac{1}{R} = \frac{M}{EI}$,

$R = \frac{EI}{M} = \frac{2.1 \times 10^6 \times 400}{500{,}000} = 16.8m$

Answer 8.③ 9.③

10 지름이 30cm인 원형단면을 가진 보가 다음과 같이 하중을 받는 경우 이 보에 생기는 최대 휨응력은?

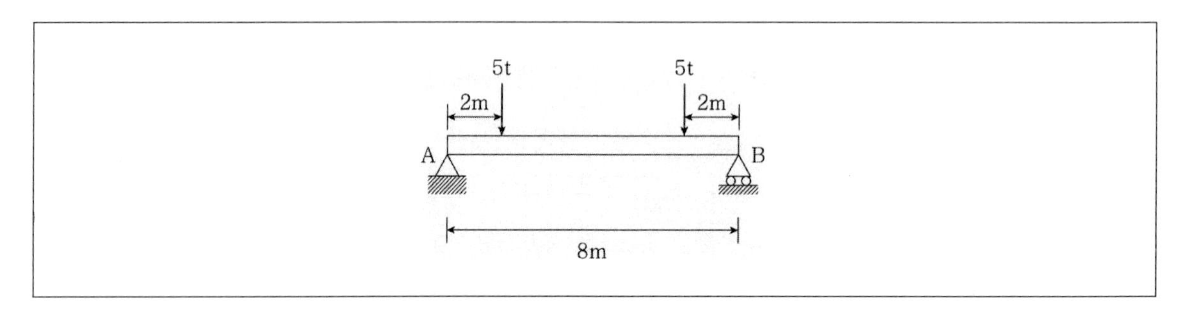

① 237.6kg/cm²　② 324.2kg/cm²
③ 377.3kg/cm²　④ 412.8kg/cm²

TIP $\sum M_B = 0 : R_A \times 8 - 5 \times 6 - 5 \times 2 = 0,\ R_A = 5t$

$M_{\max} = 5 \times 2 = 10t \cdot m$

$\sigma_{\max} = \frac{M}{I} y = \frac{1,000,000}{\frac{\pi 30^2}{64}} \times \frac{30}{2} = 377.256 kg/cm^2$

11 지름 30cm의 원형단면을 가진 강봉을 최대 휨응력이 1,800kg/cm²을 넘지 않도록 하여 원형으로 휘게 할 수 있도록 할 수 있는 최소 반지름은? (단, 탄성계수는 E = 2.1×10⁶kg/cm²이다.)

① 120m　② 145m
③ 175m　④ 200m

TIP $\sigma = \frac{M}{I} y,\ \frac{1}{R} = \frac{M}{EI},\ M = \frac{\sigma I}{y} = \frac{EI}{R}$

$R = \frac{Ey}{\sigma} = \frac{2.1 \times 10^6 \times 15}{1,800} = 17,500 cm$

$\therefore R = 175m$

Answer 10.③ 11.③

12 단면이 4cm×4cm인 부재에 5t의 전단력을 작용 시켜 전단변형도가 0.001rad일 때 전단탄성계수(G)는?

① $312.5kg/cm^2$ ② $364.5kg/cm^2$
③ $402.4kg/cm^2$ ④ $462.6kg/cm^2$

TIP $G = \frac{\tau}{\gamma} = \frac{S}{\gamma \cdot A} = \frac{5,000}{0.001 \times 4 \times 4} = 312,500kg/cm^2$

13 다음 그림과 같은 단순보에서 A점으로부터 x만큼 떨어진 점의 휨응력의 크기는? (단, y는 중립축으로부터의 거리이다.)

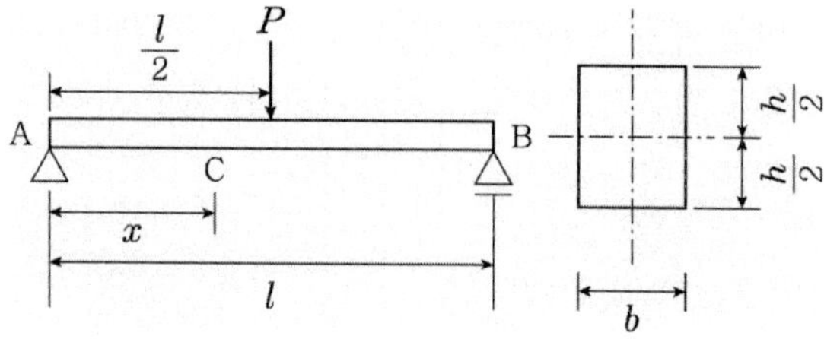

$\frac{l}{2}$, P, A, B, C, x, l, $\frac{h}{2}$, $\frac{h}{2}$, b

① $\frac{3Px}{bh^2} \cdot y$ ② $\frac{6Px}{bh^3} \cdot y$
③ $\frac{Px}{4bh^3} \cdot y$ ④ $\frac{5Px^2}{bh^2} \cdot y$

TIP $\sigma = \frac{M}{I}y$이고 $I = \frac{bh^3}{12}$이며 $M = R_A \cdot x = \frac{P}{2} \cdot x$이므로

$$\sigma = \frac{\frac{Px}{2}}{\frac{bh^3}{12}} \cdot y = \frac{6Px}{bh^3} \cdot y$$

Answer 12.① 13.②

14 다음 보의 응력에 관한 설명으로 바르지 않은 것은?

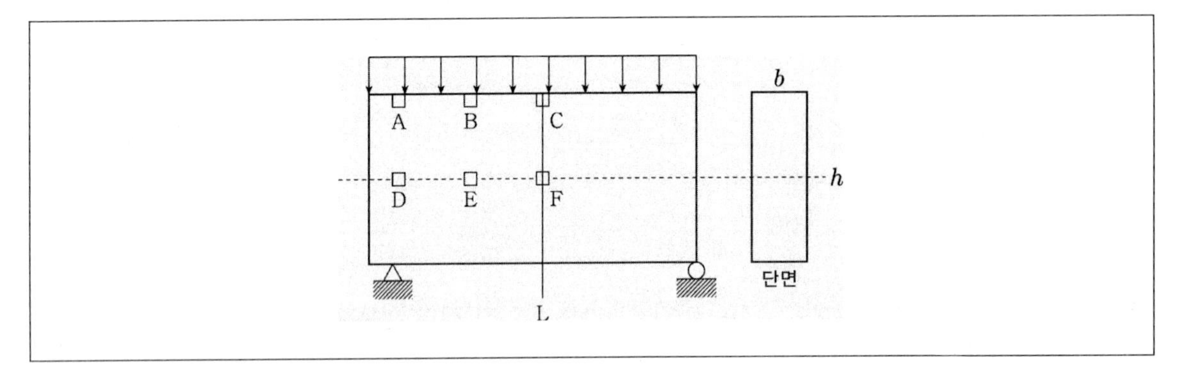

① 전단응력을 가장 크게 받는 부분은 A부분이다.

② 휨응력을 가장 크게 받는 부분은 C부분이다.

③ D부분에서는 전단응력이 휨응력보다 큰 값을 가진다.

④ F부분은 휨응력과 전단응력이 최소가 되는 점이다.

TIP 전단응력을 가장 크게 받는 부분은 D부분이다.

15 다음 캔틸레버보의 단면이 12cm×20cm일 때 최대 휨응력 σ_{max}는?

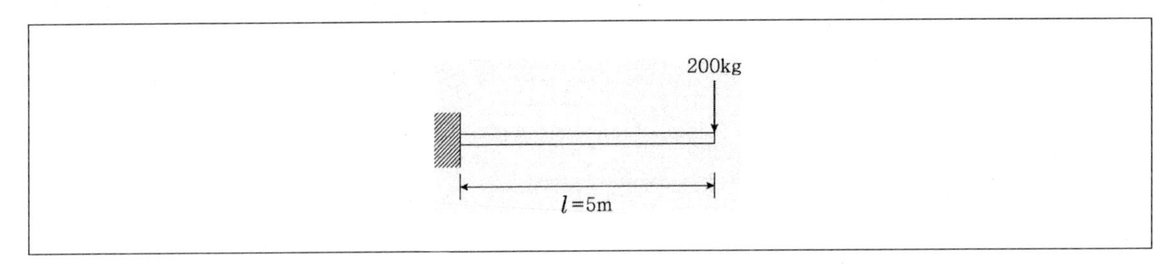

① $100kg/cm^2$　② $125kg/cm^2$

③ $150kg/cm^2$　④ $175kg/cm^2$

TIP $M_{max} = 200 \times 500 = 100,000kg \cdot cm$

$I = \frac{bh^3}{12} = \frac{12 \times 20^3}{12} = 8,000cm^4$, $y = 10cm$

$\therefore \sigma = \frac{M}{I}y = 125kg/cm^2$

Answer 14.① 15.②

16 그림의 단면이 267.5t · m의 휨모멘트를 받을 경우 플랜지와 복부의 경계면 mn에 발생하는 휨응력의 크기는?

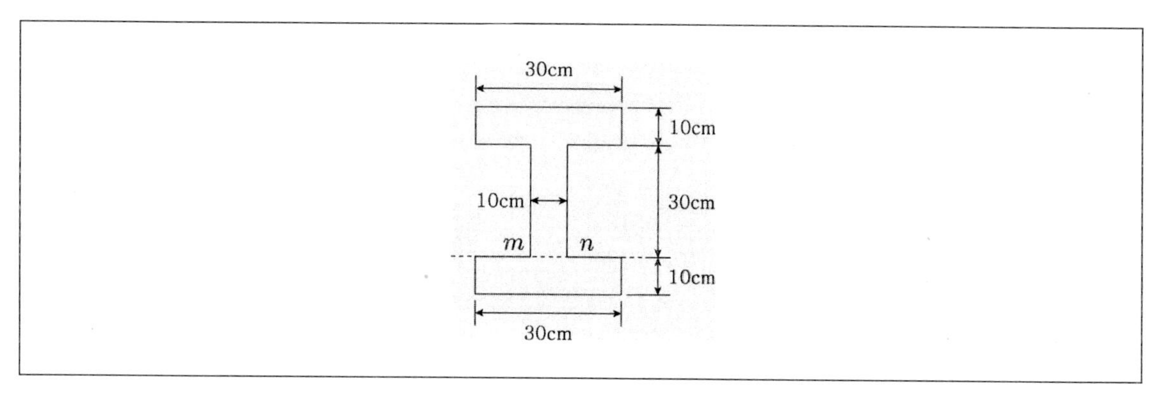

① 1,150kg/cm²
② 1,280kg/cm²
③ 1,500kg/cm²
④ 1,750kg/cm²

TIP
$I=\frac{30\times 50^3}{12}-\frac{20\times 30^3}{12}=267,500cm^4$

$M=267.5\times 10^5 kg\cdot cm$이며 $y=15cm$

$\sigma=\frac{M}{I}y=\frac{267.5\times 10^5}{267,500}\times 15=1,500kg/cm^2$

17 단면이 30cm×10cm이며 길이가 8m인 단순보의 허용응력이 $\sigma_a=100kg/cm^2$일 때 재하가 가능한 최대하중의 강도 w의 크기를 구한 값은?

① 1t/m
② 2t/m
③ 3t/m
④ 4t/m

TIP
$M=\frac{wl^2}{8}$, $\sigma=\frac{6M}{bh^2}$, $\sigma=\frac{3wl^2}{4bh^2}$

$w=\frac{4bh^2\sigma}{3l^2}=10kg/cm=1t/m$

Answer 16.③ 17.①

18 다음 그림과 같은 단면을 가진 보에서 $S_{max} = 3t$을 받을 경우 중립축의 전단응력은?

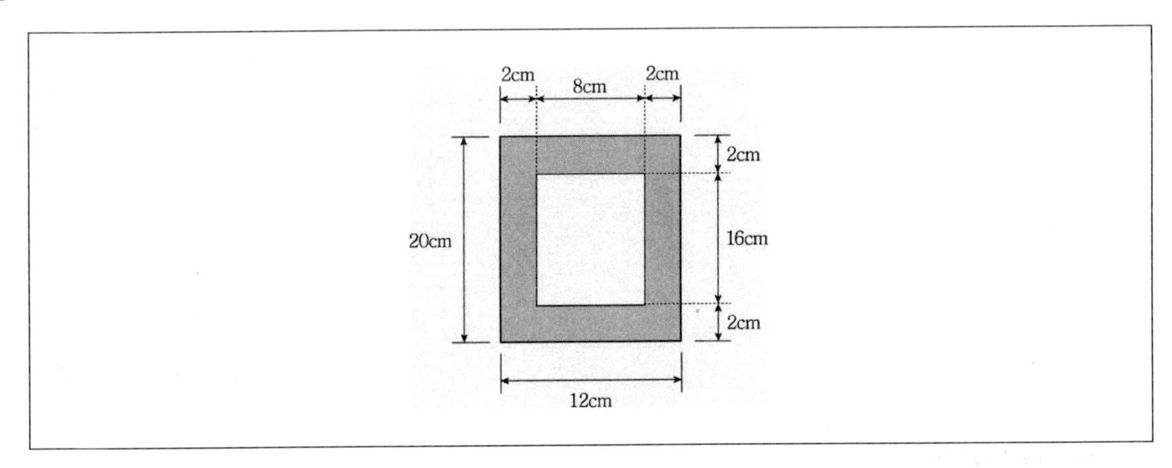

① 31.42kg/cm²　　② 40.26kg/cm²

③ 48.96kg/cm²　　④ 54.16kg/cm²

TIP $S = 3,000kg$

$G_x = 12 \times 2 \times 9 + 2 \times 2 \times 8 \times 4 = 344cm^3$

$I = \frac{1}{12}(12 \times 20^3 - 8 \times 16^3) = 5,269.3cm^4$

$b = 4cm$, $\tau = \frac{S \cdot G_x}{I \cdot b} = 48.96kg/cm^2$

Answer 18.③

19 20t의 전단력이 작용할 때 다음 I형 단면의 최대 전단응력의 크기는?

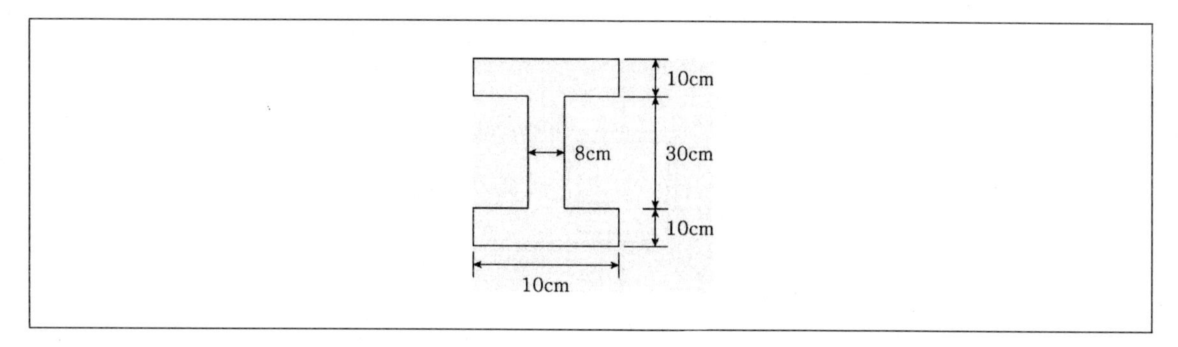

① 52.46kg/cm²　　② 58.96kg/cm²

③ 64.56kg/cm²　　④ 72.18kg/cm²

TIP $I=\frac{1}{12}(40\times50^3-32\times30^3)=344.667cm^4$

$b=8cm,\ G_x=10\times40\times20+9\times15\times7.5=8,900cm^3$

$\tau=\frac{S}{I\cdot b}G_x=64.56kg/cm^2$

Answer 19.③

20 다음 그림에서처럼 평면응력을 받는 요소가 다음과 같이 응력을 받고 있다. 이때 최대주응력의 크기는?

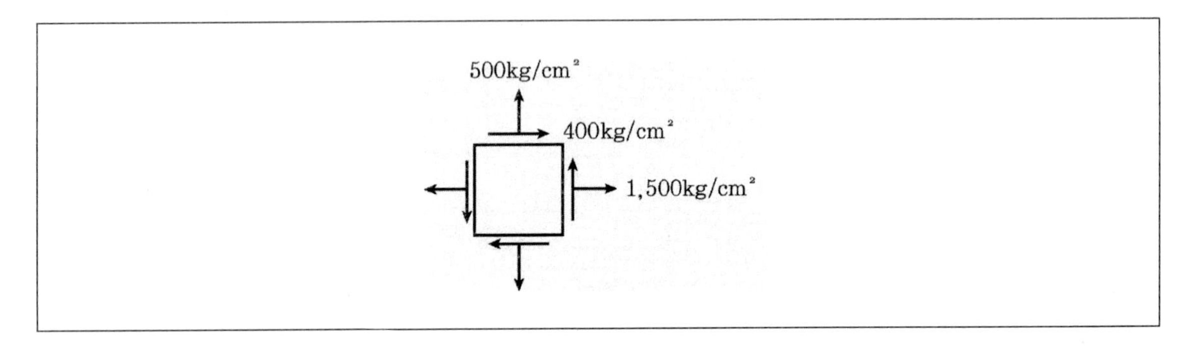

① $640kg/cm^2$ ② $360kg/cm^2$

③ $1,360kg/cm^2$ ④ $1,640kg/cm^2$

TIP $\sigma_x = 1,500kg/cm^2$, $\sigma_y = 500kg/cm^2$, $\tau_{xy} = 400kg/cm^2$

$$\sigma_{\max} = \frac{\sigma_x + \sigma_y}{2} + \sqrt{\left(\frac{\sigma_x - \sigma_y}{2}\right)^2 + \tau_{xy}^2} = 1,640kg/m^2$$

Answer 20.④

08 기둥

1 기둥 부재의 해석

(1) 단주와 장주

① **단주** … 단면의 크기에 비해 길이가 짧은 기둥으로서 부재 단면의 압축응력이 재료의 압축강도에 도달하여 압축에 의한 파괴가 발생되는 기둥으로서 세장비는 100 미만이다.

② **장주** … 단면의 크기에 비해 길이가 긴 기둥으로서 부재단면의 압축응력이 재료의 압축강도에 도달하기 전에 부재의 좌굴에 의한 파괴가 발생된다. (장주의 좌굴현상은 장주에 작용하는 응력이 비례한도응력보다 작은 값에서 발생되므로 탄성좌굴이다.) 일반적으로 세장비가 100 이상인 경우 장주로 간주한다.

③ **세장비(λ)** … 기둥이 가늘고 긴 정도를 나타낸다.

$$\lambda_{max} = \frac{\text{기둥의 유효길이}}{\text{최소회전반경}} = \frac{kl}{r_{min}} = \frac{kl}{\sqrt{\frac{I_{min}}{A}}}$$

기출예제 01 2019 지방직

다음 중 유효좌굴길이가 4m이고 직경이 100mm인 원형단면 압축재의 세장비는?

① 100 ② 160

③ 250 ④ 400

✱

세장비는 부재의 길이를 단면2차 반경으로 나눈 값이므로

$\lambda = \frac{L}{r} = \frac{4[m]}{0.25d} = \frac{4[m]}{0.25 \cdot 0.1[m[} = 160$

답 ②

(2) 단주의 해석

① 중심축 하중이 작용하는 경우

㉠ 압축을 (+), 인장을 (−)로 한다.

㉡ 압축응력 $\sigma_c = \dfrac{P}{A}$ (σ_c : 압축응력, P : 중심축하중, A : 단면적)

② 1축 편심축 하중이 작용하는 경우

㉠ 하중이 X축으로 편심이 된 경우 중심으로부터 x만큼 떨어진 곳에 작용하는 응력은

$$\sigma_x = \frac{P}{A} \pm \frac{P \cdot e_x}{I_y} \cdot x$$

㉡ 하중이 Y축으로 편심이 된 경우 중심으로부터 y만큼 떨어진 곳에 작용하는 응력은

$$\sigma_y = \frac{P}{A} \pm \frac{P \cdot e_y}{I_x} \cdot y$$

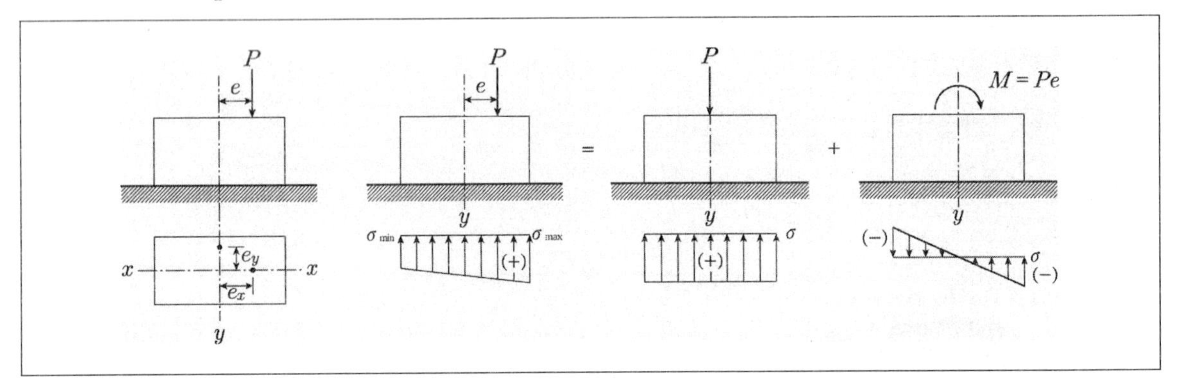

③ 편심거리에 따른 응력분포도

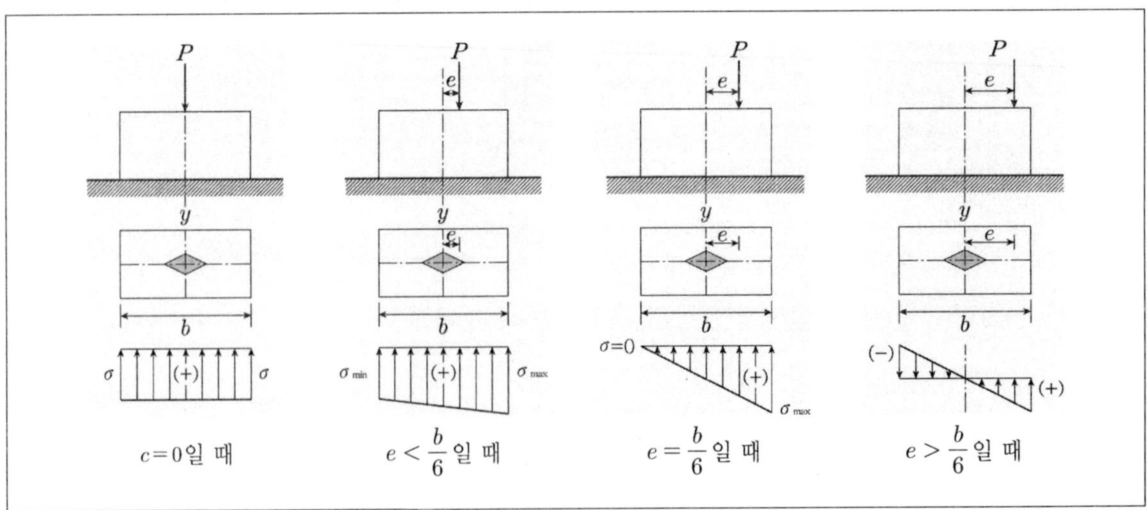

④ 단면의 핵과 핵점

㉠ **핵점** : 단면 내에 압축응력만이 일어나는 하중의 편심거리의 한계점

㉡ **핵** : 핵점에 의해 둘러싸인 부분

㉢ **핵거리** : 인장응력이 생기지 않는 편심거리

• X축으로 1축 편심된 축하중이 작용하는 경우 $\sigma = \frac{P}{A} \pm \frac{P \cdot e_x}{I_y} \cdot x$의 응력이 발생하게 되며 이때 $\frac{P}{A} = \frac{P \cdot e}{I_y} \cdot x$가 되는 e의 값이 핵거리이다.

(3) 장주의 해석

① **좌굴**(buckling)**과 좌굴하중** … 장주에 압축하중이 작용하고 있으며 이 하중이 일정크기 이상에 도달하면 휘기 시작하고, 어느 정도 휘어진 상태에서는 작용하고 있는 압축하중과 평형상태(중립평형상태)를 이룬다. 그러나 이 상태에서 조금 더 큰 하중이 작용하게 되면 기둥은 더 이상 압축하중에 저항하지 못하고 계속 휘어지게 되는데 이런 현상을 좌굴이라고 하며 좌굴을 발생시키는 최소한의 하중을 좌굴하중(P_{cr})이라고 한다.

② **장주의 좌굴특성**

㉠ 장주의 좌굴응력은 비례한도응력보다 작으므로 장주의 좌굴은 탄성좌굴에 속한다.

㉡ 중간주의 좌굴은 오일러 응력보다는 낮고 비례한도 응력보다는 높은 영역에서 발생하므로 비탄성좌굴에 속한다.

㉢ 장주의 좌굴은 단면2차 모멘트가 최대인 주축의 방향으로 발생한다. 즉, 단면2차모멘트와 2차반경의 값이 최솟값이 되는 주축의 직각방향으로 좌굴이 발생하게 된다.

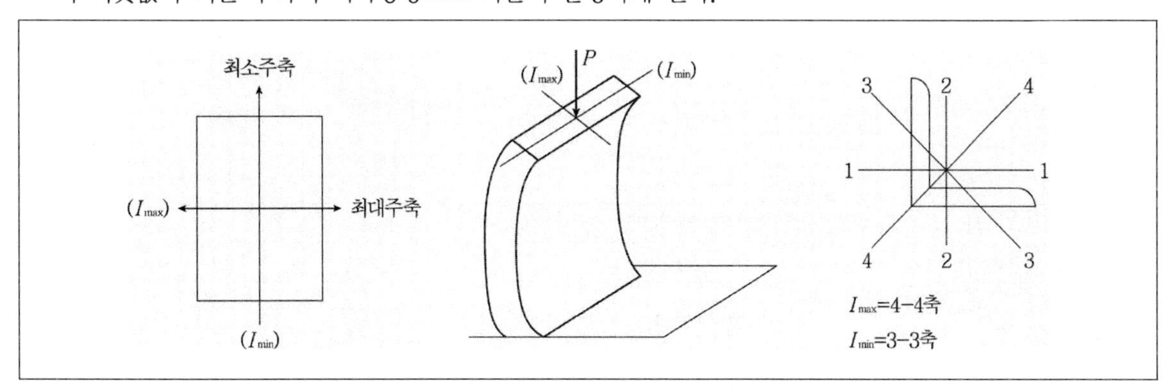

TIP

강축과 약축

강축은 힘을 더 잘 받을 수 있는 방향의 축을 말하며 위의 그림에서 최대주축을 말한다. 이 강축과 교차하는 축이 약축이며 약축을 중심으로 회전을 하면서 좌굴이 일어나게 된다.

③ 좌굴하중의 기본식(오일러의 장주공식)

$$P_{cr} = \frac{\pi^2 EI}{(kl)^2} = \frac{n\pi^2 EI}{l^2}$$

- EI : 기둥의 휨강성
- l : 기둥의 길이
- k : 기둥의 유효길이 계수
- kl : (l_k로도 표시함) 기둥의 유효길이 (장주의 처짐곡선에서 변곡점과 변곡점 사이의 거리)
- n : 좌굴계수(강도계수, 구속계수)
- $n = \dfrac{1}{k^2}$
- 좌굴응력(임계응력) : $\sigma_b = \dfrac{P_b}{A} = \dfrac{n\pi^2 E}{\lambda^2}$

단부구속조건	양단고정	1단힌지 타단고정	양단힌지	1단회전구속 이동자유 타단고정	1단회전자유 이동자유 타단고정	1단회전구속 이동자유 타단힌지
좌굴형태	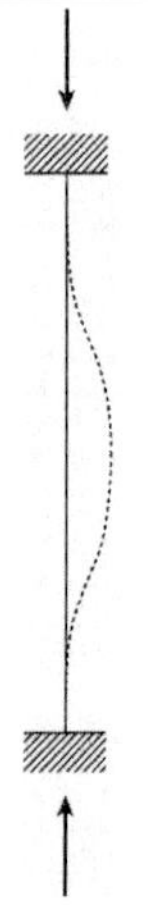	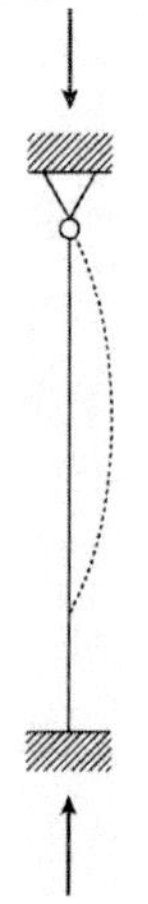	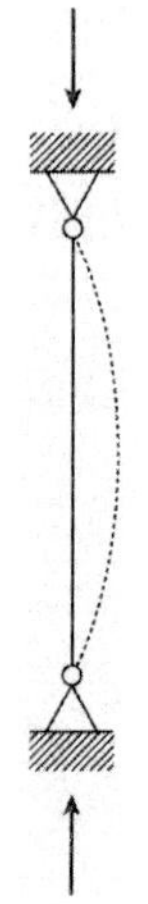	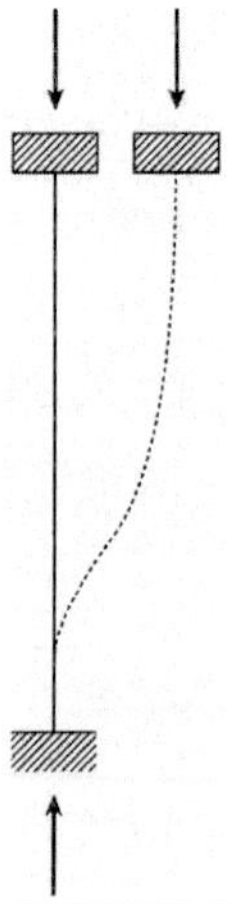	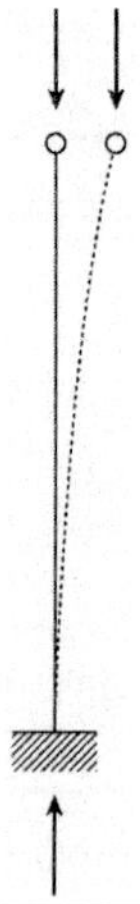	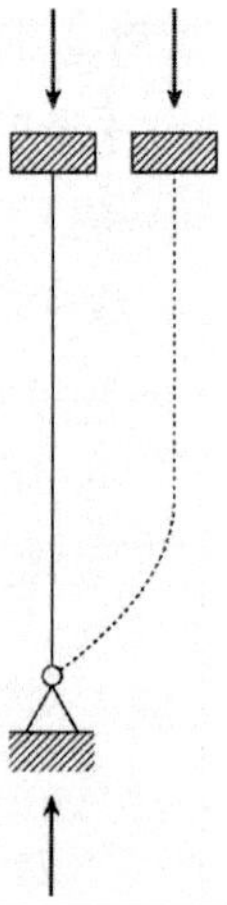
이론적인 K값	0.50	0.70	1.0	1.0	2.0	2.0
권장 설계 K값	0.65	0.80	1.0	1.2	2.1	2.4
절점조건의 범례		회전구속, 이동구속 : 고정단				
	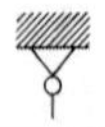	회전자유, 이동구속 : 힌지				
		회전구속, 이동자유 : 큰 보강성과 작은 기둥강성인 라멘				
		회전자유, 이동자유 : 자유단				

골조	단순화	K	골조	단순화	K
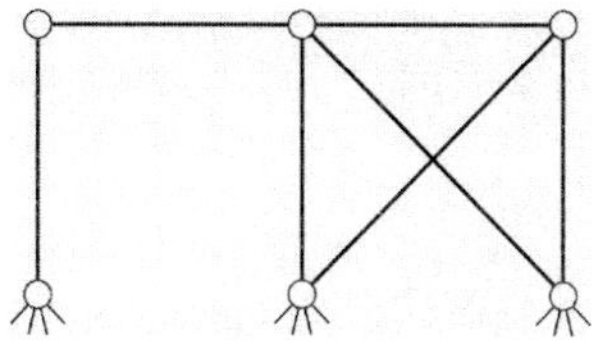		1.0	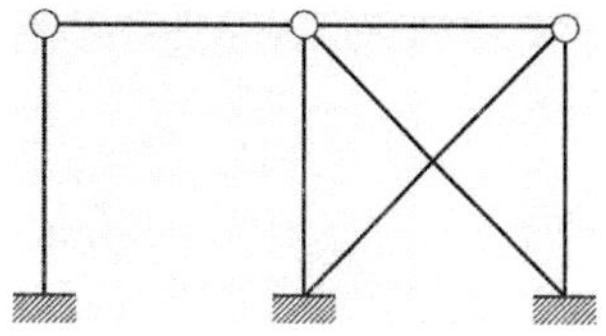	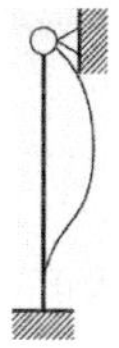	0.85
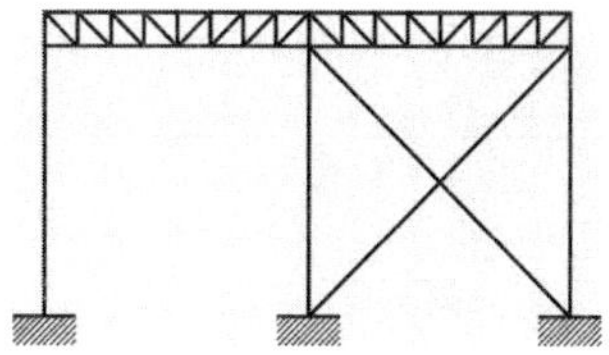		0.7	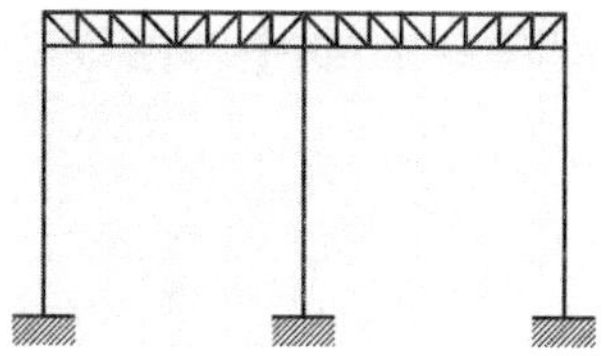		1.0

최근 기출문제 분석

2009 지방직

1 그림과 같은 기둥 A, B, C의 탄성좌굴하중의 비 P_A:P_B:P_C는? (단, 기둥 단면은 동일하며, 동일재료로 구성되고 유효좌굴길이 계수는 이론값으로 한다)

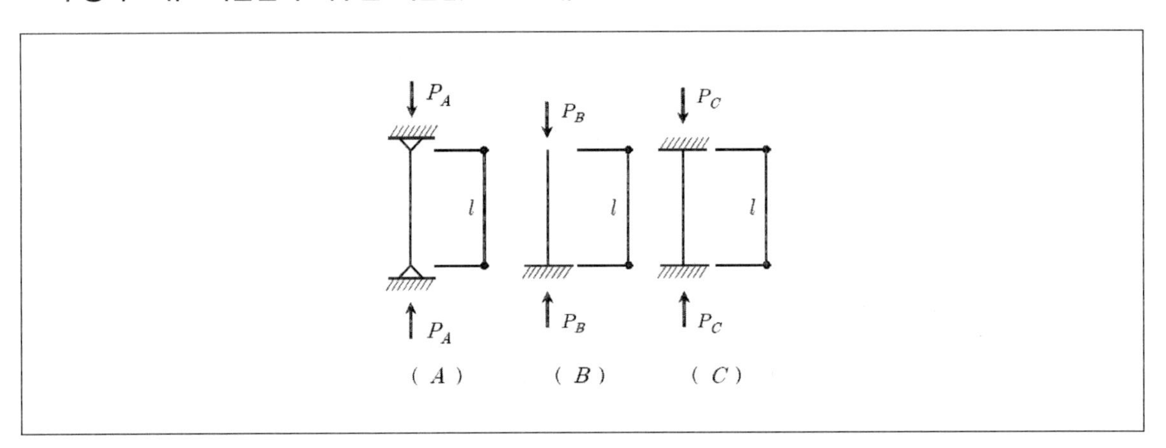

① 1 : 2 : 0.5

② 1 : 0.25 : 2

③ 1 : 0.25 : 4

④ 1 : 0.25 : 16

TIP 좌굴하중 $P_{cr} = \frac{\pi^2 EI}{(KL)^2}$ 이므로

$P_A = \frac{1}{(1.0 \times L)^2}$, $P_A = \frac{1}{(2.0 \times L)^2}$, $P_C = \frac{1}{(0.5 \times L)^2}$

그러므로 $P_A : P_B : P_C = 1 : 0.25 : 4$

Answer 1.③

2009 지방직

2 그림과 같은 길이가 L인 압축재가 부재의 중앙에서 횡방향지지되어 있을 경우, 이 부재의 면내방향 탄성좌굴하중(P_{cr})은? (단, 부재의 자중은 무시하고, 면외방향좌굴은 발생하지 않는다고 가정하며, 부재 단면의 휨강성은 EI이다)

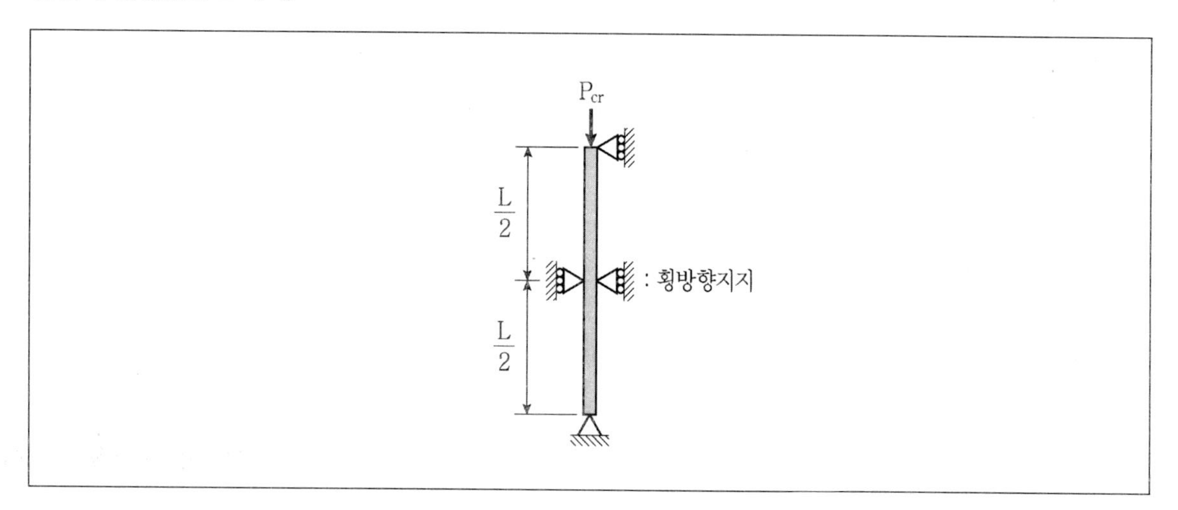

① $\frac{\pi^2 EI}{L^2}$

② $2\frac{\pi^2 EI}{L^2}$

③ $4\frac{\pi^2 EI}{L^2}$

④ $8\frac{\pi^2 EI}{L^2}$

TIP 그림에서 주어진 부재는 양단힌지이며 길이는 0.5인 부재로 간주할 수 있으므로 부재의 면내방향 탄성좌굴하중(P_{cr})은

$P_{cr} = \frac{\pi^2 EI}{(K \cdot 부재길이)^2} = \frac{\pi^2 EI}{(1.0 \cdot 0.5L)^2} = 4\frac{\pi^2 EI}{L^2}$ (양단힌지이므로 좌굴길이계수 K는 1.0이다.)

Answer 2.③

출제 예상 문제

1 길이가 1.5m, 지름이 30mm인 원형단면을 가진 1단 고정 타단자유인 기둥의 좌굴하중을 오일러의 공식으로 구하면? (단, $E = 2.1 \times 10^6 kg/cm^2$이며 π는 3.14로 본다.)

① 768kg
② 914kg
③ 1126kg
④ 1314kg

TIP $I = \dfrac{\pi \cdot 3^4}{64} = 3.974cm^4$, $P_{cr} = \dfrac{n\pi^2 EI}{l^2} = 914.26kg$

2 다음 그림과 같은 단주에 $P = 8.4t$, $M = 168kg \cdot m$가 작용할 때 기둥의 최대, 최소응력을 순서대로 바르게 나열한 것은?

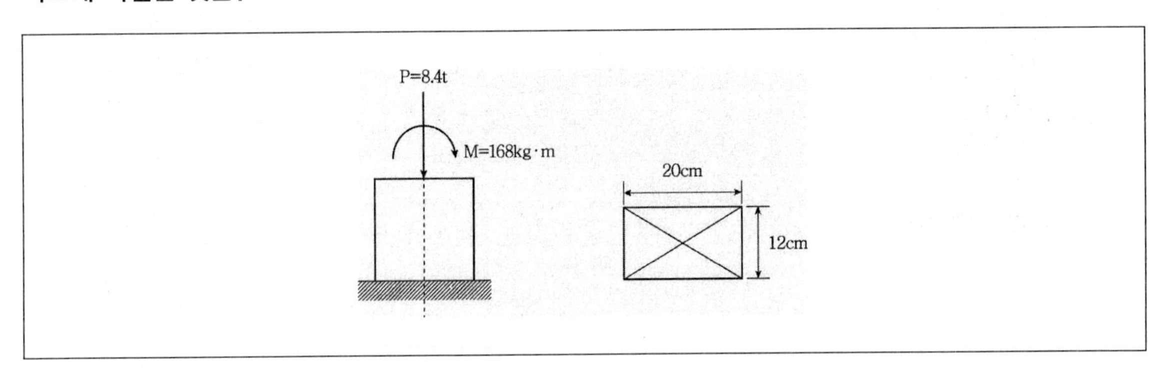

	σ_{max}	σ_{min}
①	35	35
②	35	14
③	56	35
④	56	14

TIP $\sigma = \dfrac{P}{A} \pm \dfrac{M}{Z} = 35 \pm 21 = 56kg/cm^2,\ 14kg/cm^2$

Answer 1.② 2.④

3 오일러의 탄성곡선이론에 의한 기둥공식에서 좌굴하중의 비(A : B : C : D)를 바르게 나타낸 것은?

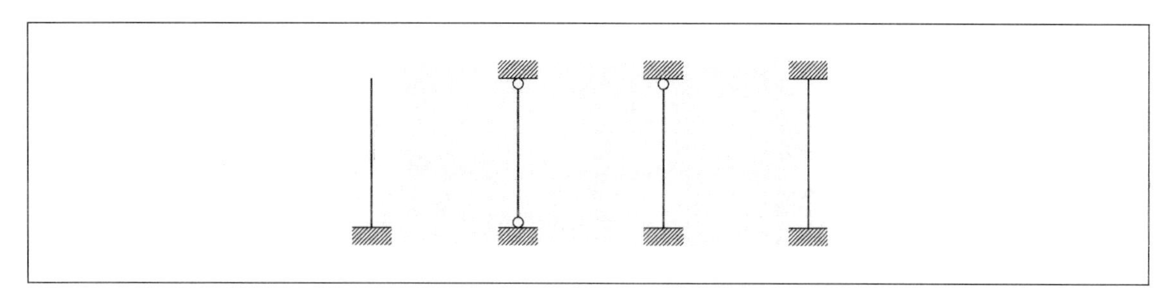

① 1 : 4 : 8 : 16
② 1 : 3 : 6 : 8
③ 1 : 4 : 3 : 9
④ 1 : 2 : 4 : 8

TIP A : B : C : D = 1 : 4 : 8 : 16

4 길이 9m인 원목에 1t의 축하중을 가할 때 지름 d는 최소 얼마이상이어야 하는가? (단, $E=84,000kg/cm^2$, 안전율은 3이며 지지상태는 양단힌지이다.)

① 8cm
② 10cm
③ 12cm
④ 16cm

TIP $P_b=\frac{n\pi^2EI}{l^2}$, $3\times1,000=\frac{\pi^2\times84,000}{(900)^2}\times\frac{\pi D^4}{64}$, $\therefore D=16cm$

5 1단고정 1단자유인 기둥의 자유단에 20t의 하중이 작용하면 기둥이 좌굴하기 시작하는 최소의 길이는? (단, 기둥의 단면은 5cm×10cm인 직사각형이고 탄성계수 $E = 2.1\times10^6 kg/cm^2$이며 하중은 단면 중앙에 작용한다.)

① 1.26m
② 1.64m
③ 1.96m
④ 2.14m

TIP $P_b=\frac{n\pi^2EI}{l^2}$, $\therefore l=1.64m$

Answer 3.① 4.④ 5.②

6 다음 단주에 대한 설명으로 바르지 않은 것은?

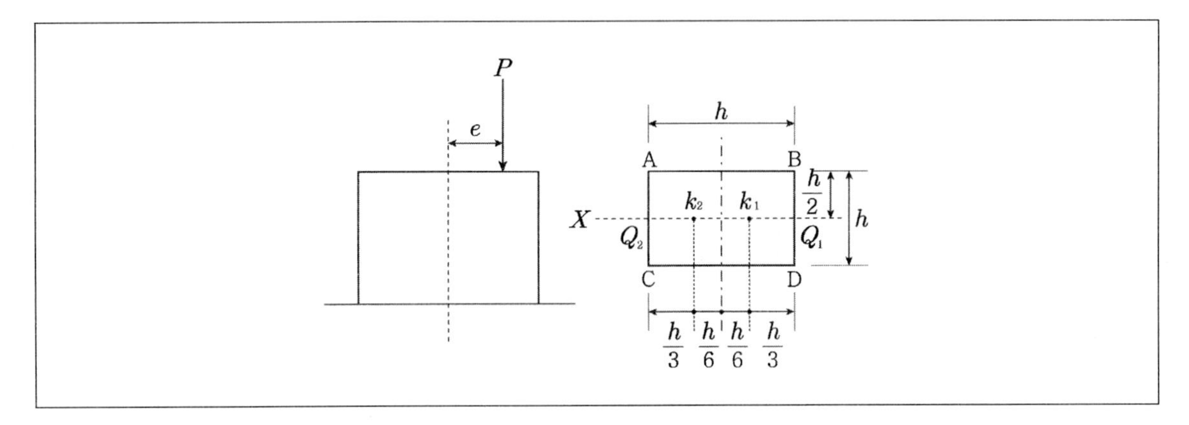

① 하중 P가 K_1의 위치에 작용할 경우 AD면에서의 응력은 0이다.

② 하중 P가 $K_2 \sim Q_2$간에 작용할 때 AD면의 응력도는 $\sigma_{AD} = \frac{P}{A}\left(1 - \frac{6e}{h}\right)$이다.

③ 하중 P가 도심 G에 작용할 경우 단면에서 일어나는 압축력은 같으며 그 값은 P/A이다.

④ 하중 P가 $K_2 \sim Q_2$간에 작용할 경우 BC면에서는 인장응력이 일어난다.

TIP 하중 P가 $K_2 \sim Q_2$간에 작용할 때 AD면의 응력도는 $\sigma_{AD} = \frac{P}{A}\left(1 + \frac{6e}{h}\right)$이다.

Answer 6.②

7 다음 그림과 같은 편심하중을 받는 직사각형 단면 단주의 최대응력은?

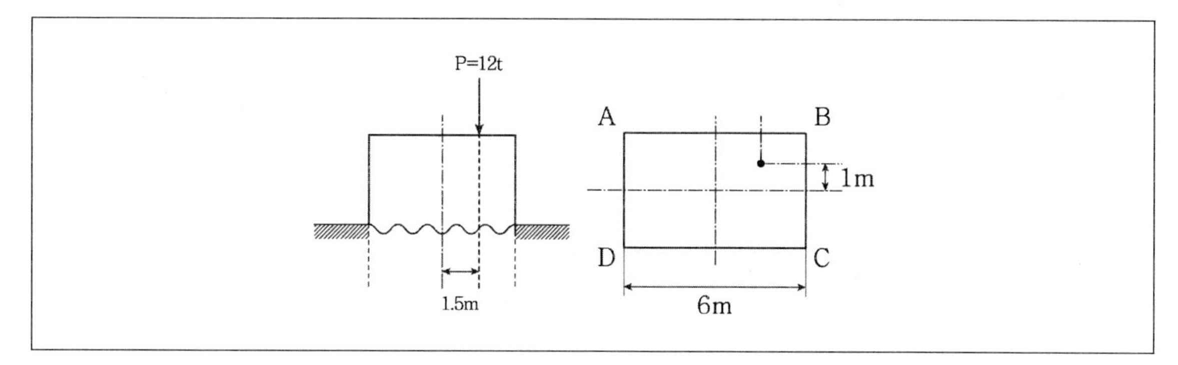

① $-1.0t/m^2$
② $-2.0t/m^2$
③ $-2.5t/m^2$
④ $-3.0t/m^2$

TIP $\sigma = -\frac{P}{A} - \frac{M_x}{Z_x} - \frac{M_y}{Z_y} = -\frac{12}{24} - \frac{12 \times 1}{\frac{6 \times 4^2}{6}} - \frac{12 \times 1.5}{\frac{4 \times 6^2}{6}} = -2.0t/m^2$

Answer 7.②

09 처짐과 처짐각

❶ 처짐 및 처짐각

(1) 용어 정의

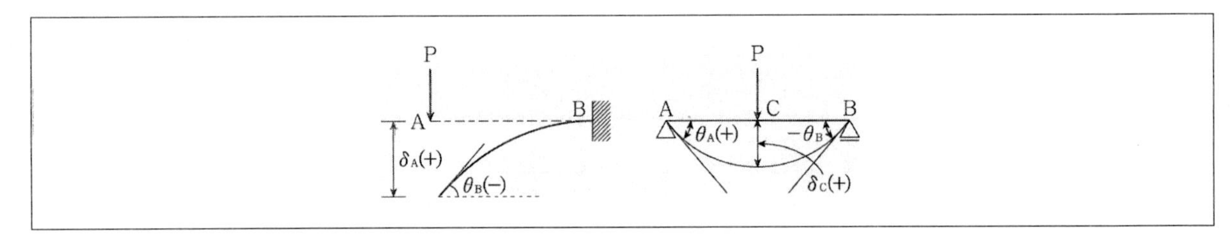

① 처짐각(θ) … 변형 전의 부재 축방향과 탄성곡선상의 임의점의 접선이 이루는 각을 처짐각, 회전각 또는 절점각이라 한다. 접선각과 부재각의 합이며 시계방향의 각을 (+), 반시계방향의 각을 (−)로 한다.

② 처짐(δ) … 부재의 임의 한 점의 이동량을 의미하는 것으로 수직처짐(δ_v)과 수평처짐(δ_h)이 있다.

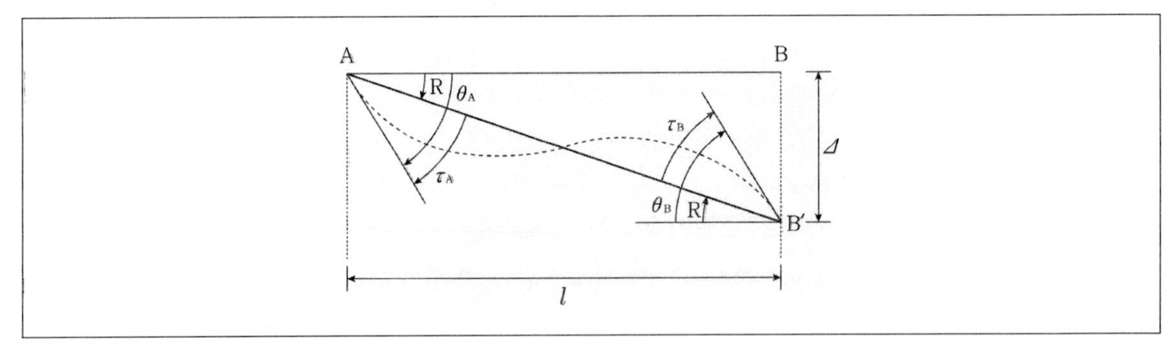

③ **부재각**(R) … 지점의 침하 또는 절점의 이동으로 변위(Δ)가 발생했을 때 부재의 양단사이의 각($R=\frac{\Delta}{l}$)을 부재각이라 한다. (처짐변위는 주로 Δ나 δ로 표시하지만 x나 y로 표시하기도 한다.)

④ **접선각**(τ) … 재단모멘트에 의해서 생기는 접선회전각이다. (부재가 변위가 발생함과 동시에 변형이 일어날 때 재단에서 변형 후의 접선은 변형 후의 양쪽 재단을 연결한 직선과 각을 이루게 되는데 이 각을 접선각이라 한다.)

⑤ **탄성곡선** … 구조물이 하중을 받으면 곡선으로 휘어지게 되는데 이 곡선을 탄성곡선, 또는 처짐곡선이라고 한다.

TIP

중첩의 원리 … 재료가 후크의 법칙을 만족하고 부재의 변위가 외력(P)에 대하여 정비례(탄성거동) 하면 재료에 작용하는 모든 힘에 의한 변위는 각 힘에 의한 변위의 총합이 성립한다.

(2) 탄성곡선법(처짐곡선법, 미분방정식법, 2중적분법)

① 등분포하중(w), 전단력(S)과 휨모멘트(M)의 관계는 다음과 같다.

$$w=-\frac{dS}{dx}=-\frac{d^2M}{dx^2}=\frac{d^4y}{dx^4}EI$$

$$EIy''=-M,\ EIy'''=-S,\ EIy''''=w$$

② 곡률과 휨모멘트의 관계로부터 처짐각과 처짐을 구할 수 있다.

P, A, B, x, y, θ

$$\frac{1}{R}=\frac{d\theta}{dx}=\frac{d^2y}{dx^2}=-\frac{M}{EI}$$

$$y''=\frac{d^2y}{dx^2}=-\frac{M}{EI}$$

㉠ 처짐각(θ) : $\theta=y'=\frac{dy}{dx}=-\frac{1}{EI}\int M\cdot dx+C_1$

㉡ 처짐(y) : $y=\int\frac{dy}{dx}=-\frac{1}{EI}\iint M\cdot dx+\int C_1\cdot dx+C_2$

여기서 C_1, C_2는 적분상수로 경계조건에 의해 구할 수 있다.

(3) 탄성하중법(Mohr의 정리)

① 개념과 적용

㉠ 탄성하중법은 휨모멘트도를 EI로 나눈 값을 하중(탄성하중)으로 취급한다.

㉡ (+)M은 하향의 탄성하중, (−)M은 상향의 탄성하중으로 한다.

㉢ 탄성하중법은 오직 단순보에만 적용한다.

② 탄성하중법의 정리

㉠ **제1정리** : 단순보의 임의점에서 처짐각(θ)은 $\dfrac{M}{EI}$을 탄성하중으로 한 경우의 그 점의 전단력 값과 같다.

㉡ **제2정리** : 단순보의 임의점에서의 처짐(δ)은 $\dfrac{M}{EI}$을 탄성하중으로 한 경우의 그 점의 휨모멘트값과 같다.

③ 탄성하중법 적용 예

㉠ A지점의 처짐각(θ_A)

$$\theta_A = S_A = R_A = \left(\frac{1}{2}\times l\times\frac{P\cdot l}{4EI}\right)\times\frac{1}{2} = \frac{P\cdot l^2}{16EI}$$

㉡ B지점의 처짐각(θ_B)

$$\theta_b = S_B = -R_B = -\frac{P\cdot l^2}{16EI}$$

㉢ 중앙점의 처짐(δ_C)

$$\delta_C = R_A\times\frac{l}{2} - \left(\frac{l}{2}\times\frac{l}{2}\times\frac{P\cdot l}{4EI}\right)\times\left(\frac{1}{3}\times\frac{l}{2}\right)$$

$$= \frac{P\cdot l^2}{16EI}\times\frac{1}{2} - \left(\frac{P\cdot l^2}{16EI}\right)\left(\frac{l}{6}\right) = \frac{P\cdot l^3}{48EI}(\downarrow)$$

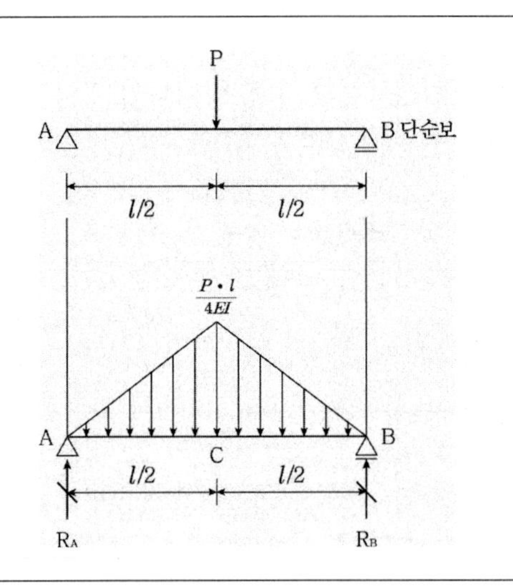

(4) 공액보법

① **공액보법의 정의**… 탄성하중법의 원리를 그대로 적용시켜 지점 및 단부의 조건을 변화시켜 처짐각, 처짐을 구한다. 단부의 조건 및 지점의 조건을 변화시킨 보를 공액보라 한다. 공액보법은 모든 보에 적용된다.

② 공액보를 만드는 방법

㉠ 힌지단은 롤러단으로 변형시키고, 롤러단은 힌지단으로 변형시킨다.

㉡ 고정단은 자유단으로 변형시키고, 자유단은 고정단으로 변형시킨다.

㉢ 중간힌지 또는 롤러지점은 내부힌지절점으로 변형시키고, 내부힌지절점은 중간힌지 또는 롤러지점으로 변형시킨다.

③ 공액보법의 적용 예

㉠ 자유단의 처짐각(θ_B)

$$\theta_B = S_B = \frac{1}{2} \times l \times \frac{Pl}{EI} = \frac{Pl^2}{2EI}\text{(시계방향)}$$

㉡ 자유단의 처짐(δ_B)

$$\delta_B = M_B = (\frac{1}{2} \times l \times \frac{Pl}{EI}) \times (\frac{2}{3} \times l) = \frac{Pl^3}{3EI}(\downarrow)$$

주어진 보의 처짐각 θ_x는 공액보의 전단력 $S_x{}'$이고,

주어진 보의 처짐 y_x는 공액보의 휨모멘트이다.

즉, $\theta_A = S_A{}' = R_A{}' = \frac{M_A \cdot l}{3E \cdot l}$, $\theta_B = S_B{}' = -R_B{}' = \frac{M_A \cdot l}{6E \cdot l}$

한편 처짐은 $y_x = M_x{}' = R_A{}' \times x - (\frac{M_A}{EI} + \frac{M_A}{EI} \times \frac{(l-x)}{l})x \times \bar{x}$

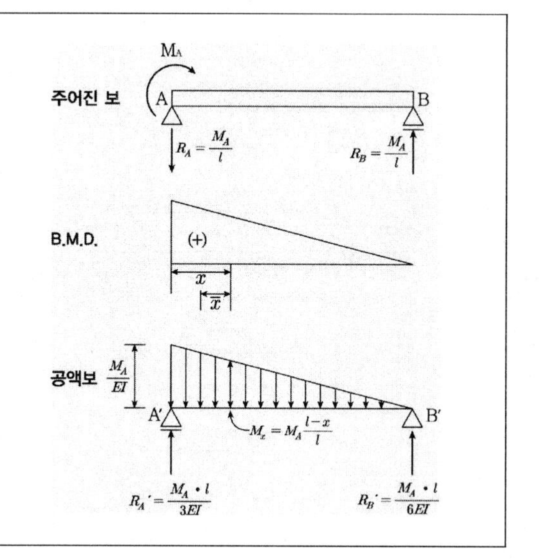

(5) 모멘트 면적법

① **모멘트 면적법 제1정리**(Green의 정리) … 탄성곡선상에서 임의의 두 점의 접선이 이루는 각(θ)은 이 두점간의 휨모멘트도의 면적(A)을 EI로 나눈 값과 같다.

② **모멘트면적법 제2정리** … 탄성곡선상의 임의의 m점으로부터 n점에서 그은 접선까지의 수직거리(ym)는 그 두 점 사이의 휨모멘트도 면적의 m점에 대한 1차 모멘트를 EI로 나눈 값과 같다.

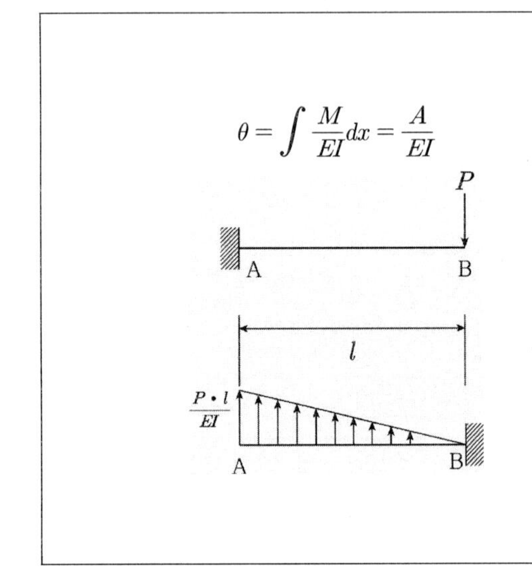

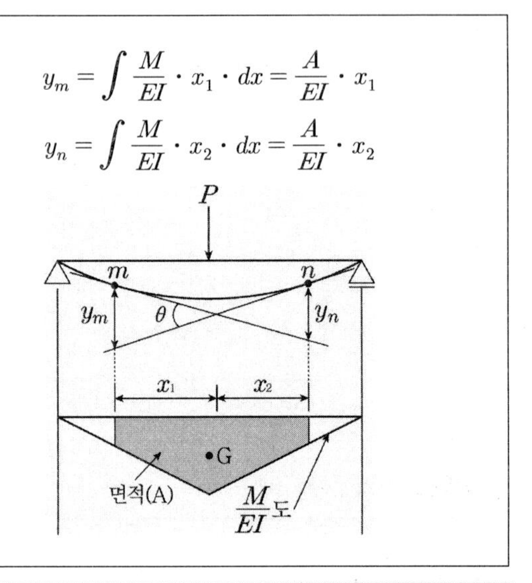

하중조건	처짐각	처짐
A, B, P, l	$\theta_B = \frac{PL^2}{2EI}$	$\delta_B = \frac{PL^3}{3EI}$
A, B, C, P, L/2, L/2, L	$\theta_B = \frac{PL^2}{8EI}$, $\theta_C = \frac{PL^2}{8EI}$	$\delta_B = \frac{PL^3}{24EI}$, $\delta_C = \frac{5PL^3}{48EI}$
A, B, C, P, a, b, L	$\theta_B = \frac{Pa^2}{2EI}$, $\theta_C = \frac{Pa^2}{2EI}$	$\delta_B = \frac{Pa^2}{6EI}(3L-a)$, $\delta_C = \frac{Pa^3}{3EI}$
A, B, w, L	$\theta_B = \frac{wL^3}{6EI}$	$\delta_B = \frac{wL^4}{8EI}$
A, B, w, L/2, L/2	$\theta_B = \frac{7wL^3}{46EI}$	$\delta_B = \frac{41wL^4}{384EI}$

하중조건	처짐각	처짐
(A 고정단, 길이 L/2 구간에 등분포하중 w, 자유단 B)	$\theta_B = \dfrac{wL^3}{48EI}$	$\delta_B = \dfrac{7wL^4}{384EI}$
(A 고정단, 길이 a 구간(A~C)에 등분포하중 w, b, 전체 L, 자유단 B)	$\theta_B = \dfrac{wa^3}{6EI}$	$\delta_B = \dfrac{wa^3}{24EI}(3a+4b)$
(A 고정단, 삼각형 분포하중 w, 길이 L, 자유단 B)	$\theta_B = \dfrac{wL^3}{24EI}$	$\delta_B = \dfrac{wL^4}{30EI}$
(A 고정단, 자유단 B에 모멘트 M, 길이 L)	$\theta_B = \dfrac{ML}{EI}$	$\delta_B = \dfrac{ML^2}{2EI}$

| 기출예제 01

2016 서울시 (7급)

다음 중 그림과 같은 두 개의 캔틸레버 보 (A), (B)에서 자유단의 처짐이 같아지기 위한 (A)보 단면의 폭 b값은 얼마인가? (단, 두 보의 탄성계수는 같다.)

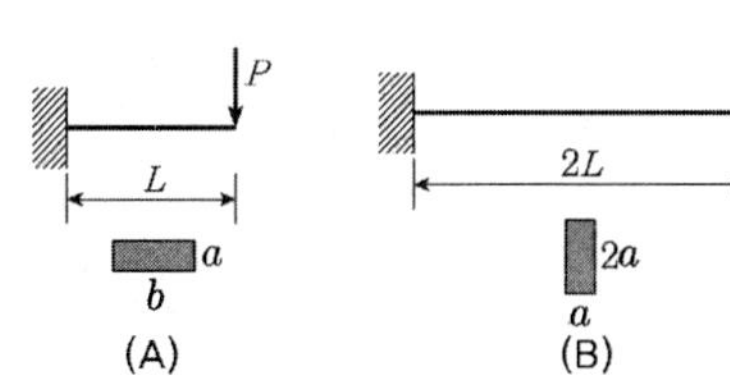

① a ② 2a
③ 3a ④ 4a

자유단의 처짐은 길이의 세제곱에 비례하고 단면2차모멘트에 반비례한다. 즉, 길이가 2배가 되면 처짐은 8배가 된다. 단면2차모멘트는 단면의 높이의 세제곱에 비례한다.

하중조건	처짐각	처짐
(A 고정단, 자유단 B에 집중하중 P, 길이 L)	$\theta_B = \dfrac{PL^2}{2EI}$	$\delta_B = \dfrac{PL^3}{3EI}$

답 ①

하중조건	처짐각	처짐
A, B, M, a, b, L	$\theta_B = \frac{Ma}{EI}$	$\delta_B = \frac{Ma}{2EI}(L+b)$
P, A, B, C, L/2, L/2, L	$\theta_A = -\theta_B = \frac{PL^2}{16EI}$	$\delta_{max} = \delta_C = \frac{PL^3}{48EI}$
P, A, B, C, a, b, L	$\theta_A = \frac{Pab}{6EI \cdot L}(a+2b)$ $\theta_B = -\frac{Pab}{6EI \cdot L}(2a+b)$	$\delta_C = \frac{Pa^2b^2}{3LEI}$ $\delta_{max} = \frac{Pb}{9\sqrt{3}EI \cdot L}\sqrt{(L^2-b^2)^3}$ (최대처짐위치 : A로부터 $\sqrt{\frac{L^2-b^2}{3}}$)
w, A, B, L	$\theta_A = -\theta_B = \frac{wL^3}{24EI}$	$\delta_{max} = \frac{5wL^4}{384EI}$
w, A, B, L	$\theta_A = \frac{7wL^3}{360EI}$ $\theta_B = -\frac{8wL^3}{360EI}$	$\delta_{max} = \frac{wl^4}{153EI}$
M, A, B, C, a, b, L	$\theta_A = \frac{M}{6EI \cdot L^2}(a^3+3a^2b-2b^3)$ $\theta_B = \frac{M}{6EI \cdot L^2}(b^3+3ab^2-2a^3)$	$\delta_C = \frac{Ma}{3EI \cdot L}(3aL-L^2-2a^2)$
M, A, B, L	$\theta_A = \frac{ML}{6EI}$ $\theta_B = -\frac{ML}{3EI}$	$\delta_{max} = \frac{ML^2}{9\sqrt{3}EI}$
M_A, M_B, A, B, L	$\theta_A = \frac{L}{6EI}(2M_A+M_B)$ $\theta_B = -\frac{L}{6EI}(M_A+2M_B)$	최대처짐 $\delta_{max} = \frac{L^2}{16EI}(M_A+M_B)$ ($M_A = M_B = M$인 경우 $\delta_{max} = \frac{ML^2}{8EI}$)

기출예제 02 2019 서울시

다음 중 그림과 같은 캔틸레버보 ㈎에서 집중하중에 의해 자유단에 처짐이 발생하였다. 캔틸레버보 ㈏에서 보 ㈎와 동일한 처짐을 발생시키기 위한 등분포하중(w)은? (단, 캔틸레버보 ㈎와 ㈏의 재료와 단면은 동일하다.)

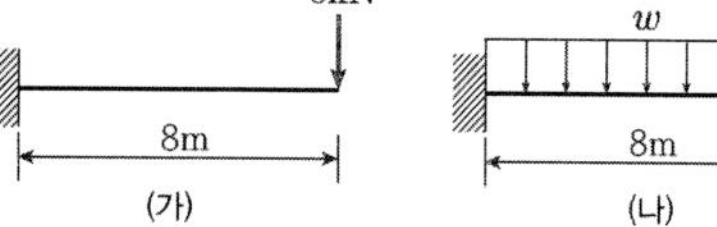

① 2kN/m ② 4kN/m

③ 8kN/m ④ 16kN/m

✱

㈎의 처짐 : $\delta = \dfrac{PL^3}{3EI} = \dfrac{6kN \cdot 8^3[m^3]}{3EI} = 1{,}024[kNm^3/EI]$

㈏의 처짐 : $\delta = \dfrac{wL^4}{8EI}$

㈎의 처짐과 ㈏의 처짐이 같아야 하므로,

$\dfrac{PL^3}{3EI} = \dfrac{wL^4}{8EI}$ 에 따라 $\delta = \dfrac{wL^4}{8EI} = \dfrac{w \cdot 8^4}{8EI} = 1{,}024$ 를 만족하는 $w = 2[kN/m]$ 가 된다.

하중조건	처짐각	처짐
A, B, P, L	$\theta_B = \dfrac{PL^2}{2EI}$	$\delta_B = \dfrac{PL^3}{3EI}$
A, B, w, L	$\theta_B = \dfrac{wL^3}{6EI}$	$\delta_B = \dfrac{wL^4}{8EI}$

답 ①

하중조건	A점의 처짐각(θ_A)	B점의 처짐각(θ_B)
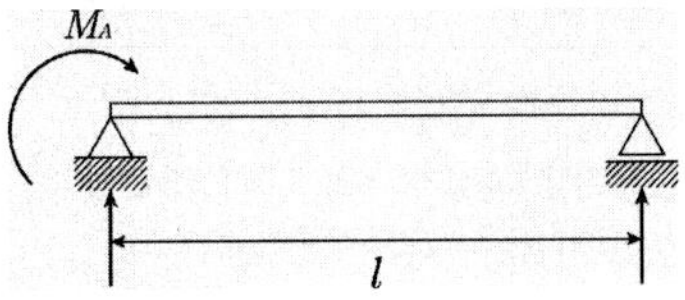 M_A, l	$\theta_A = \frac{M_A \cdot l}{3EI}$	$\theta_B = -\frac{M_A \cdot l}{6EI}$
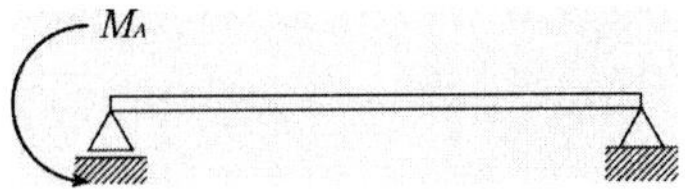 M_A	$\theta_A = -\frac{M_A \cdot l}{3EI}$	$\theta_B = \frac{M_A \cdot l}{6EI}$
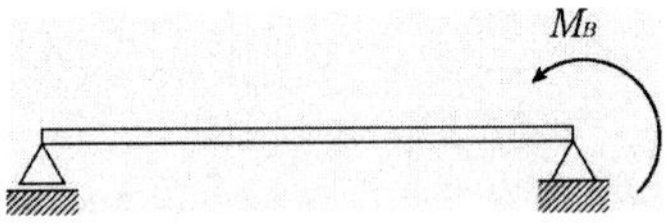 M_B	$\theta_B = \frac{M_B \cdot l}{6EI}$	$\theta_B = -\frac{M_B \cdot l}{3EI}$
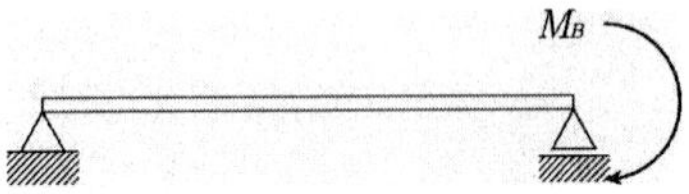 M_B	$\theta_B = -\frac{M_B \cdot l}{6EI}$	$\theta_B = \frac{M_B \cdot l}{3EI}$
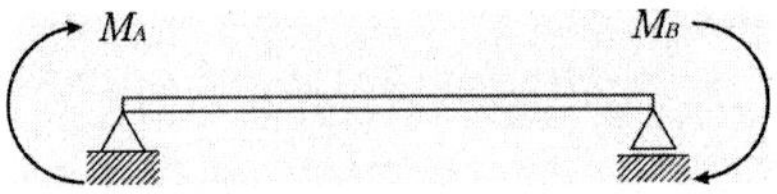 M_A, M_B	$\theta_A = (\frac{M_A \cdot l}{3EI} - \frac{M_B \cdot l}{6EI})$	$\theta_B = (\frac{M_B \cdot l}{3EI} + \frac{M_A \cdot l}{6EI})$
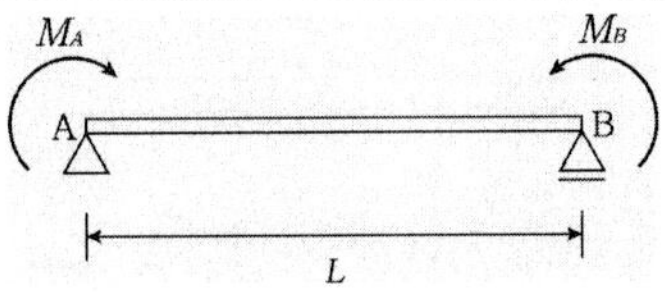 M_A, M_B, A, B, L	$\theta_A = (\frac{M_A \cdot l}{3EI} + \frac{M_B \cdot l}{6EI})$	$\theta_B = -(\frac{M_B \cdot l}{3EI} + \frac{M_A \cdot l}{6EI})$
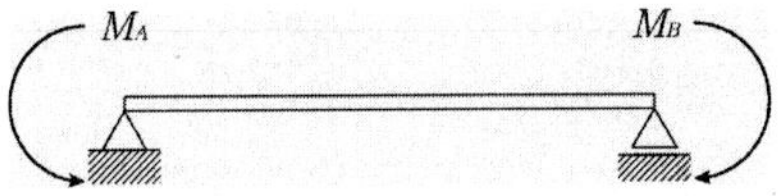 M_A, M_B	$\theta_A = -(\frac{M_A \cdot l}{3EI} + \frac{M_B \cdot l}{6EI})$	$\theta_B = (\frac{M_B \cdot l}{3EI} + \frac{M_A \cdot l}{6EI})$
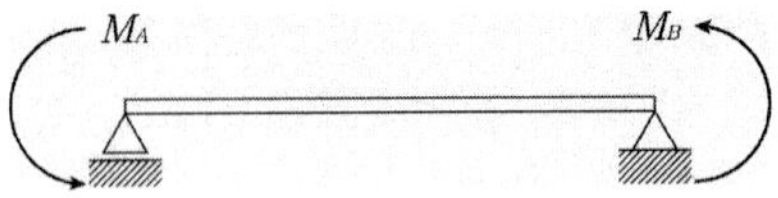 M_A, M_B	$\theta_A = (-\frac{M_A \cdot l}{3EI} + \frac{M_B \cdot l}{6EI})$	$\theta_B = (-\frac{M_B \cdot l}{3EI} + \frac{M_A \cdot l}{6EI})$

최근 기출문제 분석

2020 지방직

1 그림과 같이 캔틸레버 보의 자유단에 집중하중(P)과 집중모멘트(M = P·L)가 작용할 때 보 자유단에서의 처짐비 $\Delta_A : \Delta_B$는? (단, EI는 동일하며, 자중의 영향은 고려하지 않는다)

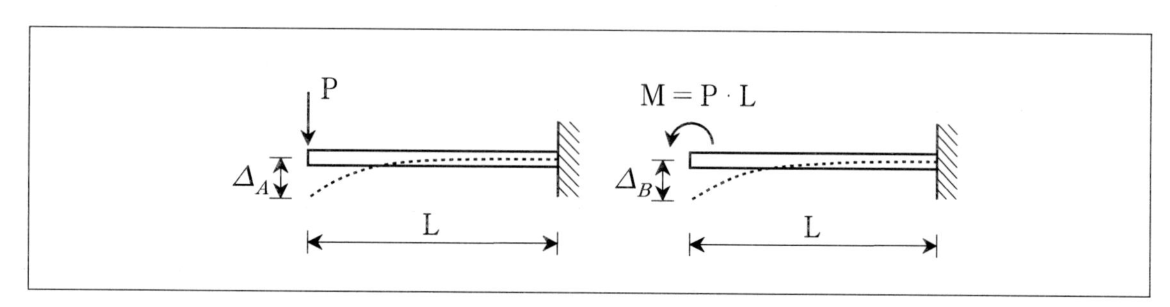

① 1 : 0.5
② 1 : 1
③ 1 : 1.5
④ 1 : 2

하중조건	처짐각	처짐
A, B, P, L	$\theta_B = \frac{PL^2}{2EI}$	$\delta_B = \frac{PL^3}{3EI}$
A, B, M, L	$\theta_B = \frac{ML}{EI}$	$\delta_B = \frac{ML^2}{2EI}$

Answer 1.③

2019 서울시 2차

2 **그림과 같은 캔틸레버보 (가)에서 집중하중에 의해 자유단에 처짐이 발생하였다. 캔틸레버보 (나)에서 보 (가)와 동일한 처짐을 발생시키기 위한 등분포하중(w)은? (단, 캔틸레버보 (가)와 (나)의 재료와 단면은 동일하다.)**

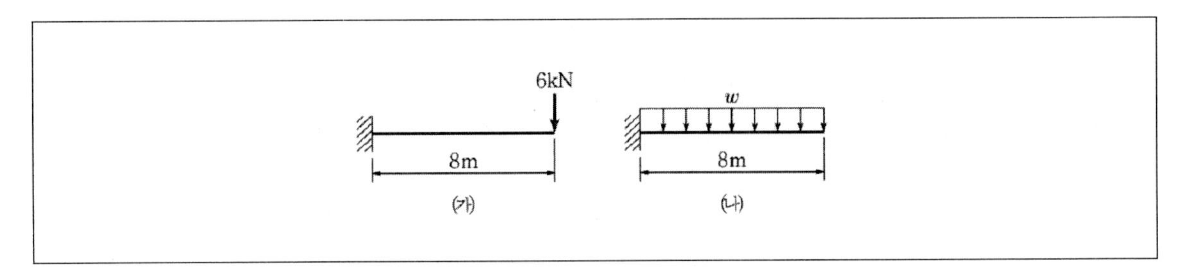

① 2kN/m

② 4kN/m

③ 8kN/m

④ 16kN/m

TIP (가)의 처짐: $\delta = \frac{PL^3}{3EI} = \frac{6kN \cdot 8^3[m^3]}{3EI} = 1,024[\text{kNm}^3/\text{EI}]$

(나)의 처짐: $\delta = \frac{wL^4}{8EI}$

(가)의 처짐과 (나)의 처짐이 같아야 하므로, $\frac{PL^3}{3EI} = \frac{wL^4}{8EI}$에 따라 $\delta = \frac{wL^4}{8EI} = \frac{w \cdot 8^4}{8EI} = 1,024$를 만족하는 $w = 2[\text{kN/m}]$가 된다.

하중조건	처짐각	처짐
A, B, P, L	$\theta_B = \frac{PL^2}{2EI}$	$\delta_B = \frac{PL^3}{3EI}$
A, B, w, L	$\theta_B = \frac{wL^3}{6EI}$	$\delta_B = \frac{wL^4}{8EI}$

Answer 2.①

2019 서울시 1차

3 **〈보기〉와 같은 단면을 가진 단순보에 등분포하중이 작용하여 처짐이 발생하였다. 단면 높이를 2배 증가하였을 경우, 보에 작용하는 최대 모멘트와 처짐의 변화에 대한 설명으로 가장 옳은 것은?**

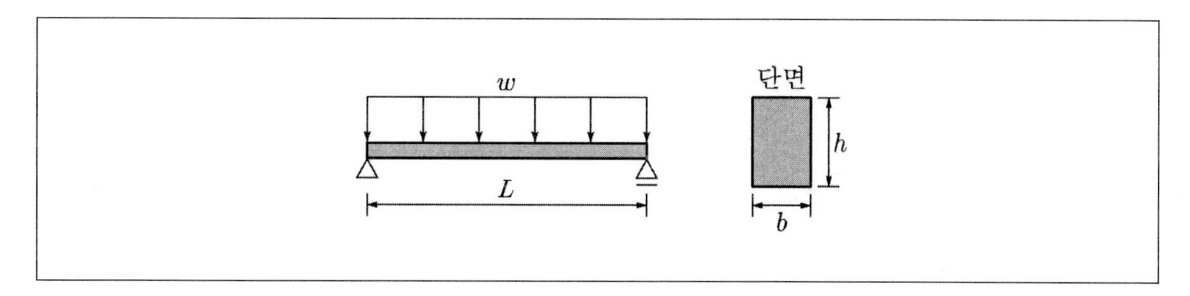

① 최대 모멘트와 처짐이 둘다 8배가 된다.

② 최대 모멘트는 동일하고, 처짐은 8배가 된다.

③ 최대 모멘트는 8배, 처짐은 1/8배가 된다.

④ 최대 모멘트는 동일하고, 처짐은 1/8배가 된다.

TIP 단면의 높이가 2배가 되면 단면2차모멘트가 8배가 되므로 처짐은 1/8배로 줄어들게 된다.

Answer 3.④

출제 예상 문제

1 다음 단순보에서 A점의 처짐각은?

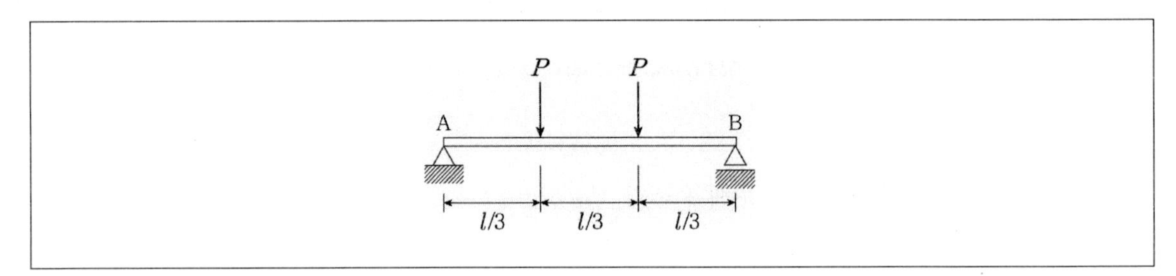

① $\dfrac{Pl^2}{3EI}$

② $\dfrac{Pl^2}{6EI}$

③ $\dfrac{Pl^2}{9EI}$

④ $\dfrac{Pl^2}{12EI}$

TIP $R_A' = \dfrac{Pl}{3} \cdot \dfrac{l}{3} \cdot \dfrac{l}{2} + \dfrac{Pl}{3} \cdot \dfrac{l}{3} \cdot \dfrac{1}{2} = \dfrac{Pl^2}{9}$

$\theta_A = \dfrac{R_A'}{EI} = \dfrac{Pl^2}{9EI}$

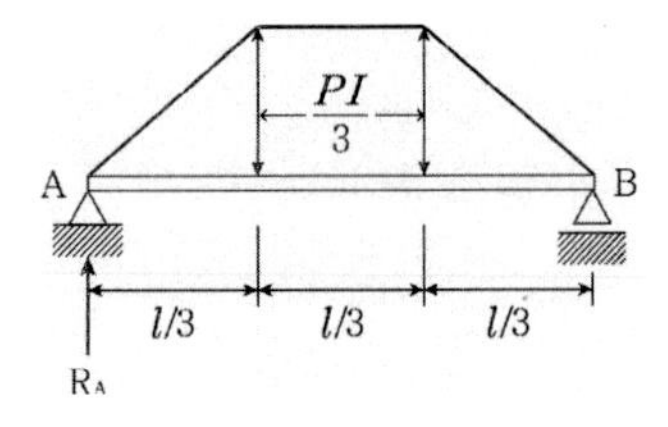

Answer 1.③

2 균질한 단면을 가진 보에 작용하는 휨모멘트를 M, 탄성계수를 E, 단면2차 모멘트를 I라고 하면 보의 중립축의 곡률반지름 R은?

① $R=\dfrac{M}{EI}$
② $\dfrac{1}{R}=\dfrac{M}{EI}$
③ $R=\dfrac{ME}{I}$
④ $\dfrac{1}{R}=\dfrac{MI}{E}$

TIP 훅의 법칙에 따라 $\dfrac{y}{R}=\varepsilon=\dfrac{\sigma}{E}$

$\sigma=\dfrac{M}{I}\cdot y$이므로 $\dfrac{y}{R}=\dfrac{M}{EI}\cdot y$이며 $\therefore \dfrac{1}{R}=\dfrac{M}{EI}$

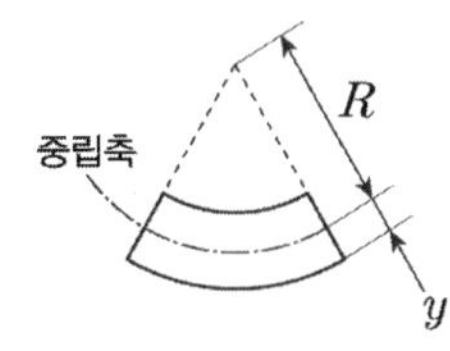

3 다음 그림과 같이 지간의 비가 2 : 1인 단순보 부재들이 각 부재의 중앙점에서 교차한 상태로 강결되어 있다. 긴 부재가 분담하는 하중이 4,000kg일 때 CD보가 중앙점에서 분담하는 하중은?

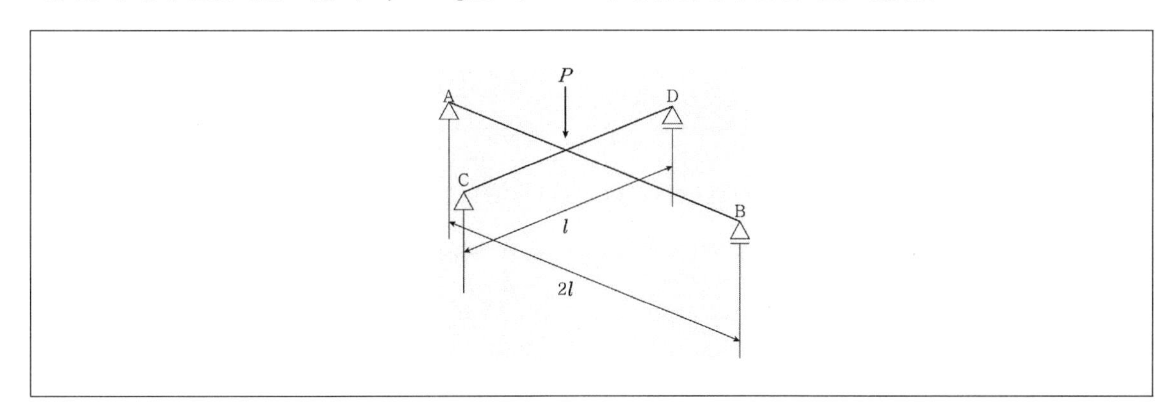

① 8,000kg
② 16,000kg
③ 32,000kg
④ 48,000kg

TIP 힘 P가 작용할 때 단순보의 처짐: $\dfrac{Pl^3}{48EI}$

$\dfrac{P_{AB}(2l)^3}{48EI}=\dfrac{P_{CD}l^3}{48EI}$, $P_{CD}=8\times4000=32,000kg$

Answer 2.② 3.③

4 다음 그림과 같은 외팔보에서 C점의 연직방향 처짐은? (단, $E=10^5kg/cm^2$, $I=10^6cm^4$)

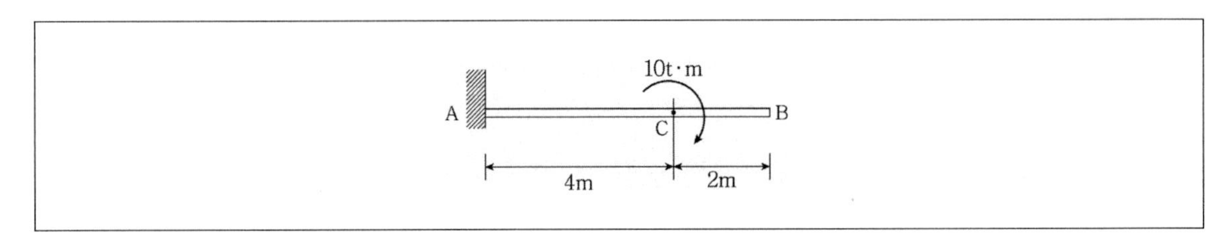

① 0.2cm ② 0.4cm

③ 0.6cm ④ 0.8cm

TIP

공액보에서 $y_c=\frac{M_c'}{EI}=\frac{10\times10^5\times400\times200}{10^5\times10^6}=0.8cm$

10t·m

A' C' B'

4m 2m

5 다음 그림과 같은 캔틸레버보의 최대처짐은?

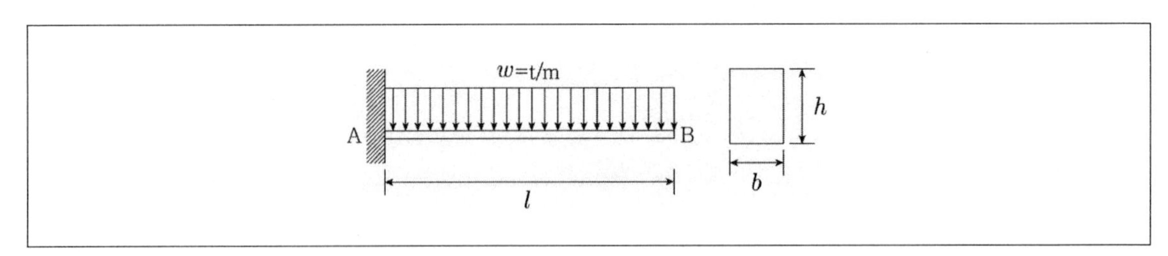

① $\frac{2wl^4}{Ebh^3}$ ② $\frac{3wl^4}{2Ebh^3}$

③ $\frac{3wl^4}{4Ebh^3}$ ④ $\frac{5wl^4}{8Ebh^3}$

TIP

$y_{\max}=\frac{wl^4}{8EI}$, $I=\frac{bh^3}{12}$, $y_{\max}=\frac{12wl^4}{8Ebh^3}=\frac{3wl^4}{2Ebh^3}$

Answer 4.④ 5.②

6 다음 캔틸레버보에서 $M_o = \frac{Pl}{2}$ 이면 자유단의 처짐은?

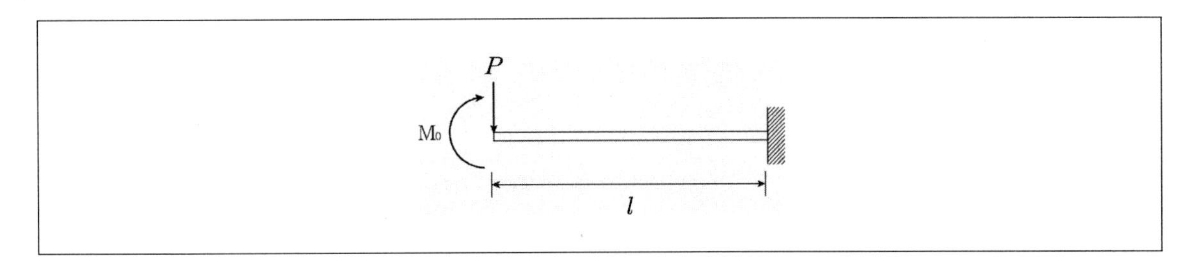

① $\frac{Pl^3}{8EI}$

② $\frac{Pl^3}{12EI}$

③ $\frac{Pl^3}{16EI}$

④ $\frac{Pl^3}{24EI}$

TIP

㉠ 모멘트에 의한 처짐 : $\delta_M = -\frac{Pl^3}{4EI}$

㉡ 집중하중에 의한 처짐 : $\delta_P = \frac{Pl^3}{3EI}$

이 두 값을 중첩시키면 $\frac{Pl^3}{12EI}$

Answer 6.②

제2편 구조역학

10 탄성변형에너지

1 외적 일

(1) 하중이 서서히 증가할 경우

① 외력 F가 영(0)에서 서서히 증가하여 하중 P에 도달하고 변위 S도 함께 영(0)에서 점차 증가하여 하중작용 방향의 변위 에 도달되었을 때 외력이 한 일은 다음의 좌측그림에서 삼각형 OAB의 면적이 된다.

② 모멘트하중 M이 영(0)에서 서서히 증가하고 동시에 하중 작용방향으로 회전각 도 서서히 증가할 때 외적 일도 다음의 우측그림에서 삼각형 OAB의 면적이 된다.

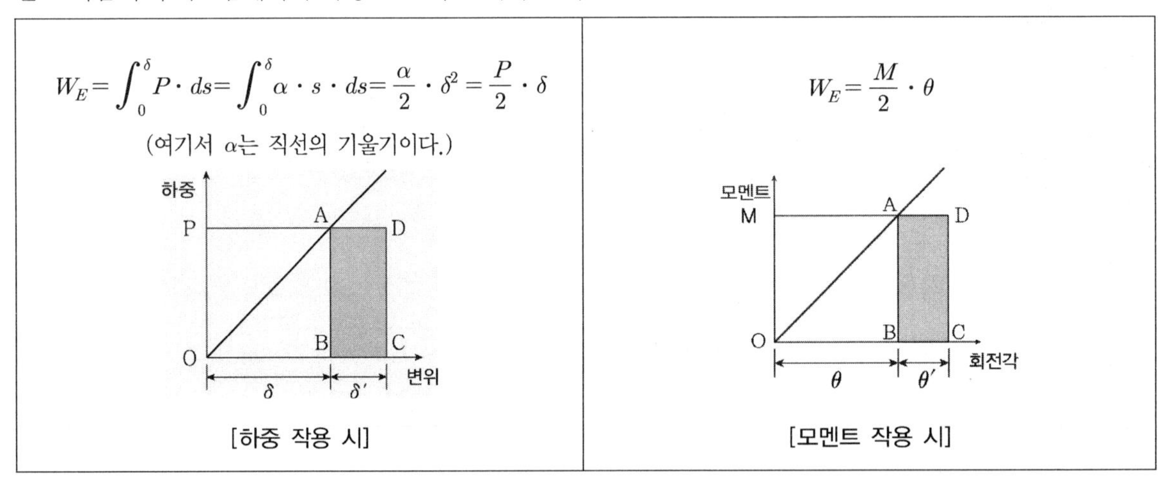

[하중 작용 시] [모멘트 작용 시]

(2) 하중이 갑자기 작용할 경우

① 하중 P가 갑자기 작용하거나 하중 P가 작용하고 있는 상태에서 변위가 갑자기 발생하는 경우의 외적 일은 $W_E=P\cdot\delta$로 한다. 즉, 사각형 ABCD의 면적이 된다.

② 모멘트 하중 M이 갑자기 작용할 때의 외적 일은 $W_E=M\cdot\theta$로 된다.

❷ 탄성변형에너지

(1) 탄성변형에너지의 정의

구조물에 작용하는 하중이 서서히 증가할 때 구조물에는 단면력(축력, 전단력, 휨모멘트, 비틀림모멘트)이 발생한다. 이때 이 구조물이 선형탄성범위 내에서 한 모든 외적 일은 내적인 에너지로 저장된다. 이 저장된 에너지를 탄성변형에너지, 변형에너지라고 하며 이것은 내적 일(internal work)과 같다. 즉, 에너지 보존법칙에 의해 외적 일과 내적 일은 같다($W_E = W_I = U$)는 정리이다.

(2) 탄성변형에너지의 종류

① **축하중을 받은 변형에너지(U)** … N은 축하중, A는 부재의 단면적, L은 부재의 축방향길이, δ는 축하중에 의해 발생한 부재의 변형량

㉠ 단면력으로 표시 : $U = \dfrac{N^2 \cdot L}{2EA}$

㉡ 강성도로 표시 : $U = \dfrac{N^2 \cdot L}{2EA} = \dfrac{N^2}{2\left(\dfrac{EA}{L}\right)} = \dfrac{N^2}{2k}$

㉢ 변형량으로 표시 : $U = \dfrac{N^2 \cdot L}{2EA} = \dfrac{L}{2EA}\left(\dfrac{EA\delta}{L}\right)^2 = \dfrac{EA}{2L}\delta^2$

㉣ 변형률로 표시 : $U = \dfrac{EA\delta^2}{2L} = \dfrac{EAL}{2} \times \left(\dfrac{\delta}{L}\right)^2 = \dfrac{EAL}{2}\epsilon^2$

㉤ 단면이 불균일하거나 축력이 변하는 경우의 변형에너지 : $U = \displaystyle\int_0^L \frac{N_x^2}{2EA}dx$

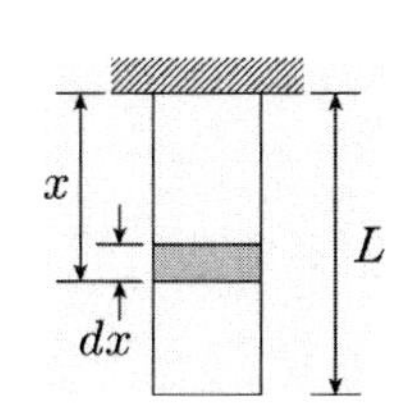

봉의 자중에 의한 변형에너지

$U = \dfrac{P^2L}{2EA}$ 에서 $dU = \dfrac{P_x^2\,dx}{2EA}$

여기서, $P_x = \gamma \cdot A(L-x)$이므로 위의 식은 다음과 같다. ($\gamma$는 봉의 단위중량이다.)

$U = \displaystyle\int dU = \int_0^L \frac{[\gamma \cdot A \cdot (L-x)]^2}{2EA}dx = \frac{\gamma^2 \cdot A \cdot L^3}{6E}$

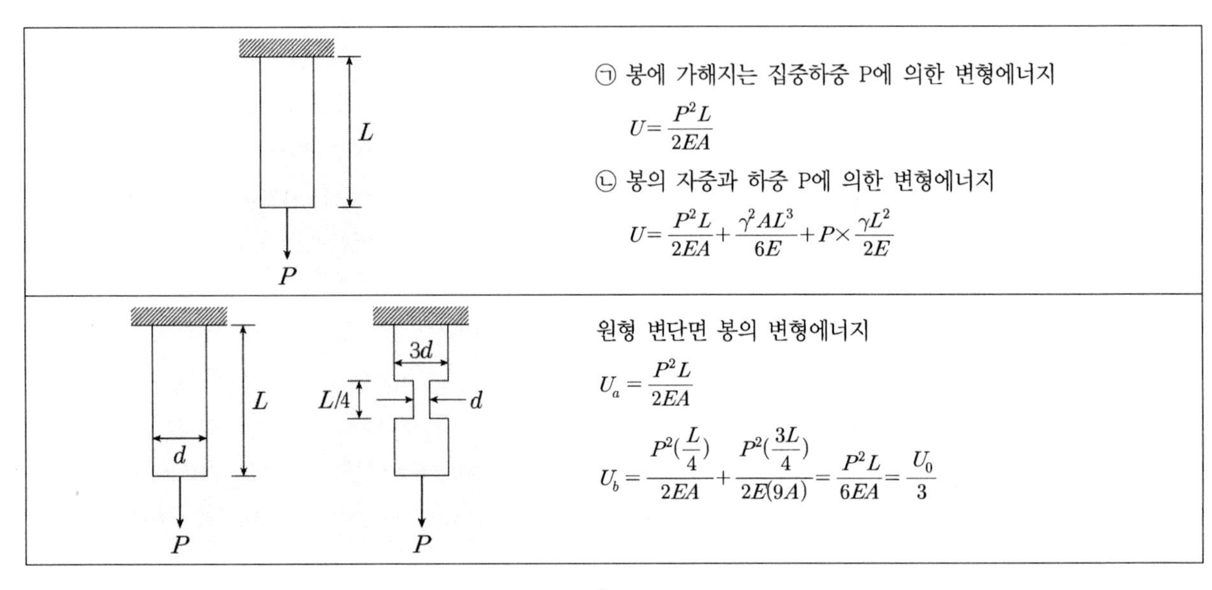

② 전단응력에 의한 탄성변형에너지 ⋯ $U=\int_0^l \dfrac{\alpha_x S_x^2}{2GA}dx$ (여기서, $\alpha_s=\int_A(\dfrac{G}{Ib})^2 AdA$로 형상계수이다. 직사각형 단면 $\alpha_s=\dfrac{6}{5}$, 원형단면 $\alpha_s=\dfrac{10}{9}$)

③ 휨모멘트에 의한 탄성변형에너지 ⋯ $U=\int_0^l \dfrac{M_x^2}{2EI}dx$

보에 작용하는 하중	휨모멘트에 의한 변형에너지
M, M, A, B, l, O, O	$U=\int_0^l \dfrac{M_x^2}{2EI}dx=\dfrac{M^2l}{2EI}$
M, M, A, B, l	$\theta_A=\theta_B=\dfrac{Ml}{6EI}$ $U=\dfrac{M}{2}\times\dfrac{Ml}{6EI}\times 2=\dfrac{M^2l}{6EI}$
M, A, B, x, l	$M_x=\dfrac{M}{l}x$ $U=\dfrac{M^2l}{6EI}$

P, A, B, x, l	$U=\dfrac{P^2l^3}{6EI}$
M, A, B, x, l	$U=\dfrac{M^2l}{2EI}$
w, l	$U=\dfrac{w^2l^5}{40EI}$
P, A, B, C, x, l/2, l/2	$U=\dfrac{P^2l^3}{96EI}$
w, A, B, x, l	$U=\dfrac{w^2l^5}{240}$
P, A, B, C, x, l/2, l/2	$U=\dfrac{P^2l^3}{384EI}$

④ 비틀림 모멘트에 의한 탄성변형에너지 ⋯ $U=\displaystyle\int \frac{T_x^2}{2GJ}dx$

⑤ 전체변형에너지 ⋯ $U=\displaystyle\int \frac{N_x^2}{2EA}dx+\int \frac{M_x^2}{2EI}dx+\int \frac{\alpha_x S^2}{2GA}dx+\int \frac{T_x^2}{2GJ}dx$

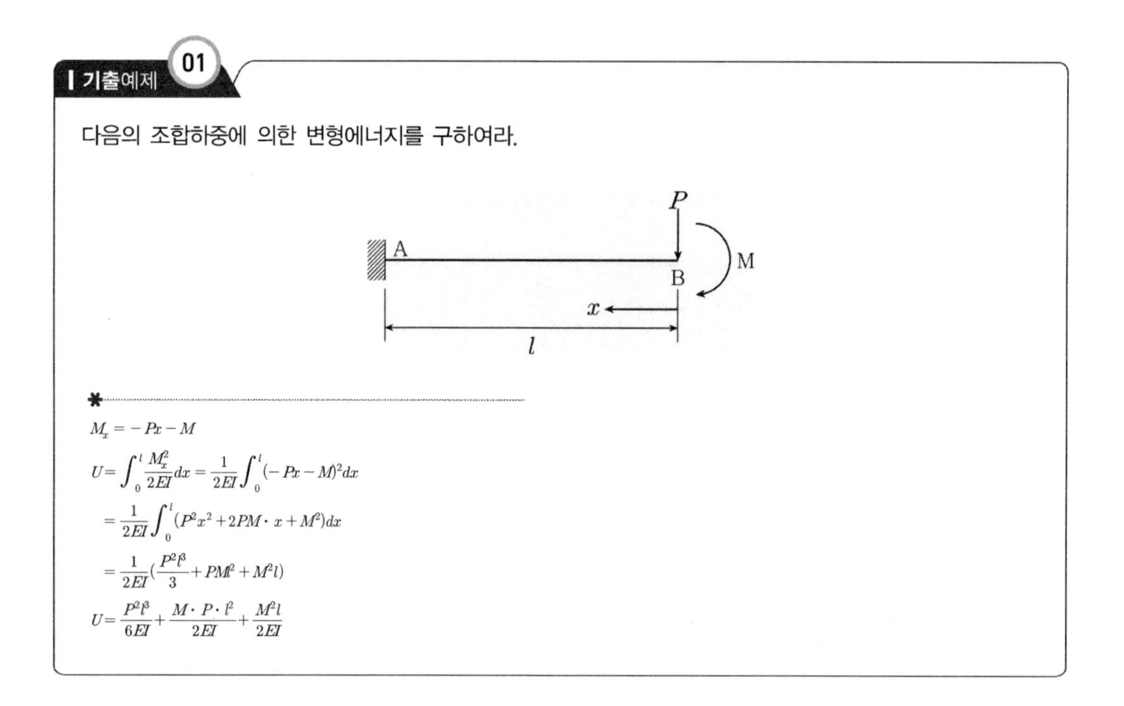

기출예제 01

다음의 조합하중에 의한 변형에너지를 구하여라.

✱

$M_x = -Px - M$

$U = \int_0^l \frac{M_x^2}{2EI}dx = \frac{1}{2EI}\int_0^l (-Px - M)^2 dx$

$= \frac{1}{2EI}\int_0^l (P^2x^2 + 2PM \cdot x + M^2)dx$

$= \frac{1}{2EI}(\frac{P^2l^3}{3} + PMl^2 + M^2 l)$

$U = \frac{P^2l^3}{6EI} + \frac{M \cdot P \cdot l^2}{2EI} + \frac{M^2 l}{2EI}$

TIP

탄성변형에너지 산정 시 중첩의 원리가 성립하지 않는다. 즉, 위의 문제에서 하중P에 의한 변형에너지와 모멘트 M에 의한 변형에너지를 각각 따로 구한 다음 이 둘을 합쳐서 변형에너지의 크기를 산정하는 것이 아님에 유의해야 한다.

⑶ 가상일의 원리(단위하중법)

① 어떤 하중을 받고 있는 구조물이 평형상태에 있을 때 이 구조물에 작은 가상의 변형을 발생시키면 외부하중에 의한 가상일은 내력(합응력)에 의한 가상일과 동일하다는 원리이다. [즉, 하중에 의해 발생된 변형(외적인 일)은 구조물에 저장된 내적인 탄성에너지와 같다는 의미이다.]

② 휨부재에서는 축력과 전단력의 영향은 극히 적다. 그래서 휨모멘트에 대한 것만 고려하는 경우가 많다. 그러므로 다음의 식만을 적용해서 간단하게 처짐과 처짐각을 구할 수 있다.

$$\text{처짐각 } \theta = \int \frac{M_m \cdot m_1}{EI}dx, \text{ 처짐 } \delta = \int \frac{M_m \cdot m_2}{EI}dx$$

- M_m : 실제하중에 의한 임의점의 휨모멘트이다.
- m_1 : 처짐각을 구할 때 C점에 작용시킨 가상의 단위모멘트하중(M = 1)에 의해 발생하는 임의의 점의 휨모멘트이다.
- m_2 : 처짐각을 구할 때 C점에 작용시킨 가상의 집중하중(P = 1)에 의해 발생하는 임의점의 휨모멘트이다.

TIP

가상일의 원리를 적용한 트러스 변위산정

㉠ $\Delta = \sum \frac{Nn}{EA} L$ Δ : 구하고자 하는 처짐(δ)

㉡ N : 실제하중에 의한 축력(인장 +, 압축 −)

㉢ n : 단위하중에 의한 축력(인장 +, 압축 −)

예) 가상일의 원리를 적용하여 트러스의 C점의 처짐 δ_C를 산정

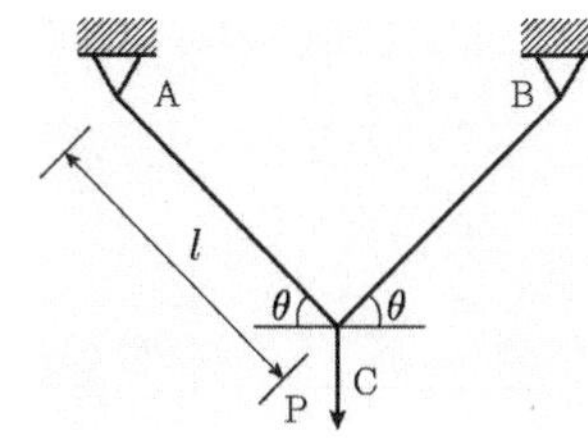

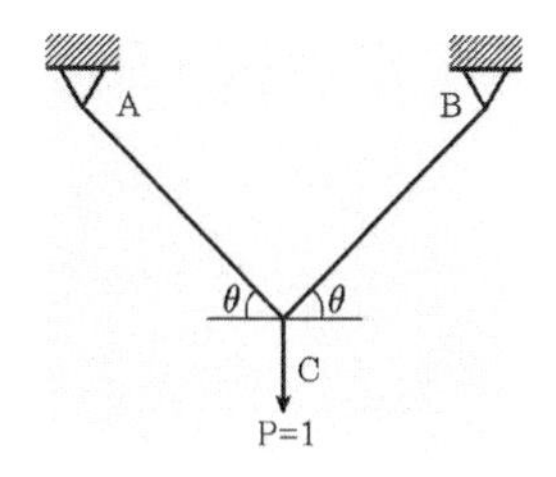

- 실하중 P에 의한 AC와 BC의 부재력 $N_{AC} = N_{BC} = \frac{P}{2\sin\theta}$(인장)
- 단위하중 P = 1에 의한 부재력 $n_{AC} = n_{BC} = \frac{1}{2\sin\theta}$(인장)
- C점의 수직처짐 $\delta_C = \sum \frac{nN}{EA} L = \frac{1}{EA}(\frac{1}{2\sin\theta} \times \frac{P}{2\sin\theta} \times l) \times 2 = \frac{Pl}{2EAsin^2\theta}$

기출예제 02

다음 그림과 같은 정정라멘에서 C점의 수직처짐은?

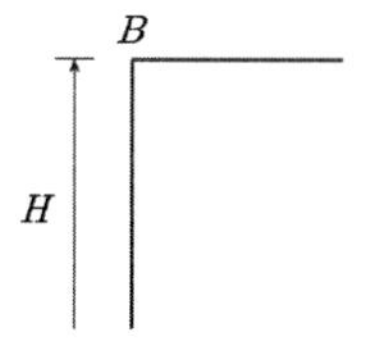

① $\frac{PL^3}{3EI}(L+2H)$　　② $\frac{PL^3}{3EI}(3L+H)$

③ $\frac{PL^3}{3EI}(L+3H)$　　④ $\frac{PL^3}{3EI}(2L+H)$

가상일의 원리를 적용해서 C점의 수직처짐을 구하면 다음과 같다.

$y_c = \sum \int \frac{Mm}{EI} dx = \int_0^H \frac{1}{EI}(PL)(L)dy + \int_0^L \frac{1}{EI}(Px)(x)dx = \frac{PL^3}{3EI}(3H+L)$

- 수평부재의 처짐 : $\int_0^L \frac{1}{EI}(Px)(x)dx = \frac{PL^3}{3EI} \cdot L$
- 수직부재의 처짐 : $\int_0^H \frac{1}{EI}(PL)(L)dy = \frac{PL^3}{3EI}(3H)$

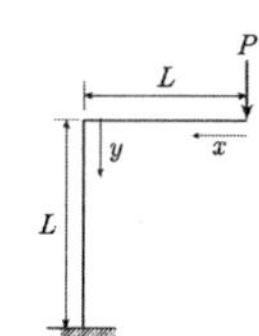

답 ③

출제 예상 문제

1 다음 그림과 같은 보에 저장되는 휨에 의한 변형에너지는?

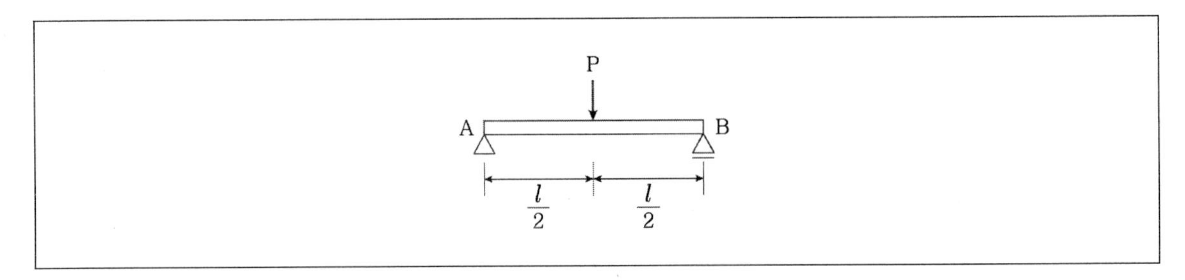

① $\dfrac{P^2l^3}{36EI}$　　② $\dfrac{P^2l^3}{96EI}$

③ $\dfrac{P^2l^3}{128EI}$　　④ $\dfrac{P^2l^3}{216EI}$

TIP $W_e = U = \dfrac{1}{2}P \cdot \delta = \dfrac{P}{2} \times \dfrac{P \cdot l^3}{48EI} = \dfrac{P^2l^3}{96EI}$

Answer 1.②

2 다음 보의 휨에 의한 변형에너지는?

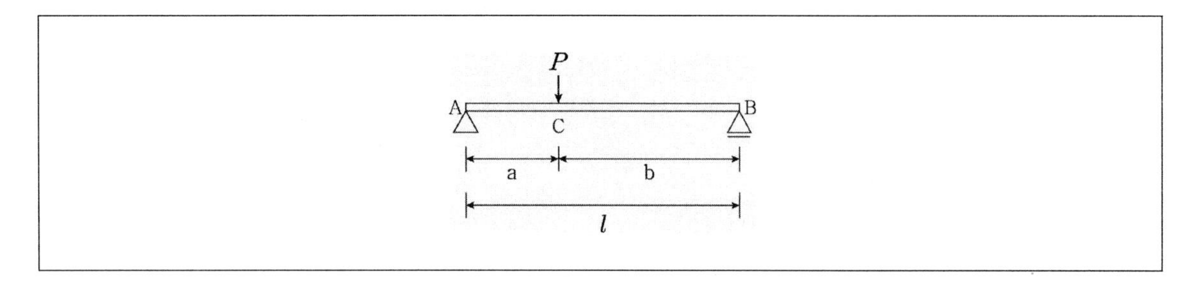

① $\dfrac{P^2a^2b^2}{6lEI}$　② $\dfrac{P^2a^2b}{8lEI}$

③ $\dfrac{P^2ab^3}{12lEI}$　④ $\dfrac{P^2a^2b^2}{3lEI}$

TIP $W_e = U = \dfrac{1}{2}P \cdot \delta_c = \dfrac{P}{2} \times \dfrac{Pa^2b^2}{3EI \cdot l} = \dfrac{P^2a^2b^2}{6EIl}$

3 다음 그림과 같은 단순보에 축적이 되는 휨에 의한 탄성변형에너지는?

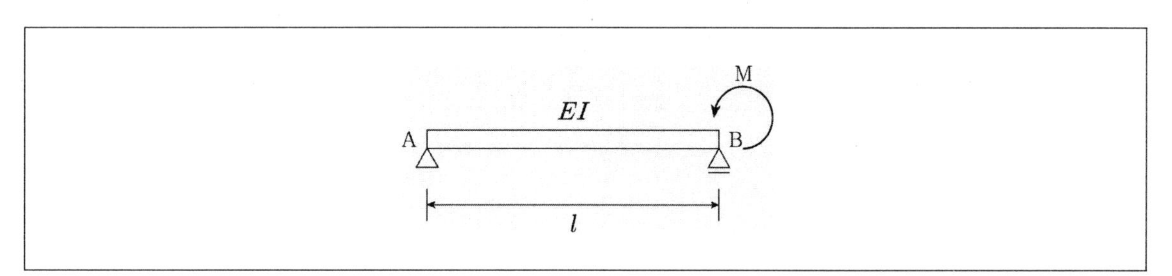

① $\dfrac{M^2l}{2EI}$　② $\dfrac{M^2l}{3EI}$

③ $\dfrac{M^2l}{6EI}$　④ $\dfrac{M^2l}{12EI}$

TIP $W_e = U = \dfrac{1}{2}M \cdot \theta = \dfrac{M}{2} \times \dfrac{M \cdot l}{3EI} = \dfrac{M^2l}{6EI}$

Answer 2.① 3.③

4 다음 그림과 같은 단순보에서 휨모멘트에 의한 탄성변형에너지를 구하면?

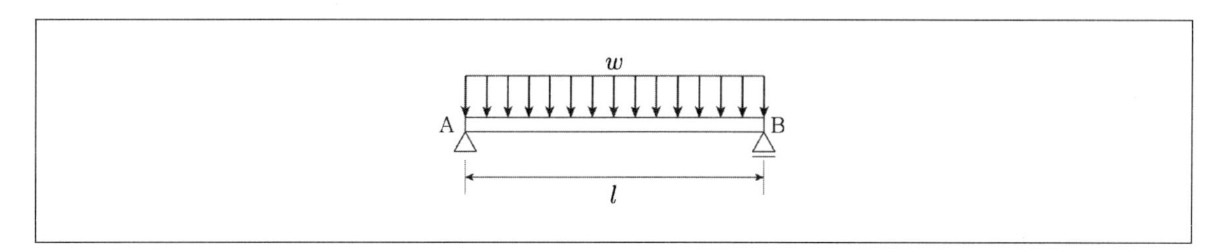

① $\dfrac{w^2l^5}{24EI}$

② $\dfrac{w^2l^5}{96EI}$

③ $\dfrac{w^2l^5}{128EI}$

④ $\dfrac{w^2l^5}{240EI}$

TIP

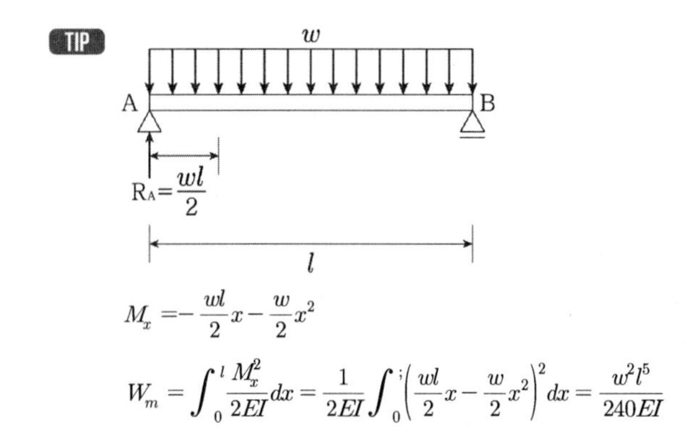

$$M_x = -\frac{wl}{2}x - \frac{w}{2}x^2$$

$$W_m = \int_0^l \frac{M_x^2}{2EI}dx = \frac{1}{2EI}\int_0^l \left(\frac{wl}{2}x - \frac{w}{2}x^2\right)^2 dx = \frac{w^2l^5}{240EI}$$

Answer 4.④

5 다음 그림과 같은 단순보에 저장되는 휨모멘트에 의한 변형에너지는?

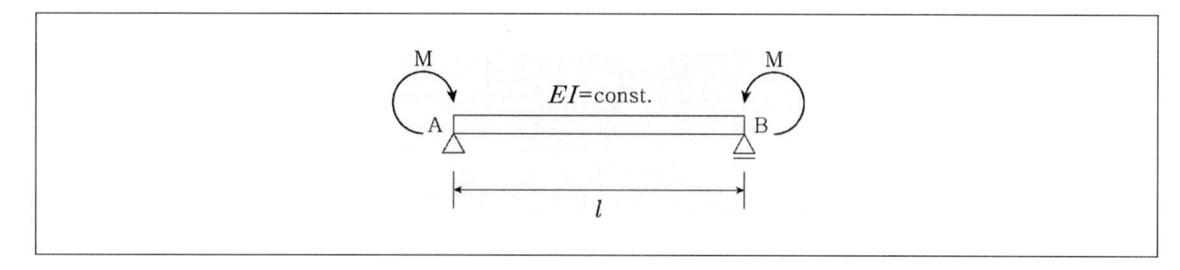

① $\dfrac{M^2 l}{2EI}$　　② $\dfrac{M^2 l}{3EI}$

③ $\dfrac{M^2 l}{4EI}$　　④ $\dfrac{M^2 l}{6EI}$

TIP $W_m = \int_0^l \dfrac{M_x^2}{2EI} dx = \dfrac{1}{2EI} \int_0^l M_x^2 \, dx = \dfrac{M^2 l}{2EI}$

6 다음 그림과 같은 캔틸레버보에 저장되는 탄성변형에너지는?

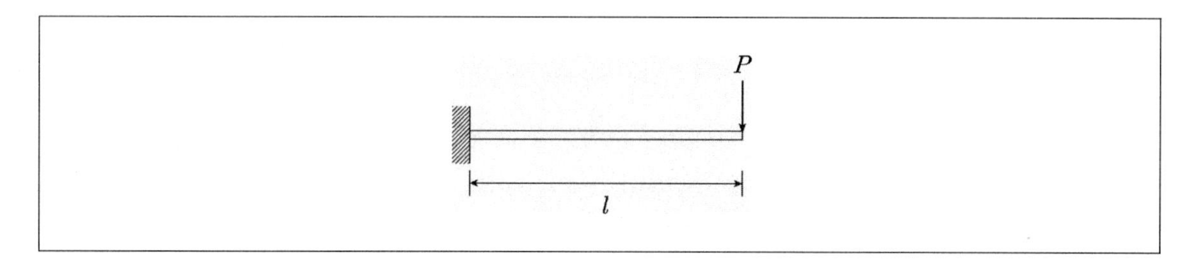

① $\dfrac{P^2 l^3}{3EI}$　　② $\dfrac{P^2 l^3}{6EI}$

③ $\dfrac{P^2 l^3}{8EI}$　　④ $\dfrac{P^2 l^3}{12EI}$

TIP $W_e = U = \dfrac{1}{2} P \cdot \delta = \dfrac{P}{2} \times \dfrac{P \cdot l^3}{3EI} = \dfrac{P^2 l^3}{6EI}$

Answer 5.① 6.②

7 다음 보의 휨변형에 의한 탄성에너지는?

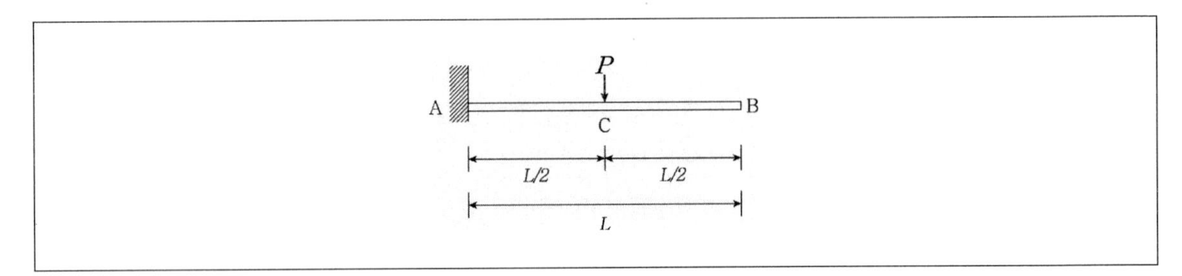

① $\frac{P^2l^3}{12EI}$

② $\frac{P^2l^3}{24EI}$

③ $\frac{P^2l^3}{48EI}$

④ $\frac{P^2l^3}{72EI}$

TIP

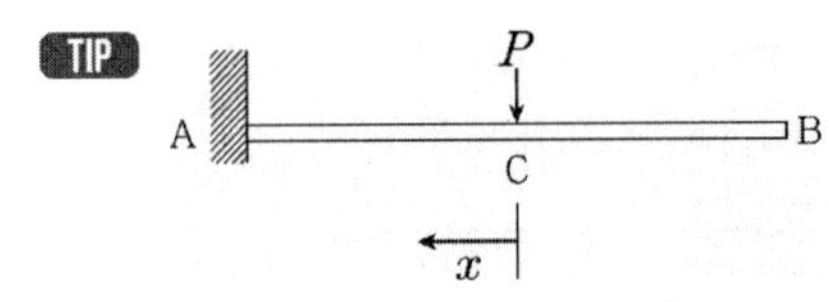

$$M_x = -P \cdot x,\ W_m = \int \frac{M_x^2}{2EI}dx = \int_0^{l/2} \frac{(-P \cdot x)^2}{2EI}dx = \frac{P^2l^3}{48EI}$$

Answer 7.③

8 다음 보에 저장되는 휨에 의한 탄성변형에너지는?

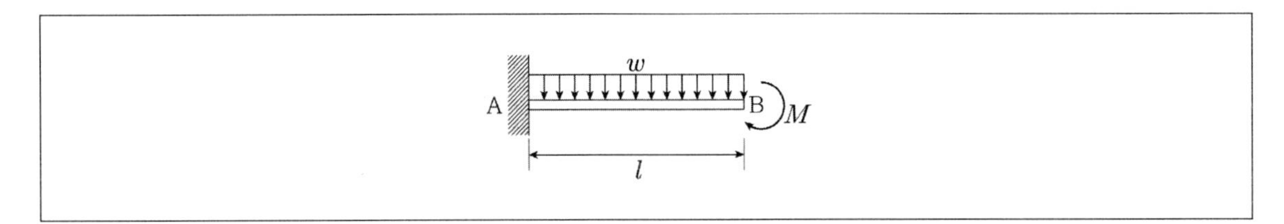

① $\dfrac{w^2l^5}{20EI}+\dfrac{wMl^3}{3EI}+\dfrac{M^2l}{EI}$

② $\dfrac{w^2l^5}{15EI}+\dfrac{wMl^3}{4EI}+\dfrac{M^2l}{3EI}$

③ $\dfrac{w^2l^5}{30EI}+\dfrac{wMl^3}{5EI}+\dfrac{M^2l}{8EI}$

④ $\dfrac{w^2l^5}{40EI}+\dfrac{wMl^3}{6EI}+\dfrac{M^2l}{2EI}$

TIP 탄성변형에너지는 중첩의 원리가 성립되지 않으므로 직접 적분을 해서 구해야 한다.

$$M_x=-\frac{wx^2}{2}-M$$

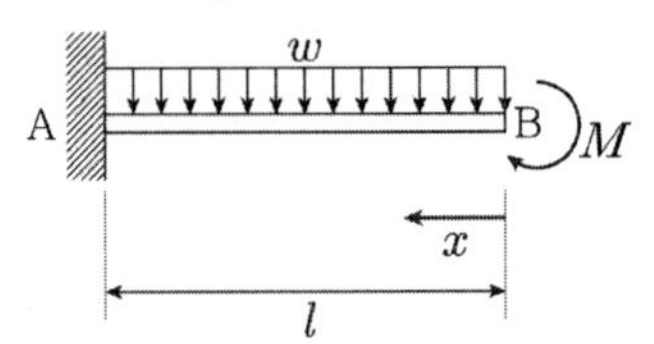

$$W=\int_0^l \frac{M_x}{2EI}dx=\frac{1}{2EI}\int_0^l\left(-\frac{wx^2}{2}-M\right)^2dx=\frac{w^2l^5}{40EI}+\frac{wMl^3}{6EI}+\frac{M^2l}{2EI}$$

Answer 8.④

9 다음 그림과 같은 캔틸레버의 끝단에 수직하중 P와 모멘트 M이 작용하는 경우 이 보에 저장되는 탄성 변형에너지는?

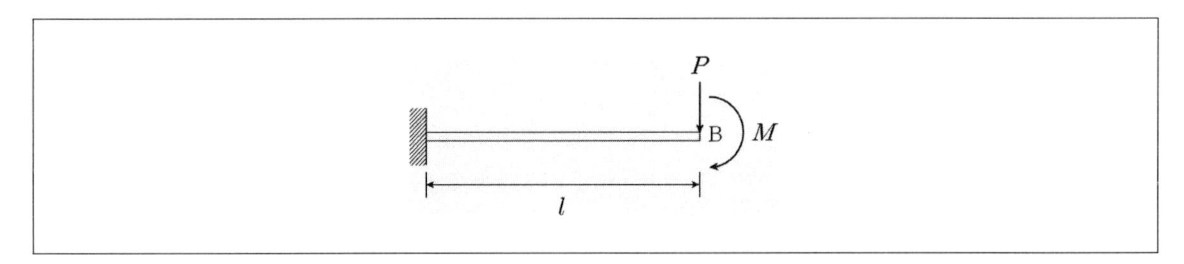

① $U=\dfrac{P^2l^3}{EI}+\dfrac{M^2l}{2EI}$

② $U=\dfrac{P^2l^3}{3EI}+\dfrac{M^2l}{2EI}$

③ $U=\dfrac{P^2l^3}{6EI}+\dfrac{M^2l}{2EI}$

④ $U=\dfrac{P^2l^3}{6EI}+\dfrac{M^2l}{8EI}$

TIP

$$W_i=\int_0^l \frac{M_x^2}{2EI}dx=\frac{1}{2EI}\int_0^l(-Px)^2dx+\frac{1}{2EI}\int_0^l(-M)^2dx$$
$$=\frac{1}{2EI}\int_0^l(-Px)^2dx+\frac{1}{2EI}\int_0^l(-M)^2dx=\frac{P^2l^3}{6EI}+\frac{M^2l}{2EI}$$

Answer 9.③

10 다음 봉에 저장되는 축하중에 의한 탄성변형에너지는?

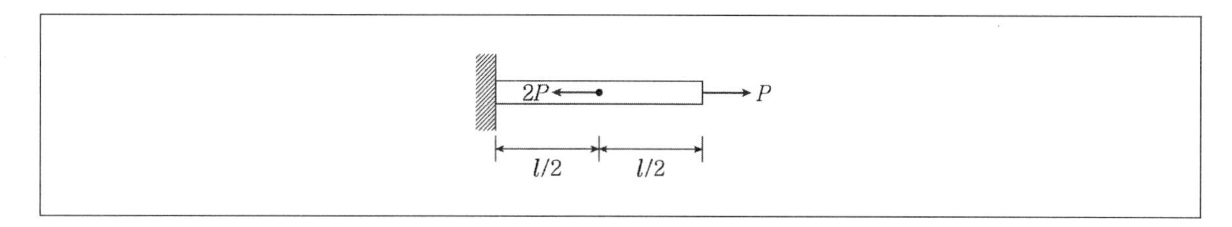

① $\dfrac{P^2 l}{2EA}$　　② $\dfrac{P^2 l}{3EA}$

③ $\dfrac{P^2 l}{5EA}$　　④ $\dfrac{P^2 l}{8EA}$

TIP $W_N = \sum \dfrac{N^2 l}{2AE} = \dfrac{(-P)^2 (l/2)}{2AE} + \dfrac{P^2 (l/2)}{2AE} = \dfrac{P^2 l}{2AE}$

11 단면적이 A이며 길이가 L인 균일한 단면의 봉이 천장에 매달려 있다. 이 봉의 단위중량이 γ일 때 자중에 의한 탄성변형에너지는?

① $\dfrac{\gamma^2 l^3}{2E}$　　② $\dfrac{\gamma^2 l^3}{2AE}$

③ $\dfrac{\gamma^2 A^2 l^2}{6E}$　　④ $\dfrac{\gamma^2 A l^3}{6E}$

TIP 축방향력 : $N = A \cdot x \cdot \gamma$

$U = \int_o^l \dfrac{N^2}{2AE} dx = \dfrac{1}{2AE} \int_0^l A^2 \gamma^2 x^2 dx = \dfrac{\gamma^2 A l^3}{6E}$

Answer 10.① 11.④

12 그림과 같은 2개의 캔틸레버보에 저장되는 변형에너지를 각각 $U_{(1)}$, $U_{(2)}$라고 할 때 $U_{(1)} : U_{(2)}$의 비는?

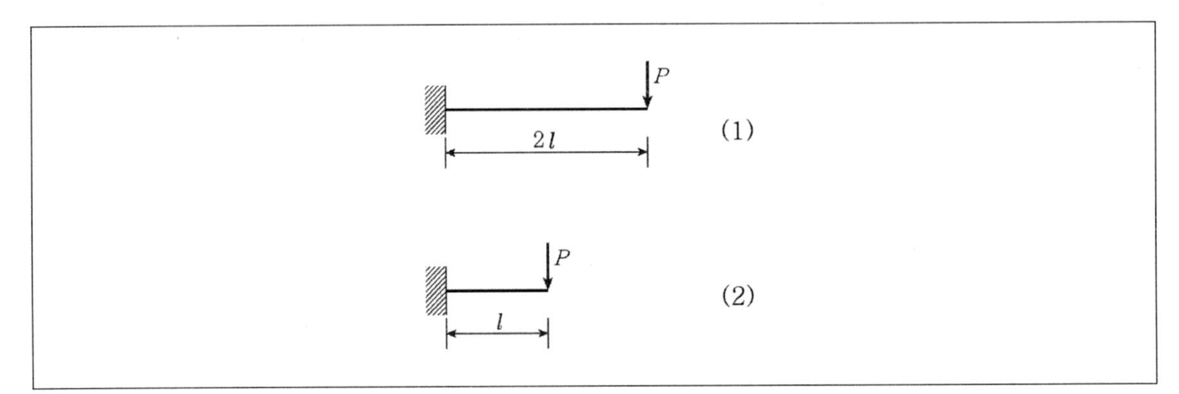

① 2 : 1
② 4 : 1
③ 8 : 1
④ 16 : 1

TIP
$$U_{(1)} = \frac{1}{2}P\delta_{(1)} = \frac{1}{2}P\left(\frac{P(2l)^3}{3EI}\right) = 8\left(\frac{P^2l^3}{6EI}\right)$$
$$U_{(2)} = \frac{1}{2}P\delta_{(2)} = \frac{1}{2}P\left(\frac{Pl^3}{3EI}\right) = \frac{P^2l^3}{6EI}$$
$$U_{(1)} : U_{(2)} = 8 : 1$$

Answer 12.③

제2편 구조역학

11 부정정구조물의 해석

1 부정정구조물의 해석

(1) 부정정구조물

정역학적 힘의 평형조건($\sum H=0$, $\sum V=0$, $\sum M=0$)에 의해 구조물의 반력 또는 부재력을 해석할 수 없는 구조물을 의미한다. 따라서 n차 부정정구조물을 해석하기 위해서는 정역학적 평형조건식 외에 독립된 n개의 평형조건식이 소요된다.

(2) 부정정구조물의 장 · 단점

① 장점

㉠ 정정구조물에 비해 단면의 크기를 줄이거나 지간을 길게 할 수 있다.

㉡ 같은 지간의 단순보보다 연속보로 설계하면 최대휨모멘트를 작게 할 수 있으므로 단면의 크기를 줄일 수 있다.

㉢ 과대응력발생 시 다른 부재에 응력을 재분배시켜 안전성을 확보할 수 있다.

② 단점

㉠ 응력해석 및 설계가 번거롭다.

㉡ 지점이 침하되거나 온도변화가 발생하면 추가적인 응력이 발생한다.

㉢ 응력교체현상이 자주 일어나게 되어 부가적인 부재가 필요하다.

checkpoint

■ **부정정구조물의 잉여력** … 부정정구조물은 정정구조물과 달리 부재의 접합부나 구속조건이 파괴되거나 기능을 상실해도 나머지 온전한 구간이 버틸 수 있는 힘인 잉여력을 가지고 있어 구조시스템에 가해지는 하중을 재분배시킬 수 있다. 우측의 그림을 보면 부정정차수가 높을수록 특정 부분이 파괴가 되어도 바로 붕괴가 되지 않고 그 이후에도 여러 부분이 파괴가 되어야 최종적으로 붕괴에 이르므로 더욱 안전하다는 것을 알 수 있다.

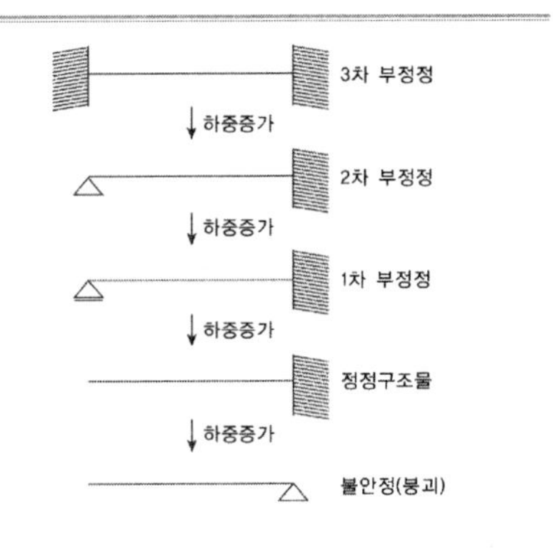

구분	정정구조물	부정정구조물
안전성	지점 및 구성부재 중 1개라도 파괴가 되면 전체가 붕괴됨	구성부재가 파괴되더라도 파괴되었던 부재에 가해졌던 힘이 나머지 부재들로 재분배가 되어 붕괴가 되지 않음
사용성	개개 부재의 처짐 및 진동에 따른 구성부재의 영향은 거의 없음	개개 부재의 처짐 및 진동에 따른 구성부재의 영향이 크며 처짐 및 진동을 효율적으로 제어할 수 있음
경제성	부재의 단면이 크게 되어 경제성이 떨어짐	부재의 단면을 적게 할 수 있으므로 경제적임
지점침하나 온도변화, 또는 제작오차 등에 의한 응력발생	응력이 발생하지 않음	응력이 발생하게 되므로 이에 대한 고려가 필요함
해석 및 설계	힘의 흐름이 명확하여 해석 및 설계가 단순함	힘의 작용방향과는 다른 응력이 발생하며 해석 및 설계가 다소 복잡함

(3) 부정정구조의 해석법

① **변위일치법** … 여분의 지점반력이나 응력을 부정정여력(부정정력)으로 간주하여 이를 정정구조물로 변환시켜 기본구조물로 만든 뒤, 처짐이나 처짐각의 값을 이용하여 구조물을 해석하는 방법이다. 모든 부정정구조물의 해석에 적용할 수 있는 가장 일반적인 방법이다.

기출예제 01

정정구조물에 비해 부정정 구조물이 갖는 장점을 설명한 것 중 틀린 것은?

① 설계모멘트의 감소로 부재가 절약된다.
② 부정정 구조물은 그 연속성 때문에 처짐의 크기가 작다.
③ 외관을 아름답게 제작할 수 있다.
④ 지점 침하 등으로 인하여 발생하는 응력이 적다.

✱

부정정구조물은 지점 침하 등으로 인하여 발생하는 응력이 크다.

답 ④

[변위일치법의 원리]

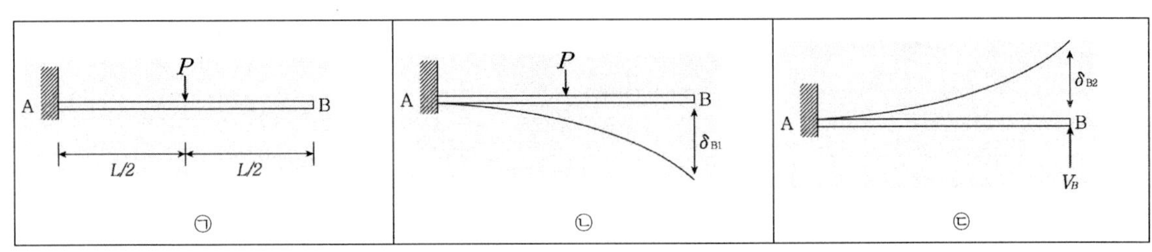

지점의 처짐이 $\delta_B = 0$이어야 하는 적합조건에 주목하여 반력 V_B를 부정정력으로 고려한다.
B지점을 제거하여 캔틸레버보(정정 기본계)로 만든다.

- δ_{B1} : 하중(P)에 의한 하향의 처짐 $\dfrac{5PL^3}{48EI}$
- δ_{B2} : 반력 V_B를 하중으로 작용 시켰을 때의 상향의 처짐 $\dfrac{V_BL^3}{3EI}$
- 적합조건식 : $\delta_B = \delta_{B1}(\downarrow) + \delta_{B2}(\uparrow) = 0$이어야 하므로 $\delta_B = \dfrac{5PL^3}{48EI} - \dfrac{V_BL^3}{3EI} = 0$이며

$V_B = \dfrac{5}{16}P(\uparrow)$

$\sum V = 0:\ V_A + V_B - P = 0$이므로 $V_A = \dfrac{11P}{16}(\uparrow)$

$\sum M_A = 0:\ M_A + P \cdot \dfrac{L}{2} - \dfrac{5}{16}P \cdot L = 0$이므로 $M_A = -\dfrac{3PL}{16}$

② **3연모멘트법** … 연속보에서 각 경간의 부재 양단에 발생하는 휨모멘트를 잉여력으로 두고 각 경간을 단수보로 간주하였을 때 인접한 두 경간의 내부지점에서 잉여력 및 실하중에 의한 처짐각은 연속이어야 한다는 적합조건식으로부터 인접한 두 경간마다 3연모멘트식을 유도하고 각 지점의 힘의 경계조건을 적용하여 각 부재 양단의 휨모멘트를 구하는 방법이다.

3연 모멘트법의 기본식

$$M_1\left(\frac{L_1}{I_1}\right) + 2M_2\left(\frac{L_1}{I_1} + \frac{L_2}{I_2}\right) + M_3\left(\frac{L_2}{I_2}\right)$$
$$= 6E(\theta_{21} - \theta_{23}) + 6E(\beta_1 - \beta_2)$$

- M_n : 지점n에서 발생하는 휨모멘트
- θ : 구간을 단순보로 생각한 경우의 처짐각
- β : 구간을 단순보로 생각한 경우의 침하에 의한 부재각
- $\beta_{21} = \dfrac{\delta_2 - \delta_1}{l_1}$, $\beta_{23} = \dfrac{\delta_3 - \delta_2}{l_2}$

(이때 부재각은 시계방향이 (+)이다.)

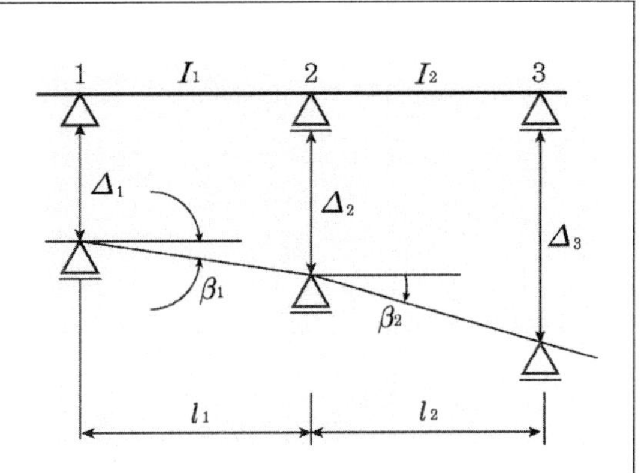

③ **처짐각법** … 처짐각법은 연속보 또는 라멘에서 각 절점(지점 또는 강절점) 사이에 있는 부재의 재단 모멘트(부재양단의 회전모멘트)는 각 절점을 고정단으로 가정하였을 때 실하중에 의해 발생하는 고정단 모멘트와 절점의 회전 및 처짐에 의해 발생하는 재단 모멘트의 합이 된다는 중첩의 원리를 적용한 방법이다. 각 절점의 회전각과 부재각을 미지수로 하는 변위법이다.

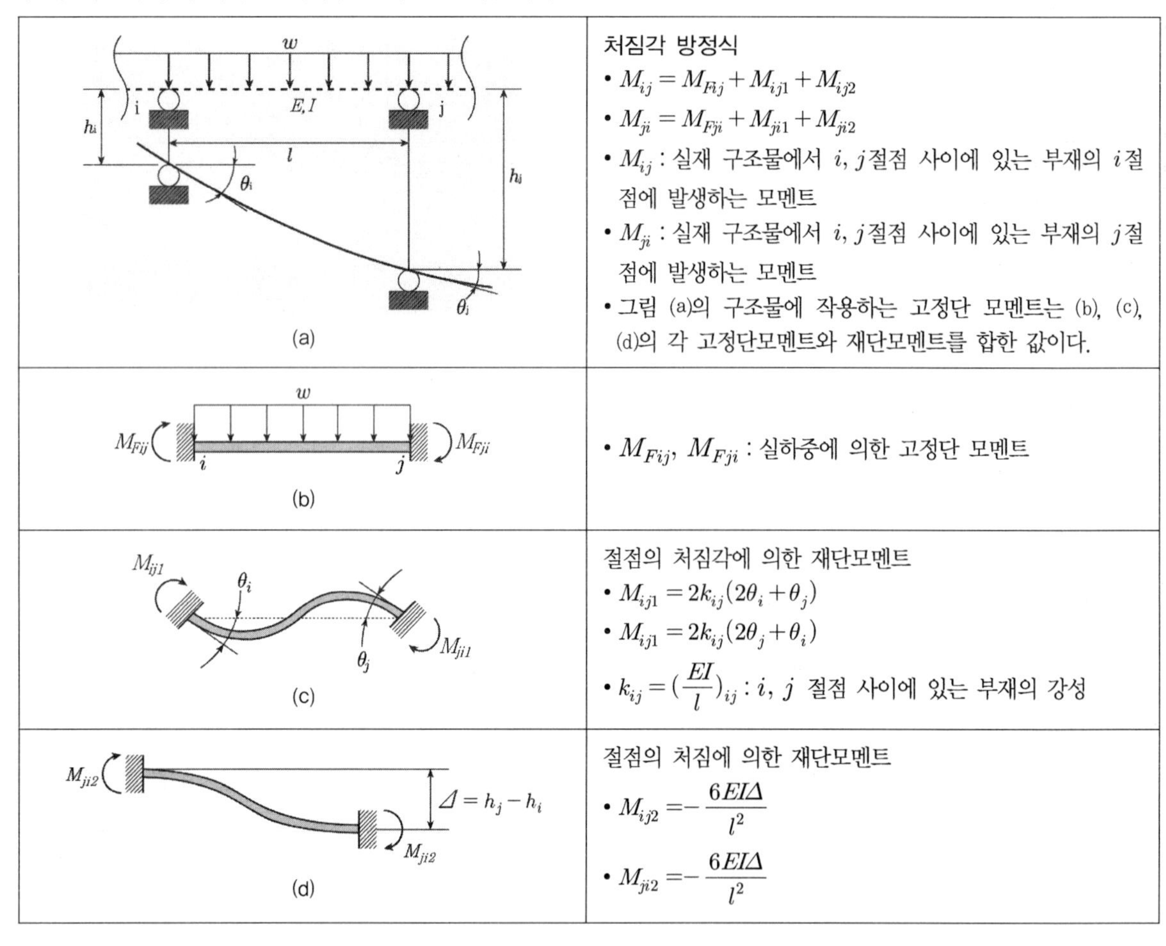

(a)	처짐각 방정식 • $M_{ij} = M_{Fij} + M_{ij1} + M_{ij2}$ • $M_{ji} = M_{Fji} + M_{ji1} + M_{ji2}$ • M_{ij} : 실재 구조물에서 i, j절점 사이에 있는 부재의 i절점에 발생하는 모멘트 • M_{ji} : 실재 구조물에서 i, j절점 사이에 있는 부재의 j절점에 발생하는 모멘트 • 그림 (a)의 구조물에 작용하는 고정단 모멘트는 (b), (c), (d)의 각 고정단모멘트와 재단모멘트를 합한 값이다.
(b)	• M_{Fij}, M_{Fji} : 실하중에 의한 고정단 모멘트
(c)	절점의 처짐각에 의한 재단모멘트 • $M_{ij1} = 2k_{ij}(2\theta_i + \theta_j)$ • $M_{ij1} = 2k_{ij}(2\theta_j + \theta_i)$ • $k_{ij} = (\frac{EI}{l})_{ij}$: i, j 절점 사이에 있는 부재의 강성
(d)	절점의 처짐에 의한 재단모멘트 • $M_{ij2} = -\frac{6EI\Delta}{l^2}$ • $M_{ji2} = -\frac{6EI\Delta}{l^2}$

checkpoint

■ **고정단모멘트(Fixed End Moment, FEM)** … 부재양단에 작용하여 부재를 휘게 하는 모멘트로서 재단모멘트, 또는 하중항으로도 불린다.

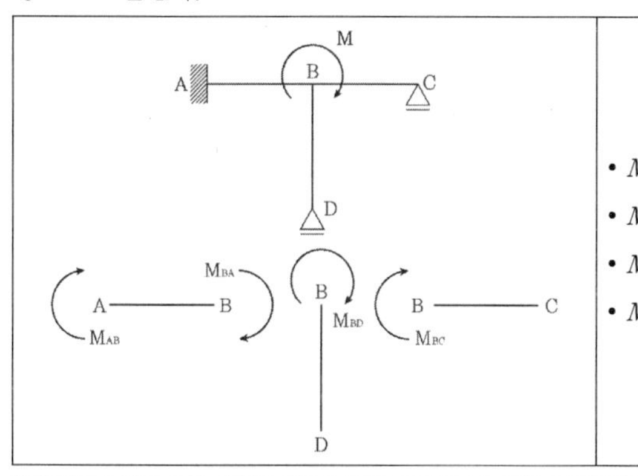

- M_{AB} : AB부재에서 B단에 생기는 모멘트
- M_{BA} : AB부재에서 B단에 생기는 모멘트
- M_{BC} : BC부재에서 B단에 생기는 모멘트
- M_{BD} : BD부재에서 B단에 생기는 모멘트

하중상태	고정단모멘트(하중항)의 크기	
	양단고정인 경우	타단힌지인 경우
P, A, B, $L/2$, $L/2$	$C_{AB} = C_{BA} = \dfrac{PL}{8}$	$H_{AB} = \dfrac{3PL}{16}$
w, A, B, L	$C_{AB} = C_{BA} = \dfrac{wL^2}{12}$	$H_{AB} = \dfrac{wL^2}{8}$
w, A, B, L	$C_{AB} = \dfrac{wL^2}{20}$ $C_{BA} = \dfrac{wL^2}{30}$	$H_{AB} = \dfrac{wL^2}{15}$

④ **모멘트분배법** … 모멘트분배법은 처짐각법과 함께 대표적인 강성법의 하나로서 기본원리는 처짐각법과 같으나 경계조건 및 절점에서의 평형방정식을 적용하여 전개된 연립방정식을 풀지 않고 단순 반복계산을 수행하여 절점(지점 또는 강절점) 사이에 있는 부재의 재단모멘트를 구하는 방법이다. 모멘트 분배법은 강절점에 연결된 각 부재의 연결점에서의 고정단 모멘트의 차이를 불균형 모멘트라고 정의하고, 고정지지를 다시 원상태로 변환시켰을 때 불균형 모멘트에 의해 절점이 회전하여 절점에 연결된 각 부재가 부담하는 모멘트는 각 부재의 강비에 비례한다는 원리와 전달모멘트의 개념을 적용하여 반복계산을 수행하는 방법이다.

[모멘트분배법의 적용을 위한 기본개념들]

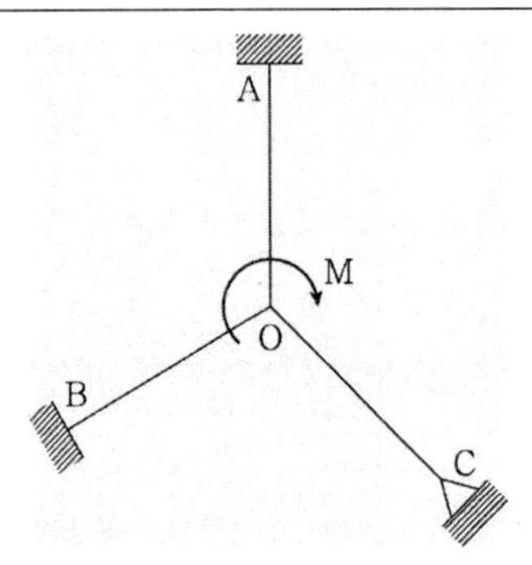

㉠ 강도(K) : 부재의 단면2차모멘트(I)를 부재의 길이로 나눈 값

㉡ 강비(k) : 강절점에 연결된 각 부재의 양단을 고정지지로 가정했을 경우 각 부재의 강도(K_i)를 모든 부재의 강도의 합($K_0 = \sum K_i$)으로 나눈 값

㉢ 전달률 : 각 부재에 분배되는 모멘트(분배모멘트)에 대한 각 부재의 끝단에 도달하는 모멘트(전달모멘트)의 비율

- 부재의 끝단이 고정단이면 전달률은 1/2
- 부재의 끝단이 힌지지점이거나 자유단이면 전달률은 0
- 위에 제시된 구조물의 경우 강비의 비는 다음과 같다.

$$k_{OA} : k_{OB} : k_{OC} = \frac{E_1 I_1}{L_1} : \frac{E_2 I_2}{L_2} : \frac{E_3 I_3}{L_3}$$

이때 $E_1 = E_2 = E_3 = E$일 경우 $k_{OA} : k_{OB} : k_{OC} = \frac{I_1}{L_1} : \frac{I_2}{L_2} : \frac{I_3}{L_3}$ 이다.

- 위에 제시된 구조물의 중앙점에 작용하는 모멘트는 각 부재의 강비에 따라 분배가 되고 이 분배된 모멘트는 일정비율로 고정단으로 전달된다.

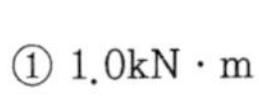

2017 서울시 (7급)

다음 중 그림과 같은 부정정구조물의 단부 C의 재단모멘트(M_{CE})는? (단, 부재의 강비는 $K_1 = 1.0$, $K_2 = 2.0$, $K_3 = 3.0$이다.)

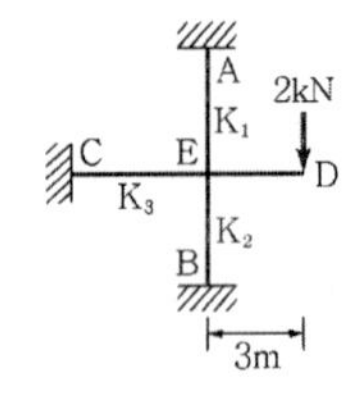

① 1.0kN · m
② 1.5kN · m
③ 2.0kN · m
④ 3.0kN · m

E를 중심으로 6kN · m의 모멘트가 발생하게 되고 이는 각 부재의 강비에 비례하여 분배된다. CE부재에 3kN · m의 모멘트가 분배되고 C지점에 도달되는 모멘트는 절반값인 1.5kN · m이 된다.

답 ②

부정정구조물과 하중	지점반력	부정정구조물과 하중	지점반력
w, A, B, C, l, l	$M_B = -\dfrac{wl^2}{8}$ $R_{By} = \dfrac{5wl}{4}$	P, A, B, l/2, l/2	$M_B = -\dfrac{Pl}{8}$ $M_B = M_A$
a, b, A, B, l	$M_A = -\dfrac{Pab(l+b)}{2l^2}$ $R_{By} = \dfrac{Pa^2(3l-a)}{2l^3}$	w, A, B, l	$M_B = -\dfrac{wl^2}{12}$ $M_B = M_A$
P, A, B, l/2, l/2	$M_A = -\dfrac{3Pl}{16}$ $R_{By} = \dfrac{5P}{16}$	w, A, B, l	$M_A = -\dfrac{wl^2}{30}$ $M_B = -\dfrac{wl^2}{20}$
w, A, B, l	$M_B = -\dfrac{wl^2}{8}$ $R_{By} = \dfrac{3wl}{8}$	w, A, B, l	$H_{AB} = -\dfrac{7wL^2}{120}$
P, a, b, A, B, l	$M_A = -\dfrac{Pab^2}{l^2}$ $M_B = -\dfrac{Pa^2b}{l^2}$	w, A, B, C	$R_A = R_C = \dfrac{wl}{2}$ $M_A = M_B = M_c = -\dfrac{wl^2}{12}$ $M_{max} = \dfrac{wl^2}{24}$

| 기출예제 03

2014 서울시 (7급)

다음 중 그림과 같은 양단고정보의 중앙부와 단부의 휨모멘트 비율 $M_C : M_A$는?

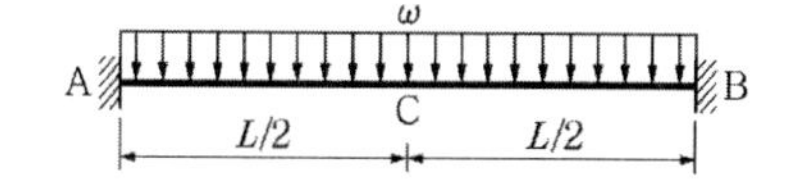

① 1 : 1
② 1 : 2
③ 1 : 3
④ 2 : 1
⑤ 3 : 1

✱

$M_C = \dfrac{wl^2}{24}$ 이며 $M_A = M_B = \dfrac{wl^2}{12}$ 이므로 $M_C : M_A = 1:2$

답 ②

(4) 절점방정식과 층방정식

① **절점방정식(모멘트 평형조건식)** … n개의 절점을 갖는 라멘에서 n개의 절점각이 존재하게 되고 각 절점의 모멘트 평형조건에 의하여 만들어지는 n개의 절점방정식을 얻을 수 있다. (절점방정식은 절점의 수만큼 만들어진다.)

② 수평하중에 의하여 절점이 이동하는 경우에는 절점각 이외에 부재각(R)이 미지수로 추가된다. 이때 각 층수에 해당하는 미지수가 증가하게 되므로 층수에 해당하는 층방정식을 합하여 써야 한다.

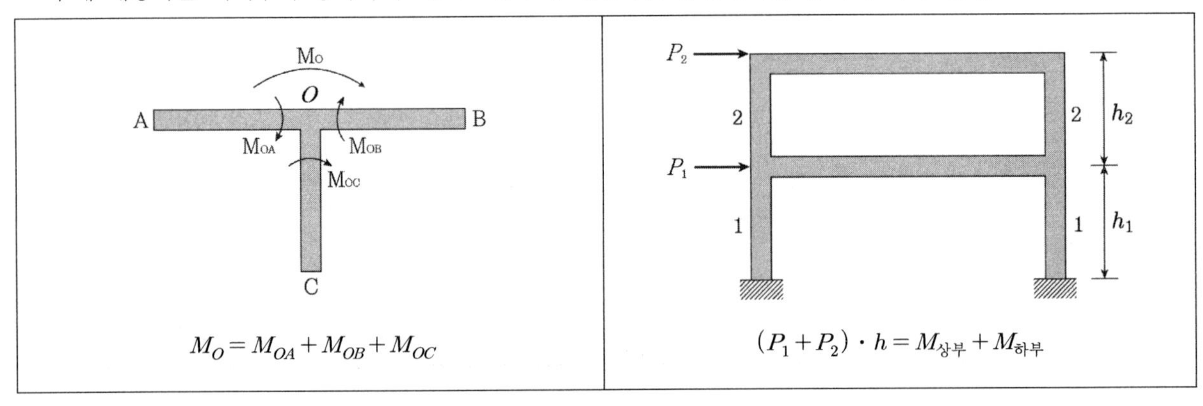

checkpoint

■ 카스틸리아노의 정리

(1) 카스틸리아노의 제1정리

작용하중을 구하기 위한 방법이다. 변위의 함수로 표시된 변형에너지에서 임의의 변위 δ_i에 대한 변형에너지의 1차 편도함수는 그 변위에 대응하는 하중 P_i와 같다. ($P_i = \frac{\partial U}{\partial \delta_i}$, $M_i = \frac{\partial U}{\partial \theta_i}$)

(2) 카스틸리아노의 제2정리

발생하는 변위를 구하기 위한 것이다. 구조물의 재료가 선형탄성적(중첩의 원리가 적용됨)이고, 온도변화나 지점침하가 없는 경우에 하중의 함수(주로 2차함수)로 표시된 변형에너지의 임의의 하중 P_i에 대한 변형에너지의 1차 편도함수는 그 하중의 대응변위 δ_i와 같다.

카스틸리아노의 정리를 적용하여 구조물에 작용하는 하중에 대응하는 변위를 산정하고자 하는 경우 작용하는 하중에 대한 2차 편미분해를 구한다. (하중이 작용하지 않는 점의 변위는 구하고자 하는 방향으로 가상의 하중을 작용시켜 같은 방법으로 구한다.)

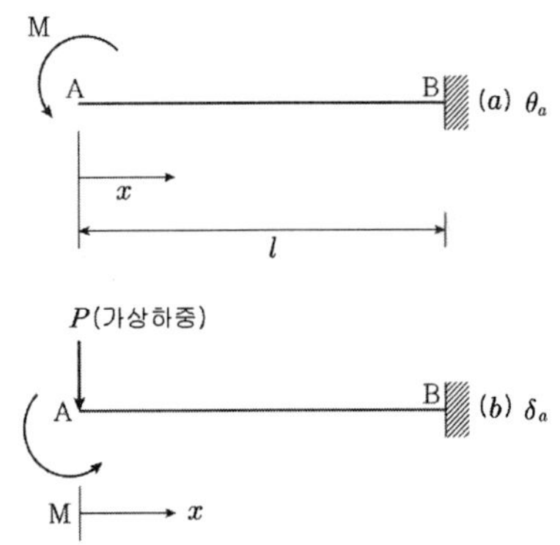

① 자유단의 처짐각(θ_B)

- 원점 A, $0 \le x \le l$
- $M_x = -M$
- $\theta_A = \int_0^l \left(\frac{\partial M_i}{\partial M}\right) \cdot \frac{M_x}{EI} dx = \frac{1}{EI}\int_0^l (-1)(-M)dx$
- $\theta_A = \frac{Ml}{EI}$

② 자유단의 처짐(δ_A)

- 원점 A, $0 \le x \le l$
- $M = -M = P \cdot x$
- $\delta_A = \int \left(\frac{\partial M_i}{\partial P}\right) \cdot \frac{M_x}{EI} dx = \frac{1}{EI}\int_0^l (-x)(-M - P \cdot x)dx = \frac{1}{EI}\int_0^l (M \cdot x)dx = \frac{Ml^2}{2EI}$ $(P=0)$

최근 기출문제 분석

2019 국가직

1 그림과 같이 양단고정보에 등분포하중(w)과 집중하중(P)이 작용할 때, 고정단 휨모멘트(MA, MB)와 중앙부 휨모멘트(MC)의 절댓값 비는? (단, 부재의 휨강성은 EI로 동일하며, 자중을 포함한 기타 하중의 영향은 무시한다)

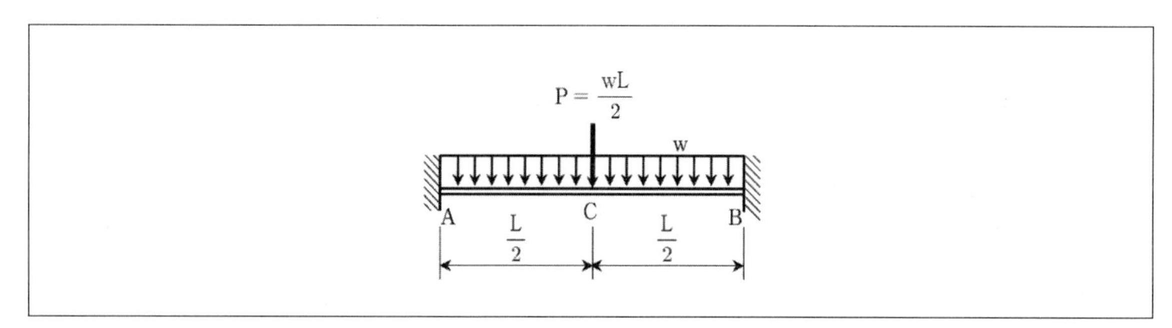

① $|M_A|:|M_C|:|M_B| = 1.2:1.0:1.2$

② $|M_A|:|M_C|:|M_B| = 1.4:1.0:1.4$

③ $|M_A|:|M_C|:|M_B| = 1.6:1.0:1.6$

④ $|M_A|:|M_C|:|M_B| = 2.0:1.0:2.0$

TIP 중첩의 원리를 적용하면 바로 풀 수 있는 문제이다.

등분포하중에 의해 발생되는 각 점의 휨모멘트는 $M_{Aw} = M_{Cw} = -\frac{wL^2}{12}$, $M_{Bw} = +\frac{wL^2}{24}$ 이다.

중앙에 작용하는 집중하중에 의해 발생되는 각 점의 휨모멘트는 $M_{Ap} = M_{Cp} = -\frac{PL}{8}$, $M_{Cp} = +\frac{PL}{8}$ 이다.

$|M_A| = |M_C| = \left|-\frac{wL^2}{12} - \frac{PL}{8}\right|$, $|M_B| = \left|+\frac{wL^2}{24} + \frac{PL}{8}\right|$

$P = \frac{wL}{2}$ 이므로 이를 대입하면

$|M_A| = |M_C| = \left|-\frac{wL^2}{12} - \frac{PL}{8}\right| = \left|-\frac{wL^2}{12} - \frac{wL^2}{16}\right| = \frac{7wL^2}{48}$

$|M_B| = \left|+\frac{wL^2}{24} + \frac{PL}{8}\right| = \left|+\frac{wL^2}{24} + \frac{wL^2}{16}\right| = \frac{5wL^2}{48}$

따라서 $|M_A|:|M_C|:|M_B| = 1.4:1.0:1.4$ 가 된다.

Answer 1.②

2017 서울시 2차

2 **정정구조와 비교하였을 때 부정정구조의 특징으로 가장 옳지 않은 것은?**

① 부정정구조는 부재에 발생하는 응력과 처짐이 작다.

② 부정정구조는 모멘트재분배 효과로 보다 안전을 확보할 수 있다.

③ 부정정구조는 강성이 작아 사용성능에서 불리하다.

④ 부정정구조는 온도변화 및 제작오차로 인해 추가적 변형이 일어난다.

TIP 부정정구조는 정정구조보다 강성이 높고 구조적 안전성이 우수하다.

2017 서울시 2차

3 **다음 그림과 같은 등분포하중을 받는 단순보(a)와 양단고정보(b)의 경우에, 중앙점(L/2)에 작용하는 휨모멘트와 발생하는 최대처짐에 대한 각각의 비율(a:b)로 옳은 것은? (단, 탄성계수와 단면2차모멘트는 동일하다.)**

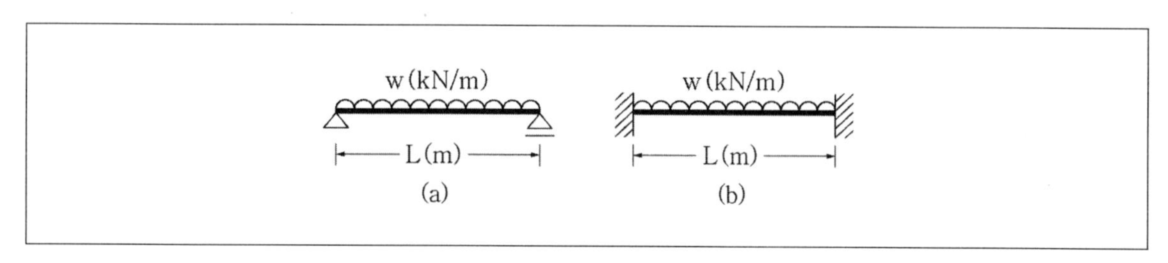

① 휨모멘트비 3 : 1 처짐비 4 : 1

② 휨모멘트비 4 : 1 처짐비 5 : 1

③ 휨모멘트비 4 : 1 처짐비 4 : 1

④ 휨모멘트비 3 : 1 처짐비 5 : 1

TIP

w, A, B, L	$M_c = \frac{wl^2}{8}$	$\delta_{\max} = \frac{5wL^4}{384EI}$
w, A, B, l/2, l/2	$M_c = \frac{wl^2}{24}$	$\delta_{\max} = \frac{wL^4}{384EI}$

Answer 2.③ 3.④

출제 예상 문제

1 다음 그림과 같은 부정정보의 자유단에 집중하중 P가 작용할 경우 고정지점 A단의 휨모멘트 M_A는?

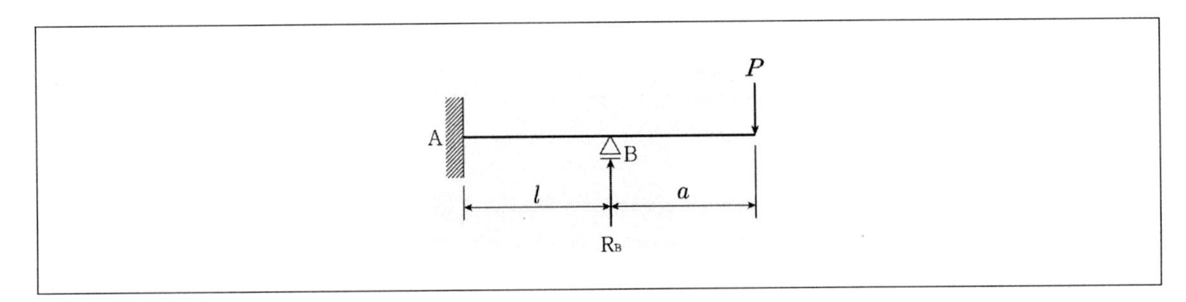

① $\frac{P \cdot a}{3}$

② $\frac{P \cdot a}{2}$

③ $P \cdot a$

④ $2P \cdot a$

TIP $M_{BA} = P \cdot a$이며 $M_{AB} = \frac{M_{BA}}{2} = \frac{P \cdot a}{2}$

2 다음 그림과 같은 보에서 지점모멘트 M_B의 크기는?

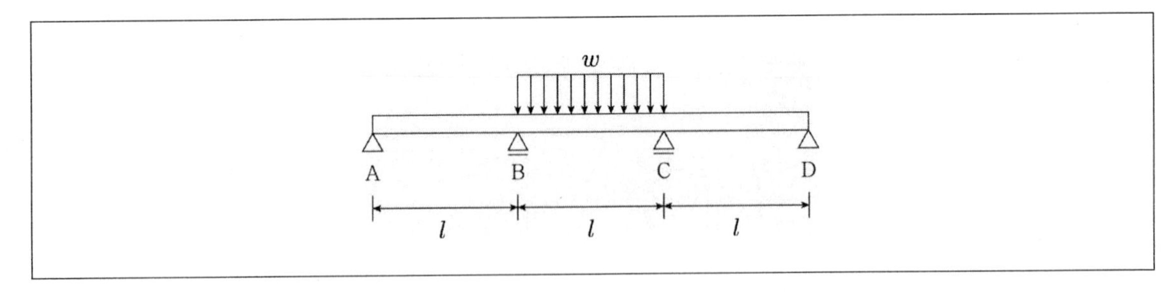

① $-\frac{wl^2}{10}$

② $-\frac{wl^2}{20}$

③ $-\frac{wl^2}{25}$

④ $-\frac{wl^2}{40}$

Answer 1.② 2.②

TIP

$$M_A\left(\frac{l}{I}\right)+2M_B\left(\frac{l}{I}+\frac{l}{I}\right)+M_C\left(\frac{l}{I}\right)=0-\frac{6\times\frac{wl^2}{12}\times\frac{l}{2}}{I\cdot l}$$

$$M_B=M_C=-\frac{wl^2}{20}$$

3 양단고정보 AB의 왼쪽지점이 각 θ만큼 회전할 경우 발생하는 반력을 순서대로 바르게 나열한 것은?

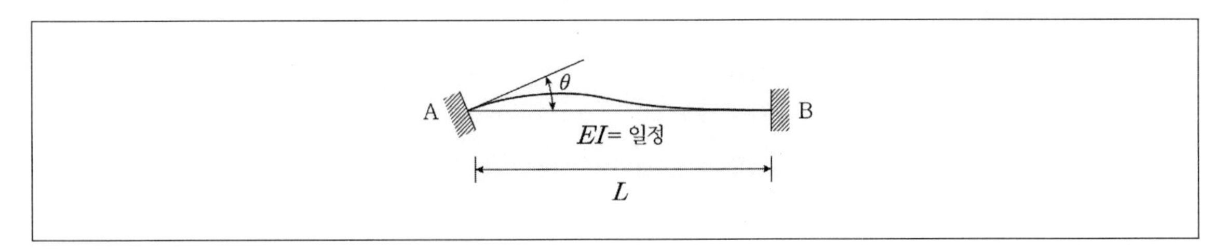

	R_A	M_A
①	$\frac{2EI}{L^2}\theta$	$\frac{4EI}{L^2}\theta$
②	$\frac{4EI}{L^2}\theta$	$\frac{6EI}{L}\theta$
③	$\frac{6EI}{L^2}\theta$	$\frac{4EI}{L}\theta$
④	$\frac{12EI}{L^2}\theta$	$\frac{2EI}{L^2}\theta$

TIP 처짐각법을 적용하여 해석하는 전형적인 문제이다.

$\theta_A=-\theta$, $\theta_B=0$이다.

$$M_{AB}=M_{FAB}+\frac{2EI}{L}(2\theta_A+\theta_B)=0+\frac{2EI}{L}(-2\theta+0)=-\frac{4EI}{L}\theta$$

$$M_{BA}=M_{FBA}+\frac{2EI}{L}(2\theta_B+\theta_A)=0+\frac{2EI}{L}(0-\theta)=-\frac{2EI}{L}$$

$$\sum M_B=0:R_A\times L-\frac{4EI}{L}\theta-\frac{2EI}{L}=0,\ R_A=\frac{6EI}{L^2}\theta$$

Answer 3.③

4 다음 그림과 같은 구조물에서 B점의 모멘트는?

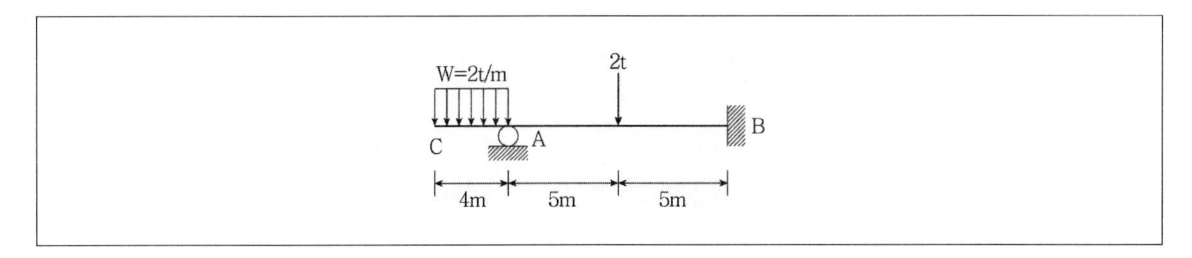

① −2.75t · m ② −3.15t · m
③ −3.75t · m ④ −4.25t · m

TIP
$M_{AC} = 2\times4\times2 = 16t\cdot m$
$M_{AB} = 2\phi_A - C_{AB} = 2\phi_A - 2.5$
$M_{BA} = \phi_A + 2.5$
$M_{AC} + M_{AB} = 0$
$\phi_A = -6.75$
$M_{AB} = -6.75 + 2.5 = 4.25t\cdot m$
$\therefore M_B = -4.25t\cdot m$

5 그림과 같은 구조물에서 B점에 발생하는 수직 반력의 값은?

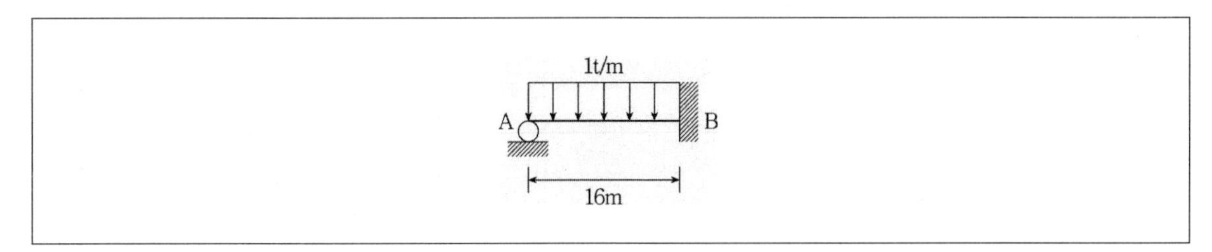

① 6t ② 8t
③ 10t ④ 12t

TIP $R_B = \frac{5wl}{8} = \frac{5\times1\times16}{8} = 10t$

Answer 4.④ 5.③

6 다음 라멘에서 부재 AB에 휨모멘트가 생기지 않으려면 P의 크기는?

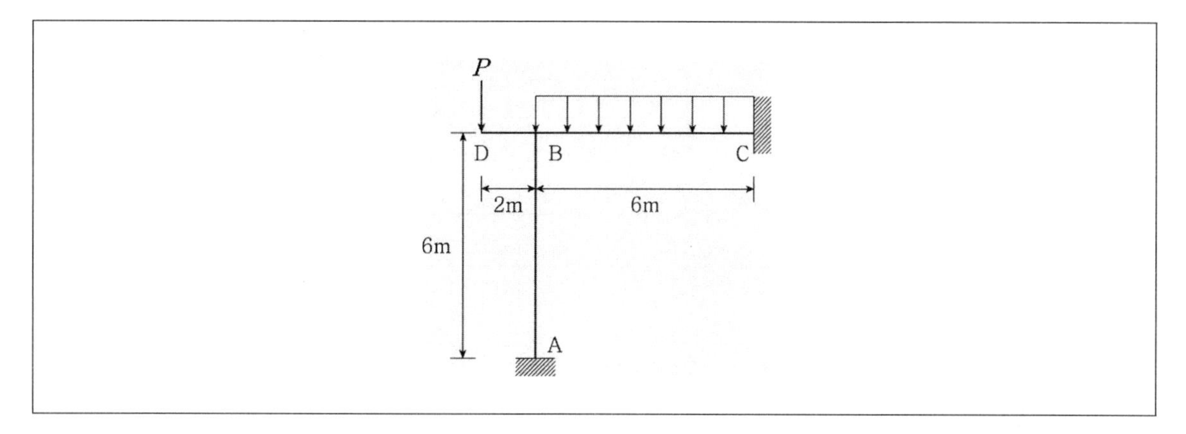

① 3.0t
② 4.5t
③ 5.0t
④ 6.5t

TIP AB부재에 휨모멘트가 발생하지 않으려면 B절점 좌측과 우측에서 발생하는 모멘트의 크기가 동일해야 한다.

$M_{BD} = Pl_1 = 2P,\ M_{BC} = \frac{wl_2}{12} = 9t \cdot m$

$M_{BD} = M_{BC}$이어야 하므로 $2P = 9$이며 $P = 4.5t$

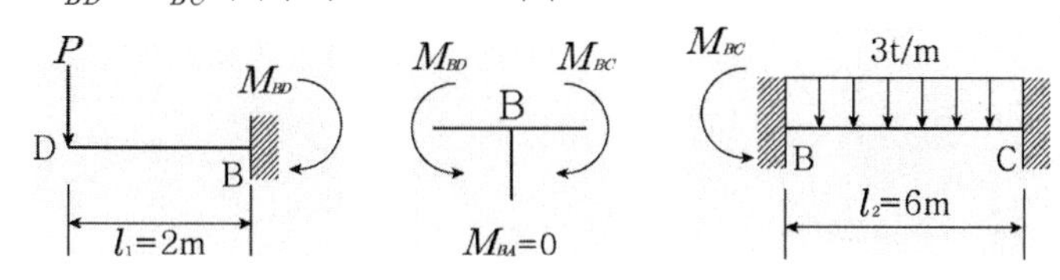

Answer 6.②

7 그림과 같은 연속보에서 B지점 모멘트 M_B는? (단, EI는 일정하다.)

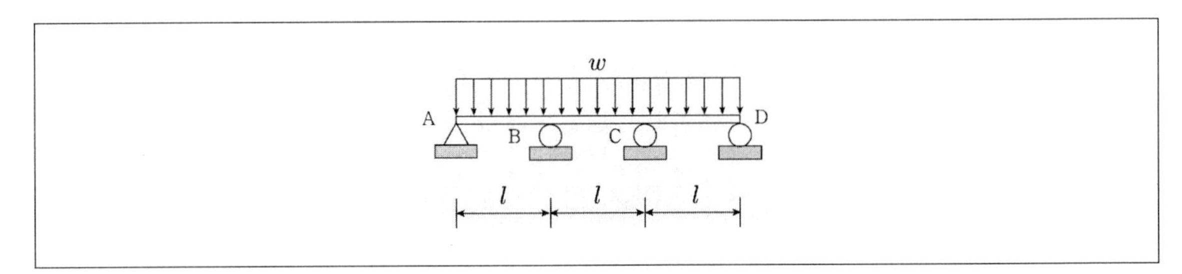

① $-\frac{wl^2}{4}$

② $-\frac{wl^2}{8}$

③ $-\frac{wl^2}{10}$

④ $-\frac{wl^2}{12}$

TIP

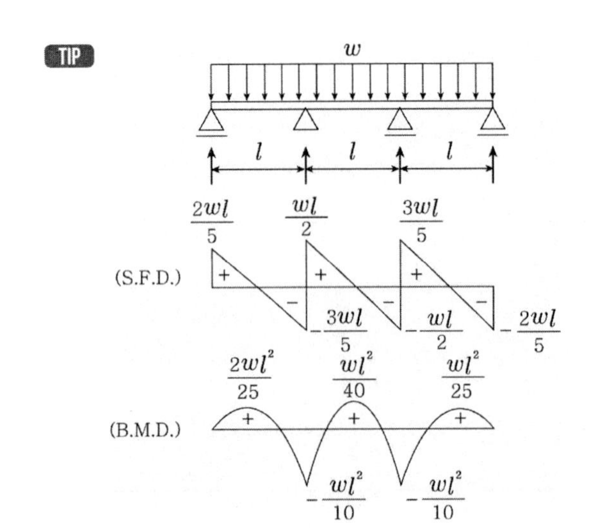

Answer 7.③

8 다음 그림에서 A점의 모멘트 반력은? (단, 각 부재의 길이는 동일하다.)

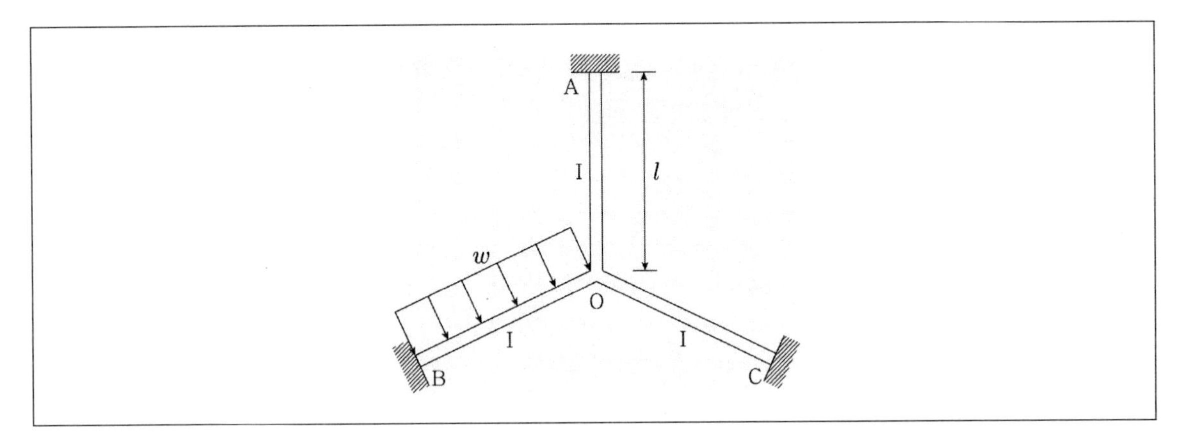

① $M_A = \frac{wl^2}{12}$　　② $M_A = \frac{wl^2}{24}$

③ $M_A = \frac{wl^2}{72}$　　④ $M_A = \frac{wl^2}{66}$

TIP

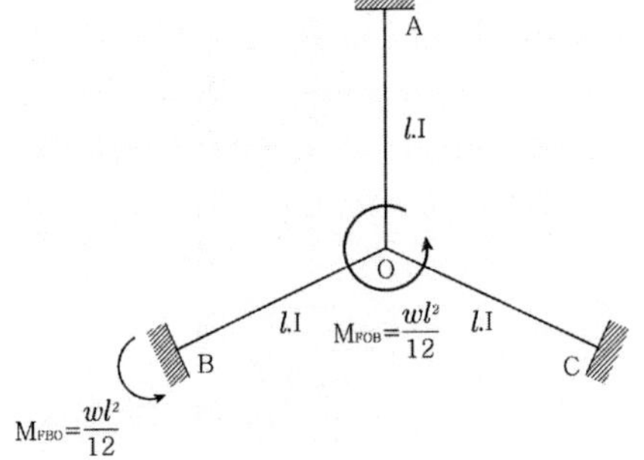

$M_{FBO} = M_{FOB} = \frac{wl^2}{12}$, $K_{OA} : K_{OB} : K_{OC} = \frac{I}{l} : \frac{I}{l} : \frac{I}{l} \cdot \frac{3}{4} = 4:4:3$

$DF_{OA} = \frac{K_{OA}}{\sum K_i} = \frac{4}{11}$

$M_{OA} = M_{FOB} \times DF_{OA} = \frac{wl^2}{12} \times \frac{4}{11} = \frac{wl^2}{33}$

$M_{AO} = \frac{1}{2} M_{OA} = \frac{1}{2} \times \frac{wl^2}{33} = \frac{wl^2}{66}$

Answer 8.④

9 다음 그림과 같은 부정정보에서 B점의 연직반력(R_B)은?

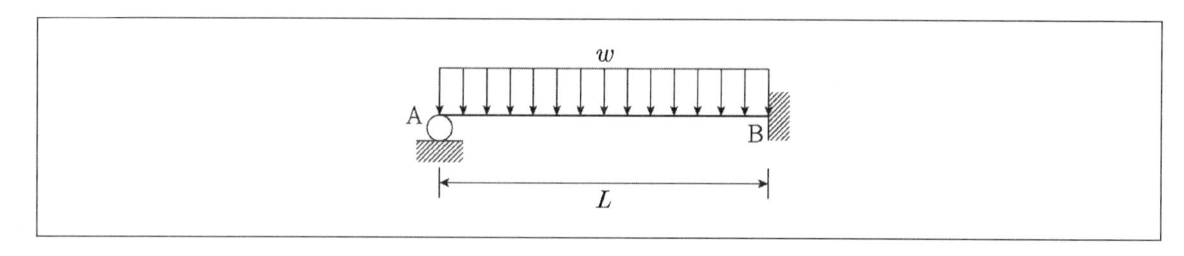

① $\frac{3}{8}wL$

② $\frac{1}{2}wL$

③ $\frac{5}{8}wL$

④ $\frac{6}{8}wL$

TIP $R_A = \frac{3}{8}wL,\ R_B = \frac{5}{8}wL,\ M_B = \frac{1}{8}wL^2$

10 그림과 같은 구조물에서 단부 A, B는 고정, C지점은 힌지일 때 OA, OB, OC의 각 부재의 분배율로서 바른 것은?

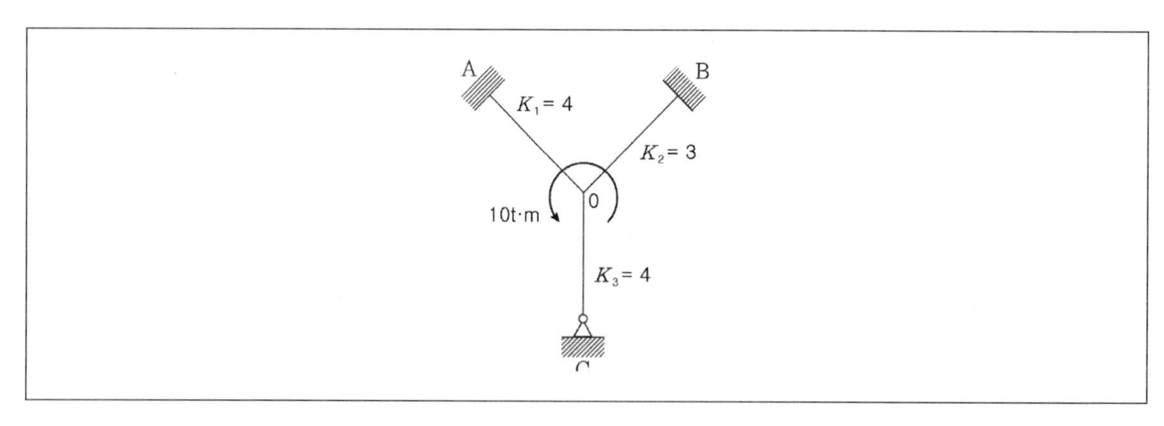

① $DF_{OA} = 3/10,\ DF_{OA} = 4/10,\ DF_{OA} = 4/10$

② $DF_{OA} = 4/10,\ DF_{OA} = 3/10,\ DF_{OA} = 3/10$

③ $DF_{OA} = 4/10,\ DF_{OA} = 3/10,\ DF_{OA} = 4/10$

④ $DF_{OA} = 3/10,\ DF_{OA} = 4/10,\ DF_{OA} = 3/10$

Answer 9.③ 10.②

TIP
$K_{OA} : K_{OB} : K_{OC} = 4 : 3 : 4 \times \frac{3}{4} = 4 : 3 : 3$

$DF_{OA} : DF_{OB} : DF_{OC} = \frac{K_{OA}}{\sum k_i} : \frac{K_{OB}}{\sum k_i} : \frac{K_{OC}}{\sum k_i} = 0.4 : 0.3 : 0.3$

11 다음 그림에서 A점의 모멘트의 반력은? (단, 각 부재의 길이는 동일하다고 가정한다.)

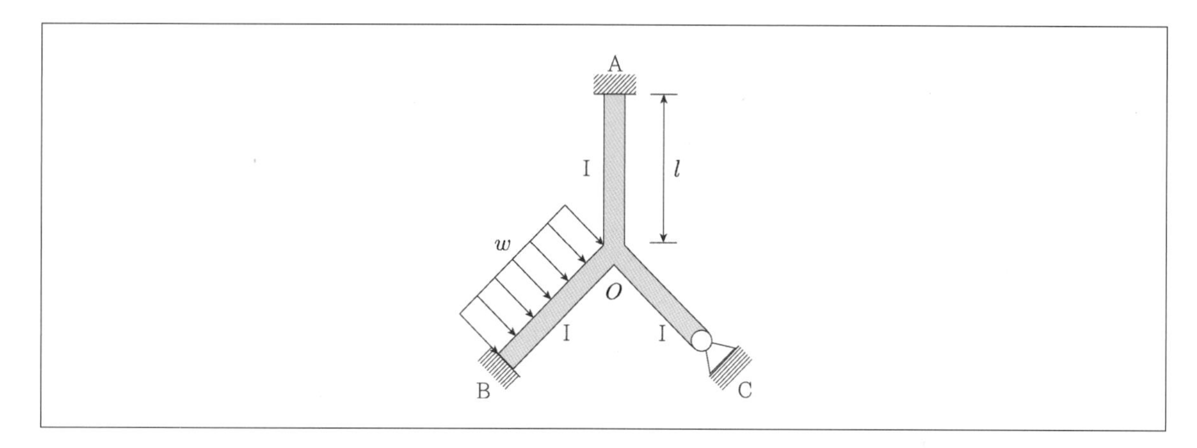

① $M_A = \frac{wL^2}{12}$

② $M_A = \frac{wL^2}{24}$

③ $M_A = \frac{wL^2}{72}$

④ $M_A = \frac{wL^2}{66}$

TIP
$M_{FBO} = M_{FOB} = \frac{wl^2}{12}$, $K_{OA} : K_{OB} : K_{OC} = \frac{I}{l} : \frac{I}{l} : \frac{I}{l} \cdot \frac{3}{4} = 4 : 4 : 3$

$DF_{OA} = \frac{K_{OA}}{\sum K_i} = \frac{4}{11}$

$M_{OA} = M_{FOB} \times DF_{OA} = \frac{wl^2}{12} \times \frac{4}{11} = \frac{wl^2}{33}$

$M_{AO} = \frac{1}{2} M_{OA} = \frac{1}{2} \times \frac{wl^2}{33} = \frac{wl^2}{66}$

Answer 11.④

하중 및 내진설계

01 구조설계 관련문서

1 구조설계 관련 기본문서

(1) 구조설계서의 종류

① **구조설계개요서** … 구조시스템에 관한 주요 개념들을 기술한 문서

② **구조설계요약서** … 건축구조기준의 기술적 조항을 모두 만족하도록 작성한 문서

③ **구조계산서** … 골조해석에 의한 부재력과 변위, 지점반력을 나타내고 부재단면계산값을 나타낸 문서

④ **구조설계도** … 계획설계, 기본설계, 실시설계의 3단계로 나누어 작성되어 구조물의 구조를 시각적으로 표현한 도면

⑤ **구조체공사시방서** … 특별한 구조검사 또는 실험이 요구되거나 시공상세도의 작성이 필요한 부위 등 구조체 공사특기시방서의 작성에 필요한 지침을 기술한 문서

(2) 건축구조기준 관련 기본법규

① 건축사가 아니어도 설계가 가능한 건축물

㉠ 바닥면적 합계가 85m^2 미만인 증축, 개축, 재축

㉡ 연면적이 200m^2 미만이고 층수가 3층 미만인 건축물의 대수선

㉢ 읍, 면 지역에서 건축하는 연면적 200m^2 이하의 창고와 400m^2 이하인 축사 및 작물재배사

㉣ 신고대상 가설건축물

② 구조안전 확인대상 건축물

㉠ **구조계산에 의한 구조안전 확인 대상** : 구조 안전을 확인한 건축물 중 다음의 어느 하나에 해당하는 건축물의 건축주는 해당 건축물의 설계자로부터 구조 안전의 확인 서류를 받아 착공신고를 하는 때에 그 확인 서류를 허가권자에게 제출하여야 한다. (다만, 표준설계도서에 따라 건축하는 건축물은 제외한다.)

- 층수가 2층(주요 구조부인 기둥과 보를 설치하는 건축물로서 그 기둥과 보가 목재인 목구조 건축물의 경우에는 3층) 이상인 건축물
- 연면적 200m^2 이상인 건축물(창고, 축사, 작물재배사 예외)
- 높이가 13m 이상인 건축물
- 처마높이가 9m 이상인 건축물

- 기둥과 기둥사이의 거리가 10m 이상인 건축물
- 내력벽과 내력벽 사이의 거리가 10m 이상인 건축물
- 건축물의 용도 및 규모를 고려한 중요도가 높은 건축물로서 국토교통부령으로 정하는 건축물(중요도 특 또는 중요도 1에 해당하는 건축물)
- 국가적 문화유산으로 보존할 가치가 있는 건축물
- 한쪽 끝은 고정되고 다른 끝은 지지되지 아니한 구조로 된 보·차양 등이 외벽의 중심선으로부터 3m 이상 돌출된 건축물
- 특수한 설계·시공·공법 등이 필요한 건축물로서 국토교통부장관이 정하여 고시하는 구조로 된 건축물

㉡ 구조기술사 협력대상 건축물

- 건축구조기술사 협력의무대상 건축물 : 다음의 어느 하나에 해당하는 건축물의 설계자는 해당 건축물에 대한 구조의 안전을 확인하는 경우에는 건축구조기술사의 협력을 받아야 한다.
  - 3층 이상의 필로티형식 건축물
  - 6층 이상인 건축물
  - 특수구조 건축물(경간 20m 이상 건축물, 보, 차양 등의 내민 길이 3m 이상 건축물)
  - 다중이용건축물, 준다중이용건축물
  - 지진구역 I 인 지역 내에 건축하는 건축물로서 중요도가 〈특〉에 해당하는 건축물
  - 건축물의 용도 및 규모를 고려한 중요도가 높은 건축물로서 국토교통부령으로 정하는 건축물
- 토목분야 기술사 또는 국토개발분야 지질지반기술사 협력 : 다음의 어느 하나에 해당하는 경우 건축물의 설계자, 공사감리자는 기술사의 협력을 받아야 한다.
  - 깊이 10미터 이상의 토지굴착공사
  - 높이 5미터 이상의 옹벽공사
  - 지질조사
  - 토공사의 설계 및 감리
  - 흙막이벽, 옹벽설치 등에 관한 위해방지 및 기타사항
- 건축전기설비기술사, 발송배전기술사, 건축기계설비기술사, 공조냉동기계기술사 협력 대상 건축물
  - 연면적 10,000m² 이상 건축물(창고시설은 제외)
  - 바닥면적의 합계가 500m² 이상인 건축물 중 냉동냉장시설, 항온항습시설, 특수청정시설아파트 및 연립주택
  - 목욕장, 실내 물놀이형시설 및 실내 수영장의 용도로 사용되는 바닥면적의 합계가 500m² 이상인 건축물
  - 기숙사, 의료시설, 유스호스텔, 숙박시설의 용도로 사용되는 바닥면적의 합계가 2,000m² 이상인 건축물
  - 판매시설, 연구소, 업무시설의 용도로 사용되는 바닥면적의 합계가 3,000m² 이상인 건축물
  - 문화 및 집회시설, 종교시설, 교육연구시설(연구소 제외), 장례식장의 용도로 사용되는 바닥면적의 합계가 10,000m² 이상인 건축물

㉢ 지진에 대한 안전여부 확인대상 건축물

• 3층 이상 건축물
• 연면적 1,000m^2 이상인 건축물(창고, 축사, 작물재배사 예외)
• 국가적 문화유산으로 보존할 가치가 있는 연면적 합계 5,000m^2 이상인 박물관, 기념관 등

㉣ 안전영향평가

• 지하안전 영향평가 대상 : 다음의 하나에 해당하는 사업 중 굴착깊이가 20m 이상인 굴착공사, 터널공사(산악터널, 수저터널 제외)를 수반하는 사업
  - 도시의 개발사업
  - 산업입지 및 산업단지의 조성사업
  - 에너지 개발사업
  - 항만의 건설사업
  - 도로의 건설사업
  - 수자원의 개발사업
  - 철도(도시철도를 포함한다)의 건설사업
  - 공항의 건설사업
  - 하천의 이용 및 개발사업
  - 관광단지의 개발사업
  - 특정 지역의 개발사업
  - 체육시설의 설치사업
  - 폐기물 처리시설의 설치사업
  - 국방 · 군사 시설의 설치사업
  - 토석 · 모래 · 자갈 등의 채취사업
  - 지하안전에 영향을 주는 시설로서 대통령령으로 정한 시설 설치사업
• 소규모 지하안전영향평가 대상 : 굴착깊이가 10m 이상 20m 미만인 굴착공사를 수반하는 소규모 사업
• 지반침하 위험도평가 : 지하시설물 및 주변지반에 대하여 안전관리 실태를 점검하고 지반침하의 우려가 있다고 판단되는 경우 실시하는 평가
• 사후지하안전 영향조사 : 지하안전영향평가 대상사업을 착공한 후에 그 사업이 지하안전에 미치는 영향 조사

02 건축물의 중요도 분류

1 건축물의 중요도 분류

(1) 일반사항

① 건축물 및 구조물의 중요도는 용도와 규모에 따라 특, 1, 2, 3의 중요도로 분류한다. (단, 리모델링의 경우 잔존수명을 고려하여 중요도를 하향조정을 할 수 있다.)

② 부속시설이 있는 경우, 그 부속시설물의 손상이 건축물 및 공작물에 영향을 미치는 경우에는 그 부속시설물도 동일한 중요도를 적용한다.

③ 중요도 분류상 규모에서 지하층의 층수와 바닥면적은 산입하지 않는다.

(2) 하중별 중요도 계수

① 적설하중에 대한 중요도계수

중요도	특	1	2	3
중요도계수	1.2	1.1	1.0	0.8

② 풍하중에 대한 중요도계수

중요도	특	1	2	3
중요도계수	1.0	1.0	0.95	0.90

③ 지진하중에 대한 중요도계수

중요도	특	1	2	3
중요도계수	1.5	1.2	1.0	1.0

(3) 내진등급 분류표

① 시설물의 내진등급은 중요도에 따라서 내진특등급, 내진Ⅰ등급, 내진Ⅱ등급으로 분류한다.

③ 내진특등급은 지진 시 매우 큰 재난이 발생하거나, 기능이 마비된다면 사회적으로 매우 큰 영향을 줄 수 있는 시설의 등급을 의미한다.

③ 내진Ⅰ등급은 지진 시 큰 재난이 발생하거나, 기능이 마비된다면 사회적으로 큰 영향을 줄 수 있는 시설의 등급을 의미한다.

④ 내진Ⅱ등급은 지진 시 재난이 크지 않거나, 기능이 마비되어도 사회적으로 영향이 크지 않은 시설의 등급을 의미한다.

⑤ 시설물의 구체적인 내진등급 분류 기준은 해당 시설물의 내진설계기준에서 정의한다.

내진등급	분류목적	소분류
중요도(특)	유출 시 인명피해가 우려되는 독극물 등을 저장하고 처리하는 건축물	연면적 $1,000m^2$ 이상인 위험물 저장 및 처리시설
	응급비상 필수시설물로 지정된 건축물	연면적 $1,000m^2$ 이상인 국가 또는 지방자치단체의 청사·외국공관·소방서·발전소·방송국·전신전화국
		종합병원, 또는 수술시설이나 응급시설이 있는 병원, 지진과 태풍 또는 다른 비상시의 긴급대피수용시설로 지정한 건축물
		지진과 태풍 또는 다른 비상시의 긴급대피수용시설로 지정한 건축물
중요도(1)	중요도(특)보다 작은 규모의 위험물 저장·처리시설 및 응급비상 필수시설물	연면적 $1,000m^2$ 미만인 위험물 저장 및 처리시설
		연면적 $1,000m^2$ 미만인 국가 또는 지방자치단체의 청사·외국공관·소방서·발전소·방송국·전신전화국
	붕괴 시 인명에 상당한 피해를 주거나 국민의 일상생활에 상당한 경제적 충격이나 대규모 혼란이 우려되는 건축물	연면적 $5,000m^2$ 이상인 공연장·집회장·관람장·전시장·운동시설·판매시설·운수시설(화물터미널과 집배송시설은 제외함)
		아동관련시설·노인복지시설·사회복지시설·근로복지시설
		5층 이상인 숙박시설·오피스텔·기숙사·아파트
		학교
		수송시설과 응급시설 모두 없는 병원, 기타 연면적 $1,000m^2$ 이상 의료시설로서 중요도(특)에 해당되지 않은 건축물
중요도(2)	붕괴 시 인명피해의 위험도가 낮은 건축물	중요도(특), 중요도(1), 중요도(3)에 해당하지 않는 건축물
중요도(3)	붕괴 시 인명피해가 없거나 일시적인 건축물	농업시설물, 소규모창고, 가설구조물

기출예제 01

2016 국가직 (7급)

건축물 및 공작물의 구조설계 시 용도 및 규모에 따라 중요도(특), 중요도(1), 중요도(2) 및 중요도(3)으로 분류한다. 다음 중 중요도(특)에 해당하지 않는 것은?

① 연면적 1,000㎡ 인 위험물 저장 및 처리시설

② 연면적 1,000㎡ 인 공연장 · 집회장 · 관람장

③ 연면적 1,000㎡ 인 지방자치단체의 청사 · 방송국 · 전신전화국

④ 종합병원, 수술시설이나 응급시설이 있는 병원

위의 표 참고

답 ②

03 활하중

❶ 활하중

(1) 활하중 일반사항

① **활하중의 정의**…주로 건축물의 입주자, 사용자, 가구와 사무용품 등이 건축물에 대해 발생시키는 하중이다. 등분포활하중과 집중하중으로 나뉘며 이 중 해당 구조부재에 큰 응력을 발생시키는 경우를 적용한다.

② **집중활하중**…도서관의 서가, 주차장의 차량 등 구조물의 한 곳에 집중적으로 작용하는 하중이다. 집중하중에 대한 검토는 현실적으로 기둥이나 큰 보의 경우보다는 슬래브와 작은 보에 해당되며 경간이 짧은 경우이다. 집중하중은 1부재의 설계에서 단 1개소에만 작용한다.

③ **하중접촉면**…집중활하중은 하중접촉면에 균등하게 작용하는 것으로 가정하나 모멘트나 전단력 산정 시에는 1점의 집중하중으로 변환시켜 작용시킬 수 있다.

(2) 부하면적과 영향면적

① **부하면적**…연직하중을 전달하는 구조부재가 분담하는 하중의 크기를 바닥면적으로 나타낸 것이다.

② **영향면적**…연직하중 전달 구조부재에 미치는 하중의 영향을 바닥면적으로 나타낸 것이다. 기둥 및 기초의 영향면적은 부하면적의 4배, 보의 영향면적은 부하면적의 2배, 슬래브의 영향면적은 부하면적과 같다. (단, 부하면적 중 캔틸레버 부분은 4배나 2배를 적용하지 않고 그대로 영향면적에 단순합산한다.)

[기둥 및 보의 영향면적]

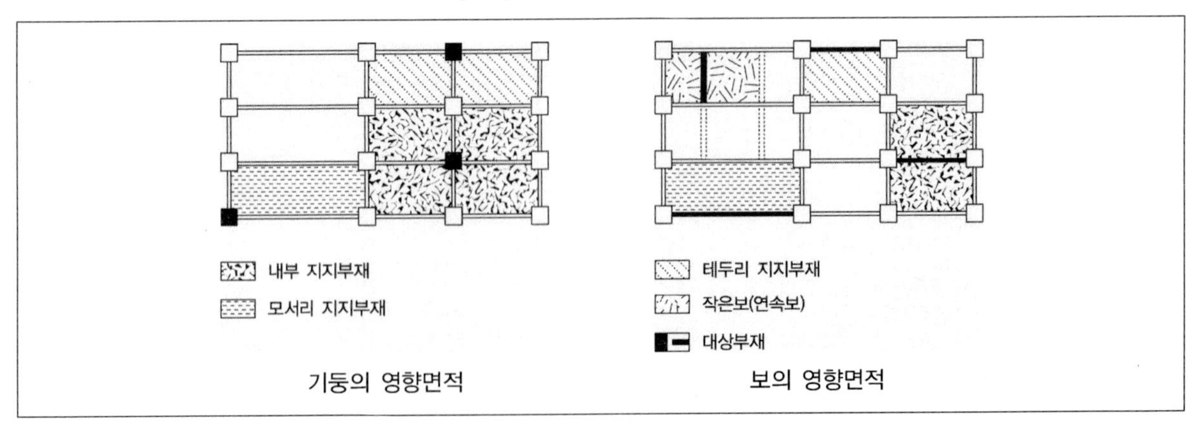

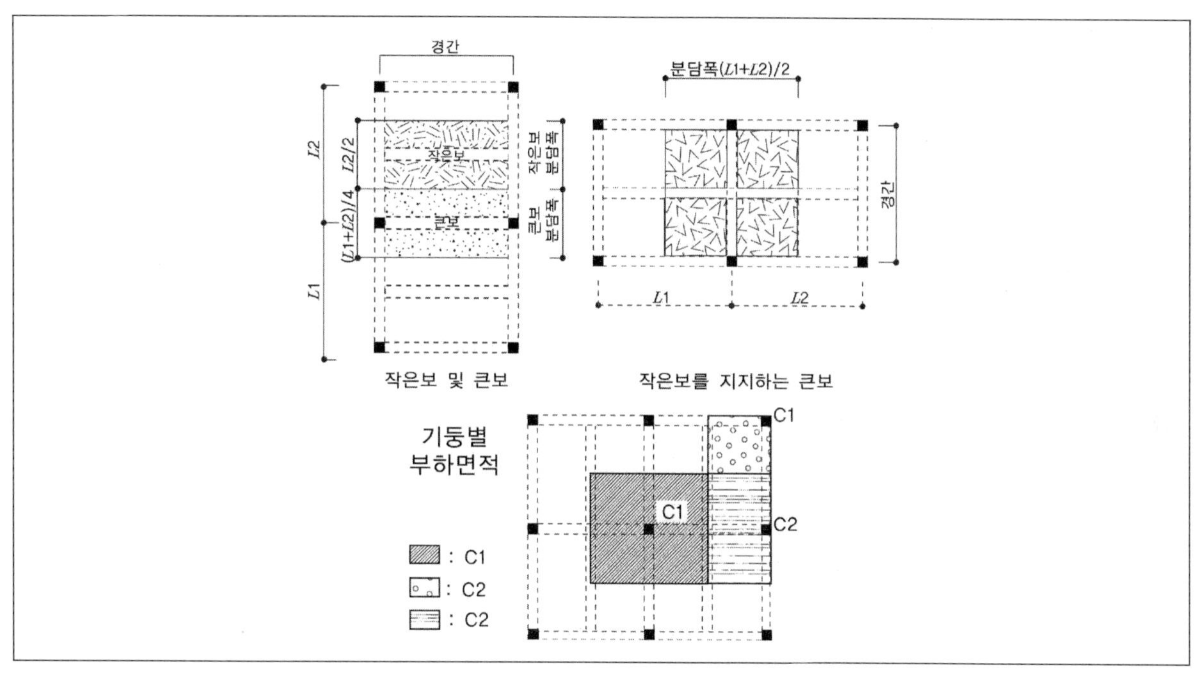

(3) 기본 활하중

① 활하중

㉠ 활하중은 건축물의 입주자나 사용자와 함께 가구, 사무용기구 및 저장품 등이 건축물 내를 차지하거나 사용함으로써 발생하는 하중이다.

㉡ 활하중은 등분포활하중과 집중활하중으로 분류하며 2가지 중에서 해당 구조부재에 큰 응력을 발생시키는 경우를 적용한다.

㉢ 유사활하중

- 손스침하중 : 지붕, 발코니, 계단 등의 난간 손스침 부분에 대해서는 0.9kN의 집중하중 또는 2세대 이하의 주거용 구조물일 때 0.4kN/m, 기타의 구조물일 때 0.8kN/m의 등분포하중을 임의의 방향으로 고려하여야 한다.
- 내벽횡하중 : 건축물 내부에 설치되는 높이 1.8m 이상의 각종 내벽은 벽면에 직각방향으로 작용하는 0.25 kN/m^2 이상의 등분포하중에 대하여 안전하도록 설계한다. 다만, 이동성 경량칸막이벽 및 이와 유사한 것은 제외한다.
- 고정사다리하중 : 가로대를 가진 고정사다리의 활하중은 최소한 1.5kN의 집중하중을 각 부재에 가장 큰 하중효과를 일으키는 위치에 적용하여야 하며 3m 높이마다 하나 이상이 작용하도록 하여야 한다.

㉣ 차량방호하중

- 승용차 방호하중 : 승용차용 방호시스템은 임의의 수평방향으로 30kN의 집중하중에 저항하도록 설계하여야 한다. 이 집중하중은 바닥면으로부터 0.45m와 0.70m 사이에서 가장 큰 하중효과를 일으키는 높이에 적용하며 하중접촉면은 0.3m×0.3m 이하로 하여야 한다.
- 화물차 및 버스의 방호하중 : 국내·외의 공인된 설계지침에 따라 산정하여야 한다.

㉤ 크레인하중

- 주행보, 브래킷, 가새 및 접합부를 포함한 크레인의 모든 지지요소들은 크레인의 최대차륜하중, 수직충격하중, 횡방향 및 종방향 수평하중을 지지하도록 설계하여야 한다.
- 최대차륜하중은 브리지의 무게에 의한 차륜하중에, 트롤리가 최대의 차륜하중을 일으키는 위치에 있을 때의 정격용량과 트롤리의 무게에 의한 차륜하중을 더한 하중이다.
- 크레인의 수직충격하중은 최대차륜하중에 대하여 다음의 비율로 산정한다.

– 모노레일크레인(전동식)	25%
운전실조작 또는 원격조작 브리지크레인(전동식)	25%
펜던트조작 브리지크레인(전동식)	10%
수동식 브리지, 트롤리, 호이스트를 가진 브리지크레인 또는 모노레일크레인	0%

- 횡방향수평하중 : 전동식 트롤리를 가진 크레인의 주행보에 작용하는 횡방향수평하중은 크레인의 정격용량과 호이스트 및 트롤리의 무게를 합한 값의 20%로 한다. 횡방향수평하중은 주행보에 직각방향으로 주행레일 상부에 수평으로 작용하는 것으로 가정하며, 주행보와 그 지지구조체의 횡방향 강성에 따라 분배한다.
- 종방향수평하중 : 수동식 브리지를 가진 브리지크레인을 제외한 크레인의 주행보에 작용하는 종방향수평하중은 최대차륜하중의 10%로 한다. 종방향수평하중은 주행보와 평행하게 주행레일 상부에 수평으로 작용하는 것으로 가정한다.

② **공동주택 발코니** … 이삿짐, 화분 등의 적재, 캔틸레버구조의 안전성을 고려해야 한다.

③ **병원의 수술실, 실험실** … 대형장비가 설치되는 곳은 실제 장비하중을 고려하여야 한다.

④ **사무실이나 유사용도의 건축물** … 가동성 경량칸막이벽이 설치될 가능성이 있는 경우에는 칸막이벽 하중으로 최소 1kN/m²를 기본등분포 적재하중에 추가하여야 하지만 기본활하중이 4kN/m² 이상일 경우에는 이를 제외할 수 있다.

⑤ **일반 용도의 사무실 로비, 교실과 해당 복도** … 밀집한 군중 또는 밀집한 학생이 있을 경우를 고려한 값이다.

⑥ **판매장** … 1층 부분의 경우 밀집한 고객이 있을 경우를 고려한 값으로서 창고형 매장의 경우 상품의 적재 및 전시 등을 고려한 값으로 중량상품인 경우는 실제하중을 적용하어야 한다.

⑦ **집회 및 유흥장 로비, 복도, 연회장, 무도장** … 군중이 밀집된 경우를 고려한 값이다.

⑧ **체육관 바닥, 이동식 스탠드** … 군중이 밀집된 경우를 고려한 값이다.

⑨ **창고에서 경량품과 중량품의 적재구분 및 경공업공장과 중공업공장의 구분방법** … 최소한의 하중을 적용하는 단순한 경계를 의미하며 6.0kN/m²를 조금만 초과하더라도 중량풍의 적재용도로 간주하여 12kN/m²를 적용한다. (12kN/m²를 초과하는 경우에는 실제하중을 적용한다.)

⑩ **점유 시용하지 않는 지붕** … 일반인의 접근이 곤란한 지붕을 말한다.

⑪ **광장** … 차량접근이 가능하지 않는 옥외광장을 말하며 공사 중의 자재적재 및 공사용 차량진입 등으로 인한 하중증가가 예상되는 경우 실재하중을 적용한다.

[기본 등분포 활하중(단위 : kN/m^2)]

용도			등분포 활하중
1	주택	주거용 건축물의 거실	2.0
		공동주택의 공용실	5.0
2	병원	병실	2.0
		수술실, 공용실, 실험실	3.0
		1층 외의 모든 층 복도	4.0
3	숙박시설	객실	2.0
		공용실	5.0
4	사무실	일반 사무실	2.5
		특수용도사무실	5.0
		문서보관실	5.0
		1층 외의 모든 층 복도	4.0
5	학교	교실	3.0
		일반 실험실	3.0
		중량물 실험실	5.0
		1층 외의 모든 층 복도	4.0
6	판매장	상점, 백화점(1층)	5.0
		상점, 백화점(2층 이상)	4.0
		창고형 매장	6.0
7	집회 및 유흥장	모든 층 복도	5.0
		무대	7.0
		식당	5.0
		주방	7.0
		극장 및 집회장(고정 좌석)	4.0
		집회장(이동 좌석)	5.0
		연회장, 무도장	5.0

	용도		등분포 활하중
8	체육시설	체육관 바닥, 옥외경기장	5.0
		스탠드(고정 좌석)	4.0
		스탠드(이동 좌석)	5.0
9	도서관	열람실	3.0
		서고	7.5
		1층 외의 모든 층 복도	4.0
10	주차장 및 옥외 차도	총중량 30kN 이하의 차량(옥내)	3.0
		총중량 30kN 이하의 차량(옥외)	5.0
		총중량 30kN 초과 90kN 이하의 차량	6.0
		총중량 90kN 초과 180kN 이하의 차량	12.0
		옥외 차도와 차도 양측의 보도	12.0
11	창고	경량품 저장창고	6.0
		중량품 저장창고	12.0
12	공장	경공업 공장	6.0
		중공업 공장	12.0
13	지붕	점유·사용하지 않는 지붕(지붕활하중)	1.0
		산책로 용도	3.0
		정원 또는 집회 용도	5.0
		출입이 제한된 조경 구역	1.0
		헬리콥터 이착륙장	5.0
14	기계실	공조실, 전기실, 기계실 등	5.0
15	광장	옥외광장	12.0
16	발코니	출입 바닥 활하중의 1.5배(최대 5.0kN/m²)	
17	로비 및 복도	로비, 1층 복도	5.0
		1층 외의 모든 층 복도(병원, 사무실, 학교, 집회 및 유흥장, 도서관은 별도 규정)	출입 바닥 활하중
18	계단	단독주택 또는 2세대 거주 주택	2.0
		기타의 계단	5.0

[기본집중활하중]

(단위 : kN)

<table>
<tr><th colspan="4">용도</th><th>집중
하중</th><th>하중접촉면
(m×m)</th></tr>
<tr><td>1</td><td>병원</td><td colspan="2">병실, 수술실, 공용실, 실험실, 로비와 모든 복도</td><td>10.0</td><td>0.75×0.75</td></tr>
<tr><td>2</td><td>사무실</td><td colspan="2">일반 사무실, 특수용도사무실, 문서보관실, 로비와 모든 복도</td><td>10.0</td><td>0.75×0.75</td></tr>
<tr><td>3</td><td>학교</td><td colspan="2">교실, 일반 실험실, 중량물 실험실, 로비와 모든 복도</td><td>5.0</td><td>0.75×0.75</td></tr>
<tr><td>4</td><td>판매장</td><td colspan="2">상점, 백화점 (1층), 상점, 백화점 (2층 이상), 창고형 매장</td><td>5.0</td><td>0.75×0.75</td></tr>
<tr><td>5</td><td>도서관</td><td colspan="2">열람실, 서고, 로비와 모든 복도</td><td>5.0</td><td>0.75×0.75</td></tr>
<tr><td rowspan="4">6</td><td rowspan="4">주차장
및
옥외
차도[1)]</td><td colspan="2">총중량 30kN 이하의 차량</td><td>15.0</td><td>0.12×0.12</td></tr>
<tr><td colspan="2">총중량 30kN 초과 90kN 이하의 차량</td><td>36.0</td><td>0.12×0.12</td></tr>
<tr><td colspan="2">총중량 90kN 초과 180kN 이하의 차량</td><td>54.0</td><td>0.25×0.60</td></tr>
<tr><td colspan="2">옥외 차도와 차도 양측의 보도</td><td>54.0</td><td>0.25×0.60</td></tr>
<tr><td rowspan="2">7</td><td rowspan="2">공장</td><td colspan="2">경공업 공장</td><td>10.0</td><td>0.75×0.75</td></tr>
<tr><td colspan="2">중공업 공장</td><td>15.0</td><td>0.75×0.75</td></tr>
<tr><td rowspan="5">8</td><td rowspan="5">지붕</td><td colspan="2">유지 · 보수 작업자의 하중을 받는
모든 지붕</td><td>1.5</td><td>0.75×0.75</td></tr>
<tr><td rowspan="2">헬리콥터
이착륙장</td><td>최대허용이륙하중 20 kN 이하</td><td>28.0</td><td>0.20×0.20</td></tr>
<tr><td>최대허용이륙하중 60 kN 이하</td><td>84.0</td><td>0.30×0.30</td></tr>
<tr><td rowspan="2">작업장 상부에 노출된 지붕의 주
구조재 및 트러스 하현재 절점</td><td>공장, 창고, 자동차 정비소 등의 용도
의 상부 지붕</td><td>10.0</td><td>–</td></tr>
<tr><td>기타 용도의 상부 지붕</td><td>1.5</td><td>–</td></tr>
<tr><td>9</td><td>계단</td><td colspan="2">계단 디딤판</td><td>1.5</td><td>0.05×0.05</td></tr>
</table>

주 1) 총중량 90kN 초과 180kN 이하인 차량은 3.4의 규정에 따를 수 있다.

2) 총중량 18kN을 초과하는 중량차량의 활하중은 3.4의 규정에 따라야 한다.

	건축물의 용도 또는 부분		2면전단 검토시의 접촉면적(m^2)
11	창고	가. 경량품 저장창고	6.0
		나. 중량품 저장창고	12.0
12	공장	가. 경공업 공장	6.0
		나. 중공업 공장	12.0
13	지붕	가. 접근이 곤란한 지붕	1.0
		나. 적재물이 거의 없는 지붕	2.0
		다. 정원 및 집회 용도	5.0
		라. 헬리콥터 이착륙장	5.0
14	기계실	공조실, 전기실, 기계실 등	5.0
15	광장	옥외광장	12.0

(4) 활하중 저감

① **활하중 저감계수** … 지붕활하중을 제외한 등분포활하중은 부재의 영향면적이 $36m^2$ 이상인 경우 위 표의 최소등분포활하중에 다음의 활하중 저감계수를 곱하여 저감할 수 있다.

$$C = 0.3 + \frac{4.2}{\sqrt{A}} \text{ (A는 영향면적)}$$

TIP

지붕활하중의 저감은 점유·사용하지 않는 평지붕, 출입이 제한된 조경구역의 지붕, 경사지붕, 곡면지붕 등 기본활하중 $1KN/m^2$를 적용하는 지붕에서만 적용한다.

② **활하중 저감계수 적용의 제한사항**

㉠ 1개층을 지지하는 부재의 저감계수는 0.5 이상, 2개층 이상을 지지하는 부재의 저감계수는 0.4 이상으로 한다.

㉡ $5kN/m^2$을 초과하는 활하중은 저감할 수 없으나 2개층 이상을 지지하는 부재의 저감계수는 0.8까지 적용할 수 있다.

㉢ 활하중 $5kN/m^2$ 이하의 공중집회용도에 대해서는 활하중을 저감할 수 없다.

㉣ 승용차전용주차장의 활하중은 저감할 수 없으나 2개층 이상을 지지하는 부재의 저감계수는 0.8까지 적용할 수 있다.

㉤ 1방향 슬래브의 영향면적은 슬래브 경간에 슬래브 폭을 곱하여 산정한다. 이때 슬래브 폭은 슬래브 경간의 1.5배 이하로 한다.

ⓑ **지붕, 파라펫, 발코니, 계단 등의 손스침 부분에 최소 수평력을 고려** : 주거용 건축물일 때 0.4kN/m, 기타 건축물일 때 0.8kN/m의 수평등분포하중을 고려해야 한다.

ⓢ **건축물 내부에 설치되는 높이 1.8m 이상의 각종 내벽** : 벽면에 직각방향으로 작용하는 0.25 kN/m^2 이상의 등분포하중을 적용한다. (단, 이동성 경량칸막이벽 및 이와 유사한 것은 제외한다.)

checkpoint

■ **활하중 저감계수**

실제로 건물의 바닥 전체에 기본등분포활하중이 모두 균일하게 재하되는 경우는 극히 드물다. 또한 기본등분포활하중이 모두 균일하게 재하가 된다고 가정하여 구조설계를 하는 경우 실재 요구되는 성능보다 과한 부재설계가 될 가능성이 높아 경제적인 낭비를 초래하게 된다. 따라서 보다 현실적이고 경제적인 부재설계를 위하여 활하중 저감계수를 적용한다.

04 적설하중

❶ 적설하중

(1) 일반사항

① 지붕에 작용하는 적설하중의 영향이 등분포 활하중 및 유사활하중에 규정된 지붕의 최소활하중보다 클 경우 적설하중을 적용해야 한다.

② 설계용 지붕적설하중은 지상적설하중의 기본값을 기준으로 하여 기본지붕적설하중계수, 노출계수, 온도계수, 중요도계수 및 지붕의 형상계수와 기타 재하 분포상태 등을 고려해서 산정을 해야 한다.

③ 지상적설하중의 기본값(S_g)은 재현기간 100년에 대한 수직최심적설깊이를 기준으로 하며, 최소지상적설하중은 $S_g = 0.5kN/m^2$으로 한다. (단, 구조물의 용도 등에 따라 재현기간 100년을 적용하지 않을 때에는 소요재현기간에 맞추어 환산한 지상적설하중 값을 사용할 수 있다.)

(2) 평지붕 적설하중(S_f)

① 평지붕 적설하중 ··· $S_f = C_b \cdot C_e \cdot I_s \cdot S_g \ (kN/m^2)$

② 지상적설하중 ··· $S_g = P \cdot Z_s$

㉠ C_b : 기본지붕적설하중계수 (일반적으로 0.7을 적용)

㉡ C_e : 노출계수 (바람의 영향에 따라 $0.8 \sim 1.2$)이다.

TIP

풍상과 풍하

㉠ 풍상 : 바람에 부딪히는 쪽

㉡ 풍하 : 바람에 부딪히는 쪽의 반대편

TIP

평지붕 적설하중은 어떤 지역에서 한 번의 큰 폭풍이 날씨기록과 적설하중에 대한 분석 및 여러 가지 경우의 연구로부터 얻어진 하중보다 큰 하중을 발생시킬 수 있는 것을 의미한다.

	주변 환경	C_e
A	지형, 높은 구조물, 나무 등 주변 환경에 의해 모든 면이 바람막이가 없이 노출된 지붕이 있는 거센 바람 부는 지역	0.8
B	약간의 바람막이가 있는 거센 바람이 부는 지역	0.9
C	바람에 의한 눈의 제거가 지형, 높은 구조물 또는 근처의 몇몇 나무들 때문에 지붕하중의 감소를 기대할 수 없는 위치	1.0
D	바람의 영향이 많지 않은 지역 및 지형과 높은 구조물 또는 몇몇 나무들에 의해 지붕에 바람막이가 있는 지역	1.1
E	바람의 영향이 거의 없는 조밀한 숲 지역으로서 촘촘한 침엽수 사이에 위치한 지붕	1.2

- C_t : 온도계수(난방구조물의 경우 1.0, 비난방구조물의 경우 1.2). 온도계수는 구조물의 수명 동안 적설하중에 노출되는 구조물의 상태를 나타낸 것이다. 순간적인 정전현상과 일시적인 난방열의 감소는 난방구조물의 범주로 인정할 수 있다. 난방구조물의 수명 동안 비난방구조물로 용도가 변경될 가능성은 높지 않으므로 이 경우에 대비하여 비난방구조물로 설계할 필요는 없다.
- I_s : 중요도계수

중요도	특	1	2	3
중요도계수	1.2	1.1	1.0	0.8

- P : 적설깊이(1.0 ~ 3.0)
- Z_s : 수직최심적설깊이

기출예제 01 2014 국가직

다음 중 건축구조기준에 따른 적설하중에 대한 설명으로 옳지 않은 것은?

① 지상적설하중의 기본값은 재현기간 100년에 대한 수직 최심 적설깊이를 기준으로 한다.

② 최소 지상적설하중은 0.5kN/㎡로 한다.

③ 지상적설하중이 1.0kN/㎡ 이하인 곳에서 평지붕적설하중은 지상적설하중에 중요도계수를 곱한 값 이상으로 한다.

④ 곡면지붕에서의 불균형적설하중 계산 시, 곡면지붕 내에서 접선경사도가 수평면과 60° 이상의 각도를 이루는 부분은 적설하중을 고려하지 않는다.

*

곡면지붕의 접선경사도가 수평면과 70도를 초과하거나 등가경사도가 10도 이하 또는 60도 이상인 경우에는 불균형 하중을 고려하지 않는다.

답 ④

제3편 하중 및 내진설계

05 풍하중 설계

1 풍하중

(1) 일반사항

① 풍하중은 구조물에 작용하는 바람에 의한 수평력이다.

② 풍하중은 주골조설계용 수평풍하중, 지붕풍하중, 외장재설계용 풍하중으로 구분하며 "풍하중 = 설계풍압× 유효수압면적"의 식으로 산정한다.

③ 주골조란 풍하중에 저항하여 전체 구조물을 지지하거나 안정시키기 위해 배치된 구조골조 또는 구조부재들의 접합으로서 기둥, 보, 지붕보, 도리 등을 말한다.

④ 부골조란 창호와 외벽패널 등에 가해지는 풍하중을 주골조에 전달하기 위하여 설치된 2차 구조부재로 파스너, 중도리, 스터드 등을 말한다.

⑤ 설계풍압은 "설계풍압 = 가스트영향계수×(임의높이 설계압×풍상벽 외압계수 − 지붕면의 설계속도압×풍하벽외압계수)"으로 산정한다. 단, 부분개방형 건축물 및 지붕풍하중을 산정할 때에는 내압의 영향도 고려해야 한다.

⑥ 외장재 설계용 설계풍압은 가스트영향계수와 내압 · 외압계수를 함께 고려한 피크외압계수, 피크내압계수에 설계속도압을 곱하여 산정한다.

⑦ 건축물에서는 지붕의 평균높이를 기준높이로 하며, 그 기준높이에서의 속도압을 기준으로 풍하중을 산정한다.

⑧ 주골조설계용 수평풍하중은 풍방향풍하중, 풍직각방향풍하중, 비틀림풍하중으로 구분하여 산정한다.

⑨ 풍하중을 산정할 때에는 각 건물표면의 양면에 작용하는 풍압의 대수합을 고려해야 한다.

⑩ 특별풍하중에 해당하는 경우에는 풍동실험에 따라 풍하중을 산정해야 하나 평면형상이 사각형이고 높이방향으로 일정한 건축물로서 건축구조기준(KBC 2016)에서 규정한 적용범위를 만족하는 경우에는 풍동실험에 따르지 않고 별도의 산정식에 따라 각각 풍직각방향풍하중과 비틀림풍하중을 산정할 수 있다.

⑪ 거주성을 검토하기 위해 필요한 응답가속도는 풍방향변위, 응답가속도의 산정에 따라 산정할 수 있으며 이때 필요한 풍속은 "재현기간 1년 풍속"을 따른다.

⑫ 작은 규모의 건축물인 경우에는 "간편법"으로 풍하중을 산정할 수 있다.

checkpoint

■ **재현기간 : 일정규모의 바람이 다시 내습할 때까지의 통계적 기간연수**

구조물 설계 시 구조물의 사용연수에 비해 긴 재현기간의 풍속을 설계풍속으로 선택하면 안전하지만 경제적이지는 못하다. 또한 구조물의 사용연수와 동일한 정도의 재현기간의 풍속을 사용하게 되면 구조물의 사용기간 중에 설계풍속을 초과하는 강풍을 받을 수 있기 때문에 안정성의 문제가 된다.

- 중요도가 특인 경우 설계용 재현기간은 300년 이상
- 중요도가 1인 경우 설계용 재현기간은 100년 이상
- 중요도가 2인 경우 설계용 재현기간은 50년 이상
- 중요도가 3인 경우 설계용 재현기간은 10년 이상

■ **재현기대풍속 : 통계분석을 통해 100년 동안 평균풍속을 측정했을 때 가장 큰(극치) 풍속이라 기대할 수 있는 값을 말하는 것이다.**

- n년 동안에 대한 설계풍속을 초과할 확률 : $P=1-(1-P_a)^n$

 (P_a : 연간 초과될 확률, n : 기간)

예 100년 재현주기의 설계풍속을 적용하고 건물사용기간을 30년으로 고려할 경우 설계풍속을 초과할 확률 :

 $P=1-(1-0.01)^{30}$

(2) 설계속도압과 설계풍속

① 설계속도압은 건축물에 작용하는 풍압력 산정의 기본이 되는 양으로써 바람이 지닌 단위체적당 운동에너지를 의미한다. [설계속도압 = 1/2×공기밀도×(설계풍속)^2]

② 설계풍속은 "설계풍속 = 기본풍속×풍속의 고도분포계수×지형에 의한 풍속할증계수×건축물의 중요도계수(중요도계수는 35층 이상, 100m 이상인 건축물의 경우 1.1 이상이다)"의 식으로 산정한다.

③ 설계속도압과 설계풍속 공식

- 설계속도압 : $q_H = \frac{1}{2}\rho V_H^2$, $q_z = \frac{1}{2}\rho V_z^2$
- 설계풍속 : $V_H = V_o \cdot K_{zr} \cdot K_{zt} \cdot I_w (m/s)$, $V_z = V_o \cdot K_{zr} \cdot K_{zt} \cdot I_w (m/s)$
- q_H : 지붕면 평균높이 H에 대한 설계속도압
- q_z : 임의높이 z에 대한 설계속도압
- V_H : 설계지역의 지표면으로부터 지붕면 평균높이 H에 대한 설계풍속(m/s)
- V_z : 설계지역의 지표면으로부터 임의높이 z에 대한 설계풍속(m/s)
- V_o : 기본풍속이다. 설계풍속을 구하고자 할 때 기본이 되는 지역별 풍속으로서 지표면의 상태가 지표면조도 C이고 평탄한 지형의 지상높이 10m에서 10분간 평균풍속의 재현기간 100년에 해당되는 풍속이다.
- K_{zr} : 풍속고도분포계수이다. 건축물이 바람에 노출되는 정도를 나타내는 노풍도에 따라 A, B, C, D의 4가지로 구분한다.

분포계수	주변의 환경
A	대도시 중심부에서 10층 이상의 대규모 고층건축물이 밀집해 있는 지역
B	높이 3.5m 정도의 주택과 같은 건축물이 밀집해 있는 지역이거나 중층건물이 산재해 있는 지역
C	높이 1.5 ~ 10m 정도의 장애물 또는 저층건축물이 산재해 있는 지역
D	장애물이 거의 없고, 주변 장애물의 평균높이가 1.5m 이하인 지역이나 해안, 초원, 비행장

- K_{zt} : 지형계수이다. 산, 언덕 또는 경사지 등 지형의 영향을 받은 풍속과 평탄지에서 풍속의 비율이다. 산, 언덕 및 경사지의 정상에서는 평탄지에 비해 풍속이 1.5~2.0배 정도 증가하는 것으로 알려져 있다.
- I_w : 건축물의 중요도계수이며 다음의 표와 같이 분류된다.

중요도 분류	초고층건축물	특	1	2	3
중요도계수(I_w)	1.05	1.00		0.95	0.90

주) 초고층건축물은 50층 이상인 건축물 또는 200m 이상인 건축물

기출예제 01 2012 국가직 변형

50층 건물의 10m 높이에서의 설계풍속(m/s)으로 적절한 것은? (단, 기본풍속 V_0는 40m/s, 풍속고도분포계수 Kzr은 1.0, 지형계수 K_{zt}는 1.0이다)

① 36 ② 38
③ 40 ④ 42

설계풍속 = 기본풍속 × 풍속고도분포계수 × 지형계수 × 건축물의 중요도계수 = 42m/s이다.
초고층건축물(50층 이상인 건축물, 또는 200m 이상인 건축물)의 중요도계수는 1.05이다.

답 ④

(3) 100년 재현기간에 대한 지역별 지본풍속 $V_0(m/s)$

지역		$V_0(m/s)$
서울특별시 인천광역시 경기도	옹진	30
	인천, 강화, 안산, 시흥, 평택	28
	서울, 김포, 구리, 수원, 군포, 오산, 화성, 의왕, 부천, 고양, 안양, 과천, 광명, 의정부, 동두천, 양주, 파주, 포천, 남양주, 가평, 하남, 성남, 광주, 양평, 용인	26
	안성, 연천, 여주, 이천	24
강원도	속초, 양양, 강릉, 고성	34
	동해, 삼척, 홍천, 정선, 인제	30
	양구	26
	철원, 화천, 춘천, 횡성, 원주, 평창, 영월, 태백	24
대전광역시 충청남북도	서산, 태안	34
	당진	32
	서천, 보령, 홍성, 청주, 청원	30
	예산, 세종, 대전, 공주, 부여	28
	아산, 계룡, 진천	26
	천안, 증평, 청양, 논산, 금산, 음성, 충주, 제천, 단양, 괴산, 보은, 영동, 옥천	24
부산광역시 대구광역시 울산광역시 경상남북도	울릉(독도)	40
	부산	38
	포항, 경주, 기장, 통영, 거제	36
	양산, 김해, 남해, 울산, 울주	34
	영덕, 고성	32
	울진, 창원, 사천, 영천	30
	청송, 대구, 경산, 청도, 밀양, 하동	28
	영양, 군위, 칠곡, 성주, 달성, 함안, 고령, 창녕, 진주	26
	봉화, 영주, 예천, 문경, 상주, 추풍령, 안동, 의성, 구미, 김천, 의령, 거창, 산청, 합천, 함양	24
광주광역시 전라남북도	완도, 해남	36
	진도, 여수, 고흥, 신안, 무안, 장흥	34
	목포, 부안, 영암, 강진	32
	영광, 함평, 나주	30
	익산, 김제, 순천, 고창, 광양	28
	광주, 보성, 완주, 전주, 장성	26
	무주, 진안, 장수, 임실, 정읍, 순창, 남원, 담양, 곡성, 구례	24
제주도	서귀포, 제주	44

TIP

역대 국내 태풍 풍속기록 순위(1937~2018년)

순위	기록일	이름	지역	풍속
1위	2003년 9월 12일	매미	제주도	60m/s
2위	2000년 8월 31일	프라피룬	흑산도	58.3m/s
3위	2002년 8월 31일	루사	고산	56.7m/s
4위	2016년 10월 5일	차바	고산	56.5m/s
5위	2019년 9월 7일	링링	흑산도	54.4m/s
6위	2007년 9월 16일	나리	고산	52.4m/s
7위	2012년 8월 18일	볼라벤	완도	51.8m/s
8위	1992년 9월 25일	테드	울릉도	51m/s
9위	1986년 8월 28일	베라	울진군	49m/s
10위	2005년 9월 7일	나비	울릉도	47.3m/s
11위	1959년 9월 17일	사라	제주도	46.9m/s

※ 태풍 … 태풍, 허리케인, 사이클론은 강한 열대성 저기압(tropical cyclone)이라는 같은 기상 현상을 발생 지역에 따라 다르게 부르는 것이다. 열대성 저기압은 저위도 지방의 따뜻한 공기가 고위도로 이동하면서 발생한다. 이 과정에서 수증기를 공급받으면서 세력이 커져 강한 비바람을 동반하게 된다. 열대성 저기압은 전 세계적으로 연간 80개 정도가 발생한다. 이 중에서 풍속이 빠른 열대성 저기압(최대 풍속 초속 17m 이상)을 발생 지역에 따라 4개로 나눠 부른다. 북태평양 남서부에서 발생하면 태풍, 대서양 · 북태평양 동부에서 발생하면 허리케인, 인도양에서 발생하면 사이클론, 호주에서 발생하면 윌리윌리라고 한다. 최근에는 윌리윌리도 사이클론으로 통칭한다.

기출예제 02 2018 서울시 (7급)

풍하중 산정 시 고려해야 할 요소에 해당하지 않는 것은?

① 건물의 용도
② 건물의 중량
③ 건물의 깊이
④ 건물의 폭

풍하중 산정 시 건축물의 높이, 깊이, 폭, 형상 및 풍속과 관련이 있으며 건축물의 무게와는 아무런 관련이 없다.

답 ②

(4) 주골조설계용 수평풍하중

<table>
<tr><td rowspan="2">밀폐형 건축물</td><td rowspan="2">$P_f = G_f(q_z \cdot C_{pe1} - q_H \cdot C_{pe2})$</td><td>$G_f$: 주골조설계용 풍방향 가스트 영향계수</td></tr>
<tr><td>C_{pe1} : 풍상벽 외압계수
C_{pe2} : 풍하벽 외압계수</td></tr>
<tr><td rowspan="4">부분개방형 건축물</td><td rowspan="2">풍상벽의 경우
$P_f = q_z \cdot G_f \cdot C_{pe} - q_H \cdot G_{pi} \cdot C_{pi}$</td><td>$G_f$: 주골조설계용 풍방향 가스트 영향계수</td></tr>
<tr><td>G_{pi} : 내압가스트 영향계수</td></tr>
<tr><td rowspan="2">측벽 및 풍하벽의 경우
$P_f = q_H(G_f \cdot C_{pe} - C_{pi} C_{pi})$</td><td>$C_{pe}$: 외압계수, C_{π} : 내압계수</td></tr>
<tr><td>C_f : 풍력계수</td></tr>
<tr><td rowspan="2">개방형 건축물 및 기타구조물</td><td rowspan="2">$P_f = q_z \cdot G_f \cdot C_f$</td><td>$G_f$: 주골조 설계용 풍방향 가스트 영향계수</td></tr>
<tr><td>C_f : 풍력계수</td></tr>
</table>

TIP

가스트 영향계수(G_f) … 바람의 난류로 인하여 발생되는 구조물의 동적 거동성분을 나타낸 값으로서 평균값에 대한 피크값의 비를 통계적으로 나타낸 계수이다.

check point

밀폐형 건축물의 설계풍압

탁월한 개구부가 없고 바람의 유통이 없도록 창호가 밀폐가 되어 있으며 출입문도 강풍이 불 때에는 폐쇄장치가 있는 건축물로서 개구부 및 틈새의 면적이 전체 벽면적의 0.1% 이하인 건축물이다. 구조기준 수평풍하중에서 밀폐형 건축물의 설계풍압은 건축물 내부로 공기가 유입되거나 내부로부터 외부로 공기가 유출되지 않기 때문에 실내압이 발생하지 않는다. 따라서 건축물에는 외압만이 가해지게 되지만 지붕풍하중의 경우는 부분개방형 건축물의 풍하중산정법을 적용하며 외압과 내압을 동시에 고려하게 되어 있다. 이유는 지붕은 바람의 난류작용뿐만 아니라 건축물의 풍상측 처마로부터 박리한 흐름의 거동에도 지배되기 때문에 그 변동특성이 구조골조용 수평풍하중과 판이하게 달라지므로 수평풍하중의 산정식을 사용할 수 없고 풍진동효과를 고려하여 조금 더 불리한 하중조건으로 설계하기 위함이다.

(5) 주골조설계용 지붕풍하중

$$W_r = P_r \cdot A(N)$$

<table>
<tr><td rowspan="3">밀폐형 건축물 및 부분개방형 건축물
$P_r = q_H(G_{pe} \cdot G_{pe} - G_{pi} \cdot C_{pi})$</td><td>$G_{pe}$: 지붕의 외압가스트 영향계수</td></tr>
<tr><td>G_{pi} : 내압가스트 영향계수</td></tr>
<tr><td>C_{pe} : 외압계수, C_{pi} : 내압계수</td></tr>
<tr><td rowspan="2">독립편지붕
$P_r = q_H \cdot G_{pe} \cdot C_f$</td><td>$G_{pe}$: 지붕의 외압가스트 영향계수</td></tr>
<tr><td>C_f : 독립편지붕의 풍력계수</td></tr>
</table>

| 기출예제 03 2013 지방직

풍하중 산정방법에 대한 설명으로 옳은 것은?

① 풍하중은 주골조설계용 수평풍하중, 지붕풍하중 및 외장재 설계용 풍하중으로 구분한다.

② 주골조설계용 지붕풍하중을 산정할 때 내압의 영향은 고려하지 않는다.

③ 설계속도압은 수압면적과 설계풍속을 곱하여 산정한다.

④ 통상적인 건축물에서는 가장 높은 지붕의 높이를 기준높이로 하며, 그 기준높이에서의 속도압을 기준으로 풍하중을 산정한다.

*

② 주골조설계용 지붕풍하중을 산정할 때 건축물 지붕의 외부에 작용하는 외압과 지붕의 내부에 작용하는 내압을 동시에 고려해야 한다.

③ 설계속도압은 공기밀도와 설계풍속의 제곱을 곱하여 산정한다.

④ 통상적인 건축물에서는 지붕의 평균높이를 기준높이로 하며 그 기준높이에서의 속도압을 기준으로 풍하중을 산정한다.

답 ①

(6) 외장재 설계용 풍하중

$W_c = P_c \cdot A(N)$

지붕면 평균높이 20m 이상인 건축물 정압인 외벽 $P_c = q_z(G \cdot C_{pe} - G \cdot C_{pi})$	$G \cdot C_{pe}$: 외장재 설계용 피크외압계수
부압인 외벽 및 지붕면 $P_c = q_H(G \cdot C_{pe} - G \cdot C_{pi})$	$G \cdot C_{pi}$: 외장재 설계용 피크내압계수
지붕편 평균높이 20m 미만인 건축물 $P_c = q_H(G \cdot C_{pe} - G \cdot C_{pi})$	

| 기출예제 04 2009 국가직 (7급)

다음 중 설계풍압에 관한 설명으로 옳지 않은 것은?

① 밀폐형 건축물의 설계풍압을 산정함에 있어 건물 내부에서 발생하는 내압의 영향은 고려하지 않는다.

② 밀폐형 건축물의 지붕골조에 가해지는 설계풍압을 산정함에 있어 지붕의 내부공간에 작용하는 내압은 고려하지 않는다.

③ 밀폐형 건축물의 설계풍압을 산정함에 있어 풍상측 설계 속도압은 높이에 따라 증가한다.

④ 개방형 건축물의 설계풍압은 골조의 한쪽에 작용하는 정압과 다른 한쪽에 작용하는 부압을 동시에 고려한 풍압계수의 합을 적용한다.

*

지붕에 가해지는 풍압을 산정할 경우 건축물 지붕의 외부에 작용하는 외압과 지붕의 내부에 작용하는 내압을 동시에 고려해야 한다.

답 ②

checkpoint

■ 공진에 의한 타코마 다리 붕괴사고

[공진에 의해 무너진 타코마 다리]

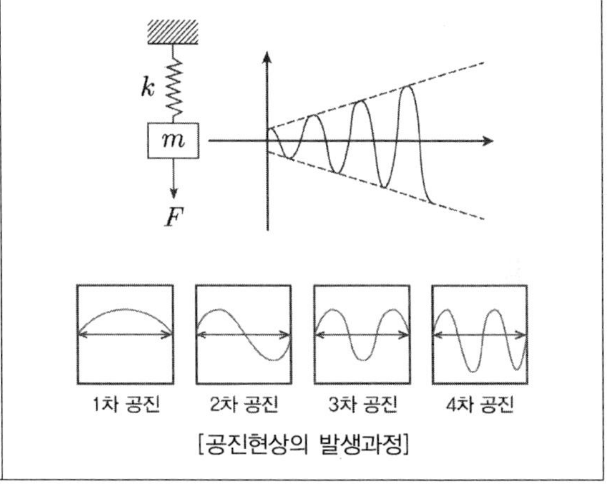

[공진현상의 발생과정]

- 1940년에 미국의 워싱턴주에 있는 타코마 해협(Tacoma Narrows)을 횡단하는 길이 853m의 다리가 건설되었다. 주탑의 높이는126m이고, 서로 840m 떨어져 있는 주탑 2개로 구성되어 있는데, 이들 주탑에서 바깥으로(측면 스팬) 330m길이의 케이블들이 있었다. 이 다리는 현수교(suspension bridge)로서 약한 바람이 불어도 좌우로 흔들리는 경향이 있었다.
- 개통식을 한 후 출렁대는 다리로 인기를 한창 끌고 있었던 이 다리는 개통 후 4개월이 지난 11월 7일 아침, 시속 67Km/h의 바람을 동반한 폭풍이 1시간 이상 불었고 타코마 다리에는 옆으로 흔들리는 동시에 노면이 비틀리는 비틀림 진동이 가세하였다.
- 그 결과 원인을 알 수 없는 진동에 의해 교량은 4개월 만에 붕괴되었다.
- 타코마 다리는 한 번의 강력한 바람에 의해 무너진 것이 아니라 흔들리는 다리의 진동수와 바람의 진동수가 일치하면서 공진현상이 발생하게 되어 점점 더 거세게 흔들리다가 결국은 무너져 내리고 만 것이다.

06 풍동실험

1 풍동실험(Wind Tunnel Test)

(1) 특별풍하중

바람의 직접적 또는 간접적 작용을 받은 건축물 및 공작물에서 발생하는 현상이 매우 복잡하여 풍하중을 평가하는 방법이 확립되어 있지 않아서 풍동실험을 통해 풍하중을 평가해야 하는 경우 이때의 풍하중을 말한다.

(2) 특별풍하중 고려대상 건축물(풍동실험 대상 구조물)

① 풍진동의 영향을 고려해야 하는 건축물

② 장경간의 현수나 사장, 공기막 지붕과 같이 경량이며 강성이 낮아 공기력 불안정진동이 예상되는 특수한 지붕골조 및 외장재의 경우 풍동실험에 의해 풍하중을 산정한다.

③ 골바람효과가 발생하는 지점

④ 건축물의 신축으로 인해 인접한 기존 건축물의 풍하중이 증가할 우려가 있는 경우 발생하는 인접효과의 우려되는 건축물

⑤ 원형평면이 아닌 건축물

$$\frac{H}{\sqrt{BD}} \geq 3 \text{ 또는 } \frac{H}{\sqrt{A_f}} \geq 3$$

(A_f는 건축물의 기준층 바닥면적)

⑥ 원형평면인 건축물

$$\frac{H}{d} \geq 7.0$$

- H: 건축물의 기준높이(m)
- B: 건축물의 대표폭(m)
- D: 건축물의 깊이(m)
- d : 건축물의 외경(m)

(3) 상사의 법칙

특정의 몇 가지 조건들을 만족하면 모형은 실제의 현상을 그대로 재현할 수 있다. 이런 모형의 실험결과로부터 실제 건물에 작용하는 풍하중에 의한 건물의 동적응답을 추정할 수 있는데 이와 같은 조건들을 상사법칙이라고 한다.

① **기하학적 상사** … 실형과 모형은 동일한 모양이 되어야 하고, 실형과 모형 사이에 서로 대응하는 모든 치수의 비는 같아야 한다.

② **운동학적 상사** … 실형과 모형 사이에 흐르는 유체유동이 상사할 때 즉, 유선이 기하학적으로 상사할 때를 말하며, 실형과 모형사이에 서로 대응하는 점에서의 속도비, 가속도비, 유량비 등이 같으면 운동학적 상사이다.

③ **역학적 상사** … 기하학적, 운동학적 상사를 이룬 실형과 모형 사이에 서로 대응 하는 점에서의 힘(점성력, 중력, 압력, 관성력, 표면장력, 탄성력 등)의 방향이 서로 평행하고 크기의 비가 같을 때 두 형은 역학적 상사가 존재한다고 말한다.

(4) 풍동실험(Wind Tunnel Test)과 실물대모형실험(Mock－Up Test)

① **풍동실험** … 건축물의 완공 후 문제점을 사전에 파악하고 설계에 반영하기 위해 건축물 주변 600m 반경 내의 실물축적모형을 만들어 10 ~ 15년(또는 100년)간의 최대풍속을 가해 건물풍, 외벽풍압, 구조하중, 고주파응력, 보행자의 풍압영향 등을 측정하는 실험이다. 즉, 풍동실험은 바람을 하중으로 바꾸어서 횡력에 대해서 저항하도록 하기 위한 실험이다. 풍력, 풍압, 풍환경평가, 공기력진동실험(겔로핑현상 조사 등을 위해) 등이 있다. 동적인 하중을 정적인 하중으로 바꾸기 위해서는 몇 가지 전제조건(탄성적거동 등)이 따른다. (실제로 풍직각진동, 겔로핑현상과 같은 특이한 현상이 발생한다.)

TIP

풍동실험의 종류

㉠ **풍압실험**: 외장재의 설계용 풍압력을 결정한다. 풍압 측정용 모형에 작용하는 풍압력을 측정하는 실험으로, 측정된 풍압력은 평균 풍압계수, 변동 풍압계수, 최대 순간 풍압계수, 최소 순간 풍압계수에 의해 평가된다.

㉡ **풍력실험** : 구조 골조용 설계 풍하중을 결정한다. 가볍고 강성이 큰 풍력 측정용 모형을 제작하여 건축물의 전체 혹은 일부에 작용하는 풍하중의 평가를 한다. 평균 풍속 방향, 횡방향과 비틀림 방향의 평균 풍속계수와 변동 풍력계수를 측정한다.

㉢ **풍환경 실험** : 건축물 신축에 따른 풍환경 변화의 예측에 유효한 데이터를 얻기 위해 실시한다. 고층 건축물, 대규모 건축물의 건설 전·후의 바람풍의 상황변화에 따른 영향, 건설에 따른 문제나 장애의 발생을 미연에 방지하기 위해서 풍환경의 변화를 예측해서 사전에 조사·검토할 필요가 있다. 건축물 부재 내 또는 그 주변의 지표부근에서 생기는 강풍에 의한 일반적인 보행, 주행 장애, 저층 건축물 지역의 풍환경 악화, 주변 건축물 이용자, 주변도로 이용자의 불쾌감의 증가, 중·고층 건축물의 거주자가 이용하는 외부공간에서 생기는 강풍에 의한 풍환경 악화에 수반하는 문제를 사전에 방지하기 위함이다.

㉣ **공력진동실험** : 안전성 및 거주성 검토를 위해서 건축물의 진동특성을 모형화한 공력 탄성 모형을 이용해 건축물의 거동을 재현하는 실험이다. X방향, Y방향, θ 방향의 진동과 가속도 응답과 더불어 풍하중의 평가를 목적으로 실시된다. 응답치를 직접적으로 측정하는 것이 가능하다. 주로 교량과 같은 토목 구조물에 대해 수행하며, 초고층 건축물의 풍력 실험에 대한 보완 수단 또는 정밀실험의 성격을 지닌다.

② **실물대 모형실험** … 풍동실험을 통해 얻은 자료를 토대로 하여 3개의 실물모형을 만들어 건축예정지에 발생할 수 있는 최악의 조건으로 실험을 실시하여 구조계산값이나 재료품질 등을 수정할 목적으로 행하는 실험이다.

| 기출예제 01 2007 국가직 (7급)

건물 풍동실험에 관한 설명으로 옳지 않은 것은?

① 초고층 건물의 준공 후 바람에 의해 나타날 문제점의 파악과 설계를 목적으로 행하는 실험이다.
② 풍동실험의 방법에는 외벽풍압실험, 구조하중실험, 고주파 응력실험, 보행자 풍압영향실험이 있다.
③ 주변환경의 영향을 반영하기 위해 반경 400m의 지형과 건물의 축척모형을 만든다.
④ 설계풍속은 10~15년 또는 100년간의 최대풍속을 가하여 실험한다.

*
설계 전 건물주변환경의 영향을 반영하기 위해 반경 600m 이내의 지형과 건물의 1/400 축척모형을 바탕으로 실시한다.

답 ③

TIP

풍동실험용 모델의 기본유형

건물의 축소 모형에 풍하중을 적용시켜 건물 모형에 작용하는 힘을 측정할 수 있기 때문에 건물의 응답 예측을 위해서 편리하며 모형 표면에 작은 구멍을 뚫어 이 구멍에 작용하는 압력을 압력계로 측정하는 방법이다. 풍동실험용 건물모델의 종류에는 풍압다전동시관측 모델, 3성분계 모델, Rocking Spring기구, 전단변형 모델 등이 있다. 이런 풍동실험 결과를 토대로 실제의 풍속과 건물의 관계, 건물에서의 풍속과 모형 사이의 스케일을 고려하고 실제 건물의 풍력 예측이 가능하다.

| 기출예제 02 2014 서울시 (7급)

다음 중 풍동실험 중 건축물의 진동특성을 모형화한 탄성모형을 이용하여 풍동 내의 모형에 풍에 의한 건축물의 거동을 재현하는 실험은?

① 풍환경실험 ② 풍력실험
③ 가시화실험 ④ 공력진동실험
⑤ 풍압실험

*

공력진동실험 … 안전성 및 거주성 검토를 위해서 건축물의 진동특성을 모형화한 공력 탄성 모형을 이용해 건축물의 거동을 재현하는 실험으로, X방향, Y방향, θ 방향의 진동과 가속도 응답과 더불어 풍하중의 평가를 목적으로 실시된다. 응답치를 직접적으로 측정하는 것이 가능하다. 주로 교량과 같은 토목 구조물에 대해 수행하며, 초고층 건축물의 풍력 실험에 대한 보완 수단 또는 정밀실험의 성격을 지닌다.

답 ④

(5) 시험항목

① **풍동시험항목** … 외벽풍압시험, 구조항목시험, 고주파응력시험, 풍압영향시험, 건물풍시험

② **실물모형시험항목** … 예비시험, 기밀시험, 정압수밀시험, 동압수밀시험, 구조시험, 층간변위시험

(6) 풍하중의 영향을 감소시킬 수 있는 방법

① 공기역학적 디자인

㉠ **건물모서리의 기하학적 형상** : 건물평면에서 모서리가 둥근 형태를 가질수록 풍방향 및 풍직각방향 반응이 감소된다.

㉡ **건물높이에 따른 단면적 감소** : 높이에 따라 평면에 변화를 주거나 상부로 올라갈수록 평면의 크기가 줄어드는 경우 풍직각방향 성능이 증가한다. (Tapering Effect)

㉢ **개구부의 추가** : 건물의 상층부에 건물을 완전히 통과하는 개구부를 두는 경우 와려진에 의한 힘과 풍직각방향의 동적반응이 줄어들게 된다. 그러나 하부에 개구부를 두게 되면 거주성에 안 좋은 영향을 미친다.

② 질량, 강성, 감쇠의 조정

㉠ **건물의 질량증가** : 건물의 질량이 증가하면 고유진동수는 감소시킬 수 있지만 건물의 질량을 증가시키는 것은 현실적으로 어려우며 지진하중이 증가하게 된다.

㉡ **건물 수평방향 강성증가** : 건물의 수평방향 강성을 증가시키면 진동의 크기를 감소시킬 수 있지만 가속도에는 영향을 주지 못한다.

㉢ **감쇠의 증가** : 감쇠의 조정은 가속도 반응을 가장 효과적으로 제어할 수 있는 방법이며 부가적인 댐퍼를 설치하여 감쇠를 증가시킨다.

㉣ **건물의 구성재료** : 철근콘크리트조의 경우가 철골조보다 감쇠 및 고유진동수가 크기 때문에 변위응답이 철골조보다 작으며 가속도 응답도 철골조에 비해 유리하다. 이러한 이유로 초고층 건축물의 주재료는 주로 철골과 콘크리트가 동시에 사용된다.

(7) 고층건물에서 풍의 영향

① **건축구조물에서 고려하는 바람에 의한 하중**⋯바람은 구조물에 3축 방향으로 모두 영향을 주지만(항공기) 건축물의 경우에는 바람이 부는 방향과 그 직각방향의 힘이 지배적이므로 주로 2축 방향의 힘을 고려하게 된다.

② 풍하중에 의해 발생될 수 있는 진동현상

㉠ **풍방향진동** : 낮은 풍속에서는 건물 측면에 동시에 와류가 발생하므로 건물이 횡방향으로 진동하지 않는다. 따라서 낮은 풍속에서는 풍방향 진동의 영향을 받는다.

㉡ **풍직각방향진동** : 높은 풍속에서는 와류는 처음에 한쪽 면에서 발생하고 교대로 다른 쪽 면에서 발생한다. 이런 현상이 일어날 때 구조물은 풍방향뿐만 아니라 풍직각방향으로 진동의 영향을 받게 된다.

㉢ **비틀림방향진동(수직축)** : 종횡비(높이/유효폭)가 증가하는 경우 상층에서는 평균풍속이 크고 난류의 강도가 적은 기류가 건물에 부딪히고, 하층에서는 평균풍속이 적고 난류가 큰 기류가 부딪혀서 기류의 3차원성이 증가하게 된다. 즉, 고층건물의 경우 종횡비(높이/유효폭)가 클수록 후류의 와발생에 의해 변동풍속이 커지기 때문에 비틀림 성분이 증가하게 된다. 이러한 경우 비틀림 방향 진동이 지배적이게 된다.

TIP

㉠ **버펫팅진동** : 바람의 난류에 의해 생기는 불규칙 진동으로 풍속이 변동함으로 인해 풍압력이 변동하고 이로 인해 건물을 진동시키는 것이다.

㉡ **후류버펫팅진동** : 풍상측에 놓인 물체에 의해 생성된 변동기류가 풍하측 물체에 작용하여 발생하는 불규칙한 진동이다.

㉢ **와려진동** : 구조물 주변에 와류의 발생 및 이에 따른 변동력에 의해 발생하는 진동이다.

㉣ **자려진동** : 구조물이 진동함에 따라 오히려 구조물을 진동시키는 힘이 커지게 되는 진동이다.

③ 빌딩풍

㉠ 빌딩풍은 파이프 안을 흐르는 물이나 공기가 좁은 부분에선 압력이 낮아지고 속도가 빨라지는 '벤투리 효과'처럼 넓은 공간에서 불던 바람이 고층 빌딩 사이의 좁은 공간으로 들어오면서 속도가 더 빨라지는 것을 말한다. 빌딩 사이 측면에서 불기도 하지만 위에서 아래로(하강풍), 아래서 위로(상승풍) 불기도 한다. 때론 바람과 바람이 만나 회오리(와류)를 만들기도 하는 것으로 알려져 있다.

㉡ 좁은 구역에서 갑자기 매우 강한 바람이 부는 경우가 많으며 이 때문에 간판이나 지붕이 날아가기도 하고 전선이 끊어지기도 하므로 건축설계 시 필히 고려되어야 한다.

㉢ **관통풍** : 고층건물과 고층건물 사이에서 풍속이 급격하게 증가하는 현상으로서 가장 흔한 빌딩풍이다.

㉣ **박리류** : 바람은 건물에 닿으면 벽면을 따라 흘러가지만, 건물 모퉁이까지 오면 그 바람은 벽면을 따라 흐를 수 없게 되어 그 건물에서 빗겨나가게 된다. 이렇게 빗겨난 바람은 주위에 바람보다 유독 빠른 유속을 갖게 되며, 우리가 느낄 수 있게 된다.

㉤ **하강풍** : 고층부의 바람이 빌딩에 부딪치면 빌딩 높이의 60~70% 부근(분기점)에서 상하 혹은 좌우로 나뉜다. 좌우로 나뉜 바람은 빌딩 뒤에 생기는 압력이 낮은 지역으로 빨려 들어간다. 이로 인해 빌딩의 측면 위쪽에서 아래쪽으로 강한 바람이 불게 된다. (하강풍은 빌딩의 높이가 높을수록 더욱 강해진다. 상공의 빠른 바람을 지상으로 끌어내리기 때문이다.)

㉥ **역류** : 분기점에서 아래쪽으로 향하는 바람은 벽면을 따라 하강하여 지상에 도달하면 일부는 작은 소용돌이를 만들면서 좌우로 흘러 떠나가지만, 일부는 지상에 따라 상공의 바람과 반대 방향으로 향하게 되는데 이 흐름을 역류라고 한다. (특히 고층 건물의 전면에 저층 건물이 같은 경우는 더욱 빠른 흐름이 된다.)

㉦ **계곡풍** : 바람이 건물에 부딪쳐 저층부에서 지상방향으로 발생되는 바람으로서 골짜기 바람이라고도 하며, 고층건물들이 매우 가까이 인접하고 있는 경우 고층빌딩의 저층부 정도 되는 영역에서 빠른 바람이 건물 사이에 발생할 수 있다. 이것은 각각의 건물에서 박리류와 하강풍 등이 합쳐졌기 때문에 생기는 현상이다.

㉧ **개구부풍** : 건물의 하층 부분에 필로티 같은 개구부가 설치되어 있으면, 건물의 공기 흐름 방향과 바람측이 하나로 연결되게 된다. 따라서 이 부분은 바람이 불어 쉽고, 갈팡질팡하는 바람이 분다.

㉨ **코너풍** : 건물의 모서리 부분에서 풍속이 급속도로 증가하는 현상이다.

TIP

2020년 여름 부산의 초고층 빌딩단지는 강풍이 통과할 때 발생하는 '골바람'이 풍속과 풍압이 급격하게 증가하는 '빌딩풍'에 의한 막대한 피해가 발생하였다. 부산 해운대구와 남구의 고층 빌딩 중 일부는 유리창이 강풍에 심하게 깨졌으며 외벽타일과 여러 시설구조물이 뜯겨 나가기도 하였다. (당시 최대순간풍속은 50m/s를 기록하였다.)

④ 풍하중에 의한 고층건물의 사용성

㉠ 풍하중에 의한 사용성 평가는 최상층 수평변위가 아니라 풍하중에 의한 가속도응답에 따라 이루어진다.

㉡ 적은 진폭의 진동에서도 발생하는 가속도를 거주자가 지각하게 되면 신체적인 어지러움, 불안감, 편두통 등이 발생하게 된다.

checkpoint

■ **산 초고층빌딩 밀집구역의 빌딩풍**

2020년에는 한반도에 대규모 태풍이 지나가면서 유독 초고층빌딩이 밀집한 부산시 해운대주변의 피해가 막대하였다. 해운대구에는 50층 이상의 초고층빌딩이 28개동이나 밀집되어 있어 이곳은 이전부터 빌딩풍의 위험성에 대한 지적이 끊이지 않았던 구역이다. 초고층빌딩 자체도 태풍에 의해 유리창이 깨지고 외부마감재가 탈락되었지만 이러한 태풍이 빌딩사이를 지나면서 발생하는 빌딩풍은 그 속도가 태풍속도의 배에 이르게 되어 시설물들을 파손시키고 인명피해를 발생시켰다. 빌딩풍은 파이프 안을 흐르는 물이나 공기가 좁은 부분에선 압력이 낮아지고 속도가 빨라지는 '벤투리 효과'처럼 넓은 공간에서 불던 바람이 고층 빌딩 사이의 좁은 공간으로 들어오면서 속도가 더 빨라지는 현상인데 이 빌딩풍은 빌딩 사이 측면에서 불기도 하지만 위에서 아래로(하강풍), 아래서 위로(상승풍) 불기도 한다. 때론 바람과 바람이 만나 회오리(와류)를 만들기도 한다.

❷ 풍동실험의 종류

(1) 풍압실험

외장재의 설계용 풍압력을 결정한다. 풍압 측정용 모형에 작용하는 풍압력을 측정하는 실험으로, 측정된 풍압력은 평균 풍압계수, 변동 풍압계수, 최대 순간 풍압계수, 최소 순간 풍압계수에 의해 평가된다.

(2) 풍력실험

구조 골조용 설계 풍하중을 결정한다. 가볍고 강성이 큰 풍력 측정용 모형을 제작하여 건축물의 전체 혹은 일부에 작용하는 풍하중의 평가를 한다. 평균 풍속 방향, 횡방향과 비틀림 방향의 평균 풍속계수와 변동 풍력계수를 측정한다.

(3) 풍환경 실험

건축물 신축에 따른 풍환경 변화의 예측에 유효한 데이터를 얻기 위해 실시한다. 고층 건축물, 대규모 건축물의 건설 전·후의 바람풍의 상황변화에 따른 영향, 건설에 따른 문제나 장애의 발생을 미연에 방지하기 위해서 풍환경의 변화를 예측해서 사전에 조사 검토할 필요가 있다. 건축물 부재 내 또는 그 주변의 지표부근에서 생기는 강풍에 의한 일반적인 보행, 주행 장애, 저층 건축물 지역의 풍환경 악화, 주변 건축물 이용자, 주변도록 이용자의 불쾌감의 증가, 중·고층 건축물의 거주자가 이용하는 외부공간에서 생기는 강풍에 의한 풍환경 악화에 수반하는 문제를 사전에 방지하기 위함이다.

(4) 공력진동실험

안전성 및 거주성 검토를 위해서 건축물의 진동특성을 모형화한 공력 탄성 모형을 이용해 건축물의 거동을 재현하는 실험이다. X방향, Y방향, θ 방향의 진동과 가속도 응답과 더불어 풍하중의 평가를 목적으로 실시된다. 응답치를 직접적으로 측정하는 것이 가능하다. 주로 교량과 같은 토목 구조물에 대해 수행하며, 초고층 건축물의 풍력 실험에 대한 보완 수단 또는 정밀실험의 성격을 지닌다.

07 내진설계 일반사항

1 내진설계 일반사항

(1) 내진설계의 절차

① 건축물의 일반적인 내진설계 절차는 다음을 따른다.

② 지진위험도, 내진등급, 성능목표의 결정

③ 내진구조계획

④ 지진력저항시스템 및 설계계수의 결정

⑤ 지진하중의 산정

⑥ 구조해석

⑦ 해석결과의 분석

⑧ 구조시스템과 부재에 대한 강도설계

⑨ 부재 및 연결부의 구조상세에 대한 설계

⑩ 필요시 비선형 해석에 대한 결과 검증

⑪ 비구조요소에 대한 설계

절차	규정사항
내진구조계획	• 각 방향의 지진하중에 대하여 충분한 여유도를 가질 수 있도록 횡력저항시스템을 배치한다. • 지진하중에 대하여 건물의 비틀림이 최소화되도록 배치한다. 긴 장방형의 평면인 경우, 평면의 양쪽 끝에 지진력저항시스템을 배치한다. • 약층 또는 연층이 발생하지 않도록 수직적으로 구조재의 크기와 층고는 강성 및 강도에 급격한 변화가 없도록 계획한다. • 한 층의 유효질량이 인접층의 유효질량보다 과도하게 크지 않도록 계획한다. • 가급적 수직재는 연속되어야 한다. • 슬래브에 과도하게 큰 개구부는 피한다. • 증축계획이 있는 경우, 내진구조계획에 증축의 영향을 반영한다.

구조해석	• 구조해석모델에는 구조부재 뿐만 아니라 지진력과 구조물의 저항성능에 큰 영향을 줄 수 있는 비구조요소도 포함해야 한다. • 구조물의 주기와 지진하중을 과소평가하지 않도록 구조물의 질량과 초기강성을 과소평가하지 않아야 한다. • 구조물의 비탄성변형을 과소평가하지 않도록 항복 후 구조물의 강성을 과대평가하지 않아야 한다. • 비틀림의 영향을 고려할 수 있도록 3차원 구조해석모델을 사용한다.
내진구조설계	• 각 부재가 연성능력을 발휘할 수 있도록 취성파괴를 억제하도록 설계해야 한다. 즉, 휨항복을 유도하기 위하여 전단파괴와 연결부파괴가 억제되도록 안전하게 설계한다. • 취성파괴를 피할 수 없는 부재는 초과강도계수를 고려한 특별지진하중을 적용하여 안전하게 설계한다. 수직재가 연속이 아닌 경우와 취약한 연결부위 등이 이에 속한다. • 보-기둥 연결부에서 가능한 한 강기둥-약보가 되도록 설계한다. 기둥이 큰 축력을 받는 경우 기둥의 휨강도가 보의 휨강도보다 크도록 설계한다. • 기둥과 큰 보의 단부는 성능목표에 해당하는 연성능력을 유지할 수 있도록 콘크리트기준과 강구조기준에서 요구하는 연성상세를 사용한다. • 보-기둥 접합부의 보강, 철근의 정착 및 이음, 강재의 접합(용접, 볼트이음) 등의 상세도서와 시방서에 설계 및 시공요구사항을 정확히 제공한다.
구조물 내진성능의 확인	시설물이 지진하중에 대하여 안전한 구조를 갖기 위해서는 설계단계에서부터 시공, 감리 및 유지·관리단계에 이르기까지 이 기준에 적합하여야 한다.

TIP

증축 구조물의 설계

㉠ 독립증축 : 기존 구조물과 구조적으로 독립된 증축구조물은 신축구조물로 취급하여 설계 및 시공하여야 한다.

㉡ 일체증축 : 기존 구조물과 구조적으로 독립되지 않은 증축구조물의 경우에는 전체 구조물을 신축구조물로 취급하여 이 장에 따라 설계 및 시공하여야 한다. 단, 기존 부분에 대해서는 전체 구조물로서 증가된 하중을 포함한 소요강도가 기존 부재의 구조내력을 5% 미만까지 초과하는 것은 허용된다.

㉢ 용도변경 : 용도변경으로 구조물이 건축구조기준 총칙의 건축물의 중요도 분류에 따른 건축물의 중요도 분류에서 더 높은 내진중요도 그룹에 속하는 경우에 이 구조물은 변경된 그룹에 속하는 구조물에 대한 하중기준을 따라야 한다.

㉣ 구조변경 : 기존 구조물의 구조변경으로 인하여 이 기준에 따라 산정한 소요강도가 기존 부재의 구조내력을 5% 이상 초과하는 경우에는 해당 부재에 대하여 이 장에서 정의되는 기준을 만족하도록 구조보강 등의 조치를 하여야 한다.

(2) 내진, 제진, 면진

① **내진** … 약한 지진에 대해서는 구조물에 경미한 피해 정도만을 허용하는 탄성거동설계를 하며 드물게 발생하는 강한 지진에 대해서는 구조물이 붕괴하지 않을 정도의 피해를 허용하는 비탄성거동 설계를 한다.

② **제진** … 건축물이 지진이나 바람에 의해 흔들릴 때 지진력에너지소산장치(동조질량감쇠기, 동조액체감쇠기 등)을 사용하여 진동에너지를 흡수하면서 지진에 의한 건물의 흔들림을 효과적으로 제어하는 방식이다. 주로 규모가 큰 고층의 건축물에 적용되며 능동형과 수동형이 있다.

㉠ **능동형** : 센서를 건물 내에 설치하여 흔들림발생을 감지하면 역방향으로 에너지를 주어 신속히 흔들림을 수렴하는 방식

㉡ **수동형** : 장치자체가 흔들림에 의한 변형에너지를 열에너지로 바꾸는 방식

③ **면진** … 건물과 지반을 서로 분리하여 지반의 진동으로 인한 지진력이 직접 건물로 전달되는 양을 감소시키는 방식이다.

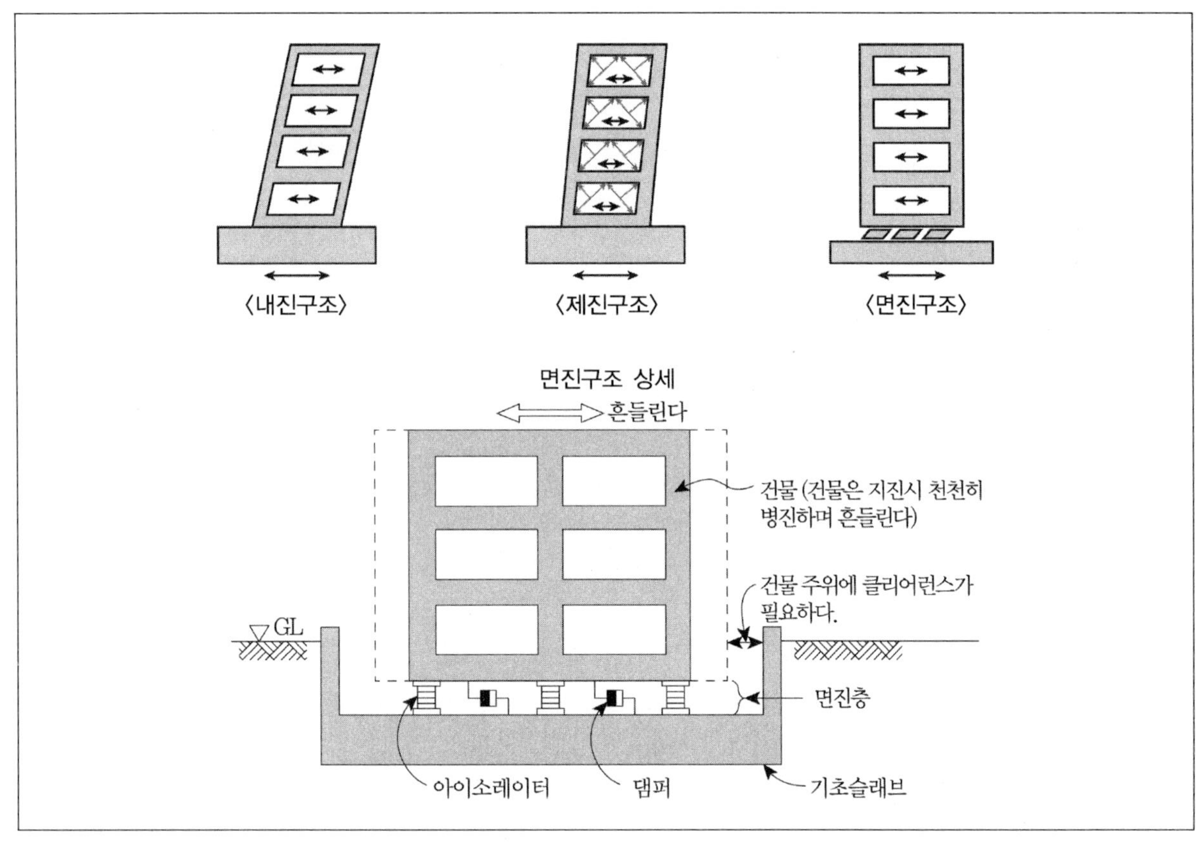

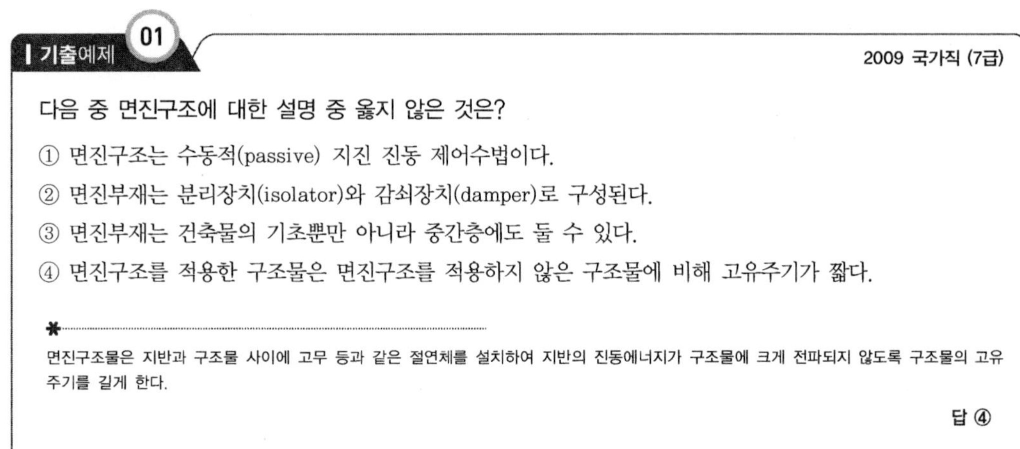

기출예제 01

2009 국가직 (7급)

다음 중 면진구조에 대한 설명 중 옳지 않은 것은?

① 면진구조는 수동적(passive) 지진 진동 제어수법이다.

② 면진부재는 분리장치(isolator)와 감쇠장치(damper)로 구성된다.

③ 면진부재는 건축물의 기초뿐만 아니라 중간층에도 둘 수 있다.

④ 면진구조를 적용한 구조물은 면진구조를 적용하지 않은 구조물에 비해 고유주기가 짧다.

면진구조물은 지반과 구조물 사이에 고무 등과 같은 절연체를 설치하여 지반의 진동에너지가 구조물에 크게 전파되지 않도록 구조물의 고유주기를 길게 한다.

답 ④

TIP

이력에너지 … 비탄성거동 후 하중을 제거된 후에도 남아있는 변형에너지이다. 우측 그림에서는 삼각형 DEF에 해당되는 에너지만이 회복되며 평행사변형 OBDF의 면적에 해당하는 에너지는 회복되지 않는다. 내진설계에서는 이 에너지를 소산에너지라고 한다.

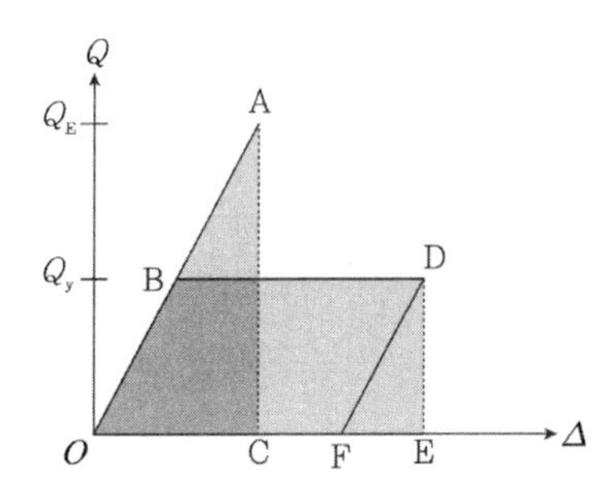

TIP

에너지소산시스템

㉠ 구조물의 일부에 진동에너지를 변형에너지, 열에너지 등으로 소산시킬 수 있는 장치를 설치하여 구조물의 진동을 저감시키는 시스템이다.

㉡ **점탄성감쇠기**: 강판과 강판 사이에 점탄성체를 삽입하고 외력에 의해 점탄성체가 전단변형을 함으로써 진동에너지를 흡수하도록 고안한 감쇠기이다.

㉢ **점성유체감쇠기**: 속도 의존적인 특성을 가지는 점성유체를 사용하여 에너지를 흡수하는 방식으로 강성이 거의 없어 감쇠비만 증가시킬 필요가 있는 경우 주로 사용한다. 주로 가새에 부착된다.

㉣ **항복형 감쇠기**: 금속재료가 하중을 받아 탄소성 이력거동을 할 때 에너지를 소산할 수 있는 원리에 착안하여 고안된 감쇠기이다.

㉤ **좌굴방지가새**: 중심철골부에 좌굴이 발생되지 않고 큰 비탄성변형이 발생할 수 있도록 중심부의 철골부재 주위를 강관과 콘크리트로 보강한 형식이다. (일반강구조 가새는 압축력에서는 인장력에 비해 현저하게 에너지 흡수능력이 떨어지지만 좌굴방지 인장력과 압축력에 대한 에너지 흡수능력이 거의 대등하다.)

㉥ **능동제어시스템**: 구조물에 입력되는 진동을 감지하여 가력기를 활용하여 가력하거나 능동질량감쇠기 등에 의해 자동제어 메커니즘을 동시에 작동시키는 시스템이다.

㉦ **준능동적 방식**: 장치의 강성이나 감쇠를 구조물의 진동에 맞춰 변화시키는 방식으로 외부에너지는 장치의 상태변화에만 사용되고 구조물의 에너지 흡수는 수동제진과 같은 메커니즘으로 행해진다.

㉧ **항복형감쇠기**: 금속재료가 하중을 받아 탄소성 이력거동을 할 때 에너지를 소산할 수 있는 원리에 착안하여 고안된 형식이다. 중심 철골부재에 좌굴이 발생되지 않고 큰 비탄성 변형이 발생할 수 있도록 철골부재 주위를 강관과 콘크리트로 보강한 형식이다. 일반 강구조 가새는 압축력에서는 인장력에 비해 현저하게 에너지 흡수능력이 떨어지지만 좌굴방지가새는 인장력과 압축력의 에너지 흡수능력이 거의 대등하게 된다.

checkpoint

■ 내진설계의 기본개념

- 내진설계의 목표는 구조체가 연성을 확보하여 충분한 대피시간을 확보하는 것을 우선으로 한다. 즉, 갑작스런 취성파괴(특히 전단파괴)로 인한 큰 인명피해의 발생을 막기 위해, 서서히 변형이 일어나면서 파괴가 이루어지는 연성파괴(주로 휨파괴)가 일어나도록 하는 것이다.
- 한 예로, 기둥은 압축재로서 휨거동이 작은 편인데 이러한 특성 상 취성파괴가 될 가능성이 높다. 기둥의 취성파괴는 곧 건물의 붕괴에 지대한 영향을 미치므로 차라리 기둥보다는 보에서 먼저 파괴가 일어나는 것이 바람직하다. 보는 한 두 개 정도가 파괴되더라도 기둥이 버틸 수 있으면 대피시간을 더 확보할 수 있기 때문이다.
- 접합부도 충분한 연성능력을 보유하고 있어야 연성파괴가 일어나서 대피시간을 확보할 수 있다.

TIP

내진설계는 다음의 파괴메커니즘을 준수해야 한다.
㉠ 기둥보다는 보가 먼저 파괴가 되도록 해야 한다.
㉡ 접합부보다는 부재가 먼저 파괴가 되도록 해야 한다.
㉢ 취성파괴보다는 연성파괴가 이루어지도록 해야 한다.
㉣ 전단파괴보다는 휨파괴가 이루어지도록 해야 한다.

■ 구조물의 내진안정성을 제고하기 위한 고려사항

- 각 방향의 지진하중에 대하여 충분한 여유도를 가질 수 있도록 횡력저항시스템을 배치한다.
- 지진하중에 대하여 건물의 비틀림이 최소화되도록 배치한다. 긴 장방형의 평면인 경우, 평면의 양쪽 끝에 지진력저항시스템을 배치한다.
- 약층 또는 연층이 발생하지 않도록 수직적으로 구조재의 크기와 층고는 강성 및 강도에 급격한 변화가 없도록 계획한다.
- 한 층의 유효질량이 인접층의 유효질량보다 과도하게 크지 않도록 계획한다.
- 가급적 수직재는 연속되어야 한다.
- 슬래브에 과도하게 큰 개구부는 피한다.

기출예제 02

건축물의 내진구조계획에 대한 설명으로 적절하지 않은 것은?

① 각 방향의 지진하중에 대하여 충분한 여유도를 갖도록 횡력 저항시스템을 배치한다.
② 한 층의 유효질량이 인접 층의 유효질량보다 과도하게 크지 않도록 계획한다.
③ 긴 장방형 평면의 건축물에서는 평면의 중앙에 지진력저항 시스템을 배치한다.
④ 증축 계획이 있는 경우 내진구조계획에 증축의 영향을 반영한다.

*

긴 장방형 평면의 건축물에서는 평면의 양쪽 끝에 지진력저항 시스템을 배치한다.

답 ③

(3) 지진파

① 지진파 관련 기본개념

㉠ **지진파** : 주로 맨틀의 이동과 같은 지구내부의 에너지에 의해 발생되는 지각의 이동 등에 의해 충격이 유발되는데 이러한 충격에 의해 발생하는 지각의 진동이다.

㉡ **진원** : 지진파가 발생하기 시작한 곳이다.

㉢ **진앙** : 진원의 바로 위 지표면의 지점이다.

㉣ 지진계에 최초로 기록되는 것은 P파로 진폭이 가장 작고, 다음으로 S파, L파 순으로 도착하며 L파의 진폭이 가장 크다.

㉤ **PS시** : P파가 도달한 후 S파가 도달할 때까지 걸린 시간으로, PS시가 길수록 진원까지의 거리도 멀다.

㉥ **주시 곡선** : 지진 관측소에서 진앙까지의 거리와 지진파가 도착하는 데 걸리는 시간의 관계를 나타낸 그래프이다.

② 실체파

㉠ **P파**(Primary Wave) : 종파이며, 고체 · 액체 · 기체 상태의 물질을 통과한다. 속도는 7 ~ 8km/s로 비교적 빠르지만 진폭이 작아 피해가 적다. 지구 내부의 모든 부분을 통과한다.

㉡ **S파**(Secondary wave) : 횡파이며, 고체 상태의 물질만 통과한다. 속도는 3 ~ 4km/s로 비교적 느리지만 진폭이 커 피해가 크다. 지구 내부의 핵은 통과하지 못한다.

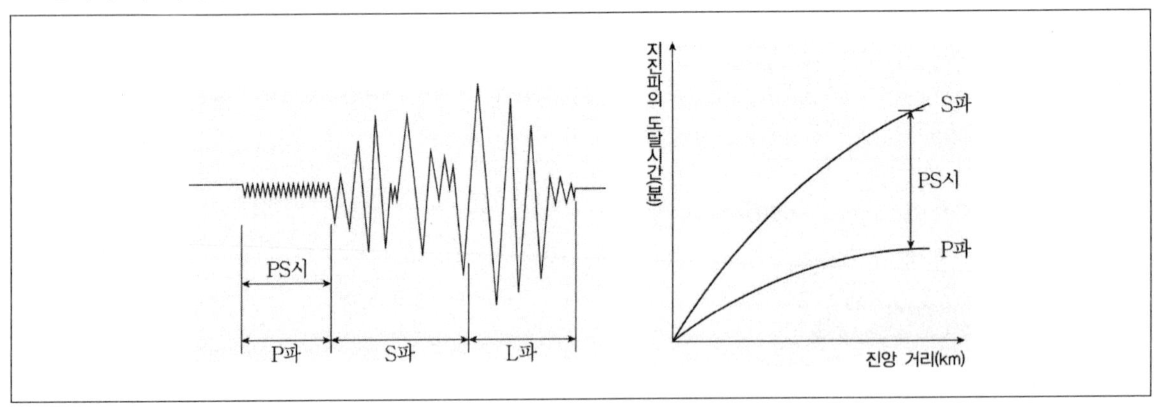

③ 표면파

㉠ **러브파**(Love wave) : 횡파이며, 파동속도는 P파의 속도와 S파의 속도보다 느리며 분산현상을 보인다. 어거스터스 에드워드 허프 러브가 1911년경 처음으로 탄성론적으로 유도하였다. 지각 두께 연구에 이용된다.

㉡ **레일리파**(Rayleigh wave) : 진행방향을 포함한 연직면 내의 타원진동을 한다. 1885년 존 윌리엄 스트럿 레일리가 처음 이론적으로 유도하였다. 레일리파를 통해 횡파의 속도분포를 구할 수 있다.

종류	P파	S파	L파
파동의 형태	종파	횡파	표면파
전파 속도	약 5~8 km/s	약 4 km/s	약 2~3 km/s
통과 물질	고체, 액체, 기체	고체	지표면
진폭	작다	중간	크다
피해	작다	중간	크다

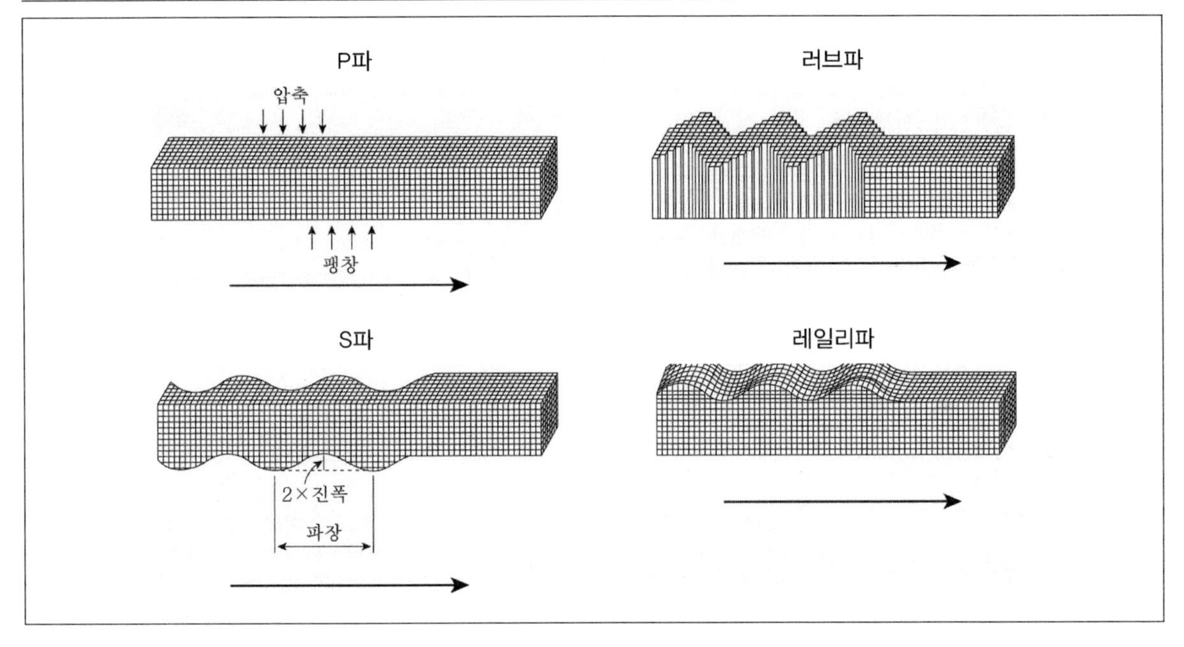

(4) 진도와 규모

① **진도와 규모의 차이** … 지진의 크기를 나타내는 척도로서 규모와 진도가 사용된다. 규모는 진원에서 방출된 지진에너지의 양을 나타내며, 지진계에 기록된 지진파의 진폭을 이용하여 계산한 절대적인 척도이다. 반면 진도는 어떤 한 지점에서의 인체 감각, 구조물에 미친 피해 정도에 의하여 지진동의 세기를 표시한 것으로 관측자의 위치에 따라 달라지는 상대적인 척도이다.

진도	대응현상
I	특별히 좋은 상태에서 극소수의 사람만 느낌.
II	건물의 윗층에 있는 소수의 사람들만 느낌. 섬세하게 매달린 물체가 흔들림.
III	실내에서 현저하게 느낌. 많은 사람들이 지진으로 인식하지 못함. 정지하고 있는 차는 약간 흔들림. 트럭이 지나가는 것과 같은 진동.
IV	실내에 서있는 많은 사람들이 느낌. 옥외에서는 거의 느낄 수 없음. 밤에는 잠을 깸. 그릇, 창문, 문 등에서 소리가 남. 정지하고 있는 차가 뚜렷하게 움직임.
V	거의 모든 사람들이 느낌. 많은 사람들이 잠을 깸. 그릇과 창문 등이 깨지기도 함. 불안정한 물체가 뒤집어짐. 나무, 전신주 등 키가 큰 물체의 교란이 심함.
VI	모든 사람들이 느낌. 많은 사람들이 놀라서 밖으로 뛰어나감. 몇몇 무거운 가구가 움직임. 벽면의 플라스터가 떨어지기도 함.
VII	모든 사람들이 밖으로 뛰어나옴. 보통의 건축물에서는 약간의 피해, 열등한 건축물은 아주 큰 피해. 운전하고 있는 사람들이 느낌.
VIII	설계가 잘된 구조물에 약간 피해, 보통 건축물에 부분적인 붕괴(崩壞)와 상당한 피해, 열등한 건축물에 아주 심한 피해. 굴뚝, 공장 재고품, 기둥, 기념비, 벽들이 무너짐. 무거운 가구가 뒤집어짐. 모래, 진흙이 나옴. 운전자가 방해를 받음.
IX	설계가 잘된 구조물에 상당한 피해. 보통의 구조물에는 큰 피해와 부분적 붕괴. 건물은 기초에서 벗어남. 땅에는 금이 명백함. 지하 파이프도 부러짐.
X	잘 지어진 목조 구조물 파괴. 대개의 석조 건물과 그 구조물이 기초와 함께 무너짐. 땅에 심한 금이 감. 철도가 휘어짐. 산사태가 강둑이나 경사면에 산사태. 물이 튀어나오며, 둑이 넘어 쏟아짐.
XI	남아 있는 석조 구조물이 거의 없음. 다리붕괴, 땅에 넓은 균열. 지하 파이프 완전 파괴. 연약한 땅이 푹 꺼지고 지층이 어긋남. 철도가 심하게 휘어짐.
XII	전면적 피해, 지표면에 파동이 보임. 시야와 수평면이 뒤틀림.

② **지진규모의 산정식** … 규모(Magnitude)란 지진발생 시 그 자체의 크기를 정량적으로 나타내는 양으로서 진동에너지에 해당한다. 이는 계측관측에 의하여 계산된 객관적 지수이며 지진계에 기록된 지진파의 진폭과 발생지점까지의 진앙거리를 이용하여 계산한다. 예를 들어 M 5.0이라고 표현할 때 M은 Magnitude를 의미하고 수치는 보통 소수 1자리까지 나타낸다. 지진파에너지 E와 규모 M과의 관계는 다음과 같이 나타내는 것이 보통이다. 표면파규모를 M_s로 가정할 경우 지진규모 산정식(erg)은 다음과 같다.

$$LogE = 11.8 + 1.5M_s$$

여기서 M은 단위가 없으며, E는 Energy 단위를 갖는다. 다음의 계산 예에서 볼 수 있듯이, 지진규모(M)가 1.0 증가하면 지진에너지(E)는 약 32배로 증가함을 알 수 있다.

TIP

규모가 큰 지진이라도 아주 멀리서 발생하면 지진에너지가 전파되면서 감쇠하기 때문에 지진동이 약해지며, 반대로 작은 규모의 지진이라도 아주 가까운 거리에서 발생하면 지진에너지의 감쇠가 적어 지진동이 강하게 기록된다. 진도는 지진의 규모와 진앙거리, 진원 깊이에 따라 크게 좌우될 뿐만 아니라 그 지역의 지질구조와 구조물의 형태에 따라 달라질 수 있다. 따라서 규모와 진도는 1 대 1 대응이 성립하지 않으며, 하나의 지진에 대하여 여러 지역에서의 규모는 동일하나 진도는 달라질 수 있다.

(5) 기본개념

① **고유주기** … 물체가 갖는 고유의 진동주기이다.

② **진동수** … 단위 시간당 일어나는 사이클의 수로서 주기의 역수이다.

③ **고유진동수** … 비감쇠 구조물이 외력의 작용이 없이 초기 교란에 의해 자체적으로 진동할 때 발생하는 진동수이다. $w = \sqrt{\frac{K}{m}}(rad/\sec)$로 정의되며 $w = 2\pi f = 2\pi \frac{1}{T}$이다.

④ **공진** … 외부에서 가해지는 하중의 진동수와 구조물의 진동수가 일치할 때 구조물의 진동진폭이 점점 커지게 되는 현상이다.

⑤ **재현주기** … 어떤 특정한 크기의 현상이 다시 발생할 것으로 예상되는 평균기간이다.

TIP

지난 10년간의 지진발생을 기록한 결과 지진의 최대지반가속도가 0.3g라면 최대지반가속도 0.3g를 가지는 지반운동의 재현주기는 10년이라고 보며 이 지역에서 1년 동안에 최대지반가속도 0.3g 이상의 지반운동이 발생할 확률(1년간 초과확률)은 0.1이다. 구조물의 사용연수에 비해 너무 긴 재현주기로 설계를 하면 경제성이 없으며 반대로 구조물의 사용연수만큼의 재현주기로 설계를 하면 위험해진다.

checkpoint

■ 건물의 공진현상

(1) 건물의 진동현상

건물의 진동현상은 건물의 높이와 구조의 종류, 바람에 대한 건물 특성과 지진통의 특성으로 정해진다. 지진 시에 저층건물은 짧고 반복해서 심하게 흔들리고 고층건물은 천천히 흔들린다.

건물의 특성은 건물의 고유주기와 시간 경과와 함께 진폭이 감소하는 정도를 나타내는 감쇄(damping)에 의해서 정해지며 건물의 고유주기는 건물의 중량과 강성(剛性)에 의해서 정해지고 중량이 클수록 강성이 낮을수록 길어진다.

예를 들어 벽이 많은, 즉 강성이 큰 건물은 주기가 짧고 같은 높이의 건물에서는 철근콘크리트조가 강구조보다 중량이 크지만 강성이 크기 때문에 주기는 짧아지는 경향이 있다.

일반적으로 건물도 진자와 같이 고유주기를 갖고 있는데, 저층건물에서는 짧은 주기, 높은 건물에서는 긴 고유주기를 갖는다. (즉, 3~4층의 지층건물은 대략 0.2~0.3초 정도이며, 10층의 중층건물은 0.7~1.0초이며 100층 초과 초고층건물은 5초 정도로 길어지게 된다.)

(2) 건물이 지진에 의해 받는 힘

건물이 지진에 의해서 받는 힘은 건물을 진동자(振動子)의 진동모드에 의해서 설명할 수 있다.

- 질점은 바닥의 중량, 기둥은 스프링으로 간주한다.
- 단층건물은 질점이 1개이므로 1질점 모델, 고층건물은 다질점 모델이 된다.
- 1질점 모델은 진동모드(흔들리는 형태)가 한 가지뿐이지만 다질점 모델의 경우는 질점의 수만큼 진동모드가 있다.
- 저층 건축물은 1질점에 가깝고, 고층 건축물은 다질점에 가깝다고 보면 무리가 없다.
- 다질점 모델은 각 진동모드별로 서로 다른 고유주기를 갖는다.

(3) 지진 시 건물 흔들림의 특성

지진 시에 건물의 흔들림(sway)에도 공진(共振)현상은 큰 영향을 미치는데 지진의 주기가 건물의 주기와 일치하게 되면 건물은 공진을 하고 흔들림은 점점 커진다.

지진의 흔들림은 해안 가까이의 매립지 층 연약지반 위에서는 주기가 길어지게 되고 암반 층 단단한 지반 위에서는 주기가 짧아지는 특성이 있다.

즉, 짧은 주기의 지진이 왔을 때는 단단한 지반의 지층건물이 공진하기 쉽고, 긴 주기의 지진이 왔을 때는 연약지반의 고층건물이 공진하기 쉬우므로 설계 시 이를 유의해야 한다.

(4) 유연한 구조

한편, 초고층 건물이나 전망탑 층은 긴 주기로 천천히 흔들리기 때문에 짧은 주기의 흔들림(sway)을 갖는 지진에는 흔들리기 어렵다. 이처럼 지진력을 받아서 버드나무 가지처럼 흔들려서 자연스럽게 견딜 수 있는 구조를 유연한 구조라 한다.

반면, 저층의 철근콘크리트 구조 아파트에서는 벽이 많으므로 강성이 큰 구조로 되어 있으므로 지진력을 받으면 그것을 상회하는 강도를 갖게 해서 안전성을 확보한다.

(6) 지진위험도의 결정

① 지진구역의 구분

지진구역	행정구역	지역계수(S)
1구역	지진구역2를 제외한 전지역	0.22
2구역	강원도 북부, 전라남도 남서부, 제주도	0.14

② 지반조건

㉠ 대규모 건물, 경사지에 건설되는 건물, 또는 토사지반의 분포가 일정하지 않은 지반에 건설되는 건물에서 지반조사의 위치는 최소한 3곳 이상을 선정하고 지반조사를 수행한다.

㉡ 각 지반조사 위치에서 지반분류의 기준면은 해당 위치의 지표면으로 정한다. 여기서, 지표면은 대상 건축물의 완공 후 지표면을 가리킨다.

㉢ 국지적인 토질조건, 지질조건과 지표 및 지하 지형이 지반운동에 미치는 영향을 고려하기 위하여 지반을 아래의 표에서와 같이 S_1, S_2, S_3, S_4, S_5, S_6의 6종으로 분류한다. (다만, 기반암은 전단파속도가 760 m/s 이상인 지층으로 정의한다.)

지반종류	지반종류의 호칭	분류기준	
		기반암 깊이, H(m)	토층평균전단파속도, $V_{s,soil}$(m/s)
S_1	암반 지반	1 미만	-
S_2	얕고 단단한 지반	1~20 이하	260 이상
S_3	얕고 연약한 지반		260 미만
S_4	깊고 단단한 지반	20 초과	180 이상
S_5	깊고 연약한 지반		180 미만
S_6	부지 고유의 특성평가 및 지반응답해석이 필요한 지반		

㉣ 지반의 분류는 위의 표를 따르나 건축물의 특성을 반영하여 다음과 같이 수정하여 적용할 수 있다.

- 기반암깊이가 3m 미만인 경우 S_1지반으로 볼 수 있다.
- 기반암의 위치가 기준면으로부터 30m를 초과하는 경우 상부 30m에 대한 평균 전단파속도를 토층의 평균전단파속도($V_{s,soil}$)로 볼 수 있다.
- 대상지역의 지반을 분류할 수 있는 자료가 충분하지 않고, 지반의 종류가 S_5 일 가능성이 없는 경우에는 지반종류 S_4 를 적용할 수 있다.

㉤ 토층의 평균전단파속도($V_{s,soil}$)는 탄성파시험 결과가 있을 경우 이를 우선적으로 적용한다. 이때, 탄성파시험은 시추조사를 바탕으로 가장 불리한 시추공에서 수행하는 것을 원칙으로 한다.

㉥ 기반암 깊이와 무관하게 토층평균전단파속도가 120 m/s 이하인 지반은 S_5 지반으로 분류한다.

ⓢ 지반종류 S_6은 부지 고유의 특성평가 및 지반응답해석이 필요한 지반으로 다음과 같다.

> ① 액상화가 일어날 수 있는 흙, 예민비가 8 이상인 점토, 붕괴될 정도로 결합력이 약한 붕괴성 흙과 같이 지진하중 작용 시 잠재적인 파괴나 붕괴에 취약한 지반
> ② 이탄 또는 유기성이 매우 높은 점토지반(지층의 두께 > 3 m)
> ③ 매우 높은 소성을 띤 점토지반(지층의 두께 > 7 m이고, 소성지수 > 75)
> ④ 층이 매우 두껍고 연약하거나 중간 정도로 단단한 점토(지층의 두께 > 36 m)
> ⑤ 기반암이 깊이 50 m를 초과하여 존재하는 지반

③ 설계지반운동

㉠ 설계지반운동의 정의와 고려사항

- 설계지반운동은 구조물이 건설되기 전에 부지 정지작업이 완료된 지면에서 지반운동으로 정의한다.
- 국가지진위험지도의 값은 유효수평지반가속도(S)이다.
- 설계지반운동의 특성은 흔들림의 세기, 진동수성분 및 지속시간으로 정의한다.
- 설계지반운동은 통계학적으로 독립인 수평 2축운동과 수직운동으로 정의한다.
- 수직운동은 수평 2축운동과 별도로 정의한다.
- 설계지반운동의 세기 및 진동수성분은 기본적으로 응답스펙트럼으로 표현한다.

㉡ 설계지반운동 수준

- 평균재현주기 50년 지진지반운동 (5년내 초과확률 10%)
- 평균재현주기 100년 지진지반운동 (10년내 초과확률 10%)
- 평균재현주기 200년 지진지반운동 (20년내 초과확률 10%)
- 평균재현주기 500년 지진지반운동 (50년내 초과확률 10%)
- 평균재현주기 1,000년 지진지반운동 (100년내 초과확률 10%)
- 평균재현주기 2,400년 지진지반운동 (250년내 초과확률 10%)
- 평균재현주기 4,800년 지진지반운동 (500년내 초과확률 10%)

㉢ 설계지반운동 관련 지반조사

- 지반조사는 지층의 구성, 각 지층의 동역학적 특성 파악 및 실내시험용 시료채취 등을 수행하는 현장시험과 채취된 시료를 이용한 실내시험을 포함하여야 한다.
- 내진설계는 지진에 대한 설계지반운동을 결정하기 위하여 기반암을 확인할 수 있는 심도까지 시추를 수행한다. 기반암은 전단파속도 $V_s = 760\ m/s$ 이상으로 하여야 한다.
- 설계지반운동 결정을 위하여 지반의 층상구조, 기반암 깊이, 각 층의 밀도, 지하수위, 전단파 속도 주상도, 각 지층의 변형률 크기에 따른 전단탄성계수 감소곡선과 감쇠비 곡선 등을 조사하여야 한다.

④ 액상화

㉠ 기초 및 지반은 액상화의 피해를 입지 않도록 액상화 발생 가능성을 검토한다.

㉡ 액상화 저항응력을 평가하기 위한 시추조사를 실시하여야 한다.

㉢ 액상화 평가를 위해서는 시추주상도, 지하수위, 표준관입시험의 N값, 콘관입시험의 q_c값, 전단파속도 주상도, 지층의 물리적 특성 등을 결정하여야 한다.

㉣ 설계지진 규모는 지진구역 I, II 모두 규모 6.5를 적용한다.

㉤ 액상화평가는 구조물 내진등급에 관계없이 예비평가와 본평가의 2단계로 구분하여 수행한다.

㉥ 예비평가는 지반 조건을 고려하여 액상화평가 생략 여부를 결정한다.

㉦ 본평가에서 액상화 발생 가능성은 대상 현장에서 액상화를 유발시키는 진동저항전단응력비를 지진에 의해 발생되는 진동전단응력비로 나눈 안전율로 평가한다.

㉧ 진동전단응력비는 구조물의 내진등급을 고려하여 부지응답해석을 수행하여 결정하고, 진동저항전단응력비는 현장시험 결과(N값, q_c값, V_s값 등)를 이용하여 결정한다.

㉨ 본평가에서 액상화에 대한 안전율은 1.0을 적용한다. 안전율이 1.0 미만인 경우 액상화에 따른 기초 및 지반 안전성을 평가하고, 1.0 이상인 경우에는 액상화에 대해 안전한 것으로 판정한다.

㉩ 액상화에 따른 기초 및 지반 안전성 평가는 시설물의 유형, 기초의 형식, 지반의 특성을 고려한다.

㉪ 액상화로 인해 시설물의 성능수준이 만족되지 못할 경우에는 대책공법을 적용한다.

(5) 평면 비정형성과 수직 비정형성의 판정

① 평면 비정형성의 유형과 정의

번호	유형	정의	적용내진설계범주
H1	비틀림 비정형	격막이 유연하지 않을 때 고려함. 어떤 축에 직교하는 구조물의 한 단부에서 우발 편심을 고려한 최대 층변위가 그 구조물 양단부 층변위 평균값의 1.2배보다 클 때 비틀림 비정형인 것으로 간주한다.	C, D D C, D
H2	요철형 평면	돌출한 부분의 치수가 해당하는 방향의 평면치수의 15%를 초과하면 요철형 평면을 갖는 것으로 간주한다.	–
H3	격막의 불연속	격막에서 잘려나간 부분이나 뚫린 부분이 전체 격막 면적의 50%를 초과하거나 인접한 층간 격막 강성의 변화가 50%를 초과하는 급격한 불연속이나 강성의 변화가 있는 격막	–
H4	면외 어긋남	수직부재의 면외 어긋남 등과 같이 횡력전달 경로에 있어서의 불연속성	B, C, D
H5	비평행 시스템	횡력저항 수직요소가 전체 횡력저항 시스템에 직교하는 주축에 평행하지 않거나 대칭이 아닌 경우	C D

② 수직 비정형성의 유형과 정의

번호	유형	정의	적용내진설계범주
V1	강성 비정형-연층	어떤 층의 횡강성이 인접한 상부층 횡강성의 70% 미만이거나 상부 3개 층 평균 강성의 80% 미만인 연층이 존재하는 경우 강성분포의 비정형이 있는 것으로 간주한다.	D
V2	중량 비정형	어떤 층의 유효중량이 인접층 유효중량의 150%를 초과할 때 중량 분포의 비정형인 것으로 간주한다. 단, 지붕층이 하부층보다 가벼운 경우는 이를 적용하지 않는다.	D
V3	기하학적 비정형	횡력 저항시스템의 수평치수가 인접층 치수의 130%를 초과할 경우 기하학적 비정형이 존재하는 것으로 간주한다.	D
V4	횡력저항 수직 저항요소의 비정형	횡력 저항요소의 면내 어긋남이 그 요소의 길이보다 크거나, 인접한 하부층 저항요소에 강성감소가 일어나는 경우 수직 저항요소의 면내 불연속에 의한 비정형이 있는 것으로 간주한다.	B, C, D
V5	강도의 불연속-약층	임의 층의 횡강도가 직상층 횡강도의 80% 미만인 약층이 존재하는 경우 강도의 불연속에 의한 비정형이 존재하는 것으로 간주한다. 각층의 횡강도는 층 전단력을 부담하는 내진요소들의 저항 방향 강도의 합을 말한다.	B, C, D

기출예제 03 2011 지방직 (7급)

다음 중 지진하중 산정에서 평면 비정형성에 대한 설명으로 옳지 않은 것은?

① 면외 어긋남은 수직부재의 면외 어긋남 등과 같이 횡력전달 경로에 있어서의 불연속성이다.

② 비평행시스템은 횡력저항수직요소가 전체 횡력저항시스템에 직교하는 주축에 평행하고 대칭인 경우이다.

③ 요철형평면은 돌출한 부분의 치수가 해당하는 방향의 평면 치수의 15%를 초과하면 요철형평면을 갖는 것으로 간주한다.

④ 격막의 불연속은 격막에서 잘려나간 부분이나 뚫린 부분이 전체 격막면적의 50%를 초과하거나 인접한 층간 격막강성의 변화가 50%를 초과하는 급격한 불연속이나 강성의 변화가 있는 격막이다.

✱ 비평행시스템은 횡력저항수직요소가 전체 횡력저항시스템에 직교하는 주축에 평행하지 않거나 대칭이 아닌 경우이다.

답 ②

(6) 내진설계 해석법의 종류

① **등가정적해석법** … 기본진동모드 반응특성에 바탕을 두고 구조물의 동적특성을 무시한 해석법

② **동적해석법(모드해석법)** … 고차 진동모드의 영향을 적절히 고려할 수 있는 해석법

③ 탄성시간이력해석법

㉠ 지진의 시간이력에 대한 구조물의 탄성응답을 실시간으로 구하는 해석법

㉡ 층전단력, 층전도모멘트, 부재력 등의 설계값은 시간이력해석에 의한 결과치에 중요도계수를 곱하고 반응수정계수를 나누는 방식으로 구한다.

④ 비탄성정적해석법(Pushover해석법) … 정적지진하중분포에 대한 구조물의 비선형해석법

TIP

비탄성해석법은 비선형해석법으로 부르기도 한다.

⑤ 비탄성시간이력해석법

㉠ 실제의 지진시간이력을 사용한 해석법

㉡ 비선형시간이력해석이라고도 하며 부재의 비선형능력과 특성은 중요도계수를 고려하여 실험이나 충분한 해석결과에 부합되도록 모델링해야 한다.

TIP

비선형정적해석법

㉠ 구조물의 비탄성거동을 해석하는 가장 일반적인 해석법이다.

㉡ 구조물의 항복 이후의 거동을 가장 효과적으로 반영할 수 있는 해석법이다.

㉢ 여러 개의 소성힌지가 순차적으로 발생함을 확인할 수 있다.

㉣ 설계지진하중에 대해 구조물의 강도와 변위를 평가한다.

㉤ 요구수준의 거동과 유용한 능력을 비교하여 구조시스템의 예상거동을 평가한다.

㉥ 비선형 정정해석으로서 재료의 인성과 구조물의 부정정성을 해석에 반영한다.

㉦ 비탄성정적해석을 사용하는 경우 건축구조기준에서 정하는 반응수정계수를 적용할 수 없으며 구조물의 비탄성변형능력 및 에너지소산능력에 근거하여 지진하중의 크기를 결정해야 한다.

(7) 건축물의 성능목표

① 건축물의 성능수준은 기능수행, 즉시복구 인명보호, 붕괴방지 수준으로 구분할 수 있으며 시설물의 중요도에 따라 요구되는 내진성능수준을 만족하도록 설계하여야 한다.

② 기능수행수준은 설계지진하중 작용 시 구조물이나 시설물에 발생한 손상이 경미하여 그 구조물이나 시설물의 기능이 유지될 수 있는 성능수준이다.

③ 즉시복구수준은 설계지진하중 작용 시 구조물이나 시설물에 발생한 손상이 크지 않아 단기간 내에 즉시 복구되어 원래의 기능이 회복될 수 있는 성능수준이다.

④ 장기복구/인명보호수준은 설계지진하중 작용 시 구조물이나 시설물에 큰 손상이 발생할 수 있지만 장기간의 복구를 통하여 기능 회복이 가능하거나, 시설물에 상주하는 인원 또는 시설물을 이용하는 인원에 인명손실이 발생하지 않는 성능수준이다.

⑤ 붕괴방지수준은 설계지진하중 작용 시 구조물이나 시설물에 매우 큰 손상이 발생할 수는 있지만 구조물이나 시설물의 붕괴로 인한 대규모 피해를 방지하고, 인명 피해를 최소화하는 성능수준이다.

⑥ 각 시설물의 특성을 고려한 내진성능수준의 구체적인 정의는 해당 시설물의 내진설계기준에서 규정한다.

⑦ 내진안전성을 위하여 건축물의 내진설계에서 고려되어야 하는 내진등급별 최소성능목표는 아래 표와 같다. 또는 성능기반설계를 수행하여 구조요소의 성능목표 만족여부를 직접 확인할 수 있다.

건축물의 성능수준과 구조요소 및 비구조요소의 성능수준 사이의 관계(KDS 41 건축구조기준)

건축물의 성능수준	구조요소의 성능수준	비구조요소의 성능수준
기능수행	거주가능	기능수행
즉시복구	거주가능	위치유지
인명보호	인명안전	인명안전
붕괴방지	붕괴방지	–

⑧ 내진안전성을 위하여 건축물의 내진설계에서 고려되어야 하는 내진등급별 최소성능목표는 아래 표와 같다. 또는 성능기반설계를 수행하여 구조요소의 성능목표 만족여부를 직접 확인할 수 있다.

건축물의 내진등급별 최소성능목표(KDS 41 건축구조기준)

내진등급	성능목표		설계지진
	재현주기	성능수준	
특	2400년	인명보호	기본설계지진 × 중요도계수(I_E)
	1000년	기능수행	–
I	2400년	붕괴방지	–
	1400년	인명보호	기본설계지진 × 중요도계수(I_E)
II	2400년	붕괴방지	–
	1000년	인명보호	기본설계지진 × 중요도계수(I_E)

⑨ 내진1등급 건축물의 붕괴방지 검토시에는 허용변형기준값을 1.2로 나눈 값을 혹은 인명보호과 붕괴방지의 중간수준의 허용기준을 적용한다.

⑩ 2400년 재현주기지진은 최대고려지진, 1000년 재현주기지진은 기본설계지진으로 정의한다. 또한, 1400년 재현주기지진은 기본설계지진의 1.2배에 해당하는 지진을 의미한다. 50년과 100년 재현주기지진은 기본설계지진에 각각 0.30과 0.43을 곱하여 구한다.

⑪ 각 재현주기에 해당하는 지진의 설계응답스펙트럼은 기본설계지진의 설계응답스펙트럼에서 Sa 값에 재현주기에 따른 위험도계수를 반영하여 구한다.

⑫ 구조시스템의 변형특성과 연성상세를 고려하여 구조물의 층간변위와 각 부재의 변형은 허용값 이내로 제어되어야 한다. 단, 기능수행검토시에는 부재별 강도와 변형 능력에 대한 검토는 생략할 수 있다.

⑬ 내진특등급의 기능수행검토시 구조물의 허용층간변위는 1.0%로 한다. 또한 내진 1등급과 내진 2등급의 기능수행검토시 허용층간변위는 0.5%로 한다.

⑭ 최대고려지진에서의 붕괴방지를 위한 층간변위는 내진2등급을 기준으로 3%를 초과할 수 없다. 다른 내진등급에 대해서는 중요도계수로 나눈 값을 적용한다.

⑮ 구조요소는 이 기준에 따라 인명보호 성능수준의 설계지진에 대하여 강도설계법 또는 허용응력설계법을 적용하여 설계한 경우 건축물 최소성능목표를 모두 만족하는 것으로 간주한다.

⑯ 비구조요소는 건축구조기준에 따라 설계한 경우 성능목표를 만족하는 것으로 간주한다. 기계/전기 비구조요소의 경우 장치의 작동여부를 추가로 검토하여야 한다.

⑰ 설계자는 성능목표에 대하여 건축주 또는 발주처와 협의하여야 하며, 건축주 또는 발주처가 요구하는 경우 성능목표를 만족시키는 동시에 추가적인 성능목표를 설정하여 설계하여야 한다.

최소 내진성능목표(KDS 17 내진설계일반 기준)

- 내진성능목표는 평균재현주기를 갖는 설계지진과 요구되는 내진성능수준의 조합으로 정의한다.
- 내진등급별로 시설물은 아래 표에서 규정한 최소 내진성능목표를 만족하도록 설계한다.
- 시설물의 내진등급에 따라 기능수행수준, 즉시복구수준, 장기복구/인명보호수준, 붕괴방지수준 중에서 두 개 이상의 내진성능수준을 선택하여 적용할 수 있다.
- 시설물별로 보다 강화된 내진성능목표가 필요한 경우에는 아래 표에 규정된 최소 내진성능목표 이상으로 설계하여야 한다.

	내진성능수준 / 평균재현주기	기능수행	즉시복구	장기복구/인명보호	붕괴방지
설계지진	50년	내진II등급			
	100년	내진I등급	내진II등급		
	200년	내진특등급	내진I등급	내진II등급	
	500년		내진특등급	내진I등급	내진II등급
	1,000년			내진특등급	내진I등급
	2,400년				내진특등급
	4,800년				내진특등급

⑻ 성능기반설계

① 비선형해석법을 사용하여 구조물의 초과강도와 비탄성변형능력을 보다 정밀하게 구조모델링에 고려하여 구조물이 주어진 목표성능수준을 정확하게 달성하도록 설계하는 기법으로, 규정된 시스템 계수를 적용하기 어려운 구조물과, 다양한 성능수준을 만족하고자 하는 구조물의 내진설계에 적용할 수 있다.

② 구조체의 설계에 사용되는 밑면전단력의 크기는 등가정적해석법에 의한 밑면전단력의 75% 이상이어야 한다.

③ 성능기반설계법을 사용하여 설계할 때는 그 절차와 근거를 명확히 제시해야 하며, 전반적인 설계과정 및 결과는 설계자를 제외한 2인 이상의 내진공학 전문가로부터 타당성을 검증받아야 한다.

④ 비선형정적해석과 비선형동적해석법 중 적절한 방법을 사용하여 구조물에 대한 해석을 수행하고 선형해석 결과와의 검증을 통해 해석결과의 신뢰성을 확인하여야 한다.

⑤ 정형인 저층건물에서는 비선형정적해석을 사용할 수 있다.

⑥ 비정형 건물 혹은 고층건물에서는 비선형동적해석을 사용해야 한다. 비선형동적해석법을 적용할 경우 시간이력해석과 설계지진파의 선정은 7.3.4를 따른다.

⑦ 성능설계법에서는 목표성능수준에 따른 층별 최대 층간변위비, 15.6의 밑면전단력 최소강도규정, 각 부재별 소성회전각의 성능수준별 허용값, 각 부재별 강도에 대한 성능수준별 허용값을 만족해야 하며, 다축가진효과를 고려해야 한다.

⑧ 비선형정적해석 혹은 비선형동적해석결과로 구한 구조물 주기, 최대밑면전단력, 주요 횡력저항요소의 횡하중 분담비율 및 파괴모드, 최대층간변위의 수직분포형상, 최상층최대변위 등은 등가정적 및 응답스펙트럼해석법 등 선형해석법으로 구한 결과와 비교하여 차이점과 유사점에 대한 분석을 통해 설계의 신뢰성을 제시해야 한다.

⑨ 기능수행 검토 시 구조물과 비구조요소는 해당규정을 만족하여야 한다.

TIP

지진해석의 정확도 … 일반적으로 내진성능평가를 위한 지진해석은 등가정적해석, 응답스펙트럼해석, 시간이력해석, 비선형정적해석, 비선형동적해석이며 앞에서 뒤로 갈수록 해석의 정확도와 분석정밀도가 높아진다. 비선형동적해석이 가장 복잡하면서도 가장 정확한 응답을 보장한다.

08 등가정적해석법

1 등가정적해석법

등가정적해석법은 일반적인 구조물에 대해서 지진의 영향을 일정 크기의 정적하중으로 환산하여 해석하는 방법이다. 즉, 동적인 지진을 하나의 정적인 하중으로 만들어 구조물에 적용하는 방법이다.

(1) 밑면전단력

밑면은 지반운동이 구조물에 전달되는 위치로서 구조물이 지면과 직접 접하는 지반표면의 부위를 말한다. 밑면전단력은 구조물의 밑면에 작용하는 설계용 전체전단력을 의미한다.

(2) 밑면전단력 산정의 기본식

① 밑면전단력(V) … $V = C_s \cdot W$의 식으로 산정되며 구조물이 설계지반운동에 대해 저항을 해야 하는 최소한의 수평력이다.

② 지진응답계수(C_s) … 반응수정계수와 건축물의 중요도계수를 사용하여 탄성스펙트럼을 비탄성설계스펙트럼으로 환산한 수치이다.

$$C_s = \frac{S_{D1}}{\left(\frac{R}{I_E}\right)T} \geq 0.01$$

- S_{D1} : 주기 1초에서의 설계스펙트럼가속도
- S_{DS} : 단주기 설계스펙트럼가속도
- T : 건축물의 고유주기
- I_E : 건축물의 중요도계수
- R : 반응수정계수

TIP

지진응답

지진에 의해 구조물 등이 진동되는 현상

기출예제 01 2013 국가직

다음과 같은 조건의 구조물에서 등가정적해석법에 따른 지진 응답계수 C_s의 값은?

- 건축물의 중요도계수 $I_E = 1.0$
- 반응수정계수 $R = 8$
- 단주기 설계스펙트럼가속도 $S_{DS} = 0.2$
- 주기 1초에서의 설계스펙트럼가속도 $S_{D1} = 0.1$
- 건축물의 고유주기 $T = 2.5$초

① 0.005 ② 0.01
③ 0.015 ④ 0.025

✱

산정식을 통해 구한 지진응답계수 $C_s = \dfrac{S_{D1}}{(\frac{R}{I_E})T} = \dfrac{0.1}{(\frac{8}{1})\times 2.5} = 0.005$

답 ①

③ **유효건물중량(W)** … 고정하중과 아래에 기술한 하중을 포함한 중량

㉠ 창고로 쓰이는 공간에서는 적재하중의 25%(공용 차고와 개방된 주차장 건물의 경우 적재하중은 포함시킬 필요가 없음)

㉡ 적설하중이 1.5kN/제곱미터를 넘는 평지붕의 경우 : 평지붕 적설하중의 20%

㉢ 영구설비의 총 하중

㉣ 바닥하중 산정 시 칸막이 하중이 포함될 경우, 칸막이의 실제중량과 0.5kN/m^2 중 큰 값

④ **고유주기(T)** … 구조물은 그 자체의 고유한 진동주기를 갖는다. 이러한 고유주기는 다음과 같은 약산법으로 산정할 수 있다.

$$T_a = C_T \cdot h_n^{\frac{3}{4}}(\text{sec})$$

C_T	골조의 종류
0.085	철골모멘트골조
0.073	철근콘크리트모멘트골조, 철골편심가새골조
0.049	그 외 다른 모든 건물
h_n = 건물의 밑면으로부터 최상층까지의 전체높이(m)	

TIP

철근콘크리트와 철골모멘트저항골조에서 12층을 넘지 않고 층의 최소높이가 3m 이상인 경우 근사고유주기 $T_a = 0.1N$(N: 건물의 층수)로 구할 수 있다.

⑤ **건축물의 중요도 계수(I_E)** … 건축물의 중요도를 고려하여 반응수정계수의 과대평가를 방지하기 위한 계수이다.

⑥ **반응수정계수(R)** … 구조물의 비탄성변형능력과 초과강도를 고려하여 설계지진하중을 저감시키는 역할을 하는 계수이다. 연성계수, 초과강도계수, 감쇠계수를 곱한 값이다.

㉠ 항복변위를 μ_y, 최대변위를 $\mu_{\max}$라고 하면 연성비 $\mu = \dfrac{\mu_{\max}}{\mu_y}$로 정의된다. 이러한 연성비는 지반운동에 의한 구조물의 비탄성반응에서 소성변형능력을 나타내는 지표이다.

㉡ 건축구조물을 55개의 지진력 저항시스템으로 구분을 하였으며 구조물의 연성이 클수록 이 값은 커진다.

㉢ 실제 구조물은 항복점을 지나 좌굴하거나 비탄성거동을 하게 되는데 이때 구조물이 비탄성거동을 하면 감쇠증가로 에너지소산효과가 발생하며 지진저항시스템도 어느 정도의 여유도를 보유하고 있으므로 이러한 여유치를 반영하여 실제구조물의 거동에 알맞게 조정해주기 위한 계수이다.

TIP

반응수정계수 적용의 이유

㉠ 반응수정계수란 부재의 탄성한계 내에서 내진설계를 할 경우 매우 비경제적인 설계가 되어 버리므로 건물의 수직하중부담능력이나 수명에 손상을 주지 않을 만큼의 에너지를 흡수할 수 있는 성질(연성능력)을 고려하여 비탄성변형까지 설계범위에 포함시킴으로써 경제적 설계를 하기 위해 적용하는 계수이다.

㉡ 내진설계 기준의 기본철학은 간혹 발생하는 중·약진에 대해서는 구조물에 경미한 피해만을 허용하는 탄성거동 설계이며 드물게 발생하는 강진에 대해서는 구조물이 붕괴하지 않을 정도의 피해를 허용하는 비탄성 거동 설계이다.

㉢ 구조물의 비탄성 거동을 기준으로 설계지반운동에 대한 밑면 전단력 혹은 소요강도를 산정하면 탄성 거동을 기준으로 할 때와 큰 차이가 생기는데 이는 구조물의 연성, 초과강도, 감쇠효과의 증가 등이 있기 때문이다.

㉣ 즉 연성능력이 클수록 작은 강도에서 항복하고 그 이상의 에너지를 흡수하면서 소성변형이 일어나게 되는 것이며 이는 탄성설계 시보다 매우 경제적인 장점을 갖는다.)

기출예제 02 2014 서울시 (7급)

내진설계에서 등가정적해석법으로 지진하중을 산정할 때, 밑면전단력을 산정하는 데 관계가 없는 것은?

① 건축물의 고유주기(T) ② 반응수정계수(R)

③ 지진동의 작용시간(T_D) ④ 건축물의 중요도계수(I_E)

⑤ 유효건물중량(W)

✱

지진동의 작용시간은 밑면전단력과는 전혀 관련이 없다.

밑면전단력 $V = C_s W$이며 지진응답계수 $C_s = \frac{S_{D1}}{[\frac{R}{I_E}]T}$

- S_{DS} : 주기 1초에서의 설계스펙트럼 가속도
- R : 반응수정계수
- T : 건물의 고유주기
- I_E : 건물의 중요도계수

답 ③

TIP

초과강도계수 … 설계초과강도, 재료초과강도, 시스템초과강도를 종합적으로 고려하여 산정한 계수이다.

㉠ **설계초과강도** : 실제 구조설계과정에서는 단면의 크기나 배근량이 계단식으로 증가하게 되는 등의 이유로 구조물은 설계지진력보다 더 큰 수준으로 설계가 되는데 이러한 초과강도를 설계초과강도라고 한다. 또한 설계과정에서 안전율, 강도감소계수 등에 의해서 더 큰 수준으로 강도가 설계된다.

㉡ **재료초과강도** : 구조재료는 공칭강도보다 더 큰 강도를 가지고 있으므로 구조물은 예상보다 더 큰 횡력에 대해서도 탄성거동을 한다. (구조물의 부재를 설계 시 사용되는 설계강도는 구조재료의 실제강도와 시공된 구조물 내에서의 유효강도의 안전측 하한치를 기준으로 결정된다.)

㉢ **시스템초과강도** : 횡력이 점차 증가함에 따라 구조물은 탄성범위를 벗어나 비탄성거동을 하게 되며 소성힌지가 생성되며 모든 소성힌지가 파괴될 때까지 저항할 수 있다. 이는 구조물의 부정정성에 기인한 것이며 이 초과강도를 시스템초과강도라고 한다.

기본 지진력저항시스템		설계계수		
		반응 수정계수	시스템 초과강도계수	변위 증폭계수
내력벽시스템				
a	철근콘크리트 특수전단벽	5	2.5	5
b	철근콘크리트 보통전단벽	4	2.5	4
c	철근보강 조적전단벽	2.5	2.5	1.5
d	무보강 조적전단벽	1.5	2.5	1.5

기본 지진력저항시스템		설계계수		
		반응 수정계수	시스템 초과강도계수	변위 증폭계수
건물골조 시스템				
a	철골 편심가새골조(링크 타단 모멘트저항접합)	8	2	4
b	철골 편심가새골조(링크 타단 비모멘트저항접합)	7	2	4
c	철골 특수중심가새골조	6	2	5
d	철골 보통중심가새골조	3.25	2	3.25
e	합성 편심가새골조	8	2	4
f	합성 특수중심가새골조	5	2	4.5
g	합성 보통중심가새골조	3	2	3
h	합성 강판전단벽	6.5	2.5	5.5
i	합성 특수전단벽	6	2.5	5
j	합성 보통전단벽	5	2.5	4.5
k	철골 특수강판전단벽	7	2	6
l	철골 좌굴방지가새골조(모멘트 저항접합)	8	2.5	5
m	철골 좌굴방지가새골조(비모멘트 저항접합)	7	2	5.5
n	철근콘크리트 특수전단벽	6	2.5	5
o	철근콘크리트 보통전단벽	5	2.5	4.5
p	철근보강 조적전단벽	3	2.5	2
q	무보강 조적전단벽	1.5	2.5	1.5
모멘트-저항골조 시스템				
a	철골 특수모멘트골조	8	3	5.5
b	철골 중간모멘트골조	4.5	3	4
c	철골 보통모멘트골조	3.5	3	3
d	합성 특수모멘트골조	8	3	5.5
e	합성 중간모멘트골조	5	3	4.5
f	합성 보통모멘트골조	3	3	2.5
g	합성 반강접모멘트골조	6	3	5.5
h	철근콘크리트 특수모멘트골조	8	3	5.5

i	철근콘크리트 중간모멘트골조	5	3	4.5
j	철근콘크리트 보통모멘트골조	3	3	2.5
특수모멘트골조를 가진 이중골조 시스템				
a	철골 편심가새골조	8	2.5	4
b	철골 특수중심가새골조	7	2.5	5.5
c	합성 편심가새골조	8	2.5	4
d	합성 특수중심가새골조	6	2.5	5
e	합성 강판전단벽	7.5	2.5	6
f	합성 특수전단벽	7	2.5	6
g	합성 보통전단벽	6	2.5	5
h	철골 좌굴방지가새골조	8	2.5	5
i	철골 특수강판전단벽	8	2.5	6.5
j	철근콘크리트 특수전단벽	7	2.5	5.5
k	철근콘크리트 보통전단벽	8	2.5	5
중간모멘트골조를 가진 이중골조 시스템				
a	철골 특수중심가새골조	6	2.5	5
b	철근콘크리트 특수전단벽	6.5	2.5	5
c	철근콘크리트 보통전단벽	5.5	2.5	4.5
d	합성 특수중심가새골조	5.5	2.5	4.5
e	합성 보통중심가새골조	3.5	2.5	3
f	합성 보통전단벽	5	3	4.5
g	철근보강 조적전단벽	3	3	2.5
역추형 시스템				
a	캔틸레버 기둥시스템	2.5	2.0	2.5
b	철골 특수모멘트골조	2.5	2.0	2.5
c	철골 보통모멘트골조	1.25	2.0	2.5
d	철근콘크리트 특수모멘트골조	2.5	2.0	1.25
보통 철근콘크리트 전단벽과 보통 철근콘크리트 골조의 전단벽-골조 상호작용 시스템		4.5	2.25	4
강구조 설계기준의 일반규정만을 만족하는 철골구조시스템		3	3	3
철근콘크리트기준의 일반규정만을 만족하는 철근콘크리트 구조시스템		3	3	3

기출예제 03 2007 국가직 (7급)

다음 중 지진력 저항시스템 중 반응수정계수가 가장 큰 것은?

① 내력벽 시스템의 철근콘크리트 전단벽
② 건물골조 시스템의 철근콘크리트 전단벽
③ 건물골조 시스템의 철골 중심가새골조
④ 모멘트-저항골조 시스템의 철골모멘트 골조

✱
① 내력벽 시스템의 철근콘크리트 전단벽 : 5
② 건물골조 시스템의 철근콘크리트 전단벽 : 5
③ 건물골조 시스템의 철골 중심가새골조 : 6
④ 모멘트-저항골조 시스템의 철골모멘트 골조 : 8

답 ④

TIP

좌굴방지가새골조

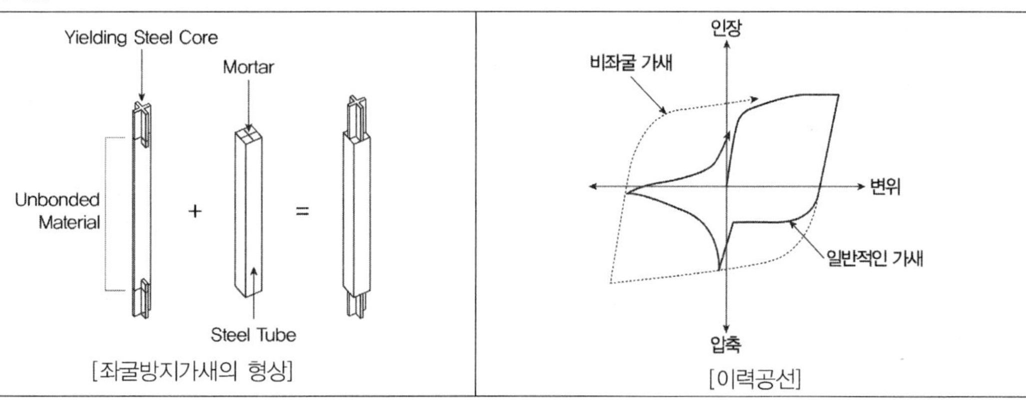

[좌굴방지가새의 형상] [이력공선]

㉠ 중심가새골조에 해당되며 퓨즈요소인 가새로서 좌굴방지가새를 사용한다.
㉡ 인장과 압축의 반복하중을 받는 가새는 압축력에 의한 좌굴이 반복됨에 따라 좌굴강도의 크기와 비탄성 변형능력이 점차 감소하게 된다.
㉢ 좌굴방지가새는 코어부재 주위에 강관슬리브를 설치하고 코어부재와 강관슬리브(콘크리트) 사이에 부착력이 발생하지 않도록 미끄럼막을 형성한 가새이다.
㉣ 좌굴방지가새는 강관슬리브에 의해 코어부재의 좌굴이 방지됨으로써 인장과압축에 대해 동일한 강도 및 변형능력을 발휘할 수 있으므로 비탄성변형능력이 크게 향상된다.
㉤ 따라서 좌굴방지가새골조는 특수중심가새골조에 비해 더 큰 반응수정계수값을 적용한다.

(3) 층지진하중

① **층지진하중** … 내진설계기준에 따르면 밑면전단력의 수직분포를 산정하기 위해서 건물 전체에 분포된 질량이 각층의 바닥위치에 집중이 된 것으로 가정하고, 설계지반운동에 의해 이러한 각층의 집중질량체에 발생하는 관성력을 층지진하중이라고 한다.

② **층전단력** … 임의의 층에서 전단력의 크기는 해당층과 그 상부층에 작용하는 모든 층지진하중의 합과 같다.

㉠ 밑면 전단력을 수직 분포시킨 층별횡하중 F_x는 다음 식에 따라 결정한다.

$$F_x = C_{vx} V$$

$$C_{vx} = \frac{w_x h_x^k}{\sum_{i=1}^{n} w_i h_i^k}$$

여기서, C_{vx} : 수직분포계수

k : 건물 주기에 따른 분포계수

$k=1$: 0.5초 이하의 주기를 가진 건물

$k=2$: 2.5초 이상의 주기를 가진 건물

※ 단, 0.5초와 2.5초 사이의 주기를 가진 건물에서는 k는 1과 2 사이의 값을 직선보간하여 구한다.

h_i, h_x : 밑면으로부터 i 또는 x층까지의 높이

V: 밑면전단력

w_i, w_x : i 또는 x층 바닥에서의 중량

n : 층수

㉡ x층에서의 층전단력 V_x는 다음 식에 의해서 결정한다.

$$V_x = \sum_{i=x}^{n} F_i$$

여기서, F_i : i 층 바닥에 작용하는 지진력

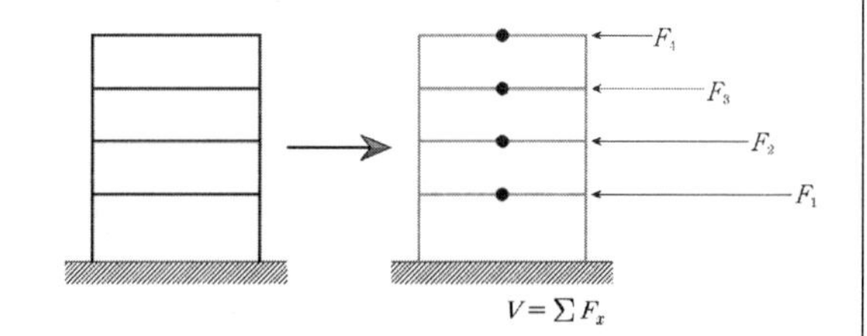

㉢ x층에서의 전도모멘트 M_x는 다음 식에 따라 결정한다.

$$M_x = \tau \sum_{i=x}^{n} F_i (h_i - h_x)$$

여기서, F_i = i층 바닥에 작용하는 지진력

h_i 및 h_x = 밑면으로부터 층바닥 i 또는 x까지의 높이(m)

τ = 다음에 의해서 결정되는 전도모멘트 감소계수

㉠ 최상층으로부터 10번째 층까지는 …………………… 1.0

㉡ 최상층으로부터 20번째 층과 그 이하는 ………… 0.8

㉢ 최상층으로부터 10번째 층과 20번째 층 사이는 1.0과 0.8 사이를 직선보간한 값

(4) 비틀림모멘트

구조물의 각 층에 작용을 하는 층지진하중이나 이런 층지진하중의 누적값인 층전단력은 구조체의 질량에 의한 관성력이므로 구조물의 평면상에서 지진하중이 작용하는 중심점은 질량중심이 된다. 그러나 지진하중에 저항하는 구조물의 중심점은 강성중심이므로 이처럼 질량중심과 강성중심이 서로 일치하지 않는 경우 편심에 의해 비틀림모멘트가 발생하게 된다. 추가적인 비틀림모멘트는 지진하중을 고려하는 방향에 직각방향 평면치수의 5%를 추가적인 편심거리로 보고 이 값과 층전단력의 크기를 곱하여 산정한다.

① 비틀림모멘트의 산정

㉠ 수평비틀림모멘트는 구조물의 중심과 강심 간의 편심에 의한 비틀림모멘트 M_t와 우발비틀림모멘트 M_{ta}의 합이다.

㉡ 비틀림모멘트 M_t는 편심거리에 층전단력을 곱하여 산정하고, 우발비틀림모멘트 M_{ta}는 지진력 작용방향에 직각인 평면치수의 5%에 해당하는 우발편심과 층전단력을 곱하여 산정한 모멘트로 한다.

㉢ 우발편심은 질량중심에 대해 양방향 모두 고려해야 한다.

TIP

강심(강성중심)

건축물에 작용하는 수평력에 대한 저항력의 합력으로서 x축, y축 방향의 강선에 대한 중심선의 교점이다. 관성력의 작용점인 중심과 강심이 일치하지 않으면 비틀림이 발생한다.

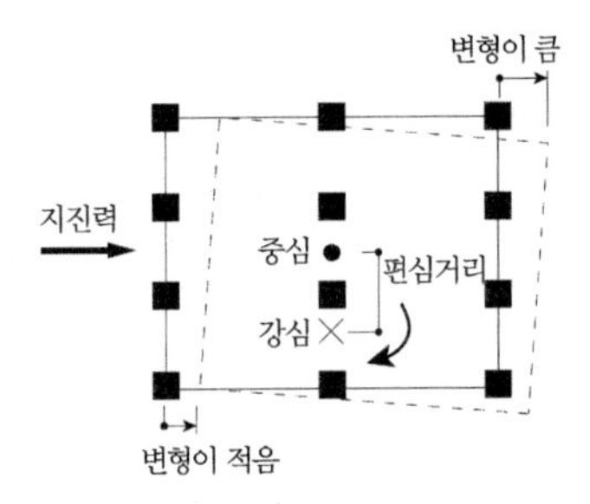

② 비틀림풍하중 … 수평풍하중 가운데 비틀림풍하중을 산정하는 경우에 적용하며, 다음의 모든 조건을 만족하는 건축물이 벽면에 수직인 방향에서 바람을 받는 경우를 대상으로 한다.

㉠ 평면형상이 사각형이고 높이방향으로 일정

㉡ $\dfrac{H}{\sqrt{BD}} \leq 6$, $0.2 \leq \dfrac{D}{B} \leq 5$, $\dfrac{V_H}{n_T\sqrt{BD}} \leq 10$ (n_T는 비틀림1차 고유진동수)

- H는 높이, B는 건축물의 대표폭, D는 건축물의 깊이

checkpoint

■ 강성지수

• 휨강성지수(BRI) : 구조물의 기둥이 도심에 대하여 최대관성 모멘트를 가지도록 한 것을 BRI 100으로 가정하고 실제 건물에 존재하는 모든 기둥의 도심에 대한 관성모멘트의 합으로 표현한 것이다. 기둥의 질량이 도심으로부터 먼 쪽에 배치될수록 휨에 강해진다. 아래의 그림에서 e의 경우 31이며 f의 경우 56이다. (f)의 휨강성지수가 (e)보다 큰 이유는 도심에 대한 4개의 기둥의 관성모멘트의 합이 (f)가 (e)보다 크기 때문이다.

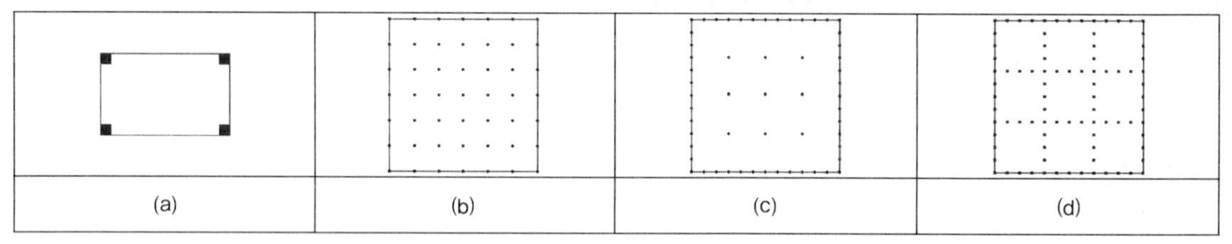

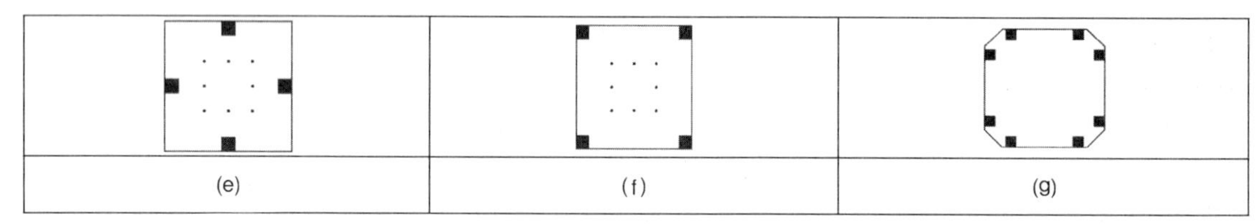

• 전단강성지수(SRI) : 고층건물은 수평하중에 의해 발생되는 전단력에 의해 전단파괴되거나 과다변형이 발생해서는 안 되므로 되도록 개구부가 적어야 한다. 이때 개구부가 없는 판이나 벽의 경우를 SRI 100으로 가정하고 실제구조물의 수평전단강성을 지표로 표현한 것이다.

(5) 층간변위

허용층간변위는 주어진 상 · 하단 질량중심의 수평변위간의 차이이며 허용응력설계의 경우에도 허용층간변위는 지진하중에 하중계수 0.7을 곱하지 않고 산정해야만 한다.

$$x\text{층의 변위} : \delta_x = \frac{C_d \cdot \delta_{xe}}{I_E}$$

• C_d : 변위증폭계수
• δ_{xe} : 지진력 저항시스템의 탄성해석에 의한 변위
• 허용층간변위(△) : h_{sx}는 x층의 층고

	내진등급		
	중요도(특)	중요도(1)	중요도(2)
허용층간변위(△)	$0.010h_{sx}$	$0.015h_{sx}$	$0.020h_{sx}$

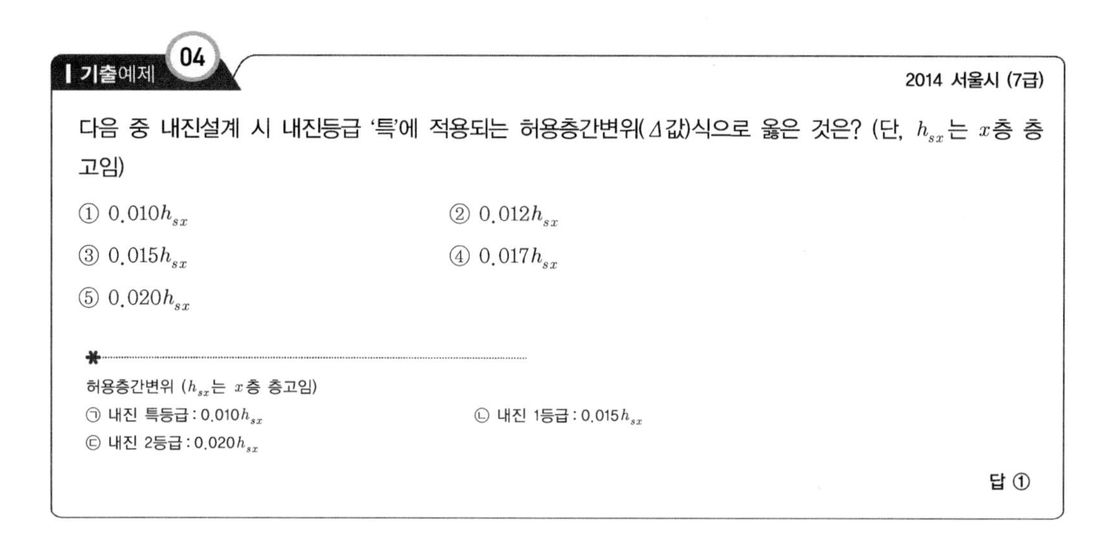

기출예제 04

2014 서울시 (7급)

다음 중 내진설계 시 내진등급 '특'에 적용되는 허용층간변위(Δ값)식으로 옳은 것은? (단, h_{sx}는 x층 층고임)

① $0.010h_{sx}$
② $0.012h_{sx}$
③ $0.015h_{sx}$
④ $0.017h_{sx}$
⑤ $0.020h_{sx}$

허용층간변위 (h_{sx}는 x층 층고임)

㉠ 내진 특등급 : $0.010h_{sx}$
㉡ 내진 1등급 : $0.015h_{sx}$
㉢ 내진 2등급 : $0.020h_{sx}$

답 ①

(6) 건물형상에 따른 역학적 성질

① 평면형태

㉠ **정사각형평면** : 구조물의 내력이나 강성에 방향성이 없고 균형성이 좋아 바람이나 지진과 같은 수평력에 대하여 안정적이기 때문에 바람직한 구조형태이다. 건축면적당 외벽면적비가 작고, 구조부재의 표준화가 이루어질 수 있어 구체공사비를 상당히 절감할 수 있다.

㉡ **직사각형평면** : 지진이나 바람과 같은 수평하중이 중요해지는 고층구조에서는 단변방향으로 장변방향보다 강성이 큰 수직재를 배치하여 양방향의 전체적 저항능력의 균형을 맞춘다. 따라서 직사각형 평면의 형상비가 극단적으로 크지 않으면 수직 · 수평 하중에 대하여 매우 안정적인 구조를 만들 수 있다.

㉢ **원형평면** : 평면이 점대칭이어서 방향에 따른 구조성능의 변화가 없으며 같은 표면적을 갖는 다른 형태의 구조물에 비해 풍하중이 60~80%로 작아지는 장점이 있다. 그러나 공간활용에서 좋지 못하다.

㉣ **다각형평면** : 다각형 평면을 갖는 건축물은 다방향 대칭축을 갖기 때문에 수평하중이 작용 시 각 작용방향에 따라 부재의 응력이 현저하게 달라질 수 있으므로 주의를 요한다. 구조계산 시 2차원 해석은 정밀성이 떨어지므로 컴퓨터에 의한 3차원 해석이 필요하다. 다각형 평면의 장점은 다른 불규칙적 평면형태에 비해 비교적 강성이 높고 공간구조물과 비슷한 거동을 하는 점이며 원형에 가까울수록 유리해진다.

㉤ **방사형평면** : 평면적으로는 안정감이 있어 보이나 실제로는 구조적 장점이 부족하다. 풍압을 받는 면적이 다른 형태에 비하여 크고 바람의 거동도 복잡해지므로 예기치 못한 상황도 발생할 수 있다. 지진과 같이 강한 충격력을 받을 경우 각 날개 구조부의 접합부분에 집중응력이 발생할 수 있으므로 코너 부분을 부드러운 곡선으로 처리하는 등의 고려가 필요하다. 또한 평면에 대한 외벽면적이 크게 되어 경제성도 낮다.

② 입면형태

㉠ 셋백(Set-Back)이 있으면 건물 전체의 강성이 급격하게 변화하여 지진과 같은 충격하중이 작용하면 셋백되는 부분에 응력집중 현상이 발생하므로 유의해야 한다.

㉡ 외곽기둥을 경사지게 하면 구조상 보다 안정적으로 될 수 있는데 이는 경사기둥이 사재로써 작용하는 효과가 있어 라멘보다 강성이 커지게 되기 때문이다.

09 동적해석법

❶ 동적해석법

(1) 일반사항

정형구조물은 높이 70m 이상 또는 21층 이상인 경우, 비정형구조물은 높이 20m 이상 또는 6층 이상인 경우 동적해석법을 적용해야 한다. 동적해석법을 수행하는 경우에는 응답스펙트럼해석법, 선형시간이력해석법, 비선형시간이력해석법 중 1가지 방법을 선택할 수 있다. 동적해석의 경우에는 시간이력해석이 보다 정확한 방법이나 실제로 기록된 지진이력관련 자료가 충분하지 않고 상당한 시간이 소요되므로 모드해석을 사용하는 응답스펙트럼법이 주로 사용된다.

(2) 시간이력해석

① 설계지진파

㉠ 시간이력해석은 지반조건에 상응하는 지반운동기록을 최소한 3개 이상 이용하여 수행한다. 3개의 지반운동을 이용하여 해석할 경우에는 최대응답을 사용하여 설계해야 하며, 7개 이상의 지반운동을 이용하여 해석할 경우에는 평균응답을 사용하여 설계할 수 있다.

㉡ 3차원해석을 수행하는 경우 각 지반운동은 평면상에서 서로 직교하는 2방향의 쌍으로 구성되며, 2방향의 성분이 대상 구조물의 평면상에 교대로 2회 해석되어야 한다. 개별 지반운동의 성분별로 5% 감쇠비의 응답스펙트럼을 작성하고, 주기별로 제곱합제곱근(SRSS)을 취하여 제곱합제곱근 스펙트럼을 산정하며, 이 제곱합제곱근 스펙트럼들의 평균값이 설계대상 구조물 기본진동주기의 0.2배부터 1.5배 사이에 해당되는 주기에 대해서 지반운동기록의 조성 및 생성방법에 따라 다음의 최소응답스펙트럼 가속도 이상 되도록 해야 한다. 지반운동의 크기를 조정하는 경우에는 직교하는 2성분에 대해서 동일한 배율을 적용하여야 한다.

ⓐ 지진관측소에서 계측된 지반운동기록의 진폭을 조정하여 사용하는 경우에 최소응답스펙트럼 가속도는 설계응답스펙트럼의 1.3배의 90%로 정한다.

ⓑ 지진관측소에서 계측된 지반운동기록의 주파수 성분을 조정하여 설계응답스펙트럼에 맞게 생성한 경우에 최소응답스펙트럼 가속도는 설계응답스펙트럼의 1.3배의 110%로 정한다.

ⓒ 설계대상 구조물이 위치한 지반의 조건이 고려된 부지응답해석을 통해 지진동을 산정할 경우 최소응답스펙트럼 가속도는 설계응답스펙트럼의 1.3배의 80%로 정한다. 다만, 부지응답해석으로 구해진 지진파의 평균스펙트럼의 최대값이 설계대상 구조물 기본진동주기의 0.2배부터 1.5배 사이에 해당되는 구간 밖에 위치할 경

우 최소응답스펙트럼 가속도는 설계응답스펙트럼의 1.3배의 90%로 정한다. 부지응답해석을 위한 입력 지진파는 4.1.1에서 정의하는 S_1 지반조건에서 계측된 지반운동기록을 사용하되 그 제곱합제곱근 스펙트럼들의 평균값은 S_1 지반의 설계응답스펙트럼의 1.3배와 비교하여 가속도 일정구간에서는 80% 이상, 그 외 구간에서는 100% 이상이어야 한다.

㉢ 2차원 해석을 수행하는 경우에는 개별 지반운동에 대해 작성된 5% 감쇠비 응답스펙트럼의 평균값이 해석을 수행하는 방향의 구조물 고유주기의 0.2배부터 1.5배 사이에 해당되는 주기에 대해서 지반운동기록의 조성 및 생성방법에 따라 위의 ⓐ, ⓑ, ⓒ에 부합하도록 조정한다. 단, 설계응답스펙트럼의 1.3배 대신에 1.0배를 적용한다.

② **선형시간이력해석** … 층전단력, 층전도모멘트, 부재력 등 설계값은 시간이력해석에 의한 결과에 중요도계수를 곱하고 반응수정계수로 나누어 구한다.

③ **비선형시간이력해석**

㉠ 부재의 비탄성 능력 및 특성은 중요도계수를 고려하여 실험이나 충분한 해석결과에 부합하도록 모델링해야 한다.

㉡ 응답은 R/I_E에 의하여 감소시키지 않는다. 더불어 개별 부재의 강도 및 변형 능력 만족 여부도 함께 검토해야 한다.

④ **지반효과의 고려**

㉠ 지반운동의 영향을 직접적으로 고려하기 위하여 구조물 인접지반을 포함하여 해석을 수행할 수 있다.

㉡ 기반암 상부에 위치한 지반을 모델링하여야 하며, 되도록 넓은 면적의 지반을 모델링하여 구조물로부터 멀리 떨어진 지반의 운동이 구조물과 인접지반의 상호작용에 의하여 영향을 받지 않도록 한다.

㉢ 기반암의 특성을 가진 지진파를 이용하여 기반암의 지진입력에 대하여 해석을 수행한다.

기출예제 01 2010 국가직 (7급)

다음 중 내진설계 시 시간이력해석에 대한 설명으로 옳지 않은 것은?

① 지반조건에 상응하는 3개 이상의 지반운동기록을 바탕으로 구성한 시간이력성분들을 사용한다.
② 3차원 해석을 수행하는 경우에는 각각의 지반운동은 평면상에서 서로 평행한 2성분의 쌍으로 구성된다.
③ 3개의 지반운동을 이용하여 해석할 경우에는 최대응답을 사용해 설계한다.
④ 7개 이상의 지반운동을 이용하여 해석할 경우에는 평균응답을 사용해 설계할 수 있다.

✱

3차원 해석을 수행하는 경우에는 각각의 지반운동은 평면상에서 서로 직교한 2성분의 쌍으로 구성된다.

답 ②

(3) 응답스펙트럼

① **응답스펙트럼의 정의** … 일정한 감쇠비를 가진 단자유도 구조물에 대하여 진동주기를 변화시키면서 구조물의 최대응답을 구한 후에 진동주기와 구조물의 최대응답과의 관계를 그래프로 나타낸 것을 응답스펙트럼이라고 한다.

㉠ 구조물에 대하여 내진설계를 할 경우에는 일반적으로 구조물의 최대응답을 기준으로 필요한 강도를 결정하므로 시간변화에 따른 구조물의 시간이력거동이 모두 필요하지 않다. 따라서 내진설계를 위하여 간편하고 쉬운 방법으로 구조물의 최대 지진응답을 알아낼 필요가 있으며, 이러한 목적으로 흔히 사용되는 것이 응답스펙트럼이다.

㉡ **설계응답스펙트럼** : 구조물 설계를 위한 목표 지진에 대한 응답스펙트럼(설계에 사용되는 응답스펙트럼)

㉢ **표준(설계)응답스펙트럼** : 설계용 표준 스펙트럼으로서 수많은 지진 응답 스펙트럼을 표준화하여 입력파의 레벨과 관련시켜서 나타낸 것이며 설계응답스펙트럼에서 감쇠비를 5%로 설정한 것이다.

㉣ **유사속도응답스펙트럼** : 감쇠비가 0.2 이하인 경우 감쇠비를 0으로 간주하고($w_d = w_n$) 위상각을 무시하여 구한 속도응답스펙트럼이다.

㉤ **유사변위스펙트럼** : 감쇠비가 0.2 이하인 경우 감쇠비를 0으로 간주하고($w_d = w_n$) 위상각을 무시하여 구한 변위 스펙트럼이다.

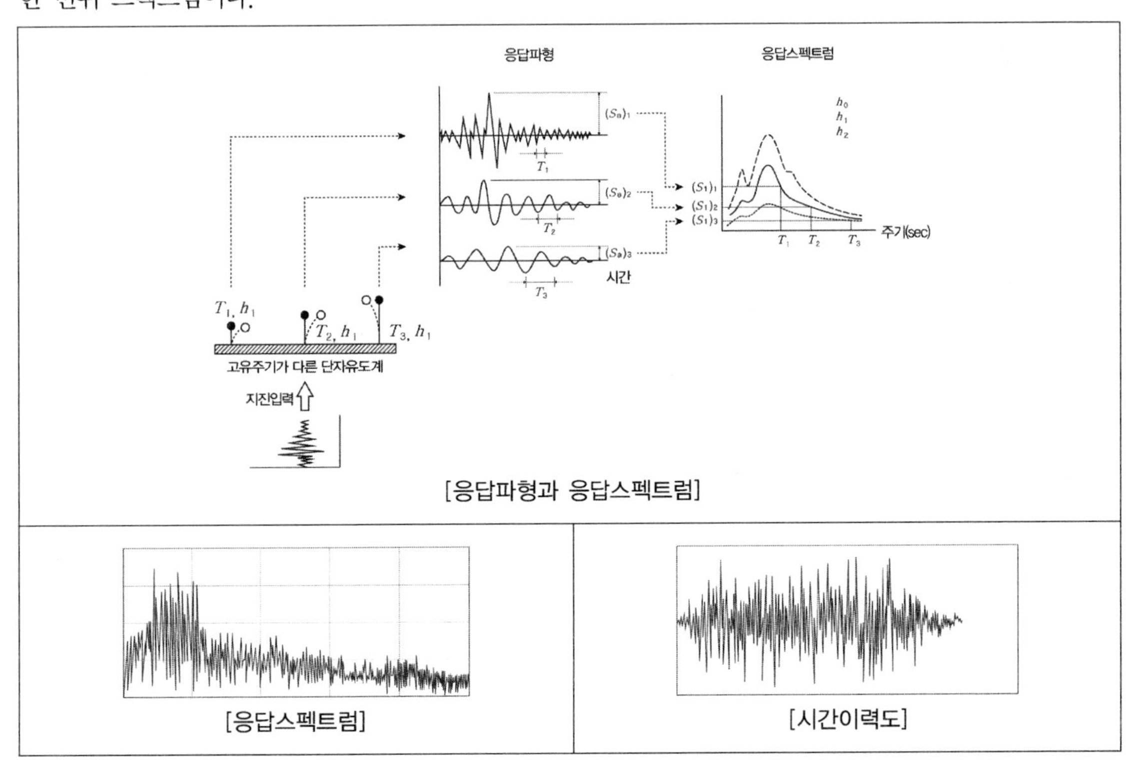

[응답파형과 응답스펙트럼]

[응답스펙트럼]

[시간이력도]

TIP

다절점계(다층구조물)의 경우 1차주기 외에도 절점의 수에 해당하는 고유주기가 있으며 그 중 1차주기가 가장 영향이 크다.

TIP

응답스펙트럼의 X축은 주기, Y축은 최대응답가속도이며 시간이력해석그래프의 X축은 시간, Y축은 응답량(가속도, 속도, 변위 등)이다.

기출예제 02 2014 국가직 (7급)

다음 중 건축구조기준에서 규정하는 시간이력해석에 대한 설명으로 옳지 않은 것은?

① 시간이력해석은 지반조건에 상응하는 지반운동기록을 최소한 3개 이상 이용하여 수행한다.
② 3개의 지반운동을 이용하여 해석할 경우 최대응답을 사용하고, 7개 이상의 지반운동을 이용하여 해석할 경우 평균응답을 사용하여 설계할 수 있다.
③ 탄성시간이력해석을 수행하는 경우 층전단력, 층전도모멘트, 부재력 등의 설계값은 해석값에 중요도계수를 곱하고 반응수정 계수로 나누어 구한다.
④ 비선형시간이력해석으로 구한 층전단력, 층전도모멘트, 부재력 등 응답은 반응수정계수로 나누어 설계값으로 사용한다.

비선형시간이력해석은 부재의 비선형능력 및 특성은 중요도계수를 고려하여 실험이나 충분한 해석결과에 부합하도록 모델링해야 한다. (응답은 반응수정계수나 중요도계수 등으로 감소시키지는 않는다.)

답 ④

② 표준설계응답스펙트럼 가속도 그래프

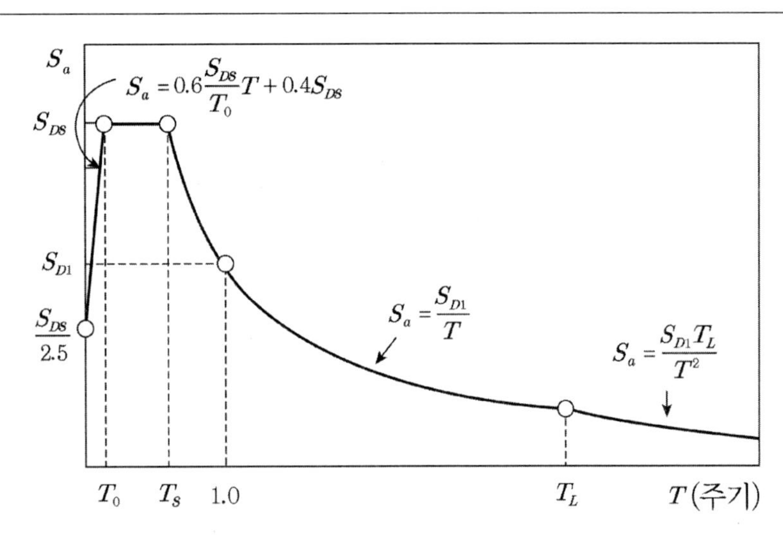

- $T \leqq T_0$일 때, 스펙트럼가속도 S_a는 $S_a = 0.6\frac{S_{DS}}{T_o}T + 0.4S_{DS}$
- $T_0 < T \leqq T_S$일 때, 스펙트럼가속도 S_a는 S_{DS}와 같다.
- $T_S < T \leqq T_L$일 때, 스펙트럼가속도 S_a는 $S_a = \frac{S_{D1}}{T}$
- $T > T_L$ 일 때, 스펙트럼가속도 S_a는 $S_a = \frac{S_{D1}\,T_L}{T^2}$

(T : 구조물의 고유주기(초), $T_o = 0.2\,S_{D1}/S_{DS}$, $T_S = S_{D1}/S_{DS}$, $T_L = 5$초)

③ 설계스펙트럼 가속도의 산정

㉠ 단주기 응답가속도 : $S_{DS} = 2.5 \times F_a \times \frac{2}{3}$

㉡ 주기1초의 응답가속도 : $S_{D1} = S \times F_v \times \frac{2}{3}$

- S는 지역계수, F_a는 단주기 지반(증폭)계수, F_v는 장주기 지반(증폭)계수이다.
- $2.5F_a$는 지반의 증폭을 의미한다. 암반층에서의 증폭은 대략 2.5배 정도이다.
- 지역계수(S) : EPA(유효최대지반가속도, S_a)를 중력가속도로 나눈 값이다. 지역계수는 그 지역의 지진위험도에 의해 산정되며, 지진구역도에서 표현된다. 지진위험도(Seismic Hazard Map)는 구조물을 설계할 지역에 대한 지진위험에 대한 노출정도를 표현한 것이다.

• 유효지반가속도 : 설계스펙트럼가속도 산정을 위한 값으로서 지진구역계수에 2400년 재현주기에 해당하는 위험도계수(I) 2.0을 곱한 값으로 하거나 국가지진위험지도로부터 구할 수 있다. (국가지진위험지도를 이용하여 결정한 유효지반가속도의 경우 지진구역계수에 위험도계수를 곱하여 구한 값의 80%보다 작지 않아야 한다.)

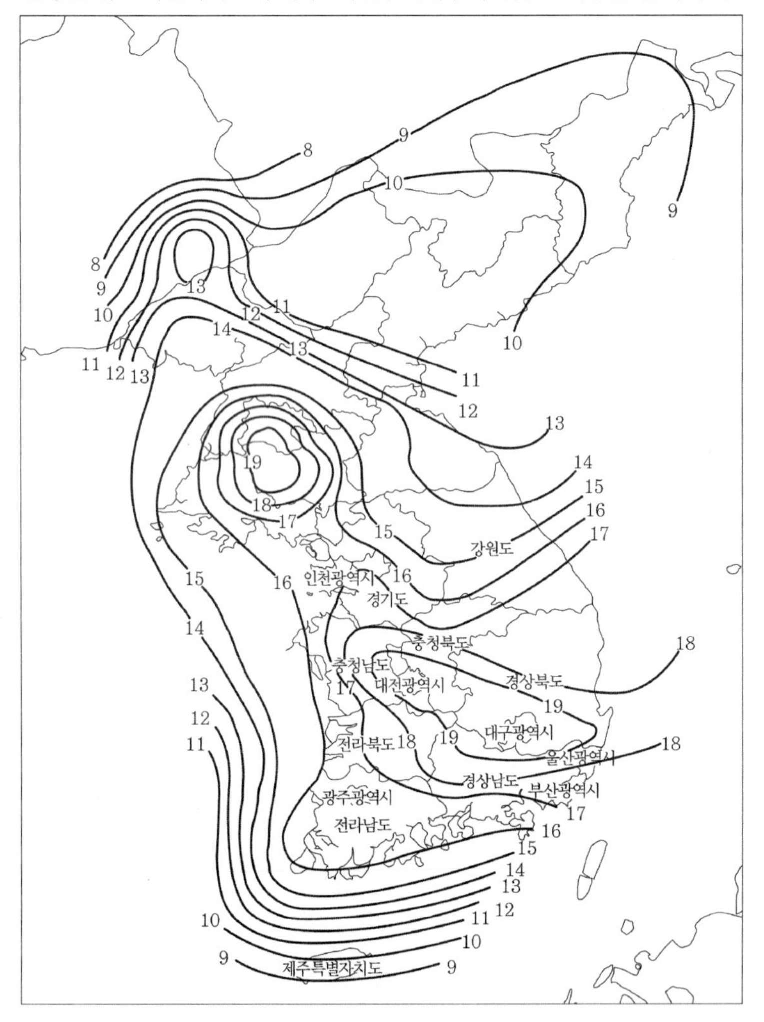

국가지진위험지도, 재현주기 2400년 최대고려지진의 유효지반가속도%

기출예제 03 2014 국가직 (7급)

건축구조물의 내진설계 시 내진설계범주에 따라 높이와 비정형성에 대한 제한, 내진설계 대상 부재, 구조해석 방법 등이 다르다. 건축 구조기준의 내진설계범주에 영향을 미치지 않는 것은?

① 건축물의 중요도

② 건축물의 구조시스템

③ 내진등급

④ 단주기 및 주기 1초에서의 설계스펙트럼가속도

✱

내진설계범주의 결정은 단주기 설계스펙트럼가속도와 1초주기 설계스펙트럼가속도에 의해 결정되며 이 값들을 해당되는 내진등급에 대입하여 건물의 내진설계범주가 결정된다.

답 ②

설계스펙트럼 가속도	지진지역	지반종류 (M=1.33, A=지역계수) 지진지역1의 지역계수(A)는 0.11 지지지역2의 지역계수(A)는 0.07				
		S_A	S_B	S_C	S_D	S_E
S_{DS}	1	2.0MA	2.5MA	3.0MA	3.6MA	5.0MA
	2	1.8MA	2.5MA	3.0MA	4.0MA	6.0MA
S_{D1}	1	0.8MA	1.0MA	1.6MA	2.3MA	3.4MA
	2	0.7MA	1.0MA	1.6MA	2.3MA	3.4MA

④ 지반증폭계수

㉠ 단주기 지반증폭계수(F_a)

지반종류	지진지역		
	$S \leq 0.1$	$S=0.2$	$S=0.3$
S_1	1.12	1.12	1.12
S_2	1.4	1.4	1.3
S_3	1.7	1.5	1.3
S_4	1.6	1.4	1.2
S_5	1.8	1.3	1.3

위 표에서 S의 중간값에 대하여는 직선보간한다.

㉡ 1초주기 지반증폭계수(F_v)

지반종류	지진지역		
	$S \leq 0.1$	$S = 0.2$	$S = 0.3$
S_1	0.84	0.84	0.84
S_2	1.5	1.4	1.3
S_3	1.7	1.6	1.5
S_4	2.2	2.0	1.8
S_5	3.0	2.7	2.4

위 표에서 S의 중간값에 대하여는 직선보간한다.

- 지하층 및 지상층 건물의 설계에는 단일값의 대표지반증폭계수를 사용해야 하며, 이때 대표지반증폭계수는 각 지반조사 위치에서 결정된 값의 평균값으로 정하거나, 설계상에 가장 불리한 값으로 정한다. 하나의 지하층 구조로 연결된 복수의 지상층 건물의 설계에도 단일값의 대표지반증폭계수를 사용한다.
- 건물이 급격한 경사지에 건설되는 경우 대표지반증폭계수는 각 지반조사위치에서 결정된 값 중에서 설계상에 가장 불리한 값으로 정한다.
- F_a와 F_v값을 부지고유의 지진응답해석을 수행하여 결정할 수 있다. 이 경우 부지고유응답해석으로 산정한 설계스펙트럼가속도 S_{DS}와 S_{D1}는 지진구역계수(Z)와 2400년 재현주기에 해당하는 위험도계수(I) 2.0을 곱한 값에 해당지반의 증폭계수를 적용하여 구한 값의 80 % 이상이어야 한다.
- 지하구조물이 지하구조물의 내진설계에 따라 지진토압에 대하여 안전하게 설계되어 있는 것으로 판단되는 경우, 기초저면 지반종류가 S_1 혹은 S_2이고 지진토압과 지진하중이 기초저면의 지반에 직접 전달될 수 있도록 기초저면이 지반에 견고히 정착되어 있다면, 지하구조강성에 대한 지표면 운동의 강도를 반영하여 지진 시 지반운동에 의한 지표면의 변위와 지진토압에 의한 지하구조물의 변위의 비율에 따라 지상구조에 적용되는 지반증폭계수를 조정할 수 있다.

⑤ 내진설계범주의 결정

S_{DS}의 값	S_{D1}의 값	내진등급		
		특	I	II
$S_{DS} \geq 0.50$	$S_{D1} \geq 0.20$	D	D	D
$0.33 \leq S_{DS} \leq 0.50$	$0.14 \leq S_{DS} < 0.20$	D	C	C
$0.17 \leq S_{DS} \leq 0.33$	$0.07 \leq S_{DS} < 0.14$	C	B	B
$S_{DS} < 0.17$	$S_{DS} < 0.07$	A	A	A

내진설계범주	해석법
A, B	내진설계범주 B일 경우, 설계지진력은 각 부재에 가장 큰 하중효과가 발생하는 방향으로 적용한다. 이러한 규정은 지진력을 직교하는 임의의 두 방향으로 각각 작용시켰을 때 만족하는 것으로 간주한다.
C	평면비정형 유형 H−5에 해당하는 구조물의 설계부재력은 다음의 두 가지 방법 중 한 가지 방법을 이용하여 결정한다. • 한 방향 지진하중 100%와 그에 직교하는 방향의 지진하중 30%에 대한 하중효과의 절대값을 합하여 구하되, 두 가지 조합 중 큰 값을 택한다. • 직교하는 두 방향 하중효과의 100%를 제곱합제곱근(SRSS) 방법으로 조합한다.
D	㉠ 구조물의 설계부재력은 다음의 두 가지 방법 중 한 가지 방법을 이용하여 결정한다. • 한 방향 지진하중 %와 그에 직교하는 방향의 지진하중 30%에 대한 하중효과의 절대값을 더하되, 두 조합 중 큰 값을 택한다. • 직교하는 두 방향 하중효과의 %를 제곱합제곱근(SRSS) 방법으로 조합한다. ㉡ 수평 내민보와 프리스트레스를 받는 수평요소는 해당 하중조합에 추가하여 고정하중의 20% 이상에 해당하는 수직지진력에 저항할 수 있도록 설계한다.

10 구조동역학

1 고유진동

(1) 고유진동수

고체는 형태, 치수, 장력, 탄성, 밀도 등에 의하여, 액체는 고체로 둘러싸인 형태, 치수, 탄성, 밀도 등에 의하여 일정한 진동수(하나로 한정되지 않는다)를 가지며, 이것을 고유 진동수 또는 고유 주파수라고 한다. 현을 튕기고 판을 칠 때는 고유 진동수로 진동하여 소리를 낸다. 외부에서 가해진 힘의 진동수와 고유 진동수가 일치하면 공진을 일으킨다.

(2) 구조물의 고유진동수 산정

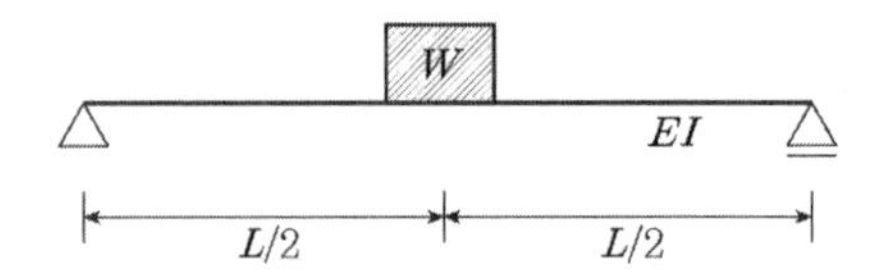

- 고유진동수 산정식 : 고유진동수는 $f_n = \dfrac{w_n}{2\pi}$ 이며

  각고유진동수는 $w_n = \sqrt{\dfrac{k}{m}} = \sqrt{\dfrac{48EI}{L^3 \cdot m}}\, rad/\sec$가 된다.
- 질량이 증가하면 고유주기는 길어진다.
- 길이가 길어지면 고유주기는 길어진다.
- 휨강성 EI가 증가하면 고유주기는 짧아진다.

기출예제 01 2012 국가직

구조물 A, B, C의 고유주기 T_A, T_B, T_C를 큰 순서대로 바르게 나열한 것은? (단, m은 질량이고 모든 보는 강체이며, 모든 기둥의 재료와 단면은 동일하다)

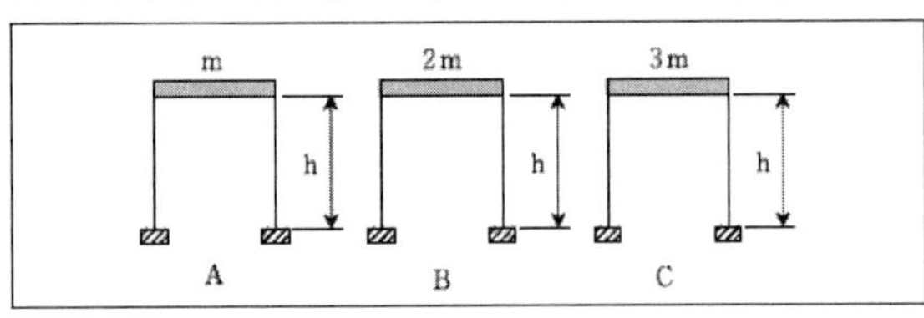

① $T_A = T_B = T_C$

② $T_A > T_B > T_C$

③ $T_B > T_A > T_C$

④ $T_C > T_B > T_A$

구조물의 고유주기는 질량에 비례하므로 보에 올라간 질량이 무거울수록 구조물의 고유주기는 길어지게 된다.

답 ④

(3) 구조물의 강성

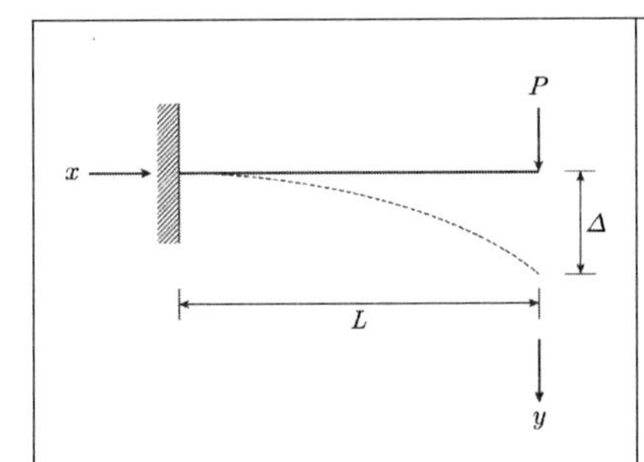 $K=\dfrac{P}{\Delta}=\dfrac{3EI}{L^3}$	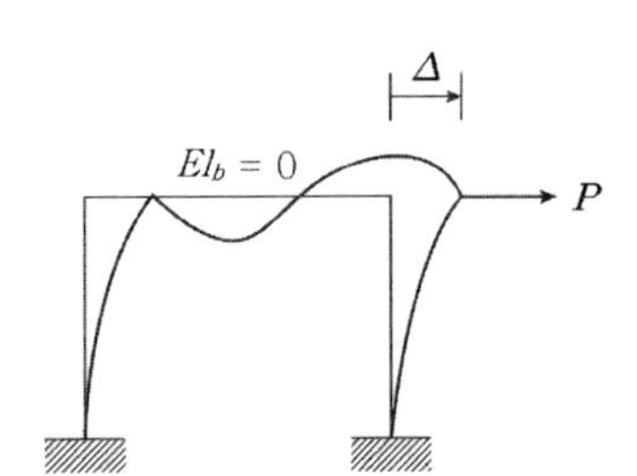 $K=\dfrac{P}{\Delta}=\dfrac{3EI}{L^3}$	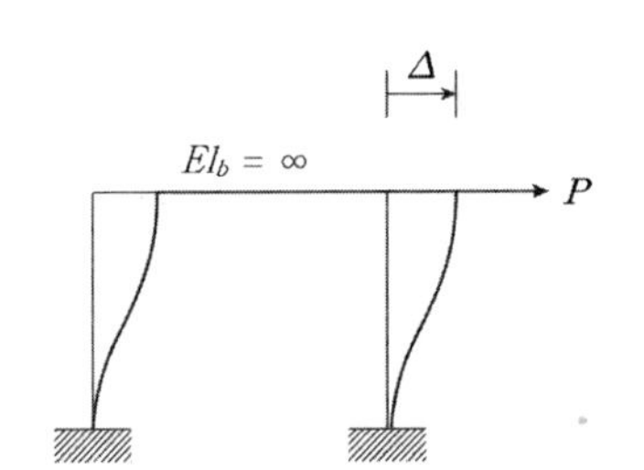 $K=\dfrac{P}{\Delta}=\dfrac{12EI}{L^3}$
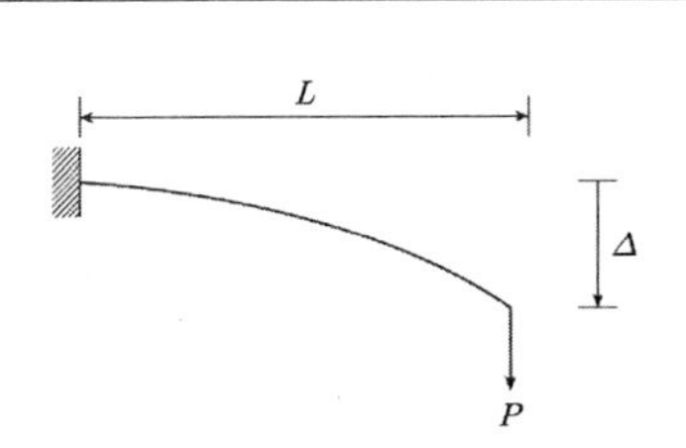 $\Delta=\dfrac{PL^3}{3EI}$, $K=\dfrac{P}{\Delta}=\dfrac{3EI}{L^3}$	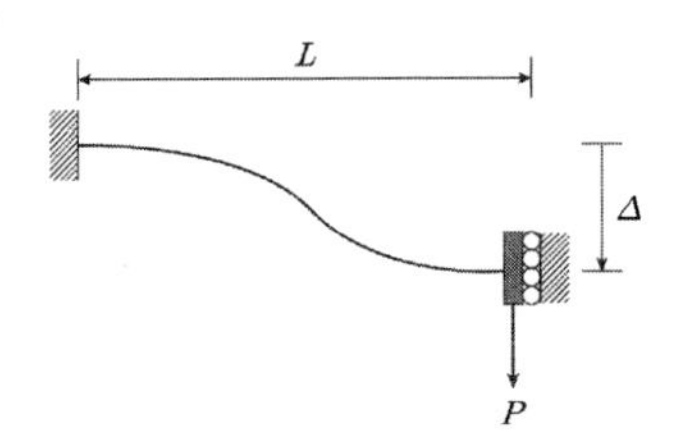 $\Delta=\dfrac{PL^3}{12EI}$, $K=\dfrac{P}{\Delta}=\dfrac{12EI}{L^3}$	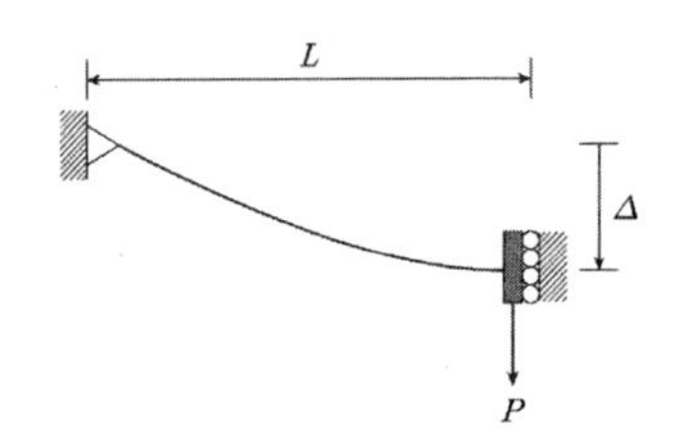 $\Delta=\dfrac{PL^3}{3EI}$, $K=\dfrac{P}{\Delta}=\dfrac{3EI}{L^3}$

❷ 구조물의 운동방정식

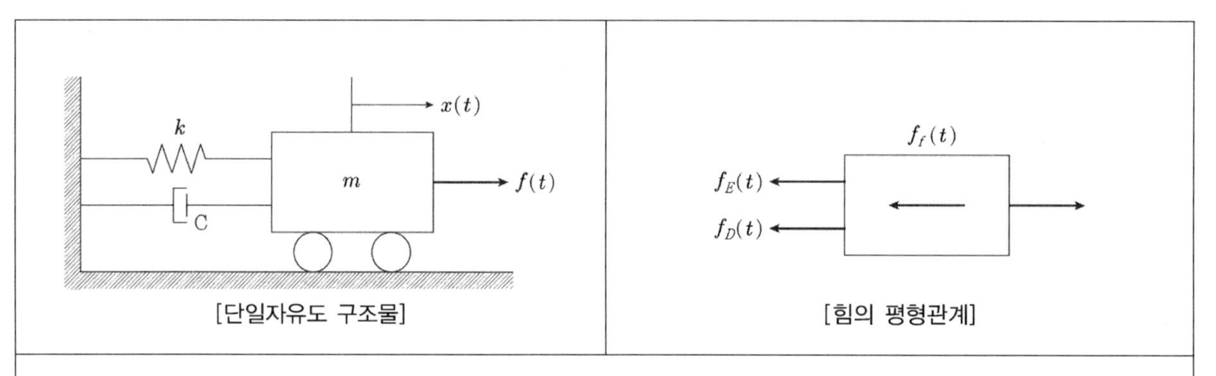

[단일자유도 구조물] [힘의 평형관계]

- 댐퍼 : $f_p(t) = c\dot{x}(t)$
- 스프링 : $f_E(t) = kx(t)$

(여기서 $f(t)$는 외력을 의미하며 $x(t)$는 변위를 의미하고, $\dot{x}(t)$는 $x(t)$를 1차미분한 것으로서 속도이며 $\ddot{x}(t)$는 $x(t)$를 2차미분한 것으로서 가속도이다.)

- 운동방정식 : $f(t) = f_I(t) + f_p(t) + f_E(t)$
- 가속도법칙 : $f_I(t) = m\ddot{x}(t)$

❸ 단자유도계의 진동

(1) 단자유도계의 자유진동

① **자유진동** … 외력 없이 초기조건에 의해 진동하는 경우를 자유진동이라고 한다. 자유진동은 감쇠의 존재여부에 따라 비감쇠진동과 감쇠진동으로 나눈다.

② **강제진동** … 풍하중, 지진하중 등의 외력에 의해 발생하는 진동을 강제진동이라고 한다.

(2) 단자유도계의 감쇠진동

① 임계감쇠값 $C_c = 2mw = 2\sqrt{mk}$

② $\xi = C/C_c = \dfrac{\delta}{2\pi} = \dfrac{\ln(\dfrac{x_1}{x_2})}{2\pi}$ $\xi = \dfrac{\delta}{2\pi} = \dfrac{\ln(\dfrac{x_1}{x_2})}{2\pi}$ (δ는 대수감쇠율)

(즉, 감쇠비는 감쇠계수를 임계감쇠값으로 나눈 값이다.)

③ 감쇠진동의 고유진동수 $w_d = w_n\sqrt{1-\xi^2}$ (w_n는 각고유진동수)

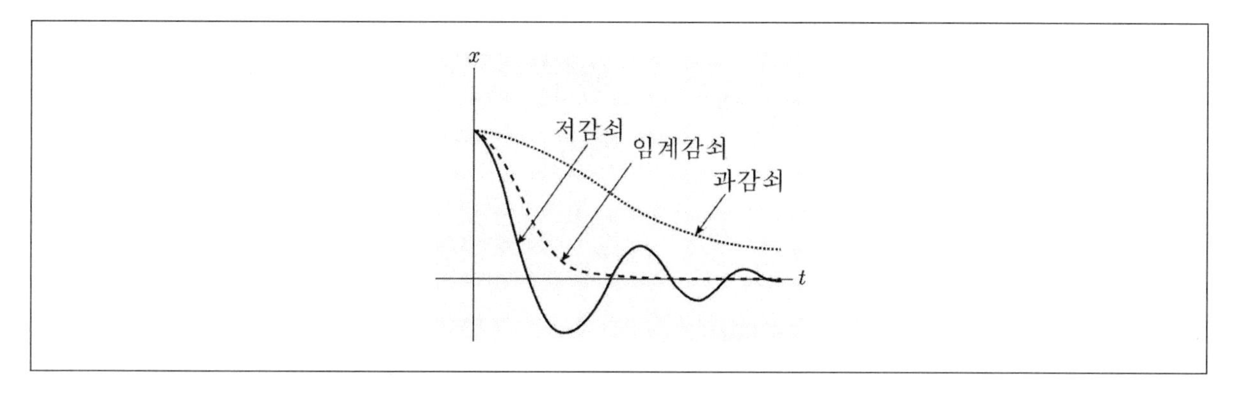

구분	운동방정식	비고
비감쇠 자유진동	$m\ddot{x}+kx=P_n$	$c=0$ 하중(초기작용)
비감쇠 강제진동	$m\ddot{x}+kx=P(t)$	$c=0$ 하중(시간종속)
감쇠 자유진동	$m\ddot{x}+c\dot{x}+kx=P_n$	$c\neq 0$ 하중(초기작용)
감쇠 강제진동	$m\ddot{x}+c\dot{x}+kx=P(t)$	$c\neq 0$ 하중(시간종속)

4 모드해석

모드해석이란 동력학 진동 해석 시 계(구조체)의 응답을 고유진동 모드의 조합으로 나타내어 해석하는 방법이다.

(1) 모드형상

① 외부로부터 동적인 하중, 즉 외란을 받아 진동하고 있는 물체의 모양은 물체 고유의 진동 형태들의 조합이다. 여기서 물체 고유의 진동 형태를 모드형상이라고 부른다.

② 저차모드 형상일수록 물체가 변형하기 쉬운(자주 보이는) 형태이며, 고차로 갈수록 물체가 변형하기 힘든(자주 보이지 않는) 변형 모양을 나타낸다.

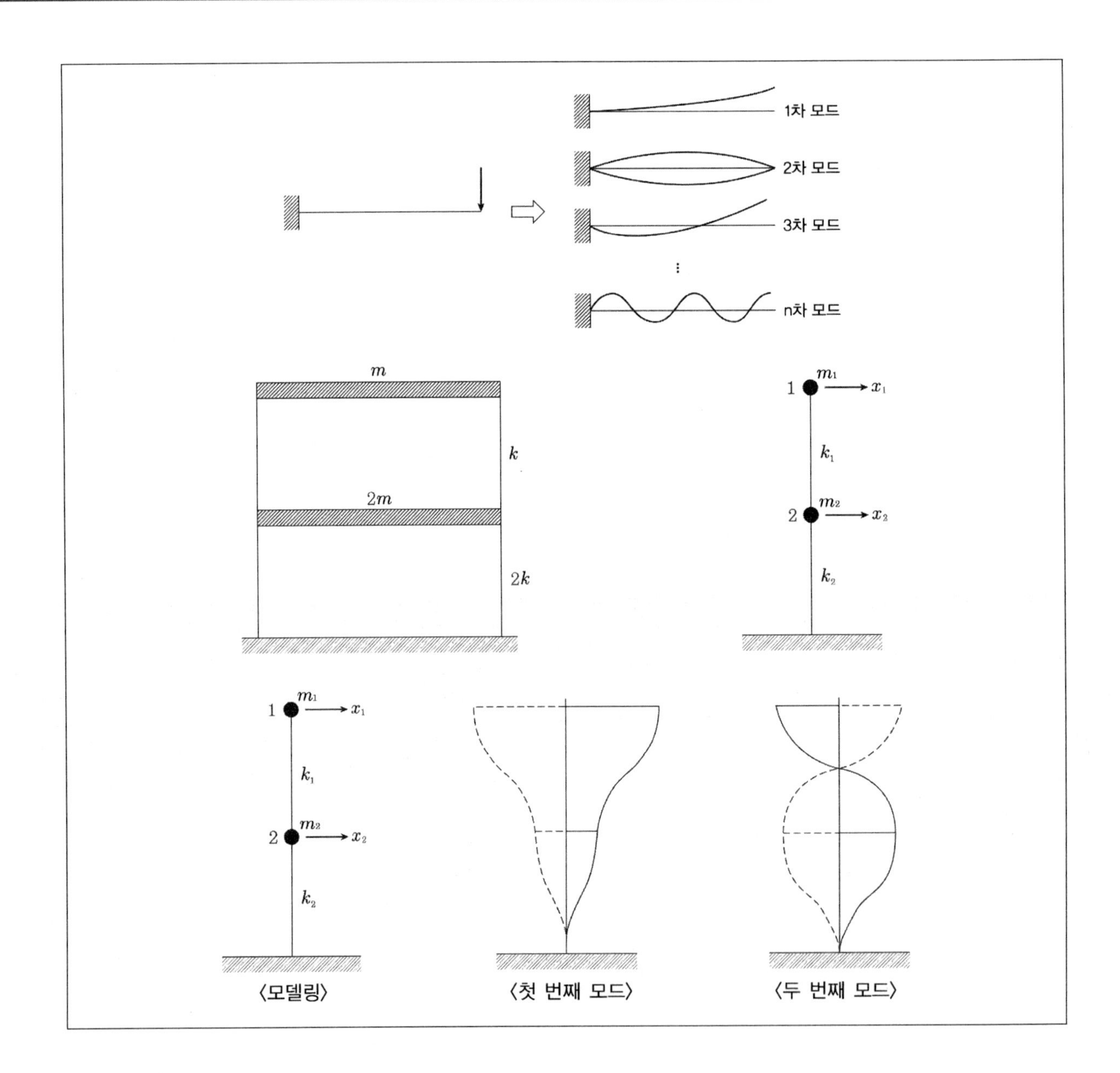

(2) 질량참여율

각 형상별(진동모드별) 교량전체의 질량 중 몇 % 정도가 그 진동에 기여를 하고 있는 지를 의미한다. 질량참여율이 1차 모드에서 90% 이상이 나왔다면 이 건물은 1차 모드가 동적거동을 지배하고 있다는 의미이며, 나머지 10%가 2차 이상의 모드들이 기여한 것이다.

기출예제 02 2009 국가직 (7급)

다음 중 내진설계에서 동적해석법에 대한 설명으로 옳지 않은 것은?

① 내진설계범주 C의 경우, 높이 70m 이상 또는 21층 이상의 정형 구조물은 반드시 동적해석법을 사용하여야 한다.

② 내진설계범주 C의 경우, 높이 20m 이상 또는 6층 이상의 비정형 구조물은 반드시 동적해석법을 사용하여야 한다.

③ 동적해석법에는 응답스펙트럼 해석법, 선형 시간이력 해석법, 비선형 시간이력 해석법이 있다.

④ 모드해석을 사용하는 응답스펙트럼 해석법의 경우 해석에 사용할 모드 수는 질량 참여율이 80% 이상 되도록 결정한다.

모드해석을 사용하는 응답스펙트럼 해석법의 경우 해석에 사용할 모드의 수는 질량참여율이 90% 이상이 되도록 결정한다.

답 ④

11 지진하중조합 및 특별지진하중

1 지진하중조합 및 특별지진하중

(1) 기본하중조합

$U = 1.2(D + H_v) + 1.0E + 1.0L + 0.2S + (1.0H_h$ 또는 $0.5H_h)$

$U = 0.9(D + H) + 1.0E + (1.0H_h$ 또는 $0.5H_h)$

강도설계법, 한계상태법을 적용할 경우 지진하중을 포함하는 하중조합은 건축구조기준 설계하중조합을 따른다.

허용응력설계를 수행하는 경우 지진하중을 포함하는 하중조합은 건축구조기준 설계하중조합을 따른다.

(2) 증축구조물

① 기존구조물과 구조적으로 독립된 증축구조물은 신축구조물로 취급하여 지진하중을 적용해야 한다.

② 기존구조물과 구조적으로 독립되어 있지 않은 증축구조물은 전체구조물을 신축구조물로 취급하여 지진하중을 적용한다.

③ 기존구조물에 대해서는 전체구조물로서 증가된 하중을 포함한 소요강도가 기존부재의 구조내력을 5% 미만까지 초과하는 것은 허용한다.

기출예제 01 2008 국가직 (7급)

다음 중 지진하중과 관련된 하중조합에 대한 설명으로 옳지 않은 것은?

① 허용응력설계를 수행할 경우 하중조합에서 지진하중계수는 0.9로 한다.
② 한계상태설계를 수행할 경우 하중조합에서 지진하중계수는 1.0으로 한다.
③ 지진하중의 흐름을 급격하게 변화시키는 주요 부재의 설계 시에는 특별지진하중을 사용해야한다.
④ 특별하중조합이 허용응력도설계법과 같이 사용될 경우 허용응력을 1.7배 증가하고, 저항계수를 1.0으로 사용하여 설계강도를 결정할 수 있다.

*

강도설계 또는 한계상태를 수행할 경우에는 각 설계법에 적용하는 하중조합의 지진하중 계수는 1.0으로 하고 허용응력설계를 수행할 경우에는 지진하중을 포함하는 하중조합에서 지진하중계수는 0.7로 한다.

답 ①

(3) 특별지진하중

① **특별지진하중** … 구조시스템의 강성이나 강도의 분포가 수평적, 수직적으로 큰 변화가 있는 경우 지진발생 시 취약한 구조부재에 비탄성변형이 집중적으로 발생될 수 있다. 이로 인해 취성파괴가 발생할 수 있으므로 전체구조물의 비탄성변형능력이 발현되지 못할 수 있게 된다. 이처럼 강도와 강성이 급격히 변하는 부분에 위치한 부재를 다른 부재들보다 큰 지진하중으로 설계하여 해당부재에 비탄성변형능력이 아닌 탄성상태 또는 심각한 손상이 없는 상태에서 지진하중을 안전하게 전달할 수 있도록 한 하중이다.

② 필로티 등과 같이 전체구조물의 불안정성이나 붕괴를 일으키거나 지진하중의 흐름을 급격히 변화시키는 주요부재의 설계 시에는 지진하중을 포함한 하중조합에 지진하중(E) 대신 특별지진하중(E_m)을 적용한다.

③ 특별지진하중 공식

$$E_m = \Omega_o \cdot E + 0.2 S_{DS} \cdot D$$

- Ω_o : 시스템초과강도계수
- S_{DS} : 단주기 설계스펙트럼 가속도
- D : 고정하중

④ **특별지진하중과의 하중조합** … 특별지진하중과의 하중조합이 허용응력설계법과 같이 사용될 경우 허용응력을 1.7배 증가시키고, 저항계수는 $\phi = 1.0$을 적용하여 설계강도를 결정할 수 있으나 이러한 방법은 다른 어떤 허용응력의 증가나 하중조합의 감소와 동시에 적용할 수 없다.

(4) 지진하중의 방향

내진설계범주	해 석 법
A, B	내진설계범주 B일 경우, 설계지진력은 각 부재에 가장 큰 하중효과가 발생하는 방향으로 적용한다. 이러한 규정은 지진력을 직교하는 임의의 두 방향으로 각각 작용시켰을 때 만족하는 것으로 간주한다.
C	• 평면비정형 유형 H-5에 해당하는 구조물의 설계부재력은 다음의 두 가지 방법 중 한 가지 방법을 이용하여 결정한다. • 한 방향 지진하중 100%와 그에 직교하는 방향의 지진하중 30%에 대한 하중효과의 절대값을 합하여 구하되, 두 가지 조합 중 큰 값을 택한다. • 직교하는 두 방향 하중효과의 100%를 제곱합제곱근(SRSS) 방법으로 조합한다.
D	• 구조물의 설계부재력은 다음의 두 가지 방법 중 한 가지 방법을 이용하여 결정한다. • 한 방향 지진하중 %와 그에 직교하는 방향의 지진하중 30%에 대한 하중효과의 절대값을 더하되, 두 조합 중 큰 값을 택한다. • 직교하는 두 방향 하중효과의 %를 제곱합제곱근(SRSS) 방법으로 조합한다. • 수평 내민보와 프리스트레스를 받는 수평요소는 해당 하중조합에 추가하여 고정하중의 20% 이상에 해당하는 수직지진력에 저항할 수 있도록 설계한다.

(5) 비정형구조물

① 비정형 구조물의 구조부재는 다음 규정을 만족해야 한다. 단, 내진설계범주 'A'에 해당하는 구조물은 예외로 한다.

② **수직시스템의 불연속** … 수직 비정형의 유형 V-5(강도의 불연속-약층)와 같이 횡력저항능력이 불연속이며, 약층의 강도가 바로 윗층 강도의 65% 미만인 구조물의 높이는 2층 또는 9m 이하이어야 한다. 단, 약층이 설계하중에 시스템초과강도계수 Ω_0를 곱한 지진력을 지지할 수 있다면 높이 제한을 적용하지 않는다.

③ **역추형 구조물** … 역추형 구조물을 지지하는 기둥은 밑면에서의 휨모멘트 및 밑면휨모멘트의 1/2에 해당하는 최상부 모멘트 사이에 선형으로 변하는 모멘트에 대하여 설계하여야 한다.

④ **불연속벽 또는 골조를 지지하는 부재** … 평면비정형 유형 H-4(면외어긋남) 또는 수직비정형 유형 V-4(횡력저항 수직저항요소의 비정형)에 해당하는 구조물의 불연속 벽 또는 골조를 지지하는 부재는 특별지진하중과의 조합하중에 저항할 수 있도록 설계하여야 한다.

(6) 격막과 수집재

① 격막과 그 경계요소는 설계지진력으로부터 계산한 전단응력 및 휨응력에 대하여 설계해야 한다.

② 개구부, 오목한 모서리 등 격막의 불연속 부분에 대해서는 모서리 및 경계(또는 경계요소)에 작용하는 힘이 격막의 전단내력 및 인장내력보다 크지 않도록 설계해야 한다.

③ 구조물의 한 부분에서 발생한 지진력을 다른 곳에 위치한 지진력저항부재가 저항하는 경우, 해당 지진력을 전달할 수 있는 수집재를 설치해야 한다.

④ 수집재의 설계지진력은 시스템초과강도계수가 곱해진 특별지진하중을 고려한 하중조합에 대하여 산정해야 한다.

(7) 필로티 건축물 구조설계 가이드

① 적용범위

㉠ 포항지진에서 나타난 필로티구조의 취약성을 보완하기 위하여 설계와 시공, 인허가 시 검토되어야 하는 주요 사항들을 규정하고 있으며 상세한 요구사항은 건축구조기준을 만족하여야 한다.

㉡ 필로티구조 건축물의 내진안전성을 확보하기 위하여 건축설계, 구조설계, 건축인허가, 시공 시에 지켜야 할 최소 요구 사항을 규정하되 여기서 규정하지 않은 사항은 건축법과 건축구조기준에 따르며, 구조설계에 의하여 추가적으로 요구되는 사항은 건축구조 기준을 만족하여야 한다.

㉢ 이 규정은 설계와 시공 품질관리가 어려운 소규모 필로티 구조물에 대하여 적용한다. 구조설계입증자료를 제출하는 경우에도 기둥의 연성능력 확보를 위하여 건축계획과 구조계획 및 필로티기둥의 표준철근 상세를 준수하는 것이 바람직하다.

㉣ 6개 층 이상의 필로티건물(전이구조 위 6개 층)은 구조심의를 거치도록 되어 있어서 품질확보가 가능하므로 이 가이드라인의 적용범위는 5층 이하로 한정하였다.

㉤ 상부 콘크리트 내력벽구조와 하부 필로티 기둥으로 구성된 지상 3층 이상 5층 이하 수직비정형 골조의 경우 이 조항을 준수해야 한다. 다만, 구조설계 책임기술자가 상세한 구조설계 입증자료(구조계산 또는 실험자료)를 제출하고 그 내용을 확인한 경우에는 이 가이드라인을 따르지 않을 수 있다.

② 용어정의

㉠ **날개벽** : 기둥의 하중저항능력을 증가시키기 위하여 한 쪽 연단만을 기둥에 붙여서 만든 전단벽. 횡력 저항 부재로 사용할 수 있다.

㉡ **내력벽구조** : 중력하중과 횡력을 저항하기 위한 수직재로서 벽체를 사용하는 구조. 벽체와 슬래브로 구성된다.

㉢ **단주** : 기둥에 붙여서 만든 수벽, 화단벽, 조적벽 등 비구조요소의 영향으로 인하여 기둥의 실질적인 길이가 감소되어 내진안전성이 취약한 기둥.

㉣ **수벽** : 비구조벽체로서 골조와 천정마감의 높이 차로 인해 보 하부 아래로 내리는 벽체, 창 또는 문을 내기 위하여 설치된 벽 중의 개구부 상단 벽체

㉤ **전이구조** : 건물 상층부의 구조형식과 하층부의 다른 구조형식 사이에 하중을 원활하게 전달하기 위하여 특별히 설치되는 구조. 일반적으로 전이보 또는 전이슬래브 구조형식이 사용된다.

㉥ **연결철근** : 기둥단면에서 후프 안에 단면을 관통하여 배치되는 띠철근. 일반적으로 후프를 설치한 후 한 쪽 끝은 135도 갈고리, 다른 끝은 90도 갈고리가 있는 연결철근을 기둥단면 내부를 관통하여 배치한다.

㉦ **특별지진하중** : 필로티(전이구조) 등과 같이 전체구조물의 불안정성을 유발하거나 지진하중의 흐름을 급격히 변화시키는 주요부재와 연결부재의 설계 시 고려하는 지진하중. 특별지진하중은 일반지진하중에 시스템초과강도계수(증폭계수)를 곱하여 계산한다.

㉧ **필로티구조** : 상부층은 내력벽으로 구성되고, 건물 하부층은 대부분의 수직재가 기둥으로 구성되며 날개벽 또는 전단벽이 없거나 최소한의 전단벽만을 사용하는 개방형 구조 시스템.

㉨ **후프** : 기둥의 내진안전성을 향상하기 위하여 사용되는 폐쇄띠철근 또는 연속적으로 감은 띠철근. 후프의 단부는 내진갈고리 (135도 갈고리)로서 기둥내부로 정착되어야 한다.

③ 건축계획 및 구조계획

㉠ 계단실 등에 설치되는 콘크리트 코어벽은 건물평면에서 1개소 이상 설치하며, 코어벽의 위치는 가급적 평면의 중앙에 또는 대칭으로 배치되도록 계획하고 코어벽은 반드시 연속되어야 한다.

㉡ 건축계획상 불가피하게 코어벽이 평면상 한쪽에 치우쳐 위치하는 경우에는, 반대편 또는 대각 반대편에 콘크리트 전단벽 또는 날개벽을 배치한다. 이때 전단벽과 날개벽은 충분한 길이를 갖도록 배치한다.

㉢ 필로티층에서 코어벽은 박스형태의 콘크리트 일체형으로 구성하며 창문을 사용하지 않는다. (내력벽으로 구성된 필로티 상부층에서는 코어벽에 창문설치가 가능하다.)

㉣ 필로티층의 코어벽과 전단벽은 상부 내력벽과 수직적으로 연속되도록 하여 구조요소의 불균형 및 응력

집중이 되지 않도록 한다.

ⓜ 필로티 기둥과 상부층 내력벽이 연결되는 층바닥에서는 필로티기둥과 내력벽을 연결하는 전이슬래브 또는 전이보를 설치하여야 한다. 전이슬래브 또는 전이보를 설치할 수 있는 공간을 건축계획에 포함한다. 층고가 충분하지 않을 경우에는 전이슬래브를 설치한다.

ⓑ 전이층 상부 내력벽의 하중을 필로티 기둥에 원활히 전달하기 위해서 전이보 구조에서는 큰 보와 작은 보를 충분히 배치하고, 전이슬래브 구조에서는 충분한 슬래브의 두께를 확보하여야 한다.

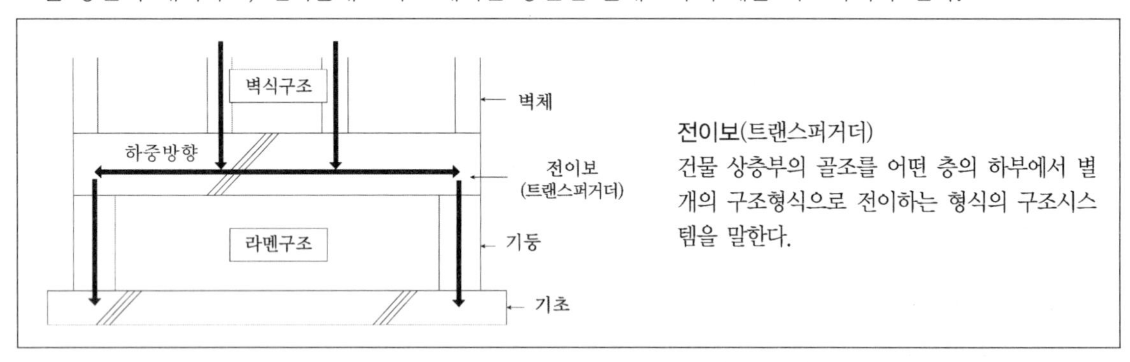

ⓢ 필로티층의 벽체와 기둥은 기초까지 연속되어야 한다. 기초판의 형식은 필로티기둥의 일체성 확보를 위하여 온통기초를 사용하며, 연약지반의 경우 온통기초하부에 말뚝기초를 사용한다.

ⓞ 대부분의 필로티층 기둥이 폭이 좁은 장방형 단면으로 되어 있어 전체적으로 필로티층 평면상 한 방향의 구조성능이 다른 방향의 구조성능보다 현격하게 떨어지는 경우에는, 구조성능을 보완하기 위하여 구조성능이 취약한 방향에 평행한 필로티층 전단벽의 길이 또는 두께를 증가시켜야 한다.

ⓙ 기둥의 단주효과를 유발할 수 있는 수벽, 화단옹벽, 조적벽 등 비구조요소를 기둥으로부터 이격시키거나 설치를 지양한다.

ⓒ 기둥, 코어벽, 전단벽등의 주요 수직 구조부재 내부에는 우수관 등 비구조재를 삽입할 수 없다.

ⓚ 필로티층에서 전단벽과 기둥은 지진하중을 저항할 수 있도록 충분한 단면적으로 설계하여야 한다.

ⓣ 5층 이하의 필로티 구조에서는 다음 식을 만족하여야 한다.

(지진구역 1, 지진구역 2를 제외한 지역) 벽체면적비/0.0045 + 기둥면적비/0.0112 ≥ 1.0 (지진구역 2, 강원북부 및 제주) 벽체면적비/0.0028 + 기둥면적비/0.0071 ≥ 1.0

TIP

벽체의 배치가 비대칭인 경우에 이 식을 사용할 수 없다. 지상 5개 층 이하 필로티건물에서 건축구조기준(KBC)

> ① 평면상 두 직각방향 각각에 대하여 위의 조건을 만족해야 한다.
> ② 벽체면적비 = 필로티층 해당 벽체단면적의 합 / 건물연면적
> 기둥면적비 = 필로티 기둥단면적의 합 /건물연면적
> ③ 기둥면적비 계산에서는 방향과 관계없이 모든 기둥의 단면적 합을 고려한다.
> ④ 필로티층 계단실 창문이 없는 ㅁ자형 또는 ㄷ 자형 일체 코어벽인 경우에는 코어벽 중 각 방향과 평행한 벽의 면적만으로 고려하되, 계단참에 면한 벽체의 경우 벽체 면적의 150%를 벽체면적비 계산에서 고려할 수 있다.
> ⑤ 독립된 전단벽의 경우에는 전단벽의 길이방향과 평행한 방향에서만 벽체면적비에 대한 기여도를 고려한다.
> ⑥ 벽체와 연결된 기둥의 단면적은 벽체 면적에 포함할 수 있다. 이 기둥은 기둥면적 계산에서는 제외한다.
> ⑦ 필로티층의 벽체가 상부 내력벽과 수직적으로 연속되지 않은 경우에는 해당 벽체면적의 1/2.5배만 유효한 면적으로 간주하여 벽체면적비 계산에 포함한다.

④ 지진하중

㉠ 지진하중 계산 시 반응수정계수 등의 지진력저항시스템의 내진설계계수는 내력벽구조에 해당하는 값을 사용한다. (반응수정계수 R = 4.0) 상부 내력벽구조와 하부 필로티구조로 구성된 건물은 기본적으로 내력벽구조이므로 내력벽구조의 설계계수를 따라야 한다.

㉡ 지진하중 산정은 건축구조기준(KBC)을 따르거나 부록을 참고한다.

| 기출예제 02 2019 국가직 (7급)

상부 콘크리트 내력벽구조와 하부 필로티 기둥으로 구성된 3층 이상의 수직비정형 골조에서 필로티층의 벽체와 기둥에 대한 설계 고려사항으로 옳지 않은 것은?

① 필로티층에서 코어벽구조를 1개소 이상 설치하거나, 평면상 두 직각방향의 각 방향에 2개소 이상의 내력벽을 설치하여야 한다.

② 지진하중 산정 시 반응수정계수 등 지진력저항시스템의 내진설계계수는 내력벽구조에 해당하는 값을 사용한다.

③ 필로티 기둥과 상부 내력벽이 연결되는 층 바닥에서는 필로티 기둥과 내력벽을 연결하는 전이슬래브 또는 전이보를 설치하여야 한다.

④ 필로티 기둥의 전 길이에 걸쳐서 후프와 크로스타이로 구성되는 횡보강근의 수직간격은 단면 최소폭의 1/2 이하이어야 한다.

*

필로티 기둥에서는 전 길이에 걸쳐서 후프와 크로스타이로 구성되는 횡보강근의 수직 간격은 단면최소폭의 1/4 이하아어야 한다. (단 150mm 보다 작을 필요는 없다. 횡보강근에는 135도 갈고리정착을 사용하는 내진상세를 사용하여야 한다.)

답 ④

(8) 1층이 약층인 모멘트골조에 대한 고려사항

① 이 규정은 전 층이 동일한 구조형식인 모멘트골조로 구성되면서, 2층 이상의 상층부에는 콘크리트 채움벽 또는 조적채움벽으로 골조의 강성이 크고, 1층에서는 이러한 채움벽이 없이 개방형 골조로 되어 있어서 상대적으로 강성이 매우 작은 경우에 적용한다. 채움벽이 모멘트골조 부재와 구조적으로 이격되어 있는 경우에는 이 규정을 적용하지 않는다.

② 지진하중의 계산과 내진설계에 이 기준에 따른 수직비정형을 구조해석과 설계에 고려한다.

③ 1층 기둥에서는 전 길이에 걸쳐서 후프와 크로스타이로 구성되는 횡보강근의 수직 간격은 단면최소폭의 1/4 이하이어야 한다. 단 150mm보다 작을 필요는 없다. 횡보강근에는 135도 갈고리정착을 사용하는 내진상세를 사용하여야 한다.

④ 횡보강근으로 외부후프철근과 더불어 각 방향 최소 1개 이상의 단면내부 크로스타이를 설치하여야 한다. 크로스타이의 정착을 위하여 한쪽은 135도 갈고리정착을, 그리고 다른 쪽은 90도 갈고리정착을 사용할 수 있으며, 이때 각 정착을 수직적으로 교차로 배치하여야 한다.

⑤ 1층 기둥의 각 방향 설계전단력은 설계하중에 대한 구조해석으로부터 계산하되 $2M_n/L_n$ 이상이어야 한다. 여기서 M_n은 기둥의 해당방향 휨모멘트강도로서 압축력의 영향을 고려한 값이며 L_n은 기둥의 순길이이다.

⑥ 가급적 콘크리트 코어벽을 설치하며, 코어벽에는 충분한 수직철근과 수평철근을 배치한다.

제3편 하중 및 내진설계

12 지진에 저항하는 구조시스템 및 주요사항

01 지진에 저항하는 구조시스템 및 주요사항

❶ 특수구조시스템

(1) 개념

① 반응수정계수를 더 큰 값을 적용하여 설계지진력을 더 작게 적용하는 대신 내진상세를 매우 엄격히 규정하는 시스템이다.

② 특히 접합부 강도를 더 확보하여 연성을 크게 해야 하므로 접합부 상세가 복잡하다.

③ 특수모멘트골조와 특수전단벽시스템, 특수연결보 등이 있다.

(2) 주요사항

① 특수모멘트골조로 가면서 반응수정계수는 더 커지고 설계지진하중은 그만큼 더 작게 설계한다. 대신 연성능력을 더 확보하여 지진발생 시 충분한 변형을 확보하려는 것이다.

② 동일한 설계와 배근을 하였다면, 특수로 갈수록 작은 하중으로 설계하였으므로 실제 하중 시 더 쉽게 파괴될 것이다. 따라서 파괴되지 않기 위해서 파괴에 취약한 부분은 철근으로 더 보강을 한다.

③ 취성파괴를 막는 것이 주목적이기 때문에 취성파괴에 저항할 수 있는 전단철근, 압축철근, 정착 및 이음 관련 사항을 규정하고 있다.

❷ 지진에 저항하는 구조시스템 및 주요사항

(1) 지진에 저항하는 구조시스템

① 중심가새골조와 편심가새골조

㉠ 중심가새골조

- 보와 기둥의 부재축 교차점에 가새의 부재축이 교차하도록 하여 가새에 축력이 발생하도록 한 골조이다.
- 가새, 보, 기둥 등의 모든 부재의 중심축이 한 점에서 만나게 되므로 횡하중으로 인해 발생한 가새의 축력은 보와 기둥에 온전히 축력으로 전달된다.
- 강재는 휨이나 전단력보다 축력에 대한 저항성이 우수한데 가새의 축력이 보나 기둥에 온전히 축력으로 전달되어 단면효율이 상승하게 되고 단면감소로 인한 경제성 향상이 가능하다.
- 편심가새골조에 비하여 매우 큰 강성을 가지고 있지만 연성이 부족하므로 강한 지진이 발생한 경우 급격한 파괴로 이어질 수 있으므로 주로 약진지역에서 사용된다.
- 가새는 X, K, V, 대각선 등 다양한 형상이 있으며 X형 가새는 기둥의 중력하중 전달경로의 회선을 짧게 함으로써 가새의 강성에 비례하여 기둥하중의 일부를 흡수하므로 이에 대한 대각선 부재와 수평부재에 추가적인 힘이 요발되므로 설계상의 고려가 있어야 한다.

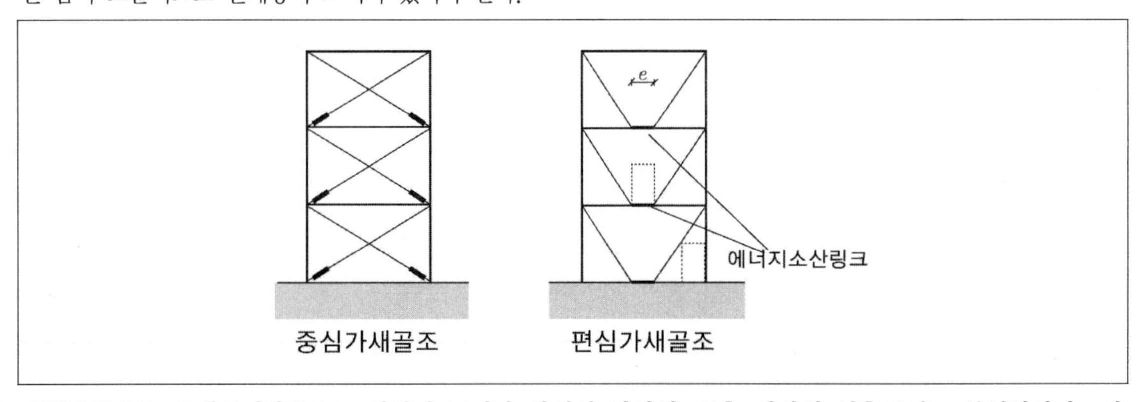

㉡ **편심가새골조** : 모멘트저항골조는 연성이 크지만 강성이 작아서 20층 이상의 건축물에는 부적합하다. 이에 편심가새골조(EBF)는 모멘트저항골조의 연성과 에너지소산능력, 브레이스골조의 강성을 조합한 시스템이다. 지진에 의해 발생된 과다하중에 의한 브레이스의 좌굴을 편심부에서 퓨즈의 전단항복으로서 지진에너지를 분산시킴으로서 방지하는 것이다. 설계지진력이 작용할 때 링크가 상당한 비탄성변형능력을 발휘할 수 있어야 하고 가새, 기둥, 링크 외부의 보 부분은 링크가 완전항복하고 변형도 경화하여 유발할 수 있는 최대하중에서 탄성범위 내에 있도록 해야 한다.

TIP

편심가새골조의 링크회전각 … 링크회전각은 링크의 비탄성변형을 기술하는 주요변수로서 총 층변위가 설계층변위 Δ에 도달하였을 때 링크의 링크외부보 사이의 소성회전각으로 정의되며 다음 값을 초과할 수 없다.

㉠ 링크길이가 $1.6M_p/V_p$ 이하일 때, 전단항복이 비탄성응답을 지배 $\gamma_p \le 0.08rad$

㉡ 링크길이가 $2.6M_p/V_p$ 이하일 때, 휨항복이 비탄성응답을 지배 $\gamma_p \le 0.02rad$

㉢ 링크길이가 $1.6M_p/V_p$와 $2.6M_p/V_p$ 사이인 경우는 비탄성응답은 전단 및 휨항복의 조합으로 발생 γ_p는 직선보간하여 산정한다.

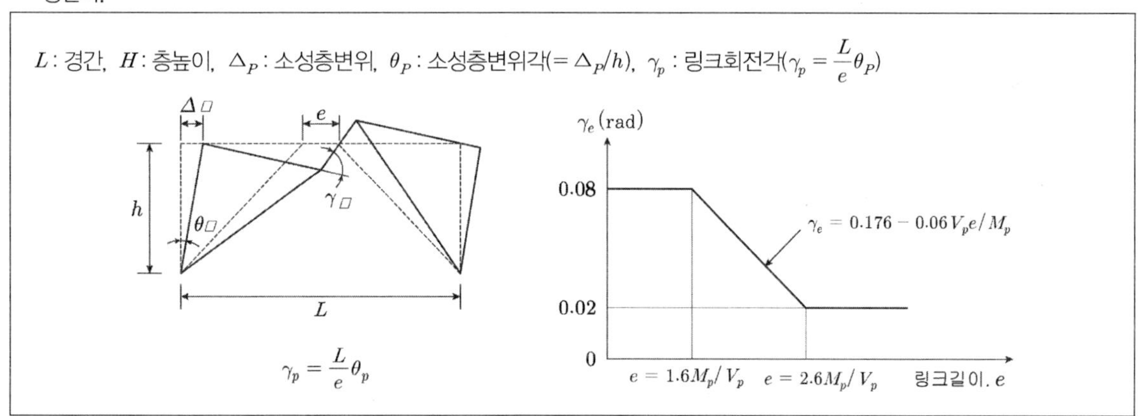

② **보통모멘트골조** … 설계지진력이 작용할 때, 부재와 접합부가 최소한의 비탄성변형을 수용할 수 있는 골조로서 보－기둥접합부는 용접이나 고장력볼트를 사용해야 한다.

③ **중간모멘트골조**(IMRCF)

㉠ 중간모멘트골조는 설계용 지진동에 의한 외력을 받을 때 제한된 크기의 비탄성변형을 수용할 수 있는 골조를 말한다.

㉡ 보-기둥 접합부는 최소 0.02 rad의 층간변위각을 발휘할 수 있어야 한다.

㉢ 기둥 외주면의 접합부의 휨강도는 0.02rad의 층간변위각에서 적어도 보의 공칭소성모멘트의 80% 이상이어야 한다.

㉣ 보플랜지를 완전용입용접으로 접합하고 보의 웨브는 용접 또는 고장력볼트로서 접합한 접합부로서 보의 춤이 750mm를 초과하지 않으면 중간모멘트골조의 접합부로서 인정할 수 있다.

㉤ 비탄성 변형이 발생하는 보의 양단부분은 보호영역으로 해석하며 보호영역의 범위는 강구조 내진성능 접합부 인증지침에 따른다.

㉥ 중간 모멘트골조의 보 소성힌지 영역은 보호영역으로 고려되어야 한다. 일반적으로, 비보강 접합부의 보호영역은 기둥 외주면에서부터 소성힌지점을 지나 보 높이의 1/2지점까지 확장된 범위가 된다.

㉦ 보의 상하플랜지 모두 횡지지를 해야 한다.

㉧ 횡지지간격은 $L_b = 0.17r_yE/F_y$를 넘지 않도록 한다.

㉧ 보의 횡지지는 집중하중이 작용하는 부근이나 단면의 변화가 생기는 위치에는 추가적으로 설치해야 한다.

㉨ 보의 횡지지의 위치는 강구조 내진성능 접합부 인증 지침에 따른 접합부의 조건과 일관성을 유지하도록 한다.

㉩ 기둥의 이음은 내진설계 기둥 이음의 규정을 따라야 하며 그루브용접을 할 경우 완전용입용접으로 해야 한다.

TIP

중간모멘트골조와 보통모멘트골조의 연성도는 특수모멘트골조에 비해 상대적으로 작기 때문에 중간모멘트골조와 보통모멘트골조에는 작은 값의 반응수정계수와 변위증폭계수가 건축구조 설계기준에서 사용되고 있다. (이 시스템들은 비교적 작은 내진설계범주와 저층건물에 주로 적용된다.)

④ **특수모멘트골조(SMRCF)**

㉠ **적용범위**: 특수모멘트골조는 설계용 지진동이 유발한 외력을 받을 때 상당한 비탄성 변형을 수용할 수 있는 골조를 지칭한다.

㉡ **보-기둥 접합부 요구사항**

- 지진하중 저항시스템에 속한 보-기둥 접합부는 다음의 세 가지 조건을 만족해야 한다.
- 접합부는 최소 0.04 rad의 층간변위각을 발휘할 수 있어야 한다.
- 기둥외주면에서 접합부의 계측휨강도는 0.04 rad의 층간변위에서 적어도 보 M_p의 80% 이상을 유지해야 한다.
- 접합부의 소요전단강도는 다음의 지진하중효과 E에 의해 산정한다.

$E = 2[1.1R_yM_p]/L_h$	여기서, R_y : 항복강도(F_y)에 대한 예상항복응력의 비 M_p : 소성모멘트 L_h : 보 소성힌지 사이의 거리

위에 언급된 요구조건을 만족시키는 외에도, 접합부자체의 변형에 의해 발생할 수 있는 추가 횡변위까지도 구조물이 수용할 수 있음을 설계과정에서 입증해야 한다. 이 경우 2차 효과를 포함한 골조전체의 안정성해석을 해야 한다.

㉢ **보호영역**

- 특수모멘트골조의 비탄성 변형이 발생하는 보의 양단 부분은 보호영역으로 고려해야 하며 비보호영역의 범위는 강구조 내진성능 접합부 인증지침을 따른다.
- 특수 모멘트골조의 보 소성힌지 영역은 보호영역으로 고려해야 한다. 일반적으로, 비보강 접합부의 보호영역은 기둥 외주면에서부터 소성힌지점을 지나 보 높이의 1/2 지점까지 확장된 범위가 된다.

보호영역이라 규정된 곳에서는 아래의 조건을 따라야 한다.
- 보호영역 안에서 가용접, 가설작업, 가우징 및 열절단 등에 의해 발생한 노치나 결함은 책임구조기술자의 지시에 따라 보수한다.
- 데크의 정착을 위한 아크점용접을 허용한다.
- 건물 외곽부의 앵글, 건물의 외피, 칸막이, 덕트 및 파이프, 그리고 기타 구조물의 부착을 위한 용접, 볼트, 스크류, 그리고 기타 접합물은 보호영역 내에 사용할 수 없다.
- 강구조 내진성능 접합부 인증지침에 근거할 경우는 용접 전단스터드 및 다른 접합을 보호영역 내에 허용할 수 있다.
- 보호영역 밖에서, 부재를 관통하는 접합이 사용될 때, 예상모멘트에 근거한 계산을 통해서 순단면의 적합성을 입증할 수 있어야만 한다.

㉣ 보-기둥 접합부 패널존(보웨브와 기둥 웨브가 평행한 경우)

- 패널존의 소요두께는 성능인증에 사용된 시험체의 접합부 또는 인증접합부의 패널존 설계에 사용된 방법에 따라 산정한다.
- 패널존의 최소소요전단강도는 소성힌지점에서의 예상모멘트를 기둥 외주면으로 외사하여 구한 모멘트의 합으로부터 산정한다.
- 패널존의 설계전단강도는 $\phi_v R_v$이다(여기서, $\phi_v = 1.0$). 그리고 공칭전단강도는 전단항복 한계상태에 해당되는 강도이다.
- 기둥 웨브와 패널존 보강판 각각은 다음의 기준을 만족해야 한다. (만일 기둥 웨브와 패널존 보강판을 플러그용접에 의해 접합해서 국부좌굴이 방지되도록 하면 기둥 웨브와 패널존 두께의 총합이 이 식을 만족하면 된다.)

$t > (d_z + w_z)/90$	t : 기둥 웨브 또는 패널존 보강판의 두께 (mm) d_z : 접합부에 연결된 보 중 보다 깊은 보의 $d - 2t_f$ (mm) w_z: 기둥 플랜지 사이의 패널존의 폭 (mm)

㉤ 패널존 보강판

- 기둥 웨브의 두께가 $t > (d_z + w_z)/90$을 만족시키지 못할 경우에는 패널존 보강판을 기둥 웨브에 직접 적용해야 한다. 그렇지 않은 경우에는 패널존 보강판을 기둥 웨브와 떨어져 배치하는 것도 가능하다.
  기둥 웨브에 붙은 보강판은 보강판 전체두께의 강도가 발현되도록 완전용입용접이나 필릿용접을 사용해서 기둥 플랜지에 용접한다. 연속판이 없는 경우, 보강판과 기둥 웨브가 $t > (d_z + w_z)/90$을 만족시키지 못하면 보강판을 통한 하중전달을 고려하여 보강판의 상하변을 모살용접한다.
- 기둥 웨브와 떨어진 보강판은 보강판 전체두께의 강도가 발현되도록 완전용입용접이나 필릿용접을 사용해서 기둥 플랜지에 용접한다. 보강판은 보플랜지 끝단과 기둥중심선 간 거리의 1/3~2/3에 위치하여야 하며, 좌우 대칭으로 배치한다.
- 연속판이 있는 보강판은 보강판은 연속판을 통한 하중전달을 고려하여 연속판에 용접한다.
- 연속판이 없는 보강판 : 연속판이 없는 경우 보강판을 접합부에 연결된 보 중 보다 깊은 보의 위 아래로 최소 150 mm 연장해야 한다.

㉥ 보플랜지

- 소성힌지영역에서의 급격한 보플랜지 단면의 변화는 허용하지 않는다.
- 드릴로 보플랜지를 천공하거나 혹은 플랜지폭을 절취하는 것은 실험이나 인증을 통해 안정적으로 소성힌지가 발현될 수 있음을 입증한 후에 허용한다.
- 형상은 강구조 내진성능 접합부 인증지침에 따른 접합부의 형상과 일관성을 유지해야 한다.

㉦ 보-기둥접합부의 횡지지

- 보-웨브와 기둥 웨브가 동일 평면상에 있고 기둥의 패널존 외부가 탄성상태를 유지한다면, 보-기둥 접합부의 기둥플랜지는 보의 상부플랜지 위치에서만 횡지지를 요구한다.
- 패널존 외부의 기둥이 탄성상태에 있지 않다면 다음의 규정을 만족해야 한다.
- 보의 상하플랜지 위치 모두에서 기둥 플랜지는 직접 혹은 간접적으로 횡지지를 해야 한다. 기둥 플랜지의 직접 횡지지는 횡좌굴 방지를 위해 기둥 플랜지의 적합한 위치에 부착된 가새나 기타 부재, 데크 또는 슬래브를 통해 이룬다. 간접 횡지지는 기둥 플랜지에 직접 부착되지는 않지만 기둥 웨브나 보강재 플레이트를 통해 작용하는 부재나 접합부의 강성에 의한 횡지지를 지칭한다.
- 기둥 플랜지 각각의 횡지지 가새의 소요강도는 보플랜지강도 $F_y b_f t_{bf}$의 2%에 대해 설계한다.
- 횡지지되지 않은 보-기둥접합부를 갖는 내진골조의 거동은 인접합 횡지지 간의 거리를 기둥의 좌굴길이로 사용하여 설계하되 기둥의 세장비는 60을 넘지 않도록 해야 한다.
- 횡지지되지 않은 보-기둥접합부를 갖는 내진골조의 경우, 내진골조에 직각인 방향의 기둥의 소요휨강도는 보플랜지 횡지지력이 유발한 모멘트와 이로 인한 기둥 플랜지 변형에 의한 2차 효과를 고려하여 산정한다.

㉧ 기둥의 이음

- 그루브용접을 사용할 경우에는 완전용입용접으로 해야하고, 용접탭은 제거하도록 한다.
- 적절한 응력집중계수 또는 파괴역학의 응력집중계수를 고려하여 산정된 기둥이음부의 소요강도는 비탄성해석에서 얻어진 이음부 소요강도를 초과할 필요가 없다.

⑤ **좌굴방지가새골조** … 설계지진력이 작용할 때, 비탄성변형능력을 발휘할 수 있어야 하며, 이 골조의 가새부재는 강재코어와 강재코어의 좌굴을 구속하는 좌굴방지시스템으로 구성된다.

⑥ **특수강판전단벽** … 모멘트접합으로 연결된 수평경계요소와 수직경계요소, 그리고 이러한 요소에 둘러싸인 비보강 강판요소로 구성되어 있다. 지진하중에 의해 강판요소에 전단력이 작용하면 인장력 작용이 발생하게 된다. 압축력이 작용하는 방향으로는 좌굴이 발생하고 인장력이 작용하는 방향으로는 인장항복이 발생하면서 비탄성거동을 한다. 특수강판전단벽에서는 강판벽에 비탄성거동이 집중되면서 강판벽이 퓨즈요소로서 지진에너지를 소산하게 된다. 설계지진력이 작용할 때, 웨브가 상당한 크기의 비탄성변형을 수용할 수 있어야 하며, 패널의 설계전단강도는 전단항복한계상태에 의거하여 산정한다.

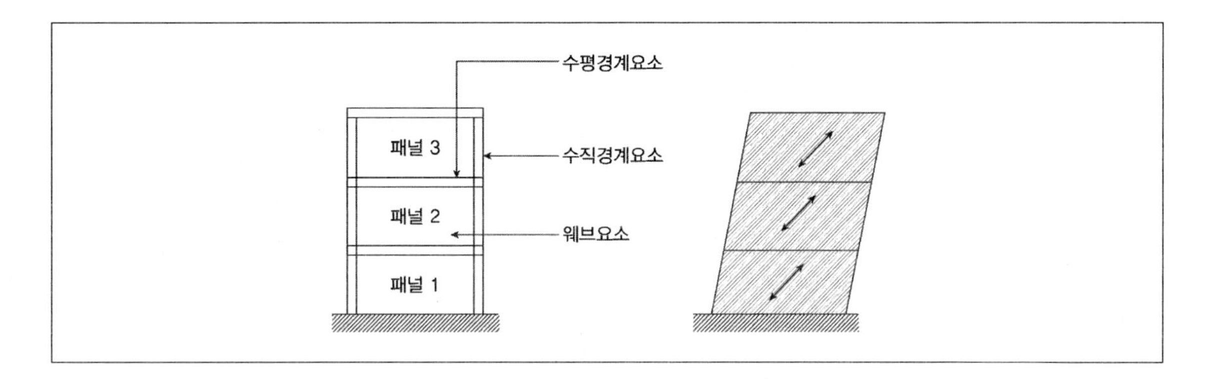

TIP

모멘트골조의 종류별 형상

보-기둥 접합부가 파괴되기 전에 파괴가 곧 일어날 것이라는 것을 알아야만 신속히 대피가 가능하게 된다. 특수모멘트골조는 보통모멘트골조와 달리 갑자기 보-기둥이 파괴되지 않고 어느 정도 변위가 발생된 다음에 파괴가 일어나며 파괴가 되기 전까지는 변위가 서서히 진행이 되므로 하여 지진으로 인한 사고를 줄일 수 있다. 특수모멘트골조는 중간모멘트골조보다 더 많은 철근이 배근되며, 중간모멘트골조는 보통모멘트골조보다 더 많은 철근이 배근된다.

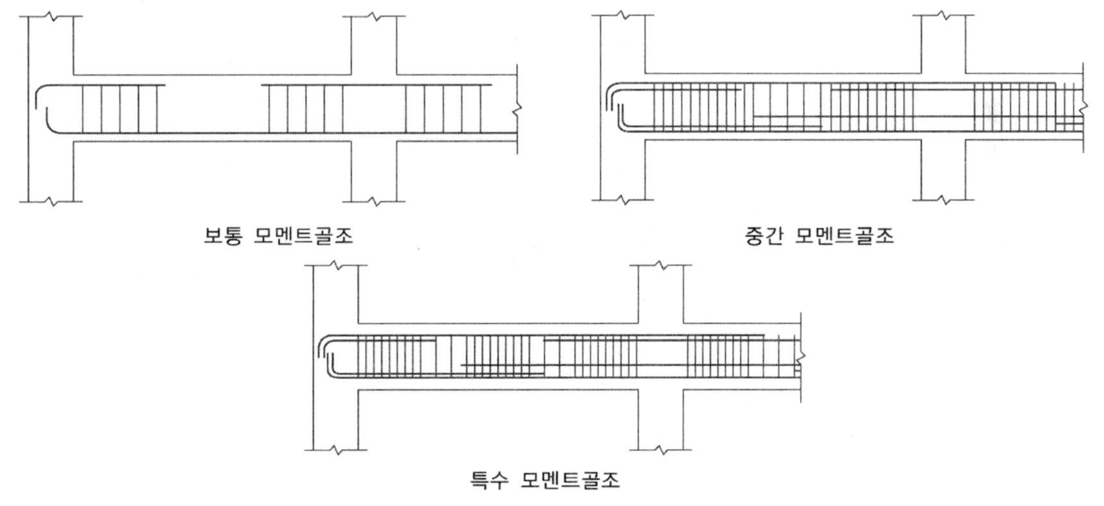

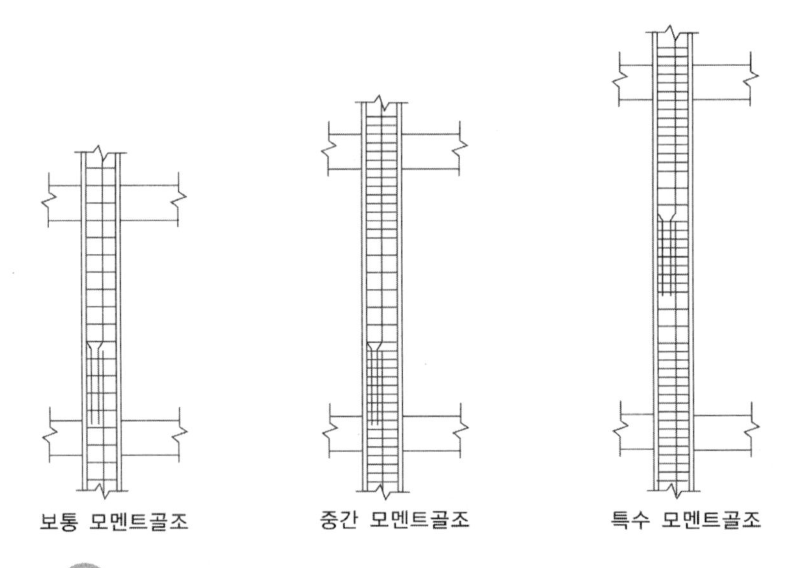

기출예제 01 2011 지방직 (7급) 변형

다음 중 지진에 저항하는 강구조시스템에 대한 설명으로 옳지 않은 것은?

① 편심가새골조에서 가새, 기둥 및 링크 외부의 보 부분은 링크가 완전항복하고 변형도경화하여 유발할 수 있는 최대 하중에서 비탄성 범위에 있도록 설계해야 한다.

② 보통모멘트골조는 설계지진력이 작용할 때, 부재와 접합부가 최소한의 비탄성변형을 수용할 수 있는 골조로서 보-기둥 접합부는 용접이나 고장력볼트를 사용해야 한다.

③ 좌굴방지가새골조는 설계지진력이 작용할 때, 비탄성변형 능력을 발휘할 수 있어야 하며, 이 골조의 가새부재는 강재 코어와 강재코어의 좌굴을 구속하는 좌굴방지시스템으로 구성된다.

④ 특수강판전단벽은 설계지진력이 작용할 때, 웨브가 상당한 크기의 비탄성변형을 수용할 수 있어야 하며, 패널의 설계 전단강도는 전단항복한계상태에 의거하여 산정한다.

✱

편심가새골조에서 가새, 기둥 및 링크 외부의 보 부분은 링크가 완전항복하고 변형도 경화하여 유발할 수 있는 최대 하중에서 탄성 범위에 있도록 설계해야 한다.

답 ①

⑦ **특수전단벽** … 특수전단벽은 지진 발생 시, 벽체가 큰 하중을 받거나 변형요구량이 큰 경우, 압축을 받는 단부를 특수모멘트골조의 기둥상세와 같이 엄격하게 횡보강한 전단벽을 의미한다. 특수전단벽을 사용할 경우, 일반 보통전단벽을 사용하는 경우보다 큰 값의 반응수정계수를 적용할 수 있으므로 경우에 따라서는 탄성지진하중의 감소로 인하여 경제적인 설계가 가능할 수도 있다. 반면에 특수전단벽을 적용하여 압축단부 횡보강이 결정되면 벽체의 압축단부에 특수모멘트 골조의 기둥에 사용되는 횡보강 상세를 적용해야 하기 때문에 시공이 어렵고, 골조물량도 기존 보통전단벽 구조에 비해 증가하여 건설원가의 상승 및 시공성 저하에 크게 영향을 미치게 된다.

[특수전단벽]

㉠ 국내 공동주택 구조시스템은 대부분 벽식 구조로 되어 있기 때문에 강도와 강성으로 지진하중에 저항하는 대표적인 구조시스템이다.

㉡ 이 시스템은 연성이 부족하고 에너지 흡수 능력이 작아 일부 강진지역에서는 특정 높이 이상으로 사용하지 못하도록 제한하기도 한다. (특수전단벽 상세가 적용이 되어야 한다.)

㉢ 지진하중 작용 시의 거동특성은 폭-높이 비가 작은 벽체의 경우(약 5이하) 전단거동이 지배하며 폭-높이비가 큰 벽체는 휨거동이 지배하므로 거동특성에 따른 배근상세가 시스템의 내진성능을 결정한다.

㉣ 배근상세는 구조물의 취성파괴 방지를 위해 전단파괴 및 콘크리트의 압괴를 방지하고 인장철근의 항복을 유도하도록 구성된다.

TIP

특수구조시스템 … 특수구조시스템은 특수모멘트골조와 특수전단벽시스템이 있다. 특수모멘트 골조로 가면서 반응수정계수는 더 커지고 설계지진하중은 그만큼 더 작게 설계한다. 대신 연성능력을 더 확보하여 지진발생 시 충분한 변형을 확보하려는 것이다. 동일한 설계와 배근을 하였다면, 특수로 갈수록 작은 하중으로 설계하였으므로 실제 하중 시 더 쉽게 파괴될 것이다. 따라서 파괴되지 않기 위해서 철근으로 더 보강을 하는 개념이다. 대신 파괴가 일어난다면 취성파괴를 막는 목적이기 때문에 취성파괴에 저항할 수 있는 전단철근, 압축철근, 정착 및 이음 관련 사항을 규정하고 있다.

⑧ **특수철근콘크리트구조벽체와 연결보** … 다음 규정은 지진력저항 시스템의 한 부분으로서 역할을 하는 특수구조벽체와 연결보에 적용한다.

㉠ 철근

- 구조벽체의 수평철근비와 수직철근비는 0.0025 이상이어야 한다.
- 구조벽체 각 방향의 철근의 간격은 450mm 이하여야 한다.
- 전단보강을 위한 철근은 전단벽에 연속적으로 분산배치를 해야 한다.

㉡ **복배근 배치규정** : 벽체에 작용하는 면내계수전단력이 $\frac{\sqrt{f_{ck}}}{6}A_{cv}$를 초과하면 철근은 적어도 복배근으로 배치해야 한다. (A_{cv}는 전단력을 고려하는 방향의 단면길이와 복부의 두께로 이루어지는 콘크리트 순단면적이다.)

㉢ **전단철근의 2방향 배근** : 벽체는 면내 전단저항력을 가지기 위해 전단철근을 2방향으로 배치해야 한다.

㉣ **수평부분벽과 연결보의 공칭전단강도** : 수평부분벽과 연결보의 공칭전단강도는 $(5\sqrt{f_{ck}}/6)A_{cp}$를 초과할 수 없다. (A_{cp} : 수평부분벽 또는 연결보의 단면적을 나타낸다.)

㉤ **연결보** : 세장비 $l_n/h < 4$인 연결보는 경간 중앙에 대칭으로 대각선철근묶음이 만나도록 설계할 수 있다.

㉥ **대각선 묶음철근의 요구상세**

- 대각선철근묶음은 최소 4개 이상의 철근으로 이루어져야 한다.
- 대각선철근의 횡철근은 외단에서 외단까지의 거리는 보 면에 수직한 방향으로 $b_w/2$ 이상이어야 한다.
- 대각선철근의 보 면내에서는 대각선철근에 대한 수직방향으로 $b_w/5$ 이상이어야 한다.
- 공칭전단강도 $V_n = 2A_{vd}f_y\sin\alpha \leq (5\sqrt{f_{ck}}/6)A_{cp}$으로 산정한다. ($A_{vd}$: 대각선철근의 각 무리별 전체단면적, A_{cp} : 콘크리트 단면에서 외부 둘레로 싸인 면적)
- 대각선철근은 벽체 안으로 인장에 대해 정착시켜야 한다.
- 대각선철근은 연결보의 공칭휨강도에 기여하는 것으로 볼 수 있다.

㉦ **특수철근콘크리트 구조벽체의 경계요소**

- 경계요소의 범위는 압축단부에서 $c-0.1l_w$와 $c/2$ 중 큰 값 이상이어야 한다. (단, c는 압축단부에서 중립축까지의 거리이고 l_w는 벽체의 수평길이이다.)
- 플랜지를 가진 벽체의 경우 경계요소는 압축을 받는 유효플랜지 부분뿐만 아니라 복부 쪽으로 적어도 300mm 이상 포함하여야 한다.
- 특수경계요소의 횡방향 철근은 0520.5.4.1(횡보강철근 상세)부터 0520.5.4.3(연결철근이나 겹침후프철근 간격제한)까지의 요구사항을 만족시켜야 한다. (다만 $A_{sh} = 0.3(sh_cf_{ck}/f_{yh})[(A_g/A_{ch})-1]$을 만족시킬 필요는 없다.)
- 횡방향 철근 간격은 부재의 최소 단면치수의 1/3을 사용하여야 한다.
- 횡방향 철근은 벽체 최외단부를 감싸는 폐쇄형 후프 형태로서, 경계요소 설치구간을 넘어 벽체복부 안으로 철근의 정착길이만큼 연장된 U형 스터럽과 연결철근으로 구성할 수 있다.
- 경계요소에 있는 가장 큰 주 철근의 인장 정착길이만큼 횡방향 철근이 받침부 내부로 배치되어야 한다. 다만, 특수경계요소가 기초판 또는 전면기초와 만날 때는 그 안쪽으로 적어도 300mm 정착시켜야 한다.
- 벽체 복부의 수평철근은 항복강도 f_y까지 도달할 수 있도록 경계요소의 코어 내부에 정착시켜야 한다.

TIP

특수경계요소 … 내진성능평가에서 전단벽 구조시스템의 성능은 단부에서 콘크리트 구속여부에 따라 크게 좌우된다. 그림과 같이 RC특수전단벽 구조시스템의 구성 요소는 크게 구속 콘크리트 영역과 비구속 콘크리트 영역으로 표시할 수 있다.

ⓞ 특수연결보

- 내진설계범주 D에 해당하는 21층 이상의 고층아파트 건설 시 높이제한 규정을 적용하여 특수전단벽 구조와 함께 연결보의 특별상세를 적용하도록 요구하고 있다.
- 구조성능의 확보라는 측면에서보면 연결보의 특별상세는 반드시 준수되어야 하나 이 상세는 폭이 좁은 연결보에 X자형 대각선다발철근의 추가보강을 요구하고 있어 시공이 난해하다.

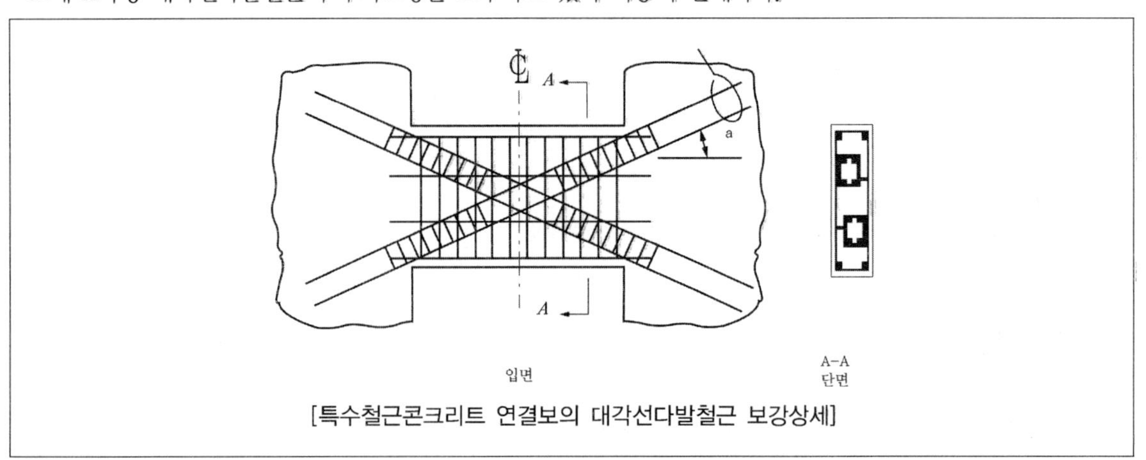

[특수철근콘크리트 연결보의 대각선다발철근 보강상세]

⑨ 스태거드 트러스 시스템

㉠ 층고 전체를 거대한 벽보로 사용하여 각 층마다 엇갈리게 배치하고 외곽에 기둥을 넣은 구조방식이다.

㉡ 기본적인 구조거동은 횡하중이 바닥으로부터 인접기둥의 트러스로 전달되는 것이다.

㉢ 수직벽보는 철골트러스 혹은 철근 콘크리트 벽체를 사용하여 한층 높이의 부재가 평면적으로 엇갈려 놓이게 되므로 기능적으로 유리하게 처리될 수 있다.

㉣ 수평하중은 트러스 사재에 의해 지지되므로 외부의 기둥에는 모멘트가 발생하지 않고 축하중만 가해진다. (기둥이 모멘트를 받기 전에 사재가 축력으로 횡하중을 저항해 버린다.)

㉤ 층 사이의 횡하중(수평하중)은 트러스가새로 지지되고 매 층의 횡하중은 다이어프램으로 거동하는 층바닥에 의해 하부트러스로 전달된다.

㉥ 수평하중에 의한 전단력은 슬래브의 다이어프램 거동을 발생시키며 트러스의 사재로 전달된다.

㉦ 트러스시스템의 기본전제조건에 따라 절점은 모두 힌지로 가정하므로 모멘트가 발생하지 않고 축력만 발생하며 이 축력에 의해 변형을 최소화시킨다.

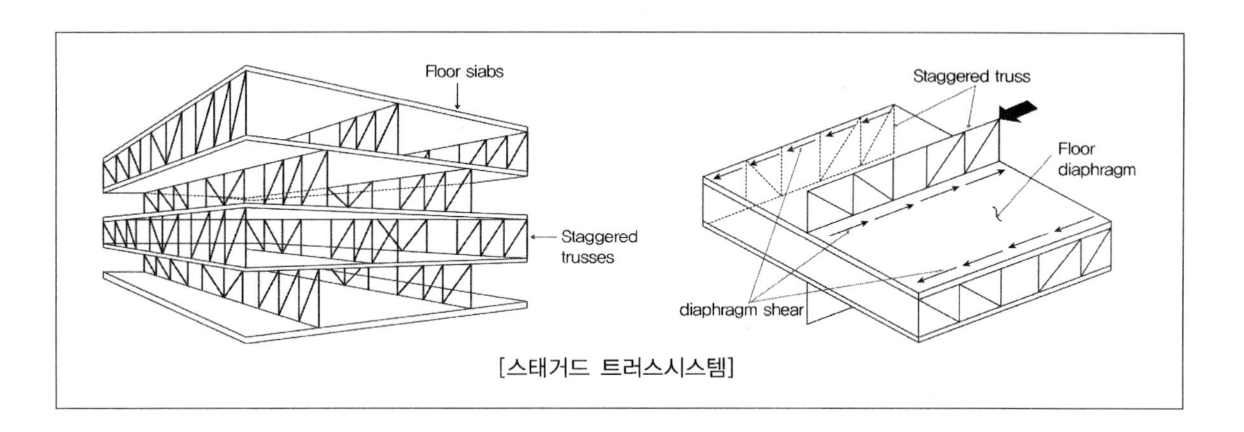

[스태거드 트러스시스템]

(2) 주요사항

① 모멘트골조와 전단벽 또는 가새골조로 이루어진 이중골조시스템에서 모멘트골조는 설계지진력의 최소 25%를 부담하여야 한다.

② 구조물의 직교하는 2축을 따라 서로 다른 지진력저항시스템을 사용할 경우, 반응수정계수는 각 시스템에 해당하는 값을 사용하여야 한다.

③ 지진력 저항시스템은 서로 다른 구조시스템을 조합하여 같은 방향으로 작용하는 횡력에 저항하도록 사용한 경우, 반응수정계수값은 각 시스템의 최솟값을 사용해야 한다.

④ 반응수정계수가 서로 다른 시스템에 의하여 공유되는 구조 부재의 경우, 그 중 큰 반응수정계수에 상응하는 상세를 갖도록 설계하여야 한다.

⑤ 조합골조의 계수는 다음의 조건을 만족시켜야 한다.

㉠ 임의 층에서 해석방향의 반응수정계수 R은 옥상층을 제외하고, 상부층들의 동일방향 지진력저항시스템에 대한 R값 중 최솟값을 사용하여야 한다. 임의 층에서 해석방향에서의 시스템초과강도계수 Ω_0는 상부층의 동일방향 지진력저항시스템에 대한 Ω_0값 중 가장 큰 값 이상이어야 한다.

㉡ 단, 다음의 경우는 예외로 한다.

- 1가구 및 2가구 단위의 경량골조 독립주택
- 전체 구조물 중량의 10% 이하인 상부구조시스템의 반응수정계수 R과 시스템초과강도계수 Ω_0는 전체구조물에 대한 R과 Ω_0값들과는 독립적으로 결정할 수 있다.
- 구조물이 ⓐ과 ⓑ를 만족시킬 경우에는 ⓒ과 ⓓ의 2단계 정적 해석을 사용할 수 있다.

ⓐ 하부부분의 강성은 상부의 10배 이상이어야 한다.

ⓑ 전체 구조물의 주기는 상부 부분을 밑면이 고정된 별도의 구조물이라고 가정하였을 때 얻어진 기본 주기의 1.1배를 초과하지 않는다.

ⓒ 유연한 상부 부분은 적절한 R값을 사용하여 별도의 구조물로서 설계한다.

ⓓ 강한 하부 부분은 적절한 R값을 사용하여 별도의 구조물로 설계한다. 상부 부분으로부터의 반력은 상부 부분의 해석으로부터 얻은 반력값을 하부 부분의 R에 대한 상부 부분의 R값의 비를 곱하여 구한다. 이 비는 1.0 이상이어야 한다.

TIP

다음과 같은 다양한 내진성능 방법이 사용되고 있다.

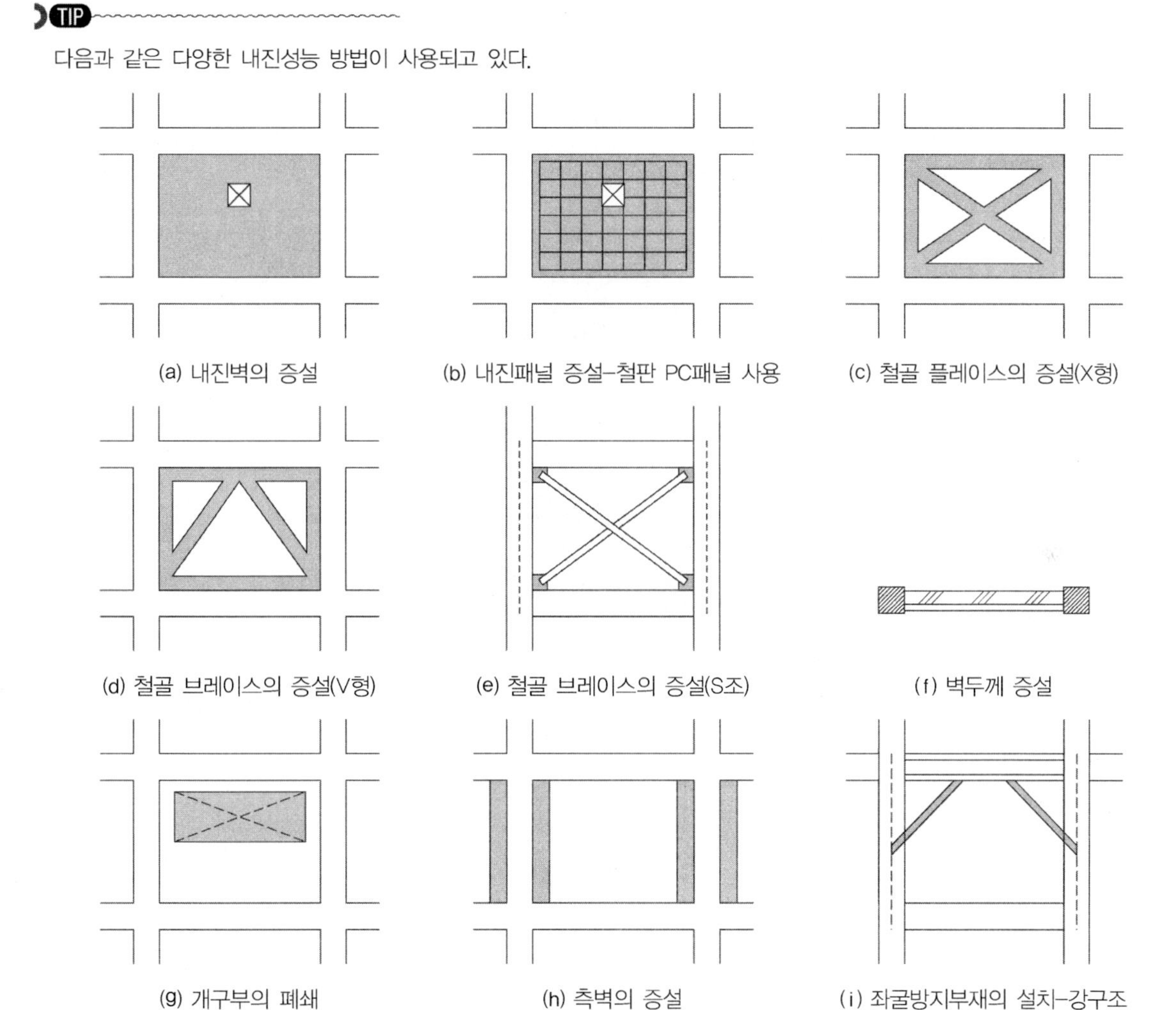

(a) 내진벽의 증설　(b) 내진패널 증설–철판 PC패널 사용　(c) 철골 플레이스의 증설(X형)

(d) 철골 브레이스의 증설(V형)　(e) 철골 브레이스의 증설(S조)　(f) 벽두께 증설

(g) 개구부의 폐쇄　(h) 측벽의 증설　(i) 좌굴방지부재의 설치–강구조

02 제진 및 면진장치

❶ 제진의 기본적 원리

제진의 기본적인 원리는 내부의 장치(댐퍼)들을 사용하여 외부로부터 가해지는 에너지를 마찰력에 의한 에너지로 변환시킴으로써 외부로부터 에너지를 소산시키는 것이다.

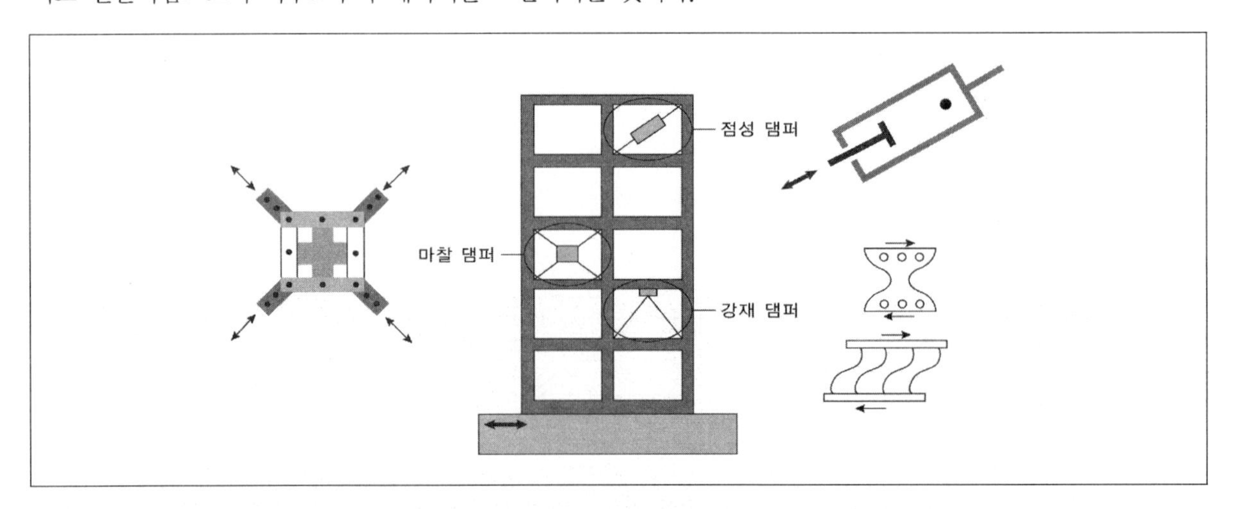

❷ 감쇠시스템

① 감쇠시스템은 구조물의 감쇠능력을 증가시켜 내진성능의 향상을 도모하는 장치의 조합을 말한다. 기본적으로 다음과 같은 필수요건을 만족하여야 한다.

> ㉠ 감쇠시스템은 구조물의 상시 안정성에 악영향을 미치지 않아야 한다.
> ㉡ 역학적 거동이 명확한 범위에서 사용하여야 한다.
> ㉢ 지진 시의 반복적인 변위와 진동에 대하여 안정적으로 거동하여야 한다.

② 감쇠시스템으로 인한 비틀림 거동을 방지하기 위해 대칭성을 고려하여 장치를 배치하여야 한다.

③ 감쇠시스템은 지진 시에 그 감쇠성능이 발휘될 수 있도록 구조물에 설치하여야 한다.

④ 감쇠시스템의 특성은 진동수, 진폭, 지반운동 지속시간 등에 따라서 달라지며 이는 성능시험을 통해 검증된 값을 적용하여야 한다.

⑤ 감쇠시스템이 설치된 구조물의 해석에는 감쇠장치의 비선형성을 반영한 해석법을 사용하여야 한다.

⑥ 감쇠시스템의 역학적 특성이 이력과 온도에 따라 변화하는 경우에는 그 영향을 반영하거나 안전측으로 모델링하여야 한다.

❸ 동조질량감쇠시스템

구조물에 설치된 부가질량의 관성력이 외부하중에 의한 진동에너지를 흡수하여 진동을 제어하는 시스템이다. 외부에너지를 흡수할 수 있도록 강성과 질량의 크기가 조절된 부가질량이 마치 구조물에 감쇠기를 설치한 것과 동일한 효과를 나타낸다.

① **동조질량댐퍼**(TMD) … 건물의 최상부에 동조된(질량과 강성의 조절에 의해 구조물의 주기와 일치된) 질량을 설치하여 지진이나 풍에 의해 발생되는 거동을 상쇄시켜 운동을 제어한다.

② **동조액체댐퍼**(TLD) … 수조 내 물의 높이를 이용하여 구조물의 고유진동수와 동조시키는 수동형 제진장치이다.

③ TMD의 동조질량체의 하부는 바퀴가 설치되어 있어서 구조체와 일체로 거동하지는 않는다.

④ TMD의 동조질량댐퍼에는 횡변위를 감소시키기 위한 제진장치가 설치되기도 한다.

⑤ TLD는 수조 내 물의 높이를 이용하여 구조물의 고유진동수와 동조시키는 수동형 제진장치이다.

TIP

동조질량댐퍼의 유형

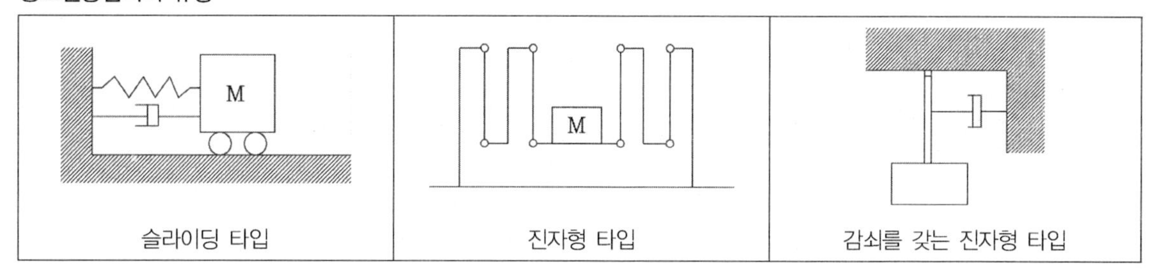

슬라이딩 타입 | 진자형 타입 | 감쇠를 갖는 진자형 타입

④ 면진시스템

(1) 지진격리(면진)장치의 요구조건

① 지진격리(면진)장치는 수직방향으로 강성이 크지만 수평방향으로 유연한 거동을 하여, 상부구조에 작용하는 수평방향의 지진하중을 저감시키는 장치로서, 수직방향 지반운동의 지진격리효과는 고려하지 않는다. (즉, 기초를 지반과 분리하여 구조물의 고유주기를 증가시켜 지진력의 크기를 줄인다.)

② 적층고무받침과 납면진받침이 주로 사용되며 과도한 수평변위 방지를 위해 댐퍼를 설치하거나 내부에 납을 삽입한다.

③ 지진격리(면진)장치는 다음과 같은 필수요건을 반드시 만족하여야 한다.

> ㉠ 지진격리(면진)장치는 역학적 거동이 명확한 범위에서 사용하여야 한다.
> ㉡ 지진 시의 반복적인 횡변위와 상하진동에 대하여 안정적으로 거동하여야 한다.
> ㉢ 설계지진변위 범위에서 항상 복원력을 유지하여야 한다.
> ㉣ 과도한 지진변위 발생을 억제하기 위한 감쇠능력을 보유하여야 한다.

④ 지진격리(면진)장치와 이를 적용한 구조물의 해석 및 설계를 위해서는 구조물의 사용기간 동안 지진격리(면진)장치의 물리적 특성의 열화, 오염, 환경노출, 재하속도, 온도 등에 의해서 발생하는 지진격리(면진)장치 재료상수의 변동성을 반영하여야 한다.

⑤ 지진격리(면진)장치는 열화, 크리프, 피로, 주변 온도, 습기 등 지진격리(면진)장치의 성능을 저하시킬 수 있는 환경적 요인에 대해서도 대비하여야 한다.

⑥ 지진격리(면진)구조물은 설계풍하중에 대하여 사용성에 유해한 변위가 발생하지 않아야 한다.

⑦ 지진격리(면진)장치는 구조물의 자중을 지지하는 다른 구조요소들과 동등한 수준의 내화성능을 확보하여야 한다.

⑧ 지진격리(면진)장치는 수평방향으로 최대 설계변위가 발생하였을 때에도 수직하중에 대한 안정성 및 수평복원력을 보유하여야 한다.

⑨ 구조물 전체에 작용하는 수평하중에 의한 전도모멘트에 대해서 지진격리(면진)장치는 안전하여야 한다.

⑩ 지진격리층에서 작용하는 지진력이 상부구조 바닥에 고르게 분포하도록 지진격리 상부층은 충분한 강성를 확보하여야 한다.

⑪ 지진격리층을 통과하여 이어지는 설비와 요소는 최대 설계변위에 대해서도 그 기능을 유지하여야 한다.

(2) 지진격리(면진)장치의 해석방법

① 지진격리(면진)장치의 해석모델에 적용되는 변수는 성능시험과 사용기간 동안의 물리적 특성에 대한 변동성을 고려한 값을 적용하여야 한다.

② 지진격리 구조물의 해석에는 지진격리(면진)장치의 비선형성을 반영한 해석법을 사용하여야 한다.

적층고무받침과 납면진받침

㉠ 적층고무받침 : 수평방향으로 고무의 유연성을 유지하고 수직방향으로는 강성을 증가시키고 좌굴현상을 방지하기 위해 고무와 고무 사이에 내부 보강판을 적층하여 쌓은 것이다. 지진하중 작용 시 상부구조물과 기초를 분리하여 상부구조물의 주기를 길게 하는 장점이 있다. 수평방향 강성이 작아 과도한 수평변위가 발생할 수 있다.

㉡ 납면진받침 : 적층고무받침에서 발생될 수 있는 과도한 변위를 제어하기 위해 납을 삽입하여 만든 것이다. 내부에 원통형의 납을 삽입하여 납면진받침의 전단변형 시 납의 소성거동으로 에너지 소산을 통해 지진변위를 감소시킨다.

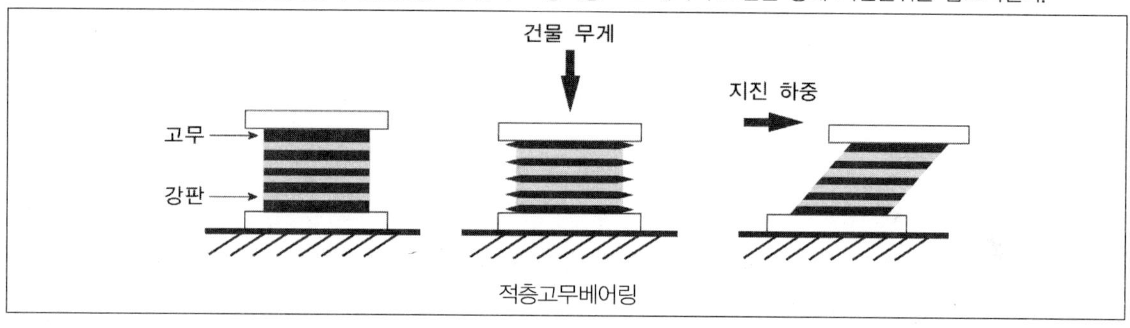

적층고무베어링

최근 기출문제 분석

2015 국가직 (7급)

1 지진력저항시스템에 대한 설명으로 옳지 않은 것은?

① 보통모멘트골조 : 연성거동을 확보하기 위한 특별한 상세를 사용하지 않은 모멘트골조
② 중심가새골조 : 부재들에 주로 축력이 작용하는 가새골조
③ 편심가새골조 : 가새부재 양단부의 한쪽 이상이 보－기둥 접합부로부터 약간의 거리만큼 떨어져 보에 연결된 가새골조
④ 건물골조 : 모든 지진하중과 수직하중을 보와 기둥으로 구성된 라멘이 저항하는 골조

TIP 모든 지진하중과 수직하중을 보와 기둥으로 구성된 라멘이 저항하는 골조는 모멘트골조이다.

2014 서울시

2 최근 자연재해로 인한 건축물의 피해가 증가하고 있다. 건축구조 설계 시 건축물에 작용하는 하중에 대해 설명한 내용으로 옳지 않은 것은?

① 적설하중은 체육관 건물이나 공장건물 등의 지붕구조로 이루어진 건물의 설계 시 지배적인 설계하중이 될 수 있다.
② 적설하중은 지역환경, 지붕의 형상, 재하분포상태 등을 고려하여 산정한다.
③ 풍하중은 건물의 형상, 건물 표면 형태, 가스트 영향계수 등을 고려하여 산정한다.
④ 지진하중은 동적영향을 고려한 등가정적하중으로 환산하여 계산한다.
⑤ 우리나라에서는 5층 이하 저층 건축물은 지진하중을 고려한 내진설계를 하지 않아도 된다.

TIP 5층 이하의 건축물 중 내진등급이 2인 경우라도 내진설계를 해야 하는 경우가 있다.

Answer 1.④ 2.⑤

2014 서울시 (7급)

3 **다음의 풍하중에 대한 설명으로 옳지 않은 것은?**

① 지표면 부근의 바람은 지표면과의 마찰 때문에 수직방향으로 풍속이 변한다.

② 산, 언덕 및 경사지의 영향을 받지 않는 평탄한 지역에 대한 지형계수는 1.0이다.

③ 풍속은 지상으로부터의 높이가 높아짐에 따라 증가하지만 어느 정도 이상의 높이에 도달하면 일정한 속도를 갖는다.

④ 풍하중의 지형계수는 지형의 영향을 받은 풍속과 평탄지에서 풍속의 비율을 말한다.

⑤ 산의 능선, 언덕, 경사지, 절벽 등에서는 국지적인 지형의 영향으로 풍속이 감소한다.

TIP ⑤ 산의 능선, 언덕, 경사지, 절벽 등에서는 국지적인 지형의 영향으로 풍속이 증가한다.

2010 국가직

4 **건축물의 내진구조계획 시 고려해야 할 사항으로 옳지 않은 것은?**

① 연성 재료의 사용

② 가볍고 강한 재료의 사용

③ 약한 기둥－강한 보 시스템의 적용

④ 단순하고 대칭적인 구조물의 형태

TIP 기둥보다는 보에서 먼저 소성변형이 일어나도록 설계해야 한다.

Answer 3.⑤ 4.③

2009 국가직 (7급)

5 **면진구조에 대한 설명 중 옳지 않은 것은?**

① 면진구조는 수동적(passive) 지진 진동 제어수법이다.

② 면진부재는 분리장치(isolator)와 감쇠장치(damper)로 구성된다.

③ 면진부재는 건축물의 기초뿐만 아니라 중간층에도 둘 수 있다.

④ 면진구조를 적용한 구조물은 면진구조를 적용하지 않은 구조물에 비해 고유주기가 짧다.

TIP 면진구조물은 지반과 구조물 사이에 고무 등과 같은 절연체를 설치하여 지반의 진동에너지가 구조물에 크게 전파되지 않도록 구조물의 고유주기를 길게 한다.

2008 국가직 (7급)

6 **풍하중에서 설계풍속을 산정할 때 필요한 요소가 아닌 것은?**

① 지형에 의한 풍속할증계수

② 가스트 영향계수

③ 건축물의 중요도계수

④ 풍속의 고도분포계수

TIP 가스트 영향계수는 바람의 난류로 인하여 발생되는 구조물의 동적 거동성분을 나타낸 값으로서 평균값에 대한 피크값의 비를 통계적으로 나타낸 계수이다. 설계풍속을 산정하기 위한 요소라기보다는 골조설계용 수평풍하중을 산정하기 위해 고려하는 계수이다.

설계풍속은 기본풍속에 대하여 건설지점의 지표면 상태에 따른 풍속의 고도분포와 지형조건에 따른 풍속의 할증 및 건축물의 중요도에 다른 설계재현기간을 고려한 풍속으로 설계속도압 산정의 기본이 되는 풍속을 말하며 설계풍속은 기본풍속, 풍속고도분포계수, 지형계수, 건축물의 중요도 계수를 곱하여 산정한다.

Answer 5.④ 6.②

출제 예상 문제

1 **다음 중 건축물의 구조설계도서에 포함되어야만 하는 항목으로 바르지 않은 것은?**

① 구조계산서
② 구조설계도
③ 구조설계요약서
④ 견적서

TIP 건축물의 구조설계도서에 견적서는 포함되지 않는다.

2 **다음 중 건축구조기준의 적용범위에 속하지 않는 건축물은?**

① 층수가 4층인 건축물
② 연면적이 $500m^2$인 건축물
③ 높이가 15m인 건축물
④ 기둥 사이의 중심거리가 15m인 건축물

TIP 건축구조기준의 적용범위
㉠ 층수가 3층 이상이거나 연면적 $1,000m^2$ 이상인 건축물
㉡ 건축물 높이 13m 또는 처마높이 9m 이상의 건축물
㉢ 기둥과 기둥 사이의 중심거리가 10m 이상인 건축물

Answer 1.④ 2.②

3 다음 중 구조안전 확인대상 건축물로서 구조계산에 의해서 구조안전을 확인해야 하는 건축물에 속하지 않는 것은?

① 층수가 5층인 건축물

② 처마높이가 12m인 건축물

③ 연면적 2,000m^2인 창고

④ 내력벽과 내력벽 사이의 거리가 12m인 건축물

TIP 구조계산에 의한 구조안전확인 대상 건축물

㉠ 층수가 2층(주요 구조부인 기둥과 보를 설치하는 건축물로서 그 기둥과 보가 목재인 목구조 건축물의 경우에는 3층) 이상인 건축물

㉡ 연면적 200㎡ 이상인 건축물(창고, 축사, 작물재배사 예외)

㉢ 높이가 13m 이상인 건축물

㉣ 처마높이가 9m 이상인 건축물

㉤ 기둥과 기둥사이의 거리가 10m 이상인 건축물

㉥ 내력벽과 내력벽 사이의 거리가 10m 이상인 건축물

㉦ 건축물의 용도 및 규모를 고려한 중요도가 높은 건축물로서 국토교통부령으로 정하는 건축물(중요도 특 또는 중요도 1에 해당하는 건축물)

㉧ 국가적 문화유산으로 보존할 가치가 있는 건축물

㉨ 한쪽 끝은 고정되고 다른 끝은 지지되지 아니한 구조로 된 보·차양 등이 외벽의 중심선으로부터 3m 이상 돌출된 건축물

㉩ 특수한 설계·시공·공법 등이 필요한 건축물로서 국토교통부장관이 정하여 고시하는 구조로 된 건축물

4 다음 중 구조기술사와의 협력대상 건축물이 아닌 것은?

① 7층인 건축물

② 경간이 50m 이상인 건축물

③ 다중이용건축물

④ 내민구조의 차양길이가 2.5m인 건축물

TIP 건축구조기술사 협력대상 건축물

㉠ 3층 이상의 필로티형식 건축물

㉡ 6층 이상인 건축물

㉢ 특수구조 건축물

㉣ 다중이용건축물, 준다중이용건축물

㉤ 지진구역 I 인 지역 내에 건축하는 건축물로서 중요도가 〈특〉에 해당하는 건축물

㉥ 건축물의 용도 및 규모를 고려한 중요도가 높은 건축물로서 국토교통부령으로 정하는 건축물

Answer 3.③ 4.④

5 **다음은 건축물의 중요도에 관한 사항들이다. 이 중 바르지 않은 것은?**

① 건축물 및 구조물의 중요도는 용도와 규모에 따라 특, 1, 2, 3의 중요도로 분류한다.
② 부속시설이 있는 경우, 그 부속시설물의 손상이 건축물 및 공작물에 영향을 미치는 경우에는 그 부속시설물도 동일한 중요도를 적용한다.
③ 중요도 분류상 규모에서 지하층의 층수와 바닥면적을 산입해야 한다.
④ 적설하중에 대한 중요도계수와 지진하중에 대한 중요도계수는 같은 중요도일 경우 서로 동일하지 않다.

TIP 중요도 분류상 규모에서 지하층의 층수와 바닥면적은 산입하지 않는다.

6 **다음 표의 빈 칸에 들어갈 수치로 알맞은 것을 순서대로 바르게 나열한 것은?**

중요도	특	1	2	3
적설하중의 중요도계수	㈎	㈏	1.0	0.8
풍하중의 중요도계수	1.0	1.0	0.95	0.90
지진하중의 중요도계수	㈐	1.2	1.0	㈑

	㈎	㈏	㈐	㈑
①	1.8	1.0	1.0	0.75
②	1.5	1.2	1.0	0.85
③	1.3	1.5	1.2	0.95
④	1.2	1.1	1.5	1.0

TIP

중요도	특	1	2	3
적설하중의 중요도계수	1.2	1.1	1.0	0.8
풍하중의 중요도계수	1.0	1.0	0.95	0.90
지진하중의 중요도계수	1.5	1.2	1.0	1.0

Answer 5.③ 6.④

7 **다음 중 내진등급의 중요도 "특"에 속하지 않은 것은?**

① 연면적 1,000m^2 이상인 위험물 저장 및 처리시설

② 연면적 1,000m^2 이상인 국가 또는 지방자치단체의 청사 · 외국공관 · 소방서 · 발전소 · 방송국 · 전신전화국

③ 연면적 5,000m^2 이상인 공연장 · 집회장

④ 종합병원, 또는 수술시설이나 응급시설이 있는 병원

TIP 연면적 5,000m^2 이상인 공연장 · 집회장 · 관람장 · 전시장 · 운동시설 · 판매시설 · 운수시설(화물터미널과 집배송시설은 제외함)은 중요도 1에 속한다.

8 **다음 중 내진등급의 중요도 "1"에 속하지 않은 것은?**

① 연면적 1,000m^2 미만인 위험물 저장 및 처리시설

② 아동관련시설 · 노인복지시설

③ 사회복지시설 · 근로복지시설

④ 농업시설물과 소규모창고

TIP 농업시설물과 소규모창고는 중요도 3에 속한다.

9 **다음 중 건축구조기준에서 규정한 기본등분포 활하중의 값이 가장 큰 것은?**

① 옥내주차구역 중 승용차 전용주차장

② 판매장 중 창고형 매장

③ 체육시설 중 체육관의 바닥

④ 공조실, 전기실

TIP ㉠ 옥내주차구역의 승용차 전용주차장 : 3.0kN/m^2
㉡ 기계실, 공조실, 전기실 : 5.0kN/m^2
㉢ 체육시설 중 체육관바닥, 옥외경기장 : 5.0kN/m^2
㉣ 판매장 중 창고형 매장 : 6.0kN/m^2

Answer 7.③ 8.④ 9.②

10 다음은 활하중에 관한 사항들이다. 이 중 바르지 않은 것은?

① 집중하중은 1부재의 설계에서 단 1개소에만 작용한다.

② 집중활하중은 하중접촉면에 균등하게 작용하는 것으로 가정하나 모멘트나 전단력 산정 시에는 1점의 집중하중으로 변환시켜 작용시킬 수 있다.

③ 영향면적은 연직하중 전달 구조부재에 미치는 하중의 영향을 바닥면적으로 나타낸 것이다.

④ 기둥 및 기초의 영향면적은 부하면적의 2배이다.

TIP 기둥 및 기초의 영향면적은 부하면적의 4배, 보의 영향면적은 부하면적의 2배, 슬래브의 영향면적은 부하면적과 같다.

11 다음은 기본활하중에 관한 사항들이다. 이 중 바르지 않은 것은?

① 병원의 수술실은 대형장비가 설치되는 곳은 중량의 장비하중을 고려해야 한다.

② 사무실의 경우 이동식 경량칸막이벽이 설치될 수 있는 경우 칸막이벽의 하중으로 최소 $1kN/m^2$를 기본등분포 적재하중에 추가하여야 하지만 기본활하중이 $10kN/m^2$ 이상인 경우에는 이를 제외할 수 있다.

③ 점유, 사용하지 않는 지붕이라 함은 일반인의 접근이 곤란한 지붕을 말한다.

④ 창고형 매장의 경우 상품의 저재 및 전시 등을 고려한 값으로 중량상품인 경우는 실제하중을 적용해야 한다.

TIP 사무실의 경우 이동식 경량칸막이벽이 설치될 수 있는 경우 칸막이벽의 하중으로 최소 $1kN/m^2$를 기본등분포 적재하중에 추가하여야 하지만 기본활하중이 $4kN/m^2$ 이상인 경우에는 이를 제외할 수 있다.

Answer 10.④ 11.②

12 영향면적이 49m^{2}인 경우 활하중저감계수의 값은?

① 0.3　　② 0.6

③ 0.9　　④ 1.2

TIP 활하중 저감계수 … 지붕활하중을 제외한 등분포활하중은 부재의 영향면적이 36m2이상인 경우 위 표의 최소등분포활하중에 다음의 활하중저감계수를 곱하여 저감할 수 있다.

$C = 0.3 + \frac{4.2}{\sqrt{A}}$ (A는 영향면적)

이 식에 문제에서 주어진 값을 대입하면 0.3+0.6=0.9가 된다.

13 다음은 활하중 저감계수의 적용에 관한 제한사항들이다. 이 중 바르지 않은 것은?

① 활하중 5kN/m^2 이상의 공중집회용도에 대해서는 활하중을 저감할 수 없다.

② 5kN/m^{2}을 초과하는 활하중은 저감할 수 없으나 2개층 이상을 지지하는 부재의 저감계수는 0.8까지 적용할 수 있다.

③ 승용차전용주차장의 활하중은 저감할 수 없으나 2개층 이상을 지지하는 부재의 저감계수는 0.8까지 적용할 수 있다.

④ 1개층을 지지하는 부재의 저감계수는 0.5 이상, 2개층 이상을 지지하는 부재의 저감계수는 0.4 이상으로 한다.

TIP 활하중 5kN/m^2 이하의 공중집회용도에 대해서는 활하중을 저감할 수 없다.

Answer 12.③ 13.①

14 **다음은 적설하중에 관한 사항들이다. 이 중 바르지 않은 것은?**

① 지붕에 작용하는 적설하중의 영향이 등분포 활하중 및 유사활하중에 규정된 지붕의 최소활하중보다 클 경우 적설하중을 적용해야 한다.

② 설계용 지붕적설하중은 지상적설하중의 기본값을 기준으로 하여 기본지붕적설하중계수, 노출계수, 온도계수, 중요도계수 및 지붕의 형상계수와 기타 재하 분포상태 등을 고려해서 산정을 해야 한다.

③ 지상적설하중의 기본값(S_g)은 재현기간 10년에 대한 수직최심적설깊이를 기준으로 한다.

④ 최소지상적설하중은 $S_g = 0.5kN/m^2$으로 한다.

TIP 지상적설하중의 기본값(S_g)은 재현기간 100년에 대한 수직최심적설깊이를 기준으로 한다.

15 **다음은 풍하중에 관한 사항들이다. 이 중 바르지 않은 것은?**

① 풍하중은 구조물에 작용하는 바람에 의한 수평력이다.

② 풍하중은 주골조설계용 수평풍하중, 지붕풍하중, 외장재설계용 풍하중으로 구분하며 "풍하중 = 설계풍압×유효수압면적"의 식으로 산정한다.

③ 부골조란 창호와 외벽패널 등에 가해지는 풍하중을 주골조에 전달하기 위하여 설치된 2차 구조부재로 파스너, 중도리, 스터드 등을 말한다.

④ 건축물에서는 지붕의 최고높이를 기준높이로 하며, 그 기준높이에서의 속도압을 기준으로 풍하중을 산정한다.

TIP 건축물에서는 지붕의 평균높이를 기준높이로 하며, 그 기준높이에서의 속도압을 기준으로 풍하중을 산정한다.

Answer 14.③ 15.④

16 건축물의 폭이 80m, 깊이가 20m일 때, 풍동실험에 의하여 풍하중을 산정해야 하는 건축물의 최소 높이는?

① 120m
② 140m
③ 160m
④ 180m

TIP 원형평면이 아닌 건축물인 경우 $\frac{H}{\sqrt{BD}} \geq 3$이어야 하므로 120m여야 한다.(B는 폭, D는 깊이)

17 기본풍속이 100m/s이며 풍속의 고도분포계수는 1.0, 지형에 의한 풍속할증계수는 1.0인 50층이며 150m 이상인 건축물 또는 세장비 10인 건축물의 설계풍속[m/s]은?

① 95m/s
② 100m/s
③ 105m/s
④ 110m/s

TIP 설계풍속 = 기본풍속×풍속의 고도분포계수×지형에 의한 풍속할증계수×건축물의 중요도계수
35층 이상, 100m 이상인 건축물 또는 세장비가 5 이상인 건축물의 중요도계수는 1.1 이상으로 해야 한다.
위의 조건을 고려하여 산정한 건축물의 설계풍속은 110m/s이다.

18 다음 중 풍동시험의 항목에 속하지 않는 것은?

① 외벽풍압시험
② 고주파응력시험
③ 건물풍시험
④ 층간변위시험

TIP ㉠ 풍동시험항목 : 외벽풍압, 구조항목, 고주파응력, 풍압영향, 건물풍
㉡ 실물모형시험항목 : 예비시험, 기밀시험, 정압수밀시험, 동압수밀시험, 구조시험, 층간변위시험

Answer 16.① 17.④ 18.④

19 지진과 관련하여 다음 보기에서 설명하고 있는 것은?

> 지진력에너지소산장치(동조질량감쇠기, 동조액체감쇠기 등)를 사용하여 지진에 의한 건물의 흔들림을 효과적으로 제어하는 방식이다. 주로 규모가 큰 고층의 건축물에 적용된다.

① 내진 ② 제진
③ 면진 ④ 방진

TIP ① 내진: 약한 지진에 대해서는 구조물에 경미한 피해정도만을 허용하는 탄성거동설계를 하며 드물게 발생하는 강한 지진에 대해서는 구조물이 붕괴하지 않을 정도의 피해를 허용하는 비탄성거동 설계를 한다.
② 제진: 지진력에너지소산장치(동조질량감쇠기, 동조액체감쇠기 등)를 사용하여 지진에 의한 건물의 흔들림을 효과적으로 제어하는 방식이다. 주로 규모가 큰 고층의 건축물에 적용된다.
③ 면진: 건물과 지반을 서로 분리하여 지반의 진동으로 인한 지진력이 직접 건물로 전달되는 양을 감소시키는 방식이다.

20 다음 중 지진의 진도와 규모에 관한 사항으로서 바르지 않은 것은?

① 지진의 규모는 각 관측소의 지진계에 기록된 진폭을 진앙까지의 거리나 진원의 깊이를 고려하여 지수형태로 나타낸 절대치이다.
② 지진의 진도가 0이라 함은 지진에 의한 진동을 느낄 수 없을 정도로 작은 지진의 발생을 의미한다.
③ 지진의 진도는 상대적인 수치로서 임의의 위치에서 진동의 세기를 사람의 느낌이나 주변의 물체의 흔들리는 정도로 나타낸 것이다.
④ 지진의 규모와 진도는 1 : 1 대응이 성립하며 동일한 지진에 대하여 여러 지역에서의 규모와 진도는 동일하게 된다.

TIP 규모와 진도는 1 : 1 대응이 성립하지 않으며 동일한 지진에 대하여 여러 지역에서의 규모는 동일하지만 진도는 다를 수 있다.

Answer 19.② 20.④

21 다음 중 표면파 규모를 이용한 지진 규모산정식으로 바른 것은? (단, E는 지진의 에너지양으로서 단위는 erg이며 M_s는 표면파의 규모이다.)

① $LogE = 4.8 + 1.2M_s$
② $LogE = 5.2 + 3.6M_s$
③ $LogE = 8.6 + 1.6M_s$
④ $LogE = 11.8 + 1.5M_s$

TIP E는 지진의 에너지양으로서 단위는 erg이며 M_s는 표면파의 규모이면 $LogE = 11.8 + 1.5M_s$의 관계가 성립한다.

22 층간변위는 주어진 층의 상·하단 질량중심의 수평변위간 차를 의미한다. 이와 관련하여 내진등급 특에 해당되는 허용층간변위는? (단, h_{sx}는 X층의 층고를 나타낸다.)

① 0.010hsx
② 0.015hsx
③ 0.020hsx
④ 0.025hsx

TIP

내진등급	허용층간변위
특	0.010hsx
I	0.015hsx
II	0.020hsx

23 다음 중 지진응답계수의 공식으로 바른 것은? (단, S_{D1} : 주기 1초에서의 설계스펙트럼가속도, S_{DS} : 단주기 설계스펙트럼가속도, T : 건축물의 고유주기, I_E : 건축물의 중요도계수, R : 반응수정계수 이다.)

① $C_s = \dfrac{S_{DS}}{(\dfrac{R}{I_E})T^2}$
② $C_s = \dfrac{S_{D1}}{(\dfrac{R}{I_E})T}$
③ $C_s = \dfrac{S_{D1}T}{(\dfrac{I_E}{R})}$
④ $C_s = \dfrac{T}{(\dfrac{R}{I_E})S_{DS}}$

TIP 지진응답계수 : $C_s = \dfrac{S_{D1}}{(\dfrac{R}{I_E})T} \geq 0.01$

Answer 21.④ 22.① 23.②

24 다음 중 지진 1구역의 지역계수 값으로 바른 것은?

① 0.11
② 0.14
③ 0.18
④ 0.22

TIP 지진 1구역의 지역계수는 0.22, 지진 2구역의 지역계수는 0.14이다.

25 다음은 평면비정형성에 관한 사항들이다. 이 중 바르지 않은 것은?

① 어떤 축에 직교하는 구조물의 한 단부에서 우발 편심을 고려한 최대 층변위가 그 구조물 양단부 층변위 평균값의 1.5배보다 클 때 비틀림 비정형인 것으로 간주한다.
② 돌출한 부분의 치수가 해당하는 방향의 평면치수의 15%를 초과하면 요철형 평면을 갖는 것으로 간주한다.
③ 격막에서 잘려나간 부분이나 뚫린 부분이 전체 격막 면적의 50%를 초과하거나 인접한 층간 격막 강성의 변화가 50%를 초과하는 급격한 불연속이나 강성의 변화가 있는 격막의 경우 불연속 격막으로 본다.
④ 횡력저항 수직요소가 전체 횡력저항 시스템에 직교하는 주축에 평행하지 않거나 대칭이 아닌 경우 비평형시스템으로 본다.

TIP 어떤 축에 직교하는 구조물의 한 단부에서 우발 편심을 고려한 최대 층변위가 그 구조물 양단부 층변위 평균값의 1.2배보다 클 때 비틀림 비정형인 것으로 간주한다.

Answer 24.④ 25.①

26 다음은 수직비정형성에 관한 사항들이다. 이 중 바르지 않은 것은?

① 어떤 층의 횡강성이 인접한 상부층 횡강성의 70% 미만이거나 상부 3개 층 평균 강성의 80% 미만인 연층이 존재하는 경우 강성분포의 비정형이 있는 것으로 간주한다.

② 어떤 층의 유효중량이 인접층 유효중량의 120%를 초과할 때 중량 분포의 비정형인 것으로 간주한다. 단, 지붕층이 하부층보다 가벼운 경우는 이를 적용하지 않는다.

③ 횡력 저항시스템의 수평치수가 인접층 치수의 130%를 초과할 경우 기하학적 비정형이 존재하는 것으로 간주한다.

④ 횡력 저항요소의 면내 어긋남이 그 요소의 길이보다 크거나, 인접한 하부층 저항요소에 강성감소가 일어나는 경우 수직 저항요소의 면내 불연속에 의한 비정형이 있는 것으로 간주한다.

TIP 어떤 층의 유효중량이 인접층 유효중량의 150%를 초과할 때 중량 분포의 비정형인 것으로 간주한다. 단, 지붕층이 하부층보다 가벼운 경우는 이를 적용하지 않는다.

27 다음은 내진설계 해석법에 관한 사항들이다. 이 중 바르지 않은 것은?

① 등가정적해석법은 기본진동모드 반응특성에 바탕을 두고 구조물의 동적특성을 무시한 해석법이다.

② 동적해석법(모드해석법)은 고차 진동모드의 영향을 적절히 고려할 수 있는 해석법이다.

③ 탄성시간이력해석법은 지진의 시간이력에 대한 구조물의 탄성응답을 실시간으로 구하는 해석법이다.

④ 비탄성정적해석을 사용하는 경우 건축구조기준에서 정하는 반응수정계수를 적용할 수 있다.

TIP 비탄성정적해석을 사용하는 경우 건축구조기준에서 정하는 반응수정계수를 적용할 수 없으며 구조물의 비탄성변형능력 및 에너지소산능력에 근거하여 지진하중의 크기를 결정해야 한다.

28 철근콘크리트와 철골모멘트저항골조에서 12층을 넘지 않고 층의 최소높이가 3m 이상인 경우 근사고유주기를 구하는 식으로 바른 것은? (단, N은 건물의 층수이다.)

① $T_a = 0.1N$ ② $T_a = 0.2N$

③ $T_a = 0.5N$ ④ $T_a = 0.8N$

TIP 철근콘크리트와 철골모멘트저항골조에서 12층을 넘지 않고 층의 최소높이가 3m 이상인 경우 근사고유주기 $T_a = 0.1N$(N: 건물의 층수)로 구할 수 있다.

Answer 26.② 27.④ 28.①

29 다음은 동적해석법 중 시간이력해석법에 관한 사항들이다. 이 중 바르지 않은 것은?

① 지반조건에 상응하는 3개 이상의 지반운동기록을 바탕으로 구성한 시간이력성분들을 사용한다.

② 3차원 해석을 수행하는 경우 각각의 지반운동은 평면상에서 서로 직교한 2성분의 쌍으로 구성된다.

③ 계측된 지반운동을 구할 수 없는 경우에는 필요한 수만큼 적절한 모의 지반운동의 쌍을 생성하여 사용할 수 있다.

④ 3개의 지반운동을 이용하여 해석할 경우에는 평균응답을 사용해 설계한다.

TIP 3개의 지반운동을 이용하여 해석할 경우에는 최대응답을 사용해 설계한다.

30 강도설계법, 한계상태설계법을 적용할 경우 하중조합의 지진하중계수는?

① 0.5
② 1.0
③ 1.5
④ 2.0

TIP 강도설계법, 한계상태설계법을 적용할 경우 하중조합의 지진하중계수는 1.0으로 한다.

31 다음 보기에서 설명하고 있는 모멘트골조의 형식은?

> 보-기둥 접합부가 최소 0.02rad의 층간변위각을 발휘할 수 있어야 하며 이때 휨강도가 소성모멘트의 80% 이상 유지되어야 한다.

① 보통모멘트골조
② 중간모멘트골조
③ 특수모멘트골조
④ 모멘트가새골조

TIP 보통모멘트골조 … 보-기둥 접합부가 최소 0.02rad의 층간변위각을 발휘할 수 있어야 하며 이때 휨강도가 소성모멘트의 80% 이상 유지되어야 한다.

Answer 29.④ 30.② 31.①

철근콘크리트구조

01 철근콘크리트 구조 일반사항

1 철근콘크리트 구조 일반사항

(1) 철근콘크리트 구조체의 성립원리

단순보에 집중하중이나 등분포하중 등이 작용을 하면 중립축을 경계로 하여 위쪽에는 압축응력이 발생하고 아래쪽에는 인장응력이 발생하게 된다. 철근은 인장응력에는 강하지만 압축응력에 대해서는 매우 약하며 반대로 콘크리트의 경우는 압축응력에는 강하지만 인장응력에는 약하다. 철근콘크리트 구조체는 이러한 두 재료의 장점이 다른 재료의 단점을 서로 보완시키도록 만든 구조체로서 인장측에는 철근을 충분히 배근하도록 한 구조체이다. 또한 철근과 콘크리트는 열팽창계수가 거의 동일하며 서로 부착이 잘 되며 콘크리트의 강알칼리성은 철근의 부식을 보호해주고 내화성능을 향상시킨다.

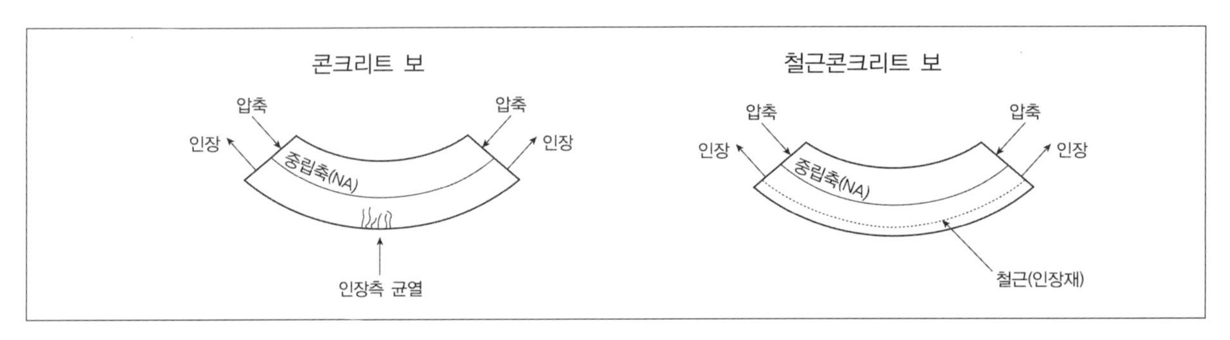

TIP

나비에르의 가정…변형이 발생 시 변형 전에 부재축에 수직한 평면은 변형 후에도 부재축에 수직이다. (중립축은 신축이 없고 단지 휘어지기만 하는 것이다.)

(2) 철근콘크리트 구조체의 장 · 단점

① 철근과 콘크리트가 일체가 되어 내구적이다.

② 철근이 콘크리트에 의해 피복되므로 내화적이다.

③ 재료의 공급이 용이하며 경제적이다.

④ 부재의 형상과 치수가 자유롭다.

⑤ 차음성능, 내진성능이 우수하다.

⑥ 부재의 단면과 중량이 크다.

⑦ 습식구조이므로 동절기 공사가 어렵다.

⑧ 공사기간이 길며 균질한 시공이 어렵다.

⑨ 재료의 재사용 및 제거작업이 어렵다.

⑩ 소성변형인 크리프, 건조수축이 크다.

기출예제 01 2014 서울시 (7급)

철근콘크리트 구조의 재료 및 특성에 관한 설명으로 옳지 않은 것은?

① 콘크리트의 인장강도는 압축강도에 비해 매우 작기 때문에 철근콘크리트 단면 설계 시 고려하지 않는다.
② 콘크리트 압축강도는 지름 15cm, 높이 30cm의 원통형 표준 공시체를 사용하여 재령 28일 기준으로 측정한 값이다.
③ 철근의 종류로는 단면이 원형인 원형철근과 부착력을 증대시키기 위해 표면에 돌기를 붙인 이형철근이 있다.
④ 철근의 역학적 특성은 인장시험, 굽힘시험 등의 재료시험을 통해서 파악한다.
⑤ 콘크리트와 철근의 탄성계수는 강도의 증가에 따라 상승한다.

콘크리트와 철근의 탄성계수는 강도에 관계없이 일정하다.

답 ⑤

(3) 콘크리트의 특성

① 철근콘크리트 구조체 요소의 비중

철	78.5kN/m^2	모르타르	20kN/m^2
철골, 철근콘크리트	25kN/m^2	경량콘크리트	19kN/m^2
철근콘크리트	24kN/m^2	경랑기포콘크리트	6.5kN/m^2
무근콘크리트	23kN/m^2	유리	25kN/m^2

TIP

구조용 콘크리트 외의 콘크리트

㉠ 구조용 경량콘크리트 : 골재의 전부 또는 일부를 인공경량골재를 사용하여 만든 콘크리트로서 재령 28일의 설계기준강도가 15MPa 이상이며 기건 단위중량이 2kg/㎥ 미만인 콘크리트

㉡ 무근콘크리트 : 철근이 배치되지 않았거나 구조기준에서 규정하고 있는 최소철근비 미만으로 배근된 콘크리트

㉢ 모래경량콘크리트 : 잔골재로 자연산 모래를 사용하고, 굵은 골재로는 경량골재를 사용하여 만든 콘크리트

㉣ 전경량콘크리트 : 잔골재와 굵은 골재 전부를 경량골재로 대체하여 만든 콘크리트

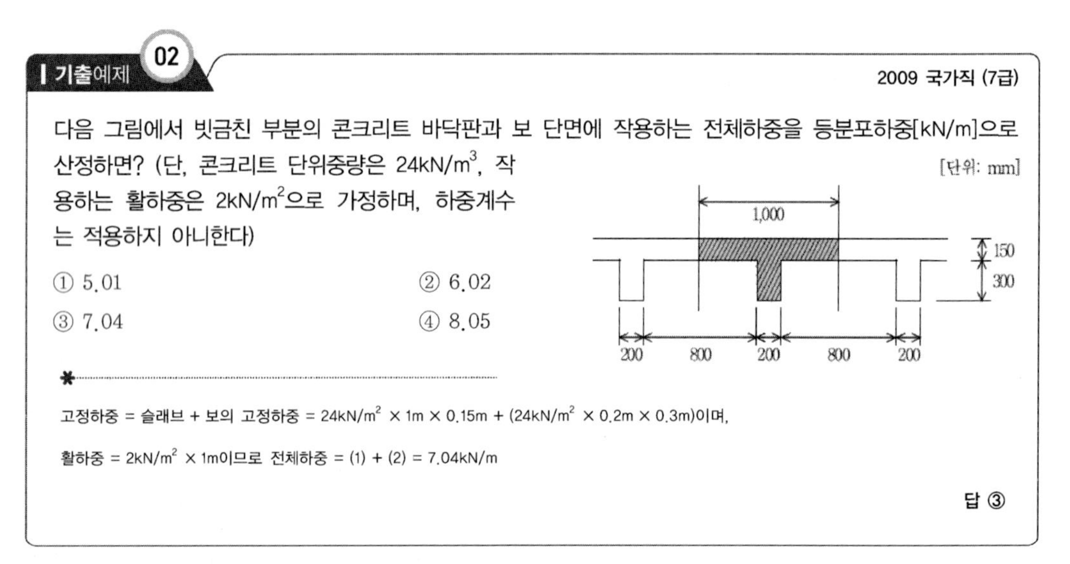

기출예제 02 2009 국가직 (7급)

다음 그림에서 빗금친 부분의 콘크리트 바닥판과 보 단면에 작용하는 전체하중을 등분포하중[kN/m]으로 산정하면? (단, 콘크리트 단위중량은 $24kN/m^3$, 작용하는 활하중은 $2kN/m^2$으로 가정하며, 하중계수는 적용하지 아니한다)

① 5.01 ② 6.02

③ 7.04 ④ 8.05

✱

고정하중 = 슬래브 + 보의 고정하중 = $24kN/m^2 \times 1m \times 0.15m + (24kN/m^2 \times 0.2m \times 0.3m)$이며,

활하중 = $2kN/m^2 \times 1m$이므로 전체하중 = (1) + (2) = 7.04kN/m

답 ③

TIP

구조용 무근콘크리트는 다음의 경우에만 사용할 수 있으며, 기둥에는 무근콘크리트를 사용할 수 없다.

㉠ 지반 또는 다른 구조용 부재에 의해 연속적으로 수직 지지되는 부재

㉡ 모든 하중조건에서 아치작용에 의해 압축력이 유발되는 부재

㉢ 벽체와 주각

② 콘크리트의 강도

㉠ 콘크리트의 압축강도

- 공시체는 직경 150mm×높이 300mm 원주형이 표준이다.
- 공시체의 강도보정 : 공시체의 직경 100mm×높이 200mm인 경우 강도보정계수 0.97을 적용한다.
- 정육면체 공시체의 강도가 원주형 공시체의 강도보다 크며 공시체의 치수가 작을수록 강도가 크다.

㉡ 설계기준압축강도(f_{ck})

- 콘크리트 부재를 설계 시 기준이 되는 콘크리트의 압축강도이다.
- 건축구조에 의한 설계기준강도
  - 경량콘크리트 : 15Mpa 이상
  - 일반콘크리트 : 18Mpa 이상
  - 내진설계 시 콘크리트 : 21Mpa 이상
  - 고강도 경량콘크리트 : 27Mpa 이상
  - 고강도 보통콘크리트 : 40Mpa 이상
  - 구조용 무근콘크리트 : 18MPa 이상

TIP

f_{ck}에서 c는 concrete, compression이며 k는 characteristic value의 약자이다.

TIP

무근콘크리트는 다음의 경우에만 사용하되 기둥에는 사용할 수 없다.
㉠ 지반 또는 다른 구조용 부재에 의해 연속적으로 수직 지지되는 부재
㉡ 모든 하중조건에서 아치작용에 의해 압축력이 유발되는 부재

| 기출예제 03 2010 지방직 (7급)

다음 중 구조용 무근콘크리트에 대한 설명으로 옳지 않은 것은?

① 구조용 무근콘크리트의 휨모멘트 강도감소계수는 0.55이다.
② 구조용 무근콘크리트의 설계기준압축강도는 18MPa 이상이어야 한다.
③ 구조용 무근콘크리트의 전단 설계 시 부재의 단면은 전체 두께에서 50mm를 감한 값을 사용한다.
④ 구조용 무근콘크리트의 하중조합은 철근콘크리트 구조와 동일하게 적용한다.

*

구조용 무근콘크리트의 휨모멘트, 휨모멘트와 축력의 조합, 전단에 대한 강도를 계산 시 부재의 전체 단면을 설계에 고려한다. 다만, 지반에 콘크리트를 치는 경우에 전체 깊이는 실제 깊이보다 50mm 작은 값을 사용하여야 한다.

답 ③

㉢ **평균압축강도(f_{cu})** : 재령 28일에서의 콘크리트의 평균압축강도, 크리프변형 및 처짐 등을 예측하는 경우보다 실제 값에 가까운 값을 구하기 위한 것 ($f_{cu} = f_{ck} + 8$)

㉣ 배합강도(f_{cr}) : 콘크리트의 배합을 정할 때 목표로 하는 압축강도

• 시험횟수 30회 이상인 경우 (각각 두 식 중 큰 값이 지배)

$f_{ck} \leq 35MPa$ 배합강도	$f_{ck} > 35MPa$ 배합강도
$f_{cr} = f_{ck} + 1.34s$ $f_{cr} = (f_{ck} - 3.5) + 2.33s$	$f_{cr} = f_{ck} + 1.34s$ $f_{cr} = 0.9f_{ck} + 2.33s$

• 시험기록을 가지고 있지 않지만 시험횟수가 29회 이하이고, 15회 이상인 경우

시험회수	표준편차의 보정계수
15회	1.16
20회	1.08
25회	1.03
30회 또는 그 이상	1.00

• 시험회수가 14회 이하이거나 기록이 없는 경우의 배합강도

설계기준압축강도 $f_{ck}(MPa)$	배합강도 $f_{cr}(MPa)$
21 미만	$f_{ck} + 7$
21 이상 ~ 35 이하	$f_{ck} + 8.5$
35 초과	$1.1f_{ck} + 5.0$

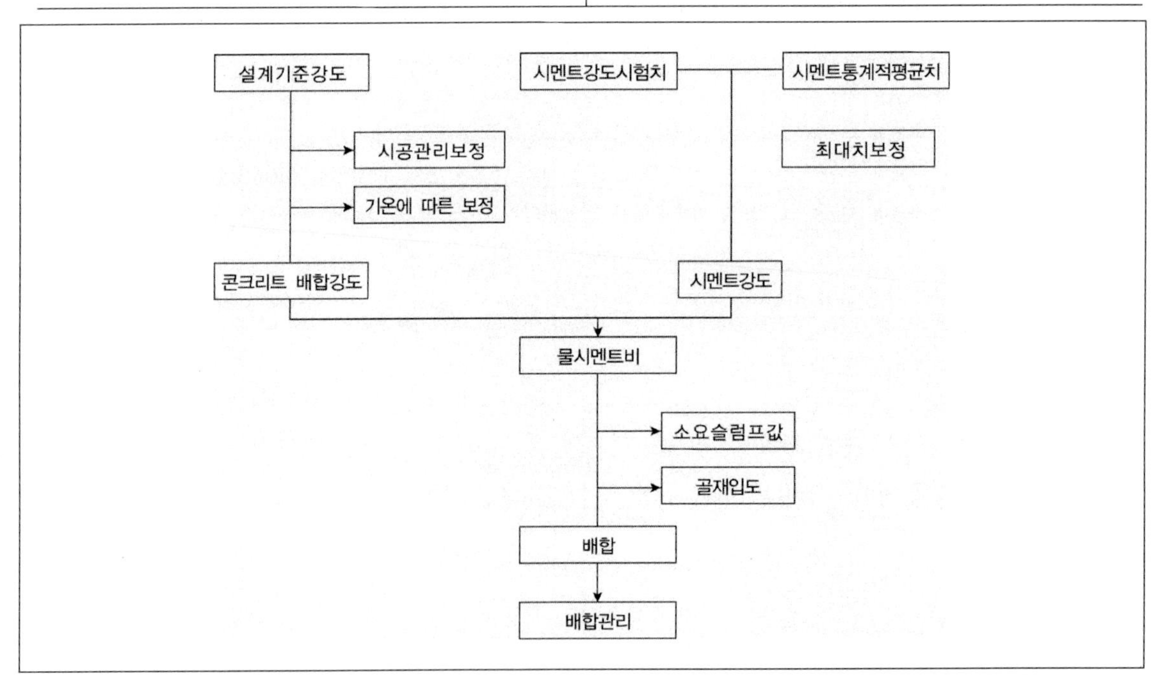

㉤ 인장강도

- 인장강도 시험에 의한 원주형 콘크리트 공시체의 인장강도 : $f_{sp} = \frac{2P}{\pi \cdot d \cdot L}(MPa) = f_{sp} = \frac{\sqrt{f_{ck}}}{1.76}$
- 콘크리트의 인장강도는 압축강도의 10% 정도이므로 구조설계 시 무시하는 것이 일반적이다.
- 보통골재를 사용한 콘크리트의 인장강도 : $f_{sp} ≒ 0.57\sqrt{f_{ck}}$

㉥ **휨인장강도** : 150mm×150mm×530mm 장방형 무근콘크리트 보의 경간 중앙 또는 3등분점에 보가 파괴될 때까지 하중을 작용시켜서 균열모멘트 M_{cr}을 구한다. 이것을 휨공식 $f = \frac{M}{I}y$에 대입하여 콘크리트의 휨인장강도를 구하며 이를 파괴계수(f_r)이라고 한다.

$$f_r = 0.63\sqrt{f_{ck}}(MPa)$$

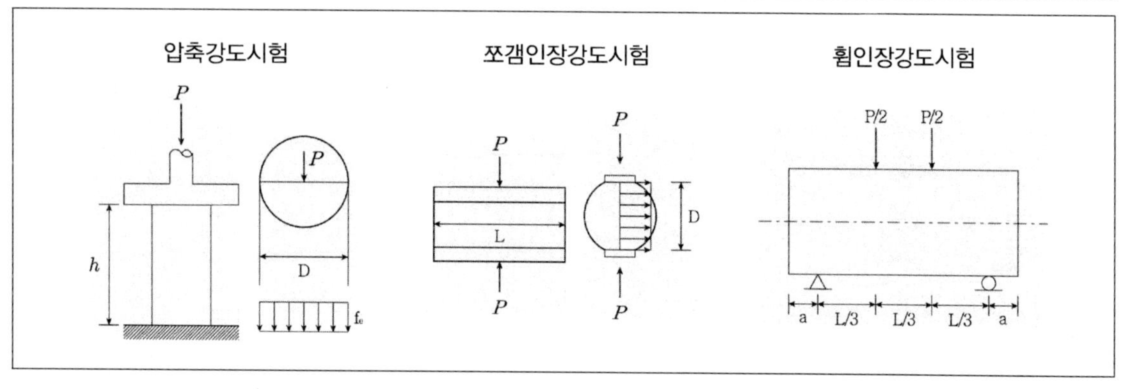

TIP

섬유보강 콘크리트 … 유리섬유, 강섬유, 탄소섬유 등을 콘크리트 내 균등히 분산하여 콘크리트의 휨, 전단, 인장, 균열 저항성 등을 개선시킨 콘크리트로 보강재에 따라 여러 종류가 있다 . (예) 강섬유보강, 유리섬유보강, 탄소섬유보강, 아라미드섬유보강, 비닐론섬유보강, 폴리프로필렌 섬유보강 등

| 기출예제 04 2013 국가직

철근콘크리트구조에서 콘크리트의 품질시험에 대한 설명으로 옳지 않은 것은? (단, f_{ck}는 콘크리트의 설계기준압축강도를 의미한다)

① 특별한 다른 규정이 없을 경우 f_{ck}는 재령 28일 강도를 기준으로 해야 한다. 다른 재령에 시험을 했다면, f_{ck}의 시험일자를 설계도나 시방서에 명시해야 한다.

② 콘크리트는 내구성 규정을 만족시키도록 배합해야 할 뿐만 아니라 평균 소요배합강도가 확보되도록 배합하여야 한다. 콘크리트를 생산할 때 시험실 공시체에 대해 규정한 바와 같이 f_{ck} 미만의 강도가 나오는 빈도를 최소화하여야 한다.

③ 사용 콘크리트의 전체량이 $40m^3$보다 적을 경우 책임기술자의 판단으로 만족할 만한 강도라고 인정될 때는 강도시험을 생략할 수 있다.

④ 쪼갬인장강도 시험결과를 현장 콘크리트의 적합성 판단기준으로 사용할 수 있다.

✱

쪼갬인장강도 시험결과는 현장콘크리트의 적합성 판단기준으로 사용할 수 없다.

답 ②

(4) 콘크리트의 응력-변형률곡선

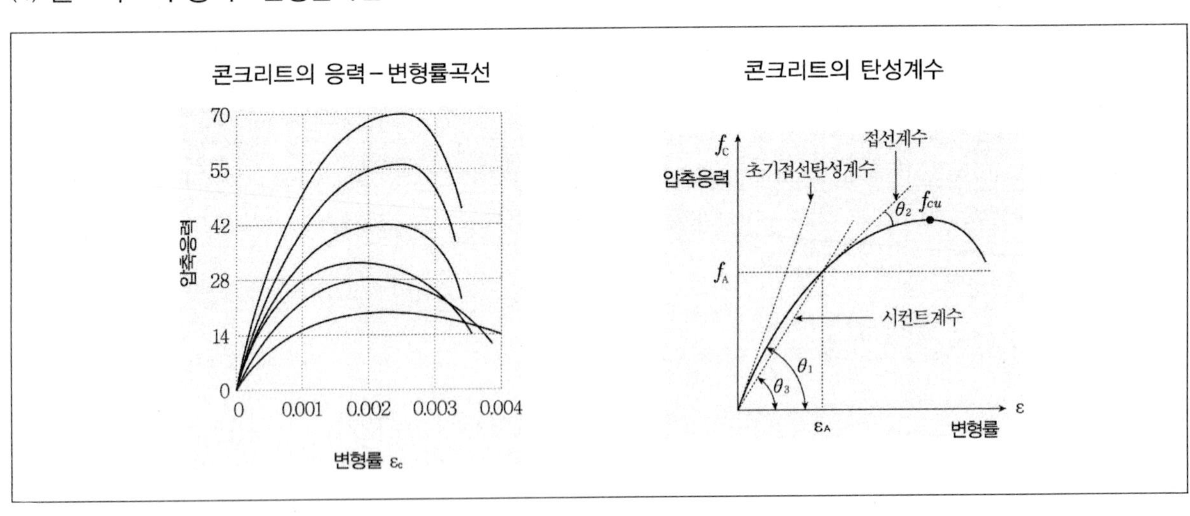

① 콘크리트의 응력-변형률 곡선

㉠ 콘크리트의 강도가 높을수록 취성이 커지게 된다.

㉡ 최대 응력 근처의 변형률은 0.002 ~ 0.003의 범위에 존재하며 파괴 시 변형률은 0.003 ~ 0.004의 범위에 존재한다.

㉢ 콘크리트의 압축강도의 30 ~ 50% 정도의 낮은 응력범위에서 곡선은 직선과 유사하게 거동한다.

② 탄성계수의 종류

㉠ **초기접선탄성계수** : 0점에서 맨 처음 응력-변형률 곡선에 그은 접선이 이루는 각의 기울기

㉡ **접선탄성계수** : 임의의 점 A에서 응력-변형률곡선에 그은 접선이 이루는 각의 기울기

㉢ **할선탄성계수** : 압축응력이 압축강도의 30 ~ 50% 정도이며 이 점을 A라고 할 경우 OA의 기울기 (콘크리트의 실제적인 탄성계수를 의미한다.)

㉣ 건축구조기준(KDS14)에 의한 콘크리트 할선탄성계수

콘크리트의 단위질량 m_c의 값이 1,450~2,500 kg/㎥인 콘크리트의 경우	$E_c = 0.077 m_c^{1.5} \sqrt[3]{f_{cm}}$ (MPa)
보통중량골재를 사용한 콘크리트(m_c = 2,300 kg/㎥)인 경우	$E_c = 8{,}500 \sqrt[3]{f_{cm}}$ (MPa)
f_{cm}에 대한 충분한 시험자료가 없는 경우 (Δf는 f_{ck}가 40 MPa이하면 4 MPa, 60 MPa 이상이면 6 MPa이며, 그 사이는 직선보간으로 구한다.)	$f_{cm} = f_{ck} + \Delta f$

(f_{cm} : 콘크리트의 평균압축강도, MPa)

(5) 크리프

① **크리프의 정의** … 콘크리트에 하중이 가해지면 하중에 비례하는 순간적인 탄성변형이 생긴다. 이후에는 하중의 증가가 없음에도 시간이 경과함에 따라 변형이 증가하게 되는데 이 추가변형을 크리프라고 한다.

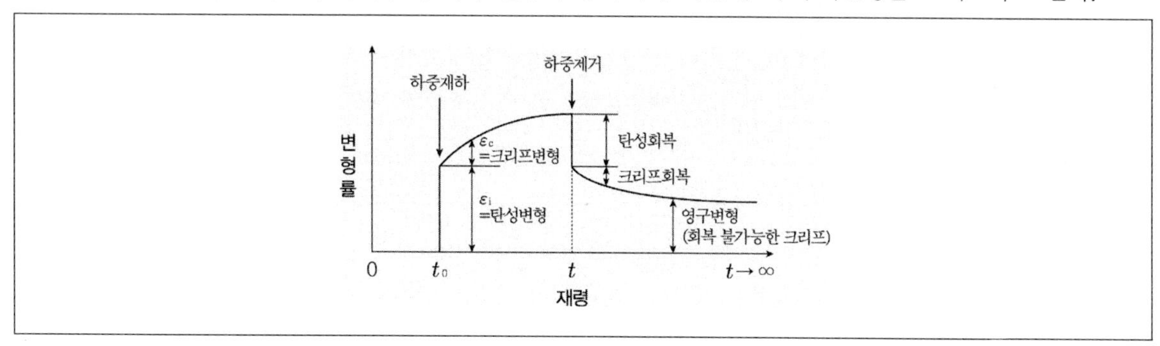

② 크리프의 변형률과 탄성변형률의 관계

㉠ Davis Glanvill의 법칙 : 크리프의 변형률(ε_c)은 탄성변형률(ε_e)에 비례한다.

㉡ 크리프계수 : $\phi = \dfrac{크리프변형률(\varepsilon_c)}{탄성변형률(\varepsilon_e)} = \dfrac{\varepsilon_c}{f_c/E_c}$ (옥내구조물 3.0, 옥외구조물 2.0, 수중 1.0)

③ 크리프에 영향을 미치는 요인

㉠ 물시멘트비 : 클수록 크리프가 크게 발생한다.

㉡ 단위시멘트량 : 많을수록 크리프가 증가한다.

㉢ 온도 : 높을수록 크리프가 증가한다.

㉣ 상대습도 : 높을수록 크리프가 작게 발생한다.

㉤ 응력 : 클수록 크리프가 증가한다.

㉥ 콘크리트의 강도 및 재령 : 클수록 크리프가 작게 발생한다.

㉦ 체적 : 부재치수가 클수록 크리프가 감소한다.

㉧ 양생 : 고온증기양생을 실시하면 크리프가 감소한다.

㉨ 골재 : 골재의 입도가 좋을수록 크리프가 감소한다.

㉩ 압축철근 : 효과적으로 배근이 되면 크리프가 감소한다.

기출예제 05 2010 지방직

콘크리트의 크리프(creep)에 대한 설명으로 옳지 않은 것은?

① 재하 시간이 길어질수록 증가한다.

② 초기 재령 시 재하하면 증가한다.

③ 휨 부재의 경우 압축철근이 많을수록 감소한다.

④ 건조상태일 때보다 습윤상태일 때 증가한다.

크리프는 콘크리트에 일정한 하중이 계속 작용하면 하중이 증가하지 않아도 시간이 경과함에 따라 변형이 계속 증가하는 현상을 말하며, 습윤상태일 때보다 건조상태일 때 증가한다.

답 ④

(6) 철근의 재료적 특성

① 원형철근과 이형철근

㉠ 원형철근

- 지름의 치수 앞에 ϕ를 붙여 호칭한다.
- 단면이 원형인 봉강으로 부착성의 효과가 이형철근보다는 좋지 않기 때문에 현장에서는 거의 사용하지 않는다.

㉡ 이형철근

- 지름의 치수 앞에 D를 붙여 호칭한다.
- 콘크리트와의 부착성능을 향상시키기 위한 철근으로 콘크리트와 부착되는 표면적을 넓히기 위한 돌출부가 있다.

TIP

SD400의 경우 S는 일반구조용 강재(steel), D는 이형철근(Deformed bar), 400은 항복점 강도($f_y = 400MPa$)를 의미한다.

② 철근의 응력-변형률 곡선

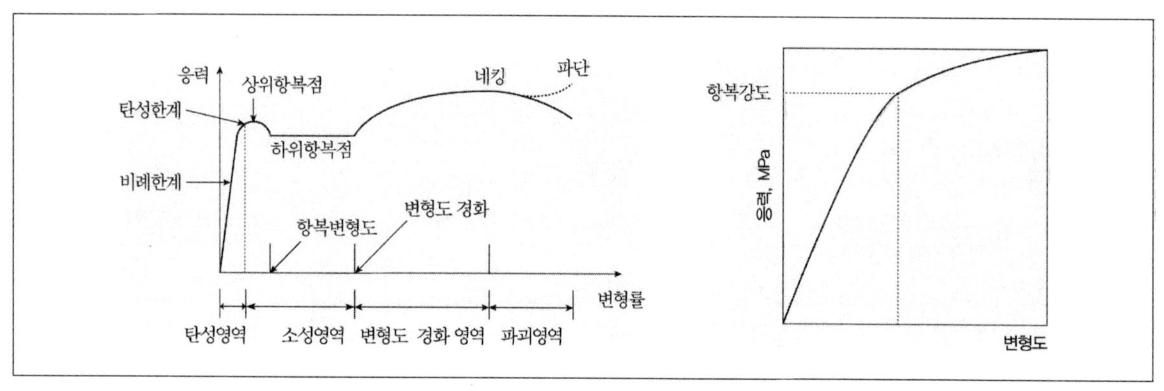

㉠ 철근의 탄성계수 : $E_s = 200,000MPa$

㉡ 탄성계수비 : $n = \dfrac{E_s}{E_c} = \dfrac{200,000}{8,500\sqrt[3]{f_{cu}}} \geq 6$

㉢ 고탄소강 철근의 항복점 : 극한강도설계법에서는 항복점이 뚜렷하지 않은 철근의 경우 항복응력의 값을 변형도 0.0035에 상응하는 응력값으로 규정하고 있다.

㉣ 철근의 종류와 기계적 성질(KS D3504)

종류	용도	항복점(MPa)	인장강도(MPa)
SD300	일반용	300 이상	항복강도 1.15배 이상
SD350		350 이상	항복강도 1.15배 이상
SD400		400 이상	항복강도 1.15배 이상
SD500		500 이상	항복강도 1.08배 이상
SD600		600 이상	항복강도 1.08배 이상
SD700		700 이상	항복강도 1.08배 이상
SD400W	용접용	400 이상	항복강도 1.15배 이상
SD500W		500 이상	항복강도 1.15배 이상
SD400S	특수 내진용	400 이상	항복강도 1.25배 이상
SD500S		500 이상	항복강도 1.25배 이상
SD600S		600 이상	항복강도 1.25배 이상

TIP

철근의 항복강도 기준개정

㉠ 2007년의 기준

- 전단철근의 설계기준 항복강도는 400MPa를 초과할 수 없다. 다만, 용접이형철망을 사용할 경우 전단철근의 설계기준항복강도는 550MPa를 초과할 수 없다.
- 비틀림철근의 설계기준항복강도는 400MPa를 초과해서는 안 된다.
- 전단마찰철근의 설계기준항복강도는 400MPa 이하로 해야 한다.

㉡ 개정된 현재의 기준

- 전단철근의 설계기준항복강도는 500MPa를 초과할 수 없다. (단, 용접이형철망을 사용할 경우 전단철근의 설계기준항복강도는 600MPa를 초과할 수 없다.)
- 비틀림철근의 설계기준항복강도는 500MPa를 초과할 수 없다.
- 전단마찰철근의 설계기준항복강도는 500MPa 이하로 해야 한다.

ⓜ 프리스트레스하지 않은 부재의 현장치기콘크리트의 피복두께 : 보와 기둥의 경우 $f_{ck} \geq 40MPa$ 일 때 10mm까지 피복두께를 저감시킬 수 있다.

<table>
<tr><th colspan="3">종류</th><th>피복두께</th></tr>
<tr><td colspan="3">수중에서 타설하는 콘크리트</td><td>100mm</td></tr>
<tr><td colspan="3">흙에 접하여 콘크리트를 친 후 영구히 흙에 묻혀있는 콘크리트</td><td>75mm</td></tr>
<tr><td rowspan="2">흙에 접하거나 옥외의 공기에 직접 노출되는 콘크리트</td><td colspan="2">D19 이상의 철근</td><td>50mm</td></tr>
<tr><td colspan="2">D16 이하의 철근
지름 16mm 이하의 철선</td><td>40mm</td></tr>
<tr><td rowspan="5">옥외의 공기나 흙에 직접 접하지 않는 콘크리트</td><td rowspan="2">슬래브, 벽체, 장선</td><td>D35 초과철근</td><td>40mm</td></tr>
<tr><td>D35 이하철근</td><td>20mm</td></tr>
<tr><td rowspan="2">보, 기둥</td><td>f_{ck} < 40MPa</td><td>40mm</td></tr>
<tr><td>f_{ck} ≥ 40MPa</td><td>30mm</td></tr>
<tr><td colspan="2">쉘, 절판부재</td><td>20mm</td></tr>
</table>

단, 보와 기둥의 경우 f_{ck}(콘크리트의 설계기준압축강도)가 40MPa이상이면 위에 제시된 피복두께에서 최대 10mm만큼 피복두께를 저감시킬 수 있다.

| 기출예제 06 2009 국가직

프리스트레스하지 않은 부재의 현장치기 콘크리트의 경우 각 부재의 최소 피복두께의 값으로 옳지 않은 것은?

① 옥외의 공기나 흙에 직접 접하지 않는 슬래브나 장선에 D35 철근을 사용한 경우 : 40mm
② 흙에 접하거나 옥외의 공기에 직접 노출되는 콘크리트에 D25 철근을 사용한 경우 : 50mm
③ 흙에 접하여 콘크리트를 친 후 영구히 흙에 묻혀 있는 콘크리트 : 75mm
④ 수중에서 타설하는 콘크리트 : 100mm

✱

옥외의 공기나 흙에 직접 접하지 않는 슬래브나 장선에 D35 철근을 사용한 경우 : 20mm

답 ①

ⓗ 용도에 따른 철근의 종류

• 주철근 : 설계하중에 대한 계산에 의해서 단면적이 정해지는 철근으로 부재에 가해지는 하중에 의한 응력의 대부분을 부담한다.
 – 정철근 : 보나 슬래브에서 정(+)모멘트에 의한 휨인장력에 저항하기 위해 부재의 하단에 배치한 철근
 – 부철근 : 보 또는 슬래브에서 부(–)모멘트에 의한 휨인장력에 저항하도록 부재의 상단에 배치한 철근

-전단철근 : 전단력에 저항하도록 부재의 복부에 배치한 철근(사인장철근 또는 복부철근이라고 함)으로 스터럽과 굽힘철근이 있다.
-스터럽 : 정철근이나 부철근을 둘러싸고 이에 직각이나 45° 이상의 경사로 배치된 철근
-굽힘철근 : 휨모멘트에 대하여 필요없는 부분의 휨인장철근을 30° 이상의 경사로 구부려 올리거나 또는 구부려 내린 복부철근(절곡철근이라고도 함)
-옵셋굽힘철근 : 기둥의 연결부에서 단면치수가 변하는 경우에 배치되는 구부린 주철근
• 보조철근 : 설계하중에 대한 계산에 의해서 그 단면적이 정해지지 않는 철근
-조립용철근 : 철근을 조립할 경우 철근의 위치를 확보하기 위해서 사용되는 철근
-가외철근 : 콘크리트의 건조수축이나 온도변화 등에 의해 콘크리트에 발생되는 인장력에 대비하기 위하여 추가로 넣는 철근
-표피철근 : 보의 전체높이(h)가 900mm를 초과하는 경우 보의 복부 양 측면에 부재의 축방향으로 배치되는 철근
-띠철근 : 축방향 철근의 위치를 확보하기 위해서 정해진 간격마다 축방향 철근을 횡방향으로 결속하는 철근
-나선철근 : 축방향 철근을 정해진 간격으로 나선형으로 둘러싼 철근

(7) 콘크리트의 최소피복두께

① 프리스트레스하지 않은 부재의 현장치기콘크리트의 최소피복두께

<table>
<tr><th colspan="3">종류</th><th>피복두께</th></tr>
<tr><td colspan="3">수중에서 타설하는 콘크리트</td><td>100mm</td></tr>
<tr><td colspan="3">흙에 접하여 콘크리트를 친 후 영구히 흙에 묻혀있는 콘크리트</td><td>75mm</td></tr>
<tr><td rowspan="2">흙에 접하거나 옥외의 공기에 직접 노출되는 콘크리트</td><td colspan="2">D19 이상의 철근</td><td>50mm</td></tr>
<tr><td colspan="2">D16 이하의 철근
지름 16mm 이하의 철선</td><td>40mm</td></tr>
<tr><td rowspan="5">옥외의 공기나 흙에 직접 접하지 않는 콘크리트</td><td rowspan="2">슬래브, 벽체, 장선</td><td>D35 초과 철근</td><td>40mm</td></tr>
<tr><td>D35 이하 철근</td><td>20mm</td></tr>
<tr><td rowspan="2">보, 기둥</td><td>$f_{ck} < 40\text{MPa}$</td><td>40mm</td></tr>
<tr><td>$f_{ck} \geq 40\text{MPa}$</td><td>30mm</td></tr>
<tr><td colspan="2">쉘, 절판부재</td><td>20mm</td></tr>
</table>

(단, 보와 기둥의 경우 f_{ck}(콘크리트의 설계기준압축강도)가 40MPa 이상이면 위에 제시된 피복두께에서 최대 10mm만큼 피복두께를 저감시킬 수 있다.)

② 프리스트레스하는 부재의 현장치기콘크리트의 최소피복두께

종류			피복두께
흙에 접하여 콘크리트를 친 후 영구히 흙에 묻혀있는 콘크리트			75mm
흙에 접하거나 옥외의 공기에 직접 노출되는 콘크리트	벽체, 슬래브, 장선구조		30mm
	기타 부재		40mm
옥외의 공기나 흙에 직접 접하지 않는 콘크리트	슬래브, 벽체, 장선		20mm
	보, 기둥	주철근	40mm
		띠철근, 스터럽, 나선철근	30mm
	쉘부재 절판부재	D19 이상의 철근	철근직경
		D16 이하의 철근, 지름 16mm 이하의 철선	10mm

㉠ 흙 및 옥외의 공기에 노출되거나 부식환경에 노출된 프리스트레스트콘크리트 부재로서 부분균열등급 또는 완전균열등급의 경우에는 최소피복두께를 50% 이상 증가시켜야 한다. (다만 설계하중에 대한 프리스트레스트 인장영역이 지속하중을 받을 때 압축응력 상태인 경우에는 최소피복두께를 증가시키지 않아도 된다.)

㉡ 공장제품 생산조건과 동일한 조건으로 제작된 프리스트레스하는 콘크리트 부재에서 프리스트레스되지 않은 철근의 최소피복두께는 프리캐스트콘크리트 최소피복두께규정을 따른다.

③ 프리캐스트콘크리트의 최소피복두께

구분	부재	위치	최소피복두께
흙에 접하거나 또는 옥외의 공기에 직접 노출	벽	D35를 초과하는 철근 및 지름 40mm를 초과하는 긴장재	40mm
		D35 이하의 철근, 지름 40mm 이하인 긴장재 및 지름 16mm 이하의 철선	20mm
	기타	D35를 초과하는 철근 및 지름 40mm를 초과하는 긴장재	50mm
		D19 이상, D35 이하의 철근 및 지름 16mm를 초과하고 지름 40mm 이하인 긴장재	40mm
		D16 이하의 철근, 지름 16mm 이하의 철선 및 지름 16mm 이하인 긴장재	30mm
흙에 접하거나 또는 옥외의 공기에 직접 접하지 않는 경우	슬래브 벽체 장선	D35를 초과하는 철근 및 지름 40mm를 초과하는 긴장재	30mm
		D35 이하의 철근 및 지름 40mm 이하인 긴장재	20mm
		지름 16mm 이하의 철선	15mm
	보 기둥	주철근(15mm 이상이어야 하고 40mm 이상일 필요는 없음)	철근직경 이상
		띠철근, 스터럽, 나선철근	10mm
	쉘 절판	긴장재	20mm
		D19 이상의 철근	15mm 또는 직경의 1/2 중 큰 값
		D16 이하의 철근, 지름 16mm 이하의 철선	10mm

④ 특수환경에 노출되는 콘크리트

㉠ 해수 또는 해수 물보라, 제빙화학제 등 염화물에 노출되어 철근 또는 긴장재의 부식이 우려되는 환경에서는 다음 값 이상의 피복두께를 확보하여야 한다. (다만, 실험이나 기존 실적으로 입증된 별도의 부식 방지 대책을 적용하는 경우에는 별도의 규정을 적용할 수 있다.)

현장치기 콘크리트	벽체, 슬래브		50 mm
	그 외의 모든 부재	노출등급 EC1, EC2	60 mm
		노출등급 EC3	70 mm
		노출등급 EC4	80 mm
프리캐스트 콘크리트	벽체, 슬래브		40 mm
	그 외의 모든 부재		50 mm

㉡ 부분균열등급 또는 완전균열등급의 프리스트레스트콘크리트 부재는 최소 피복 두께를 기준에서 규정된 최소 피복 두께의 50% 이상 증가시켜야 한다. (다만, 프리스트레스된 인장영역이 지속하중을 받을 때 압축응력을 유지하고 있는 경우에는 최소 피복 두께를 증가시키지 않아도 된다.)

⑤ 다발철근 미 확대머리 전단스터드 철근의 피복두께

㉠ 다발철근의 피복두께 : 50mm와 다발철근의 등가지름 중 작은 값 이상이라야 한다. (다만, 흙에 접하여 콘크리트를 친 후 영구히 흙에 묻혀 있는 경우는 피복두께를 75mm 이상, 수중에서 콘크리트를 친 경우는 100mm 이상으로 하여야 한다.)

㉡ 확대머리 전단 스터드 : 확대머리 전단 스터드가 설치되는 부재의 철근에 요구되는 피복 두께 이상이 되어야 한다.

최근 기출문제 분석

2017 서울시 (7급)

1 **콘크리트 재료에 관한 설명으로 가장 옳은 것은?**

① 일반적으로 물-시멘트비와 시멘트량이 감소할수록 크리프가 감소한다.

② 일반적으로 건조수축은 하중이 증가할 때, 콘크리트의 부피가 줄어드는 현상이다.

③ 압축강도용 공시체는 150×300mm를 기준으로 하며, 200mm 입방체 공시체의 경우에는 1.0보다 큰 보정계수를 사용하여 압축강도를 산정한다.

④ 5mm 체에 중량비율로 50% 이상 통과하는 골재를 잔골재라 한다.

TIP ② 일반적으로 건조수축은 경화 후 수분이 증발하면서, 콘크리트의 부피가 줄어드는 현상이다.
③ 압축강도용 공시체는 ϕ150×300mm를 기준으로 하며, ϕ100×200mm 입방체 공시체의 경우에는 강도보정계수 0.97을 적용하며 이외의 경우 적절한 강도보정계수를 고려하여야 한다.
④ 5mm 체에 중량비율로 85% 이상 통과하는 골재를 잔골재라 한다.

2012 국가직 (7급)

2 **철근콘크리트구조에 대한 설명으로 옳지 않은 것은?**

① 흙에 접하여 콘크리트를 친 후 영구히 흙에 묻혀 있는 콘크리트의 피복두께는 80mm 이상으로 해야 한다.

② 크리프변형을 계산할 때 콘크리트의 탄성계수는 초기접선 탄성계수를 사용한다.

③ 콘크리트의 압축강도와 철근의 항복강도가 증가함에 따라 콘크리트 및 철근의 탄성계수는 증가한다.

④ 보통골재를 사용한 콘크리트의 할선탄성계수는 초기접선탄성 계수의 85%로 한다.

TIP 콘크리트의 압축강도가 증가할수록 콘크리트의 탄성계수는 증가하지만, 철근의 탄성계수는 철근의 항복강도 증가에 상관없이 항상 일정하다.

Answer 1.① 2.③

2010 지방직

3 **철근콘크리트 구조에서 피복두께에 대한 설명으로 옳지 않은 것은?**

① 콘크리트 표면으로부터 최외단 철근 중심까지의 거리로 정의된다.

② 철근콘크리트 구조물의 내구성 및 철근과 콘크리트의 부착력 확보 관점에서 규정된 것이다.

③ 기초판과 같이 흙에 접하여 콘크리트가 타설되고 영구히 흙에 묻혀 있는 부재의 피복두께는 75mm 이상이어야 한다.

④ 옥외 공기나 흙에 노출되지 않는 보와 기둥의 최소피복두께는 40mm이지만 콘크리트 압축강도가 40MPa 이상인 경우 10mm를 저감할 수 있다.

TIP 철근콘크리트 구조에서 피복두께는 콘크리트 표면으로부터 최외단 철근 바깥표면가지의 최단거리로 정의한다.

2009 국가직

4 **두께가 150mm인 철근콘크리트 슬래브의 단위면적당 고정하중은? (단, 1kg은 10N으로 본다.)**

① $120kgf/m^2$

② $240kgf/m^2$

③ $360kgf/m^2$

④ $480kgf/m^2$

TIP 철근콘크리트의 비중은 $2,400kg/m^3$이므로, 따라서 두께가 150mm인 철근콘크리트 슬래브의 단위면적당 고정하중은 $2,400kg/m^3 \times 0.15m = 360kgf/m^2$이 된다.

Answer 3.① 4.③

출제 예상 문제

1 다음 중 철근콘크리트의 구조적 특성으로서 바르지 않은 것은?

① 철근과 콘크리트의 온도에 의한 선팽창계수는 유사하다.
② 철근과 콘크리트의 탄성계수는 유사하다.
③ 철근과 콘크리트는 부착성이 좋다.
④ 콘크리트는 압축력에 강하며 철근은 인장력에 강하다.

TIP 철근과 콘크리트의 탄성계수는 상당히 많은 차이가 난다.

2 다음 중 콘크리트의 설계기준강도를 가장 바르게 정의한 것은?

① 콘크리트의 배합 설계 시 목표로 하는 강도이다.
② 콘크리트의 부재를 설계할 때 기준으로 삼는 콘크리트의 전단강도이다.
③ 부재의 공칭강도에 강도감소계수를 곱한 강도이다.
④ 콘크리트의 부재를 설계할 때 기준이 되는 콘크리트의 압축강도이다.

TIP 콘크리트의 설계기준강도는 콘크리트의 부재를 설계할 때 기준이 되는 콘크리트의 압축강도이다.

3 다음 중 $\phi 100 \times 200mm$의 공시체를 사용할 경우 적용하는 강도보정계수값은?

① 0.80　② 0.85
③ 0.90　④ 0.97

TIP 공시체의 강도보정(KS F 2403)
$\phi 100 \times 200mm$의 공시체를 사용할 경우 강도보정계수 0.97을 적용한다. 그 외 영국식 150mm 입방체의 공시체를 사용할 경우는 0.80, 독일식 200mm 입방체 공시체를 사용할 경우는 0.83을 적용한다.

Answer 1.② 2.④ 3.④

4 다음 중 건축구조기준에서 고강도 경량콘크리트에 요구되는 최소 설계기준강도값은?

① 15MPa ② 18MPa
③ 21MPa ④ 27MPa

TIP 건축구조기준에 의한 설계기준강도
㉠ 경량콘크리트 : $f_{ck} \geq 15MPa$
㉡ 일반콘크리트 : $f_{ck} \geq 18MPa$
㉢ 내진설계 시의 콘크리트 : $f_{ck} \geq 21MPa$
㉣ 고강도 경량콘크리트 : $f_{ck} \geq 27MPa$
㉤ 고강도 보통콘크리트 : $f_{ck} \geq 40MPa$

5 콘크리트 설계기준압축강도(f_{ck})가 24MPa일 때 평균소요배합강도(f_{cr})는? (단, 표준편차는 $0.15f_{ck}$를 적용한다.)

① 21.5MPa ② 24.3MPa
③ 26.7MPa ④ 28.9MPa

TIP $f_{ck} \leq 35MPa$인 경우의 평균소요 배합강도
$f_{cr} = f_{ck} + 1.34s = 24 + 1.34(0.15 \times 24) = 28.824MPa$
$f_{cr} = (f_{ck} - 3.5) + 2.33s = 28.9MPa$
위에 제시된 두 값 중에서 큰 값을 적용해야 한다.

6 다음 중 강도설계법에 의한 철근콘크리트의 설계 시 콘크리트 설계기준강도가 27MPa인 경우 콘크리트의 파괴계수값은?

① 2.83MPa ② 3.02MPa
③ 3.27MPa ④ 3.56MPa

TIP 파괴계수 : $f_r = 0.63\sqrt{f_{ck}} = 3.27MPa$

Answer 4.④ 5.④ 6.③

7 **보통골재를 사용한 철근콘크리트 보에 콘크리트 압축강도 ($f_{ck} = 24MPa$), 철근의 항복강도 ($f_y = 400MPa$)의 재료를 사용할 경우 탄성계수비는 약 얼마인가? (단, $E_s = 2 \times 10^5 MPa$)**

① 6.75
② 7.75
③ 8.25
④ 9.15

TIP 탄성계수비는 콘크리트의 탄성계수에 대한 철근의 탄성계수이다.
보통골재(콘크리트의 단위질량값이 2300kg/m3)를 사용한 콘크리트의 탄성계수는
$E_c = 8500 \times \sqrt[3]{f_{cu}} = 8500 \times \sqrt[3]{f_{ck} + \Delta f} = 8500 \sqrt[3]{24+4} = 2581 N/mm^2$
($f_{ck} \leq 40MPa$인 경우 $\Delta f = 4MPa$이며, $f_{ck} \geq 60MPa$인 경우는 $\Delta f = 6MPa$이며, 그 사이는 직선보간법으로 구한다.)
이에 따라 탄성계수비는 $n = \frac{E_s}{E_c} = \frac{20000}{2581} \fallingdotseq 7.75$

8 **다음은 콘크리트의 크리프 현상에 관한 사항들이다. 이 중 바르지 않은 것은?**

① 물시멘트비가 증가할수록 크리프는 커진다.
② 온도가 높을수록 크리프는 증가한다.
③ 상대습도가 높을수록 크리프는 증가한다.
④ 부재의 치수가 클수록 크리프는 감소한다.

TIP 상대습도가 높을수록 크리프는 적게 발생한다.

9 **다음은 여러 가지 철근에 관한 사항들이다. 이 중 바르지 않은 것은?**

① 주철근은 설계하중에 의하여 그 단면적이 정해지는 철근으로서 정철근과 부철근으로 나뉜다.
② 배력철근은 응력을 분포시킬 목적으로 배치되는 철근으로 정철근과 부철근의 직각에 가까운 방향으로 배치한 보조적인 철근이다.
③ 전단보강근은 전단력에 저항하도록 배치하는 철근으로 사인장철근, 복부보강근이라고도 한다.
④ 옵셋굽힘철근은 폐쇄 띠철근이나 연속적으로 감은 띠철근을 말한다.

TIP 옵셋굽힘철근은 기둥연결부에서 단면의 치수가 변하는 경우에 배치되는 구부린 주철근이다. 폐쇄 띠철근이나 연속적으로 감은 띠철근은 후프라고 한다.

Answer 7.② 8.③ 9.④

10 다음 중 콘크리트의 압축강도가 증가할수록 그 성능이 감소하는 것은?

① 연성
② 휨저항성능
③ 부착성능
④ 전단저항성능

TIP 실험결과 콘크리트의 압축강도가 증가할수록 연성이 감소하게 된다.

11 다음은 철근콘크리트 부재에 관한 사항들이다. 이 중 바르지 않은 것은?

① 철근의 표면상태와 단면형상에 따라 부착력은 변하게 된다.
② 철근의 피복두께는 주근의 중심으로부터 콘크리트의 표면까지의 거리이다.
③ 콘크리트는 철근의 좌굴을 방지하는 역할을 한다.
④ 보에 연직하중이 작용하게 되면 중립축 상부에는 압축응력이 발생하게 된다.

TIP 철근의 피복두께는 가장 바깥쪽에 배치된 철근의 표면으로부터 콘크리트의 표면까지의 거리이다.

12 직경 150mm, 길이 300mm인 콘크리트 공시체의 쪼갬인장강도 시험에서 최대하중이 1000kN이었다면 이 공시체의 인장강도는?

① 7.21MPa
② 10.28MPa
③ 14.14MPa
④ 18.26MPa

TIP
$$f_{sp}=\frac{2P}{\pi \cdot d \cdot L}=\frac{2(1000\times 10^3)}{\pi(150)(300)}=14.14MPa$$

13 다음 중 철근콘크리트의 단면산정이나 응력을 계산할 경우 주로 사용하는 탄성계수의 종류는?

① 할선탄성계수
② 영계수
③ 접선탄성계수
④ 초기접선계수

TIP 철근콘크리트의 단면산정이나 응력을 계산할 경우 주로 사용하는 탄성계수는 할선탄성계수이다.

Answer 10.① 11.② 12.③ 13.①

14 어떤 재료의 탄성변형량이 10mm이고 크리프의 변형량이 30mm라면 이 재료의 크리프계수는?

① 1.0 ② 2.0
③ 3.0 ④ 4.0

TIP 크리프계수는 크리프변형률을 탄성변형률로 나눈 값이므로 이 문제의 경우 3.0이 된다.

15 옥외의 공기나 흙에 직접 접하지 않고 프리스트레스하지 않은 콘크리트 슬래브 부재의 인장철근으로 D32를 사용하고 있다. 이때 이 D32철근의 최소피복두께는?

① 20mm ② 40mm
③ 50mm ④ 60mm

TIP 프리스트레스하지 않은 부재의 현장치기콘크리트의 최소피복두께

종류			피복두께
수중에서 타설하는 콘크리트			100mm
흙에 접하여 콘크리트를 친 후 영구히 흙에 묻혀있는 콘크리트			75mm
흙에 접하거나 옥외의 공기에 직접 노출되는 콘크리트	D19 이상의 철근		50mm
	D16 이하의 철근 지름 16mm이하의 철선		40mm
옥외의 공기나 흙에 직접 접하지 않는 콘크리트	슬래브,벽체,장선	D35 초과철근	40mm
		D35 이하철근	20mm
	보, 기둥	$f_{ck} < 40\text{MPa}$	40mm
		$f_{ck} \geq 40\text{MPa}$	30mm
	쉘, 절판부재		20mm

단, 보와 기둥의 경우 f_{ck}(콘크리트의 설계기준압축강도)가 40MPa 이상이면 위에 제시된 피복두께에서 최대 10mm만큼 피복두께를 저감시킬 수 있다.

Answer 14.③ 15.①

02 콘크리트 구조체의 설계법

❶ 콘크리트 구조체의 설계법

(1) 허용응력설계법

① 허용응력설계법의 정의 … 부재에 작용하는 실제하중에 의해 단면 내에 발생하는 각종 응력이 그 재료의 허용응력 범위 이내가 되도록 설계하는 방법으로서 안전을 도모하기 위하여 재료의 실제강도를 적용하지 않고 이 값을 일정한 수치(안전률)로 나눈 허용응력을 기준으로 한다는 것이 특징이다. 허용응력설계법은 하중이 작용할 때 그 재료가 탄성거동하는 것을 기본원리로 하고 있으며 또한 그 원리에 따라 사용하중의 작용에 의한 부재의 실제응력이 지정된 그 재료의 허용응력을 넘지 않도록 설계하는 방법이다.

소요강도(하중계수 × 하중) ≤ 설계강도(강도감소계수 × 강도)

② 허용응력설계법의 특성

㉠ 설계 계산이 매우 간편하다.

㉡ 부재의 강도를 알기가 어렵다.

㉢ 파괴에 대한 두 재료의 안전도를 일정하게 만들기가 어렵다.

㉣ 성질이 다른 하중들의 영향을 설계상에 반영할 수 없다.

| 기출예제 01 2014 서울시 (7급)

콘크리트구조물의 설계에서 강도설계법의 강도 관계식으로 옳은 것은? (단, M_d는 설계강도, M_n은 공칭강도, M_u는 소요강도, ϕ는 강도감소계수이다)

① $M_u \le M_d = \phi M_n$

② $M_d = M_u \le \phi M_n$

③ $M_d \le \phi M_n \le M_u$

④ $M_n = \phi M_d \ge M_u$

⑤ $M_u = M_d \le \phi M_n$

*

소요강도 ≤ 설계강도 = 강도감소계수 × 공칭강도 이며 이를 기호로 표시하면 $M_u \le M_d = \phi M_n$ 가 된다.

답 ①

(2) 극한강도설계법

① **극한강도설계법의 정의** … 부재의 강도가 사용하중에 하중계수를 곱한 값인 계수하중을 지지할 수 있는 이상의 강도를 발휘할 수 있도록 설계하는 방법이다. 극한강도설계법에서는 인장측의 콘크리트강도를 무시해 버리지만 허용응력설계법에서는 콘크리트가 아직 파괴가 된 상태가 아니므로 탄성체로 가정하며 철근의 거동은 콘크리트의 거동과 일체화되어 이루어진다.

② **극한강도설계법의 특성**

㉠ 안전도의 확보가 확실하다.
㉡ 서로 다른 하중의 특성을 하중계수에 의해 설계에 반영할 수 있다.
㉢ 콘크리트 비선형응력-변형률을 고려해 허용응력설계법보다 실제에 가깝다.
㉣ 서로 다른 재료의 특성을 설계에 합리적으로 반영시키기 어렵다.
㉤ 사용성의 확보를 별도로 검토해야 한다.

③ **극한강도설계법이 필요한 이유**

㉠ 콘크리트는 완전 탄성체가 아니로 소성체에 가깝다.
㉡ 콘크리트의 응력과 변형률은 낮은 응력에서는 비례하지만 응력이 높아질수록 비례하지 않는다.
㉢ 탄성이론에 의해 설계된 콘크리트 부재가 파괴될 때의 응력분포는 이론과 실제가 다르다.
㉣ 예상 최대하중이 작용할 때 적당한 안전율을 가지고 파괴에 이르도록 설계하는 것이 합리적이다.

기출예제 02 2007 국가직 (7급)

철근콘크리트 강도설계법에 있어서 안전규정에 강도감소계수를 규정하는 이유가 아닌 것은?

① 재료의 품질변동과 시험오차에서 오는 재료의 강도차이
② 시공상에서 오는 단면의 치수차이
③ 응력계산 오차
④ 초과하중의 재하

철근콘크리트 강도설계법에서 초과하중의 재하는 하중계수를 규정하는 이유이다.

답 ④

(3) 허용응력설계법과 극한강도설계법의 비교

① **허용응력설계법의 원리** … 재료의 허용응력이 그 재료에 가해지는 응력보다 크도록 설계한다.

② **극한강도설계법의 원리** … 부재의 강도는 작용하는 하중에 하중계수를 곱한 계수하중을 지지하는 데 요구되는 강도보다 크도록 설계한다.

③ 허용응력설계법은 콘크리트의 응력을 선형으로 가정하는 탄성설계법이며 변형 전에 부재축에 수직한 평면은 변형 후에도 부재축에 수직이다.

④ 극한강도설계법은 콘크리트의 극한상태에서의 응력분포는 포물성 형태이나 설계 편의상 직사각형으로 가정한다.

TIP

허용응력설계법과 강도설계법 비교표

구분	허용응력설계법	강도설계법
개념	응력개념	강도개념
설계하중	사용하중	극한하중
재료특성	탄성범위	소성범위
안전확보	허용응력규제	하중계수를 고려

checkpoint

철근콘크리트해석을 강도설계법으로 하는 이유

㉠ 콘크리트는 완전탄성체가 아닌, 소성체이므로 예측하기 어려운 비탄성 거동을 하게 된다.
㉡ 따라서 탄성이론에 의해 설계된 콘크리트부재가 파괴될 때의 응력분포는 이론치와 실재치가 일치하지 않으며, 허용응력설계법으로 콘크리트부재를 설계를 하면 강도설계법으로 설계를 할 때보다 훨씬 많은 비용이 소요된다.
㉢ 이러한 이유로 최대예상작용하중이 가해지는 경우 적정한 수준의 안전성을 확보하여 파괴에 이르도록 설계하는 것이 경제적으로 합리적이다.
㉣ 따라서 현재는 콘크리트 구조설계에 허용응력설계법을 사용하지 않고, 강도설계법으로 설계를 한다.

(4) 계수하중 산정식

① 하중계수의 사용이유

㉠ 예상하지 못한 초과 활하중이 발생할 수 있다.

㉡ 사용 중에 여러 종류의 하중이 추가될 수 있다.

㉢ 서로 다른 하중 간의 상호작용에 의해 하중이 증가될 수 있다.

㉣ 구조해석을 위해 구조물을 모델링할 때 부정확성과 오류가 발생할 수 있다.

② 하중조합에 의한 콘크리트구조기준 KCI 2012 소요강도(U)

$U=1.4(D+F)$

$U=1.2(D+F+T)+1.6(L+a_H \cdot H_v+H_h)+0.5(L_r \text{ or } S \text{ or } R)$

$U=1.2D+1.6(L_r \text{ or } S \text{ or } R)+(1.0L \text{ or } 0.65W)$

$U=1.2D+1.3W+1.0L+0.5(L_r \text{ or } S \text{ or } R)$

$U=1.2(D+H_v)+1.0E+1.0L+0.2S+(1.0H_h \text{ or } 0.5H_h)$

$U=1.2(D+F+T)+1.6(L+a_H \cdot H_v)+0.8H_h+0.5(L_r \text{ or } S \text{ or } R)$

$U=0.9(D+H_v)+1.3W+(1.6H_h \text{ or } 0.8H_h)$

$U=0.9(D+H_v)+1.0E+(1.0H_h \text{ or } 0.5H_h)$

(단, D는 고정하중, L은 활하중, W는 풍하중, E는 지진하중, S는 적설하중, H_v는 흙의 자중에 의한 연직방향 하중, H_h는 흙의 횡압력에 의한 수평방향 하중, α 는 토피 두께에 따른 보정계수를 나타내며 F는 유체의 밀도를 알 수 있고, 저장 유체의 높이를 조절할 수 있는 유체의 중량 및 압력에 의한 하중 또는 이에 의해서 생기는 단면력이다.)

㉠ 차고, 공공장소, $L \geq 5.0kN/m^2$인 모든 장소 이외에는 활하중(L)을 0.5L로 감소시킬 수 있다.

㉡ 지진하중 E에 대하여 사용수준 지지력을 사용하는 경우 지진하중은 1.4E를 적용한다.

㉢ 흙, 지하수 또는 기타 재료의 횡압력에 의한 수평방향하중(H_h)와 연직방향하중(H_v)로 인한 하중효과가 풍하중(W) 또는 지진하중(E)로 인한 하중효과를 상쇄시키는 경우 수평방향하중(H_h)와 연직방향하중(H_v)에 대한 계수는 0으로 한다.

㉣ 측면토압이 다른 하중에 의한 구조물의 거동을 감소시키는 저항효과를 준다면 이를 수평방향하중에 포함시키지 않아야 하지만 설계강도를 계산할 경우에는 수평방향하중의 효과를 고려해야 한다.

TIP

하중조합

㉠ 하중계수는 발생가능한 최대하중을 고려한 것이다.

㉡ 1.2D+1.6L에서 활하중이 0인 경우 이를 1.4D로 수정해서 계산하는 이유는 1.2D만으로는 충분한 안전이 고려되지 않기 때문이다.

㉢ 0.9D+1.3W에서 0.9를 D에 곱해주는 이유는 풍하중의 영향을 저감시킬 수 있는 중력의 효과를 고려한 것이다.

㉣ 공간이 많이 생기는 대형 철골조 창고나 공장의 경우 풍하중에 의한 양력효과를 고려하여 인발설계를 해야 한다.

| 기출예제 03 2011 지방직 (7급)

건축구조기준(KDS 41)에 따라, 철근콘크리트 구조물을 설계할 때 하중계수와 하중조합을 고려한 소요강도계산식으로 옳지 않은 것은?

〈보기〉

D : 고정하중 또는 이에 의해서 생기는 단면력
L : 활하중 또는 이에 의해서 생기는 단면력
Lr : 지붕활하중 또는 이에 의해서 생기는 단면력
W : 풍하중 또는 이에 의해서 생기는 단면력
E : 지진하중 또는 이에 의해서 생기는 단면력
S : 적설하중 또는 이에 의해서 생기는 단면력
R : 강우하중 또는 이에 의해서 생기는 단면력
H : 토피의 두께에 따른 연직방향 하중 Hv에 대한 보정계수
F : 유체의 중량 및 압력에 의한 하중 또는 이에 의해서 생기는 단면력
Hv : 흙, 지하수 또는 기타 재료의 자중에 의한 연직방향 하중 또는 이에 의해서 생기는 단면력
Hh : 흙, 지하수 또는 기타 재료의 횡압력에 의한 수평방향하중 또는 이에 의해서 생기는 단면력

① U=1.4(D+F+Hv)
② U=1.2 D+1.0 E+1.0 L+0.2 S
③ U=0.9 D+1.3W+1.6(HHv+Hh)
④ U=1.4 D+1.7(Lr 또는 S 또는 R)+(1.0L 또는 0.65W)

*

U=1.2D+1.6(Lr or S or R)+(1.0L or 0.65W)
철근콘크리트구조 설계 시 적용하는 하중조합은 다음과 같다.
U=1.4(D+F)
U=1.2(D+F+T)+1.6(L+a_hHv+Hh)+0.5(Lr or S or R)
U=1.2D+1.6(Lr or S or R)+(1.0L or 0.65W)
U=1.2D+1.3W+1.0L+0.5(Lr or S or R)
U=1.2(D+Ho)+1.0E+1.0L+0.2S+(1.0Hh or 0.5Hh)
U=1.2(D+F+T)+1.6(L+a_hHv)+0.8Hh+0.5(Lr or S or R)
U=0.9(D+Hv)+1.3W+(1.6Hh or 0.8Hh)
U=0.9(D+Hv)+1.0E+(1.0Hh or 0.5Hh)

답 ④

(5) 강도감소계수

① 강도감소계수의 사용이유

㉠ 재료의 강도와 치수가 변동할 수 있으므로 부재의 강도 저하 확률에 대비한 여유

㉡ 부정확한 설계방정식에 대비한 여유

㉢ 주어진 하중 조건에 대한 부재의 연성도와 소요신뢰도

㉣ 구조물에서 차지하는 부재의 중요도 반경

기출예제 04 2013 국가직

철근콘크리트 부재의 설계강도를 계산할 때 가장 작은 강도감소 계수를 사용하는 경우는?

① 나선철근으로 보강되지 않은 부재의 압축지배 단면

② 전단력과 비틀림모멘트를 받는 부재

③ 포스트텐션 정착구역

④ 인장지배 단면

*

① 나선철근으로 보강되지 않은 부재의 압축지배 단면 : 0.65
② 전단력과 비틀림모멘트를 받는 부재 : 0.75
③ 포스트텐션 정착구역 : 0.85
④ 인장지배 단면 : 0.85

답 ①

② 부재와 하중의 종류별 강도감소계수

부재 또는 하중의 종류	강도감소계수
인장지배단면	0.85
압축지배단면 – 나선철근부재	0.70
압축지배단면 – 스터럽 또는 띠철근부재	0.65
전단력과 비틀림모멘트	0.75
콘크리트의 지압력	0.65
포스트텐션 정착구역	0.85
스트럿타이 – 스트럿, 절점부 및 지압부	0.75
스트럿타이 – 타이	0.85
무근콘크리트의 휨모멘트, 압축력, 전단력, 지압력	0.55

최근 기출문제 분석

2014 서울시 (7급)

1 **철근콘크리트구조의 강도설계법에서 강도감소계수를 사용하는 이유를 설명한 것으로 부적절한 것은?**

① 부정확한 설계 방정식에 대한 여유 확보
② 주어진 하중조건에 대한 부재의 연성능력과 신뢰도 확보
③ 구조물에서 차지하는 구조부재의 중요도 반영
④ 구조물에 작용하는 하중의 불확실성에 대한 여유 확보
⑤ 시공 시 재료의 강도와 부재치수의 변동 가능성 고려

TIP 구조물에 작용하는 하중의 불확실성에 대한 여유 확보하기 위한 것은 하중계수이다.

2011 지방직 (7급)

2 **건축구조기준(KDS 41)에 따라, 철근콘크리트 구조물을 설계할 때 하중계수와 하중조합을 고려한 소요강도계산식으로 옳지 않은 것은?**

〈보기〉

D : 고정하중 또는 이에 의해서 생기는 단면력
L : 활하중 또는 이에 의해서 생기는 단면력
Lr : 지붕활하중 또는 이에 의해서 생기는 단면력
W : 풍하중 또는 이에 의해서 생기는 단면력
E : 지진하중 또는 이에 의해서 생기는 단면력
S : 적설하중 또는 이에 의해서 생기는 단면력
R : 강우하중 또는 이에 의해서 생기는 단면력
H : 토피의 두께에 따른 연직방향 하중 Hv에 대한 보정계수
F : 유체의 중량 및 압력에 의한 하중 또는 이에 의해서 생기는 단면력
Hv : 흙, 지하수 또는 기타 재료의 자중에 의한 연직방향 하중 또는 이에 의해서 생기는 단면력
Hh : 흙, 지하수 또는 기타 재료의 횡압력에 의한 수평방향하중 또는 이에 의해서 생기는 단면력

Answer 1.④ 2.④

① U=1.4(D+F+Hv)

② U=1.2 D+1.0 E+1.0 L+0.2 S

③ U=0.9 D+1.3W+1.6(HHv+Hh)

④ U=1.4 D+1.7(Lr 또는 S 또는 R)+(1.0L 또는 0.65W)

TIP U=1.2D+1.6(Lr or S or R)+(1.0L or 0.65W)
철근콘크리트구조 설계 시 적용하는 하중조합은 다음과 같다.
U=1.4(D+F)
U=1.2(D+F+T)+1.6(L+a_hHv+Hh)+0.5(Lr or S or R)
U=1.2D+1.6(Lr or S or R)+(1.0L or 0.65W)
U=1.2D+1.3W+1.0L+0.5(Lr or S or R)
U=1.2(D+Ho)+1.0E+1.0L+0.2S+(1.0Hh or 0.5Hh)
U=1.2(D+F+T)+1.6(L+a_hHv)+0.8Hh+0.5(Lr or S or R)
U=0.9(D+Hv)+1.3W+(1.6Hh or 0.8Hh)
U=0.9(D+Hv)+1.0E+(1.0Hh or 0.5Hh)

2009 국가직

3 철근콘크리트구조설계에 사용되는 강도설계법에 관한 설명으로 옳은 것은?

① 구조재의 강도를 안전율로 나눈 허용응력으로 설계하여 구조물의 안전성을 확보한다.

② 부재의 종류에 관계없이 강도감소계수는 일정한 값이 적용된다.

③ 지진하중을 포함하는 하중조합의 지진하중계수는 1.0으로 한다.

④ 하중계수를 적용하는 경우 강도감소계수는 적용하지 않는다.

TIP ① 구조재의 강도를 안전율로 나눈 허용응력으로 설계하여 구조물의 안전성을 확보하는 것은 허용응력설계법이다.

Answer 3.①

출제 예상 문제

1 다음은 극한강도설계법에서 하중계수를 사용하는 이유로 바르지 않은 것은?

① 예상하지 못한 초과 활하중이 발생할 수 있기 때문이다.
② 재료의 강도와 치수가 변동할 수 있으므로 부재의 강도 저하 확률에 대비한 여유를 확보하기 위함이다.
③ 서로 다른 하중간의 상호작용에 의해 하중이 증가될 수 있음을 고려한 것이다.
④ 구조해석을 위해 구조물을 모델링할 때 부정확성과 오류가 발생할 수 있음을 고려한 것이다.

TIP 재료의 강도와 치수가 변동할 수 있으므로 부재의 강도 저하 확률에 대비한 여유를 확보하기 위해 사용하는 것은 강도감소계수이다.

2 다음 중 인장지배단면의 강도감소계수값으로 바른 것은?

① 0.65 ② 0.70
③ 0.80 ④ 0.85

TIP

부재 또는 하중의 종류	강도감소계수
인장지배단면	0.85
압축지배단면 - 나선철근부재	0.70
압축지배단면 - 스터럽 또는 띠철근부재	0.65
전단력과 비틀림모멘트	0.75
콘크리트의 지압력	0.65
포스트텐션 정착구역	0.85
스트럿타이 - 스트럿, 절점부 및 지압부	0.75
스트럿타이 - 타이	0.85
무근콘크리트의 휨모멘트, 압축력, 전단력, 지압력	0.55

Answer 1.② 2.④

3 **다음 중 극한강도설계법에 관한 사항으로서 바르지 않은 것은?**

① 안전성을 중시한 설계법이다.

② 재료의 소성파괴 범위까지 고려하여 설계하는 방법이다.

③ 비선형 해석이 이루어진다.

④ 설계하중은 사용하중을 적용한다.

TIP 극한강도설계법은 설계하중으로 계수하중을 적용하며 허용응력설계법에서는 설계하중으로 사용하중을 적용한다.

4 **다음 중 강도설계법에서 사용되는 강도의 관계식으로 바른 것은? (단, M_d는 설계휨강도, M_n는 공칭휨강도, M_u는 소요휨강도, ϕ는 강도감소계수이다.)**

① $M_d = M_u \geq \phi M_n$

② $M_d = \phi M_n \geq M_u$

③ $M_n = \phi M_d \geq M_u$

④ $M_u = \phi M_d \geq M_n$

TIP 강도감소계수×공칭강도 ≥ 하중계수×사용하중

5 **강도설계법에서 철근콘크리트보에 고정하중모멘트가 100kN · m, 활하중모멘트가 200kN · m가 작용할 경우 부재설계용 극한모멘트의 크기는?**

① 360kN · m

② 440kN · m

③ 500kN · m

④ 560kN · m

TIP 휨부재의 하중조합에 따라

$M_u = 1.2M_D + 1.6M_L = 1.2(100) + 1.6(200) = 440kN \cdot m$

Answer 3.④ 4.② 5.②

6 고정하중 및 활하중에 의한 전단력이 각각 50kN, 20kN일 때 강도설계법에서의 소요전단강도는?

① 48kN
② 64kN
③ 76kN
④ 92kN

TIP 전단부재의 하중조합은 다음과 같다.
$V_u = 1.2V_D + 1.6V_L = 1.2(50) + 1.6(20) = 92kN$

7 자중이 20kN/m이며 활하중이 30kN/m의 등분포하중인 경간 10m의 단순보에 작용하는 최대 계수 휨 모멘트는?

① 600kN · m
② 750kN · m
③ 900kN · m
④ 1200kN · m

TIP $w_u = 1.2D + 1.6L = 1.2(20) + 1.6(30) = 72kN/m$
$M_n = \frac{w_n \cdot L^2}{8} = \frac{(72)(10)^2}{8} = 900kN \cdot m$

Answer 6.④ 7.③

03 휨부재 설계

1 휨부재 설계

(1) 철근콘크리트보의 구조제한

① 보의 구조제한

㉠ 주근은 D13 이상으로 배근해야 한다.

㉡ 주근의 간격은 25mm 이상이어야 하며 철근의 공칭직경 이상, 굵은 골재 최대치수의 4/3 이상이어야 한다.

㉢ 철근의 피복두께는 40mm 이상이어야 한다. (단, $f_{ck} \geq 40MPa$일 때 30mm 이상이어야 있다.)

㉣ 주요한 보는 전 지간에 걸쳐 복배근을 해야 한다.

㉤ 보의 횡방향 지점간 거리는 압축플랜지 도는 압축면의 최소폭의 50배 이하로 한다.

㉥ 주근의 순간격 : 25mm 이상, 철근의 공칭직경 이상, 굵은 골재 최대치수의 4/3 이상이어야 한다.

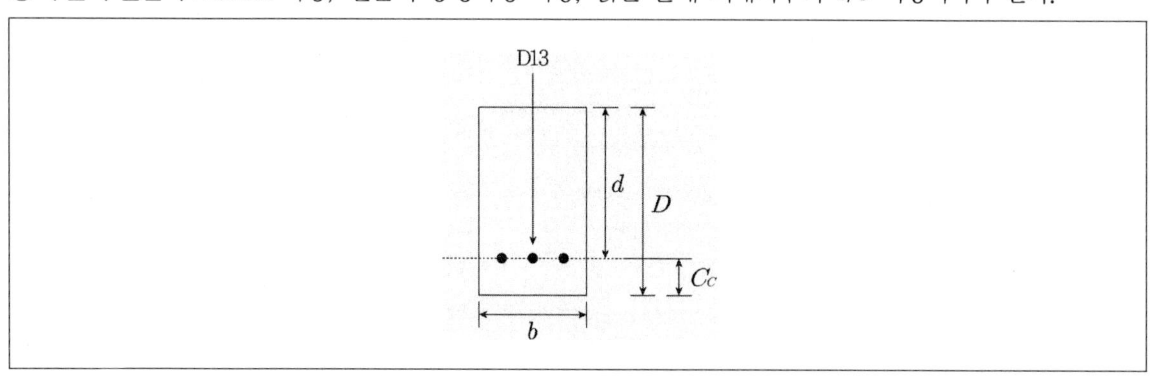

TIP

보는 전단력과 축력에도 저항을 하지만 주요한 기능은 휨에 대한 저항으로 본다.

(2) 극한강도설계법을 통한 보의 설계

① 설계가정

㉠ 변형 전에 부재축에 수직한 평면은 변형 후에도 부재축과 수직을 이룬다.

㉡ 변형률은 중립축으로부터의 거리에 비례한다.

㉢ 압축측 연단에서의 콘크리트의 최대 변형률은 0.003이다.

㉣ 콘크리트의 인장강도는 무시한다.

㉤ 철근에 발생하는 변형률은 같은 위치의 콘크리트에 발생하는 변형률과 같다.

㉥ 철근의 응력은 $f_s \le f_y$일 때 $f_s = \varepsilon_s E_s$, $f_s > f_y$일 때 $f_s = f_y$로 본다.

㉦ 극한강도 상태에서 콘크리트의 응력은 변형도에 비례하지 않는다.

㉧ 콘크리트 파괴 시의 실재 압축응력분포형은 포물선 형태이다. 그러나 강도설계법에서는 콘크리트의 압축응력 분포와 콘크리트의 변형률 사이의 관계는 직사각형, 사다리꼴, 포물선형 또는 기타 어떤 형상으로도 가정이 가능하며 강도의 예측에서 광범위한 실험의 결과와 실질적으로 일치하는 형상이어야 한다.

㉨ 직사각형으로 가정할 경우 구조설계기준에서는 $0.85f_{ck}$로 균등하게 압축연단으로부터 $a=\beta_1 c$까지 등분포된 형태로 가정해서 설계하고 있다.

| 기출예제 01 2011 국가직 (7급)

극한강도설계법에서 철근콘크리트 휨부재의 단면에 대한 설명으로 옳지 않은 것은?

① 균형변형률 상태에서 철근과 콘크리트의 응력은 중립축에서부터의 거리에 비례한다.
② 압축측 연단의 콘크리트 최대변형률은 0.003이다.
③ 부재의 휨강도 계산에서 콘크리트의 인장강도는 무시한다.
④ 압축연단의 콘크리트 변형률이 0.003에 도달함과 동시에 인장철근의 변형률이 항복변형률에 도달하는 경우의 철근비를 균형철근비라 한다.

✱ 균형변형률 상태에서 철근과 콘크리트의 변형률은 중립축에서부터의 거리에 비례하지만 철근과 콘크리트의 응력은 비례한다고 볼 수 없다.

답 ①

② 설계공식

㉠ 콘크리트가 받는 압축력과 철근이 받는 인장력은 서로 평형을 이룬다. 즉, $C=0.85f_{ck}ab$, $T=A_s f_y$이며 $C=T$이므로 $0.85f_{ck}=A_s f_y$로부터 등가직사각형 블록의 깊이 $a=\dfrac{A_s f_y}{0.85f_{ck}b}$를 알 수 있고 $a=\beta_1 c$를 통해 중립축거리 c를 알 수 있다.

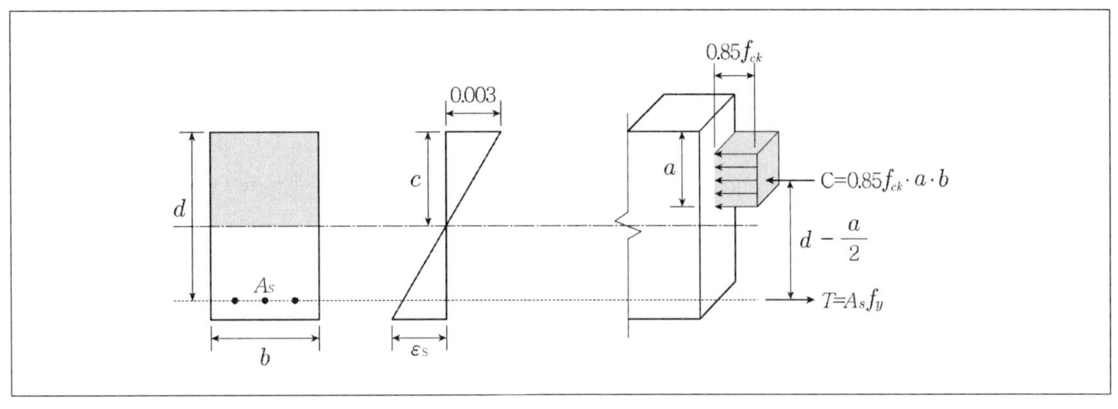

㉡ 균형보에 있어 등가직사각형 응력블록의 깊이 : $a = \beta_1 c$ (β_1 : 등가압축영역계수, c : 중립축거리)

f_{ck}	등가압축영역계수 β_1
$f_{ck} \leq 28Mpa$	$\beta_1 = 0.85$
$f_{ck} > 28Mpa$	$\beta_1 = 0.85 - 0.007(f_{ck} - 28) \geq 0.65$
$f_{ck} > 56Mpa$	$\beta_1 = 0.65$

기출예제 02 2014 국가직

철근콘크리트 단근직사각형보를 강도설계법으로 설계할 때, 콘크리트의 압축력[kN]에 가장 가까운 것은? (단, 보의 폭(b)은 300mm, 콘크리트 설계기준압축강도(f_{ck})는 30MPa, 압축연단에서 중립축까지의 거리(c)는 100mm이다.)

① 630 ② 640

③ 650 ④ 760

✱

중립축거리(c)와 압축응력 등가블럭깊이(a)의 관계는 $a = \beta_1 C$가 성립하며 등가압축영역계수 β_1은 다음의 표를 따른다.

f_{ck}	등가압축영역계수 β_1
$f_{ck} \leq 28MPa$	$\beta_1 = 0.85$
$f_{ck} \geq 28MPa$	$\beta_1 = 0.85 - 0.007(f_{ck} - 28) \geq 0.65$

$\beta_1 = 0.85 - 0.007(30 - 28) = 0.0836 \geq 0.65$

$C = 0.85 f_{ck} ab = 0.85 \cdot 30 \cdot 0.0836 \cdot 100 \cdot 300 = 63,954 = 640[kN]$

답 ②

㉢ 단면의 공칭휨강도(M_n, 단면저항모멘트 : 주어진 단면에서 저항할 수 있는 모멘트)

$$M_n = M_{rc} = M_{rs} = T \cdot z = C \cdot z = A_s f_y \left(d - \frac{a}{2}\right) = 0.85 f_{ck} ab \left(d - \frac{a}{2}\right)$$

$a = \dfrac{A_s f_y}{0.85 f_{ck} b}$ 이므로 $q = \rho \dfrac{f_y}{f_{ck}}$ 라 놓으면 $M_n = f_y \rho b d^2 (1 - 0.59q) = f_{ck} q b d^2 (1 - 0.59q)$

㉣ 설계휨강도(M_d) : 공칭휨강도에 강도감소계수를 곱한 값이다.

$$M_d = \phi M_n = \phi M_{rc} = \phi M_{rs} = \phi T \cdot z = \phi C \cdot z = \phi A_s f_y \left(d - \frac{a}{2}\right) = \phi 0.85 f_{ck} ab \left(d - \frac{a}{2}\right)$$

$$M_d = \phi M_n = \phi f_y \rho b d^2 (1 - 0.59q) = \phi f_{ck} q b d^2 (1 - 0.59q)$$

| 기출예제 03 2011 지방직

보폭(b)이 400mm인 직사각형 단근보에서 인장철근이 항복할 때 등가직사각형 응력블록의 깊이(a)는? (단, 인장철근량 A_s = 2,700mm^2, 콘크리트 설계기준압축강도 f_{ck} = 27MPa, 철근 설계기준항복강도 f_y = 400MPa이다)

① 100.0mm ② 117.6mm

③ 133.3mm ④ 153.8mm

✱

등가응력블록깊이 $a = \dfrac{A_s f_y}{0.85 f_{ck} b} = 117.6mm$

답 ②

(3) 보의 연성파괴와 취성파괴

① 연성파괴

㉠ 압축측 콘크리트가 파괴되기 전에 먼저 항복하여 균열과 처짐이 점진적으로 발달하고 중립축이 압축측으로 이동하면서 콘크리트의 압축변형률이 극한변형률 0.003에 이르러 보가 파괴된다.

㉡ 연성파괴는 철근이 항복한 후에 상당한 연성을 나타내기 때문에 파괴가 갑작스럽게 일어나지 않고 단계적으로 서서히 파괴된다.

㉢ 과보강 단면에서 발생되는 파괴이다.

② 취성파괴

㉠ 철근량이 많은 경우에는 철근이 항복하기 전에 콘크리트의 변형률이 극한변형률 0.003에 도달하여 파괴 시 변형이 크게 발생하지 않고 압축측에서 갑자기 콘크리트의 파괴를 일으키며 중립축의 위치가 인장측으로 이동한다.

㉡ 철근의 재료특성인 항복강도와 연성을 활용하지 못해서 비경제적이다.

㉢ 저보강 단면에서 발생되는 파괴이다.

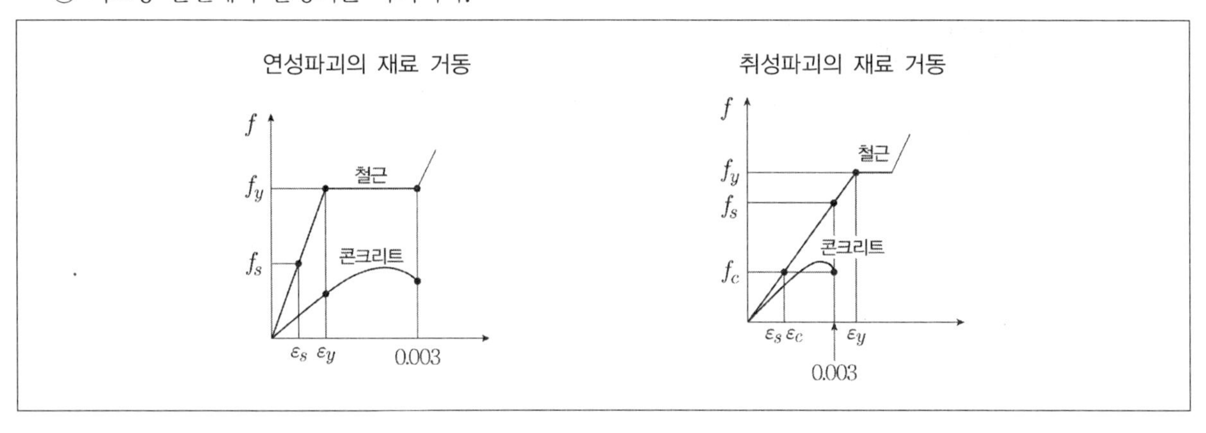

TIP

좌측의 그래프처럼 철근이 항복을 한 후에도 콘크리트는 변형이 서서히 이루어져야만 콘크리트의 처짐, 균열 등을 인지하고 사전에 대피할 수 있다. 우측과 같이 철근이 항복하기도 전에 콘크리트가 갑자기 부러지듯이 파괴가 되어버리면 문제를 인지하지도 못하고 사고가 나게 된다.

③ 과소철근보와 과다철근보

㉠ **과소철근보(저보강보)** : 균형철근비보다 철근을 적게 넣어 연성파괴가 되도록 한 보

㉡ **과다철근보(과보강보)** : 균형철근비보다 철근을 많이 넣어 취성파괴가 되도록 한 보

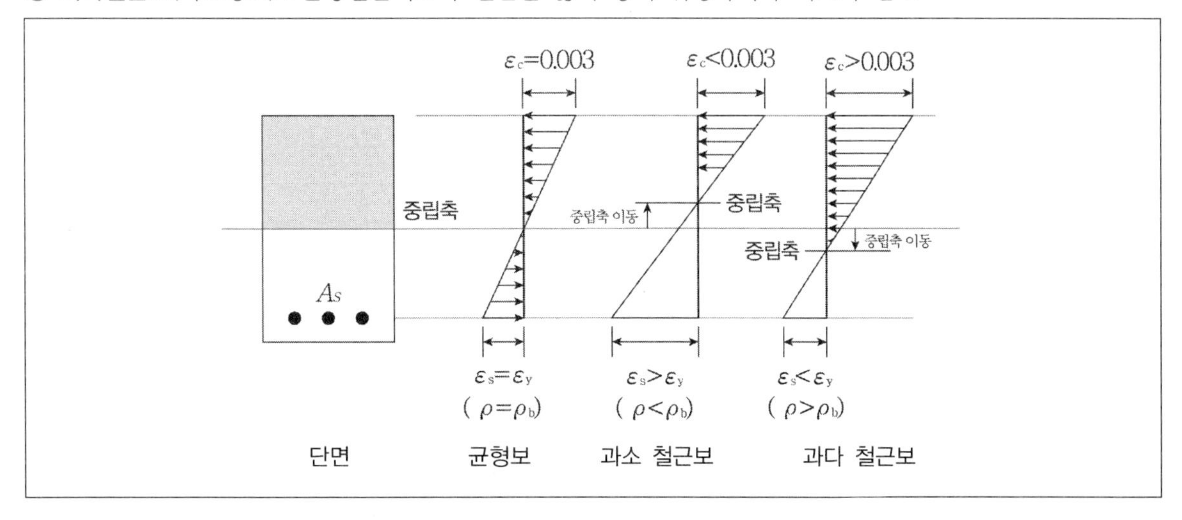

(4) 철근비

① 철근비의 정의

㉠ 콘크리트의 유효단면적(보의 유효춤과 보의 폭을 곱한 값)에 대한 철근단면적의 비이다.

㉡ 철근비는 철근콘크리트 부재의 성능을 결정짓는 주요한 요소이므로 필히 검토되어야 하는 사항이다.

㉢ 철근콘크리트보의 파괴양상에 따라 균형철근비, 과다철근비, 과소철근비로 구분된다.

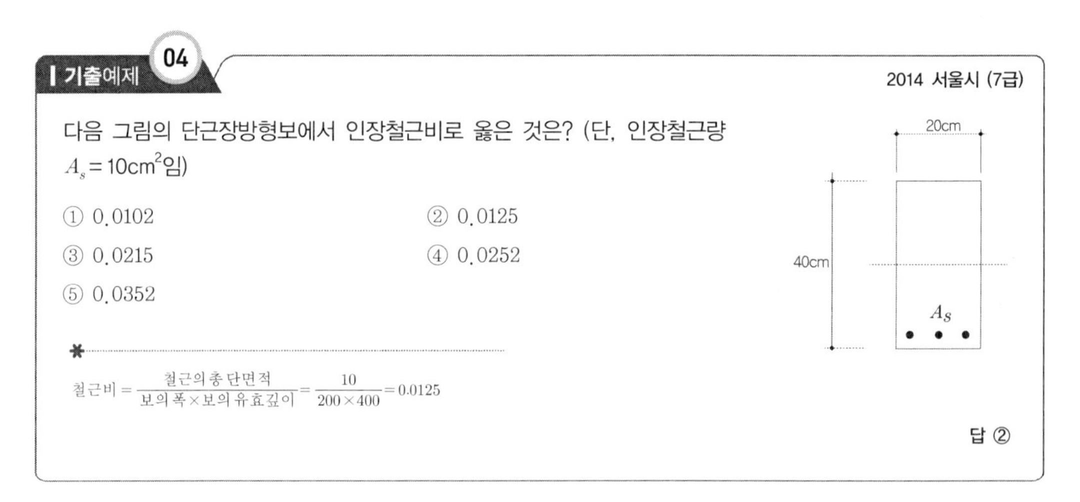

기출예제 04 2014 서울시 (7급)

다음 그림의 단근장방형보에서 인장철근비로 옳은 것은? (단, 인장철근량 $A_s = 10\text{cm}^2$임)

① 0.0102
② 0.0125
③ 0.0215
④ 0.0252
⑤ 0.0352

$$\text{철근비} = \frac{\text{철근의 총 단면적}}{\text{보의 폭} \times \text{보의 유효깊이}} = \frac{10}{200 \times 400} = 0.0125$$

답 ②

② 균형철근비

㉠ 균형철근비 일반사항

- 균형변형률 상태에 도달하여 파괴가 일어나도록 하는 철근비이다.
- 균형변형률 상태 : 인장철근이 항복이 되고(인장철근의 파괴로 간주) 압축측 콘크리트가 극한변형률 0.003에 도달하여 파괴되는 상태이다.

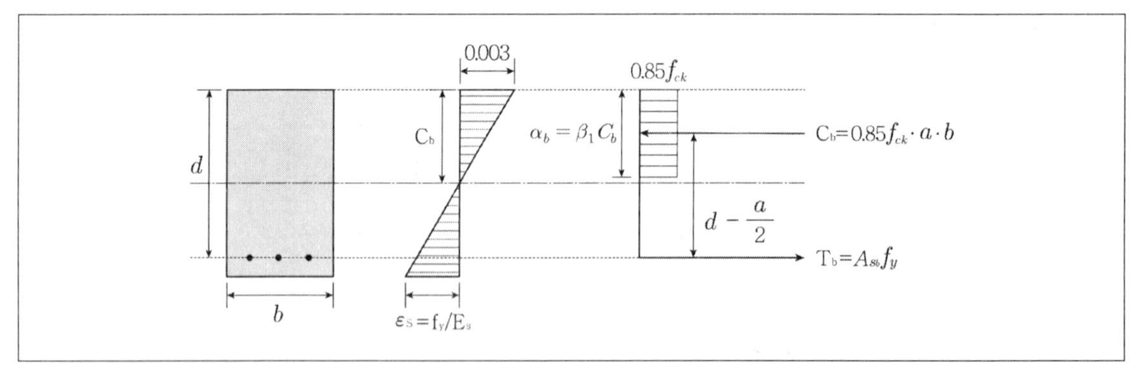

㉡ **균형보의 중립축 위치**(C_b : 압축연단으로부터 중립축까지의 거리)이다. 단철근 직사각형보의 균형변형률 상태에서 중립축위치(C_b)는 삼각형의 닮음비를 이용하여 유추할 수 있다.

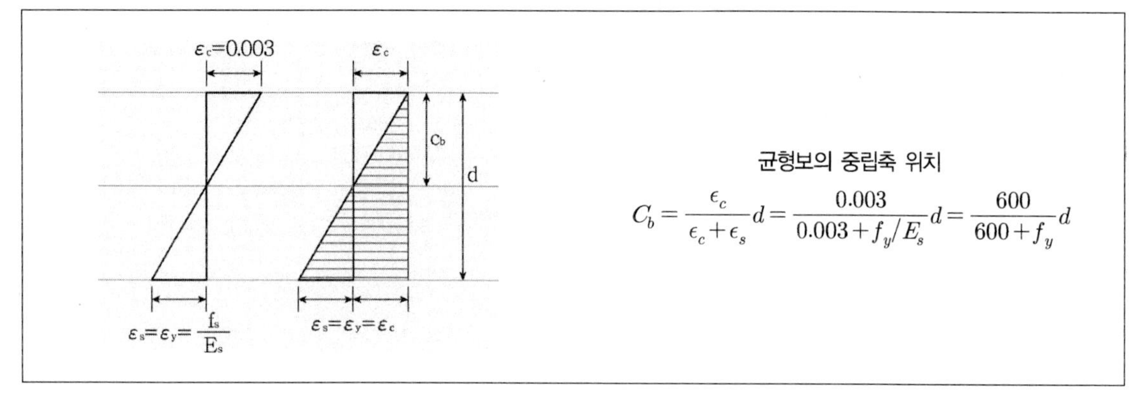

$$C_b = \frac{\epsilon_c}{\epsilon_c + \epsilon_s} d = \frac{0.003}{0.003 + f_y/E_s} d = \frac{600}{600 + f_y} d$$

㉢ 균형보에 있어 등가직사각형 응력블록의 깊이

- $a_b = \beta_1 C_b$ (β_1 : 등가압축영역계수)
- α : 등가블럭깊이
- C : 중립축거리
- β_1 : 등가압축영역계수

f_{ck}	등가압축영역계수 β_1
$f_{ck} \leq 28Mpa$	$\beta_1 = 0.85$
$f_{ck} > 28Mpa$	$\beta_1 = 0.85 - 0.007(f_{ck} - 28) \geq 0.65$
$f_{ck} > 56Mpa$	$\beta_1 = 0.65$

㉣ 균형철근비 산정식

$$0.85 f_{ck} (\beta_1 c_b) b = (\rho_b bd) f_y$$

$$\rho_b = 0.85 \beta_1 \frac{f_{ck}}{f_y} \frac{c_b}{d} = 0.85 \beta_1 \frac{f_{ck}}{f_y} \frac{600}{600 + f_y}$$

| 기출예제 05

2014 서울시

철근콘크리트 균형보의 철근비(ρ_b)를 구하는 공식으로 옳은 것은? (단, $f_{ck}=24MPa$, $f_y=400MPa$, β_1=등가응력블럭의 응력중심거리비이다.)

① $\rho_b = 0.85\dfrac{f_{ck}}{f_y}\dfrac{600}{600+f_{ck}}$

② $\rho_b = 0.85\beta_1\dfrac{f_y}{f_{ck}}\dfrac{600}{600+f_{ck}}$

③ $\rho_b = 0.85\beta_1\dfrac{f_{ck}}{f_y}\dfrac{600}{600+f_y}$

④ $\rho_b = 0.85\dfrac{f_y}{f_{ck}}\dfrac{600}{600+f_y}$

⑤ $\rho_b = 0.85\beta_1\dfrac{f_{ck}}{f_y}\dfrac{400}{400+f_{ck}}$

*

철근콘크리트 균형보의 철근비 산정식 $\rho_b = 0.85\beta_1\dfrac{f_{ck}}{f_y}\dfrac{600}{600+f_y}$

답 ③

③ 최대철근비

㉠ 최소허용인장변형률에 해당하는 철근비로서 보에 철근이 너무 많이 배치되어 갑작스런 압축 취성파괴가 발생하지 않도록 하기 위한 철근비이다.

㉡ 최대철근비 산정식 : $\rho_{\max} = \dfrac{0.003+\epsilon_y}{0.003+\epsilon_t}\rho_b = 0.85\beta_1\dfrac{f_{ck}}{f_y}\dfrac{\epsilon_c}{\epsilon_c+\epsilon_t}$

㉢ 최대철근비로 배근하게 되면 최소허용인장변형률만큼의 변위가 생긴다.

㉣ 최대철근비로 철근이 배근된 경우의 최소허용인장변형률은 다음과 같다.

$$f_y \le 400MPa : \epsilon_t = 0.004,\ \epsilon_y = \frac{f_y}{E_s} = 0.002$$

$$f_y > 400MPa : \varepsilon_t = 2 \cdot \varepsilon_y$$

④ 최소철근비

㉠ 보의 파괴형태로서 연성파괴 형태가 바람직하기 때문에 철근콘크리트 휨부재의 모멘트강도가 무근콘크리트 휨부재의 모멘트강도 이상이 되도록 최소철근의 양을 규정할 필요가 있다.

㉡ 철근콘크리트 보의 휨강도(M_n) > 무근콘크리트보의 휨강도(M_{cr})의 조건을 충족할 수 있는 최소한의 철근이 필히 배근되어야 한다.

㉢ 최소철근비 $\rho_{\min} = \max\left(\dfrac{0.25\sqrt{f_{ck}}}{f_y}, \dfrac{1.4}{f_y}\right)$

TIP

최소철근비 ≤ 과소철근비 < 균형철근비 < 과다철근비 ≤ 최대철근비

TIP

철근비 산정식 요약표

균형철근비	$\rho_b = \dfrac{0.85 f_{ck}\beta_1}{f_y} \cdot \dfrac{\varepsilon_c}{\varepsilon_c + \varepsilon_y} = \dfrac{0.85 f_{ck}\beta_1}{f_y} \cdot \dfrac{600}{600 + \varepsilon_y}$
최대철근비	$\rho_{\max} = \dfrac{(\varepsilon_c + \varepsilon_y)}{(\varepsilon_c + \varepsilon_t)} \rho_b = \dfrac{0.85 f_{ck}\beta_1}{f_y} \cdot \dfrac{\varepsilon_c}{\varepsilon_c + \varepsilon_t}$ (ε_t : 최소허용변형률)
최소철근비	$\rho_{\max} = \dfrac{0.25\sqrt{f_{ck}}}{f_y} \geq \dfrac{1.4}{f_y}$

기출예제 06 2007 국가직 (7급)

강도설계법에 의한 철근콘크리트 보의 설계에서 인장철근비를 균형철근비 이하가 되도록 설계하는 주된 이유는?

① 균형철근비로 설계된 보보다 더 경제적이기 때문에
② 압축측으로부터 먼저 취성파괴(brittle failure)를 유도하기 위해
③ 처짐을 감소시키기 위해
④ 인장측으로부터 먼저 연성파괴(ductile failure)를 유도하기 위해

✱

강도설계법에 의한 철근콘크리트 보 설계에서 최대철근비를 균형철근비 이하로 제한하는 이유는 연성파괴를 유도하여 압축측 콘크리트가 먼저 파괴되는 불안전한 취성파괴를 막기 위함이다.

답 ④

(5) 인장지배단면과 압축지배단면

① 순인장변형률 ··· $\varepsilon_t = \dfrac{(d_t - c) \cdot \varepsilon_t}{c}$, 공칭강도에서 압축연단으로부터 최외단에 위치하는 인장철근의 변형률

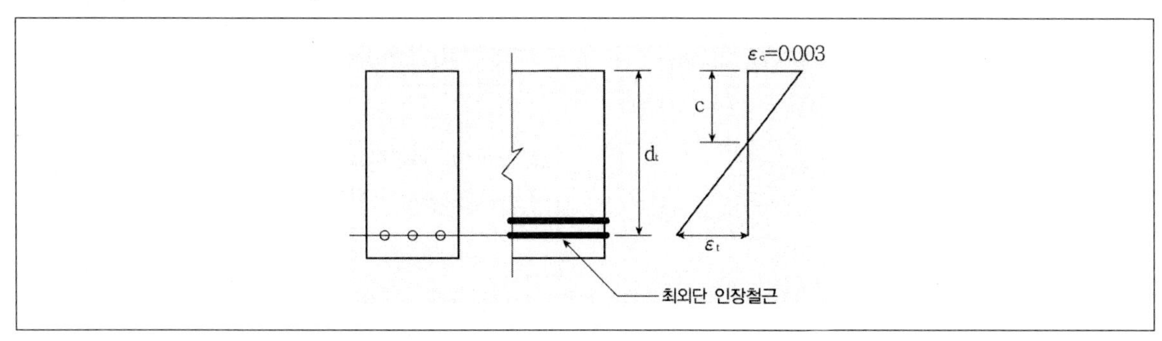

② **압축지배단면** … 공칭강도에 압축콘크리트가 가정된 극한변형률 0.003에 도달할 때 최외단 인장철근의 순인장변형률이 압축지배변형률 한계인 철근의 설계기준 항복변형률 0.002 이하인 단면이다.

③ **인장지배단면** … 압축콘크리트가 가정된 극한변형률 0.003에 도달할 때 최외단 인장철근의 순인장변형률이 일장지배변형률 한계인 0.005 이상인 단면이다.

④ 압축지배단면의 강도감소계수가 인장지배 단면의 것보다 작은 이유는 압축지배단면의 연성이 더 작고 콘크리트강도의 변동에 더 민감하며 더 넓은 영역의 하중을 지지하기 때문이다.

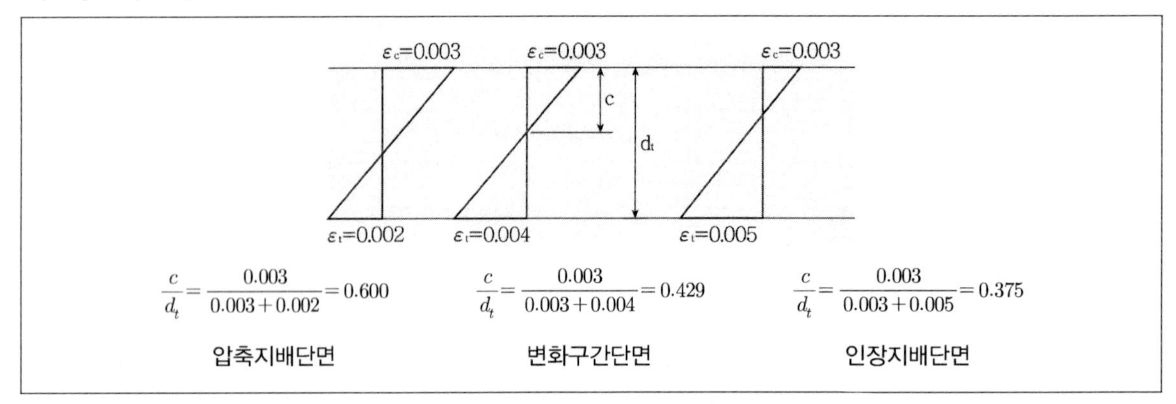

지배단면 구분	순인장변형률 조건	지배단면에 따른 강도감소계수
압축지배단면	ε_y 이하	0.65
변화구간단면	$\varepsilon_y \sim 0.005$ (또는 $2.5\varepsilon_y$)	0.65 ~ 0.85
인장지배단면	0.005 이상($f_y > 400MPa$인 경우 $2.5\varepsilon_y$ 이상)	0.85

인장지배단면	압축지배단면
저보강보 또는 과소철근보라고도 하며, 파괴하중에 의한 보의 파괴는 연성파괴(인장파괴)가 된다.	과보강보 또는 과다철근보라고도 하며 파괴하중에 의한 보의 파괴는 취성파괴(압축파괴)가 된다.
중립축은 압축측으로 이동한다.	중립축은 인장측으로 이동한다.
철근이 먼저 항복한다. 철근의 항복으로 파괴가 시작되며, 철근 항복 후 보에 점진적으로 매우 큰 처짐이 발생되어 파괴의 위험성을 균열이나 처짐 등으로부터 감지할 수 있고 이에 대처할 수 있는 시간적 여유를 얻을 수 있다.	콘크리트가 먼저 파괴된다. 콘크리트의 갑작스런 파쇄로 보가 파괴되어 파괴의 위험성을 감지하여 대처할 수 있는 시간적 여유를 얻을 수 없다.
파괴하중에서 파괴징후를 보이면서 점진적으로 진행되는 이 파괴형태가 바람직스럽다. 연성파괴를 유도하기 위해 최외단 인장철근의 순인장변형률 $\varepsilon_t \geq 0.004$ 또는 $2.0\varepsilon_y$ 이상이 되도록 규정하고 있다.	보의 인장철근량이 너무 적을 경우, 파괴하중에서 취성파괴를 일으키며 단면의 전체적 파괴가 갑작스럽게 일어난다. 취성파괴를 피하기 위하여 최소철근비로 제한한다.

기출예제 07 2013 지방직

휨모멘트와 축력을 받는 철근콘크리트 부재가 인장지배단면이 되기 위한 최외단 인장철근의 인장지배변형률 한계는? (단, 인장 철근의 설계기준항복강도는 500MPa이다)

① 0.004 ② 0.005

③ 0.00625 ④ 0.0075

✱

$f_y \le 400MPa$ 이면 $\varepsilon_t = 0.005$ 이며 $f_y > 400MPa$ 이면 $\varepsilon_t = 2.5\varepsilon_y$ 가 된다. 인장 철근의 설계기준항복강도가 500MPa이므로 $\varepsilon_y = \frac{500}{200000} = 0.0025$ 가 되므로 $\varepsilon_t = 2.5(0.0025) = 0.00625$ 가 된다.

답 ③

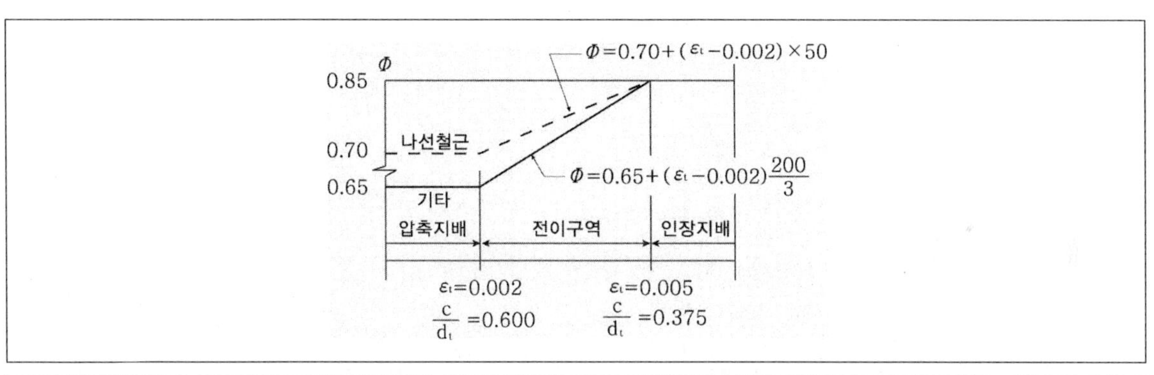

철근 종류	압축지배			인장지배			휨부재 허용값			
	항복 변형률	강도감소계수		변형률 한계	해당 철근비	강도 감소 계수	최소 허용 변형률	해당 철근비	강도감소계수	
		기타	나선근						기타	나선근
SD300	0.0015	0.65	0.70	0.005	$0.563\rho_b$	0.85	0.004	$0.643\rho_b$	0.79	0.81
SD350	0.00175	0.65	0.70	0.005	$0.594\rho_b$	0.85	0.004	$0.679\rho_b$	0.79	0.80
SD400	0.002	0.65	0.70	0.005	$0.625\rho_b$	0.85	0.004	$0.714\rho_b$	0.78	0.80
SD500	0.0025	0.65	0.70	0.00625	$0.595\rho_b$	0.85	0.005	$0.688\rho_b$	0.78	0.80
SD600	0.003	0.65	0.70	0.0075	$0.571\rho_b$	0.85	0.006	$0.667\rho_b$	0.78	0.80
SD700	0.0035	0.65	0.70	0.00875	$0.553\rho_b$	0.85	0.007	$0.650\rho_b$	0.78	0.80

(6) 복철근보의 해석

① 복철근보의 정의 … 부재 단면의 압축부에 철근을 배치하여 철근이 압축응력을 받도록 만든 보이다. 단면의 치수(특히 유효높이)가 제한되어 설계모멘트가 외력에 의한 작용모멘트를 견딜 수 없는 경우나 정(+), 부(−)의 휨모멘트를 교대로 받는 경우에 사용한다.

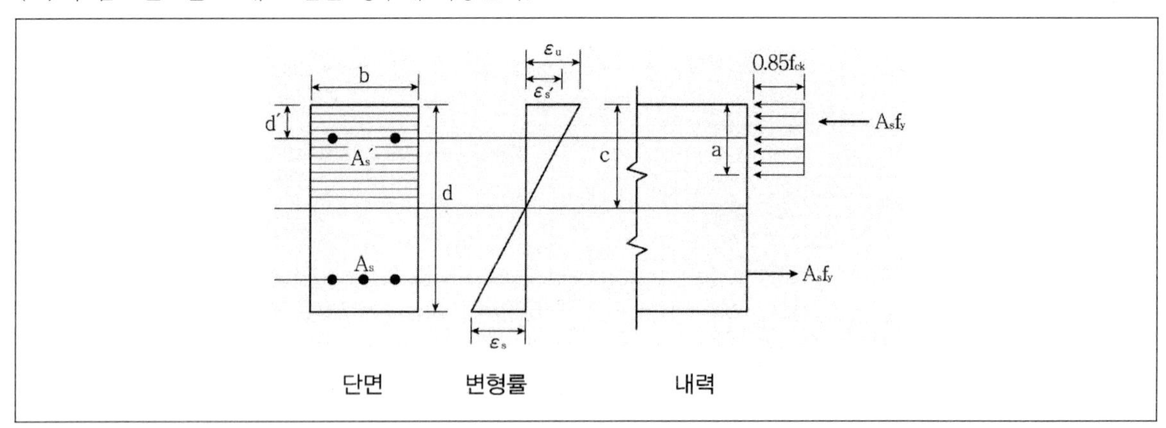

② 복철근보의 특성

㉠ 장기처짐이 감소하고 크리프의 변형이 억제된다.

㉡ 철근의 조립이 용이해지며 피복두께를 유지할 수 있다.

㉢ 부재의 연성이 증가하고 취성이 감소한다.

㉣ 단면의 저항모멘트가 단철근보에 비해서 근소하게 증대된다.

기출예제 08 2008 국가직 (7급)

철근콘크리트 복철근보의 구조기능과 시공의 장점으로 옳지 않은 것은?

① 연성거동이 증진된다.
② 콘크리트의 크리프변형을 억제하여 단기처짐이 감소된다.
③ 지진하중과 같은 정(+), 부(−)모멘트가 반복 작용되는 경우에도 구조체의 안전성을 높이는데 효과가 있다.
④ 전단력에 저항하는 스터럽의 위치를 고정시킬 수 있다.

✱

콘크리트의 크리프 변형을 억제하여 장기처짐이 감소한다.

답 ②

③ 복철근보 단면의 공칭휨강도 산정법

㉠ 압축철근이 항복할 경우의 복철근 직사각형보의 설계휨강도

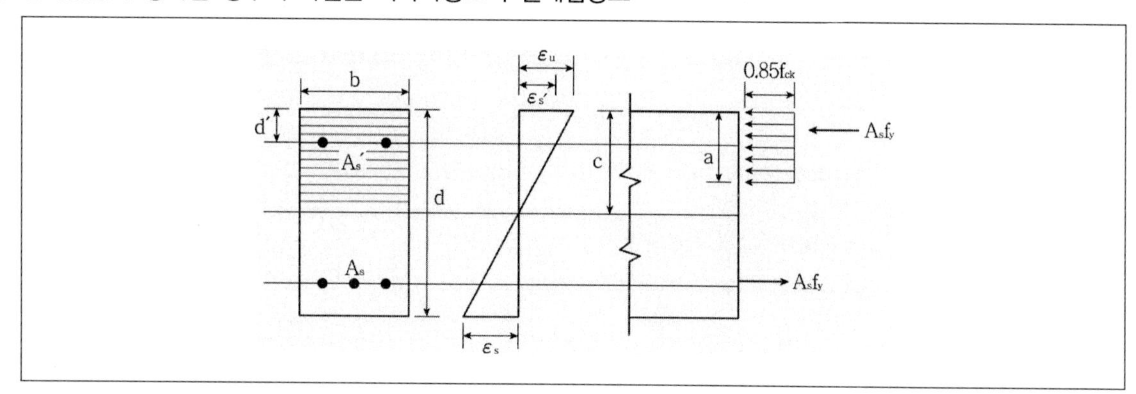

• 등가직사각형 응력분포의 깊이(a)

압축측철근과 인장측철근이 부재의 파괴 시 모두 f_y의 응력을 받는다고 가정한다. 이 경우 $C_1 = T_1$이므로 $0.85f_{ck}ab = (A_s - A_s{}')f_y$이다. 그러므로 $a = \dfrac{(A_s - A_s{}')f_y}{0.85f_{ck}b} = \dfrac{(\rho - \rho')df_y}{0.85f_{ck}}$

TIP

압축철근이 항복하는 조건 … $a \geq \dfrac{\beta_1 \cdot d'}{(1 - f_y/600)}$

• 단면의 설계강도 산정식

복철근보는 단철근 직사각형 보가 부담할 수 있는 휨모멘트, 압축철근과 이에 해당되는 인장철근이 부담할 수 있는 휨모멘트로 구분하여 계산한 후 이 두 값을 합한 값으로 한다.

$\phi M_n = \phi(M_1 + M_2) = \phi[A_s{}'f_y(d-d') + (A_s - A_s{}')f_y(d - \frac{a}{2})]$

M_{n1} : 압축철근(As') 및 이와 같은 면적에 해당되는 인장철근에 의해 이루어지는 우력모멘트

M_{n2} : 인장철근(As−As')와 압축측 콘크리트에 의해 이루는 우력모멘트

• 최대철근비 : $\rho_{max} = 0.714\rho_b + \rho'$

㉡ 압축철근이 항복하지 않을 경우

• 등가직사각형 응력분포의 깊이(a)의 재결정 :

$(0.85f_{ck} \cdot b) \cdot a^2 + (600A_s{}' - A_s \cdot f_y) \cdot a - 600A_s{}' \cdot \beta_1 \cdot d' = 0$

• 압축철근의 압축력 : $C_s = A_s{}' \cdot (E_s \cdot \varepsilon_s{}') = A_s{}' \cdot \left(\dfrac{c - d''}{c}\right) \cdot 600$

• 공칭강도 : $M_n = C_c \cdot \left(d - \dfrac{a}{2}\right) + C_s \cdot (d - d')$

• 최대철근비 : $\rho_{\max} = 0.714\rho_b + \rho' \dfrac{f_{sb}'}{f_y}$

• 복철근보의 최소인장철근비

$$\rho'_{\min} = 0.85\frac{f_{ck}}{f_y}\beta_1\frac{600}{600-f_y}\frac{d'}{d}+\rho'$$

• ρ_b : 단철근 직사각형보의 균형철근비
• ρ' : 압축철근비
• f_{sb}' : 균형변형률 상태에서 압축철근의 응력

④ 균형 복철근보

㉠ 정의 : 인장철근의 최대변형이 항복점 변형에 도달할 때 압축철근의 변형도 항복점 변형에 도달하고 콘크리트의 변형률이 0.003에 도달하는 보

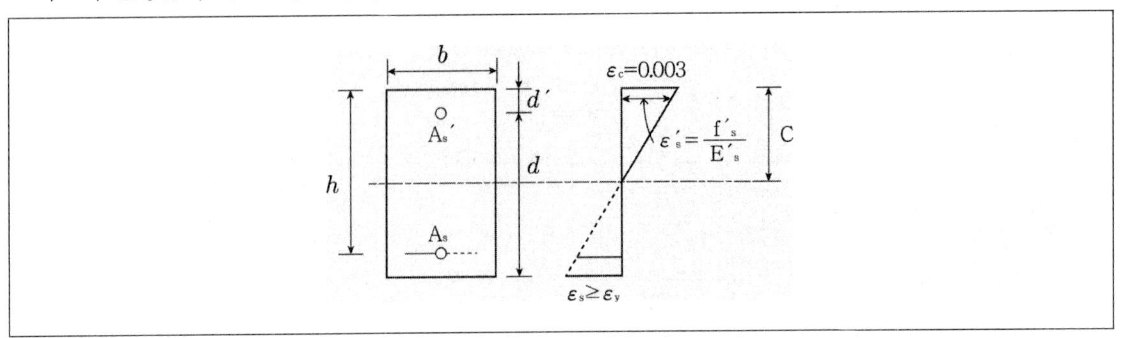

㉡ 균형단면이 되기 위한 압축철근의 변형률(ε_s')

$$\varepsilon_c : \varepsilon_s' = c : c-d'$$
$$0.003 : \varepsilon_s' = c : c-d'$$
$$\varepsilon_s' = 0.003\frac{c-d'}{c} = 0.003 - 0.003\frac{d'}{c}$$

㉢ 균형단면이 되기 위한 중립축의 위치(c)

$0.003\dfrac{c-d'}{c} \geq \dfrac{f_y}{E_s}$ 에서

$$c = \frac{0.003}{0.003-\dfrac{f_y}{E_s}}d' = \frac{0.003}{0.003-\dfrac{f_y}{200,000}}d' = \frac{0.003E_s}{0.003E_s - f_y}d' = \frac{600}{600-f_y}d'$$

㉣ 복철근 직사각형보의 균형철근비

$$\rho_b' = \rho_b + \rho' = 0.85 \frac{f_{ck}}{f_y} \beta_a \frac{600}{600 + f_y} + \rho'$$

(7) T형보

① T형보의 정의 … 교량이나 건물에서는 보와 슬래브가 일체가 되도록 만드는 경우가 대부분이다. 이런 경우 정(+)의 휨모멘트를 받게 된다면 슬래브도 보의 상부와 함께 압축을 받게 되며 하나의 보로 거동하게 된다. 이런 보를 T형보라고 하며 해석시에는 플랜지와 복부의 접합부에 위치한 헌치는 무시한다. T형보의 플랜지는 휨에 저항하며 복부(웨브)는 전단에 저항한다.

② T형보 플랜지의 유효폭

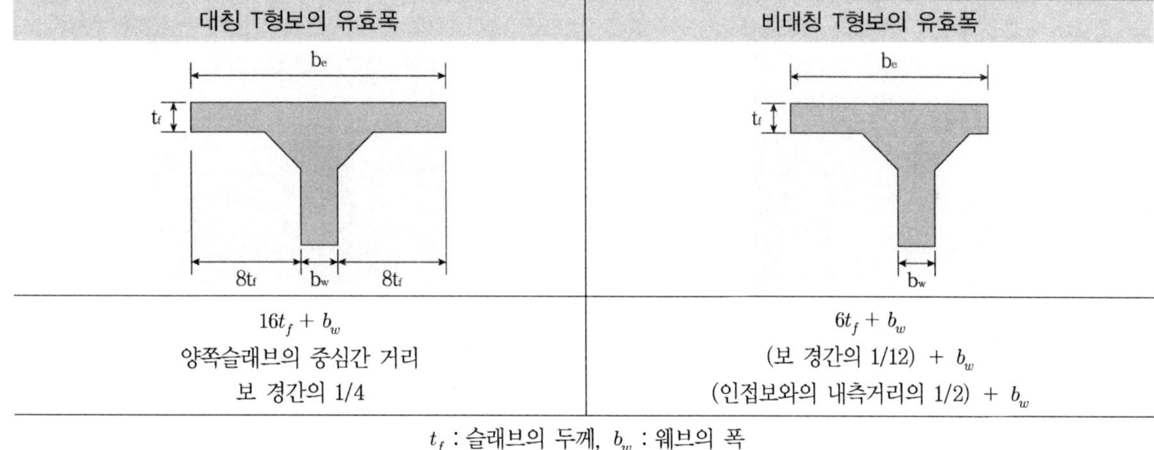

대칭 T형보의 유효폭	비대칭 T형보의 유효폭
$16t_f + b_w$ 양쪽슬래브의 중심간 거리 보 경간의 1/4	$6t_f + b_w$ (보 경간의 1/12) + b_w (인접보와의 내측거리의 1/2) + b_w
t_f : 슬래브의 두께, b_w : 웨브의 폭	

checkpoint

■ T형보의 유효폭

철근콘크리트 부재의 설계와 해석은 "모든 부재는 힘을 받아 부재가 변형한 후와 전의 단면은 항상 동일한 평면을 유지한다."는 가정으로 시작한다.

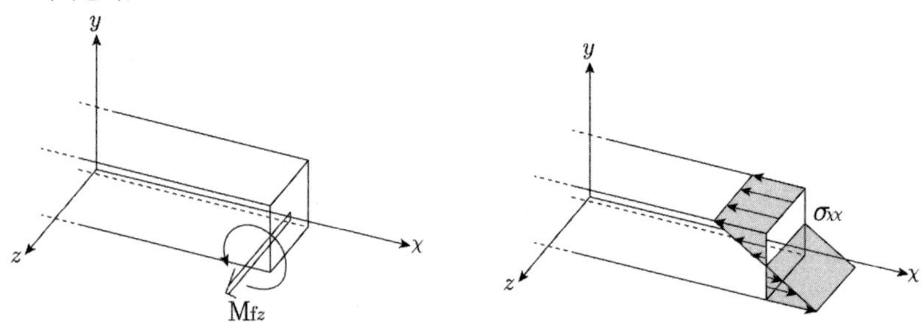

그러나 이는 충분히 세장한 부재에 국한된 경우이며 폭이 충분히 넓은 플랜지를 가진 부재의 경우 이러한 가정과는 어긋나는 현상을 발견할 수 있다. 즉, 플랜지내에서 평면 내 전단변형작용 때문에 복부판에서 멀리 떨어진 플랜지부분에서 부재기링 방향의 변위는 복부판 근처의 변위보다 지연이 되어 결과적으로 복부판 근처의 변위가 상대적으로 더 크게 되며 플랜지 내의 실재 응력분포는 다음과 같이 비선형적으로 분포하게 된다.

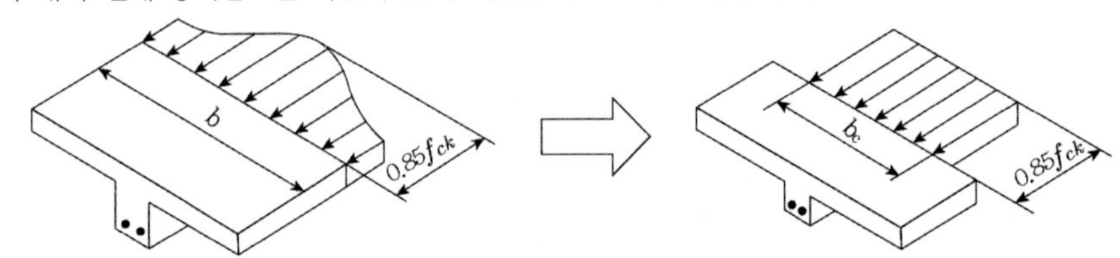

이처럼 비선형적인 응력을 기준으로 T형보의 작용력을 구하는 것은 너무나 복잡하므로 이를 간편하게 하기 위해 휨부재에서의 직사각형 등가블록개념과 비슷하게 유효폭이라는 개념을 도입하였다.

기출예제 09

2008 국가직 (7급)

철근콘크리트 대칭 T형 보에서 슬래브 두께가 20cm, 보의 복부 폭이 40cm, 양쪽 슬래브 중심간 거리가 4m, 보 경간이 8m일 때 유효폭[cm]은?

① 180 ② 200

③ 300 ④ 400

T형보의 유효폭 산정(t_f : 슬래브의 두께, b_w : 웨브의 폭)

㉠ 대칭 T형보의 유효폭

- $16t_f + b_w$
- 양쪽슬래브의 중심간 거리
- 보 경간의 1/4

㉡ 비대칭 T형보의 유효폭

- $6t_f + b_w$
- (보 경간의 1/12) + b_w
- (인접보와의 내측거리의 1/2) + b_w

위에 제시된 식에 대입을 하면 가장 작은값은 200cm가 산출된다.

답 ②

③ T형보의 해석

㉠ T형보 해석의 기본원칙

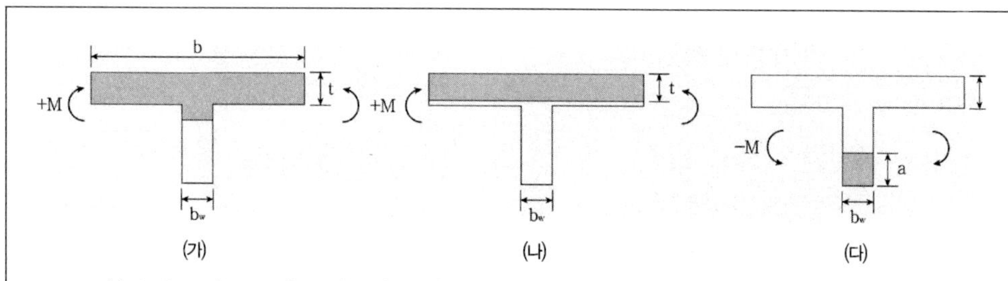

- (가) : 정(+)의 모멘트를 받고 있으며 중립축이 플랜지 외부에 위치한 경우 T형보로 설계한다.
- (나) : 정(+)의 모멘트를 받고 있으며 중립축이 플랜지 내부에 위치한 경우 폭을 b로 하는 직사각형보로 설계한다.
- (다) : 부(−)의 모멘틀르 받고 있으며 중립축이 플랜지 외부에 위치한 경우 폭을 b_w로 하는 직사각형보로 설계한다.

㉡ 정(+)의 모멘트를 받고 있으며 중립축이 플랜지 외부에 위치한 경우의 T형보 해석

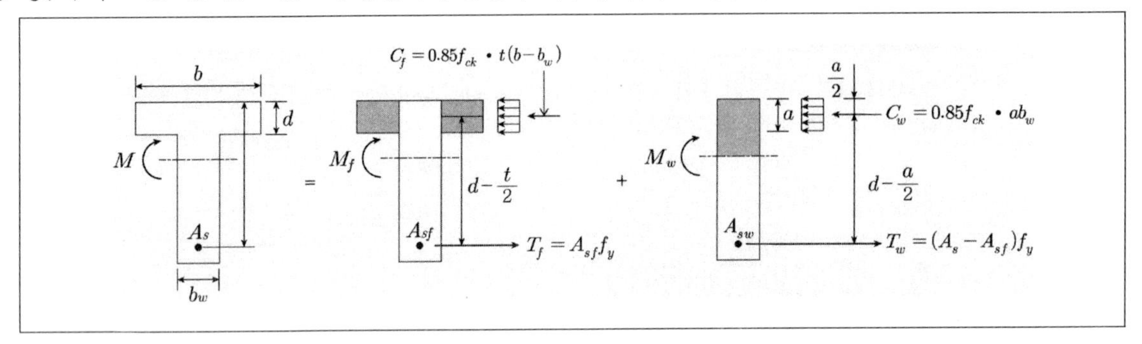

- 플랜지의 내민 부분 콘크리트 압축력(C_f)와 비기는 철근의 단면적 : A_{sf}

$$C_f = T_f \text{ (여기서 } C_f\text{와 } T_f\text{는 우력)}$$

$$M_{n1} = A_{sf}f_y = 0.85f_{ck}(b_e - b_w)t_f \text{이므로 } A_{sf} = \frac{0.85f_{ck}(b-b_w)}{f_y}$$

- 복부콘크리트 압축력(C_w)와 비길 수 있는 철근과 비교한 등가직사각형 응력의 깊이 : a

$$C_w = T_w \text{ (여기서 } C_w\text{와 } T_w\text{는 우력)}$$

$$M_{n2} = (A_s - A_{sf})f_y(d-\frac{a}{2}) \quad (a = \frac{(A_s - A_{sf})f_y}{0.85f_{ck}b_w})$$

- 단면의 공칭휨강도 : M_n(단면저항 모멘트 : 주어진 단면에서 저항할 수 있는 모멘트)

$$M_n = M_{nf} + M_{nw} = T_f \cdot z = T_w \cdot z_w = A_{sf}f_y\left(d-\frac{t}{2}\right) + (A_s - A_{sf})f_y\left(d-\frac{a}{2}\right)$$

- M_{nf} : 내민 플랜지 콘크리트의 설계휨강도
- M_{nw} : T단면에서 내민플랜지 콘크리트부분을 뺀 복부만의 콘크리트의 설계휨강도

- 단철근 T형보의 균형철근비 : $\overline{\rho_b} = (\rho_b + \rho_y)\frac{b_w}{b}$
- 단철근 T형보의 최소인장철근비 : $\overline{\rho_{\min}} = \frac{0.25\sqrt{f_{ck}}}{f_y} \geq \frac{1.4}{f_y}$ 이 중 큰 값으로 한다.

TIP

T형보 구조의 플랜지가 인장을 받는 경우에는 휨인장철근을 플랜지의 유효폭과 경간의 1/10에 해당하는 폭 중에서 작은 폭에 걸쳐서 분포시켜야 한다. 만일 플랜지의 유효폭이 경간의 1/10을 넘는 경우에는 종방향 철근을 플랜지 유효폭 바깥부분에 추가로 배치해야 한다.

(8) 연속휨부재의 부모멘트 재분배

① 연속휨부재 부모멘트의 재분배

㉠ 어떤 단면이 모멘트강도에 도달하였더라도 소성힌지가 형성되어 회전이 일어나면서 모멘트를 다른 단면으로 재분배하여 완전한 붕괴매커니즘이 형성될 때까지 지속적으로 추가의 하중에 저항할 수 있다.

㉡ 이렇게 원래의 설계강도를 초과하여 추가적으로 하중에 저항하는 능력을 잘 이용하면 매우 경제적인 설계를 할 수 있다.

② 연속 휨부재의 부모멘트 재분배는 다음과 같은 경우에 적용할 수 있다.

㉠ 근사해법에 의해 휨모멘틀 계산한 경우를 제외하고 어떠한 가정의 하중을 적용하여 탄성이론에 의하여 산정한 연속 휨부재 받침부의 부모멘트는 20% 이내에서 $1000\epsilon_t\%$ 만큼 증가 또는 감소시킬 수 있다.

㉡ 경간 내의 단면에 대한 휨모멘트 계산은 수정된 부모멘트를 사용하여야 한다.

㉢ 휨모멘트를 감소시킬 단면에서 최외단 인장철근의 순인장 변형율이 0.0075 이상인 경우에만 가능하다.

TIP

휨모멘트의 재분배는 1방향 슬래브의 근사해법이나 2방향 슬래브의 직접설계법에 의해 설계된 슬래브 시스템에는 적용이 불가능하다.

기출예제 10 2013 지방직 변형

콘크리트구조기준을 적용하여 철근콘크리트 휨부재를 설계 및 해석할 때 옳지 않은 것은?

① 연속 휨부재에서 휨모멘트의 재분배는 휨모멘트를 감소시킬 단면에서 최외단 인장철근의 순인장변형률이 0.0075 이상인 경우에만 가능하다.

② 휨철근의 응력이 설계기준항복강도 이하일 때, 철근의 응력은 그 변형률에 철근의 단면적을 곱한 값으로 한다.

③ 긴장재를 제외한 철근의 설계기준항복강도는 600MPa를 초과하지 않아야 한다.

④ 포스트텐션 정착부 설계에서, 최대 프리스트레싱 강재의 긴장력에 대하여 하중계수 1.2를 적용하여야 한다.

철근의 응력이 설계기준항복강도 이하일 때 철근의 응력은 그 변형률에 철근의 탄성계수를 곱한 값으로 하여야 하고 철근의 변형률이 항복강도에 대응하는 변형률보다 큰 경우에는 철근의 응력은 변형률에 관계없이 항복응력으로 해석해야 한다.

답 ②

(9) 경간의 결정

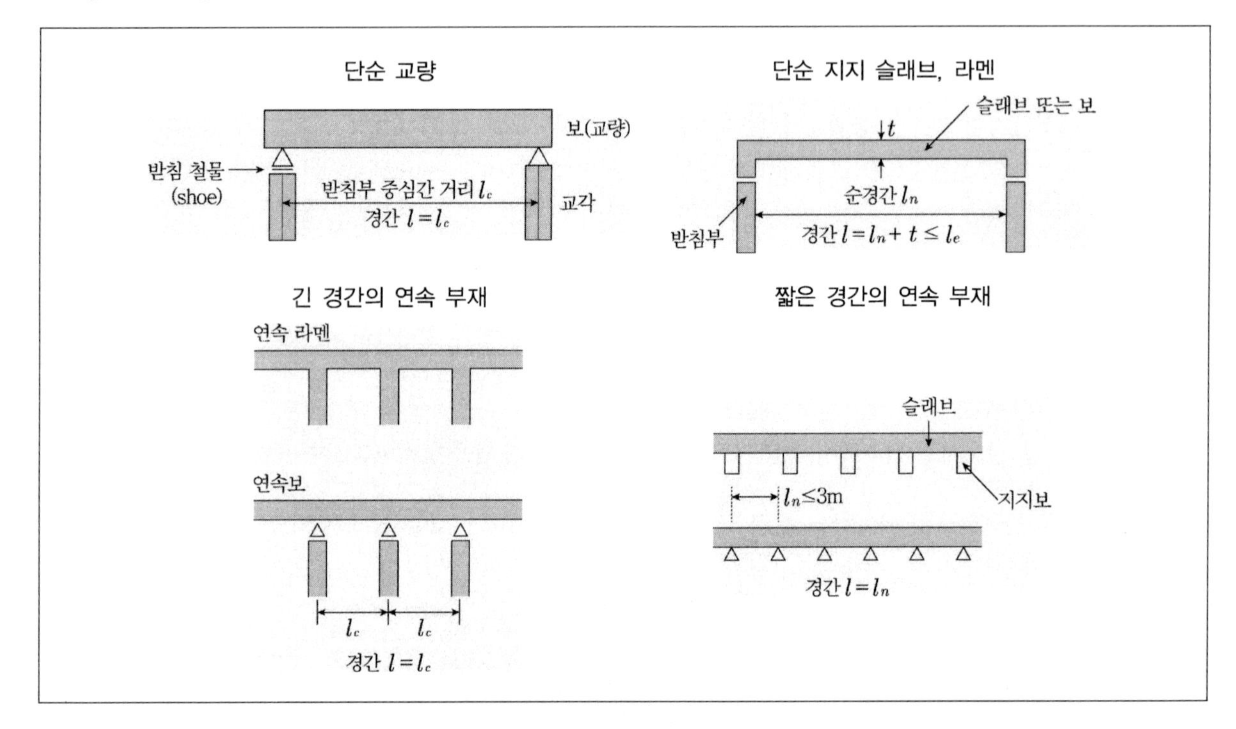

① **단순부재의 경간** … 받침부와 일체로 되지 않은 슬래브에서는 순경간에 슬래브 중앙에서의 두께를 더한 값을 경간으로 한다. 그러나 그 값이 받침부의 중심간 거리를 넘을 필요는 없다.

② **연속부재의 경간** … 골조 또는 연속구조물(즉, 라멘이나 연속보)의 응력계산에서 휨모멘트를 구할 때 쓰는 경간은 받침부(또는 지지보나 기둥)의 중심간 거리로 한다. 그러나 받침부와 일체로 시공된 보의 경우에 받침대의 휨모멘트 계산값이 크게 되므로 단면설계에서는 순경간 내면에서의 휨모멘트로 설계할 수 있다.

③ **짧은 경간으로 된 연속부재의 경간** … 지지보와 일체로 된 3.0m 이하의 순경간을 갖는 슬래브에서는 그 지지폭이 없는 것으로 보아서 순경간을 경간으로 하는 연속보로 보고 설계할 수 있다.

④ 지지보와 일체로 된 3.0m 이하의 순경간을 갖는 슬래브에서는 그 지지폭이 없는 것으로 보아서 순경간 l_n을 경간으로 하는 연속보로 보고 설계할 수 있다.

TIP

연속보의 응력분포 … 여러 개의 지점에 걸쳐진 보의 연속은 새로운 특성을 가지게 되는데 단순보의 경우는 하중이 걸린 스팬의 휨과 전단응력만으로 지지될 것이지만 보가 연속이 되면 그 연속성은 하중을 받는 스팬에서 그 단부의 회전을 억제함으로써 강성이 더 커지게 되고 하중을 받지 않는 스팬에서도 휨과 전단을 일으켜 응력을 분배시키는 효과가 발생한다. (주로 교량설계에서 이 원리를 적용한다.)

(10) 허용응력설계법

① 허용응력설계법의 정의 … 탄성이론에 의해 철근콘크리트를 탄성체로 보고 콘크리트의 응력 및 철근의 응력이 각각 그 허용응력을 넘지 않도록 설계하는 방법이다. 사용하중을 사용하여 사용성이 중요시되는 탄성개념의 설계법이며 허용응력설계법의 기본원칙은 다음과 같다.

㉠ 발생되는 응력은 허용응력(f_y나 f_{ck}를 안전율로 나눈 값으로 f_{sa}나 f_{ca}로 표시한다.)보다 작아야 한다. 즉, $f_c \leq f_{ca} = 0.4f_{ck}$, $f_s \leq f_{sa} \leq 0.5f_y \leq 200MPa$가 성립해야 한다.

㉡ 사용하중에 의해 발생되는 모멘트는 단면의 저항모멘트보다 작아야 한다.

f_c : 콘크리트의 휨압축응력	f_{sa} : 철근의 허용인장응력
f_s : 철근의 인장응력	f_{ck} : 콘크리트의 설계기준강도
f_{ca} : 콘크리트의 허용휨압축응력	f_y : 철근의 항복강도

㉢ 콘크리트의 허용응력

응력	부재 또는 그 밖의 조건		허용응력
휨압축 응력	휨부재		$0.40f_{ck}$
전단응력	보, 1방향 슬래브 및 확대기초	콘크리트가 부담하는 전단응력	$0.08\sqrt{f_{ck}}$
		콘크리트와 전단 철근이 부담하는 전단응력	$v_{ca}+0.32\sqrt{f_{ck}}$
	2방향 슬래브 및 확대기초	콘크리트가 부담하는 전단응력	$0.08\left(1+\frac{2}{\beta_c}\right)\sqrt{f_{ck}} \leq 0.16\sqrt{f_{ck}}$
지압응력	전체단면에 재하될 경우		$0.25f_{ck}$
	부분적으로 재하될 경우		$0.25f_{ck}\sqrt{\frac{A_2}{A_1}}$
휨인장응력	무근의 확대기초 및 벽체		$0.13\sqrt{f_{ck}}$

TIP

콘크리트의 안전율은 2.5, 철근의 안전율은 2.0이다. 그러므로 콘크리트의 허용응력은 $0.4f_{ck}$가 되며 철근의 허용응력은 $0.5f_y$가 된다.

② 설계 시 가정

㉠ 보축에 직각인 단면은 휨을 받아 변형된 후에도 평면을 유지한다. (베르누이의 가정)

㉡ 응력과 변형도는 정비례한다.

㉢ 단면내의 철근과 콘크리트의 응력은 중립축으로부터의 거리에 비례한다.

㉣ 콘크리트의 인장응력은 무시한다.

㉤ 철근과 콘크리트의 탄성계수비는 정수이다.

ⓑ 변형은 중립축으로부터의 거리에 비례한다.

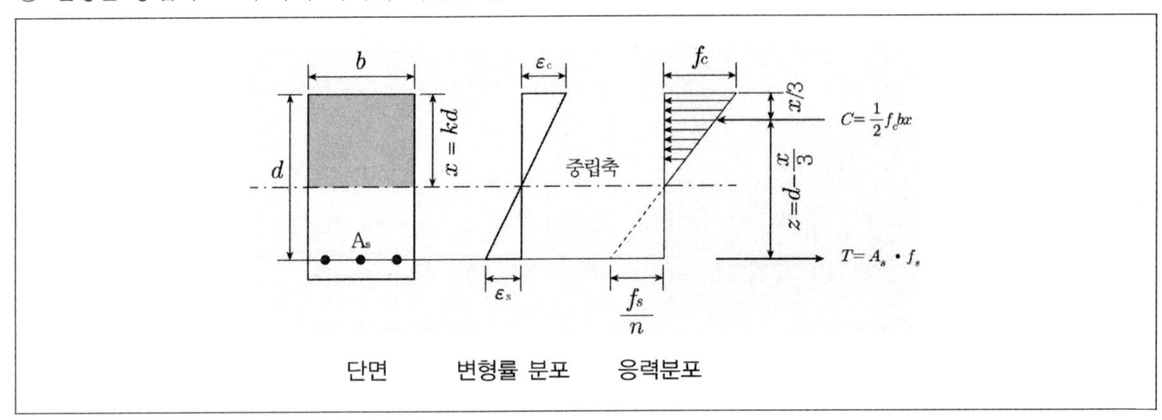

③ 중립축의 위치

㉠ 응력분포에서 비례식을 사용하면 철근의 인장응력 f_s와 콘크리트의 휨압축응력 f_c의 관계를 다음과 같이 나타낼 수 있다.

$$\frac{f_s}{f_c}=n\frac{d-x}{x}$$ (여기서 n은 탄성계수비)

㉡ 응력분포에서 평형방정식을 사용하면 철근의 인장응력 f_s과 콘크리트의 휨압축응력 f_c의 관계를 다음과 같이 표현할 수 있다.

$$C=T,\ \frac{1}{2}f_c bx=A_s f_s,\ \frac{f_s}{f_c}=\frac{bx}{2A_s}$$

㉢ 철근의 인장응력 f_s과 콘크리트의 휨압축응력 f_c의 관계를 나타내는 위의 두식으로부터 중립축의 위치 x만을 미지수로 갖는 다음 식을 얻게 된다.

$$\frac{f_s}{f_c}=n\frac{d-x}{x}=\frac{bx}{2A_s},\ \frac{1}{2}bx^2-nA_s(d-x)=0$$

이 식을 x에 관하여 풀면 중립축 위치x를 다음과 같이 구할 수 있다.

$$x=-\frac{nA_s}{b}+\sqrt{\left(\frac{nA_s}{b}\right)^2+\frac{2nA_s d}{b}}$$

④ 콘크리트 휨압축응력 f_c와 철근의 인장응력 f_s

㉠ 외력에 의한 모멘트와 내력에 의한 모멘트의 평형에 의한 경우

- 콘크리트의 휨압축응력 : $M = Cz = \frac{1}{2} f_c bx(d - \frac{x}{3})$이므로 $f_c = \frac{2M}{bx(d - \frac{x}{3})}$

- 철근의 인장응력 : $M = Tz = A_s f_s (d - \frac{x}{3})$이므로 $f_c = \frac{M}{A_s(d - \frac{x}{3})}$

㉡ 휨응력식에 의한 경우

- 콘크리트의 압축응력 : $f_c = \frac{M}{I_{cr}} x$

- 철근의 인장응력 : $f_s = n\frac{M}{I_{cr}} x$

- 단철근 직사각형 단면보의 중립축에 대한 균열환산단면 2차 모멘트 : $I_{cr} = \frac{1}{3}bx^3 + nA_s(d-x)^2$

㉢ 공칭저항강도계수

- 공칭저항강도계수 : $R_n = \frac{M_u}{\phi bd^2}$

- 철근비 : $\rho = \frac{0.85 f_{ck}}{f_y}(1 - \sqrt{1 - \frac{2R_n}{0.85 f_{ck}}})$

TIP

다음 공식은 철근콘크리트의 유효높이(d) 및 철근량(A_s)을 계산하는 공식이다. M은 휨모멘트이며 C_1과 C_2는 콘트리트 및 철근의 허용 응력에 의해 계산되는 상수이다.

$M = M_{rc} = \frac{1}{2}\sigma_{ca}(d - \frac{x}{3}),\ d = C_1\sqrt{\frac{M}{b}}$

$M = M_{rs} = \frac{1}{2}\sigma_{sa}(d - \frac{x}{3}),\ A_s = C_2\sqrt{Mb}$

최근 기출문제 분석

2014 서울시

1 다음 중 휨 및 압축을 받는 부재의 설계에 대한 설명으로 옳지 않은 것은? (단, ρ_b는 균형철근비이다)

① 휨 또는 휨과 축력을 동시에 받는 부재의 콘크리트 압축 연단의 극한변형률(ε_u)은 0.003으로 가정한다.

② 인장철근이 설계기준항복강도(f_y)에 대응하는 변형률에 도달하고 동시에 압축콘크리트가 극한변형률에 도달할 때를 균형변형률상태로 본다.

③ 압축콘크리트가 가정된 극한변형률(ε_u)에 도달할 때 최외단 인장철근의 순인장변형률(ε_t)이 압축지배변형률한계 이하인 단면을 압축지배단면이라고 한다.

④ 압축콘크리트가 가정된 극한변형률(ε_u)에 도달할 때 최외단 인장철근의 순인장변형률(ε_t)이 인장지배변형률 한계 이상인 단면을 인장지배단면이라고 한다.

⑤ 인장철근비가 $0.75\rho_b$보다 작게 규정한 이유는 휨재 또는 축력이 크지 않은 휨-압축재가 파괴 이전에 전단파괴에 이르도록 유도하기 위함이다.

TIP 인장철근비가 $0.75\rho_b$보다 작게 규정한 이유는 휨재 또는 축력이 크지 않은 휨-압축재가 파괴 이전에 연성파괴에 이르도록 유도하기 위함이다.

2013 지방직

2 직사각형 단면을 가지는 철근콘크리트 단근보의 계수휨모멘트(Mu)가 850 × 10⁶N · mm이고, 공칭강도 저항계수(Rn)가 4N/mm²이다. 보 유효깊이의 제곱(d²)이 500,000mm²이고 최외단 인장철근의 순인장변형률이 0.01일 때, 계수휨모멘트를 만족하기 위한 보의 최소폭은? (단, $R_n = \rho f_y (1 - \frac{\rho f_y}{1.7 f_{ck}})$이며, ρ는 인장철근비, f_{ck}는 콘크리트의 설계기준압축강도, f_y는 철근의 설계기준항복 강도이다)

① 500mm
② 550mm
③ 600mm
④ 650mm

TIP 단근보의 계수 휨모멘트 $M_u = \phi R_n \times bd^2$ $\therefore$ 보의 최소폭 $b = \frac{M_u}{\phi R_n \times d^2} = \frac{850 \times 10^6}{0.85 \times 4 \times 500,000} = 500mm$

Answer 1.⑤ 2.①

2013 국가직 (7급)

3 **철근콘크리트 구조에서 슬래브와 보가 일체로 타설된 T형보(보의 양쪽에 슬래브가 있는 경우)의 유효폭을 결정하기 위한 값이 아닌 것은?**

① 보 경간의 1/12에 보의 복부 폭을 더한 값

② 보 경간의 1/4

③ 양쪽으로 각각 내민 플랜지 두께의 8배씩에 보의 복부 폭을 더한 값

④ 양쪽 슬래브의 중심간 거리

TIP 보 경간의 1/12에 보의 복부 폭을 더한 값은 반T형보의 유효폭을 결정하기 위한 값이다.

㉠ 대칭 T형보의 유효폭

- $16t_f + b_w$
- 양쪽슬래브의 중심간 거리
- 보 경간의 1/4

㉡ 비대칭 T형보의 유효폭

- $6t_f + b_w$
- (보 경간의 1/12) + b_w
- (인접보와의 내측거리의 1/2) + b_w

2013 지방직

4 **균형철근비를 초과하는 주인장철근이 배근된 철근콘크리트 보에 나타나는 특징으로 옳지 않은 것은?**

① 극한상태에서는 취성적인 파괴가 나타난다.

② 중립축의 위치는 균형철근비 이하로 보강된 경우보다 주인장 철근 방향으로 내려간다.

③ 사용하중에 대한 처짐은 균형철근비 이하로 보강된 경우보다 작게 나타난다.

④ 극한상태의 휨강도는 균형철근비 이하로 보강된 경우보다 작게 나타난다.

TIP 극한상태의 휨강도는 균형철근비 이하로 보강된 경우보다 크게 나타난다.

Answer 3.① 4.④

2011 국가직 (7급)

5 **다음은 휨모멘트를 받는 철근콘크리트 단근보의 실제 압축응력 분포를 등가응력블럭으로 단순화한 그림이다. 이때 등가응력블록의 크기 A 및 깊이 B의 크기로 옳은 것은? (단, 콘크리트의 압축강도 f_{ck} = 38MPa이다)**

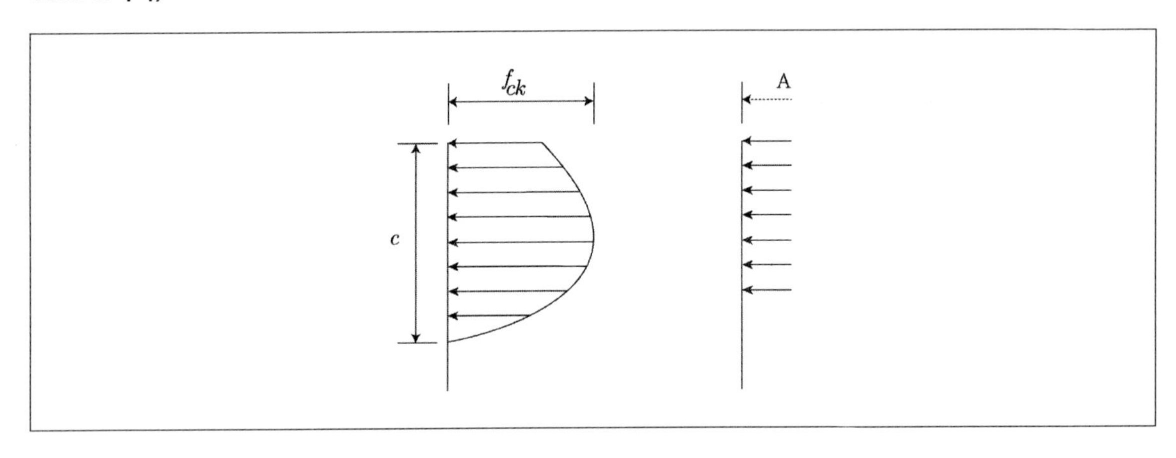

	A	B		A	B
①	$0.85f_{ck}$	$0.84c$	②	$0.85f_{ck}$	$0.80c$
③	$0.85f_{ck}$	$0.78c$	④	$0.85f_{ck}$	$0.76c$

TIP • A : 최대압축 변형률 0.003이 발생할 때 등가압축영역에 $0.85f_{ck}$인 콘크리트 응력이 등분포한다.
• B : 등가응력블록의 깊이 $a=\beta_1 c=[0.85-(38-28)\times 0.007]\times c=0.78c$

2007 국가직 (7급)

6 **철근콘크리트에서 과다 철근보(over reinforced beam)에 대한 설명으로 옳은 것은?**

① 인장철근단면적을 최대철근단면적보다 더 많이 배치한 보
② 인장철근단면적을 균형철근단면적보다 더 많이 배치한 보
③ 압축을 받는 콘크리트의 변형율이 극한변형율 0.003에 도달할 때 인장철근도 동시에 항복하는 보
④ 압축을 받는 콘크리트의 변형율이 극한변형율 0.003에 도달하기 전에 인장철근이 먼저 항복하는 보

TIP 철근콘크리트에 과다철근보는 인장철근단면적을 균형철근단면적보다 더 많이 배치한 보로 철근이 항복하기 전에 콘크리트의 변형률이 0.003에 도달하여 콘크리트의 갑작스런 파쇄로 보가 파괴된다.

Answer 5.③ 6.②

출제 예상 문제

1 **다음은 철근콘크리트 보의 구조제한에 관한 사항들이다. 이 중 바르지 않은 것은?**

① 주근은 D13 이상을 사용해야 한다.

② 철근의 피복두께는 40mm 이상이어야 하나 콘크리트의 설계기준강도가 40MPa인 경우는 30mm 로 할 수 있다.

③ 주근의 순간격은 25mm 이상이고 굵은골재 최대치수의 4/3 이상이어야 한다.

④ 보의 횡방향 지점간 거리는 압축플랜지 또는 압축면의 최소폭의 100배 이하로 한다.

TIP 보의 횡방향 지점간 거리는 압축플랜지 또는 압축면의 최소폭의 50배 이하로 한다.

2 **보의 폭이 400mm, 유효깊이가 600mm인 철근콘크리트 단철근보의 설계 시 콘크리트가 받는 압축력의 크기는 얼마로 가정하는가?**

① 764kN ② 816kN

③ 862kN ④ 896kN

TIP $C=0.85f_{ck}\cdot a\cdot b=0.85(24)(100)(400)=816kN$

3 **극한강도설계법에 의한 철근콘크리트보의 설계 시 단철근 직사각형단면보에서 균형단면을 이루기 위한 중립축의 위치 c_b가 400mm인 경우 등가응력블럭의 깊이 a_b는? (단, $f_{ck}=27MPa$이다.)**

① 300mm ② 320mm

③ 340mm ④ 360mm

TIP $f_{ck}=27MPa<28MPa$이므로 $\beta_1=0.85$이다.
그러므로 $\therefore a_b=\beta_1\cdot c_b=0.85(400)=340mm$

Answer 1.④ 2.② 3.③

4 강도설계법에서 $f_y = 400MPa$, $d = 800mm$인 철근콘크리트 균형보의 압축연단에서 중립축까지의 거리는?

① 360mm ② 480mm
③ 720mm ④ 800mm

TIP $c_b = \dfrac{600}{600+f_y} \cdot d = \dfrac{600}{600+400} \times 800 = 480mm$

5 강도설계법에서 $f_{ck} = 24MPa$, $f_y = 400MPa$인 경우 단철근보의 균형철근비값은?

① 0.0225 ② 0.0260
③ 0.0285 ④ 0.0315

TIP $\rho_b = 0.85\beta_1 \cdot \dfrac{f_{ck}}{f_y} \cdot \dfrac{c_b}{d} = 0.85 \cdot \beta_1 \cdot \dfrac{f_{ck}}{f_y} \cdot \dfrac{600}{600+f_y} = 0.0260$

6 강도설계법에 의한 철근콘크리트보의 설계 시 $f_{ck} = 24MPa$, $f_y = 400MPa$일 때 최소철근비는?

① 0.0026 ② 0.0035
③ 0.0042 ④ 0.0048

TIP 최소철근비의 산정
$f_{ck}(=24MPa) \le 31MPa$이므로 $\rho_{\max} = \dfrac{1.4}{f_y} = \dfrac{1.4}{400} = 0.0035$

Answer 4.② 5.② 6.②

7 보의 폭이 300mm, 유효깊이가 600mm인 단철근 직사각형 보에서 유효하게 배근될 수 있는 최대철근량은? (단, $f_{ck} = 24MPa$, $f_y = 400MPa$이다.)

① 2,214mm²
② 2,586mm²
③ 2,962mm²
④ 3,344mm²

TIP ㉠ 균형철근비의 산정

$$\rho_b = 0.85 \cdot \beta_1 \cdot \frac{f_{ck}}{f_y} \cdot \frac{600}{600+f_y} = 0.85(0.85)(\frac{24}{400})(\frac{600}{600+400}) = 0.026$$

㉡ 최대철근비의 산정

방법1) $f_y \leq 400MPa$이므로

$$\varepsilon_t = 0.004, \varepsilon_y = \frac{f_y}{E_s} = \frac{400}{200,000} = 0.002$$

$$\rho_{\max} = \frac{\varepsilon_c + \varepsilon_y}{\varepsilon_c + \varepsilon_t} \cdot \rho_b = \frac{0.003+0.002}{0.003+0.004} \times 0.026 = 0.0186$$

$$A_{s,\max} = \rho_{\max} \cdot b \cdot d = 3,344mm^2$$

방법2) $f_y \leq 400MPa$이므로

$$\varepsilon_t = 0.004, \varepsilon_y = \frac{f_y}{E_s} = \frac{400}{200,000} = 0.002$$

$$\rho_{\max} = 0.85 \cdot \beta_1 \cdot \frac{f_{ck}}{f_y} \cdot \frac{\varepsilon_c}{\varepsilon_c + \varepsilon_t} = 0.0186$$

$$A_{s,\max} = \rho_{\max} \cdot b \cdot d = 3,344mm^2$$

방법3) 기준표를 적용한다.

철근의 항복강도	휨부재 허용값	
	최소허용변형률	최대철근비
300MPa	0.004	$0.643\rho_b$
350MPa	0.004	$0.679\rho_b$
400MPa	0.004	$0.714\rho_b$
500MPa	$0.005(2\varepsilon_y)$	$0.688\rho_b$

Answer 7.④

8 폭이 300mm, 유효깊이가 500mm인 인장철근량이 $A_s = 1,500mm^2$인 단철근 직사각형 보에서의 적절한 강도감소계수값은?

① 0.75
② 0.80
③ 0.85
④ 0.90

TIP 힘의 평형조건($C=T$)에 따라 $0.85f_{ck}ab = A_sf_y$이므로

$$a = \frac{A_sf_y}{0.85f_{ck}b} = \frac{(1,500)(400)}{0.85(24)(300)} = 98.04mm$$

$f_{ck} = 24MPa \le 28MPa$이므로 $\beta_1 = 0.85$

$\alpha = \beta_1 c$에서 $c = \frac{a}{\beta_1} = \frac{98.04}{0.85} = 115.34mm$

$$\varepsilon_t = \frac{(d_t - c)}{c} \cdot \varepsilon_c = \frac{(500 - 115.34)}{115.34} \times 0.003 = 0.010 > 0.005$$

이 보는 인장지배단면의 부재이며 강도감소계수는 0.85를 적용한다.

9 폭이 400mm이고 유효깊이가 600mm이며 $f_{ck} = 21MPa$인 인장철근량이 $A_s = 4,500mm^2$인 단철근 직사각형 보에서의 강도감소계수값은?

① 0.78
② 0.82
③ 0.85
④ 0.90

TIP 힘의 평형조건($C=T$)에 따라 $0.85f_{ck}ab = A_sf_y$에서

$$a = \frac{A_sf_y}{0.85f_{ck}b} = \frac{(4500)(350)}{0.85(21)(400)} = 220.6mm$$

$f_{ck} = 21MPa \le 28MPa$이므로 $\beta_1 = 0.85$

$a = \beta_1 c$에서 $c = \frac{a}{\beta_1} = \frac{220.6}{0.85} = 259.52mm$

$$\varepsilon_t = \frac{(d_t - c)}{c} \cdot \varepsilon_c = \frac{(600 - 259.52)}{259.52} \times 0.003 = 0.0039$$

$\therefore 0.002 < \varepsilon_t < 0.005$이므로 변화구간단면 부재이다.

강도감소계수 $\phi = 0.65 + (\varepsilon_t - 0.002) \times \frac{200}{3} = 0.78$

Answer 8.③ 9.①

10 극한강도설계법에서 다음과 같은 조건의 단철근 직사각형보의 공칭휨강도로 가장 적합한 것은?

- 보의 폭 : 350mm
- 보의 유효깊이 : 600mm
- 철근배근사항 : 4－D22(1,548mm²)
- 콘크리트의 설계기준압축강도 : 21MPa

① 296kN · m
② 310kN · m
③ 324kN · m
④ 336kN · m

TIP 등가응력블록의 깊이

$$a=\frac{A_sf_y}{0.85f_{ck}b}=\frac{(1,548)(400)}{0.85(21)(350)}=99.1mm$$

$$M_n = T\cdot(d-\frac{a}{2})=A_s\cdot f_y\cdot(d-\frac{a}{2})=309.9kN$$

11 폭이 300mm, 유효깊이가 600mm, $f_{ck}=21MPa$, $f_y=400MPa$인 복근 장방형보에 대한 극한강도설계에서 균형철근비가 0.023, 압축철근비가 0.006, 균형변형도 상태에서 압축철근의 응력이 400MPa일 때 최대 인장철근량은?

① 3,682mm²
② 3,864mm²
③ 4,032mm²
④ 4,256mm²

TIP

$$\rho_{\max}=0.714\rho_b+\rho'\cdot\frac{f_{sb}'}{f_y}=0.0224$$

$$\rho_{\max}=\frac{A_{s,\max}}{bd},\ A_{s,\max}=(0.0224)(300)(600)=4,032mm^2$$

Answer 10.② 11.③

12 다음 그림과 같은 단근 장방형보에서 설계강도 M_d를 구하면? (단, $f_{ck}=21MPa$, $f_y=400MPa$, D22 철근 1개의 단면적은 387mm²이다.)

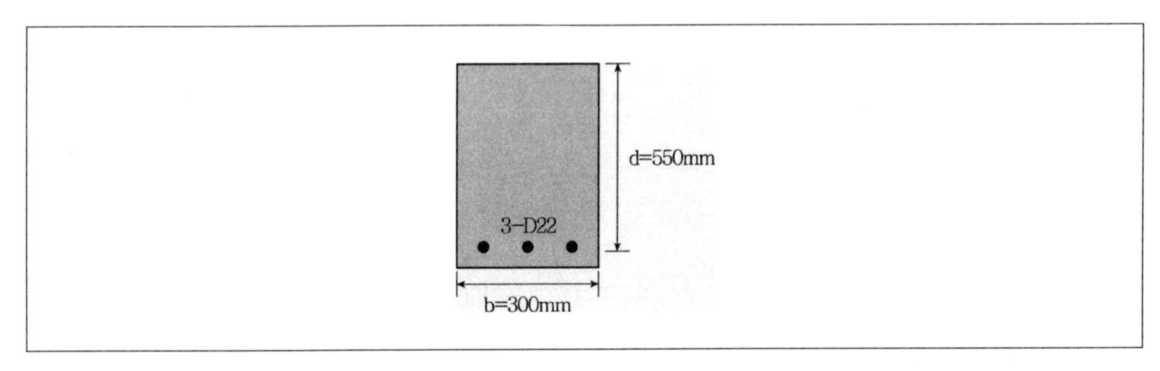

① 150kN · m
② 175kN · m
③ 200kN · m
④ 225kN · m

TIP $a=\dfrac{A_s f_y}{0.85 f_{ck} b}=\dfrac{(3\times 387)(400)}{0.85(21)(300)}=86.72mm$

$M_n=T\cdot(d-\dfrac{a}{2})=A_s f_y(d-\dfrac{a}{2})=235.3kN\cdot m$

$f_{ck}=21MPa\le 28MPa$이므로 $\beta_1=0.85$이다.

$a=\beta_1 c$에서 $c=\dfrac{a}{\beta_1}=\dfrac{86.72}{0.85}=102mm$

$\varepsilon_t=\dfrac{(d_t-c)}{c}\cdot\varepsilon_c=\dfrac{(550-102)}{102}\times 0.003=0.01317>0.005$

인장지배단면 부재이므로 강도감소계수는 0.85를 적용한다.

$M_n=\phi M_n=0.85(235.28)=200kN\cdot m$

Answer 12.③

13 다음 그림과 같은 T형보에서 $f_{ck}=21MPa$, $f_y=300MPa$일 때 설계휨강도를 구하면? (단, 과소철근보이고 $b_e=1,000mm$, $t_f=70mm$, $b_w=300mm$, $d=600mm$, $A_s=4,000mm^2$)

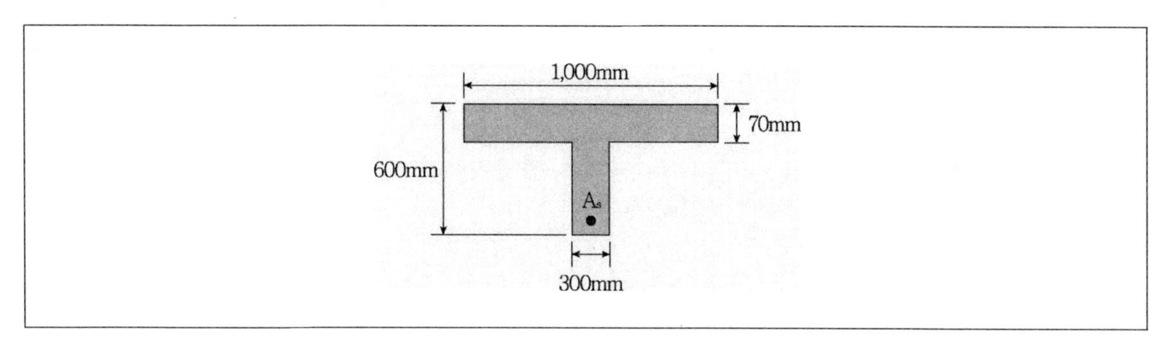

① 524kN · m
② 578kN · m
③ 614kN · m
④ 642kN · m

TIP ㉠ T형 단면의 검토

$$a=\frac{A_sf_y}{0.85f_{ck}b_e}=\frac{(4,000)(300)}{085(21)(1,000)}=67mm<70mm$$이므로

폭 $b_e=1,000mm$인 단철근 직사각형 보로 해석해야 한다.

㉡ 설계휨강도의 계산

$$\phi M_n=\phi A_sf_y(d-\frac{a}{2})=0.85(4,000)(300)(600-\frac{67}{2})=578kN\cdot m$$

Answer 13.②

14 극한강도설계법에서 다음 그림과 같은 T형보의 빗금 친 플랜지 단면에 작용하는 압축력과 평형이 되도록 하는 가상의 압축철근의 단면적은? (단, $f_{ck}=24MPa$, $f_y=400MPa$)

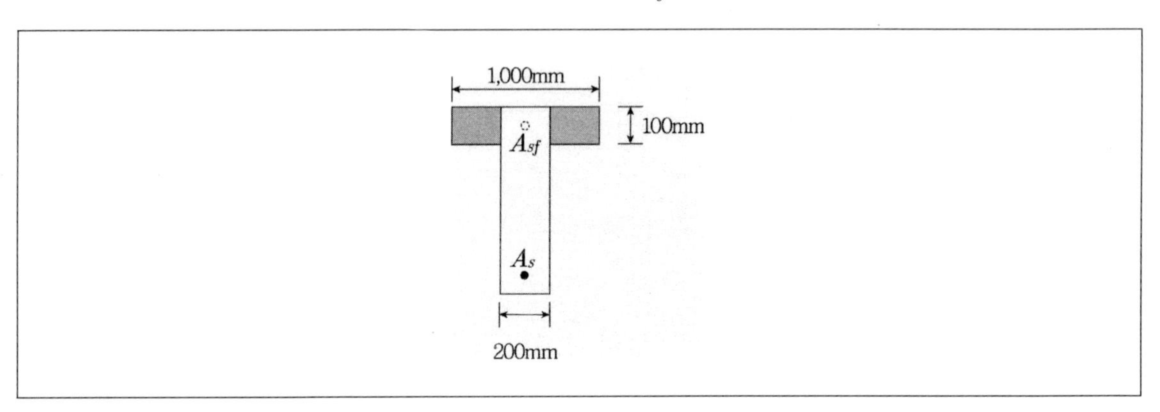

① $3,680mm^2$　　② $4,080mm^2$

③ $4,320mm^2$　　④ $4,560mm^2$

TIP $C_f=T_f$이므로 $0.85f_{ck}\cdot(b_e-b_w)\cdot t_f=A_{sf}\cdot f_y$

$0.85(24)(1,000-200)(100)=A_{sf}\times(400)$

$\therefore A_{sf}=4,080mm^2$

Answer 14.②

15 보폭은 400mm, 한쪽으로 내민 플랜지 두께는 150mm, 보의 경간은 9m, 인접보와의 내측거리 3m인 경우, 슬래브와 보가 일체로 타설된 반T형보의 유효폭은?

① 1,000mm
② 1,150mm
③ 1,300mm
④ 1,900mm

TIP 반T형보의 유효폭은 다음 값 중 가장 작은 값으로 한다.

㉠ T형보의 유효폭
- 16tf + bw
- 양쪽 슬래브의 중심간의 거리
- 보의 경간/4

㉡ 반 T형보의 유효폭
- 6tf + bw
- (보의 경간/12) + bw
- (인접보 내측거리/2) + bw

그러므로 주어진 문제는 반 T형보의 유효폭이므로

슬래브 두께의 6배 + 복부폭 : $b_e = 6t_f + b_w = 6 \times 150 + 400 = 1300mm$

인접보 내측거리의 1/2 + 복부폭 : $b_e = 3000/2 + 400 = 1900mm$

보의 경간의 1/12 + 복부폭 : $b_e = 9000/12 + 400 = 1150mm$

이 중 가장 작은 값 $b_e = 1,150mm$이 반T형보의 유효폭이 된다.

Answer 15.②

04 압축재 설계

❶ 압축재 설계

(1) 설계상의 기본가정

① 휨과 축하중을 받는 부재의 강도설계는 힘의 평형조건과 변형률 적합조건을 만족시켜야 한다.

② 철근과 콘크리트의 휨변형률은 중립축으로부터 거리에 비례한다.

③ 휨 또는 휨과 축하중을 동시에 받는 부재의 콘크리트 압축연단에서 극한변형률은 0.003이다.

④ 철근의 응력 $= E_s$ · 변형률 $\leq$ 설계기준항복강도 f_y

⑤ 콘크리트의 인장강도는 무시한다.

⑥ 콘크리트의 압축응력의 분포와 콘크리트의 변형률 사이의 관계는 등가 직사각형 응력분포로 나타낼 수 있다.

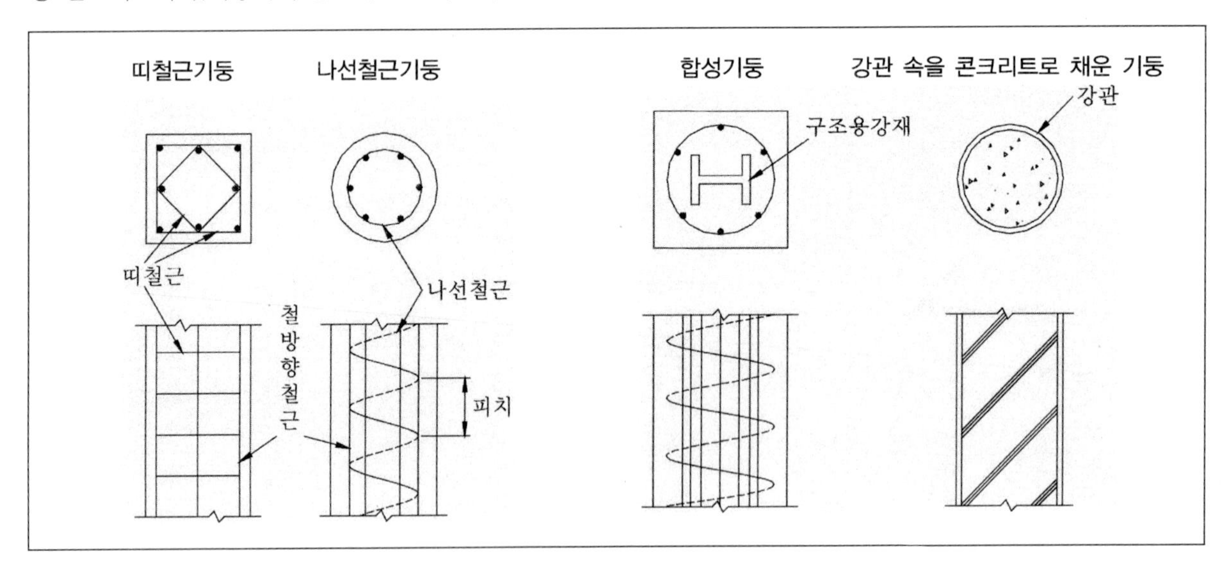

(2) 철근의 구조제한

① 주철근의 구조제한

구분	띠철근 기둥	나선철근 기둥
단면치수	최소단변 $b \geq 200mm$ $A \geq 60,000mm^2$	심부지름 $D \geq 200mm$ $f_{ck} \geq 21MPa$
개수	직사각형 단면 : 4개 이상 원형 단면 : 4개 이상	6개 이상
간격	40mm 이상, 철근 직경의 1.5배 이상 중 큰 값	
철근비	최소철근비 1%, 최대철근비 8% (단, 주철근이 겹침이음되는 경우 철근비는 4% 이하)	

② 띠(나선)철근의 구조제한

구분	띠철근 기둥	나선철근 기둥
지름	주철근 ≤ D32일 때 : D10 이상 주철근 ≥ D35일 때 : D13 이상	10mm 이상
간격	주철근의 16배 이하 띠철근 지름의 48배 이하 기둥 단면의 최소치수 이하 (위의 값 중 최솟값)	25mm ~ 75mm
철근비	–	$0.45\left(\frac{A_g}{A_{ch}}-1\right)\frac{f_{ck}}{f_{yt}}$ 이상

TIP

띠철근의 역할

㉠ 주근의 좌굴을 방지한다.
㉡ 주근의 위치를 고정시킨다.
㉢ 수평력에 의한 전단응력에 대해 보강을 한다.
㉣ 피복두께를 유지시킨다.

| 기출예제 01

철근콘크리트 띠철근 기둥에 대한 설명으로 옳지 않은 것은?

① 기둥단면의 최소치수는 200mm 이상이고, 최소단면적은 50,000mm^2 이상이다.

② 종방향 철근의 순간격은 40mm, 철근 공칭지름의 1.5배 및 굵은 골재 공칭최대치수의 4/3배 중 큰 값 이상으로 한다.

③ D32 이하의 종방향 철근은 D10 이상의 띠철근으로 한다.

④ 띠철근의 수직간격은 종방향 철근 지름의 16배 이하, 띠철근 지름의 48배 이하, 기둥단면의 최소치수 이하로 하여야 한다.

*

기둥단면의 최소치수는 200mm 이상이고, 최소단면적은 60,000mm^2 이상이다.

답 ①

③ 압축부재에 사용되는 띠철근 규정

㉠ D32 이하의 축방향 철근은 D10 이상의 띠철근으로, D35 이상의 축방향 철근과 다발철근은 D13 이상의 띠철근으로 둘러싸야 하며, 띠철근 대신 등가단면적의 이형철선 또는 용접철망을 사용할 수 있다.

㉡ 띠철근의 수직간격은 축방향 철근지름의 16배 이하, 띠철근이나 철선지름의 48배 이하, 또한 기둥단면의 최소 치수 이하로 하여야 한다.

㉢ 모든 모서리 축방향 철근과 하나 건너 위치하고 있는 축방향 철근들은 135° 이하로 구부린 띠철근의 모서리에 의해 횡지지되어야 한다. 다만, 띠철근을 따라 횡지지된 인접한 축방향 철근의 순간격이 150 mm 이상 떨어진 경우에는 추가 띠철근을 배치하여 축방향 철근을 횡지지하여야 한다. 또한, 축방향 철근이 원형으로 배치된 경우에는 원형띠철근을 사용할 수 있다. 이때 원형 띠철근을 150 mm 이상 겹쳐서 표준 갈고리로 기둥주근을 감싸야 한다.

㉣ 기초판 또는 슬래브의 윗면에 연결되는 압축부재의 첫 번째 띠철근 간격은 다른 띠철근 간격의 1/2 이하로 하여야 하고, 슬래브나 지판, 기둥전단머리에 배치된 최하단 수평철근 아래에 배치되는 첫 번째 띠철근도 다른 띠철근 간격의 1/2 이하로 하여야 한다.

㉤ 보 또는 브래킷이 기둥의 4면에 연결되어 있는 경우에 가장 낮은 보 또는 브래킷의 최하단 수평철근 아래에서 75mm 이내에서 띠철근 배치를 끝낼 수 있다. 단, 이때, 보의 폭은 해당 기둥면 폭의 1/2 이상이어야 한다.

㉥ 앵커볼트가 기둥 상단이나 주각 상단에 위치한 경우에 앵커볼트는 기둥이나 주각의 적어도 4개 이상의 수직철근을 감싸고 있는 횡방향 철근에 의해 둘러싸여져야 한다. 횡방향 철근은 기둥 상단이나 주각 상단에서 125mm 이내에 배치하고 적어도 2개 이상의 D13 철근이나 3개 이상의 D10 철근으로 구성되어야 한다.

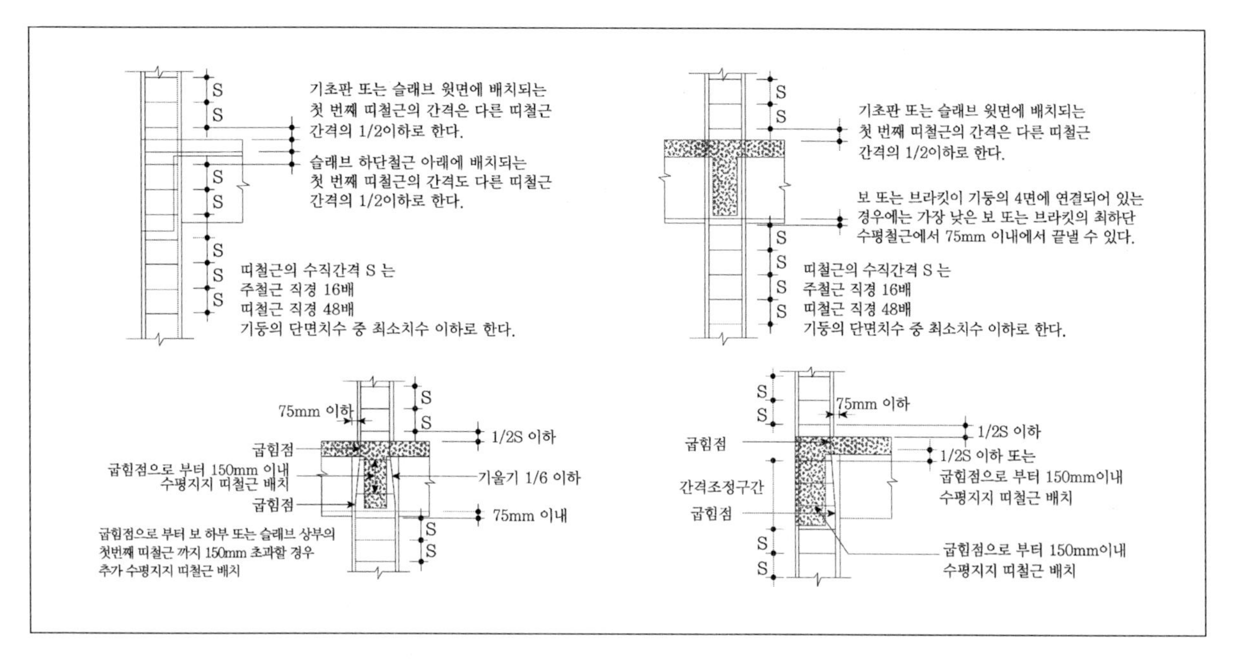

④ 압축부재에 사용되는 나선철근 규정

㉠ 나선철근은 균등한 간격을 갖는 연속된 철근이나 철선으로 이루어지며 설계된 치수로부터 벗어남이 없이 제작, 설치할 수 있도록 그 크기가 확보되어야 한다.

㉡ 현장치기콘크리트 공사에서 나선철근 지름은 10mm 이상으로 하여야 한다.

㉢ 나선철근의 순간격은 25mm 이상, 75mm 이하이어야 한다.

㉣ 나선철근의 정착은 나선철근의 끝에서 추가로 1.5 회전만큼 더 확보하여야 한다.

기출예제 02 2012 국가직

철근콘크리트 압축부재에 대한 설명으로 옳은 것은?

① 세장비가 커지면 좌굴의 영향이 감소하여 압축하중 지지능력이 증가한다.

② 높이가 단면 최소 치수의 2배 이상인 압축재를 기둥이라 한다.

③ 골조구조에서 각 압축부재의 세장비가 100을 초과하는 경우에는 2계 비선형해석을 수행하여야 한다.

④ 압축부재의 철근량 제한에서 축방향 주철근이 겹침 이음되는 경우의 철근비는 0.05를 초과하지 않도록 하여야 한다.

*

① 세장비가 커지면 좌굴의 영향이 증가하여 압축하중 지지능력이 감소한다.

② 높이가 단면 최소치수의 3배 이상인 압축재를 기둥이라 한다.

④ 압축부재의 철근량 제한에서 축방향 주철근이 겹침이음되는 경우의 철근비는 0.04를 초과하지 않도록 해야 한다.

답 ③

(3) 단주와 장주의 구별

① 기둥의 길이(l_u) … 기둥부재의 비지지길이를 기둥의 길이로 보며 바닥슬래브, 보, 그 외 압축부재를 횡방향으로 지지하는 부재들 사이의 순길이이다.

② 기둥의 유효길이(l_e) … 실제 부재의 길이(l)에 유효길이계수(k)를 곱한 값이다.

단부구속조건	양단고정	1단힌지 타단고정	양단힌지	1단회전구속 이동자유 타단고정	1단회전자유 이동자유 타단고정	1단회전구속 이동자유 타단힌지
좌굴형태						
이론적인 K값	0.50	0.70	1.0	1.0	2.0	2.0
권장 설계 K값	0.65	0.80	1.0	1.2	2.1	2.4
절점조건의 범례		회전구속, 이동구속 : 고정단				
		회전자유, 이동구속 : 힌지				
		회전구속, 이동자유 : 큰 보강성과 작은 기둥강성인 라멘				
		회전자유, 이동자유 : 자유단				

㉠ 탄성좌굴하중 : $P_{cr} = \dfrac{\pi^2 EI_{\min}}{(KL)^2} = \dfrac{n \cdot \pi^2 EI_{\min}}{L^2} = \dfrac{\pi^2 EA}{\lambda^2}$

㉡ 좌굴응력 : $f_{cr} = \dfrac{P_{cr}}{A} = \dfrac{\pi^2 EI_{\min}}{(KL)^2 \cdot A} = \dfrac{\pi^2 E \cdot r_{\min}^2}{(KL)^2} = \dfrac{\pi^2 E}{\lambda^2}$

TIP

횡방향 상대변위에 의한 유효길이계수

㉠ 횡방향 상대변위를 고려하지 않은 경우 : $k=1$

㉡ 횡방향 상대변위를 고려한 경우 : $k>1$

③ 단주와 장주의 구분

㉠ 세장비 $\lambda = \frac{k \cdot l_u}{r}$가 다음 값보다 작으면 장주로 인한 영향을 무시해서 단주로 해석할 수 있다.

㉡ 비횡구속 골조 : $\lambda = \frac{k \cdot l_u}{r} \leq 22$, 횡구속 골조 : $\lambda = \frac{k \cdot l_u}{r} \leq 34 - 12 \cdot (\frac{M_1}{M_2}) \leq 40$

- M_1 : 1차 탄성해석에 의해 구한 단모멘트 중 작은 값
- M_2 : 1차 탄성해석에 의해 구한 단모멘트 중 큰 값
- M_1/M_2 : 단곡률(−), 복곡률(+)이며 −0.5이상의 값이어야 한다.

TIP

비횡구속 골조란 횡방향 상대변위가 방지되어 있지 않은 압축부재이다.

(4) 단주의 설계

① 편심이 없는 순수 축하중을 받는 압축부재의 최대 축하중강도

$$P_o = 0.85 f_{ck} \cdot (A_g - A_{st}) + f_y \cdot A_{st}$$

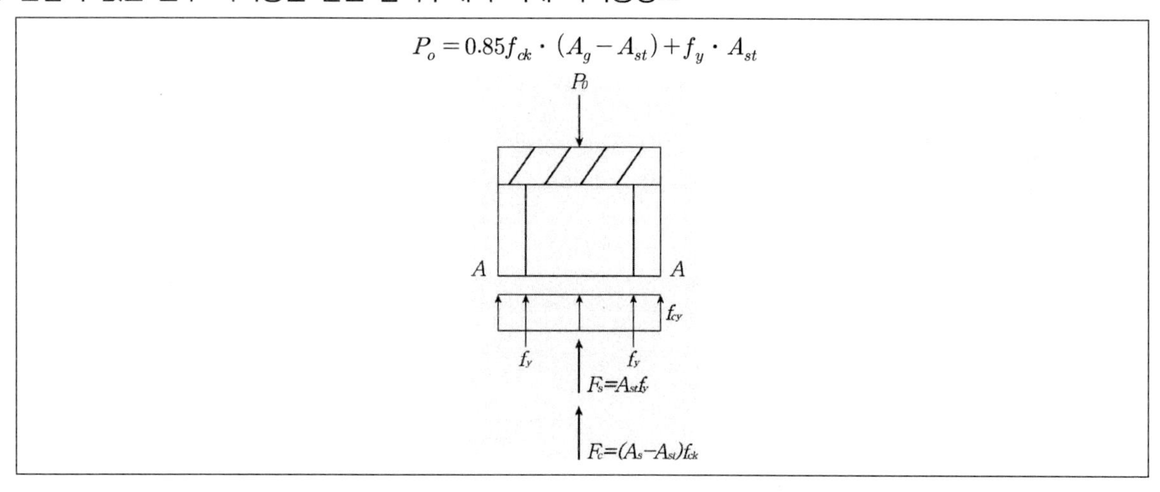

② 편심효과에 따른 실제 기둥의 공칭강도(P_n)

㉠ 띠 기둥 : $P_n = 0.80 \cdot P_o$

㉡ 나선기둥 : $P_n = 0.85 \cdot P_o$

③ 단주의 설계식

㉠ 띠 기둥 : $\phi P_n = (0.65)(0.80)[0.85 f_{ck}(A_g - A_{st}) + f_y A_{st})$

㉡ 나선기둥 : $\phi P_n = (0.70)(0.85)[0.85 f_{ck}(A_g - A_{st}) + f_y A_{st})$

TIP

압축재의 설계 축하중은 예측하지 못한 편심응력에 대비하여 순수 압축부재 단면에서의 축하중설계강도를 최대공칭축하중의 80%(띠기둥), 85%(나선기둥)으로 저감한다.

(4) P – M 상관도

P – M 상관도는 기둥이 받을 수 있는 최대축력가 모멘트를 표시한 그래프이다. 이 선도 안쪽은 안전하나 밖은 파괴가 일어난다. 선도의 직선부는 기둥부재에서 아무리 주의를 기울여도 발생할 수 밖에 없는 최소한의 편심을 고려한 것이다. PM 상관도에서 K점으로부터 알 수 있듯이 $P_u \leq \phi P_n$, $M_u \leq \phi M_n$이라고 해서 완전히 안전을 확보한 것은 아니다.

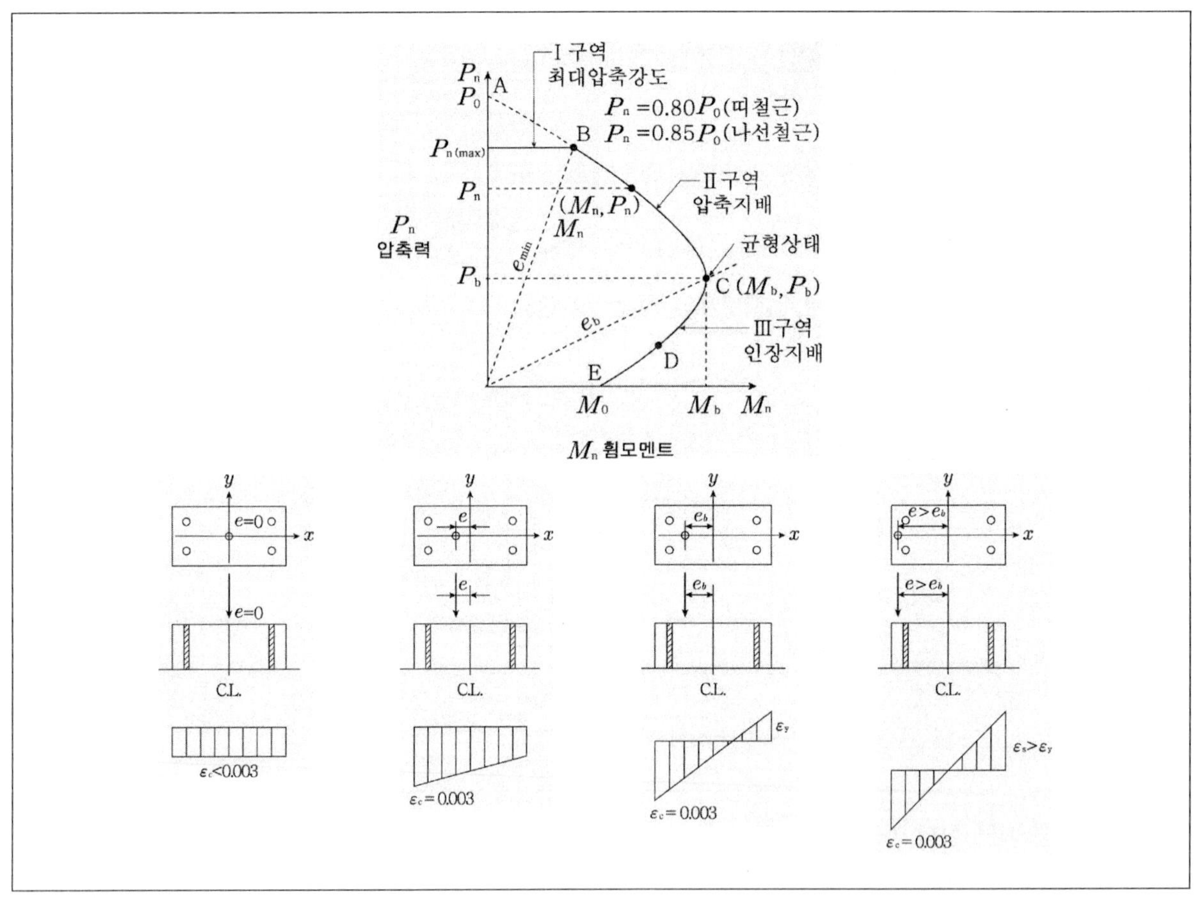

㉠ A점 : 최대압축강도 발휘지점. 축하중이 기둥단면 도심에 작용하는 경우로 PM 상관도에서 최대압축강도를 발휘하는 영역이다.

㉡ B점 : 압축지배구역. 축하중이 기둥단면 도심을 벗어나 편심이 작용하는 경우로 압축측 콘크리트가 파괴변형률 0.003에 도달하는 경우이다. 그러나 여전히 전체 단면은 압축응력이 작용하고 있다.

㉢ C점 : 균형상태. 하중이 편심을 계속 증가시키면 인장측 철근이 항복변형률($f_y = 400MPa$인 경우 0.002)에 도달할 때 압축측 콘크리트가 파괴변형률 0.003에 도달하는 경우로 균형파괴를 유발하는 하중재하위치의 지점이다.

㉣ D점 : 인장파괴. 균형파괴를 유발하는 하중작용점을 지나 계속 편심을 증가시키면 인장측 철근은 항복변형률보다 큰 극한변형률에 도달하여 인장측 철근이 파괴되는 형태를 보이는 구간이다. 기둥에 인장이 지배하는 구역이다.

㉤ E점 : 순수휨파괴. 축하중은 0이 되고 모든 하중은 휨모멘트에 의해 작용하므로 파괴는 보가 휨만을 받을 때와 동일하게 된다.

기출예제 03

2012 국가직 (7급)

휨모멘트와 축력을 받는 철근콘크리트 기둥의 축력(P)－모멘트(M) 상관도를 설명한 것으로 옳지 않은 것은?

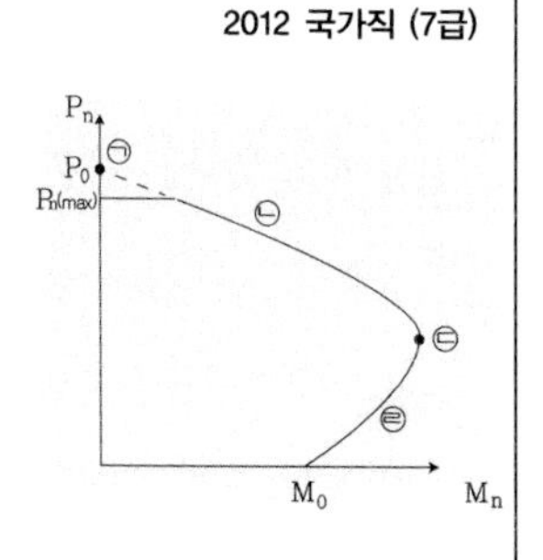

① 점 ㉠은 순수압축을 받는 경우로 중립축은 부재단면 내부에 존재한다.
② ㉡ 구간은 압축파괴구역으로 인장측 철근의 변형도는 항복 변형도에 미치지 않는다.
③ 점 ㉢은 균형파괴점으로 인장측 철근의 변형도는 항복변형도에 도달한다.
④ ㉣ 구간은 인장파괴구역으로 인장측 철근의 변형도는 항복 변형도를 초과한다.

✱

점 ㉠은 순수압축을 받는 경우로 중립축은 부재단면 내부에 존재하지 않는다.

답 ①

TIP

2축휨을 받는 부재의 P－M 상관도

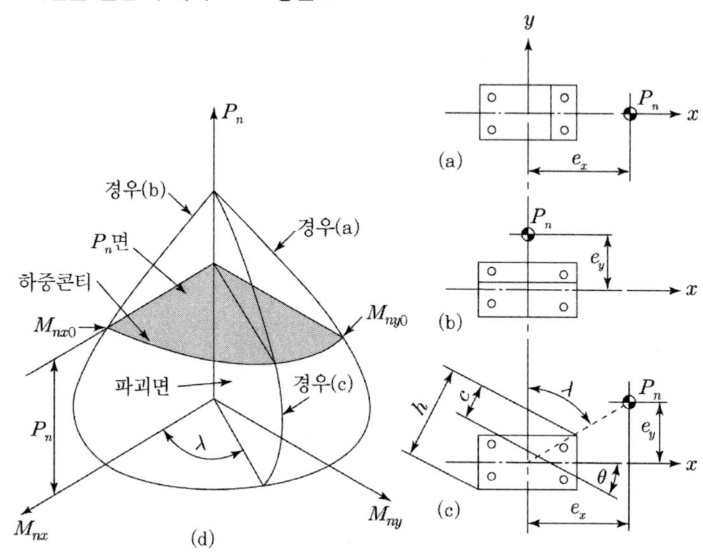

(5) 소성중심

① 정의 … 대부분의 콘크리트 기둥은 모멘트축에 대하여 대칭으로 철근이 배근되어 단면의 무게중심과 소성중심이 일치한다. 하지만, 가끔 1축으로 모멘트가 작용하고 편심이 큰 골조 기둥에서는 철근을 비대칭으로 배근하는 것이 더 경제적일 때가 있다. 소성중심은 기둥에서 전체의 단면이 일정한 극한변형률 0.003에 도달될 때 철근과 콘크리트의 단면적에 발생하는 힘의 합력작용점으로 정의된다.

② 소성중심은 콘크리트 단면 전체가 최대압축응력도($0.85f_{ck}$)에 도달하고, 모든 철근이 항복응력도(f_y)로 압축될 때의 단면의 저항중심을 말한다.

③ 기둥에 작용하는 하중의 편심거리는 소성중심으로부터 떨어진 하중의 위치이다.

④ 소성중심은 대칭인 경우 도심과 일치한다.

다음 그림과 같은 경우 소성중심은 3개의 내부응력의 합력점이 된다.

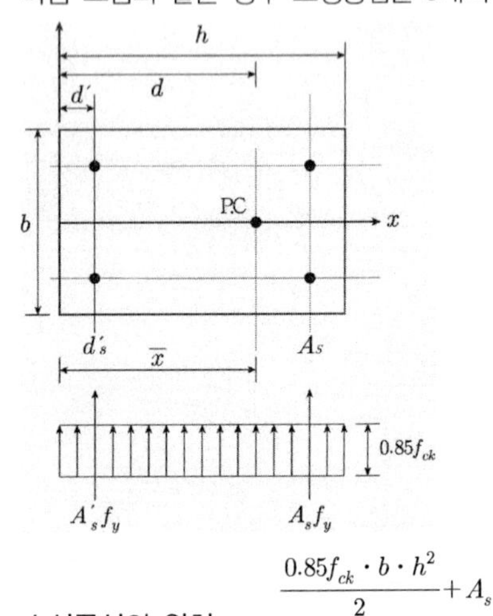

소성중심의 위치 $x = \dfrac{\dfrac{0.85f_{ck} \cdot b \cdot h^2}{2} + A_s \cdot f_y \cdot d + A_s{'} \cdot f_y \cdot d'}{0.85f_{ck} \cdot b \cdot h + A_s \cdot f_y + A_s{'} \cdot f_y}$

(6) 장주의 설계

① $P-\Delta$ 효과(장주효과) … 기둥의 세장비가 일정치 이상이되면 1차모멘트에 의해서 부재가 휘게 되는데 이러한 휨에 의하여 생긴 횡변위량(Δ)과 축력(P)에 의한 추가적인 2차 모멘트($M_2 = P \cdot \Delta$)가 발생하게 되는 현상이다.

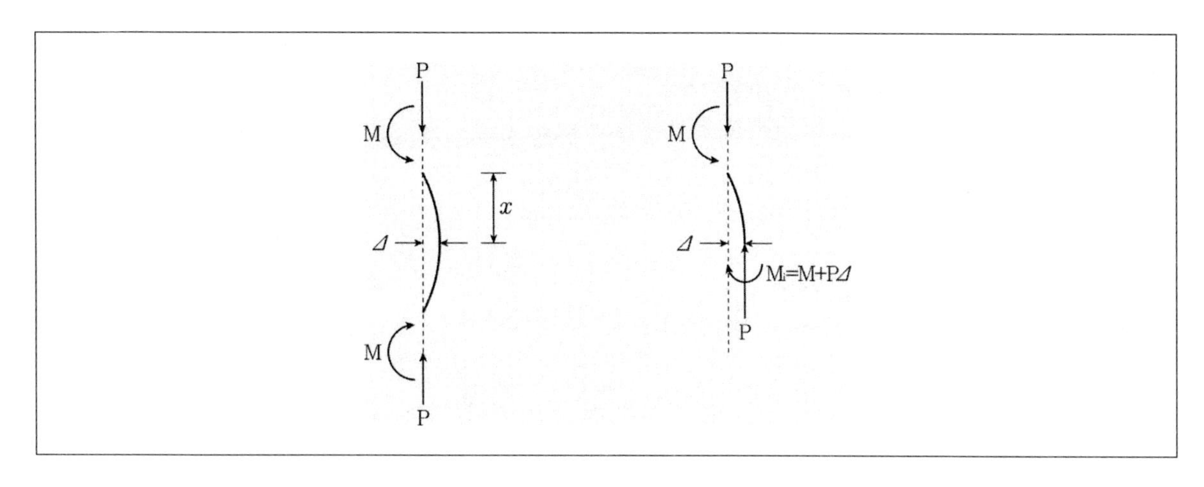

TIP

$P \cdot \Delta$가 1차모멘트(M_1)의 5% 이내인 경우 단주로 본다.

② **탄성 2차해석** … 축력의 영향, 균열 구역, 하중의 지속성 등을 종합적으로 고려하여 산출한 부재의 단면특성값을 적용한다.

탄성계수			$E_c = 8{,}500\sqrt[3]{f_{ck} + \Delta f}\,(MPa)$
단면 2차모멘트	보		$I = 0.35I_g$
	기둥		$I = 0.70I_g$
	벽체	비균열	$I = 0.70I_g$
		균열	$I = 0.35I_g$
	플랫플레이트 및 플랫슬래브		$I = 0.25I_g$
단면적	$1.0A_g$		

TIP

횡방향의 하중이 지속적으로 작용하는 경우, 안정성 검토 시에는 크리프를 필히 고려하여 단면 2차모멘트를 $1+\beta_{ds}$로 나누어야 한다. β_{ds}는 1개층 전체의 최대계수 전단력에 대한 최대계수지속전단력의 비이며 1.0 이하의 값을 사용한다.

③ **확대휨모멘트**

㉠ 장주효과에 의한 압축부재의 휨모멘트 증가는 압축부재 단부 사이의 모든 위치에서 고려되어야 한다.

㉡ 두 주축에 대해 휨모멘트를 받고 있는 압축부재에서 각 축에 대한 휨모멘트는 해당 축의 구속조건을 기초로 하여 각각 증가시켜야 한다.

㉢ 탄성 2차해석에 의한 기둥 단부 휨모멘트의 증가량이 탄성 1차해석에 의한 단부 휨모멘트의 5% 미만이면 이 구조물의 기둥은 횡구속 구조물로 가정할 수 있다.

㉣ 압축부재, 구속 보, 그 외의 지지부재는 탄성 2차해석에 의한 총 휨모멘트가 탄성 1차해석에 의한 휨모멘트의 1.4배를 초과해서는 안 된다.

㉤ 층안정성지수가 0.05 이하일 경우 해당 구조물의 층은 횡구속 구조물로 가정할 수 있다.

TIP

$P-\Delta$효과

㉠ 부재가 압축을 받아 변형이 생기게 되면 편심하중이 발생하게 되고 이 편심하중의 크기와 중심축과의 거리를 곱한 만큼의 휨모멘트가 부재에 추가로 발생하게 된다.

㉡ 이처럼 압축력과 모멘트하중이 함께 가해지는 이러한 효과를 $P-\Delta$효과라고 한다.

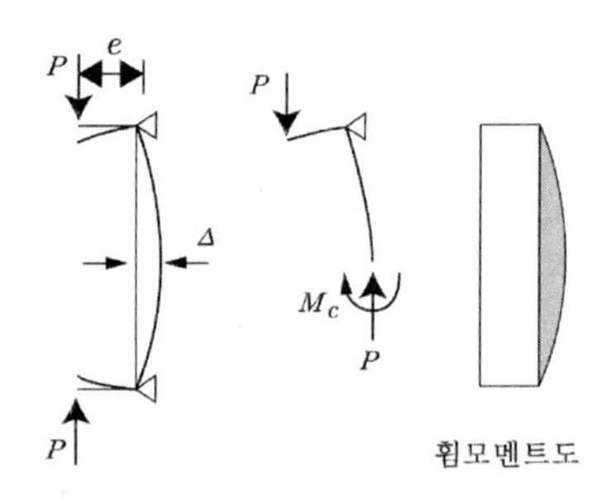

$$M_{c.total} = M_e + M_{2nd} = Pe + P\Delta$$

(7) 압축부재 설계세칙

① 2축 휨을 받는 압축부재

㉠ 두 축방향의 횡하중, 인접경간의 하중불균형 등으로 인하여 압축부재에 2축 휨모멘트가 작용되는 경우에는 2축 휨을 받는 압축부재로 설계하여야 한다.

㉡ 압축부재 단면의 편심거리는 소성 중심으로부터 축력 작용점까지의 거리로 취하여야 한다.

㉢ 2축 휨을 받는 압축부재의 설계에 있어서 원칙적으로 계수축력과 두 축에 대한 휨모멘트의 계수합휨모멘트를 구한 후 축력과 휨모멘트의 평형조건과 변형률의 적합조건을 이용하여 압축부재를 설계하되 광범위한 연구 및 실험에 의해 적용성이 입증된 근사해법에 의하여 설계할 수도 있다.

② 슬래브를 지지하는 압축부재의 바닥판구조를 통한 기둥하중의 전달

㉠ 기둥 콘크리트의 설계기준압축강도가 바닥판 구조에 사용한 콘크리트 강도의 1.4배를 초과하는 경우, 바닥판 구조를 통한 하중의 전달은 다음의 ㉡에서 ㉣까지의 방법 중 한 가지에 의해 이루어져야 한다. 그러나 1.4배 이하인 경우는 특별한 조치를 취할 필요가 없다.

㉡ 기둥 주변의 바닥판은 기둥과 동일한 강도를 가진 콘크리트로 시공하여야 한다. 기둥 콘크리트의 윗면은 기둥면에서 슬래브 내로 600mm 정도 확대하고, 기둥콘크리트와 바닥판 콘크리트가 일체화되도록 기둥 콘크리트가 굳지 않은 상태에서 바닥판 콘크리트를 시공하여야 한다.

㉢ 바닥판 구조를 통과하는 기둥의 강도는 소요 연직 다월 철근과 나선철근을 가진 콘크리트 강도의 하한값을 기준으로 하여야 한다.

㉣ 깊이가 거의 같은 보나 슬래브로 네 면이 횡방향으로 구속된 기둥의 접합부 강도는 기둥콘크리트 강도의 75%와 바닥판 콘크리트 강도의 35%를 합한 콘크리트의 강도로 가정해서 계산할 수 있다. 여기서 기둥의 콘크리트 강도는 바닥판 콘크리트 강도의 2.5배를 초과할 수 없다.

③ 축하중과 2축 휨모멘트를 받는 단주의 설계

㉠ 종류 : 브레슬러의 상반하중법, 브레슬러의 등하중선법, PCA등하중선법, 엄밀해석법

㉡ 브레슬러의 상반하중법 : P_n이 $0.10f_{ck}A_g$ 이상인 조건에서는 실험결과와 잘 일치하나 이보다 작은 경우에는 사용할 수 없으므로 축하중 P_n이 $0.10f_{ck}A_g$ 이상인 조건에만 적용이 가능하다.

㉢ 브레슬러의 등하중선법 : 파괴평면 대신 파괴면을 고려하는 것이 특징이다.

㉣ PCA등하중선법 : 브레슬러의 등하중선법을 약간 수정한 방법으로 모멘트상관곡선을 단일축 휨을 받는 기둥으로 단순화시켜 설계하는 방법이다.

㉤ 엄밀해석법 : 반복 계산에 의해 공칭강도와 설계강도를 산정함에 있어 시간과 노력이 많이 소요되어 축하중과 2축휨모멘트를 받는 단주의 설계 시에는 이러한 엄밀해석법보다는 상반하중법 또는 등하중선법과 같은 근사해석법을 많이 사용한다.

기출예제 04 2014 국가직 (7급)

기둥에 사용한 콘크리트의 설계기준압축강도(이하 '콘크리트강도')가 바닥판구조의 콘크리트강도보다 클 경우, 건축구조기준을 적용하여 바닥판구조를 통한 기둥하중의 전달을 위한 조치로 옳지 않은 것은?

① 기둥 및 바닥판의 콘크리트강도가 각각 27 및 21MPa인 경우, 기둥 주변 바닥판의 콘크리트강도는 21MPa를 사용한다.

② 기둥 및 바닥판의 콘크리트강도가 각각 40 및 24MPa인 경우, 기둥 주변 바닥판의 콘크리트강도는 24MPa를 사용하고 바닥판을 통과하는 기둥의 강도는 소요 연직다월철근과 나선 철근을 가진 콘크리트강도의 하한값을 기준으로 평가한다.

③ 기둥 및 바닥판의 콘크리트강도가 각각 40 및 27MPa이고 슬래브에 의해 기둥(또는 접합부)의 4면이 횡방향으로 구속된 경우, 기둥 콘크리트강도의 75%와 바닥판 콘크리트강도의 25%를 합한 값을 콘크리트의 설계기준압축강도로 가정하여 접합부 및 기둥의 강도를 계산할 수 있다.

④ 기둥 및 바닥판의 콘크리트강도가 각각 40 및 27MPa인 경우, 기둥 주변 바닥판의 콘크리트강도는 40MPa를 사용하고 기둥콘크리트 상면은 슬래브 내로 600mm 확대하며 기둥 콘크리트가 굳지 않은 상태에서 바닥판 콘크리트를 시공한다.

✱

깊이가 거의 같은 보나 슬래브로 4면이 횡방향으로 구속된 기둥의 접합부강도는 기둥콘크리트 강도의 75%와 바닥판 콘크리트 강도의 35%를 합한 콘크리트 강도로 가정해서 접합부 및 기둥의 강도를 계산할 수 있다. 여기서 기둥의 콘크리트 강도는 바닥판 콘크리트 강도의 2.5배를 초과할 수 없다.

① 기둥 및 바닥판의 콘크리트강도가 각각 27 및 21MPa인 경우, 기둥 주변 바닥판의 콘크리트강도는 21MPa를 사용한다. → 27/21 = 1.28 < 1.4이므로 별도의 조치가 요구되지 않는다.

② 기둥 및 바닥판의 콘크리트강도가 각각 40 및 24MPa인 경우, 기둥 주변 바닥판의 콘크리트강도는 24MPa를 사용하고 바닥판을 통과하는 기둥의 강도는 소요 연직다월철근과 나선 철근을 가진 콘크리트강도의 하한값을 기준으로 평가한다. → 40/24 = 1.67 > 1.4이므로 별도의 조치가 요구되며 규정에 적합한 조치를 취하였다.

④ 기둥 및 바닥판의 콘크리트강도가 각각 40 및 27MPa인 경우, 기둥 주변 바닥판의 콘크리트강도는 40MPa를 사용하고 기둥콘크리트 상면은 슬래브 내로 600mm 확대하며 기둥 콘크리트가 굳지 않은 상태에서 바닥판 콘크리트를 시공한다. → 40/27 = 1.48 > 1.4이며 특별한 조치가 요구되며 적합한 조치를 취하였다.

답 ③

최근 기출문제 분석

2018 서울시

1 철근콘크리트 압축부재 설계에 대한 설명으로 가장 옳지 않은 것은?

① 정사각형, 8각형 또는 다른 형상의 단면을 가진 압축부재 설계에서 전체 단면적을 사용하는 대신 실제 형상의 최소 치수에 해당하는 지름을 가진 원형 단면을 사용할 수 있다.

② 하중에 의해 요구되는 단면보다 큰 단면으로 설계된 압축 부재의 경우, 감소된 유효단면적을 사용하여 최소 철근량과 설계강도를 결정할 수 있으며, 이때 감소된 유효단면적은 전체 단면적의 1/2 이상이어야 한다.

③ 압축부재의 장주 설계에서 원형 압축부재의 회전반지름은 원형 압축부재 지름의 0.25배로 사용할 수 있다.

④ 압축부재의 비지지길이는 바닥슬래브, 보, 기타 고려하는 방향으로 횡지지할 수 있는 부재들 사이의 중심 간 길이로 취하여야 한다.

TIP 압축부재의 비지지길이는 바닥슬래브, 보, 기타 고려하는 방향으로 횡지지할 수 있는 부재들 사이의 순간격으로 해야 한다.

Answer 1.④

2017 국가직 (7급)

2 그림과 같은 프리스트레스를 가하지 않은 압축부재 단면 A와 B에 대하여 최대 설계축강도($\phi P_{n(\max)}$)의 비를 비교한 것으로 옳은 것은? (단, 단면 A 및 B는 모두 관련 횡철근 상세규정을 만족하고 있으며, 두 단면의 전체단면적 A_g, 종방향 철근의 전체단면적 A_{st}, 콘크리트 설계기준압축강도 f_{ck}, 철근의 설계기준항복강도 f_y는 전부 서로 동일하다)

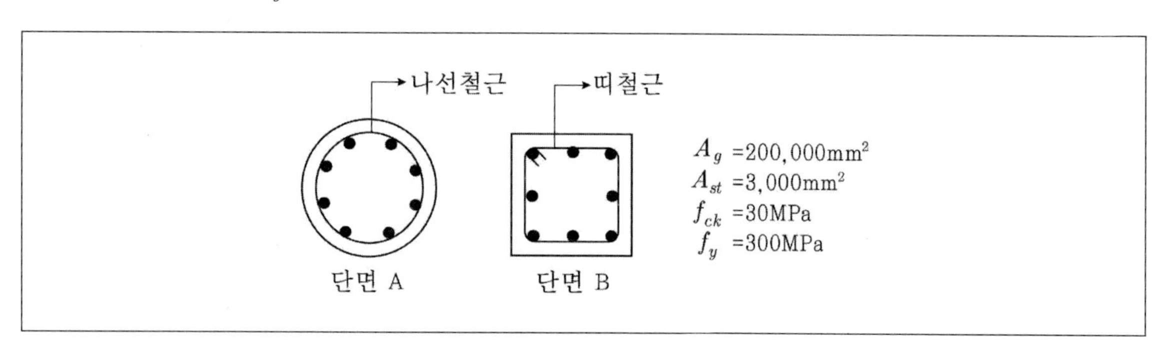

① A : B=135 : 104

② A : B=119 : 104

③ A : B=135 : 100

④ A : B=119 : 100

TIP 압축재의 설계 축하중은 예측하지 못한 편심응력에 대비하여 순수 압축부재 단면에서의 축하중설계강도를 최대공칭축하중의 80%(띠기둥), 85%(나선기둥)으로 저감한다.

- 나선철근기둥의 최대 설계축강도 : (7×8.5)×2=119
- 띠철근기둥의 최대 설계축강도 : (6.5×8)×2=104

※ 단주의 설계식

- 띠 기둥 : $\phi P_n = (0.65)(0.80)[0.85 f_{ck}(A_g - A_{st}) + f_y A_{st}]$
- 나선기둥 : $\phi P_n = (0.70)(0.85)[0.85 f_{ck}(A_g - A_{st}) + f_y A_{st}]$

Answer 2.②

2013 국가직 (7급)

3 철근콘크리트 기둥 설계에 대한 설명으로 옳지 않은 것은?

① 띠철근의 수직 간격은 축방향 철근 지름의 16배, 띠철근 지름의 48배, 기둥 단면의 최소 치수 중 가장 작은 값 이하로 한다.

② 나선철근 기둥은 최소 6개의 축방향 철근을 가지도록 한다.

③ 콘크리트 벽체와 일체로 시공되는 기둥의 유효단면 한계는 나선철근이나 띠철근 외측에서 40mm보다 크지 않게 취하여야 한다.

④ 나선철근으로 보강된 프리스트레스트 콘크리트 기둥의 설계 축강도는 편심이 없는 경우의 설계 축강도의 0.8배를 초과하지 않아야 한다.

TIP 나선철근으로 보강된 프리스트레스트 콘크리트 기둥의 설계축강도는 편심이 없는 경우의 설계축강도의 0.85배를 초과하지 않아야 한다.

2012 국가직 (7급)

4 직사각형 철근콘크리트 기둥의 단면이 250mm × 400mm이고, 주근은 D22, 띠철근은 D10을 사용했을 때, 띠철근 간격의 최댓값[mm]은?

① 250
② 352
③ 400
④ 480

TIP 띠철근의 최대간격(최솟값을 택해야 한다.)
㉠ 주근 지름의 16배 이하
㉡ 띠철근 지름의 48배 이하
㉢ 기둥의 최소폭 이하
(단, 내진설계 시에는 위에 제시된 조건의 1/2을 취한다.)

Answer 3.④ 4.①

출제 예상 문제

1 다음 중 철근콘크리트 구조체 중 압축부재의 설계제한 사항으로서 바르지 않은 것은?

① 띠철근 압축부재의 단면적은 40,000mm^2 이상이어야 한다.

② 나선철근 압축부재 단면의 심부지름은 200mm 이상이어야 한다.

③ 축방향 주철근의 최소개수는 직사각형 띠철근 내부의 철근의 경우 4개 이상이어야 한다.

④ 주철근의 최소철근비는 1%이며 최대철근비는 8%이다.

TIP 띠철근 압축부재의 단면적은 60,000mm^2 이상이어야 한다.

2 다음은 철근콘크리트 구조체 중 압축재의 설계를 위한 가정들이다. 이 중 바르지 않은 것은?

① 휨 또는 휨과 축하중을 동시에 받는 부재의 콘크리트 압축연단에서의 극한변형률은 0.003이다.

② 콘크리트의 인장강도는 무시한다.

③ 콘크리트의 압축응력의 분포와 콘크리트의 변형률 사이의 관계는 등가의 직사각형 응력분포로 가정할 수 없다.

④ 철근과 콘크리트의 변형률은 중립축으로부터의 거리에 비례한다.

TIP 압축재 설계 시 콘크리트의 압축응력의 분포와 콘크리트의 변형률 사이의 관계는 등가의 직사각형 응력분포로 가정할 수 있다.

Answer 1.① 2.③

3 다음 중 나선철근 기둥의 최소철근비를 나타내는 공식으로 바른 것은?

① $0.45\left(\frac{A_g}{A_{ck}}-1\right)\frac{f_{ck}}{f_{yt}}$

② $0.65\left(\frac{A_{ck}}{A_g}-1\right)\frac{f_{ck}}{f_{yt}}$

③ $0.45\left(\frac{A_g}{A_{ck}}+1\right)\frac{f_{yt}}{f_{ck}}$

④ $0.85\left(\frac{A_{ck}}{A_g}-0.5\right)\frac{f_{ck}}{f_{yt}}$

TIP 나선철근기둥의 최소철근비식 : $0.45\left(\frac{A_g}{A_{ck}}-1\right)\frac{f_{ck}}{f_{yt}}$

4 기둥이 양단힌지인 경우 이론적인 유효길이계수(k)의 값은?

① 0.25

② 0.50

③ 1.0

④ 2.0

TIP 기둥이 양단힌지인 경우 이론적인 유효길이계수(k)의 값은 1.0이다.

5 500mm×500mm인 단면을 가진 띠철근 기둥이 양단 힌지로 구성되어 있으며, 횡지지가 되어 있지 않은 경우 단주의 한계높이는?

① 2.15m

② 2.38m

③ 2.64m

④ 2.96m

TIP 유효길이계수 : 양단힌지이므로 1.0
직사각형 단면의 회전반지름(r) = 0.3h = 0.3×400 = 120mm
횡방향 상대변위가 방지되지 않은 압축부재의 경우
$\frac{k \cdot l_u}{r} \leq 22,\ l_u = \frac{r(22)}{k} = \frac{(120)(22)}{1.0} = 2,640mm = 2.64m$

Answer 3.① 4.③ 5.③

6 나선철근 기둥에 사용되는 콘크리트의 재령 28일 압축강도의 최소값은?

① 15MPa
② 18MPa
③ 21MPa
④ 24MPa

TIP 나선철근 압축부재의 콘크리트 설계기준강도(f_{ck})는 21MPa 이상으로 규정하고 있다.

7 축방향 압축부재로서 나선철근으로 보강한 철근콘크리트 부재의 강도감소계수의 최소값은?

① 0.55
② 0.70
③ 0.80
④ 0.85

TIP 강도감소계수

㉠ 띠철근 기둥 : $\phi = 0.65 + (\varepsilon_t - 0.002) \times \frac{200}{3}$

㉡ 나선기둥 : $\phi = 0.70 + (\varepsilon_t - 0.002) \times 50$

㉢ 최외단 인장철근의 변형률 $\varepsilon_t = 0.002$일 때 최소 강도감소계수는 각각 띠기둥 0.65, 나선기둥은 0.70이 산정된다.

8 나선철근으로 감긴 압축부재 단면의 심부지름이 400mm이며 단면의 지름이 500mm일 때 최소철근비는? (단, $f_{ck} = 24MPa$, $f_{yt} = 400MPa$)

① 0.0108
② 0.0126
③ 0.0140
④ 0.0152

TIP

$$\rho_s = 0.45\left(\frac{A_g}{A_{ck}} - 1\right)\frac{f_{ck}}{f_{yt}} = 0.0152$$

Answer 6.③ 7.② 8.④

9 횡방향으로 상대변위가 방지된 압축부재의 유효좌굴길이계수는?

① 0.5 이하이다.
② 1.0 이하이다.
③ 1.5 이하이다.
④ 2.0 이하이다.

TIP 압축부재 유효좌굴길이계수
㉠ 횡방향 상대변위가 방지된 경우 : $k \leq 1.0$
㉡ 횡방향 상대변위가 방지되지 않은 경우 : $k > 1.0$

10 철근콘크리트 부재설계 시 기둥의 유효길이가 5m이며 직경이 400mm인 원형 기둥의 세장비는?

① 20
② 30
③ 40
④ 50

TIP 단면2차 최소회전반경은 원형단면인 경우 0.25D이다.
이 때 세장비는 $\lambda = \frac{k \cdot l_u}{r} = \frac{l_u}{0.25D} = 50$

11 500mm×500mm의 단면을 가진 띠철근 기둥이 일단고정, 일단힌지로 구속되어 있으며, 횡방향 상대변위가 방지되어 있지 않은 경우 단주의 한계높이는?

① 3.12m
② 3.86m
③ 4.25m
④ 4.71m

TIP 유효길이계수 : 일단고정, 일단힌지이므로 0.7
직사각형 단면의 회전반지름(r) = 0.3h = 0.3×500 = 150mm
횡방향 상대변위가 방지되지 않은 압축부재의 경우
$\frac{k \cdot l_u}{r} \leq 22$, $l_u = \frac{r(22)}{k} = \frac{(150)(22)}{0.7} = 4,714mm = 4.714m$

Answer 9.② 10.④ 11.④

12 강도설계법에서 순수축하중을 받는 띠철근 철근 콘크리트 압축재의 설계축강도 산정식은 다음과 같다.

$$\phi P_{n(\max)} = \phi(0.80)[0.85 f_{ck}(A_g - A_{st}) + f_y A_{st}]$$

다음 중 이 식에서 0.80이 사용된 이유는 가장 바르게 설명한 것은?

① 열팽창을 고려한 강도감소계수이다.

② 철근의 부식을 고려한 강도감소계수이다.

③ 압축부재에 발생할 수 있는 예측하지 못한 편심효과를 고려한 값이다.

④ 콘크리트의 크리프현상을 고려한 값이다.

TIP 띠철근 압축재의 강도감소계수인 0.80은 압축부재에 발생할 수 있는 예측하지 못한 편심효과를 고려한 값이다.

Answer 12.③

13 다음은 P-M 상관도이다. 이 그래프를 잘못 해석한 것은?

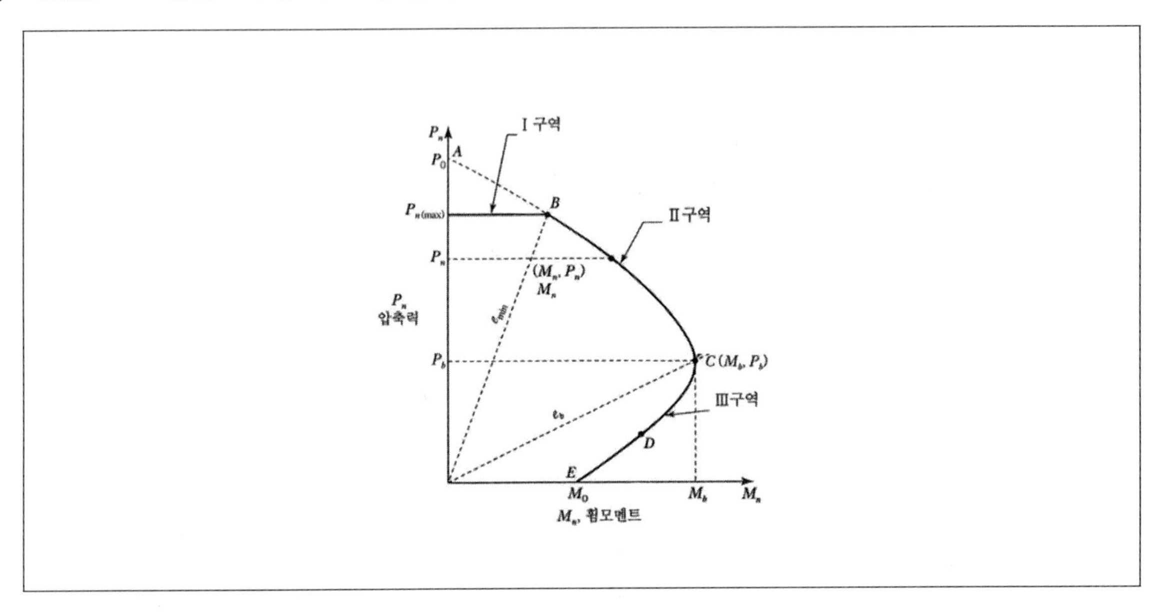

① Ⅰ구역은 최대압축강도를 나타낸다.

② Ⅱ구역은 압축지배구역을 나타낸다.

③ B점은 공칭강도를 나타내며 띠철근은 $0.85P_0$의 값을 갖는다.

④ Ⅲ구역은 인장지배구역을 나타낸다.

TIP B점은 공칭강도를 나타내며 띠철근의 경우 $0.80P_0$의 값을 갖는다.
(나선철근의 공칭강도는 $0.85P_0$의 값을 나타낸다.)

Answer 13.③

14 다음 중 소성중심에 대한 설명으로 바르지 않은 것은?

① 소성중심은 기둥에서 전체의 단면이 일정한 극한변형률 0.003에 도달될 때 철근과 콘크리트의 단면적에 발생하는 힘의 합력작용점으로 정의된다.

② 소성중심은 콘크리트 단면 전체가 설계기준강도f_{ck}에 도달하고, 모든 철근이 항복응력도(f_y)로 압축될 때의 단면의 저항중심을 말한다.

③ 부재가 중심축에 대하여 대칭인 단면인 경우 소성중심은 도심과 일치한다.

④ 1축으로 모멘트가 작용하고 편심이 큰 골조 기둥에서는 철근을 비대칭으로 배근하는 것이 더 경제적일 때가 있다.

TIP 소성중심은 콘크리트 단면 전체가 최대압축응력도($0.85f_{ck}$)에 도달하고, 모든 철근이 항복응력도(f_y)로 압축될 때의 단면의 저항중심을 말한다.

15 다음은 압축부재의 확대휨모멘트에 대한 설명들이다. 이 중 바르지 않은 것은?

① 장주효과에 의한 압축부재의 휨모멘트 증가는 압축부재 단부 사이의 모든 위치에서 고려되어야 한다.

② 두 주축에 대해 휨모멘트를 받고 있는 압축부재에서 각 축에 대한 휨모멘트는 해당 축의 구속조건을 기초로 하여 각각 증가시켜야 한다.

③ 탄성 2차해석에 의한 기둥 단부 휨모멘트의 증가량이 탄성 1차해석에 의한 단부 휨모멘트의 10% 미만이면 이 구조물의 기둥은 횡구속 구조물로 가정할 수 있다.

④ 축부재, 구속 보, 그 외의 지지부재는 탄성 2차해석에 의한 총 휨모멘트가 탄성 1차해석에 의한 휨모멘트의 1.4배를 초과해서는 안 된다.

TIP 탄성 2차해석에 의한 기둥 단부 휨모멘트의 증가량이 탄성 1차해석에 의한 단부 휨모멘트의 5% 미만이면 이 구조물의 기둥은 횡구속 구조물로 가정할 수 있다.

Answer 14.② 15.③

제4편 철근콘크리트구조

05 전단과 비틀림설계

checkpoint

■ '삼풍백화점 붕괴사고'로 살펴보는 전단설계의 중요성

- 삼풍백화점 붕괴사고는 1995년 6월 29일 오후 6시경에 발생하였다. 이 사고로 인해 500명이 넘는 사망자가 발생하였으며 해외의 언론에서도 이를 비중 있게 다루면서 우리나라의 안전불감증이 여실히 공개되기도 하였던 사건이기도 하다.
- 이 건물은 구조설계기준에 제시된 사항들을 무시하고 공사비를 절감하고자 안전율을 고려하지도 않았으며 당초 계획보다 층수를 추가하고 구조기술사의 구조검토도 거치지 않은 채로 용도를 변경하여 건립이 되었다.
- 넓은 매장공간을 확보하기 위해 당초 있었던 상가건물의 벽을 없애버렸다. 본래 벽과 기둥이 같이 있었기 때문에 이 둘이 하중을 분산시켜 줬지만, 벽이 사라지는 바람에 기둥에만 무게가 집중되었다. 더욱이 이 건축물의 구조는 보마저 없는 구조(플랫슬래브구조)였으므로 기둥과 슬래브가 교차되는 곳에 전단력이 집중되어 기둥이 슬래브를 뚫어버리게 되는 펀칭전단파괴의 위험이 있었다.
- 결국 각 구조부재에 배근된 철근의 수가 상부에서 누르는 하중을 견디기에는 턱없이 부족하였고 결국 펀칭전단파괴가 발생하면서 삼풍백화점은 무너지게 되었다. (또한 최소철근비에 못 미치는 철근비로 인해 콘크리트가 갑자기 파괴가 되는 취성파괴도 유발하였다. 구조설계를 할 때 구조체의 전단파괴보다 휨파괴가 일어나도록 하는 이유는 전단파괴는 취성적인 특성이 강하여 갑작스럽게 파괴가 일어나 인명피해가 발생할 위험이 있기 때문이다.)

❶ 전단과 비틀림설계

(1) 보의 전단응력

① 등단면보의 전단응력도

㉠ 균질보의 전단응력

- 균질보 : 보의 어느 부분이든지 물리적 특성이 균일한 보를 의미하며 철근콘크리트구조에서는 부재가 균질한 것을 의미한다.
- 폭이 b, 높이 h인 균질보에 전단력 V가 작용하는 경우 전단응력은 다음과 같다.

<table>
<tr><td>평균전단응력 : $v = \dfrac{V}{bh}$</td><td>최대전단응력 : $v_{\max} = \alpha \dfrac{V}{bh}$</td></tr>
<tr><td colspan="2">최대전단응력산정식에서 α는 형상계수(전단계수)라고 하며 사각형 단면인 경우 3/2, 원형단면인 경우 4/3, 이등변 삼각형인 경우 3/2이다.)</td></tr>
</table>

㉡ 철근콘크리트보의 응력

- 폭이 b, 유효깊이가 d인 철근콘크리트보의 전단응력도를 살펴보면 균질보와는 달리 중립축에서부터 최대값을 가지게 된다. 철근콘크리트보 설계 시 중립축으로부터 철근이 위치한 부분까지 동일한 전단응력을 가지는 이유는 중립축하부가 인장이 작용하는 영역으로서 이 부분의 콘크리트 인장에 대한 저항능력이 없다고 가정하기 때문이다.
- 폭이 b, 유효깊이가 d인 철근콘크리트보의 전단응력은 다음과 같다.

평균전단응력 : $v = \dfrac{V}{bh}$	최대전단응력 : $v_{max} = \alpha \dfrac{V}{bdj}$
최대전단응력산정식에서 $j = \dfrac{7}{8} \sim \dfrac{9}{8}$ 의 값을 갖는다.	

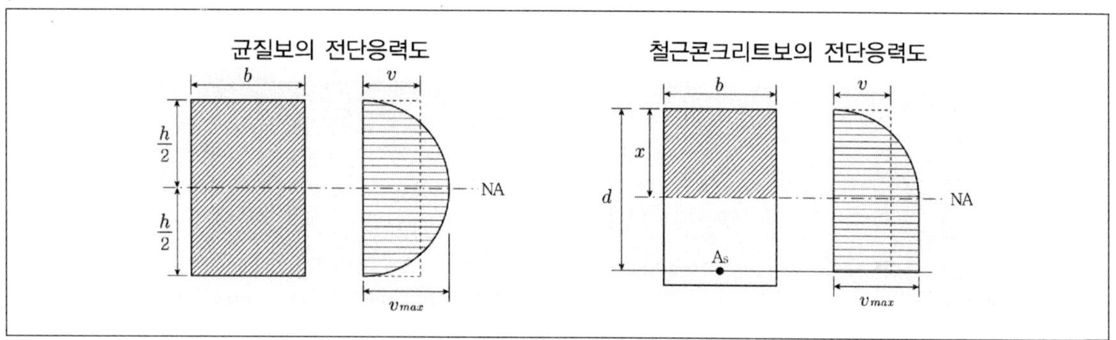

TIP

철근콘크리트 보의 최대전단응력은 중립축에서부터 인장측까지 일정한 값으로 존재한다.

② 전단철근이 없는 보의 균열

㉠ 복부전단균열(사인장균열)

- 휨응력이 작고 전단응력이 크게 일어나는 지점 가까이의 중립축 근처에서 발생한다.
- 보의 단부 부근에서 주근에서부터 보의 축방향에 대하여 45°의 방향으로 균열이 발생한다.
- 사인장응력은 중립축에서 최대가 되며 45°기울기로 작용한다.
- 스터럽(늑근)으로 제어한다.

㉡ 휨전단균열

- 휨모멘트가 크고 전단력도 큰 단면에서 발생한다.
- 이미 발생된 휨균열의 선단에서 시작되고 발달되어 전단 사인장균열과 연결된다.
- 주근과 늑근으로 제어한다.

㉢ 휨균열

- 휨모멘트가 크고 전단력이 작은 보의 중앙부에서 발생한다.
- 휨인장응력은 보의 중앙부에서 중립축 하부에서 최대가 되며 재축방향으로 작용한다.

• 휨균열은 보의 중앙부 부근에서 인장측 콘크리트 연단에서부터 보의 축방향에 대하여 90°의 방향으로 균열이 발생한다.
• 주근으로 제어한다.

㉣ 부착균열

• 부착강도의 부족으로 주철근과 같은 방향으로 균열이 발생한다. 할렬이라고도 한다.

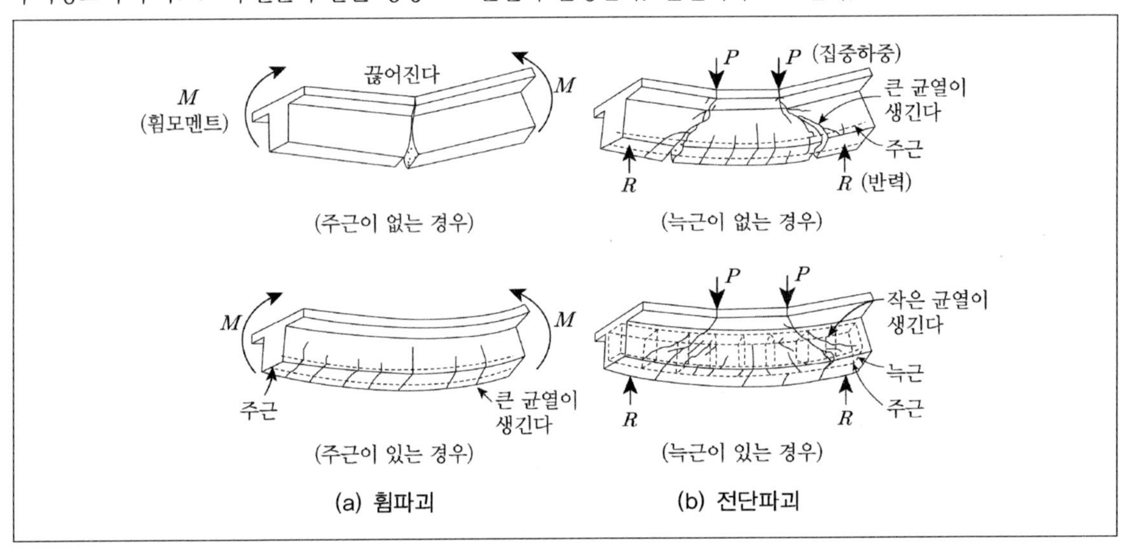

[철근콘크리트 보의 사인장균열]

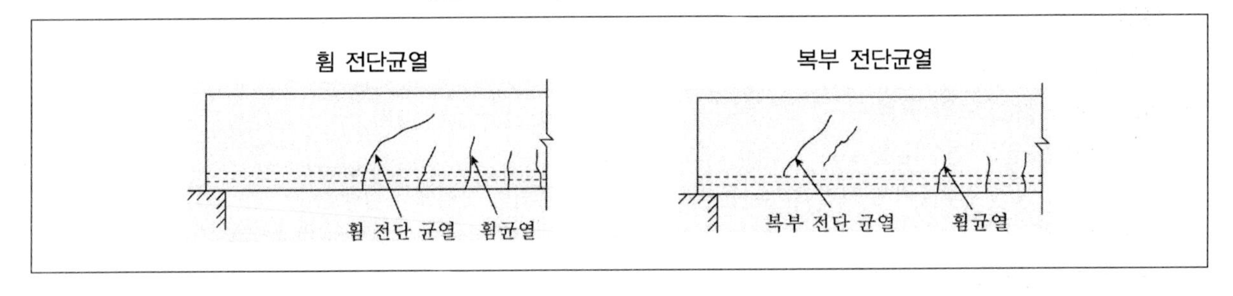

TIP

사인장균열 … 경사방향으로 발생하는 인장력에 의한 균열

| 기출예제 01

2014 서울시

아래 그림과 같은 철근콘크리트 보에서 균열이 발생할 때 A, B, C 구역의 균열양상으로 바르게 짝지어진 것은?

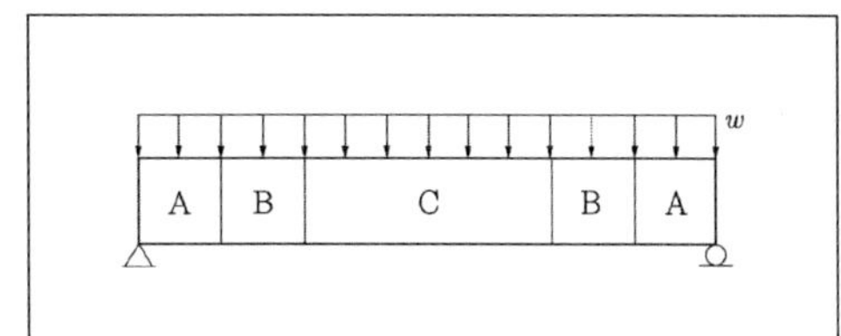

① 전단균열, 휨균열, 휨-전단균열
② 휨균열, 전단균열, 휨-전단균열
③ 휨균열, 휨-전단균열, 전단균열
④ 전단균열, 휨-전단균열, 휨균열
⑤ 휨-전단균열, 휨균열, 전단균열

A영역은 전단균열, B영역은 휨-전단균열, C영역은 휨균열이 발생한다.

답 ④

(2) 전단철근(스터럽)의 종류

① 주철근에 직각으로 설치하는 스터럽

② 부재축에 직각인 용접철망

③ 주철근을 30° 이상의 각도로 구부린 굽힘주철근

④ 주철근에 45° 이상의 각도로 설치된 경사스터럽

⑤ 스터럽과 경사철근의 조합

⑥ 나선철근, 원형띠철근 또는 후프철근

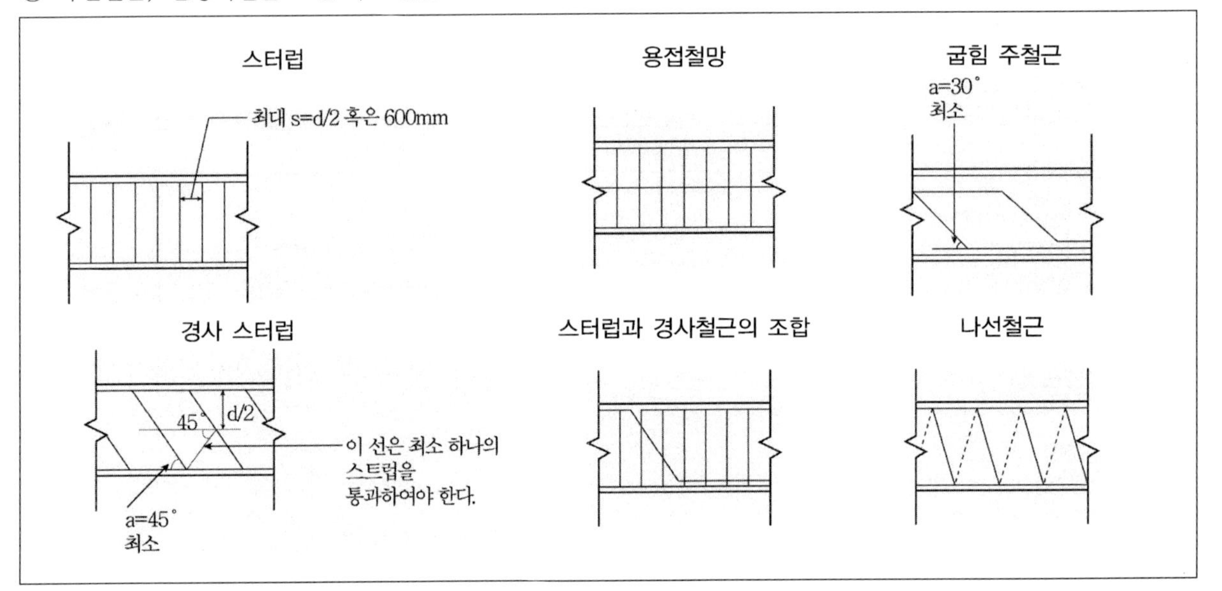

기출예제 02 2011 국가직

철근콘크리트 구조에서 전단철근의 형태로 옳지 않은 것은?

① 주인장철근에 38° 각도로 설치되는 스터럽
② 주인장철근에 32° 각도로 구부린 굽힘철근
③ 스터럽과 굽힘철근의 조합
④ 부재축에 직각으로 배치된 용접철망

철근콘크리트부재의 경우 주인장철근에 45° 이상의 각도로 설치되는 스터럽, 주인장 철근에 30° 이상의 각도로 구부린 굽힘철근을 전단철근으로 사용할 수 있다.

답 ①

(3) 전단위험단면

보에서 최대 전단력은 받침부에 면한 지점에 생기며 사인장균열은 받침부에서 바깥쪽으로 대개 45°의 경사각으로 발생한다. 받침부에서 거리 d 이내에 작용하는 하중은 균열에 교차되는 스터럽에 어떤 영향도 주지 않고 직접 하중작용점과 받침부 사이에 형성되는 압축대에 의하여 전달되므로, 전단설계에서 이 부분에 대한 전단응력을 고려하지 않아도 된다. (단부에서 위험단면에 대한 전단력을 사용하는 이유는 지점반력으로 인한 수직압축력이 단면의 전단강도에 유리하게 작용하기 때문이다.)

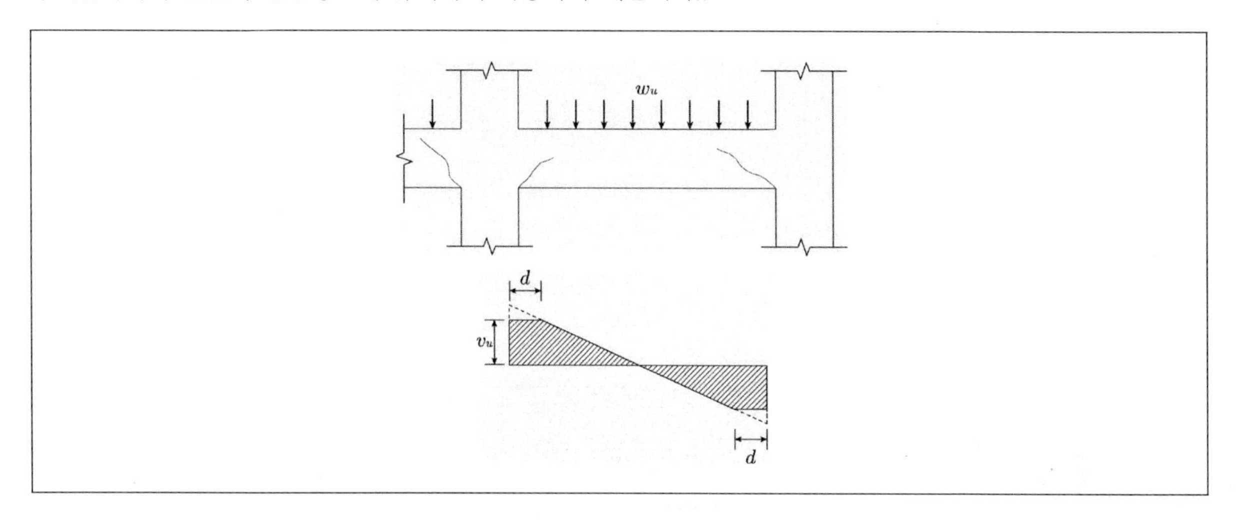

[계수전단력(V_u)이 적용되는 대표적인 경우]

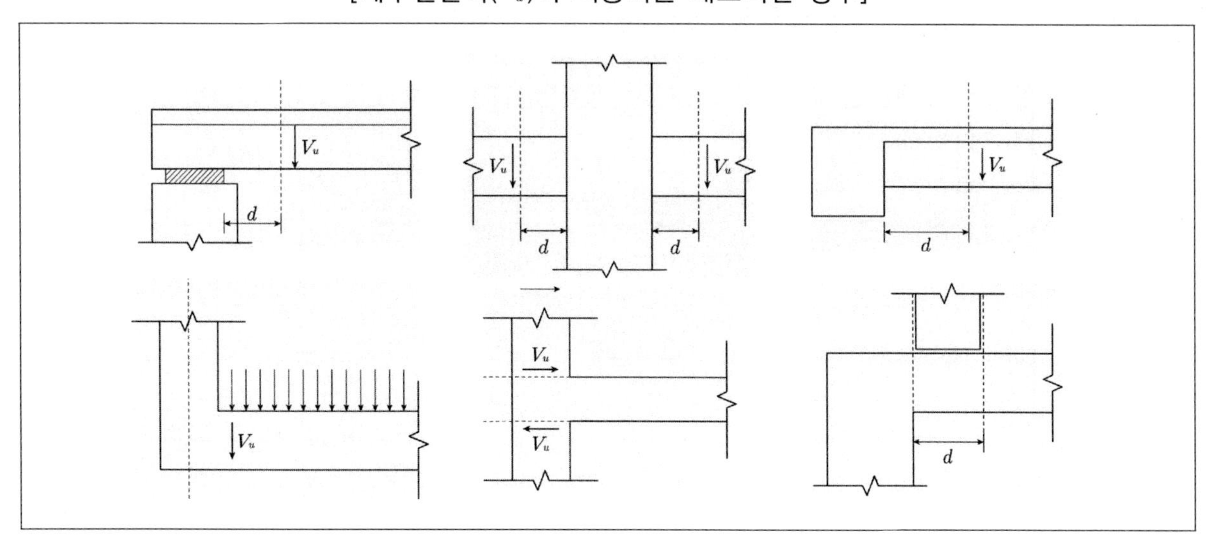

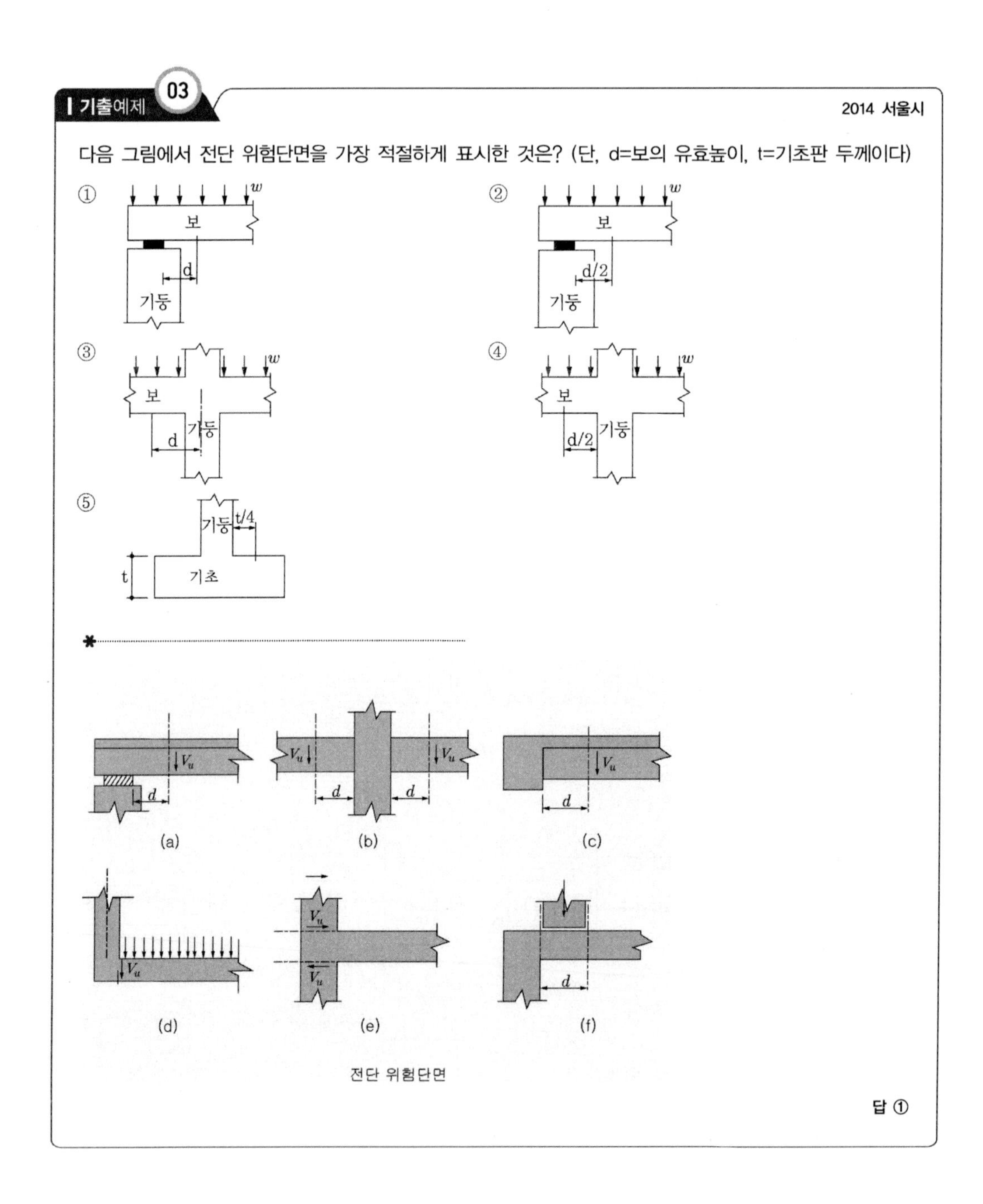

기출예제 03 2014 서울시

다음 그림에서 전단 위험단면을 가장 적절하게 표시한 것은? (단, d=보의 유효높이, t=기초판 두께이다)

전단 위험단면

답 ①

(4) 전단에 관한 보의 거동

① **전단보강되지 않은 보의 거동** … 전단에 관련된 수많은 실험결과 전단력에 의한 균열발생과 파괴형태는 전단경간의 영향을 받는 것으로 판명되었다. 단순보에서의 전단경간은 경간길이에 걸쳐 전단력이 일정한 것을 말하며 복부보강이 되어 있지 않은 보에 하중이 작용할 때 보의 거동은 전단경간 a와 보의 유효깊이 d에 따라 달라진다.

전단경간/보의 깊이	전단력에 대한 거동
a/d < 1	높이가 큰 보에 있어서도 전단강도가 사인장균열 강도보다 크기 때문에 전단파괴를 보인다. 깊은 보이며 아치작용이 발생한다. 마찰저항이 작은 경우에는 쪼갬파괴가 되고 그렇지 않은 경우에는 지지부에서의 압축파괴가 발생한다.
a/d = 1 ~ 2.5	높이가 큰 보에 있어서도 전단강도가 사인장균열 강도보다 크기 때문에 전단파괴를 보인다.
a/d = 2.5 ~ 6	보통의 보에서는 전단강도가 사인장균열 강도와 같아서 사인장균열 파괴를 나타낸다.
a/d > 6	경간이 큰 보의 파괴는 전단강도보다 휨강도에 지배된다.

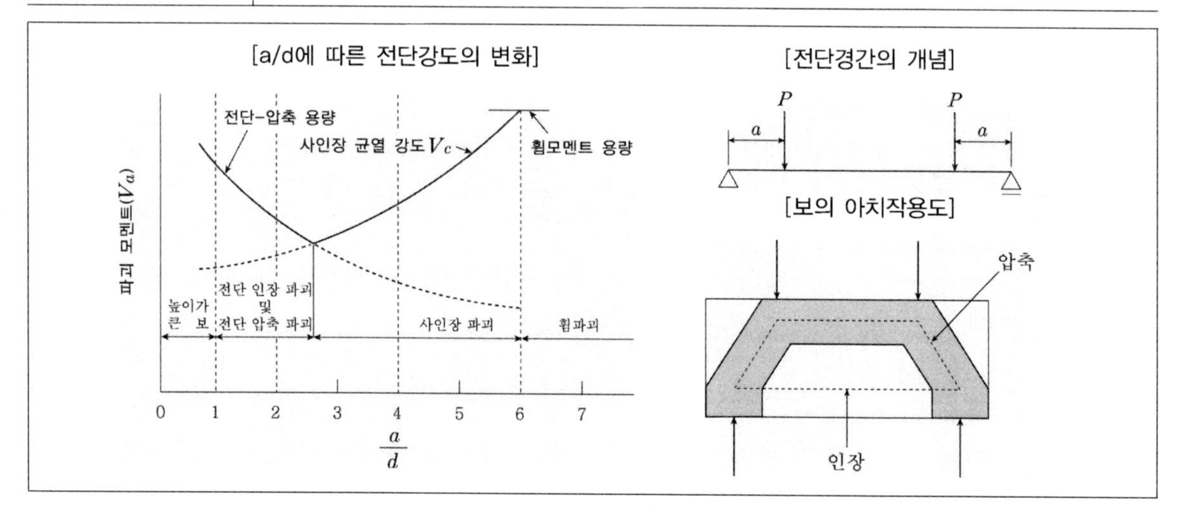

기출예제 04 — 2012 국가직 (7급)

철근콘크리트 보에서 전단경간이 보의 유효깊이보다 작고, 단부 콘크리트의 마찰저항이 작은 경우에 발생할 수 있는 파괴형태는?

① 쪼갬파괴　　② 인장파괴
③ 휨파괴　　④ 사인장파괴

✱

전단경간이 유효깊이보다 작은 경우, 전단력이 하중점과 지지점 사이에 형성되는 압축대에 의하여 직접 전단되므로 사인장 균열발생의 가능성이 배제되며 전단강도는 매우 높게 나타난다. 이러한 상태에서의 파괴형태는 단부 콘크리트의 마찰저항이 작은 경우에는 쪼갬파괴가 되고 그렇지 않은 경우에는 지지부에서의 압축파괴가 된다.

답 ①

② 보의 내적 전단력 변화

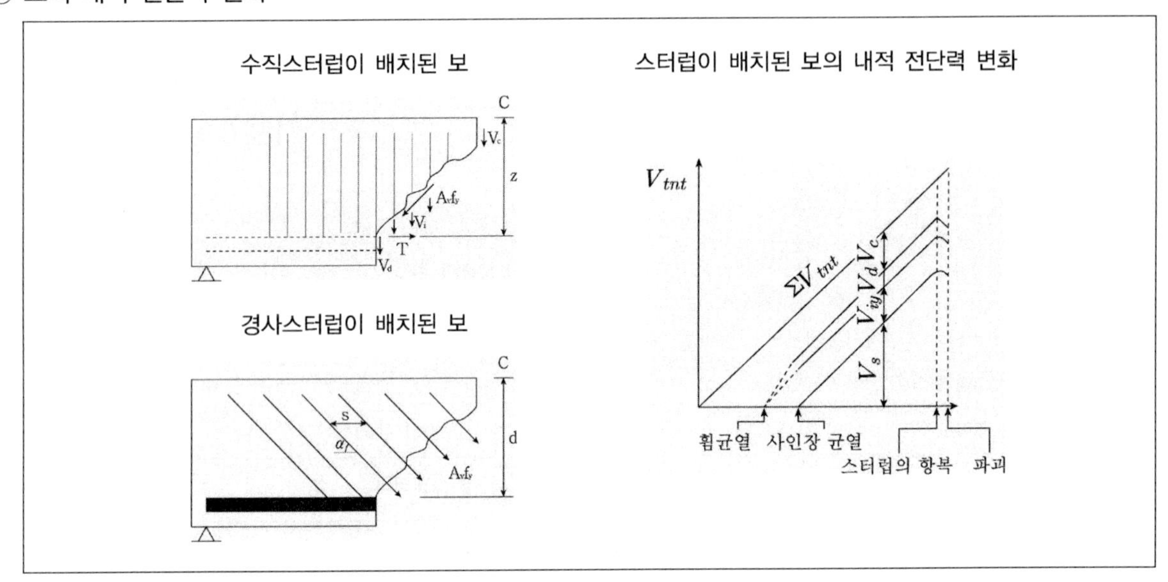

㉠ 전단보강된 보의 전단내력분포

- 전단응력이 커질수록 휨균열－사인장균열－스터럽항복－전단파괴 순서대로 발생한다.
- 전단응력이 커질수록 $V_c - V_d - V_{ay} - V_s$ 순서대로 내력을 발휘하기 시작한다.
- 휨균열전에는 콘크리트만의 전단내력으로 저항한다.
- 휨균열 발생 후 사인장 균열 전까지는 콘크리트 외에 골재의 맞물림과 인장철근이 내력을 발휘한다. (사인장 균열 전까지 V_s는 전단력지지에 아무런 기여를 하지 않는다.)
- 사인장균열 발생 후 스터럽 항복 전까지 사인장 균열이 발생하게 되면 스터럽의 내력이 증가하며 다른 내력들은 일정하게 유지되는 편이다.
- 스터럽 항복 후 골재의 맞물림내력과 인장주철근의 장부작용은 급격히 저하되며 콘크리트의 부담이 늘어나게 된 후 전단파괴가 발생한다.

㉡ 전단보강되지 않은 보의 전단내력분포

- 전단보강되지 않은 보에서 휨－전단균열이 발생하였을 때 전단력은 균열이 생기지 않은 압축역에서 콘크리트가 지지하는 전단력 V_c와 균열 양면에서 골재의 맞물림 작용에 의하여 전달되는 전단력 V_{ay} 및 인장철근의 장부작용(dowel action)에 의한 전단력 V_d의 조합에 의하여 지지되므로 $V = V_c + V_{ay} + V_d$가 성립한다.
- V : 전단보강되지 않은 보에서 휨－전단균열이 발생하였을 때의 전단력
- V_c : 균열이 생기지 않은 압축역에서 콘크리트가 지지하는 전단력
- V_{ay} : 균열 양면에서 골재의 맞물림 작용에 의하여 전달되는 전단력
- V_d : 인장철근의 장부작용에 의한 전단력

(5) 전단강도 기본식

① 설계전단강도 … $V_d = \phi V_n = \phi(V_c + V_s)$

② 콘크리트가 받는 전단강도 … $V_c = \frac{1}{6}\sqrt{f_{ck}}b_w d$ (원형단면인 경우 $\frac{1}{6}\sqrt{f_{ck}} \cdot (0.8D^2)$)

③ 전단보강근의 전단강도 … $V_s = \frac{A_v \cdot f_{yt} \cdot d}{s}$

> **TIP**
>
> 원형단면 부재의 콘크리트 전단강도를 계산하기 위한 단면적은 콘크리트 단면의 유효깊이와 지름의 곱으로 구하여야 하며, 이때 단면의 유효깊이는 부재단면 지름의 0.8배로 구할 수 있다.

④ 전단철근이 받는 전단강도의 범위 … $\frac{1}{3}\sqrt{f_{ck}}b_w d < V_s < \frac{2}{3}\sqrt{f_{ck}}b_w d$

⑤ 전단설계 강도제한 … $\sqrt{f_{ck}} \le 8.4MPa$, $f_{yt} \le 400MPa$

기출예제 05 2013 국가직 (7급)

원형단면을 가지는 철근콘크리트 부재의 전단강도를 산정하기 위해 필요한 단면의 유효깊이는?

① 압축측 연단에서 최외단 인장철근 중심까지의 거리
② 압축측 연단에서 인장철근군 전체의 단면 중심까지의 거리
③ 부재단면지름의 0.8배
④ 부재단면지름의 0.7배

원형단면 부재의 콘크리트 전단강도를 계산하기 위한 단면적은 콘크리트 단면의 유효깊이와 지름의 곱으로 구하여야 하며, 이때 단면의 유효깊이는 부재단면 지름의 0.8배로 구할 수 있다.

답 ③

⑥ 주철근과 a의 각도를 이루는 전단철근의 강도 … $V_v = \frac{A_v f_{yt} d(\sin a + \cos a)}{s}$

⑦ 부등단면보의 전단응력 … $v = \frac{1}{bd}\left\{V - \frac{M}{d}(\tan\alpha + \tan\beta)\right\}$

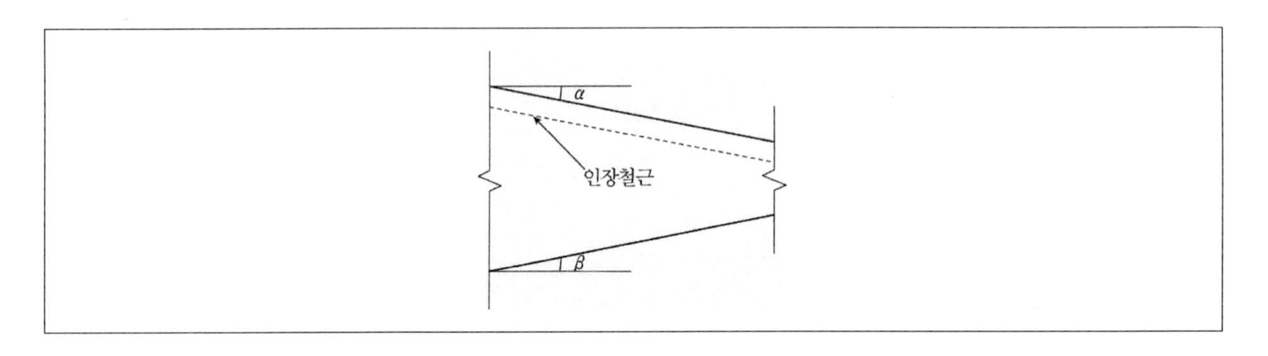

TIP

전단철근이 받는 전단강도가 $\frac{2}{3}\sqrt{f_{ck}}b_w d$ 이상이면 콘크리트의 단면을 증가시킨다. 사인장균열 끝 바로 위에 생기는 큰 압축응력과 전단응력으로 콘크리트가 파쇄되는 것을 방지하기 위하여 설계기준에서는 전단철근에 의해 발휘할 수 있는 전단강도를 $\frac{2}{3}\sqrt{f_{ck}}b_w d$ 이하로 제한하고 있다. 이와 같이 전단철근이 발휘할 수 있는 전단강도의 크기를 제한함으로써 보의 중간높이 부근에서 전단에 의해 발생하는 사압축응력의 크기가 콘크리트의 압축강도를 초과하지 않아 복부 콘크리트의 파쇄에 의한 파괴를 방지하게 된다.

기출예제 06 2012 지방직

직사각형 철근콘크리트 보의 폭 b_w가 400mm, 유효깊이 d는 600mm, 콘크리트의 설계기준압축강도 f_{ck}는 25MPa 일 때, 콘크리트에 의한 설계 전단강도[kN]는? (단, 이 보는 전단력과 휨모멘트만을 받는다고 가정하며, 이 때 전단경간비와 인장철근비는 고려하지 않는다)

① 100 ② 150

③ 200 ④ 250

✱

콘크리트에 의한 설계전단강도 = 강도감소계수 × 콘크리트의 공칭전단강도

$=0.75\times(\frac{1}{6}\times\sqrt{f_{ck}}\times b\times d)=150kN$

답 ②

(6) 전단철근의 간격제한

① $V_s \le \frac{1}{3}\sqrt{f_{ck}}\cdot b_w \cdot d$인 경우

㉠ 부재축에 직각인 스터럽의 간격 : RC부재일 경우 d/2 이하, PSC부재일 경우 0.75h 이하이어야 하며 어느 경우이든 600mm 이하여야 한다.

㉡ 경사스터럽과 굽힘철근은 부재의 중간높이 0.5d에서 반력점 방향으로 주인장철근까지 연장된 45°선과 한 번 이상 교차되도록 배치해야 한다.

② $V_s > \frac{1}{3}\sqrt{f_{ck}} \cdot b_w \cdot d$인 경우

㉠ 전단철근의 간격을 $V_s \le \frac{1}{3}\sqrt{f_{ck}} \cdot b_w \cdot d$인 경우의 1/2 이내로 한다.

㉡ $V_u > \frac{\phi V_c}{2}$일 경우 전단철근 최소단면적

$A_{v,\min} = 0.0625\sqrt{f_{ck}} \cdot \frac{b_w \cdot s}{f_{yt}} \ge 0.35\frac{b_w \cdot s}{f_{yt}}$	• b_w : 복부의 폭(mm) • s : 전단철근의 간격 • f_{yt} : 전단철근의 항복강도

<table>
<tr><th>소요전단강도</th><th>$V_u \le \frac{1}{2}\phi V_c$</th><th>$\frac{1}{2} < V_u \le \phi V_c$</th><th>$\phi V_c < V_u$</th><th>$V_s > \frac{2}{3}\sqrt{f_{ck}}b_w d$</th></tr>
<tr><td rowspan="2">전단보강
철근배치</td><td colspan="2">콘크리트가 모두 부담할 수 있는 범위로서 계산이 필요없음</td><td>계산상 필요량 배치</td><td rowspan="6">전단보강 철근의 배치만으로는 부족하며 단면을 늘려야 한다.</td></tr>
<tr><td>안전상 필요없음</td><td>안전상 최소철근량 배치</td><td>V_s</td></tr>
<tr><td rowspan="3">전단보강
철근간격</td><td rowspan="3">수직스터럽사용</td><td rowspan="2">$d/2$ 이하
600mm 이하</td><td>$V_s > \frac{1}{3}\sqrt{f_{ck}}b_w d$</td></tr>
<tr><td>$d/4$ 이하
400mm 이하</td></tr>
<tr><td>일반부재설계 시</td><td>내진부재설계 시</td></tr>
</table>

(7) 깊은 보

① 깊은 보의 정의

㉠ 보의 순경간이 부재 깊이의 4배 이하인 부재

㉡ 받침부 내면에서 부재 깊이의 2배 이하인 위치에 집중하중이 작용하는 경우는 집중하중과 받침부 사이의 구간

② 깊은 보의 적용

㉠ 기둥열이 바뀔 때 윗기둥의 하중을 아랫기둥으로 전달하는 벽보

㉡ 기둥열이 바뀔 때 윗기둥의 하중을 아랫기둥으로 전달하는 기초벽보

㉢ 기둥열이 바뀔 때 윗기둥의 하중을 아랫기둥으로 전달하는 전단벽

㉣ 수평하중에 대한 슬래브의 격막작용

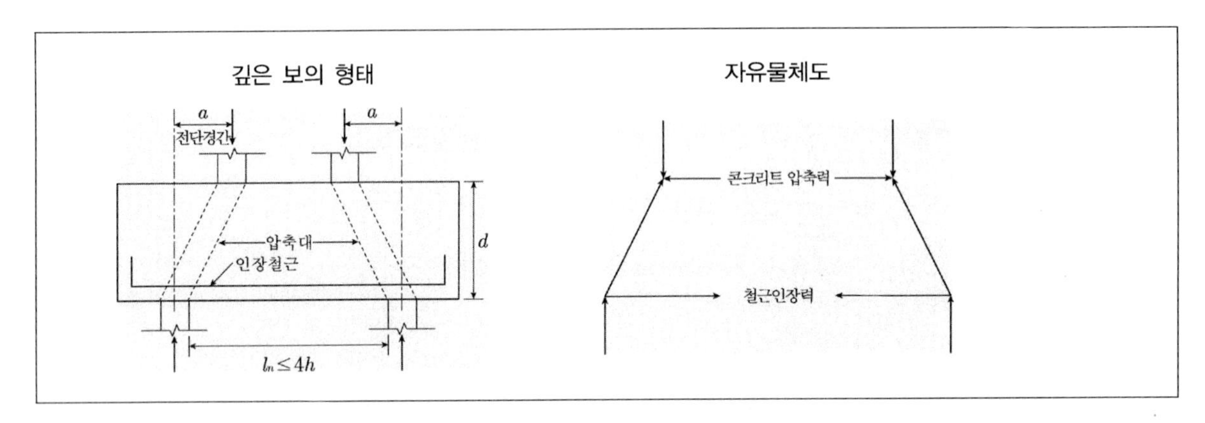

③ 깊은 보 설계상의 기본가정 … 깊은 보에서는 중립축이 보의 중간에서 인장측에 가깝게 생기고 응력과 변형률도 비선형 분포를 보인다. 또한 깊은 보에 대해서는 휨변형 전에 축에 직각인 단면은 휨변형 후에도 그대로 유지된다는 평면유지의 가정이 통용되지 않는다. 이처럼 평면유지의 가정이 통용되지 않는 구간을 응력교란구간(D영역)이라고 한다.

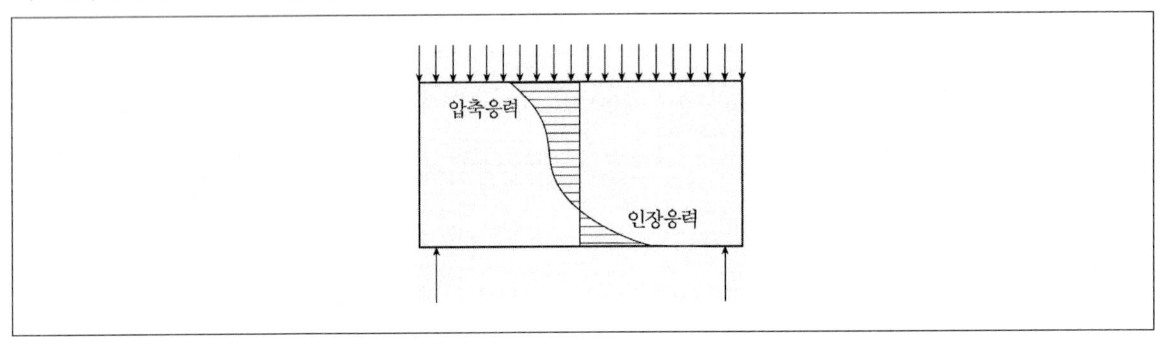

④ 깊은 보의 전단강도 … 콘크리트 전단강도의 5배 이하여야 한다. ($V_n \leq \frac{5}{6}\sqrt{f_{ck}} \cdot b_w \cdot d$)

⑤ 최소철근량 산정과 간격

㉠ 휨인장철근과 직각인 수직전단철근의 단면적(A_v)은 $0.0025b_w \cdot s$ 이상, 철근간격s는 d/5 이하 또한 300mm 이하로 해야 한다.

㉡ 휨인장철근과 평행한 수평전단철근의 단면적(A_{vh})은 $0.0015b_w \cdot s$ 이상, 철근간격s_h는 d/5 이하 또한 300mm 이하로 해야 한다.

(8) 스트럿-타이모델

① 철근콘크리트 구조체를 하나의 큰 철근인장재(타이)와 콘크리트압축재(스트럿)가 절점에서 접합된 하나의 큰 트러스구조물 형상으로 간주하여 해석하는 방법이다.

② 스트럿-타이 모델은 구조물의 일부 또는 구조물의 전체에서 콘크리트에 작용하는 압축력을 받는 스트럿(Strut)과 철근에 작용하는 인장력을 나타내는 타이(Tie), 그리고 스트럿과 타이가 만나는 절점영역으로 구성된다.

③ 스트럿-타이 모델에서는 하중의 전달경로가 시각적으로 나타나며, 필요철근량, 철근의 배근위치, 그리고 응력이 집중되는 곳에서의 콘크리트 응력이 결정된다. 스트럿-타이 모델을 이용한 설계과정은 힘의 전달경로에 대한 이해를 높이고, 설계자로 하여금 익숙하지 않은 설계조건들을 다루는 능력을 향상시킨다.

④ 응력이 교란된 영역(D영역)에서 응력의 흐름에 의해 압축력을 받는 스트럿과 인장력을 받는 타이를 이용하여 가상의 트러스 형태 구조물을 구성하고 이것을 해석하여 부재의 압축력, 인장력에 의해 철근의 위치, 철근량을 계산하는 방법이다.

⑤ 구조물을 비교란영역인 B영역과 교란영역인 D영역으로 나누는 것이 스트럿-타이 모델 적용 시 첫 번째 과정이고 그 후 B영역은 트러스 모델로, D영역은 스트럿-타이모델을 적용한다.

⑥ **B영역** … 하중작용점에서 d 이상 떨어져 있어 응력이 보 이론에 따라 분포되어 있는 영역

⑦ **D영역** … 하중 작용점 부근과 같이 응력이 교란되는 영역 (집중하중작용점, 부재모서리, 개구부 등의 불연속지점으로부터 양쪽으로 부재 폭만큼 뻗은 부분)

TIP

스트럿-타이 설계 세칙

㉠ 스트럿의 강도를 증가시키기 위해 압축철근을 사용할 수 있으며, 콘크리트 스트럿의 중심선에 평행하게 배치된 압축철근을 적절하게 정착하고, 압축요소를 위한 횡방향 보강재의 규정을 만족하는 띠철근 또는 나선철근의 내측에 스트럿을 배치하여야 한다.

㉡ 철근의 중심선은 스트럿-타이 모델에서 타이의 중심선과 일치시켜야 한다.

㉢ 하나의 타이가 연결된 절점영역에서, 타이의 단면력을 확장절점영역의 경계면과 철근타이의 도심이 교차하는 곳부터 확장절점영역 내측에서 정착시켜야 한다.

㉣ 두 개 이상의 타이가 연결된 절점영역에서, 각 방향의 타이 단면력은 확장절점영역의 경계면과 철근타이의 도심이 교차하는 곳부터 각각 확장절점영역 내측으로 정착시켜야 한다.

㉤ 절점을 기준으로 서로 맞은편에 있는 타이의 단면력 변화량 크기만큼 절점영역에서 정착시켜야 한다.

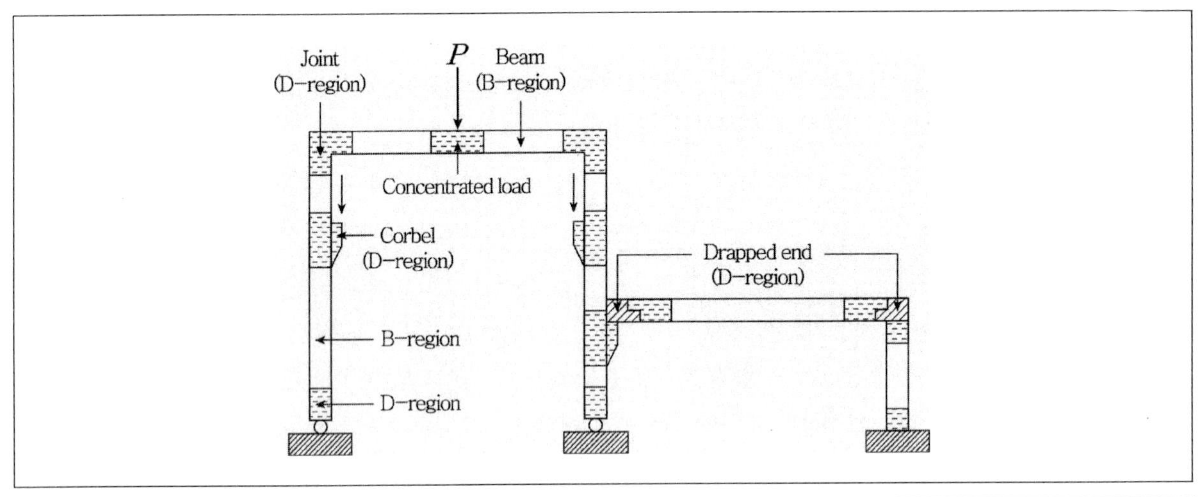

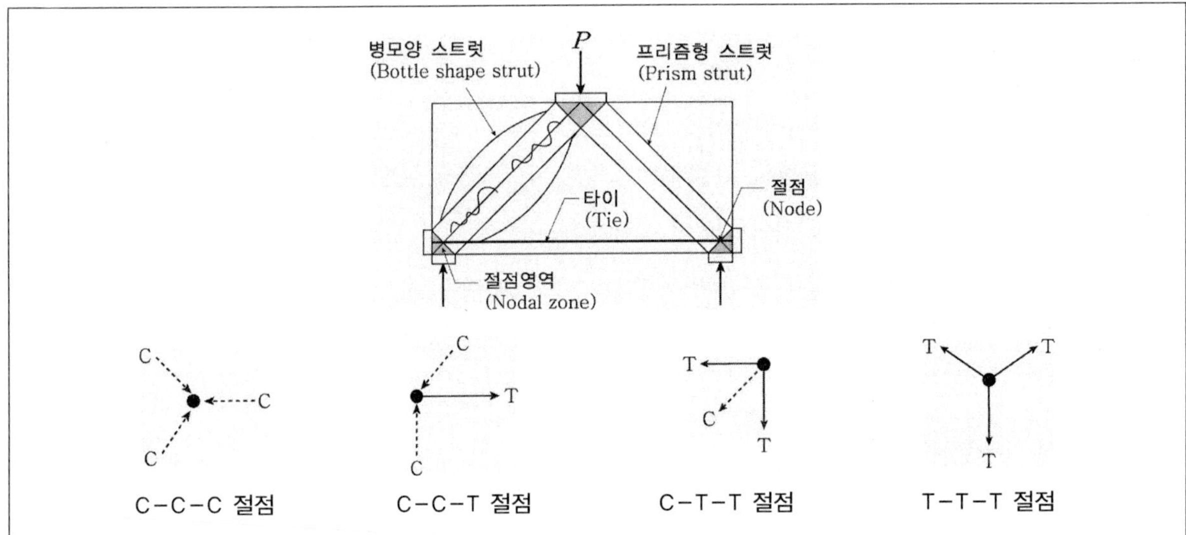

㉠ 스트럿 : 압축내력의 전달요소(콘크리트)

㉡ 타이 : 인장내력의 전달요소(철근)

㉢ 절점영역 : 응력의 흐름이 바뀌는 부분에서 내력 전달요소들과 집중하중이 접합점을 이루는 영역

㉣ 절점의 종류 : 절점에서는 평형조건을 만족하기 위해 적어도 세 개의 힘이 작용해야 한다. 절점은 힘의 작용에 따라 C-C-C, C-C-T, C-T-T, T-T-T로 구별된다.

TIP

수정압축장이론

㉠ 균열이 발생한 철근콘크리트를 고유의 응력 변형률을 갖는 전혀 새로운 재료로 간주하여 휨과 진단을 통시에 받는 웨브에 평균응력과 평균변형률의 항으로 평형 적합 및 구성식을 세우고 압축대의 경사변화와 콘크리트의 변형 연화효과(Strain Softening Effect)를 고려하여 웨브의 압축응력과 전단철근을 설계하는 이론을 말한다.

㉡ 휨과 전단이 동시에 작용하고 있는 보에 압축장이론의 기본요소는 다음 그림에 나온 것과 같은데 그림에서 가는 실선은 콘크리트에 발생할 수 있는 인장균열을 표시한 것이다.

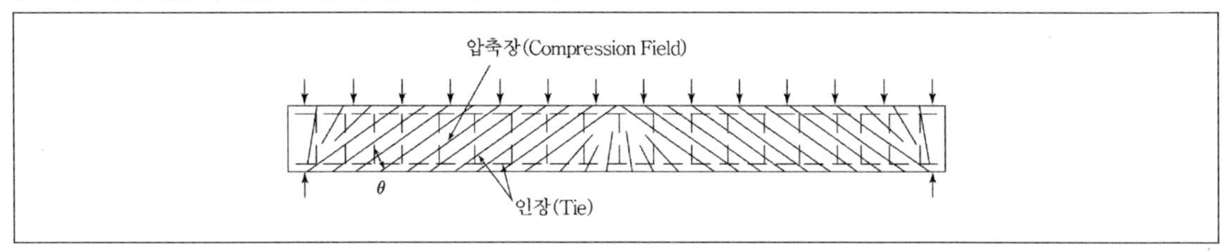

㉢ 지점에서 임의의 위치에 있는 지점의 전단력은 콘크리트 스트럿(압축대) 경사압축력의 수직분력이 분담을 한다. 스트럿의 경사각도는 콘크리트설계기준에서는 45°로 가정하고 있으나 여러 실험에 의하면 단변에서 모든 평형조건을 사용할 수 있는 한 15~75° 범위 내에서 설계자가 선택하여 사용할 수 있도록 규정하고 있다.

(9) 전단마찰설계

① **기본개념** … 취약한 부분을 따라서 균열이나 미끄러짐이 먼저 생긴다고 가정하고 이 가정된 균열이나 전단면을 따라 발생되는 상대적인 변위를 제어하도록 보강철근을 배근하는 것이다. 즉, 전단력이 균열면을 따라 작용할 때에 이 면을 따라 서로 미끄러지면서 분리하게 되며, 이것을 균열면을 가로지르는 전단마찰 보강철근에 의하여 저항하도록 하는 것이 전단마찰 설계의 기본개념이다.

② **전단마찰설계를 고려하는 경우** … 전단마찰설계를 적용하는 구조물은 휨모멘트보다 전단력에 지배되는 구조물이며 응력교란구역이 발생하는 구조물이다.

㉠ 굳은 콘크리트와 여기에 이어 친 콘크리트의 접합면 (예 합성구조로 된 프리캐스트 보와 슬래브의 접합면)

㉡ 기둥과 브래킷 또는 내민받침과의 접합면

㉢ 프리캐스트 구조에서 부재 요소의 접합면의 프리캐스트 보의 지압부

㉣ 콘크리트와 강재의 접합면(예 콘크리트 기둥에 정착된 강재 브래킷)

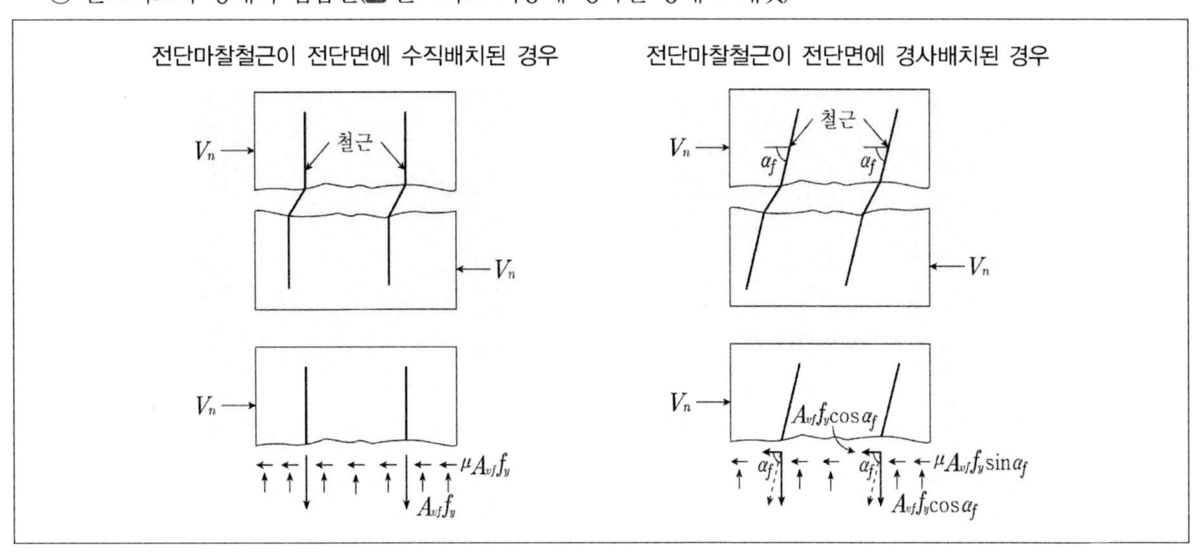

③ 전단마찰철근의 공칭전단강도

㉠ 전단마찰철근이 전단면에 수직인 경우($V_c = 0$)

$$V_u \le \phi V_n \ (V_n = A_{vt} f_y \mu)$$

- V_n : 공칭전단강도($0.2 f_{ck} A_c$ 또는 $5.5 A_c$ 이하)
- μ : 균열면의 마찰계수
- A_{vf} : 균열면(전단면)에 수직배치된 전단마찰철근량
- A_c : 전단전달에 저항하는 콘크리트단면의 단면적

㉡ 전단마찰철근이 전단면에 경사배치된 경우 : $V_u \le \phi V_n \ [V_n = A_{vf} f_y (\mu \sin a_f + \cos a_f)]$

㉢ 균열면의 마찰계수

콘크리트의 이음면 상태	균열면의 마찰계수(μ)
일체로 타설된 콘크리트	1.4λ
규정에 따라 일부러 거칠게 만든 굳은 콘크리트면 위에 타설한 콘크리트	1.0λ
거칠게 처리하지 않은 굳은 콘크리트면 위에 타설한 콘크리트	0.6λ
보강스터드나 철근에 의하여 압연 구조강재에 정착된 콘크리트	0.7λ

(λ는 경량콘크리트계수이다. 일반콘크리트의 경우 1.0, 모래경량콘크리트의 경우 0.85, 전경량 콘크리트의 경우 0.75이며 일부의 모래만이 대체된 경우는 직선보간법을 이용한다.)

⑽ 브래킷과 내민받침

① 브래킷과 내민받침의 정의 … 기둥이나 벽체에서 돌출된 형태로 하중을 지지하는 짧은 캔틸레버보로서 기둥에서 돌출된 보를 브래킷, 벽에서 돌출된 보를 내민 받침이라고 한다. 조립식보 또는 크레인보 등을 지지하기 위해 설계되며, 구조거동은 전단에 의해 주로 지배된다.

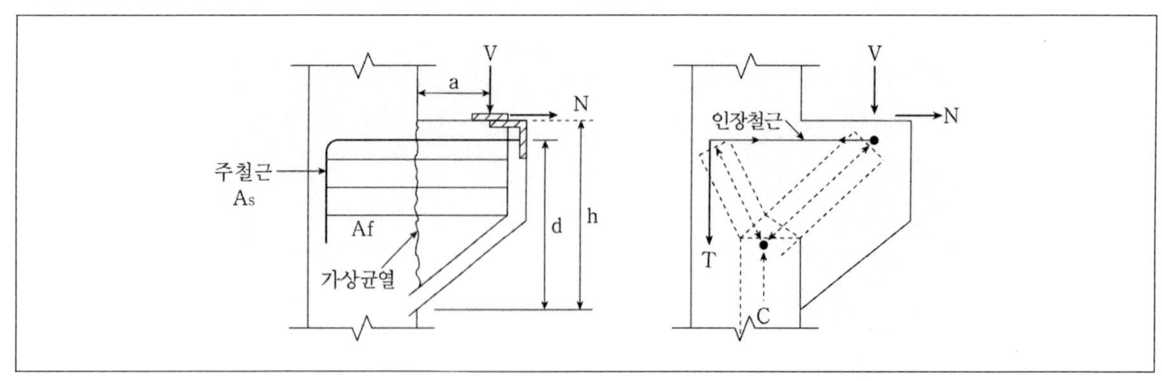

② 브래킷의 파괴형태

브래킷의 파괴형태	주요대책
인장철근의 항복에 의한 파괴 인장철근의 단부 정착파괴 콘크리트 압축대의 전단파괴 또는 압괴	충분한 강도와 단면적을 가진 인장철근을 구부려 기둥이나 벽체에 정착시키고 적절한 유효깊이와 압축강도를 가진 콘크리트에 지압판을 사용
지압판 바깥부분의 경사균열 파괴	내민 받침 윗모서리에 ㄱ형강을 설치하고 인장철근에 용접하여 인장철근에 의한 전단마찰이 생기도록 하는 방법이 일반적으로 사용

(11) 비틀림설계

① 입체 트러스 해석

㉠ 보는 일종의 관으로 생각할 수 있다. 비틀림은 관의 중심선을 따라서 일주하는 일정한 전단흐름을 통해서 저항된다.

㉡ 보 둘레에 일정두께를 가진 각형의 Tube로 근사화시켜 해석을 하며 단면 내부는 비틀림 저항성능이 없다고 가정한다.

㉢ 폐쇄스터럽은 인장재의 역할을 하고 콘크리트는 균열 후 대각선 방향으로 압축재의 역할을 하며 길이방향의 철근은 비틀림에 저항한다.

㉣ 콘크리트에 의한 비틀림강도는 설계식의 단순화를 위해 무시되었다. 따라서 콘크리트의 전단강도는 비틀림과 상관없이 일정하다.

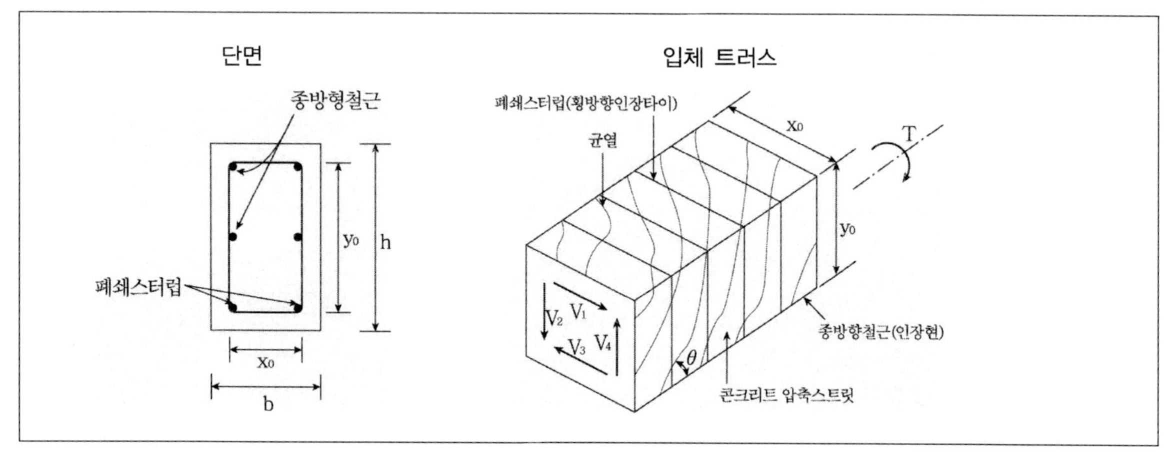

② 균열비틀림 및 보강

㉠ 공칭비틀림강도

$$\text{공칭비틀림강도}: T_n = \frac{2A_sA_tf_{yt}}{s}cot\theta$$

- A_o : 전단흐름 경로에 의해 둘러싸인 면적 (약 $0.85A_{oh}$로 볼 수 있다.)
- A_{oh} : 폐쇄스터럽의 중심선으로 둘러싸인 면적
- f_{yt} : 폐쇄스터럽의 설계기준 항복강도
- s : 스터럽의 간격
- θ : 압축경사각

㉡ 균열비틀림 모멘트

$$\text{균열비틀림 모멘트}: T_{cr} = \frac{1}{3}\sqrt{f_{ck}} \cdot \frac{A_{cp}^2}{P_{cp}}$$

- 비틀림 보강여부 판정 : $T_u \geq \phi\frac{\sqrt{f_{ck}}}{12} \cdot \frac{A_{cp}^2}{P_{cp}}$ 이면 비틀림 보강을 해야 한다.
- A_{cp} : 전 단면적 $(b \times h)$
- P_{cp} : 전 둘레길이 $(x_o \times y_o)$
- P_h : 스터럽의 중심 둘레길이 $2(x_o + y_o)$

㉢ 비틀림이 고려되지 않아도 되는 경우

$$\text{철근콘크리트부재}: T_u < \phi(\sqrt{f_{ck}}/12)\frac{A_{cp}^2}{p_{cp}}$$

$$\text{프리스트레스트 콘크리트 부재}: T_u < \phi(\sqrt{f_{ck}}/12)\frac{A_{cp}^2}{p_{cp}}\sqrt{1+\frac{f_{pc}}{(\sqrt{f_{ck}}/3)}}$$

- $T_u < \frac{T_{cr}}{4}$ 인 경우 비틀림은 무시할 수 있다. 이 경우 균열비틀림 모멘트는
- $T_u = \frac{1}{3}\sqrt{f_{ck}}\frac{A_{cp}^2}{p_{cp}}$
- T_u : 계수비틀림 모멘트
- T_{cr} : 균열 비틀림 모멘트
- p_{cp} : 단면의 외부둘레길이
- A_{cp} : 콘크리트 단면의 바깥둘레로 둘러싸인 단면적으로서 뚫린 단면의 경우 뚫린 면적을 포함한다.

③ 비틀림철근의 상세

㉠ 폐쇄스터럽(횡방향 비틀림철근)의 간격은 $P_h/8$ 이하여야 하고 300mm 이하여야 한다.

㉡ 종방향 비틀림철근의 간격은 폐쇄스터럽의 둘레를 따라 300mm 이하의 간격으로 분포시켜야 한다.

㉢ 종방향 비틀림철근은 스터럽의 내부에 배치되어야 하며 스터럽의 각 모서리에 적어도 한 개의 종방향 비틀림 철근을 두어야 한다.

㉣ 종방향 비틀림철근의 직경은 폐쇄스터럽의 간격의 1/24 이상이어야 하며 D10 이상이어야 한다.

㉤ 폐쇄스터럽은 종방향 비틀림철근 주위로 135°표준갈고리에 정착되어야 한다.

㉥ 종방향 비틀림철근은 양단에 정착되어야 한다.

㉦ 비틀림하중을 받는 속빈단면에서 폐쇄스터럽의 중심선에서 단면 내벽까지의 거리가 $0.5A_{oh}/P_h$ 이상이 되어야 한다.

㉧ 비틀림철근은 계산상으로 필요한 위치에서 $b_t + d$ 이상의 거리까지 연장시켜 배치되어야 한다.

㉨ 모서리의 축방향철근과 하나 건너 위치하고 있는 축방향철근들은 135° 이하로 구부린 띠철근의 모서리에 의해 횡지지되어야 한다.

TIP

비틀림실험을 통해 90~135°의 후크각도를 갖는 폐쇄형 스터럽의 보강철근이 가장 유효함이 판명되었다.

TIP

계단철근의 배근 … 계단은 일반적으로 캔틸레버구조를 취하고 있으므로 보행하중에 의한 비틀림의 발생을 고려하여 설계되어야 하며 벽체와의 접합구간을 밀실하게 시공을 해야 한다.

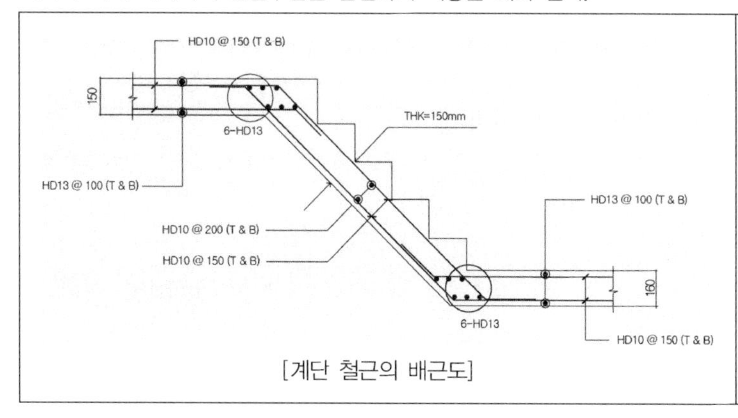

[계단 철근의 배근도]

[계단 철근의 배근공사]

최근 기출문제 분석

2018 서울시

1 철근콘크리트구조에서 전단마찰설계에 대한 설명으로 가장 옳지 않은 것은?

① 전단마찰철근이 전단력 전달면에 수직한 경우 공칭전단강도 $V_n = A_{sf} f_y \mu$로 산정한다.

② 보통중량콘크리트의 경우 일부러 거칠게 하지 않은 굳은 콘크리트와 새로 친 콘크리트 사이의 마찰계수는 0.6으로 한다.

③ 전단마찰철근은 굳은 콘크리트와 새로 친 콘크리트 양쪽에 설계기준항복강도를 발휘할 수 있도록 정착시켜야 한다.

④ 전단마찰철근의 설계기준항복강도는 600MPa 이하로 한다.

TIP 전단마찰철근의 설계기준항복강도는 500MPa 이하로 한다.

2017 국가직

2 철근콘크리트구조에서 부재축에 직각인 전단철근을 사용하는 경우, 전단철근에 의한 전단강도의 크기에 영향을 미치는 요인이 아닌 것은?

① 전단철근의 설계기준항복강도

② 인장철근의 중심에서 압축콘크리트 연단까지의 거리

③ 전단철근의 간격

④ 부재의 폭

TIP 철근콘크리트 부재의 폭은 부재축에 대해 직각인 전단철근에 의한 전단강도의 크기에 직접적인 영향을 미친다고 보기는 어렵다.

Answer 1.④ 2.④

2013 국가직

3 **건축구조기준(KBC 2016)에서 규정된 철근콘크리트구조의 전단 철근의 형태와 간격제한에 대한 설명으로 옳지 않은 것은? (단, d는 부재의 유효깊이(mm), f_{ck}는 콘크리트의 설계기준압축 강도(MPa), b_w는 플랜지가 있는 부재의 복부 폭(mm), h는 부재 전체의 두께 또는 깊이(mm)를 의미한다)**

① 프리스트레스트 콘크리트 부재의 전단보강에서 부재축에 직각으로 배치된 전단철근의 간격은 0.75h 이하이어야 하고, 또한 600mm 이하로 하여야 한다.

② 전단철근의 설계기준항복강도는 500MPa를 초과할 수 없다. 다만, 용접이형철망을 사용할 경우 전단철근의 설계기준항복강도는 600MPa를 초과할 수 없다.

③ 전단철근에 의한 공칭전단강도(Vs)가 $\frac{1}{3}\sqrt{f_{ck}}b_w d$를 초과하는 철근콘크리트부재의 경우에는 스터럽의 최대간격을 d/2 이하로 하여야 한다.

④ 철근콘크리트부재의 경우 주인장철근에 30° 이상의 각도로 구부린 굽힘철근을 전단철근으로 사용할 수 있다.

TIP
- 부재축에 직각으로 배치된 전단철근의 간격은 철근콘크리트 부재인 경우 d/2 이하, 프리스트레스트콘크리트부재일 경우는 0.75h 이하이어야 하고, 또 어느 경우든 600mm 이하로 해야 한다.

  단, 전단철근에 의한 공칭전단강도 V_s가 $\frac{1}{3}\sqrt{f_{ck}}b_w d$를 초과하는 철근콘크리트부재의 경우에는 스터럽의 최대간격을 d/4 이하로 하여야 하며 300mm 이하여야 한다.
- 경사스터럽과 굽힘철근은 부재의 중간 높이인 0.5d에서 반력점 방향으로 주인장철근까지 연장된 45°선과 한 번 이상 교차되도록 배치해야 한다.

Answer 3.③

출제 예상 문제

1 **철근콘크리트 보에서 스터럽 부재의 가장 주된 역할은?**

① 주근의 위치를 고정시킨다.
② 전단력에 저항하여 균열을 방지한다.
③ 온도철근의 부착력을 증대시킨다.
④ 휨인장응력을 감소시킨다.

TIP 스터럽의 가장 주된 역할은 전단력에 저항하여 균열을 방지한다.

2 **다음 중 철근콘크리트보의 전단보강철근으로 볼 수 없는 것을 모두 고른 것은?**

㉠ 주철근에 직각으로 설치하는 스터럽 ㉡ 부재축에 직각인 용접철망 ㉢ 주철근에 45° 또는 그 이상의 경사스터럽 ㉣ 주철근을 30° 이상의 각도로 구부린 굽힘주철근 ㉤ 스터럽과 경사철근의 조합 ㉥ 나선철근

① ㉠, ㉢, ㉥
② ㉡, ㉣, ㉤
③ ㉢, ㉤
④ 없음

TIP 전단철근의 종류
㉠ 주철근에 직각으로 설치하는 스터럽
㉡ 부재축에 직각인 용접철망
㉢ 주철근에 45° 또는 그 이상의 경사스터럽
㉣ 주철근을 30° 이상의 각도로 구부린 굽힘주철근
㉤ 스터럽과 경사철근의 조합
㉥ 나선철근

Answer 1.② 2.④

3 강도설계법에서 콘크리트에 의한 공칭전단강도가 120kN, 전단철근에 의한 공칭전단강도가 240kN일 때 계수전단력의 크기는?

① 180kN
② 225kN
③ 270kN
④ 300kN

TIP $V_u = \phi(V_c + V_s) = 0.75(120 + 240) = 270kN$

4 다음 중 원형단면을 가진 철근콘크리트보의 콘크리트가 부담하는 전단강도를 나타낸 식은?(단, D는 부재의 직경이다.)

① $V_c = \frac{1}{2}\sqrt{f_{ck}}(0.5D^2)$

② $V_c = \frac{1}{4}\sqrt{f_{ck}}(0.5D^2)$

③ $V_c = \frac{1}{6}\sqrt{f_{ck}}(0.8D^2)$

④ $V_c = \frac{1}{8}\sqrt{f_{ck}}(0.9D^2)$

TIP 원형단면을 가진 철근콘크리트보의 콘크리트가 부담하는 전단강도 : $V_c = \frac{1}{6}\sqrt{f_{ck}}(0.8D^2)$

5 다음 그림과 같이 단면적이 71.33mm^{2}인 스터럽이 100mm의 간격으로 배근되어 있는 경우 이 스터럽의 철근비는?

① 0.1%
② 0.2%
③ 0.5%
④ 1.0%

TIP 스터럽의 철근비

$$\rho_s = \frac{A_v}{b_w \cdot s} = \frac{2 \times 71.33}{(300)(100)} = 0.0048 \fallingdotseq 0.5\%$$

Answer 3.③ 4.③ 5.③

6 극한강도설계법에서 $V_s = 210kN$, $d = 500mm$, $f_{yt} = 300MPa$, $A_v = 254mm^2$일 때 수직스터럽의 간격으로 적합한 것은?

① 120mm
② 150mm
③ 180mm
④ 210mm

TIP $s = \dfrac{A_v \cdot f_{yt} \cdot d}{V_s} = \dfrac{(254)(300)(500)}{210 \times 10^3} = 181.43mm$

7 계수전단력이 콘크리트가 부담하는 전단강도의 1/2을 초과하는 철근콘크리트 휨부재의 경우 전단보강근의 최소 단면적은? (단, f_{yt}는 전단철근의 항복강도, b_w는 보의 폭, s는 전단철근의 간격이다.)

① $0.25\dfrac{b_w \cdot s}{f_{yt}}$

② $0.30\dfrac{b_w \cdot f_{yt}}{s}$

③ $0.35\dfrac{b_w \cdot s}{f_{yt}}$

④ $0.45\dfrac{f_{yt} \cdot s}{b_w}$

TIP $V_u \geq \dfrac{1}{2}\phi V_c$일 때 보의 최소전단철근 배치식은

$$A_{v,\min} = 0.0625\sqrt{f_{ck}} \cdot \frac{b_w \cdot s}{f_{yt}} \geq 0.35\frac{b_w \cdot s}{f_{yt}}$$

Answer 6.③ 7.③

8 **다음 보기에서 설명하고 있는 전단력에 대한 거동이 발생하는 "전단경간(a)/보의 깊이(d)"값의 범위는?**

> 보의 강도가 전단력에 의해 지배되며 압축력은 콘크리트가, 인장력은 축방향 철근이 부담하게 되며 이런 현상을 RC보의 아치작용이라고 한다.

① 1.0 이하
② 1.0 ~ 2.5
③ 2.5 ~ 6.0
④ 6.0 이상

TIP 보의 강도가 전단력에 의해 지배되며 압축력은 콘크리트가, 인장력은 축방향 철근이 부담하게 되며 이런 현상을 RC보의 아치작용이라고 하며 이 현상이 발생하는 전단경간(a)/보의 깊이(d)의 범위는 1.0 이하이다.

9 **계수전단력 $V_u = 58.46kN$을 받을 수 있는 직사각형 단면이 최소전단철근 없이 지지할 수 있는 콘크리트의 유효깊이 d는 최소 약 얼마 이상이어야 하는가? (단, $f_{ck} = 24MPa$, $f_{yt} = 400MPa$, $b = 300mm$)**

① 450mm
② 500mm
③ 550mm
④ 600mm

TIP 전단철근이 필요없는 조건: $V_u \le \frac{1}{2}\phi V_c$

$$V_u \le \frac{1}{2}\phi V_c = \frac{1}{2}\phi\frac{1}{6}\sqrt{f_{ck}} \cdot b_w \cdot d$$

따라서 $d \ge \dfrac{V_u}{\frac{1}{2}\phi\frac{1}{6}\sqrt{f_{ck}}b_w} \ge \dfrac{58.46\times10^3}{\frac{1}{2}(0.75)\frac{1}{6}\sqrt{27}(300)} \ge 600.034mm$

Answer 8.① 9.④

10 다음 그림과 같은 단철근 직사각형보에 수직스터럽의 간격을 300mm로 할 경우 최소전단철근의 단면적으로 적합한 것은? (단, $f_{ck}=24MPa$, $f_{yt}=400MPa$)

① $50mm^2$
② $60mm^2$
③ $70mm^2$
④ $80mm^2$

TIP
$$A_{v,\min}=0.0625\sqrt{f_{ck}}\cdot\frac{b_w\cdot s}{f_{yt}}\geq 0.35\frac{b_w\cdot s}{f_{yt}}$$
$$A_{v,\min}=0.0625\sqrt{f_{ck}}\cdot\frac{b_w\cdot s}{f_{yt}}=68.89mm^2$$
$$A_{v,\min}=0.35\frac{(300)(300)}{400}=78.75mm^2$$
이 중 큰 값을 선정해야 하므로 78.75mm^2이 되며 따라서 이를 만족하는 것은 보기 중 ④가 적합하다.

11 보의 폭이 300mm, 높이가 500mm인 직사각형 보의 단면에 비틀림균열을 발생시키는 비틀림모멘트는? (단, $f_{ck}=24MPa$이다.)

① 18kN · m
② 23kN · m
③ 27kN · m
④ 30kN · m

TIP 전 둘레길이 : $P_{cp}=2(b+h)=2(300+500)=1,600mm$
전 단면적 : $A_{cp}=b\cdot h=(300)(500)=150,000mm^2$
$$T_{cr}=\frac{1}{3}\sqrt{f_{ck}}\cdot\frac{A_{cp}^2}{P_{cp}}=\frac{1}{3}\sqrt{24}\cdot\frac{150,000[mm^2])^2}{1,600[mm]}=22.96[kN\cdot m]$$

Answer 10.④ 11.②

12 다음 중 스트럿-타이모델에 관한 사항으로 바르지 않은 것은?

① B영역은 하중작용점에서 유효깊이 d이상 떨어져 있어 응력이 보 이론에 따라 분포되어 있는 영역이다.

② D영역은 하중 작용점 부근과 같이 응력이 교란되는 영역이며 집중하중작용점이나 부재모서리가 이에 해당된다.

③ 스트럿은 인장내력을 전달하는 요소이며 타이는 압축내력을 전달하는 요소이다.

④ 압축력을 C, 인장력을 T라고 할 경우 스트럿-타이모델에서 발생하는 절점의 종류는 CCC, CCT, CTT, TTT의 4가지가 있다.

TIP 스트럿은 압축내력을 전달하는 요소이며 타이는 인장내력을 전달하는 요소이다.

13 전단마찰 설계 시에는 균열면의 마찰계수를 고려하게 되는데 이러한 다음의 표에서 균열면의 마찰계수 값으로 적절한 것은?

콘크리트의 이음면 상태	균열면의 마찰계수(μ)
일체로 타설된 콘크리트	㈎
규정에 따라 일부러 거칠게 만든 굳은 콘크리트면 위에 타설한 콘크리트	㈏
거칠게 처리하지 않은 굳은 콘크리트면 위에 타설한 콘크리트	㈐
보강스터드나 철근에 의하여 압연 구조강재에 정착된 콘크리트	㈑

(λ는 경량콘크리트계수이다. 일반콘크리트의 경우 1.0, 모래경량콘크리트의 경우 0.85, 전경량 콘크리트의 경우 0.75이며 일부의 모래만이 대체된 경우는 직선보간법을 이용한다.)

① ㈎의 값 : 1.2λ

② ㈏의 값 : 1.0λ

③ ㈐의 값 : 0.8λ

④ ㈑의 값 : 0.6λ

TIP

콘크리트의 이음면 상태	균열면의 마찰계수(μ)
일체로 타설된 콘크리트	1.4λ
규정에 따라 일부러 거칠게 만든 굳은 콘크리트면 위에 타설한 콘크리트	1.0λ
거칠게 처리하지 않은 굳은 콘크리트면 위에 타설한 콘크리트	0.6λ
보강스터드나 철근에 의하여 압연 구조강재에 정착된 콘크리트	0.7λ

Answer 12.③ 13.②

14 기둥이나 벽체에서 돌출된 형태로 하중을 지지하는 짧은 캔틸레버보로서 기둥에서 돌출된 보를 브래킷이라 하며 이는 몇 가지 파괴형태를 갖는다. 다음 보기 중 브래킷의 파괴형태를 모두 고른 것은?

> ㉠ 인장철근의 항복에 의한 파괴
> ㉡ 인장철근의 단부 정착파괴
> ㉢ 콘크리트 압축대의 전단파괴 또는 압괴
> ㉣ 지압판 바깥부분의 경사균열 파괴

① ㉠, ㉡
② ㉠, ㉢
③ ㉡, ㉢, ㉣
④ ㉠, ㉡, ㉢, ㉣

TIP 제시된 보기 모두 브래킷의 파괴형태에 해당된다.

15 대부분의 보 부재는 비틀림응력이 발생하게 되므로 비틀림철근 상세에 대한 고려가 필수적이다. 다음 중 비틀림철근 관련 상세사항으로서 바르지 않은 것은?

① 폐쇄스터럽은 종방향 비틀림철근 주위로 135° 표준갈고리에 정착되어야 한다.
② 종방향 비틀림철근의 직경은 폐쇄스터럽의 간격의 1/32 이상이어야 하며 D10 이상이어야 한다.
③ 종방향 비틀림철근은 스터럽의 내부에 배치되야 하며 스터럽의 각 모서리에 적어도 한 개의 종방향 비틀림 철근을 두어야 한다.
④ 종방향 비틀림철근의 간격은 폐쇄스터럽의 둘레를 따라 300mm 이하의 간격으로 분포시켜야 한다.

TIP 종방향 비틀림철근의 직경은 폐쇄스터럽의 간격의 1/24 이상이어야 하며 D10 이상이어야 한다.

Answer 14.④ 15.②

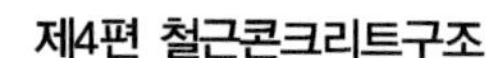

제4편 철근콘크리트구조

06 사용성과 내구성

1 사용성과 내구성

(1) 사용성과 안전성

① **사용성** … 구조물의 안전에는 지장이 없으나 구조물을 사용하는데 있어서 지장을 초래하거나 사용자에게 불안감을 주는 정도

② **내구성**(안전성) … 구조물의 강도가 외력에 저항하는 정도

③ **허용응력 설계법**(ASD) … 사용성에 중점을 두며 처짐, 균열 등에 대해 자동적으로 안전한 설계가 됨

④ **극한강도 설계법**(USD) … 안전성에 중점을 두고 사용성(처짐, 균열)은 별도로 검토함

(2) 처짐

① **탄성처짐**(즉시처짐, 순간처짐) … 하중이 재하되면 즉시 발생하는 처짐으로 부재가 탄성거동을 한다고 가정하여 역학적으로 계산한다.

㉠ 등분포하중을 받는 단순받침보 : 중앙부 처짐 $\delta = \dfrac{5wL^4}{384EI}$

㉡ 등분포하중을 받는 양단고정보 : 중앙부 처짐 $\delta = \dfrac{wL^4}{384EI}$

㉢ 양단모멘트를 받는 보 : 중앙부 처짐 $\delta = \dfrac{3L^2}{48EI}(-M_1 - M_2)$

㉣ 양단모멘트와 등분포하중을 받는 보 : $\delta = \dfrac{5M_oL^2}{48EI} - \dfrac{3L^2}{48EI}(M_1 + M_2)$

㉠ $M_o = \frac{wL^2}{8}$: 등분포하중을 받는 단순받침보의 중앙부 최대모멘트

㉡ $M_m = M_o = -\frac{(M_1 + M_2)}{2}$: 양단에 단부모멘트 M_1과 M_2가 작용하는 경우의 중앙부 모멘트

$\therefore \delta = \frac{5L^2}{48EI}(M_m - 0.1M_1 - 0.1M_2)$

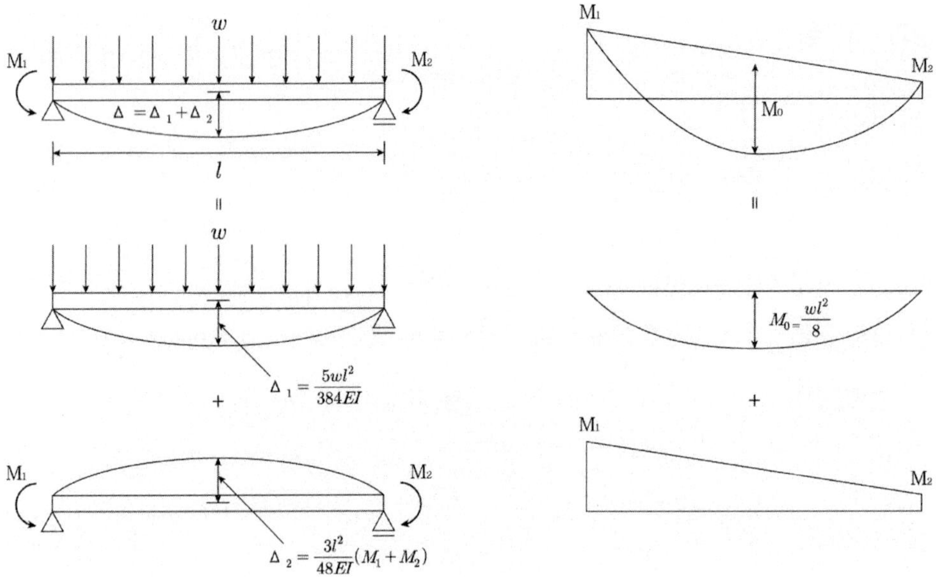

$\Delta = \Delta_1 + \Delta_2$

$\Delta_1 = \frac{5wl^2}{384EI}$

$M_0 = \frac{wl^2}{8}$

$\Delta_2 = \frac{3l^2}{48EI}(M_1 + M_2)$

| 기출예제 01

2014 국가직

콘크리트의 균열모멘트(M_{cr})를 계산하기 위한 콘크리트 파괴계수 f_r[MPa]은? (단, 일반콘크리트이며, 콘크리트 설계기준압축강도(f_{ck})는 25MPa이다)

① 3.15 ② 4.15

③ 5.15 ④ 6.15

✱

파괴계수(균열모멘트) : $M_{cr} = 0.63\sqrt{f_{ck}}$ 이므로 계산을 하면 3.15가 도출된다.

답 ①

② 유효휨강성

㉠ 휨강성(EI) : 휨변형에 대한 부재의 저항능력이다. 이 값이 클수록 동일하중에 대한 처짐량이 작아지며 휨에 대한 저항성능이 커진다.

㉡ **균열모멘트(M_{cr})**

- 정의 : 보에 작용하는 휨모멘트가 일정한 크기 이상으로 증가하게 되면 보의 인장측에 균열을 일으키게 되는데 이때의 모멘트를 균열모멘트라고 한다. 보에 작용하는 모멘트가 균열모멘트 이상의 크기가 되면 그 부분에는 균열이 발생하게 되어 중립축까지 발전하게 된다.
- 균열모멘트의 식 : $M_{cr} = \frac{f_r \cdot I_g}{y_t}$ (f_r : 파괴계수($0.63\sqrt{f_{ck}}$, y_t : 도심에서 인장측 외단까지의 거리, I_g : 보의 전체 단면에 대한 단면2차 모멘트)

TIP

파괴계수 … 철근등로 보강되지 않은 보가 휨모멘트에 의한 인장으로 파괴될 시의 응력이며, 무근콘크리트 보의 중앙점이나 3등분점의 휨시험 등으로 얻어지는 값이다.

㉢ **유효단면2차 모멘트(I_e)**

- 유효단면2차 모멘트의 식

$$I_e = (\frac{M_{cr}}{M_a})^3 I_g + [1-(\frac{M_{cr}}{M_a})^3] I_{cr}$$

- M_a : 단면2차 모멘트가 계산되는 부분에서의 최대모멘트
- I_{cr} : 균열단면의 단면2차 모멘트

TIP

부재의 순간처짐은 콘크리트의 탄성계수와 유효단면2차모멘트(I_e)를 이용하여 구한다.

- 단철근보, T형보(정모멘트구간)의 균열단면 2차모멘트(I_{cr})

  -환산단면폭 : $B = \frac{b}{n \cdot A_s}$

  -중립축거리 : $kd = \frac{\sqrt{2dB+1}-1}{B}$

  -균열단면 2차모멘트 : $I_{cr} = \frac{b(kd)^3}{3} + nA_s(d-kd)^2$

- 복철근보, T형보(부모멘트 구간)의 균열단면2차 모멘트(I_{cr})

  -환산단면폭 : $B = \frac{b}{n \cdot A_s}$

  -복철근비 : $\gamma = \frac{(n-1)A_s'}{n \cdot A_s}$

  -중립축거리 : $kd = \frac{\sqrt{2dB(1+\gamma \cdot d'/d)+(1+\gamma)^2}-(1+\gamma)}{B}$

  -균열단면 2차모멘트 : $I_{cr} = \frac{b(kd)^3}{3} + nA_s(d-kd)^2 + (n-1)A_s'(kd-d')^2$

㉣ 평균유효단면2차 모멘트($I_{e,avg}$)

- 양단이 연속인 보의 $I_{e,avg}=0.7I_{em}+0.15(I_{e1}+I_{e2})$
- 1단 단순지지이며 타단연속인 보의 $I_{e,avg}=0.85I_{em}+0.15(I_{e,avg})$

−I_{em}:지간중앙의 유효단면 2차모멘트

−I_{e1}, I_{e2}:양단 부모멘트단면의 유효단면 2차모멘트

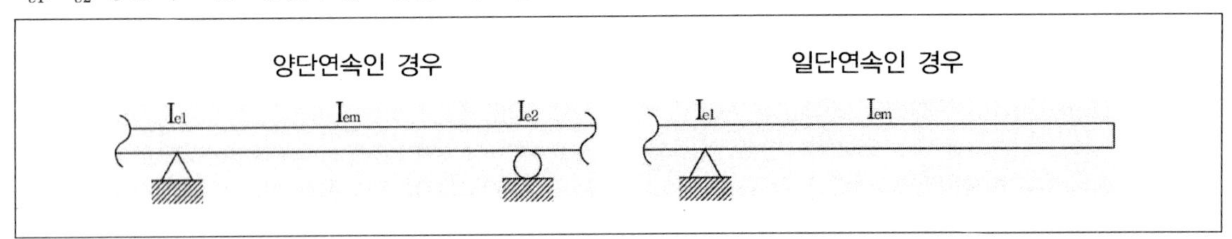

③ 장기처짐

㉠ 장기처짐 산정식 : 장기처짐 = 지속하중에 의한 탄성처짐×λ

㉡ $\lambda=\dfrac{\xi}{1+50\rho'}$ (ξ : 시간경과계수, $\rho'=\dfrac{A_s'}{bd}$: 압축철근비)

시간 경과	3개월	6개월	1년	5년 이상
시간경과계수 ξ	1.0	1.2	1.4	2.0

- 장기처짐은 콘크리트의 건조수축과 크리프로 인하여 시간의 경과와 더불어 진행되는 처짐이다.
- 장기처짐은 압축철근을 증가시키면 감소된다.
- 시간당 장기처짐량은 시간이 흐를수록 작아진다.
- 장기처짐량은 탄성처짐량에 비례한다.
- 장기처짐 계산 시에 사용되는 계수 λ는 콘크리트의 재료성질과 압축철근비의 함수로 표시된다.
- 처짐은 고정하중에 의한 추가 장기처짐과 충분한 시간 동안 지속되는 활하중에 의한 장기 추가처짐의 합이다.
- 추가처짐은 온도, 습도, 양생조건, 재하기간, 압축철근의 양, 지속하중의 크기 등의 영향을 받는다.
- 하중작용에 의한 장기처짐은 부재강성에 대한 균열과 철근의 영향을 고려하여 탄성처짐 공식을 사용하여 구한다.
- 복철근으로 설계하면 장기처짐량이 감소한다.
- 균열이 발생하지 않은 단면의 처짐계산에서 사용되는 단면2차모멘트는 철근을 무시한 콘크리트 전체 단면의 중심축에 대한 단면2차모멘트(I_g)를 사용한다.
- 휨부재의 처짐은 사용하중에 대하여 검토한다.
- 총처짐량은 탄성처짐량과 장기처짐량의 합이다.
- 장기처짐량은 단기처짐량에 비례한다.

④ 처짐의 제한

㉠ 부재의 처짐과 최소두께 : 처짐을 계산하지 않는 경우의 보 또는 1방향 슬래브의 최소두께는 다음과 같다. (L은 경간의 길이)

부재	최소 두께 또는 높이			
	단순지지	일단연속	양단연속	캔틸레버
1방향 슬래브	L/20	L/24	L/28	L/10
보	L/16	L/18.5	L/21	L/8

- 위의 표의 값은 보통콘크리트($m_c = 2{,}300kg/m^3$)와 설계기준항복강도 400MPa 철근을 사용한 부재에 대한 값이며 다른 조건에 대해서는 그 값을 다음과 같이 수정해야 한다.
- $1500 \sim 2000\text{kg/m}^3$ 범위의 단위질량을 갖는 구조용 경량콘크리트에 대해서는 계산된 $h_{\min}$값에 $(1.65 - 0.00031 \cdot m_c)$를 곱해야 하나 1.09보다 작지 않아야 한다.
- f_y가 400MPa 이외인 경우에는 계산된 $h_{\min}$값에 $(0.43 + \frac{f_y}{700})$를 곱해야 한다.

기출예제 02 2014 서울시

그림에서 처짐을 계산하지 않는 경우 처짐두께 규정에 의한 캔틸레버 슬래브의 최소두께(t)로 옳은 것은? (단, 보통콘크리트 $f_{ck} = 24MPa$, $f_y = 400MPa$이다)

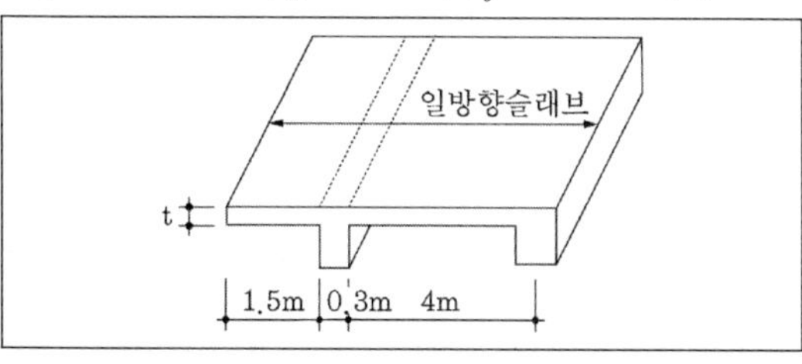

① 10cm
② 12cm
③ 13.5cm
④ 15cm
⑤ 18cm

이 경우 슬래브는 화살표방향으로 보나 리브에 의해서 지지되어 있지 않은 경우이며 이런 경우 캔틸레버의 경우 처짐을 계산하지 않아도 되는 최소두께는 L/10 이상, 단순지지의 경우는 L/16 이상이어야 한다. 위의 슬래브의 좌측은 캔틸레버이며 우측은 단순지지 상태이며 좌측 캔틸레버의 경우 처짐을 고려하지 않아도 되는 최소두께는 150/10 = 15cm가 된다.

답 ④

㉡ 최대허용처짐 : 장기처짐 효과를 고려한 전체 처짐의 한계는 다음값 이하가 되도록 해야 한다.

부재의 종류	고려해야 할 처짐	처짐한계
과도한 처짐에 의해 손상되기 쉬운 비구조 요소를 지지 또는 부착하지 않은 평지붕구조(외부환경)	활하중 L에 의한 순간처짐	L / 180
과도한 처짐에 의해 손상되기 쉬운 비구조 요소를 지지 또는 부착하지 않은 바닥구조(내부환경)	활하중 L에 의한 순간처짐	L / 360
과도한 처짐에 의해 손상되기 쉬운 비구조 요소를 지지 또는 부착한 지붕 또는 바닥구조	전체 처짐 중에서 비구조 요소가 부착된 후에 발생하는 처짐부분(모든 지속하중에 의한 장기처짐과 추가적인 활하중에 의한 순간처짐의 합	L / 480
과도한 처짐에 의해 손상될 우려가 없는 비구조 요소를 지지 또는 부착한 지붕 또는 바닥구조		L / 240

기출예제 03 2008 국가직 (7급)

철근콘크리트 부재에서 장기처짐 효과를 고려한 전체 처짐의 한계 값이 가장 큰 부재의 형태는?

① 과도한 처짐에 의해 손상되기 쉬운 비구조 요소를 지지 또는 부착한 지붕구조
② 과도한 처짐에 의해 손상되기 쉬운 비구조 요소를 지지 또는 부착하지 않은 바닥구조
③ 과도한 처짐에 의해 손상되기 쉬운 비구조 요소를 지지 또는 부착하지 않은 평지붕 구조
④ 과도한 처짐에 의해 손상될 우려가 없는 비구조 요소를 지지 또는 부착한 바닥구조

*

부재의 종류	고려해야 할 처짐	처짐한계
과도한 처짐에 의해 손상되기 쉬운 비구조 요소를지지 또는 부착하지 않은 평지붕구조	활하중 L에 의한 순간처짐	L / 180
과도한 처짐에 의해 손상되기 쉬운 비구조 요소를 지지 또는 부착하지 않은 바닥구조	활하중 L에 의한 순간처짐	L / 360
과도한 처짐에 의해 손상되기 쉬운 비구조 요소를 지지 또는 부착한 지붕 또는 바닥구조	전체 처짐 중에서 비구조 요소가 부착된 후에 발생하는 처짐부분(모든 지속하중에 의한 장기처짐과 추가적인 활하중에 의한 순간처짐의 합	L / 480
과도한 처짐에 의해 손상될 우려가 없는 비구조 요소를 지지 또는 부착한 지붕 또는 바닥구조		L / 240

답 ③

(3) 균열

① 콘크리트의 균열

㉠ **경화 전** : 소성 수축 균열, 침하균열

㉡ **경화 후** : 온도 균열, 건조수축 균열, 화학적 침식에 의한 균열, 온도 응력 균열

㉢ **소성수축균열** : 콘크리트 표면의 물의 증발속도가 블리딩속도보다 빠른 경우와 같이 급속한 수분증발이 일어나는 경우에 주로 콘크리트 표면에 발생하는 균열이다.

㉣ **건조수축균열** : 콘크리트는 경화과정 중에 혹은 경화 후에 건조에 의하여 체적이 감소하는 현상을 건조수축이라 하는데 이 현상이 외부에 구속되었을 때 인장응력이 유발되어 구조물에 발생하는 균열이다.

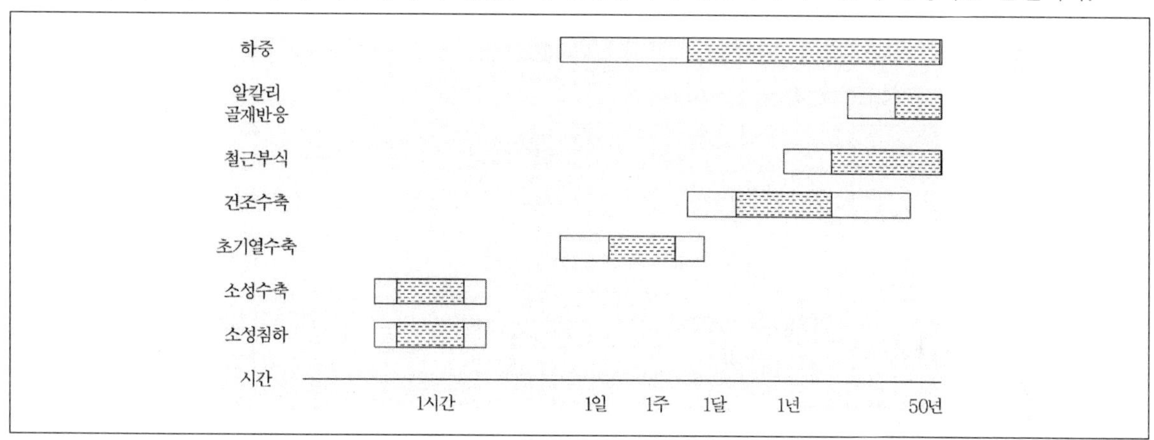

② **균열모멘트(M_{cr})** … 보에 작용하는 휨모멘트가 일정 크기 이상으로 증가하면 보의 인장측에 균열을 발생시키는데 이때의 모멘트를 균열모멘트라고 한다. 보에 작용하는 모멘트가 균열 모멘트 이상의 크기가 되면 그 부분에는 균열이 발생하여 중립축까지 발전한다.

균열모멘트 산정식 : $M_{cr} = f_r \dfrac{I_g}{y_t}$

- f_r : 파괴계수($0.63\sqrt{f_{ck}}$) : 철근으로 보강되지 않은 보가 휨모멘트에 의한 인장으로 파괴될 때의 응력을 말하며 무근 콘크리트 보의 중앙점 또는 3등분점 휨시험 등으로부터 얻어진다.
- y_t : 도심에서 인장측 외단까지의 거리
- I_g : 보의 전체단면에 대한 단면2차 모멘트

TIP

균열은 그 수보다는 폭이 더 문제가 된다. 철근의 응력과 지름이 클수록 피복두께가 클수록 균열 폭은 증가되므로 균열 폭을 줄이기 위해서는 동일한 철근량을 사용하더라도 가는 철근을 여러개 사용하도록 하고 배근간격을 지나치게 크게 하지 않는 것이 좋다.

③ 철근콘크리트 구조물의 허용균열폭

㉠ 균열폭에 영향을 미치는 요인

- 이형철근을 사용하면 균열폭을 최소로 할 수 있다 .
- 하중으로 인한 균열의 최대폭은 철근의 응력과 철근지름에 비례하고 철근비에 반비례한다.
- 인장측에 철근을 잘 분배하면 균열폭을 최소화할 수 있다.
- 콘크리트 표면의 균열폭은 철근에 대한 콘크리트 피복두께에 비례한다.
- 균열을 제한하는 가장 좋은 방법은 콘크리트의 최대인장구역에서 지름이 가는 철근을 여러개 쓰고 이형철근을 쓰는 것이다.
- 균열폭은 철근에 대한 콘크리트 피복두께에 비례한다.
- 균열의 최대폭은 철근지름에 비례하고 철근비에 반비례한다.

㉡ 강재의 종류와 환경조건에 따른 최소피복두께

강재의 종류	강재의 부식에 대한 환경조건			
	건조환경	습윤환경	부식성환경	고부식성환경
철근	0.4mm와 $0.006C_c$ 중 큰 값	0.3mm와 $0.005C_c$ 중 큰 값	0.3mm와 $0.004C_c$ 중 큰 값	0.3mm와 $0.005C_c$ 중 큰 값
프리스트레싱 긴장재	0.2mm와 $0.005C_c$ 중 큰 값	0.2mm와 $0.004C_c$ 중 큰 값	–	–

- C_c : 최외단 주철근의 표면과 콘크리트 표면사이의 콘크리트 최소피복두께(mm)
- w_a : 건조환경에서 이형철근을 사용한 구조물의 허용균열폭

④ 휨균열 제어(보 및 1방향 슬래브의 휨철근 배치)

㉠ 콘크리트 인장연단에 가장 가까이에 배치되는 철근의 중심간격은 다음 두 값 중 작은 값 이하로 해야 한다.

$$s = 375\left(\frac{210}{f_s}\right) - 2.5C_s \text{ 또는 } s = 300\left(\frac{210}{f_s}\right)$$

- C_c : 인장철근이나 긴장재의 표면과 콘크리트 표면 사이의 최소두께
- f_s : 사용하중 상태에서 인장연단에서 가장 가까이에 위치한 철근의 응력 ($f_s \approx \frac{2}{3}f_y$)
- f_s는 사용하중 상태에서 인장연단에서 가장 가까이에 위치한 철근의 응력으로 사용하중 휨모멘트에 대한 해석으로 결정하여야 하지만 근사값으로 f_y의 2/3를 사용할 수 있다.

㉡ **표피철근** : 부재의 전체춤이 900mm를 초과하는 휨부재 복부의 양측면에 부재의 축방향으로 배치하는 철근이다. 보 또는 장선의 깊이가 900mm를 초과하면 종방향 표피철근을 인장연단으로부터 h/2 지점까지 부재양쪽 측면을 따라 균일하게 배치해야 한다.

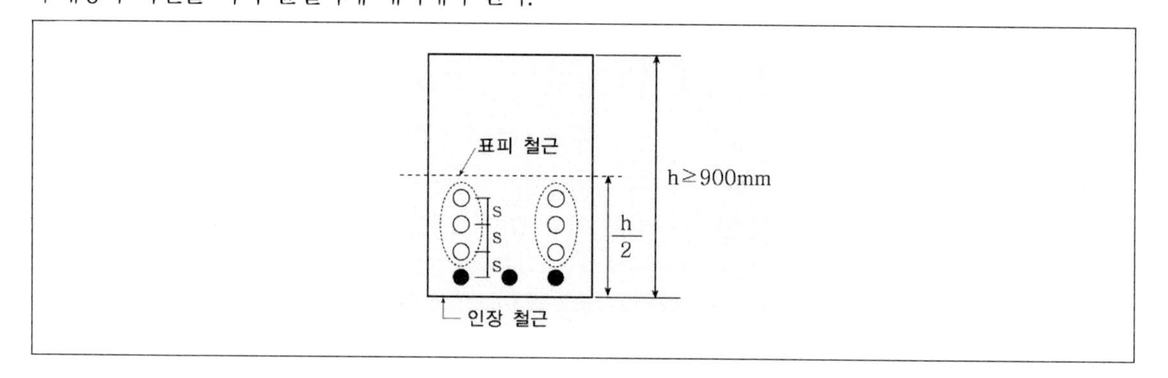

(4) 피로

① 파괴하중보다 작은 하중이 지속적으로 반복 작용함으로써 구조물이 본래의 기능을 발휘할 수 없는 상태이다.

② 콘크리트의 피로한도는 보통 100만회로 하고 있다.

③ 콘크리트의 압축에 대한 피로강도는 정적강도의 50 ~ 55%범위이다.

④ 보 및 슬래브의 피로는 휨 및 전단에 대하여 검토한다. 즉, 휨부재는 과소철근보로 설계되는 것이 보통이므로 반복 인장응력을 받는 철근의 피로에 대하여 검토한다.

⑤ 기둥의 피로는 검토하지 않아도 좋다. (단, 휨모멘트나 축방향력의 영향력이 특히 큰 경우는 보에 준하여 검토하여야 한다.)

⑥ 피로의 검토가 필요한 구조부재는 높은 응력을 받는 부분에서 철근을 구부리지 않도록 해야 한다.

⑦ 충격을 포함한 사용활하중에 의한 철근의 응력범위가 다음표의 값 이내이면 피로에 대해 검토할 필요가 없다.

[피로를 고려하지 않아도 되는 철근의 인장 및 압축응력의 범위]

강재의 종류와 위치		철근 또는 긴장재의 응력범위(MPa)
이형철근	SD 300 SD 350 SD 400	130 140 150
긴장재	연결부 또는 정착부 기타 부위	140 160

TIP

피로파괴와 관련하여 철근의 응력범위란 충격을 포함한 사용활하중에 의한 철근의 최대응력에서 최소응력을 뺀 값이다. 철근의 응력범위가 이 값 이하이면 피로에 대하여 검토하지 않아도 좋다.

(5) 내구성

① 일반사항

- 해풍, 해수, 제빙화학제, 황산염 및 기타 유해물질에 노출된 콘크리트는 노출등급에 따라 아래의 조건을 만족하는 콘크리트를 사용하여야 한다.
- 설계자는 구조물의 내구성을 확보할 수 있는 적절한 설계기법을 결정하여야 한다.
- 설계 초기단계에서 구조적으로 환경에 민감한 구조 배치를 피하고, 유지관리 및 점검을 위하여 접근이 용이한 구조 형상을 선정하여야 한다.
- 구조물이나 부재의 외측 표면에 있는 콘크리트의 품질이 보장될 수 있도록 하여야 한다. 다지기와 양생이 적절하여 밀도가 크고, 강도가 높고, 투수성이 낮은 콘크리트를 시공하고 피복 두께를 확보하여야 한다.
- 구조물의 모서리나 부재 연결부 등의 건전성 확보를 위한 철근콘크리트 및 프리스트레스트콘크리트 구조요소의 구조 상세가 적절하여야 한다.
- 고부식성 환경조건에 있는 구조는 표면을 보호하여 내구성을 증진시켜야 한다.
- 설계자는 내구성에 관련된 콘크리트 재료, 피복 두께, 철근과 긴장재, 처짐, 균열, 피로 및 기타 사항에 대한 제반 규정을 모두 검토하여야 한다.

② 노출 범주 및 등급

㉠ 책임구조기술자는 구조용 콘크리트 부재에 대해 예측되는 노출 정도를 고려하여 아래의 표에 따라 노출등급을 정하여야 한다. (즉, 피복두께 결정에 앞서 필히 노출등급을 확인해야 한다.)

범주	등급	조건	예
일반	E0	물리적, 화학적 작용에 의한 콘크리트 손상의 우려가 없는 경우 철근이나 내부 금속의 부식 위험이 없는 경우	• 공기 중 습도가 매우 낮은 건물 내부의 콘크리트
EC (탄산화)	EC1	건조하거나 수분으로부터 보호되는 또는 영구적으로 습윤한 콘크리트	• 공기 중 습도가 낮은 건물 내부의 콘크리트 • 물에 계속 침지 되어 있는 콘크리트
	EC2	습윤하고 드물게 건조되는 콘크리트로 탄산화의 위험이 보통인 경우	• 장기간 물과 접하는 콘크리트 표면 • 외기에 노출되는 기초
	EC3	보통 정도의 습도에 노출되는 콘크리트로 탄산화 위험이 비교적 높은 경우	• 공기 중 습도가 보통 이상으로 높은 건물 내부의 콘크리트[1)] • 비를 맞지 않는 외부 콘크리트[2)]
	EC4	건습이 반복되는 콘크리트로 매우 높은 탄산화 위험에 노출되는 경우	• EC2 등급에 해당하지 않고, 물과 접하는 콘크리트(예를 들어 비를 맞는 콘크리트 외벽[2)], 난간 등)

범주	등급	조건	예
ES (해양환경, 제빙화학제 등 염화물)	ES1	보통 정도의 습도에서 대기 중의 염화물에 노출되지만 해수 또는 염화물을 함유한 물에 직접 접하지 않는 콘크리트	• 해안가 또는 해안 근처에 있는 구조물[3] • 도로 주변에 위치하여 공기중의 제빙화학제에 노출되는 콘크리트
	ES2	습윤하고 드물게 건조되며 염화물에 노출되는 콘크리트	• 수영장 • 염화물을 함유한 공업용수에 노출되는 콘크리트
	ES3	항상 해수에 침지되는 콘크리트	• 해상 교각의 해수 중에 침지되는 부분
	ES4	건습이 반복되면서 해수 또는 염화물에 노출되는 콘크리트	• 해양 환경의 물보라 지역(비말대) 및 간만대에 위치한 콘크리트 • 염화물을 함유한 물보라에 직접 노출되는 교량 부위[4] • 도로 포장 • 주차장[5]
EF (동결융해)	EF1	간혹 수분과 접촉하나 염화물에 노출되지 않고 동결융해의 반복작용에 노출되는 콘크리트	• 비와 동결에 노출되는 수직 콘크리트 표면
	EF2	간혹 수분과 접촉하고 염화물에 노출되며 동결융해의 반복작용에 노출되는 콘크리트	• 공기 중 제빙화학제와 동결에 노출되는 도로구조물의 수직 콘크리트 표면
	EF3	지속적으로 수분과 접촉하나 염화물에 노출되지 않고 동결융해의 반복작용에 노출되는 콘크리트	• 비와 동결에 노출되는 수평 콘크리트 표면
	EF4	지속적으로 수분과 접촉하고 염화물에 노출되며 동결융해의 반복작용에 노출되는 콘크리트	• 제빙화학제에 노출되는 도로와 교량 바닥판 • 제빙화학제가 포함된 물과 동결에 노출되는 콘크리트 표면 • 동결에 노출되는 물보라 지역(비말대) 및 간만대에 위치한 해양 콘크리트
EA (황산염)	EA1	보통 수준의 황산염이온에 노출되는 콘크리트(표 4.1-2)	• 토양과 지하수에 노출되는 콘크리트 • 해수에 노출되는 콘크리트
	EA2	유해한 수준의 황산염이온에 노출되는 콘크리트(표 4.1-2)	• 토양과 지하수에 노출되는 콘크리트
	EA3	매우 유해한 수준의 황산염이온에 노출되는 콘크리트(표 4.1-2)	• 토양과 지하수에 노출되는 콘크리트 • 하수, 오 · 폐수에 노출되는 콘크리트

1) 중공 구조물의 내부는 노출등급 EC3로 간주할 수 있다. 다만, 외부로부터 물이 침투하거나 노출되어 영향을 받을 수 있는 표면은 EC4로 간주하여야 한다.
2) 비를 맞는 외부 콘크리트라 하더라도 규정에 따라 방수 처리된 표면은 노출등급 EC3로 간주할 수 있다.
3) 비래염분의 영향을 받는 콘크리트로 해양환경의 경우 해안가로부터 거리에 따른 비래염분량은 지역마다 큰 차이가 있으므로 측정결과 등을 바탕으로 한계영향 거리를 정해야 한다. 또한 공기 중의 제빙화학제에 영향을 받는 거리도 지역에 따라 편차가 크게 나타나므로 기존 구조물의 염화물 측정결과 등으로부터 한계 영향 거리를 정하는 것이 바람직하다.
4) 차도로부터수평방향 10m, 수직방향 5m 이내에 있는 모든 콘크리트 노출면은 제빙화학제에 직접 노출되는 것으로 간주해야 한다. 또한 도로로부터 배출되는 물에 노출되기 쉬운 신축이음(expansion joints) 아래에 있는 교각 상부도 제빙화학제에 직접 노출되는 것으로 간주해야 한다.
5) 염화물이 포함된 물에 노출되는 주차장의 바닥, 벽체, 기둥 등에 적용한다.

㉡ 수용성 황산염이온 농도에 따른 노출등급 구분

등급	토양 내의 수용성 황산염(SO_4^{2-})의 질량비(%[1])	물속에 용해된 황산염(SO_4^{2-}) (ppm[2])
EA1	$0.10 \le SO_4^{2-} < 0.20$	$150 \le SO_4^{2-} < 1{,}500$, 해수
EA2	$0.20 \le SO_4^{2-} \le 2.00$	$1{,}500 \le SO_4^{2-} \le 10{,}000$
EA3	$SO_4^{2-} > 2.00$	$SO_4^{2-} > 10{,}000$

1) 토양 질량에 대한 비로 KS I ISO 11048에 따라 측정하여야 한다.
2) 수용액에 용해된 농도로 ASTM D516 또는 ASTM D4130에 따라 측정하여야 한다.

④ 내구성 확보를 위한 요구조건

㉠ 콘크리트 설계기준압축강도는 노출등급에 따라 아래의 표에서 규정하는 값 이상이라야 한다. (다만, 별도의 내구성 설계를 통해 입증된 경우나 성능이 확인된 별도의 보호 조치를 취하는 경우에는 아래의 표에서 규정하는 값보다 낮은 강도를 적용할 수 있다.)

항목	노출등급															
	–	EC				ES				EF				EA		
	E0	EC1	EC2	EC3	EC4	ES1	ES2	ES3	ES4	EF1	EF2	EF3	EF4	EA1	EA2	EA3
최소 설계기준 압축강도 f_{ck} (MPa)	21	21	24	27	30	30	30	35	35	24	27	30	30	27	30	30

㉡ 노출범주 EC와 ES의 경우 KDS 14 20 50(콘크리트구조 철근상세설계기준)에서 규정하는 최소 피복두께 이상의 피복두께를 확보해야 한다.

㉢ 콘크리트 배합은 노출등급에 따라 KCS 14 20 10(구조재료기준)에서 규정하는 물-결합재비, 결합재 종류, 연행공기량, 염화물 함유량 등에 대한 요구조건을 만족하여야 한다.

⑤ 콘크리트 내구성 평가

㉠ 콘크리트 구조물의 목표내구수명은 구조물을 특별한 유지관리 없이 일상적으로 유지관리 할 때 내구적 한계상태에 도달하기까지의 기간으로 정하여야 한다. 시공될 콘크리트 구조물의 내구등급 결정은 구조물을 설계할 때 설정된 콘크리트 구조물의 목표 내구수명에 따라 정하여야 한다.

㉡ 이 기준은 시공에 착수할 콘크리트 구조물이 목표내구수명 동안에 내구성을 확보하도록 시공착수 전 시공계획단계에서 내구성을 평가하는 데 적용한다. 그러나 내구성이 특별히 요구되지 않는 구조물, 또는 성능저하환경에 따른 내구성에 대해 검증된 공법 및 재료를 사용하여 시공될 구조물은 이 기준의 부록을 따르지 않을 수 있다.

㉢ 내구성 평가에는 염해, 탄산화, 동결융해, 화학적 침식, 알칼리 골재 반응 등을 주된 성능저하원인으로 고려하며, 시공할 구조물이 갖게 될 성능저하환경을 조사하여 이에 따라 성능저하원인별 내구성 평가 항목을 선정하여야 한다.

㉣ 콘크리트 구조물이 복합성능저하가 지배적인 특수한 환경에 시공되는 경우는 각각의 성능저하인자에 대하여 내구성 평가를 수행하여 가장 지배적인 성능저하인자에 대한 내구성 평가결과를 적용하여야 한다.

㉤ 내구성 평가는 내구성에 영향을 미치는 각종 성능저하원인에 대해서 시공될 콘크리트 구조물과 시공에 사용될 콘크리트에 대하여 수행하여야 한다.

㉥ 시공될 콘크리트 구조물 및 콘크리트가 내구성 평가를 통과한 경우에는 결정된 시공방법 및 배합 설계된 콘크리트를 사용하여 시공될 구조물에 대해 시공 직후 초기재령 상태의 콘크리트에 균열이 발생하는지를 평가하여야 한다. 이 때 시공될 구조물의 균열발생이 제어되지 않는 균열저항성 평가 결과를 얻는 경우에는 균열 제어시공이 되도록 시공방법을 수정하여야 하고, 시공방법의 수정만으로 균열제어가 되지 않는 경우에는 평가에 통과하는 결과를 얻도록 콘크리트 배합을 수정하여야 한다.

㉦ 시공될 콘크리트 구조물에 사용될 콘크리트에 대한 내구성 평가는 내구성능 예측값에 환경계수를 적용한 소요 내구성값을 내구성능 특성값에 내구성 감소계수를 적용한 설계 내구성값과 비교함으로써 $\gamma_P A_P \leqq \phi_K A_K$에 따라 수행해야 한다. (여기서, γ_P : 콘크리트 구조물에 관한 환경계수, ϕ_K : 콘크리트 구조물에 관한 내구성 감소계수, A_P : 콘크리트 구조물의 내구성능 예측값, A_K : 콘크리트 구조물의 내구성능 특성값)

㉧ 배합콘크리트의 내구성 평가는 콘크리트의 내구성능 예측값에 환경계수를 적용한 소요 내구성값을 내구성능 특성값에 내구성 감소계수를 적용한 설계 내구성값과 $\gamma_p B_p \leqq \phi_k B_k$비교하여 에 따라 수행해야 한다. (여기서, γ_p : 콘크리트에 관한 환경계수, ϕ_k : 콘크리트에 관한 내구성 감소계수, B_p : 콘크리트의 내구성능 예측값, B_k : 콘크리트의 내구성능 특성값)

㉨ 환경계수는 시공될 콘크리트 구조물과 콘크리트 재료의 성능저하 환경조건에 대한 안전율로서 적용한다.

㉩ 내구성 감소계수는 내구성능 특성값 및 내구성능 예측값의 정밀도에 대한 안전율로서 적용한다.

㉪ 각 성능저하요인에 대하여 내구성을 평가할 때 사용되는 환경계수와 내구성 감소계수는 각 성능저하요인에 대해 독립적으로 적용하여야 한다.

최근 기출문제 분석

2012 지방직

1 **철근콘크리트 슬래브설계에서 처짐을 계산하지 않는 경우, 다음과 같은 조건을 가진 리브가 있는 1방향 슬래브의 최소 두께[mm]는?**

- 지지조건 : 양단연속
- 골조에서 절점 중심을 기준으로 측정된 슬래브의 길이(l) : 4,200mm
- 콘크리트의 단위질량(wc) : 2,300kg/㎥
- 철근의 설계기준항복강도(f_y) : 350MPa

① 139.5 ② 150.0
③ 186.0 ④ 200.0

TIP 지지조건이 양단연속인 경우, 리브가 있는 1방향 슬래브의 최소두께는 슬래브의 길이 × 1/21을 적용한다. 단, 설계기준항복강도가 400MPa 이외인 경우에는 계산된 두께 값에 (0.43 + f_y/700)을 곱해야 한다. 이 연산결과 1방향 슬래브의 최소두께는 186mm가 된다.

2012 국가직

2 **처짐을 계산하지 않는 경우, 큰 처짐에 의하여 손상되기 쉬운 칸막이벽이나 기타 구조물을 지지하지 않는 1방향 슬래브의 최소 두께로 옳지 않은 것은? (단, l은 중심선 기준 슬래브의 길이이고, 기건단위질량이 2,300kg/m^{3}인 콘크리트와 설계기준항복강도가 400MPa인 철근을 사용한다)**

① 캔틸레버 슬래브 : L/16
② 단순지지 슬래브 : L/20
③ 1단 연속 슬래브 : L/24
④ 양단 연속 슬래브 : L/28

TIP 캔틸레버 슬래브의 경우 L/10이다.

Answer 1.③ 2.①

2011 지방직 (7급)

3 철근콘크리트 구조물의 사용성, 내구성, 장기처짐에 대한 설명으로 옳지 않은 것은? (단, l은 골조에서 절점 중심을 기준으로 측정된 부재의 길이를 의미한다)

① 사용성 검토는 균열, 처짐, 피로 등의 영향을 고려하여 이루어 져야 한다.

② 하중작용에 의한 순간처짐은 부재강성에 대한 균열과 철근의 영향을 고려하여 탄성처짐공식을 사용하여야 한다.

③ 과도한 처짐에 의해 손상되기 쉬운 비구조요소를 지지 또는 부착하지 않은 평지붕 구조의 경우 처짐한계는 $\frac{l}{180}$ 이다.

④ 활하중과 충격으로 인한 캔틸레버의 처짐은 캔틸레버 길이의 $\frac{l}{100}$ 이하이어야 한다.

TIP 활하중과 충격으로 인한 캔틸레버의 처짐은 캔틸레버 길이의 1/300 이하이어야 한다. 다만, 보행자의 이용이 고려된 경우 처짐은 캔틸레버 길이의 1/375까지 허용된다.

2008 국가직 (7급)

4 철근콘크리트 부재에서 장기처짐 효과를 고려한 전체 처짐의 한계 값이 가장 큰 부재의 형태는?

① 과도한 처짐에 의해 손상되기 쉬운 비구조 요소를 지지 또는 부착한 지붕구조

② 과도한 처짐에 의해 손상되기 쉬운 비구조 요소를 지지 또는 부착하지 않은 바닥구조

③ 과도한 처짐에 의해 손상되기 쉬운 비구조 요소를 지지 또는 부착하지 않은 평지붕 구조

④ 과도한 처짐에 의해 손상될 우려가 없는 비구조 요소를 지지 또는 부착한 바닥구조

TIP

부재의 종류	고려해야 할 처짐	처짐한계
과도한 처짐에 의해 손상되기 쉬운 비구조 요소를지지 또는 부착하지 않은 평지붕구조	활하중 L에 의한 순간처짐	L / 180
과도한 처짐에 의해 손상되기 쉬운 비구조 요소를 지지 또는 부착하지 않은 바닥구조	활하중 L에 의한 순간처짐	L / 360
과도한 처짐에 의해 손상되기 쉬운 비구조 요소를 지지 또는 부착한 지붕 또는 바닥구조	전체 처짐 중에서 비구조 요소가 부착된 후에 발생하는 처짐부분(모든 지속하중에 의한 장기처짐과 추가적인 활하중에 의한 순간처짐의 합	L / 480
과도한 처짐에 의해 손상될 우려가 없는 비구조 요소를 지지 또는 부착한 지붕 또는 바닥구조		L / 240

Answer 3.④ 4.③

출제 예상 문제

1 **작용모멘트가 균열모멘트 이상이 되는 경우 유효단면2차모멘트를 적용한다. 다음 중 유효단면2차모멘트의 식으로 가장 바른 것은? (단, I_e : 유효단면 2차모멘트, M_a : 단면2차 모멘트가 계산되는 부분에서의 최대모멘트, I_{cr} : 균열단면의 단면2차 모멘트, I_g : 보의 전체단면에 대한 단면2차 모멘트이다.)**

① $I_e = (\frac{M_{cr}}{M_a})^3 I_g + [1 + (\frac{M_a}{M_{cr}})^3] I_{cr}$

② $I_e = (\frac{M_{cr}}{M_a})^3 I_g + [1 - (\frac{M_{cr}}{M_a})^3] I_{cr}$

③ $I_e = (\frac{M_{cr}}{M_a})^3 I_g - [1 + (\frac{M_a}{M_{cr}})^3] I_{cr}$

④ $I_e = (\frac{M_a}{M_{cr}})^3 I_g + [1 + (\frac{M_a}{M_{cr}})^3] I_{cr}$

TIP 유효단면2차 모멘트

$$I_e = (\frac{M_{cr}}{M_a})^3 I_g + [1 - (\frac{M_{cr}}{M_a})^3] I_{cr}$$

- M_a : 단면2차 모멘트가 계산되는 부분에서의 최대모멘트
- I_{cr} : 균열단면의 단면2차 모멘트
- I_g : 보의 전체단면에 대한 단면2차 모멘트

Answer 1.②

2 단순보로서 중앙단면의 압축철근비가 0.04인 어느 철근콘크리트보 부재의 탄성처짐이 20mm인 경우 하중 재하가 5년 이상 지속되는 경우 이 부재의 최종적인 총 처짐은?

① 20mm ② 30mm

③ 40mm ④ 50mm

TIP $\lambda = \frac{\xi}{1+50\rho'} = \frac{2.0}{1+50(0.04)} = 1$

장기처짐 = 지속하중에 의한 탄성처짐×λ = 20×1

총 처짐량 = 탄성처짐+장기처짐 = 20+20 = 40mm

※

$\lambda = \frac{\xi}{1+50\rho'}$

- λ : 장기처짐계수
- ξ : 시간경과계수 – 3개월의 경우 1.0, 6개월의 경우 1.2, 1년의 경우 1.4, 5년 이상인 경우 2.0
- ρ' : 압축철근비 (단순 및 연속경간인 경우는 보 중앙에서 구한 값을 취하며 캔틸레버인 경우에는 받침부에서 구한 값을 취한다.)

최종처짐 = 탄성처짐+장기처짐

3 다음 중 양단연속인 경우 및 일단연속인 경우의 연속보의 평균유효단면 2차모멘트의 크기를 순서대로 바르게 나열한 것은? (단, I_{em}:지간중앙의 유효단면 2차모멘트, I_{e1}, I_{e2}:양단 부모멘트단면의 유효단면 2차모멘트이다.)

	양단연속	일단연속
①	$I_e = 0.60I_{em} + 0.20(I_{e1} + I_{e2})$	$I_e = 0.65I_{em} + 0.35I_{e1}$
②	$I_e = 0.70I_{em} + 0.15(I_{e1} + I_{e2})$	$I_e = 0.85I_{em} + 0.15I_{e1}$
③	$I_e = 0.75I_{em} + 0.25(I_{e1} + I_{e2})$	$I_e = 0.75I_{em} + 0.25I_{e1}$
④	$I_e = 0.80I_{em} + 0.10(I_{e1} + I_{e2})$	$I_e = 0.90I_{em} + 0.10I_{e1}$

TIP 연속보의 평균유효단면 2차모멘트

㉠ 양단양속인 경우 : $I_e = 0.70I_{em} + 0.15(I_{e1} + I_{e2})$

㉡ 일단연속인 경우 : $I_e = 0.85I_{em} + 0.15I_{e1}$

- I_{em}:지간중앙의 유효단면 2차모멘트
- I_{e1}, I_{e2}:양단 부모멘트단면의 유효단면 2차모멘트

Answer 2.③ 3.②

4 과도한 처짐에 의해 손상되기 쉬운 비구조 요소를 지지 또는 부착하지 않은 평지붕구조의 경우 활하중 L에 의한 순간처짐의 한계치는?

① L / 180
② L / 240
③ L / 360
④ L / 480

TIP

부재의 종류	고려해야 할 처짐	처짐한계
과도한 처짐에 의해 손상되기 쉬운 비구조 요소를 지지 또는 부착하지 않은 평지붕구조	활하중 L에 의한 순간처짐	L / 180
과도한 처짐에 의해 손상되기 쉬운 비구조 요소를 지지 또는 부착하지 않은 바닥구조	활하중 L에 의한 순간처짐	L / 360
과도한 처짐에 의해 손상되기 쉬운 비구조 요소를 지지 또는 부착한 지붕 또는 바닥구조	전체 처짐 중에서 비구조 요소가 부착된 후에 발생하는 처짐부분(모든 지속하중에 의한 장기처짐과 추가적인 활하중에 의한 순간처짐의 합	L / 480
과도한 처짐에 의해 손상될 우려가 없는 비구조 요소를 지지 또는 부착한 지붕 또는 바닥구조		L / 240

5 다음은 균열제어용 휨철근 배치에 관한 사항들이다. 이 중 바르지 않은 것은?

① T형보의 플랜지가 인장을 받는 경우에는 플랜지 유효폭이나 경간의 1/5의 폭 중에서 작은 폭에 걸쳐서 분포시켜야 한다.
② 휨인장 철근은 부재 단면의 최대휨인장 영역내에 배치되어야 한다.
③ 부재는 하중에 의한 균열을 제어하기 위해 필요한 철근 외에도 필요에 따라 온도변화, 건조수축 등에 의한 균열을 제어하기 위한 추가적인 보강철근을 부재 단면의 주변에 분산시켜 배치해야 하고, 이 경우 철근의 지름과 간격을 가능한 한 크게 해야 한다.
④ 보나 장선의 높이 h가 900mm를 초과하면 종방향 표피 철근을 인장 연단으로부터 h/2지점까지 부재 양측면을 따라 균일하게 배치해야 한다.

TIP 부재는 하중에 의한 균열을 제어하기 위해 필요한 철근 외에도 필요에 따라 온도변화, 건조수축 등에 의한 균열을 제어하기 위한 추가적인 보강철근을 부재 단면의 주변에 분산시켜 배치해야 하고, 이 경우 철근의 지름과 간격을 가능한 한 작게 해야 한다.

Answer 4.① 5.③

6 다음 중 휨균열제어를 위한 콘크리트 인장연단철근의 간격(보 및 1방향 슬래브의 휨철근배치)을 산정하는 식으로 가장 적합한 것은? (단, C_c : 인장철근이나 긴장재의 표면과 콘크리트 표면 사이의 최소두께, f_s : 사용하중 상태에서 인장연단에서 가장 가까이에 위치한 철근의 응력 ($f_s \approx \frac{2}{3}f_y$)이다.)

① $s = 285(\frac{x_{cr}}{f_s}) - 2.5C_c$ or $s = 270(\frac{x_{cr}}{f_s})$ 중 큰 값

② $s = 375(\frac{x_{cr}}{f_s}) - 2.5C_c$ or $s = 300(\frac{x_{cr}}{f_s})$ 중 작은 값

③ $s = 275(\frac{x_{cr}}{f_s}) - 3.5C_c$ or $s = 370(\frac{x_{cr}}{f_s})$ 중 작은 값

④ $s = 315(\frac{x_{cr}}{f_s}) - 4.5C_c$ or $s = 250(\frac{x_{cr}}{f_s})$ 중 큰 값

TIP 휨균열제어를 위한 콘크리트 인장연단철근의 간격 (보 및 1방향 슬래브의 휨철근배치)은 $s = 375(\frac{x_{cr}}{f_s}) - 2.5C_c$ or $s = 300(\frac{x_{cr}}{f_s})$ 중 작은 값을 취한다.

7 다음은 콘크리트의 피로파괴에 관한 사항들이다. 이 중 바르지 않은 것은?

① 콘크리트의 피로한도는 보통 100만회로 하고 있다.

② 철근이 SD30인 경우 피로를 고려하지 않아도 되는 철근의 인장 및 압축응력의 범위의 크기는 150Mpa이다.

③ 피로의 검토가 필요한 구조부재는 높은 응력을 받는 부분에서 철근을 구부리지 않도록 해야 한다.

④ 일반적으로 기둥부재의 피로는 검토하지 않는다.

TIP 피로를 고려하지 않아도 되는 철근의 인장 및 압축응력의 범위

㉠ 철근이 SD30인 경우 : 130Mpa

㉡ 철근이 SD35인 경우 : 140Mpa

㉢ 철근이 SD40인 경우 : 150Mpa

Answer 6.② 7.②

8 콘크리트는 여러 가지 균열이 발생할 수 있으나 경화 전 균열과 경화 후 균열로 대분할 수 있다. 다음 중 경화 전 균열과 경화 후 균열을 바르게 분류한 것은?

	(경화 전 균열)	(경화 후 균열)
①	온도응력균열, 건조수축균열	침하균열
②	화학적침식에 의한 균열	소성수축균열
③	침하균열	소성수축균열
④	소성수축균열	건조수축균열

TIP 콘크리트의 균열

㉠ 경화 전 : 소성수축균열, 침하균열

㉡ 경화 후 : 건조수축균열, 화학적 침식에 의한 균열, 온도응력균열

Answer 8.④

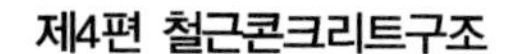

07 철근의 정착과 이음

❶ 철근의 정착과 이음

(1) 표준갈고리 정착길이

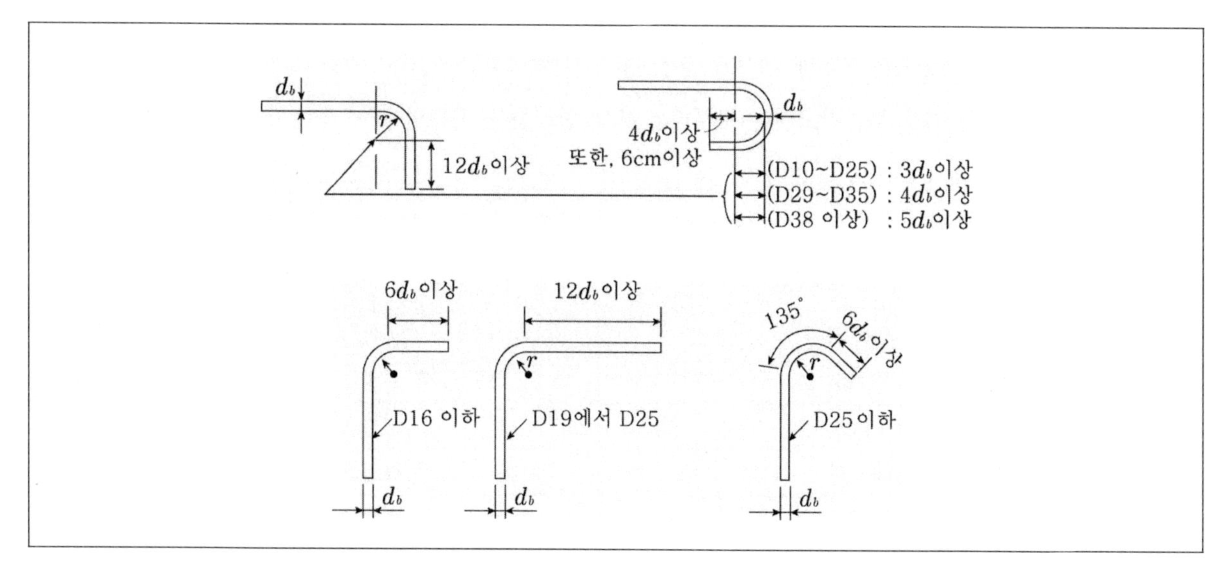

① 주철근 표준갈고리

㉠ 90도 표준갈고리는 구부린 끝에서 철근직경의 12배 이상 더 연장

㉡ 180도 표준갈고리는 구부린 반원 끝에서 철근직경의 4배 이상, 또는 60mm 이상 연장

② 스터럽과 띠철근의 표준갈고리(스터럽과 띠철근의 표준갈고리는 D25 이하의 철근에만 적용된다.)

㉠ D16 이하인 경우 90도 표준갈고리는 구부린 반원 끝에서 철근직경의 6배 이상 연장

㉡ D19~25인 경우 90도 표준갈고리는 구부린 반원 끝에서 철근직경의 12배 이상 연장

㉢ D25 이하인 경우 135도 구부린 후 철근직경의 6배 이상 연장

③ 내진갈고리 … 철근 지름의 6배 이상 또는 75mm 이상의 최소연장길이를 가진 135도 갈고리로 된 스터럽, 후프철근, 연결철근의 갈고리 (단, 원형후프철근의 경우 단부에 최소 90도의 절곡부를 가질 것)

(2) 철근 구부리기

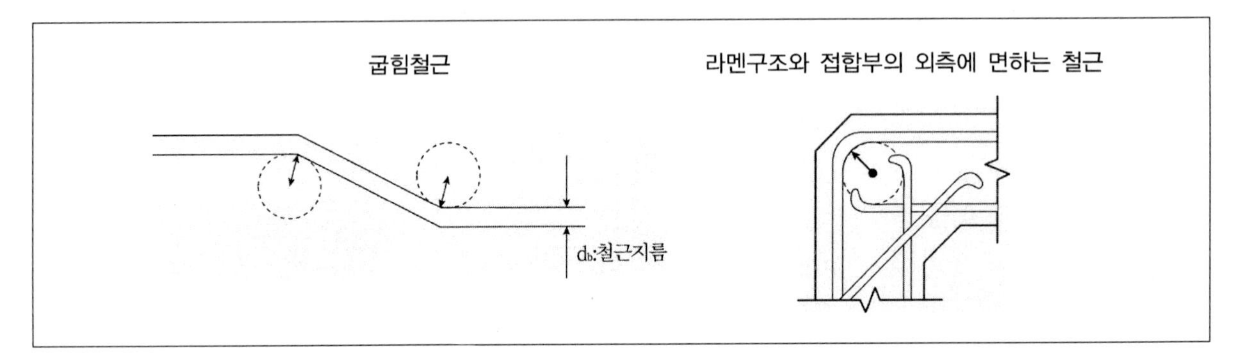

① 철근을 구부릴 때, 구부리는 부분에 손상을 주지 않기 위해 구부림의 최소 내면 반지름을 정해두고 있다.

② 180도 표준갈고리와 90도 표준갈고리는 구부리는 내면 반지름은 아래의 표에 있는 값 이상으로 해야 한다.

③ 스터럽이나 띠철근에서 구부리는 내면 반지름은 D16 이하일 때 철근직경의 2배 이상이고 D19 이상일 때는 아래의 표를 따라야 한다.

④ 표준갈고리 외의 모든 철근의 구부림 내면 반지름은 아래에 있는 표의 값 이상이어야 한다.

철근의 크기	최소내면반지름
D10 ~ D25	철근직경의 3배
D29 ~ D35	철근직경의 4배
D38	철근직경의 5배

⑤ 그러나 큰 응력을 받는 곳에서 철근을 구부릴 때에는 구부림 내면 반지름을 더 크게 하여 철근 반지름 내부의 콘크리트가 파쇄되는 것을 방지해야 한다.

⑥ 모든 철근을 상온에서 구부려야 하며 콘크리트 속에 일부가 매립된 철근은 현장에서 구부리지 않는 것이 원칙이다.

| 기출예제 01 2012 국가직

철근콘크리트구조의 철근가공에서 표준갈고리에 대한 설명으로 옳지 않은 것은?

① 180° 표준갈고리는 구부린 반원 끝에서 $4d_b$ 이상, 또한 60mm 이상 더 연장되어야 한다.

② D19, D22와 D25인 스터럽과 띠철근의 90° 표준갈고리는 구부린 끝에서 $12d_b$ 이상 더 연장하여야 한다.

③ D16 이하인 스터럽과 띠철근의 90° 표준갈고리는 구부린 끝에서 $6d_b$ 이상 더 연장하여야 한다.

④ D25 이하인 스터럽과 띠철근의 135° 표준갈고리는 구부린 끝에서 $4d_b$ 이상 더 연장하여야 한다.

✱

D25 이하인 스터럽과 띠철근의 135° 표준갈고리는 구부린 끝에서 $6d_b$ 이상 더 연장하여야 한다.

답 ④

(3) 부착과 정착

① 부착

㉠ 부착(bond) : 콘크리트와 철근의 경계면에서 미끄러짐에 대한 저항성이다.

㉡ 부착성능에 영향을 주는 요인

- 이형철근이 원형철근보다 부착강도가 크다.
- 녹이 많이 슨 철근은 녹을 제거해야 하지만 약간 녹이 슨 철근은 새 철근보다 부착강도가 크다.
- 철근의 직경이 굵은 것보다 가는 것을 여러 개 쓰는 것이 좋다.
- 피복두께가 클수록 부착강도가 좋아진다.
- 콘크리트의 압축강도가 클수록 부착강도 역시 크다.
- 블리딩의 영향으로 수평철근이 수직철근보다 부착강도가 작으며 수평철근 중에서도 상부철근이 하부철근보다 부착성능이 떨어진다.

㉢ 철근과 콘크리트의 부착에 영향을 미치는 요인

- 피복두께
- 철근의 간격
- 철근의 위치와 방향
- 횡방향 구속철근의 유무
- 철근표면의 에폭시 수지도막
- 철근의 녹 유무

② 정착

㉠ 정착(anchorage) : 철근이 콘크리트로부터 빠져 나오려는 성질로서 정착의 효과는 결국 부착성능에 의해 좌우된다. 정착길이는 철근에 항복강도가 발생하도록 요구하는 최소한도의 매립길이이다.

㉡ 기본정착길이(l) : 철근의 한 쪽 끝에 $T = A_s \cdot f_y$ 만큼의 인장력이 가해질 때 철근은 인장력으로 항복하지만 콘크리트에서는 뽑혀서는 안 된다. 이때 묻혀진 최소길이를 기본정착길이(l)라고 한다. r_o을 철근과 콘크리트의 부착응력, d를 철근의 지름이라고 하면 다음의 평형조건식이 성립한다.

$$r_o \cdot \pi \cdot d \cdot l = \frac{\pi \cdot d^2}{4} \cdot f_y \text{이므로 } l = \frac{d \cdot f_y}{4r_o}$$

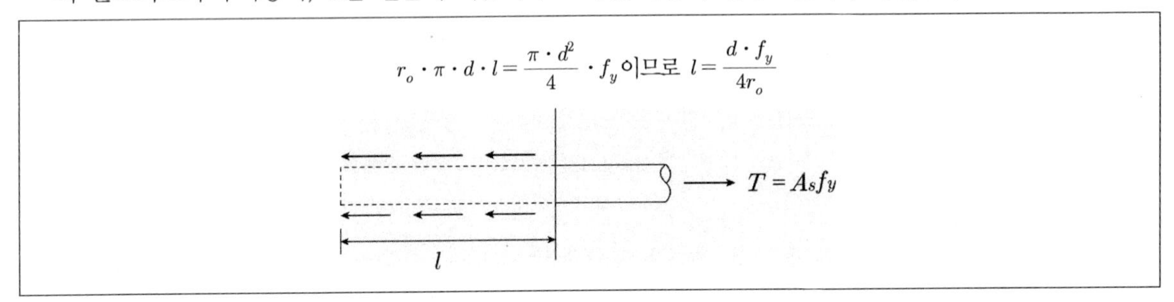

㉢ 인장이형철근의 정착길이

- 인장이형철근 및 이형철선의 정착길이 l_d는 기본정착길이 l_{db}에 보정계수를 고려하는 방법 또는 정밀식에 의한 방법 중에서 어느 하나를 선택하여 적용할 수 있다. 다만, 이렇게 구한 정착길이 l_d는 항상 300mm 이상이어야 한다.
- 인장이형철근 및 이형철선의 기본정착길이 : $l_{db} = \dfrac{0.6 d_b f_y}{\lambda \sqrt{f_{ck}}}$

인장이형철근 정착길이 산정 보정계수

조건 \ 철근지름	D19 이하의 철근과 이형철선	D22 이상의 철근
정착되거나 이어지는 철근의 순간격이 d_b 이상이고, 피복 두께도 d_b 이상이면서 l_d 전 구간에 이 기준에서 규정된 최소 철근량 이상의 스터럽 또는 띠철근을 배치한 경우, 또는 정착되거나 이어지는 철근의 순간격이 $2d_b$ 이상이고 피복 두께가 d_b 이상인 경우	$0.8\alpha\beta$	$\alpha\beta$
기타	$1.2\alpha\beta$	$1.5\alpha\beta$

① α : 철근배치 위치계수로서 상부철근(정착길이 또는 겹침이음부 아래 300 mm를 초과되게 굳지 않은 콘크리트를 친 수평철근)인 경우 1.3, 기타 철근인 경우 1.0

② β : 철근 도막계수

- 피복두께가 $3d_b$ 미만 또는 순간격이 $6d_b$ 미만인 에폭시도막철근 또는 철선인 경우 : 1.5
- 기타 에폭시 도막철근 또는 철선인 경우 : 1.2
- 아연도금 철근인 경우 : 1.0
- 도막되지 않은 철근인 경우 : 1.0

(에폭시 도막철근이 상부철근인 경우에 상부철근의 위치계수 α와 철근 도막계수 β의 곱, $\alpha\beta$가 1.7보다 클 필요는 없다.)

③ λ : 경량콘크리트계수로서 f_{sp}(쪼갬인장강도)값이 규정되어 있지 않은 경우 전경량콘크리트는 0.75, 모래경량콘크리트는 0.85가 된다. (단, 0.75에서 0.85 사이의 값은 모래경량콘크리트의 잔골재를 경량잔골재로 치환하는 체적비에 따라 직선보간한다. 0.85에서 1.0 사이의 값은 보통중량콘크리트의 굵은골재를 경량골재로 치환하는 체적비에 따라 직선보간한다.) 또한 f_{sp}(쪼갬인장강도)값이 주어진 경우 $\lambda = f_{sp}/(0.56\sqrt{f_{ck}}) \le 1.0$이 된다.

- 인장이형철근 및 이형철선의 정착길이(정밀식) : $l_d = \dfrac{0.90 d_b f_y}{\lambda\sqrt{f_{ck}}} \dfrac{\alpha\beta\gamma}{\left(\dfrac{c+K_{tr}}{d_b}\right)}$

인장이형철근 정착길이(정밀식) 산정 보정계수

① γ : 철근 또는 철선의 크기계수
D19 이하의 철근과 이형철선인 경우 0.8, D22 이상의 철근인 경우 1.0

② c : 철근 간격 또는 피복 두께에 관련된 치수
철근 또는 철선의 중심부터 콘크리트 표면까지 최단거리 또는 정착되는 철근 또는 철선의 중심간 거리의 1/2 중 작은 값을 사용하여 mm 단위로 나타낸다.

③ K_{tr} : 횡방향 철근지수($\dfrac{40A_{tr}}{sn}$)이며 횡방향 철근이 배치되어 있더라도 설계를 간편하게 하기 위해 $K_{tr}=0$으로 사용할 수 있다. 단, $(c+K_{tr})/d_b$은 2.5 이하이어야 한다.

- 휨부재에 배치된 철근량이 해석에 의해 요구되는 소요철근량을 초과하는 경우는 계산된 정착길이에 $\left(\dfrac{\text{소요}A_s}{\text{배근}A_s}\right)$를 곱하여 정착길이 l_d를 감소시킬 수 있다. 다만, 이때 감소시킨 정착길이 l_d는 300 mm 이상이어야 한다. 또한 f_y를 발휘하도록 정착을 특별히 요구하는 경우에는 이를 적용하지 않는다.
- 설계기준항복강도가 550 MPa을 초과하는 철근은 횡방향 철근을 배치하지 않는 경우에는 c/d_b이 2.5 이상이어야 하며 횡방향 철근을 배치하는 경우에는 $K_{tr}/d_b \ge 0.25$와 $(c+K_{tr})/d_b \ge 2.25$을 만족하여야 한다.

기출예제 02 2010 지방직

단부 갈고리를 사용하지 않은 인장철근의 정착길이에 대한 설명으로 옳지 않은 것은?

① 상부철근은 하부철근보다 부착성능이 떨어지므로 정착길이를 증가시켜야 한다.
② 평균 쪼갬인장강도가 주어지지 않은 경량콘크리트를 사용할 경우 정착길이를 증가시켜야 한다.
③ 에폭시 도막철근을 사용할 경우 정착길이를 감소시킬 수 있다.
④ 인장철근의 정착길이는 300mm 이상이어야 한다.

*

에폭시 도막철근을 사용할 경우 미끄러짐이 발생할 수 있으므로 정착길이를 증가시켜야 한다.

답 ③

㉣ 표준갈고리를 갖는 인장이형철근의 정착

- 표준갈고리를 갖는 인장 이형철근의 기본정착길이 : $l_{hb} = \dfrac{0.24\beta d_b f_y}{\lambda\sqrt{f_{ck}}}$
- 표준갈고리를 갖는 인장이형철근의 정착길이 :
  $l_{dh} = l_{hb} \times$ 보정계수 $\geq 150mm$ 이면서 $8d_b$
  인장을 받는 표준갈고리의 정착길이(l_{dh})는 위험단면으로부터 갈고리 외부끝까지의 거리(우측그림에서는 D)로 나타내며 정착길이는 기본정착길이 l_{hb}에 적용가능한 모든 보정계수를 곱하여 구한다.

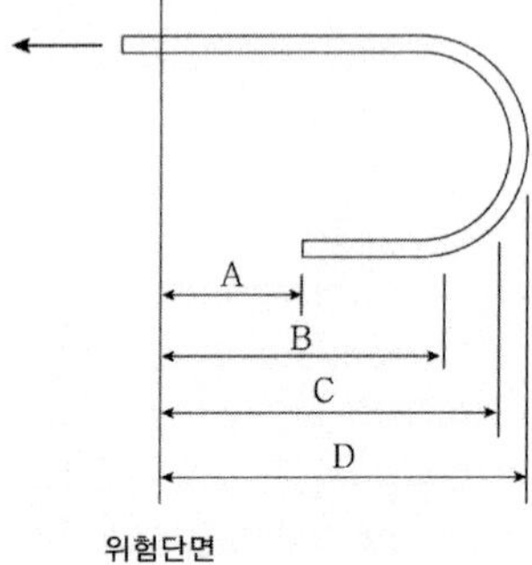

- 부재 불연속단에서의 표준갈고리 정착 상세

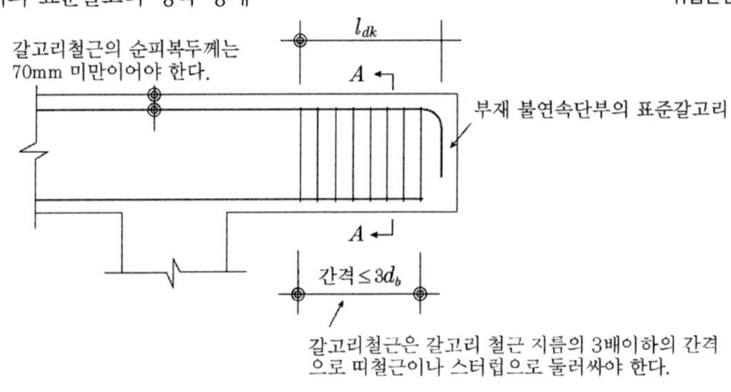

TIP

표준갈고리를 갖는 인장이형철근의 정착길이산정 보정계수

① D35 이하 철근에서 갈고리 평면에 수직방향인 측면 피복 두께가 70 mm 이상이며, 90° 갈고리에 대해서는 갈고리를 넘어선 부분의 철근 피복 두께가 50 mm 이상인 경우 : 0.7

② D35 이하 90° 갈고리 철근에서 정착길이 l_{dh} 구간을 $3d_b$ 이하 간격으로 띠철근 또는 스터럽이 정착되는 철근을 수직으로 둘러싼 경우 또는 갈고리 끝 연장부와 구부림부의 전 구간을 $3d_b$ 이하 간격으로 띠철근 또는 스터럽이 정착되는 철근을 평행하게 둘러싼 경우 : 0.8

③ D35 이하 180° 갈고리 철근에서 정착길이 l_{dh} 구간을 $3d_b$ 이하 간격으로 띠철근 또는 스터럽이 정착되는 철근을 수직으로 둘러싼 경우 : 0.8

④ 전체 f_y를 발휘하도록 정착을 특별히 요구하지 않는 단면에서 휨철근이 소요철근량 이상 배치된 경우 : $\left(\dfrac{\text{소요}A_s}{\text{배근}A_s}\right)$

(다만, 상기 ②와 ③에서 첫 번째 띠철근 또는 스터럽은 갈고리의 구부러진 부분 바깥면부터 $2d_b$ 이내에서 갈고리의 구부러진 부분을 둘러싸야 한다.)

⑤ λ : 경량콘크리트계수로서 f_{sp}(쪼갬인장강도)값이 규정되어 있지 않은 경우 전경량콘크리트는 0.75, 모래경량콘크리트는 0.85가 된다. (단, 0.75에서 0.85 사이의 값은 모래경량콘크리트의 잔골재를 경량잔골재로 치환하는 체적비에 따라 직선보간한다. 0.85에서 1.0 사이의 값은 보통중량콘크리트의 굵은골재를 경량골재로 치환하는 체적비에 따라 직선보간한다.) 또한 f_{sp}(쪼갬인장강도)값이 주어진 경우 $\lambda = f_{sp}/(0.56\sqrt{f_{ck}}) \leq 1.0$이 된다.

⑥ 갈고리는 압축을 받는 경우 철근정착에 유효하지 않은 것으로 보아야 한다.

⑦ 부재의 불연속단에서 갈고리 철근의 양 측면과 상부 또는 하부의 피복 두께가 70 mm 미만으로 표준갈고리에 의해 정착되는 경우에 전 정착길이 l_{dh} 구간에 $3d_b$ 이하 간격으로 띠철근이나 스터럽으로 갈고리 철근을 둘러싸야 한다. 이때 첫 번째 띠철근 또는 스터럽은 갈고리의 구부러진 부분 바깥 면부터 $2d_b$ 이내에서 갈고리의 구부러진 부분을 둘러싸야 한다. 이때 상기의 ②와 ③의 보정계수 0.8을 적용할 수 없다.

⑧ 설계기준항복강도가 550 MPa을 초과하는 철근을 사용하는 경우에는 상기 ②와 ③의 보정계수 0.8을 적용할 수 없다.

TIP

갈고리(hook)의 목적과 효과

㉠ **목적**: 철근의 갈고리는 철근의 정착을 위해서 두는 것으로 원형철근에는 반드시 갈고리를 붙여야 하며 중요한 부재에서는 이형철근에도 갈고리를 두어야 한다.

㉡ **효과**: 갈고리는 압축저항을 증가시키는 효과는 없다. 따라서 압축철근에는 갈고리를 붙이지 않고 인장철근에만 붙인다. 갈고리의 길이는 이음길이에 포함되지 않는다.

㉤ 압축이형철근의 정착

- 압축 이형철근의 정착길이 l_d는 기본정착길이 l_{db}에 적용 가능한 모든 보정계수를 곱하여 구하여야 한다. 다만, 이때 구한 l_d는 항상 200mm 이상이어야 한다.
- 압축이형철근의 기본정착길이 $l_{db} = \dfrac{0.25 d_b f_y}{\lambda \sqrt{f_{ck}}}$ (다만, 이 값은 $0.043\, d_b f_y$ 이상이어야 한다.)

TIP

압축이형철근 정착길이산정 보정계수

㉠ 해석 결과 요구되는 철근량을 초과하여 배치한 경우: $\left(\dfrac{소요 A_s}{배근 A_s} \right)$

㉡ 지름이 6mm 이상이고 나선 간격이 100mm 이하인 나선철근 또는 중심 간격 100mm 이하로 KDS 14 20 50(4.4.2(3))의 요구 조건에 따라 배치된 D13 띠철근으로 둘러싸인 압축 이형철근: 0.75

기출예제 03 2009 국가직

철근콘크리트 구조에서 인장 및 압축 이형철근 정착 길이의 최솟값으로 옳은 것은?

① 인장이형철근 : 200mm 이상, 압축이형철근 : 300mm 이상
② 인장이형철근 : 300mm 이상, 압축이형철근 : 200mm 이상
③ 인장이형철근 : 300mm 이상, 압축이형철근 : 400mm 이상
④ 인장이형철근 : 400mm 이상, 압축이형철근 : 300mm 이상

철근콘크리트 구조에서 인장 및 압축 이형철근 정착 길이의 최솟값은 인장철근 – 300mm 이상, 압축철근 – 200mm 이상이다.

답 ②

ⓗ 다발철근(Bundle Bar)의 정착

- D35를 초과하는 철근은 다발철근으로 사용을 금한다.
- 다발철근은 다발이 아닌 철근보다 부착면적이 감소하기 때문에 각각의 철근의 정착길이 산정값보다 증가된 값을 이용한다. 3개의 다발철근은 +20% 정착길이 증가시키고 4개의 다발철근은 +33%의 정착길이를 증가시킨다.
- 다발철근의 정착길이를 계산할 때는 보정계수를 적절하게 선택하기 위해 한 다발 내에 있는 전체 철근 단면적을 등가단면으로 환산하여 산정된 지름으로 된 하나의 철근을 취급해야 한다.

기출예제 04 2008 국가직 (7급)

철근콘크리트 보나 기둥에서 3개의 철근으로 구성된 다발철근 중 각 철근의 정착길이는 단일철근인 경우보다 증가된 정착길이가 요구되는데, 그 증가율[%]은?

① 10 ② 15
③ 20 ④ 33

✱ 인장 또는 압축을 받는 하나의 다발철근 내에 있는 개개철근의 정착길이는 다발철근이 아닌 경우의 각 철근의 정착길이보다 3개의 철근으로 구성된 다발철근에 대해서는 20%, 4개의 철근으로 구성된 다발철근에 대해서는 33%를 증가시켜야 한다.

답 ③

ⓢ 철근이음 일반

- 철근은 설계도 또는 시방서에서 요구하거나 허용한 경우 또는 책임구조기술자가 승인하는 경우에만 이음을 할 수 있으며, 이음은 가능한한 최대 인장응력점부터 떨어진 곳에 두어야 한다.
- 기계적 이음은 가능한 경우 이음 위치를 축방향으로 서로 어긋나게 하여 동일 단면에 집중되지 않도록 하여야하며, 공사감독자 또는 책임기술자는 시공성을 고려하여 엇갈림 길이를 정할 수 있다.

ⓞ 이형철근의 겹침이음 길이

- 공통사항

–철근은 설계도 또는 시방서에서 요구하거나 허용한 경우 또는 책임구조기술자가 승인하는 경우에만 이음을 할 수 있다.

–D35를 초과하는 철근은 겹침이음을 할 수 없다. (단, 다음의 경우는 예외적으로 허용한다.)

- 서로 다른 크기의 철근을 압축부에서 겹침이음하는 경우, 이음길이는 크기가 큰 철근의 정착길이와 크기가 작은 철근의 겹침이음길이 중 큰 값 이상이어야 하며 이 때 D41과 D51 철근은 D35 이하 철근과의 겹침이음을 할 수 있다.
- 기초판에서 압축력만을 받는 경우에 D41과 D51인 종방향 철근은 힘의 전달을 위한 다월철근과 겹침이음을 할 수 있다. 다월철근은 D35 이하이어야 하며, D41 또는 D51 철근의 정착길이와 다월철근의 압축겹침이음길이 중 큰 값 이상으로 지지되는 부재 속으로 연장하여야 하며, 기초판 속으로는 다월철근의 정착길이 이상으로 연장하여야 한다.

–다발철근의 겹침이음은 다발 내의 개개 철근에 대한 겹침이음길이를 기본으로 하여 결정하여야 하며, 각 철근은 겹침이음길이를 증가시켜야 한다. 그러나 한 다발 내에서 각 철근의 이음은 한 군데에서 중복하지 않아야 한다. 또한 두 다발철근을 개개 철근처럼 겹침이음을 할 수 없다.

–휨부재에서 서로 직접 접촉되지 않게 겹침이음된 철근은 횡방향으로 소요 겹침이음길이의 1/5 또는 150 mm 중 작은 값 이상 떨어지지 않아야 한다.

–용접이음은 용접용 철근을 사용해야 하며 철근의 설계기준항복강도 f_y 의 125% 이상을 발휘할 수 있는 완전 용접이어야 한다.

–기계적이음은 철근의 설계기준항복강도 f_y 의 125% 이상을 발휘할 수 있는 완전 기계적이음이어야 한다.

–상기 마 또는 바의 요구 조건을 만족하지 않는 용접이음이나 기계적이음은 D16 이하의 철근에만 허용된다.

• 인장이형철근 및 이형철선의 이음

–인장력을 받는 이형철근 및 이형철선의 겹침이음길이는 A급과 B급으로 분류하며 A급 이음의 경우 $1.0\,l_d$ 이상, B급 이음인 경우 $1.3\,l_d$ 이어야 하며 두 경우 모두 300 mm 이상이어야 한다. (l_d은 인장이형철근의 정착길이이다.)

–겹침이음에서 A급 이음은 배치된 철근량이 이음부 전체 구간에서 해석 결과 요구되는 소요철근량의 2배 이상이고 소요겹침이음길이 내 겹침이음된 철근량이 전체 철근량의 1/2 이하인 경우를 말한다.

–겹침이음에서 B급 이음은 A급 이음에 해당되지 않는 경우를 말한다.

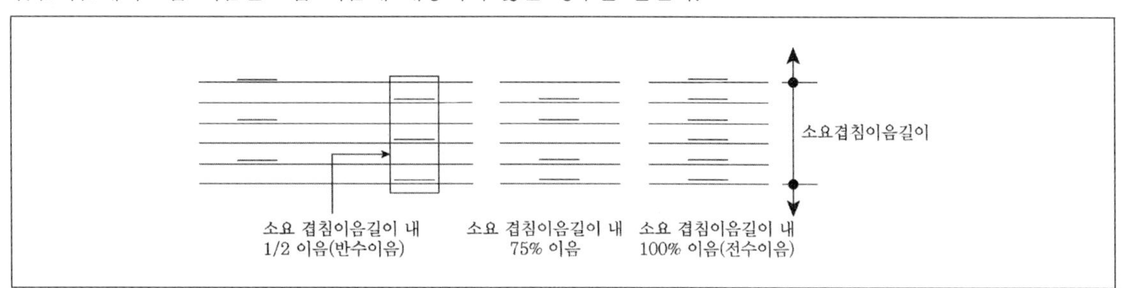

기출예제 05 2011 국가직

인장력을 받는 이형철근의 A급 겹침이음길이에 대한 설명으로 옳은 것은?

① 인장 이형철근 정착길이 이상으로 한다.
② 인장 이형철근 정착길이의 1.3배 이상으로 한다.
③ 인장 이형철근 정착길이의 1.5배 이상으로 한다.
④ 인장 이형철근 정착길이의 2.0배 이상으로 한다.

✱

A급 이음은 정착길이의 1.0배, B급 이음은 정착길이의 1.3배 이상으로 한다.

답 ①

-서로 다른 크기의 철근을 인장 겹침이음하는 경우, 이음길이는 크기가 큰 철근의 정착길이와 크기가 작은 철근의 겹침이음길이 중 큰 값 이상이어야 한다.

-이음부에 배치된 철근량이 해석결과 요구되는 소요철근량의 2배 이상이고, 다음의 ①과 ②의 요구 조건을 따르는 경우 D16 이하의 철근에 대해서 용접이음 또는 기계적이음을 할 수 있다.

> ① 각 철근의 이음부는 서로 600 mm 이상 엇갈려야 하고, 이음부에서 계산된 인장응력의 2배 이상을 발휘할 수 있도록 이어야 한다. 또한 배치된 전체 철근이 140 MPa 이상의 응력을 발휘할 수 있어야 한다.
>
> ② 각 단면에서 발휘하는 인장력을 계산할 때 이어진 철근은 규정된 이음강도를 발휘하는 것으로 보아야 하나 f_y보다 크지 않아야 한다. 이어지지 않은 연속철근의 인장응력은 설계기준항복강도 f_y를 발휘할 수 있도록 계산된 정착길이 l_d에 대한 짧게 배치된 정착길이의 비에 f_y를 곱하여 사용하여야 하나 f_y보다 크지 않아야 한다.

-인장연결재의 철근이음은 완전용접이나 기계적이음으로 이루어져야 한다. 이 때 인접철근의 이음은 750 mm 이상 떨어져서 서로 엇갈리게 하여야 한다.

• 압축 이형철근의 이음

-압축철근의 겹침이음길이는 $l_s = \left(\dfrac{1.4 f_y}{\lambda\sqrt{f_{ck}}} - 52\right) d_b$ 이며 이 식으로 산정된 이음길이는 f_y가 400 MPa 이하인 경우 0.072 $f_y d_b$보다 길 필요가 없고, f_y가 400 MPa을 초과하는 경우에는 (0.13 f_y −24) d_b보다 길 필요가 없다.

-겹침이음길이는 300 mm 이상이어야 하며 콘크리트의 설계기준압축강도가 21 MPa 미만인 경우는 겹침이음길이를 1/3 증가시켜야 한다. 압축철근의 겹침이음길이는 인장철근의 겹침이음길이보다 길 필요는 없다.

-서로 다른 크기의 철근을 압축부에서 겹침이음하는 경우, 이음길이는 크기가 큰 철근의 정착길이와 크기가 작은 철근의 겹침이음길이 중 큰 값 이상이어야 한다. 이때 D41과 D51 철근은 D35 이하 철근과의 겹침이음을 할 수 있다.

-철근이 압축력만을 받을 경우는 철근과 직각으로 절단된 철근의 양끝을 적절한 장치에 의해 중심이 잘 맞도록 접촉시킴으로써 압축응력을 직접 지압에 의해 전달할 수 있다. 이때 철근의 양 단부는 철근 축의 직각면에 1.5° 내의 오차를 갖는 평탄한 면이 되어야 하고 조립 후 지압면의 오차는 3° 이내이어야 한다.

-단부 지압이음은 폐쇄띠철근, 폐쇄스터럽 또는 나선철근을 배치한 압축부재에서만 사용하여야 한다.

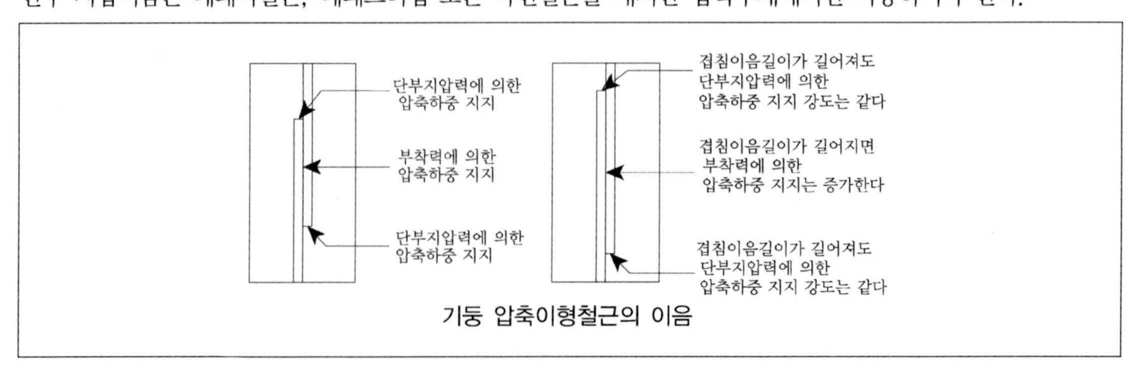

기둥 압축이형철근의 이음

• 철근의 용접이음

–철근이 굽혀진 부위에서는 용접이음할 수 없으며, 굽힘이 시작되는 부위에서 철근지름의 2배 이상 떨어진 곳에서부터 용접이음을 시작할 수 있다.

–겹침 용접이음은 한 면에만 철근 바깥까지 용접되어야 하고, 이 경우 설계 용접목두께는 $0.3d_b$로 한다. 용접길이는 강구조 연결 설계기준(하중저항계수설계법) 또는 시설물별 기준에 따라 산정한다. 단, 용접봉의 강도가 철근의 인장강도에 적합한 경우 KS B ISO 17660-1 용접길이를 사용할 수 있다.

–지름이 22mm 이상인 철근을 겹침 용접이음할 때는 사용하중 상태에서 철근 이음부 주변 콘크리트에 유해한 균열이 발생되지 않도록 횡보강철근을 배치하여야 하며, 횡보강철근의 적절성이 입증되는 경우에만 책임구조기술자의 승인을 얻은 후에 사용할 수 있다.

–기존 콘크리트에 묻혀 있는 철근에 새로운 철근을 잇고자 할 때, 기존 콘크리트에 묻혀 있는 철근이 용접용 철근이 아니더라도 설계기준항복강도가 500 MPa 이하인 철근은 다음에 따라 용접용 철근과 겹침 용접이음할 수 있다. 단, 피로하중을 받는 교량의 최대 모멘트 위치에는 적용할 수 없다.

> ① 탄소당량이 0.55 % 이하인 경우 지름이 22 mm 이상 32 mm 이하인 철근은 10 ℃로 예열한 후에 지름이 19 mm 이하인 철근은 예열 없이 용접용 철근과 겹침 용접이음할 수 있다.
> ② 탄소당량이 0.55 %를 초과하고 0.65 % 이하인 경우 지름이 22 mm 이상 32 mm 이하인 철근은 90 ℃로 예열한 후에, 지름이 19 mm 이하인 철근은 40 ℃로 예열한 후에 용접용 철근과 겹침 용접이음할 수 있다.
> ③ 탄소당량이 0.65 %를 초과하고 0.75 % 이하인 경우 지름이 22 mm 이상 32 mm 이하인 철근은 200 ℃로 예열한 후에, 지름이 19 mm 이하인 철근은 150 ℃로 예열한 후에 용접용 철근과 겹침 용접이음할 수 있다.
> ④ 탄소당량이 0.75 %를 초과하는 경우 지름이 22 mm 이상 32 mm 이하인 철근은 260 ℃로 예열한 후에, 지름이 19mm 이하인 철근은 150 ℃로 예열한 후에 용접용 철근과 겹침 용접이음할 수 있다.

• 용접철망의 이음

–인장 용접이형철망의 이음

- 용접이형철망을 겹침이음하는 최소 길이는 두 장의 철망이 겹쳐진 길이가 $1.3\,l_d$ 이상, 또한 200mm 이상이어야 한다. 이때 겹침이음길이 내에서 각 철망의 가장 바깥에 있는 교차철선 사이의 간격은 50mm 이상이어야 한다. (여기서, l_d 는 정착길이이다.)
- 겹침이음길이 사이에 교차철선이 없는 용접이형철망의 겹침이음은 이형철선의 겹침이음 규정에 따라야 한다.
- 원형철선이 겹침이음 방향으로 이형철망 내에 있는 경우 또는 이형철망이 원형철망과 겹침이음되는 경우, 철망은 다음 기준에 따라 겹침이음하여야 한다.

인장 용접원형철망의 이음

- 이음 위치에서 배치된 철근량이 해석 결과 요구되는 소요철근량의 2배 미만인 경우, 각 철망의 가장 바깥 교차철선 사이를 잰 겹침길이는 교차철선 한 마디 간격에 50mm를 더한 길이, 1.5 l_d 또는 150mm 중 가장 큰 값 이상이어야 한다. 여기서, l_d는 4.2.2의 규정에 따라 철선의 설계기준항복강도 f_y에 대하여 계산된 정착길이이다.
- 이음 위치에서 배치된 철근량이 해석 결과 요구되는 소요철근량의 2배 이상인 경우, 각 철망의 가장 바깥 교차철선 사이를 잰 겹침길이는 1.5 l_d 또는 50mm 중 큰 값 이상이어야 한다. 여기서, l_d는 철선의 설계기준항복강도 f_y에 대하여 계산된 정착길이이다.

TIP

기둥 철근이음에 관한 특별규정

① 겹침이음, 맞댐용접이음, 기계적이음 또는 단부 지압이음은 다음 ②에서 ⑥ 까지 규정의 제한조건에 따라 사용하여야 한다. 이와 같은 철근의 이음은 기둥의 모든 하중 조합에 대한 요구 조건을 만족하여야 한다.

② 계수하중에 의해 철근이 압축응력을 받는 경우 겹침이음은 압축이형철근의 이음에 따라야 하며, 해당되는 경우에는 다음 사항도 따라야 한다.

㉠ 띠철근 압축부재의 경우 겹침이음길이 전체에 걸쳐서 띠철근의 유효단면적이 각 방향 모두 $0.0015hs$ 이상이면 겹침이음길이에 계수 0.83을 곱할 수 있다. 그러나 겹침이음길이는 300 mm 이상이어야 한다. 여기서, 유효단면적은 부재의 치수 h에 수직한 띠철근 가닥의 전체 단면적이다.

㉡ 나선철근 압축부재의 경우 나선철근으로 둘러싸인 축방향 철근의 겹침이음길이에 계수 0.75를 곱할 수 있다. 그러나 겹침이음길이는 300 mm 이상이어야 한다.

③ 계수하중이 작용할 때 철근이 0.5 f_y 이하의 인장응력을 받고 어느 한 단면에서 전체 철근의 1/2을 초과하는 철근이 겹침이음되면 B급 이음으로, 전체 철근의 1/2 이하가 겹침이음되고 그 겹침이음이 교대로 l_d 이상 서로 엇갈려 있으면 A급 이음으로 하여야 한다.

④ 계수하중이 작용할 때 철근이 0.5 f_y보다 큰 인장응력을 받는 경우 겹침이음은 B급 이음으로 하여야 한다.

⑤ 단부 지압이음은 이음이 서로 엇갈려 있거나 이음 위치에서 추가철근이 배치된 경우, 압축을 받는 기둥 철근에 적용할 수 있다. 기둥 각 면에 배치된 연속철근은 그 면에 배치된 수직철근량에 설계기준항복강도 f_y의 25%를 곱한 값 이상의 인장강도를 가져야 한다.

ⓞ 휨철근의 정착사항

- 휨철근의 정착에 대한 검토위치 : 인장철근이 끝나는 위치, 철근이 굽혀진 위험단면
- 휨철근의 연장 : 휨철근을 지간 내에서 끝내고자 하는 경우 휨을 저항하는데 있어 더 이상 철근이 필요하지 않은 점을 지나서 d(유효높이) 이상, $12d_b$(철근지름) 이상을 연장해야 한다.
- 연속철근은 굽힘되거나 절단된 위치에서 l_d 이상의 묻힘길이를 확보해야 한다.
- 단순보는 정철근의 1/3 이상, 연속보는 정철근의 1/4 이상 받침부 내로 150mm 이상 연장해야 한다.
- 단순 받침부와 변곡점의 정철근의 제한조건 : $l_d \le \frac{M_n}{V_n}$
- (철근의 끝부분이 단순지점에 의한 압축반력으로 구속을 받게 되면 30%를 증가시킨다.)

• 받침부에서 전체 부철근량의 1/3 이상은 변곡점을 지나 유효높이 d 이상, $12d_b$ 이상, 순경간의 1/16 이상 중 가장 큰 값만큼 연장해야 한다.

ⓩ 확대머리 이형철근

ⓐ 최상층을 제외한 부재 접합부에 정착된 경우

• 정착길이 산정식 : $l_{dt} = \dfrac{0.22\beta d_b f_y}{\psi \sqrt{f_{ck}}}$ (여기서 β는 도막계수, ψ는 측면피복과 횡보강철근에 의한 영향계수로서 $\psi = 0.6 + 0.3\dfrac{c_{so}}{d_b} + 0.38\dfrac{K_{tr}}{d_b} \leq 1.375$)

• 정착길이는 항상 $8d_b$ 이상이면서 150mm 이상이어야 한다.

• 철근의 순간격은 $2d_b$ 이상이어야 하며 확대머리의 뒷면이 횡보강철근 바깥 면부터 50mm 이내에 위치해야 한다.

• 확대머리 이형철근의 정착된 접합부는 지진력저항시스템별로 요구되는 전단강도를 가져와야 한다.

• $d/l_{dt} > 1.5$ 인 경우는 콘크리트용 앵커설계기준에 따라 설계한다. 여기서, d는 확대머리 이형철근이 주철근으로 사용된 부재의 유효높이이다.

ⓑ ⓐ외의 부위에 정착된 경우

• 정착길이 산정식 : $l_{dt} = \dfrac{0.24\beta d_b f_y}{\sqrt{f_{ck}}}$ 이며 순피복두께는 $2d_b$ 이상이어야 하며 철근순간격은 $4d_b$ 이상이어야 한다.

checkpoint

확대머리의 정착

• 압축력을 받는 경우에 확대머리의 영향을 고려할 수 없다.
• 철근의 설계기준항복강도가 발휘될 수 있는 어떠한 확대머리 이형철근도 정착방법으로 사용할 수 있다. (이 경우 확대머리 이형철근의 적합성을 보증하는 실험과 해석결과를 책임구조기술자에 제시하여 승인을 받아야 한다.)
• 정착내력은 확대머리 정착판의 지압력과 최대 응력점부터 확대머리 정착판까지 부착력의 합으로 이루어질 수 있다.

TIP

확대머리이형철근

㉠ 철근의 정착길이 확보를 위한 갈고리시공을 하지않고 철근단부에 정착커플러를 시공하여 정착 효과를 얻는 공법이다.

㉡ 철근의 정착을 위해서 기존에는 콘크리트 내 매입길이를 늘리거나 끝부분을 갈고리 형태로 가공하여 정착력을 확보하였으나 이는 철근의 가공조립이 어렵고, 철근이 집중되는 부위의 콘크리트 충전이 힘들어지는 등의 문제가 발생하게 되었다.

㉢ 이러한 문제를 기술적, 경제적으로 해결하기 위해 철근의 끝단을 나사선으로 가공하고 여기에 커플러형태의 강재(확대머리부)를 결합시켜 정착력을 확보시킨 자재이다.

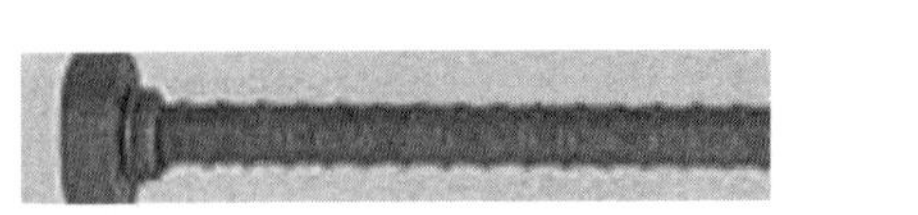

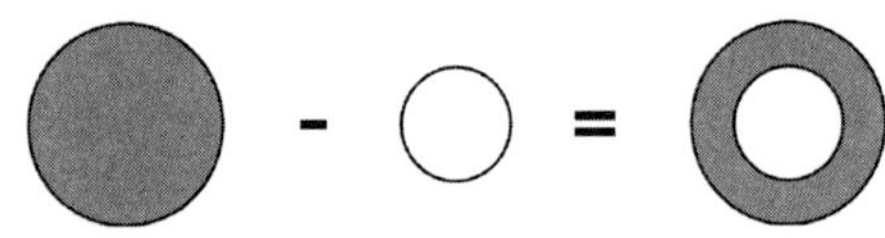

확대머리 지압면적 − 철근 면적 = 순지압 면적

[확대머리 이형철근]

기출예제 06 2013 지방직

최상층을 제외한 부재 접합부에 정착된 확대머리 이형철근이 보통중량콘크리트에 정착되고 철근 주위에는 에폭시를 도막하지 않은 경우 이 확대머리 이형철근의 인장에 대한 기본정착길이 산정식(KDS 14 구조설계기준 및 KDS 41 건축구조기준에 따름)은? (단, f_y는 철근의 설계기준항복강도, f_{ck}는 콘크리트의 설계기준압축강도, d_b는 철근의 직경이며 확대머리 이형철근의 정차길이 설계를 위한 모든 제한사항은 만족하는 것으로 가정하며 여기서 β는 도막계수, ψ는 측면피복과 횡보강철근에 의한 영향계수이다.)

① $l_{dt} = \dfrac{0.22\beta d_b f_y}{\psi\sqrt{f_{ck}}}$　　② $l_{dt} = \dfrac{0.22\beta d_b f_y}{\psi\sqrt{f_{ck}}}$

③ $l_{dt} = \dfrac{0.22\beta d_b f_y}{\psi\sqrt{f_{ck}}}$　　④ $l_{dt} = \dfrac{0.22\beta d_b f_y}{\psi\sqrt{f_{ck}}}$

✱

확대머리 이형철근 및 기계적 인장정착길이는 다음과 같다.

ⓐ 최상층을 제외한 부재 접합부에 정착된 경우

- 정착길이 산정식: $l_{dt} = \dfrac{0.22\beta d_b f_y}{\psi\sqrt{f_{ck}}}$

(여기서 β는 도막계수, ψ는 측면피복과 횡보강철근에 의한 영향계수로서 $\psi = 0.6 + 0.3\dfrac{c_{so}}{d_b} + 0.38\dfrac{K_{tr}}{d_b} \le 1.375$)

- 정착길이는 항상 $8d_b$ 이상이면서 150mm 이상이어야 한다.
- 철근의 순간격은 $2d_b$ 이상이어야 하며 확대머리의 뒷면이 횡보강철근 바깥 면부터 50mm 이내에 위치해야 한다.
- 확대머리 이형철근의 정착된 접합부는 지진력저항시스템별로 요구되는 전단강도를 가져와야 한다.
- $d/l_{dt} > 1.5$인 경우는 콘크리트용 앵커설계기준에 따라 설계한다. 여기서, d는 확대머리 이형철근이 주철근으로 사용된 부재의 유효높이이다.

ⓑ ⓐ외의 부위에 정착된 경우

정착길이 산정식: $l_{dt} = \dfrac{0.24\beta d_b f_y}{\sqrt{f_{ck}}}$ 이며 순피복두께는 $2d_b$ 이상이어야 하며 철근순간격은 $4d_b$ 이상이어야 한다.

답 ①

(4) 철근의 최소 확보간격

콘크리트구조설계기준에 의한 최소 철근간격 제한은 다음과 같다.

① 동일 평면에서 평행하는 철근 사이의 수평 순간격은 25mm 이상, 또는 철근의 공칭지름(D) 이상으로 하여야 하며, 굵은 골재 최대치수의 4/3 이상을 만족하여야 한다.

② 상단과 하단에 2단 이상으로 배치된 경우 상하 철근은 동일 연직면내에 배치되어야 하고, 이때 상하 철근의 순간격은 25mm 이상으로 하여야 한다.

③ 나선철근과 띠철근 기둥에서 종방향 철근의 순간격은 40mm 이상, 또한 철근 공칭지름의 1.5배 이상으로 하여야 하며, 굵은 골재 최대치수의 4/3 이상을 만족하여야 한다.

④ 철근의 순간격에 대한 규정은 서로 접촉된 겹침이음 철근과 인접된 이음철근 또는 연속철근 사이의 순간격에도 적용하여야 한다.

최근 기출문제 분석

2014 서울시

1 철근콘크리트 구조물의 배근에 대한 기술 중 옳은 것은?

① 보의 장기처짐을 감소시키기 위하여 인장철근을 주로 배치한다.

② 캔틸레버 보의 경우 주근은 하단에 주로 배치한다.

③ 보의 하부근은 주로 중앙부에서 이음한다.

④ 보의 주근은 중앙부 상단에 주로 배치한다.

⑤ 보의 스터럽(stirrup)은 단부에 주로 배치한다.

TIP ① 보의 장기처짐을 감소시키기 위해서는 압축철근을 주로 배치한다.
② 캔틸레버 보의 경우 주근은 상단에 주로 배치한다.
③ 보의 하부근은 보의 중앙부가 아니라 보의 단부와 중앙부 사이의 구간에서 이음을 한다. (휨모멘트가 적게 발생하는 구간이므로)
④ 보의 주근은 인장응력이 크게 발생하게 되는 중앙부의 하단에 주로 배치한다.

2014 국가직 변형

2 표준갈고리를 갖는 인장이형철근의 기본정착길이는? (단, 사용철근의 공칭지름은 22mm이고 철근의 설계기준항복강도는 500MPa이며 콘크리트의 설계기준압축강도는 25MPa이다. 철근의 설계기준항복강도에 대한 보정계수만을 고려한다.)

① 325 ② 405

③ 475 ④ 528

TIP 표준갈고리를 갖는 인장이형철근의 기본정착길이는

$$l_{hb} = \frac{0.24\beta d_b f_y}{\lambda\sqrt{f_{ck}}} = \frac{0.24 \cdot 1.0 \cdot 22 \cdot 500}{1.0 \cdot 5} = 528$$

Answer 1.⑤ 2.④

2013 국가직

3 철근콘크리트구조에서 철근의 정착 및 이음에 대한 설명으로 옳지 않은 것은?

① 인장이형철근의 기본정착길이는 철근의 공칭지름과 철근의 설계기준항복강도에 비례한다.

② 압축이형철근의 정착길이는 기본정착길이에 적용 가능한 모든 보정계수를 곱하여 구하여야 한다. 다만, 이 때 구한 압축이형철근의 정착길이는 항상 200mm 이상이어야 한다.

③ 휨부재에서 서로 직접 접촉되지 않게 겹침이음된 철근은 횡방향으로 소요 겹침이음길이의 1/5 또는 150mm 중 작은 값 이상 떨어지지 않아야 한다.

④ 인장이형철근의 B급 겹침이음길이는 인장이형철근 정착길이의 1.3배 이상으로 하여야 한다. 그러나 150mm 이상이어야 한다.

TIP 인장이형철근의 B급 겹침이음길이는 인장이형철근 정착길이의 1.3배 이상으로 하여야 한다. 그러나 300mm 이상이어야 한다.

2012 지방직

4 철근의 이음에 대한 설명으로 옳지 않은 것은? (단, l_d는 정착 길이를 의미한다)

① 압축이형철근의 겹침이음길이는 300mm 이상이어야 하고, 콘크리트의 설계기준강도가 21MPa 미만인 경우는 겹침이음 길이를 1/3 증가시켜야 한다.

② 크기가 다른 이형철근을 압축부에서 겹침이음하는 경우, 이음길이는 크기가 큰 철근의 정착길이와 크기가 작은 철근의 겹침이음길이 중 큰 값 이상이어야 한다.

③ 인장용접이형철망을 겹침이음하는 최소 길이는 2장의 철망이 겹쳐진 길이가 $1.3l_d$ 이상 또한 150mm 이상이어야 한다.

④ 인장용접원형철망의 이음의 경우, 이음위치에서 배치된 철근량이 해석결과 요구되는 소요철근량의 2배 미만인 경우 각 철망의 가장 바깥 교차철선 사이를 잰 겹침길이는 교차철선 한 마디 간격에 50mm를 더한 길이 $1.5l_d$ 또는 150mm 중 가장 큰 값 이상이어야 한다.

TIP 인장용접이형철망을 겹침이음하는 최소길이는 2장의 철망이 겹쳐진 길이가 $1.3l_d$ 이상 또한 200mm 이상이어야 한다.

Answer 3.④ 4.③

출제 예상 문제

1 **다음은 철근과 콘크리트의 부착성능에 영향을 주는 요인들에 관한 사항들이다. 이 중 바르지 않은 것은?**

① 이형철근은 원형철근보다 부착강도가 작다.
② 녹이 많이 슨 철근은 녹을 제거해야 하지만 약간 녹이 슨 철근은 새 철근보다 부착강도가 크다.
③ 콘크리트의 압축강도가 클수록 부착강도 역시 크다.
④ 철근의 직경이 굵은 것보다 가는 것을 여러 개 쓰는 것이 좋다.

TIP 부착성능에 영향을 주는 요인
㉠ 이형철근이 원형철근보다 부착강도가 크다.
㉡ 녹이 많이 슨 철근은 녹을 제거해야 하지만 약간 녹이 슨 철근은 새 철근보다 부착강도가 크다.
㉢ 철근의 직경이 굵은 것보다 가는 것을 여러 개 쓰는 것이 좋다.
㉣ 콘크리트의 압축강도가 클수록 부착강도 역시 크다.
㉤ 블리딩의 영향으로 수평철근이 수직철근보다 부착강도가 작으며 수평철근 중에서도 상부철근이 하부철근보다 부착성능이 떨어진다.

2 **철근콘크리트부재에 표준갈고리를 갖는 인장이형철근을 정착하고자 한다. $f_{ck}=25MPa$, $f_y=400MPa$인 경우 필요한 기본정착길이는? (단, 에폭시도막을 하지 않았으며 일반콘크리트를 사용하였다.)**

① 280mm
② 325mm
③ 400mm
④ 480mm

TIP $l_{hb}=\dfrac{0.24\beta d_b f_y}{\lambda\sqrt{f_{ck}}}=\dfrac{0.24\cdot1.0\cdot25\cdot400}{1.0\cdot5}=480[mm]$

Answer 1.① 2.④

3 직경이 60mm이며 $f_{ck}=25MPa$, $f_y=400MPa$이며 압축철근의 기본정착길이는?

① 720mm ② 814mm
③ 966mm ④ 1,032mm

TIP 압축철근의 기본정착길이

$$l_{db}=\frac{0.25\ d_b\,f_y}{\sqrt{f_{ck}}}=\frac{0.25\cdot 60\cdot 400}{\sqrt{25}}=600\geq 0.043\ d_b\,f_y\ =1{,}032mm$$

4 콘크리트 구조기준에서 보통중량 콘크리트에 정착되고 에폭시를 도막하지 않은 확대머리 이형철근의 인장에 대한 기본정착길이는? (단, f_y는 철근의 설계기준항복강도, f_{ck}는 콘크리트의 설계기준압축강도, β는 도막계수, ψ는 측면피복과 횡보강철근에 의한 영향계수, d_b는 철근직경이며, 확대머리 이형철근의 정착 길이 설계를 위한 모든 제한 사항은 만족하는 것으로 가정한다.)

① $l_{dt}=\dfrac{0.12\beta d_b f_y}{\psi\sqrt{f_{ck}}}$ ② $l_{dt}=\dfrac{0.15\beta d_b f_y}{\psi\sqrt{f_{ck}}}$

③ $l_{dt}=\dfrac{0.19\beta d_b f_y}{\psi\sqrt{f_{ck}}}$ ④ $l_{dt}=\dfrac{0.22\beta d_b f_y}{\psi\sqrt{f_{ck}}}$

TIP 확대머리 이형철근 및 기계적 인장정착길이는 다음과 같다.

ⓐ 최상층을 제외한 부재 접합부에 정착된 경우

- 정착길이 산정식 : $l_{dt}=\dfrac{0.22\beta d_b f_y}{\psi\sqrt{f_{ck}}}$ (여기서 β는 도막계수, ψ는 측면피복과 횡보강철근에 의한 영향계수로서 $\psi=0.6+0.3\dfrac{c_{so}}{d_b}+0.38\dfrac{K_{tr}}{d_b}\leq 1.375$)
- 정착길이는 항상 $8d_b$ 이상이면서 150mm 이상이어야 한다.
- 철근의 순간격은 $2d_b$ 이상이어야 하며 확대머리의 뒷면이 횡보강철근 바깥 면부터 50mm 이내에 위치해야 한다.
- 확대머리 이형철근의 정착된 접합부는 지진력저항시스템별로 요구되는 전단강도를 가져와야 한다.
- $d/l_{dt}>1.5$인 경우는 콘크리트용 앵커설계기준에 따라 설계한다. 여기서, d는 확대머리 이형철근이 주철근으로 사용된 부재의 유효높이이다.

ⓑ ⓐ외의 부위에 정착된 경우

정착길이 산정식 : $l_{dt}=\dfrac{0.24\beta d_b f_y}{\sqrt{f_{ck}}}$이며 순피복두께는 $2d_b$ 이상이어야 하며 철근순간격은 $4d_b$ 이상이어야 한다.

Answer 3.④ 4.④

5 **다음은 인장철근의 정착길이 보정계수에 관한 사항들이다. 이 중 바르지 않은 것은? (단, f_{sp}는 쪼갬인장강도이며 d_b는 철근직경이다.)**

① 도막되지 않은 철근의 보정계수는 1.0이다.
② D19 이하의 철근의 보정계수는 1.0이다.
③ 보통 콘크리트의 보정계수는 1.0이다.
④ 철근하부에 300mm이상의 콘크리트를 타설된 경우의 보정계수는 1.3이다.

TIP D19 이하의 철근의 경우 보정계수는 0.8이다.

6 **다음의 빈 칸에 들어갈 말로 알맞은 것을 순서대로 바르게 나열한 것은?**

> 인장력을 받은 A급이음시 이형철근의 겹침이음길이는 이형철근 정착길이의 (가)배 이상이어야 하며 B급이음시 이형철근의 겹침이음길이는 이형철근 정착길이의 (나)배 이상이어야 한다.

	(가)	(나)
①	0.8	1.0
②	0.9	1.2
③	1.0	1.3
④	1.3	1.5

TIP 인장력을 받은 A급이음시 이형철근의 겹침이음길이는 이형철근 정착길이의 1.0배 이상이어야 하며 B급이음시 이형철근의 겹침이음길이는 이형철근 정착길이의 1.3배 이상이어야 한다.

Answer 5.② 6.③

7 **다음 중 철근의 구부리기에 관한 사항으로서 바르지 않은 것은?**

① 콘크리트 속에 일부가 묻혀있는 철근은 현장에서 구부리지 않도록 해야 한다.
② 스터럽이나 띠철근에서 구부리는 내면 반지름은 D16 이하일 때 철근직경의 2배 이상이다.
③ 철근의 크기가 D38 이상인 경우 구부리는 내면 반지름은 철근직경의 4배 이상이다.
④ 책임 기술자가 승인한 경우를 제외하고 모든 철근은 상온에서 구부려야 한다.

TIP 철근의 크기가 D38 이상인 경우 구부리는 내면 반지름은 철근직경의 5배 이상이다.

8 **다음은 주철근 및 스터럽과 띠철근의 표준갈고리에 관한 사항들이다. 이 중 바르지 않은 것은?**

① 주철근의 경우 90도 표준갈고리는 구부린 끝에서 철근직경의 12배 이상 더 연장한다.
② 180도 표준갈고리는 구부린 반원 끝에서 철근직경의 4배 이상, 또는 60mm 이상 연장한다.
③ 내진갈고리는 철근 지름의 6배 이상 또는 75mm 이상의 최소연장길이를 가진 135도 갈고리로 된 스터럽, 후프철근, 연결철근의 갈고리이다.
④ 스터럽과 띠철근의 경우 D19 ~ 25인 경우 90도 표준갈고리는 구부린 반원 끝에서 철근직경의 8배 이상 연장한다.

TIP 스터럽과 띠철근의 경우 D19~25인 경우 90도 표준갈고리는 구부린 반원 끝에서 철근직경의 12배 이상 연장한다.

Answer 7.③ 8.④

9 다음은 슬래브 두께가 150mm인 일반적인 사무소 건물에 대한 보 일람표이다. 그림에서 알 수 있는 사항을 바르게 설명한 것은?

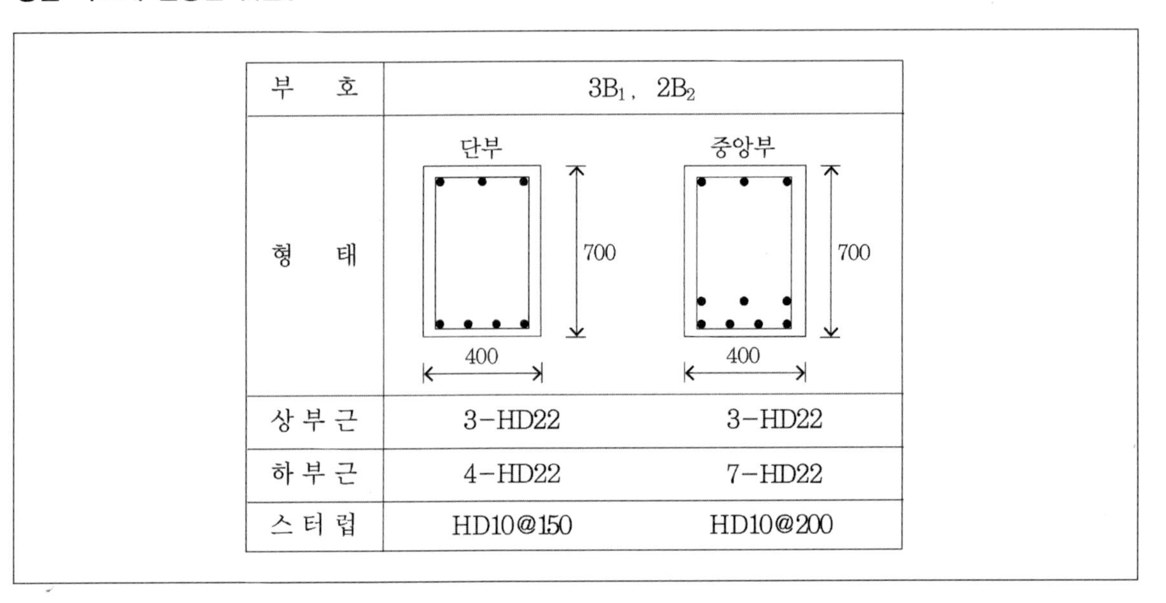

부　호	$3B_1$, $2B_2$	
형　태	단부 (400 × 700)	중앙부 (400 × 700)
상 부 근	3-HD22	3-HD22
하 부 근	4-HD22	7-HD22
스 터 럽	HD10@150	HD10@200

① 캔틸레버보에 대한 단면 설계이다.

② 중앙부보다 단부의 전단내력이 더 높게 설계되어 있다.

③ 바닥구조의 높이는 슬래브 두께를 포함하여 850mm이다.

④ 인장강도가 400N/mm^{2}인 철근으로 설계되어 있다.

TIP ① 양단이 고정인 복철근보에 대한 단면설계이다.

② 스터럽의 배근이 중앙부보다 단부쪽이 간격이 좁기 때문에 중앙부보다 단부의 전단내력이 더 높게 설계되어 있는 것을 알 수 있다.

③ 바닥구조의 높이는 슬보의 두께를 포함하지 않는다.

④ 도면의 철근은 HD로 표시되어 있기 때문에 고장력 이형철근이며, 철근의 항복강도가 400N/mm^2 이상인 철근으로 설계되어 있다.

Answer 9.②

10 **철근과 콘크리트의 부착성능은 철근과 콘크리트가 강도를 적합하게 발현하기 위한 전제조건이다. 다음 중 철근과 콘크리트의 부착에 대한 설명으로 바르지 않은 것은?**

① 일반적으로 이형철근이 원형철근보다 부착강도가 크다.

② 약간 녹이 슨 철근은 새 철근보다 부착강도가 크다.

③ 철근의 직경이 가는 것을 여러 개 쓰는 것보다 굵은 것을 소량 쓰는 것이 부착성능 확보에 유리하다.

④ 블리딩의 영향으로 수평철근이 수직철근보다 부착강도가 작으며 수평철근 중에서도 상부철근이 하부철근보다 부착성능이 떨어진다.

TIP 부착성능확보를 위해서는 철근의 직경이 굵은 것보다 가는 것을 여러 개 쓰는 것이 좋다.

11 **다음 중 철근콘크리트보의 휨철근 정착사항에 관한 설명으로 바르지 않은 것은?**

① 휨철근의 정착에서 필히 검토해야 할 위치는 인장철근이 끝나는 위치, 철근이 굽혀진 위험단면이다.

② 휨철근을 지간 내에서 끝내고자 하는 경우 휨을 저항하는데 있어 더 이상 철근이 필요하지 않은 점을 지나서 d(유효높이) 이상, $12d_b$(철근지름) 이상을 연장해야 한다.

③ 단순보는 정철근의 1/4 이상, 연속보는 정철근의 1/3 이상 받침부 내로 150mm 이상 연장해야 한다.

④ 받침부에서 전체 부철근량의 1/3 이상은 변곡점을 지나 유효높이 d 이상, $12d_b$ 이상, 순경간의 1/16 이상 중 가장 큰 값만큼 연장해야 한다.

TIP 단순보는 정철근의 1/3 이상, 연속보는 정철근의 1/4 이상 받침부 내로 150mm 이상 연장해야 한다.

Answer 10.③ 11.③

12 다음 중 확대머리 인장이형철근과 관련된 사항으로서 바르지 않은 것은?

① 최상층을 제외한 부재 접합부에 정착된 경우 정착길이는 항상 $8d_b$이상이면서 150mm이상이어야 한다.

② 최상층을 제외한 부재 접합부에 정착된 경우 철근의 순간격은 직경의 3배 이상이어야 한다.

③ 확대머리 이형철근의 정착된 접합부는 지진력저항시스템별로 요구되는 전단강도를 가져와야 한다.

④ 확대머리의 뒷면이 횡보강철근 바깥 면부터 50mm이내에 위치해야 한다.

TIP 최상층을 제외한 부재 접합부에 정착된 경우 철근의 순간격은 직경의 2배 이상이어야 한다.
확대머리 이형철근 및 기계적 인장정착길이는 다음과 같다.

ⓐ 최상층을 제외한 부재 접합부에 정착된 경우

- 정착길이 산정식 : $l_{dt} = \dfrac{0.22\beta d_b f_y}{\psi\sqrt{f_{ck}}}$ (여기서 β는 도막계수, ψ는 측면피복과 횡보강철근에 의한 영향계수로서 $\psi = 0.6 + 0.3\dfrac{c_{so}}{d_b} + 0.38\dfrac{K_{tr}}{d_b} \le 1.375$)
- 정착길이는 항상 $8d_b$ 이상이면서 150mm 이상이어야 한다.
- 철근의 순간격은 $2d_b$ 이상이어야 하며 확대머리의 뒷면이 횡보강철근 바깥 면부터 50mm 이내에 위치해야 한다.
- 확대머리 이형철근의 정착된 접합부는 지진력저항시스템별로 요구되는 전단강도를 가져와야 한다.
- $d/l_{dt} > 1.5$인 경우는 콘크리트용 앵커설계기준에 따라 설계한다. 여기서, d는 확대머리 이형철근이 주철근으로 사용된 부재의 유효높이이다.

ⓑ ⓐ외의 부위에 정착된 경우

- 정착길이 산정식 : $l_{dt} = \dfrac{0.24\beta d_b f_y}{\sqrt{f_{ck}}}$이며 순피복두께는 $2d_b$ 이상이어야 하며 철근순간격은 $4d_b$ 이상이어야 한다.

Answer 12.②

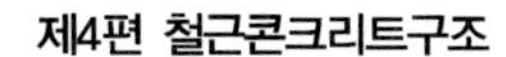

08 슬래브

1 슬래브 설계 및 해석

(1) 슬래브 설계의 기본용어

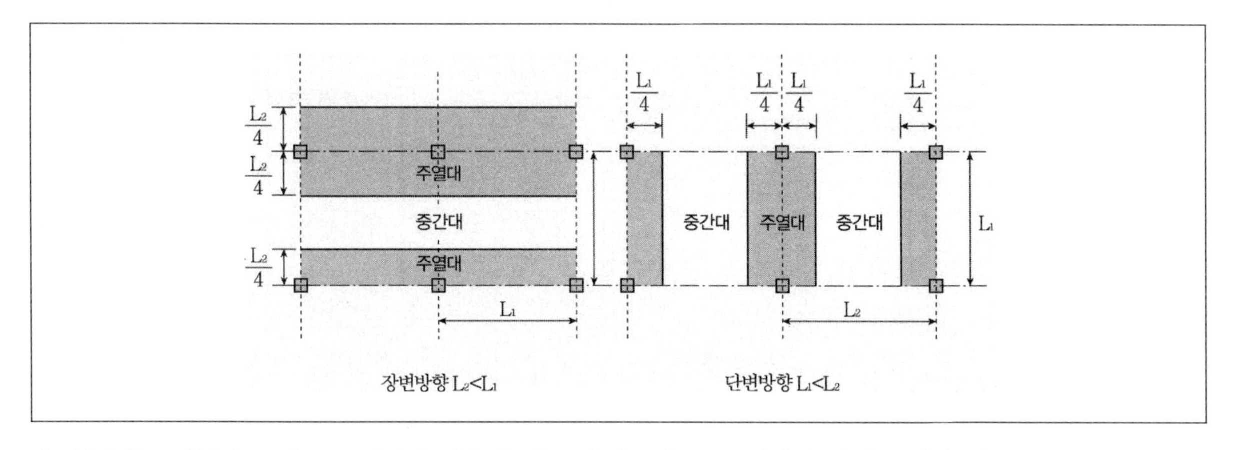

① **설계대** … 받침부를 잇는 중심선의 양측에 있는 슬래브의 두 중심선에 의해 구획이 되는 부분이다. 슬래브 설계에서는 슬래브의 휨모멘트가 기둥선에 집중되는 현상을 고려하여 주열대와 중간대로 나누어 설계를 하게 된다.

② **주열대** … 기둥 중심선 양쪽으로 $0.25l_2$와 $0.25l_1$ 중 작은 값을 한쪽의 폭으로 하는 슬래브의 영역이며 받침부 사이의 보는 주열대에 속한다.

③ **중간대** … 두 주열대 사이의 슬래브의 영역이다. 플랫슬래브나 2방향 슬래브 설계에서 기둥 바로 위에 유효폭(보통 1/2폭)의 대를 가상으로 설정하고, 기둥을 포함하지 않는 중간대와 구별하여 응력해석을 하는 부분이다. 주간대보다 철근을 많이 배근해야 한다.

TIP
장변방향보다 단변방향이 더 큰 힘을 받으므로 더 많은 철근이 요구되며, 단변방향 중 주열대부분이 주간대부분보다 더 많은 철근이 요구된다.

④ **변장비** … "장변의 길이를 단변의 길이로 나눈 값"으로서 이 값이 2를 초과한 경우 1방향 슬래브(단변에 주철근을 주로 배근해야 한다.)이며 2이하이면 2방향 슬래브(단변 및 장변에 주철근을 배근한다.)이다.

⑤ **수축 · 온도철근** … 건조수축 또는 온도변화에 의해 콘크리트에 발생하는 균열을 방지하기 위한 목적으로 배치되는 철근으로 주로 1방향 슬래브의 장변방향 철근을 의미한다. 슬래브는 체적 대비 면적이 넓기에 온도와 건조수축의 영향을 다른 부재보다 많이 받게 되므로 수축 · 온도철근이 요구된다.

TIP

전 단면에 등분포하중이 작용하는 슬래브에 배근하는 철근의 구부림은 단변방향의 1/4 지점에서 실시한다. 이 1/4 지점은 최소휨모멘트가 작용하는 곳이다. 그리고 위험단면은 최대 휨모멘트가 발생되는 부분인 양단으로부터 최소휨모멘트가 작용하는 곳인 $l_x/4$까지의 구간을 말한다. 양단에서 이 부근까지는 철근배근을 기타 단면들보다 촘촘히 배근해야 한다.

(2) 슬래브의 지지상태에 따른 철근의 배근

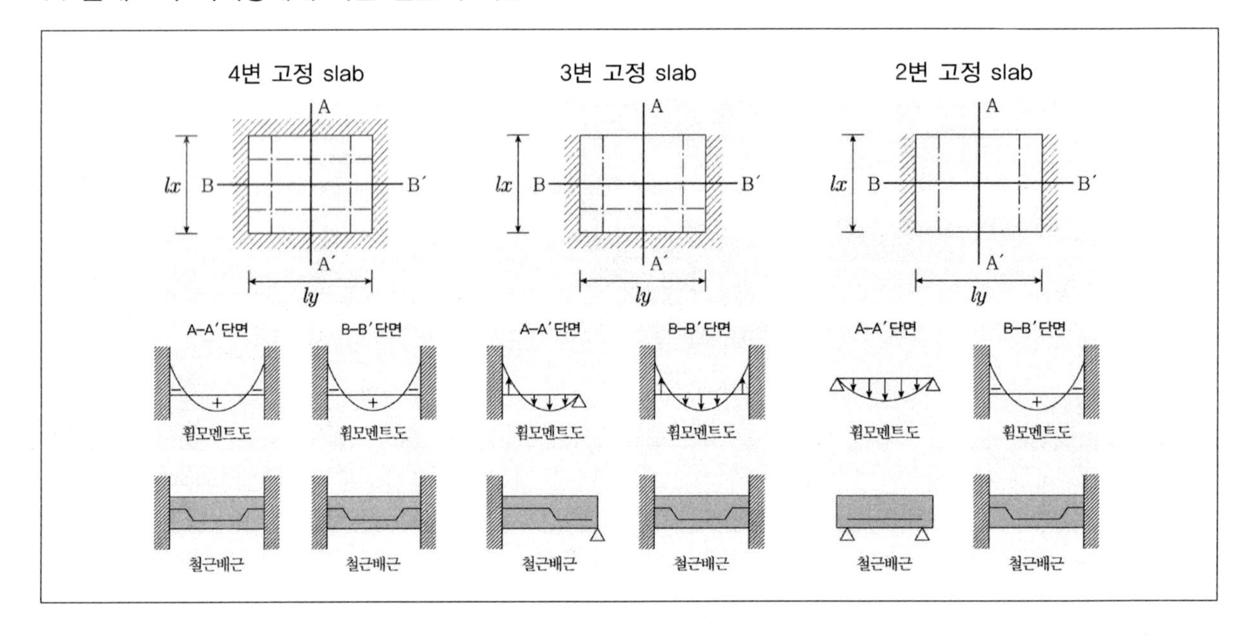

② 1방향 슬래브

(1) 1방향 슬래브 설계 일반사항

① 마주보는 두 변에 의해서만 지지된 경우이거나 네 변이 지지된 슬래브 중에서 L/S > 2인 경우가 1방향 슬래브에 해당된다. 여기서 L은 장변의 길이이고 S는 단변의 길이이다. 마주보는 두 변에만 지지되는 1방향 슬래브는 휨부재(단위폭 1m)로 보고 설계한다.

② 1방향 슬래브는 단위크기의 폭(1m)을 가진 직사각형 보로 본다. 1방향 슬래브의 위험단면은 받침부 내면에서 유효깊이만큼 떨어진 곳이다.

③ 하중경로는 슬래브 변의 길이에 따라 달라지는데 장변이 단변의 2배 이상인 1방향 슬래브는 슬래브에 가해지는 하중의 90% 이상이 단변 방향으로 집중된다. 따라서 단변방향의 철근이 주근이 슬래브의 주근이 되며 주근은 휨모멘트를 받기 위해서 중심으로부터 멀리 떨어진 쪽에 배치된다.

④ 슬래브의 두께는 최소 100mm 이상이어야 한다.

⑤ 정철근 및 부철근의 배근 중심간격은 최대휨모멘트 발생단면인 경우 슬래브 두께의 2배 이하, 300mm 이하여야 하며 기타단면의 경우 슬래브 두께의 3배 이하이거나 450mm 이하여야 한다.

⑥ 수축, 온도철근의 간격은 슬래브 두께의 5배 이하이거나 450mm 이하여야 한다.

⑦ 수축·온도철근으로 배치되는 이형철근 및 용접철망은 다음의 철근비 이상으로 하여야 하나, 어떤 경우에도 0.0014 이상이어야 한다. 여기서 수축·온도철근비는 콘크리트 전체단면적에 대한 수축·온도철근 단면적의 비로 한다.

㉠ 설계기준항복강도가 400MPa 이하인 이형철근을 사용한 슬래브의 경우 0.0020

㉡ 설계기준항복강도가 400MPa를 초과하는 이형철근 또는 용접철망을 사용한 슬래브의 경우

$$0.0020 \times \frac{400}{f_y} \geq 0.0014$$

⑧ 1방향 슬래브의 처짐제한은 다음의 값을 따른다. (단, 콘크리트는 보통콘크리트이며 비중은 2,300kg/m^{3}이며 $f_y = 400MPa$이다.)

부재	최소 두께 또는 높이			
	단순지지	일단연속	양단연속	캔틸레버
1방향 슬래브	L/20	L/24	L/28	L/10
보, 또는 리브가 있는 1방향 슬래브	L/16	L/18.5	L/21	L/8

⑨ 수축·온도철근비에 전체 콘크리트 단면적을 곱하여 계산한 수축·온도철근 단면적을 단위 폭 m당 1,800 ㎟보다 크게 취할 필요는 없다.

⑩ 수축·온도철근은 설계기준항복강도 f_y 를 발휘할 수 있도록 정착되어야 한다.

기출예제 01 2014 지방직

콘크리트구조기준(2012)에 따른, 수축 및 온도변화에 대한 변형이 심하게 구속되지 않은 1방향 철근콘크리트 슬래브의 최소 수축 · 온도철근비는? (단, 사용된 철근은 500MPa의 설계기준 항복강도를 가지는 이형철근이다)

① 0.0014 ② 0.0016

③ 0.0018 ④ 0.0020

✽

수축온도철근으로 배근되는 이형철근의 철근비

- 설계기준항복강도가 400MPa 이하인 이형철근을 사용한 슬래브 : 0.0020
- 0.0035의 항복변형 률에서 측정한 철근의 설계기준항복강도가 400MPa를 초과한 슬래브 : $0.0020 \times \frac{400}{f_y} \geq 0.0014$
- 요구되는 수축, 온도철근비에 전체 콘크리트 단면적을 곱하여 계산한 수축, 온도철근 단면적을 단위 m당 1800㎟보다 크게 취할 필요는 없다.

답 ②

(2) 1방향 슬래브의 실용해법(근사해석법)

슬래브 설계 시 최대응력이 발생하도록 하중을 재하(이를 패턴재하라고 한다.)하여 정밀해석을 해야 하지만 이 경우 해석이 매우 복잡하다. 이에 몇 가지 Case마다 각 구간에 작용하는 모멘트와 전단력의 근사치를 정해놓은 후 이를 근거로 하여 1방향 슬래브를 해석하는 방법이다.

① 실용해법 적용조건

㉠ 2span 이상이어야 한다.

㉡ 부재 단면의 크기가 일정해야 한다.

㉢ 인접한 2개 span 길이의 차이가 짧은 span의 20% 이내이어야 한다.

㉣ 등분포 하중이 작용해야 한다.

㉤ 활하중이 고정하중의 3배 이내이어야 한다.

② 실용해법에 의한 1방향 슬래브의 휨모멘트 및 전단계수

㉠ **휨모멘트** : 표에 제시된 계수에 $w_n l_n^2$을 곱해야 한다.

㉡ **전단력** : 다음의 전단력계수에 $\frac{w_u \cdot l_n}{2}$을 곱해야 한다.

(최외단 span의 연속단부 : 1.15, 그 외의 단부 : 1.0)

[1방향 연속슬래브의 근사해법에 적용하는 모멘트계수]

<table>
<tr><th colspan="3">$M_n = C \cdot w_n \cdot l_n^2$</th><th></th></tr>
<tr><th colspan="3">모멘트를 구하는 위치 및 조건</th><th>C(모멘트계수)</th></tr>
<tr><td rowspan="3">경간내부
(정모멘트)</td><td rowspan="2">최외측 경간</td><td>외측 단부가 구속된 경우(단순지지)</td><td>1/11</td></tr>
<tr><td>외측 단부가 구속되지 않은 경우</td><td>1/14</td></tr>
<tr><td colspan="2">내부 경간</td><td>1/16</td></tr>
<tr><td rowspan="6">지점부
(부모멘트)</td><td rowspan="2">최외측 지점</td><td>받침부가 테두리보나 구형인 경우</td><td>−1/24</td></tr>
<tr><td>받침부가 기둥인 경우</td><td>−1/16</td></tr>
<tr><td rowspan="2">첫 번째 내부지점 외측 경간부</td><td>2개의 경간일 때</td><td>−1/9</td></tr>
<tr><td>3개 이상의 경간일 때</td><td>−1/10</td></tr>
<tr><td colspan="2">내측 지점(첫 번째 내부 지점 내측 경간부 포함)</td><td>−1/11</td></tr>
<tr><td colspan="2">경간이 3m 이하인 슬래브의 내측 지점</td><td>−1/12</td></tr>
</table>

이를 그림으로 알기 쉽게 나타내면 다음과 같다.

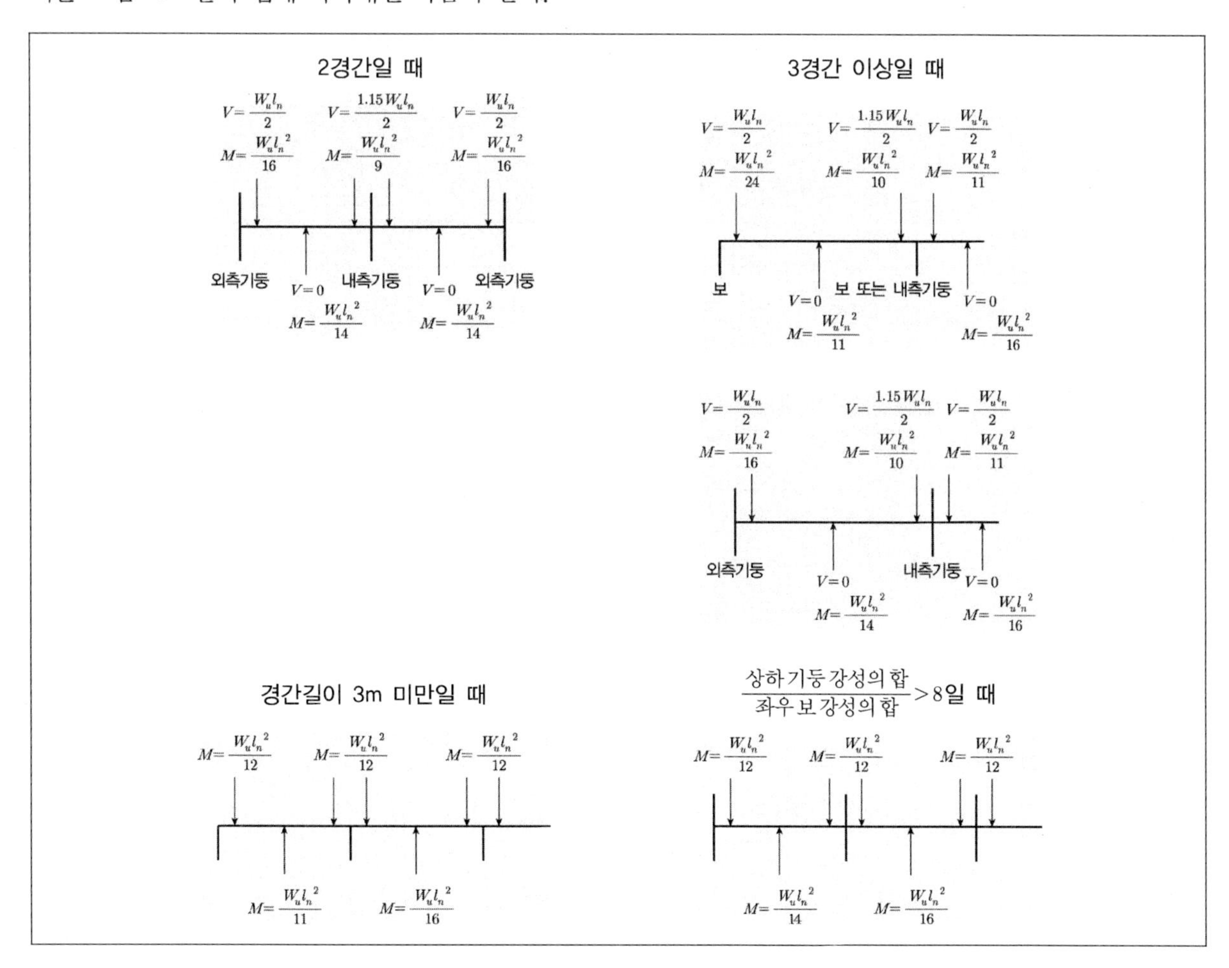

[모멘트와 전단력 계수]

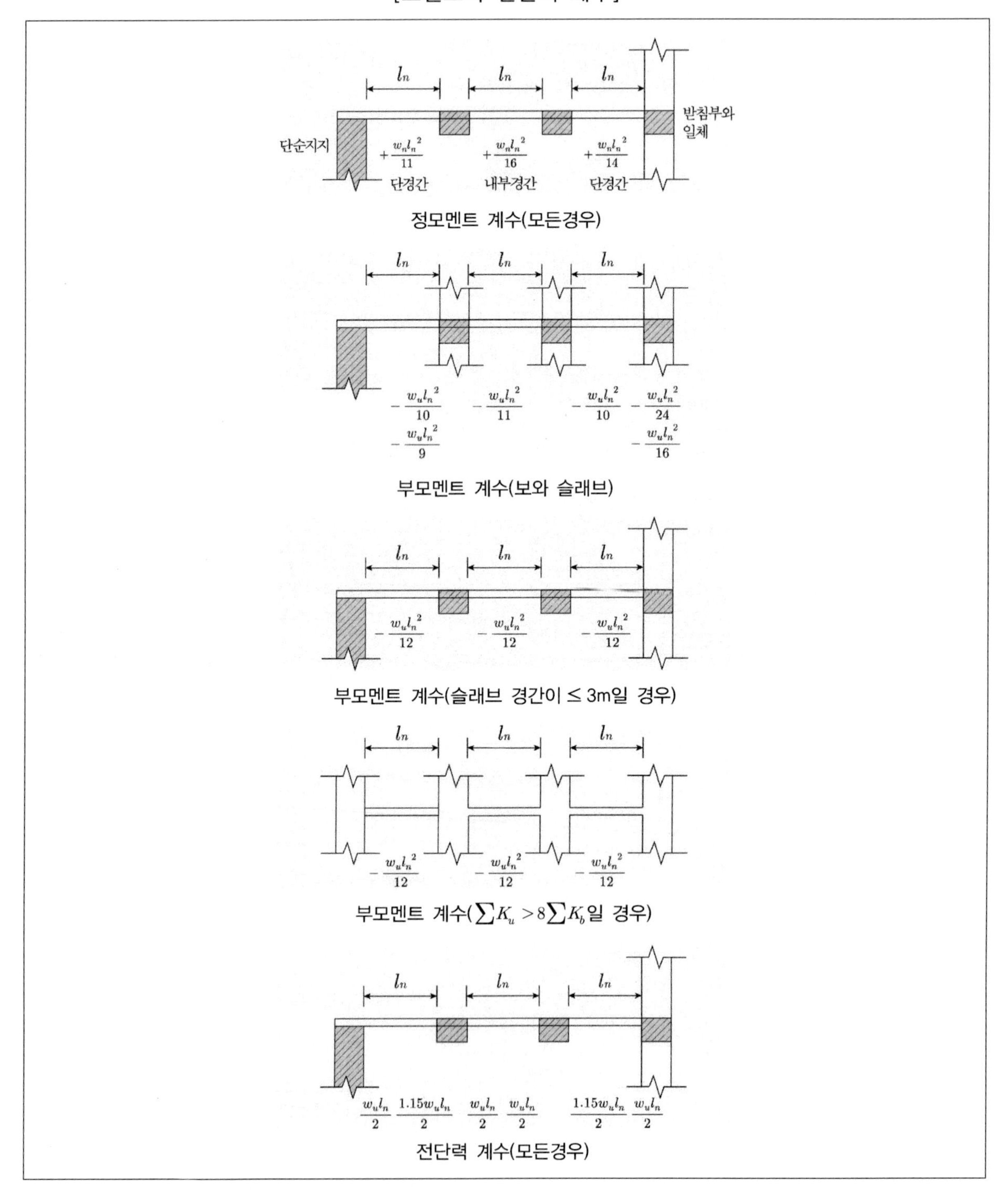

정모멘트 계수(모든경우)

부모멘트 계수(보와 슬래브)

부모멘트 계수(슬래브 경간이 ≤ 3m일 경우)

부모멘트 계수($\sum K_u > 8\sum K_b$일 경우)

전단력 계수(모든경우)

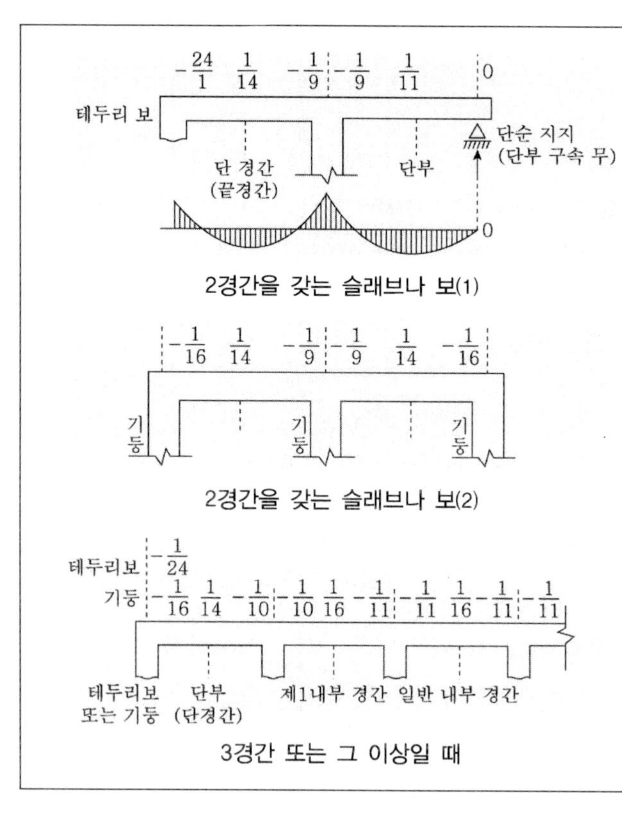

2경간을 갖는 슬래브나 보(1)

2경간을 갖는 슬래브나 보(2)

3경간 또는 그 이상일 때

그러나 이 값들은 근사값이므로 철근콘크리트 보와 일체로 된 연속슬래브 설계에서는 오차를 줄이기 위하여 다음과 같은 경우에는 수정하여 사용해야 한다.

㉠ 활하중에 의해 경간 중앙에 (−)휨모멘트가 생길 때는 계산값의 1/2만을 취한다.

㉡ 경간 중앙의 (+)휨모멘트는 양단을 고정보로 보고 계산한 값 ($\frac{1}{24}w_n$, l_n^2)보다 작게 취해서는 안 된다.

㉢ 순경간이 3m를 초과할 때 순경간 내면에서 휨모멘트는 설계모멘트로 취하되 순경간을 고정단으로 보고 고정단 휨모멘트보다 작게 해서는 안 된다.

(3) 장선슬래브와 보이드(중공)슬래브

① 장선슬래브

㉠ 정의 : 등간격으로 분할된 장선과 바닥판이 일체로 된 구조로 1방향 구조이며, 양단은 외부보와 벽에 지지한다.

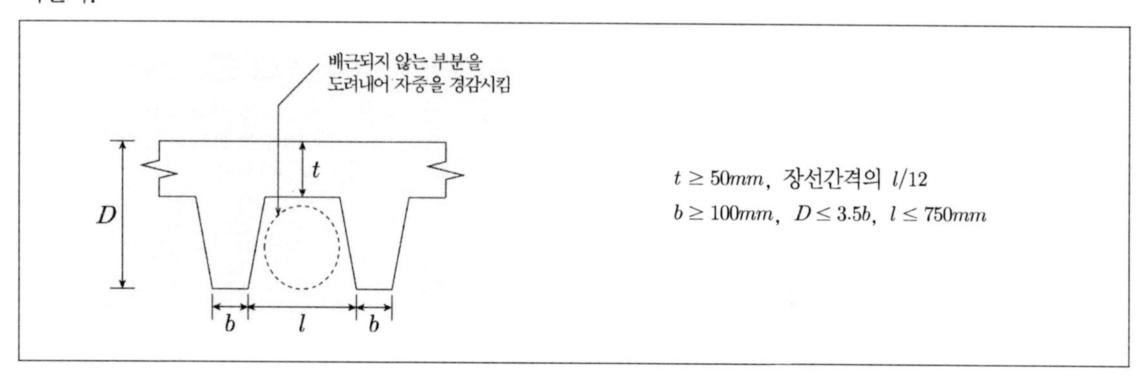

㉡ 장선슬래브 구조세칙

- 장선구조는 일정한 간격의 장선과 그 위의 슬래브가 일체화되어 있는 구조형태로서, 장선은 1방향 또는 서로 직각을 이루는 2방향으로 구성될 수 있다.

- 슬래브판의 두께는 50mm 이상이거나 장선간격의 1/12 이상이어야 한다.
- 장선은 그 폭이 100mm 이상이어야 하고, 그 높이는 장선의 최소 폭의 3.5배 이하이어야 한다.
- 장선 사이의 순간격은 750mm를 초과해서는 안 된다.
- 위의 제한규정을 만족하지 않는 장선구조는 슬래브와 보로 설계를 해야 한다.
- 1방향 장선구조에서는 장선의 직각방향에 수축온도철근을 슬래브에 배치해야 한다.
- 장선구조에서 콘크리트에 의한 전단강도는 보통 보의 규정된 전단강도보다 10%만큼 더 크게 취할 수 있다.
- 장선구조의 조건을 만족하는 경우에는 각 장선을 슬래브와 일체로 된 단일선형부재로 설계할 수 있다. (그렇지 않은 경우에는 슬래브와 보로 분리하여 설계를 해야 한다.
- 배근되지 않은 부분을 도려내어 자중을 경감시킨다.
- 워플슬래브(waffle slab)는 장선을 직교시켜 구성한 우물반자의 형태로 된 2방향 장선바닥구조로 기둥 간 사이를 크게 할 수 있는 장점이 있다. 이 슬래브는 FRP(유리섬유강화플라스틱) 거푸집을 주문제작 사용하므로 고가이고 보급의 어려움이 있다. Rib의 두께가 300～500mm인 경우 6～16m의 경간이 가능하다.

② 보이드슬래브(중공슬래브)

㉠ 응력이 적게 발생되는 부분에 구멍을 뚫어 경량으로 만든 슬래브이다.

㉡ I형 단면보를 연속적으로 이어놓은 것과 같은 효과가 있다.

㉢ I방향으로, 즉 한쪽 방향으로만 하중이 전달되는 1방향 슬래브이다.

TIP

슬래브의 형상

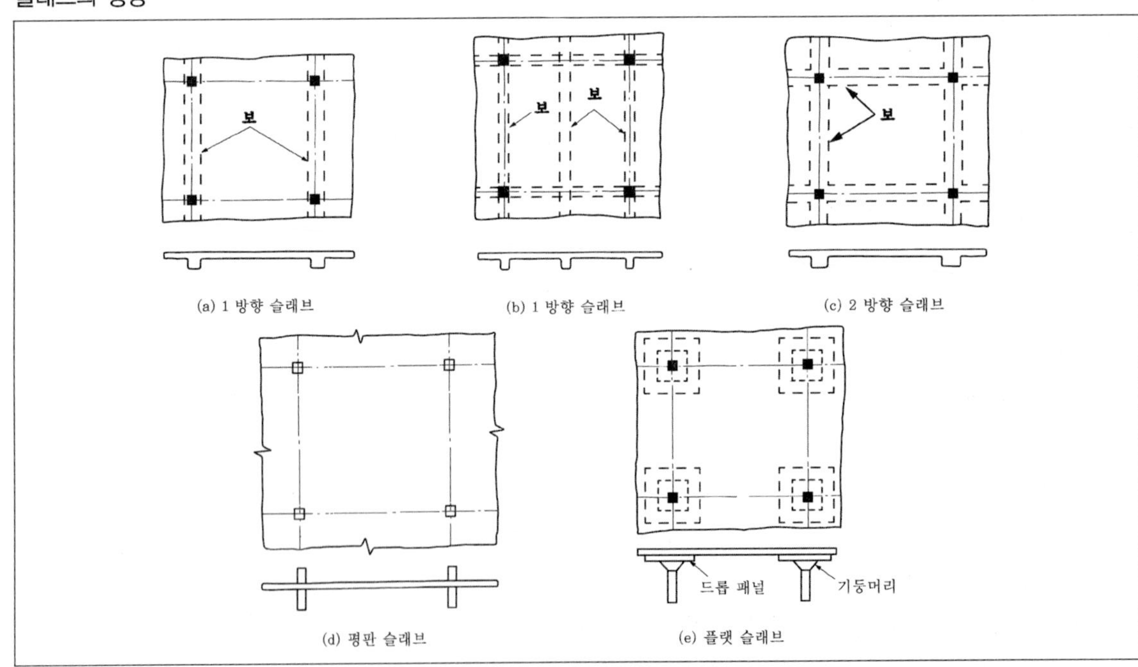

(a) 1 방향 슬래브 (b) 1 방향 슬래브 (c) 2 방향 슬래브

(d) 평판 슬래브 (e) 플랫 슬래브

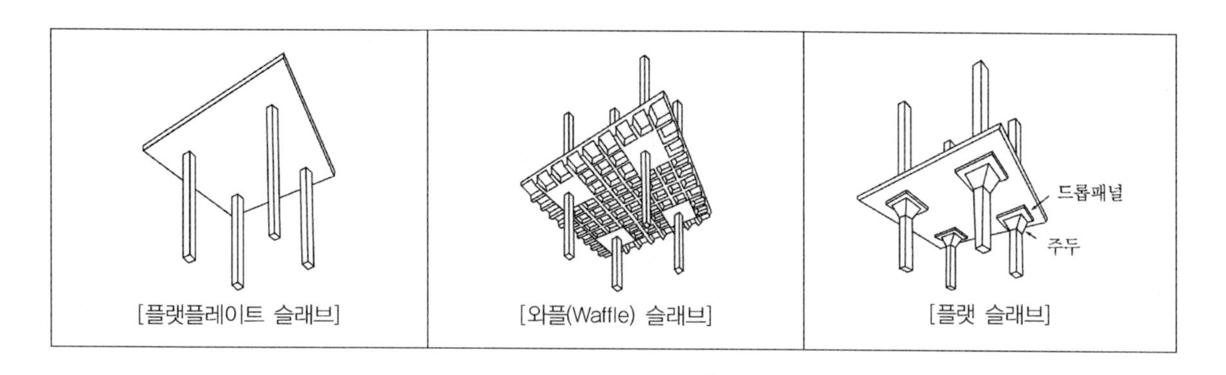

[플랫플레이트 슬래브] [와플(Waffle) 슬래브] [플랫 슬래브]

❸ 2방향 슬래브

① 2방향 슬래브의 종류

㉠ 플랫슬래브 : 보는 없고 기둥으로만 지지되며 기둥 둘레의 전단력과 부모멘트를 감소시키기 위해 드롭패널과 기둥머리를 둔 슬래브이다.

㉡ 평판슬래브(플렛플레이트슬래브) : 드롭패널이나 기둥머리 없이 순수하게 기둥으로만 지지되는 슬래브로서 하중이 별로 크지 않거나 경간이 짧은 경우에 사용된다.

㉢ 워플슬래브 : 격자 모양으로 비교적 작은 리브가 붙은 철근콘크리트슬래브이며 리브는 작은 보로서 작용한다.

㉣ 장선슬래브 : 좁은 간격의 보(장선)와 슬래브가 강결한 구조의 슬래브이다.

② 플랫슬래브

㉠ 정의 : 슬래브 외부 보를 제외하고는 내부는 보 없이 바닥판으로 구성하여 하중을 직접 기둥에 전달하는 구조이다. 일반적으로 슬래브 밑에 기둥이 바로 지지되어 있는 형식이 Flat Plate Slab이며 여기에 지판(drop panel)이나 주두(column capital) 둘 중의 하나 이상 보강이 되면 Flat Slab 구조가 된다.

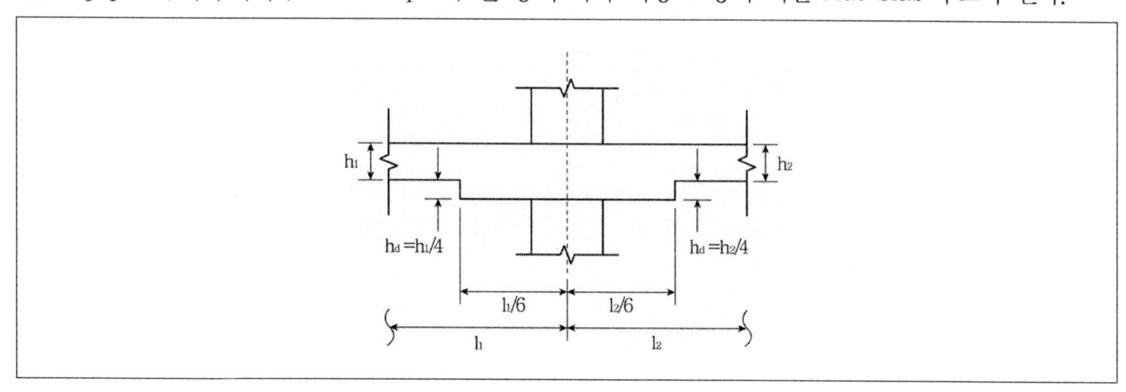

㉡ 구조세칙

- 구조가 간단하고 층고를 낮게 할 수 있으므로 실내이용률이 높다.
- 바닥판이 두꺼워 고정하중 및 재료 투입물량이 일반적인 보-기둥시스템에 비해 엄청나게 증가한다.
- 지판의 슬래브 아래로 돌출한 두께는 돌출부를 제외한 두께의 1/4 이상이어야 한다.
- 지판은 받침부 중심선에서 각 방향 받침부 중심간 경간의 1/6 이상을 각 방향으로 연장한다.
- 슬래브 두께는 150mm 이상 (단, 최상층 슬래브는 일반슬래브 두께 100mm 이상 규정을 따를 수 있다.)
- 지판 부위의 슬래브철근량 계산시 슬라브 아래로 돌출한 지판의 두께는 지판의 외단부에서 기둥이나 기둥머리면까지 거리의 1/4 이하로 취해야 한다.
- 기둥의 폭 : 기둥 중심간 거리의 L/20 이상, 300mm 이상, 층고의 1/15 이상 중 최대값

기출예제 02 2012 지방직

플랫슬래브의 지판에 대한 설명으로 옳지 않은 것은?

① 플랫슬래브에서 기둥 상부의 부모멘트에 대한 철근을 줄이기 위해 지판을 사용할 수 있다.
② 지판은 받침부 중심선에서 각 방향 받침부 중심간 경간의 1/6 이상을 각 방향으로 연장시켜야 한다.
③ 지판 부위의 슬래브철근량 계산 시 슬래브 아래로 돌출한 지판의 두께는 지판의 외단부에서 기둥이나 기둥머리면까지 거리의 1/4 이하로 취하여야 한다.
④ 지판의 슬래브 아래로 돌출한 두께는 돌출부를 제외한 슬래브 두께의 1/6 이상으로 하여야 한다.

*

지판의 슬래브 아래로 돌출한 두께는 돌출부를 제외한 슬래브 두께의 1/4 이상으로 해야 한다.

답 ④

③ 플랫플레이트 슬래브

㉠ 정의 : 플랫슬래브 중에서 드롭패널(지판)이나 기둥머리 없이 순수하게 기둥으로만 지지되는 슬래브로서 하중이 별로 크지 않거나 경간이 짧은 경우에 사용된다.

㉡ 등가골조법을 적용할 수 있다.

㉢ 전단머리 보강법을 사용한다.

TIP

전단머리 … 보가 없는 2방향슬래브 시스템에서 전단보강을 위하여 기둥 상부의 슬래브 내에 배치하는 보강재

㉣ 플랫슬래브는 지판을 사용하여 뚫림전단에 보강하지만 플랫플레이트 슬래브는 보와 지판없이 기둥만으로 지지하는 무량판구조이다.

기출예제 03 2014 지방직

일반적인 현장타설콘크리트를 이용한 보 슬래브(Beam Slab) 구조 시스템에 비하여 플랫 슬래브(Flat Slab) 구조 시스템이 가지는 특성 중 옳지 않은 것은

① 거푸집 제작이 용이하여 공기를 단축할 수 있다.

② 기둥 지판의 철근 배근이 복잡해지고 바닥판이 무거워진다.

③ 층고를 낮출 수 있어 실내이용률이 높다.

④ 골조의 강성이 높아서 고층 건물에 유리하다.

✱

플랫슬래브구조는 보 슬래브 구조에 비해서 골조의 강성이 낮아서 고층건물에 불리하다.

답 ④

④ 2방향 슬래브의 전단파괴

㉠ 펀칭전단 : 플랫슬래브처럼 보가 없이 직접 기둥에만 지지되는 슬래브나 기둥을 직접 지지하는 기초판은 집중하중에 의해서 슬래브의 하부로부터 경사진 균열이 발생하여 구멍이 뚫려버리는 파괴이다.

㉡ 위험단면 : 2방향 슬래브의 위험단면은 기둥표면에서 d/2만큼 떨어진 곳이다. 이 위험단면과 지점 사이에는 집중하중이 작용하지 않도록 해야 한다.

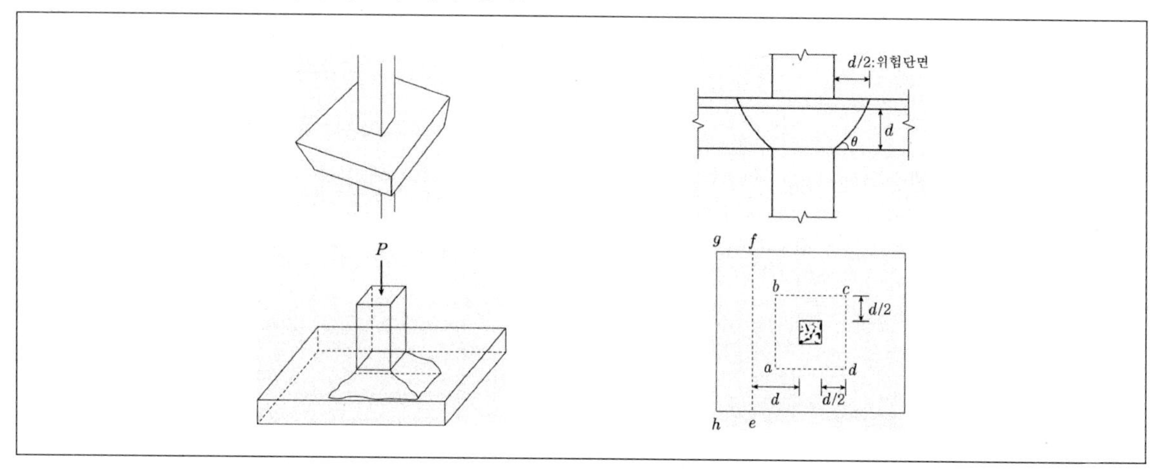

checkpoint

기둥지지된 슬래브가 2방향에 대한 계수전단력에 저항하지 못할 경우 전단강도를 증가시켜야 하는데 그 방법으로는 주로 다음과 같은 방법이 적용된다.

- 기둥단면의 크기를 증가시킨다.
- 콘크리트 설계기준 압축강도를 증가시킨다.
- 기둥지지점(드롭패널)에서 슬래브 두께를 증가시킨다.
- 주철근비를 증가시킨다.
- 전단철근, 또는 I형이나 ㄷ형의 전단머리 강재를 배치시킨다.

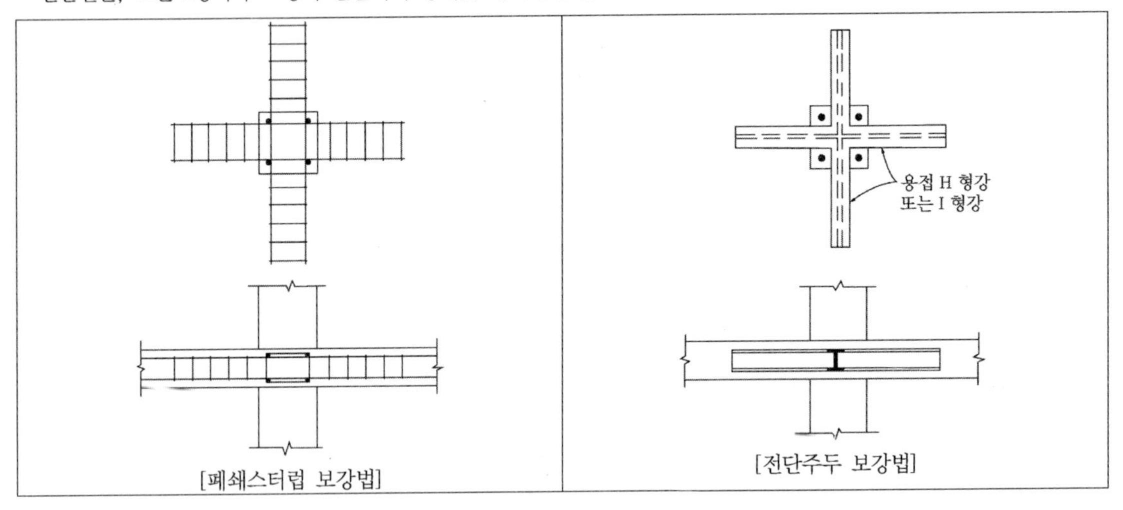

[폐쇄스터럽 보강법] [전단주두 보강법]

⑤ **2방향 슬래브의 최소두께 규정** … 테두리보를 제외하고 슬래브 주변에 보가 없거나 보의 강성비 α_m이 0.2 이하일 경우, 슬래브의 최소 두께는 다음 표의 값을 만족하여야 한다. (단, 지판이 있는 슬래브는 100mm, 지판이 없는 슬래브는 120mm 이상이어야 한다.)

설계기준 항복강도 f_y(MPa)	지판이 없는 경우			지판이 있는 경우		
	외부 슬래브		내부 슬래브	외부 슬래브		내부 슬래브
	테두리보가 없는 경우	테두리보가 있는 경우		테두리보가 없는 경우	테두리보가 있는 경우	
300	l_n / 32	l_n / 35	l_n / 35	l_n / 35	l_n / 39	l_n / 39
350	l_n / 31	l_n / 34	l_n / 34	l_n / 34	l_n / 37.5	l_n / 37.5
400	l_n / 30	l_n / 33	l_n / 33	l_n / 33	l_n / 36	l_n / 36

강성비 α_m이 0.2 초과 2.0 미만인 경우	강성비 α_m이 2.0 이상인 경우
$h=\dfrac{l_n\left(800+\dfrac{f_y}{1.4}\right)}{36,000+5,000\beta(\alpha_m-0.2)}\geq 120mm$	$h=\dfrac{l_n\left(800+\dfrac{f_y}{1.4}\right)}{36,000+9,000\beta}\geq 90mm$

기출예제 04

2011 지방직 (7급) 변형

보의 강성비 α_m은 0.2 이하이고 불균형휨모멘트의 전달을 고려하지 않는 것으로 가정할 때, 내부에 보가 없는 철근콘크리트 슬래브의 최소두께로 옳지 않은 것은? (단, 철근의 설계기준항복 강도 $f_y=300MPa$, l_n은 부재의 순경간을 의미한다)

① 지판이 없는 외부슬래브에 테두리보가 없는 경우 : $\dfrac{l_n}{32}$

② 지판이 없는 내부슬래브의 경우 : $\dfrac{l_n}{35}$

③ 지판이 있는 외부슬래브에 테두리보가 있는 경우 : $\dfrac{l_n}{35}$

④ 지판이 있는 내부슬래브의 경우 : $\dfrac{l_n}{39}$

*

지판이 있는 외부슬래브에 테두리보가 있는 경우 : $\dfrac{l_n}{39}$

답 ③

⑥ 2방향 슬래브의 일반구조세목

㉠ 주철근의 배치는 단경간 방향의 철근을 장경간 방향의 철근보다 슬래브 표면에 가깝게 배치한다.

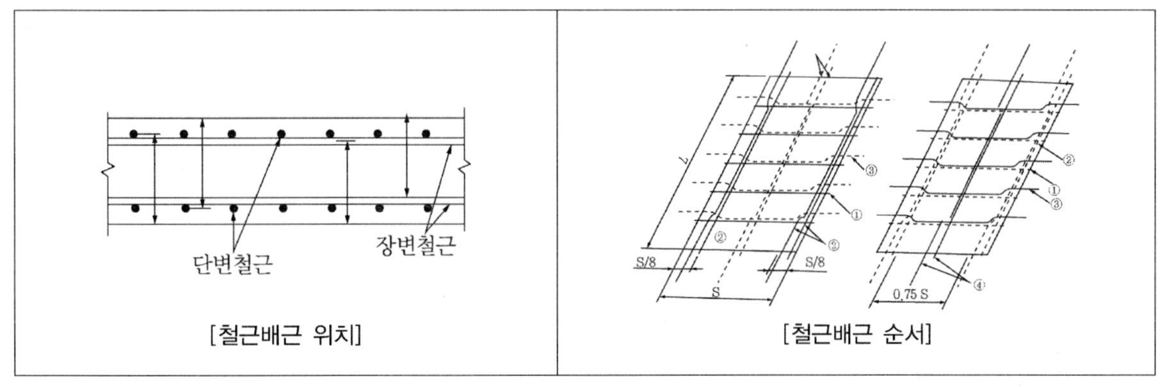

[철근배근 위치] [철근배근 순서]

㉡ 주철근의 간격은 위험단면에서 슬래브 두께의 2배 이하, 300mm 이하여야 한다.

㉢ 슬래브의 모서리 부분을 보강하기 위하여 장경간의 1/5되는 모서리 부분을 상면에는 대각선 방향으로, 하면에는 대각선에 직각방향으로 철근을 배치하거나 양변에 평행한 2방향 철근을 상하면에 배치한다.

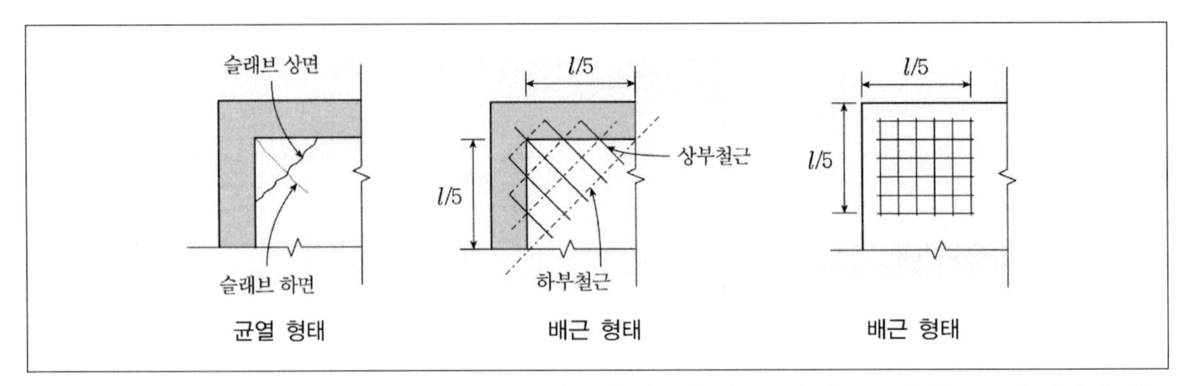

㉣ 2방향 슬래브의 단변경간 방향의 철근은 장변경간 슬래브의 철근보다 바깥쪽 슬래브 표면 가까이 배근한다. 그 이유는 유효깊이 d를 크게 하여 응력중심간 거리를 크게 하기 위해서이다. 즉, 단변 경간 방향의 하중부담률이 큰 것을 고려한 것이다.

㉤ 슬래브 주변이 지지되어 있을 때 비틀림 응력이 최대가 되는 점은 슬래브의 네 모서리이며 이곳은 대각선 방향으로 철근을 보강해야 한다.

㉥ 각 보요소들이 강하게 접합이 되어 있으므로 연직전단에 의한 하중은 인접한 보 사이에서 전단을 일으키면서 슬래브 전체에 분배되는 전단저항상태로 지지점에 전달된다.

㉦ 슬래브는 작용하중을 구조체의 장단변인 2방향 각각으로 지지하고 전달하는 보작용(휨과 전단)과 가정한 보의 직각방향에 발생하는 비틀림 작용을 합한 것과 같은 거동을 한다.

㉧ 비틀림을 일으키지 않는 장방향 격자보가 작용하중의 100%를 보작용에 의해 지지점에 전달하는데 비하여 단순지지 된 슬래브는 작용하중의 50%가 비틀림 저항에 의해 지지점에 하중을 전달시킬 수 있다.

⑦ 2방향 슬래브의 하중분담

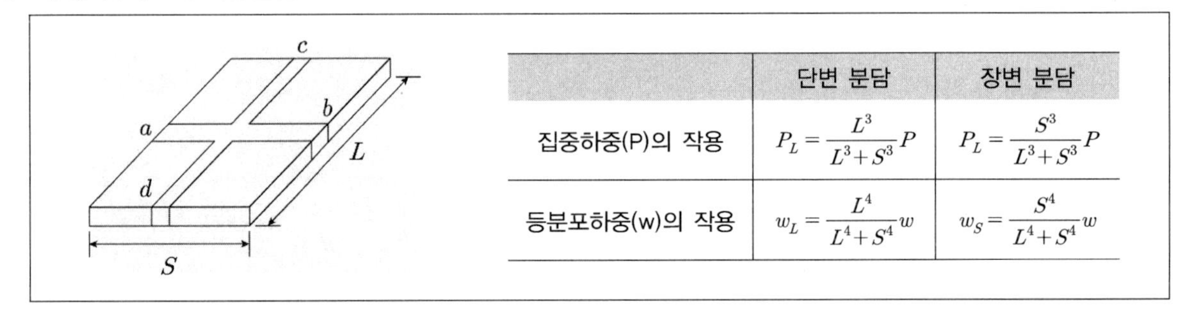

	단변 분담	장변 분담
집중하중(P)의 작용	$P_L = \frac{L^3}{L^3+S^3}P$	$P_L = \frac{S^3}{L^3+S^3}P$
등분포하중(w)의 작용	$w_L = \frac{L^4}{L^4+S^4}w$	$w_S = \frac{S^4}{L^4+S^4}w$

⑧ 2방향 슬래브의 지지보가 받는 하중

㉠ **지지보가 받는 하중의 가정** : 크기 w_u의 등분포하중이 작용하는 직사각형 슬래브의 지지보에 작용하는 등분포하중은 네 모서리에서 변과 45°의 각을 이루는 선과 슬래브의 장변에 평행한 중심선의 교차점으로 둘러싸인 삼각형 또는 사다리꼴의 분포하중을 받는 것으로 본다.

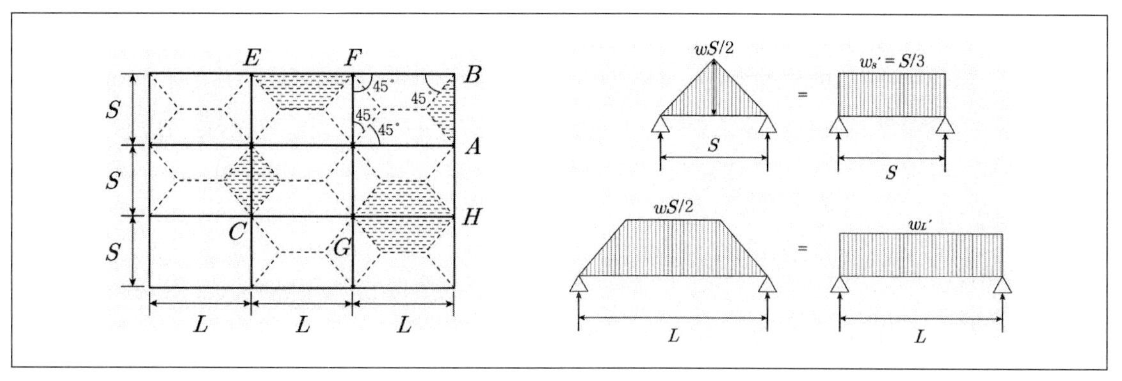

㉡ 지지보가 받는 환산 등분포하중 : 경간 중앙의 모멘트가 서로 동일하도록 환산을 한다.

- 단경간이 받는 환산 등분포하중 : $M=\dfrac{wS^2}{8}\times\dfrac{S}{2}-\dfrac{wS^2}{8}\times\dfrac{S}{6}=\dfrac{w_s{}'S^2}{8}\Rightarrow w_s{}'=\dfrac{wS}{3}$
- 장경간이 받는 환산 등분포하중 :

$$M=\left(\frac{wS^2}{8}+\frac{wS(L-S)}{4}\right)\times\frac{L}{2}-\frac{wS^2}{8}\times\left(\frac{L}{2}-\frac{S}{3}\right)-\frac{wS(L-S)}{4}\times\frac{L-S}{4}=\frac{w_L L^2}{8}$$

$$\Rightarrow w_L{}'=\frac{wS}{3}\left(\frac{3-m^2}{2}\right)\quad\left(m=\frac{S}{L}\right)$$

4 2방향 슬래브의 해석법

(1) 2방향 슬래브의 해석방법의 종류

해석 및 설계법	장점	단점
직접 설계법	• 복잡한 해석을 수행하지 않는 방법으로 1방향 슬래브의 실용설계법과 유사하게 계수를 사용하여 휨모멘트를 결정하는 방법이다. • 기둥의 간격이 일정한 2방향 슬래브에 등분포하중이 작용할 때 사용할 수 있는 2방향 슬래브 근사설계법이다.	다소 정확성이 떨어지고, 중력하중에 대해서만 적용이 가능하다.
등가 골조법	• 3차원 부재를 2차원화 시킨 후 모멘트분배법의 원리를 적용하여 해석하는 방법으로 횡력에 대해 적용이 가능하다. • 직접설계법은 단순화시키는 근사설계법이므로 이 설계법을 사용하기 위해서는 여러 가지 제한조건을 충족시켜야 하는 번거로움이 있어 이를 대신하여 등가골조법을 주로 사용한다.	컴퓨터 해석에 사용하기가 불편하다. 기둥의 강성 수정이 필요하다.
유효 보폭법	슬래브를 보로 치환하여 해석하는 방법으로 컴퓨터 해석에 용이하다.	다소 정확성이 떨어진다.
유한 요소법	슬래브를 작은 플레이트 휨요소로 나누어 해석하는 방법으로 다양한 하중, 슬래브의 형상, 불균등 기둥 배치에 적용이 가능하며 가장 정확한 해석법이다.	아직 횡력 해석을 위해서는 모델링 및 해석시간이 필요하고 프로그램 개선이 필요하다.

(2) 2방향 슬래브의 직접설계법

① 정의 … 하중을 받는 2방향 슬래브의 설계 모멘트를 결정하기 위해서 시방서가 제시한 근사적 방법이다. 직사각형 평면형상의 슬래브에 등분포하중이 작용 시 이 등분포하중에 의해 발생하는 절대휨모멘트 값인 전체 정적계수모멘트를 구한 후 이를 각 슬래브의 지지조건을 고려하여 정계수모멘트와 부계수모멘트로 분배하는 방법이다.

② 직접설계법의 적용조건

㉠ 변장비가 2 이하여야 한다.

㉡ 각 방향으로 3경간 이상 연속되어야 한다.

㉢ 각 방향으로 연속한 경간 길이의 차가 긴 경간의 1/3 이내이어야 한다.

㉣ 등분포 하중이 작용하고 활하중이 고정하중의 2배 이내이어야 한다.

㉤ 기둥 중심축의 오차는 연속되는 기둥 중심축에서 경간길이의 1/10 이내이어야 한다.

㉥ 보가 모든 변에서 슬래브를 지지할 경우 직교하는 두 방향에서 $\dfrac{a_1 \cdot L_2^2}{a_2 \cdot L_1^2}$에 해당하는 보의 상대강성은 0.2 이상 0.5 이하여야 한다.

checkpoint

■ 슬래브 근사해법과 직접설계법의 비교

구분	근사해법	직접설계법
조건	1방향 슬래브	2방향 슬래브
경간	2경간 이상	3경간 이상
경간차이	20% 이하	33% 이하
하중	등분포	등분포
활하중/고정하중	3배 이하	2배 이하
기타	부재단면의 크기가 일정해야 함	기둥이탈은 이탈방향 경간의 10%까지 허용

기출예제 05 2014 서울시

다음 중 직접설계법을 이용한 슬래브 시스템의 설계 시 제한사항으로 옳지 않은 것은?

① 각 방향으로 3경간 이상이 연속되어야 한다.
② 슬래브판들은 단변경간에 대한 장변경간의 비가 2 이하인 직사각형이어야 한다.
③ 각 방향으로 연속한 받침부 중심 간 경간길이의 차이는 긴 경간의 1/5 이하이어야 한다.
④ 연속한 기둥 중심선으로부터 기둥의 이탈은 이탈방향 경간의 최대 10%까지 허용할 수 있다.
⑤ 모든 하중은 연직하중으로 슬래브판 전체에 등분포되어야 하며 활하중은 고정하중의 2배 이하이어야 한다.

직접설계법을 이용한 슬래브 시스템의 설계 시 각 방향으로 연속한 받침부 중심 간 경간길이의 차이는 긴 경간의 1/3 이하이어야 한다.

답 ③

③ 직접설계법의 적용 순서
㉠ 슬래브 두께 산정
㉡ 정적계수모멘트 산정
㉢ 경간에 따른 계수모멘트 분배
㉣ 보와 슬래브의 휨강성비, 비틀림 강성비 산정
㉤ 주열대와 중간대의 모멘트 분배
㉥ 기둥과 벽체의 모멘트 산정

④ 전체 정적계수모멘트(M_o)
㉠ 정의 : 정계수휨모멘트의 절대값과 평균 부계수휨모멘트의 절대값을 합한 값이다. 부재의 단부지지조건과 상관없이 결정된다.
㉡ 전체 정적계수모멘트 산정식 : $M_o = \dfrac{w_u l_2 l_n^{\,2}}{8}$

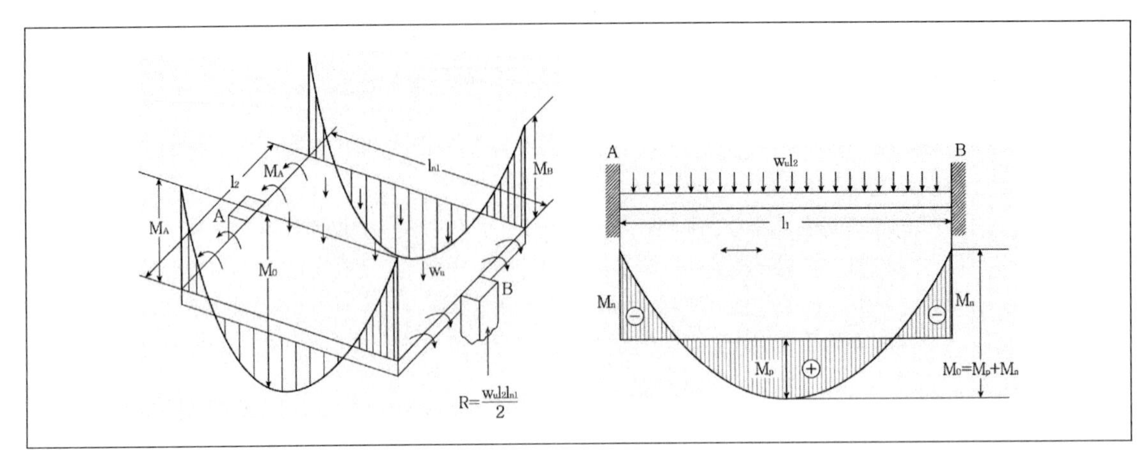

㉢ 순경간 l_{n1}은 기둥, 기둥머리, 브래킷 또는 벽체 등의 내면 사이 거리로서 l_{n1}은 $0.65l_1$ 이상이어야 한다.

㉣ 받침부재가 직사각형 단면이 아닌 원형이나 정다각형의 받침부는 똑같은 단면적을 가진 정사각형 받침부로 환산하여 취급할 수 있다.

⑤ 정 및 부계수휨모멘트의 분배율

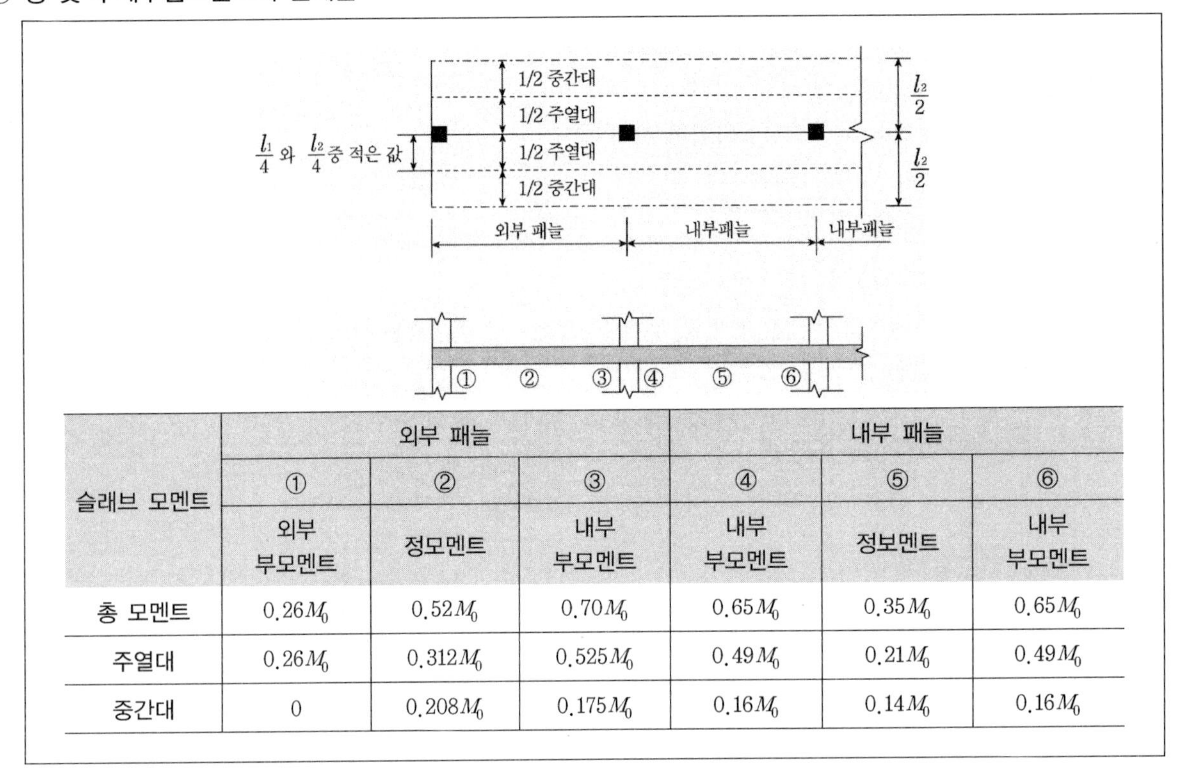

슬래브 모멘트	외부 패늘			내부 패늘		
	①	②	③	④	⑤	⑥
	외부 부모멘트	정모멘트	내부 부모멘트	내부 부모멘트	정보멘트	내부 부모멘트
총 모멘트	$0.26M_0$	$0.52M_0$	$0.70M_0$	$0.65M_0$	$0.35M_0$	$0.65M_0$
주열대	$0.26M_0$	$0.312M_0$	$0.525M_0$	$0.49M_0$	$0.21M_0$	$0.49M_0$
중간대	0	$0.208M_0$	$0.175M_0$	$0.16M_0$	$0.14M_0$	$0.16M_0$

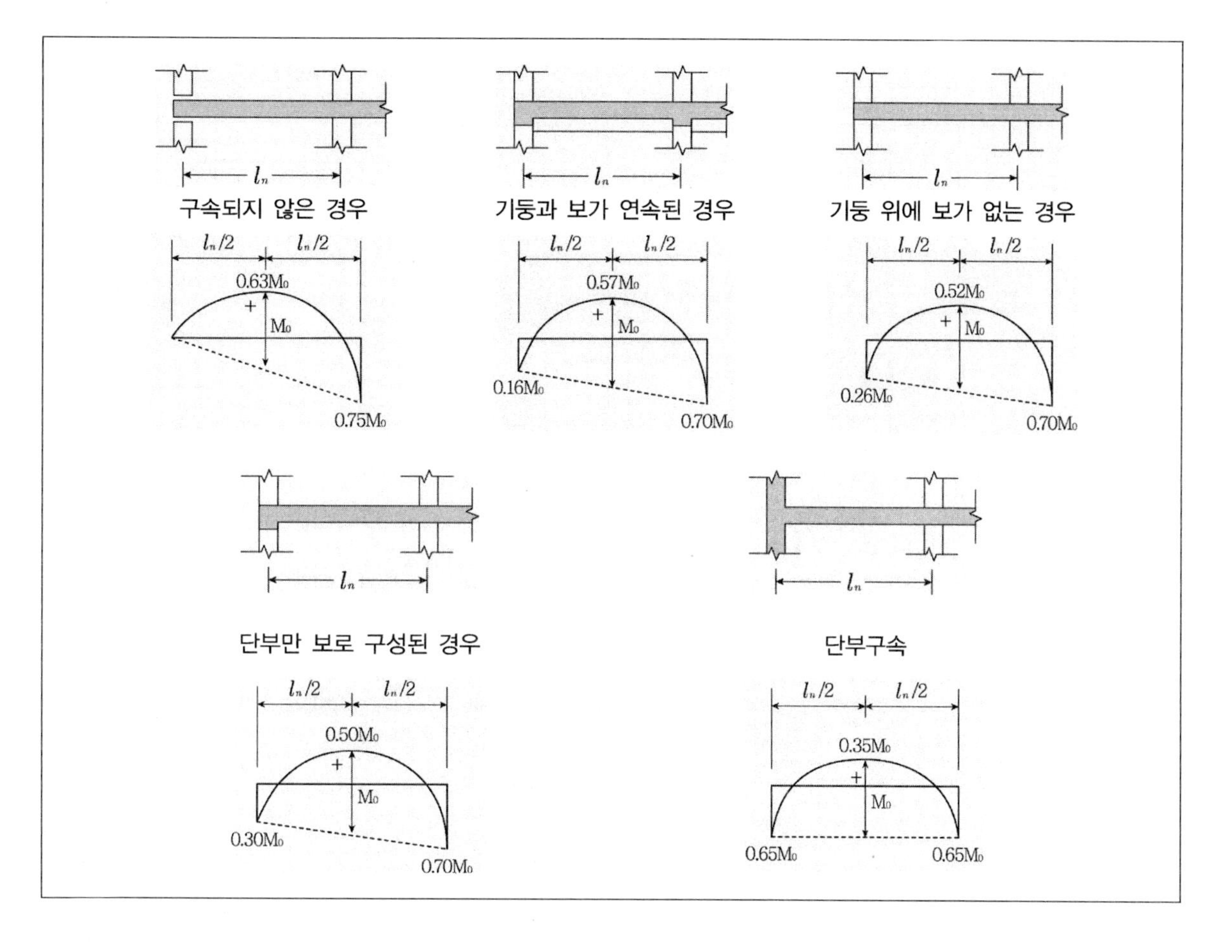

TIP

보의 강성은 슬래브의 다른 부분의 강성보다 크기 때문에 더 많은 휨모멘트가 분배된다.

(3) 2방향 슬래브의 등가골조법

① **등가골조법의 정의** … 3차원 구조물을 2차원화시켜서 구조계산을 쉽게 한다는 뜻이다. 2방향 슬래브가 직접설계법의 적용조건을 만족시키지 않을 때 적용한다. 등가골조법의 해석은 3차원 골조시스템을 슬래브-보와 기둥으로 된 2차원 골조로 바꾼다. 이때 각 골조의 폭은 기둥중심선 사이의 중간슬래브로 연장된 것으로 한다. 그 결과 등가골조법은 빌딩구조를 종방향과 횡방향으로 각각 독립적으로 분리하여 고려한다. 수직하중에 대해 위, 아래 기둥의 원단이 고정단이라고 가정하고 각 바닥을 독립적으로 해석한다. 패턴하중 재하를 하기 위해서도 등가골조법은 필요하다.

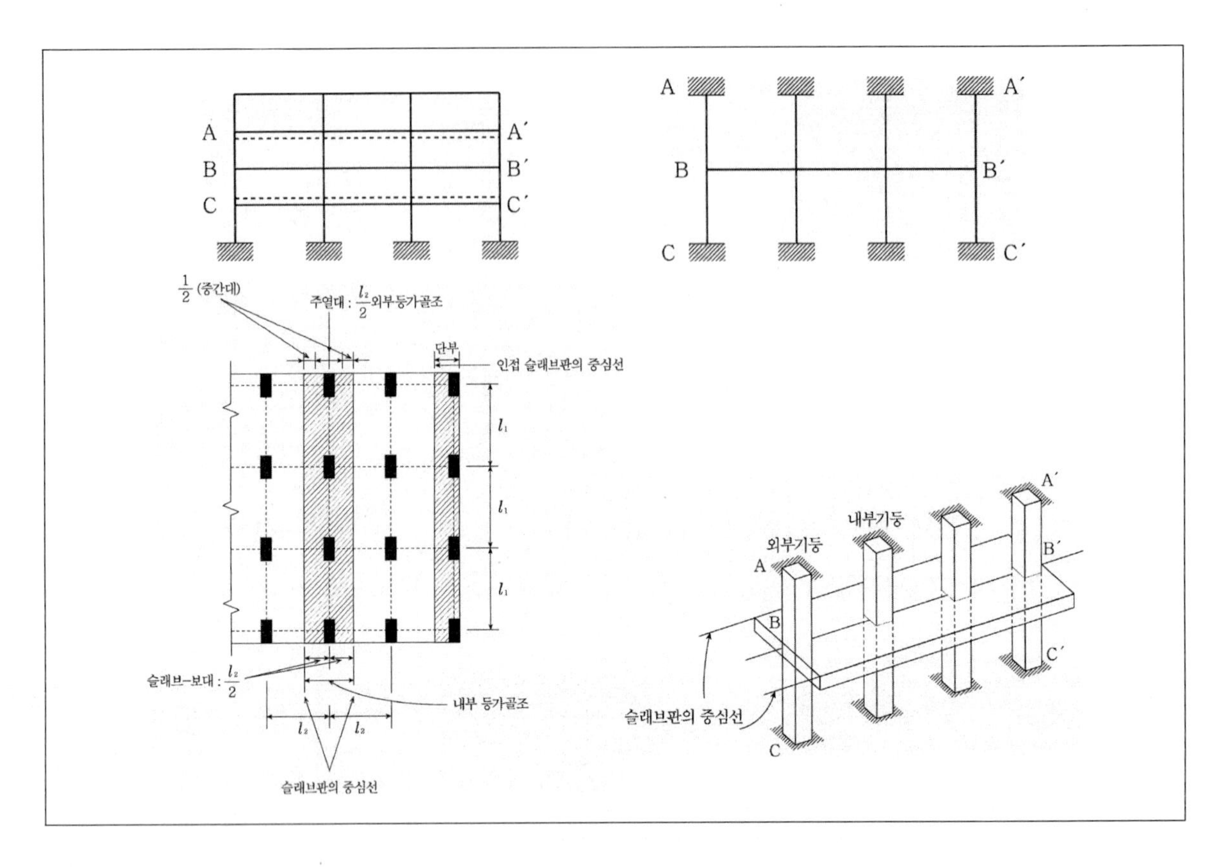

TIP

등가골조법에서는 다음과 같이 보와 슬래브의 일부를 합쳐 비틀림부재로 본다.

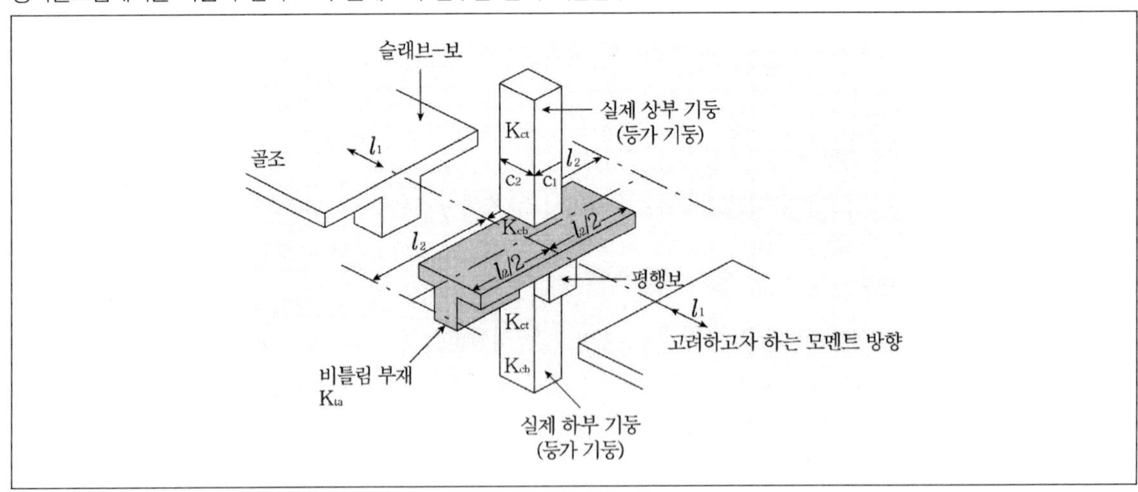

② 등가골조법의 적용순서

㉠ 각 부재의 휨강성 산출 ($K=\dfrac{kEI}{l}$)

㉡ 등가기둥의 유효휨강성(K_{ec}) 산출 ($\dfrac{1}{K_{ec}}=\dfrac{1}{\sum K_c}+\dfrac{1}{K_t}$)

㉢ 슬래브의 강성 산출 ($K_s=\dfrac{kEI_s}{l}$)

㉣ 강비에 따른 모멘트 분배

③ 등가골조법 적용 시 기본 가정

등가골조법에 의한 슬래브 시스템의 설계는 ㉠부터 ㉤까지의 기본가정을 바탕으로 하고, 이로부터 얻은 모멘트에 견디도록 슬래브 및 받침부재의 모든 단면이 설계되어야 한다.

강재로 된 기둥머리를 사용하는 경우 휨모멘트와 전단력에 대한 이들 기둥머리의 강성과 저항력을 고려할 수 있다.

직접응력에 의한 기둥과 슬래브의 길이변화와 전단력에 의한 처짐은 무시할 수 있다.

㉠ 등가골조

- 구조물은 건물 전체의 종방향 및 횡방향으로 통과하는 기둥선에서 취한 등가골조들로 구성된다고 간주할 수 있다.
- 각 골조는 기둥이나 받침부의 중심선을 기준으로 한 좌우 슬래브판의 중심선에 의해서 구획된 일련의 기둥 또는 받침부와 슬래브-보 대로 구성하여야 한다.
- 기둥이나 받침부는 비틀림 부재에 의해 슬래브-보 대에 연결되어 있다고 가정하고 이 비틀림 부재는 모멘트가 결정되는 경간방향에 수직하고 기둥 측면으로부터 양측 슬래브판 중심선까지 연장되는 것으로 가정할 수 있다.
- 단부에 인접하고 그에 평행한 골조는 그 단부와 인접한 슬래브판의 중심선에 의해 구획되어야 한다.
- 각 등가골조는 전체적으로 해석할 수도 있고, 연직하중에 대해서 바닥과 지붕은 그 상하 기둥의 먼 단부가 고정된 것으로 하여 각 층별로 따로 해석할 수도 있다.
- 슬래브-보를 층별로 따로 해석할 경우 한 받침부에서 모멘트는 슬래브-보가 그 받침부에서 두 경간 떨어진 받침부에 고정되어 있다고 가정하여 결정할 수 있다. 이 경우 실제 슬래브-보는 가상 고정받침부에서 연속되어 있어야 한다.

㉡ 슬래브-보

- 접합부나 기둥머리 바깥에 있는 단면에서 슬래브-보의 단면 2차 모멘트는 콘크리트의 전체 면적을 기준으로 하여야 한다.
- 슬래브-보의 축을 따라서 변하는 단면 2차 모멘트의 변화는 골조해석시 고려되어야 한다.
- 기둥 중심에서 기둥, 브래킷 및 기둥머리면까지의 슬래브-보의 단면 2차 모멘트는 기둥, 브래킷, 기둥머리면에서 슬래브-보 단면 2차 모멘트를 으로 나눈 값과 같다고 가정하여야 한다. 여기서 와 는 모멘트가 결정되는 경간에 직각방향으로 측정한 값들이다.

ⓒ 기둥

- 접합부나 기둥머리 바깥에 있는 단면에서 기둥의 단면 2차 모멘트는 콘크리트의 전체면적을 기준으로 하여야 한다.
- 기둥의 축을 따라서 변하는 단면 2차 모멘트의 변화는 골조해석시 고려되어야 한다.
- 접합부에서 슬래브-보의 상면과 하면 사이에 있는 기둥의 단면 2차 모멘트는 무한대로 가정하여야 한다.

ⓓ 비틀림부재

- 비틀림 부재(10.5.2(3) 참조)는 부재의 전체 길이에 걸쳐서 일정한 단면을 가지는 것으로 가정하고, 이 단면은 다음 중 큰 것으로 택하여야 한다.

a. 모멘트가 결정되는 경간방향의 기둥, 브래킷, 또는 기둥머리의 폭과 같은 폭의 슬래브 부분 b. 일체식이거나 완전 합성구조물일 경우 a에서 규정된 슬래브 부분에 슬래브 상하의 횡방향 보를 더한 것 c. 보가 슬래브와 일체로 되거나 완전한 합성구조로 되어 있을 때, 보는 보가 슬래브의 위 또는 아래로 내민높이 중 큰 높이만큼을 보의 양측으로 연장한 슬래브 부분을 포함한 것으로서, 보의 한 측으로 연장되는 거리는 슬래브 두께의 4배 이하로 한 단면

- 비틀림 부재의 강성 산정식: (여기서, 와 는 기둥 좌우에서 횡경간방향으로 측정된 값들이다.)
- 비틀림 부재의 강성 산정식의 상수 는 단면을 각각의 직사각형 부분으로 나누어서 그 합인 을 구할 수 있다.
- 모멘트가 결정되는 경간방향으로 보가 기둥에 연결되어 있을 경우에는 비틀림강성은 보가 없는 슬래브만의 단면 2차 모멘트에 대한 그 보를 포함한 슬래브 단면 2차 모멘트의 비를 곱하여 사용하여야 한다.

ⓔ 활하중의 배치

- 재하 상태를 알고 있을 때 등가골조는 그 하중에 대하여 해석하여야 한다.
- 활화중이 변하지만 고정하중의 3/4 이하인 경우, 또는 활하중의 특성이 모든 슬래브판에 동시에 작용하는 것과 같을 경우에는, 전체 슬래브 시스템에 활하중이 작용했을 때 모든 단면에서 최대 계수모멘트가 발생하는 것으로 가정할 수 있다.
- 위에서 정의된 것 이외의 하중조건인 경우, 슬래브판의 경간 중앙 부근에서의 최대 정계수모멘트는 전체 계수활하중의 3/4이 그 슬래브판과 한 경간씩 건너 슬래브판에 작용할 때 일어난다고 가정할 수 있다. 또한, 받침부의 최대 부계수모멘트는 전체 계수활하중의 3/4이 그 받침부에 인접한 두 슬래브판들에만 작용할 때 발생한다고 가정할 수 있다.
- 어느 경우에나 계수모멘트는 전체 계수활하중이 모든 슬래브판에 함께 작용할 때 발생하는 값 이상으로 취해야 한다.

(4) 패턴재하

슬래브의 구조해석 시에는 여러 가지 하중 배치상태(패턴) 중 구조적으로 가장 불리한 상태를 대상으로 하여 구조해석과 설계를 해야 한다.

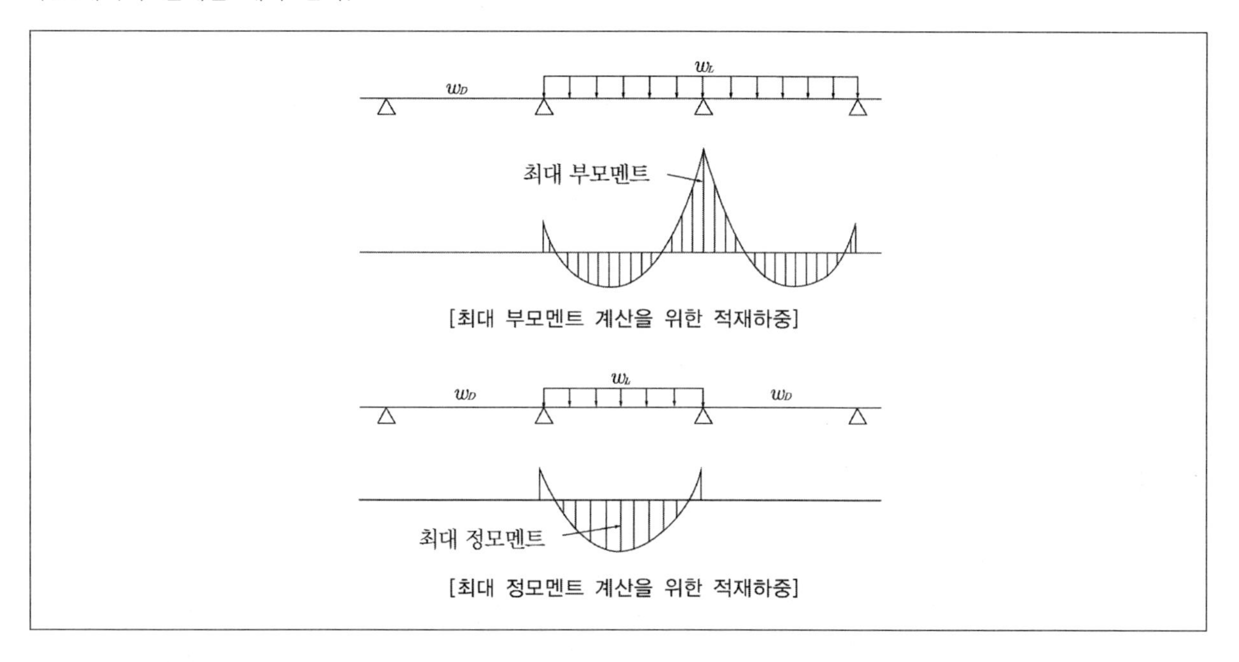

[최대 부모멘트 계산을 위한 적재하중]

[최대 정모멘트 계산을 위한 적재하중]

checkpoint

■ 철근의 배치

- 철근, 긴장재 및 덕트는 콘크리트를 치기 전에 정확하게 배치되고 움직이지 않도록 적절하게 지지되어야 하며, 시공이 편리하도록 배치되어야 한다.
- 철근, 긴장재 및 덕트는 아래 표의 허용오차 이내에서 규정된 위치에 배치하여야 한다. 다만, 책임구조기술자가 특별히 승인한 경우에는 허용오차를 벗어날 수 있다.
- 휨부재, 벽체, 압축부재에서의 유효깊이 d에 대한 허용오차와 콘크리트의 최소피복두께 허용오차는 아래의 표에 따라야 한다.
- 종방향으로 철근을 구부리거나 철근이 끝나는 단부의 허용오차는 ±50 mm이다. 다만, 브래킷과 내민받침의 불연속단에서 허용오차는 ±13 mm이며, 그 밖의 부재의 불연속단에서 허용오차는 ±25 mm이다. 또한 부재의 불연속단에서도 아래 표의 최소 피복두께 규정을 적용하여야 한다.

유효깊이(d)	허용범위	콘크리트 최소 피복두께
$d \le 200$mm	±10mm	−10mm
$d > 200$mm	±13mm	−13mm

- 하단 거푸집까지의 순거리에 대한 허용오차는 −7mm이며, 또한, 모든 경우의 피복 두께의 허용오차는 도면 또는 구조기준에서 요구하는 최소 피복두께의 −1/3을 초과하지 않아야 한다.
- 철근이 설계된 도면상의 배치 위치에서 d_b 이상 벗어나야 할 경우에는 책임구조기술자의 승인을 받아야 한다.
- 경간이 3.0 m 이하인 슬래브에 사용되는 지름이 6.4mm 이하인 용접철망이 받침부를 지나 연속되어 있거나 받침부에 확실하게 정착되어 있는 경우, 이 용접철망은 받침부위의 슬래브 상단 부근의 한 점부터 경간 중앙의 슬래브 바닥 부근의 한 점까지 구부릴 수 있다.
- 철근조립을 위해 교차되는 철근은 용접할 수 없다. 다만, 책임구조기술자가 승인한 경우에는 용접할 수 있다.

■ 철근의 간격제한

- 동일 평면에서 평행하는 철근 사이의 수평 순간격은 25mm 이상, 철근의 공칭지름 이상으로 하여야 한다.
- 상단과 하단에 2단 이상으로 배치된 경우 상하 철근은 동일 연직면 내에 배치되어야 하고, 이 때 상하 철근의 순간격은 25mm 이상으로 하여야 한다.
- 나선철근 또는 띠철근이 배근된 압축부재에서 축방향철근의 순간격은 40mm 이상, 또한 철근 공칭 지름의 1.5 배 이상으로 한다.
- 철근의 순간격에 대한 규정은 서로 접촉된 겹침이음 철근과 인접된 이음철근 또는 연속철근 사이의 순간격에도 적용하여야 한다.
- 벽체 또는 슬래브에서 휨 주철근의 간격은 벽체나 슬래브 두께의 3배 이하로 하여야 하고, 또한 450mm 이하로 하여야 한다. (다만, 콘크리트 장선구조의 경우 이 규정이 적용되지 않는다.)
- 다발철근은 다음의 규정을 따라야 한다.

– 2개 이상의 철근을 묶어서 사용하는 다발철근은 이형철근으로, 그 개수는 4개 이하이어야 하며, 이들은 스터럽이나 띠철근으로 둘러싸여져야 한다.

- 휨부재의 경간 내에서 끝나는 한 다발철근 내의 개개 철근은 $40d_b$ 이상 서로 엇갈리게 끝나야 한다.
- 다발철근의 간격과 최소피복두께를 철근지름으로 나타낼 경우, 다발철근의 지름은 등가단면적으로 환산된 1개의 철근 지름으로 보아야 한다.
- 보에서 D35를 초과하는 철근은 다발로 사용할 수 없다.

• 긴장재와 덕트는 다음 규정을 따라야 한다.

- 부재단에서 프리텐셔닝 긴장재의 중심간격은 강선의 경우 $5d_b$, 강연선의 경우 $4d_b$ 이상이어야 한다. 다만, 프리스트레스를 도입할 때 콘크리트의 설계기준압축강도가 27 MPa보다 크면 공칭지름이 13mm 이하인 강연선에 대하여 최소 중심간격 45mm를, 공칭지름이 15mm 이상인 강연선에 대하여 최소 중심간격 50mm를 확보하여야 하고, 또한 골재의 품질과 크기의 규정도 만족하여야 한다. 경간 중앙부의 경우 긴장재간의 수직 간격을 부재단의 경우보다 좁게 하거나 다발로 사용할 수 있다.
- 포스트텐셔닝 부재의 경우 콘크리트를 치는데 지장이 없고, 긴장할 때 긴장재가 덕트를 파손하지 않도록 조치한 경우 덕트를 다발로 사용할 수 있다.

최근 기출문제 분석

2019 국가직 (7급)

1 철근콘크리트 2방향 슬래브의 해석 및 설계에 대한 설명으로 옳지 않은 것은?

① 슬래브 시스템은 평형조건과 기하학적 적합조건을 만족한다면 어떠한 방법으로도 설계할 수 있다.

② 중력하중에 저항하는 슬래브 시스템은 유한요소법, 직접설계법 또는 등가골조법으로 설계할 수 있다.

③ 슬래브 시스템이 횡하중을 받는 경우, 횡하중 해석 결과와 중력하중 해석 결과에 대하여 독립적인 설계가 가능하다.

④ 횡하중에 대한 골조해석을 위하여 슬래브를 일정한 유효폭을 갖는 보로 치환할 수 있다.

TIP 슬래브 시스템이 횡하중을 받는 경우, 횡하중 해석 결과와 중력하중 해석 결과는 조합해서 해석해야 한다.

2012 지방직

2 플랫슬래브의 지판에 대한 설명으로 옳지 않은 것은?

① 플랫슬래브에서 기둥 상부의 부모멘트에 대한 철근을 줄이기 위해 지판을 사용할 수 있다.

② 지판은 받침부 중심선에서 각 방향 받침부 중심간 경간의 1/6 이상을 각 방향으로 연장시켜야 한다.

③ 지판 부위의 슬래브철근량 계산 시 슬래브 아래로 돌출한 지판의 두께는 지판의 외단부에서 기둥이나 기둥머리면까지 거리의 1/4 이하로 취하여야 한다.

④ 지판의 슬래브 아래로 돌출한 두께는 돌출부를 제외한 슬래브 두께의 1/6 이상으로 하여야 한다.

TIP 지판의 슬래브 아래로 돌출한 두께는 돌출부를 제외한 슬래브 두께의 1/4 이상으로 해야 한다.

Answer 1.③ 2.④

2010 지방직 (7급)

3 철근콘크리트 슬래브 설계에 대한 설명으로 옳지 않은 것은?

① 2방향 슬래브에서 중간대는 두 주열대 사이의 슬래브 영역을 가리킨다.

② 2방향 슬래브의 위험단면에서 철근간격은 슬래브 두께의 2배 이하, 또한 300mm 이하로 하여야 한다.

③ 1방향 슬래브의 두께는 최소 100mm 이상으로 한다.

④ 1방향 슬래브의 수축 · 온도철근비는 설계기준항복강도가 400MPa 이하인 이형철근을 사용할 경우 0.0015 이상으로 한다.

TIP 1방향 슬래브의 수축온도철근비는 설계기준항복강도가 400MPa 이하인 이형철근을 사용할 경우 0.002 이상으로 한다.

Answer 3.④

출제 예상 문제

1 다음은 슬래브 설계에 사용되는 기본용어에 관한 사항들이다. 이 중 바르지 않은 것은?

① 설계대는 받침부를 잇는 중심선의 양측에 있는 슬래브의 두 중심선에 의해 구획이 되는 부분이다.
② 주간대는 두 주열대 사이의 슬래브의 영역이다.
③ 변장비(λ)는 장변의 길이/단변의 길이이다.
④ 2방향 슬래브의 위험단면은 받침부 내면에서 유효깊이만큼 떨어진 곳이다.

TIP 1방향 슬래브의 위험단면은 받침부 내면에서 유효깊이만큼 떨어진 곳이다. 2방향 슬래브의 위험단면은 받침부 내면에서 유효깊이의 절반만큼 떨어진 곳이다.

2 다음은 1방향 슬래브의 설계사항들이다. 이 중 바르지 않은 것은?

① 1방향 슬래브는 단위크기의 폭(1m)을 가진 직사각형 보로 보고 해석한다.
② 하중경로는 슬래브 변의 길이에 따라 달라지는데 장변이 단변의 2배 이상인 1방향 슬래브는 슬래브에 가해지는 하중의 90% 이상이 장변 방향으로 집중된다.
③ 슬래브의 두께는 최소 100mm 이상이어야 한다.
④ 수축, 온도철근의 간격은 슬래브 두께의 5배 이하이거나 450mm 이하여야 한다.

TIP 하중경로는 슬래브 변의 길이에 따라 달라지는데 장변이 단변의 2배 이상인 1방향 슬래브는 슬래브에 가해지는 하중의 90% 이상이 단변 방향으로 집중된다.

Answer 1.④ 2.②

3 콘크리트는 보통콘크리트이며 비중은 2,300kg/m³이며 $f_y = 400MPa$이며 길이가 L인 단순지지 1방향 슬래브의 경우 처짐을 고려하지 않아도 되는 부재의 최소두께는?

① L/12 ② L/20
③ L/25 ④ L/35

TIP 1방향 슬래브의 처짐제한은 다음의 값을 따른다. (단, 콘크리트는 보통콘크리트이며 비중은 2,300kg/m³이며 $f_y = 400MPa$이다.)

부재	최소 두께 또는 높이			
	단순지지	일단연속	양단연속	캔틸레버
1방향 슬래브	L/20	L/24	L/28	L/10
보, 또는 리브가 있는 1방향 슬래브	L/16	L/18.5	L/21	L/8

4 다음은 1방향 슬래브의 실용해법(근사해법)을 적용하기 위한 제한사항으로서 바르지 않은 것은?

① 변장비는 2 이상이어야 한다.
② 경간수는 2 이상이어야 한다.
③ 활하중이 고정하중의 4배 이내이어야 한다.
④ 부재 단면의 크기가 일정해야 한다.

TIP 실용해법 적용조건
㉠ 경간은 2span 이상이어야 한다.
㉡ 부재 단면의 크기가 일정해야 한다.
㉢ 인접한 2개 span 길이의 차이가 짧은 span의 20% 이내이어야 한다.
㉣ 등분포 하중이 작용해야 한다.
㉤ 활하중이 고정하중의 3배 이내이어야 한다.

Answer 3.② 4.③

5 **슬래브의 단경간 S=4m, 장경간 L=5m에 집중하중 P=150kN이 슬래브의 중앙에 작용할 경우 장경간 L이 부담하는 하중은 얼마인가?**

① 50.8kN
② 56.5kN
③ 91.5kN
④ 99.2kN

TIP $P_L = \frac{S^3}{L^3+S^3} \cdot P = \frac{4^3}{5^3+4^3} \cdot 150 = 50.8[kN]$

6 **다음은 장선슬래브의 구조세칙에 관한 사항들이다. 이 중 바르지 않은 것은?**

① 장선구조는 일정한 간격의 장선과 그 위의 슬래브가 일체화되어 있는 구조형태로서, 장선은 1방향 또는 서로 직각을 이루는 2방향으로 구성될 수 있다.
② 슬래브판의 두께는 최소 50mm 이상이거나 장선간격의 1/12 이상이어야 한다.
③ 장선 사이의 순간격은 750mm 이상이어야 한다.
④ 1방향 장선구조에서는 장선의 직각방향에 수축온도철근을 슬래브에 배치해야 한다.

TIP 장선 사이의 순간격은 750mm를 초과해서는 안 된다.

7 **1방향 철근콘크리트 슬래브에서 f_y=450MPa인 이형철근을 사용한 경우 수축·온도철근비는?**

① 0.0016
② 0.0018
③ 0.0020
④ 0.0022

TIP 1방향 슬래브에서 수축 및 온도 철근비

$f_y \le 400MPa$인 경우 $\rho \ge 0.002$

$f_y > 400MPa$인 경우 $\rho \ge \left[0.0014, 0.002 \times \frac{400}{f_y}\right]_{max}$

$f_y = 450MPa > 400MPa$인 경우이므로 수축 및 온도철근비는 다음과 같다.

$\rho \ge \left[0.0014, 0.002 \times \frac{400}{f_y}\right]_{max} = [0.0014, 0.0018]_{max} = 0.0018$

Answer 5.① 6.③ 7.②

8 **드롭패널이나 기둥머리 없이 순수하게 기둥으로만 지지되는 슬래브로서 하중이 별로 크지 않거나 경간이 짧은 경우에 사용되는 슬래브는?**

① 플랫슬래브
② 플랫플레이트 슬래브
③ 워플슬래브
④ 장선슬래브

TIP 드롭패널이나 기둥머리 없이 순수하게 기둥으로만 지지되는 슬래브로서 하중이 별로 크지 않거나 경간이 짧은 경우에 사용되는 슬래브는 플랫플레이트 슬래브이다.

9 **다음은 플랫슬래브에 관한 사항들이다. 이 중 바르지 않은 것은?**

① 구조가 간단하고 층고를 낮게 할 수 있으므로 실내이용률이 높다.
② 바닥판이 두꺼워 고정하중 및 재료 투입물량이 일반적인 보－기둥시스템에 비해 엄청나게 증가한다.
③ 지판의 슬래브 아래로 돌출한 두께는 돌출부를 제외한 두께의 1/6 이상이어야 한다.
④ 지판은 받침부 중심선에서 각 방향 받침부 중심간 경간의 1/6 이상을 각 방향으로 연장한다.

TIP 지판의 슬래브 아래로 돌출한 두께는 돌출부를 제외한 두께의 1/4 이상이어야 한다.

10 **다음은 2방향 슬래브의 구조에 관한 사항들이다. 이 중 바르지 않은 것은?**

① 주철근의 배치는 단경간 방향의 철근을 장경간 방향의 철근보다 슬래브 표면에 가깝게 배치한다.
② 주철근의 간격은 위험단면에서 슬래브 두께의 3배 이하, 600mm 이하여야 한다.
③ 슬래브의 모서리 부분을 보강하기 위하여 장경간의 1/5되는 모서리 부분을 상면에는 대각선 방향으로, 하면에는 대각선에 직각방향으로 철근을 배치하거나 양변에 평행한 2방향 철근을 상하면에 배치한다.
④ 슬래브는 작용하중을 구조체의 장단변인 2방향 각각으로 지지하고 전달하는 보작용(휨과 전단)과 가정한 보의 직각방향에 발생하는 비틀림 작용을 합한 것과 같은 거동을 한다.

TIP 주철근의 간격은 위험단면에서 슬래브 두께의 2배 이하, 300mm 이하여야 한다.

Answer 8.② 9.③ 10.②

11 **다음 중 2방향 슬래브의 직접설계법의 적용조건으로 바르지 않은 것은?**

① 변장비가 2 이하여야 한다.
② 각 방향으로 3경간 이상 연속되어야 한다.
③ 각 방향으로 연속한 경간 길이의 차가 긴 경간의 1/2 이내이어야 한다.
④ 기둥 중심축의 오차는 연속되는 기둥 중심축에서 경간길이의 1/10 이내이어야 한다.

TIP 2방향 슬래브의 직접설계법 적용조건
㉠ 변장비가 2 이하여야 한다.
㉡ 각 방향으로 3경간 이상 연속되어야 한다.
㉢ 각 방향으로 연속한 경간 길이의 차가 긴 경간의 1/3 이내이어야 한다.
㉣ 등분포 하중이 작용하고 활하중이 고정하중의 2배 이내이어야 한다.
㉤ 기둥 중심축의 오차는 연속되는 기둥 중심축에서 경간길이의 1/10 이내이어야 한다.
㉥ 보가 모든 변에서 슬래브를 지지할 경우 직교하는 두 방향에서 $\frac{a_1 \cdot L_2^2}{a_2 \cdot L_1^2}$에 해당하는 보의 상대강성은 0.2 이상 0.5 이하여야 한다.

12 **다음 보기에서 설명하고 있는 2방향 슬래브의 해석법은?**

> 3차원 부재를 2차원화 시킨 후 모멘트분배법의 원리를 적용하여 해석하는 방법으로 횡력에 대해 적용이 가능하다. 컴퓨터 해석에 사용하기가 불편하며 기둥의 강성 수정이 필요하다.

① 직접설계법
② 등가골조법
③ 유효보폭법
④ 유한요소법

TIP 등가골조법…3차원 부재를 2차원화 시킨 후 모멘트분배법의 원리를 적용하여 해석하는 방법으로 횡력에 대해 적용이 가능하다. 컴퓨터 해석에 사용하기가 불편하며 기둥의 강성 수정이 필요하다.

Answer 11.③ 12.②

13 **다음은 1방향 슬래브설계에 관한 일반사항들이다. 이 중 바르지 않은 것은?**

① 마주보는 두 변에 의해서만 지지된 경우이거나 네 변이 지지된 슬래브 중에서 L/S > 2인 경우가 1방향 슬래브에 해당된다. (여기서 L은 장변의 길이이고 S는 단변의 길이이다.)

② 하중경로는 슬래브 변의 길이에 따라 달라지는데 장변이 단변의 2배 이상인 1방향 슬래브는 슬래브에 가해지는 하중의 90% 이상이 단변 방향으로 집중된다.

③ 수축, 온도철근의 간격은 슬래브 두께의 3배 이하이거나 300mm 이하여야 한다.

④ 1방향 슬래브는 단위크기의 폭(1m)을 가진 직사각형 보로 본다.

TIP 수축, 온도철근의 간격은 슬래브 두께의 5배 이하이거나 450mm 이하여야 한다.

14 **장선슬래브는 등간격으로 분할된 장선과 바닥판이 일체로 된 구조로 1방향 구조이며, 양단은 외부보와 벽에 지지하는 슬래브형식이다. 다음 중 장선슬래브의 설계 시 고려해야 하는 기준으로서 적합하지 않은 것은?**

① 슬래브판의 두께는 50mm 이상이거나 장선간격의 1/12 이상이어야 한다.

② 1방향 장선구조에서는 장선의 직각방향에 수축온도철근을 슬래브에 배치해야 한다.

③ 장선 사이의 순간격은 500mm를 초과해서는 안 된다.

④ 장선구조에서 콘크리트에 의한 전단강도는 보통 보의 규정된 전단강도보다 10%만큼 더 크게 취할 수 있다.

TIP 장선 사이의 순간격은 750mm를 초과해서는 안 된다.

Answer 13.③ 14.③

15 다음 중 2방향 슬래브의 구조세목으로 바르지 않은 것은?

① 주철근의 간격은 위험단면에서 슬래브 두께의 2배 이하, 300mm 이하여야 한다.

② 주철근의 배치는 단경간 방향의 철근을 장경간 방향의 철근보다 슬래브 표면에 가깝게 배치한다.

③ 슬래브의 모서리 부분을 보강하기 위하여 장경간의 1/5되는 모서리 부분을 상면에는 대각선 방향으로, 하면에는 대각선에 직각방향으로 철근을 배치하거나 양변에 평행한 2방향 철근을 상하면에 배치한다.

④ 슬래브 주변이 지지되어 있을 때 비틀림 응력이 최소가 되는 점은 슬래브의 네 모서리이며 이곳은 철근보강을 반드시 할 필요는 없다.

TIP 슬래브 주변이 지지되어 있을 때 비틀림 응력이 최대가 되는 점은 슬래브의 네 모서리이며 이곳은 대각선 방향으로 철근을 보강해야 한다.

Answer 15.④

16 다음은 슬래브 근사해법과 직접설계법의 비교표이다. 빈 칸에 들어갈 말을 순서대로 바르게 나열한 것은?

구분	근사해법	직접설계법
조건	(가)	(나)
경간	2경간 이상	(다)
경간차이	(라)	33% 이하
하중	등분포	(마)
활하중/고정하중	3배 이하	2배 이하
기타	부재단면의 크기가 일정해야 함.	기둥이탈은 이탈방향 경간의 (바)까지 허용

	(가)	(나)	(다)	(라)	(마)	(바)
①	1방향 슬래브	2방향 슬래브	2경간 이상	10% 이하	집중	15%
②	1방향 슬래브	2방향 슬래브	3경간 이상	20% 이하	등분포	10%
③	2방향 슬래브	1방향 슬래브	3경간 이상	10% 이하	등분포	15%
④	2방향 슬래브	1방향 슬래브	2경간 이상	20% 이하	집중	10%

TIP

구분	근사해법	직접설계법
조건	1방향 슬래브	2방향 슬래브
경간	2경간 이상	3경간 이상
경간차이	20% 이하	33% 이하
하중	등분포	등분포
활하중/고정하중	3배 이하	2배 이하
기타	부재단면의 크기가 일정해야 함	기둥이탈은 이탈방향 경간의 10%까지 허용

Answer 16.②

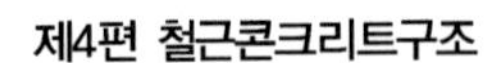

09 기초, 벽체, 옹벽

❶ 기초설계

(1) 기초의 종류

① 확대기초 … 상부 구조물의 하중을 넓은 면적에 분포시켜 지반의 허용지지력 이내가 되도록 함으로써 구조물의 하중을 안전하게 지반에 전달하기 위하여 설치되는 구조물

② 독립확대기초 … 1개의 기둥을 지지하도록 한 기초

③ 벽의 확대기초(줄기초) : 벽을 지지하기 위한 확대기초

④ 연결확대기초 … 2개 이상의 기둥을 하나의 확대기초가 지지하도록 한 것

⑤ 켄틸레버 확대기초 … 2개의 독립 확대기초를 하나의 보로 연결한 기초

⑥ 전면기초 … 기초 지반이 비교적 약할 때 일정 넓이의 전면적을 하나의 판으로 만들어 모든 기둥을 지지하도록 한 기초

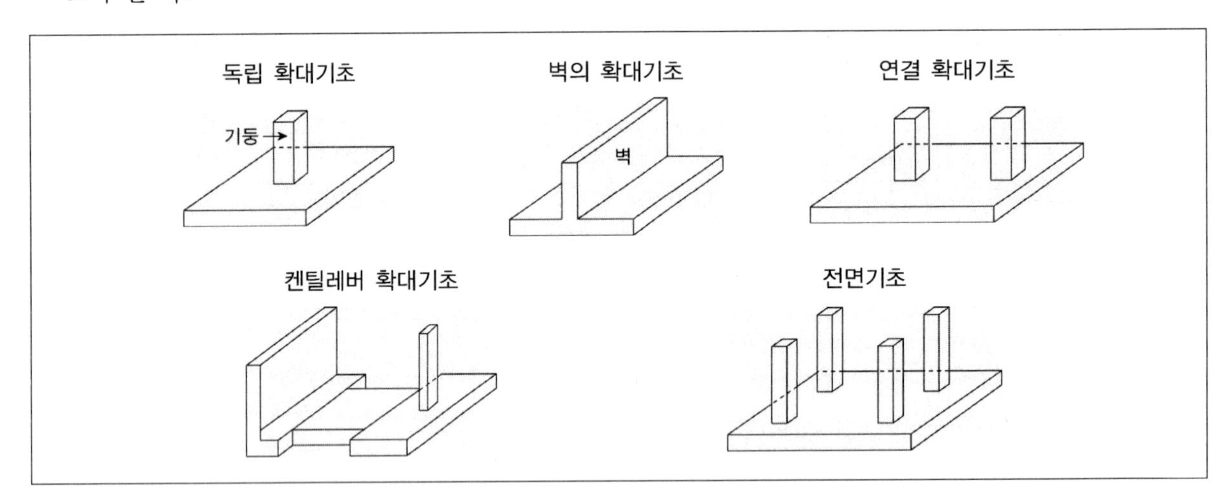

(2) 기초하부의 토압분포

① **사질토지반** : 입자가 큰 토질지반으로 상부하중이 작용하면 기초 주위의 흙들이 바깥쪽으로 약간 이동하기 때문에 토압은 기초 중심에서 증가하고 주변에서는 감소하는 분포를 보인다.

② **점토지반** : 강한 점착력으로 지반이 하중을 받더라도 이동을 하지 않고 기초의 주변에는 평균 토압에 더하여 전단저항이 형성되어 토압의 분포는 기초 중심부가 작고 주변이 큰 형태가 된다.

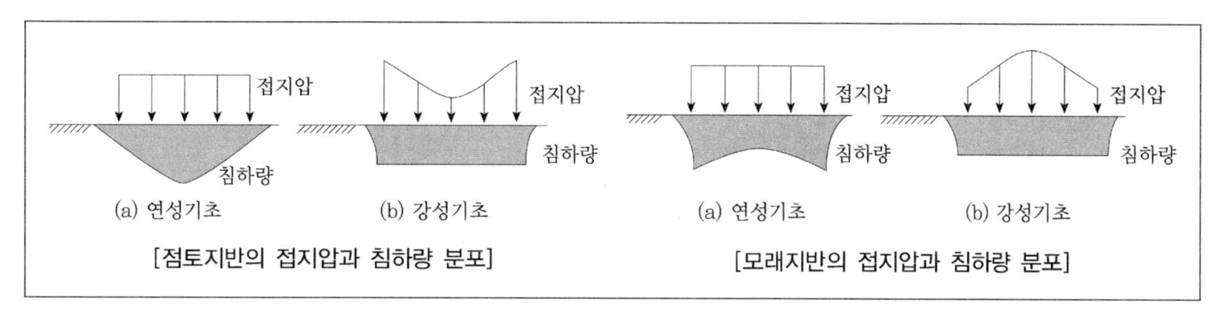

[점토지반의 접지압과 침하량 분포] [모래지반의 접지압과 침하량 분포]

③ 실제 구조설계에서는 이러한 토질의 형태에 따른 불균일성은 가변적이고 불확실하며 기초의 휨모멘트나 전단력에 끼치는 영향도 작기 때문에 토압이 균등하게 분포되는 것으로 가정한다.

(3) 기초의 설계

① 허용지내력과 기초판의 크기 결정

㉠ 허용지내력 : $q_a = \dfrac{q_{ult}(\text{극한지내력})}{\text{안전율}(2.5 \sim 3.0)}$

㉡ 지반의 종류별 허용응력

지반		허용응력도[kN/m^3]
경암반	화강암, 석록암, 편마암, 안산암 등의 화성암 및 굳은 역암 등의 암반	4,000
연암반	판암, 편암 등의 수성암의 암반	2,000
	혈암, 토단반 등의 암반	1,000
자갈		300
자갈과 모래의 혼합물		200
모래섞인 점토 또는 롬토		150
모래섞인 점토		100

㉢ 기초판의 면적

$$A_f = \frac{\text{사용하중}}{\text{순허용지내력}(q_e)} = \frac{1.0D + 1.0L}{q_a - (\text{흙과 콘크리트의 평균중량} + \text{상재하중})}$$

(극한하중이 아닌, 사용하중을 적용하는 이유 … 상부구조의 부재설계에서는 하중계수와 강도감소계수 등 안전에 관련된 계수들이 개별적으로 적용되고 있는데 비해 허용지내력에 적용되는 안전율은 구조 전반에 걸쳐 고려된 값이므로 기초설계에서 기초판 크기를 결정할 경우 사용하중을 적용한다. 일반적으로 지반의 강도(지지력)는 허용값으로 주어지므로 기초판의 밑면적이나 말뚝의 개수를 산정할 경우에는 사용하중을 적용한다. 반면에 기초판이나 말뚝머리의 설계 시에는 계수하중을 적용한다.)

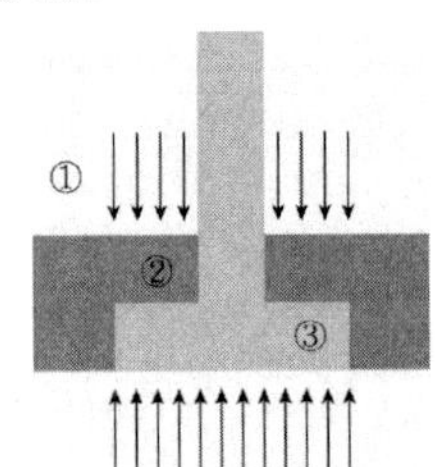

순허용지내력 = 허용지내력 − (흙과 콘크리트의 평균중량+상재하중)이므로 $\frac{P}{A}$+(0.5(①+②)+③) ≤ q_a가 성립한다.

지내력은 지반에 해당되는 부분으로 건물하중+기초자중+상재흙+상재하중을 저항하여야 한다. 순허용지내력이란 말은 상부 건물에 대한 허용지내력을 의미하는 말로 건물하중을 제외한 다른 하중은 뺀 값을 의미한다.

② **설계용 하중과 지반반력의 산정** … 기초판을 설계하기 위한 설계용 하중과 지반반력은 하중계수를 적용한 계수하중을 사용하며 이 때 기초의 자중이나 상재하중은 포함하지 않는다. 고정하중과 활하중만이 작용하는 경우 $U = 1.2D + 1.6L$의 하중조합식을 고려해야 한다.

③ 기초판의 깊이 결정

㉠ 기초판 상단에서 하단 철근까지의 깊이는 흙에 놓이는 기초의 경우 150mm 이상, 말뚝기초의 경우 300mm 이상이어야 하며 흙에 묻혀있는 콘크리트에 대한 철근의 피복두께는 80mm 이상이어야 한다. 즉, 말뚝기초의 경우 300mm+80mm 이상이어야 한다.

㉡ 다우얼(dowel)의 정착을 위한 기초판의 최소 깊이

㉢ 정착길이 $l_d = l_{db} \times \text{보정계수} \geq 200mm$, 기본정착길이 $l_{db} = \dfrac{0.25 d_b f_y}{\lambda \sqrt{f_{ck}}} \geq 0.043 d_b f_y$

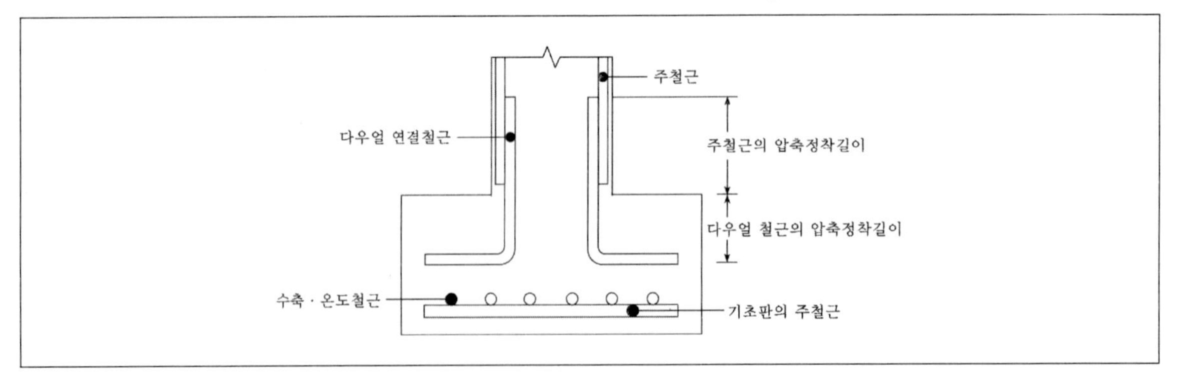

④ **전단내력의 검토** … 기초의 깊이는 대부분 전단내력에 의해 결정되며 전단강도는 1방향 전단과 2방향 전단 중 보다 불리한 것에 의해 결정된다.

㉠ **1방향 전단설계 단면과 전단강도** : 일반적인 보에서와 같이 기둥면으로부터 d거리의 위치에서 다음과 같이 검토한다.

- $V_u \le \phi V_n$ $(\phi = 0.75)$
- $V_n = V_c + V_s = V_c$ (전단보강을 하지 않을 때)
- $V_c = \frac{1}{6}\sqrt{f_{ck}}\, b_w d$

기초판에 대한 1방향 전단강도의 검토식 : $V_u \le 0.75 \times \frac{1}{6}\sqrt{f_{ck}}\, b_w d$

[기초판의 전단에 대한 분담면적과 위험단면]

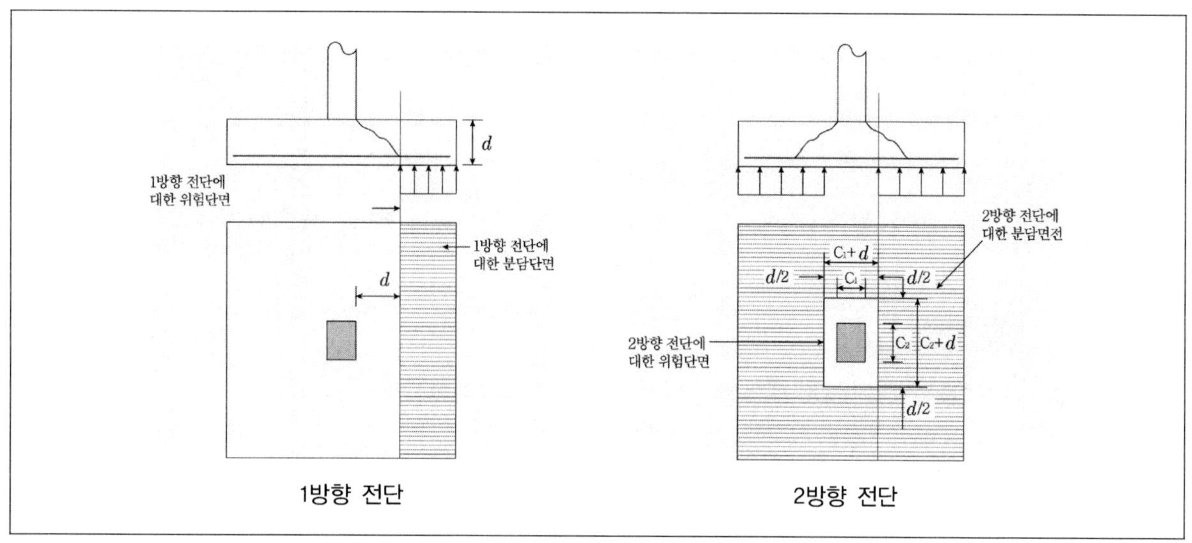

㉡ **2방향 전단설계 단면과 전단강도** : 기둥주변으로부터 $d/2$ 위치에서 b_w가 최소되는 단면

- $V_u \le \phi V_n$ $(\phi = 0.75)$
- $V_n = V_c + V_s = V_c$ (전단보강을 하지 않을 경우)
- $V_c = \frac{1}{6}\left(1 + \frac{2}{\beta_c}\right)\sqrt{f_{ck}}\, b_o d$, $V_c = \frac{1}{6}\left(1 + \frac{a_s d}{2b_o}\right)\sqrt{f_{ck}}\, b_o d$, $V_c = \frac{1}{3}\sqrt{f_{ck}}\, b_o d$ 중 최소값
- β_c : 기둥의 긴변 길이/짧은 변 길이, b_o : 위험단면의 둘레 길이
- a_s : 40(내부기둥, 위험단면의 수가 4인 경우), 30(외부기둥, 위험단면의 수가 3인 경우), 20(모서리 기둥, 위험단면의 수가 2인 경우)

⑤ 휨모멘트에 대한 위험단면

㉠ 최대 계수휨모멘트를 계산하기 위한 위험단면

㉡ 철근 콘크리트 기둥, 받침대 또는 벽체를 지지하는 확대기초는 기둥, 받침대 또는 벽체의 전면을 휨모멘트에 대한 위험단면으로 본다. 직사각형이 아닌 경우는 같은 면적을 가진 정사각형으로 고쳐 그 전면으로 한다.

㉢ 석공벽을 지지하는 확대기초는 벽의 중심선과 전면과의 중간선을 위험단면으로 본다.

㉣ 강철 저판을 갖는 기둥을 지지하는 확대기초는 강철 저판의 연단과 기둥 또는 받침대 전면의 중간선을 위험단면으로 본다.

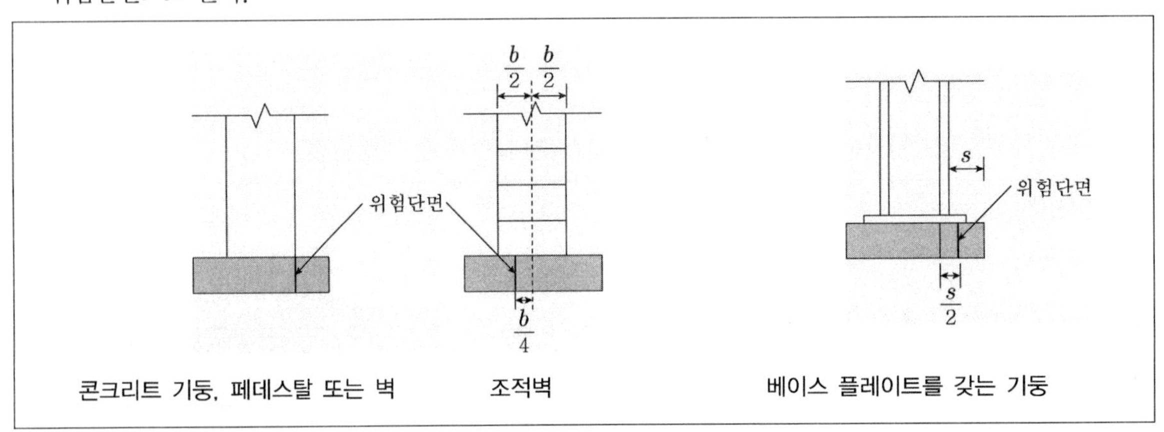

기출예제 01 2012 국가직 (7급)

철근콘크리트 기초판의 휨모멘트 계산을 위한 위험단면으로 옳지 않은 것은?

① 콘크리트 기둥을 지지하는 기초판에서는 기둥의 외면
② 조적조 벽체를 지지하는 기초판에서는 벽체의 외면
③ 콘크리트 벽체를 지지하는 기초판에서는 벽체의 외면
④ 강재 베이스플레이트를 갖는 기둥을 지지하는 기초판에서는 기둥 외면과 강재 베이스플레이트 연단과의 중간

✱
조적조 벽체를 지지하는 기초판은 벽체중심과 벽체면과의 중간을 철근콘크리트 기초판의 휨모멘트 계산을 위한 위험단면으로 본다.

답 ②

⑥ 기초판의 휨모멘트 산정

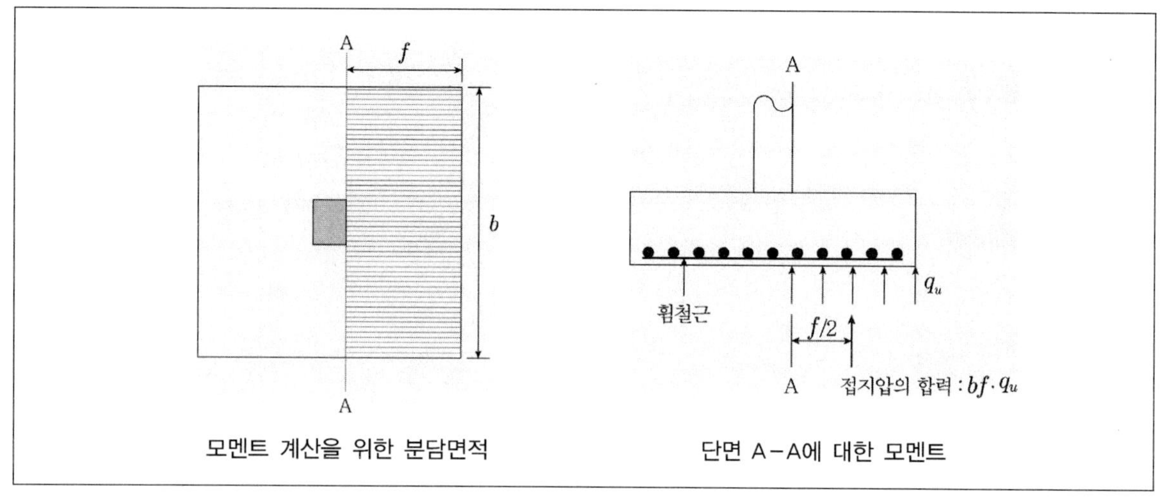

모멘트 계산을 위한 분담면적 / 단면 A-A에 대한 모멘트

• A-A 단면에 대한 휨모멘트 : 휨모멘트=힘×거리=응력×단면적×도심까지의 거리

$$M_a = q_u \cdot \frac{1}{2}(L-t) \cdot S \cdot \frac{1}{4}(L-t) = \frac{1}{8} q_u \cdot S(L-t)^2$$

기출예제 02

2012 지방직

철근콘크리트 기초판 설계에 대한 설명으로 옳지 않은 것은?

① 기초판에서 휨모멘트, 전단력 및 철근정착에 대한 위험단면의 위치를 정할 경우, 원형 또는 정다각형인 콘크리트 기둥이나 받침대는 같은 면적의 정사각형 부재로 취급할 수 있다.

② 기초판 상연에서부터 하부 철근까지의 깊이는 흙에 놓이는 기초의 경우는 150mm 이상, 말뚝기초의 경우는 300mm 이상으로 하여야 한다.

③ 기초판 각 단면에서의 휨모멘트는 기초판을 자른 수직면에서 그 수직면의 1/4 면적에 작용하는 힘에 대해 계산한다.

④ 기초판철근은 각 단면에서 계산된 철근의 인장력 또는 압축력을 기준으로 묻힘길이, 인장갈고리, 기계적 장치 또는 이들의 조합에 의하여 그 단면의 양방향으로 정착하여야 한다.

기초판 각 단면에서의 휨모멘트는 기초판을 자른 수직면에서 그 수직면의 한쪽 전체면적에 작용하는 힘에 대해 계산해야 한다.

답 ③

⑥ 기초판 철근의 배근

㉠ 휨철근의 계산

휨모멘트에 의한 소요철근의 계산 : 기초판의 경우 대부분 단철근보로 설계

$$R_n = \frac{M_u}{\phi b d^2},\ \phi = 0.85,\ \rho = \frac{0.85 f_{ck}}{f_y}\left[1 - \sqrt{1 - \frac{2R_n}{0.85 f_{ck}}}\right]$$

㉡ 최소 휨철근량

$$A_{s,\min} = \frac{1.4}{f_y} b_w d$$

TIP

일반적으로 기초판에서 휨철근비 ρ가 $\rho_{\max}$를 초과하는 경우는 거의 없으며 기초판의 과도한 처짐을 방지하기 위해서는 ρ를 $0.5\rho_{\max}(=0.375\rho_b)$ 이하로 제한하는 것이 바람직하다.

기초형태	정사각형 기초	직사각형 기초
1방향배근	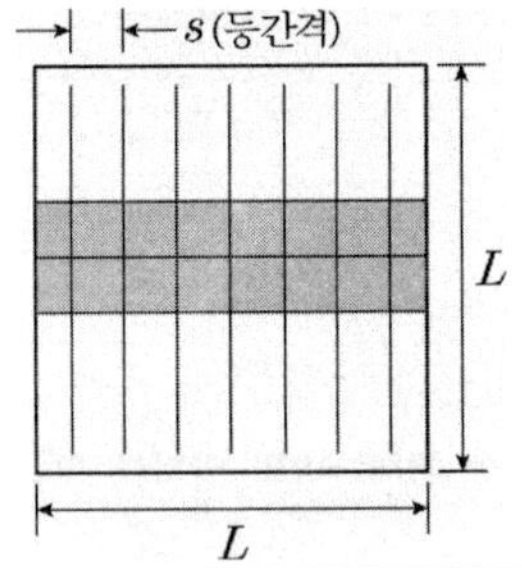 s(등간격), L, L	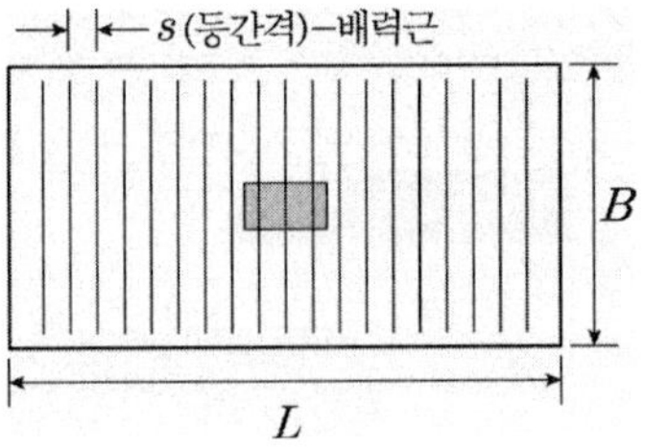 s(등간격)-배력근, B, L
2방향 배근	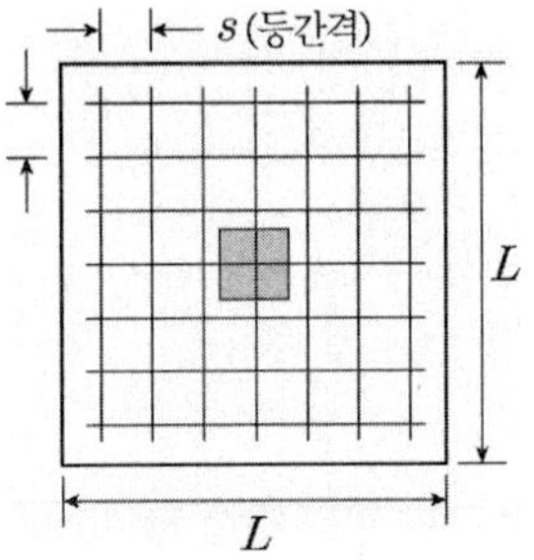 s(등간격), L, L	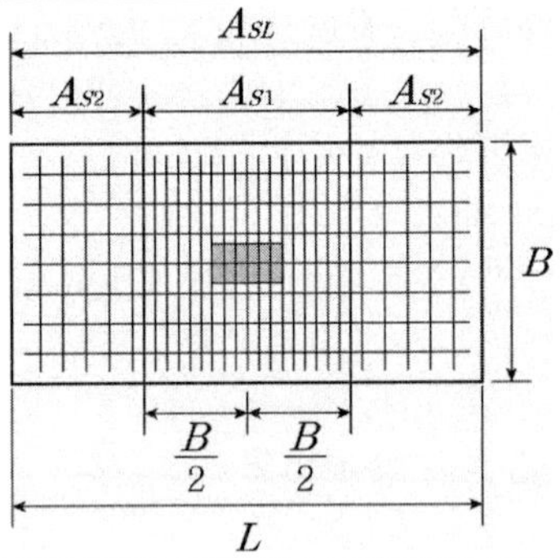 A_{SL}, A_{S2}, A_{S1}, A_{S2}, B, $\frac{B}{2}$, $\frac{B}{2}$, L $A_{S1} = \left(\frac{2}{b+1}\right)A_{S1}$ $A_{S2} = \left(\frac{A_{SL} - A_{S1}}{2}\right)$ $b = \frac{L}{B}$ A_{S1}, A_{S2}, A_{SL}은 해당폭의 철근량임

㉢ 2방향 직사각형 기초판의 철근 배치

- 장변방향 : 폭 전체에 걸쳐 철근을 균등하게 배치한다.
- 단변방향 : $\frac{\text{유효폭 내에 배치되는 철근량}}{\text{단변방향 전체 철근량}} \times \frac{2}{\beta+1}$의 비율만큼 유효폭 내에 균등하게 배치한 후 나머지 철근량은 유효폭 이외의 부분에 균등히 배치한다. (β는 장변의 길이/단변의 길이)

㉣ 휨철근의 정착

• 말뚝기초의 기초판 설계에서 말뚝의 반력은 각 말뚝의 중심에 집중된다고 가정하여 모멘트와 전단력을 계산할 수 있다.
• 확대기초의 상면 또는 건물의 바닥 상하면과 같이 기둥이 바닥층이나 보와 접합 되는 부분의 띠철근 간격은 다른 부분의 띠철근 간격의 1/2 이하의 간격으로 배치하여야한다.
• 확대기초의 파괴형태 : 전단압축파괴, 사인장파괴, 사인장균열 전의 휨파괴, 사인장균열 후의 휨파괴
• 기초판의 저면적 말뚝의 개수와 배열은 기초판에 의해 흙 또는 말뚝에 전달되는 외력과 모멘트, 그리고 토질역학의 원리에 따라 계산된 허용지내력과 발뚝의 허용내력을 이용해서 산정 하여야 한다. 이때 외력과 모멘트는 하중계수를 곱하지 않은 사용하중(D, L 등)을 적용하여야 한다.

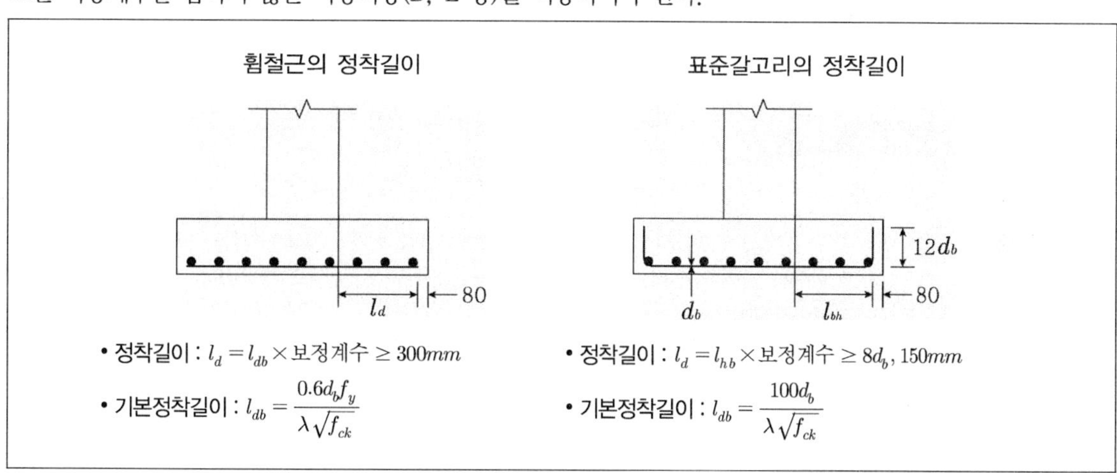

2 벽체설계

(1) 벽체설계 일반사항

① 벽체는 압축재로 설계하거나 적용조건을 만족하는 경우에는 실용설계법에 따라 설계할 수 있으며 휨인장이 설계를 지배하는 세장한 벽체는 세장한 벽체의 대체설계법을 적용하여 설계할 수 있다.

② 정밀한 구조해석에 의하지 않는 한, 각 집중하중에 대한 벽체의 유효수평길이는 하중 간의 중심거리, 또한 하중지지폭에 벽체두께의 4배를 더한 길이를 초과하지 않는 값으로 해야 한다.

③ 전단벽은 벽체의 면내(강축방향)에 작용하는 수평력을 지지하는 벽체이며 내력벽은 면외(약축방향)에 대하여 버팀지지된 상태에서 수직하중을 지지하는 벽체로서 전단벽의 기능을 겸할 수 있다.

④ 벽체두께(h)가 250mm 이상인 벽체(지하실 외벽제외)는 양면에 철근을 배근한다.

구분	철근 배근 위치	철근량
벽체 외측면	외측면에서 50mm 이상, 벽두께의 1/3 이내	전체철근량의 1/2 이상~2/3 이하
벽체 내측면	내측면으로부터 20mm 이상, 벽두께의 1/3 이내	소요철근량의 잔여분 배치

⑤ 수직 및 수평철근의 간격은 벽두께의 3배 이하 또는 450mm 중 작은 값으로 한다.

⑥ 벽체의 최소두께는 L/25, 100mm 중 작은 값(L은 수직 또는 수평받침점 간의 거리 중 작은 값)으로 한다.

⑦ 지하실 외벽 및 기초벽체의 두께는 200mm 이상으로 한다.

⑧ 비내력벽두께는 L/30, 100mm 중 큰 값 이상으로 한다.

| 기출예제 03 2011 지방직

철근콘크리트구조 벽체의 설계제한 규정에 대한 설명으로 옳지 않은 것은?

① 벽체의 수직 및 수평철근의 간격은 벽두께의 5배 이하, 또한 500mm 이하로 하여야 한다.
② 지하실 벽체를 제외한 두께 250mm 이상의 벽체에 대해서는 수직 및 수평철근을 벽면에 평행하게 양면으로 배치하여야 한다.
③ 설계기준 항복강도 400MPa 이상으로서 D16 이하의 이형 철근을 사용하는 벽체의 최소 수직철근비는 0.0012이다.
④ 설계기준 항복강도 400MPa 이상으로서 D16 이하의 이형 철근을 사용하는 벽체의 최소 수평철근비는 0.0020이다.

*

벽체의 수직 및 수평철근의 간격은 벽두께의 3배 이하, 또한 450mm 이하로 해야 한다.

답 ①

⑨ 최소 수직 및 수평철근비는 다음과 같다.

이형철근	최소수직철근비	최소수평철근비
$f_y \geq 400MPa$이고 D16 이하인 이형철근	0.0012	0.0020
기타 이형철근	0.0015	0.0025
지름 16mm 이하의 용접철망	0.0012	0.0020

⑩ 수직철근이 집중배치된 벽체부분의 수직철근비가 0.01배 이상인 경우 횡방향 띠철근을 설치하고, 이외의 경우에는 설치하지 않을 수 있다.

| 기출예제 04 2014 지방직

콘크리트구조기준에 따라 철근콘크리트 벽체를 설계할 경우 이에 대한 설명으로 옳지 않은 것은?

① 지름 10mm 용접철망의 벽체의 전체 단면적에 대한 최소 수평철근비는 0.0012이다.

② 두께 250mm 이상인 지상 벽체에서 외측면 철근은 외측면으로부터 50mm 이상, 벽두께의 1/3 이내에 배치하여야 한다.

③ 정밀한 구조해석에 의하지 않는 한, 각 집중하중에 대한 벽체의 유효 수평길이는 하중 사이의 중심거리, 그리고 하중 지지폭에 벽체 두께의 4배를 더한 길이 중 작은 값을 초과하지 않도록 하여야 한다.

④ 수직 및 수평철근의 간격은 벽두께의 3배 이하, 또한 450mm 이하로 하여야 한다.

*

지름 10mm 용접철망의 벽체의 전체 단면적에 대한 최소 수평철근비는 0.0012이다.

답 ①

⑪ 띠철근의 수직간격은 벽체두께 이하로 한다. (단, 수직철근이 압축력을 받는 철근이 아닌 경우 횡방향 띠철근을 설치할 필요가 없다.)

TIP

벽체는 수직 압축부재로서 주로 수직하중과 휨모멘트, 전단력을 받는다. 휨모멘트의 경우 면내 및 면외로 작용되나 특별한 경우를 제외하고는 면내 휨모멘트의 영향이 크다.

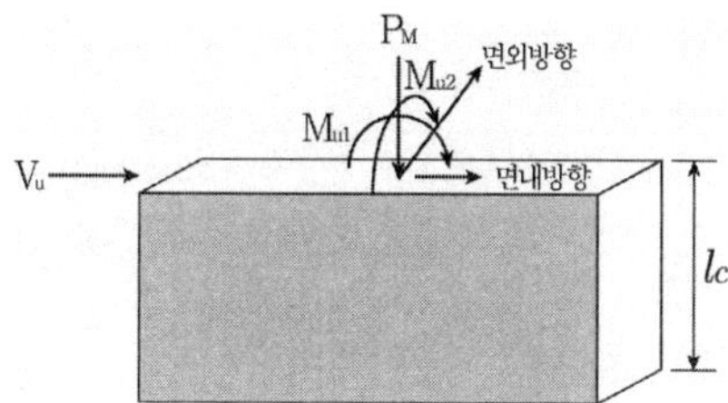

TIP

개구부 보강

㉠ 모든 창이나 출입구 등의 개구부 주위에는 규정된 최소철근량 이외에도 수직 및 수평방향으로 창이나 출입구 등의 개구부 주변에 배치해야 한다. 이때 이러한 철근은 개구부 모서리에서 설계기준항복강도를 발휘할 수 있도록 정착되어야 한다.

㉡ 2열 배근된 벽체에 대해서는 2개의 D16 이상의 철근

㉢ 1열 배근된 벽체에 대해서는 1개의 D16 이상의 철근

TIP

벽체의 설계방법은 기본설계법, 실용설계법과 압축재 설계법으로 구분할 수 있으며 축하중의 편심값에 의해 설계방법을 선택할 수 있다. 이 중 기둥설계법은 벽체를 기둥처럼 압축재로 설계하는 방법이며 실용설계법은 직사각형 단면의 벽체로서 벽체구조의 필요조건을 만족하고 계수하중의 합력이 벽두께의 중앙 1/3 이내에 작용하는 경우 적용할 수 있다.

(2) 벽체의 설계법

<table>
<tr><th>적용 Case</th><th>적용설계법</th><th colspan="3">설계식</th></tr>
<tr><td>$e \le 0.1h$</td><td>기본설계법</td><td colspan="3">ϕP_n</td></tr>
<tr><td rowspan="4">$0.1h < e \le \frac{h}{6}$
e, Pu, klc, h</td><td rowspan="4">실용설계법</td><td colspan="3">$\phi P_{nw} = 0.55\phi f_{ck} A_g [1-(\frac{kl_c}{32h})^2]$ ($\phi = 0.65$)</td></tr>
<tr><td rowspan="2">횡구속벽체</td><td>벽체 상하단 중 한쪽 또는 양쪽이 회전구속</td><td>k=0.8</td></tr>
<tr><td>벽체 상하 양단의 회전이 불구속</td><td>k=1.0</td></tr>
<tr><td colspan="2">비횡구속 벽체</td><td>k=2.0</td></tr>
<tr><td>$e > \frac{h}{6}$</td><td>기둥설계법</td><td colspan="3">$\phi P_n = \phi(0.80)[0.85 f_{ck}(A_g - A_{st}) + f_y A_{st})$</td></tr>
</table>

TIP

벽체의 설계방법은 기본설계법, 실용설계법과 압축재 설계법으로 구분할 수 있으며 축하중의 편심값에 의해 설계방법을 선택할 수 있다. 이 중 기둥설계법은 벽체를 기둥처럼 압축재로 설계하는 방법이다.

기출예제 05 2014 지방직 변형

콘크리트구조기준(2012)에 따라 철근콘크리트 벽체를 설계할 경우 이에 대한 설명으로 옳지 않은 것은?

① 지름 10mm 용접철망의 벽체의 전체 단면적에 대한 최소 수평철근비는 0.0012이다.

② 두께 250mm 이상인 지상 벽체에서 외측면 철근은 외측면으로부터 50mm 이상, 벽두께의 1/3 이내에 배치하여야 한다.

③ 정밀한 구조해석에 의하지 않는 한, 각 집중하중에 대한 벽체의 유효 수평길이는 하중 사이의 중심거리 그리고 하중 지지폭에 벽체 두께의 4배를 더한 길이 중 작은 값을 초과하지 않도록 하여야 한다.

④ 수직 및 수평철근의 간격은 벽두께의 3배 이하, 또한 450mm 이하로 하여야 한다.

지름 10mm 용접철망의 벽체의 전체 단면적에 대한 최소 수평철근비는 0.0012이다.

이형철근	최소수직철근비	최소수평철근비
$f_y \ge$ 400Mpa이고 D16 이하	0.0012	0.0020
기타 이형철근	0.0015	0.0025

답 ①

(3) 세장한 벽체의 대체설계법

① 벽판은 단순지지되고 벽체 중앙에서 최대 모멘트 및 최대 처짐이 발생되는 면외 균등한 횡하중을 받는 압축부재로 고려하여 설계하여야 한다.

② 단면적은 전 높이에 대하여 일정한 것으로 한다.

③ 벽체는 인장이 지배적인 거동을 하도록 설계하여야 한다.

④ 철근은 벽체의 설계휨강도가 $\phi M_n \geq M_{cr}$을 충족하하도록 산정하여야 한다. (M_n : 공칭휨강도, ϕ : 강도감소계수, M_{cr} : 외력에 의해 단면에서 휨균열을 일으키는 휨모멘트, 균열휨모멘트)

⑤ 벽체의 설계 휨 단면 상부에 작용되는 집중 수직하중은 아래와 같은 폭에 분포된 것으로 가정하여야 한다.

가. 지압폭과 지압면 양측 면에서 수직으로 2, 수평으로 1의 비율로 확대한 폭을 더한 값과 같다. 나. 집중하중 간격 이하이어야 한다. 다. 벽판의 연단을 초과하지 않아야 한다.

⑥ 벽체 높이의 중앙부분에서 수직응력 P_u / A_g는 $0.06f_{ck}$을 초과하지 않아야 한다.

⑦ 축력과 휨모멘트를 받는 벽체 높이의 중앙부의 설계휨강도 ϕM_n은 $\phi M_n \geq M_u$을 만족하여야 한다. (M_u는 최대 계수휨모멘트)

⑧ 비내력벽의 두께는 100 mm 이상이어야 하고, 또한 이를 횡방향으로 지지하고 있는 부재 사이 최소 거리의 1/30 이상이 되어야 한다.

[벽체의 변형률 및 등가응력분포도]

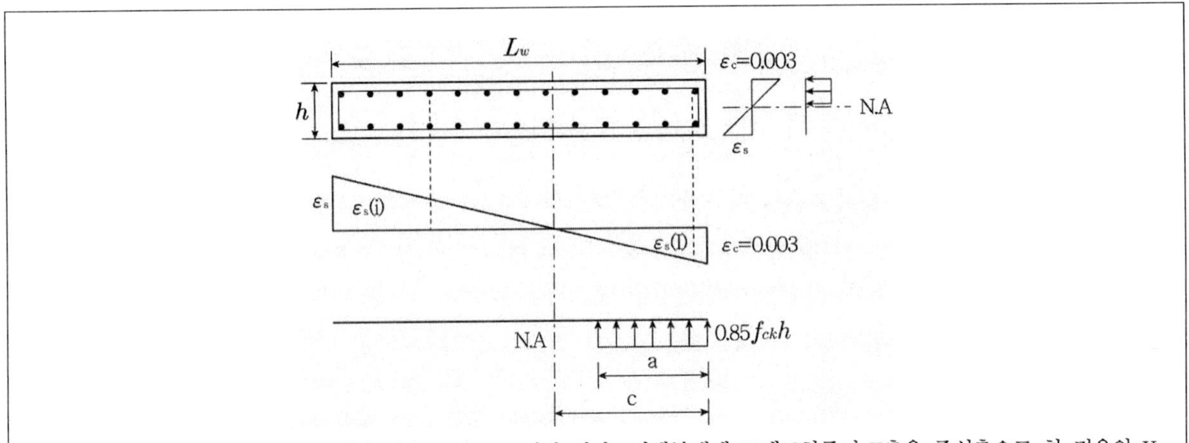

벽체의 단면을 살펴보면 위의 그림과 같은 구성으로 되어 있다. 벽체부재에 모멘트하중이 X축을 중심축으로 한 경우와 Y축을 중심으로 하여 작용한 경우의 응력을 나타낸 그림이다.

3 옹벽설계

(1) 옹벽의 종류

① 옹벽(Retaining Wall)은 배후의 토사붕괴를 방지할 목적으로 만들어지는 구조물로서 토압에 대하여 옹벽자중으로 안정을 유지하는 구조물이다. 댐과 같은 거대구조물부터 도로 주변에서 흔히 볼 수 있는 보강토 옹벽 등 옹벽은 우리 주위에서 매우 흔하게 볼 수 있는 구조물이며 토압이 작용하고 있으므로 안전관리를 철저히 해야 하는 구조물이다.

② **중력식 옹벽** … 자중으로 토압을 견디는 무근콘크리트 구조로 철근을 제외한 다양한 재료가 많이 사용된다. (일반적으로 3~4m 높이의 경사면에 적용됨)

③ **캔틸레버형 옹벽** … 캔틸레버처럼 거동을 하는 옹벽으로서 L형과 역T형 형상이 주를 이룬다. L형 옹벽은 캔틸레버를 이용한 옹벽으로 재료가 절약되는 옹벽으로 자중이 적은 대신 배변의 뒤채움을 충분히 보강해야 안전하다 지반이 연약한 경우나 안정조건을 만족하지 못할 때는 역 T형 캔틸레버 옹벽을 사용한다.

④ **선반식 옹벽** … 좁은 기초 폭에 높은 옹벽을 필요로 하는 경우 사용하는 옹벽으로 계단식 옹벽이라고도 한다.

⑤ **부벽식 옹벽** … 캔틸레버 옹벽에서 지간이 길어지면 휨모멘트가 커져 단면이 증가되므로 휨모멘트를 효율적으로 분담시키기 위해 캔틸레버를 벽체(부벽이라 함)로 연결한 옹벽을 부벽식 옹벽이라 한다. 배면에 부벽이 있는 것이 뒷부벽식이고, 전면에 부벽이 있으면 앞부벽식이다.

⑥ **격자식 옹벽** … 연약한 토사로 파괴 우려가 있거나 부등침하가 우려될 경우 사용하는 방법으로 틀식 옹벽으로도 불린다. 콘크리트 침목 같은 자재를 가로세로로 쌓아올리면 되는 단단한 구조이며 저렴한 것이 특징이다.

⑦ **보강토 옹벽** … 흙속에 있는 입자를 보강재와 결합시켜 층을 다져 설치하는 옹벽으로 지반을 단단한 결정제로 만들어 외력에 견디는 구조이다. 옹벽설치가 불가능하거나 건설공기가 촉박한 경우 또는 외관이 미려한 장점 때문에 많이 사용된다.

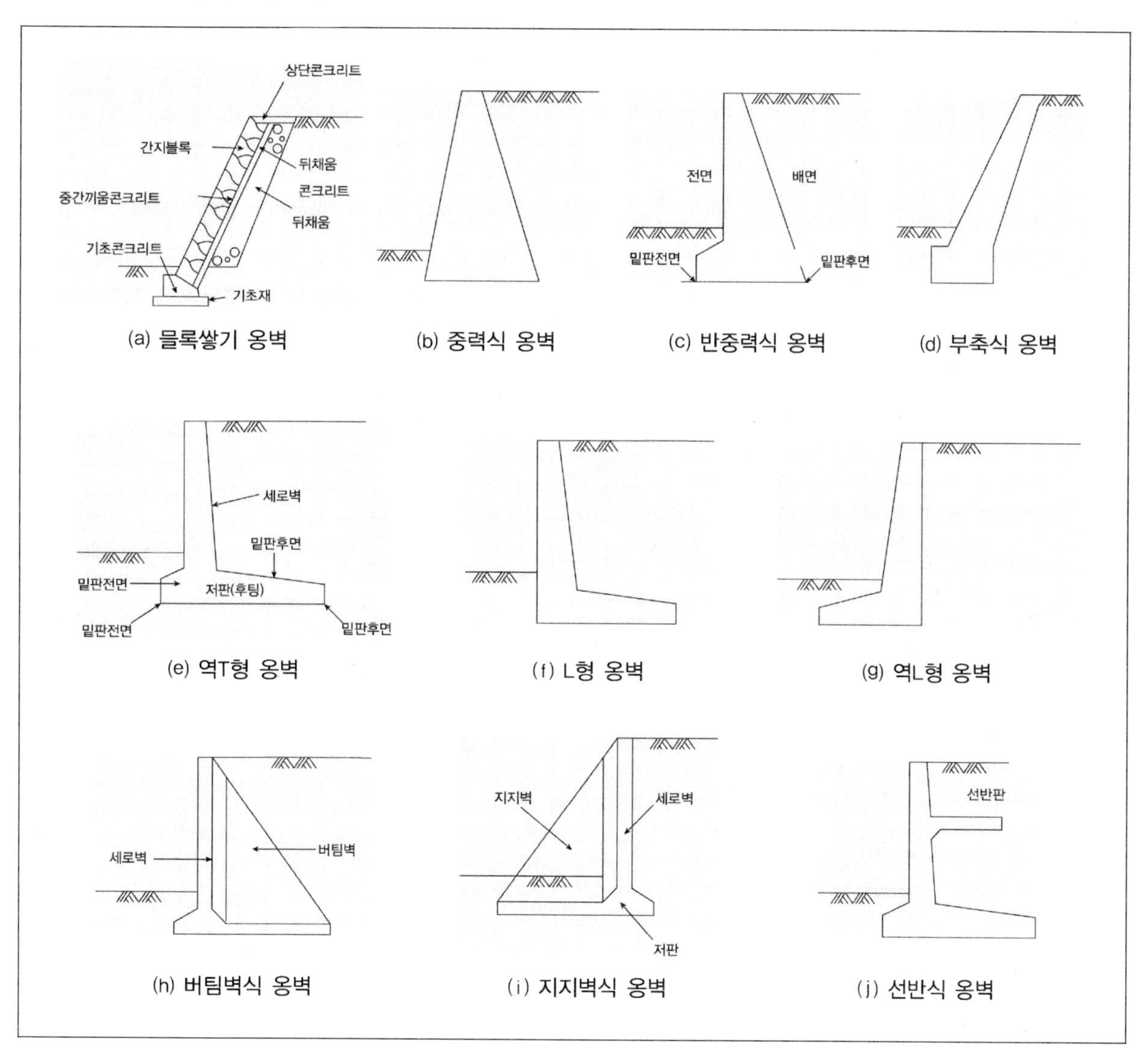

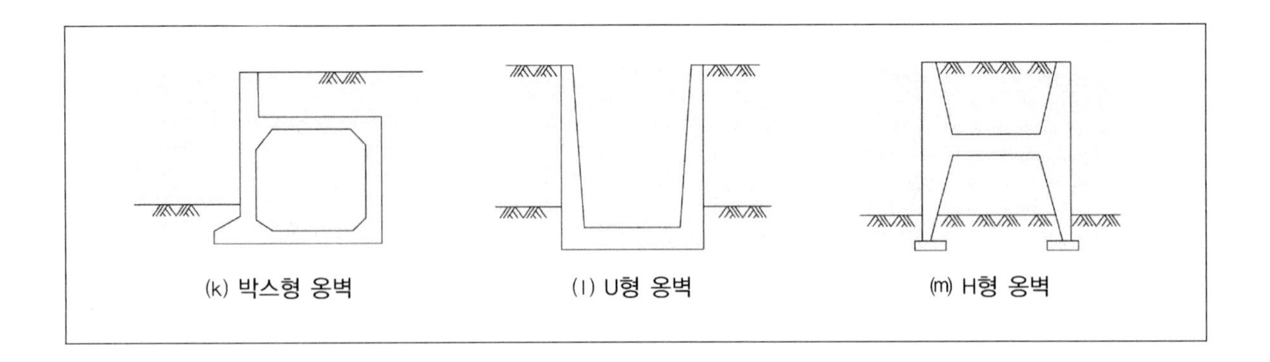
(k) 박스형 옹벽　(l) U형 옹벽　(m) H형 옹벽

(2) 옹벽의 구성요소

① 저판

㉠ 저판의 뒷굽판은 좀 더 정확한 방법이 사용되지 않는 한 뒷굽판 상부에 재하되는 모든 하중을 지지하도록 설계가 되어야 한다.

㉡ 켄틸레버식 옹벽의 저판은 전면벽과의 접합부를 고정단으로 간주한 켄틸레버로 가정하고 설계한다.

㉢ 앞부벽식 및 뒷부벽식 옹벽의 저판은 뒷부벽 또는 일부벽 간의 거리를 경간으로 보고 고정보 또는 연속보로 설계한다.

② 전면벽

㉠ 켄틸레버 옹벽의 전면벽은 저판에 지지된 캔틸레버로 설계한다.

㉡ 뒷부벽식 옹벽 및 앞부벽식 옹벽의 전면벽은 3면 지지된 2방향 슬래브로 설계한다.

㉢ 전면벽의 하부는 벽체로서 또는 켄틸레버로서도 작용하므로 연직방향으로 최소의 보강철근을 배치해야 한다.

③ 앞부벽 및 뒷부벽

㉠ 앞부벽은 직사각형보로 설계한다.

㉡ 뒷부벽은 T형보로 보고 설계한다.

옹벽의 종류	설계위치	설계방법
캔틸레버 옹벽	전면벽 저판	캔틸레버 캔틸레버
뒷부벽식 옹벽	전면벽 저판 뒷부벽	2방향 슬래브 연속보 T형보
앞부벽식 옹벽	전면벽 저판 앞부벽	2방향 슬래브 연속보 직사각형 보

(3) 옹벽의 안정조건

① **옹벽의 안전률**…사용하중에 의해 검토한다. 전도에 대한 안전율(저항모멘트를 전도모멘트로 나눈 값)은 2.0 이상, 활동에 대한 안전율(수평저항력을 수평력으로 나눈 값)은 1.5 이상, 지반의 지지력에 대한 안전율(지반의 허용지지력을 지반에 작용하는 최대하중으로 나눈 값)은 1.0 이상이어야 한다.

② 전도, 활동, 침하에 대한 안정

㉠ 전도에 대한 안정

$$\frac{M_r}{M_a}=\frac{m(\sum W)}{n(\sum H)}\geq 2.0$$

- $\sum W$: 옹벽의 자중을 포함한 연직하중의 합계
- $\sum H$: 토압을 포함한 수평하중의 합계

㉡ 활동에 대한 안정: $\dfrac{f(\sum W)}{\sum H}\geq 1.5$

㉢ 침하에 대한 안정

$$\frac{q_o}{q_{max}}\geq 1.0$$

- q_o : 기초 지반의 허용지지력
- q_{max} : 기초저면의 최대압력
- $q_{max,min}=\dfrac{\sum W}{B}\left(1\pm\dfrac{6e}{B}\right)$

㉣ 모든 외력의 합력의 작용점은 옹벽 저면의 중앙의 1/3 이내에 위치해야 한다.

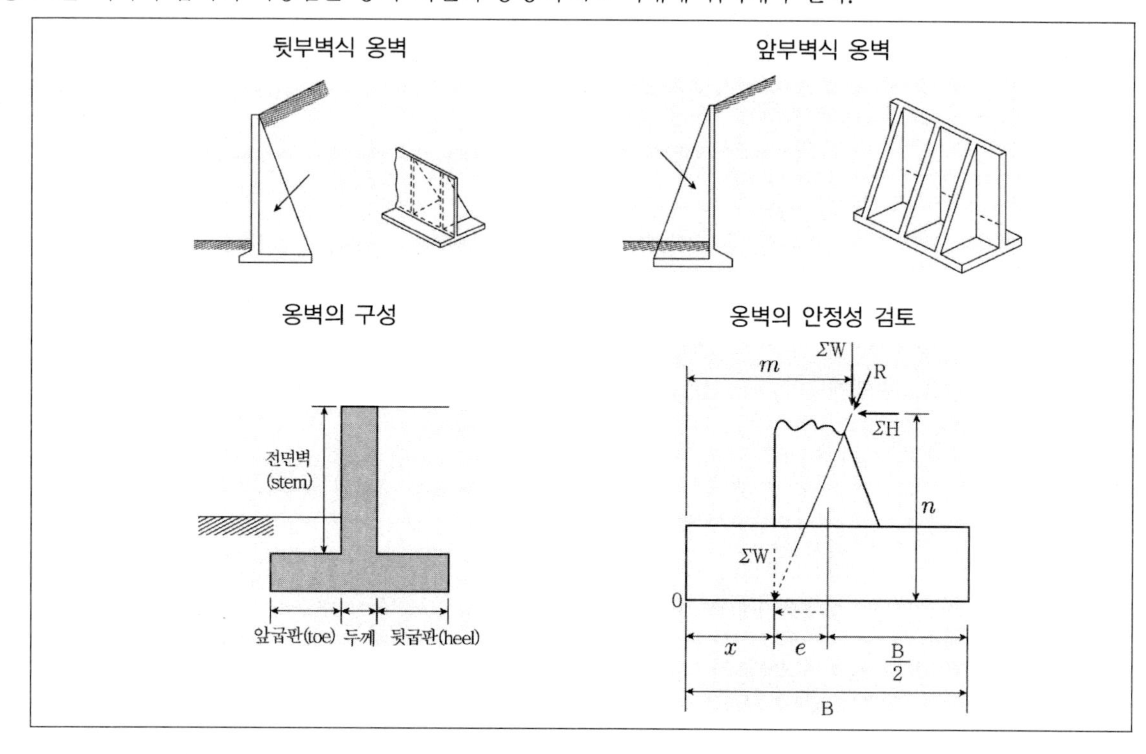

❹ 무근 콘크리트 설계

(1) 일반사항

① 현장치기콘크리트 또는 프리캐스트콘크리트 부재 등과 같은 구조용 무근콘크리트 부재의 설계와 시공은 이 기준의 규정을 따라야 한다.

② 보도와 지표면 슬래브 등과 같이 지면에 바로 지지되는 슬래브의 설계와 시공은 이 기준을 적용하지 않는다. 다만, 이러한 부재가 다른 구조 부재에 의해 수직하중 또는 수평하중을 지면으로 전달하는 경우는 이 기준을 적용한다.

③ 아치, 지하 설비 구조물, 중력벽, 차폐벽과 같은 특수한 구조물에 대해서도 이 기준의 해당 규정들을 적용할 수 있다.

④ 구조용 무근콘크리트는 다음의 ㉠, ㉡ 및 ㉢의 경우에만 사용할 수 있으며, 기둥에는 무근콘크리트를 사용할 수 없다. (현장치기콘크리트 말뚝 및 지반에 묻힌 교각의 설계에 적용할 수 없다.)

> ㉠ 지반 또는 다른 구조용 부재에 의해 연속적으로 수직 지지되는 부재
> ㉡ 모든 하중조건에서 아치작용에 의해 압축력이 유발되는 부재
> ㉢ 벽체와 주각

⑤ 구조용 무근콘크리트의 설계기준압축강도는 18 MPa 이상, 동시에 건축구조기준의 내구성 제한 사항에서 요구하는 값 이상으로 하여야 한다.

(2) 줄눈

① 구조용 무근콘크리트 부재를 휨 불연속요소로 나누기 위하여 수축줄눈과 분리줄눈을 사용하여야 한다. 각 요소의 크기는 크리프, 건조수축, 온도의 영향에 의한 과다한 내부 응력의 발생을 억제할 수 있도록 결정하여야 한다.

② 수축줄눈 또는 분리줄눈의 개수와 위치를 결정할 때 기후조건의 영향, 재료의 선택과 배합비, 콘크리트의 배합, 치기, 양생, 변형에 대한 구속의 정도, 부재가 받고 있는 하중에 의한 응력 그리고 시공기술 등을 고려하여야 한다.

(3) 설계 방법

① 구조용 무근콘크리트 부재는 하중계수와 강도감소계수를 사용하여 이 설계기준의 규정에 따른 적절한 강도를 발휘할 수 있도록 설계하여야 한다.

② 계수하중과 단면력은 건축구조기준의 규정에 따라 결정하여야 한다.

③ 소요강도가 설계강도를 초과하는 경우에는 철근으로 보강하여야 하며, 철근을 사용한 부재는 이 설계기준의 철근콘크리트 구조물 설계에 대한 모든 규정을 적용하여 설계하여야 한다.

④ 휨모멘트와 축력을 받는 구조용 무근콘크리트 부재의 강도설계는 압축과 인장 모두 선형 응력-변형률 관계에 근거하여야 한다.

⑤ 줄눈설계의 규정을 따르면 무근콘크리트 부재를 설계할 때 콘크리트의 인장강도를 고려할 수 있다.

⑥ 철근이 배치되어 있을 경우에도 철근의 강도는 고려하지 않는다.

⑦ 인장력은 각 무근콘크리트 요소의 외부 단부, 시공줄눈, 수축줄눈, 분리줄눈을 통해 전달되지 않아야 한다. 인접한 구조용 무근콘크리트 요소 사이의 인장에 의한 휨 연속성은 없다고 가정하여야 한다.

⑧ 휨모멘트, 휨모멘트와 축력의 조합, 전단력에 대한 강도를 계산할 때 부재의 전체 단면을 설계에 고려한다. 다만, 지반에 콘크리트를 치는 경우에 전체 두께 h는 실제 두께보다 50 mm 작은 값을 사용하여야 한다.

(4) 설계일반

① 구조용 무근콘크리트 벽체는 지반, 기초판, 기초벽, 지중보 또는 수직연속지지 부재로 거동할 수 있는 다른 구조 부재에 의해 연속으로 지지되어야 한다.

② 구조용 무근콘크리트 벽체는 벽체가 받고 있는 연직하중, 횡하중 그리고 다른 모든 하중을 고려하여 설계하여야 한다.

③ 구조용 무근콘크리트 벽체는 축하중에 의해 발생되는 최대 계수휨모멘트에 대응하는 편심에 대하여 설계하여야 한다. 이때 편심은 0.1h이상이다. 만약 모든 계수축력의 합력이 벽체 전체 두께의 중앙 1/3이내에 위치하는 경우 압축력을 받는 단면 설계식 또는 실용설계법에 따라 설계할 수 있다. 그렇지 않은 경우 벽체의 설계는 휨모멘트와 축력을 동시에 받고 있는 부재의 압축면 설계식에 따라야 한다.

④ 전단에 대한 설계는 전단력에 대한 직사각형 단면설계식을 따라야 한다.

(5) 실용 설계법

단면을 가진 구조용 무근콘크리트 벽체는 모든 계수축력의 합력이 벽체 전체 두께의 중앙 3분 구간 내에 위치하는 경우에 ①에 따라 설계할 수 있다.

① 축력이 작용하는 벽체의 설계는 ①에 따라야 한다.

$\phi P_{nw} \geq P_u$

여기서, P_u는 계수축력이고, P_{nw}는 ②에 의하여 계산되는 공칭축강도이다.

① $P_{nw} = 0.45 f_{ck} A_g \left[1 - \left(\frac{l_c}{32h}\right)^2\right]$

(6) 설계 강도

①	$\phi M_n \geq M_u$	⑦	$M_u/S_m - P_u/A_g \leqq 0.42\phi\lambda\sqrt{f_{ck}}$
②	$M_n = 0.42\lambda\sqrt{f_{ck}}S_m$	⑧	$\phi V_n \geqq V_u$
③	$M_n = 0.85 f_{ck} S_m$	⑨	$V_n = 0.11\lambda\sqrt{f_{ck}}bh$
④	$\phi P_n \geq P_u$	⑩	$V_n = 0.11\left(1+\dfrac{2}{\beta_c}\right)\lambda\sqrt{f_{ck}}b_0 h \leqq 0.22\lambda\sqrt{f_{ck}}b_o h$
⑤	$P_n = 0.60 f_{ck}\left[1-\left(\dfrac{l_c}{32h}\right)^2\right]A_1$ (A_1은 재하면적)	⑪	$\phi B_n \geqq P_u$
⑥	$P_u/\phi P_n + M_u/\phi M_n \leqq 1$	⑫	$B_n = 0.85 f_{ck} A_1$

- 휨모멘트를 받는 단면의 설계는 ①의 조건에 만족하도록 하여야 한다. 여기서, 인장이 지배적일 경우에 M_n은 ②에 의하여 계산되며, 압축이 지배적일 경우에는 ③에 의해 계산한다. 여기서, S_m은 단면계수이다.
- 압축력을 받는 단면의 설계는 ④의 조건에 만족하도록 하여야 한다. 여기서, P_n은 ⑤에 의하여 계산되는 공칭축강도이다.
- 휨모멘트와 축력을 동시에 받고 있는 부재는 압축면에서 ⑥을 만족하도록 설계하여야 한다. 그리고 인장면에서 ⑦을 만족하여야 한다.
- 전단력에 대한 직사각형 단면의 설계는 ⑧의 조건에 만족하도록 하여야 한다. 여기서, V_n은 보작용에 대해서 ⑨, 2방향 작용에 대해서 ⑩을 적용하여 구한다. (β_c는 집중하중 또는 반력부의 단변 길이에 대한 장변 길이의 비이다.)
- 압축력을 받는 지압부의 설계는 ⑪의 조건에 만족하도록 하여야 한다. (P_u는 계수지압력이고, B_n은 ⑫에 따라 계산되는 재하면적 A_1의 공칭지압강도이다.)
- 모든 면에서 받침부의 면적이 재하면적보다 넓은 경우를 제외하고, 재하면적의 공칭지압강도 B_n에 2를 초과하지 않는 범위 내에서 $\sqrt{A_2/A_1}$를 곱하여 구할 수 있다.

(7) 제한 사항

① 정밀한 구조해석에 의해 입증되지 않는 한, 각각의 수직으로 작용하는 집중하중에 대한 벽체의 수평방향 유효폭은 하중들의 중심간 거리를 초과할 수 없으며, 또한 하중지압부의 폭에 벽체 두께의 4배를 더한 길이를 초과할 수 없다.

② 다음 ③을 제외한 내력벽의 두께는 벽체의 비지지 높이 또는 길이 중 작은 값의 1/24배 이상으로 하여야 하고, 또한 최소 150 mm 이상으로 하여야 한다.

③ 지하층 외측 벽체와 기초 벽체판의 두께는 200 mm 이상으로 하여야 한다.

④ 벽체는 횡방향 상대 변위가 일어나지 않도록 지지되어야 한다.

⑤ 모든 창이나 출입구 등의 개구부 주위에 2개 이상의 지름 D16 이상의 철근을 배치하여야 한다. 이러한 철근은 개구부의 모서리에서 600 mm 이상 연장하여 정착시켜야 한다.

(8) 무근콘크리트 기초판 설계 일반사항

① 구조용 무근콘크리트 기초판은 계수하중과 지반반력에 대하여 이 설계기준의 해당 설계조건과 다음 ②에서 ⑤까지 규정에 따라 설계하여야 한다.

② 기초판 밑면의 면적은 기초에 의해 지반으로 전달되는 사용하중에 의한 외력과 휨모멘트 그리고 토질역학의 원리에 의거하여 정해진 허용지지력으로 결정되어야 한다.

③ 말뚝 위의 기초판에는 무근콘크리트를 사용할 수 없다.

④ 구조용 무근콘크리트 기초판의 두께는 200 mm 이상으로 하여야 한다.

⑤ 최대 계수휨모멘트는 다음과 같은 위험단면에 대해 계산되어야 한다.
   ㉠ 콘크리트 기둥, 주각 또는 벽체를 지지하는 기초판의 경우 기둥, 주각 또는 벽체의 전면
   ㉡ 조적조 벽체를 지지하는 기초판의 경우 벽체의 중심선과 전면과의 중간
   ㉢ 강재 밑판을 갖는 기둥을 지지하는 기초판의 경우 강재 밑판 단부와 기둥 전면의 중간

5 무근콘크리트 기초판의 전단

(1) 최대 계수전단력 V_u는 다음 (2)의 규정에 따라 계산하여야 하며, 기둥, 주각 또는 벽체를 지지하는 기초판에서 전단력에 대한 위험단면의 위치는 기둥, 주각 또는 벽체의 전면으로 하여야 한다.

(2) 집중하중 또는 반력이 작용하는 부근에서 구조용 무근콘크리트 기초판의 전단강도는 다음 두 가지 조건 중 불리한 것으로 결정하여야 한다.

① 집중하중 또는 반력면의 전면부터 h 거리의 위치에서 전체 폭에 걸친 단면을 위험단면으로 하는 보 작용의 경우에는 $V_n = 0.11\lambda\sqrt{f_{ck}}\,bh$에 따라 설계하여야 한다.

② 집중하중 또는 반력을 받는 면적의 주위에 걸쳐 기초면에 수직한 위험단면을 갖는 2방향 작용의 경우에는 $V_n = 0.11\left(1+\dfrac{2}{\beta_c}\right)\lambda\sqrt{f_{ck}}\,b_0 h \leq 0.22\lambda\sqrt{f_{ck}}\,b_o h$에 따라 설계하여야 한다. 이 때 둘레길이 b_o는 최소로 되어야 하나 집중하중이나 반력면의 둘레에서 $h/2$보다 가까이 위치시킬 필요는 없다.

(3) 원형단면 또는 정다각형 단면의 콘크리트 기둥이나 주각은 휨모멘트와 전단력에 대한 위험단면의 위치를 결정할 때 면적이 같은 정사각형 부재로 취급할 수 있다.

(4) 받침부재와 지지된 부재 사이의 접촉면에서 콘크리트의 계수지압력 P_u는 양쪽 부재 지압면의 설계지압강도 ϕB_n을 초과할 수 없다.

(5) 주각

① 무근콘크리트 주각은 연직하중, 횡하중, 그리고 작용하고 있는 모든 하중을 고려하여 설계하여야 한다.

② 무근콘크리트 주각의 평균 최소 횡방향 두께에 대한 비지지 높이의 비는 3을 초과할 수 없다.

③ 무근콘크리트 주각에 작용하는 최대 계수축력은 설계지압강도를 초과하지 않아야 한다.

(6) 프리캐스트콘크리트 부재

① 프리캐스트 무근콘크리트 부재의 설계는 거푸집의 해체, 보관, 운반, 가설을 포함하는 초기 제작부터 구조물의 완성에 이르기까지 모든 하중 조건을 고려하여 설계하여야 한다.

② 설계일반사항은 프리캐스트 무근콘크리트 부재의 완성 상태뿐만 아니라 제작, 운반, 가설 동안에도 적용시켜야 한다.

③ 프리캐스트콘크리트 부재는 횡력에 저항할 수 있는 구조 시스템으로 모든 횡력이 전달될 수 있도록 확실하게 연결되어야 한다.

④ 프리캐스트콘크리트 부재는 연결이 완전해질 때까지 적절한 시공 위치와 구조적 일체성을 확보하기 위하여 적절히 지지하여 가설하여야 한다.

(7) 내진설계와 무근콘크리트

강진지역에 속하거나 또는 높은 지진위험도가 요구되는 지역에 해당하는 구조물은 다음을 제외하고 구조용 무근콘크리트를 사용한 기초요소를 가질 수 없다.

① 높이는 3층 이하이며 전단연결재로 연결된 벽체로 건설된 단세대 또는 두 세대형 독립가옥의 경우에는 벽체를 지지하는 기초 또는 독립기둥 및 주각을 지지하는 독립기초에 길이방향 철근이 없는 무근콘크리트 기초를 사용할 수 있다.

② ① 이외의 모든 구조물에 대하여 현장치기 철근콘크리트 벽체 또는 보강 조적조 벽체를 지지하는 기초에 무근콘크리트 기초를 사용할 수 있다. 다만, 이러한 경우에는 최소한 2개의 철근이 길이방향으로 연속적으로 배치되어야 한다. 철근은 D13 이상을 사용하여야 하며 철근의 단면적은 기초단면적의 0.2% 이상이어야 한다.

③ 높이는 3층 이하이며 전단연결재로 연결된 벽체로 건설된 단 세대 또는 두 세대형 독립가옥의 경우에서 벽체의 두께가 200 mm 이상이고 1.2 m 이하의 한쪽 토사하중이 작용하는 경우에는 기초 및 지하 벽체에 무근콘크리트를 사용할 수 있다.

| 기출예제 06 2010 지방직 (7급)

구조용 무근콘크리트에 대한 설명으로 옳지 않은 것은?

① 구조용 무근콘크리트의 휨모멘트 강도감소계수는 0.55이다.

② 구조용 무근콘크리트의 설계기준압축강도는 18MPa 이상이어야 한다.

③ 구조용 무근콘크리트의 전단 설계 시 부재의 단면은 전체 두께에서 50mm를 감한 값을 사용한다.

④ 구조용 무근콘크리트의 하중조합은 철근콘크리트 구조와 동일하게 적용한다.

*

구조용 무근콘크리트의 휨모멘트, 휨모멘트와 축력의 조합, 전단에 대한 강도를 계산시 부재의 전체 단면을 설계에 고려한다. 다만, 지반에 콘크리트를 치는 경우에 전체 깊이는 실제 깊이보다 50mm작은 값을 사용하여야 한다.

답 ②

6 콘크리트용 앵커설계

(1) 적용범위

① 연결된 구조 요소 간 또는 안전에 관련된 부속물과 구조 요소 간에 인장, 전단 및 인장과 전단의 조합에 의해 구조 하중을 전달하는 데 사용되는 콘크리트용 앵커에 관한 설계 조건을 제시하고 있다. 여기서, 규정된 안전율은 단기간 취급할 때 또는 시공할 때보다는 사용할 때 조건을 고려한 값이다.

② 선설치앵커와 후설치앵커에 모두 적용된다. 특수 삽입물, 관통 볼트, 다수 앵커의 묻힌 단부 쪽에 한 개의 강판에 연결된 앵커, 부착식 또는 주입식 앵커 그리고 화약이나 압축 공기에 의하여 직접 앵커링되는 못 또는 볼트 등은 포함하지 않는다. 매설물의 일부로 사용되는 철근도 별도 규정에 따라 설계하여야 한다.

③ 비균열 콘크리트에서 $1.4N_p$ 이상의 뽑힘강도를 발휘할 수 있는 형태의 헤드스터드와 헤드볼트가 포함된다. 여기서, N_p는 $N_p = 8A_{brg}f_{ck}$에 의한 값이다.

④ 비균열 콘크리트에서 마찰을 제외하고 $1.4N_p$ 이상의 뽑힘강도를 발휘할 수 있는 형태의 갈고리볼트도 포함된다. 여기서, N_p는 $N_p = 0.9f_{ck}e_hd_a$에 의한 값이다.

⑤ 콘크리트에 대한 후설치앵커 사용의 적절성은 사전에 입증되어야 한다.

⑥ 고주파 피로하중 또는 충격하중에 대한 앵커 설계는 이 기준의 내용을 적용할 수 없다.

(2) 용어의 정의

- **간격슬리브**(distance sleeve) : 언더컷앵커, 비틀림제어 확장앵커 및 변위제어 확장앵커의 중심부를 둘러싸는 확장되지 않는 슬리브
- **갈고리볼트**(hooked bolt) : 앵커 하단에 위치하고 e_h가 최소한 $3d_a$인 90° 갈고리(L볼트) 또는 180° 갈고리(J볼트)의 지압에 의하여 정착되는 선설치앵커
- **보조철근**(supplementary reinforcement) : 잠재적인 콘크리트의 파괴 프리즘을 구조 부재에 연결시키기 위하여 설계 및 설치되는 철근으로 모든 설계하중을 앵커에서 구조 부재에 전달하도록 설계되지는 않은 철근
- **부속물**(attachment) : 콘크리트 면의 외부에서 앵커에 하중을 전달하거나 또는 앵커에서 하중을 전달받는 구조 부재
- **선설치앵커**(cast-in-place anchor) : 콘크리트 치기 이전에 설치되는 헤드볼트, 헤드스터드 또는 갈고리볼트
- **앵커**(anchor) : 헤드볼트, J 또는 L형의 갈고리볼트, 헤드스터드, 확장앵커 및 언더컷앵커를 포함하는 강재 요소로서 콘크리트 치기 전 설치되거나 혹은 굳은 콘크리트 부재에 후 설치되어 작용 하중을 전달하는데 사용됨.
- **앵커 그룹**(anchor group) : 대체로 동등한 유효묻힘깊이를 갖고, 인접 앵커 간 간격이 인장을 받는 경우 $3h_{ef}$ 이하, 전단을 받는 경우 $3c_{a1}$ 이하인 다수의 앵커
- **앵커철근**(anchor reinforcement) : 앵커에서 구조 부재로 전체 설계하중을 전달하는데 사용되는 철근.
- **앵커뽑힘강도**(anchor pullout strength) : 앵커 자체 또는 앵커의 주요부가 주변 콘크리트를 심각하게 파괴시키지 않은 상태로 미끄러져 뽑히는 경우의 강도
- **언더컷앵커**(undercut anchor) : 앵커의 묻힌 단부 부위 콘크리트를 도려내고(언더커팅) 기계적 맞물림으로 인장강도를 얻는 후설치앵커 : 언더커팅은 앵커 설치 이전에 특수 드릴을 사용할 수도 있고, 앵커 설치 중 앵커에 의하여 자체적으로 수행될 수도 있음.
- **연단거리**(edge distance) : 콘크리트 면의 가장자리부터 가장 가까운 앵커 중심까지 거리
- **연성강재요소**(ductile steel element) : 인장시험 결과 연신율이 14% 이상이고 단면적 감소가 30% 이상인 요소
- **유효묻힘깊이**(effective embedment depth) : 앵커가 힘을 주변 콘크리트에 전달하거나 또는 전달 받는 전체 깊이 : 인장력을 받을 때의 유효묻힘깊이는 보통콘크리트 파괴면의 깊이이며 선설치 헤드볼트 또는 헤드스터드의 경우 유효묻힘깊이는 헤드의 지압 접촉면부터 측정함.
- **취성강재요소**(brittle steel element) : 인장시험 결과 연신율이 14% 미만이거나 단면적 감소가 30% 미만인 경우 또는 두 가지에 모두 해당되는 요소

- **측면파열강도**(side-face blowout strength) : 앵커의 묻힘깊이가 크고 측면 피복 두께가 작은 경우 콘크리트 상부면에서는 파괴가 거의 발생하지 않으면서 묻힌 헤드 주변 콘크리트의 측면 파괴가 발생하는 강도
- **콘크리트 파괴강도**(concrete breakout strength) : 앵커 또는 앵커 그룹 주변 콘크리트 일부가 모재로부터 분리되는 경우의 강도
- **콘크리트프라이아웃강도**(concrete pryout strength) : 짧고 강성이 큰 앵커가 작용하는 전단력의 반대방향으로 변위하면서 앵커의 후면 콘크리트를 탈락시키는 경우의 강도
- **투영면적**(projected area) : 사각뿔로 가정한 파괴면의 밑면을 대표하기 위해 사용되는 콘크리트 부재면 상의 면적
- **특수 삽입물**(special insert) : 부속물의 볼팅 및 슬롯 연결을 위해 미리 설계되고 제작된 선설치앵커: 특수 삽입물은 취급, 운반 및 시공 목적으로 자주 사용되고, 또한 구조 요소의 정착에도 사용됨. 특수 삽입물은 이 부록의 범위에 포함되지 않음.
- **헤드스터드**(headed stud) : 콘크리트를 치기 전에 아크 용접 과정에 의하여 스터드에 판 또는 유사한 강재 부속물을 고정시킨 강재 앵커
- **확장슬리브**(expansion sleeve) : 가해진 비틀림 또는 충격으로 중심부에 의하여 바깥쪽으로 밀려나는 확장 앵커의 바깥부분 : 미리 천공된 구멍 측면에 지압을 가함.
- **확장앵커**(expansion anchor) : 굳은 콘크리트에 삽입되어 직접적인 지압 또는 마찰, 혹은 지압과 마찰에 의하여 콘크리트에 힘을 전달하거나 전달받는 후설치앵커 : 확장앵커의 나사 또는 볼트에 비틀림을 가하여 확장시키는 경우 비틀림제어 확장앵커임. 확장앵커의 슬리브 또는 플러그에 충격하중을 가하여 확장시키고 슬리브 또는 플러그의 이동 길이에 의하여 확장을 제어하는 경우 변위제어 확장앵커임.
- **후설치앵커**(post-installed anchor) : 굳은 콘크리트에 설치하는 앵커. 확장앵커 및 언더컷앵커가 후설치앵커의 종류임.
- **하위 5%**(five percent) : 실제 강도가 공칭강도를 초과할 확률 95%에 대한 90%의 신뢰도를 의미하는 통계 용어

(3) 설계 일반

① 앵커와 앵커 그룹은 탄성해석에 의해서 계수하중에 대해 설계되어야 한다. 소성해석은 변형 적합 조건이 고려되고 공칭강도가 연성강재요소에 의해 결정될 때 허용된다.

② 앵커의 강도는 적용 가능한 하중조합에 의해 결정되는 최대 소요강도 이상이 되도록 설계하여야 한다.

③ 앵커를 설계할 때 지진하중이 포함되는 경우는 다음 ㉠에서 ㉥까지 추가 요구 사항을 적용시켜야 한다.
㉠ 이 기준은 지진하중을 받는 콘크리트 구조물의 소성힌지 구간의 설계에 적용할 수 없다.

㉡ 후설치앵커는 균열 콘크리트에 사용하기 위한 검증이 필요하며, 모의 지진 실험을 통과하여야 한다. 뽑힘강도 N_p와 전단을 받는 앵커의 강재강도 V_{sa}는 모의 지진 실험에 근거하여 평가되어야 한다.

㉢ 콘크리트 파괴와 관련된 앵커의 설계강도는 $0.75\phi N_n$과 $0.75\phi V_n$을 사용한다. N_n과 V_n은 비균열 콘크리트로 확인되지 않은 경우에는 균열 콘크리트 상태로 가정한다.

㉣ ㉤와 ㉥을 적용하지 않는 경우 앵커는 연성강재요소의 강재강도로 설계되어야 한다.

㉤ ㉣의 조건을 대신하여, 앵커에 의해 구조물과 연결된 부속물은 ㉢에서 규정하는 앵커의 설계강도 이하의 하중에서 연성 항복을 하도록 설계하여야 한다.

㉥ ㉣와 ㉤의 조건을 대신하여, ㉢의 방법으로 산정된 강도에 0.4를 곱한 값을 설계강도로 사용할 수 있다. 다수의 스터드가 사용되는 경우에는 ㉢의 방법으로 산정된 강도에 0.5를 곱한 값을 설계강도로 사용할 수 있다.

④ 콘크리트 설계기준압축강도 f_{ck}는 선설치앵커의 경우 70 MPa, 후설치앵커의 경우 55 MPa을 초과할 수 없다. 후설치앵커를 사용할 때 콘크리트 설계기준압축강도가 55 MPa을 초과하는 경우 시험으로 검증하여야 한다.

(4) 앵커 강도에 관한 일반 규정

① 앵커의 강도 설계는 ④의 조건을 만족하는 설계 모델을 이용한 계산 또는 아래 실험 결과의 하위 5%를 사용한 실험 평가에 따라 정하여야 한다. 이와 더불어 쪼갬파괴를 방지하기 위해 규정된 연단거리, 간격, 두께를 만족시켜야 한다.

- 인장을 받는 앵커의 강재강도
- 전단을 받는 앵커의 강재강도
- 인장을 받는 앵커의 콘크리트 파괴강도
- 전단을 받는 앵커의 콘크리트 파괴강도
- 인장을 받는 앵커의 뽑힘강도
- 인장을 받는 앵커의 콘크리트측면파열강도
- 전단을 받는 앵커의 콘크리트프라이아웃강도

② 앵커 설계는 $\phi N_n \geq N_{ua}$, $\phi V_n \geq V_{ua}$을 만족해야 한다. 이 때 ϕN_n과 ϕV_n은 모든 파괴 모드에서 산정된 가장 작은 설계강도이어야 한다. ϕN_n은 ϕN_{sa}, $\phi n N_{pn}$, ϕN_{sb} 또는 ϕN_{sbg}, 그리고 ϕN_{cb} 또는 ϕN_{cbg}를 고려하여 결정되는 단일 앵커 또는 앵커 그룹의 설계강도 중 가장 작은 값이다. ϕV_n은 ϕV_{sa}, ϕV_{cb} 또는 ϕV_{cbg}, 그리고 ϕV_{cp} 또는 ϕV_{cpg}를 고려하여 결정되는 단일 앵커 또는 앵커 그룹의 설계강도 중 가장 작은 값이다.

③ N_{ua}와 V_{ua}가 동시에 작용하는 경우 상관 작용 효과가 고려되어야 한다.

④ 단일 앵커 또는 앵커 그룹의 공칭강도는 포괄적 실험 결과를 실질적으로 예측할 수 있는 설계 모델에 의하여야 하며, 실험에서 사용되는 재료는 구조물의 재료와 일치하여야 한다. 공칭강도는 개별 기본 앵커 강도의 하위 5%에 의한다. 이 때 콘크리트와 관련한 공칭강도는 크기 효과 보정, 앵커의 수, 인접 앵커의 영향, 연단거리, 콘크리트 부재의 깊이, 앵커 그룹의 편심 하중 그리고 균열의 존재 여부 등이 고려되어야 하며, 설계 모델의 연단거리 및 앵커 간격의 제한 사항은 모델을 입증하는 실험과 일치하여야 한다. 콘크리트 파괴를 구속하는 보조철근의 효과는 이러한 설계 모델에 포함될 수 있다.

⑤ 앵커철근이 콘크리트 파괴면을 기준으로 양쪽으로 정착되어 있거나 앵커를 감싸고 파괴면을 지나서 정착된 경우에는 전단력을 받는 앵커의 강재강도와 전단력을 받는 앵커의 콘크리트 파괴강도에 따른 콘크리트 파괴강도를 산정할 필요가 없다.

⑥ 지름이 50 mm를 초과하지 않고 인장 묻힘깊이가 635 mm를 초과하지 않는 앵커의 콘크리트 파괴강도에 관한 요구 사항은 인장력을 받는 앵커의 강재강도와 전단력을 받는 앵커의 콘크리트 파괴강도의 설계 방법에 의해 만족하는 것으로 간주한다.

⑦ 실험과 실질적으로 일치하는 강도를 산정할 수 있는 상관 작용이 반영된 설계의 경우 인장과 전단의 조합하중에 대한 저항이 고려되어야 한다.

⑧ 하중조합을 적용할 때 앵커의 강도감소계수 ϕ는 다음과 같다.

연성강재요소의 강도에 의해 지배되는 앵커		
가. 인장력		0.75
나. 전단력		0.65
취성강재요소의 강도에 의해 지배되는 앵커		
가. 인장력		0.65
나. 전단력		0.60
콘크리트 파괴, 측면파열, 뽑힘 또는 프라이아웃강도에 의해 지배되는 앵커		
	조건 A	조건 B
가. 전단력	0.75	0.70
나. 인장력		
(가) 선설치 헤드스터드, 헤드볼트, 갈고리볼트	0.75	0.70
(나) 후설치앵커 범주 1 (낮은 설치 민감도와 높은 신뢰도)	0.75	0.65
(다) 후설치앵커 범주 2 (중간 설치 민감도와 중간 신뢰도)	0.65	0.55
(라) 후설치앵커 범주 3 (높은 설치 민감도와 낮은 신뢰도)	0.55	0.45

조건 A는 구조 부재 내에서 콘크리트의 잠재적인 프리즘 형태의 파괴를 구속하기 위하여 설치한 보조철근이 잠재적인 파괴면과 구조 부재를 연결하도록 설계되었을 때 적용한다. 조건 B는 이와 같은 보조철근이 없거나 뽑힘강도 또는 프라이아웃강도가 지배적일 때 적용한다.

(5) 쪼갬파괴를 방지하기 위한 연단거리, 앵커 간격, 두께

① 쪼개짐을 제어하기 위한 보조철근이 배치되어 있지 않으면, 앵커의 최소 간격과 연단거리 및 부재의 최소 두께는 ②부터 ⑦까지 규정에 따라야 한다. 혹은 별도의 제품 시험을 통해 더 작은 값을 사용할 수 있다.

② ⑤에 의해 결정되지 않는 경우, 앵커의 최소 중심 간격은 비틀림이 가해지지 않는 선설치앵커에서 $4d_a$, 비틀림이 가해지는 선설치앵커 및 후설치앵커에서 $6d_a$ 이어야 한다.

③ ⑤에 의해 결정되지 않는 경우, 비틀림이 가해지지 않는 선설치 헤드앵커에 대한 최소 연단거리는 철근의 피복 두께 요구 조건에 근거하여야 한다. 비틀림이 가해지는 선설치 헤드앵커에 대한 최소 연단거리는 $6d_a$ 이상이어야 한다.

④ ⑤에 의해 결정되지 않는 경우, 후설치 헤드앵커에 대한 최소 연단거리는 철근의 피복 두께 요구 조건 이상이거나 별도의 시험에 따른 제품의 최소 연단거리 요구 조건에 근거하여야 하되, 최대 골재 크기의 두 배 이상이어야 한다. 별도의 시험을 거치지 않은 경우 최소 연단거리는 언더컷앵커 $6d_a$, 비틀림제어 앵커 $8d_a$, 변위제어 앵커 $10d_a$ 이상이어야 한다.

⑤ 비틀림이 가해지지 않거나 설치할 때 쪼개짐을 발생시키지 않는 앵커에 대해, 연단거리나 앵커 간격이 ②에서 ④까지 규정된 값보다 작으면 d_a를 ②에서 ④까지 요구 조건을 만족시키는 더 작은 값 d'_a로 대체하여 계산할 수 있다. 앵커에 가해지는 힘은 지름 d'_a를 갖는 앵커에 상응하는 값으로 제한된다.

⑥ 확장 또는 언더컷 후설치앵커에 대한 h_{ef} 값은 부재치수의 2/3와 (부재치수 − 100 mm) 중 큰 값 이하이어야 한다.

⑦ 별도의 인장 실험에 의해 결정되지 않는 경우, 위험 연단거리 c_{ac}는 언더컷앵커 $2.5h_{ef}$, 비틀림제어 앵커 $4h_{ef}$, 변위제어 앵커 $4h_{ef}$ 이상이어야 한다.

⑧ 시공 도면과 시방서에 설계에서 가정된 최소 연단거리를 갖는 앵커를 사용할 것을 명기하여야 한다.

최근 기출문제 분석

2019 국가직

1 기초구조 및 지반에 대한 설명으로 옳은 것은?

① 2개의 기둥으로부터의 응력을 하나의 기초판을 통해 지반 또는 지정에 전달하도록 하는 기초는 연속기초이다.

② 구조물을 지지할 수 있는 지반의 최대저항력은 지반의 허용 지지력이다.

③ 직접기초에 따른 기초판 또는 말뚝기초에서 선단과 지반 간에 작용하는 압력은 지내력이다.

④ 지지층에 근입된 말뚝의 주위 지반이 침하하는 경우 말뚝 주면에 하향으로 작용하는 마찰력은 부마찰력이다.

TIP ① 2개의 기둥으로부터의 응력을 하나의 기초판을 통해 지반 또는 지정에 전달하도록 하는 기초는 복합기초이다. 줄기초, 연속기초는 벽 또는 일련의 기둥으로부터의 응력을 띠모양으로 하여 지반 또는 지정에 전달토록 하는 기초이다.
② 구조물을 지지할 수 있는 지반의 최대저항력은 지반의 극한지지력이다. 허용지지력은 구조물의 중요성, 설계지반정수의 정확도, 흙의 특성을 고려하여 지반의 극한 지지력을 적정의 안전율로 나눈 값이다.
③ 직접기초에 따른 기초판 또는 말뚝기초에서 선단과 지반 간에 작용하는 압력은 접지압이다.
- 허용지내력 : 지반의 허용지지력 내에서 침하 또는 부등침하가 허용한도 내로 될 수 있게 하는 하중
- 말뚝의 허용지내력 : 말뚝의 허용지지력 내에서 침하 또는 부등침하가 허용한도 내로 될 수 있게 하는 하중
- 말뚝의 허용지지력 : 말뚝의 극한지지력을 안전율로 나눈 값

2018 서울시

2 건축구조물의 기초를 선정할 때, 상부 건물의 구조와 지반상태를 고려하여 적절히 선정하여야 한다. 기초선정과 관련된 설명으로 가장 옳지 않은 것은?

① 연속기초(wall footing)는 상부하중이 편심되게 작용하는 경우에 적합하다.

② 온통기초(mat footing)는 지반의 지내력이 약한 곳에서 적합하다.

③ 복합기초(combined footing)는 외부기둥이 대지 경계선에 가까이 있을 때나 기둥이 서로 가까이 있을 때 적합하다.

④ 독립기초(isolated footing)는 지반이 비교적 견고하거나 상부하중이 작을 때 적합하다.

TIP 연속기초(wall footing, 줄기초)는 벽 또는 일련의 기둥으로부터의 응력을 띠모양으로 하여 지반 또는 지정에 전달토록 하는 기초이다. 연속기초의 접지압은 각 기둥의 지배면적 범위 안에서 균등하게 분포되는 것으로 가정한다.

Answer 1.④ 2.①

2014 지방직

3 KBC2016에 따라 철근콘크리트 벽체를 설계할 경우 이에 대한 설명으로 옳지 않은 것은?

① 지름 10mm 용접철망의 벽체의 전체 단면적에 대한 최소 수평철근비는 0.0012이다.

② 두께 250 mm 이상인 지상 벽체에서 외측면 철근은 외측면으로부터 50mm 이상, 벽두께의 1/3 이내에 배치하여야 한다.

③ 정밀한 구조해석에 의하지 않는 한, 각 집중하중에 대한 벽체의 유효 수평길이는 하중 사이의 중심거리 그리고 하중 지지폭에 벽체 두께의 4배를 더한 길이 중 작은 값을 초과하지 않도록 하여야 한다.

④ 수직 및 수평철근의 간격은 벽두께의 3배 이하, 또한 450mm 이하로 하여야 한다.

TIP 지름 10mm 용접철망의 벽체의 전체 단면적에 대한 최소 수평철근비는 0.0020이다.

이형철근	최소수직철근비	최소수평철근비
$f_y \geq$400Mpa이고 D16이하	0.0012	0.0020
기타 이형철근	0.0015	0.0025
지름16mm이하의 용접철망	0.0012	0.0020

2013 국가직

4 독립기초에 발생할 수 있는 부동침하를 방지하고, 주각의 회전을 방지하여 구조물 전체의 내력 향상에 가장 적합한 부재는?

① 아웃리거(Outrigger)

② 어스앵커(Earthanchor)

③ 옹벽

④ 기초보

TIP 기초보(지중보)는 기초와 기초를 연결하는 수평보로 주각부의 강성을 증대시킨다.

Answer 3.① 4.④

출제 예상 문제

1 **다음 중 지반의 장기허용지내력도의 값으로 바르지 않은 것은?**

① 경암반 : $4,000kN/m^2$
② 연암반 : $2,000kN/m^2$
③ 자갈 : $800kN/m^2$
④ 모래섞인 점토 : $100kN/m^2$

TIP

지반		허용응력도
경암반	화강암, 석록암, 편마암, 안산암 등의 화성암 및 굳은 역암 등의 암반	$4,000kN/m^2$
연암반	판암, 편암 등의 수성암의 암반	$2,000kN/m^2$
	혈암, 토단반 등의 암반	$1,000kN/m^2$
자갈		$300kN/m^2$
자갈과 모래의 혼합물		$200kN/m^2$
모래섞인 점토 또는 롬토		$150kN/m^2$
모래섞인 점토		$100kN/m^2$

2 **지반의 단기허용지내력도가 $60kN/m^2$일 때 장기허용지내력도는?**

① $60kN/m^2$
② $90kN/m^2$
③ $120kN/m^2$
④ $150kN/m^2$

TIP 단기허용지내력도는 장기허용지내력도의 1.5배 정도이므로 $90kN/m^2$가 된다.

3 **RC독립기초가 고정하중 750kN, 활하중 500kN을 받을 경우 정사각형의 기초판으로 가장 경제적인 단면은? (단, 지반의 허용지지력은 100kPa이다.)**

① 2.1m×2.1m
② 2.7m×2.7m
③ 3.6m×3.6m
④ 4.5m×4.5m

TIP $A = \frac{P}{q_u} = \frac{1.0(750) + 1.0(500)}{(100)} = 12.5m^2$

Answer 1.③ 2.② 3.③

4 다음 중 철근콘크리트 기초판 설계 시 기초판의 면적(A)을 결정하는 공식은? (단, D는 사하중, L은 활하중, q_u는 허용지내력이다.)

① $A = \dfrac{1.5D + 1.0L}{q_u}$

② $A = \dfrac{1.0D + 1.0L}{q_u}$

③ $A = \dfrac{1.2D + 1.6L}{q_u}$

④ $A = \dfrac{1.3D + 1.2L}{q_u}$

TIP 기초판의 면적 : $A = \dfrac{1.0D + 1.0L}{q_u}$ (D는 사하중, L은 활하중, q_u는 허용지내력)

5 다음은 휨모멘트에 대한 위험단면 설정에 관한 사항들이다. 이 중 바르지 않은 것은?

① 철근 콘크리트 기둥, 받침대 또는 벽체를 지지하는 확대기초는 기둥, 받침대 또는 벽체의 전면을 휨모멘트에 대한 위험단면으로 본다.

② 석공벽을 지지하는 확대기초는 벽의 중심선을 위험단면으로 본다.

③ 벽체 단면이 직사각형이 아닌 경우는 같은 면적을 가진 정사각형으로 고쳐 그 전면으로 한다.

④ 강철 저판을 갖는 기둥을 지지하는 확대기초는 강철 저판의 연단과 기둥 또는 받침대 전면의 중간선을 위험단면으로 본다.

TIP 석공벽을 지지하는 확대기초는 벽의 중심선과 전면과의 중간선을 위험단면으로 본다.

Answer 4.② 5.②

6 그림과 같은 2방향 확대기초에서 하중계수가 고려된 계수하중 P_u(자중포함)가 그림과 같이 작용할 때 위험단면의 계수전단력(V_u)는 얼마인가?

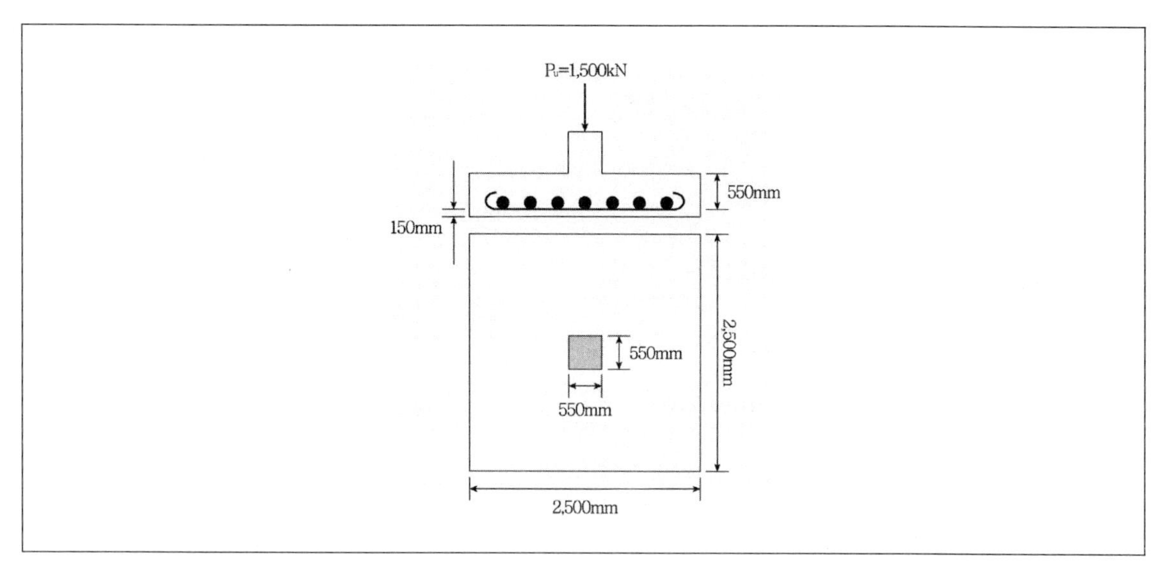

① 1,111.4kN ② 1,163.4kN

③ 1,209.6kN ④ 1,372.9kN

TIP $q = \frac{P_u}{A} = 0.24N/mm^2,\ B = t + d = 1,100mm$

$V_u = q(SL - B^2) = 1,209.6kN$

7 기초판의 크기가 4m×6m일 때 단변방향으로의 소요 철근량이 6,000mm²이다. 이 때 유효폭 내에 배근을 해야 할 철근량은?

① $2,400mm^2$ ② $3,200mm^2$

③ $4,000mm^2$ ④ $4,800mm^2$

TIP 단변방향의 철근량 $\times \frac{2}{\beta+1} = 6,000 \times \frac{2}{\frac{6}{4}+1} = 4,800mm^2$

Answer 6.③ 7.④

8 다음 보기의 빈 칸에 들어갈 말로 알맞은 것을 순서대로 바르게 나열한 것은?

> 독립기초의 하단철근부터 상부까지의 높이는 독립기초가 흙 위에 놓인 경우에는 ㈎ 이상, 말뚝기초인 경우에는 ㈏ 이상이다.

	㈎	㈏
①	120mm	100mm
②	150mm	300mm
③	180mm	250mm
④	200mm	150mm

TIP 독립기초의 하단철근부터 상부까지의 높이는 독립기초가 흙 위에 놓인 경우에는 150mm 이상, 말뚝기초인 경우에는 300mm 이상이다.

9 옹벽의 구조해석에 대한 설명으로 틀린 것은?

① 뒷부벽은 직사각형 보로 설계해야 하며 앞부벽은 T형보로 설계해야 한다.
② 저판의 뒷굽판은 정확한 방법이 사용되지 않는 한 뒷굽판 상부에 재하되는 모든 하중을 지지하도록 설계해야 한다.
③ 캔틸레버식 옹벽의 저판은 전면벽과의 접합부를 고정단으로 간주한 캔틸레버로 가정하여 단면을 설계할 수 있다.
④ 부벽식 옹벽의 저판은 정밀한 해석이 사용되지 않는 한 부벽간의 거리를 경간으로 가정한 고정보 또는 연속보로 설계할 수 있다.

TIP 부벽식 옹벽에서 부벽의 설계는 앞부벽의 경우 직사각형 보로 설계하고 뒷부벽은 T형보로 설계한다.

Answer 8.② 9.①

10 옹벽의 설계 및 구조해석에 대한 설명으로 틀린 것은?

① 활동에 대한 저항력은 옹벽에 작용하는 수평력의 1.5배 이상이어야 한다.
② 부벽식 옹벽의 전면벽은 저판에 지지된 캔틸레버로 설계하여야 한다.
③ 저판의 뒷굽판은 정확한 방법이 사용되지 않는 한 뒷굽판 상부에 재하되는 모든 하중을 지지하도록 설계해야 한다.
④ 캔틸레버식 옹벽의 저판은 추가철근과의 접합부를 고정단으로 간주한 캔틸레버로 가정하여 단면을 설계할 수 있다.

TIP

옹벽의 종류	설계위치	설계방법
뒷부벽식 옹벽	전면벽 저판 뒷부벽	2방향 슬래브 연속보 T형보
앞부벽식 옹벽	전면벽 저판 앞부벽	2방향 슬래브 연속보 직사각형 보

11 철근콘크리트 벽체의 철근배근에 대한 다음 설명 중 잘못된 것은?

① 수직 및 수평철근의 간격은 벽두께의 3배 이하, 또한 450mm 이하로 하여야 한다.
② 지하실벽체를 제외한 두께 250mm 이상의 벽체에 대해서는 수직 및 수평철근을 벽면에 평행하게 양면으로 배근해야 한다.
③ 동일조건에서 벽체의 전체단면적에 대한 최소수직철근비가 최소수평철근비보다 크다.
④ 압축력을 받는 수직철근이 집중배치된 벽체부분의 수직철근비가 0.01배 이상인 경우에는 수직간격이 벽체두께 이하인 횡방향 띠철근으로 감싸야 한다.

TIP 동일조건에서는 벽체의 최소 수직철근비는 최소 수평철근비보다 작다.

Answer 10.② 11.③

12 다음은 벽체설계 시 고려해야 하는 구조적 사항들이다. 이 중 바르지 않은 것은?

① 공칭강도에 도달할 때 인장철근의 변형률이 0.004 이상이어야 한다.

② 전단벽은 벽체의 면내(강축방향)에 작용하는 수평력을 지지하는 벽체이다.

③ 지하실 외벽 및 기초벽체의 두께는 200mm 이상으로 한다.

④ 수직 및 수평철근의 간격은 벽두께의 4배 이하 또는 500mm 중 작은 값으로 한다.

TIP 수직 및 수평철근의 간격은 벽두께의 3배 이하 또는 450mm 중 작은 값으로 한다.

13 다음 중 벽체설계에서의 실용설계법의 공식으로 바른 것은? (단, ϕP_{nw}는 공칭설계축하중이며 kl_c는 유효좌굴길이이다.)

① $\phi P_{nw} = 0.45\phi f_{ck} A_g [1 - (\frac{kl_c}{32h})^2]$ $(\phi = 0.75)$

② $\phi P_{nw} = 0.55\phi f_{ck} A_g [1 - (\frac{kl_c}{32h})^2]$ $(\phi = 0.65)$

③ $\phi P_{nw} = 0.65\phi f_{ck} A_g [1 - (\frac{kl_c}{32h})^2]$ $(\phi = 0.80)$

④ $\phi P_{nw} = 0.75\phi f_{ck} A_g [1 - (\frac{kl_c}{32h})^2]$ $(\phi = 0.85)$

TIP 벽체설계에서의 실용설계법의 공식 $\phi P_{nw} = 0.55\phi f_{ck} A_g [1 - (\frac{kl_c}{32h})^2]$ $(\phi = 0.65)$

14 다음 중 벽체해석 시 사용되는 설계법에서 실용설계법이 적용되는 범위는? (단, e는 편심거리이며 h는 벽체의 두께이다.)

① $\frac{h}{12} < e \leq \frac{h}{8}$

② $\frac{h}{10} < e \leq \frac{h}{6}$

③ $\frac{h}{8} < e \leq \frac{h}{4}$

④ $\frac{h}{6} < e \leq \frac{h}{2}$

TIP 벽체해석 시 사용되는 설계법에서 실용설계법이 적용되는 범위는 $\frac{h}{10} < e \leq \frac{h}{6}$ 이다. (e는 편심거리이며 h는 벽체의 두께이다.)

Answer 12.④ 13.② 14.②

15 다음은 기초판의 휨모멘트에 대한 위험단면에 관한 사항들이다. 이 중 바르지 않은 것은?

① 위험단면은 기초판에 발생할 수 있는 최대계수휨모멘트를 고려하기 위한 것이다.

② 강철 저판을 갖는 기둥을 지지하는 확대기초는 강철 저판의 연단과 기둥 또는 받침대 전면의 중간선을 위험단면으로 본다.

③ 석공벽을 지지하는 확대기초는 벽의 중심선을 위험단면으로 본다.

④ 위험단면의 형상이 직사각형이 아닌 경우는 같은 면적을 가진 정사각형으로 고쳐 그 전면으로 한다.

TIP 석공벽을 지지하는 확대기초는 벽의 중심선과 전면과의 중간선을 위험단면으로 본다.

16 벽체설계 일반사항에 대한 설명으로 옳지 않은 것은?

① 벽체는 계수연직축력이 $0.4A_g f_{ck}$ 이하이고, 총 수직철근량이 단면적의 0.01배 이하인 부재이며 공칭강도에 도달할 때 인장철근의 변형률이 0.004 이상이어야 한다.

② 벽체두께(h)가 180mm 이상인 벽체(지하실 외벽제외)는 양면에 철근을 배근한다.

③ 지하실 외벽 및 기초벽체의 두께는 200mm 이상으로 한다.

④ 전단벽은 벽체의 면내(강축방향)에 작용하는 수평력을 지지하는 벽체이며 내력벽은 면외(약축방향)에 대하여 버팀지지된 상태에서 수직하중을 지지하는 벽체로서 전단벽의 기능을 겸할 수 있다.

TIP 벽체두께(h)가 250mm 이상인 벽체(지하실 외벽제외)는 양면에 철근을 배근한다.

Answer 15.③ 16.②

17 다음의 표는 철근콘크리트 벽체의 최소수직 및 수평철근비를 나타낸 것이다. 빈 칸에 들어갈 말로 알맞은 것을 순서대로 바르게 나열한 것은?

철근의 종류	최소수직철근비	최소수평철근비
f_y ≥ 400Mpa이고 D16 이하인 이형철근	(가)	0.0020
기타 이형철근	0.0015	(나)
지름 16mm 이하의 용접철망	(다)	0.0020

	(가)	(나)	(다)
①	0.0012	0.0025	0.0012
②	0.0015	0.0015	0.0010
③	0.0010	0.0030	0.0015
④	0.0020	0.0035	0.0012

TIP

철근의 종류	최소수직철근비	최소수평철근비
f_y ≥ 400Mpa이고 D16 이하인 이형철근	0.0012	0.0020
기타 이형철근	0.0015	0.0025
지름 16mm 이하의 용접철망	0.0012	0.0020

Answer 17.①

제4편 철근콘크리트구조

10 프리스트레스트 콘크리트

❶ 프리스트레스트 콘크리트

(1) 프리스트레스트 콘크리트의 일반사항

① **프리스트레스트 콘크리트(Prestressed Concrete)의 정의**… 외력에 의하여 발생되는 인장 응력을 상쇄시키기 위해 미리 압축응력을 도입한 콘크리트 부재이다. 인장응력에 의한 균열이 방지되고 콘크리트의 전 단면을 유효하게 이용할 수 있는 장점이 있다.

② 프리스트레스트 콘크리트의 특징
- ㉠ 장스팬의 구조가 가능하고 균열발생이 거의 없다.
- ㉡ 균열이 거의 발생되지 않기에 강재의 부식위험이 적고 내구성이 좋다.
- ㉢ 과다한 하중으로 일시적인 균열이 발생해도 하중을 제거하면 다시 복원이 되므로 탄력성과 복원성이 우수하다.
- ㉣ 콘크리트의 전단면을 유효하게 이용할 수 있다.
- ㉤ 구조물의 자중이 경감되며 부재단면을 줄일 수 있다.
- ㉥ 고강도 강재를 사용한다.
- ㉦ 프리캐스트 공법을 적용할 경우 시공성이 좋다.
- ㉧ 내수성, 복원성이 크고 공기단축이 가능하다.
- ㉨ 항복점 이상에서 진동, 충격에 약하다.
- ㉩ 화재에 약하여 5cm 이상의 내화피복이 요구된다.
- ㉪ 공정이 복잡하며 고도의 품질관리가 요구된다.
- ㉫ 단가가 비싸고 보조재료가 많이 사용되므로 공사비가 많이 든다.
- ㉬ 고강도강재를 사용하여 단면의 두께를 얇게 하여 제작되나 이로 인해 처짐과 진동에 취약하다.

TIP

처짐 및 진동 등의 사용성이 지배하는 장스팬 구조의 경우에는 고강도 강재를 적용하는 것이 비합리적일 수도 있는데 이는 고강도 강재를 적용하게 되면 장스팬임에도 불구하고 단면을 작게 설계할 수 있는 장점이 있으나 처짐, 진동 등의 사용성에 문제가 될 수 있기 때문이다.

기출예제 01 2007 국가직 (7급)

프리스트레스 콘크리트가 일반 철근콘크리트보다 우수한 점을 설명한 것으로 옳지 않은 것은?

① 철근량을 줄일 수 있다.
② 현장에서의 작업능률을 높일 수 있다.
③ 내화성능을 높일 수 있다.
④ 콘크리트 균열을 적게 할 수 있다.

✱

고강도 강재는 고온에 접하면 갑자기 강도가 감소하므로 PSC는 RC보다 내화성에 있어서는 불리하다.

답 ③

(2) 프리스트레스트 콘크리트의 재료

① PS강재의 종류

㉠ 강선(wire) : 지름 2.9 ~ 9mm정도의 강재로 주로 프리텐션 공법에 많이 사용된다.

㉡ 강연선(strand) : 강선을 꼬아서 만든 것으로 2연선, 7연선이 많이 사용되고 19연선, 37연선도 사용된다.

㉢ 강봉(bar) : 지름 9.2 ~ 32mm 정도의 강재로 주로 포스트텐션공법에 쓰인다. 강봉은 강선이나 강연선보다 강도는 떨어지지만 릴렉세이션이 작은 장점이 있다.

② PS강재의 특징

㉠ PS강선의 인장강도는 고강도 철근의 4배이며 PS강봉의 인장강도는 고강도 철근의 2배 정도이다.

㉡ PS강재의 인장강도의 크기 : PS강연선 > PS강선 > PS강봉

㉢ 지름이 작은 것일수록 인장강도나 항복점 응력은 커지고 파단 시의 연신율은 작아진다.

㉣ 뚜렷한 항복점이 존재하지 않으므로 offset법에 의해 항복점을 산정한다.

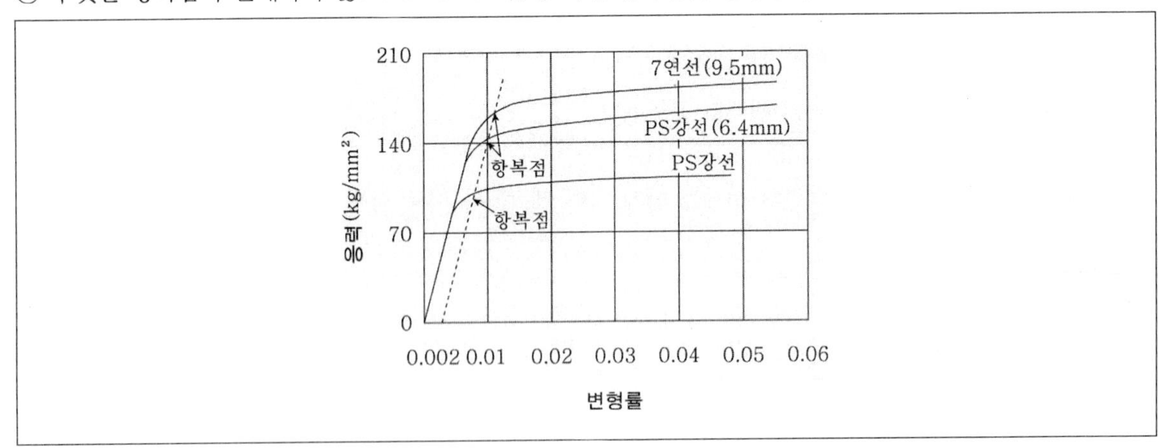

TIP

강선은 선을 꼬아서 만든 것이다. 선을 꼬게 되면 "인장강도=각각의 인장강도의 합"이 되는 것이 아니라 $+\alpha$ 가 된다. 만약 길이가 10m인 선을 꼬게 되면 길이가 7~9m로 줄어들게 된다. 따라서 단순히 같은 단면적을 가진 강봉과 강선을 비교하게 되면 강선의 인장강도가 더 크게 된다. 지푸라기는 약하지만 새끼를 꼬게 되면 강해지는 것과 비슷한 원리이다.

③ PS강재의 요구 성질

㉠ 인장강도가 클 것 : 고강도일수록 긴장력의 손실률이 적다.

㉡ 항복비($\frac{항복강도}{인장강도}\times 100\%$)가 클 것

㉢ 릴렉세이션이 작을 것

㉣ 부착강도가 클 것

㉤ 응력부착에 대한 저항성이 클 것

㉥ 곧게 잘 펴지는 직선성이 좋을 것

㉦ 구조물의 파괴를 예측할 수 있도록 강재에 어느 정도의 연신율이 있을 것

④ 기타의 재료

㉠ 쉬스(sheath) : 포스트텐션 방식에서 사용하며 강재를 삽입할 수 있도록 콘크리트속에 미리 뚫어두는 구멍을 덕트(duct)라고 한다. 이러한 덕트를 형성하기 위해 사용되는 관을 쉬스(PS콘크리트 부재를 포스트텐션공법으로 만들 경우 콘크리트와 긴장재가 부착되지 않도록 미리 긴장재 위에 씌우는 두겁)라고 한다. 쉬스는 파형의 원통이 가장 많이 쓰인다. 쉬스는 변형에 대한 저항성이 크고, 콘크리트와의 부착이 좋아야 하며 충격이나 진동기와의 접촉 등으로 변형되지 않아야 하고 쉬스 이음부는 시멘트 풀이 흘러들어가지 않아야 한다.

㉡ 그라우트(grout) : 강재의 부식을 방지하고 동시에 콘크리트와 부착시키기 위해서 쉬스 안에 시멘트풀 또는 모르터를 주입한다. 이런 목적으로 만든 시멘트풀 또는 모르터를 그라우트라고 하며 그라우트를 주입하는 작업을 그라우팅이라고 한다. 그라우트의 요구조건은 다음과 같다.

- 팽창률 : 10% 이하
- 교반종료 후 주입완료까지의 시간은 30분을 표준으로 한다.
- 블리딩 : 3% 이하
- 재령 28일의 압축강도 : 20MPa 이상
- 물-시멘트비 : 45% 이하
- 염화물 함량 : $0.3kg/m^3$ 이하

㉢ 정착장치와 접속장치

- 정착장치 : 포스트텐션 방식에서는 긴장재를 긴장한 후, 그 끝부분을 부재에 정착시켜야 하는데 이때 쓰이는 기구를 정착장치라 한다.
- 접속장치 : PS강재와 PS강재를 접속하거나 또는 정착장치와 정착장치를 접속할 때 사용하는 기구이며 나사를 이용하는 것이 많다.

⑤ 긴장재의 간격제한

㉠ 부재단에서 프리텐셔닝 긴장재 사이의 순간격은 강선의 경우 철근직경의 5배, 강연선의 경우 철근직경의 4배 이상이어야 한다.

㉡ 콘크리트에 사용되는 골재의 공칭최대치수는 긴장재 또는 덕트 사이 최소간격의 3/4배를 초과하지 않아야 한다.

㉢ 경간 중앙부에서 긴장재 간의 수직간격을 부재단의 경우보다 좁게 하거나 다발로 사용할 수 있다.

㉣ 포스트텐셔닝 부재일 경우 콘크리트를 치는 데 지장이 없고, 긴장시 긴장재가 덕트로부터 튀어 나오지 않도록 처리하였다면 덕트를 다발로 사용해도 좋다.

㉤ 덕트의 순간격은 굵은 골재 최대치수의 4/3배 이상, 25mm 이상이어야 한다.

(3) 시공순서에 의한 프리스트레스트 콘크리트의 분류

① 프리스트레싱의 방법

㉠ **기계적 방법** : 잭(jack)을 사용하여 강재를 긴장하여 정착시키는 공법이며 가장 보편적으로 사용되는 방법이다.

㉡ **화학적 방법** : 팽창성 시멘트를 이용하여 강재를 긴장시키는 방법이다. 팽창시멘트를 사용한 콘크리트는 초기 재령에서 팽창한다. 이때 강재로 구속시켜 놓으면 강재는 긴장되고 콘크리트는 압축된다.

㉢ **전기적 방법** : 강재에 전류를 흘려서 가열하여 늘어난 강재를 콘크리트에 정착하는 방법이다.

㉣ **프리플렉스(prerlex) 방법** : 고강도 강재로된 보에 실제 작용할 하중보다 작은 하중을 가하여 휘게 한 상태에서 콘크리트를 친 후 콘크리트가 충분한 강도에 도달하면 하중을 제거한다. 그러면 콘크리트에는 압축응력이 도입된다.

② 프리스트레싱의 분류

㉠ **완전 프리스트레싱** : 부재에 설계하중이 작용할 때 부재의 어느 부분에서도 인장응력이 생기지 않도록 프리스트레스르 가하는 것이다.

㉡ **부분 프리스트레싱** : 설계하중이 작용할 때 부재 단면의 일부에 인장응력이 생기는 경우이다.

㉢ **내적 프리스트레싱** : 긴장재를 부재속에 설치해 놓고 긴장하여 프리스트레스를 도입하는 방법이다.

㉣ **외적 프리스트레싱** : 긴장재를 콘크리트 부재 밖에 설치하여 프리스트레스를 도입하는 방법이다.

③ **프리텐션(pre−tension)공법** … 콘크리트를 타설하기 전에 강재를 미리 긴장시킨 후 콘크리트를 타설하고, 콘크리트가 경화되면 긴장력을 풀어서 콘크리트에 프리스트레스가 주어지도록 하는 방법이며 콘크리트와 강재의 부착에 의해서 프리스트레스가 도입된다. 주로 공장 생산에 이용된다.

㉠ **프리텐션 공법의 작업순서** : 지주설치→강재 배치 후 긴장→거푸집 설치→콘크리트타설→콘크리트의 양생→콘크리트 경화 후 강재절단

㉡ 대량생산이 용이하며 부착에 의해 긴장력을 전달하므로 쉬스와 같은 부수적인 자재가 필요가 없다.

㉢ 대량생산이 가능하며 공장제품으로서 품질이 우수하다.

㉣ 강재를 곡선으로 배치하기 어려워 대형구조물 제작에는 부적합하다.

㉤ **롱라인 공법**(연속식) : 한 번의 긴장으로 여러 개의 부재를 동시에 제작할 수 있는 방법으로 넓은 면적이 필요하지만 대량생산이 가능하다.

㉥ **인디비듀얼 몰드공법**(단독식) : 거푸집 자체를 인장대로 하여 1회의 긴장으로 비교적 큰 부재를 1개씩 제작하는 방법이다.

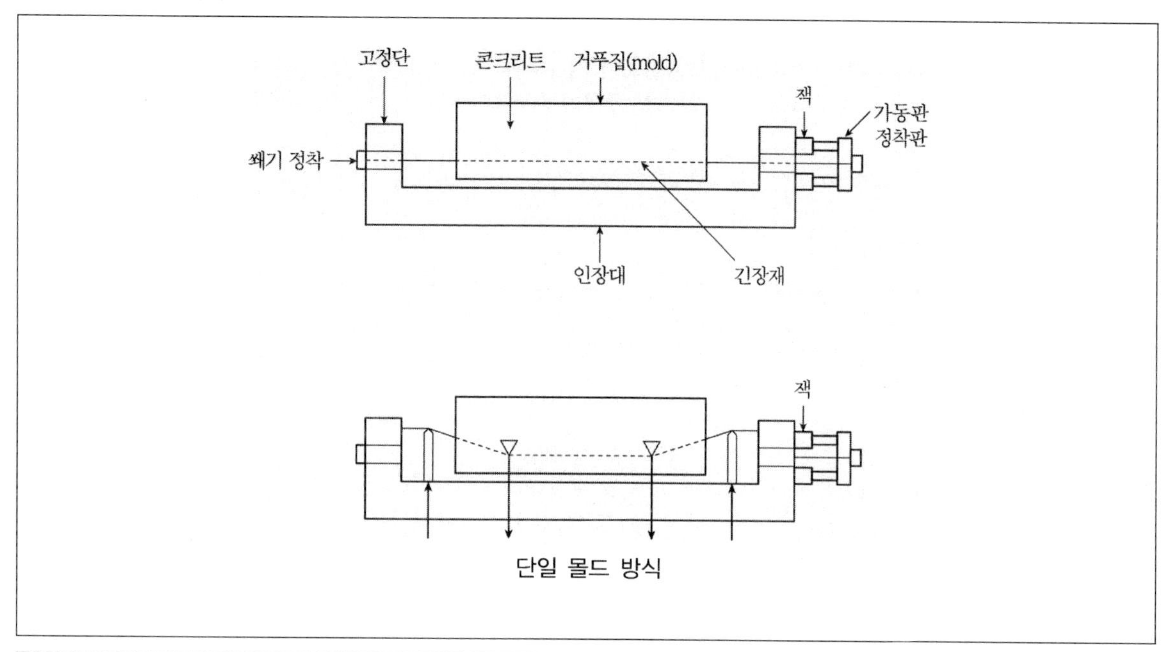

단일 몰드 방식

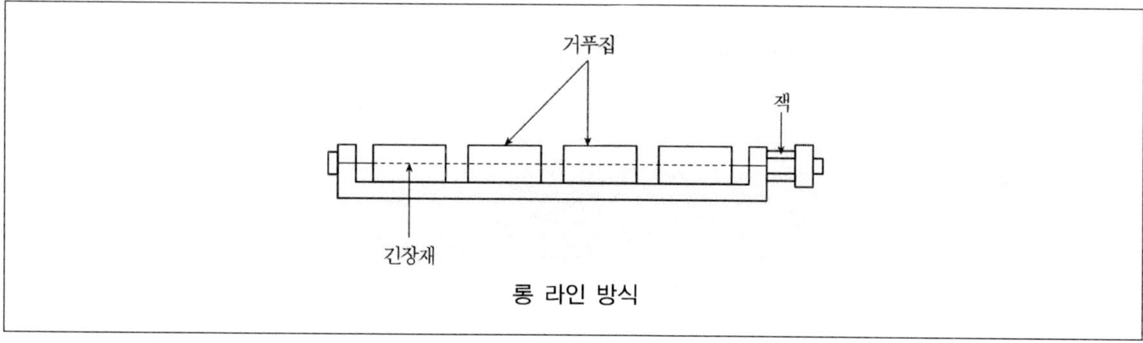

롱 라인 방식

④ **포스트텐션**(post－tension)**공법** … 콘크리트에 프리스트레스를 주는 방법의 하나로서 시스 내에 PC 강재를 배치한 후 콘크리트를 타설하고, 콘크리트 경화 후에 PC 강재를 긴장하여 정착구를 써서 단부에 정착함으로써 인장 응력을 도입하는 공법이다.

㉠ **포스트텐션공법의 작업순서** : 철근과 쉬스를 배치하고 거푸집을 제작→콘크리트를 타설한 후 양생→콘크리트가 경화된 후 강재를 쉬스 속에 삽입하고 긴장한 후 단부에 정착시킨다.→쉬스 속을 그라우팅한다.

㉡ 포스트텐션공법의 특징

- 강재를 곡선 배치할 수 있다.
- 부재의 결합과 조립이 편리하여 현장에서 1개의 크고 긴 부재를 만들 수 있다.
- 프리텐션 부재보다 비교적 낮은 강도의 콘크리트를 쓸 수 있다.
- 콘크리트의 경화 후에 긴장을 하므로 부재 자체를 지지대로 활용하므로 별도의 지지대가 필요없다.
- 정착장치, 쉬스, 그라우트 등이 필요하다.
- 부착시키지 않은 경우 파괴강도가 낮고 균열폭이 커진다.

TIP

시스(Sheath) … 긴장재 배치를 위한 관으로서 콘크리트 타설 시 긴장되지 않은 강선이 콘크리트와 분리되도록 하기 위한 비구조용 자재이다.

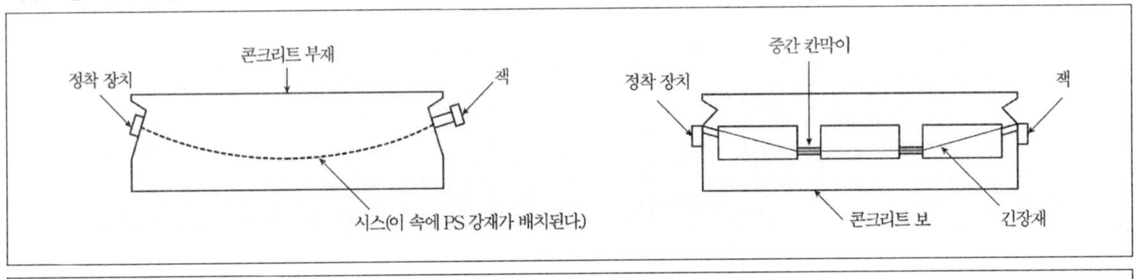

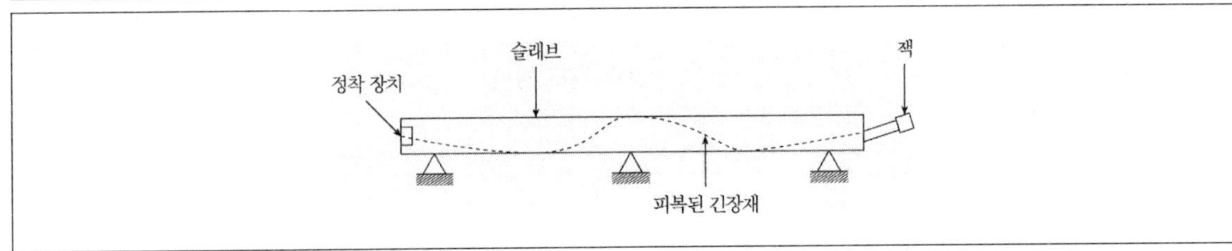

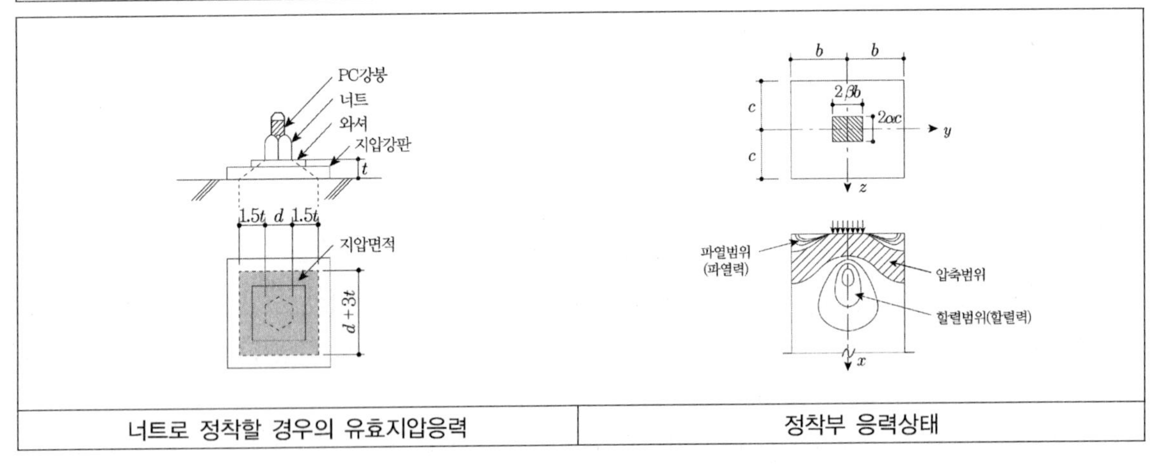

너트로 정착할 경우의 유효지압응력	정착부 응력상태

checkpoint

■ 프리텐션 공법과 포스트텐션 공법

구분	프리텐션 공법	포스트텐션 공법
원리	PS강재에 인장력을 주어 긴장해 놓은 채 콘크리트를 치고 콘크리트 경화 후 인장력을 서서히 풀어서 콘크리트에 프리스트레스를 주는 방식	콘크리트가 경화한 후에 PS강재를 긴장하여 그 끝을 콘크리트에 정착함으로써 프리스트레스를 주는 방식
형상		
특성	• 정착장치, 쉬스관 등의 자재가 불필요하다. • 정착구에 균열이 발생하지 않는다. • PS강재를 직선형상으로 배치한다. • 쉬스관이 없으므로 마찰력을 고려하지 않는다. • 공장제작으로 운반이 가능한 길이와 중량에 제약이 따르며 현장적용성이 좋지 않다. • 프리스트레스 도입 시 콘크리트 압축강도는 30MPa 이상이다. • 프리스트레스 도입 후 재령 28일 최소 설계기준압축강도는 35MPa 이상이다.	• 정착장치 및 쉬스관(위의 사진 참조) 등의 자재 요구, 설치 및 시공하기 위한 전문숙련공이 필요하다. • PS강재를 곡선형상으로 배치가 가능하며 장스팬의 대형구조물에 주로 적용된다. • 현장에서 쉽게 프리스트레스 도입이 가능하다. • 정착구에 집중하중이 작용하는 부분에 균열이 발생할 수 있다. • 품질이 대체로 프리텐션에 비해 떨어지며 대량생산이 어렵다. • 프리스트레스 도입 시 콘크리트 압축강도는 25MPa 이상이다. • 프리스트레스 도입 후 재령 28일 최소 설계기준압축강도는 30MPa 이상이다.

ⓒ 부착공법과 비부착공법

• 부착공법은 포스트텐션 시공 시 강선과 콘크리트를 일체화시켜 외부환경에 안전하지만 강선과 콘크리트 일체화를 위한 공정이 복잡하다.

• 비부착공법은 포스트텐션 시공 시 강연선과 콘크리트를 일체화 시키지 않음으로써 시공이 간단하고 추후 재긴장이 가능하여 유지관리의 중요도가 높은 건축물에 주로 사용된다.

<table>
<tr><th>비부착 포스트텐션공법</th><th>부착 포스트텐션공법</th></tr>
<tr><td>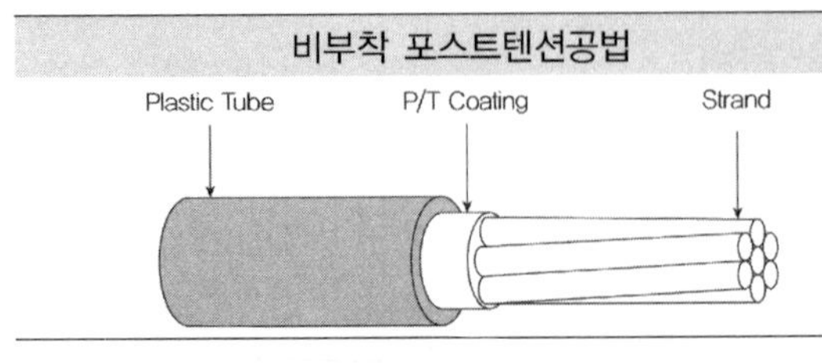</td><td>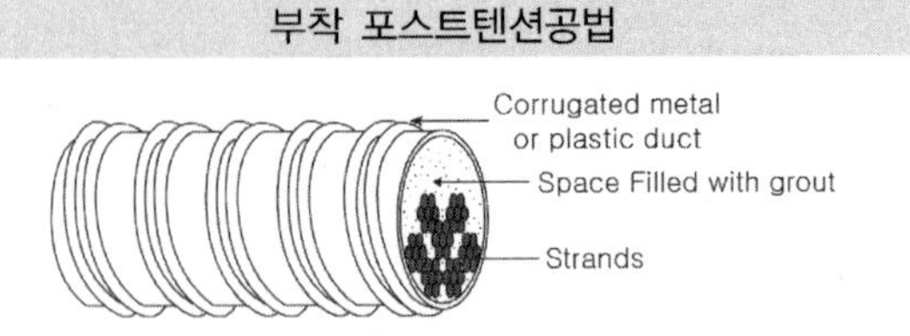</td></tr>
<tr><td></td><td></td></tr>
<tr><td></td><td></td></tr>
<tr><td>• 글자 그대로 긴장재와 콘크리트가 붙어서 일체화되어 있지 않고 서로 떨어져 분리되어 방식으로서 정착구와 콘크리트의 지압에 의해 긴장력을 콘크리트로 전달한다.
• 영구부식 방지를 위한 그리스로 덮여 있으며 플라스틱 쉬스로 감싸져 완제품으로 제작되기도 한다.
• 정착구는 상시 하중에 저항한다.
• 가볍고 구부리기 쉬워 시공이 용이하고 그라우팅 작업이 필요하지 않으므로 시공과 경제적인 면에서 장점이 있다.
• 균열제어 및 응력전달에 추가적인 철근이 요구된다.
• 일반건물, 주차건물 등의 슬래브나 보에 사용된다.
• 미국이나 중동에서 주로 시공되는 방식이다.</td><td>• 글자 그대로 긴장재와 콘크리트가 서로 붙어 일체화되어 있는 방식이다. 콘크리트에 묻혀있는 덕트에 여러 가닥의 강선을 삽입한 후 강선을 긴장하고 시멘트 페이스트를 덕트 내부에 주입한다. 덕트와 콘크리트 부착에 의해 긴장력을 콘크리트로 전달한다.
• 정착구는 그라우팅 완료 후 양생기간 동안 하중에 저항한다.
• 균열제어 및 응력전달에 추가적인 철근이 불필요하다.
• 주로 교량, 거대구조물 등에 적용된다.
• 유럽에서 주로 시공되는 방식이다.</td></tr>
</table>

㉣ 포스트텐션 긴장재 정착방법의 종류

- 쐐기식공법 : 강재와 정착장치 사이의 마찰력을 이용하는 정착방식으로 강선과 강연선에 주로 사용된다.
  - 프레시네공법 : 12개의 PS강선을 한 다발로 만들고 잭으로 한 번에 긴장하여 한 개의 원뿔형 쐐기(cone)로 정착한다.
  - CCL공법
  - 마그넬공법 : 쐐기 작용을 이용한 공법이며 특수한 형태의 샌드위치 판을 사용하여 8개의 PS강선을 정착할 수 있다.
  - VSL공법 : 지름 12.4mm 또는 12.7mm의 7연선을 앵커헤드(anchor head)의 구멍을 쐐기를 사용하여 하나씩 정착하는 공법이다.
- 지압식 공법 : 지압판으로 너트 또는 리벳의 머리 모양으로 가공된 PS강선을 지지하도록 한 공법이다.
  - 리벳머리식(BBRV공법) : PS강선 끝을 냉간 가공하여 리벳머리를 만들고 이것을 앵커헤드에 지지시킨 다음에 앵커헤드의 중앙에 있는 구머으이 나사에 봉을 끼워서 잭으로 인장한다. 재킹이 끝난 후 앵커헤드 둘레에 끼운 앵커너트를 조여서 지압판에 지지시킨다.
  - 너트식(디비딕공법) : PS강봉의 단부에 냉간가공하여 전조나사를 만들고 여기에 강재 너트를 끼워서 정착판에 정착시키는 공법이다. 커플러(접속장치)를 사용하여 PS강봉을 연결해 나갈 수 있는 장점이 있다.
- 루프식공법 : 루프형 강재의 부착과 지압에 의해 정착하는 공법이다.
  - 바우어 레온하르트공법
  - 레오바공법 : PS강재를 레오바식 정착구에 감아 붙인 후 인장력을 가하는 공법이다.

기출예제 02 — 2011 국가직 (7급)

프리스트레스트 콘크리트구조에 대한 설명으로 옳지 않은 것은?

① 유효프리스트레스를 결정하는 과정에는 정착장치의 활동, 콘크리트 탄성수축, 크리프, 건조수축을 모두 고려하여야 한다.
② 긴장재의 릴랙세이션(응력이완)에 의한 긴장력의 손실은 시간 종속적이다.
③ 포스트텐션(post-tension) 방식은 대형 부재의 제작 및 부재의 연결시공이 유리하다.
④ 프리텐션(pre-tension) 방식에서 비부착식 긴장재를 사용하면 부재의 재 긴장작업이 가능하다.

✱ 긴장재를 부착시키지 않은 프리스트레스트 콘크리트는 프리텐션 방식이 아닌 포스트텐션방식에서 설치하는 방법으로 부재의 재긴장 작업이 가능하다.

답 ④

(4) 프리스트레스트 콘크리트 해석의 기본개념

① PSC 구조물의 해석개념

㉠ 응력개념(균등질보개념) : 콘크리트에 프리스트레스가 도입되면 콘크리트가 탄성체로 전환되어 탄성이론에 의한 해석이 가능하다는 개념이다.

- PSC긴장재의 도심배치 : $f = -\dfrac{P}{A} \pm \dfrac{M}{I}y$

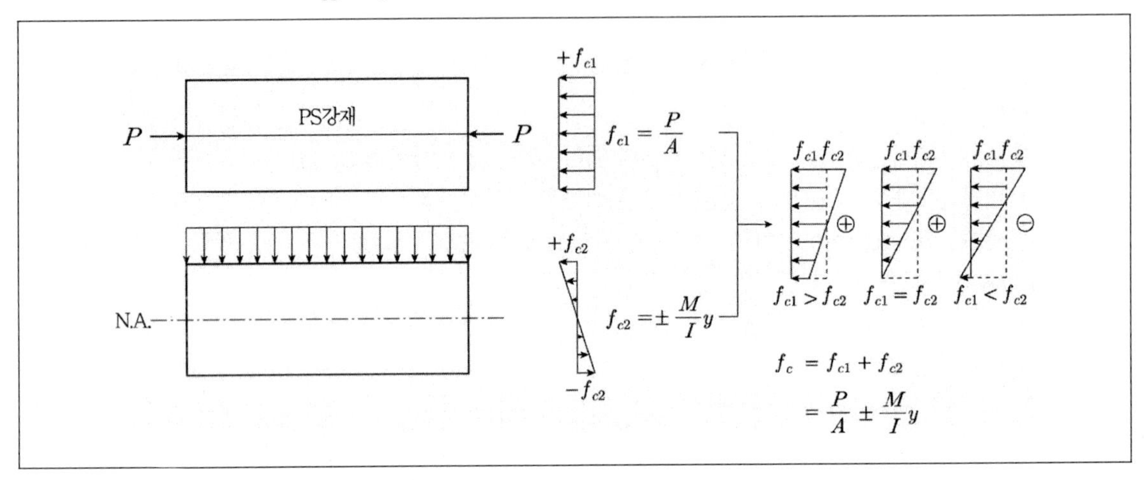

- PSC긴장재의 편심배치 : $f = -\dfrac{P}{A} \pm \dfrac{M}{I}y \pm \dfrac{Pe}{I}y$

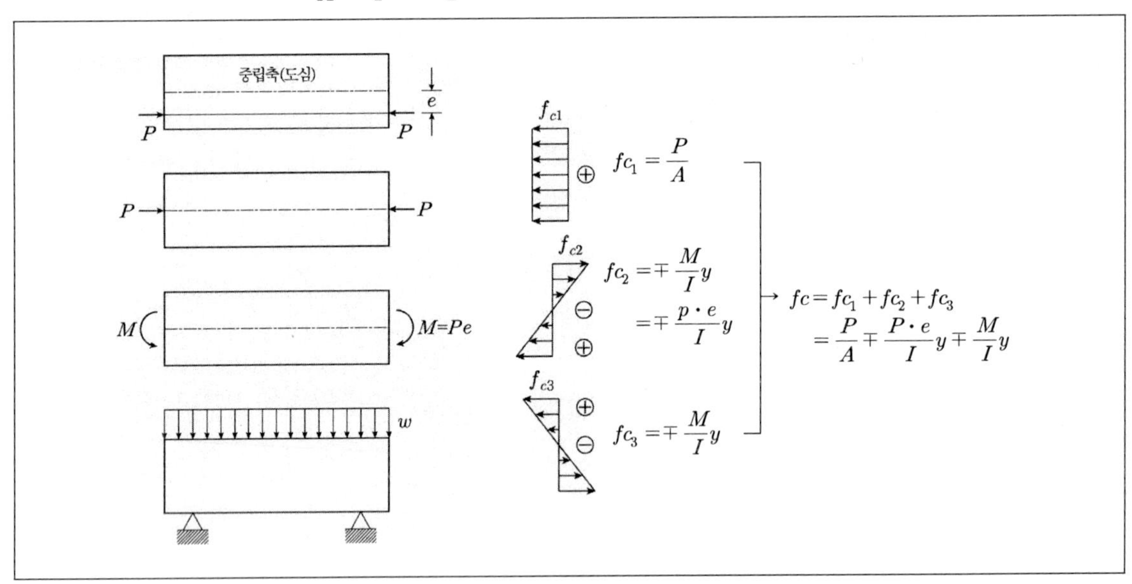

㉡ **강도개념**(내력모멘트개념) : RC보와 같이 압축력은 콘크리트가 받고 인장력은 긴장재가 받도록 하여 두 힘에 의한 우력이 외력모멘트에 저항한다는 개념이다.

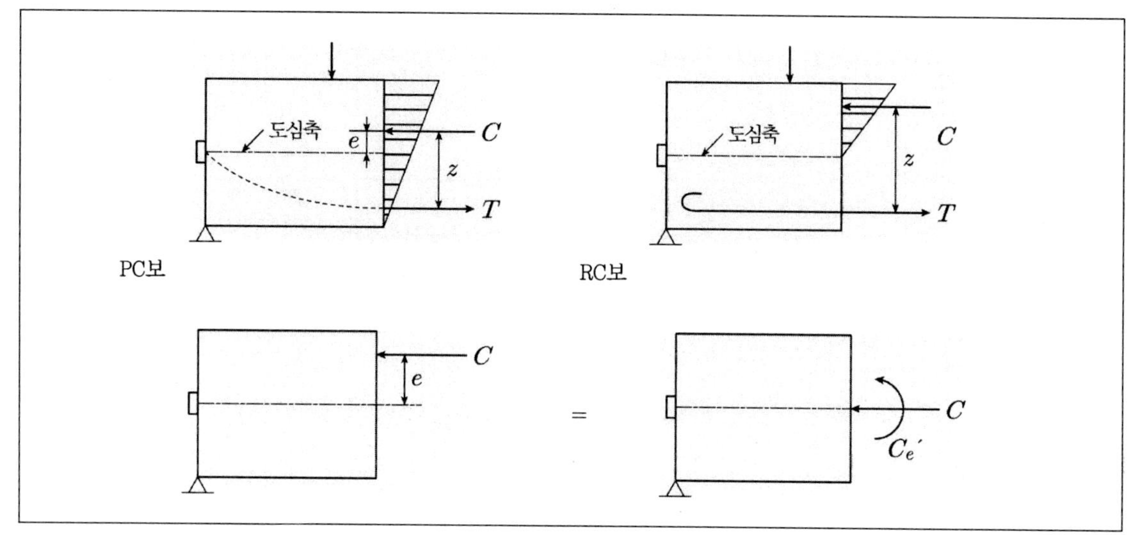

- 휨모멘트 : $M = Cz = Tz$
- 강재에 작용하는 인장력을 P라고 하면 $f_c = \dfrac{C}{A} \pm \dfrac{C \cdot e'}{A} y = \dfrac{P}{A} \pm \dfrac{P \cdot e'}{I} y$

㉢ **하중평형개념**(등가하중개념) : 프리스트레싱에 의하여 부재에 작용하는 힘과 부재에 작용하는 외력이 평형되게 한다는 개념이다.

- 강재가 포물선으로 배치된 경우 $\dfrac{ul^2}{8} = Ps$ 이므로 $u = \dfrac{8Ps}{l^2}$

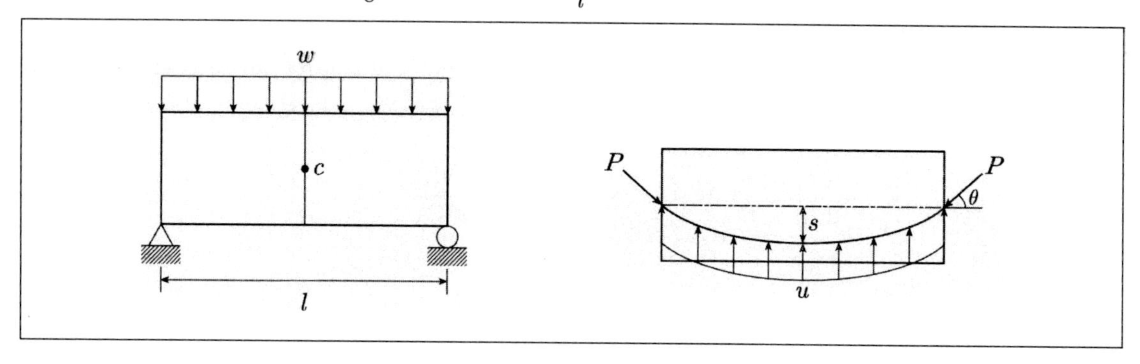

• 강재가 절곡선으로 배치된 경우 하중평형조건 $\sum V=0$이므로 $U=2P \cdot \sin\theta$

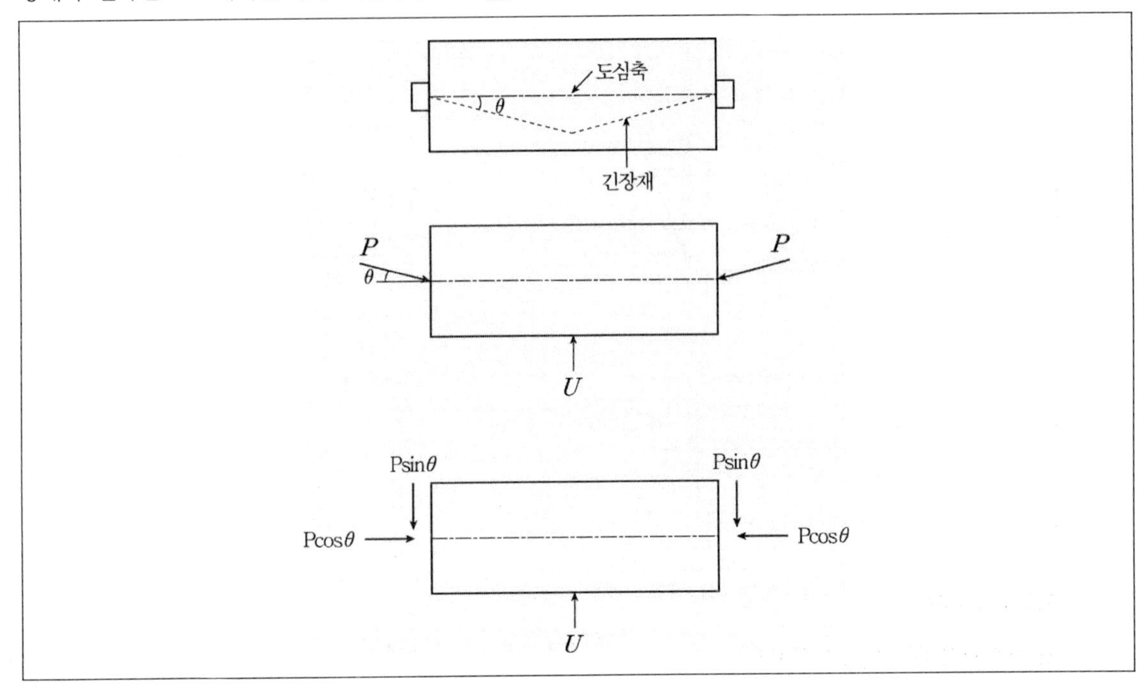

• 상향력 : $U=2P \cdot \sin\theta$

• 상향력 : $U=\dfrac{8P \cdot s}{l^2}$

(5) 프리스트레스의 도입 시 강도와 유효율

① **초기 프리스트레싱(P_i)** … 재킹력에 의한 콘크리트의 탄성수축, 긴장재와 시스의 마찰 때문에 감소된 힘

② **유효프리스트레싱(P_e)** … $P_e = P_i(1-\text{감소율})$

③ **감소율(손실율)** … $\text{감소율} = \dfrac{\text{손실량}(\Delta P)}{\text{초기 프리스트레싱}(P_i)} \times 100\%$

④ **유효율(%)** … $\dfrac{P_i - \Delta P}{P_i} \times 100\%$

강도와 유효율	프리텐션	포스트텐션
설계기준압축강도	35MPa	30MPa
프리스트레스 도입시 압축강도	30MPa	28MPa
긴장력의 유효율	0.80	0.85
재킹력의 유효율	0.65	0.80

(6) 프리스트레스의 손실

① 프리스트레스의 손실 분류

㉠ 프리스트레스를 도입할 때 일어나는 손실원인(즉시손실)

- 콘크리트의 탄성변형
- 강재와 시스의 마찰
- 정착단의 활동

㉡ 프리스트레스를 도입한 후의 손실원인(시간적 손실)

- 콘크리트의 건조수축
- 콘크리트의 크리프
- 강재의 릴렉세이션

② 탄성변형에 의한 손실

㉠ 프리텐션방식 : 부재의 강재와 콘크리트는 일체로 거동하므로 강재의 변형률 ε_p와 콘크리트의 변형률 ε_c는 같아야 한다. $\Delta f_{pe} = E_p\varepsilon_p = E_p\varepsilon_c = E_p \cdot \dfrac{f_{ci}}{E_c} = n \cdot f_{ci}$ (f_{ci} : 프리스트레스 도입 후 강재 둘레 콘크리트의 응력, n : 탄성계수비)

㉡ 포스트텐션방식 : 강재를 전부 한꺼번에 긴장할 경우는 응력의 감소가 없다. 콘크리트 부재에 직접 지지하여 강재를 긴장하기 때문이다. 순차적으로 긴장할 때는 제일 먼저 긴장하여 정착한 PC강재가 가장 많이 감소하고 마지막으로 긴장하여 정착한 긴장재는 감소가 없다. 따라서 프리스트레스의 감소량을 계산하려면 복잡하므로 제일 먼저 긴장한 긴장재의 감소량을 계산하여 그 값의 1/2을 모든 긴장재의 평균 손실량으로 한다. 즉, 다음과 같다.

(평균감소량)$\Delta f_{pe} = \dfrac{1}{2}\times$(최초에 긴장하여 정착된 강재의 총 감소량), 또는 $\Delta f_{pe} = \dfrac{1}{2} n f_{ci} \dfrac{N-1}{N}$

(N : 긴장재의 긴장회수, f_{ci} : 프리스트레싱에 의한 긴장재 도심 위치에서의 콘크리트의 압축응력)

③ 활동에 의한 손실

㉠ 프리텐션 방식은 고정지주의 정착 장치에서 발생한다.

㉡ 포스트텐션 방식의 경우(1단 정착일 경우) : $\Delta f_{pe} = E\varepsilon = E_p \dfrac{\Delta l}{l}$ (E_p : 강재의 탄성계수, l : 긴장재의 길이, Δl : 정착장치에서 긴장재의 활동량)

기출예제 03 2007 국가직 (7급)

길이 10m의 PS 강선을 프리텐션에 의하여 인장대에서 긴장 정착할 때 긴장재의 응력 감소량은 얼마인가? (단, 정착장치의 활동량 Δ = 4㎜, 긴장재의 단면적 A_p = 8㎟, 긴장재의 탄성계수 E_p = 2.0 × 10^5N/㎟)

① 20N/㎟ ② 40N/㎟

③ 60N/㎟ ④ 80N/㎟

✱

긴장재의 응력감소량은 다음의 식으로 산정한다.

$\Delta f = E_{ps} \times \frac{\Delta l}{l} = 2.0 \times 10^5 \times \frac{4mm}{10000mm} = 80N/mm^2$

답 ②

④ **마찰에 의한 손실** : 강재의 인장력은 쉬스와의 마찰로 인하여 긴장재의 끝에서 중심으로 갈수록 작아지며 포스트텐션방식에만 해당된다.

㉠ 곡률마찰과 파상마찰을 동시에 고려할 때 인장단으로부터 x 거리에서의 긴장재의 인장력

$$P_x = P_0 e^{-(kl_x + \mu a)}$$

- P_x : 인장단으로부터 x거리에서의 긴장재의 인장력
- P_0 : 인장단에서의 긴장재의 인장력
- l_x : 인장단으로부터 고려하는 단면까지의 긴장재의 길이
- k : 긴장재의 길이 1m에 대한 파상 마찰계수
- a : l_x 구간에서의 각 변화(radian)의 합계
- μ : 곡률 마찰계수

㉡ **근사식** : l이 40m이내이고, 긴장재의 각변화(a)가 30° 이하인 경우이거나 $\mu a + kl \leq 0.3$인 경우의 근사식은 $P_x = P_0/(1 + kl_x + \mu a)$이며 긴장재의 손실량은 $\Delta P = P_o - P_x$

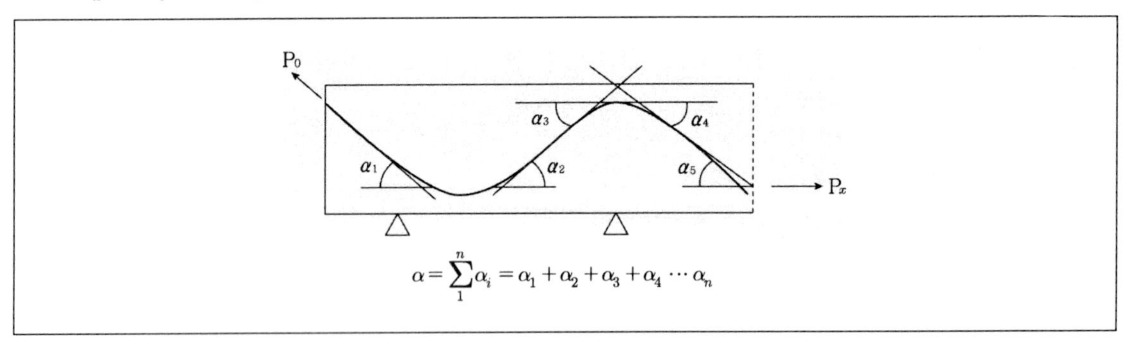

⑤ 건조수축과 크리프에 의한 손실

㉠ 콘크리트의 건조수축에 의한 손실 : $\Delta f_{pe} = E_p \cdot \varepsilon_{cs}$

㉡ 콘크리트의 크리프에 의한 손실 : $\Delta f_{pe} = E_p \cdot \varepsilon_c = E_p \cdot \phi \varepsilon_e = \phi \dfrac{E_p}{E_c} f_{ci} = \phi n f_{ci}$ (ϕ : 크리프계수로서 프리텐션 부재는 2.0, 포스트텐션 부재는 1.6이다.)

TIP

총 응력손실 … 응력손실을 산정할 때는 다음의 식에 의하며 총 응력손실은 이 모든 값을 합한 값이다.

단기손실		장기손실	
탄성수축	$\Delta f_{el} = n f_{ci} \cdot \dfrac{2N-1}{2N}$	건조수축	$\Delta f_{sh} = E_p \varepsilon_{cs}$
마찰손실	$\Delta f_{fr} = f_{pi}[1 - e^{-(\mu a + kl)}]$	크리프	$\Delta f_{cr} = E_p \varepsilon_c$
정착단활동	$\Delta f_{sl} = E_p \cdot \dfrac{\Delta L}{L}$	릴렉세이션	$\Delta f_{rl} = \gamma f_{\pi}$

기출예제 04

2012 지방직

프리스트레스트 콘크리트구조에서 프리스트레스의 손실원인으로 옳지 않은 것은?

① 프리스트레싱 긴장 시 발생한 콘크리트의 팽창
② 포스트텐셔닝 긴장재와 덕트 사이의 마찰
③ 콘크리트의 건조수축과 크리프
④ 긴장재 응력의 릴랙세이션

프리스트레스트 콘크리트구조에서 프리스트레스의 손실원인으로 프리스트레싱 긴장 시 발생한 콘크리트의 탄성수축이다.

답 ①

(8) 프리스트레스트 콘크리트의 허용응력과 균열등급

① 콘크리트의 허용응력

㉠ 프리스트레스 도입 직후 시간에 따른 프리스트레스 손실이 일어나기 전의 응력은 다음 값을 초과해서는 안 된다.

- 휨 압축응력 : $0.60f_{ci}$
- 휨 인장응력 : $0.25\sqrt{f_{ci}}$ (단순지지부재 단부 이외)
- 단순지지 부재 단부에서의 인장응력 : $0.50\sqrt{f_{ci}}$

(f_{ci} : 프리스트레스를 도입할 때의 콘크리트 압축강도)

㉡ 비균열등급 또는 부분균열등급 프리스트레스트 콘크리트 휨부재에 대해 모든 프리스트레스 손실이 일어난 후 사용하중에 의한 콘크리트의 휨응력은 다음 값 이하로 해야 한다. 이 때 단면 특성은 비균열 단면으로 가정하여 구한다.

- 압축연단응력(유효프리스트레스+지속하중) : $0.45f_{ck}$
- 압축연단응력(유효프리스트레스+전체하중) : $0.60f_{ck}$

㉢ PSC휨부재의 균열등급

- PSC 휨부재는 균열발생여부에 따라 그 거동이 달라지며 균열의 정도에 따라 세 가지 등급으로 구분하고 구분된 등급에 따라 응력 및 사용성을 검토하도록 규정하고 있다.
- 비균열 등급 : $f_t < 0.63\sqrt{f_{ck}}$ 이므로 균열이 발생하지 않는다.
- 부분균열등급 : $0.63\sqrt{f_{ck}} < f_t < 1.0\sqrt{f_{ck}}$ 이므로 사용하중이 작용 시 응력은 총단면으로 계산하되 처짐은 유효단면을 사용하여 계산한다.
- 완전균열등급 : 사용하중 작용 시 단면응력은 균열환산단면을 사용하여 계산하며 처짐은 유효단면을 사용하여 계산한다.

② 강재의 허용응력

㉠ 긴장을 할 때 긴장재의 인장응력 : $0.8f_{pu}$, 또는 $0.94f_{py}$ 중 작은 값 이하

㉡ 프리스트레스 도입 직후

- 프리텐셔닝 : $0.74f_{pu}$, 또는 $0.82f_{py}$ 중 작은 값 이하
- 포스트텐셔닝 : $0.70f_{py}$

(f_{py} : 강재의 설계기준 항복강도, f_{pu} : 강재의 설계기준 인장강도)

최근 기출문제 분석

2016 국가직 (7급)

1 **프리스트레스트 콘크리트에서는 긴장력의 손실이 발생한다. 긴장력 손실의 요인 중에서 시간이 경과되면서 발생하는 시간 의존적 손실(또는 시간적 손실)에 해당하는 것을 모두 고르면?**

㉠ 긴장재와 쉬스 사이의 마찰에 의한 손실
㉡ 콘크리트의 탄성수축에 의한 손실
㉢ 정착장치의 활동에 의한 손실
㉣ 콘크리트의 크리프에 의한 손실

① ㉣
② ㉡, ㉢
③ ㉢, ㉣
④ ㉠, ㉡, ㉢, ㉣

TIP 프리스트레스의 손실 분류
㉠ 프리스트레스를 도입할 때 일어나는 손실원인 (즉시손실)
- 콘크리트의 탄성변형
- 강재와 시스의 마찰
- 정착단의 활동

㉡ 프리스트레스를 도입한 후의 손실원인 (시간적 손실)
- 콘크리트의 건조수축
- 콘크리트의 크리프
- 강재의 릴렉세이션

Answer 1.①

2011 지방직 (7급)

2 일반 철근콘크리트 구조와 비교하여 프리스트레스트 콘크리트 구조의 특성에 대한 설명으로 옳지 않은 것은?

① 고강도콘크리트나 강재를 사용하기 때문에 재료비가 비싸며, 생산에도 수고가 많이 든다.
② 프리스트레스를 가하고 있는 강재는 상시 고응력 상태에 있기 때문에 부식하기 쉽고 또한 화열에 의해 큰 손상을 받기 쉽다.
③ 균열→물의 침입→녹발생→균열 증대→균열의 사이클이 쉽게 발생하므로 내구성이 떨어진다.
④ 강성이 뛰어나 부재단면을 감소시킬 수 있으므로 자중이 줄어 장스팬 구조에 유리하다.

TIP 프리스트레스트 콘크리트구조는 균열이 발생하지 않도록 설계하기 때문에 프리스트레스트 콘크리트 부재는 강재의 부식위험이 없고 고강도재료를 사용함으로써 내구적인 구조물이고 과다한 하중으로 인하여 일시적인 균열이 발생하더라도 하중이 제거되면 균열은 다시 복원되므로 탄력성과 복원성이 강한 구조물이다.

2010 지방직 (7급)

3 프리스트레스트 콘크리트구조에서 유효프리스트레스를 결정하기 위해 고려하여야 할 프리스트레스 손실원인과 거리가 먼 것은?

① 전단철근의 크리프
② 긴장재 응력의 릴랙세이션
③ 콘크리트의 탄성수축
④ 포스트텐셔닝 긴장재와 덕트 사이의 마찰

TIP 전단철근의 크리프는 프리스트레스 손실원인과 관계가 없으며 콘크리트의 크리프에 의한 감소기 도입 후 손실에 해당된다.

2010 국가직

4 프리스트레스트 콘크리트 구조에 대한 설명으로 옳지 않은 것은?

① 콘크리트의 건조수축 및 크리프는 긴장재에 도입된 프리 스트레스를 손실시킨다.
② 시간이 경과됨에 따라 긴장재에 도입된 프리스트레스의 응력이 감소되는 현상을 릴랙세이션(Relaxation)이라 한다.
③ 포스트텐션 방식에서 단부 정착장치가 중요하다.
④ 일반적으로 철근콘크리트 부재에 비하여 처짐 및 진동제어가 유리하다.

TIP 프리스트레스트 콘크리트구조는 일반적으로 철근콘크리트 부재에 비하여 처짐 및 진동제어에 있어 불리하다.

Answer 2.③ 3.① 4.④

출제 예상 문제

1 다음 중 프리스트레스트 구조의 특징으로서 바르지 않은 것은?

① 전단면을 유효하게 이용한다.

② RC보에 비해서 복부의 폭을 얇게 할 수 있어서 부재의 자중이 줄어든다.

③ 내화성이 우수하고 공사비가 저렴하다.

④ RC에 비하여 강성이 작아서 변형이 크고 진동하기 쉽다

TIP ㉠ 프리스트레스트 구조의 장점
- 고강도 콘크리트를 사용하므로 내구성이 좋다 .
- RC보에 비하여 복부의 폭을 얇게 할 수 있어서 부재의 자중이 줄어든다.
- RC보에 비하여 탄성적이고 복원성이 높다.
- 전단면을 유효하게 이용한다.
- 조립식 강절 구조로 시공이 용이하다.
- 부재에 확실한 강도와 안전율을 갖게 한다.

㉡ 프리스트레스트 구조의 단점
- RC에 비하여 강성이 작아서 변형이 크고 진동하기 쉽다.
- 내화성이 불리하다.
- 공사가 복잡하므로 고도의 기술을 요한다.
- 부속 재료 및 그라우팅의 비용 등 공사비가 증가된다.

Answer 1.③

2 **프리스트레스트보의 해석에는 주로 3가지의 기본개념이 적용된다. 그 중 다음 보기에서 설명하고 있는 개념은?**

> 프리스트레스가 도입되면 콘크리트가 탄성체로 전환되어 탄성이론에 의한 해석이 가능하다는 개념이다. PSC의 기본적인 개념이다.

① 등가하중개념
② 내력 모멘트 개념
③ 하중평형개념
④ 균등질보의 개념

TIP PSC보의 해석 기본개념

㉠ 응력개념(균등질보의 개념) : 프리스트레스가 도입되면 콘크리트가 탄성체로 전환되어 탄성이론에 의한 해석이 가능하다는 개념이다. PSC의 기본적인 개념이다.

㉡ 강도개념(내력 모멘트 개념) : RC와 같이 압축력은 콘크리트가 받고 인장력은 긴장재가 받게함으로써 두 힘에 의한 우력모멘트가 외력모멘트에 저항한다는 개념이다.

㉢ 하중평형개념(등가 하중 개념) : 프리스트레싱에 의해 부재에 작용하는 힘과 부재에 작용하는 외력이 평형이 되게 한다는 개념이다.

3 **다음 중 PS강봉, PS강선, PS강연선의 인장강도의 크기를 바르게 비교한 것은?**

① PS강봉 > PS강연선 > PS강선
② PS강선 > PS 강봉 > PS강연선
③ PS강연선 > PS강봉 > PS강선
④ PS강연선 > PS강선 > PS강봉

TIP 인장강도의 크기 : PS강연선 > PS강선 > PS강봉

4 **다음은 PS강재의 특성에 관한 사항들이다. 이 중 바르지 않은 것은?**

① PS강선의 인장강도는 고강도 철근의 4배, PS강봉은 약 2배이다.
② 지름이 작은 것일수록 인장 강도나 항복저므 응력은 커지고 파단시의 연신율은 작아진다.
③ 뚜렷한 항복점이 존재한다.
④ 인장강도의 크기는 PS강봉이 PS강선보다 작다.

TIP PS강재는 뚜렷한 항복점이 존재하지 않는다.

Answer 2.④ 3.④ 4.③

5 **다음은 PS강재의 순간격과 덕트의 순간격에 관한 사항들이다. 이 중 바르지 않은 것은? (단, d_b는 강재의 직경이다.)**

① 프리텐션 부재의 강선은 $5d_b$ 이상이어야 하며, 스트랜드는 $4d_b$ 이상이어야 한다.

② 프리텐션 부재의 경간 중앙부는 수직간격을 부재 끝단보다 좁게 사용하거나 다발로 사용해도 된다.

③ 포스트텐션 부재에서 덕트는 다발로 사용할 수 없다.

④ 포스트텐션 부재에서 덕트의 순간격은 굵은 골재 최대치수의 1/3 ~ 1배, 또는 2.5cm 이상이다.

TIP 포스트텐션 부재에서 덕트는 다발로 사용할 수 있다.

6 **프리스트레스 도입시 안전과 충분한 부착강도를 얻기 위한 강도로 가장 바른 것은? (f_{ct} : 프리스트레스 도입 직후 콘크리트에 발생하는 최대압축응력, f_{ci} : 프리스트레스를 도입할 때 부재 본체의 콘크리트 압축강도)**

① $f_{ci} \geq 1.5f_{ct}$ ② $f_{ci} \geq 1.7f_{ct}$

③ $f_{ci} \geq 2.0f_{ct}$ ④ $f_{ci} \geq 2.5f_{ct}$

TIP 프리스트레스트 도입시 안전과 충분한 부착강도를 얻기 위한 강도 : $f_{ci} \geq 1.7f_{ct}$
- f_{ct} : 프리스트레스 도입 직후 콘크리트에 발생하는 최대압축응력
- f_{ci} : 프리스트레스를 도입할 때 긴장재 도심위치에서의 콘크리트 압축강도

7 **다음 중 프리스트레스트의 즉시 손실 원인에 속하지 않는 것은?**

① 정착 장치의 활동 ② PS강재와 시스 사이의 마찰

③ PS강재의 릴렉세이션 ④ 콘크리트의 탄성변형

TIP 프리스트레스의 손실

㉠ 프리스트레스를 도입할 때 일어나는 손실원인 (즉시손실)
- 콘크리트의 탄성변형
- 강재와 시스의 마찰
- 정착단의 활동

㉡ 프리스트레스를 도입한 후의 손실원인 (시간적 손실)
- 콘크리트의 건조수축
- 콘크리트의 크리프
- 강재의 릴렉세이션

Answer 5.③ 6.② 7.③

8 **다음은 PS강재의 허용응력에 관한 사항들이다. 이 중 바르지 않은 것은? (단, f_{py} : 강재의 설계기준 항복강도, f_{pu} : 강재의 설계기준 인장강도이다.)**

① 긴장을 할 때 발생하는 긴장재의 인장응력은 $0.8f_{pu}$, 또는 $0.94f_{py}$ 중 작은 값 이하여야 한다.

② 프리텐셔닝 공법의 경우 프리스트레스 도입 직후 발생하는 응력은 $0.74f_{pu}$, 또는 $0.82f_{py}$ 중 큰 값 이하여야 한다.

③ 포스트텐셔닝의 경우 프리스트레스 도입 직후 발생하는 응력은 $0.70f_{py}$ 이하여야 한다.

④ 강재는 릴렉세이션 현상이 발생하므로 PS강재의 허용응력산정 시에는 이를 고려해야 한다.

TIP 강재의 허용응력

㉠ 긴장을 할 때 긴장재의 인장응력 : $0.8f_{pu}$, 또는 $0.94f_{py}$ 중 작은 값 이하

㉡ 프리스트레스 도입 직후

- 프리텐셔닝 : $0.74f_{pu}$, 또는 $0.82f_{py}$ 중 작은 값 이하
- 포스트텐셔닝 : $0.70f_{py}$

(f_{py} : 강재의 설계기준 항복강도, f_{pu} : 강재의 설계기준 인장강도)

9 **그림과 같은 단면의 중간 높이에 초기 프리스트레스 900kN을 작용 시켰다. 20%의 손실을 가정하여 하단 또는 상단의 응력이 0이 되도록 이 단면에 가할 수 있는 모멘트의 크기는?**

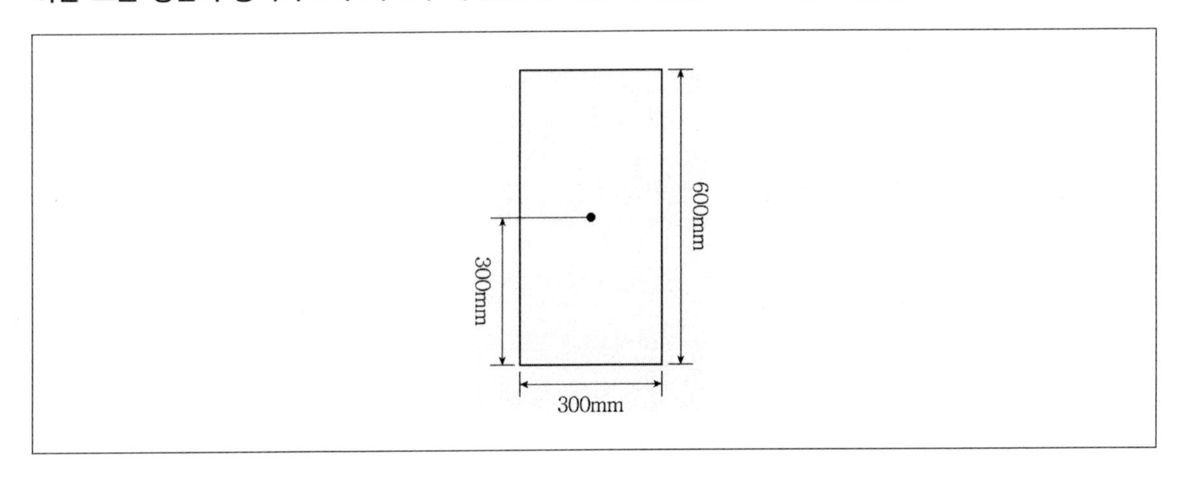

① 90kN · m

② 84kN · m

③ 72kN · m

④ 65kN · m

Answer 8.② 9.③

TIP $f_b = \frac{P_e}{A} - \frac{M}{Z} = \frac{(0.8P_i)}{bh} - \frac{6M}{bh^2} = 0$

$M = \frac{(0.8P_i)h}{6} = \frac{(0.8 \times 900) \times 0.6}{6} = 72kN \cdot m$

10 PS강재의 인장응력 $f_p = 1000MPa$, 콘크리트의 압축응력 $f_c = 8MPa$, 콘크리트의 크리프 계수 $\phi_t = 2.0$, 탄성계수비 n=6일 대 크리프에 의한 PS강재의 인장응력 감소율은?

① 7.2%　　② 8.4%
③ 9.6%　　④ 10.2%

TIP $\Delta f_{pc} = nf_c\phi_t = 6 \times 8 \times 2 = 96MPa$

$감소율 = \frac{\Delta f_{pc}}{f_\pi} \times 100\% = \frac{96}{1000} \times 100 = 9.6\%$

11 그림과 같은 단순 PSC보에서 계수등분포하중 w=30kN/m가 작용하고 있다. 프리스트레스에 의한 상향력과 이 등분포 하중이 비기기 위해서는 프리스트레스의 힘 P를 얼마를 도입해야 하는가?

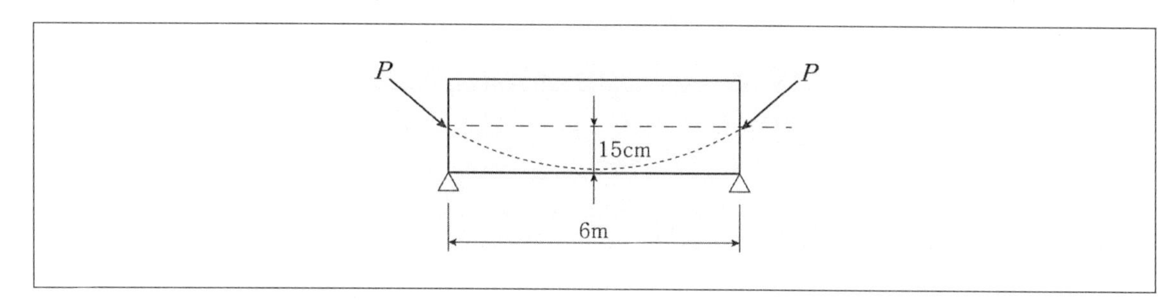

① 900kN　　② 1,200kN
③ 1,500kN　　④ 1,800kN

TIP $u = \frac{8Ps}{l^2} = w,\ P = \frac{wl^2}{8s} = \frac{30 \cdot 6^2}{8 \cdot 0.15} = 900$

Answer 10.③ 11.①

12 **다음 중 프리스트레스트 콘크리트 공법에서 프리텐션공법과 포스트텐션공법에 대한 설명으로 바르지 않은 것은?**

① 포스트텐션공법은 강재를 곡선배치할 수 있다.

② 포스트텐션공법은 프리텐션 부재보다 비교적 낮은 강도의 콘크리트를 쓸 수 있다.

③ 프리텐션공법은 포스트텐션공법과 달리 부착에 의해 긴장력을 전달하므로 쉬스와 같은 부수적인 자재가 필요가 없다.

④ 프리텐션공법은 대량생산이 가능하며 공장제품으로서 품질이 우수하며 대형구조물 제작에 적합하다.

TIP 대형구조물 제작에는 주로 포스트텐션공법이 사용된다. 프리텐션은 강재를 곡선으로 배치하기 어려워 대형구조물 제작에는 부적합하다.

13 **다음은 프리텐션공법과 포스트텐션공법의 강도와 유효율을 비교한 표이다. 빈 칸에 들어갈 말로 알맞은 것을 순서대로 바르게 나열한 것은?**

강도와 유효율	프리텐션	포스트텐션
설계기준압축강도	(가)	30MPa
프리스트레스 도입시 압축강도	30MPa	(나)
긴장력의 유효율	0.80	(다)
재킹력의 유효율	0.65	0.80

	(가)	(나)	(다)
①	35	28	0.85
②	25	35	0.75
③	30	25	0.90
④	28	24	0.65

TIP

강도와 유효율	프리텐션	포스트텐션
설계기준압축강도	35MPa	30MPa
프리스트레스 도입시 압축강도	30MPa	28MPa
긴장력의 유효율	0.80	0.85
재킹력의 유효율	0.65	0.80

Answer 12.④ 13.①

14 **포스트텐션공법은 부착공법과 비부착공법이 있다. 다음 중 이 두 공법에 대한 설명으로 바르지 않은 것은?**

① 부착공법의 경우 콘크리트에 묻혀있는 덕트에 여러 가닥의 강선이 삽입되어 있다.

② 비부착공법의 경우 영구부식 방지를 위한 그리스로 덮여 있으며 플라스틱 쉬스로 감싸져 완제품으로 제작되기도 한다.

③ 부착공법은 강선을 긴장하고 시멘트 페이스트를 덕트 내부에 주입하여 강선의 부식을 방지한다.

④ 비부착공법은 주로 교량, 거대구조물 제작 등에 적용된다.

TIP 부착공법은 주로 교량, 거대구조물 제작 등에 적용되며, 비부착공법은 일반건물, 주차건물 등의 슬래브나 보에 사용된다.

15 **다음은 프리스트레스트 콘크리트 휨부재의 균열등급에 관한 사항들이다. 빈 칸에 들어갈 말로 알맞은 것을 순서대로 바르게 나열한 것은?**

- PSC 휨부재는 균열발생여부에 따라 그 거동이 달라지며 균열의 정도에 따라 세 가지 등급으로 구분하고 구분된 등급에 따라 응력 및 사용성을 검토하도록 규정하고 있다.
- 비균열 등급 : $f_t <$ (가) $\sqrt{f_{ck}}$ 이므로 균열이 발생하지 않는다.
- 부분균열등급 : (가) $\sqrt{f_{ck}} < f_t <$ (나) $\sqrt{f_{ck}}$ 이므로 사용하중이 작용 시 응력은 총단면으로 계산하되 처짐은 유효단면을 사용하여 계산한다.

	(가)	(나)
①	0.63	1.0
②	0.57	0.8
③	0.75	0.9
④	1.0	1.3

TIP
- 비균열 등급 : $f_t < 0.63\sqrt{f_{ck}}$ 이므로 균열이 발생하지 않는다.
- 부분균열등급 : $0.63\sqrt{f_{ck}} < f_t < 1.0\sqrt{f_{ck}}$ 이므로 사용하중이 작용 시 응력은 총단면으로 계산하되 처짐은 유효단면을 사용하여 계산한다.
- 완전균열등급 : 사용하중 작용시 단면응력은 균열환산단면을 사용하여 계산하며 처짐은 유효단면을 사용하여 계산한다.

Answer 14.④ 15.①

11 철근콘크리트구조 시공

(1) 줄눈의 종류

① 딜레이조인트 … 콘크리트 타설 후 부재가 건조수축에 대하여 내외부의 구속을 받지 않도록 일정폭을 두어 어느 정도 양생한 후 남겨둔 부분을 콘크리트로 채워 처리하는 조인트로서 지연조인트, 건조수축대(Shrinkage Strip, Pour Strip)라고도 한다, 100m를 초과하는 장스팬 구조물에서 신축줄눈을 설치하지 않고 건조수축을 감소시키기 위하여 설치하는 임시줄눈이다. 조체를 분리시켜 인접 구조체에 타설된 콘크리트가 경화하는 동안 초기 콘크리트의 건조수축량을 일정 부위별로 각각 구속 없이 진행시킨 후, 인접 콘크리트가 경화하여 일정 소요강도에 도달하게 되면 나중에 이 부위에 콘크리트를 메워 인접 구조체와 일체시킴으로써 구조적 연속성을 확보할 수 있다.

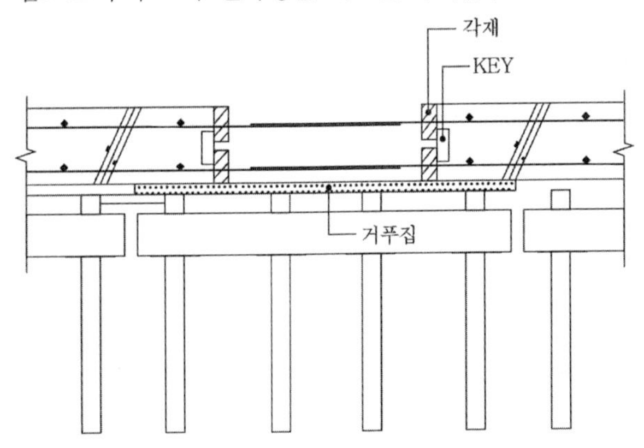

② 콜드조인트 … 계획 안 된 줄눈, 시공과정 중 휴식시간 등으로 응결하기 시작한 콘크리트에 새로운 콘크리트를 이어칠 때 일체화가 저해되어 생기는 줄눈이다.

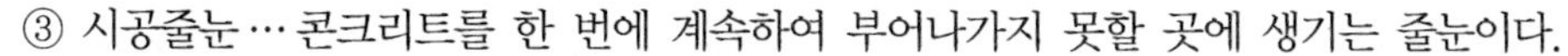

③ 시공줄눈 … 콘크리트를 한 번에 계속하여 부어나가지 못할 곳에 생기는 줄눈이다.

④ 신축줄눈 … 응력해제줄눈, 건축물의 온도에 의한 신축팽창, 부동침하 등에 의하여 발생하는 건축의 전체적인 불규칙 균열을 한 곳에 집중시키도록 설계 및 시공 시 고려되는 줄눈이다.

⑤ 조절줄눈 … 수축줄눈, 지반 등 안정된 위치에 있는 바닥판이 수축에 의하여 표면에 균열이 생길 수 있는데 이것을 막기 위해 설치하는 줄눈 (바닥, 벽 등에 설치 균열이 일정한 곳에서만 일어나도록 하는 균열유도줄눈)

⑥ 슬립조인트 … RC조슬래브와 조적벽체 상부에 설치하는 줄눈이다.

⑦ 슬라이딩조인트 … 보와 슬래브 사이에 설치하는 활동면 이음으로 구속응력 해제를 목적으로 설치한다.

이어치기 시간간격		비빔에서 부어넣기 종료까지	
외기온이 25℃ 이상	2시간 이내	외기온이 25℃ 이상	1.5시간 이내
외기온이 25℃ 미만	2.5시간 이내	외기온이 25℃ 미만	2시간 이내

(2) 부위별 콘크리트 이어치기의 위치

① **보, 바닥판** … 스팬의 중앙, 또는 단부로부터 스팬의 1/4만큼 떨어진 곳에서 수직

② **중앙에 작은 보가 있는 바닥판** … 작은 보 너비의 2배 정도 떨어진 곳에서 수직

③ **기둥** … 슬래브 또는 기초 위에서 수평

④ **벽** … 개구부(문꼴) 주위에서 수직, 수평

⑤ **아치** … 아치축에 직각

⑥ **캔틸레버** … 이어치기 하지 않음

TIP

이어치기 위치

㉠ 벽체의 경우, 시공조인트의 간격은 수평으로는 약 12m 이하, 수직으로는 한층 높이 또는 약 4m 이하로 설치하는 것이 바람직하고, 수평 시공조인트는 바닥면 또는 창턱선이 일반적이며, 수직 시공조인트는 건물모서리 부위를 피하고 건물 모서리에서 3.5~4m 떨어진 부분이 좋다.

㉡ 보, 슬래브의 경우, 경간(Span)의 중간 또는 경간의 1/3~2/3 구간(전단력이 작은 곳)이 좋다.

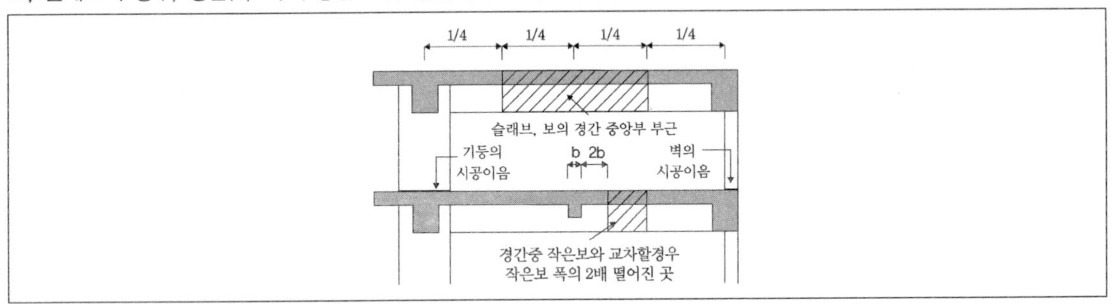

㉢ 캔틸레버 보나 슬래브의 경우에는 지지조건이 불완전함으로 가급적 이어치기를 하지 않는 것이 좋으나, 불가피하게 이어치기를 해야 하는 경우에는 주철근 방향으로 하는 것이 좋다.

㉣ 기둥의 경우, 슬래브 또는 보 하단, 기초상단이 바람직하다.

(3) 하프슬라브(Half Slab)

① 합성슬라브라고도 하며 하부는 공장생산된 PC판을 사용하고 상부는 현장타설 콘크리트로 일체화하여 바닥 슬라브를 구축하는 공법이다.

② 보가 없는 슬라브구축이 가능하며 거푸집이 불필요하며 장스팬의 공간확보가 가능하다.

③ 공인된 구조설계기준이 미흡하며 타설접합면의 일체화가 부족하며 콘크리트 타설 시 수직, 수평분리 타설을 할 경우 작업공정이 증가되는 단점이 있다.

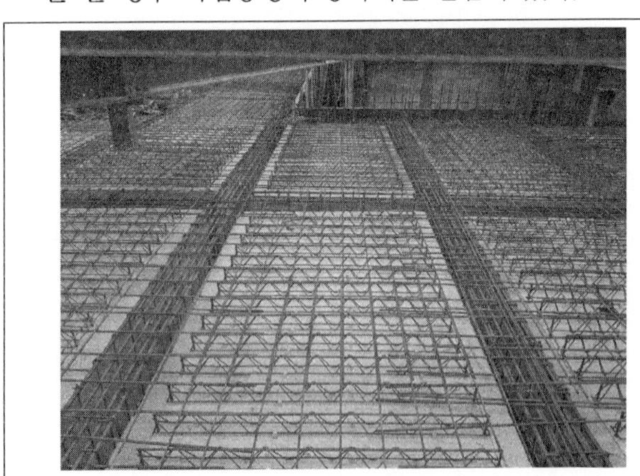

하프슬라브는 주로 지하주차장의 슬라브에 사용된다.

(4) 철근의 배근

철근은 다양한 재질규격이 있으며 공장에서 제작된 철근들은 현장에서 대부분 가공을 하여 사용한다. 철근을 배근하기 전에 먹줄로 배근위치를 표시한 후 도면대로 철근을 정위치에 배근을 한다.

 [철근 배근위치 먹매김]	 [철근규격표시 확인]
 [기초하단 철근배근]	 [기초상단 철근배근]
 [슬라브 철근 배근]	 [거더보 철근 배근]
 [철근의 기계적 이음(커플러 이음)]	 [전기배선관 설치]

강구조

01 강구조 일반사항

1 강구조 일반사항

(1) 일반 제철공정

① 광석과 원료탄(원료탄 : 원료로 사용되는 석탄이라는 의미이나, 사용량이 압도적으로 많은 코크스용 원료로서의 석탄(유연탄)을 말하는 경우가 많음)을 주원료로 고로에 투입하여 용선(용융상태의 금속, 특히 선철을 말함)을 생산하는 제선(철광석을 녹여 선철을 만드는 것)공정, 불순물을 제거하는 제강(철로부터 불순물을 제거하고 성분을 조정하여 강을 만드는 공정)공정, 연속주조방식에 따라 슬래브, 빌릿 등 반제품을 생산하는 압연(회전하는 압연기의 롤 사이에 가열한 쇠붙이를 넣어 막대기 모양이나 판 모양으로 만드는 공정)공정으로 나뉜다.

② 일관제철공정에서는 용선의 대량공급이 가능한 고로공정이 꼭 필요하기 때문에 초기 설비투자에 많은 비용이 들어가며 전기로에 비해 생산 탄력성이 낮다. 그러나 원료의 높은 청정도와 고탈탄 능력으로 인하여 표면특성과 가공성이 중시되는 판재류 (판재류 : 슬래브를 재가열 및 압연하여 plate 형태로 만든 철판) 생산에 유리하다.

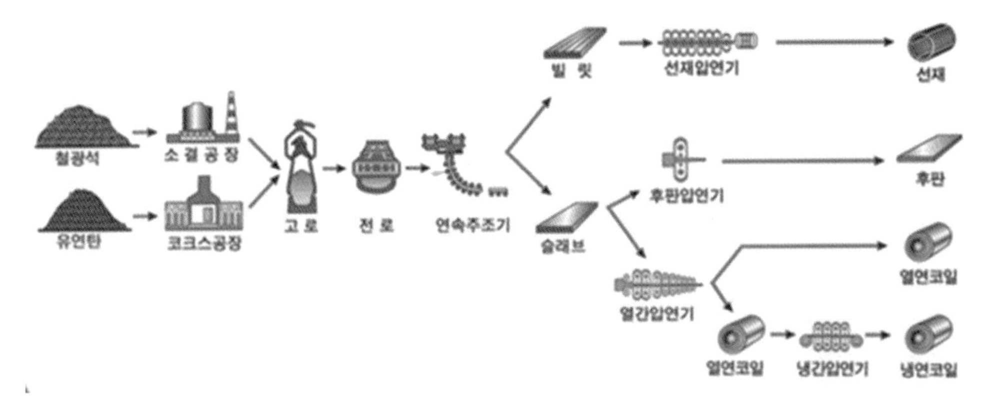

③ 제선 … 철광석을 코크스, 석회석 등과 함께 용광로의 상부에 투입하고 용광로 하부에는 약 1,000도로 가열된 공기를 불어넣는다. 가열된 공기는 코크스를 연소시키면서 일산화탄소를 발생시켜 철광석의 산소를 뺏는 환원작용을 한다. 이와 같이 하여 녹은 철분은 다른 성분과 분리된 채 노의 바닥에 고여 선철이 되고 철분 이외의 성분은 비중이 가벼워 위로 뜨게 되는데 이런 찌꺼기를 슬래그라고 한다. 선철은 약 93%의 철과 4%의 탄소를 함유하고 있는데 인성과 가단성이 매우 낮아 구조용강으로는 사용할 수 없다.

④ **제강** … 선철은 탄소함유량이 많아 취성을 가지므로 이를 강도와 인성이 높은 강으로 만들기 위해서는 선철의 탄소함량을 일정치 이하로 줄이고 황, 인, 규소 등의 불순물을 제거해야 한다. 선철을 산화제와 용제를 제강로속에 넣고 산화탈산하여 성분을 조정하여 구조용 강재로 사용가능한 성질을 가진 강을 만든다. 제강법에는 전로법, 평로법, 전기로법이 있는데 고철을 제강하는 경우는 전기로법이 이용된다.

⑤ **조괴** … 제강이 완료되면 용융된 강을 꺼내어 주형에 주입하여 강괴(ingot)을 만드는 과정이다. 강괴는 탈산도가 높은 킬드강, 세미킬드강, 탈산도가 낮은 림드강으로 분류된다.

⑥ **압연** … 조괴과정을 통해 얻은 강괴를 압연하여 일정한 형태를 가진 부재로 만드는 과정이다. 열간압연은 강괴를 1,200도 정도로 가열하여 서로 반대방향으로 회전하는 롤러 사이로 통과시키면서 점차 정하여진 형태로 변형시켜 나가는 방법으로 강판, 봉강, 형강 등이 이 방법에 의해 제조된다. 냉간압연은 얇은 두께의 강판을 상온에서 프레스로 찍거나 롤러에 통과시켜 형태를 변형시키는 방법으로서 경량형강이 냉간압연에 의해 제조된다.

(2) 전기로공정

① 유연탄과 철광석 대신 철스크랩 (철스크랩 : 쇠부스러기나 파쇠, 고철을 뜻함)을 원료로 쇳물 대신 전기를 사용해 철강제품을 생산하는 방식이다. 전기로의 종류는 전극에 전류를 통과시킴으로써 고철 사이에서 발생하는 아크열로 산화정련하는 아크로와, 도가니 주위에 감은 코일에 전류를 통과시킴으로써 유도전류에 의한 저항열을 이용하는 유도로가 있다.

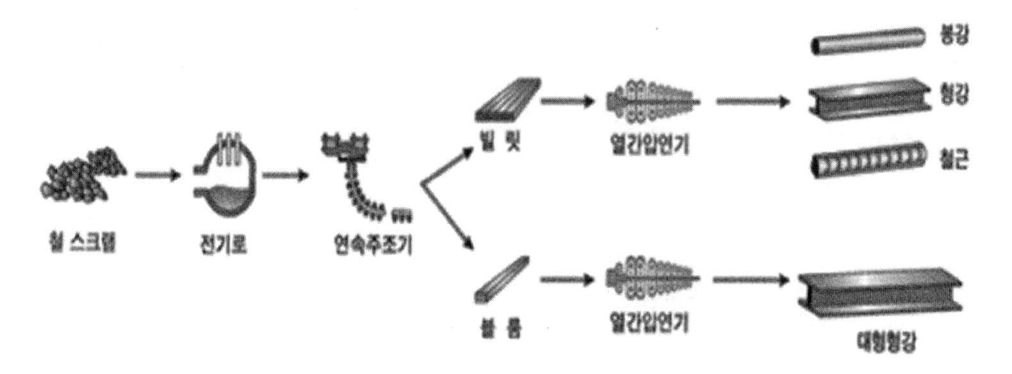

② 전기로에서 용융된 철스크랩은 불순물을 제거하는 정련공정을 거친 후 빌릿, 블룸 등 반제품 소재와 형강, 철근, 선재, 열연강판 등 기초 철강소재를 생산한다.

③ 전기로공정에서는 정련과정을 통해 철스크랩에 포함된 Cu, Sn과 같은 잔류원소의 완전한 제거가 불가능하여 합금강이나 강도중심의 형강, 철근 등 조강류 (조강류 : 형강, 봉강, 철근, 선재 궤조 등을 말함)를 주로 생산한다.

(3) 강구조의 장 · 단점

① 단위중량에 비해 고강도이므로 구조체의 경량화 및 고층구조, 장경간 구조에 적합하다.

② 강재는 인성이 커서 상당한 변위에도 견딜 수 있고 소성변형능력인 연성이 매우 우수한 재료이다.

③ **세장한 부재가 가능** … 인장응력과 압축응력이 거의 같아서 세장한 구조부재가 가능하며 압축강도가 콘크리트의 약 10 ~ 20배로 커서 단면이 상대적으로 작아도 된다.

④ 재료의 균질성, 시공의 편이성, 증축 및 개축의 보수가 용이하다.

⑤ 해체가 용이하며 재사용이 가능하고 환경치노하적이며 하이테크적인 건축재료이다.

⑥ 열에 의한 강도저하가 크므로 질석 spray, 콘크리트 또는 내화 페인트와 같은 내화피복이 필요하다.

⑦ 단면에 비해 부재가 세장하여 좌굴하기 쉽다.

⑧ 응력반복에 의한 강도저하가 심하다.

⑨ 처짐 및 진동을 신중하게 고려해야 한다.

⑩ 정기적 도장에 의한 관리비가 증대될 수 있다.

(4) 강재의 제법 및 종류

① **제선** … 용광로 속에서 코크스의 연소로 생성되는 일산화탄소에 의해 철광석에서 선철을 만드는 과정

② **제강** … 선철에서 강재의 질을 저하시키는 원소를 선택적으로 제거하고 강재의 성질을 개선시킬 수 있는 원소를 추가하는 과정

③ **조괴** … 제강이 끝나 용융된 강을 꺼내어 주형에 주입하여 강괴를 만드는 과정

④ **성형**(압연) … 강괴를 다시 가열하여 회전하는 롤러 사이를 여러 번 반복적으로 통과시켜 강도를 증가시키고 원하는 형태를 만드는 과정

⑤ **열간압연** … 주로 봉강이나 형강을 만들기 위해 강재를 고온으로 가열하여 회전하는 롤러 사이를 여러 번 반복 통과시켜 원하는 형태를 만드는 방법

⑥ **냉간압연** … 얇은 두께의 강판을 상온에서 프레스를 이용해서 찍어내는 방법으로 박판이나 경량형강의 성형을 위한 방법

TIP

킬드강과 림드강

㉠ **킬드강**(Killed steel) : 탈산제(Si, Al, Mn)를 충분히 사용하여 기포발생을 방지한 강재

㉡ **림드강**(rimmed steel) : 탈산이 충분하지 못하여 생긴 기포에 의해 강재의 질이 떨어지는 강

TIP

구조용 강재의 정수

탄성계수 E	전단탄성계수 G	푸아송비 v	선팽창계수 a
205,000 MPa	79,000 MPa	0.3	0.000012

(5) 화학적 성질에 따른 구조용 강재의 분류

① 탄소강

㉠ 가격이 싸고 품질이 비교적 우수해 널리 이용되는 강재이다.

㉡ **저탄소강** : 탄소함유율 0.15% 미만인 강

㉢ **연탄소강** : 탄소함유율 0.15 ~ 0.29%정도인 강으로 주로 구조용 강재로 쓰인다.

㉣ **고탄소강** : 탄소함유율 0.6 ~ 1.7%인 강

② **구조용 합금강** … 망간(Mn)과 탄소(C) 대신 합금원소(Cr, Mo, V)를 사용하여 탄소강에 비해 고강도를 얻으면서 인성의 감소를 억제시키는 특징이 있다.

TIP

구조용 강재 … 건축, 토목, 선박 등의 구조재로서 이용되는 강재로서 탄소함유량이 0.6% 이하인 탄소강이다.

③ **열처리강** … 담금질과 뜨임의 열처리를 통하여 얻어낸 고강도강이다.

④ TMCP(제어 열처리강)

㉠ 구조물의 대형화, 고층화에 따라 용접성과 내진성을 개선한 극후강판의 고강도강재이다.

㉡ 적은 탄소량을 함유하고 있기 때문에 우수한 용접성을 가지고 있으며 판의 두께가 40mm 이상의 후판도 항복강도의 저하가 거의 없다.

㉢ 판두께에 따른 강도의 저감이 없어서 후판재에 적합하다.

㉣ 라멜라티어링이 발생할 우려가 적다.

㉤ 항복비가 낮아 내진성이 우수하다.

㉥ 강도를 확보하면서 탄소당량을 낮출 수 있다.

㉦ TMCP강재는 SM490－TMC처럼 강종 뒤에 TMC라는 기호를 추가로 표시한다.

TIP

TMCP는 Thermo–Mechanical Control Process Steel의 약자이다.

⑤ 신소재강

㉠ **저항복강** : 보통의 구조용 강재보다 항복강도가 낮고 연성이 높기 때문에 소성변형능력에 의해 지진에너지를 흡수하는 역할을 하는 부재에 사용한다.

㉡ **내화강** : 크롬, 몰리브덴 등의 원소를 첨가한 것으로 600°C의 고온에서도 상온 항복강도의 2/3 이상 유

지할 수 있는 성능을 갖는 강재이다.

㉢ **스테인리스강** : 내식성과 내구성이 우수하고 표면의 광택을 살려서 내외부 마감재 등에 사용되는 강재이다.

㉣ **내후성강** : 대기나 해양 등의 자연 부식환경에 대한 저항력을 높힌 강재로 절히 조치된 고강도, 저합금강으로서 부식방지를 위한 도막 없이 대기에 노출되어 사용되는 강재이다.

| 기출예제 01 2011 국가직 (7급)

다음 중 신소재강에 대한 설명으로 옳은 것은?

① 내부식성강은 내식성과 내구성이 우수하고 표면의 광택을 살려서 내외부 마감재 등에 사용되는 강재이다.

② 내강도강은 보통의 구조용 강재보다 항복강도가 낮고 연성이 높기 때문에 소성변형능력에 의해 지진에너지를 흡수하는 역할을 하는 부재에 사용한다.

③ 저항복강은 크롬, 몰리브덴 등의 원소를 첨가한 것으로 600℃의 고온에서도 상온 항복강도의 2/3 이상 유지할 수 있는 성능을 갖는 강재이다.

④ 내후성강은 대기나 해양 등의 자연 부식환경에 대한 저항력을 높힌 강재이다.

*

① 스테인리스강은 내식성과 내구성이 우수하고 표면의 광택을 살려서 내외부 마감재 등에 사용되는 강재이다.

② 저항복강은 보통의 구조용 강재보다 항복강도가 낮고 연성이 높기 때문에 소성변형능력에 의해 지진에너지를 흡수하는 역할을 하는 부재에 사용한다.

③ 내화강은 크롬, 몰리브덴 등의 원소를 첨가한 것으로 600℃의 고온에서도 상온 항복강도의 2/3 이상 유지할 수 있는 성능을 갖는 강재이다.

※ 내부식성 …내식성금속의 부식생성물(녹)이 피막을 형성하여 공기나 물을 통과하지 못하게 함으로서 부식진행을 차단하는 특성이다. (내부식성강이라는 용어는 통용되지 않고 있다. 내부식성강이 잘못되었고 스테인레스강이라고 하는 것이 맞다고 보는 이유는 내식성강 자체가 부식이 우선 일어나서 추가적인 부식을 방지하는 과정을 거치기 때문이다.)

답 ④

⑹ 화학성분에 의한 강재의 성질

① **탄소** … 탄소량이 증가할수록 경도와 강도는 증가하지만 연성과 용접성은 떨어진다.

② **망간** … 강도와 인성을 증가시킨다.

③ **인, 황** … 가공성을 높이지만 취성을 증가시킨다.

④ **니켈** … 부식방지 및 저온에서의 취성파괴에 대한 인성을 증가시키는 역할을 한다.

⑤ **구리, 크롬** … 내식성을 향상시킨다.

TIP

탄소당량 … 탄소와 기타 성분을 등가의 탄소량으로 환산한 것으로 강재의 용접성을 나타내는 지표로 사용된다. 이 값이 클수록 용접성이 저하되므로 용접 시 냉각속도를 완만하게 하는 등의 용접상 주의가 요구된다.

$$C_{eq} = C + \frac{Mn}{6} + \frac{Si}{24} + \frac{Ni}{40} + \frac{Cr}{5} + \frac{Mo}{4} + \frac{V}{14}$$

기출예제 02 2009 국가직

강재의 탄소량을 0.2%에서 0.8%로 증가시켰을 경우 나타나는 강재의 기계적 성질 중 옳지 않은 것은?

① 강재의 항복강도가 증가한다.
② 강재의 탄성한계가 증가한다.
③ 강재의 극한인장강도가 증가한다.
④ 강재의 탄성계수가 증가한다.

✱

강재의 탄소량이 증가하면 항복강도, 탄성한계, 인장강도, 경도는 증가하지만 연성, 인성, 용접성은 감소한다. 강재의 탄성계수는 탄소량에 상관없이 일정하다.

답 ④

(7) 강재의 열처리

주조나 단조 후의 편석과 잔류응력 등의 제거와 균질화를 위한 불림(Normalizing), 연화를 위한 풀림(Annealing), 경화를 위한 담금질(Quenching), 강인화를 위한 뜨임(Tempering)이 있으며 이 중 뜨임만이 변태점 이하로 가열한다. 일반적으로 담금질과 뜨임을 같이 하며, 주조에서는 불림, 단조에서는 풀림을 주로 한다.

담금질	소입 Quenching	• 고온가열 후(오스테나이트 상태) 물이나 기름으로 급냉시켜 마르텐사이트라는 단단한 조직을 얻는다. • 경도, 내마모성이 증가되고 신장율, 수축율은 감소한다.
뜨임질	소려 Tempering	• 변형점 이하(600℃)로 가열한 후 서서히 냉각시켜 안정시킨다. • 담금질한 강의 취성 개선 목적으로 행한다. • 경도와 강도가 감소되고 신장률, 수축율이 증가한다.
풀림	소둔 Annealing	• 고온(800℃)으로 가열하여 노중에서 서서히 냉각하여 강의 조직이 표준화, 균질화되어 내부변형이 제거된다. • 인장강도 저하되고 신율과 점성이 증가된다.
불림	소준 Normailzing	• 변태점 이상 가열 후 공기중에서 냉각시킨다. • 연질화되며 항복점 강도가 증가된다.

(8) 강재의 응력-변형도 곡선

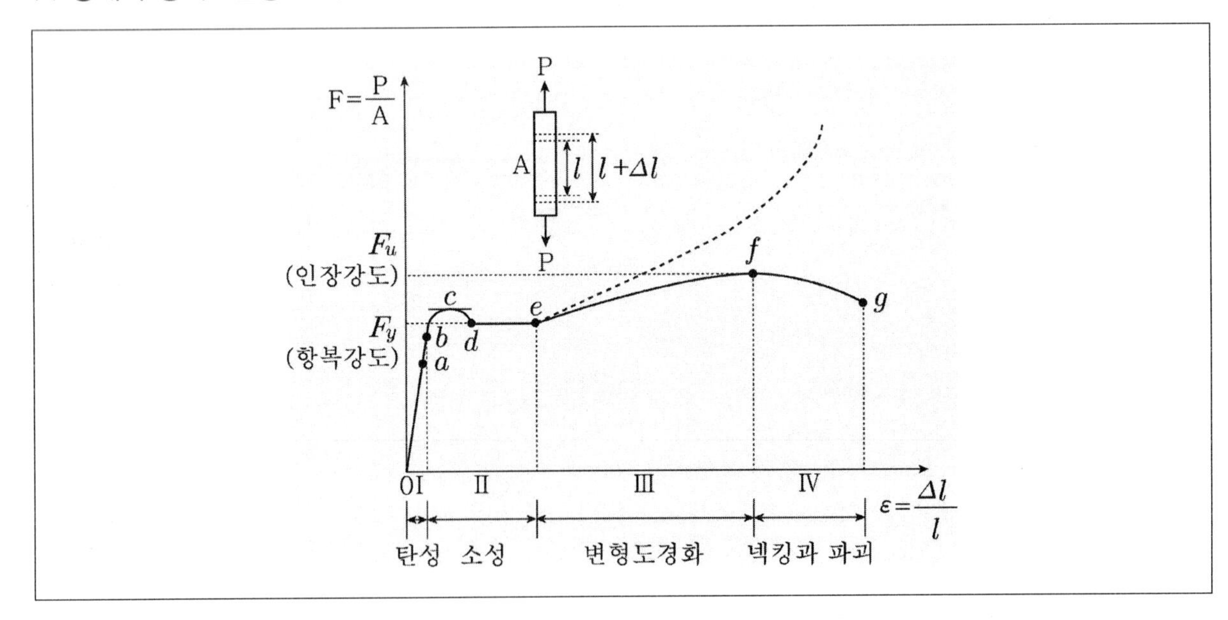

구간	명칭	특성
O－a	직선구간	• 응력과 변형도의 관계는 직선이며 비례적인 구간이다. • O－a의 기울기를 탄성계수라 하며 후크의 법칙이 성립한다.
a점	비례한도	• 응력과 변형도가 비례하여 선형관계를 유지하는 한계의 응력이다. • 점 a를 넘어서면 응력과 변형도는 비례관계가 아니다.
b점	탄성한도	비례한도보다 다소 높으며 탄성한도까지 하중을 가하였다가 제거하면 원점으로 되돌아가는 지점이다. a－b구간은 비선형이다.
c점	상항복점	인장시험 중 시험편이 항복하기 이전의 최대하중을 원단면적으로 나눈 값이다.
d점	하항복점	강재의 항복강도를 의미한다. 강재의 영구변형은 항복점이 분명하지 않은 경우 O－a 기울기를 0.2%로 오프셋(offset)하여 만나는 점을 항복강도로 하거나 0.5%의 총변형도에 해당하는 응력을 항복강도로 정의한다.
e점	변형도 경화시점	연성이 있는 강재에서 항복점을 지나 상당한 변형이 진행된 후 항복강도 이상의 저항능력이 다시 나타나기 시작하는 점이다.
f점	인장강도	• 시험편이 받을 수 있는 최대응력이다. • 시험편 절단시의 하중을 원단면적으로 나눈 값이다.
g점	파괴점	시험편이 파괴되는 강도이다.
Ⅰ구간	탄성영역	응력과 변형도가 비례관계를 가지는 영역이다.
Ⅱ구간	소성영역	변형도만 증가하는 영역이다.
Ⅲ구간	변형도 경화영역	응력과 변형도가 비선형적으로 증가하는 영역이다.
Ⅳ구간	파괴영역	• 변형도는 증가하지만 응력은 오히려 줄어드는 부분이다. • 넥킹현상에 의하여 단면적이 현저히 감소된다.

① **변형도경화** … 연성이 있는 강재에서 항복점을 지나 상당한 변형이 진행된 후 항복강도 이상의 저항능력이 다시 나타나는 현상이다.

② **루더선** … 강재의 인장 파단면에서 강재의 축선과 45° 기울기를 갖는 미끄럼면에서 특유한 모양으로 발생되며, 이 미끄럼 모양 또는 미끄럼면과 표면이 만나는 선이다. 부재의 파괴원인을 파괴면에서 추정할 수 있으며 하항복점과 변형도 경화개시점 사이(Ⅱ구간)에서 나타난다.

③ **항복점이 분명하지 않은 경우의 항복강도** … 항복점이 분명하지 않은 O－a기울기를 0.2%로 오프셋하여 만나는 점을 항복강도로 하거나 0.5%의 총변형도에 해당하는 응력을 항복강도로 정의한다.

④ 복원계수는 재료가 비례한도에 해당하는 응력을 받고 있을 때까지를 기준으로 산정한다. 인성계수는 재료가 파괴되기까지를 기준으로 산정한다.

⑤ 저탄소강의 경우는 아래의 좌측과 같은 응력－변형률 선도를 그리지만 고탄소강의 경우는 우측과 같은 응력－변형률 선도를 그린다.

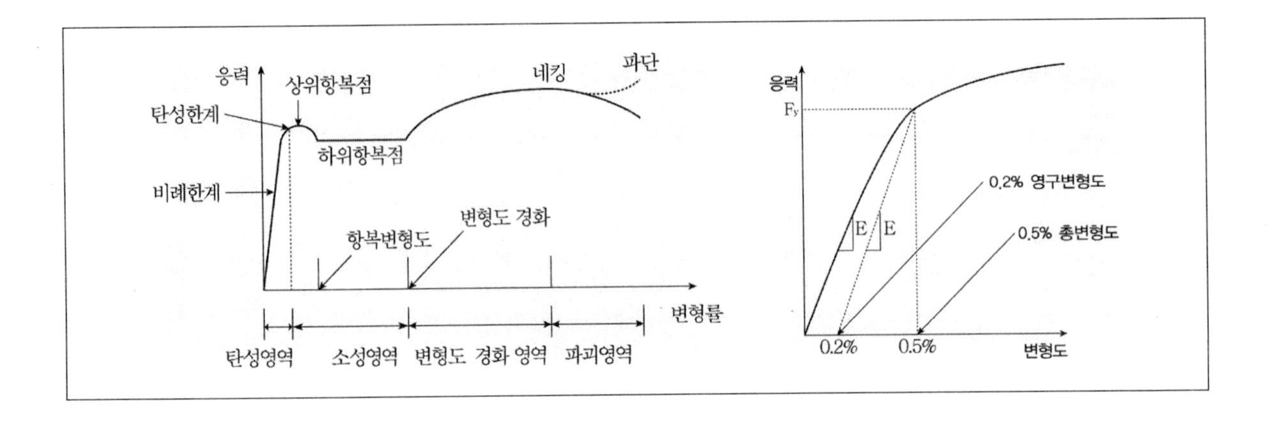

(9) 강재의 특수현상

① 강재의 잔류응력

㉠ 잔류응력이란 외부하중이 작용하기 전에 이미 구조부재 단면에 존재하고 있는 응력이다.

㉡ 잔류응력의 주요 발생원인은 냉각속도의 차이이다.

TIP

H형강 등은 압연과 용접을 거쳐 형상이 이루어지게 되는데 이 과정에서 부재에 엄청난 온도의 열을 가하게 되고 변형이 발생하게 된다. 이 때 형강에 가해진 열이 공기 중으로 급격히 빠져나가는데 부재의 부위별로 냉각속도가 차이가 나게 된다. 이 과정에서 부분 간 변형량이 차이가 나게 되고 이런 상태로 식게 되면 응력이 내부에 잔류하게 되는 것이다.

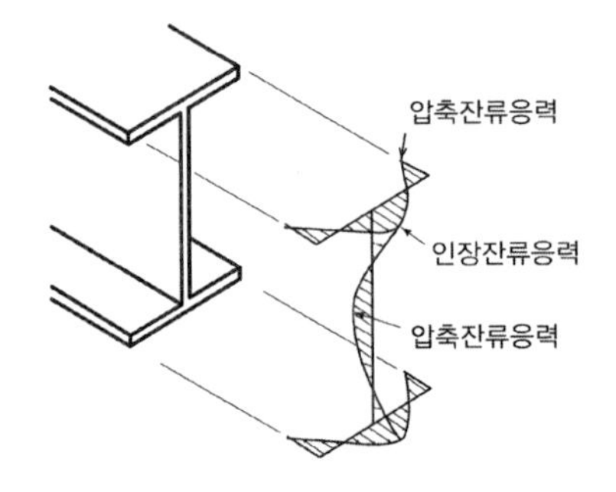

㉢ H형강의 경우 플랜지 끝부분은 압축응력, 플랜지의 중간부분은 인장응력이 생긴다.

㉣ 연구결과 H형강의 플랜지 끝부분에서 최대 압축잔류응력의 평균치는 대략 항복응력의 0.3배에 이른다.

② 강재의 취성파괴 … 부재의 응력이 탄성한계 내에서 충격하중에 의해 갑작스럽게 파괴되는 것으로 주위온도의 저하로 인한 부재 인성이 급격히 감소되어 에너지 흡수능력이 저하되고 부재 가공이나 접합 시의 결함으로 인해 발생한 균열 등도 그 원인이 된다.

TIP

진응력 … 재료를 인장시키면 축방향으로는 늘어나지만 축방향과 수직한 방향으로는 줄어들게 된다. (푸아송비 참고) 진응력은 작용된 하중을 하중이 작용하는 단면적의 실제 면적(당초보다 줄어든)으로 나눈 값이다.

③ **바우싱거현상**…강재의 응력－변형도 시험에서 인장력을 가해 소성상태에 들어선 강재를 다시 반대방향으로 압축력을 적용하였을 때의 압축항복점이 소성상태에 들어서지 않은 강재의 압축항복점에 비해 낮은 현상이다.

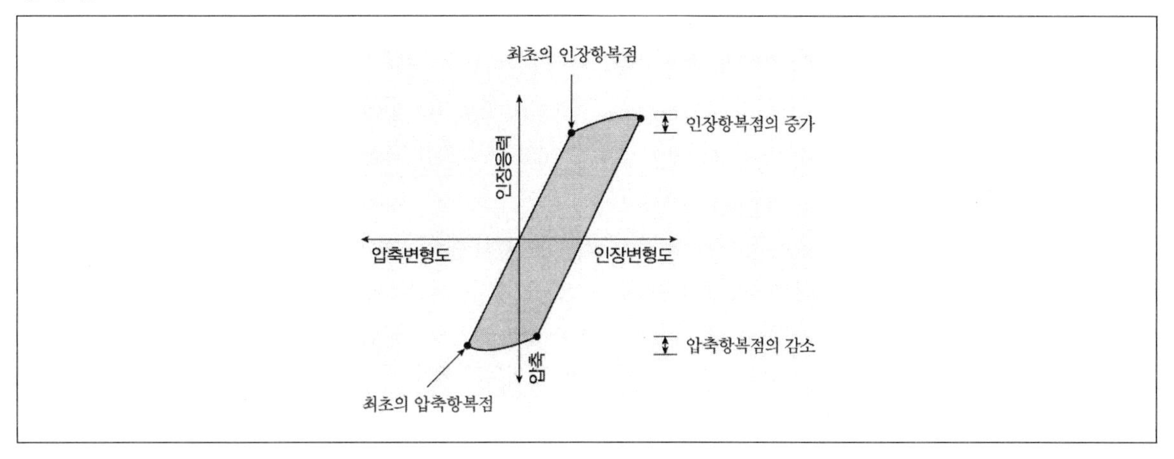

④ **피로파괴**…구조용 강재에 10^4회 이상의 반복응력이 가해지면 항복점 이하의 범위에서도 파단되는 현상이다. (그림㈎)

⑤ **라멜라테어링**…열간압연에 의해 생산되는 강재는 압연이 진행되는 방향의 단면과 교차되는 단면이 서로 다른 기계적 성질을 가진다. 압연 진행방향과 교차되는 단면 중에서 Z방향과 같이 두께가 얇은 판에 수직인 하중이 작용하면 변형의 집중현상과 작은 연성능력으로 인하여 취성파괴가 발생할 수 있는데 이를 라멜라테어링이라고 한다. (그림㈏)

㉠ 열간압연에 의해 생산되는 강재의 경우 압연두께 방향의 연신율은 압연방향에 비해 현저히 떨어진다.

㉡ 라멜라테어링은 압연의 결을 따라 찢어짐이 발생하는 현상이다.

㉢ 라멜라테어링은 두께가 얇은 판에서 발생하는 변형의 집중현상과 작은 연성능력으로 인해 발생하는 취성파괴이다.

㉣ 황이나 인이 첨가되면 더욱 악화된다.

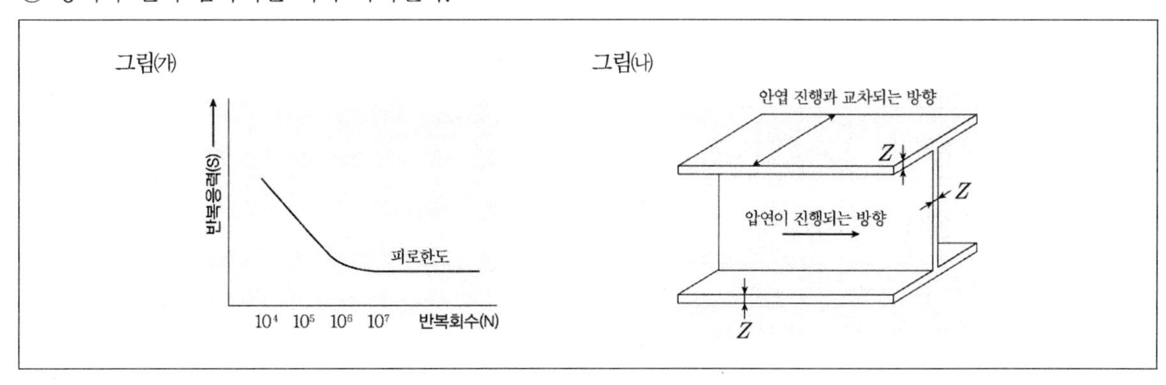

㉤ 라멜라테어링 방지대책

• 용접되는 부분을 압연이 진행되는 방향과 일치시키도록 한다.
• 열영향부의 연성부족은 용접봉에 의한 조직변화나 열변형취화, 수소취화가 원인이므로 수소성분을 낮추면 라멜라테어링을 줄일 수 있다.
• 용접 시 예열을 충분히 하거나 저강도 용접봉을 사용한다.
• 라멜라테어링이 예상되는 곳은 미리 연마처리하고 응력이 집중되는 모서리부분은 부드러운 재료로 보강한다.

기출예제 03 2011 지방직 (7급)

라멜라 테어링(lamellar tearing)에 대한 설명으로 옳지 않은 것은?

① 모재부에 판 표면과 평행하게 진행되는 층상의 용접균열 생김새를 지닌다.
② 압연진행방향 단면의 연성능력은 압연진행방향과 교차되는 단면에 비해 떨어진다.
③ 비금속개재물(MnS)과 유황(S)성분이 많고, 강판의 두께가 두꺼울 때, 또는 1회 용접량이 클수록 발생률이 높다.
④ 용접되는 부분을 압연이 진행되는 방향과 일치하도록 함으로써 라멜라 테어링을 줄일 수 있다.

✱ 탄성범위 안에서 서로 비슷한 거동을 보이지만 압연 진행방향과 교차되는 단면의 연성능력은 압연 진행방향의 단면에 비해 떨어진다.

답 ②

⑽ 강재의 규격표시

① 강재의 종별 용도표시 및 항복강도

㉠ 주요 구조용 강재의 규격표시

강재	규격표시
일반구조용 압연강재	SS275
용접구조용 압연강재	SM275A, B, C, D, -TMC SM355A, B, C, D, -TMC SM420A, B, C, D, -TMC SM460B, C, -TMC
용접구조용 내후성 열간 압연강재	SMA275AW, AP, BW, BP, CW, CP SMA355AW, AP, BW, BP, CW, CP
건축구조용 압연강재	SN275A, B, C SN355B, C
건축구조용 열간압연 H형강	SHN275, SHN355
건축구조용 고성능 압연강재	HSA650

㉡ 주요 구조용 강재의 재료강도(MPa)

<table>
<tr><th>강도</th><th>강재 기호
판 두께</th><th>SS275</th><th>SM275
SMA275</th><th>SM355
SMA355</th><th>SM420</th><th>SM460</th><th>SN275</th><th>SN355</th><th>SHN275</th><th>SHN355</th></tr>
<tr><td rowspan="4">F_y</td><td>16mm 이하</td><td>275</td><td>275</td><td>355</td><td>420</td><td>460</td><td rowspan="2">275</td><td rowspan="2">355</td><td rowspan="3">275</td><td rowspan="3">355</td></tr>
<tr><td>16mm 초과 40mm 이하</td><td>265</td><td>265</td><td>345</td><td>410</td><td>450</td></tr>
<tr><td>40mm 초과 75mm 이하</td><td rowspan="2">245</td><td>255</td><td>335</td><td>400</td><td>430</td><td rowspan="2">255</td><td rowspan="2">335</td></tr>
<tr><td>75mm 초과 100mm 이하</td><td>245</td><td>325</td><td>390</td><td>420</td><td>–</td><td>–</td></tr>
<tr><td rowspan="2">F_u</td><td>75mm 이하</td><td rowspan="2">410</td><td rowspan="2">410</td><td rowspan="2">490</td><td rowspan="2">520</td><td rowspan="2">570</td><td rowspan="2">410</td><td rowspan="2">490</td><td>410</td><td>490</td></tr>
<tr><td>75mm 초과 100mm 이하</td><td>–</td><td>–</td></tr>
</table>

㉢ 냉간가공재 및 주강의 재질규격

강재	규격표시
일반구조용 경량형강	SSC275
일반구조용 용접경량H형강	SWH275, L
강제갑판(데크플레이트)	SDP1, 2, 3
건축구조용 탄소강관	SNT275E, SNT355E, SNT275A, SNT355A
건축구조용 각형 탄소강관	SNRT295E, SNRT275A, SNRT355A

㉣ 용접하지 않는 부분에 사용되는 강재의 재질규격표시

강재	규격표시
일반구조용 압연강재	SS315, SS410
일반구조용 탄소강관	SGT275, SGT355
일반구조용 각형강관	SRT275, SRT355
탄소강 단강품	SF490A, SF540A

㉤ SM 355 B W N ZC의 해석 : 용접구조용 압연강재이며, 강재의 항복강도는 355Mpa이며 샤르피 에너지 흡수등급은 B(일정수준의 충격치요구)이며 내후성등급은 W(녹안정화처리)이며 열처리는 Normalizing(소둔), 내라메탈티어링 등급은 ZC(Z방향으로 25% 이상)를 의미한다.

② SMA 490 B W N ZC의 해석 … 강재의 인장강도는 490Mpa이며 샤르피 에너지 흡수등급은 B(일정수준 충격치요구), 내후성등급은 W(녹안정화처리)이며 열처리는 Normalizing(소둔), 내라멜라테어 등급은 ZC(Z방향으로 25% 이상)

㉠ 샤르피 흡수에너지 등급 • A : 별도 조건없음 • B : 일정 수준의 충격치 요구 • C : 우수한 충격치 요구	㉡ 내후성 등급 • W : 녹안정화 처리 • P : 일반도장 처리후 사용
㉢ 열처리의 종류 • N : Normalizing(소둔) • QT : Quenching Tempering • TMC : Thermo Mechanical Control(열가공제어)	㉣ 내라멜라테어 등급 • ZA : 별도보증 없음 • ZB : Z방향 15% 이상 • ZC : Z방향 25% 이상

TIP

단, SN400 A와 같이 건축구조용 압연강재(SN강) 뒤에 붙는 A, B, C는 샤르피 흡수에너지 등급으로 분류된 것이 아니며, 사용부위에 의한 요구성능의 차이를 나타낸다.
㉠ A종 : 용접이 없고 소성변형 성능도 요구하지 않는 보조부재
㉡ B종 : 주요구조부재 혹은 용접을 필요로 하는 부재
㉢ C종 : 다이어프램 등과 같이 판두께 방향의 특성도 요구되는 부재

③ 강재의 형상별 표기법

강재의 명칭 및 표기법	단면형태	표기법 및 주요특성
ㄱ형강 : $L-A\times B\times t$	t, A, t, B	A=B이면 등변 L형강이며 그렇지 않으면 부등변 L형강이다.
I형강 : $I-H\times B\times t_1\times t_2$	H, t_1, t_2, B	폭에 비해 높이가 비교적 높은 형강이며 중간부재에 사용된다.
H형강 : $H-H\times B\times t_1\times t_2$	H, t_1, k, t_2, B	A : B=2 : 1~3 : 1인 경우는 주요 보에 사용 A : B=1 : 1인 경우는 기둥에 사용

ㄷ형강 : $H \times B \times t_1 \times t_2$		중요하지 않은 보, 개구부 주위에 사용
T형강 : $T - H \times B \times t_1 \times t_2$		H형강, I형강을 절단해서 사용 트러스의 상하현재에 사용
냉간성형강 : $C - H \times A \times C \times t$		1.0~4.5mm의 얇은 강판을 냉간압연하여 제조하며 단면2차 모멘트가 커서 경제성이 있으나 국부좌굴의 발생 우려가 크며 방청이 어려움
강관 : $\phi - D \times t$		좌굴성능이 우수하지만 휨재로서는 사용할 수 없음
강판 : $PL - A \times t$		두께 6mm 이상의 판은 후판으로 봄 두께 3mm 이하의 판은 강판이 아닌 평강으로 봄

02 강구조 설계법

1 강구조 설계법

(1) 한계상태설계법

① 한계상태설계법의 정의 … 강구조의 한계상태설계법은 신뢰성 이론에 근거하여 제정된 진보된 설계방법으로서 하중계수와 저항계수로 구분하여 안전율을 결정하는 근거로 확률론적 수학모델이 사용되며 일관된 신뢰성을 갖도록 유도한 합리적인 설계방법이다.

㉠ 구조물이 한계상태로 될 확률을 구조물의 모든 부재에 대해 일정한 값이 되도록 하는 설계법으로서 안전성의 척도를 구조물이 파괴되지 않을 확률로 나타내는 설계법이다.

㉡ 구조물에 작용하는 하중과 재료의 실제 값은 확률량으로 해석할 수 있으며 하중작용과 강도, 잔류응력분포 변동 등을 고려하여 확률론적으로 구조물의 안전성을 평가하는 것이다.

$$\sum r_i \cdot Q_i \leq \phi \cdot R_n$$

- r_i : 하중계수(≥ 1)
- Q_i : 부재의 하중효과
- ϕ : 강도감소계수
- R_n : 이상적 내력상태의 공칭강도

TIP

구조물의 저항능력을 확률변수 R, 작용하는 하중효과를 확률변수 Q로 나타내고 R과 Q가 서로 독립이라고 가정하면 다음과 같은 세 가지 상태의 관계로 정의할 수 있다.

㉠ R > Q : 안전

㉡ R < Q : 파괴

㉢ R = Q : 한계상태

기출예제 01 2007 국가직 (7급)

철골조 한계상태설계법에 관한 설명으로 옳지 않은 것은?

① 강재의 탄성변형 범위 이내에서 부재를 설계한다.
② 재료의 항복강도 외에 인장강도를 기준으로 부재의 강도를 규정한다.
③ 사용성 검토시에는 하중계수를 1.0으로 하여 검토한다.
④ 안전율은 확률론적 수학모델을 근거로 결정한다.

*

강재는 한계상태변형 범위 이내에서 부재를 설계한다.

답 ①

② 구조체의 한계상태

㉠ **극한한계상태** : 설계수명 이내에서 발생할 것으로 기대되는 하중조합이 극한강도를 초과하여 작용하게 될 경우 구조물은 국부적 또는 전체의 파괴가 일어나게 되는 한계상태이다. (안정성이 상실된 상태이다.)

㉡ **사용한계상태**(serviceability limit state) : 정상적 사용 중에 구조적 기능과 사용자의 안전 그리고 구조물의 외관에 관련된 특정한 요구성능을 더 이상 만족시키지 못하여 정상적으로 사용할 수 없는 한계상태이다. (사용성이 상실된 상태이다.)

㉢ **피로한계상태**(fatigue limit state) : 규칙적으로 반복되는 하중(피로하중)에 의해 구조물의 파괴가 발생하기 시작하는 한계상태이다.

㉣ **파단한계상태** : 외력에 의해 구조물이 파단에 이르게 되어 어떤 기능도 하지 못하게 되는 한계상태이다.

TIP

사용성 한계상태와 극한강도한계상태의 예

㉠ 사용성 한계상태의 예
- 구조물의 용도, 배수, 외관을 저해하거나, 비구조적 요소나 부착물의 손상을 유발하는 과도한 처짐
- 구조물의 외관, 구조물의 용도나 내구성에 나쁜 영향을 미치는 과도한 국부적 손상, 균열
- 거주자의 안락감, 장비의 작동에 영향을 미치는 과도한 진동

㉡ 극한강도한계상태의 예
- 재료의 강도한계를 초과하여 구조물의 안전성이 문제가 되는 파손, 파괴
- 구조물의 일부 또는 전체적인 평형 상실로서 전도, 인발, 슬라이딩
- 국부적인 파손이 전체 붕괴로 확대되는 점진적인 붕괴, 구조건전도의 결핍
- 붕괴 메커니즘이나 전체적인 불안정으로 변환시키는 매우 과도한 변형

| 기출예제 02 2009 국가직 (7급)

다음 중 강구조의 한계상태설계법에서 강도한계상태와 관계없는 것은?

① 부재의 과다한 잔류변형

② 골조의 불안정

③ 접합부 파괴

④ 피로파괴

*

강구조물에서 강도한계상태를 구성하고 있는 요소들을 살펴보면 골조의 불안정성, 기둥의 좌굴, 보의 횡좌굴, 접합부 파괴, 인장부재의 전단면 항복, 피로파괴, 취성파괴 등이 있다. 사용성 한계상태는 대체적으로 부재의 과다한 탄성변형, 부재의 과다한 잔류변형, 받가재의 진동, 장기변형과 같은 요소들로 이루어진다.

답 ①

③ **하중저항계수 설계법** … 하중과 저항 관련 모든 불확실성을 확률, 통계적 기법으로 처리하는 구조신뢰성이론에 기초하여 강구조물이 일관성 있는 적정 수준의 안전율을 유지할 수 있도록 설계하는 확률적 한계상태 설계법이다.

④ **하중조합** … 강도한계상태설계의 식에 있어서 하중계수 r_i를 사용한 구조물과 구조부재의 소요강도는 아래의 하중조합 중에서 가장 불리한 경우에 따라서 결정된다.

$U=1.4(D+F+H_v)$

$U=1.2(D+F+T)+1.6(L+a_H \cdot H_v+H_h)+0.5(L_r \text{ or } S \text{ or } R)$

$U=1.2D+1.6(L_r \text{ or } S \text{ or } R)+(1.0L \text{ or } 0.65W)$

$U=1.2D+1.3W+1.0L+0.5(L_r \text{ or } S \text{ or } R)$

$U=1.2(D+H_v)+1.0E+1.0L+0.2S+(1.0H_h \text{ or } 0.5H_h)$

$U=1.2(D+F+T)+1.6(L+a_H \cdot H_v)+0.8H_h+0.5(L_r \text{ or } S \text{ or } R)$

$U=0.9(D+H_v)+1.3W+(1.6H_h \text{ or } 0.8H_h)$

$U=0.9(D+H_v)+1.0E+(1.0H_h \text{ or } 0.5H_h)$

(단, D는 고정하중, L은 활하중, W는 풍하중, E는 지진하중, S는 적설하중, H_v는 흙의 자중에 의한 연직방향 하중, H_h는 흙의 횡압력에 의한 수평방향 하중, α 는 토피 두께에 따른 보정계수를 나타내며 F는 유체의 밀도를 알 수 있고, 저장 유체의 높이를 조절할 수 있는 유체의 중량 및 압력에 의한 하중 또는 이에 의해서 생기는 단면력이다.)

checkpoint

■ ASD설계법, USD설계법, LSD설계법

(1) 허용응력 설계법(Allowable Stress Design, ASD)

부재에 하중이 작용하였을 때, 하중에 의한 응력이 부재의 허용응력 이내에 들도록 하여 안전성을 확보하는 방법이다. 허용응력 수준은 파괴강도의 약 35% 정도인데, 이 수준 내에서만 안전성이 평가되므로 항복 및 극한상태에서의 안전성 확보가 불확실하다. 따라서 일정 수준 이하의 응력에서 분명히 선형탄성거동하는 구조에 적용하는 것이 바람직하다.

(2) 극한강도설계법(Ultimate Strength Design)

하중계수가 적용된 계수하중이 부재의 극한강도 이내에 들도록 하여 안전성을 확보하는 방법으로, 하중계수 적용에 따른 하중특성이 설계에 반영된다. 강구조에서는 소성설계법이라고도 한다. 강구조의 경우, 단면의 소성을 넘어 구조시스템이 불안정상태가 될 경우를 파괴로 간주하며, 철근콘크리트구조의 경우, 부재단면이 극한상태에 도달할 경우를 구조물의 파괴로 간주한다. 사용하중 상태에서의 사용성과 같은 거동은 별도로 검토해야 한다.

(3) 한계상태설계법(Limit State Design)

구조물의 안전성과 관련된 신뢰도를 기반으로, 설계기준에서 정의한 주요 한계상태에 대하여 각각의 요구조건을 만족하도록 하는 설계이다. 기존의 설계법은 응력검토해서 안전한지 여부를 만족하도록 하는 것이 설계의 전부라면, 한계상태설계법에서의 안전성 개념은 설계의 일부분으로, 앞서 설명한 바와 같이 각각의 한계상태를 모두 만족하도록 설계해야 한다. 즉, 각각의 한계상태들 중 기존 설계법에서 다뤘던 안전성 여부는 극한한계상태라는 하나의 정의된 한계상태에 해당될 뿐이다. 이 방법은 기존 설계법에 비해 합리적인 설계방법이라고 볼 수 있는데, 그 이유는 모든 한계상태에 대하여 동등한 중요도를 갖도록 하며, 이를 통하여 최적화된 설계를 수행하기 때문이다. 이는 곧 구조물의 경제성과도 연계되어 최소 비용으로 최적의 구조물을 만들 수 있기 때문이다. 한계상태설계법은 기존의 설계법과 달리 안전성과 사용성을 비롯하여, 피로, 극단상황에 대해 기준을 만족하는 설계를 할 수 있다. 이중 안전성만 놓고 기존 설계법과 비교해 본다면, 철근콘크리트구조의 경우에는 하중에 계수를 반영하고, 극한상태에서 강도를 검토하는 측면에서는 기존 강도설계법과 유사하나, 재료특성이 추가로 반영되며, 극한상태를 단면의 파괴가 아닌 구조시스템의 파괴로 간주하는 측면이 다르다. 강구조의 경우에는 동일한 하중조건에서 강재의 응력을 탄성범위가 아닌 극한강도까지 최대한 활용해 부재를 설계하므로, 강재 절감이 가능하고 신뢰성을 제고한 점을 기존 설계법과의 가장 큰 차이점으로 볼 수 있다.

TIP

신뢰도기반 설계법에서 하중저항계수설계법(Load and Resistance Factor Design, LRFD)과 한계상태설계법(LSD), 이 두 가지가 혼동될 수 있는데, 1980년대부터 미국과 유럽은 신뢰도기반의 설계법을 적용하기 시작했는데, 미국의 그것이 LRFD이며, 유럽이 LSD이었다.

⑤ **강도감소계수, 설계저항계수(ϕ)** … 부재의 설계강도 계산 시 부재가 저항하고 있는 부재력의 종류와 파괴의 형태에 따라 각기 다른 저항계수를 적용해야 한다.

부재력	파괴형태	저항계수
인장력	총단면항복	0.9
	순단면파괴	0.75
압축력	국부좌굴 발생 안 될 경우	0.9
휨모멘트	국부좌굴 발생 안 될 경우	0.9
전단력	총단면 항복	0.9
	전단파괴	0.75
국부하중	플랜지 휨 항복	0.9
	웨브국부항복	1.0
	웨브크리플링	0.75
	웨브압축좌굴	0.9
고장력볼트	인장파괴	0.75
	전단파괴	0.6

⑥ **충격이 발생하는 활하중** … 충격이 발생하는 활하중을 지지하는 구조물은 그 효과를 고려하여 공칭활하중을 증가시켜야 하며, 별도의 규정이 없는 경우 최소한 다음의 증가율을 적용한다.

㉠ 승강기의 지지부 100%

㉡ 운전실 조작 주행크레인 지지보와 그 연결부 25%

㉢ 펜던트 조작 주행크레인 지지보와 그 연결부 10%

㉣ 축구동 또는 모터구동의 경미한 기계 지지부 20%

㉤ 피스톤운동기기 또는 동력구동장치의 지지부 50%

㉥ 바닥과 발코니를 지지하는 행거 33%

기출예제 03 2016 지방직

강구조 설계 시 충격이 발생하는 활하중을 지지하는 구조물에 대해서, 별도 규정이 없는 경우 공칭활하중 최소 증가율로 옳지 않은 것은?

① 승강기의 지지부 : 100%

② 피스톤운동기기 또는 동력구동장치의 지지부 : 50%

③ 바닥과 발코니를 지지하는 행거 : 33%

④ 운전실 조작 주행크레인 지지보와 그 연결부 : 10%

④ 운전실 조작 주행크레인 지지보와 그 연결부 : 25%

※ 승강기, 크레인, 모터 등 충격효과를 나타내는 활하중은 정적인 중량을 증가시켜 동적 효과를 설계에 반영한다.

답 ④

checkpoint

■ **강구조 건축물의 경제적 구조설계를 위한 고려사항**

(1) 강재의 강도

• 고강도 강재를 사용하는 것이 강재량을 절감할 수 있으며 제작 및 설치비용도 줄일 수 있다.

• 처짐 및 진동 등의 사용성이 지배하는 장스팬 구조의 경우에는 고강도 강재를 적용하는 것이 비합리적일 수 있다.

(2) 부재의 수

• 부재의 수가 많아지면 제작 및 설치비용이 증가한다.

• 강재량의 경우에는 경우에 따라 강재량이 줄어들 수 있다. 예를 들면 장스팬 보의 경우 단일형강보를 사요앟는 것보다 트러스를 사용하는 것이 강재량이 줄어든다.

(3) 모멘트 접합부의 수

• 접합부를 전단접합보다는 모멘트 접합으로 하는 것이 구조적으로 유리하기 때문에 강재량을 줄일 수 있다.

• 모멘트 접합부의 경우 제작 및 설치비용은 증가하게 된다.

(4) 동일한 단면의 형강 사용

• 단면을 세분화하지 않고 가급적 동일한 단면을 사용하는 경우 강재량은 증가하게 된다.

• 동일한 단면의 형강을 많이 사용하는 경우 작업의 단순화가 가능하기 때문에 제작 및 설치비용은 줄일 수 있다.

(5) 압연형강과 용접형강

• 구조내력을 만족시키는 최소한의 용접형강을 사용하는 경우 강재량을 줄일 수 있다.

• 용접형강을 사용하는 경우 설치비의 경우는 큰 차이가 없지만 제작단가가 많이 증가하기 때문에 비경제적이다. 즉, 강재량 절감을 통해 얻어지는 비용보다 제작단가의 비용이 커지게 된다.

(2) 소성설계

① **설계법상의 개념** … 소성설계는 강재의 인성과 구조물의 부정정도를 효과적으로 이용하여 강재의 경제성을 높이기 위하여 시도되는 설계법으로 연속보나 골조 등 부정정구조물에서 최대 응력을 받는 지점이 항복점에 이르러서도 강재의 연성에 의한 소성힌지 개념을 도입하여 붕괴기구가 형성되어 최종적인 구조물 붕괴가 일어나기까지 구조효율을 최대한으로 반영시키는 설계법이다.

② **소성설계의 장 · 단점**

㉠ 탄성설계 시보다 강재의 사용량을 절감할 수 있다.

㉡ 구조체가 지지할 수 있는 최대하중과 구조체의 실제 안전율을 정확하게 계산이 가능하다.

㉢ 부등침하나 시공 시 큰 응력을 받는 구조물이나 복잡한 구조체에 소성해석의 적용이 탄성해석보다 쉽다.

㉣ 고강도 강재는 연강보다 연성이 부족하여 소성설계가 실제로 적용되기는 어렵다.

㉤ 피로응력이 문제가 되는 구조물에는 적용이 어렵다.

㉥ 보에 있어서는 재료절약의 이점이 있으나 기둥구조에서는 재료 절약이 거의 없다.

③ **소성설계의 기본해석이론**

㉠ 응력－변형률 곡선에서 변형도 경화 이후의 재료의 변형도 이력을 무시한다. (그림㈎)

㉡ **소성힌지** : 보 부재가 재료의 탄성한계 이상으로 하중을 받으면 보 부재의 가장 바깥 가장자리부터 소성영역에 들어가며 시간이 경과하게 되면 보 단면 전체가 소성영역이 된다. 이 상태에서 보는 휨모멘트가 일정한 값을 유지하면서 마치 힌지처럼 회전을 계속하게 되는데 이를 소성힌지라고 한다.

㉢ **소성모멘트** : 부재 단면을 완전 소성상태에 이르게 하는 모멘트이다.

㉣ **장방형 보 단면의 소성화과정은 다음과 같다.**

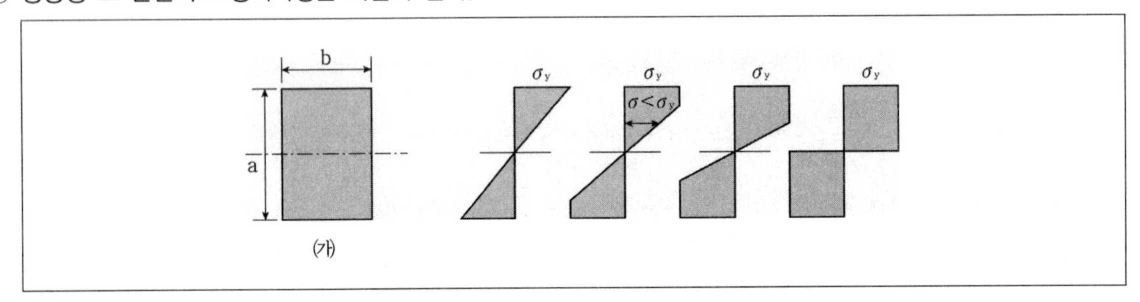

㈎

㉤ **소성단면계수** : 단면의 도심을 지나는 전단면적을 2등분하는 축에 대한 단면계수이다.

㉥ **형상계수** : 소성모멘트를 항복모멘트로 나눈 값이다.

㉦ **종국하중(붕괴하중)** : 소성힌지 발생에 의해 구조물을 붕괴에 이르게 하는 하중이다.

㉧ **붕괴기구** : 부정정 구조물에 소성힌지가 발생하여 붕괴에 이르도록 하는 과정이다.

(3) 그 외 여러 가지 설계법

① **사양적 내화설계** … 건축물의 용도별 높이, 면적에 따라 적용 부재별로 소요내화시간을 법규로서 규정하고 건축법규에서 내화구조로 정한 구조나 규칙에 의하여 안정된 내화구조로 설계된다.

② **성능적 내화설계** … 대규모 특수건축물에 대하여 건축물의 형태와 특성을 고려하여 실내가연물의 종류와 양, 화재실의 규모, 화재하중 등을 고려하여 건축물의 내화성능시간을 설정하고 설정된 내화시간에 적합한 부재를 선택하기 위해 재료의 열특성, 열전도정수, 구조재료의 기계적 성질 등을 평가하여 적용하는 내화설계이다.

③ **대체하중경로법** … 주요하중저항요소의 파괴로 인하여 다른 부재로 하중이 이동할 수 있도록 설계하는 방법이다. 선형해석방법 중 하나로 외부하중에 의하여 구조부재의 손상이 발생할 경우 특정 부재를 제거하고 제거된 부재가 저지하던 하중을 인접한 부재로 전달시키면서 구조물의 추가적인 파괴여부를 판단하여 해석하는 방법이다.

④ **역량설계법** … 지진하중은 지진의 규모, 지반조건, 진원거리 등 여러 요인에 의해 영향을 받으며 동일한 지역에 발생한 지진도 관측연도에 따라 큰 차이를 보인다. 따라서 어떤 구조물에 가해진 지진하중을 정확하게 예측한다는 것은 불가능하다. 다만 구조설계자가 지진하중에 의해 구조물의 특정위치에 비탄성거동이 집중되도록 설계하여 구조물이 갖는 이력에너지를 최대화할 수는 있다. 이처럼 구조물의 특정 위치 또는 특정 요소에 비탄성거동이 발생하도록 유도함으로써 구조물의 내진성능을 극대화하는 설계법이다.

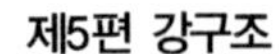

03 인장재

❶ 인장재 설계

(1) 강재의 총단면적과 순단면적

① 정렬배치의 경우

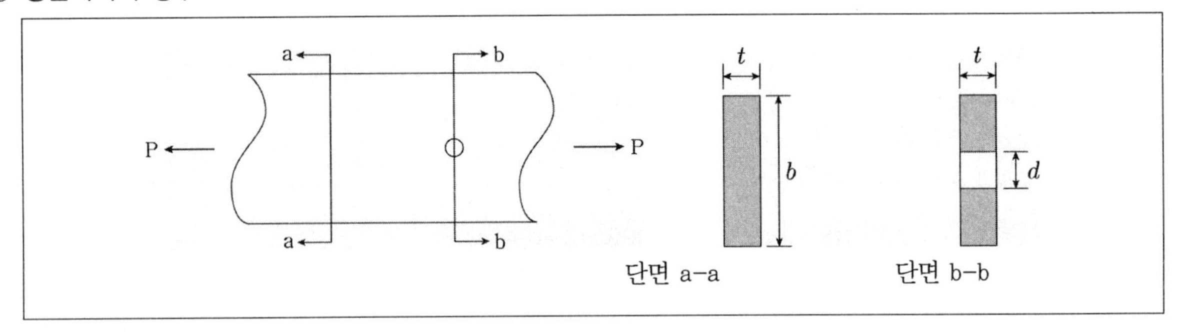

㉠ 총단면적 : $A_g = t \times b$, 순단면적 : $A_n = (b-d) \times t$

㉡ 인장재는 결손단면적(볼트 구멍의 단면적)을 공제한 순단면적을 적용한다.

㉢ 압축재는 결손단면적(볼트 구멍의 단면적)을 공제하지 않은 총단면적을 적용한다.

㉣ 볼트가 정렬로 배치되어 있는 상태에서 인장력이 작용할 때 부재가 파단되는 선을 가정해 보면 a–a와 b–b로 생각해 볼 수 있다. a–a의 단면적보다 b–b의 단면적이 작으므로 더 큰 응력이 발생하게 되어 a–a단면보다 b–b단면의 파괴가 먼저 일어나게 된다.

② 엇모배치의 경우 … 엇모배치의 경우 다음의 식으로 순단면적을 산정한다.

$$A_n = A_g - n \cdot d \cdot t + \sum \frac{s^2}{4g} \cdot t$$

볼트가 다음의 그림과 같이 엇모배치로 되어 있는 경우에는 4가지 파단선을 생각해 볼 수 있다. 이들 각 경우에 대한 순단면적을 구하면 다음과 같다.

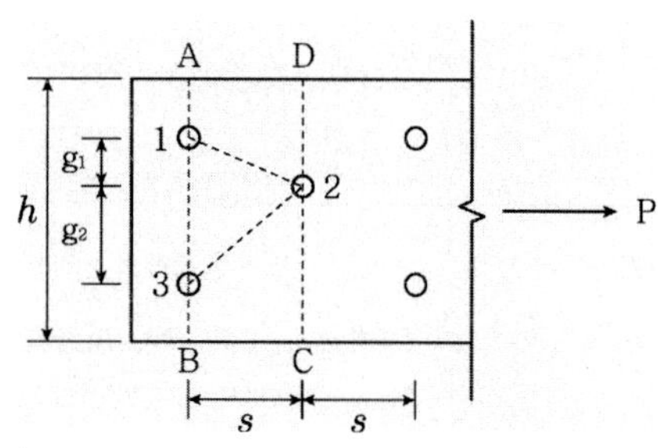

• 파단선 A−1−3−B : $A_g = (h-2d)\cdot t$

• 파단선 A−1−2−3−B : $A_g = (h-3d+\frac{s^2}{4g_1}+\frac{s^2}{4g_s})\cdot t$

• 파단선 A−1−2−C : $A_n = (h-2d+\frac{s^2}{4g_1})\cdot t$

• 파단선 D−2−3−B : $A_n = (h-2d+\frac{s^2}{4g_2})\cdot t$

이 중 순단면적의 크기가 가장 작은 경우가 실제로 파괴가 일어나게 되는 파단선이며 인장재의 순단면적이 된다. 위의 4가지 파단선 중 A−1−2−C와 D−2−3−B의 순단면적은 파단선 A−1−3−B의 경우보다 항상 크게 되므로 파단선 A−1−2−C와 D−2−3−B의 경우는 처음부터 고려할 필요가 없음을 알 수 있다.

③ **동일 평면상에 있지 않은 ㄱ형강의 두 변에 구멍이 엇갈려 배치된 경우** … 게이지간격의 산정식은 $g = g_a + g_b - t$이다. 두 변을 펴서 동일 평면상에 놓은 후 위와 동일한 방법으로 구한다. 이 때 구멍열 사이의 간격값인 게이지간격은 ㄱ형강의 두께 중심선을 따른 두 구멍 사이의 거리에서 중복되는 두께 t를 감한 값으로 한다.

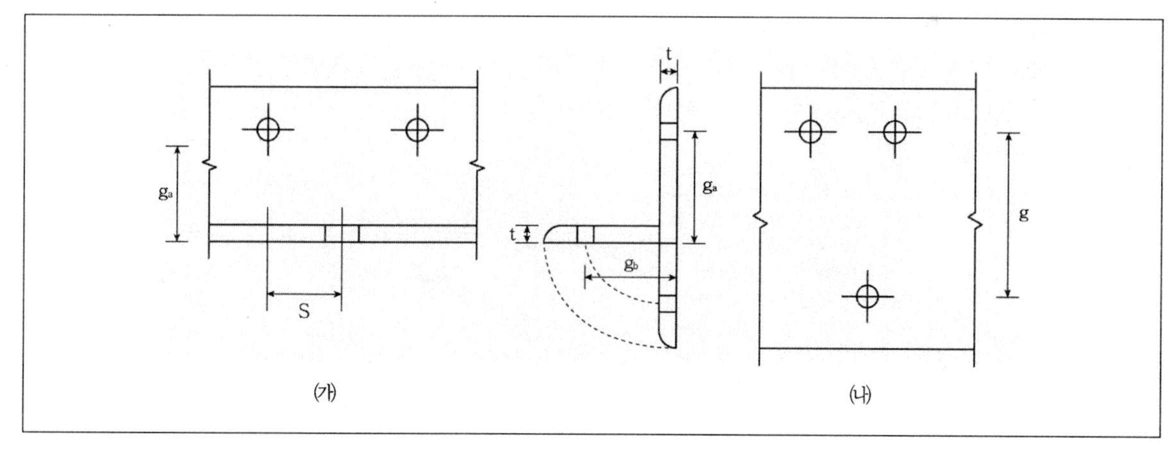

(2) 유효순단면적

① **유효순단면적** … 인장재의 한 변만이 접합에 사용된 경우에는 전단지연의 영향을 고려하기 위해 순단면적 대신에 유효순단면적(A_e)을 사용한다.

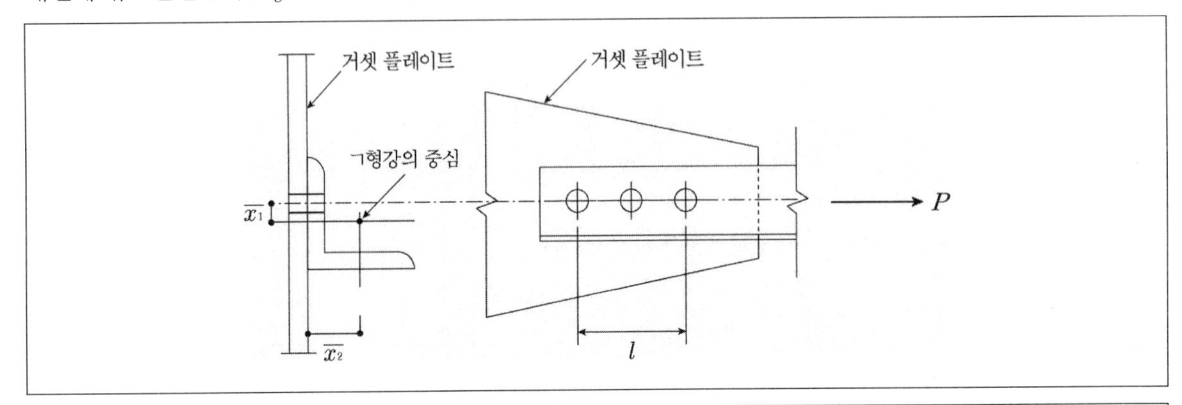

$$A_e = U \cdot A \quad \left(U = 1 - \frac{\overline{x}}{l} \leq 0.9\right)$$

- U : 감소계수, 전단지연계수
- $\overline{x}$: 접합요소의 편심거리 (x_1, x_2중 큰 값)
- l : 하중방향으로 양쪽 끝단에 있는 접합재간의 거리

② **전단지연** … 인장재의 한 변만이 접합에 사용된 경우에는 접합의 중심이 인장재의 중심과 일치하지 않게 되어 편심에 의한 영향이 발생하게 된다. 이처럼 편심이 발생하는 접합부에서의 응력의 흐름을 살펴보면 인장력은 먼저 접합에 사용된 면을 통해 전단응력의 형태로 점차 전체 단면으로 전달되게 된다. 이때 접합에 사용된 면은 전체가 인장력을 받게 되나 접합에 사용되지 않은 면에는 인장력이 불균등하게 생기게 되는데 이러한 현상을 전단지연(shear lag)이라 하며 전단지연의 영향을 고려한 것이 유효순단면적이다.

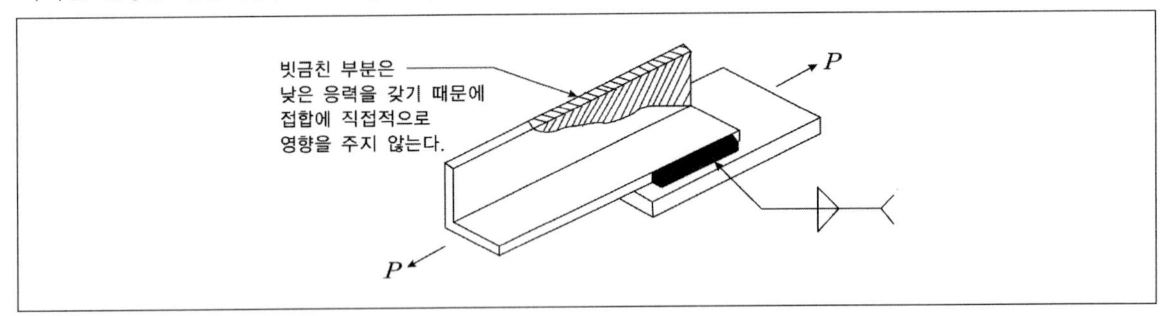

③ **전단지연계수** … 전단지연효과에 따른 전단지연계수를 설명하기 위해 거셋플레이트에 앵글을 용접하고 거셋플레이트와 앵글이 맞닿은 부분에서 45도 방향의 상부는 접합에 직접적으로 영향을 주지 않으므로 전체 용접길이에 대한 45도 방향과 앵글의 중심이 만나는 점에서의 용접길이의 비가 인장부재의 전단지연계수(U)이다.

TIP

인장재접합부의 전단지연계수

사례	요소 설명		전단지연계수, U	예
1	인장력이 용접이나 파스너를 통해 각각의 단면요소에 직접적으로 전달되는 모든 인장재(사례 3, 4, 5, 6과 같은 경우는 제외한다.)		$U=1.0$	–
2	인장력이 길이방향 용접이나 파스너를 통해 단면요소의 일부에 전달되는, 판재와 강관을 제외한 모든 인장재(H형강은 사례 7을 적용할 수도 있다.)		$U=1-\bar{x}/l$	
3	인장력이 가로방향 용접을 통해 단면요소의 일부에 전달되는 모든 인장재		$U=1.0$ A_n = 직접 접합된 요소의 면적	–
4	인장력이 길이방향 용접만을 통해서 전달되는 판재		$l \geq 2w \cdots U=1.00$ $2w > l \geq 1.5w \cdots U=0.87$ $1.5w > l \geq w \cdots U=0.75$	
5	중심축에 단일 거셋플레이트를 용접한 원형강관		$l \geq 1.3D \cdots U=1.0$ $D \leq l < 1.3D \cdots U=1-\bar{x}/l$ 여기서, $\bar{x}=D/\pi$	
6	각형강관 부재	중심축에 단일 거셋플레이트가 있는 경우	$l \geq H \cdots U=1-\bar{x}/l$ 여기서, $\bar{x}=\dfrac{B^2+2BH}{4(B+H)}$	
		양측에 거셋플레이트가 있는 경우	$l \geq H \cdots U=1-\bar{x}/l$ 여기서, $\bar{x}=\dfrac{B^2}{4(B+H)}$	
7	H형강 또는 T형강(사례 2와 비교하여 큰 값의 U를 사용할 수 있다.)	하중방향으로 1열에 3개 이상의 파스너로 접합한 플랜지의 경우	$B \geq 2/3H \cdots U=0.90$ $B < 2/3H \cdots U=0.85$	
		하중방향으로 1열에 4개 이상의 파스너로 접합한 웨브의 경우	$U=0.70$	–
8	단일 ㄱ형강 (사례 2와 비교하여 큰 값의 U를 사용할 수 있다.)	하중방향으로 1열에 4개 이상의 파스너가 있는 경우	$U=0.80$	–
		하중방향으로 1열에 2개 또는 3개의 파스너가 있는 경우	$U=0.60$	–

※ l = 접합길이(mm) ; w = 판재의 폭 ; $\bar{x}$ = 접합부편심(mm)

| 기출예제 01 2017 국가직 7급

강구조 인장재 설계에 대한 설명으로 옳지 않은 것은?

① 인장재의 중심과 접합의 중심이 일치하지 않을 경우 전단 지연현상이 발생한다.

② 인장재의 유효순단면적이란 단면의 순단면적에 전단지연의 영향을 고려한 것이다.

③ 인장재는 순단면에 대한 항복과 유효순단면에 대한 파단이라는 두 가지 한계상태에 대해 검토하여야 한다.

④ 순단면적 산정 시 파단선이 불규칙배치인 경우 동일 조건의 정열배치와 비교하여 약간 더 큰 단면적으로 계산한다.

*

인장재는 총단면에 대한 항복과 단면결손 부분의 파단이라는 두 가지 한계상태에 대해 검토해야 한다.

답 ③

(3) 블록전단파괴(block shear rupture)

① **블록전단파괴** … 접합인장재에 하중방향과 나란한 수평전단면과 하중방향에 대해 수직인 인장면이 네모난 블록조각으로 찢어지며 떨어져나가는 현상이다. 고장력볼트의 사용이 증가함에 따라 접합부의 설계는 보다 적은 개수의 그리고 보다 큰 직경의 볼트를 사용하는 경향으로 변모함에 따라 접합부에서 블록전단파단이라는 파괴양상이 일어날 수 있는 가능성을 크게 만들었다.

[블록전단파단]

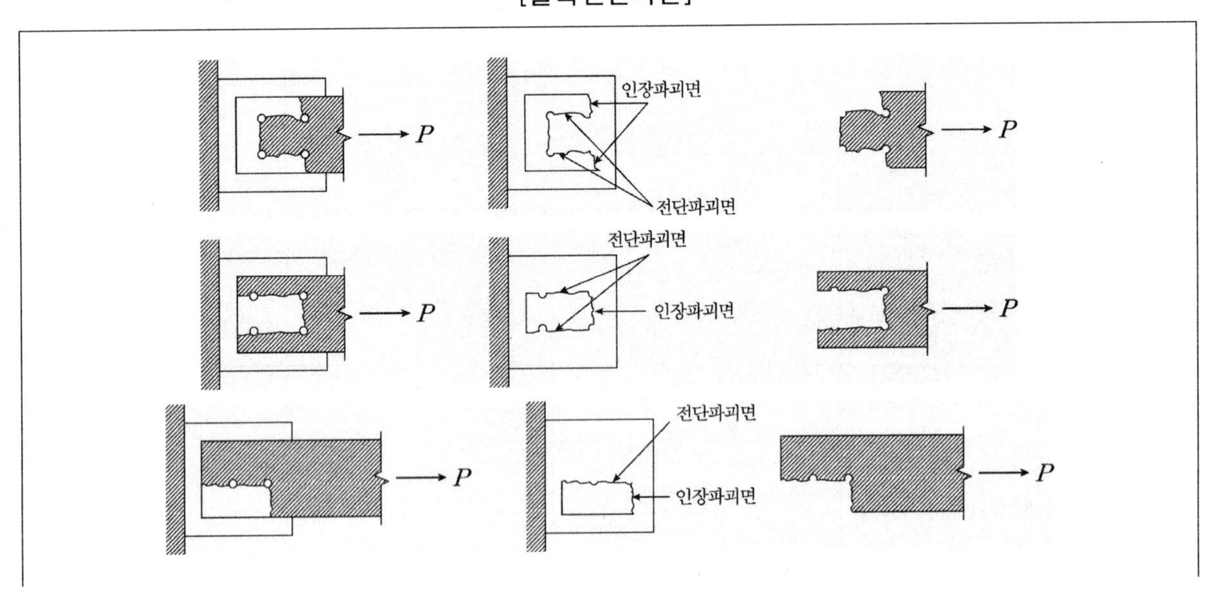

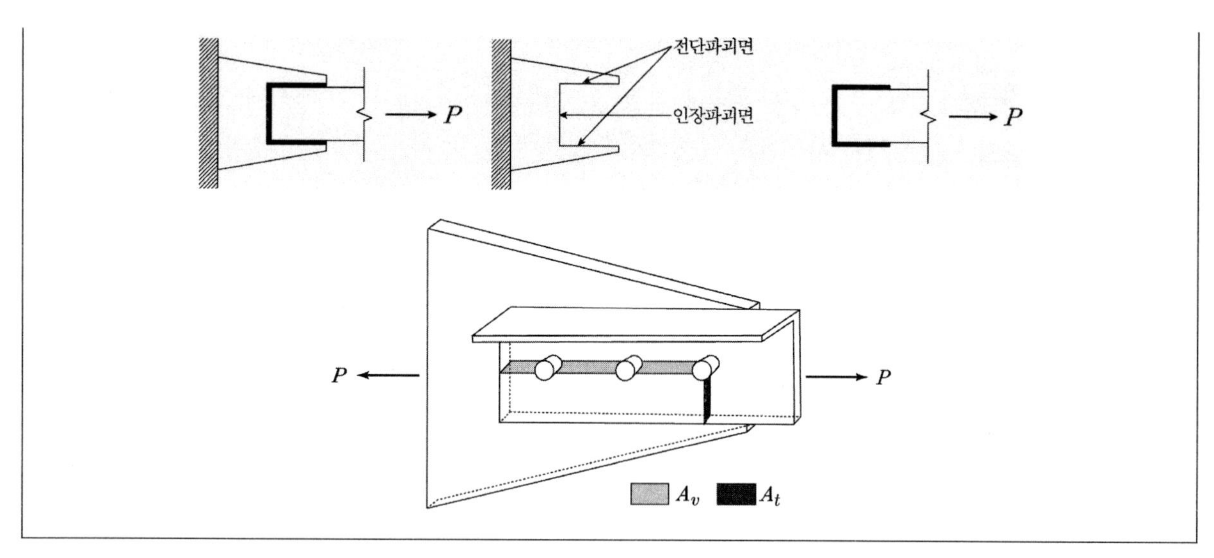

② 블록전단파괴 시 설계인장강도

㉠ 전단영역의 항복과 인장영역의 파괴 시 : $F_u \cdot A_{nt} \geq 0.6F_u \cdot A_{nv}$

$\phi R_n = \phi(0.6F_y A_{gv} + F_u A_{nt})$

㉡ 인장영역의 항복과 전단영역의 파괴 시 : $F_u \cdot A_{nt} < 0.6F_u \cdot A_{nv}$

$\phi R_n = \phi(0.6F_u A_{nv} + F_y A_{gt})$

- ϕ : 강도감소계수(0.75)
- R_n : 설계블록 전단파단강도
- A_{gv} : 전단저항 총단면적
- A_{gt} : 인장저항 총단면적
- A_{nv} : 전단저항 순단면적
- A_{nt} : 인장저항 순단면적

| 기출예제 02

2007 국가직 (7급)

철골구조 한계상태설계법에서 강도저감계수(∅)에 관한 설명으로 옳지 않은 것은?

① 인장재의 총단면이 항복하는 경우 ∅ = 0.9
② 인장재의 순단면이 파괴되는 경우 ∅ = 0.7
③ 압축재의 설계강도 결정 시 (국부좌굴이 발생하지 않을 경우) ∅ = 0.85
④ 휨재의 설계강도 결정 시 (국부좌굴이 발생하지 않을 경우) ∅ = 0.9

✱

인장재의 유효순단면이 파단되는 경우 저항계수는 0.75이다.

답 ②

(4) 설계인장강도

인장재의 설계인장강도 $\phi_t P_n$은 총단면의 항복과 유효순단면의 파단이라는 두 가지 한계상태의 ϕ_t와 P_n으로부터 산정한 값 중에서 작은 값을 블록전단파단강도와 비교하여 둘 중 작은 값으로 결정한다.

① **총단면 항복에 의한 설계인장강도** ··· $\phi_t P_n = \phi_t (F_y \cdot A_g)$ $(\phi_t = 0.90)$

② **유효순단면의 파단에 의한 설계인장강도** ··· $\phi_t P_n = \phi_t (F_u \cdot A_e)$ $(\phi_t = 0.75)$

TIP

인장재 설계에서 설계인장강도는 총단면의 항복한계상태와 유효순단면의 파단한계상태에 의해 산정된 값 중 가장 작은 값을 적용한다. 이 때 총단면 항복한계상태의 강도감소계수와 유효순단면적 파단한계상태의 강도감소계수는 서로 다른 값임에 유의해야 한다.

TIP

인장재의 설계강도 산정식 요약

구분	조건	설계강도 산정식
설계인장강도	인장항복	$\phi = 0.90,\ R_n = F_g \cdot A_g$
	인장파단	$\phi = 0.75,\ R_n = F_g \cdot A_g$
설계전단강도	전단항복	$\phi = 1.0,\ R_n = 0.6F_y \cdot A_g$
	전단파단	$\phi = 1.0,\ R_n = 0.6F_u \cdot A_{nv}$
블록전단강도	$\phi = 0.75,\ R_n = 0.6F_u \cdot A_{nv} + U_{bs}F_uA_{nt} \le 0.6F_y \cdot A_{gv} + U_{bs}F_uA_{nt}$	
설계압축강도	$KL/r \le 25$	$\phi = 0.9,\ P_n = F_y \cdot A_g$
	$KL/r > 25$	압축재 설계강도 산정기준

제5편 강구조

04 압축재

❶ 압축재 설계

(1) 오일러의 탄성좌굴하중

① 탄성좌굴하중 ⋯ $P_{cr} = \dfrac{\pi^2 EI_{\min}}{(KL)^2} = \dfrac{n \cdot \pi^2 EI_{\min}}{L^2} = \dfrac{\pi^2 EA}{\lambda^2}$

② 좌굴응력 ⋯ $f_{cr} = \dfrac{P_{cr}}{A} = \dfrac{\pi^2 EI_{\min}}{(KL)^2 \cdot A} = \dfrac{\pi^2 E \cdot r_{\min}^2}{(KL)^2} = \dfrac{\pi^2 E}{\lambda^2}$

- E : 탄성계수 (MPa, N/mm²)
- $I_{\min}$: 최소단면2차 모멘트(mm⁴)
- K : 지지단의 상태에 따른 유효좌굴길이계수
- KL : 유효좌굴길이(mm)
- λ : 세장비
- f_{cr} : 임계좌굴응력

TIP

탄성좌굴과 비탄성좌굴

㉠ 탄성좌굴 : 탄성영역(오일러의 좌굴식이 적용되는 영역)의 응력과 변형도 관계에서 발생하는 좌굴

㉡ 비탄성좌굴 : 비탄성영역(오일러의 좌굴식이 적용되지 않는 영역)의 응력과 변형도 관계에서 발생하는 좌굴이다. 한계세장비보다 작은 세장비를 갖는 부재는 비탄성영역에서 좌굴이 발생한다.

(2) 유효좌굴길이 계수와 압축재의 세장비 제한

단부구속조건	양단고정	1단힌지 타단고정	양단힌지	1단회전구속 이동자유 타단고정	1단회전자유 이동자유 타단고정	1단회전구속 이동자유 타단힌지
좌굴형태	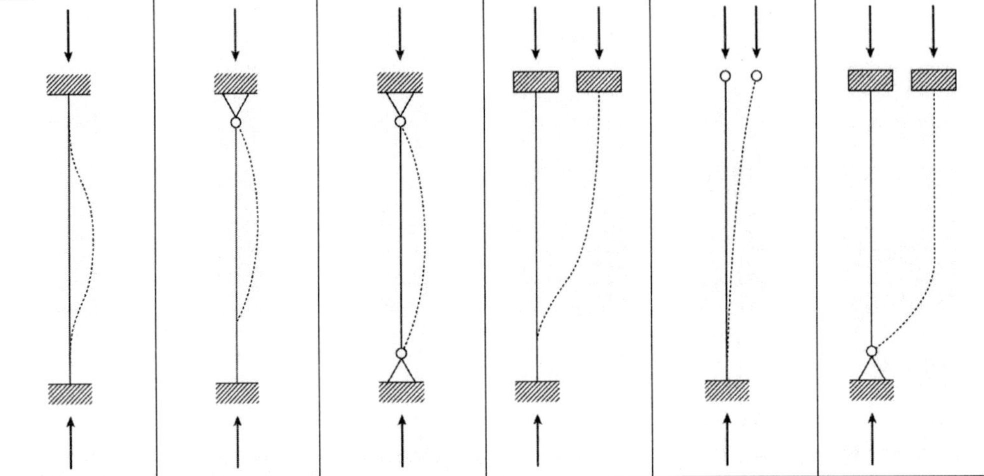					
이론적인 K값	0.50	0.70	1.0	1.0	2.0	2.0
권장 설계 K값	0.65	0.80	1.0	1.2	2.1	2.4

절점조건의 범례	
(고정단 기호)	회전구속, 이동구속 : 고정단
 (힌지 기호)	회전자유, 이동구속 : 힌지
 (회전구속 이동자유 기호)	회전구속, 이동자유 : 큰 보강성과 작은 기둥강성인 라멘
 (자유단 기호)	회전자유, 이동자유 : 자유단

(3) 가새골조와 비가새골조의 좌굴길이계수

① 가새골조

㉠ 대각선 가새, 전단벽 또는 그와 비슷한 방법에 의해 측면의 안전성이 확보되는 것이다.

㉡ 각 절점들은 측면방향으로 움직이지 않는다고 가정한다.

㉢ 각 기둥은 K가 구해지면 분리된 것처럼 설계가 가능하다.

㉣ 좌굴길이계수 K는 항상 1보다 작다.

② 비가새골조

㉠ 측면의 안정성이 강하게 연결된 보와 기둥의 휨강성에만 의존하는 것이다.

㉡ 비가새골조의 좌굴은 일종의 수평이동이며 좌굴된 모양과 기둥의 유효좌굴길이는 휨에 대한 부재의 강성에 의존한다.

㉢ KL은 기둥의 좌굴된 모양을 핀으로 연결된 기둥의 좌굴된 모양의 부분과 비교함으로써 구할 수 있다.

㉣ 좌굴길이계수 K는 항상 1보다 크다.

(4) 휨좌굴에 대한 압축강도

① 공칭압축강도 ··· 콤팩트 및 비콤팩트 단면에 적용

$$공칭압축강도(P_n) = 휨좌굴강도(F_{cr}) \times A_g$$

② 휨좌굴강도(F_{cr})

㉠ $F_e \geq 0.44F_y$(비탄성좌굴 영역)인 경우 : $F_{cr} = [0.658^{\frac{F_y}{F_e}}]F_y$

㉡ $F_e < 0.44F_y$(탄성좌굴영역)인 경우 : $F_{cr} = 0.877F_e$

㉢ 탄성좌굴강도 : $F_e = \dfrac{\pi^2 E}{(\frac{KL}{r})^2}$

③ 설계압축강도

$$\phi_c \cdot P_n = \phi_c \cdot A_g \cdot F_{cr}$$

- A_g : 부재의 총단면적(mm^2)
- F_y : 강재의 항복강도(MPa)
- L : 부재의 횡좌굴에 대한 비지지길이

(5) 조립압축재

① 조립압축재의 특징

㉠ 길판, 띠판, 래티스, 유공 커버플레이트 형식 등이 있다.

㉡ 단일 압연형강으로는 얻을 수 없는 큰 단면이 제작 가능하다.

㉢ 다른 부재와의 접합이나 시공을 쉽게 할 수 있는 특별한 형태나 크기의 부재를 제작할 수 있다.

㉣ 단면 2차반경이 큰 부재를 얻을 수 있으며 서로 다른 방향의 단면 2차 반경의 비도 조절할 수 있어 경제성이 높다.

② 조립압축재의 구조제한

㉠ 압축력을 받는 강구조 부재는 세장비값이 200을 초과하지 않는 것이 좋다.

㉡ 두 개 이상의 압연형강으로 구성된 조립압축재는 개재 세장비가 조립압축재의 최대세장비의 3/4배를 초과하지 않도록 한다.

㉢ 덧판을 사용한 조립압축재의 파스너 및 단속용접 최대간격은 가장 얇은 덧판 두께의 $0.75\sqrt{E/F_y}$ 배 또는 300mm 이하로 한다. 파스너가 엇빗으로 배치될 경우는 위 값의 1.5배로 한다.

㉣ 도장 내후성 강재로 만든 조립 압축재의 긴결간격은 가장 얇은 판두께의 14배 또는 170mm 이하로 한다. 최대연단거리는 가장 얇은 판두께의 8배 또는 120mm를 초과할 수 없다.

㉤ 단일 래티스 부재의 세장비는 140 이하로 하고, 복래티스의 경우에는 200 이하로 하며, 그 교차점을 접합한다. 부재축에 대한 래티스 부재의 기울기는 단일 래티스 경우는 60° 이상으로 하고 복래티스 경우는 45° 이상으로 한다.

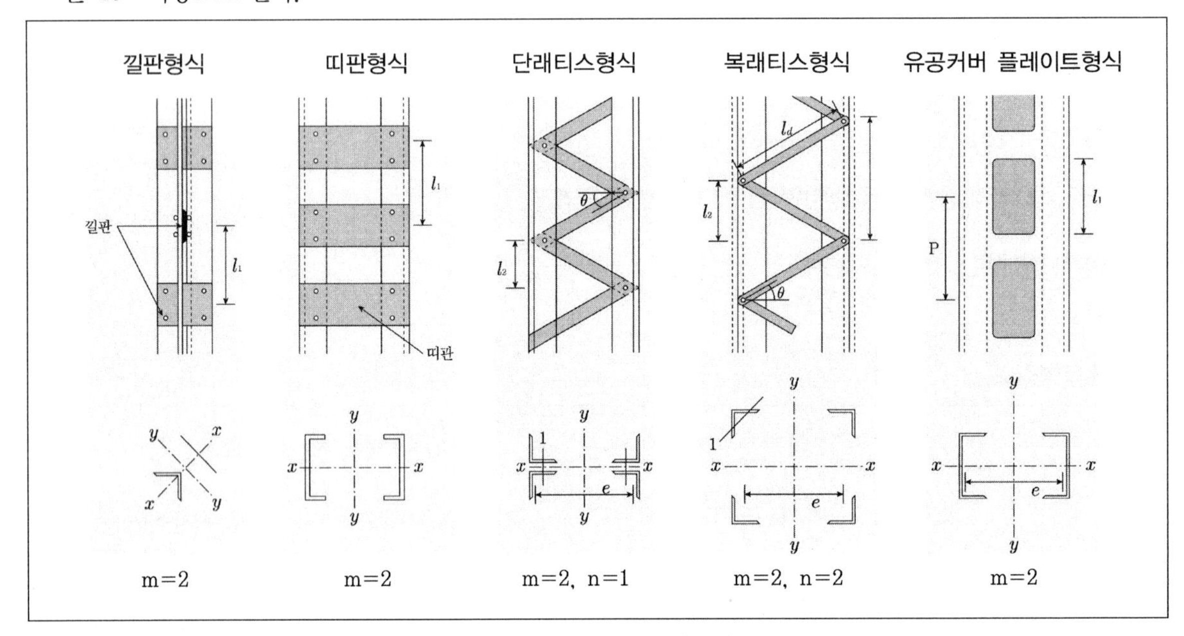

㉥ 조립재의 단부에서 개재 상호간의 접합은 다음의 기준을 따른다.

- 용접접합 : 용접길이가 조립재의 최대폭 이상이 되도록 하며 연속용접으로 한다.
- 고장력볼트접합 : 조립재 최대폭의 1.5배 이상의 구간에 대해서 길이방향으로 볼트직경의 4배 이하 간격으로 접합한다.

㉦ 조립압축재의 단부의 단속용접 또는 고장력볼트 길이방향 간격은 설계응력을 전달하기에 적절하여야 한다.

③ 충복축과 비충복축

구분	내용
충복축(x)	• 단면의 주축이 단면을 구성하는 주재와 일치하는 축이다. • 단면이 완전히 일체가 되었다고 생각하여 단일재와 같이 검정한다.
비충복축(y)	• 단면의 주축이 단면을 구성하는 주재와 일치하지 않는 축이다. • 전단면이 일체가 되었다고 생각하는 경우보다 전단변형의 영향으로 저하된다.

다음에 제시된 그림의 경우 x축은 충복축이나 y축은 비충복축이다.

TIP

충복재와 비충복재

• 충복재 : 웨브부분이 빈틈없이 완전히 강판으로 구성된 것(H형강, 플레이트 거더 등)

• 비충복재 : 웨브부분에 틈이 있는 부재로서 자중이 적은 데 비해 휨내력은 크나 전단력에 약하다.

[조립압축재]

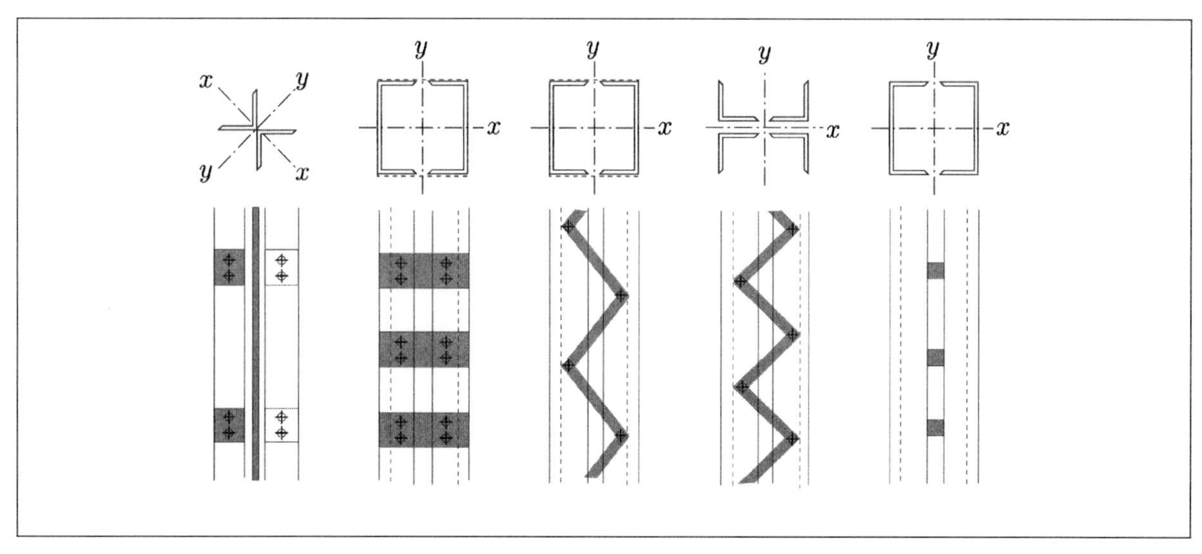

기출예제 01 2013 지방직

다음 중 래티스형식 조립압축재에 대한 설명으로 옳은 것은?

① 조립부재의 재축방향의 접합간격은 소재세장비가 조립압축재의 최대세장비를 초과하도록 한다.
② 단일래티스부재의 세장비 L/r은 140 이하로 한다.
③ 압축력을 받는 래티스의 길이는 단일래티스의 경우 주부재와 접합되는 비지지된 대각선의 길이이며, 복래티스의 경우 이 길이의 50%로 한다.
④ 단일래티스의 경우 부재축에 대한 래티스부재의 기울기는 50° 이상으로 한다.

✱

① 조립부재의 재축방향의 접합간격은 소재세장비가 조립압축재의 최대세장비를 초과하지 않도록 한다.
③ 압축력을 받는 래티스의 길이는 단일래티스의 경우 주부재와 접합되는 비지지된 대각선의 길이이며, 복래티스의 경우 이 길이의 70%로 한다.
④ 단일래티스의 경우 부재축에 대한 래티스부재의 기울기는 60° 이상으로 한다.

답 ②

05 휨재

1 휨재의 설계

(1) 비구속판요소와 구속판요소

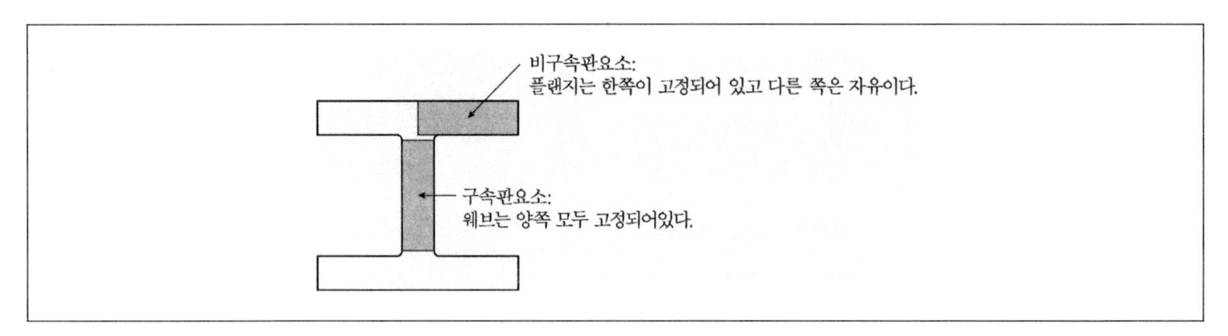

① 비구속판요소 … 판의 한쪽만 구속이 되어 있는 경우로서 자유돌출판 요소라고도 한다. 위 그림에서 플랜지는 웨브와 접합되는 부분만 구속이 되어 있으므로 비구속판 요소이다.

② 구속판요소 … 판의 양쪽이 모두 구속된 경우이다. 위 그림에서 웨브는 위아래 모두 플랜지와 접합되어 구속되어 있으므로 구속판요소이다.

checkpoint

■ **비구속판요소와 구속판요소**

(1) 비구속판요소

하중의 방향과 평행하게 한쪽 끝단이 직각방향의 판요소에 의해 연결된 평판요소이다. (예 : H형강 휨재의 플랜지)

- 압연 H형강과 ㄷ형강 휨재의 플랜지
- 2축 또는 I축 대칭인 용접 H형강 휨재의 플랜지
- 균일 압축을 받는 압연 H형강의 플랜지
- 균일 압축을 받는 압연 H형강으로부터 돌출된 플레이트
- 균일 압축을 받는 서로 접한 쌍ㄱ형강의 돌출된 다리
- 균일 압축을 받는 ㄷ형강의 플랜지
- 균일 압축을 받는 용접 H형강의 플랜지
- 균일 압축을 받는 용접 H형강으로부터 돌출된 플레이트와 ㄱ형강 다리

- 균일 압축을 받는 ㄱ형강의 다리
- 균일 압축을 받는 깔판을 낀 쌍ㄱ형강의 다리
- 그 외 모든 한쪽만 지지된 판요소
- 휨을 받는 ㄱ형강의 다리
- 휨을 받는 T형강의 플랜지
- 균일압축을 받는 T형강의 스템

(2) 구속판요소

하중의 방향과 평행하게 양면이 직각방향의 판요소에 의해 연속된 압축을 받는 평판요소이다.

- 휨을 받는 2축 대칭 H형강의 웨브
- 휨을 받는 ㄷ형강의 웨브
- 균일압축을 받는 2축 대칭 H형강의 웨브
- 휨을 받는 1축대칭 H형강의 웨브
- 휨 또는 균일압축을 받는 각형강관의 플랜지
- 휨 또는 균일압축을 받는 플랜지 커버플레이트
- 휨 또는 균일압축을 받는 파스너 또는 용접선 사이의 다이어프램
- 휨을 받는 각형강관의 웨브
- 균일압축을 받는 그 외 모든 양쪽이 지지된 판요소
- 압축을 받는 원형강관
- 휨을 받는 원형강관

---

(2) 국부좌굴

① 국부좌굴 일반사항

㉠ 플랜지 또는 웨브가 세장하여 압축응력에 의해 이들 부재가 좌굴하는 것을 말한다.

㉡ 플랜지와 웨브의 국부좌굴은 판폭두께비 제한으로 제어한다.

㉢ 국부좌굴은 판폭두께비가 큰 경우에 발생하기 쉽다.

㉣ 보 단면의 형태는 요소의 판폭두께비에 따라 콤팩트요소, 비콤팩트요소 및 세장판요소의 3가지로 구분한다.

[압축요소의 국부좌굴]

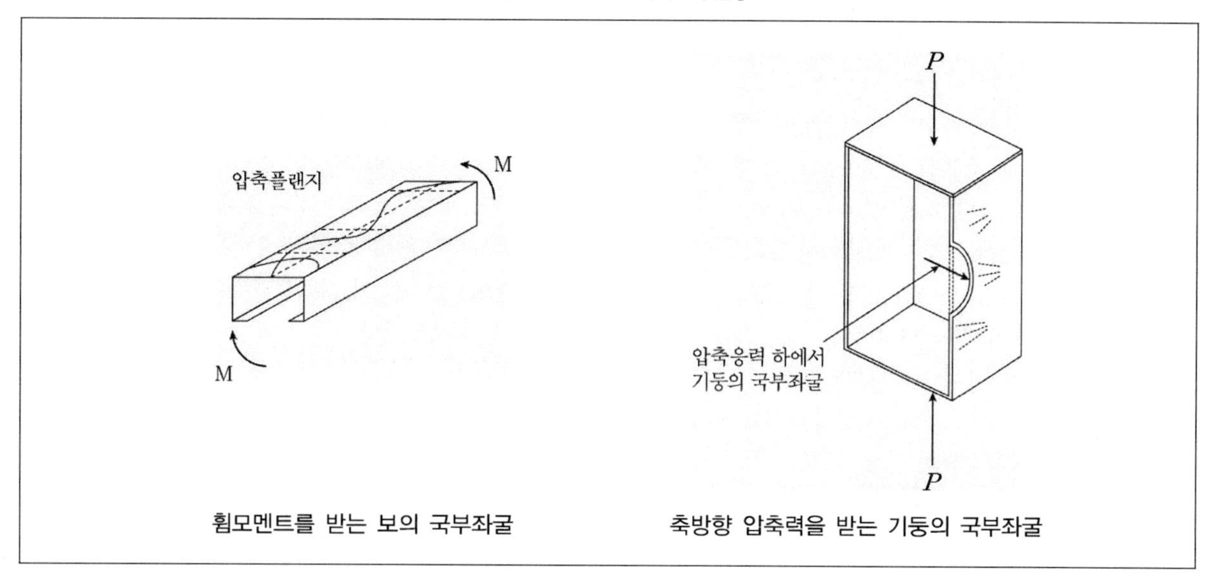

휨모멘트를 받는 보의 국부좌굴 축방향 압축력을 받는 기둥의 국부좌굴

② 판폭두께비

㉠ 판재의 판폭두께비가 크다는 것은 판재의 세장비가 커서 항복보다 탄성좌굴이 먼저 발생한다는 의미이다. 콤팩트단면은 판폭두께비가 작아 단단하기에 전체 소성응력을 받을 수 있고 국부좌굴 발생 전에 회전연성비 약 3의 값을 갖는다. 비콤팩트단면은 국부좌굴발생전에 항복응력이 발생할 수 있으나 완전소성응력분포를 위해 요구되는 변형값에서 소성국부좌굴을 저항하지 못한다.

㉡ H형 단면의 경우 플랜지의 판폭두께비 : $\lambda = \dfrac{b}{t_f}$, 웨브의 판폭두께비 : $\lambda = \dfrac{h}{t_w}$

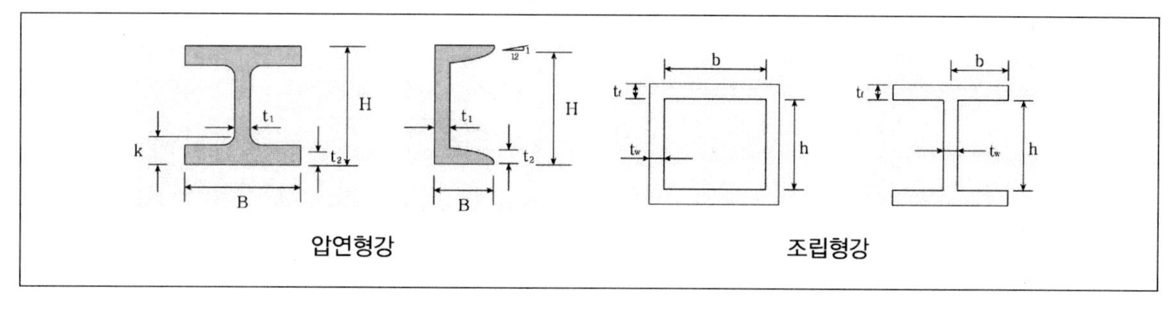

압연형강 조립형강

㉢ 압축판요소의 강재단면 분류 (λ_p : 콤팩트 단면의 한계판폭두께비, λ_r : 비콤팩트 단면의 한계판폭두께비)

- 콤팩트단면 : 단면을 구성하는 모든 압축판요소가 콤팩트요소인 경우이다. 전단면이 소성에 도달할 때까지 국부좌굴이 발생하지 않는 단면이다. 단면의 모든 압축요소의 판폭두께비 λ가 λ_p를 초과하지 않는 단면이며 이러한 콤팩트단면으로만 이루어진 강부재는 국부적인 불안정이 없이 전체 압축강도를 전달할 수 있다.
- 비콤팩트단면 : 단면을 구성하는 요소 중 하나 이상의 압축판요소가 비콤팩트요소인 경우이다. 단면의 일정부분이 항복에 도달할 때까지 국부좌굴이 발생하지 않는 단면이다. 한 개나 그 이상의 요소들의 판폭두께비 λ가 λ_p를 초과하고 λ_r을 초과하지 않는 단면이며 국부좌굴이 발생하기 전에 초기항복응력을 받게 된다.
- 세장판요소단면 : 단면을 구성하는 요소 중 하나 이상의 압축판요소가 세장판요소인 경우이다. 부재가 항복응력에 도달하기 전에 탄성적으로 국부좌굴이 발생되는 단면이다. 판폭두께비 λ가 λ_r를 초과하는 단면이며 탄성좌굴응력이 강도상의 한계점이다.

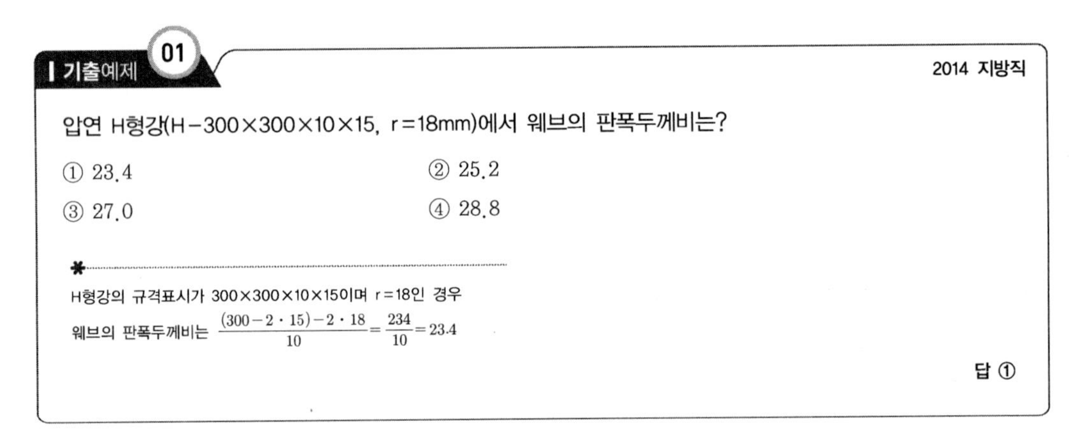
기출예제 01

2014 지방직

압연 H형강(H−300×300×10×15, r=18mm)에서 웨브의 판폭두께비는?

① 23.4 ② 25.2
③ 27.0 ④ 28.8

H형강의 규격표시가 300×300×10×15이며 r=18인 경우

웨브의 판폭두께비는 $\frac{(300-2\cdot15)-2\cdot18}{10}=\frac{234}{10}=23.4$

답 ①

TIP

압축판요소의 판폭두께비 제한값

구분		판요소에 대한 설명	판폭두께비	판폭두께비 제한값		예
				λ_p (콤팩트)	λ_r (비콤팩트)	
비구속판요소	1	압연 H형강과 ㄷ형강 휨재의 플랜지	b/t	$0.38\sqrt{E/F_y}$	$1.0\sqrt{E/F_y}$	
	2	2축 또는 1축 대칭인 용접 H형강 휨재의 플랜지	b/t	$0.38\sqrt{E/F_y}$	$0.95\sqrt{k_cE/F_L}$ 1),2)	

구분		판요소에 대한 설명	판폭두께비	판폭두께비 제한값		예
				λ_p (콤팩트)	λ_r (비콤팩트)	
비구속판요소	3	균일 압축을 받는 -압연 H형강의 플랜지 -압연 H형강으로부터 돌출된 플레이트 -서로 접한 쌍ㄱ형강의 돌출된 다리 -ㄷ형강의 플랜지	b/t	−	$0.56\sqrt{E/F_y}$	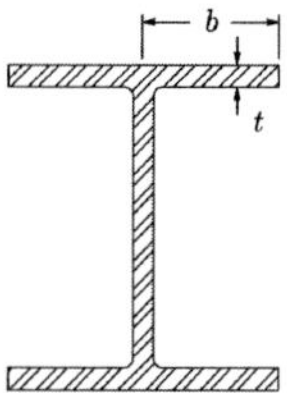
	4	균일 압축을 받는 -용접 H형강의 플랜지 -용접 H형강으로부터 돌출된 플레이트와 ㄱ형강 다리	b/t	−	$0.64\sqrt{k_cE/F_y}$ 1)	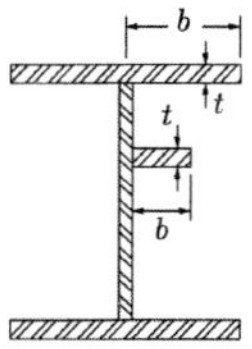
	5	균일 압축을 받는 -ㄱ형강의 다리 -낄판을 낀 쌍ㄱ형강의 다리 -그 외 모든 한쪽만 지지된 판요소	b/t	−	$0.45\sqrt{E/F_y}$	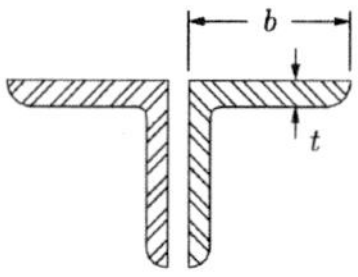
	6	휨을 받는 ㄱ형강의 다리	b/t	$0.54\sqrt{E/F_y}$	$0.91\sqrt{E/F_y}$	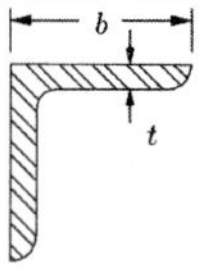
	7	휨을 받는 T형강의 플랜지	b/t	$0.38\sqrt{E/F_y}$	$1.0\sqrt{E/F_y}$	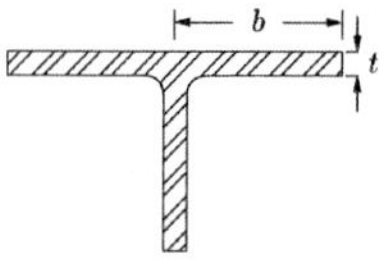
	8	균일압축을 받는 T형강의 스템	d/t	−	$0.75\sqrt{E/F_y}$	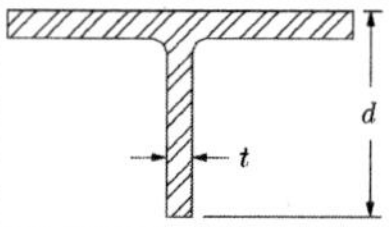
구속판요소	9	휨을 받는 -2축대칭 H형강의 웨브 -ㄷ형강의 웨브	h/t_w	$3.76\sqrt{E/F_y}$	$5.70\sqrt{E/F_y}$	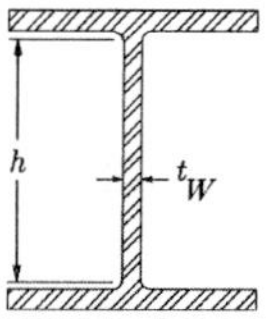
	10	균일압축을 받는 2축대칭 H형강의 웨브	h/t_w	−	$1.49\sqrt{E/F_y}$	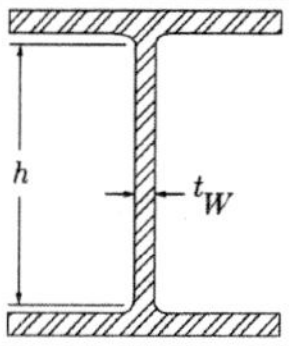

구분		판요소에 대한 설명	판폭 두께비	판폭두께비 제한값		예
				λ_p (콤팩트)	λ_r (비콤팩트)	
구속판요소	11	휨을 받는 1축대칭 H형강의 웨브	h_c/t_w	$\dfrac{\dfrac{h_c}{h_p}\sqrt{\dfrac{E}{F_y}}}{\left(0.54\dfrac{M_p}{M_y}-0.09\right)^2} \leq \lambda$	$5.70\sqrt{E/F_y}$	
	12	휨 또는 균일압축을 받는 – 각형강관의 플랜지 – 플랜지 커버플레이트 – 파스너 또는 용접선 사이의 다이아프램	b/t	$1.12\sqrt{E/F_y}$	$1.40\sqrt{E/F_y}$	
	13	휨을 받는 각형강관의 웨브	h/t	$2.42\sqrt{E/F_y}$	$5.70\sqrt{E/F_y}$	
	14	균일압축을 받는 그 외 모든 양쪽이 지지된 판요소	b/t	–	$1.49\sqrt{E/F_y}$	
	15	– 압축을 받는 원형강관 – 휨을 받는 원형강관	D/t D/t	– $0.07E/F_y$	$0.11E/F_y$ $0.31E/F_y$	

1) $k_c = \dfrac{4}{\sqrt{h/t_w}}$, $0.35 \leq k_c \leq 0.76$

2) $F_L = 0.7F_y$: 약축휨을 받는 경우, 웨브가 세장판요소인 용접 H형강이 강축휨을 받는 경우, 그리고 웨브가 콤팩트요소 또는 비콤팩트요소이고 $S_{xt}/S_{xc} \geq 0.7$인 용접 H형강이 강축휨을 받는 경우

$F_L = F_y S_{xt}/S_{xc} \geq 0.5F_y$: 웨브가 콤팩트요소 또는 비콤팩트요소이고 $S_{xt}/S_{xc} < 0.7$인 용접 H형강이 강축휨을 받는 경우

(3) 탄성횡좌굴, 횡비틀림좌굴

① **탄성횡좌굴의 정의** … H형강처럼 강약축이 있는 단면은 강축 주위로 휨이 작용하게 되면 수직방향 처짐 외에도 수평방향으로의 뒤틀림이 생길 수 있다. 이러한 현상을 횡좌굴, 또는 면외좌굴이라고 한다. 그러나 강약축이 없는 단면(원형, 정사각형 단면 등)이나 강약축이 있더라도 약축으로 휨을 받는 경우에는 횡좌굴이 발생하지 않으며 수직변위만 발생하게 된다. 이러한 횡좌굴이 생기는 이유는 보단면의 일부가 압축응력에 의해서 조기에 옆으로 좌굴을 하기 때문이다. 이로 인해 이 부재의 허용휨응력도는 재료의 허용인장응력도보다 낮은 수준에서 결정되어야 한다. 횡좌굴이 생기지 않는 단면인 경우 허용휨응력도는 재료의 허용인장응력도와 같다고 보아도 된다.

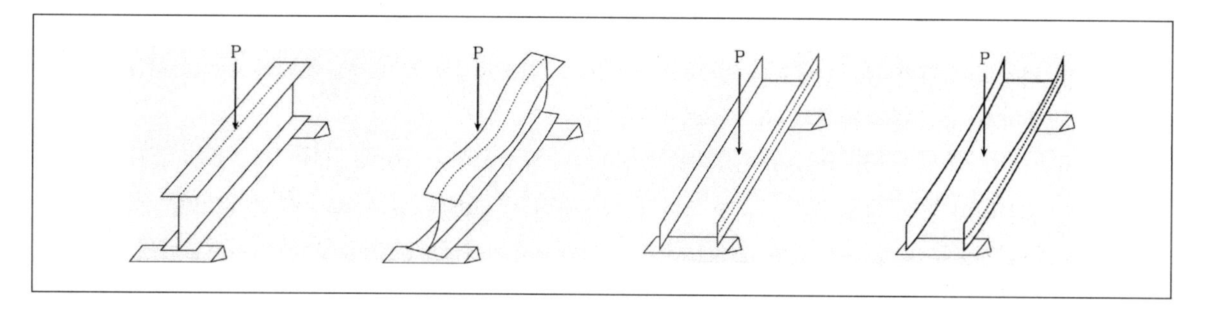

TIP

휨모멘트에 저항하고 처짐을 작게 하려면 춤이 클수록 유리하지만 춤이 폭에 비해 지나치게 크면 기둥과 같은 형상이 되며 이는 좌굴에 취약한 구조가 되어 횡좌굴을 발생시키게 된다.

② **횡지지거리** … 횡방향의 지지점 사이의 거리로서 비지지길이라고도 한다. 휨－비틀림좌굴을 방지하기 위해서는 압축플랜지를 이와 직교하는 보나 슬래브 등에 의해 비지지길이 이내에서 지지를 해야 한다.

TIP

휨에 의한 휨좌굴은 단지 부재가 처지는 것을 말하는 것이 아니라 부재가 하중에 대한 저항력을 상실해버린 상태(좌굴상태)가 되어버린 것을 의미한다.

(4) 횡좌굴강도

① L_b … 보의 비지지길이

② L_r … 휨모멘트가 균일한 보의 비탄성횡좌굴에 대한 한계비지지길이

③ L_p … 휨모멘트가 균일한 보의 완전소성 휨성능에 대한 한계비지지길이

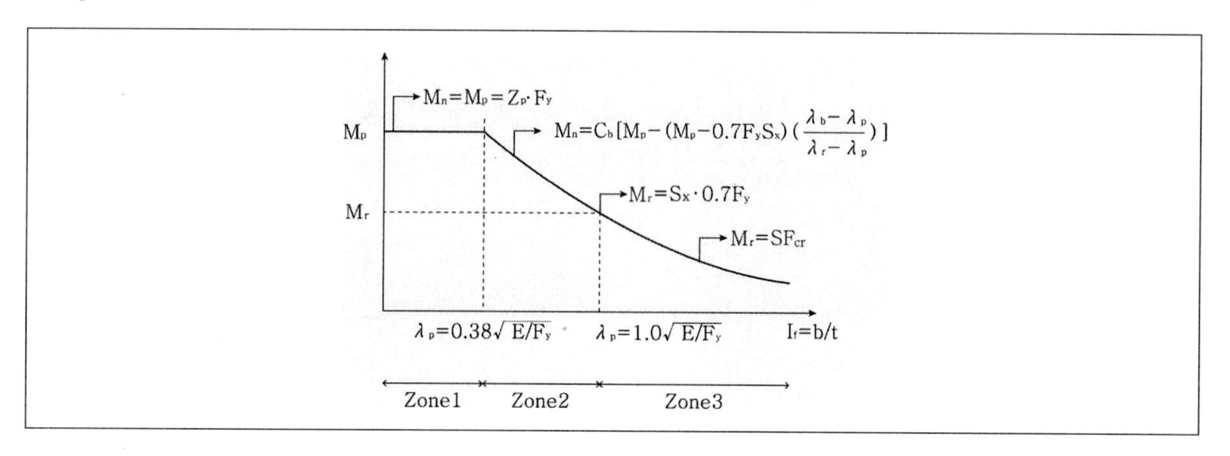

㉠ Zone 1 : $L_b \leq L_p$인 구간으로 소성거동이 일어나는 구간이다. 보의 압축플랜지가 횡방향으로 좁은 간격으로 지지되어 보가 소성모멘트를 발휘할 수 있다. 횡좌굴강도는 소성모멘트와 동일하며 횡비틀림좌굴이 발생하지 않는 구간이다. ($M_n = M_p = F_y \cdot Z_x$)

㉡ Zone 2 : $L_p \leq L_b \leq L_r$인 구간으로 비탄성거동이 일어나는 구간이다. 보의 압축플랜지가 횡지지의 간격이 충분하지 않아 비탄성거동을 보이면서 횡좌굴이 발생하는 구간이다. 보의 비지지길이가 길어질수록 횡좌굴강도는 감소하게 되며 소성모멘트와 탄성한계횡좌굴모멘트를 보의 비지지길이에 따라 직선보간을 하여 산정한다.

($M_n \leq M_p$이며 $M_n = C_b\left[M_p - (M_p - 0.7F_y \cdot S_x)(\frac{L_b - L_p}{L_r - L_p})\right]$

㉢ Zone 3 : $L_b > L_r$인 구간으로 탄성거동이 일어나는 구간이다. 보의 압축플랜지의 횡지지 간격이 커서 단면의 어느 부분도 항복을 하지 않고 초기에 횡좌굴이 발생하는 구간이다. 이 때 횡좌굴강도는 탄성횡좌굴 모멘트와 같다. ($M_n = M_{cr} = F_{cr} \cdot S_x \leq M_p$)

| 기출예제 01 2012 국가직 (7급)

강구조의 휨부재를 설계할 때, 강축휨을 받는 2축대칭 H형강 콤팩트부재의 횡지지길이(L_b)가 소성한계비지지길이(L_p)보다 작은 경우, 공칭휨모멘트(M_n)에 대한 설명으로 옳은 것은?

① 공칭휨모멘트(M_n)가 소성휨모멘트(M_p)보다 크다.
② 공칭휨모멘트(M_n)가 소성휨모멘트(M_p)와 같다.
③ 공칭휨모멘트(M_n)가 소성휨모멘트(M_p)보다 작고, 소요휨모멘트(M_r)보다 크다.
④ 공칭휨모멘트(M_n)가 소요휨모멘트(M_r)보다 작다.

*
횡지지길이가 소성한계비지지길이보다 작은 경우에는 횡좌굴강도를 고려하지 않아도 되며 공칭휨모멘트는 소성휨모멘트와 동일한 값이 된다.

답 ②

TIP

탄성횡좌굴모멘트 : $M_{cr} = \sqrt{EI_y GJ\left(\frac{\pi}{L}\right)^2 + E^2 I_y C_w \left(\frac{\pi}{L}\right)^4}$

- L : 횡지지거리
- G : 전단탄성계수
- J : 비틀림상수 ($J = \frac{\sum b_i t_i^3}{3}$)
- C_w : 뒤틀림상수($C_w = \frac{h^2 I_y}{4}$)

TIP

횡좌굴모멘트수정계수 C_b … 횡좌굴강도 산정 시 적용할 횡좌굴모멘트수정계수 C_b는 다음과 같다.

$$C_b = \frac{12.5 M_{max}}{2.5M_{max} + 3M_A + 4M_B + 3M_C} R_m \leq 3.0$$

- M_{max} : 비지지구간에서 최대모멘트 절댓값, N · mm
- M_A : 비지지구간에서 1/4 지점의 모멘트 절댓값, N · mm
- M_B : 비지지구간에서 중앙부의 모멘트 절댓값, N · mm
- M_C : 비지지구간에서 3/4 지점의 모멘트 절댓값, N · mm
- R_m : 단면형상계수
  - = 1.0, 2축대칭부재
  - = 1.0, 1축대칭 단곡률부재
  - $= 0.5 + 2\left(\frac{I_{yc}}{I_y}\right)^2$, 1축대칭 복곡률부재
- I_y : y축에 대한 단면2차모멘트, mm^4
- I_{yc} : y축에 대한 압축플랜지의 단면2차모멘트 또는 복곡률의 경우 압축플랜지 중 작은 플랜지의 단면2차모멘트, mm^4
- 복곡률이 발생하는 1축대칭부재의 경우에는 상하플랜지 모두에 대하여 횡좌굴강도를 검토한다. 이때 C_b의 값은 모든 경우에 있어서 1.0으로 한다.
- 단, 2축대칭부재의 횡지지된 양단부의 모멘트 값이 크기는 같고 부호가 반대인 경우에는 2.27을 초과할 수 없다.
- 자유단이 지지되지 않은 캔틸레버와 내민 부분의 경우 C_b = 1.0

(5) 휨좌굴, 비틀림좌굴, 휨비틀림, 뒤틀림좌굴

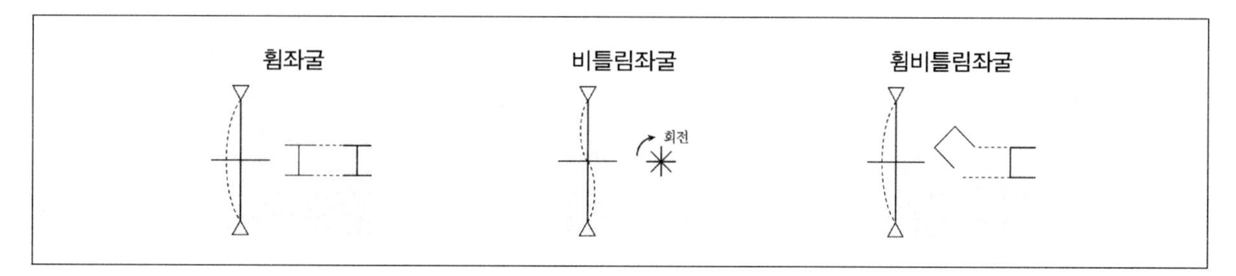

① **휨좌굴** … 모든 형상을 갖는 압축재에서 발생되는 오일러 좌굴

② **비틀림좌굴** … 박판단면을 갖는 2축대칭부재로 특히 십자형강의 경우 취약

③ **휨비틀림좌굴** … 휨좌굴과 비틀림좌굴이 동시에 발생되는 경우

④ **뒤틀림좌굴** … 부재 축방향으로의 변형을 수반하는 비틀림좌굴

TIP

뒤틀림 … 부재축방향으로 변형이 생기는 것으로 빨래짜기를 생각하면 된다. 빨래를 비틀어 비틀림이 발생하지만 계속 돌리면 빨래 길이가 짧아진다. 짧아지는 변형을 비틀림변형이라 한다. 하지만 부재축방향으로 짧아지기만 하는 것은 아니다. 단면을 자세히 보면 어느 구간은 짧아지지만 어느 구간은 늘어나게 된다. 즉 부재축방향의 길이변형을 의미하는 것이다. 대부분의 재료는 비틀림을 가하면 비틀림과 뒤틀림이 동시에 발생한다.

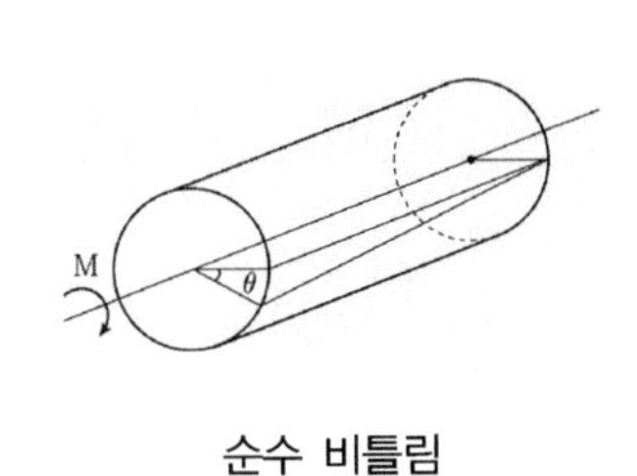

순수 비틀림

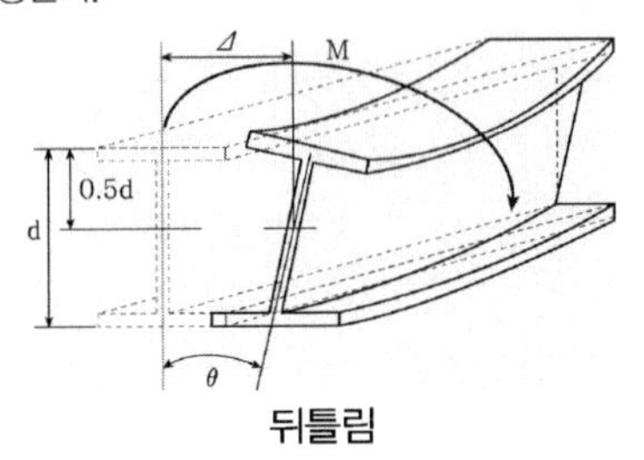

뒤틀림

(6) 강구조의 휨재 설계에서 고려해야 할 강도

① 압축플랜지의 국부좌굴강도

② 압축플랜지의 항복강도

③ 플랜지의 국부좌굴강도

④ 웨브의 국부좌굴강도

⑤ 전소성강도

⑥ 횡좌굴강도

위에 제시된 값들 중 가장 작은 값에 의해서 휨부재의 강도가 결정된다.

TIP

휨재 단면의 분류

사례	단면의 형태	플랜지	웨브	한계상태
1		콤팩트	콤팩트	항복 횡좌굴
2		비콤팩트 세장판요소	콤팩트	횡좌굴 플랜지국부좌굴

사례	단면의 형태	플랜지	웨브	한계상태
3		콤팩트 비콤팩트 세장판요소	콤팩트 비콤팩트	항복 횡좌굴 플랜지국부좌굴 인장플랜지항복
4		콤팩트 비콤팩트 세장판요소	세장판요소	항복 횡좌굴 플랜지국부좌굴 인장플랜지항복
5	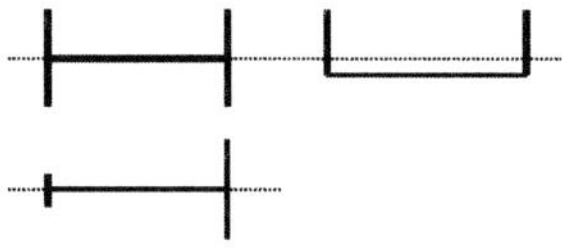	콤팩트 비콤팩트 세장판요소	–	항복 플랜지국부좌굴
6	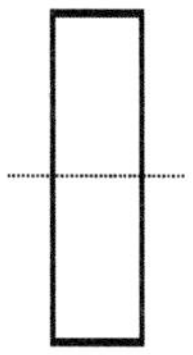	콤팩트 비콤팩트 세장판요소	콤팩트 비콤팩트	항복 플랜지국부좌굴 웨브국부좌굴
7	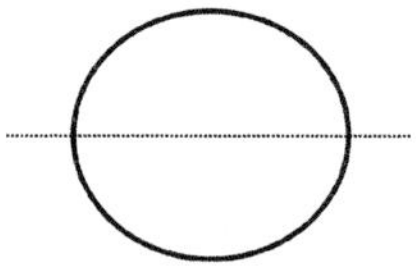	–	–	항복 국부좌굴
8	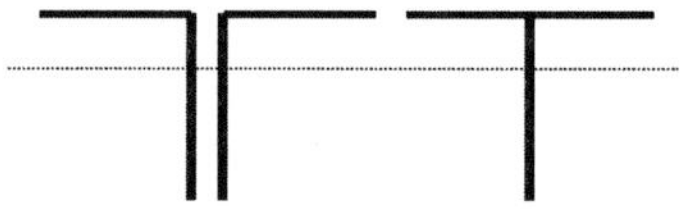	콤팩트 비콤팩트 세장판요소	–	항복 횡좌굴 플랜지국부좌굴
9	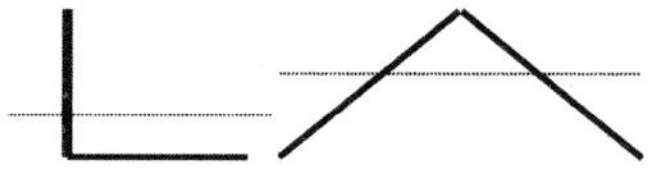	–	–	항복 횡좌굴 플랜지국부좌굴
10	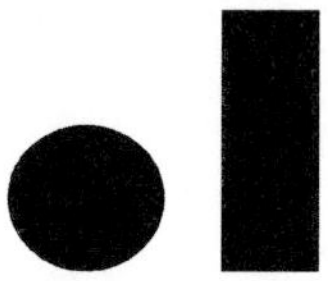	–	–	항복 횡좌굴
11	비대칭단면	–	–	모든 한계상태 포함

(7) 웨브의 국부항복강도

단일집중하중과 이중집중하중의 인장 · 압축 2요소에 모두 적용된다. 집중하중이 작용하는 지점에서 웨브모살 선단부의 설계강도 ϕR_n은 다음에 의해 산정한다. (단, $\phi = 1.00$)

웨브 국부공칭강도 R_n은 다음에 의해서 산정한다.

① 인장 또는 압축 집중하중의 작용점에서 재단까지의 거리가 부재깊이를 초과할 경우

$R_n = (5k + N)F_{yw}t_w$

② 상기의 집중하중의 작용점에서 재단까지의 거리가 부재깊이 이하일 경우

$R_n = (2.5k + N)F_{yw}t_w$

- k : 플랜지의 바깥쪽 면으로부터 웨브필렛선단까지의 거리, mm
- F_{yw} : 웨브의 항복응력
- N : 집중하중이 작용하는 폭(다만 보의 단부 반력에 대해서는 k보다 작지 않을 것), mm
- t_w : 웨브두께, mm, d : 부재의 전체깊이, mm

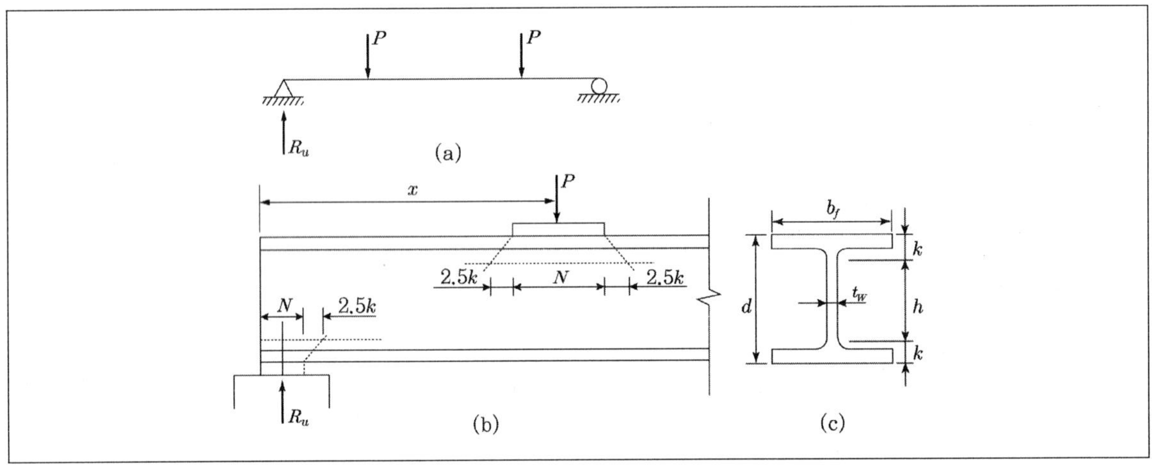

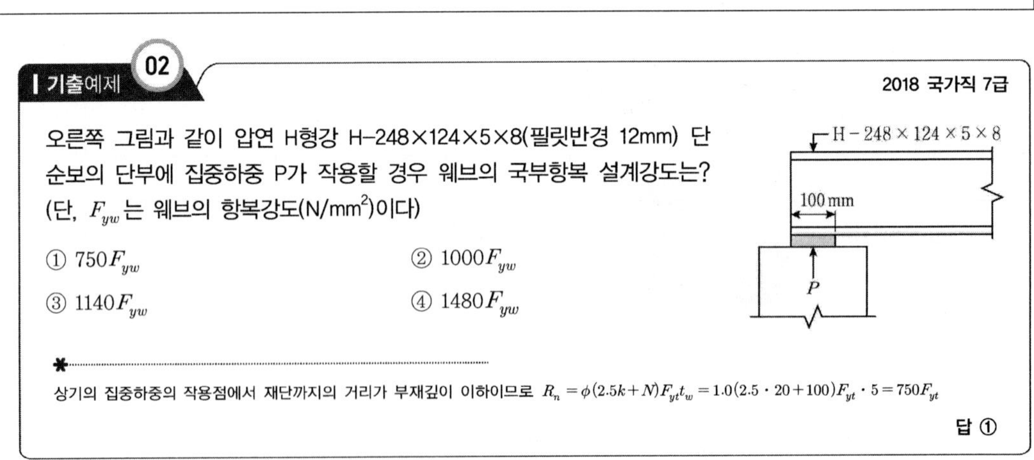

| 기출예제 02 2018 국가직 7급

오른쪽 그림과 같이 압연 H형강 H-248×124×5×8(필릿반경 12mm) 단순보의 단부에 집중하중 P가 작용할 경우 웨브의 국부항복 설계강도는? (단, F_{yw}는 웨브의 항복강도(N/mm^2)이다)

① $750F_{yw}$ ② $1000F_{yw}$

③ $1140F_{yw}$ ④ $1480F_{yw}$

✱

상기의 집중하중의 작용점에서 재단까지의 거리가 부재깊이 이하이므로 $R_n = \phi(2.5k + N)F_{yt}t_w = 1.0(2.5 \cdot 20 + 100)F_{yt} \cdot 5 = 750F_{yt}$

답 ①

제5편 강구조

06 합성구조

❶ 합성구조

(1) 플레이트 거더

① 플랜지와 커버플레이트

㉠ 플랜지는 주로 휨모멘트에 저항하며 커버플레이트로 보강한다.

㉡ 플랜지의 커버플레이트의 수는 4장 이하로 하며 커버플레이트의 전단면적은 플랜지 전단면적의 70% 이하로 한다.

㉢ 용접조립에 의한 보의 플랜지는 될 수 있는 대로 1장의 판으로 구성한다.

㉣ 커버플레이트는 휨모멘트의 크기에 따라 조정하며 계산상 필요한 위치에서 보통 300 ~ 450mm의 여장을 둔다.

② 웨브와 스티프너

㉠ 웨브는 주로 전단력에 저항하며 전단력은 전단면에 걸쳐서 균등히 분포되는 것으로 간주한다.

㉡ 웨브의 좌굴을 방지하기 위해서 하중점 스티프너, 중간스티프너, 수평스티프너로 보강한다.

㉢ 하중점 스티프너는 집중하중이 작용하는 곳을 보강하기 위한 것이다. 위아래 플랜지와 웨브에 밀착하도록 한다. 집중하중을 지지할 수 있는 면적은 스티프너의 면적과 스티프너의 중심선에서 양쪽으로(단부 스티프너는 한쪽으로) 웨브두께의 15배까지 합한 면적으로 취급하며 좌굴길이는 스티프너 양다닝 플랜지에 접합되어 있음을 고려하여 보춤의 0.7배로 한다.

㉣ 중간 스티프너는 보 전체를 통하여 부재축과 직각으로 보강한 것으로 하중점 스티프너와 같이 플랜지에 밀착시킬 필요는 없다. 전단좌굴에 대해 효과적이며 웨브 플레이트의 좌굴을 방지하기 위해 설치한다.

㉤ 수평 스티프너는 재축방향으로 웨브를 보강한 것으로 재축방향의 압축력에 의한 좌굴성능을 높이기 위해서는 압축측 플랜지에서 보 춤의 1/5지점에 보강하는 것이 가장 보강효과가 높다.

[스티프너]

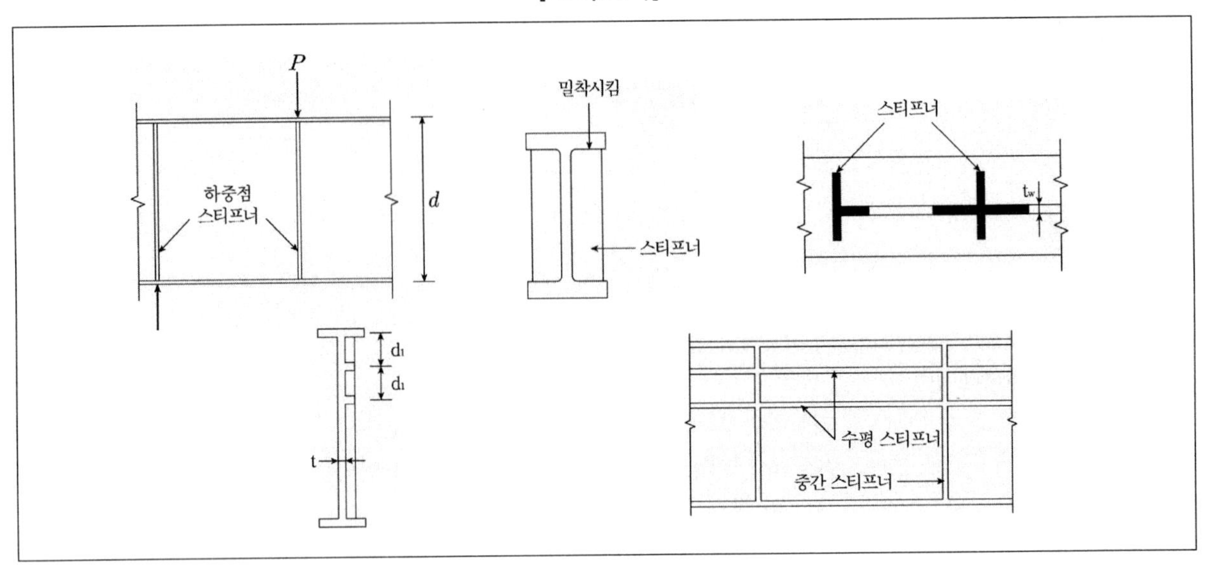

(2) 철골보의 처짐에 대한 구조 제한

보의 종류		처짐의 한도
일반 보	보통 보	경간(Span)의 1/300 이하
	캔틸레버 보	경간(Span)의 1/250 이하
크레인 거더	수동 크레인	경간(Span)의 1/500 이하
	전동 크레인	경간(Span)의 1/800~1/1,200 이하

기출예제 01

철골보의 처짐한계에 대한 설명으로 옳지 않은 것은?

① 자동 크레인보의 처짐한계는 스팬의 1/800~1/1,200이다.
② 수동 크레인보의 처짐한계는 스팬의 1/500이다.
③ 단순보의 처짐한계는 스팬의 1/400이다.
④ 캔틸레버보의 처짐한계는 스팬의 1/250이다.

*

단순지지의 강재보는 전체하중에 대하여 스팬의 1/300 이하로 제한한다.

답 ③

(3) 합성보

① 합성보의 특징

㉠ 철골 및 콘크리트 부재의 장점을 합성시켜 재료를 절약할 수 있다.

㉡ 부재의 휨강성이 증가한다.

㉢ 데크플레이트를 사용할 경우 재료 이용도 및 시공성을 향상시킬 수 있다.

㉣ 전단연결재의 가격 추가와 철골보에 용접해야 하는 시공이 추가된다.

㉤ 바닥강판을 구조재로 사용할 경우 내화피복을 해야 한다.

㉥ 콘크리트 바닥판은 압축플랜지의 일부가 된다.

② 합성보의 종류

㉠ **완전합성보** : 강재보와 슬래브가 완전한 합성작용이 이루어지도록 시어커넥터가 충분히 사용되는 합성보이다. 합성보가 완전합성보의 내력을 충분히 발휘할 때까지 시어커넥터가 파괴되지 않아야 한다.

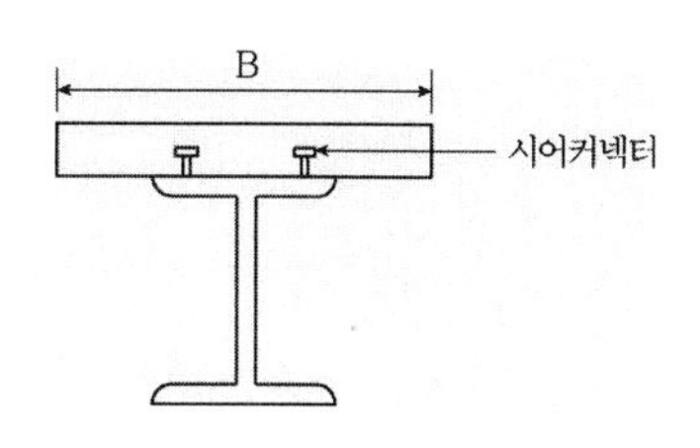

㉡ **불완전합성보** : 완전합성보로 작용하기에 요구되는 양보다 적은 양의 시어커넥터가 사용된 합성보이다. 합성보가 완전합성보의 내력을 충분히 발휘할 때까지 시어커넥터가 먼저 파괴된다.

③ **합성보의 콘크리트 슬래브의 유효폭** … 합성보의 콘크리트 슬래브의 유효폭은 보중심을 기준으로 하여 좌우 각 방향에 대한 유효폭의 합으로 구한다. 각 방향의 유효폭은 다음 값 중 최솟값이다.

㉠ 보 스팬(지지점의 중심 간)의 1/8

㉡ 보 중심선에서 인접보 중심선까지의 거리의 1/2

㉢ 보 중심선에서 슬래브 가장자리까지 거리

TIP

연속배치는 기둥을 중심으로 보가 길이방향으로 양방향 연속배치되었느냐 아니면 단부기둥과 같이 한쪽만 보가 연결되었느냐를 구분하는 것이다. 연속배치일 경우는 보 스팬의 1/4을 적용하고 한쪽배치일 경우는 보 스팬의 1/8을 적용한다.

기출예제 02 2014 국가직 (7급)

다음 중 건축구조기준을 적용하여 합성보를 설계할 때, 보중심을 기준으로 정의하는 좌우 각 방향에 대한 콘크리트 슬래브의 유효폭으로 적합한 것은? (단, 바닥판 슬래브에 개구부가 없는 것으로 가정한다)

① 내부 합성보의 경우, 보스팬(지지점의 중심간)의 1/6과 보중심선에서 인접보 중심선까지 거리의 1/2 중 작은 값
② 내부 합성보의 경우, 보스팬(지지점의 중심간)의 1/8과 보중심선에서 인접보 중심선까지 거리의 1/2 중 작은 값
③ 외부 합성보의 경우, 보스팬(지지점의 중심간)의 1/6과 보중심선에서 슬래브 가장자리까지의 거리 중 작은 값
④ 외부 합성보의 경우, 보스팬(지지점의 중심간)의 1/8과 보중심선에서 슬래브 가장자리까지의 거리 중 작은 값

✱

내부 합성보의 경우, 보스팬(지지점의 중심간)의 1/8과 보중심선에서 인접보 중심선까지 거리의 1/2 중 작은 값을 따른다.

답 ②

④ 데크플레이트

㉠ 데크플레이트의 설치

- 데크플레이트는 거푸집용과 구조용으로 대분된다.
- 거푸집용 데크플레이트는 철근 콘크리트 바닥의 거푸집용으로 주로 사용되며 일부는 구조용으로 활용된다. (이러한 이유로 탈형 데크플레이트라고도 하며 대부분 골이 파져있는 형태이다.)
- 구조용 데크플레이트는 콘크리트 경화 후에도 데크플레이트 자중과 바닥 전체에 가해지는 전체하중을 데크플레이트가 지지할 수 있도록 설계된다. 트러스거더, 또는 스터드볼트와 같은 전단연결재가 플레이트상에 설치되어 있다.
- 합성 데크플레이트는 데크플레이트와 슬래브콘크리트가 일체화된 것을 말하며 이를 위해 엠보싱이나 도브테일 등의 삽입형 단면형상을 가지고 있는 것이 특징이다.
- 데크플레이트는 기존의 거푸집에 비해 경량이므로 다루기 쉽고 설치가 용이하며 공기단축이 가능하다. 때문에 시공현장에서의 노동력 소요가 줄여 공사비가 절감된다는 이점이 있다.

[데크플레이트 설치]

ⓛ 골데크플레이트를 사용한 합성보

- 데크플레이트의 공칭골깊이는 75mm 이하이어야 한다. 더 큰 골높이의 사용은 실험과 해석을 통하여 정당성이 증명되어야 한다.
- 골 또는 헌치의 콘크리트 평균폭 w_r은 50mm 이상이어야 하며 데크플레이트 상단에서의 최소순폭 이하로 한다.
- 콘크리트슬래브와 강재보를 연결하는 스터드앵커의 직경은 19mm 이하이어야 하며 데크플레이트를 통하거나 아니면 강재보에 직접 용접되어야 한다.
- 스터드앵커는 부착 후 데크플레이트 상단 위로 38mm 이상 돌출되어야 하며 스터드앵커의 상단 위로 13 mm 이상의 콘크리트피복이 있어야 한다.
- 데크플레이트 상단 위의 콘크리트두께는 50mm 이상이어야 한다.
- 데크플레이트는 지지부재에 450mm 이하의 간격으로 고정되어야 한다.
- 데크플레이트의 고정은 스터드앵커나 스터드앵커와 점용접의 조합, 또는 설계자에 의해 명시된 방법에 의해 이루어져야 한다.
- 데크플레이트의 골방향이 강재보와 직각인 경우 골 내부의 콘크리트는 합성단면의 성능산정이나 A_c의 계산에 포함할 수 없다.
- 데크플레이트의 골방향이 강재보와 평행인 경우 골 내부의 콘크리트는 합성단면의 성능산정에 포함될 수 있으며 A_c의 계산에 포함한다.
- 지지보 위의 데크플레이트골은 길이방향으로 절단한 후 간격을 벌림으로써 콘크리트 헌치를 형성하도록 할 수 있다.
- 데크플레이트의 공칭깊이가 40mm 이상일 때 골 또는 헌치의 평균폭 w_r은 스터드앵커가 일렬배치인 경우에는 50mm 이상이어야 하며 추가되는 스터드앵커마다 스터드앵커 직경의 4배를 더해주어야 한다.

ⓒ 시어커넥터의 구조제한

- 시어커넥터(전단연결재) : 바닥슬래브와 철골보를 일체화시켜 그 접합부에 발생되는 전단력을 부담시키기 위한 철물이다. 합성보, 합성기둥 및 데크플레이트 등에 사용한다.

• 강재보의 웨브선상에 설치되는 시어커넥터를 제외하고 스터드 커넥터의 지름은 플랜지 두께의 2.5배 이하여야 한다.
• 시어커넥터는 용접 후의 높이가 단면지름의 4배 이상이며 머리가 있는 스터드는 압연 ㄷ형강으로 해야 한다.
• 시어커넥터의 콘크리트 피복두께는 어느 방향으로나 25mm 이상으로 한다.
• 스터드 커넥터의 피치는 슬래브 전체 두께의 8배 이하로 한다.
• 스터드 커넥터의 종방향 피치는 스터드 커넥터 지름의 6배 이상으로, 커넥터 지름의 4배 이상으로 한다.

[시어커넥터의 설치위치]

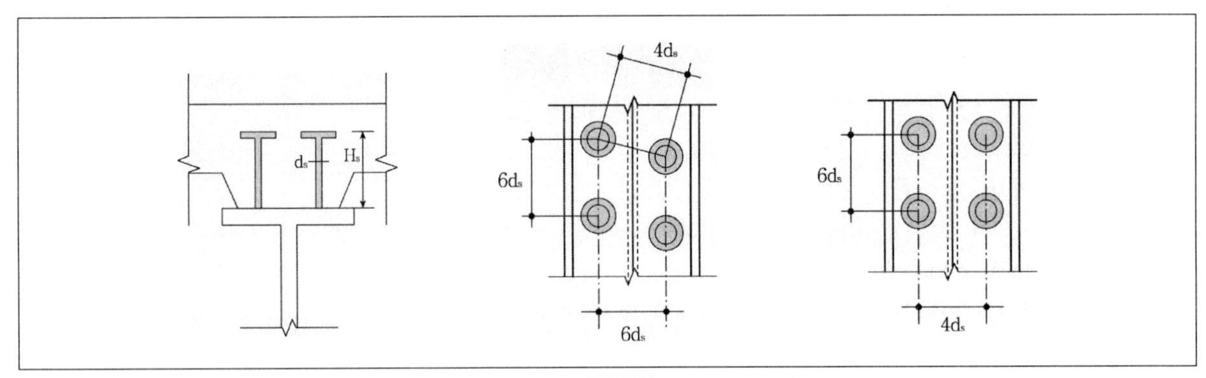

• 스터드앵커 1개의 공칭전단강도 : $Q_n = 0.5A_{sa}\sqrt{f_{ck}E_c} \leq R_gR_pA_{sa}F_u$

$-A_{sa}$: 스터드앵커의 단면적(mm^2)

$-f_{ck}$: 콘크리트의 설계기준강도(MPa)

$-A_{sa}$: 스터드앵커의 단면적(mm^2)

$-E_c$: 콘크리트의 탄성계수(MPa)

$-F_u$: 스터드앵커의 설계기준인장강도(MPa)

$-R_g, R_p$: 감소계수 (스터드앵커의 위치에 따라 값이 변화한다.)

TIP

스터드앵커는 스터드볼트라고도 하며 일종의 시어커넥터(전단연결재)로서 데크플레이트나 철골에 용접접합된 후 콘크리트와 데크플레이트, 철골조를 일체화시켜 거동하도록 한다.

(4) 축력을 받는 합성부재

① 매입형 합성부재

㉠ 강재코어의 단면적은 합성기둥 총단면적의 1% 이상으로 한다.

㉡ 강재코어를 매입한 콘크리트는 연속된 길이방향철근과 띠철근 또는 나선철근으로 보강되어야 한다. 횡방향철근의 중심간 간격은 직경 D10의 철근을 사용할 경우에는 300mm 이하, 직경 D13 이상의 철근을 사용할 경우에는 400mm 이하로 한다. 이형철근망이나 용접철근을 사용하는 경우에는 앞의 철근에 준하는 등가단면적을 가져야 한다. 횡방향 철근의 최대간격은 강재 코어의 설계기준공칭항복강도가 450MPa 이하인 경우에는 부재단면에서 최소크기의 0.5배를 초과할 수 없으며 강재코어의 설계기준공칭항복강도가 450MPa를 초과하는 경우는 부재단면에서 최소 크기의 0.25배를 초과할 수 없다.

㉢ 연속된 길이방향철근의 최소철근비 ρ_{sr}는 0.004로 하며 다음과 같은 식으로 구한다.

$$\rho_{sr} = \frac{A_{sr}}{A_g} \quad (A_{sr} : \text{연속길이방향철근의 단면적, [mm}^2\text{]},\ A_g : \text{합성부재의 총단면적, [mm}^2\text{]})$$

㉣ 강재단면과 길이방향 철근 사이의 순간격은 철근직경의 1.5배 이상 또는 40mm 중 큰 값 이상으로 한다.

㉤ 플랜지에 대한 콘크리트 순피복두께는 플랜지폭의 1/6 이상으로 한다.

㉥ 2개 이상의 형강재를 조립한 합성단면인 경우 형강재들은 콘크리트가 경화하기 전에 가해진 하중에 의해 각각의 형강재가 독립적으로 좌굴하는 것을 막기 위해 띠판 등과 같은 부재들로 서로 연결되어야 한다.

㉦ 힘이 내부지압기구에 의한 직접지압에 의해 합성부재에 전달되는 경우, 설계지압강도는 콘크리트압괴의 한계상태로부터 구한다.

㉧ 길이방향 전단력을 전달하기 위한 강재앵커는 하중도입부의 길이 안에 배치한다. 하중도입부의 길이는 하중작용방향으로 합성부재단면의 최소폭의 2배와 부재길이의 1/3 중 작은 값 이하로 한다. 길이방향 전단력을 전달하기 위한 강재앵커는 강재단면의 축에 대해 대칭인 형태로 최소한 2면 이상에 배치한다.

| 기출예제 03 2009 국가직 (7급)

매입형 합성기둥의 구조설계 시 고려 사항으로 옳지 않은 것은?

① 강재 코어의 단면적은 합성기둥 총단면적의 1% 이상으로 한다.
② 연속된 길이방향 철근의 최소철근비는 0.4%로 한다.
③ 전단연결재는 하중전달영역의 아래로 부재의 길이를 따라 최소한 매입형 기둥 춤의 2.5배에 해당하는 거리에 걸쳐 설치한다.
④ 횡방향철근의 배치간격은 길이방향철근 직경의 16배, 횡방향 철근 직경의 48배, 합성단면의 최소치수의 0.5배 중 가장 작은 값 이하로 한다.

*

전단연결재는 하중전달영역의 위아래로 부재의 길이를 따라 최소한 매입형 기둥 춤의 2.5배에 해당하는 거리에 걸쳐 설치한다.

답 ③

② 충전형 합성부재

㉠ 강관의 단면적은 합성부재 총단면적의 1% 이상으로 한다.

㉡ 압축력을 받는 충전형 합성부재의 단면은 국부좌굴의 효과를 고려하여 콤팩트단면, 비콤팩트단면, 세장단면으로 구분한다.

㉢ 동바리를 사용하지 않는 경우, 콘크리트의 강도가 설계기준강도의 75%에 도달하기 전에 작용하는 모든 시공하중은 강재단면 만으로 지지할 수 있어야 한다.

㉣ 중간연성을 가진 각형강관의 판폭두께비는 $2.26\sqrt{E/F_y}$ 이하, 원형강관의 지름두께비는 $0.15E/F_y$ 이하이어야 한다.

㉤ 힘이 내부지압기구에 의한 직접지압에 의해 합성부재에 전달되는 경우, 설계지압강도는 콘크리트압괴의 한계상태로부터 구한다.

㉥ 길이방향전단력을 전달하기 위한 강재앵커는 하중도입부의 길이 안에 배치한다. 하중도입부의 길이는 하중작용방향으로 합성부재단면의 최소폭의 2배와 부재길이의 1/3 중 작은 값 이하로 한다.

㉦ 충전형합성부재 압축강재요소의 판폭두께비 제한

구	판폭두께비	판폭두께비 제한값		사례
		고연성	중간연성	
각형강관	b/t	$1.4\sqrt{\frac{E}{F_y}}$	$2.26\sqrt{\frac{E}{F_y}}$	b, t
원형강관	D/t	$\frac{0.076E}{F_y}$	$\frac{0.15E}{F_y}$	t, D

㉧ **고연성** : 합성특수모멘트골조의 보와 기둥, 합성특수중심가새골조의 기둥과 가새, 합성편심가새골조의 기둥에 요구된다.

㉨ **중간연성** : 합성중간모멘트골조의 보와 기둥, 합성특수중심가새골조의 보, 합성보통가새골조의 가새, 합성편심가새골조의 가새에 요구된다.

③ 합성부재의 공칭강도

㉠ 합성단면의 공칭강도는 소성응력분포법 또는 변형률적합법에 따라 결정한다.

- 소성응력분포법 : 소성응력분포법에서는 강재가 인장 또는 압축으로 항복응력에 도달할 때 콘크리트는 축력과/또는 휨으로 인한 압축으로 $0.85f_{ck}$의 응력에 도달한 것으로 가정하여 공칭강도를 계산한다.

- 충전형원형강관합성기둥의 콘크리트는 축력과 휨, 축력 또는 휨으로 인한 압축응력을 받는 경우 구속 효과를 고려한다.

- 원형강관의 구속효과를 고려한 콘크리트의 소성압축응력은 축압축력을 받는 원형충전강관기둥부재에서는 $0.85\left(1+1.56\dfrac{f_y t}{D_c f_{ck}}\right)f_{ck}$ 로 하고, 축압축력을 받지 않는 원형충전강관 휨부재에서는 $0.95f_{ck}$로 한다.

• 변형률적합법 : 변형률적합법에서는 단면에 걸쳐 변형률이 선형적으로 분포한다고 가정하며 콘크리트의 최대 압축변형률을 0.003mm/mm로 가정한다. 강재 및 콘크리트의 응력-변형률관계는 실험을 통해 구하거나 유사한 재료에 대한 공인된 결과를 사용한다.

㉡ 합성단면의 공칭강도를 결정하는데 있어 콘크리트의 인장강도는 무시한다.

㉢ 충전형합성부재는 국부좌굴의 영향을 고려해야 하지만 매입형합성부재는 국부좌굴을 고려할 필요가 없다.

㉣ 합성구조에 사용되는 구조용강재, 철근, 콘크리트는 실험 또는 해석으로 검증되지 않을 경우 다음과 같은 제한조건들을 만족해야 한다.

• 설계강도의 계산에 사용되는 콘크리트의 설계기준압축강도는 21MPa 이상이어야 하며 70MPa를 초과할 수 없다. 경량콘크리트의 경우에는 설계기준압축강도는 21MPa 이상이어야 하며 42MPa를 초과할 수 없다.

• 합성기둥의 강도를 계산하는데 사용되는 구조용 강재 및 철근의 설계기준항복강도는 650MPa를 초과할 수 없다.

(5) 매입형 합성부재의 전단연결재

① 매입형 합성부재 안에 사용하는 스터드앵커

하중조건	보통콘크리트	경량콘크리트
전단	$h/d \geq 5$	$h/d \geq 7$
인장	$h/d \geq 8$	$h/d \geq 10$
전단과 인장의 조합력	$h/d \geq 8c$	※

h/d는 스터드앵커의 몸체직경(d)에 대한 전체길이(h) 비이며 경량콘크리트에 묻힌 앵커에 대한 조합력의 작용효과는 관련 콘크리트 기준을 따른다.

TIP

콘크리트충전 강관구조(기둥)

㉠ 콘크리트 충전강관구조는 원형 또는 각형강관의 내부에 고강도 콘크리트를 충전한 구조이다.

㉡ 강관과 콘크리트의 상호작용에 의한 구조성능(내력, 변형성능) 및 내화성능이 우수하며 고강도재료(강관, 콘크리트)의 적용성도 높아 중고층에서 초고층, 대스팬 구조물에 적용된다.

㉢ 강관이 콘크리트를 구속하게 되어 콘크리트의 강도가 증가하며, 콘크리트에 의한 강관의 국부좌굴 억제 등의 효과로 강도가 증가한다.

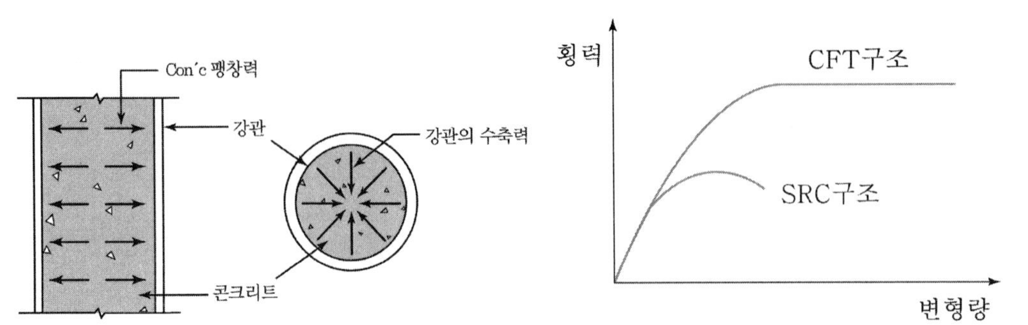

[강관과 콘크리트의 상호구속작용]

장점	단점
• 강재나 철근콘크리트의 기둥에 비해 세장비가 작아 단면적의 축소가 가능 • 강관과 콘크리트의 효율적인 합성작용에 의해 횡력 저항성능이 우수함 • 연성과 에너지 흡수능력이 뛰어나 초고층 구조물의 내진성능 확보에 유리 • 강관이 거푸집의 역할을 하므로 거푸집 불필요 • 콘크리트 충전작업이 공정에 영향을 미치지 않아 공기단축	• 내화성능이 우수하나 별도의 내화피복이 필요 • 콘크리트의 충전성을 정확히 파악하기 어려움 • 보와 기둥의 연속접합 시공이 곤란함 • 강관 내부의 습기에 의한 동결 및 화재에 의한 파열 가능성

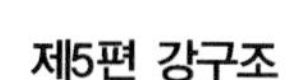

07 접합부(이음부) 설계 일반사항

❶ 접합부 설계 일반사항

(1) 접합부(강재이음부) 일반사항

① 부재의 이음은 이음부에서 계산된 응력보다 큰 응력에 저항할 수 있도록 설계하는 것이 원칙이다.

② 이음부의 강도가 모재 전체강도의 75% 이상을 갖도록 설계해야 한다.

③ 부재 사이의 응력전달이 확실해야 하며 가급적 편심이 발생하지 않도록 한다.

④ 이음부에서 응력집중이 없도록 해야 하며 부재의 변형에 따른 영향을 고려해야 한다.

(2) 접합부의 종류

① 단순접합(전단접합)

㉠ 단순접합은 접합부 내에 무시할 정도의 모멘트를 전달한다.

㉡ 구조해석에서 접합되는 골조요소 사이에 구속되지 않는 상대회전변형을 허용하는 것으로 가정할 수 있다.

㉢ 구조물 해석으로부터 산정된 요구회전변형을 수용할 수 있도록 충분한 회전변형능력을 보유하여야 한다.

② 강접합(모멘트접합)

㉠ 모멘트접합은 접합부 내에 모멘트를 전달하며, 완전강접합과 부분강접합이 허용된다.

㉡ 완전강접합

- 접합요소 사이에 무시할 정도의 회전변형을 가지면서 모멘트를 전달한다.
- 구조물의 해석에서 상대회전변형이 없는 것으로 가정할 수 있다.
- 강도한계상태에서 접합된 부재사이의 각도가 유지되도록 충분한 강도와 강성을 보유해야 한다.

③ 부분강접합

㉠ 모멘트를 전달하지만 접합부재 사이의 회전변형은 무시할 정도가 아니다.

㉡ 구조물의 해석에서 접합부의 힘－변형 거동특성이 포함되어야 한다.

㉢ 구성요소는 강도한계상태에서 충분한 강도, 강성 및 변형능력을 보유해야 한다.

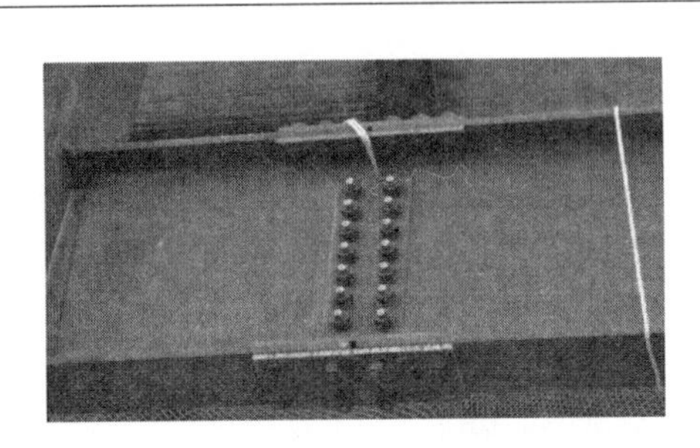

강접합(모멘트접합)

단순접합(전단접합)

(3) 이음부 설계

① 보 이음 일반사항

㉠ 보 이음에는 이음판(splice)를 사용하여 4면 이음을 하고 보통 홈용접이나 볼트체결법을 사용한다.

㉡ 공장제작의 경우 대부분 홈용접이 사용되고 현장설치의 경우 전체용접이나 고장력볼트가 사용된다. 홈용접이 완벽하게 실시된 경우 이음부 강도는 원래 보의 강도와 같다.

㉢ 이음 재료는 원래 부재의 역할을 할 수 있어야 한다. 즉, 플랜지를 연결한 이음판은 플랜지의 역할을 해야 하고 웨브를 연결한 이음판은 웨브의 역할을 해야 한다.

② 기둥 이음 일반사항 … 볼트접합을 이용한 기둥이음에는 이음판(splice)이 사용된다.

㉠ 기둥 접합부는 서로 밀착되도록 가공(Metal Touch)하여 하중전달이 원활하도록 하는 것이 원칙이다.

㉡ 기둥이 압축력만 받는 경우를 포함하여 전단력, 휨모멘트를 받는 경우 반드시 이음판을 사용해야 한다.

㉢ 상부 기둥 단면 춤이 하부 기둥 단면 춤보다 작지만 그 차이가 30mm보다 작을 경우 끼움판(filler plate)을 사용하고 차이가 30mm 이상일 경우 맞댐판(butt plate)도 사용한다.

㉣ 끼움판 두께는 $(\frac{\text{양단면 춤의 차}}{2} - \text{세우기 여유폭})$이고, 폭은 플랜지 폭과 같게 하고 상부기둥 플랜지 폭보다 크지 않게 한다.

㉤ 메탈터치(Metal touch, Mill finish)이음 : 강재와 강재를 빈틈없이 밀착시키는 것의 총칭으로 이음부에서 단면에 인장응력이 발생할 염려가 없고 접합부 단면의 면이 페이싱 머신, 또는 로타리 플레이너 등의 절삭가공기를 사용하여 마감하여 밀착되는 경우에는 소요압축력 및 소요휨모멘트 각각의 1/2은 접촉면에서 직접 전달되는 것으로 설계할 수 있다.

(4) 주각부

철골주각부 앵커의 파괴형태

콘크리트용 앵커의 인장하중에 의한 파괴유형에는 앵커파괴(Steel-failure), 뽑힘파괴(Pull-out), 콘크리트파괴(Break out), 콘크리트쪼갬파괴(Splitting), 플라이아웃(Fly-out)파괴가 있다.

TIP

콘크리트용 앵커의 파괴유형

㉠ 인장하중에 의한 파괴유형 : 앵커파괴(Steel-failure), 뽑힘파괴(Pull-out), 콘크리트파괴(Break out), 콘크리트쪼갬파괴(Splitting), 측면파열파괴(Side-face blowout)

㉡ 전단하중에 의한 파괴유형 : 앵커파괴(Steel-failure), 플라이아웃(Fly-out)파괴, 콘크리트파괴(Break out)

- 앵커뽑힘 : 앵커 자체 또는 애커의 주요부가 주변 콘크리트를 심각하게 파괴시키지 않은 상태로 미끄러져 뽑히는 현상
- 측면파열 : 앵커의 묻힘깊이가 크고 측면 피복두께가 작은 경우 콘크리트 상부면에서는 파괴가 거의 발생하지 않으면서 묻힌 헤드 주변 콘크리트의 측면 파괴가 발생하는 현상
- 플라이아웃 : 짧고 강성이 큰 앵커가 작용하는 전단력의 반대방향으로 변위가 발생하면서 앵커의 후면 콘크리트를 탈락시키는 현상
- Prying Action(지렛대 작용) : 강구조에서 하중점과 볼트, 접합된 부재의 반력사이에서 지렛대와 같은 거동에 의해 볼트에 작용하는 인장력이 증폭되는 현상

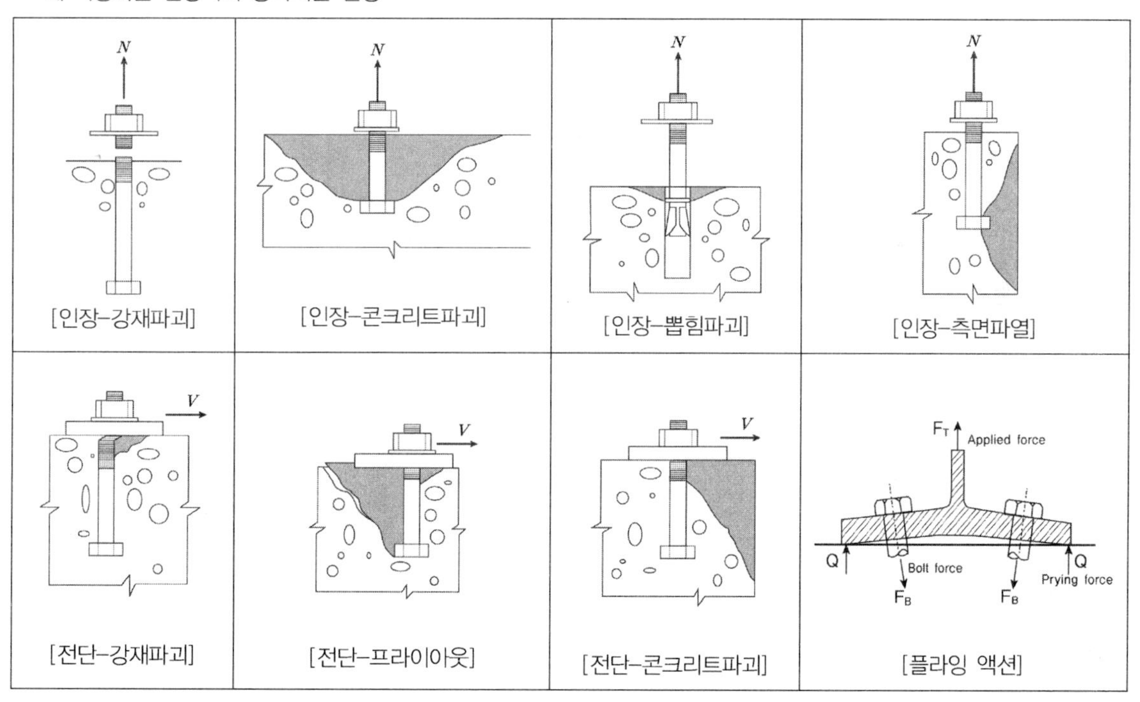

[인장-강재파괴] [인장-콘크리트파괴] [인장-뽑힘파괴] [인장-측면파열]

[전단-강재파괴] [전단-프라이아웃] [전단-콘크리트파괴] [플라잉 액션]

08 리벳 및 볼트접합

1 리벳 및 볼트접합

(1) 리벳접합

① 리벳접합의 기본용어

㉠ 게이지라인 : 리벳의 중심선을 연결하는 선이다.

㉡ 게이지 : 게이지라인과 게이지라인 사이의 거리이다.

㉢ 피치 : 볼트 중심 간의 거리이다.

㉣ 그립 : 리벳으로 접합하는 판의 총두께이다.

㉤ 클리어런스 : 작업공간 확보를 위해서 리벳의 중심부터 리베팅하는데 장애가 되는 부분까지의 거리를 말한다.

㉥ 연단거리 : 최외단에 설치한 리벳중심에서 부재끝까지의 거리를 말한다.

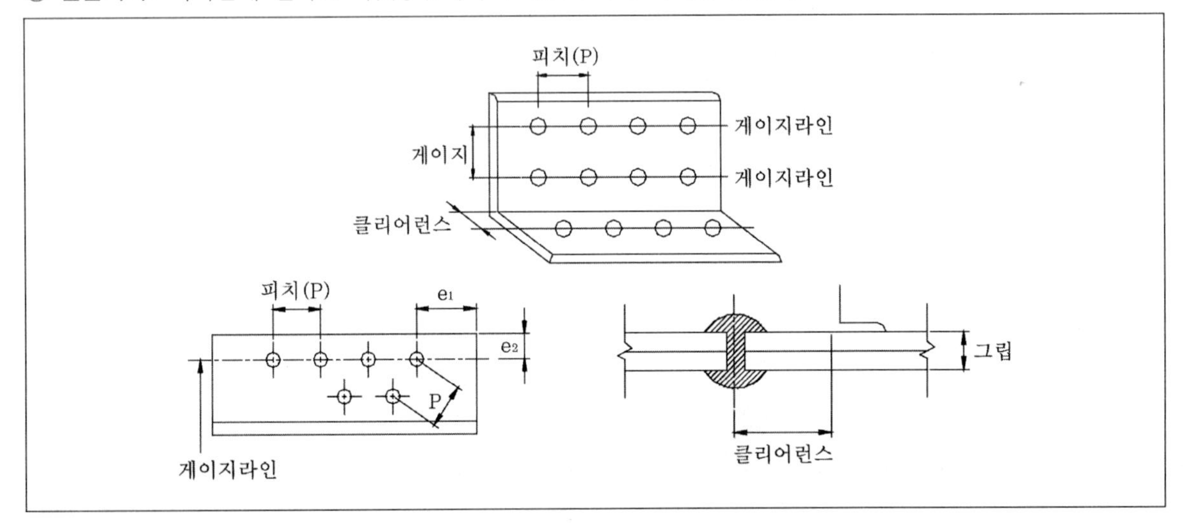

② 리벳접합 주요기호

(d : 리벳지름, t : 얇은 판의 두께)

최소피치	표준피치	최대피치		연단거리		Grip
		인장재	압축재	최소	최대	
2.5d	4.0d	12d, 30t 이하	8d, 15t 이하	2.5d 이상	12t, 15cm 이하	5d 이하

종별		둥근리벳	민리벳			평리벳			비고
상부를 표면으로 한다.									약기호
기호	공장리벳								
	현장리벳								

③ 리벳의 응력 ··· 리벳의 강도는 리벳의 전단강도와 지압강도 중 작은 값으로 한다.

1면 전단의 경우	2면 전단의 경우

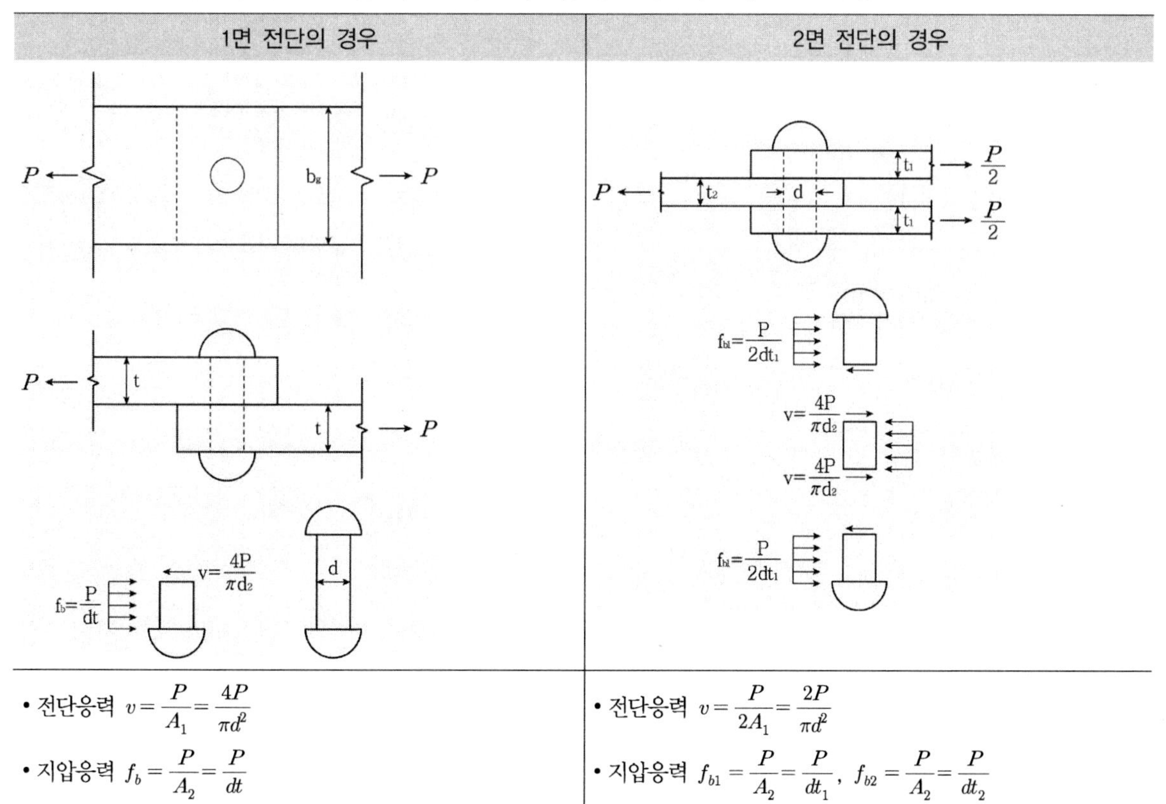

1면 전단의 경우	2면 전단의 경우
• 전단응력 $v=\frac{P}{A_1}=\frac{4P}{\pi d^2}$	• 전단응력 $v=\frac{P}{2A_1}=\frac{2P}{\pi d^2}$
• 지압응력 $f_b=\frac{P}{A_2}=\frac{P}{dt}$	• 지압응력 $f_{b1}=\frac{P}{A_2}=\frac{P}{dt_1}$, $f_{b2}=\frac{P}{A_2}=\frac{P}{dt_2}$

(A_1 : 리벳의 단면적, A_2 : 강판에 의하여 감싸진 리벳의 투영면적)

④ 강판의 강도

㉠ 강판의 강도 산정식

- 압축부재의 경우 $P_{ca}=f_{ca}\cdot A_g$,
- 인장부재의 경우 $P_{ta}=f_{ta}\cdot A_n$

P_{ca} : 강판의 압축강도	f_{ca} : 강판의 허용압축응력	A_g : 강판의 총단면적
P_{ta} : 강판의 인장강도	f_{ta} : 강판의 허용인장응력	A_n : 강판의 순단면적

㉡ 강판의 순단면적 산정법 : 순단면적은 순폭과 판의 두께를 곱한 값이다.

- 일렬 배열의 판형

– 부재의 순폭 $b_n=b_g-n\cdot d$, 부재의 순단면적 $A_n=b_n\cdot t$

– b_g : 부재의 전체 폭, n : 부재 폭 방향으로 같은 선상에 있는 리벳 (또는 볼트) 구멍 수

– d : 리벳구멍의 지름, t : 부재의 두께

- 지그재그 배열의 판형 : 배열된 구멍을 순차적으로 이어 전체 폭을 전달하는 모든 경로에 대해서 길이를 계산하고 이 중 최소값을 순폭으로 한다.

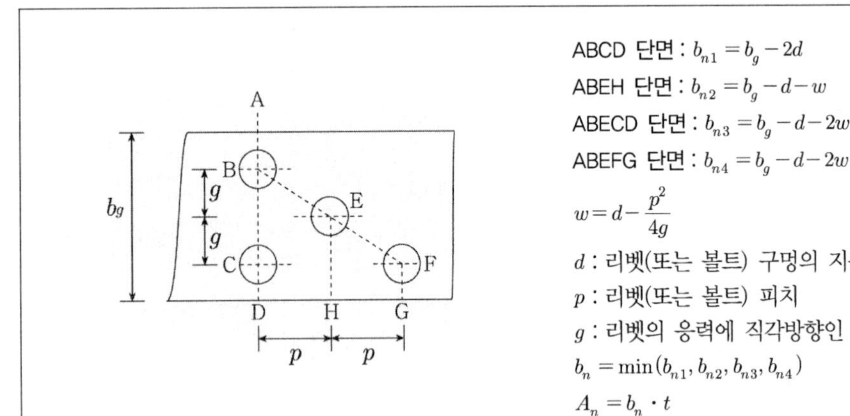

ABCD 단면 : $b_{n1}=b_g-2d$

ABEH 단면 : $b_{n2}=b_g-d-w$

ABECD 단면 : $b_{n3}=b_g-d-2w$

ABEFG 단면 : $b_{n4}=b_g-d-2w$

$w=d-\dfrac{p^2}{4g}$

d : 리벳(또는 볼트) 구멍의 지름

p : 리벳(또는 볼트) 피치

g : 리벳의 응력에 직각방향인 리벳 선간의 길이

$b_n=\min(b_{n1},b_{n2},b_{n3},b_{n4})$

$A_n=b_n\cdot t$

- L형강

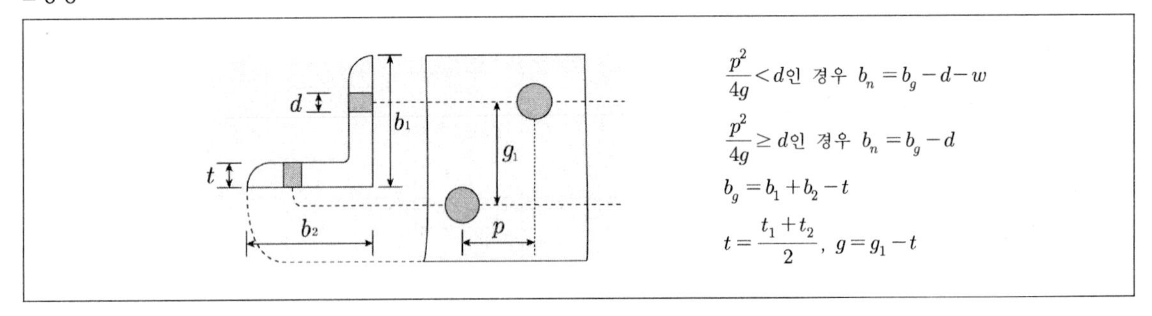

㉢ 핀접합부재의 구조제한

- 핀구멍은 부재의 중앙에 위치하여야 한다.
- 핀이 전하중 상태에서 접합재들 간의 상대변위를 제어하기 위해 사용될 때, 직경은 핀직경보다 1mm 이상 크면 안 된다.
- 핀구멍이 있는 플레이트 폭은 $2b_{eff}+d$ 이상이어야 하며, 재축에 평행한 핀구멍의 연단거리 a는 $1.33b_{eff}$ 이상이어야 한다.

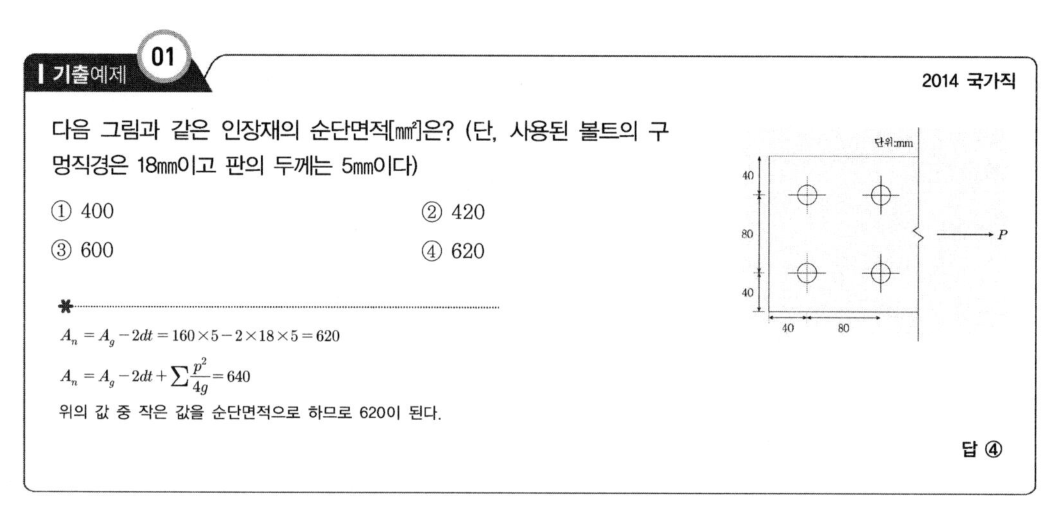

기출예제 01 2014 국가직

다음 그림과 같은 인장재의 순단면적[㎟]은? (단, 사용된 볼트의 구멍직경은 18㎜이고 판의 두께는 5㎜이다)

① 400 ② 420

③ 600 ④ 620

$A_n = A_g - 2dt = 160 \times 5 - 2 \times 18 \times 5 = 620$

$A_n = A_g - 2dt + \sum \frac{p^2}{4g} = 640$

위의 값 중 작은 값을 순단면적으로 하므로 620이 된다.

답 ④

㉣ 아이바의 구조제한

- 아이바의 인장강도는 0704.2에 따른다. 다만, 아이바 몸체의 단면적을 A_g로 한다.
- 아이바 몸체의 폭은 두께의 8배를 초과하지 않도록 한다.
- 아이바의 원형 머리 부분과 몸체 사이 부분의 반지름은 아이바 머리의 직경보다 커야 한다.
- 핀직경은 아이바 몸체 폭의 7/8배보다 커야 하고, 핀구멍의 직경은 핀직경보다 1mm를 초과할 수 없다
- 항복강도 F_y가 485MPa를 초과하는 강재의 구멍직경은 플레이트두께의 5배를 초과할 수 없고 아이바 몸체 폭은 그에 따라 감소되어야 한다.
- 플레이트두께는 핀플레이트나 필러플레이트를 조임하기 위해 외부 너트를 사용하는 경우에만 13mm 이하의 두께 사용이 허용된다.
- 핀구멍의 연단으로부터 힘의 방향에 수직으로 측정한 플레이트의 연단까지의 폭은 아이바 몸체 폭의 2/3보다 커야 하고, 3/4보다 커서는 안 된다.

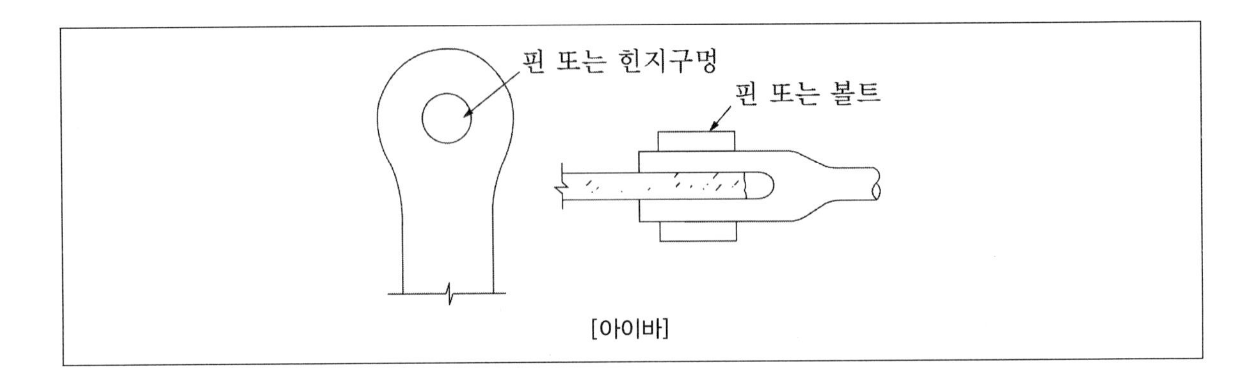

[아이바]

(2) 볼트접합

① 볼트의 종류

㉠ 볼트는 연강을 가공하여 만들며 가공 정밀도에 따라 상볼트, 중볼트, 흑볼트로 구분된다.

- 상볼트 : Pin 접합에 사용된다.
- 중볼트 : 진동과 충격이 없는 내력부에 사용된다.
- 흑볼트 : 가조임용에 사용된다.

㉡ 모든 접합부는 존재응력과 상관없이 반드시 45kN 이상을 지지하도록 설계해야 한다.

㉢ 볼트 및 고장력볼트로 접합하는 경우에는 1개의 볼트만을 사용하지 않고 반드시 2개 이상의 볼트로 체결하도록 설계해야 한다. 그 이유는 부재의 접합부에는 부재의 존재응력이 낮은 값이라도 현장조립시의 임시볼트로 사용하거나 볼트의 파단으로 인한 부재 전체의 붕괴를 방지하기 위함이다.

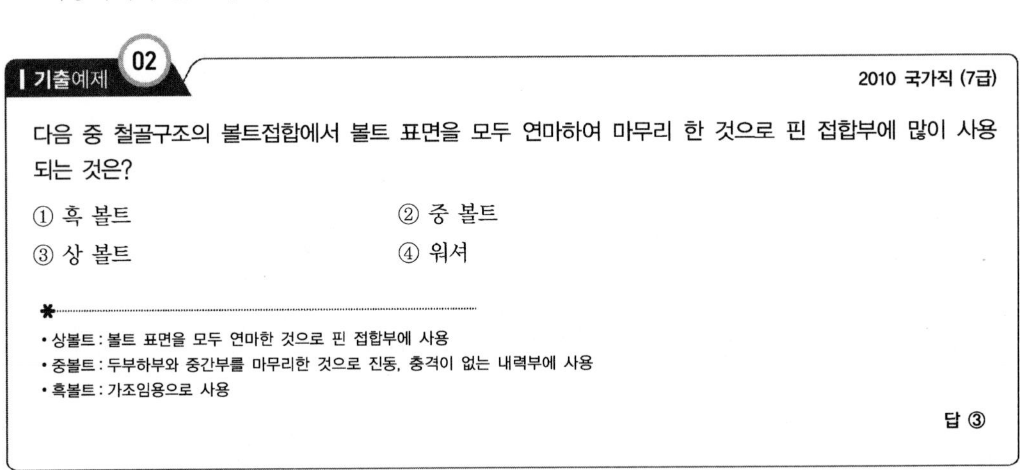

기출예제 02 2010 국가직 (7급)

다음 중 철골구조의 볼트접합에서 볼트 표면을 모두 연마하여 마무리 한 것으로 핀 접합부에 많이 사용되는 것은?

① 흑 볼트 ② 중 볼트
③ 상 볼트 ④ 워셔

- 상볼트 : 볼트 표면을 모두 연마한 것으로 핀 접합부에 사용
- 중볼트 : 두부하부와 중간부를 마무리한 것으로 진동, 충격이 없는 내력부에 사용
- 흑볼트 : 가조임용으로 사용

답 ③

㉣ 볼트의 파괴 종류

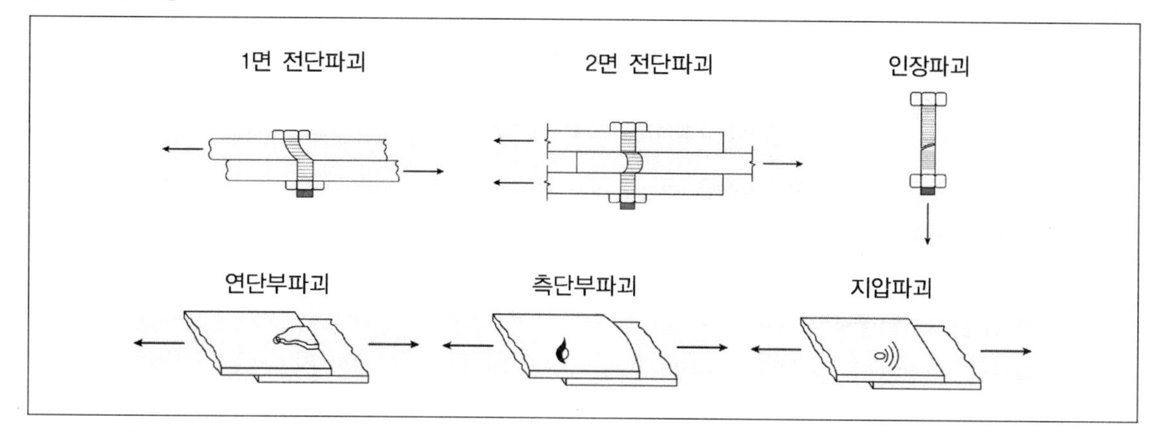

㉤ 응력집중에 의한 볼트구멍 주변부의 인장파괴

- 인장력을 받는 부재를 볼트로 접합하면 볼트구멍으로 응력의 불연속이 발생하게 되어 더 많은 응력이 집중하게 된다.
- 발생위치 : 인장력의 작용방향과 직각이 되는 원의 면
- 응력의 크기 : 원이 없는 단면에 생기는 평균응력의 약 3배

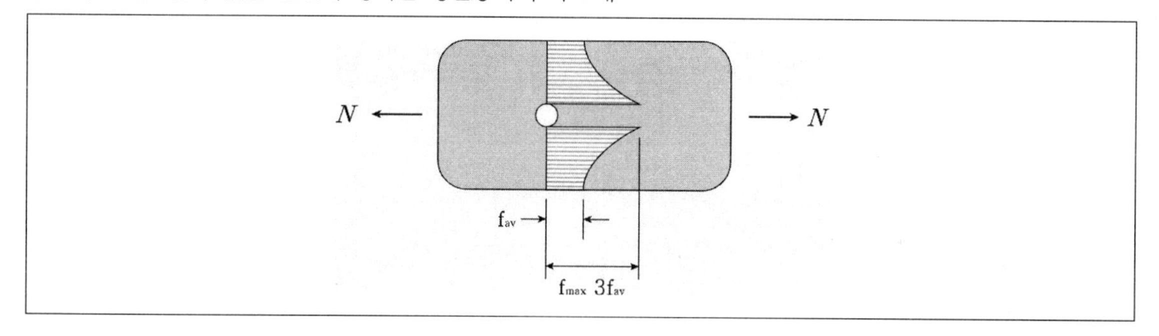

TIP

응력집중현상 및 대책

㉠ 응력집중현상
- 국부적으로 가장 큰 응력이 발생하는 것을 지칭한다.
- 응력집중계수는 단면부의 평균응력에 대한 최대응력의 비로 정의한다.
- 응력집중을 경감하기 위해 필렛 반지름을 크게 한다.
- 응력집중은 주로 단면이 크게 변하는 부분에서 발생한다.

㉡ 응력집중현상 완화법
- 단면의 변화가 완만하게 변화하도록 테이퍼 지게 한다.
- 몇 개의 단면 변화부를 순차적으로 설치한다.
- 표면 거칠기를 정밀하게 한다.
- 단이 진 부분의 곡률반지름을 크게 한다.
- 응력집중부에 보강재를 결합한다.

(3) 고장력볼트접합 일반사항

① 고장력볼트접합은 고장력볼트를 강력히 조여서 얻어지는 원응력을 응력전달에 이용하는 시스템으로 큰 힘을 전달할 수 있으며, 높은 접합강성을 유지하는 우수한 접합방법이다. 고장력볼트의 접합방법의 종류는 마찰접합, 지압접합, 인장접합이 있으나 주로 고장력볼트접합이라고 하면 마찰접합을 가리킨다.

② 고장력볼트의 구성과 접합방식의 종류

㉠ 마찰접합 : 고장력볼트의 강력한 조임력에 의해 발생하는 부재 간의 마찰력을 이용하는 접합방식이다.

㉡ 인장접합 : 고장력볼트를 조일 때 부재 간의 압축력을 이용하여 응력을 전달시키지만 응력전달 메커니즘에서 마찰이 관여하지 않는다.

㉢ 지압접합 : 부재 간에 발생하는 마찰력과 볼트축의 전단력 및 부재의 지압력을 동시에 발생시켜 응력을 부담하는 접합방식이다.

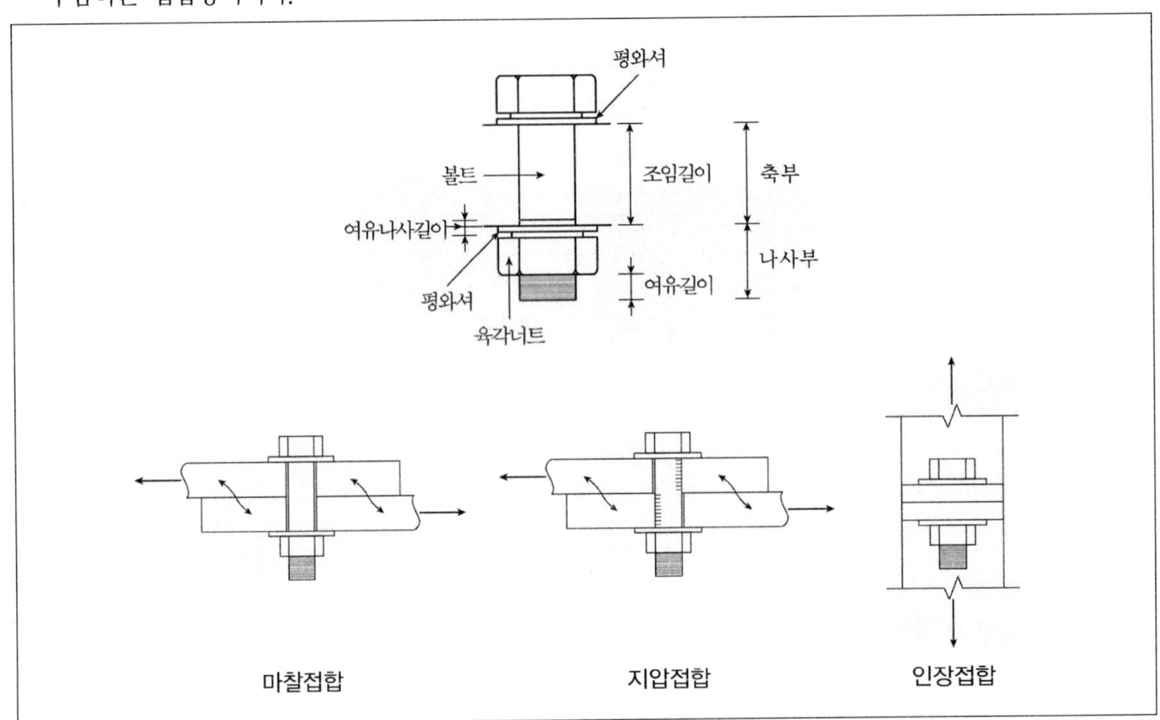

③ 고장력볼트의 구조적 특성

㉠ 강한 조임력으로 너트의 풀림이 생기지 않는다.

㉡ 응력의 방향이 바뀌어도 혼란이 일어나지 않는다.

㉢ 응력집중이 적으므로 반복응력에 대해서 강하다.

㉣ 고장력볼트의 전단응력이 생기지 않는다.

㉤ 유효단면적당 응력이 작으며 피로강도가 높다.

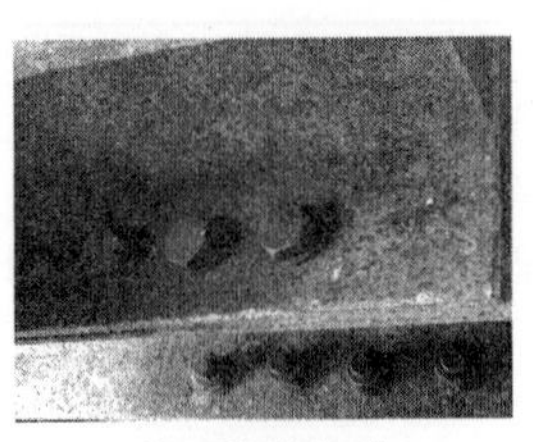

[고장력볼트]

④ **고장력볼트의 마찰면** … 볼트 구멍을 중심으로 지름의 2배 이상의 범위의 흑피를 숏블라스트 또는 샌드블라스트로 제거한 후 자연 방치상태에서 붉은 녹이 발생한 상태를 표준으로 한다. 이러한 마찰면에서 미끄럼 계수가 0.45 이상 확보된다.

방청도료	아연도금	흑피	샌드페이퍼	붉은 녹, 블라스트
0.05	0.1 ~ 0.3	0.2 ~ 0.45	0.25 ~ 0.45	0.45 ~ 0.75

⑤ **고장력볼트의 체결에 관한 사항**

㉠ 고장력볼트 접합에서 피접합재의 조임두께는 볼트직경의 5배 이하로 하며 고장력볼트의 게이지, 피치, 연단거리 등은 볼트접합과 동일하게 한다.

㉡ 고장력볼트 구멍뚫기는 판두께가 13mm 이하인 경우는 전단구멍뚫기도 허용되지만 이보다 판두께가 큰 강재는 드릴링을 하거나 예비펀칭을 한 후 리머로 구멍을 확대해야 한다.

㉢ 일반조임이란 임팩트 랜치로 수회 또는 일반렌치로 최대로 조여서 접합판이 완전히 접착된 상태를 말한다.

㉣ 설계볼트장력은 고장력볼트 설계 시 전단강도를 구하기 위해서 사용되며 시공 시에 마찰접합을 위한 모든 볼트는 시공 시 장력의 풀림을 고려하여 설계볼트장력에 최소한 10%를 할증한 표준볼트장력으로 조임을 하여야 한다.

㉤ 설계볼트장력이란 고장력볼트의 설계상 미끄럼 강도를 확보하기 위한 최소한의 조임력을 말한다.

㉥ 설계볼트장력은 볼트를 조일 때 발생되는 비틀림응력으로 인해 인장강도가 10% 정도 감소하는 현상과 재료의 항복비가 1.0에 가까운 것을 고려하여 산정한다.

㉦ 본체결법으로서 토크시어볼트법은 체결작업 시 전용공구를 사용하여 일정 토크 이상으로 조이면 볼트 끝부분이 단락되어 볼트의 장력을 관리할 수 있는 방법이다.

㉧ 본체결법으로서 직접인장측정법은 돌기가 있는 와셔를 이용하여 볼트의 축력을 추정하는 방법이다.

㉨ 고장력볼트의 장력도입방법에는 토크관리법, 너트회전법, 직접인장측정법, 토크시어볼트접합법이 있다.

㉩ 볼트의 유효단면적은 공칭단면적의 0.75배이며 설계볼트장력은 볼트의 인장강도의 0.7배에 볼트의 유효단면적을 곱한 값이 된다.

TIP

고장력볼트의 길이 설계 … 적정한 볼트길이의 선정은 매우 중요하므로 체결부의 두께를 고려하여 적정길이를 신중히 선정하여야 한다. 실제 시중에서 구할 수 있는 나사의 길이는 KS의 기준에 따라 5mm 단위로 공급되고 있으므로 아래의 선정요령에 의해 선정된 길이에 가장 가까운 것을 선택하여 사용하면 된다.

- $L = G + (2 \times T) + H + (3 \times P)$
  (L : 볼트의 길이, G : 체결물의 두께, T : 와셔의 두께, H : 너트의 두께, P : 볼트의 피치)
- 여유나사길이 : 볼트 체결 후 너트 위로 나오는 볼트의 길이로서 보통 나사산 3개 정도의 길이로 한다.

⑥ 고장력볼트장력의 관리법

㉠ 가장 낮은 평균장력값은 토크렌치로 조였을 때이다.

㉡ 너트회전법은 볼트의 회전과 볼트의 등급에 따라 설계볼트장력값의 1.22 ~ 1.35배가 된다.

㉢ 직접인장측정법과 토크시어볼트법의 인장조절 볼트조립은 토크렌치와 너트회전법 사이에 있는 것으로 판단한다.

㉣ 마찰접합을 위한 모든 볼트의 장력(표준볼트장력)은 설계볼트 장력보다 최소한 1.1배의 장력을 유지하도록 한다.

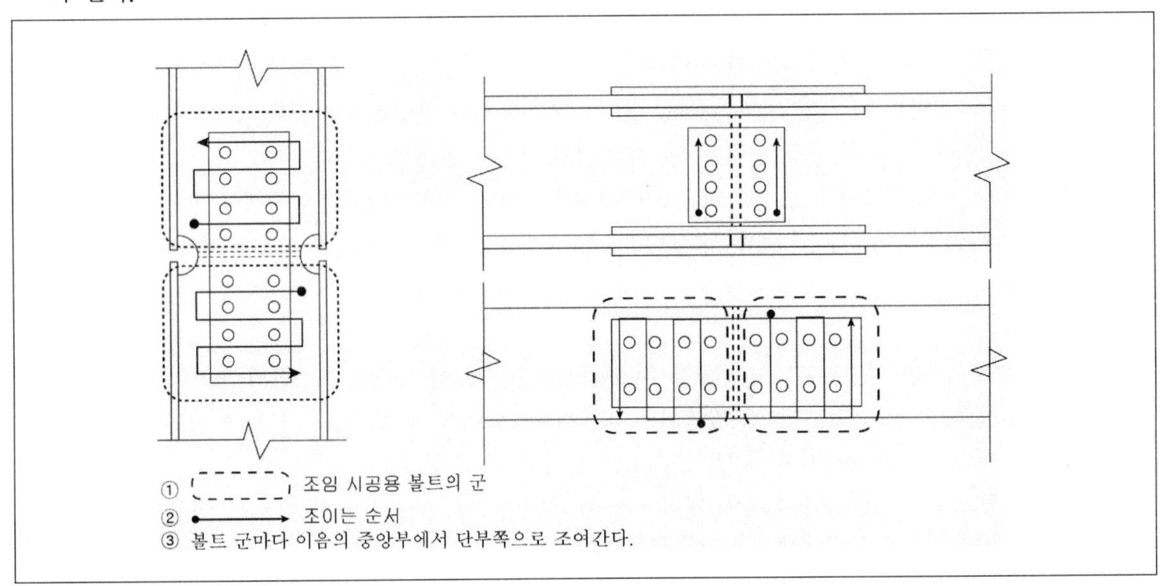

⑦ 고장력볼트의 지압접합에 대한 사항

㉠ 마찰력에 의한 체결 시 전단력이 마찰력을 넘게 되면 마찰면에서 미끄러짐 변형이 발생한다.

㉡ 미끄러짐 변형이 발생한 후 고장력볼트는 전단력을 받게 되며 접합판이 충분히 강한 경우 고장력볼트는 전단에 의해 파괴된다.

㉢ 미끄러짐 변형이 발생한 이후 고장력볼트의 전단강도가 지압판보다 큰 경우 판은 지압에 의해 변형이 발생한다.

㉣ 연단부의 거리가 충분히 확보되지 않은 경우 접합판이 지압에 의해 연단부에서 파괴된다.

⑧ 반드시 마찰접합을 사용하지 않아도 되는 접합부

㉠ 높이가 38m 이상 되는 다층구조물의 기둥이음부

㉡ 높이가 38m 이상 되는 구조물에서 기둥가새가 연결된 기둥－보접합부

㉢ 용량 50kN 이상의 크레인 구조물 중, 지붕트러스이음, 기둥과 트러스접합, 기둥이음, 기둥가새, 크레인 지지부

㉣ 기둥－보모멘트 접합부에서 용접과 볼트가 병용될 경우의 볼트접합

⑨ 접합 병용 시 응력부담

접합의 병용방식	응력부담
리벳+볼트	리벳이 전응력을 부담
리벳+고장력볼트	각각 부담
리벳+용접	용접이 전응력을 부담
볼트+용접	용접이 전응력을 부담
고장력볼트+용접	용접이 전응력을 부담 (단, 용접에 의해 기존 구조물을 증축, 보수할 때 리벳과 고장력볼트는 기존의 고정하중을 서로 분담할 수 있다.)

TIP

용접에 의해 지지되는 응력과 직각방향의 응력을 볼트가 지지하는 경우(가령 용접플랜지는 모멘트를 전달하고 볼트웨브는 전단력을 전달하는 모멘트접합부 같은 경우)는 응력을 분담하는 것으로 보지 않는다.

기출예제 03 2013 지방직

다음 중 철골구조에서 병용접합에 대한 설명으로 옳지 않은 것은?

① 전단접합에서 볼트접합은 용접과 조합해서 하중을 부담시킬 수 없다.
② 1개소의 이음 또는 접합부에 고장력볼트와 볼트를 겸용하는 경우에 강성이 큰 고장력볼트에 전내력을 부담시켜야 한다.
③ 내진성능요구도가 낮은 접합부를 제외한 기둥-보 모멘트 접합부에서 용접과 볼트가 병용될 경우에 볼트는 마찰접합을 사용한다.
④ 마찰볼트접합으로 기 시공된 구조물을 개축할 경우 병용되는 용접은 추가된 소요강도를 받는 것으로 용접설계를 병용할 수 있다.

볼트는 용접과 조합해서 하중을 부담시킬 수 없다. 이러한 경우 용접에 전체하중을 부담시키도록 한다. 다만, 전단접합 시에는 용접과 볼트의 병용이 허용된다.

답 ①

(4) 고장력볼트 접합설계

① 일반조임된 볼트의 설계인장강도 또는 설계전단강도

㉠ 일반조임된 볼트의 설계인장강도 $\phi \cdot R_n = 0.75 \cdot F_n \cdot A_b$ $(F_n = 0.75F_u)$

㉡ 일반조임된 볼트의 설계전단강도 $\phi \cdot R_n = 0.75 \cdot F_n \cdot A_b$

㉢ 나사부가 전단면에 포함되지 않은 경우 $F_{nv} = 0.5F_u$

㉣ 나사부가 전단면에 포함되는 경우 $F_{nv} = 0.4F_u$

(F_n : 공칭인장강도 F_{nt} 또는 공칭전단강도 F_{nv}. A_b : 볼트의 공칭단면적)

② 지압접합에서의 인장력과 전단력의 조합

$$\phi \cdot R_n = 0.75 \cdot F_{nt}' \cdot A_b$$

- F_{nt} : 전단응력의 효과를 고려한 공칭인장강도(N/mm^2)
- $F_{nt}' = 1.3F_{nt} - \dfrac{F_{nt}}{\phi F_{nv}} \cdot f_v \leq F_{nt}$($f_v$: 소요전단응력)

TIP

볼트의 설계전단응력이 단위면적당 소요전단응력 f_v 이상이 되도록 설계하며 전단 또는 인장에 의한 소요응력 f가 설계응력 20% 이하이면 조합응력의 효과를 무시할 수 있다.

③ 일반볼트 및 고장력볼트 구멍의 지압강도 … 지압강도는 각각의 볼트지압강도의 합으로 산정하며 전단강도의 합과 볼트구멍의 지압강도 중에 작은 값으로 산정한다.

㉠ 표준구멍, 대형구멍, 단슬롯구멍의 모든 방향에 대한 지압력 또는 장슬롯구멍이 지압력 방향에 평행일 경우

- 사용하중상태에서 볼트구멍의 변형이 설계에 고려될 경우

$R_n = 1.2L_c tF_u \leq 2.4dtF_u(\phi = 0.75)$

- 사용하중상태에서 볼트구멍의 변형이 설계에 고려되지 않을 경우

$R_n = 1.5L_c tF_u \leq 3.0dtF_u(\phi = 0.75)$

㉡ 장슬롯구멍에 구멍의 방향에 수직방향으로 지압력을 받을 경우

$$R_n = 1.0L_c tF_u \leq 2.0dtF_u(\phi = 0.75)$$

- d : 볼트 공칭직경
- F_u : 피접합재의 공칭인장강도
- L_c : 하중방향 순간격, 구멍의 끝과 피접합재의 끝 또는 인접구멍의 끝까지의 거리
- t : 피접합재의 두께

TIP

고장력 볼트의 종류

㉠ T.S(Torque Shear) Bolt
- 나사부 선단에 6각형 단면의 Pin-tail과 Break neck으로 형성된 볼트
- 조임토크가 어느 정도이상이 되면 Break neck이 파단됨

㉡ T.S형 Nut
- 표준너트와 짧은 너트가 Break neck으로 결합된 너트
- 특수 소켓을 사용하여 짧은 너트 쪽에 토크를 가하면 Break neck이 파단됨

㉢ Grip Bolt
- 큰 인장홈을 가진 Pin-tail과 Break neck으로 형성된 볼트
- 나사가 아니라 바퀴모양의 홈으로 볼트와 다름
- 조임의 확실성, 검사 용이

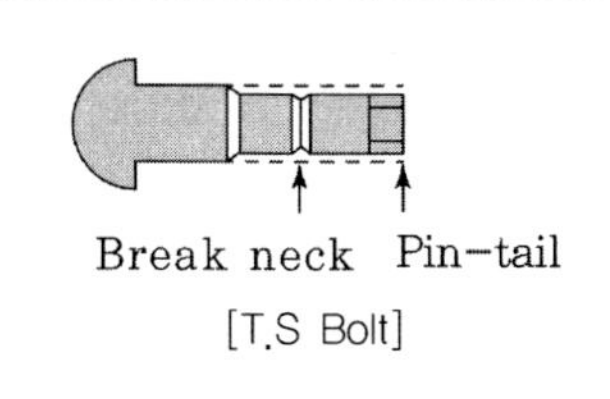 [T.S Bolt]	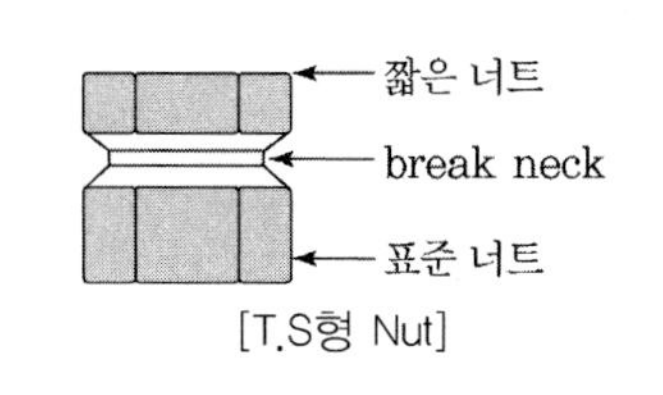 [T.S형 Nut]	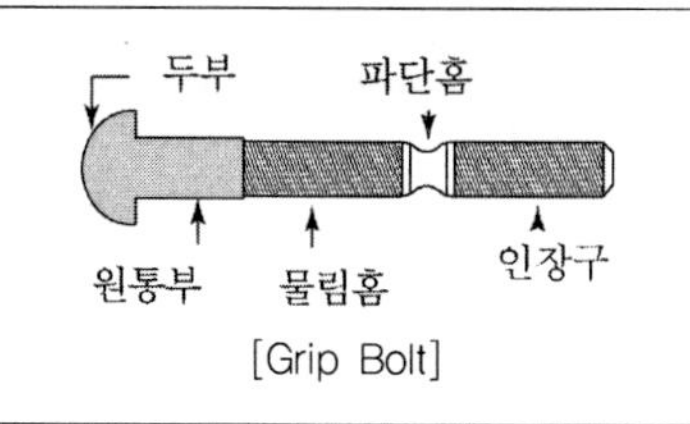 [Grip Bolt]

④ **고장력볼트의 설계미끄럼강도**

$$\phi R_n = \phi \cdot \mu \cdot h_{sc} \cdot T_o \cdot N_s$$

- μ : 미끄럼계수
- h_{sc} : 구멍계수
- N_s : 전단면의 수
- T_o : 설계볼트장력

㉠ 사용성한계상태에서 미끄럼방지를 위한 마찰접합의 경우 강도감소계수는 1.0

㉡ 하중조합에 따른 소요강도에 대하여 미끄럼이 일어나지 않도록 해야 하는 마찰접합의 경우 강도감소계수는 0.85

⑤ **마찰접합에서 인장과 전단의 조합** … 마찰접합이 인장하중을 받아 장력이 감소할 경우 설계미끄럼 강도는 다음의 계수를 사용하여 감소시킨 후 검토한다.

$$\phi R_n = (\phi \cdot \mu \cdot h_{sc} \cdot T_o \cdot N_s) \times k_s \text{이며 } k_s = 1 - \frac{T_u}{T_o N_b} \text{이다.}$$

- N_b : 인장력을 받는 볼트 수
- T_o : 설계볼트장력
- T_u : 소요인장강도

| 기출예제 04 2017 서울시 7급

고력볼트 접합에서 설계미끄럼강도식과 가장 관련이 없는 것은?

① 전단면의 수 ② 설계볼트장력
③ 고장력볼트의 공칭단면적 ④ 구멍의 종류에 따른 계수

고력볼트의 설계미끄럼강도
$\phi R_n = \phi \cdot \mu \cdot h_{sc} \cdot T_o \cdot N_s$ (μ : 미끄럼계수, h_{sc} : 구멍계수, N_s : 전단면의 수, T_o : 설계볼트장력)
ⓐ 사용성한계상태에서 미끄럼방지를 위한 마찰접합의 경우 강도감소계수는 1.0
ⓑ 하중조합에 따른 소요강도에 대하여 미끄럼이 일어나지 않도록 해야 하는 마찰접합의 경우 강도감소계수는 0.85

답 ③

09 용접접합

1 용접접합

(1) 용접부분

① 융합부 … 용접에 있어서 모재와 용착금속이 녹아서 혼합되는 부분이다.

② 용착금속부 … 용접 작업으로 용가재가 녹아서 모재와 섞이지 않고 생긴 금속이다.

③ 원질부 … 모재에서 용접에 의한 열영향이나 변질을 일으키지 않는 부분이다.

④ 변질부 … 용접으로 인하여 열영향이나 변형을 받아서 경도 등의 성질이 변화한 부분이다.

⑤ 용재금속부 … 용착금속부와 융합부를 총칭하는 부분이다.

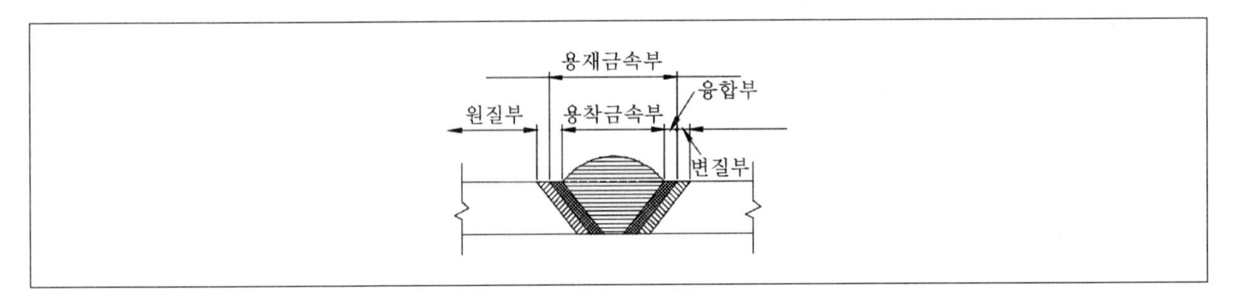

checkpoint

■ 용접접합의 특징

- 2개 이상의 강재를 국부적으로 원자 간 결합에 의하여 일체화한 접합으로서, 접합부에 용융금속을 생성 또는 공급하여 국부용융으로 접합하는 것이고 모재의 용융을 동반한다.
- 리벳이나 볼트접합처럼 구멍에 의한 부재단면의 결손이 없으며 이들 접합방식보다 훨씬 튼튼하고 강성이 높은 접합을 할 수 있으며 공사 시 소음과 진동이 적다.
- 부적으로 급속한 고온에서 급속한 냉각이 수반되어 모재의 재질변화, 용접변형, 잔류응력이 발생할 수 밖에 없으며 용접부의 결함 발견이 어렵다.
- 숙련된 기능공에 의해 작업이 이루어져야 하며 기능공의 수완에 따라 접합성능의 차이가 확연하다.

(2) 용접방법의 종류

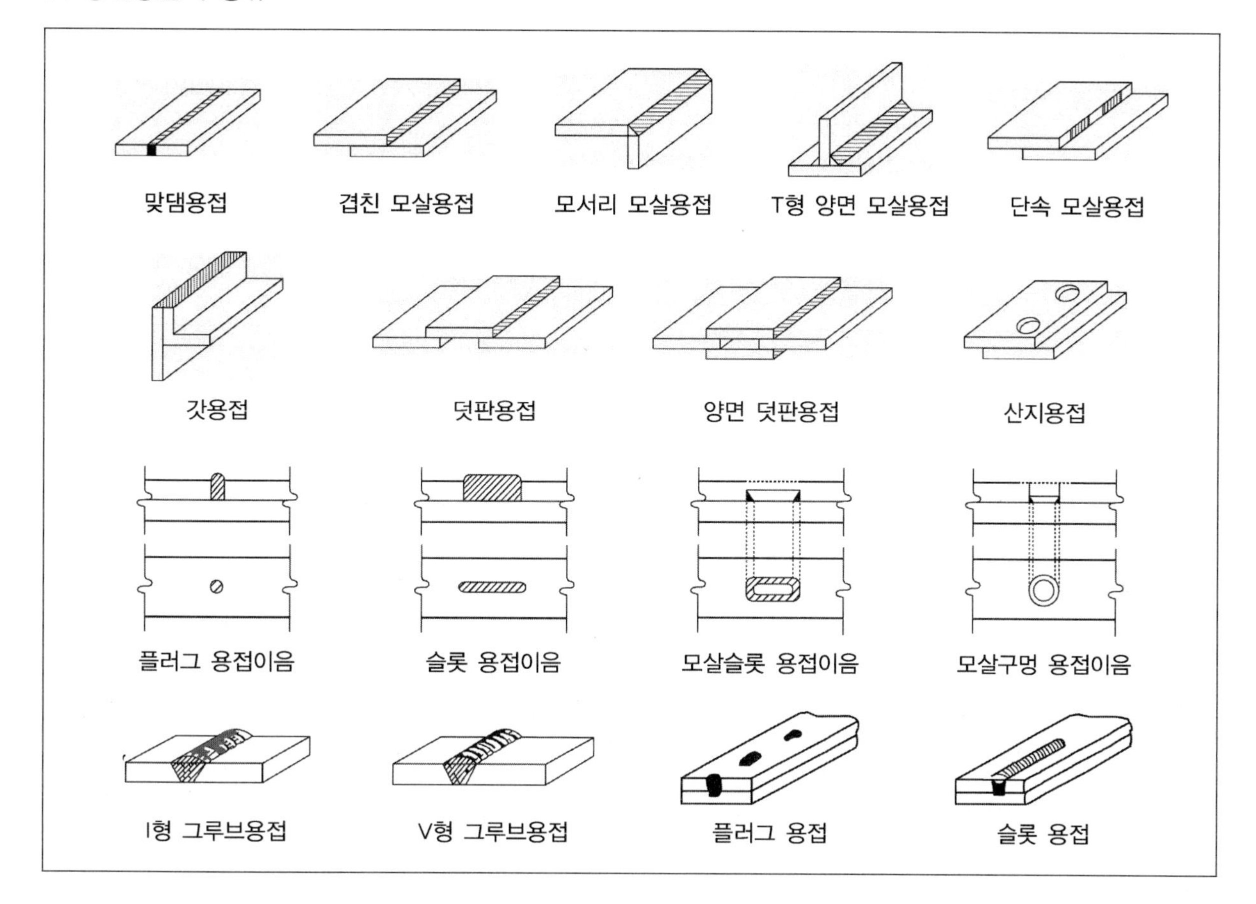

(3) 맞댐용접과 모살용접

맞댐용접은 그루브용접, 모살용접을 필릿용접이라고 한다.

① 맞댐용접

㉠ 두께가 서로 비슷한 두 부재를 적당히 가공하여 두 부재 사이에 홈(Groove)을 두고 그 사이에 용착금속을 채워 넣는 방법이다.

㉡ 목두께는 얇은 판재의 두께로 한다.

㉢ 서브머지드 아크용접의 경우는 4mm 이하로 하고 보강 살붙임은 손용접일 때 3mm 이하로 한다.

㉣ **완전용입 맞댐용접** : 맞대는 부재 두께 전체에 걸쳐 완전하게 용접

㉤ **부분용입 맞댐용접** : 맞대는 부재 두께 일부를 용접하는 것으로 전단력이나 인장력, 휨모멘트를 받는 곳에는 사용할 수 없다.

㉥ **다층용접** : 비드를 여러 층으로 겹쳐 쌓는 용접이다.

TIP

맞댐용접 관련 용어

㉠ 개선(groove) : 접합하려는 두개의 부재의 각각 한쪽을 개선각을 내어 절단하고 서로 맞대어서(맞대기 이음) 용접봉 또는 와이어를 녹여 양 개선면을 용착시키는 방법
㉡ 루트간격(root opening) : 이음부 밑에 충분한 용입을 주기 위한 루트면 사이의 간격
㉢ 루트면(root face) : 개선홈의 밑바닥이 곧게 일어선 면
㉣ 홈면(groove face) : 이음부를 가공할 때, 경사나 모따기 등으로 절단한 이음면
㉤ 경사각(bevel angle) : 개선면(홈면)과 수직의 각도
㉥ 홈의 각도(groove angle) : 접합시킬 두 모재 단면 사이에 형성된 각

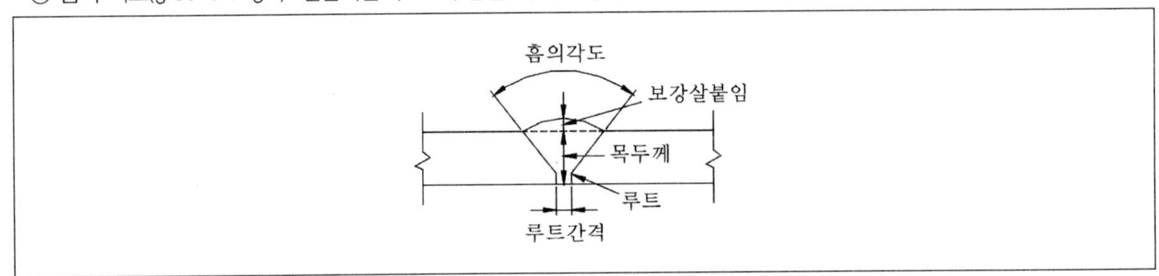

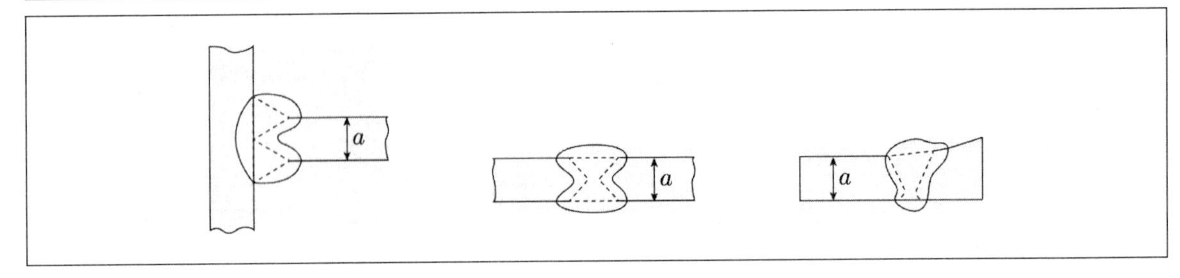

[맞댄 용접의 Groover 형태]

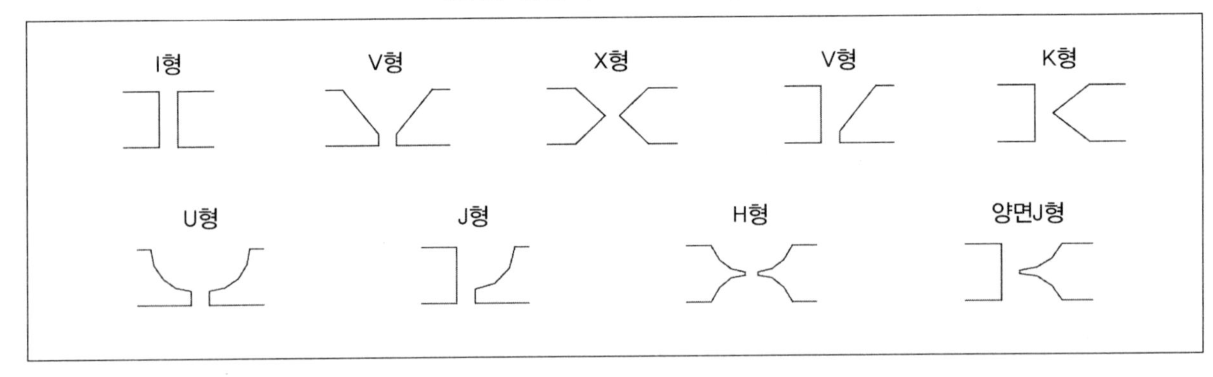

② **모살용접**(필릿용접)

㉠ 모살을 덧붙이는 용접으로써 한쪽 모재 끝을 다른 모재면에 맞대거나 겹치게 하여 접촉부분의 모서리를 용접하는 방법이다.

㉡ 목두께는 짧은 다리길이의 0.7배이다.

㉢ 용접길이(유효용접길이) $l_e = l - 2S$

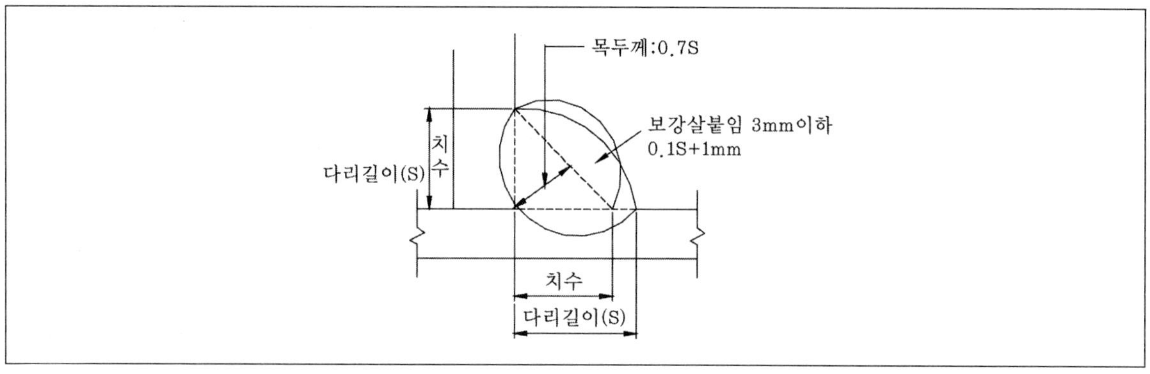

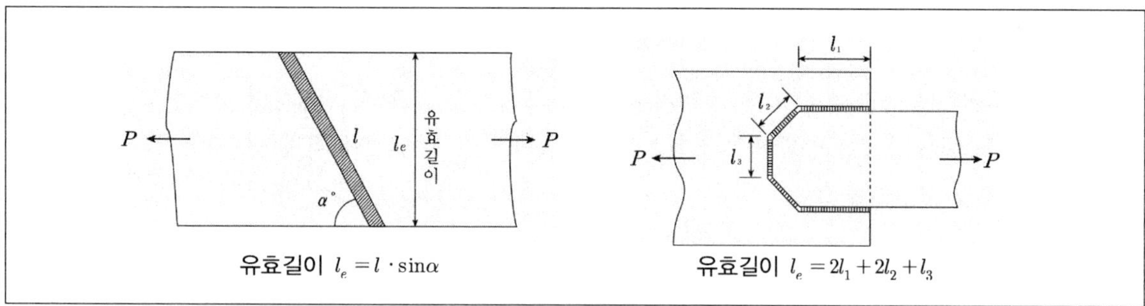

유효길이 $l_e = l \cdot \sin\alpha$　　　유효길이 $l_e = 2l_1 + 2l_2 + l_3$

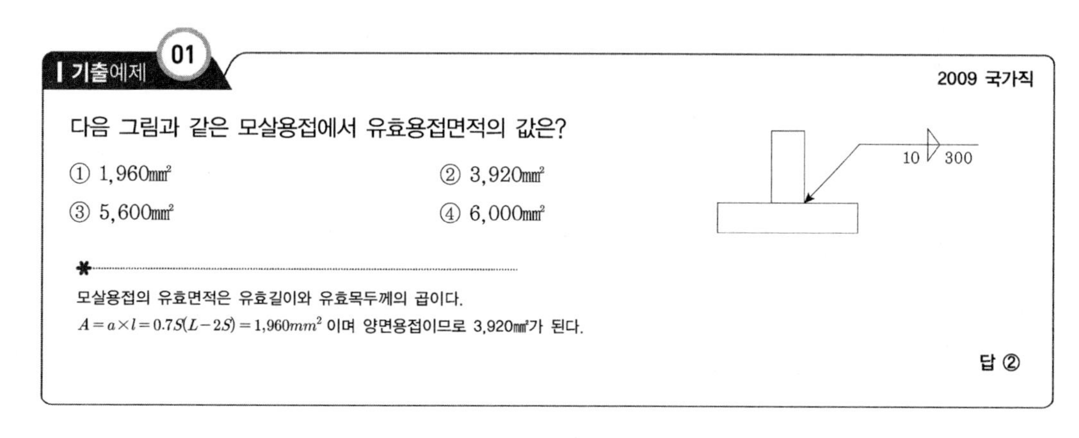

기출예제 01　　2009 국가직

다음 그림과 같은 모살용접에서 유효용접면적의 값은?

① 1,960㎟　② 3,920㎟
③ 5,600㎟　④ 6,000㎟

모살용접의 유효면적은 유효길이와 유효목두께의 곱이다.
$A = a \times l = 0.7S(L-2S) = 1{,}960mm^2$ 이며 양면용접이므로 3,920㎟가 된다.

답 ②

ⓔ 필릿용접의 최소치수는 다음의 표에 의한다.

접합부의 얇은 쪽 모재두께 t	필릿용접의 최소 사이즈
t ≤ 6	3
6 < t ≤ 13	5
13 < t ≤ 19	6
19 < t	8

TIP

필릿용접의 최대사이즈는 $t < 6\text{mm}$일 때, $s = t$이며 $t \geq 6\text{mm}$일 때, $s = t - 2\text{mm}$

ⓜ 필릿용접의 유효면적

- 필릿용접의 유효면적은 유효길이에 유효목두께를 곱한 것으로 한다.
- 구멍모살과 슬로트필릿용접의 유효길이는 목두께의 중심을 잇는 용접 중심선의 길이로 한다.

ⓑ 강도에 의해 지배되는 모살용접설계의 경우 최소유효길이(L_e)는 용접공칭사이즈의 4배 이상이 되어야 하며 용접사이즈는 유효길이의 1/4 이하가 되어야 한다. $L_e = L - 2S \geq 4S$

ⓢ 평판인장재의 단부에 길이방향으로 모살용접이 될 경우 각 모살용접의 길이(L)는 수직방향 간격(W)보다 길게 해야 한다.

ⓞ 겹침이음의 경우 최소겹침길이는 응력전달에 무리가 없도록 얇은 쪽 판두께의 5배 이상 또는 25mm 이상이 되도록 하며 또한 양쪽 단부가 모살용접이 되어야 한다. 그러나 최대하중 작용 시 겹친 부분의 처짐이 접합부의 벌어짐 현상을 충분히 방지할 수 있도록 구속된 경우에는 예외로 한다.

TIP

플러그용접과 슬롯용접

㉠ 플러그용접: 겹쳐 맞춘 2개의 모재 중 한 모재에 원형으로 구멍을 뚫은 후 이 원형 구멍 속에 용착금속을 채워 용접하는 방법

㉡ 슬롯용접: 겹쳐 맞춘 2개의 모재 한쪽에 뚫은 가늘고 긴 홈의 부분에 용착금속을 채워 용접하는 방법

(4) 용접기호

[용접 기호]

오목 용접	비드 용접	모살용접		그르브(凹형, 개선)용접					전용접 (Plug & Solt)	현장 용접	전주 공장 용접	민 (Flush)	전주 현장 용접
		연속	단속	I형 (Square)	V형 X형	V형 K형 (Bevel)	U형 X형	J형, 양면 J형					
‿	⌓	[symbol]	[symbol]	‖	V	⁄	Y	[symbol]	[symbol]	●	○	—	◎

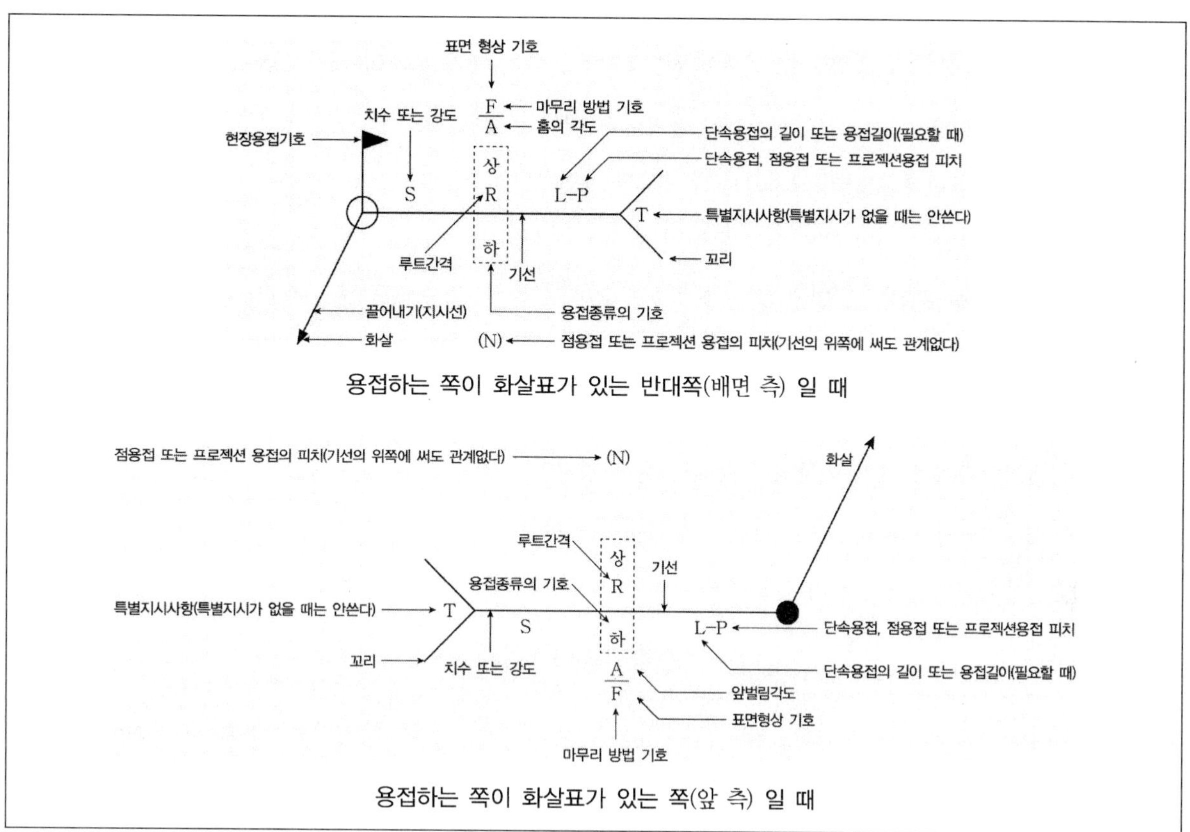

용접하는 쪽이 화살표가 있는 반대쪽(배면 측) 일 때

용접하는 쪽이 화살표가 있는 쪽(앞 측) 일 때

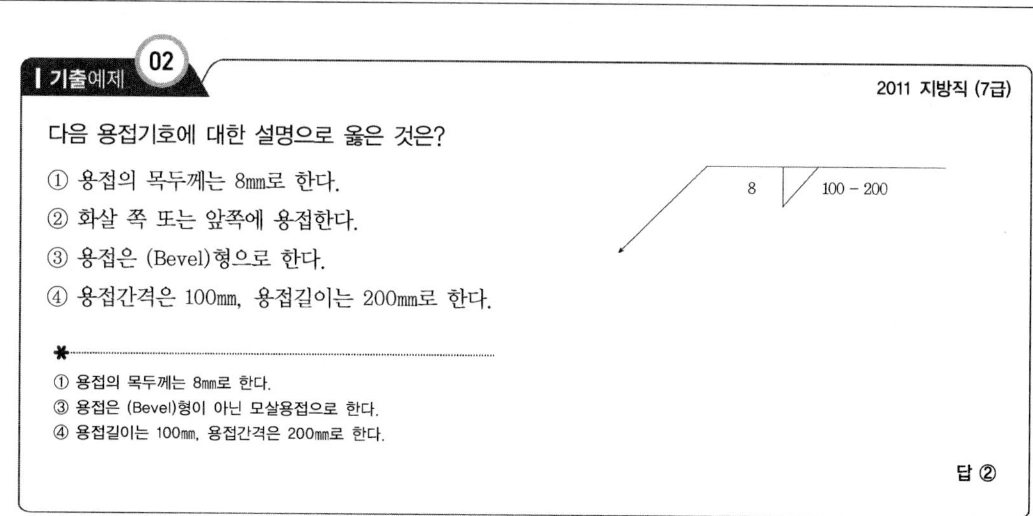

기출예제 02

2011 지방직 (7급)

다음 용접기호에 대한 설명으로 옳은 것은?

① 용접의 목두께는 8㎜로 한다.
② 화살 쪽 또는 앞쪽에 용접한다.
③ 용접은 (Bevel)형으로 한다.
④ 용접간격은 100㎜, 용접길이는 200㎜로 한다.

✱

① 용접의 목두께는 8㎜로 한다.
③ 용접은 (Bevel)형이 아닌 모살용접으로 한다.
④ 용접길이는 100㎜, 용접간격은 200㎜로 한다.

답 ②

(5) 용접결함

① **블로홀** … 용융금속이 응고할 때 방출되어야 할 가스가 남아서 생긴 빈자리

② **슬래그섞임(감싸들기)** … 슬래그의 일부분이 용착금속 내에 혼입된 것

③ **크레이터** … 용즙 끝단에 항아리 모양으로 오목하게 파인 것

④ **피시아이** … 용접작업 시 용착금속 단면에 생기는 작은 은색의 점

⑤ **피트** … 작은 구멍이 용접부 표면에 생긴 것

⑥ **크랙** … 용접 후 급냉되는 경우 생기는 균열

⑦ **언더컷** … 모재가 녹아 용착금속이 채워지지 않고 홈으로 남는 부분

⑧ **오버랩** … 용착금속과 모재가 융합되지 않고 단순히 겹쳐지는 것

⑨ **오버헝** … 상향 용접 시 용착금속이 아래로 흘러내리는 현상

⑩ **용입불량** … 용입깊이가 불량하거나 모재와의 융합이 불량한 것

[용접결함의 예]

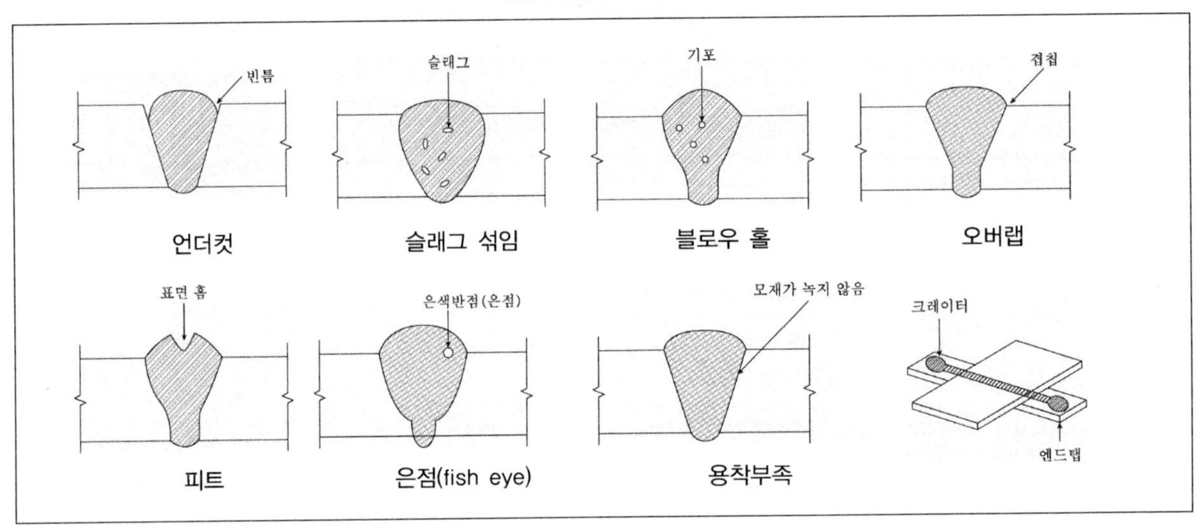

기출예제 03

2008 국가직 (7급)

용접결함의 종류별 설명이 옳지 않은 것은?

① 엔드 텝(end tab) : 용접단부에 실수로 생긴 용착금속의 턱
② 피시아이(fish eye) : 용착금속 단면에 생기는 은색의 반점
③ 오버랩(overlap) : 용착금속이 모재에 완전히 융합되지 않고 겹쳐 있는 것
④ 용착부족(incomplete penetration) : 모재가 녹지 않아 생긴 홈

✱

앤드 탭은 용접길이의 시작부분과 끝부분이 움푹 파지는 현상을 방지하기 위하여 모재의 양단에 부착하는 것이다.

답 ①

checkpoint

■ **저온균열과 고온균열**

용접성 중에 가장 중요하게 고려해야 할 사항 중의 하나가 용접부의 균열이며 접합부의 품질과 성능에 매우 중요한 영향을 미치므로 방사선 사진을 검사할 때도 주의를 기울어야 한다.

(1) 저온균열

① 용접작업 후 실온 근처로 냉각된 뒤에 시간의 경과에 따라 발생하는 균열로서 다음과 같은 특징을 나타낸다.
② 주로 철강재료의 용접금속 및 열영향부의 경화부에서 발생한다.
③ 저강도강의 경우 주로 열영향부에서 발생하나, 고강도 강일수록 용접금속에서의 발생빈도가 증가한다.
④ 이러한 저온 균열은 용접부의 확산성 수소량, 구속응력의 크기, 조직의 강도(경화도)에 크게 의존하며 이 중 한 가지 이상이 억제되면 균열의 발생이 억제된다.

(2) 고온균열

① 일반적으로 고온 균열은 응고균열, 열영향부의 액화균열, 연성저하 균열, Cu침투 균열이 있으며 응고 과정에서 용착금속에 발생하는 응고균열이 대부분이여 열영향부에서 발생하는 액화균열은 강재의 발전과 선급용 강재 특성에 따라 현재는 거의 발생하지 않는다.
② 발생시기는 대부분 응고 중이며 응고 후 균열이 진전된다.
③ 용착금속의 응과 마지막 단계에서 액상의 필름이 결정 입계를 따라 존재하고, 이 액상이 존재하는 입계가 응고 및 냉각 중 발생하는 응력을 견디지 못해 균열이 발생한다.
④ 응고균열 : 모재의 응고온도와 마지막으로 응고하는 액상막의 은고온도 차이가 클수록 고온균열 발생확률은 높아지게 된다.
⑤ 용접금속의 액화균열 : 열영향부 액화균열의 다른 형태로 용접금속 내 다층 용접 중 재가열된 용접금속에서 발생한다.
⑥ 연성저하균열 : 사용한 용접재료가 재결정온도보다 약간 높은 온도에서 심각한 연성저하현상이 나타나서 발생한다.
⑦ Cu침투균열 : Cu의 용융점 이상으로 가결된 경우 액상 Cu가 침투하여 적당한 구속도에서 균열이 발생한다.

(6) 용접 시공

① 용접이음의 주의사항

㉠ 용접은 되도록 아래보기 자세로 한다.

㉡ 단면이 서로 다른 중요부재의 홈용접에서 두께 및 폭을 서서히 변화시킬 길이방향의 경사는 1/5 이하로 한다.

㉢ 응력을 전달하는 겹이음에는 2줄 이상의 필렛용접을 사용하고 얇은 쪽 강판두께의 5배 이상 겹치도록 한다.

㉣ 용접은 열을 될 수 있는대로 균등하게 분포시킨다.

㉤ 용접은 중심에서 주변을 향해 대칭으로 해나가는 것이 변형을 적게 한다.

② 강재의 용접에 대한 설명

㉠ 피복아크 용접은 피복제를 바른 용접봉과 모재 사이에 발생하는 아크의 열을 이용하여 모재의 일부와 용접봉을 녹여서 용접하는 방법이다.

㉡ 서브머지드아크용접은 이음부 표면에 뿌린 미세한 입상플럭스 속에 피복하지 않은 용접봉 전극을 갖다 대어서 아크 용접하는 방법이다.

㉢ 부분 용입용접의 유효목두께는 $2\sqrt{t}$ 이상으로 한다. (t는 두꺼운 쪽 판두께이다.)

㉣ 모살용접의 최대사이즈는 $t < 6$mm인 경우 t와 같으며 $t > 6$mm인 경우 $(t-2)$mm이다. (t는 접합부의 얇은 쪽 소재의 두께이다.)

③ 플러그 및 슬롯용접에 대한 사항

㉠ 플러그 및 슬롯용접의 유효총단면적은 평면 내에서 플러그 및 슬롯의 공칭단면적으로 한다.

㉡ 플러그 용접의 최소중심간격은 구멍직경의 4배 이하로 한다.

㉢ 슬롯용접 길이에 횡방향인 슬롯용접선의 최소간격은 슬롯폭의 4배로 한다.

㉣ 횡방향의 최소 중심간격은 슬롯길이의 2배로 한다.

④ 용접부의 비파괴 검사법

㉠ **방사선투과검사법** : 가장 많이 사용하는 방법으로 100회 이상의 검사가 가능하며 기록으로 남길 수 있다.

㉡ **초음파탐상법** : 검사속도가 빠르나 5mm 이상의 두께를 가진 용접부나 복잡한 부위는 검사가 불가능하며 기록성이 없다.

㉢ **자기분말탐상법** : 미세부분 및 15mm 정도의 두께를 가진 용접부도 검사가 가능하나 자화력 장치가 크다.

㉣ **침투탐상법** : 자광성 기름을 사용하며 검사가 간단하고 비용이 저렴하며 넓은 범위의 검사가 가능하나 내부결함 검출이 곤란하다.

TIP

엔드탭, 스캘럽, 뒷댐재

㉠ 엔드탭 : 용용접결함이 생기기 쉬운 시작되는 부분이나 끝부분에 설치하는 보조부재

㉡ 스캘럽 : 철골 용접시 이음 및 접합부위의 용접선이 교차되어, 재용접된 부위가 열영향을 받아 취약해지기 때문에 모재에 부채꼴 모양의 모따기를 한 것이다. (용접선이 교차하면 교차점에서 가열의 반복으로 인해 모재의 재질에 변화가 발생하고 결함이 생기기 쉽다.)

㉢ 뒷댐재 : 용접을 용이하게 하고 엔드탭의 위치를 확보하기 위해 사용하는 받침쇠

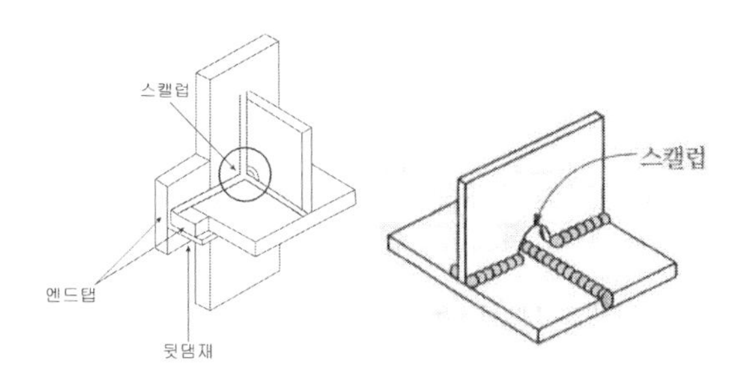

(7) 용접방식 및 작용응력별 용접부의 공칭강도

용접구분	응력 구분	공칭강도(F_w)
완전 용입용접	유효단면에 직교인장	F_y
	유효단면에 직교압축	F_y
	용접선에 평행한 인장, 압축	
	유효단면에 전단	$0.6F_y$
부분 용입용접	유효단면에 직교압축	F_y
	용접선에 평행한 인장, 압축	
	용접선에 평행한 전단	$0.6F_y$
	유효단면에 직교인장	
모살용접	용접선 평행한 전단	$0.6F_y$
플러그 슬롯용접	유효단면에 평행한 전단	$0.6F_y$

기출예제 04 2009 국가직 (7급)

한계상태설계법에 의하여 강구조 접합부를 설계할 경우 용접부의 공칭강도가 나머지 셋과 다른 것은?

① 완전 용입용접에서 유효단면에 전단이 발생할 경우
② 부분 용입용접에서 유효단면에 직교 압축응력이 발생할 경우
③ 모살용접에서 용접선에 평행한 인장응력이 발생할 경우
④ 플러그 용접에서 유효단면에 평행한 전단응력이 발생할 경우

*

①, ③, ④의 경우 공칭강도는 $0.6F_y$이고 2의 공칭강도는 F_y이다.

답 ②

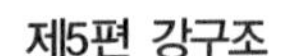

10 존재응력설계법과 전강도 설계법

1 존재응력설계법과 전강도 설계법

(1) 존재응력설계법과 전강도 설계법의 정의

① 존재응력설계법 … 접합부에 작용되는 내력을 설계강도로 하는 방법

㉠ 계산상으로는 안전한 설계법이나 존재응력이 작은 곳에서 접합부가 설계되는 경우가 있기 때문에 존재응력을 설계강도로 사용하면 접합부가 부재의 약점이 되기 쉽다.

㉡ 존재응력은 시공, 공작의 정밀도 및 계산가정 등에 의해서 변동되기 쉽다.

㉢ 존재응력 설계법으로 설계를 하는 경우 설계강도는 존재응력에 여유가 있도록 하는 것이 권장된다.

② 전강도설계법 … 부재 유효단면의 내력을 설계강도로 하는 방법

㉠ 강도적인 면이나 강성적인 면에서 확실한 접합부를 얻을 수 있다.

㉡ 부재의 전강도가 필요한 내진설계나 구조상의 주요한 부분의 접합부는 부재의 내력을 설계강도로 하는 것이 요구된다.

㉢ 존재응력에 무관하게 설계되기 때문에 비경제적일 수 있다.

③ 고장력볼트 이음의 존재응력설계법과 전강도 설계법 비교

	존재응력 설계법	전강도 설계법
계산	복잡	단순
접합재료 사용량	적음	많음
표준화	어려움	쉬움
내력	보통	우수

④ 존재응력설계법과 전강도 설계법을 구분하기 위한 예제

예 단면 H−400×400×13×21(SS400)인 기둥부재가 강축방향으로 N=190t, M=18t · m, Q=42t의 장기응력을 받을 때 이음부를 존재응력설계법, 전강도 설계법으로 설계하시오. (사용고장력볼트는 F10T−M22)

(2) 존재응력 설계법, 전강도 설계법

① 기둥부재의 전허용내력의 1/2 계산

H−400×400×13×21의 단면성능

$A = 218.7cm^2$, $Z_x = 3330cm^3$

축력 $N = \dfrac{218.7 \times 1.6}{2} = 175.0$

모멘트 $M = \dfrac{3330 \times 1.6}{2} = 2664t \cdot cm = 26.64t \cdot m$

전단력 $Q = \dfrac{1.3 \times (40 - 2 \times 2.1) \times 0.924}{2} = 21.5t$

② 인장응력 존재여부 검토

$\sigma_c = \dfrac{N}{A} = \dfrac{190}{218.7} = 0.87t/cm^2$, $\sigma = \pm \dfrac{M}{Z} = \pm \dfrac{2664}{3330} = \pm 0.8t/cm^2$

$\sigma_c \geq \sigma_b$이므로 단면에 인장응력도는 존재하지 않는다.

③ 플랜지와 웨브의 응력 및 볼트개수

플랜지가 부담하는 축력 N_f 및 볼트개수 n_f

$N_f = N \cdot \dfrac{A_f}{A} + \dfrac{M}{h - t_f} = 190 \cdot \dfrac{40 \times 2.1}{218.7} + \dfrac{2664}{40 - 2.1} = 143.3t$

F10T−M22 한 개의 허용전단력 $R = 11.4t$/개 (2면 마찰, 장기)

$n_f = \dfrac{N_f}{R} = \dfrac{143.3}{11.4} = 12.6 \rightarrow 16$개이므로 상하플랜지 전체의 소요개수는 64개

(그림을 그려보면 16개가 왜 되어야 하는지를 알 수 있다.)

TIP

웨브에 작용하는 존재응력의 계산

축력 N에 의해서 $N_w = N \cdot \dfrac{A_w}{A} = 190 \cdot \dfrac{1.3 \times (40 - 2 \cdot 2.1)}{218.7} = 40.5t$

따라서 N_w와 전단력 Q에 의한 합성응력 $R_{\max} = \sqrt{N_w^2 + Q^2} = \sqrt{40.5^2 + 42^2} = 58.4t$

웨브의 소요볼트 개수 $n_w = \dfrac{R_{\max}}{R} = \dfrac{58.4}{11.4} = 5.2 \rightarrow 6$개

㉠ 플랜지의 볼트 개수 $n_f = \dfrac{N_f}{R} = \dfrac{134.4}{11.4} = 11.8 \rightarrow 12$개

㉡ 웨브의 볼트 개수 $n_w = \dfrac{N_w}{R} = \dfrac{74.5}{11.4} = 6.6 \rightarrow 8$개

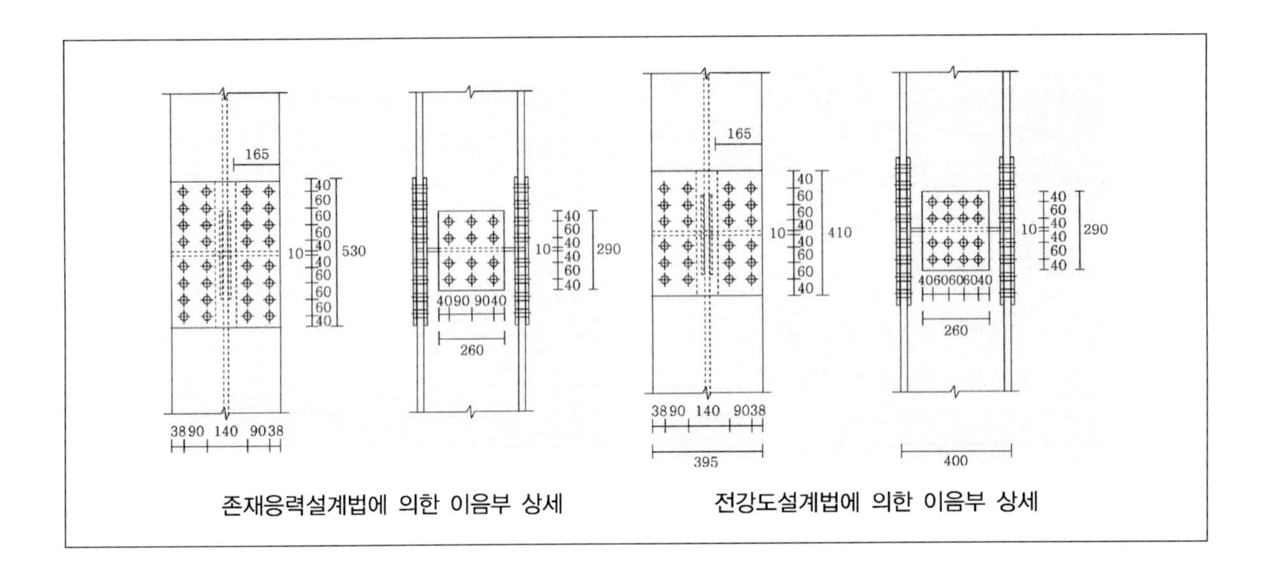

존재응력설계법에 의한 이음부 상세　　　전강도설계법에 의한 이음부 상세

제5편 강구조

11 강구조 시공

❶ 강구조 시공

(1) 철골부재의 공장가공 순서

① 원척도(현지도 작성) … 설계도 시방서에 의거하여 원척도 위에 각부 상세 및 재의 길이 등을 원척표시한다.

② 본뜨기 … 이음판, 베이스판의 본 등을 원척에 맞추어 자른다.

③ 변형바로잡기 … 검사에 합격된 재료의 비틀림을 바로 잡는다.

④ 금메김 … 강재 위에 구멍뚫기 위치, 리벳위치 등을 표시한다.

⑤ 절단 및 가공 … 금메김 표시된 바와 같이 절단하고 가공한다.

⑥ 구멍뚫기 … 펀칭, 드릴링, 리밍작업을 한다.

⑦ 가조립 … 각 부재에 1~2개의 볼트를 조립하거나 핀이나 리벳으로 가조립한다.

⑧ 용접 및 볼팅(리벳치기) … 가조립된 부재의 본용접접합을 실시한다.

⑨ 검사 … 조립상태, 접합이상유무 등을 검사한다.

⑩ 녹막이칠 … 녹막이 하지 않을 부분을 제외하고 녹막이 도색을 한다.

⑪ 운반 … 현장으로 운반한 후 현장에 반입하여 현장검수를 마친다.

TIP

녹막이칠 제외부분

㉠ 현장 용접부위 및 인접하는 양측 100mm 이내
㉡ 초음파 탐상검사에 지장을 미치는 범위
㉢ 고장력볼트 마찰접합부의 마찰면
㉣ 콘크리트에 묻히는 부분
㉤ 핀이나 롤러 등에 밀착하는 부분과 회전면 등 절삭 가공한 부분
㉥ 조립에 의하여 면맞춤이 이루어지는 부분
㉦ 밀폐되는 내면

(2) 용접시공법

① **직류아크용접기** … 직류 전원에 의해서 발생하는 아크를 이용하는 아크 용접기이다.

② **교류아크용접기** … 교류 전원에 의해서 발생하는 아크를 이용하는 아크 용접기이다.

③ **서브머지 아크용접** … 용접봉의 주입과 용접을 위한 이동을 자동화한 것으로 용접작업 시 아크가 보이지 않으므로 작업능률이 좋다. 용융되는 모재와 대기와의 접촉을 차단하여 용접되는 방식으로 철골공장에서 주로 사용된다.

④ **가스압접** … 산소아세틸렌 용접으로서 산소와 아세틸렌이 화합할 때 발생하는 고열을 이용하여 금속을 용접하는 것으로서 철근이음에 많이 사용되나 철골에서는 거의 사용되지 않는다.

⑤ **일렉트로 슬래그용접** … 용융된 슬래그와 용융 금속이 용접부에서 흘러나오지 않도록 둘러싸고, 용융된 슬래그 풀에 용접봉을 연속적으로 공급하여, 주로 용융 슬래그의 저항열에 의하여 용접봉과 모재를 용융시켜 위로 용접을 진행하는 방법이다.

⑥ **이산화탄소 아크용접** … 피복재(Flux)를 사용하여 모재사이에 아크를 발생시켜 모재와 용접봉을 녹여 접합하는 방법으로 용접 시 이산화탄소를 뿌려주어 금속의 변질을 방지하는 방법이다.

⑦ **메탈터치**(Metal Touch) … 철골 기둥부재의 이음부분에 인장응력이 생기지 않는 경우, 이음부의 단면을 깎아 마감하고, 위쪽과 아래쪽의 기둥의 단면을 서로 밀착시켜 하중이 잘 전달될 수 있도록 하는 것을 말한다.

⑧ **엔드플레이트**(End Plate) … 강철 부재의 끝 부분에 부재의 축과 직각으로 부재의 전단면을 포함하는 모양으로 부착하는 강판이다.

⑨ **다이어프램**(Diaphragm) … 얇은 판부재의 총칭이다. 철골구조에서는 강판을 칭한다. 수평력을 횡하중저항골조까지 전달시킬 수 있는 큰 면내전단강성을 가지고 있는 바닥슬래브, 또는 벽체나 지붕패널 등을 의미한다.

⑩ **스플릿티**(Split Tee) … T자형 접합철물을 기둥과 보에 강 접합이 되도록 고장력볼트로 접합하는 것이다.

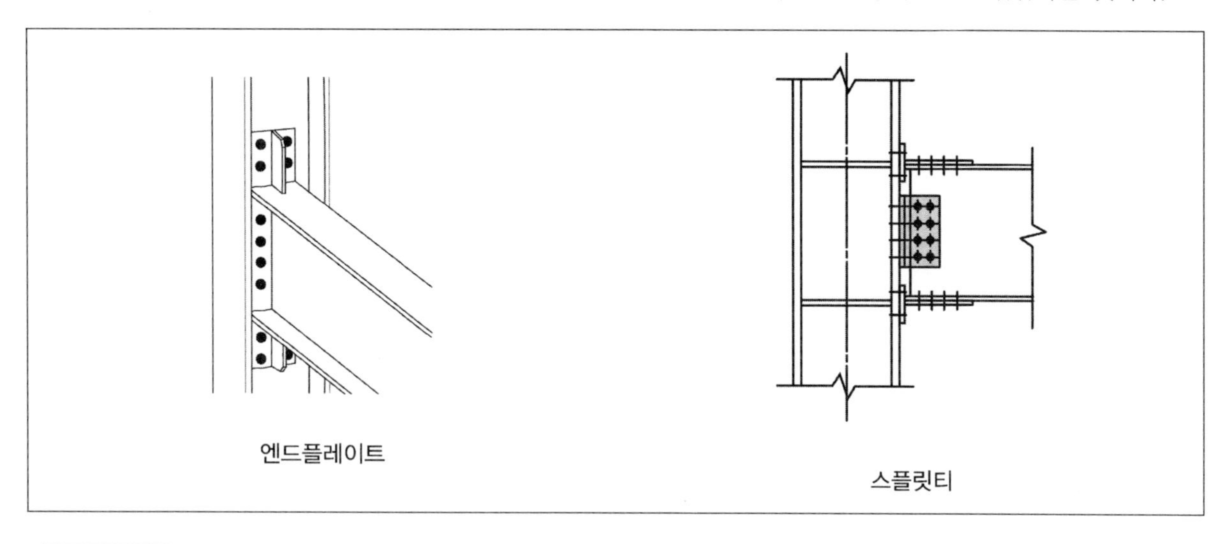

엔드플레이트

스플릿티

checkpoint

■ **용접의 분류**

용접	아크용접	용극식	피복금속 아크용접
			불활성가스금속 아크용접 (MIG용접)
			탄산가스 아크용접
			스터드용접
		비용극식	불활성가스 텅스텐 아크용접 (TIG용접)
			탄소아크용접
			원자수소용접
	가스용접	산소-아세틸렌 용접	
		산소-프로판 용접	
		산소-수소용접	
		공기-아세틸렌용접	
	기타 특수용접	서브머지드 아크용접	
		테르밋용접	
		레이저용접	
		전자빔용접	
		플라스마용접	
		일렉트로슬래그용접	

압접	가열식 (저항) 용접	겹치기 저항용접	점용접
			심용접
			프로젝션용접
		맞대기 저항용접	업셋용접
			플래시버트용접
			방전충격용접
		초음파 용접	
		확산 용접	
		마찰 용접	
		냉간 용접	
납 땜	경납땜		
	연납땜		

- 용극식 용접법(소모성전극) : 용가재인 와이어 자체가 전극이 되어 모재와의 사이에서 아크를 발생시키면서 용접부위를 채워가는 용접법으로 이때 전극의 역할을 하는 와이어는 소모가 된다. (서브머지드 아크용접, MIG용접, 이산화탄소용접, 피복금속아크용접 등)
- 비용극성 용접법(비소모성전극) : 전극봉을 사용하여 아크를 발생시키고 이 아크열로 용가재인 용접을 녹이면서 용접하는 방법으로 이때 전극은 소모되지 않고 용가재인 와이어(피복금속아크용접의 경우 피복 용접봉)는 소모된다. (TIG용접 등)
- MIG용접 (불활성가스 금속아크용접, Metal Inert Gas Arc Welding) : 용가재인 전극과 와이어를 연속적으로 보내어 아크를 발생시키는 방법으로 용극식 또는 소모식 불활성가스 아크용접법이라고 불리며 불활성가스로는 주로 아르곤가스를 사용한다. (inert는 불활성이라는 뜻이다.)
- TIG용접(불활성가스 텅스텐 아크용접) : 불활성 가스실드하에서 텅스텐 등 잘 소모되지 않는 금속을 전극으로 하여 행하는 용접법이다.
- 서브머지드 아크용접 : 용접부위에 미세한 입상의 플럭스를 도포한 뒤 용접선과 나란히 설치된 레일 위를 주행대차가 지나가면서 와이어를 용접부로 공급시키면 플럭스 내부에서 아크가 발생하면서 용접하는 자동용접법이다.
- 피복금속아크용접 : 용접홀더에 피복제로 둘러 싼 용접봉을 접촉시키면 아크가 발생하게 되는데 이 아크열로 따로 떨어진 모재들을 하나로 접합시키는 영구결합법이다. 용접봉 자체가 전극봉과 용가재 역할을 동시에 하는 용극식 용접법이다.
- 가스용접 : 주로 산소-아세틸렌가스를 열원으로 하여 용접부를 용융시키면서 용가재를 공급하여 접합시키는 용접법으로 산소-아세틸렌용접, 산소-수소용접, 산소-프로판용접, 공기-아세틸렌용접 등이 있다.
- 저항용접 : 용접할 2개의 금속면을 상온 혹은 가열상태에서 서로 맞대어 놓고 기계로 적당한 압력을 주면서 전류를 흘려주면 금속의 저항 때문에 접촉면과 그 부근에서 열이 발생하는데 그 순간 큰 압력을 가하여 양면을 밀착시켜 접합시키는 용접법이다.

| 기출예제 01

2013 국가직

구조용 강재의 접합 시 두 모재의 접합부에 입상의 용제, 즉 플럭스를 놓고 그 플럭스 속에서 용접봉과 모재 사이에 아크를 발생시켜 그 열로 용접하는 방법은?

① 피복아크용접(Shielded metal arc welding)

② 서브머지드아크용접(Submerged arc welding)

③ 가스실드아크용접(Gas shield arc welding)

④ 금속아크용접(Metal arc welding)

*

① 피복아크용접 : 용접봉과 모재의 사이에 직류전압을 가한 상태에서 양극이 적정 간격에 도달하면 강렬한 빛의 아크가 발생하며 이 아크가 발생하는 약 6000℃의 고열을 이용한 용접이다.

③ 가스실드아크용접 : 가스로서 아크를 보호하여 용접하는 방법이다.

④ 금속아크용접 : 기본적으로 용기재로서 작용하는 소모전극 와이어를 일정한 속도로 용융지에 송급하면서 전류를 통하여 와이어와 모재 사이에서 아크가 발생되도록 하는 용접법이다.

답 ②

(3) P.E.B(Pre Engineered Building) 구조

테이퍼빔(Tapered Beam)으로 불리며 휨모멘트의 크기에 따라 부재형상을 최적화한 변단면부재를 사용한 철골구조이다. 부위별 작용응력과 휨모멘트를 고려하여 변단면이 만들어지므로 일반철골구조에 비해 매우 경제적이다.

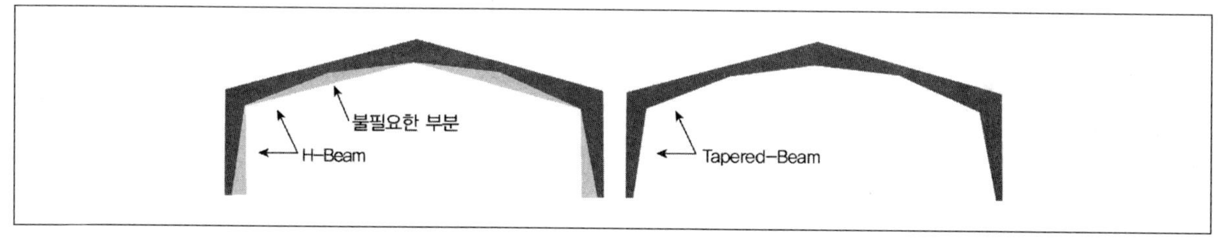

① 장점

㉠ 장스팬 구성이 가능하여 대공간을 손쉽게 만들 수 있으며 내부에 기둥부재의 수가 최소화가 되어 공간 효율성이 높아진다.

㉡ 부재형상의 최적화로 재료가 절감되고 자중이 감소하므로 공사비가 절감된다.

㉢ 공장제작 및 현장조립으로 설치가 되어 공기가 매우 짧다.

㉣ 컴퓨터에 의한 시뮬레이션이 가능하므로 사전에 구조성능과 안전성을 확인할 수 있다.

② 단점

㉠ 장스팬이므로 변형이 쉽게 발생하며 스팬의 중앙부가 수직하중에 대해 매우 취약하다.

㉡ 돌발하중(적설, 풍하중)에 대하여 불리하다. (실재로 안전사고가 일어난 적이 있었음)

㉢ 부재높이에 비해 두께가 얇아 국부좌굴이 발생할 수 있다.

TIP

PEB 구조물과 적설하중 … 일반적으로 PEB구조물은 기둥이 없는 장경간의 지붕이 설치가 되는데 이에 따라 지붕에 하중이 가해질 경우 큰 처짐이 발생하게 되며 파괴의 위험이 높아지게 된다. 실재로 국내에서 이 PEB구조로 된 건축물이 붕괴가 되어 대규모의 인명피해가 발생하였으므로 건축물의 설계 시 적설하중을 철저히 검토하여 설계를 해야 한다.

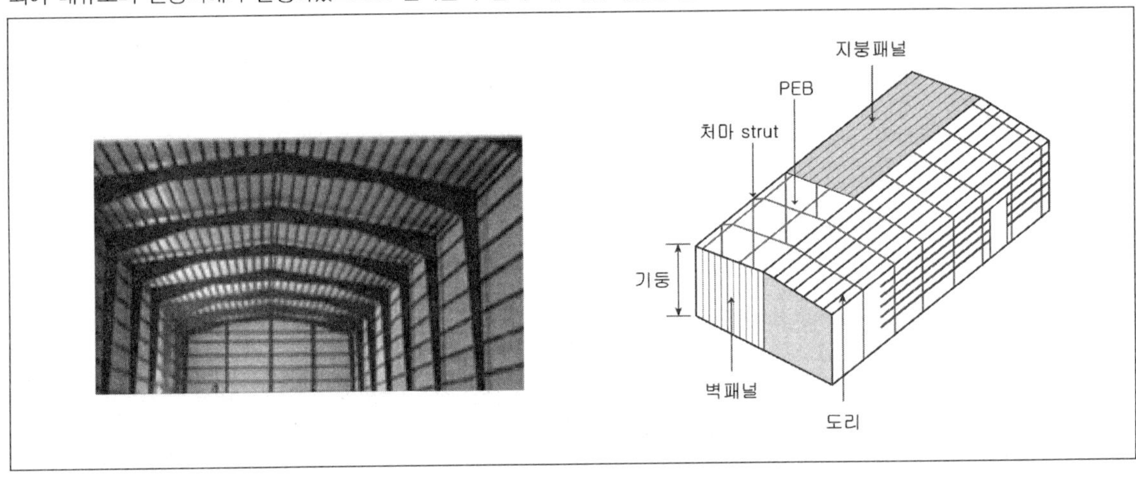

최근 기출문제 분석

2021 지방직

1 강구조 모멘트골조의 내진설계기준에 대한 설명으로 옳은 것은?

① 특수모멘트골조의 접합부는 최소 0.03 rad의 층간변위각을 발휘할 수 있어야 한다.

② 특수모멘트골조의 경우, 기둥외주면에서 접합부의 계측휨강도는 0.04 rad의 층간변위에서 적어도 보 공칭소성모멘트의 70% 이상을 유지해야 한다.

③ 중간모멘트골조의 접합부는 최소 0.02 rad의 층간변위각을 발휘할 수 있어야 한다.

④ 보통모멘트골조의 반응수정계수는 3이다.

TIP
- 모멘트골조 : 부재와 접합부가 휨모멘트, 전단력, 축력에 저항하는 골조. 다음과 같이 분류함.
- 보통모멘트골조 : 설계지진력이 작용할 때, 부재와 접합부가 최소한의 비탄성변형을 수용할 수 있는 골조로서 보－기둥접합부는 용접이나 고력볼트를 사용해야 한다.
- 중간모멘트골조(IMRCF) : 보－기둥 접합부가 최소 0.02rad의 층간변위각을 발휘할 수 있어야 하며 이 때 휨강도가 소성모멘트의 80%이상 유지되어야 한다.
- 특수모멘트골조(SMRCF) : 보－기둥 접합부가 최소 0.04rad의 층간변위각을 발휘할 수 있어야 하며 이 때 휨강도가 소성모멘트의 80%이상 유지되어야 한다.

2020 국가직 7급

2 구조용 강재를 사용한 건축물의 접합부 강도 산정에서 강도저항계수로 0.75를 사용하는 경우로 가장 옳지 않은 것은?

① 휨모멘트를 받는 핀의 설계전단강도

② 지압접합에서 인장과 전단의 조합을 받는 고장력볼트의 설계강도

③ 장슬롯 구멍에 구멍 방향의 수직으로 지압력을 받는 고장력볼트 구멍의 설계지압강도

④ 밀착조임된 고장력볼트의 설계인장강도

TIP 휨모멘트를 받는 핀의 설계전단강도 산정 시 강도저항계수는 0.90이다.

Answer 1.③ 2.①

2020 국가직

3 **그림과 같은 강구조 휨재의 횡비틀림좌굴거동에 대한 설명으로 옳은 것은?**

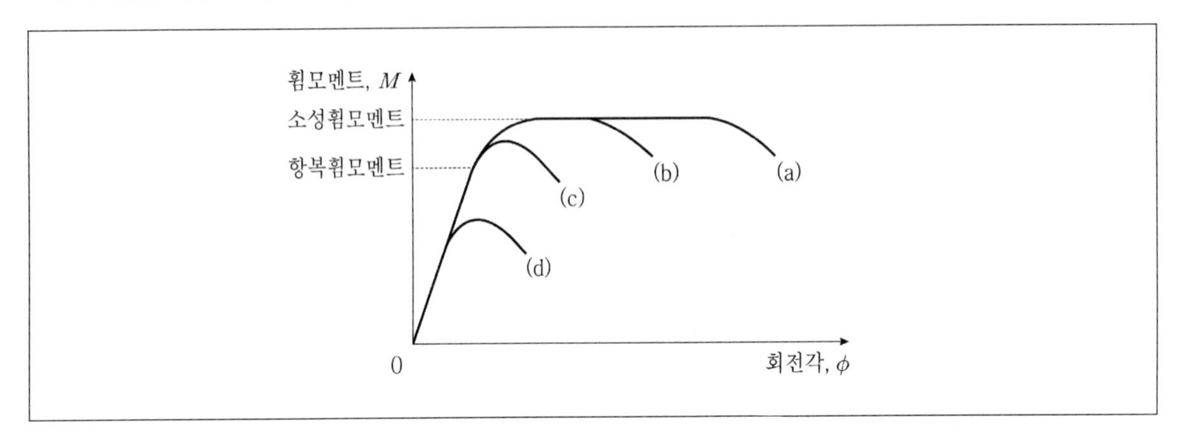

① 곡선 (a)는 보의 횡지지가 충분하고 단면도 콤팩트하여 보의 전소성모멘트를 발휘함은 물론 뛰어난 소성회전능력을 보이는 경우이다.

② 곡선 (b)는 (a)의 경우보다 보의 횡지지 길이가 작은 경우로서 보가 항복휨모멘트보다는 크지만 소성휨모멘트보다는 작은 휨강도를 보이는 경우이다.

③ 곡선 (c)는 탄성횡좌굴이 발생하여 항복휨모멘트보다 작은 휨강도를 보이는 경우이다.

④ 곡선 (d)는 보의 비탄성횡좌굴에 의해 한계상태에 도달하는 경우이다.

TIP

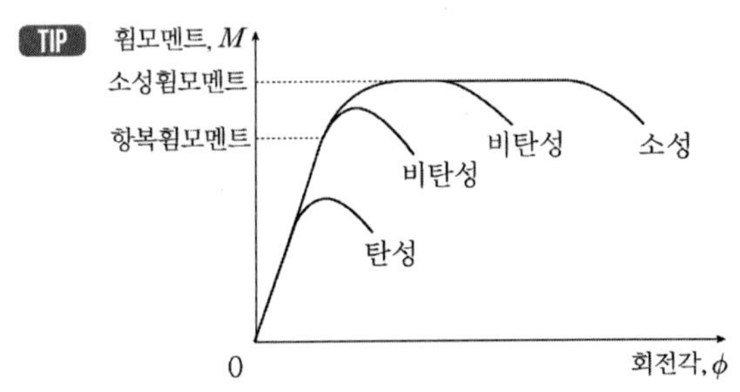

② 곡선 (b)는 (a)의 경우보다 보의 횡지지 길이가 큰 경우로서 보가 항복휨모멘트보다는 크지만 소성휨모멘트보다는 작은 휨강도를 보이는 경우이다.

③ 곡선 (c)는 비탄성횡좌굴이 발생하여 항복휨모멘트보다 큰 휨강도를 보이는 경우이다.

④ 곡선 (d)는 보의 탄성횡좌굴에 의해 한계상태에 도달하는 경우이다.

Answer 3.①

2020 지방직

4 **다음 중 강재의 성질에 관련한 설명으로 옳은 것은?**

① 림드강은 킬드강에 비해 재료의 균질성이 우수하다.

② 용접구조용 압연강재 SM275C는 SM275A보다 충격흡수에너지 측면에서 품질이 우수하다.

③ 일반구조용 압연강재 SS275의 인장강도는 275 MPa이다.

④ 강재의 탄소량이 증가하면 강도는 증가하나 연성 및 용접성이 저하된다.

TIP ① 림드강은 킬드강에 비해 재료의 균질성이 좋지 않다.

- 킬드강(Killed steel) : 탈산제(Si, Al, Mn)를 충분히 사용하여 기포발생을 방지한 강재
- 림드강(rimmed steel) : 탈산이 충분하지 못하여 생긴 기포에 의해 강재의 질이 떨어지는 강

③ 일반구조용 압연강재 SS275의 항복강도는 275 MPa이다.

④ 강재의 탄소량이 증가하면 강도는 증가하나 연성 및 용접성이 저하된다.

2017 지방직

5 **래티스 형식 조립압축재에 설치하는 띠판에 대한 요구 조건으로 옳지 않은 것은?**

① 띠판의 두께는 조립부재개재를 연결시키는 용접 또는 파스너열 사이 거리의 1/50 이상이 되어야 한다.

② 띠판의 조립부재에 접합은 용접의 경우 용접길이는 띠판 길이의 1/3 이상이어야 한다.

③ 부재단부에 사용되는 띠판의 폭은 조립부재개재를 연결하는 용접 또는 파스너열 간격 이상이 되어야 한다.

④ 부재중간에 사용되는 띠판의 폭은 부재단부 띠판길이의 1/3 이상이 되어야 한다.

TIP 부재중간에 사용되는 띠판의 폭은 부재단부 띠판길이의 1/2 이상이 되어야 한다.

Answer 4.② 5.④

2014 서울시 (7급)

6 다음은 강재의 성질에 관한 기술이다. 이 중 옳지 않은 것은?

① 고성능강은 일반강에 비하여 강도, 내진성능, 내후성능 등에 있어서 1개 이상의 성능이 향상된 강을 통칭한다.

② SN강재는 용접성, 냉간가공성, 인장강도, 연성 등이 우수한 강재이다.

③ 내후성강은 적절히 조치된 고강도, 저합금강으로서 부식방지를 위한 도막 없이 대기에 노출되어 사용되는 강재이다.

④ 인장강도는 재료가 견딜 수 있는 최대인장응력도이다.

⑤ 구조용강재는 건축, 토목, 선박 등의 구조재로서 이용되는 강재로서 탄소함유량이 0.6% 이상의 탄소강이다.

TIP 구조용강재는 건축, 토목, 선박 등의 구조재로서 이용되는 강재로서 탄소함유량이 0.6% 이하인 탄소강이다.

2014 국가직 (7급)

7 두께 12mm의 강판 두 장을 겹쳐 모살용접으로 이음하였다. 다음 그림에서 용접기호를 바탕으로 계산한 용접부의 용접유효면적 (Aw)은?

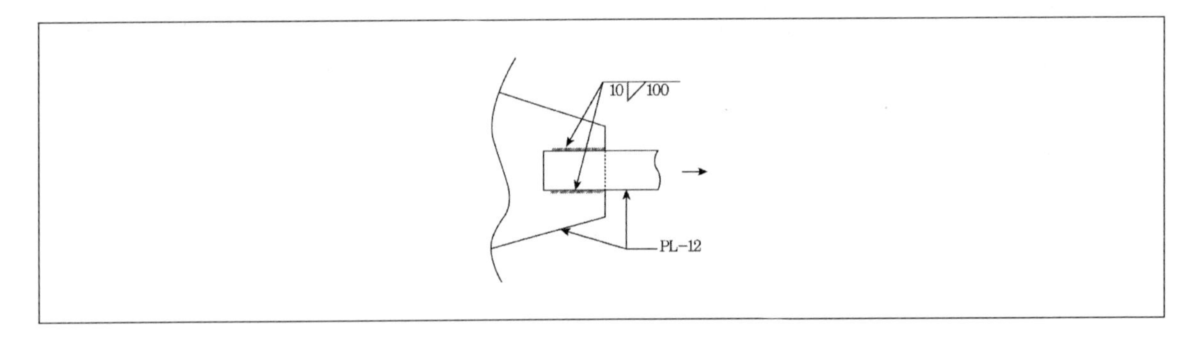

① 1,020㎟

② 1,120㎟

③ 1,220㎟

④ 1,320㎟

TIP
- 유효목두께 $a = 0.7 \cdot 10 = 7mm$
- 유효용접길이 $100 - 2 \cdot 10 = 80mm$
- 유효용접면적 $2 \times 80 \times 7 = 1,120mm^2$

Answer 6.⑤ 7.②

2013 국가직 (7급)

8 **다음 그림과 같은 강구조 접합부를 모살용접 최소사이즈로 접합하려고 할 때, 유효목두께의 값은?**

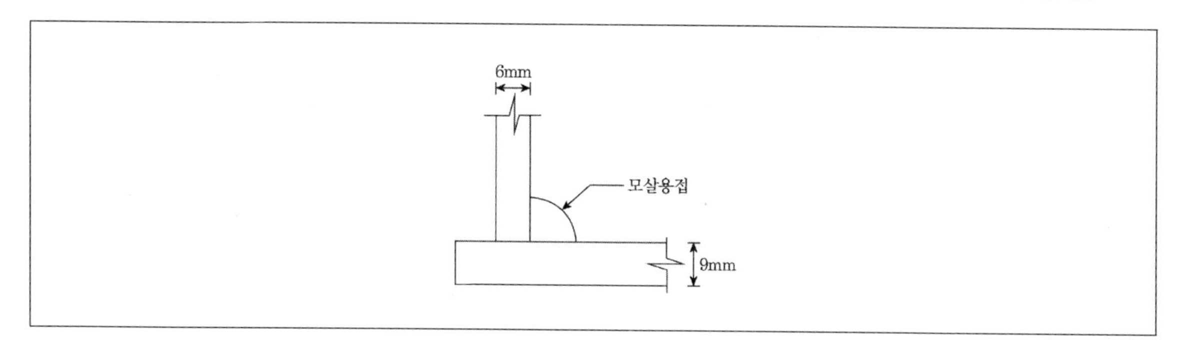

① 2.1mm
② 3.0mm
③ 4.2mm
④ 6.0mm

TIP 모살용접의 유효목두께는 모살사이즈의 0.7배이고, 최소 모살사이즈는 접합부의 얇은 쪽 모재의 두께가 6mm일 때 3mm 이상이 된다. 그러므로 모살용접의 유효목두께는 3mm × 0.7 = 2.1mm가 된다.

2013 지방직

9 **강재의 용접성을 나타내는 지표의 하나로 탄소와 탄소 이외의 원소를 탄소의 상당량으로 환산하여 산정한 탄소당량(Ceq)이라는 값이 쓰이는데, 건축구조용 강재의 탄소당량을 산정하는 구성 성분으로 옳지 않은 것은?**

① Cr(크롬)
② Mn(망간)
③ V(바나듐)
④ Na(나트륨)

TIP 탄소당량 산정시 Na는 포함되지 않는다.

탄소당량 $C_{eq} = C + \frac{Mn}{6} + \frac{Si}{24} + \frac{Ni}{40} + \frac{Cr}{5} + \frac{Mo}{4} + \frac{V}{14}$

Answer 8.① 9.④

2011 지방직

10 강구조에서 강에 포함된 화학성분에 의한 성질변화 내용으로 옳지 않은 것은?

① 탄소(C)량이 증가할수록 강도는 증가한다.

② 인(P)은 취성을 증가시킨다.

③ 황(S)은 연성을 증가시킨다.

④ 니켈(Ni)은 내식성을 증가시킨다.

TIP 황(S)은 강재의 취성을 증가시켜 바람직하지 못한 성질을 가져오지만 강재의 성분비에서 일정량 이상이 사용되지 못하도록 규제하여 강재의 기계가공성을 증가시키는 역할을 한다.

2011 국가직

11 건축물에 대한 한계상태설계법에서 사용성 한계상태의 검토 대상으로 옳은 것은?

① 기둥의 좌굴

② 접합부의 파괴

③ 바닥재의 진동

④ 피로 파괴

TIP 한계상태설계법에서 사용성 한계상태는 구조체가 즉시 붕괴되지는 않지만 건물이 피해를 입고 건물 수평이 저하되어 종국적으로는 건물의 구조 기능 저하로 인하여 극한 한계상태에 이르게 될 가능성이 있는 상태로 과도한 처짐, 균열폭의 증가, 바람직하지 않은 진동 등이 있다.

Answer 10.③ 11.③

출제 예상 문제

1 다음 보기는 강재의 제법과 종류에 관한 설명이다. 빈 칸에 들어갈 말을 순서대로 바르게 정리한 것은?

(가)	선철에서 강재의 질을 저하시키는 원소를 선택적으로 제거하고 강재의 성질을 개선시킬 수 있는 원소를 추가하는 과정
(나)	탈산이 충분하지 못하여 생긴 기포에 의해 강재의 질이 떨어지는 강
(다)	용광로 속에서 코크스의 연소로 생성되는 일산화탄소에 의해 철광석에서 선철을 만드는 과정

	(가)	(나)	(다)
①	제선	킬드강	제강
②	제강	림드강	제선
③	조괴	림드강	제강
④	탈산	킬드강	조괴

- 제강 : 선철에서 강재의 질을 저하시키는 원소를 선택적으로 제거하고 강재의 성질을 개선시킬 수 있는 원소를 추가하는 과정
- 림드강 : 탈산이 충분하지 못하여 생긴 기포에 의해 강재의 질이 떨어지는 강
- 제선 : 용광로 속에서 코크스의 연소로 생성되는 일산화탄소에 의해 철광석에서 선철을 만드는 과정

Answer 1.②

2 다음은 강재의 열처리에 관한 설명이다. 빈 칸에 들어갈 말을 순서대로 바르게 나열한 것은?

(가)	변형점 이하(600℃)로 가열한 후 서서히 냉각시켜 안정시키는 과정이다.
(나)	고온가열 후(오스테나이트 상태) 물이나 기름으로 급냉시켜 마르텐사이트라는 단단한 조직을 얻는다.
(다)	고온(800℃)으로 가열하여 노중에서 서서히 냉각하여 강의 조직이 표준화, 균질화되어 내부변형이 제거된다.

	(가)	(나)	(다)
①	뜨임	담금질	풀림
②	풀림	불림	담금질
③	담금질	뜨임	불림
④	담금질	풀림	뜨임

TIP

담금질	소입 Quenching	• 고온가열 후(오스테나이트 상태) 물이나 기름으로 급냉시켜 마르텐사이트라는 단단한 조직을 얻는다. • 경도, 내마모성이 증가되고 신장율, 수축율은 감소한다.
뜨임질	소려 Tempering	• 변형점 이하(600℃)로 가열한 후 서서히 냉각시켜 안정시킨다. • 담금질한 강의 취성 개선 목적으로 행한다. • 경도와 강도가 감소되고 신장률, 수축율이 증가한다.
풀림	소둔 Annealing	• 고온(800℃)으로 가열하여 노중에서 서서히 냉각하여 강의 조직이 표준화, 균질화되어 내부변형이 제거된다. • 인장강도 저하되고 신율과 점성이 증가된다.
불림	소준 Normailzing	• 변태점이상 가열 후 공기중에서 냉각시킨다. • 연질화되며 항복점 강도가 증가된다.

3 다음 중 TMCP강(제어열처리강)에 대한 설명으로 바르지 않은 것은?

① 강도를 확보하면서 탄소당량을 낮출 수 있다.
② 적은 탄소량을 함유하고 있기 때문에 우수한 용접성을 가지고 있다.
③ 일반강재에 비해 라멜라테어링 현상이 발생하기 쉬우므로 철저한 품질관리가 요구된다.
④ 강종 뒤에 TMC라는 기호를 추가로 표시한다.

TIP 제어열처리강은 일반강재에 비해 라멜라티어링이 발생할 우려가 적다.

Answer 2.① 3.③

4 **구조용 강재의 종류 및 특성에 대한 설명으로 옳지 않은 것은?**

① 일반적으로 사용되는 구조용 강재(SS275급)는 탄소함유량이 0.15~0.29%인 연탄소강에 속하고 중탄소강과 고탄소강은 상대적으로 용접성이 떨어진다.

② 구조용 합금강은 각종 금속 원소를 합금하여 탄소강에 비하여 강도가 높으나 인성이 좋지 못한 단점이 있다.

③ 탄소당량(carbon equivalent)은 탄소를 제외한 기타 성분을 등가 탄소량으로 환산한 것으로 강재의 용접성을 나타내는 지표로 사용된다.

④ TMCP강은 압연 가공과정이 완료된 후 열처리 공정을 수행하여 높은 강도와 인성을 갖는 강재를 말한다.

TIP ② 구조용 합금강은 각종 금속 원소를 합금하여 탄소강에 비하여 강도가 높고 인성의 감소를 억제한 재료를 말한다.
③ 탄소당량(carbon equivalent)은 탄소와 기타 성분을 등가 탄소량으로 환산한 것으로 강재의 용접성을 나타내는 지표로 사용된다.
④ TMCP강은 압연 가공과정 중 열처리 공정을 동시에 수행하여 높은 강도와 인성을 갖는 강재를 말한다.

5 **다음 중 강재의 응력-변형도곡선과 관련하여 바르지 않은 설명은?**

① 변형도 경화는 연성이 있는 강재에서 항복점을 지나 상당한 변형이 진행된 후 항복강도 이상의 저항능력이 다시 나타나는 현상이다.

② 루더선은 강재의 인장 파단면에서 강재의 축선과 45°기울기를 갖는 미그럼면에서 특유한 모양으로 발생되며, 이 미끄럼 모양 또는 미끄럼면과 표면이 만나는 선이다.

③ 상항복점은 강재의 항복강도를 의미하며 항복점이 분명하지 않은 경우 오프셋법을 이용하여 항복강도를 정한다.

④ 복원계수는 재료가 비례한도에 해당하는 응력을 받고 있을 때까지를 기준으로 산정한다.

TIP 강재의 항복강도는 하항복점으로 결정한다.

Answer 4.① 5.③

6 **라멜라 테어링(lamellar tearing)에 대한 설명으로 옳은 것은?**

① 모재부에 판 표면과 직각방향으로 진행되는 층상의 용접균열 생김새를 지닌다.

② 압연진행방향 단면의 연성능력은 압연진행방향과 교차되는 단면에 비해 떨어진다.

③ 비금속개재물(MnS)과 유황(S)성분이 많고, 강판의 두께가 두꺼울 때, 또는 1회 용접량이 클수록 발생률이 높다.

④ 용접되는 부분을 압연이 진행되는 방향과 교차되도록 함으로써 라멜라 테어링을 줄일 수 있다.

TIP ① 모재부에 판 표면과 평행하게 진행되는 층상의 용접균열 생김새를 지닌다.
② 압연 진행방향과 교차되는 단면의 연성능력은 압연 진행방향의 단면에 비해 떨어진다.
④ 용접되는 부분을 압연이 진행되는 방향과 일치하도록 함으로써 라멜라 테어링을 줄일 수 있다.

7 **강재의 응력-변형도 시험에서 인장력을 가해 소성상태에 들어선 강재를 다시 반대 방향으로 압축력을 작용하였을 때의 압축항복점이 소성상태에 들어서지 않은 강재의 압축항복점에 비해 낮은 것을 볼 수 있는데 이러한 현상을 무엇이라 하는가?**

① 루더선(Luder's line)

② 바우싱거효과(Baushinger's effect)

③ 소성흐름(Plastic flow)

④ 응력집중(Stress concentration)

TIP 바우싱거효과 … 강재의 응력-변형도 시험에서 인장력을 가해 소성상태에 들어선 강재를 다시 반대 방향으로 압축력을 작용하였을 때의 압축항복점이 소성상태에 들어서지 않은 강재의 압축항복점에 비해 낮아지는 현상

8 **다음 중 강재의 규격표시와 관련하여 잘못 표기한 경우는?**

① 용접구조용 압연강재를 SM275처럼 표기하였다.

② 용접구조용 내후성 열간압연강재 2종을 SMA275AP, SMA275 BW로 표기하였다.

③ 건축구조용 열간압연H형강을 SN275로 표기하였다.

④ 건축구조용 고성능 압연강재를 HSA650으로 표기하였다.

TIP 건축구조용 열간압연 H형강은 SHN275로 표기해야 한다.

Answer 6.③ 7.② 8.③

9 다음 여러 가지 경우 중 사용성한계상태와 극한강도한계상태를 바르게 묶은 것은?

> ⓐ 거주자의 안락감, 장비의 작동에 영향을 미치는 과도한 진동
> ⓑ 구조물의 일부 또는 전체적인 평형 상실로서 전도, 인발, 슬라이딩
> ⓒ 구조물의 용도, 배수, 외관을 저해하거나, 비구조적 요소나 부착물의 손상을 유발하는 과도한 처짐
> ⓓ 재료의 강도한계를 초과하여 구조물의 안전성이 문제가 되는 파손, 파괴
> ⓔ 국부적인 파손이 전체 붕괴로 확대되는 점진적인 붕괴, 구조건전도의 결핍
> ⓕ 구조물의 외관, 구조물의 용도나 내구성에 나쁜 영향을 미치는 과도한 국부적 손상, 균열

	(사용성 한계상태)	(극한강도 한계상태)
①	ⓐ, ⓑ, ⓓ	ⓒ, ⓔ, ⓕ
②	ⓐ, ⓒ, ⓕ	ⓑ, ⓓ, ⓔ
③	ⓑ, ⓕ	ⓐ, ⓒ, ⓓ, ⓔ
④	ⓐ, ⓑ, ⓕ	ⓒ, ⓓ, ⓔ

TIP 사용성 한계상태의 예
- 구조물의 용도, 배수, 외관을 저해하거나, 비구조적 요소나 부착물의 손상을 유발하는 과도한 처짐
- 구조물의 외관, 구조물의 용도나 내구성에 나쁜 영향을 미치는 과도한 국부적 손상, 균열
- 거주자의 안락감, 장비의 작동에 영향을 미치는 과도한 진동

극한강도한계상태의 예
- 재료의 강도한계를 초과하여 구조물의 안전성이 문제가 되는 파손, 파괴
- 구조물의 일부 또는 전체적인 평형 상실로서 전도, 인발, 슬라이딩
- 국부적인 파손이 전체 붕괴로 확대되는 점진적인 붕괴, 구조건전도의 결핍
- 붕괴 메커니즘이나 전체적인 불안정으로 변환시키는 매우 과도한 변형

Answer 9.②

10 철골조 한계상태설계법에 관한 설명으로 옳은 것은?

① 강재는 한계상태변형 범위 이내에서 부재를 설계한다.

② 재료의 항복강도만을 기준으로 한다.

③ 사용성 검토시에는 하중계수를 1.4로 하여 검토한다.

④ 안전률은 경험적 모델을 근거로 결정한다.

TIP ② 재료의 항복강도 외에 인장강도를 기준으로 부재의 강도를 규정한다.
③ 사용성 검토시에는 하중계수를 1.0으로 하여 검토한다.
④ 안전률은 확률론적 수학모델을 근거로 결정한다.

11 다음은 하중계수를 적용한 강도한계상태 하중조합식들이다. 이 중 바른 것은? (단, D는 고정하중, L은 활하중, W는 풍하중, E는 지진하중, S는 적설하중, Hv는 흙의 자중에 의한 연직방향 하중, Hh는 흙의 횡압력에 의한 수평방향 하중, α 는 토피 두께에 따른 보정계수를 나타내며 F는 유체의 밀도를 알 수 있고, 저장 유체의 높이를 조절할 수 있는 유체의 중량 및 압력에 의한 하중 또는 이에 의해서 생기는 단면력이다.)

① $U = 1.2(D + F + T) + 1.4(L + a_H \cdot H_v + H_h) + 0.5(L_r \text{ or } S \text{ or } R)$

② $U = 1.2D + 1.0(L_r \text{ or } S \text{ or } R) + (1.0L \text{ or } 0.65W)$

③ $U = 1.2D + 1.0W + 1.0L + 0.5(L_r \text{ or } S \text{ or } R)$

④ $U = 0.9(D + H_v) + 1.0E + (1.0H_h \text{ or } 0.5H_h)$

TIP ① $U = 1.2(D + F + T) + 1.6(L + a_H \cdot H_v + H_h) + 0.5(L_r \text{ or } S \text{ or } R)$
② $U = 1.2D + 1.6(L_r \text{ or } S \text{ or } R) + (1.0L \text{ or } 0.65W)$
③ $U = 1.2D + 1.3W + 1.0L + 0.5(L_r \text{ or } S \text{ or } R)$

Answer 10.① 11.④

12 다음은 철골구조의 강도감소계수표이다. 빈 칸에 들어갈 수치를 순서대로 바르게 나열한 것은?

부재력	파괴형태	저항계수
인장력	총단면항복	㈎
	순단면파괴	0.75
압축력	국부좌굴 발생이 안될 경우	㈏
휨모멘트	국부좌굴 발생이 안될 경우	0.9
전단력	총단면 항복	0.9
	전단파괴	㈐
국부하중	플랜지 휨 항복	0.9
	웨브국부항복	㈑
	웨브크리플링	0.75
	웨브압축좌굴	0.9
고장력볼트	인장파괴	0.75
	전단파괴	0.6

	㈎	㈏	㈐	㈑
①	0.85	0.75	1.0	0.8
②	0.75	1.0	0.6	0.9
③	0.6	0.9	0.75	0.85
④	0.9	0.9	0.75	1.0

TIP

부재력	파괴형태	저항계수
인장력	총단면항복	0.9
	순단면파괴	0.75
압축력	국부좌굴 발생 안될 경우	0.9
휨모멘트	국부좌굴 발생 안될 경우	0.9
전단력	총단면 항복	0.9
	전단파괴	0.75
국부하중	플랜지 휨 항복	0.9
	웨브국부항복	1.0
	웨브크리플링	0.75
	웨브압축좌굴	0.9
고장력볼트	인장파괴	0.75
	전단파괴	0.6

Answer 12.④

13 철골구조가 충격을 발생시키는 활하중을 지지하는 경우 이 구조물은 그 효과를 고려하여 공칭활하중을 증가시켜야 하는데 각 경우별 증가율을 바르게 나열한 것은?

충격을 발생시키는 활하중을 지지하는 구조물	최소 공칭활하중 증가율(%)
승강기의 지지부	(가)
운전실 조작 주행크레인 지지보와 그 연결부	(나)
펜던트 조작 주행크레인 지지보와 그 연결부	(다)
축구동 또는 모터구동의 경미한 기계 지지부	(라)
피스톤운동기기 또는 동력구동장치의 지지부	(마)
바닥과 발코니를 지지하는 행거	(바)

	(가)	(나)	(다)	(라)	(마)	(바)
①	50	100	25	10	50	66
②	100	25	10	20	50	33
③	25	50	100	66	10	20
④	20	25	50	100	33	10

TIP
- 승강기의 지지부 100%
- 운전실 조작 주행크레인 지지보와 그 연결부 25%
- 펜던트 조작 주행크레인 지지보와 그 연결부 10%
- 축구동 또는 모터구동의 경미한 기계 지지부 20%
- 피스톤운동기기 또는 동력구동장치의 지지부 50%
- 바닥과 발코니를 지지하는 행거 33%

Answer 13.②

14 다음 그림과 같은 구멍 2열에 대하여 파단선 A-B-C를 지나는 순단면적과 동일한 순단면적을 갖는 파단선 D-E-F-G의 피치(s)는? (단, 구멍은 여유폭을 포함하여 23mm임)

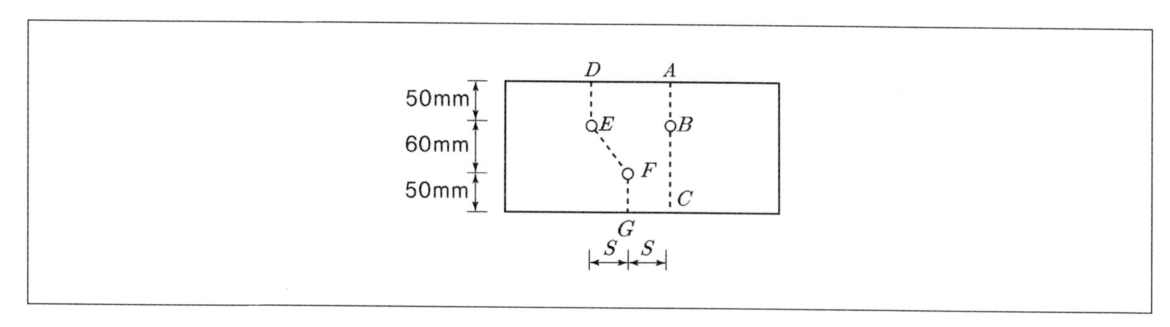

① 3.72cm
② 7.43cm
③ 11.16cm
④ 14.88cm

TIP 철판의 두께가 주어지지 않았으므로 모든 문제가 정답이 될 수 있다. 풀이상 10mm로 가정하면 풀이과정은 다음과 같다.
파단선 A-B-C의 순단면적: $A_n = A_g - nd_o t = 160 - 1 \times 23 \times 1 = 137mm^2$
파단선 D-E-F-G의 순단면적:

$$A_n = A_g - nd_o t + \sum \frac{s^2 \times t}{4g} = 160 - 2 \times 23 \times 1 + \frac{s^2}{4 \times 60} = 114 + \frac{s^2}{240}$$

위의 두 값이 서로 같아야 하므로 $114 + \frac{s^2}{240} = 137$에서 s값을 구하면 s=74.3mm가 된다.

15 강구조의 국부좌굴에 대한 판폭두께비 제한값을 산정하는 경우, 비구속판요소의 폭으로 옳은 것은?

① T형강 플랜지에 대한 폭 b는 전체공칭플랜지폭의 1/4값으로 한다.
② Z형강 다리에 대한 폭 b는 전체공칭치수로 한다.
③ 플레이트의 폭 b는 자유단으로부터 파스너의 두 번째 줄 혹은 용접선까지의 길이이다.
④ T형강의 스템 d는 전체공칭춤의 1/2값으로 한다.

TIP ① T형강 플랜지에 대한 폭 b는 전체공칭플랜지폭의 절반으로 한다.
② Z형강 다리에 대한 폭 b는 전체공칭치수로 한다.
③ 플레이트의 폭 b는 자유단으로부터 파스너의 첫 번째 줄 혹은 용접선까지의 길이이다.
④ T형강의 스템 d는 전체공칭춤으로 한다.

Answer 14.② 15.②

16 **강구조에서 판재, 형강 등으로 조립인장재를 구성할 때 가장 옳지 않은 것은?**

① 띠판의 재축방향 길이는 조립부재 개재를 연결시키는 용접이나 파스너 사이 거리의 1/3 이상이 되어야 하고, 띠판두께는 이 열 사이 거리의 1/75 이상 되어야 한다.

② 띠판에서의 단속용접 또는 파스너의 재축방향 간격은 250mm 이하로 한다.

③ 끼움판을 사용한 2개 이상의 형강으로 구성된 조립인장재는 개재의 세장비가 가급적 300을 넘지 않도록 한다.

④ 판재와 형강 또는 2개의 판재로 구성되어 연속적으로 접촉되어 있는 조립인장재의 재축방향 긴결간격은 판두께의 24배 또는 300mm 이상으로 한다.

TIP ① 띠판의 재축방향 길이는 조립부재 개재를 연결시키는 용접이나 파스너 사이 거리의 2/3 이상이 되어야 하고, 띠판두께는 이 열 사이 거리의 1/50 이상 되어야 한다.
② 띠판에서의 단속용접 또는 파스너의 재축방향 간격은 150mm 이하로 한다.
④ 판재와 형강 또는 2개의 판재로 구성되어 연속적으로 접촉되어 있는 조립인장재의 재축방향 긴결간격은 판두께의 24배 또는 300mm 이하로 한다.

17 **강재 기둥의 좌굴에 대한 설명으로 옳지 않은 것은?**

① 콤팩트 단면은 비콤팩트 단면에 비해 좌굴에 유리하다.

② 잔류응력이 클수록 좌굴에 유리하다.

③ 기둥의 길이가 길수록 좌굴에 불리하다.

④ 기둥의 길이 및 단면이 동일하다면 양단구속 기둥이 양단힌지 기둥보다 좌굴에 유리하다.

TIP 잔류응력이 클수록 좌굴에 불리하다.

Answer 16.③ 17.②

18 강구조의 조립압축재의 구조제한 사항에 대한 설명으로 가장 옳지 않은 것은?

① 조립부재개재를 연결시키는 재축방향의 용접 또는 파스너열 사이 거리가 380mm를 초과하면 래티스는 복래티스로 하거나 ㄱ형강으로 하는 것이 바람직하다.

② 2개 이상의 압연형강으로 구성된 조립압축재는 접합재 사이의 개재세장비가 조립압축재 전체 세장비의 3/4배를 초과하지 않도록 한다.

③ 유공커버플레이트 형식 조립압축재의 응력 방향 개구부 길이는 개구부 폭의 3배 이하로 한다.

④ 유공커버플레이트 형식 조립압축재 개구부의 모서리는 곡률반경이 38mm 이상 되도록 하여야 한다.

TIP 유공커버플레이트 형식 조립압축재의 응력 방향 개구부 길이는 개구부 폭의 2배 이하로 한다.

19 강구조 국부좌굴 거동을 결정하는 강재단면의 요소에 대한 설명으로 옳은 것은?

① 콤팩트(조밀)단면은 완전소성 응력분포가 발생할 수 있고, 국부좌굴 발생 전에 약 5의 곡률연성비를 발휘할 수 있다.

② 세장판단면은 소성범위에 도달하기 전 탄성범위에서 국부좌굴이 발생한다.

③ 콤팩트(조밀)단면에서의 모든 압축요소는 콤팩트(조밀)요소의 판폭두께비 제한값 이상의 판폭두께비를 가져야 한다.

④ 비콤팩트(비조밀)단면은 국부좌굴이 발생하기 전에 압축요소에 항복응력이 발생하지 않는다.

TIP ① 콤팩트(조밀)단면은 완전소성 응력분포가 발생할 수 있고, 국부좌굴 발생 전에 약 3의 곡률연성비를 발휘할 수 있다.
③ 콤팩트(조밀)단면에서의 모든 압축요소는 콤팩트(조밀)요소의 판폭두께비 제한값 이하의 판폭두께비를 가져야 한다.
④ 비콤팩트(비조밀)단면은 국부좌굴이 발생하기 전에 압축요소에 항복응력이 발생할 수 있다.

Answer 18.③ 19.②

20 합성구조 휨재의 설계에 대한 설명으로 옳은 것은?

① 데크플레이트 상단 위의 콘크리트두께는 40mm 이상이어야 한다.

② 콘크리트슬래브와 강재보를 연결하는 스터드는 직경이 25mm 이하이어야 한다.

③ 데크플레이트의 공칭골깊이는 75mm 이하이어야 한다.

④ 동바리를 사용하지 않는 경우, 콘크리트의 강도가 설계기준 강도의 80%에 도달하기 전에 작용하는 모든 시공하중은 강재 단면 만에 의해 지지될 수 있어야 한다.

TIP ① 데크플레이트 상단 위의 콘크리트두께는 50mm 이상이어야 한다.
② 콘크리트슬래브와 강재보를 연결하는 스터드는 직경이 22mm 이하이어야 한다.
④ 동바리를 사용하지 않는 경우, 콘크리트의 강도가 설계기준 강도의 75%에 도달하기 전에 작용하는 모든 시공하중은 강재 단면 만에 의해 지지될 수 있어야 한다.

21 철골보의 처짐한계에 대한 설명으로 옳은 것은?

① 자동 크레인보의 처짐한계는 스팬의 1/500 ~ 1/1,000이다.

② 수동 크레인보의 처짐한계는 스팬의 1/250이다.

③ 단순보의 처짐한계는 스팬의 1/120이다.

④ 캔틸레버보의 처짐한계는 스팬의 1/250이다.

TIP ① 자동 크레인보의 처짐한계는 스팬의 1/800 ~ 1/1,200이다.
② 수동 크레인보의 처짐한계는 스팬의 1/500이다.
③ 단순보의 처짐한계는 스팬의 1/300이다.
④ 캔틸레버보의 처짐한계는 스팬의 1/250이다.

Answer 20.③ 21.④

22 합성보에 쓰이는 스터드커넥터(stud connector)에 대한 구조제한으로 옳은 것은?

① 스터드커넥터의 콘크리트 피복두께는 어느 방향으로나 35mm 이상으로 한다.
② 스터드커넥터의 피치는 슬래브 전체두께의 12배 이하로 한다.
③ 스터드커넥터의 지름은 플랜지 두께의 2.5배 이하로 한다.
④ 스터드커넥터의 횡방향게이지는 스터드 지름의 2배 이상이 되어야 한다.

TIP ① 스터드커넥터의 콘크리트 피복두께는 어느 방향으로나 25mm 이상으로 한다.
② 스터드커넥터의 피치는 슬래브 전체두께의 8배 이하로 한다.
④ 스터드커넥터의 횡방향게이지는 스터드 지름의 4배 이상이 되어야 한다.

23 합성보에 대한 설명으로 옳은 것은?

① 전단연결재(shear connector)는 콘크리트 바닥슬래브와 철골보를 일체화시켜 단부에 발생하는 수평전단력에 저항한다.
② 불완전 합성보는 합성단면이 충분한 내력을 발휘하기 전에 시어커텍너가 콘크리트보다 먼저 파괴된다.
③ 합성보의 설계전단강도는 강재보의 웨브와 플랜지에 의존하고 콘크리트 슬래브의 역할을 고려한다.
④ 스터드커넥터(stud connector)의 중심간 간격은 슬래브 총 두께의 4배 또는 450mm를 초과할 수 없다.

TIP ① 전단연결재(shear connector)는 콘크리트 바닥슬래브와 철골보를 일체화시켜 접합부에 발생하는 수평전단력에 저항한다.
② 불완전 합성보는 합성단면이 충분한 내력을 발휘하기 전에 시어커텍너가 콘크리트보다 먼저 파괴된다.
③ 합성보의 설계전단강도는 강재보의 웨브에만 의존하고 콘크리트 슬래브의 역할은 무시한다.
④ 스터드커넥터(stud connector)의 중심간 간격은 슬래브 총 두께의 8배 또는 900mm를 초과할 수 없다.

Answer 22.③ 23.②

24 다음 그림과 같이 스팬이 7.2m이며 간격이 3m인 합성보 A의 슬래브 유효폭 b_e는?

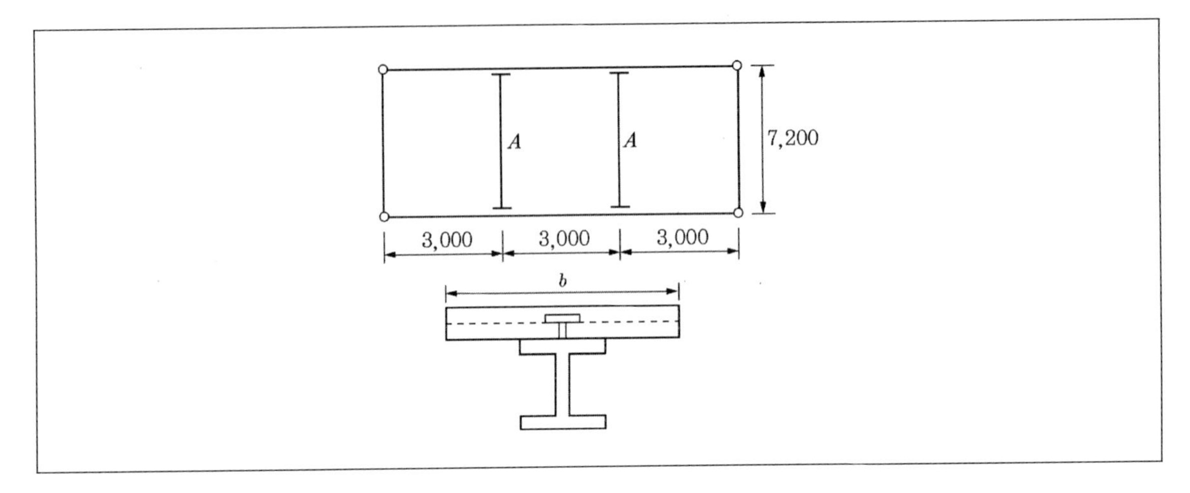

① 1,400mm
② 1,600mm
③ 1,800mm
④ 2,000mm

TIP 양쪽 슬래브의 중심거리 $\left(\frac{3,000}{2}+\frac{3,000}{2}\right)=3,000mm$

$\frac{보의스팬}{4}=\frac{7,200}{4}=1,800mm$

이 중 작은 값을 적용한다.

25 매입형 합성기둥에 대한 설명으로 옳은 것은?

① 강재 코아의 단면적은 총단면적의 1% 이상으로 한다.
② 철근의 피복두께는 40mm 이상으로 한다.
③ 강재와 철근과의 간격은 50mm 이상으로 한다.
④ 횡방향철근의 단면적은 띠철근 간격 1mm 당 0.20mm^2 이상으로 한다.

TIP ② 철근의 피복두께는 30mm 이상으로 한다.
③ 강재와 철근과의 간격은 30mm 이상으로 한다.
④ 횡방향철근의 단면적은 띠철근 간격 1mm 당 0.23mm^2 이상으로 한다.

Answer 24.③ 25.①

26 강구조의 접합에 대한 설명으로 옳은 것은?

① 모멘트접합의 경우 단부가 구속된 작은 보, 큰보 및 트러스의 접합은 접합강성에 의하여 유발되는 모멘트와 전단의 조합력에 따라 설계하여야 한다.

② 단순보의 접합부는 충분한 단부의 회전 능력이 있어야 하며, 이를 위해서는 소정의 비탄성변형이 없어야 한다.

③ 접합부의 설계강도는 45kN 이상이어야 한다.

④ 기둥이음부의 고장력볼트 및 용접이음은 이음부의 응력을 전달함과 동시에 이들 인장내력은 피접합재 압축강도의 1/3 이상이 되도록 한다.

TIP ② 단순보의 접합부는 충분한 단부의 회전 능력이 있어야 하며, 이를 위해서는 소정의 비탄성변형은 허용할 수 있다.
③ 접합부의 설계강도는 49kN 이상이어야 한다.
④ 기둥이음부의 고장력볼트 및 용접이음은 이음부의 응력을 전달함과 동시에 이들 인장내력은 피접합재 압축강도의 1/2 이상이 되도록 한다.

27 고장력볼트 및 볼트구멍에 대한 설명으로 옳은 것은?

① 고장력볼트의 직경은 D16, D20, D22, D24 등으로 표기한다.

② 고장력볼트 시공 시 도입하는 표준볼트장력은 설계볼트장력에 최소 5%를 할증하여 시공한다.

③ 고장력볼트는 강재의 기계적 성질에 따라 M8T, M10T, M13T 등으로 구분된다.

④ 고장력볼트의 조임은 임팩트 렌치 또는 토크 렌치를 사용하는 것을 원칙으로 한다.

TIP ① 고장력볼트의 직경은 M16, M20, M22, M24 등으로 표기한다.
② 고장력볼트 시공 시 도입하는 표준볼트장력은 설계볼트장력에 최소 10%를 할증하여 시공한다.
③ 고장력볼트는 강재의 기계적 성질에 따라 F8T, F10T, F13T 등으로 구분된다.
④ 고장력볼트의 조임은 임팩트 렌치 또는 토크 렌치를 사용하는 것을 원칙으로 한다.

Answer 26.① 27.④

28 철골중간모멘트골조의 내진설계에서 접합부에 대한 설명으로 옳은 것은?

① 보-기둥 접합부는 최소 0.002rad의 층간변위각을 발휘할 수 있어야 한다.
② 보-기둥 접합부의 기둥 외주면 접합부 휨강도는 0.005rad의 층간변위각에서 적어도 보의 공칭소성모멘트 값의 40% 이상 되어야 한다.
③ 연속판의 두께는 편측접합부(일방향 접합부)에서는 접합된 보플랜지 두께의 1/3 이상, 양측접합부에서는 접합된 보플랜지의 두께 중 큰 것 이상으로 해야 한다.
④ 기둥의 이음에 그루브용접을 사용하는 경우 완전용입용접으로 해야 한다.

TIP ① 보-기둥 접합부는 최소 0.02rad의 층간변위각을 발휘할 수 있어야 한다.
② 보-기둥 접합부의 기둥 외주면 접합부 휨강도는 0.02rad의 층간변위각에서 적어도 보의 공칭소성모멘트 값의 80% 이상 되어야 한다.
③ 연속판의 두께는 편측접합부(일방향 접합부)에서는 접합된 보플랜지 두께의 1/2 이상, 양측접합부에서는 접합된 보플랜지의 두께 중 큰 것 이상으로 해야 한다.
④ 기둥의 이음에 그루브용접을 사용하는 경우 완전용입용접으로 해야 한다.

29 철골공사에서 겹침이음, T자이음 등에 사용되는 용접으로 목두께의 방향이 모재의 면과 45° 또는 거의 45°의 각을 이루는 것은?

① 완전용입 맞댐용접
② 부분용입 맞댐용접
③ 모살용접
④ 다층용접

TIP 용접방법의 종류
- 모살용접 : 철골공사에서 겹침이음, T자이음 등에 사용되는 용접으로 목두께의 방향이 모재의 면과 45도 또는 거의 45도의 각을 이루도록 하는 용접
- 완전용입 맞댐용접 : 맞대는 부재 두께 전체에 걸쳐 완전하게 용접
- 부분용입 맞댐용접 : 맞대는 부재 두께 일부를 용접하는 것으로 전단력이나 인장력, 휨모멘트를 받는 곳에는 사용할 수 없다.
- 다층용접 : 비드를 여러 층으로 겹쳐 쌓는 용접
- 홈용접 : 그루브(Groove, 효율적으로 용접하기 위하여 용접하는 모재 사이에 만들어진 가공부) 용접이라고도 한다. 용접할 두 판재가 맞닿는 면에 홈을 낸 후 용접하는 방법이다. 맞댐용접의 일종이다.
- 플러그용접 : 겹쳐 맞춘 2개의 모재 중 한 모재에 원형으로 구멍을 뚫은 후 이 원형 구멍속에 용착금속을 채워 용접하는 방법
- 슬롯용접 : 겹쳐 맞춘 2개의 모재 한쪽에 뚫은 가늘고 긴 홈의 부분에 용착금속을 채워 용접하는 방법

Answer 28.④ 29.③

30 용접작업 시 용융금속이 응고할 때 방출되어야 할 가스가 남아서 생긴 빈자리를 무엇이라고 하는가?

① 언더컷(Under Cut)

② 블로 홀(Blow Hole)

③ 오버랩(Over Lap)

④ 슬래그 함입(Slag Inclusion)

TIP 블로 홀(blow hole) : 용접작업 시 용융금속이 응고할 때 방출되어야 할 가스가 남아서 생긴 빈자리

※ 용접결함의 종류

- 피시아이 : 용접작업 시 용착금속 단면에 생기는 작은 은색의 점
- 언더컷 : 모재가 녹아 용착금속이 채워지지 않고 홈으로 남는 부분
- 슬래그섞임(감싸들기) : 슬래그의 일부분이 용착금속 내에 혼입된 것
- 블로홀 : 용융금속이 응고할 때 방출되어야 할 가스가 남아서 생긴 빈자리
- 오버랩 : 용착금속과 모재가 융합되지 않고 단순히 겹쳐지는 것
- 피트 : 작은 구멍이 용접부 표면에 생긴 것
- 크레이터 : 용즙 끝단에 항아리 모양으로 오목하게 파인 것
- 크랙 : 용접 후 급냉되는 경우 생기는 균열
- 오버헝 : 상향 용접시 용착금속이 아래로 흘러내리는 현상
- 용입불량 : 용입깊이가 불량하거나 모재와의 융합이 불량한 것

31 강구조 용접에 대한 설명으로 옳지 않은 것은?

① 그루브용접의 유효면적은 용접의 유효길이에 다리길이를 곱한 값으로 한다.

② 필릿용접의 유효면적은 용접의 유효길이에 유효목두께를 곱한 값으로 한다.

③ 그루브용접의 유효길이는 그루브용접 총길이에서 2배의 다리길이를 공제한 값으로 한다.

④ 이음면이 직각인 필릿용접의 유효목두께는 필릿사이즈의 0.7배로 한다.

TIP 그루브용접의 유효면적은 용접의 유효길이에 유효목두께를 곱한 값으로 한다.

Answer 30.② 31.①

32 **다음은 아이바의 구조제한사항들이다. 이 중 바르지 않은 것은?**

① 아이바 몸체의 폭은 두께의 8배를 초과하지 않도록 한다.

② 핀직경은 아이바 몸체 폭의 5/8배보다 커야 하고, 핀구멍의 직경은 핀직경보다 2mm를 초과할 수 없다.

③ 아이바의 원형 머리 부분과 몸체 사이 부분의 반지름은 아이바머리의 직경보다 커야 한다.

④ 핀구멍의 연단으로부터 힘의 방향에 수직으로 측정한 플레이트의 연단까지의 폭은 아이바 몸체 폭의 2/3보다 커야 하고, 3/4보다 커서는 안 된다.

TIP 핀직경은 아이바 몸체 폭의 7/8배보다 커야 하고, 핀구멍의 직경은 핀직경보다 1mm를 초과할 수 없다

33 **다음 중 존재응력설계법과 전강도설계법에 대한 설명으로 바르지 않은 것은?**

① 존재응력설계법은 접합부에 작용하는 내력을 설계기준강도로 하는 설계법이다.

② 존재응력설계법은 계산상으로는 안전한 설계법이나 존재응력이 작은 곳에서 접합부가 설계되는 경우가 있기 때문에 존재응력을 설계강도로 사용하면 접합부가 부재의 약점이 되기 쉽다.

③ 전강도설계법은 접합재료의 사용량이 적어 표준화가 용이하다.

④ 전강도설계법은 강도적인 면이나 강성적인 면에서 확실한 접합부를 얻을 수 있다.

TIP 전강도설계법은 접합재료의 사용량이 존재응력설계법에 비해 훨씬 많고 고가의 비용 요구된다.

34 **철골공사에 관한 설명으로 바르지 않은 것은?**

① 볼트접합부는 부식되기 쉬우므로 방청도장을 해야 한다.

② 볼트조임에는 임팩트렌치, 토크랜치 등을 사용한다.

③ 철골조는 화재에 의한 강성의 저하가 심하므로 내화피복을 하여야 한다.

④ 용접부 비파괴 검사에는 침투탐상법, 초음파탐상법 등이 있다.

TIP 볼트접합부는 방청도장(녹막이칠)을 할 경우 접합력이 저하되므로 방청도장을 피해야 한다.

Answer 32.② 33.③ 34.①

35 철골용접에는 다양한 용접시공법이 적용된다. 그 중 다음 보기에 제시된 용접시공법들을 순서대로 바르게 나열한 것은?

> ㉠ 용접부위에 미세한 입상의 플럭스를 도포한 뒤 용접선과 나란히 설치된 레일 위를 주행대차가 지나가면서 와이어를 용접부로 공급시키면 플럭스 내부에서 아크가 발생하면서 용접하는 자동용접법이다.
> ㉡ 용가재인 전극과 와이어를 연속적으로 보내어 아크를 발생시키는 방법으로 용극식 또는 소모식 불활성가스 아크용접법이라고 불리며 불활성가스로는 주로 아르곤 가스를 사용한다.

	㉠	㉡
①	서브머지드 아크용접	MIG 용접
②	TIG 용접	서브머지드 아크용접
③	스폿 용접	일렉트로슬래그 용접
④	플래시버트 용접	테르밋 용접

TIP ㉠ 서브머지드 아크용접 : 용접부위에 미세한 입상의 플럭스를 도포한 뒤 용접선과 나란히 설치된 레일 위를 주행대차가 지나가면서 와이어를 용접부로 공급시키면 플럭스 내부에서 아크가 발생하면서 용접하는 자동용접법이다.
㉡ MIG용접 : 용가재인 전극과 와이어를 연속적으로 보내어 아크를 발생시키는 방법으로 용극식 또는 소모식 불활성가스 아크용접법이라고 불리며 불활성가스로는 주로 아르곤 가스를 사용한다.

36 다음 중 PEB(Pre Engineered Building)에 관한 설명으로 바르지 않은 것은?

① 장스팬 구성이 가능하여 대공간을 손쉽게 만들 수 있으며 내부에 기둥부재의 수가 최소화가 되어 공간효율성이 높아진다.
② 공장제작 및 현장조립으로 설치가 되어 공기가 매우 짧다.
③ 부재높이에 비해 두께가 크므로 국부좌굴 발생의 우려가 적다.
④ 부재형상의 최적화로 재료가 절감되고 자중이 감소하므로 공사비가 절감된다.

TIP PEB(Pre Engineered Building)구조는 부재높이에 비해 두께가 얇아 국부좌굴이 발생하기 쉬우며 장스팬이므로 변형이 쉽게 발생하며 스팬의 중앙부가 수직하중에 대해 매우 취약하다.

Answer 35.① 36.③

PART 06

막구조

01 막구조

1 막구조와 케이블구조

(1) 막구조의 해석

① 막구조의 해석은 형상해석, 응력-변형도 해석, 재단도 해석 순서로 이루어진다. 만약 필요하다면 시공해석도 수행하여야 한다.

② 막구조의 구조해석에는 유한요소법, 동적이완법, 그리고 내력밀도법 등이 있다. 막구조의 해석에서 기하학적 비선형을 고려하여야 한다. 재료 비선형은 무시될 수 있지만 일반적으로 재료이방성은 고려하여 해석을 수행한다.

TIP

막구조해석법 - 유한요소법/내력밀도법/동적이완법

유한요소법	• Haber가 제안한 방법으로서 에너지법을 이용하여 구조물의 정적 평형방정식을 유도하고 적절한 형상함수를 이용하여 구조물을 해석하는 방법이다. • 편미분방정식에 대한 근사해법으로 해석해야 하는 범위를 비교적 단순한 모양을 한 요소(유한요소)의 집합으로 모델화하고 각 요소 내에서 미지함수의 분포를 간단한 함수를 이용해 가정하여 대수방정식을 유도한다.
내력밀도법	• Schek가 제안한 방법으로서 구조물의 각 절점에서의 내력과 외력에 의한 평형방정식만을 사용하여 해석하는 방법이다. • 평형방정식은 외력이 작용한 후의 미지절점과 길이에 관한 방정식이므로 기하비선형방정식이 되고, 평형방정식만을 사용하므로 구조물의 재료성질을 고려하지 않고 형상해석이 가능하다. • 이러한 기하비선형방정식에 내력을 길이로 나누는 내력밀도의 개념을 도입하여 선형방정식으로 변환시킨다.
동적이완법	• Day가 제안한 방법으로서 유한요소법과 유사하나 구조물의 동적감쇠와 점성감쇠를 고려하여 동적평형방정식을 해석하는 방법이다. • 형상해석을 수행할 경우 유한요소법과 동일하게 탄성계수로 0값을 사용하여 해석한다. • 동적감쇠와 정적감쇠를 고려한 기하형상에 의존하는 동적평형방정식이다.

③ 막구조에 있어서 케이블재와 막재의 초기장력 값은 막구조 형식, 하중, 변형, 시공 및 기타 요인들을 고려하여 결정한다. 막재에 도입하는 초기장력은 다음 표의 값을 표준으로 한다.

막재의 종류	초기장력
A, B 종	2kN/m 이상
C 종	1kN/m 이상

④ 응력-변형도 해석 … 막구조의 응력-변형도 해석은 형상해석에서 결정된 초기장력과 기하학적 형상을 바탕으로 하며, 주어진 하중조합에 따라서 발생되는 막구조의 응력과 변형을 고려한다. 응력-변형도 해석에 따른 결과가 형상 및 재료의 역학적 요구를 만족하지 않는 경우에는 형상해석을 다시 수행하여야한다.

⑤ 재단도 해석 … 재단도 해석법에는 지오데식 라인법, 플랫트닝법 등이 있으며 커팅 라인을 결정하는 데 사용된다. 재단선의 외관, 막재의 폭을 고려한 효율적인 사용, 막의 직교이방성 등에 유의하여 재단선을 정한다. 재단도 해석에서 초기장력과 막의 크리프 특성을 주의하여야한다. 각각의 막 스트립의 수축 값에 따라 재단의 크기가 수정될 수 있기 때문에 막 특성에 근거하여 면밀히 확인하여야 한다.

⑥ 공기막구조 해석 … 공기막구조에 대해서 최대 내부압, 최소 내부압, 상시 내부압이 합리적으로 보장하여야 한다. 최대 내부압은 심각한 구조변경에서도 최악의 상태가 발생하지 않도록 설정하여야한다. 최소 내부압은 정상적인 기후와 서비스 상태에서 구조 안전성을 확보하기 위한 것으로 일반적으로 $200N/m^2$ 이상 이어야 한다.

(2) 케이블구조의 구조해석

① 케이블 부재는 원칙적으로 인장력에만 저항하는 선형 탄성부재로 가정한다.

② 구조해석은 경계조건을 포함한 구조모델을 적절히 설정한 후에 수행한다.

③ 케이블구조의 형상은 케이블의 장력분포와 깊은 관계가 있으므로 초기형상해석을 수행한다.

④ 반투명한 막재의 특성을 조명디자인에서 고려한다. 조명설비는 막 표면으로부터 최소 1.0m 떨어져 있어야 한다.

⑤ 배수경사와 위치는 사용상 특성과 일반적인 평면의 요구에 따라 확인하여야 한다. 또한 다설지역에서는 낙설 방지대책이 필요하다.

⑥ 막재와 실내외 구조물과의 간격은 가장 불리한 조건을 고려하여 막 표면의 변형길이 보다 두 배 이상 길어야 하고 최소 1.0m로 하여야 한다.

인장강도	300N/cm 이상
파단 신장률	35% 이하
인열강도	100N 이상 인장강도 × 1cm의 15% 이상
인장크리프 신장률	15%(합성섬유실에 따른 직포의 막재는 25% 이하)
변질 및 마모손상	변질 · 마모손상에 강한 막재, 또는 변질 혹은 마모손상 방지를 위한 조치를 한 막재

❷ 막재와 케이블재료

(1) 주요부분 막재의 구조기준

구조내력상 주요한 부분에 사용하는 막재는 다음 각 호에 해당하는 기준에 적합해야한다.

구성재	막재 A, B종(유리섬유실의 직포)	막재 C종(합성섬유실의 직포)
막재 중량	550 gf/㎡ 이상	500 gf/㎡ 이상
직포 중량	150 gf/㎡ 이상	100 gf/㎡ 이상
코팅재 중량	겉과 안쪽 양면에서 400 gf/㎡ 이상	겉과 안쪽 양면에서 400 gf/㎡ 이상

① 막재는 위의 표와 같이 직포에 사용하는 섬유실의 종류와 코팅재(직포의 마찰방지 등을 위하여 직포에 도포)에 따라 분류된다.

② 두께는 0.5mm 이상이어야 한다.

③ 1㎡ 당 중량은 다음과 같다.

④ 섬유밀도는 일정하여야한다.

⑤ 인장강도는 폭 1cm당 300N 이상이어야 한다.

⑥ 파단신율은 35% 이하이어야 한다.

⑦ 인열강도는 100N 이상 또한 인장강도에 1cm를 곱해서 얻은 수치의 15% 이상이어야 한다.

⑧ 인장크리프에 따른 신장율은 15%(합성섬유 직포로 구성된 막재료에 있어서는 25%) 이하이어야 한다.

⑨ 구조내력상 주요한 부분에서 특히 변질 또는 마찰손실의 위험이 있는 곳에 대해서는 변질 또는 마찰손상에 강한 막재를 사용하거나 변질 또는 마찰손상 방지를 위한 조치를 취한다.

⑩ 막재에 대하여 빛의 반사율과 투과율을 고려한다.

⑪ 구조물의 상황에 따라서 막재의 다양한 특성을 고려하여 재료를 채택한다.

막재의 종류	직포	코팅재
A종	KS L 2507 (직조용 유리실)을 만족하는 단섬유(섬유직경 3.0㎛에서 4.05㎛의 3 (B)로 한정)를 사용한 유리섬유실	4불화에틸렌수지, 4불화에틸렌-퍼플루오알킬-비닐에테르 공중합수지 또는 4불화에틸렌-6불화프로필렌 공중합수지
B종	KS L 2507 (직조용 유리실)을 만족하는 단섬유를 사용한 유리섬유실	염화비닐수지, 폴리우레탄수지, 불소계수지 (4불화에틸렌수지, 4불화에틸렌-퍼플루오알킬-비닐에테르 공중합수지 또는 4불화에틸렌-6불화프로필렌 공중합수지를 포함), 클로로프렌고무 또는 클로로술폰화 폴리에틸렌고무
C종	폴리아미드계, 폴리아라미드계, 폴리에스테르계 또는 폴리비닐알코올계의 합성섬유실	염화비닐수지, 폴리우레탄수지, 불소계수지, 클로로프렌고무 또는 클로로술폰화 폴리에틸렌고무

(2) 막재의 요구조건

① 직포의 구성 및 섬유밀도 … 일반직물(직포)이란 제조 시의 장력이 걸리지 않은 상태에서 종사와 종사 사이, 횡사와 횡사 사이의 망목 간격이 각각 0.5mm 이하인 것을 말한다. 망목 간격이 0.5 mm를 초과하는 것을 망목상직물(직포)로 구별한다. 섬유밀도의 분산에 대한 기준치는 측정된 섬유밀도에 대하여 ±5% 이내여야 한다.

② 막재의 두께 … 막재 두께의 기준치는 두께 측정기를 이용하여 75mm 이상 간격으로 5개소 이상에 대하여 측정한 값의 평균치로 한다.

③ 직물의 휨 측정은 300mm 이상 간격으로 5개소 이상에 대하여 측정한다.

④ 종사방향 및 횡사방향의 인장강도 및 인장신율을 측정하여 품질기준치를 정한다.

⑤ 종사방향 및 횡사방향의 인열강도를 측정하여 품질기준치를 정한다.

⑥ 종사방향 및 횡사방향의 코팅재 밀착강도를 측정하여 품질기준치를 정한다.

⑦ 종사방향 및 횡사방향의 인장크리프에 따른 신장률을 측정하여 품질기준치를 정한다.

⑧ 반복하중을 받는 경우의 인장강도를 측정하여 품질 기준치를 정한다. 다만, 막재의 구성재 및 사용환경 조건에 따라 이 기준치를 요구하지 않는 경우 하지 않아도 된다.

⑨ 막재의 접힘 인장강도는 종사방향 및 횡사방향 각각의 인장강도 평균치가 동일한 로트에 있어 시험 전에 측정된 각 실 방향 인장강도 평균치의 70% 이상이어야 한다.

⑩ 막재는 외부 폭로에 대해 종사방향 및 횡사방향의 인장강도의 평균치가 막재의 종류에 따라 다음의 수치를 만족하여야한다.
㉠ A종 및 B종 : 종사 및 횡사방향의 인장강도가 각각 초기인장강도의 70% 이상
㉡ C종 : 종사 및 횡사방향의 인장강도가 각각 초기인장강도의 80% 이상

⑪ 막재가 습윤상태에 있을 때 종사방향 및 횡사방향의 인장강도 평균치는 각각 초기인장강도의 80% 이상이어야 한다.

⑫ 막재가 고온상태에 있을 때 종사방향 및 횡사방향의 인장강도 평균치는 각각 초기인장강도의 70% 이상이어야 한다.

⑬ 막재는 흡수길이의 최대치가 20mm 이하이어야 한다.

| 기출예제 01 2019 서울시 (7급)

「건축구조기준(KDS 41)」에 따른 막구조 건축물에서 막재에 대한 설명으로 가장 옳지 않은 것은?

① 구조내력상 주요한 부분에 사용하는 막재의 두께는 0.5mm 이상이어야 하며, 파단신율은 35% 이하이어야 한다.

② 막재 두께의 기준치는 두께 측정기를 이용하여 75mm 이상 간격으로 5개소 이상에 대하여 측정한 값의 평균치로 한다.

③ 막재의 접힘 인장강도는 시험 전에 측정된 종사방향 및 횡사방향 최대인장강도의 70% 이상이어야 한다.

④ 막재가 습윤상태에 있을 때 종사방향 및 횡사방향의 인장강도 평균치는 각각 초기인장강도의 80% 이상이어야 한다.

*

막재의 접힘 인장강도는 종사방향 및 횡사방향 각각의 인장강도 평균치가 동일한 로트에 있어 시험 전에 측정된 각 실 방향 인장강도 평균치의 70% 이상이어야 한다.

답 ③

(3) 케이블 재료

① 케이블 재료는 KS D 3509, KS D 3556, KS D 3510, KS D 3559, KS D 3514 및 KS D 7002의 규격에 맞는 선재를 냉간 가공한 소선을 사용함을 원칙으로 하고, 다음 종류를 표준으로 한다.

㉠ 구조용 스트랜드 로프, 구조용 스파이럴 로프, 구조용 록 코일 로프

㉡ 구조용 평행선 스트랜드, 피복 평행선 스트랜드, PC 강연선

② 케이블 재료의 파단하중을 구하는 방법은 KS D 3514의 기준에 따르도록 한다. 단, PC 강선 및 강연선은 KS D 7002에 따른다.

③ 케이블 재료에 대한 프리스트레싱 후의 초기신장의 크기는 다음 표에서 제시된 값을 표준으로 한다.

케이블 재료	초기신장(%)
구조용 스트랜드 로프	0.1~0.2
구조용 스파이럴 로프 구조용 록 코일 로프	0.05~0.1
평행연 스트랜드 피복 평행연 스트랜드 PC 강연선 (7가닥 꼬임, 19가닥 꼬임)	0

④ 케이블 재료의 탄성계수는 시험결과에 따라 구하는 것을 원칙으로 한다. 시험을 하지 않은 경우, 케이블 재료의 프리스트레싱 후의 탄성계수는 아래의 표의 값으로 가정할 수 있다.

케이블 재료	탄성계수(N/mm^2)
구조용 스트랜드 로프	140,000
구조용 스파이럴 로프 구조용 록 코일 로프	160,000
평행연 스트랜드 피복 평행연 스트랜드	200,000
PC 강연선 (7 가닥 꼬임, 19 가닥 꼬임)	190,000

⑤ 케이블 재료의 크리프 변형은 다음의 표에서 제시된 값을 표준으로 한다.

케이블 재료	크리프 변형도(%)	응력 수준
구조용 스트랜드 로프	0.025	장기 허용인장응력 이하 단기 허용인장응력은 장기의 1.33배로 한다.
구조용 스파이럴 로프 구조용 록 코일 로프	0.015	
평행연 스트랜드 피복 평행연 스트랜드 PC 강연선	0.007	

⑥ 케이블 재료의 선팽창 계수는 $1.2 \times 10^{-5}/℃$ 를 기준으로 한다.

3 막구조와 케이블구조의 구조설계

(1) 막구조의 구조설계

① 막재에 대한 설계는 허용응력설계법을 준용하며 그 이외의 부재에 대해서는 허용응력설계법과 동등 이상의 구조설계법을 이용하여 막구조 또는 그 외의 구조를 병용한 건축물의 안전을 확인할 수 있는 구조계산이 이루어져야 한다.

② 막구조에 작용하는 하중 및 외력에 따른 변형은 비교적 크고 또한 바람에 따른 막면의 강제진동이 생길 수 있으므로 아래의 표와 같은 최대변위에 대한 제한규정을 적용한다.

막면의 지점간 거리	하중	최대변위량/지점간 거리	
		주변이 골조 (골조막구조)	주변의 일부가 구조용 케이블 경계 (케이블막구조)
4m 이하	적설 시	1/15 이하	1/10 이하
	폭풍 시 하중의 1/2	1/20 이하	1/10 이하
4m 초과	적설 시	1/15 이하	1/10 이하
	폭풍 시	1/15 이하	1/10 이하

③ 막재의 허용인장응력은 접합 등의 상황에 따라서 다음의 표를 따른다.

접합상황			장기하중에 대한 허용인장응력 (N/cm)	단기하중에 대한 허용인장응력 (N/cm)
(1)	접합부가 없는 경우 또는 접합폭 및 용착폭이 40 mm 이상인 경우	막재가 접히는 부분이 없는 경우	$\frac{F_t}{8}$	$\frac{F_t}{4}$
		개폐식 지붕과 같이 막재가 접혀지는 경우	$\frac{F_t}{8}$	$\frac{F_t}{5}$
(2)	(1)항 이외의 경우		$\frac{F_t}{10}$	$\frac{F_t}{5}$

F_t : 막재 각 방향의 기준강도(N/cm)

다만, 막재 및 막면 정착부 이외의 구조부재는 그 부재와 관련된 관계기준을 따른다.

④ 막면 정착부의 허용인장응력은 다음 표의 허용내력을 막면의 정착부 종류 및 형상에 따라 구한 유효단면적으로 나눈 수치로 하여야 한다.

장기하중에 대한 인장의 허용내력	단기하중에 대한 인장력의 허용내력
$\frac{F_j}{6}$	$\frac{F_j}{3}$

여기서, F_j는 실험에 따른 막면 정착부의 최대인장력(단위 N)

(2) 케이블구조의 구조설계

① 케이블구조에 대한 설계는 허용응력설계법 또는 허용응력법과 동등 이상의 구조설계법을 이용하여, 케이블 또는 그 외의 구조를 병용하는 건축물의 안전을 확인할 수 있는 구조계산이 이루어져야 한다.

② 케이블 재료의 장기허용인장력은 파단하중의 1/3을 기준으로 한다.

③ 케이블 재료의 단기허용인장력은 장기허용인장력에 1.33을 곱한 값으로 한다.

④ 케이블 구조의 설계 형상은 고정하중에 대해 각 케이블이 목표로 하는 장력(초기장력)상태에서 평형이 되도록 설정한다.

⑤ 케이블 구조에서 각 케이블의 초기장력은 구조물에 필요한 강성을 확보하고, 외력변화 등에 따른 케이블의 장력손실에 따른 불안정 현상이 발생하지 않도록 설정한다.

(3) 막재의 접합부 설계

① 구조내력상 주요한 부분의 막재 상호간 접합은 막재 상호 존재응력이 충분히 전달되도록 접합하여야한다. 막재의 종류에 따른 접합방법은 다음의 표를 따른다. 다만, 아래의 표에 제시된 접합방법 이상으로 막재가 서로 존재응력을 전달하는 것이 가능한 경우는 아래 표의 제한을 따르지 않아도 된다.

구분	막재의 종류	접합방법
Ⅰ	A	열판용착접합
Ⅱ	B, C	봉제접합, 열풍용착접합, 고주파용착접합 또는 열판용착접합
Ⅲ	A, B, C 이외의 막재	막재의 품질 및 사용환경, 그 외의 실황에 따른 실험에 따라 Ⅰ 또는 Ⅱ와 동등 이상의 존재응력을 전달할 수 있는 접합

② 종사방향 및 횡사방향의 접합부 인장강도 평균치는 봉재접합부 인장시험에 이용하였던 막재에서 측정된 모재 초기인장강도의 70% 이상, 그 외의 다른 방법으로 접합된 접합부에 대해서는 같은 방식으로 동일 막재에서 측정된 모재 초기인장강도의 80% 이상으로 한다.

③ 종사방향 및 횡사방향 접합부의 내박리강도는 동일 로트 및 동일 접합방법으로 만들어진 시험편으로 접합부 인장시험에 따라 측정된 각 실 방향의 인장강도의 1% 이상이면서, 또한 10N/cm 이상으로 한다.

④ 접합부의 내인장 크리프 특성에 대하여 종사방향 및 횡사방향 신장률의 평균치는 각각 15% 이하로 한다.

⑤ 고온상태에 대한 종사방향 및 횡사방향의 접합부 인장강도 평균치는 초기인장강도의 60% 이상으로 하고, 또한 막재 A종에 대해서는 260℃의 온도에서 200N/cm 이상으로 한다.

⑥ 습윤상태에 대한 종사방향 및 횡사방향의 접합부 인장강도 평균치는 초기인장강도의 80% 이상 이어야 한다.

⑦ 접합부의 폭로실험에 대해서 종사방향 및 횡사방향의 인장강도 평균치는 막재의 종류에 따라 다음의 수치를 만족하여야한다.

㉠ A종 및 B종 : 각 방향의 인장강도가 접합부 초기인장강도의 70% 이상

㉡ C종 : 각 방향의 인장강도가 접합부 초기 인장강도의 80% 이상

02 부유식 구조물

❶ 공통사항

① 부유식 구조물은 부력으로 수면 위에 떠있는 구조물로서 정착식, 계류식, 자항식, 예항식 등 여러 형식이 있다.

② 이 기준은 정온 수역의 위치에 설치되는 부유식 건물을 대상으로 한다.

③ 이 기준은 부유식 건물의 상부 구조와 하부 함체의 해석과 설계 절차에 대한 사항을 기술하며 철근콘크리트와 철골구조, 목구조 등과 같은 설계에 관련된 상세 내용은 건축구조기준의 해당 기준들을 적용한다.

④ 부유식 구조물에 사용되는 재료는 건축구조기준의 콘크리트, 강구조, 목구조 등에서 정의하는 내용을 따르며, 아래의 사항을 추가 적용한다.

재료강도 설정	환경하중 및 목표 내구연수를 고려하여 부유식 구조물에 적절한 콘크리트, 철근 및 강재를 선정하여 사용한다.
콘크리트	콘크리트는 수·해양 환경에 있어 소요강도 및 내구성을 확보해야 하며, 품질의 편차가 적은 것으로 해야 한다.
철근 및 PC강선	철근 및 PC강선은 설치되는 수·해양 환경의 조건에 하에서 충분히 안전하고 내구성을 가질 수 있도록 사용 실적을 고려하여 선정한다. 어느 경우에도 KS 규격에 정해진 것 또는 그것과 동등 이상의 것을 사용해야 한다.
강재	수·해양 건축물에 이용하는 강재는 구조재료 및 구조용 접합재료로 크게 구분할 수 있으며 그 구조물이 설치되는 노출상태 구분에 따라 적절한 방식방법을 고려한 뒤 강도, 인성, 용접성 등에 근거하여 선정한다.

❷ 용어설명

- 건현 : 부유식 구조물의 중앙에서 수면부터 부유식 함체의 상부 슬래브 위까지 수직으로 잰 거리.
- 계류시설 : 부유구조물이 바람, 유속에 따라 흘러가지 않도록 위치를 고정시키는 시설
- 밸러스트 : 함체의 안정을 유지하기 위해 함체의 바닥에 싣는 물이나 모래 따위의 중량물
- 부유식 건축물 : 대지 대신에 물 위에 뜨는 함체 위에 지어진 건축물
- 부유식 함체(floating pontoon) : 자체 부력에 따라 물 위에 뜨는 구조로 된 함체

- **부유식 구조물** : 부유식 함체 위에 설치되는 부유식 건축물을 포함한 구조물의 총칭
- **저면바닥** : 물과 접촉하는 부유식 함체의 바닥면
- **정온 수역** : 내수면 또는 해수면에서 항시 파고가 1m 이하인 곳을 의미한다.
- **정주형** : 거주용도의 건물을 의미하며, 장기 또는 단기 거주로 구분할 수 있다.
- **파랑하중** : 파도에 의해 구조물에 가해지는 하중
- **파압** : 파랑에 따라 함체가 물과 접하는 면에 발생하는 압력
- **측벽** : 함체에서 물과 접촉하는 외측벽
- **항주파** : 선박이 항해하면서 생기는 파도
- **흘수** : 함체가 떠 있을 때 수면에서 물에 잠긴 함체의 가장 밑 부분까지의 수직 거리

❸ 하중과 구조해석

(1) 하중

① **일반사항** : 부유식 구조의 설계하중은 구조물의 특수성, 사용조건, 작용환경 등으로 인한 하중을 적절히 고려하여야 한다.

② **발라스트에 의한 하중** : 부유식 구조에 적용된 항구적인 발라스트의 하중은 고정하중으로 고려한다.

③ **부유식 구조의 활하중** : 부유식 함체의 건현을 산정하기 위한 활하중은 부유식 구조의 사용에 필요한 소요 건현으로 구한다.

④ **정수압과 부력** : 정수압과 부력은 유체압(F)의 하중계수를 적용한다.

⑤ **계류, 견인장치에 의한 하중** : 부유식 구조의 계류 또는 견인으로 인한 하중에는 활하중의 하중계수를 적용한다. 계류력에 대해서는 4.5 계류장치를 참조한다.

⑥ **환경하중** : 파랑, 해류 · 조류 등의 유속, 조석, 지진, 지진해일 · 폭풍해일, 적설, 결빙, 유빙, 빙압, 생물부착 등의 환경하중을 고려하여야 한다.

⑦ **파랑하중** : 설계용 파고 및 주기는 부유식 구조의 설치위치 상황에 따른 파랑변형을 고려하여 설정해야 하며 설계용 파향은 부유식 구조물 또는 그 부재에 가장 불리한 방향을 취하는 것으로 한다.

⑧ **해류 · 조류 등의 유체력** : 부유식 구조의 설계에서는 해류 · 조류 등에 의한 유체력을 고려해야 하며, 작용 유체력은 유향방향의 저항력과 그 직각방향의 양력으로 구분하여 산정한다.

⑨ **지진하중** : 부유식 구조의 설계에서는 계류장치를 매개로 해서 작용하는 진동력, 지진에 의해 발생하는 지진해일을 고려해야 한다.

⑩ **적설하중** : 강설수역에 설치된 부유식 구조의 설계에 있어서 건축구조기준에 규정된 내용을 포함하여 부유식 구조에 중량으로 작용하는 적설, 부유식 구조에 작용하는 풍하중 등을 증대시키는 적설, 적설에 의한 부유식 구조의 복원성능에 대한 영향을 고려해야 한다.

⑪ **빙하중** : 유빙, 결빙 또는 착빙이 발생하는 수역에 설치된 부유식 구조의 설계에서 해빙의 이동에 따라 작용하는 빙하중, 결빙에 따른 빙압력, 착빙에 따른 복원성의 영향, 표류빙의 충돌에 의한 하중을 고려해야 한다.

⑫ **생물부착 등** : 부유식 구조의 설계에서는 생물부착으로 인한 중량 증가와 증대된 외관치수에 작용하는 파력, 해 · 조류에 의한 유체력 증대 및 표면조도의 변화에 따른 저항력 증가와 같은 부착생물에 의한 영향을 고려한다.

⑬ **우발하중** : 부유식 구조의 특수성으로 인한 다음과 같은 우발하중이 작용할 수 있으므로, 구조물의 기능과 설계의도에 적합한 우발하중의 유형과 하중규모를 적절히 산정하여야 한다.

- 접안 과정이나 인접 부유식 구조와의 충돌에 의한 충격하중 - 화재, 폭발, 침수, 선박의 충돌 등에 의한 우발하중 - 수상 또는 수중의 쓰레기 침착에 의한 하중 등

(2) 구조해석

① 부유식 구조의 구조해석은 자연 환경조건, 하중조건 및 구조물의 특성을 종합적으로 고려한 적절한 해석방법에 근거하여야 한다. 해석 방법은 건축구조기준의 해당 설계를 기본으로 하지만 다른 관련 설계 규준, 문헌 등에 준해서 실시하여도 좋다.

② 복잡한 구조물의 경우에는 구조물을 단순화시키거나 축소 모형실험을 통하여 구조물의 거동을 확인하는 것이 바람직하다.

③ 부유식 구조물의 구조해석 시에는 수 · 해양구조물의 특수성을 고려하여야 한다.

④ 정적해석 시 동적하중을 정적하중으로 치환하여, 정적해석에 의해서 구조물의 거동과 단면력을 산정한다.

⑤ 정적해석 시 설계요구에 적합한 계산 정확도를 얻을 수 있는 것이면 어떠한 해석방법이든 적용하여도 좋다. 동적해석에 의한 값보다 안전측의 해석결과 값을 제공하여야 한다.

⑥ 동적해석 시 정적하중으로 거동을 예측하기 어려운 구조물에 대해서는 동적해석에 따라 구조물의 거동과 단면력을 산정한다.

⑦ 동적 해석은 전체적 응답(진동) 해석과 국부 응답(진동) 해석으로 나누어 실시할 수 있다.

④ 설계

일반 사항	• 부유식 구조 위의 생명 및 재산에 대하여 위험이 될 만한 손상(부유식 함체의 침몰, 표류 및 파괴)을 일으키지 말아야 한다. • 부유식 구조를 구성하는 구조물의 일부가 손상됨에 따라 일부가 기능하지 않은 경우에도 부유식 구조 본래의 기능은 상실하지 않아야 한다. • 부유식 구조물과 구조부재의 소요강도는 하중조합 중에서 가장 불리한 경우에 따라 결정하여야 한다. 이때, 환경하중에 대한 하중계수는 환경하중에 대한 구조거동과 풍하중(W) 또는 지진하중(E)에 의한 거동이 반대로 작용하는 경우 0으로 한다. • 부유식 함체는 수밀성과 안정성이 먼저 검토된 후에, 예상되는 하중에 대하여 함체시스템의 내력이 확보되고 각 부재별 내력이 만족하도록 설계한다. • 부유식 함체는 강구조(합성구조), 철근콘크리트구조(프리스트레스트 콘크리트) 및 목구조 등의 적용이 가능하다. (단, 건축구조기준에 구체적으로 규정하지 않은 재료에 대해서는 설계기준강도 및 기계적 성능 등을 필히 명확히 확인하여야 한다.) • 수직하중과 예상되는 파랑하중의 다양한 입사각에 대하여 종방향모멘트와 전단력에 저항하도록 설계하여야 한다. • 수직하중에 따라 발생한 정수압과 파랑하중에 의한 파압에 저항할 수 있도록 부유식 함체의 측벽과 저면바닥을 설계하여야 한다. • 부유식 함체는 파랑하중 등에 의한 피로항복이 발생하지 않도록 설계하어야 한다.
강구조	• 부유식 함체를 강구조(합성구조)로 설계할 경우 건축구조기준 및 아래의 사항들을 충족시켜야 한다. • 부식에 따라 구조부재의 강도가 저하되는 것을 적절한 방법으로 방지하거나 부식을 허용하도록 설계하여야 한다. 부식을 허용하도록 설계하는 경우 강재의 부식에 의한 강도저하의 영향을 적절한 방법으로 고려하여야 한다. • 파랑 등의 반복재하에 의한 피로를 고려하여야 한다. • 두께 계측을 할 수 있도록 모든 구조체에 적절한 접근대책을 제공하도록 설계 및 제작해야 한다. • 주요구조부재는 적절한 강도의 연속성을 보장할 수 있는 방법으로 배치하여야 한다. 갑작스런 부재 높이 또는 횡단면의 변화를 피해야 한다. • 8mm를 초과하는 판 두께의 변화는 피해야 하며, 그러한 경우에는 중간 정도 두께의 판으로 전이구역을 두어야 한다. 맞댐용접의 개선은 이 기준에서 정하는 방법에 따라야 한다. 판두께의 국부적인 증가는 주로 필러를 사용한다. 필러는 모재와 같은 항복강도 및 재질의 판을 사용하여야 한다. • 구조적 불연속이 존재하는 부분에서는 응력집중이 발생할 수 있으며, 그러한 응력집중을 줄이기 위하여 적절한 보강 등의 충분한 주의를 기울여야 한다. • 2차구조부재가 주요구조부재 위치에서 끝나거나 절단되는 경우 구조적 연속성을 확보하기 위하여 브래킷 또는 보강재를 설치하여야 한다. • 높은 응력이 발생한 지역은 개구부 설치도 가능한 피해야 한다. 개구부가 배치된 경우 개구부의 모양은 응력집중을 감소시킬 수 있도록 설계하여야 한다. 개구부는 둥글고 테두리가 매끄럽게 시공하여야 한다. 용접연결부는 응력집중부에서 적절히 벗어나도록 한다. • 강도가 다른 강재를 사용하는 경우 경계부 응력에 주의를 기울여야 하며, 고강도강재의 주요구조부재의 강성과 변형에 의한 보강재의 과도한 응력을 피하기 위한 부재치수를 적절히 고려하여야 한다.

RC구조	• 부유식 함체를 철근콘크리트구조(프리스트레스트 콘크리트)로 설계할 경우 건축구조기준에 추가하여 아래의 규정을 고려하여야 한다. • 균열의 영향, 침투성, 표면손상 등을 고려하여 최소 피복두께 이상이 되도록 한다. • 파랑 등의 반복재하에 의한 피로를 고려하여야 한다. • 철근 부식을 고려하여 에폭시도막철근, 내부식성 철근 등을 사용할 수 있다. • 주요구조부재는 적절한 강도의 연속성을 보장할 수 있는 방법으로 배치하여야 한다. 갑작스런 부재 높이 또는 횡단면의 변화를 피해야 한다. • 구조적 불연속이 존재하는 부분에서는 응력집중이 발생할 수 있으며, 그러한 응력집중을 줄이기 위하여 적절한 보강 등의 충분한 주의를 기울여야 한다. • 철근의 용접이음 및 기계적 연결부는 저온의 영향을 고려하여 실험 등을 통하여 그 성능을 확인하여야 한다. • 철근의 이음이나 프리스트레스 정착구가 정적허용응력의 50% 이상의 반복인장응력을 받을 경우 이음길이나 프리스트레스 정착길이를 50% 이상 증가시켜야 한다.
기타 구조	• 부유식 함체를 목구조로 설계할 경우 건축구조기준을 따라야 한다. • 건축구조기준에서 규정하고 있지 않은 기타구조로 설계할 경우 건축구조기준에 따라 시스템이나 구조부재 및 접합부 등의 적정성 및 안전성을 검증해야 한다.
상부 구조물	• 상부구조물의 설계는 건축구조기준에 따르며 아래의 추가사항을 고려한다. • 부유식 수 · 해양구조물은 저주파 진동에 의한 동요 영향이 최소화 되도록 설계한다. • 부유식 수 · 해양구조물은 상하부 구조(RC, 프리스트레스, 강재)를 포함하여 사용하중에 의한 과도 처짐으로 비구조재 등의 손상을 유발하여 수 · 해양구조물의 사용성이 저해되지 않도록 설계한다.

5 계류장치

• **체인 · 와이어 계류장치** : 체인 또는 와이어를 함체로부터 해저 또는 하저에 고정된 앵커까지 연결하여 함체의 위치를 고정하는 장치를 말한다. 체인 · 와이어 계류설계 시 설치 위치의 바람, 파랑, 조류 등 환경 자료와 수심 측량 및 지반조사 자료, 계류될 함체의 배치도와 상세도, 그리고 함체의 운영 및 유지관리 조건, 주변의 표류물, 선박 운항조건 등을 정밀 검토하여야 한다. 또한 기존의 해저배관이나 장애물, 난파선, 암초 등이 계류장치에 손상을 입힐 수 있으므로 설계 시 주의하여야 한다.

• **돌핀 계류장치** : 수직 강관말뚝이나 중력식 구조물, 자켓 구조물 등을 사용하여 함체에 작용하는 수평외력에 저항함으로써 함체의 위치를 고정하는 장치를 말한다. 돌핀은 계류된 함체에 작용하는 모든 바람, 파랑, 조류 등 환경 외력과 수심, 지반조건, 표류물, 선박 등 주변 조건을 정밀 검토하여 충분히 안전하도록 설계하여야 한다.

• **삼각대 계류장치** : 안벽이나 호안 그리고 함체에 각각 고정점을 설치하고 그 사이에 삼각대를 설치하여 함체를 고정하는 장치를 말한다. 삼각대와 안벽 및 함체 연결부에 대한 설계 시 모든 가능한 함체 동요와 환경 및 인위적 하중조건을 정밀 검토하여 충분히 안전하도록 설계하여야 한다.

• **계류해석** : 계류해석을 통해 계류장치에 걸리는 외력을 산정하고 함체의 동요량을 예측하여야 한다. 계류해석 시 외력의 적용방향은 계류장치에 최대 하중을 발생시킬 수 있는 방향을 모두 고려하여야 한다. 또한 체인·와이어 계류장치의 계류해석 시는 임의의 한 계류삭이 파단 되었을 때 다른 계류삭만으로도 안전한 위치유지가 가능한지에 대한 검토가 이루어져야 한다.

TIP

새빛둥둥섬

한강에 설치된 인공섬으로서 하부 부유체 자체는 배를 그대로 재현하였으며 그 위에 일반 건축물을 올린 구조이다. 무동력이기 때문에 물위에 뜬 상태에서는 이동을 할 수는 없는 부유식 구조물이다.

최근 기출문제 분석

2018 국가직 7급

1 막구조 및 케이블구조의 허용응력설계법에서 장기하중에 대한 하중조합에 포함되지 않는 것은?

① 고정하중
② 활하중
③ 풍하중
④ 초기장력

TIP ㉠ 막구조 및 케이블구조의 구조설계에 적용되는 설계하중 : 고정하중, 활하중, 적설하중, 풍하중, 지진하중, 초기인장력, 내부압력

㉡ 막구조 및 케이블의 허용응력설계법에서의 하중조합

장기하중	$D+L+T_i(P_i)$
단기하중	$D+L+S+T_i(P_i)$
	$D+L+W+T_i(P_i)$

(D는 고정하중, L는 활하중, S는 적설하중, W는 풍하중, T_i는 초기장력, P_i는 내부압력)

Answer 1.③

출제 예상 문제

1 다음 중 막구조의 해석에 관한 사항으로서 바르지 않은 것은?

① 막구조의 해석은 형상해석, 응력-변형도해석, 재단도해석 순서로 이루어지며 만약 필요하다면 시공해석노 수행하여야 한다.
② 막구조의 해석에서 기하학적 비선형을 고려하여야 한다.
③ 막재에 도입하는 초기장력은 A, B종 막재의 경우 1kN/m² 이상으로 한다.
④ 재료 비선형은 무시될 수 있지만 일반적으로 재료이방성은 고려하여 해석을 수행한다.

TIP 막구조에 있어서 케이블재와 막재의 초기장력 값은 막구조 형식, 하중, 변형, 시공 및 기타 요인들을 고려하여 결정한다. 막재에 도입하는 초기장력은 다음 표의 값을 표준으로 한다.

막재의 종류	초기장력
A, B 종	2kN/m 이상
C 종	1kN/m 이상

2 다음 중 막구조해석 및 케이블구조의 해석에 관한 사항으로서 바르지 않은 것은?

① 케이블 부재는 원칙적으로 인장력에만 저항하는 선형 탄성부재로 가정한다.
② 반투명한 막재의 특성을 조명디자인에서 고려한다. 조명설비는 막 표면으로부터 최소 0.5m 떨어져 있어야 한다.
③ 케이블구조의 형상은 케이블의 장력분포와 깊은 관계가 있으므로 초기형상해석을 수행한다.
④ 막재와 실내외 구조물과의 간격은 가장 불리한 조건을 고려하여 막 표면의 변형길이 보다 두 배 이상 길어야 하고 최소 1.0m로 하여야 한다.

TIP 반투명한 막재의 특성을 조명디자인에서 고려한다. 조명설비는 막 표면으로부터 최소 1.0m 떨어져 있어야 한다.

Answer 1.③ 2.②

3 막면 정착부의 허용인장응력은 다음 표의 허용내력을 막면의 정착부 종류 및 형상에 따라 구한 유효단면적으로 나눈 수치로 하여야 한다. 다음 표의 빈칸에 들어갈 식으로 알맞은 것을 순서대로 나열한 것은?

장기하중에 대한 인장의 허용내력	단기하중에 대한 인장력의 허용내력
(가)	(나)

※ 여기서, F_j는 실험에 따른 막면 정착부의 최대인장력(단위 N)

	(가)	(나)
①	$\frac{F_j}{4}$	$\frac{F_j}{6}$
②	$\frac{F_j}{6}$	$\frac{F_j}{3}$
③	$\frac{F_j}{3}$	F_j
④	F_j	$\frac{F_j}{6}$

TIP

장기하중에 대한 인장의 허용내력	단기하중에 대한 인장력의 허용내력
$\frac{F_j}{6}$	$\frac{F_j}{3}$

※ 여기서, F_j는 실험에 따른 막면 정착부의 최대인장력(단위 N)

Answer 3.②

4 다음은 막재의 접합부 설계에 관한 구조기준사항들이다. 빈 칸에 들어갈 말로 알맞은 것을 순서대로 바르게 나열한 것은?

> • 종사방향 및 횡사방향의 접합부 인장강도 평균치는 봉재접합부 인장시험에 이용하였던 막재에서 측정된 모재 초기인장강도의 __(가)__ 이상, 그 외의 다른 방법으로 접합된 접합부에 대해서는 같은 방식으로 동일 막재에서 측정된 모재 초기인장강도의 __(나)__ 이상으로 한다.
> • 종사방향 및 횡사방향 접합부의 내박리강도는 동일 로트 및 동일 접합방법으로 만들어진 시험편으로 접합부 인장시험에 따라 측정된 각 실 방향의 인장강도의 __(다)__ 이상이면서, 또한 __(라)__ 이상으로 한다.
> • 접합부의 내인장 크리프 특성에 대하여 종사방향 및 횡사방향 신장률의 평균치는 각각 __(마)__ 이하로 한다.

	(가)	(나)	(다)	(라)	(마)
①	60%	90%	3%	15N/cm	10%
②	75%	85%	2%	20N/cm	30%
③	70%	80%	1%	10N/cm	15%
④	65%	70%	5%	30N/cm	20%

TIP
- 종사방향 및 횡사방향의 접합부 인장강도 평균치는 봉재접합부 인장시험에 이용하였던 막재에서 측정된 모재 초기인장강도의 70% 이상, 그 외의 다른 방법으로 접합된 접합부에 대해서는 같은 방식으로 동일 막재에서 측정된 모재 초기인장강도의 80% 이상으로 한다.
- 종사방향 및 횡사방향 접합부의 내박리강도는 동일 로트 및 동일 접합방법으로 만들어진 시험편으로 접합부 인장시험에 따라 측정된 각 실 방향의 인장강도의 1% 이상이면서, 또한 10N/cm 이상으로 한다.
- 접합부의 내인장 크리프 특성에 대하여 종사방향 및 횡사방향 신장률의 평균치는 각각 15% 이하로 한다.

Answer 4.③

PART 부록

01 건축구조기준(KDS 41) 용어정리
02 건설기준코드 및 표준시방서코드 분류
03 건축구조기준 개정사항
04 시설물 안전점검
05 2022. 2. 26 제1회 서울특별시 시행
06 2022. 4. 2 인사혁신처 시행
07 2022. 6. 18 제1회 지방직 시행

부록

01 건축구조기준(KDS 41) 용어정리

1 건축구조기준 / 구조설계기준 / 내진설계일반 코드표

건축구조기준	KDS 41 00 00	건축구조기준
건축구조기준 일반사항	KDS 41 10 05	건축구조기준 총칙
건축구조기준 일반사항	KDS 41 10 10	건축구조기준 구조검사 및 실험
건축구조기준 일반사항	KDS 41 10 15	건축구조기준 설계하중
건축물 내진설계기준	KDS 41 17 00	건축물 내진설계기준
건축물 기초구조 설계기준	KDS 41 20 00	건축물 기초구조 설계기준
건축물 콘크리트구조 설계기준	KDS 41 30 00	건축물 콘크리트구조 설계기준
건축물 강구조 설계기준	KDS 41 31 00	건축물 강구조 설계기준
목구조 설계기준	KDS 41 33 01	목구조 일반사항
목구조 설계기준	KDS 41 33 02	목구조 재료 및 허용응력
목구조 설계기준	KDS 41 33 03	목구조 설계요구사항
목구조 설계기준	KDS 41 33 04	목구조 부재설계
목구조 설계기준	KDS 41 33 05	목구조 접합부의 설계
목구조 설계기준	KDS 41 33 06	목구조 전통목구조
목구조 설계기준	KDS 41 33 07	목구조 경골목구조
목구조 설계기준	KDS 41 33 08	목구조 내구계획 및 공법
목구조 설계기준	KDS 41 33 09	목구조 방화설계
조적식구조 설계기준	KDS 41 34 01	조적식구조 일반사항
조적식구조 설계기준	KDS 41 34 02	조적식구조 재료의 기준
조적식구조 설계기준	KDS 41 34 03	조적식 구조 설계일반사항
조적식구조 설계기준	KDS 41 34 04	조적식구조 허용응력설계법
조적식구조 설계기준	KDS 41 34 05	조적식구조 강도설계법
조적식구조 설계기준	KDS 41 34 06	조적식구조 경험적 설계법
조적식구조 설계기준	KDS 41 34 07	조적식 구조 조적조 문화재
특수건축물 구조설계기준	KDS 41 70 01	막과 케이블 구조
특수건축물 구조설계기준	KDS 41 70 02	부유식 구조

소규모건축구조기준	KDS 41 90 05	소규모건축구조기준 일반
소규모건축구조기준	KDS 41 90 20	기초 및 지하구조
소규모건축구조기준	KDS 41 90 30	콘크리트구조
소규모건축구조기준	KDS 41 90 31	강구조
소규모건축구조기준	KDS 41 90 32	소규모건축구조기준 전통목구조
소규모건축구조기준	KDS 41 90 33	소규모건축구조기준 목구조
소규모건축구조기준	KDS 41 90 34	소규모건축구조기준 조적식구조
구조설계기준	KDS 14 00 00	구조설계기준
콘크리트구조 설계(강도설계법)	KDS 14 20 01	콘크리트구조 설계(강도설계법) 일반사항
콘크리트구조 설계(강도설계법)	KDS 14 20 10	콘크리트구조 해석과 설계 원칙
콘크리트구조 설계(강도설계법)	KDS 14 20 20	콘크리트구조 휨 및 압축 설계기준
콘크리트구조 설계(강도설계법)	KDS 14 20 22	콘크리트구조 전단 및 비틀림 설계기준
콘크리트구조 설계(강도설계법)	KDS 14 20 24	콘크리트구조 스트럿-타이모델 기준
콘크리트구조 설계(강도설계법)	KDS 14 20 26	콘크리트구조 피로 설계기준
콘크리트구조 설계(강도설계법)	KDS 14 20 30	콘크리트구조 사용성 설계기준
콘크리트구조 설계(강도설계법)	KDS 14 20 40	콘크리트구조 내구성 설계기준
콘크리트구조 설계(강도설계법)	KDS 14 20 50	콘크리트구조 철근상세 설계기준
콘크리트구조 설계(강도설계법)	KDS 14 20 52	콘크리트구조 정착 및 이음 설계기준
콘크리트구조 설계(강도설계법)	KDS 14 20 54	콘크리트용 앵커 설계기준
콘크리트구조 설계(강도설계법)	KDS 14 20 60	프리스트레스트 콘크리트구조 설계기준
콘크리트구조 설계(강도설계법)	KDS 14 20 62	프리캐스트 콘크리트구조 설계기준
콘크리트구조 설계(강도설계법)	KDS 14 20 64	구조용 무근콘크리트 설계기준
콘크리트구조 설계(강도설계법)	KDS 14 20 66	합성콘크리트 설계기준
콘크리트구조 설계(강도설계법)	KDS 14 20 70	콘크리트 슬래브와 기초판 설계기준
콘크리트구조 설계(강도설계법)	KDS 14 20 72	콘크리트 벽체 설계기준
콘크리트구조 설계(강도설계법)	KDS 14 20 74	기타 콘크리트구조 설계기준
콘크리트구조 설계(강도설계법)	KDS 14 20 80	콘크리트 내진설계기준
콘크리트구조 설계(강도설계법)	KDS 14 20 90	기존 콘크리트구조물의 안전성 평가기준
강구조설계(허용응력설계법)	KDS 14 30 05	강구조 설계 일반사항(허용응력설계법)
강구조설계(허용응력설계법)	KDS 14 30 10	강구조 부재 설계기준(허용응력설계법)
강구조설계(허용응력설계법)	KDS 14 30 20	강구조 피로 및 파단 설계기준(허용응력설계법)
강구조설계(허용응력설계법)	KDS 14 30 25	강구조 연결 설계기준(허용응력설계법)
강구조설계(허용응력설계법)	KDS 14 30 50	강구조 사용성 설계(허용응력설계법)

강구조설계(하중저항계수설계법)	KDS 14 31 05	강구조설계 일반사항(하중저항계수설계법)
강구조설계(하중저항계수설계법)	KDS 14 31 10	강구조 부재 설계기준(하중저항계수설계법)
강구조설계(하중저항계수설계법)	KDS 14 31 15	강구조 골조의 안정성 설계기준(하중저항계수설계법)
강구조설계(하중저항계수설계법)	KDS 14 31 20	강구조 피로 및 파단 설계기준(하중저항계수설계법)
강구조설계(하중저항계수설계법)	KDS 14 31 25	강구조 연결 설계기준(하중저항계수설계법)
강구조설계(하중저항계수설계법)	KDS 14 31 50	강구조 물고임 및 내화 설계기준(하중저항계수설계법)
강구조설계(하중저항계수설계법)	KDS 14 31 60	강구조 내진 설계기준(하중저항계수설계법)
내진설계 일반	KDS 17 10 00	내진설계 일반

② 내진설계일반 용어정의

- 감쇠(damping) : 점성, 소성 또는 마찰에 의해 구조물에 입력된 동적 에너지가 소산되어 구조물의 진동이 감소하는 현상
- 감쇠시스템(damping system) : 구조물의 감쇠능력을 증가시켜 내진성능의 향상을 도모하는 장치의 조합
- 기반암(bed rock) : 연암층, 퇴적층 또는 토층의 아래에 위치하는 전단파속도가 760 m/s 이상인 단단한 암석층(보통암 등)
- 내진등급(seismic classification) : 시설물의 중요도에 따라 내진설계수준을 분류한 범주로서 내진특등급, 내진I등급, 내진II등급으로 구분
- 내진설계(seismic design) : 설계지진에 의해 입력된 에너지를 충분히 견디거나, 소산시키거나, 저감시키도록 하여 시설물에 요구되는 내진성능수준을 유지하도록 구조요소의 제원 및 상세를 결정하는 작업
- 내진성능목표(seismic performance objectives) : 설계지반운동에 대해 내진성능수준을 만족하도록 요구하는 내진설계의 목표
- 내진성능수준(seismic performance level) : 설계지진에 대해 시설물에 요구되는 성능수준. 기능수행수준, 즉시복구수준, 장기복구/인명보호수준과 붕괴방지수준으로 구분
- 설계거동한계(design behavior criteria) : 요구되는 내진성능수준에 부합되도록 구조시스템 또는 구성요소에 설정된 거동(단면력, 응력, 변위, 변형률, 침하량 등)의 한계값(기준값)
- 설계지반운동(design ground motion) : 내진설계를 위해 정의된 지반운동
- 설계지진(design earthquake) : 시설물의 부지에서 설계지반운동을 유발하는 지진
- 성능기반 내진설계(performance-based seismic design) : 엄격한 규정 및 절차에 따라 설계하는 사양기반 설계에서 벗어나서 목표로 하는 내진성능수준을 달성할 수 있는 다양한 설계기법의 적용을 허용하는 설계

- 소성지수(plasticity index) : 흙의 소성정도를 나타내는 값으로 액성한계에서 소성한계를 뺀 값
- 스펙트럼보정(spectral matching : 지진파의 시간이력에 대한 응답스펙트럼을 목표로 하는 응답스펙트럼 형상에 부합되도록 시간이력을 보정하는 과정
- 액상화(liquefaction) : 포화된 사질토 등에서 지진동, 발파하중 등과 같은 동하중에 의하여, 지반 내에 과잉간극수압이 발생하고, 지반의 전단강도가 상실되어 액체처럼 거동하는 현상
- 연성거동(ductile behavior) : 구조물 또는 부재가 갑자기 파괴되지 않고, 파괴에 이르기까지 상당한 크기의 소성변형을 나타내는 거동
- 예민비(sensitivity) : 해당 흙의 비교란 전단강도를 완전교란 전단강도로 나눈 값
- 위험도계수(risk factor) : 평균재현주기가 500년인 지진의 유효수평지반가속도를 기준으로 하여, 평균재현주기가 다른 지진의 유효수평지반가속도를 상대적 비율로 나타낸 계수
- 유효지반가속도(effective peak ground acceleration) : 지진하중을 산정하기 위한 기반암의 지반운동 수준으로 유효수평지반가속도와 유효수직지반가속도로 구분
- 응답스펙트럼(response spectrum) : 지반운동에 대한 단자유도 시스템의 최대응답을 고유주기 또는 고유진동수의 함수로 표현한 스펙트럼
- 응답이력해석(response history analysis) (=시간이력해석) : 지진의 지속시간 동안 각 시간단계에서의 구조물의 동적응답을 구하는 방법
- 재현주기(return period) : 지진과 같은 자연재해가 특정한 크기 이상으로 발생할 주기를 확률적으로 계산한 값으로, 일년 동안에 특정한 크기 이상의 자연재해가 발생할 확률의 역수
- 절단진동수(cut-off frequency) : 특정 진동수보다 크거나 작은 진동수 신호를 통과시키거나 감쇠시키는 경계의 진동수
- 지반-구조물 상호작용(soil-structure interaction) : 구조물과 이를 지지하는 지반 사이의 동적상호작용
- 지반종류(soil profile type) : 지반의 지진증폭특성을 나타내기 위해 분류하는 지반의 종류
- 지반증폭계수(site coefficient) : 기반암의 스펙트럼 가속도에 대한 지표면의 스펙트럼 가속도의 증폭비율
- 지진구역(seismic zone) : 유사한 지진위험도를 갖는 행정구역 구분으로서 지진구역I, 지진구역II로 구분
- 지진구역계수(seismic zone factor) : 지진구역I과 지진구역II의 기반암 상에서 평균재현주기 500년 지진의 유효수평지반가속도를 중력가속도 단위로 표현한 값
- 지진격리(seismic isolation) (=면진) : 시설물의 지진가속도응답을 줄이기 위해, 시설물을 장주기화와 함께 고감쇠화 시킨 상태

- 지진보호장치(seismic protection device) : 시설물을 지진으로부터 보호하기 위한 모든 장치. 지진격리(면진)받침, 감쇠기, 낙교방지장치, 충격전달장치(STU; Shock Transmission Unit) 등
- 지진위험도(seismic hazard)(=지진재해도) : 내진설계의 기초가 되는 지진구역을 설정하기 위하여 과거의 지진기록과 지질 및 지반특성 등을 종합적으로 분석하여 산정한 지진재해의 연초과 발생빈도
- 지진위험지도(seismic hazard map)(=지진재해지도) : 내진설계 등에 활용하기 위하여 정밀한 지진위험도(또는 지진재해도) 분석결과를 표시한 지도로서 정의된 재현주기 또는 초과확률 내에서 지리적 영역에 걸쳐 예상되는 유효지반가속도를 등고선의 형태로 나타낸 지도
- 진동전단응력비(cyclic stress ratio) : 지진 시, 해당 깊이에서 지반에 발생하는 전단응력과 유효상재압의 비
- 진동저항전단응력비(cyclic resistance ratio) : 해당 깊이에서 지반의 전단저항응력과 유효상재압의 비
- 최대응답(peak response): 응답의 절댓값의 최댓값
- 최대지반가속도(PGA; peak ground acceleration) : 지진에 의한 진동으로 특정위치에서의 지반이 수평 2방향 또는 수직방향으로 움직인 가속도의 절댓값의 최댓값
- 탁월주기(dominant period) : 지진파와 같은 불규칙파의 주기성분 중 빈도나 진폭이 다른 주기에 비하여 탁월한 주기
- 파워스펙트럼(power spectrum) : 진동의 각 진동수 성분이 가지는 파워를 나타내는 스펙트럼
- 판내부(intra-plate): 지각을 구성하는 지각판들의 경계의 안쪽
- 표준설계응답스펙트럼(standard design spectrum : 설계지진에 대하여 5% 감쇠비를 가진 단자유도 시스템의 설계응답스펙트럼
- 푸리에진폭(Fourier amplitude) : 시간이력 파형을 여러 주기를 갖는 정현파들의 합으로 변환하였을 때 해당 진동수에 대한 정현파의 진폭

③ KDS 41 10 05 건축구조기준 총칙

- 가설구조물 : 건축구조물의 축조를 위하여 임시로 설치하는 시설 또는 구조물. 가설공연장 · 가설전람회장 · 견본주택 등 가설건축물을 포함한다.
- 감쇠 : 구조물이 진동할 때 진동에너지가 다른 형태로 변환되어 소산됨으로써 진폭이 작아지는 현상
- 강도 : 구조물이나 구조부재가 외력에 의해 발생하는 힘 또는 모멘트에 저항하는 능력
- 강도감소계수 : 재료의 공칭강도와 실제 강도의 차이, 부재를 제작 또는 시공할 때 설계도와 완성된 부재의 차이, 그리고 내력의 추정과 해석에 관련된 불확실성을 고려하기 위한 안전계수

- 강도설계법 : 구조부재를 구성하는 재료의 비탄성거동을 고려하여 산정한 부재단면의 공칭강도에 강도감소계수를 곱한 설계용 강도의 값(설계강도)과 계수하중에 의한 부재력(소요강도) 이상이 되도록 구조부재를 설계하는 방법
- 강성 : 구조물이나 구조부재의 변형에 대한 저항능력을 말하며, 발생한 변위 또는 회전에 대한 적용된 힘 또는 모멘트의 비율
- 건설가치공학 : 건축공사의 기획 · 설계 · 시공 · 유지관리 · 해체 등 일련의 과정에서 최저 비용으로 최대의 가치를 창출하기 위하여 여러 기능을 분석하여 개선해 가는 조직적 활동("밸류엔지니어링" 또는 "V.E.(브이이)"라고 약칭)
- 건축구조물 : 건축물과 공작물 등 이 기준에서 규정하는 대상물을 총칭
- 건축물 : 토지에 정착하는 공작물 중 지붕과 기둥 또는 벽이 있는 것과 이에 부수되는 시설물, 지하 또는 고가의 공작물에 설치하는 사무소 · 공연장 · 점포 · 차고 · 창고 기타 「건축법」이 정하는 것
- 건축비구조요소 : 건축구조물을 구성하는 부재중에서 구조내력을 부담하지 않는 구성요소. 배기구, 부가물 · 장식물, 부착물, 비구조벽체, 악세스플로어(이중바닥), 유리 · 외주벽, 천장, 칸막이, 캐비닛, 파라펫, 표면마감재, 표지판 · 광고판 등을 포함한다.(KDS 41 17 00(표 18.3-1)참조)
- 계수하중 : 강도설계법 또는 한계상태설계법으로 설계할 때 사용하중에 하중계수를 곱한 하중
- 계획설계 : 구조체에 대한 구조기준, 사용재료강도, 설계하중을 결정하고 구조형식을 선정하여 구조개념도와 주요 구조부재의 크기 · 단면 · 위치를 표현한 구조평면도 작성까지 기본설계 전 단계의 일련의 초기설계과정의 일
- 골조해석 : 구조설계의 한 과정으로 해당 구조체가 하중 등 외력에 반응할 때 구조공학의 이론을 이용하여 그 구조체의 각 구성요소에 생기는 부재력과 변위의 값 및 지점에서의 반력값을 찾아내는 일
- 공사시방서(구조분야) : 구조분야 공사에 관한 시방서
- 공작물 : 인공적으로 지반에 고정하여 설치한 물체 중 건축물을 제외한 것. 계단탑, 교통신호등 · 교통표지판 등 교통관제시설, 광고판, 광고탑, 고가수조, 굴뚝, 기계기초, 기념탑, 기계식주차장, 기름탱크, 냉각탑, 방음벽, 배관지지대, 보일러구조, 사일로 및 벙커, 송전지지물, 송전탑, 승강기탑, 옥외광고물, 옹벽, 우수저류조, 육교, 장식탑, 저수조, 전철지지물, 조형물, 지하대피호, 철탑, 플랜트구조, 항공관제탑, 항행안전시설, 기타 구조물을 포함한다.
- 공칭강도 : 구조체나 구조부재의 하중에 대한 저항능력으로서, 적합한 구조역학원리나 현장실험 또는 축소모형의 실험결과(실험과 실제여건간의 차이 및 모형화에 따른 영향을 감안)로부터 유도된 공식과 규정된 재료강도 및 부재치수를 사용하여 계산된 값
- 구조 : 자중이나 외력에 저항하는 역할을 담당하는 건축구조물의 구성요소. 구조체와 부구조체 및 비구조요소를 포함한다.

- 구조감리 : 건축구조물의 구조에 대한 공사감리
- 구조검토 : 건축구조물이 구조안전성을 확보하였는지에 대하여 책임구조기술자의 경험과 기술력을 바탕으로 하여 그 타당성 여부를 판단하는 일. 구조설계도서와 시공상세도서, 증축, 용도변경, 구조변경, 시공상태, 유지 · 관리상태에 대한 구조안전성 검토를 포함한다.
- 구조계산 : 구조체에 작용하는 각종 설계하중에 대하여 각부가 안전한가를 확인하기 위해 구조역학적인 계산을 하는 일
- 구조계획 : 건축구조물의 사용목적에 맞추어 각종 외력과 하중 및 지반에 대하여 안전하도록 구조체에 대한 3차원공간의 구조형태와 각종 하중에 대한 저항시스템, 기초구조 등을 선정하고 또한 경제성을 고려하여 구조부재의 재료와 형상, 개략적인 크기를 결정하여 구조적으로 안정된 공간을 창조하는 일련의 초기 작업과정
- 구조물 : 건축구조물의 뼈대를 이루는 부분으로, 구조공학적인 측면에서 건축구조물 등을 일컬을 때 사용
- 구조부재 : 기둥 · 기초 · 보 · 가새 · 슬래브 · 벽체 등 구조체의 각 구성 요소
- 구조설계 : 구조계획에 따라 형성된 3차원공간의 구조체에 대하여 구조역학을 기초로 한 골조해석 및 구조계산으로 이 기준에 따라 구조안전을 확인하고 구조체 각부에 대하여 이를 시공 가능한 도서로 작성하여 표현하는 일련의 창조적 과정의 업무
- 구조설계도 : 구조설계의 최종결과물로서 구조체의 구성, 부재의 형상, 접합상세 등을 표현하는 도면
- 구조설계도서 : 건축구조물의 구조체 공사를 위해서 필요한 도서로서 구조설계도와 구조설계서, 구조분야 공사시방서 등을 통틀어서 이르는 것
- 구조설계서 : 구조계획과 골조해석 및 부재설계의 결과를 책임구조기술자의 경험과 기술력으로 평가 · 조정하여 경제적이고 시공성이 우수한 구조체가 되도록 표현한 도면화 전 단계의 성과품. 구조설계개요, 구조특기시방, 구조설계요약, 구조계산 등을 포함한다.
- 구조안전 : 건축구조물이 외력이나 주변조건에 대하여 단기적으로나 장기적으로 충분한 저항력을 지니고 있는 것
- 구조체 : 건축구조물에 작용하는 각종 하중에 대하여 그 건축구조물을 안전하게 지지하는 구조물의 뼈대 자체를 말하며, 일반적으로 부구조체를 제외한 기본뼈대를 지칭
- 기계 · 전기비구조요소 : 건축구조물에 부착된 기계 및 전기 시스템 비구조요소와 이를 지지하는 부착물 및 장비(KDS 41 17 00(표 18.4-1)참조)
- 중간설계 : 계획설계를 바탕으로 정적 · 동적해석을 통한 내진안전성 평가를 포함한 정밀구조해석과 주요부에 대한 사용성 평가 및 기본설계용 구조계산서 작성, 각층 구조평면도와 슬래브 · 보 · 기둥 · 벽체 등 각종 배근도 및 주요부재의 배근상세도 작성, 착공용 기초도면 작성 등, 계획설계와 실시설계의 중간단계에서 진행하는 일련의 구조설계과정의 일

- 내구성 : 건축구조물의 안전성을 일정한 수준으로 유지하기 위해 필요한 것으로서 장기간에 걸친 외부의 물리적, 화학적 또는 기계적 작용에 저항하여 변질되거나 변형되지 않고 처음의 설계조건과 같이 오래 사용할 수 있는 구조물의 성능
- 리모델링 : 건축물의 노후화 억제 또는 기능 향상 등을 위하여 대수선 또는 일부 증축하는 행위
- 배근시공도 : 배근공사를 구조설계도의 취지에 맞게 하기 위하여 철근을 설치할 위치와 간격 등을 상세히 나타낸 도면
- 부구조체 : 건축구조물의 구조체에 부착하며, 구조설계단계의 골조해석에서는 하중으로만 고려하고, 시공단계에서 상세를 결정하여 시공하는 구조부재. 커튼월 · 외장재 · 유리구조 · 창호틀 · 천정틀 · 돌붙임골조 등을 포함한다.
- 부재력 : 하중 및 외력에 의하여 구조부재의 가상절단면에 생기는 축방향력 · 휨모멘트 · 전단력 · 비틀림 등
- 비구조요소 : 건축비구조요소와 기계 · 전기비구조요소를 총칭
- 비선형해석 : 실제 구조물에 큰 변형이 예상되거나 변형률의 변화가 큰 경우 또는 사용재료의 응력 – 변형률 관계가 비선형인 경우에 이를 고려하여 실제 거동에 가장 가깝게 부재력과 변위가 산출되도록 하는 해석
- 사용성 : 과도한 처짐이나 불쾌한 진동, 장기변형과 균열 등에 적절히 저항하여 마감재의 손상방지, 건축구조물 본래의 모양유지, 유지관리, 입주자의 쾌적성, 사용 중인 기계의 기능유지 등을 충족하는 구조물의 성능
- 사용수명 : 건축구조물의 안전성 및 사용성을 유지하며 사용할 수 있는 기한
- 사용하중 : 고정하중 및 활하중과 같이 이 기준에서 규정하는 각종 하중으로서 하중계수를 곱하지 않은 하중. 작용하중이라고도 한다.
- 설계하중 : 구조설계 시 적용하는 하중. 강도설계법 또는 한계상태설계법에서는 계수하중을 적용하고, 기타 설계법에서는 사용하중을 적용한다.
- 성능설계법 : KDS 41 00 00에서 규정한 목표성능을 만족하면서 건축구조물을 건축주가 선택한 성능지표(안전성능, 사용성능, 내구성능 및 친환경성능 등)에 만족하도록 설계하는 방법
- 시공상세도 : 구조설계도의 취지에 맞게 실제로 시공할 수 있도록 각 구조부재의 치수 등을 시공자가 상세히 작성한 도면
- 실시설계 : 기본설계를 바탕으로 건축주와 설계사 및 시공사 등 관련자가 협의하여 기본설계의 문제점을 보완하고 기본설계도를 수정하여 최종 공사용 도면과 최종 구조계산서 및 구조체공사 특기시방서 등을 작성하는 일련의 최종 설계과정의 일
- 안전성 : 건축구조물의 예상되는 수명기간동안 최대하중에 대하여 저항하는 능력으로서, 각 부재가 항복하거나 좌굴 · 피로 · 취성파괴 등의 현상이 생기지 않고 회전 · 미끄러짐 · 침하 등에 저항하는 구조물의 성능

- 안전진단 : 건축구조물에 대하여 물리적 · 기능적 결함을 발견하고 그에 대한 신속하고 적절한 조치를 취하기 위하여 구조적 안전성 및 결함의 원인 등을 조사 · 측정 · 평가하여 보수 · 보강 등의 방법을 제시하는 행위
- 오프셋 : 기준이 되는 선에서 일정거리 떨어진 것
- 워킹포인트 : 제작 · 설치작업의 기준점
- 유리구조 : 건축구조물의 구조체에 부착되어, 바람과 눈 및 자중을 지지하는 유리와 유리고정물을 포함한 구조. 유리벽 · 유리지붕(선루프) · 유리난간 · 유리문 등을 포함한다.
- 응력 : 하중 및 외력에 의하여 구조부재에 생기는 단위면적당 힘의 세기
- 인성 : 높은 강도와 큰 변형을 발휘하여 충격에 잘 견디는 성질. 재료에 계속해서 힘을 가할 때 탄성적으로 변형하다가 소성변형 후 마침내 파괴될 때까지 소비한 에너지가 크면 인성이 크다고 말한다.
- 제작 · 설치도 : 구조설계도면의 취지에 맞게 실제로 제작 및 설치할 수 있도록 구조 각부의 치수 등을 시공자 또는 제작 · 설치자가 상세히 작성한 도면
- 제작물 : 부품 또는 제작 후 건축구조물에 설치하기 이전에 절단 · 천공 · 용접 · 이음 · 접합 · 냉간작업 · 교정과정을 거친 재료들로 구성된 조립품
- 중간설계 : 계획설계를 바탕으로 정적 · 동적해석을 통한 내진안전성 평가를 포함한 정밀구조해석과 주요부에 대한 사용성 평가 및 기본설계용 구조계산서 작성, 각층 구조평면도와 슬래브 · 보 · 기둥 · 벽체 등 각종 배근도 및 주요부재의 배근상세도 작성, 착공용기초도면 작성 등, 계획설계와 실시설계의 중간단계에서 진행하는 일련의 구조설계과정의 일
- 책임구조기술자 : 건축구조분야에 대한 전문적인 지식, 풍부한 경험과 식견을 가진 전문가로서 이 기준에 따라 건축구조물의 구조에 대한 구조설계 및 구조검토, 구조검사 및 실험, 시공, 구조감리, 안전진단 등 관련 업무를 책임지고 수행하는 기술자
- 치올림 : 보나 트러스 등 수평부재에서 하중재하 시 생길 처짐을 고려하여 미리 중앙부를 들어 올리는 것 또는 들어 올린 거리
- 친환경성 : 자연환경을 오염하지 않고 자연 그대로와 환경과 잘 어울리는 건축구조물의 성능
- 탄성해석 : 구조물이 탄성체라는 가정아래 응력과 변형률의 관계를 1차 함수관계로 보고 구조부재의 부재력과 변위를 산출하는 해석
- 하중계수 : 하중의 공칭값과 실제하중 사이의 불가피한 차이 및 하중을 작용외력으로 변환시키는 해석상의 불확실성, 환경작용 등의 변동을 고려하기 위한 안전계수
- 한계상태설계법 : 한계상태를 명확히 정의하여 하중 및 내력의 평가에 준해서 한계상태에 도달하지 않는 것을 확률통계적 계수를 이용하여 설정하는 설계법

• 허용강도설계법 : 허용강도법 하중조합 아래에서 부재의 허용강도가 소요강도 이상이 되도록 구조부재를 설계하는 방법

• 허용응력설계법 : 탄성이론에 의한 구조해석으로 산정한 부재단면의 응력이 허용응력(안전율을 감안한 한계응력)을 초과하지 아니하도록 구조부재를 설계하는 방법

4 KDS 41 10 10 건축구조기준 구조검사 및 실험

• 경골구조 : 큰 경간의 구조를 비교적 단면이 작은 부재 여럿을 사용하여 간략하게 구성한 구조

• 공인시험 검사기관 : 정기적으로 성능실험과 검사서비스를 수행할 수 있는 전문학술단체 및 국가인정시험검사기관

• 기준지정 외 재료 : 한국산업표준(KS)에 규격이 제정되어 있으나 이 기준에서 지정하지 않은 재료로서 구조재료로서의 성능 확인이 필요한 재료

• 기준지정재료 : 한국산업표준(KS)에 규격이 제정되어 있고, 이 기준에서 지정한 재료

• 성능증명표 : 제조사가 생산품에 표기한 증명서로서 제조사명, 제품 또는 재료의 기능과 성능 특성, 그리고 그 제품이나 재료의 대표적인 표본에 대한 공인된 기관의 실험과 평가임을 나타내는 공인시험 검사기관의 증명 등을 표기한 것

• 신재료 : 한국산업표준(KS)에 규격이 제정되어 있지 않은 재료

• 인증접합부 : 적정 지진력저항시스템의 접합부로서 성능이 적합하다고 인증한 접합부

• 일반검사 : 건축구조물의 기초나 주요구조부 등 안전상, 방화상, 위생상의 주요 부위에 사용하는 구조재료에 대하여 그 성능을 확인하는 검사

• 정기적인 특별검사 : 자격이 부여된 자가 현장에서 정기적으로 실시하는 검사

• 접합부 성능인증실험 : 적정 지진력저항시스템의 인증접합부로 성능인증을 받기 위해 수행하는 실험

• 제작물 : 부품 또는 제작해서 건축물에 설치하기 위하여 절단, 천공, 용접, 이음, 접합, 냉간작업, 교정과정을 거친 재료들로 구성된 조립품

• 지속적인 특별검사 : 자격이 부여된 자가 현장에 상주하며 지속적으로 실시하는 검사

• 특별검사 : 부품이나 연결 부위의 제작 · 가설 · 설치 시 적절성을 확보하기 위하여 전문가의 확인이 필요한 검사

• 담당원 : 다음 각목에 규정한 자

1) 발주자가 지정한 감독자 및 감독보조원

2) 건축법과 주택법상의 감리원과 건설기술진흥법상의 건설사업관리기술자

5 KDS 41 10 15 건축구조기준 설계하중

• 가스트영향계수 : 바람의 난류로 인해 발생되는 구조물의 동적 거동 성분을 나타내는 것으로 평균변위에 대한 최대변위의 비를 통계적인 값으로 나타낸 계수

• 감쇠장치 : 감쇠시스템의 일부로서 장치 양 단부의 상대적 움직임에 따라 에너지를 소산시키는 유연한 구조요소. 감쇠장치를 다른 구조요소에 연결하기 위해 필요한 핀, 볼트, 거싯플레이트, 가새연장재 등의 구성요소들을 모두 포함. 감쇠장치는 변위의존형이나 속도의존형 또는 이들의 조합형으로 분류할 수 있으며, 선형 또는 비선형으로 거동

• 강체구조물 : 바람과 구조물의 동적 상호작용에 의해 발생하는 부가적인 하중효과를 무시할 수 있는 안정된 구조물(공진효과를 고려하지 않은 가스트영향계수를 사용하며 건축물의 형상비에 따라 구분)

• 개방형 건축물 : 정압을 받는 벽에 위치한 개구부 면적의 합이 그 벽면적의 80% 이상 되는 건축물 또는 각 벽체가 80% 이상 개방되어 있는 건축물

• 거주성 : 강풍으로 발생하는 진동에 의하여 거주자가 느끼는 불안, 불쾌감 등 삶의 질과 관련된 사항을 말함

• 경량칸막이벽 : 자중이 $1kN/m^2$ 이하인 가동식 벽체

• 고정하중 : 구조체와 이에 부착된 비내력 부분 및 각종 설비 등의 중량에 의하여 구조물의 존치기간 중 지속적으로 작용하는 연직하중

• 골바람효과 : 산과 산 사이의 골짜기를 따라 평행하게 바람이 불어가면서 유선이 수평방향으로 수렴하여 풍속이 급격하게 증가하는 현상

• 공기력불안정진동 : 건축물 자신의 진동에 의해 발생하는 부가적인 공기력이 건축물의 감쇠력을 감소시키도록 작용함으로써 진동이 증대되거나 발산하는 현상

• 공진계수 : 건축물 변동 변위의 고유진동수 부근의 진동수 성분의 분산을 나타내는 계수

• 구조감쇠 : 구조체에 진동이 가해지면 일정한 시간이 지나면 진동이 감소되다가 마침내는 진동이 멈춘다. 이처럼 진동이 감소되다가 멈추는 것은 구조체를 구성하는 재료가 진동을 감소시킬 수 있는 능력을 가지고 있기 때문인데 이 성질을 말함.

• 규모계수 : 건물의 크기에 따라 발생하는 난류영향의 저하를 나타내는 계수

- 기본풍속 : 지표면조도 구분 C인 지역의 지표면으로부터 10m 높이에서 측정한 10분간 평균풍속에 대한 재현기간 100년 기대풍속
- 기준경도풍 높이 : 지표면의 거칠기에 의해 발생하는 마찰력의 영향을 받지 않아 풍속이 거의 일정하게 되는 지상으로부터의 높이
- 난류강도 : 바람의 흐트러짐을 정량적으로 나타내기 위한 무차원량으로 변동풍속의 표준편차를 평균풍속으로 나눈 비율
- 내압가스트영향계수 : 건축물 개구부의 크기에 따라 내부에서 발생하는 내압의 변동 정도를 나타내는 척도로서 평균실내압에 대한 최대실내압의 비
- 내압계수 : 건축물 외벽의 틈새나 개구부를 통하여 공기가 건축물 내부로 유입되어 발생하는 내부압력의 정도를 나타내는 계수
- 대기경계층 : 지표면의 영향을 받아 마찰력이 작용함으로써 지상의 높이에 따라 풍속이 변하는 영역
- 대기경계층 시작 높이 : 지표면의 영향을 받아 연직방향의 풍속이 변화하는 대기층의 시작이 되는 높이(대기경계층 시작 높이 이하에서는 지표면조도 구분에 따라 일정풍속으로 한다.)
- 독립편지붕 : 벽면이 없이 기둥 부재에 편지붕만 있는 지붕구조물
- 레벨크로싱수 : 구조물이 진동하는 경우 단위시간에 주어진 임의 레벨을 정의구배로 교차할 횟수로 단위는 Hz임.
- 밀폐형 건축물 : 탁월한 개구부가 없고 바람의 유통이 없도록 창호가 밀폐되어 있으며, 출입문도 강풍이 불 때에는 폐쇄장치가 있는 건축물로서 개구부 및 틈새의 면적이 전벽면적의 0.1% 이하인 경우
- 버펫팅 : 시시각각 변하는 바람의 난류성분이 물체에 닫아 물체를 풍방향으로 불규칙하게 진동시키는 현상
- 변장비 : 건축물의 깊이 D를 폭 B로 나눈 비율, 즉 D/B
- 변위의존형 감쇠장치 : 하중응답이 주로 장치 양 단부 사이의 상대변위에 의해 결정되는 감쇠장치로서, 근본적으로 장치 양단부의 상대속도와 진동수에는 독립적
- 부골조 : 창호와 외벽패널 등에 가해지는 풍하중을 주골조에 전달하기 위하여 설치된 2차구조부재(파스너, 퍼린, 거트, 스터드 등)
- 부분개방형 건축물 : 탁월한 개구부가 없는 경우와 있는 경우로 구분되고, 전자는 개폐가 가능한 크고 작은 개구부가 있지만 강풍 시에는 닫도록 되어 있는 경우이고, 후자는 한쪽 벽의 개구부 면적이 나머지 모든 벽의 개구부 및 틈새 면적의 2배가 넘는 경우
- 부하면적 : 연직하중전달 구조부재가 분담하는 하중의 크기를 바닥면적으로 나타낸 것
- 비공진계수 : 건축물 변동변위의 고유진동수 부근 이외의 진동수 성분의 분산을 나타내는 계수

- 비틀림진동 : 난류의 비정상적 운동 및 박리로 인해 건축물에 불안정하게 비틀림이 유발되는 진동형태
- 설계속도압 : 건축물설계용 풍하중을 결정하기 위한 평균풍속의 등가정적 속도압
- 설계풍속 : 기본풍속에 대하여 건설지점의 지표면상태에 따른 풍속의 고도분포와 지형조건에 따른 풍속의 할증 및 건축물의 중요도에 따른 설계재현기간을 고려한 풍속으로 설계속도압 산정의 기본이 되는 풍속
- 설계하중 : 이 기준에 따라 건축구조물이 저항해야 하는 하중
- 속도의존형 감쇠장치 : 하중응답이 주로 장치 양 단부 사이의 상대속도에 의해 결정되는 감쇠장치로서, 추가로 상대변위의 함수에 종속될 수도 있음.
- 순압력계수 : 지붕이나 막 등의 경우 상부와 하부에 동시에 작용하는 풍압력의 차를 기준높이에서의 속도압으로 무차원화한 것
- 연성모멘트골조방식 : 횡력에 대한 저항능력을 증가시키기 위하여 부재와 접합부의 연성을 증가시킨 모멘트골조방식
- 영향면적 : 연직하중전달 구조부재에 미치는 하중영향을 바닥면적으로 나타낸 것(기둥 또는 기초의 경우에는 부하면적의 4배, 큰보 또는 작은보의 경우에는 부하면적의 2배를 각각 적용한다.)
- 와류진동 : 건축물 배후면에서 좌우 상호 규칙적으로 발생하는 와류의 영향에 의해 발생하는 건축물의 진동
- 외압가스트영향계수 : 외압의 변동 정도를 나타내는 척도로서 평균외압에 대한 최대외압의 비
- 외압계수 : 건축물 외피의 임의 수압면에 가해지는 평균풍압과 기준높이에서 속도압의 비
- 외장재설계용 풍하중 : 창호, 외벽패널 등 풍하중을 직접 받는 건축물의 외장재와 이를 지지하는 파스너, 퍼린, 거트, 스터드 등 풍하중을 직접 또는 외장재를 통하여 받아 하중을 주골조로 전달하는 2차구조부재 및 그 접합부를 설계하기 위한 풍하중
- 유연구조물 : 바람과 구조물의 동적 상호작용에 의하여 부가적인 하중이 발생하는 바람에 민감한 구조물(동적 효과가 고려된 가스트영향계수를 사용해야 하며, 건축물의 형상비에 따라 구분된다.)
- 유효수압면적 : 풍하중을 산정하는데 기본이 되는 유효면적으로 풍방향 직각에 대한 투영면적. 다만, 외장재의 경우에는 외장재 하중분담 표면적
- 인접효과 : 건축물의 일정거리 풍상측에 장애물이 있는 경우 건축물은 장애물의 영향을 받아 진동이 증가하고 이로 인하여 건축물 전체에 가해지는 풍응답이 증가하며, 외장재에 작용하는 국부풍압도 크게 증가하는 현상
- 와류방출 : 물체의 양측에서 박리한 흐름이 후류에 말려들어가 물체의 후면에서 교대로 서로 반대방향으로 회전하는 정형적인 2열의 와가되어 후류로 방출되는 현상. 원주의 경우에는 레이놀즈수가 30~5,000 범위, 각주의 경우에는 1,000 전후의 범위에서 발생하며, 이 와류방출로 인하여 물체는 풍직각방향으로 진동함.

- 재현기간 : 일정 규모의 바람이 다시 내습할 때까지의 통계적 기간연수
- 적설하중 : 쌓인 눈의 중량에 의하여 건축물구조물에 작용하는 하중
- 주골조 : 풍하중에 저항하여 전체구조물을 지지하거나 안정시키기 위하여 배치된 구조골조 또는 구조부재들의 집합으로서 구조물 전체에 작용하는 풍하중을 지반에 전달하는 역할을 함. 기둥, 보, 지붕보, 도리 등을 말함. 또한, 구조부재인 브레이스, 전단벽, 지붕트러스, 지붕막 등이 전체하중을 전달하기 위하여 사용되었다면 주골조로 봄
- 주골조설계용 풍하중 : 구조물 전체에 가해지는 풍하중에 저항하는 구조부재들을 설계하기 위하여 사용하는 풍하중
- 중요도계수 I_s : 건축물의 중요도에 따라 적설하중의 크기를 증감하는 계수(표 4.3-3)
- 중요도계수 I_w : 건축물의 중요도에 따라 설계풍속을 증감하는 계수(표 5.5-6)
- 지붕골조설계용 풍하중 : 건축물의 지붕골조설계에 사용되는 풍하중
- 지붕활하중 : 유지 · 보수 작업 시 작업자, 장비 및 자재에 의한 작업하중 또는 점유 · 사용과는 무관한 화분 또는 이와 유사한 소형 장식물 등 이동 가능한 물체에 의하여 지붕에 작용하는 하중
- 지표면조도 구분 : 지표면의 거칠기 상태로 일정지역의 지표면 거칠기에 해당하는 장애물이 바람에 노출된 정도의 구분
- 지하수압 : 지하수위에 의하여 구조물에 작용하는 하중
- 지형계수 : 언덕 및 산 경사지의 정점 부근에서 풍속이 증가하므로 이에 따른 정점 부근의 풍속을 증가시키는 계수
- 층간변위 : 인접층 사이의 상대수평변위
- 층간변위각 : 층간변위를 층 높이로 나눈 값
- 탁월개구부 : 환기구 및 개방형 문이 있는 공장건축물, 한쪽이 트인 임시건축물 등과 같이 한쪽 벽의 개구부 면적이 나머지 모든 벽의 개구부 및 틈새 면적의 2배가 넘는 경우
- 특별풍하중 : 바람의 직접적인 작용 또는 간접적인 작용을 받는 대상건축물 및 공작물에서 발생하는 현상이 매우 불규칙하고 복잡하여 풍하중을 평가하는 방법이 확립되어 있지 않기 때문에 풍동실험을 통하여 풍하중을 평가해야만 하는 경우

- 풍력계수 : 구조체와 지붕골조 또는 기타 구조물 등의 설계풍압을 산정하기 위한 계수로서 기타구조물이나 독립편지붕 등의 경우에는 풍력계수C_D를 직접 사용하고, 주골조용의 풍력계수는 풍상측 외압계수C_{pe1}와 풍하측 외압계수C_{pe2}를 함께 고려한 $C_D = C_{pe1} - C_{pe2}$로 산정하며, 지붕골조용 풍력계수는 외압계수 C_{pe}와 내압계수C_{pi}를 함께 고려한 $C_D = C_{pe} - C_{pi}$로 산정함.
- 풍력스펙트럼계수 : 건축물 풍방향의 1차고유진동수에 있어서 풍속변동의 파워를 나타내는 계수
- 풍방향진동가속도 : 바람의 난동작용으로 건축물이 바람이 부는 방향으로 진동하여 발생하는 가속도
- 풍상측 : 바람이 불어와서 맞닿는 쪽
- 풍속고도분포계수 : 지표면의 고도에 따라 기준경도풍 높이까지의 풍속의 증가분포를 지수법칙에 의해 표현했을 때의 수직방향 분포계수
- 풍속변동계수 : 가스트영향계수를 평가할 때 지표면의 상태에 따라 변하는 난류강도의 영향을 반영하기 위한 계수
- 풍압계수 : 주골조의 설계풍압을 산정할 때는 외압계수 C_{pe}와 내압계수 C_{pi}로 구성되며, 외장재의 설계풍압을 산정할 때에는 피크외압계수 GC_{pe}와 피크내압계수 GC_{pi}로 구성
- 풍직각방향진동 : 난류의 비정상적인 운동 및 건축물 배후면의 양측에서 규칙적으로 발생하는 와류에 의해 바람부는 직각방향으로 유발되는 건축물의 진동형태
- 풍직각방향진동가속도 : 건축물 양쪽 모서리부에서 배후면의 좌우쪽으로 상호 규칙적으로 발생되는 와류에 의하여 건축물이 바람부는 직각방향으로 진동하여 발생하는 가속도
- 풍하측 : 바람이 불어와 맞닿는 측의 반대쪽으로 바람이 빠져나가는 측
- 피크내압계수 : 외장재 설계용 풍하중 산정에 필요한 가스트영향계수와 내압계수를 함께 고려한 순간 최대에 상응하는 값
- 피크외압계수 : 외장재 설계용 풍하중 산정에 필요한 가스트영향계수와 외압계수를 함께 고려한 순간 최대에 상응하는 값
- 하중조합 : 동시에 작용하는 각각의 설계하중에 하중계수를 곱하여 합한 것
- 형상비 : 건축물 높이 H를 바닥면의 평균길이 $\sqrt{BD}$로 나눈 비율($H/\sqrt{BD}$을 말하는 것으로 B는 건물폭, D는 건물 깊이)
- 활하중 : 건축물 및 공작물을 점유 · 사용함으로써 발생하는 하중
- 활화중저감계수 : 영향면적에 따른 저감효과를 고려하기 위해 활하중에 곱하는 계수
- 후류버펫팅 : 풍상측에 놓인 물체에 의해 생성된 변동기류가 풍하측 물체에 작용하여 발생하는 불규칙한 진동

⑥ KDS 41 17 00 건축물 내진설계기준

- 가새골조 : 횡력에 저항하기 위하여 건물골조방식 또는 이중골조방식에서 중심형 또는 편심형의 수직트러스 또는 이와 동등한 구성체
- 감쇠 : 점성, 소성 또는 마찰에 의해 구조물에 입력된 동적 에너지가 소산되어 구조물의 진동이 감소하는 현상
- 감쇠시스템 : 개별 감쇠장치 및 그로부터 구조물의 기초와 지진력저항시스템에 하중을 전달하는 구조요소 또는 가새 등을 모두 포함하는 구조체
- 감쇠장치 : 감쇠시스템의 일부로서 장치 양 단부의 상대적 움직임에 따라 에너지를 소산시키는 유연한 구조요소. 감쇠장치를 다른 구조요소에 연결하기 위해 필요한 핀, 볼트, 거싯플레이트, 가새연장재 등의 구성요소들을 모두 포함. 감쇠장치는 변위의존형이나 속도의존형 또는 이들의 조합형으로 분류할 수 있으며, 선형 또는 비선형으로 거동
- 강한 격막 : 유연한 격막으로 분류되지 않는 격막
- 건물골조방식 : 수직하중은 입체골조가 저항하고, 지진하중은 전단벽이나 가새골조가 저항하는 구조방식
- 건물외구조물 : 건축법과 주택법의 적용을 받는 구조물 중 건물을 제외한 구조물
- 건물과 유사한 건물외구조물 : 건물외구조물 중 건물과 유사한 형태를 가지나 강도, 강성 혹은 질량의 분포가 건물과 다른 구조물
- 건물과 유사하지 않은 건물외구조물 : 건물외구조물 중 건물과 유사하지 않은 형태를 가지는 구조물
- 경계요소 : 격막이나 전단벽의 가장자리, 내부 개구부, 불연속면과 요각부에서의 인장 혹은 압축요소와 수집재
- 기반암 : 연암층, 퇴적층 또는 토층의 아래에 위치하는 전단파속도가 760m/s 이상인 단단한 암석층(보통암 등)
- 내력벽방식 : 수직하중과 횡력을 전단벽이 부담하는 구조방식
- 내진설계책임구조기술자 : KDS 41 10 05의 7장에서 규정된 책임구조기술자의 자격을 갖춘 자로서 내진설계에 관련된 설계경험과 공학적 지식이 있는 자
- 내진성능목표 : 설계지반운동에 대해 내진성능수준을 만족하도록 요구하는 내진설계의 목표
- 내진성능수준 : 설계지진에 대해 시설물에 요구되는 성능수준. 기능수행수준, 즉시복구수준, 장기복구/인명보호수준과 붕괴방지수준으로 구분
- 내진슬릿 : 내진설계상 조적조 혹은 비구조 콘크리트벽이 기둥과 접한 부분에 부재의 취성파괴를 방지하기 위해 설치하는 줄눈
- 내진중요도 그룹 : 표 2.2-1에 따른 건물용도 및 내진중요도의 분류
- 면진시스템 : 모든 개별 면진장치 사이에 힘을 전달하는 구조요소 및 모든 연결부의 집합체

- 면진장치 : 설계지진 시 큰 횡변위가 발생되도록 수평적으로 유연하고 수직적으로 강한 면진시스템의 구조요소
- 면진층 : 면진시스템과 상부 · 하부구조의 경계에 위치한 연결요소를 포함하는 부분
- 모멘트골조방식 : 수직하중과 횡력을 보와 기둥으로 구성된 라멘골조가 저항하는 구조방식
- 밑면 : 지반운동에 의한 수평지진력이 작용하는 기준면
- 밑면전단력 : 구조물의 밑면에 작용하는 설계용 총 전단력
- 변위의존형 감쇠장치 : 하중응답이 주로 장치 양 단부 사이의 상대변위에 의해 결정되는 감쇠장치로서, 근본적으로 장치 양단부의 상대속도와 진동수에는 독립적임
- 보통모멘트골조 : 연성거동을 확보하기 위한 특별한 상세를 사용하지 않은 모멘트골조
- 부착물 : 구성요소나 그 지지물을 구조물의 내진시스템에 연결하거나 견고하게 하는 장치(앵커볼트나 용접연결부, 기계적 고정장치를 포함)
- 비구조부재 : 차양 · 장식탑 · 비내력벽, 기타 이와 유사한 것으로서 구조해석에서 제외되는 건축물의 구성부재
- 비구조요소 : 건축비구조요소와 기계 · 전기비구조요소를 총칭
- 설계변위 : 면진시스템의 강성 중심에서 구한 설계지진 시 횡변위
- 설계스펙트럼가속도 : 설계지진에 대한 단주기와 주기 1초에서의 응답스펙트럼가속도(S_{DS}, S_{D1})
- 설계지진 : 건축물 혹은 비구조요소의 중요도 및 성능목표별 지진의 재현주기에 따라 2장에서 정의한 기본설계지진에 중요도계수 및 위험도계수를 곱한 지진
- 성능기반 내진설계 : 엄격한 규정 및 절차에 따라 설계하는 사양기반설계에서 벗어나서 목표로 하는 내진성능수준을 달성할 수 있는 다양한 설계기법의 적용을 허용하는 설계
- 속도의존형 감쇠장치 : 하중응답이 주로 장치 양 단부 사이의 상대속도에 의해 결정되는 감쇠장치로서, 추가로 상대변위의 함수에 종속될 수도 있음.
- 수집재 : 구조물의 일부분으로부터 지진력저항시스템의 수직요소로 횡력을 전달하기 위해 설치된 부재 혹은 요소
- 연성모멘트골조 : 횡력에 대한 저항능력을 증가시키기 위하여 부재와 접합부의 연성을 증가시킨 모멘트골조. 중연성도와 고연성도의 연성능력을 발휘할 수 있도록 각 재료기준에 따라서 연성요구조건을 만족해야 함
- 유연한 격막 : 격막의 횡변위가 그 층에서 평균 층간변위의 두 배를 초과하는 격막, 층전단력과 비틀림의 분포를 위하여 유연한 격막으로 분류
- 유효감쇠 : 면진시스템의 이력거동에 의해 소산되는 에너지로부터 산정되는 등가점성감쇠

- 유효강성 : 면진시스템의 수평력을 그에 상응하는 수평변위로 나눈 값
- 유효지반가속도 : 지진하중을 산정하기 위한 기반암의 지반운동 수준으로 유효수평지반가속도와 유효수직지반가속도로 구분
- 응답스펙트럼 : 지반운동에 대한 단자유도 시스템의 최대응답을 고유주기 또는 고유진동수의 함수로 표현한 스펙트럼
- 위험물 : 유해화학물질관리법 또는 산업안전보건법에 따라 건강장해물질, 환경유해성 물질 또는 물리적 위험물로 분류되어 일반 대중의 안전에 위협을 미칠 수 있는 물질
- 이중골조방식 : 지진력의 25% 이상을 부담하는 연성모멘트골조가 전단벽이나 가새골조와 조합되어 있는 구조방식
- 전단벽 : 벽면에 평행한 횡력을 지지하도록 설계된 벽
- 전단벽 – 골조상호작용시스템 : 전단벽과 골조의 상호작용을 고려하여 강성에 비례하여 지진력을 저항하도록 설계되는 전단벽과 골조의 조합구조시스템
- 중간모멘트골조 : 연성모멘트골조의 일종으로서 중연성도의 연성능력을 가지도록 설계된 모멘트골조
- 중심가새골조 : 트러스메카니즘에 의하여 부재의 축력에 의하여 횡하중을 저항하는 가새골조
- 중요도계수 : 건축물의 중요도에 따라 지진응답계수를 증감하는 계수 (표 2.2-1), I_E
- 재현주기 : 지진과 같은 자연재해가 특정한 크기 이상으로 발생할 주기를 확률적으로 계산한 값으로, 일년 동안에 특정한 크기 이상의 자연재해가 발생할 확률의 역수
- 지반종류 : 지반의 지진증폭특성을 나타내기 위해 분류하는 지반의 종류(표 4.1-1)
- 지반증폭계수 : 기반암의 스펙트럼 가속도에 대한 지표면의 스펙트럼 가속도의 증폭비율
- 지진구역 : 유사한 지진위험도를 갖는 행정구역 구분으로서 지진구역I, 지진구역II로 구분
- 지진구역계수 : 지진구역I과 지진구역II의 기반암 상에서 평균재현주기 500년 지진의 유효수평지반가속도를 중력가속도 단위로 표현한 값, Z
- 지진력 : 지진운동에 의한 구조물의 응답에 대하여 구조물과 그 구성요소를 설계하기 위하여 결정된 힘
- 지진력저항시스템 : 지진력에 저항하도록 구성된 구조시스템
- 지진위험도 (=지진재해도) : 내진설계의 기초가 되는 지진구역을 설정하기 위하여 과거의 지진기록과 지질 및 지반특성 등을 종합적으로 분석하여 산정한 지진재해의 연초과 발생빈도
- 지진위험지도 (=지진재해지도) : 내진설계 등에 활용하기 위하여 정밀한 지진위험도(또는 지진재해도) 분석 결과를 표시한 지도로서 정의된 재현주기 또는 초과확률 내에서 지리적 영역에 걸쳐 예상되는 유효지반가속도를 등고선의 형태로 나타낸 지도

- 지진응답계수 : 식 (7.2-2) ~ 식 (7.2-5)에 따라 결정된 계수, C_s
- 지진하중 : 지진에 의한 지반운동으로 구조물에 작용하는 하중
- 총 설계변위 : 비틀림에 의한 추가변위를 포함한 면진시스템의 설계지진 시 횡변위
- 총 최대변위 : 비틀림에 의한 추가변위를 포함한 면진시스템의 최대고려지진 시 횡변위
- 최대변위 : 면진시스템의 강성중심에서 구한 최대고려지진 시 횡변위
- 최대응답 : 응답의 절대값의 최댓값
- 최대지반가속도 : 지진에 의한 진동으로 특정위치에서의 지반이 수평 2방향 또는 수직방향으로 움직인 가속도의 절대값의 최댓값
- 층간변위 : 인접층 사이의 상대수평변위
- 층간변위각 : 층간변위를 층 높이로 나눈 값
- 층지진하중 : 밑면 전단력을 건축물의 각 층별로 분포시킨 하중
- 편심가새골조 : 경사가새가 설치되어 가새부재 양단부의 한쪽 이상이 보 – 기둥 접합부로부터 약간의 거리만큼 떨어져 보에 연결되어 있는 가새골조. 중심가새골조에 비하여 연성능력을 향상시킬 수 있음.
- 특수모멘트골조 : 연성모멘트골조의 일종으로서 고연성도의 연성능력을 가지도록 설계된 모멘트골조
- 필로티구조 : 건축물 상층부는 내력벽이나 가새골조등 강성과 강도가 매우 큰 구조로 구성되어 있으나, 하층부는 개방형 건축공간을 위하여 대부분의 수직재가 기둥으로 구성되어 내진성능이 크게 저하될 수 있는 구조
- 활성단층 : 지난 11,000년(충적세) 동안 지진활동의 지질학적 증거나 역사적으로 연평균 1mm 이상의 미끄러짐이 있는 단층

7 KDS 41 20 00 건축물 기초구조 설계기준

- 강재말뚝 : 강관말뚝 또는 H형강말뚝
- 기성말뚝 : 공장에서 미리 제작된 콘크리트말뚝
- 기초 : 기초판과 지정 등을 뜻하며, 상부구조에 대응하여 부를 때는 기초구조라고하기도 한다.
- 나무말뚝 : 생나무로 다듬어 만든 말뚝
- 독립기초 : 기둥으로부터의 축력을 독립으로 지반 또는 지정에 전달토록 하는 기초
- 마찰말뚝 : 지지력의 대부분을 주면의 마찰로 지지하는 말뚝

- 말뚝 : 기초판으로부터의 하중을 지반에 전달하도록 하기 위하여 기초판 아래의 지반 중에 만들어진 기둥 모양의 지정지반에 전달하도록 하는 형식의 기초
- 말뚝전면복합기초 : 병용기초 중 직접기초와 말뚝기초가 복합적으로 상부구조를 지지하는 기초형식
- 병용기초 : 서로 다른 기초를 병용한 기초형식의 총칭
- 말뚝의 극한지지력 : 말뚝이 지지할 수 있는 최대의 수직방향 하중
- 말뚝의 허용지내력 : 말뚝의 허용지지력 내에서 침하 또는 부등침하가 허용한도 내로 될 수 있게 하는 하중
- 말뚝의 허용지지력 : 말뚝의 극한지지력을 안전율로 나눈 값
- 매입말뚝 : 기성말뚝의 전장을 굴착한 지반 속에 매입한 말뚝
- 복합기초 : 2개 또는 그 이상의 기둥으로부터의 응력을 하나의 기초판을 통해 지반 또는 지정에 전달토록 하는 기초
- 부마찰력 : 지지층에 근입된 말뚝의 주위 지반이 침하하는 경우 말뚝 주면에 하향으로 작용하는 마찰력
- 분사현상 : 모래층에서 수압차로 인하여 모래입자가 부풀어 오르는 현상. 보일링
- 사운딩 : 로드에 연결한 저항체를 지반 중에 삽입하여 관입, 회전 및 인발 등에 대한 저항으로부터 지반의 성상을 조사하는 방법
- 성능설계법 : 건축구조물 등을 설정한 외력에 대해 사용한계상태, 손상한계상태, 극한한계상태에서의 소요성능을 만족하도록 설계하는 방법
- 슬라임 : 지반을 천공할 때 공벽 또는 공저에 모인 흙의 찌꺼기
- 액상화현상 : 물에 포화된 느슨한 모래가 진동, 충격 등에 의하여 간극수압이 급격히 상승하기 때문에 전단저항을 잃어버리는 현상
- 연성(軟性)옹벽 : 옹벽 전면이 여러 개의 콘크리트 판, 블록, 돌망태, 자연석등의 형태로 구성되어 있고 배면에는 인장력이 강한 보강재(Geogrid, Strap 등)로 저항하거나 자중에 의하여 토압에 저항하며 각각의 구성요소가 횡 토압에 대하여 독립된 변형 거동을 하는 옹벽구조
- 온통기초 : 상부구조의 광범위한 면적 내의 응력을 단일 기초판으로 연결하여 지반 또는 지정에 전달하도록 하는 기초
- 원위치시험 : 대상 현장의 위치에서 지표 또는 보링공 등을 이용하여 지반의 특성을 직접 조사하는 시험
- 융기현상 : 연약한 점성토 지반에서 땅파기 외측의 흙의 중량으로 인하여 땅파기 된 저면이 부풀어 오르는 현상. 히빙
- 이음말뚝 : 2개 이상의 동종말뚝을 이음한 말뚝

- 접지압 : 직접기초에 따른 기초판 또는 말뚝기초에서 선단과 지반 간에 작용하는 압력
- 줄기초, 연속기초 : 벽 또는 일련의 기둥으로부터의 응력을 띠모양으로 하여 지반 또는 지정에 전달토록 하는 기초
- 지반의 개량 : 지반의 지지력 증대 또는 침하의 억제에 필요한 토질의 개선을 목적으로 흙다짐, 탈수 및 환토 등으로 공학적 능력을 개선시키는 것
- 지반의 극한지지력 : 구조물을 지지할 수 있는 지반의 최대저항력
- 지반의 허용지지력 : 지반의 극한지지력을 안전율로 나눈 값
- 지정 : 기초판을 지지하기 위하여 그보다 하부에 제공되는 자갈, 잡석 및 말뚝 등의 부분
- 지지말뚝 : 연약한 지층을 관통하여 굳은 지반이나 암층까지 도달시켜 지지력의 대부분을 말뚝 선단의 저항으로 지지하는 말뚝
- 직접기초 : 기둥이나 벽체의 밑면을 기초판으로 확대하여 상부구조의 하중을 지반에 직접 전달하는 기초형식으로서 기초판 저면지반의 전단저항력으로 하중을 지지한다. 일반적으로 기초판의 두께가 기초판의 폭보다 크지 않으며 독립기초, 줄기초, 복합기초, 온통기초 등이 있다.
- 측압 : 수평방향으로 작용하는 토압과 수압
- 케이슨 : 지반을 굴삭하면서 중공대형의 구조물을 지지층까지 침하시켜 만든 기초형식구조물의 지하부분을 지상에서 구축한 다음 이것을 지지층까지 침하시켰을 경우의 지하부분
- 타입말뚝 : 기성말뚝의 전장을 지반 중에 타입 또는 압입한 말뚝
- 허용지내력 : 지반의 허용지지력 내에서 침하 또는 부등침하가 허용한도 내로 될 수 있게 하는 하중
- 현장타설콘크리트말뚝 : 지반에 구멍을 미리 뚫어놓고 콘크리트를 현장에서 타설하여 조성하는 말뚝
- 흙막이구조물 : 땅파기에 있어 지반의 붕괴 및 주변의 침하, 위험 등을 방지하기 위하여 설치하는 구조물
- 흙파기 : 구조물의 기초 또는 지하 부분을 구축하기 위하여 행하는 지반의 굴삭

8 KDS 41 30 00 건축물 콘크리트구조 설계기준

- 적합비틀림(compatibility torsion) : 균열의 발생 후 비틀림모멘트의 재분배가 일어날 수 있는 비틀림, 재분배된 비틀림모멘트가 다른 하중 전달 경로에 의하여 지지될 수 있는 경우를 가리킴, 비틀림거동에 대한 부정정구조물에서 비틀림모멘트가 다른 위치로 재분배될 수 있어서 비틀림 모멘트를 일정한 값만 고려하는 경우에 해당하는 비틀림 작용

9 KDS 41 30 00 건축물 콘크리트구조 설계기준

- 갈고리 : 철근의 정착 또는 겹침이음을 위해 철근 끝을 구부린 부분 철근의 끝부분을 180°, 135°, 90° 등의 각도로 구부려 만듦
- 강도감소계수 : 재료의 설계기준강도와 실제 강도와의 차이, 부재를 제작 또는 시공할 때 설계도와의 차이, 그리고 부재강도의 추정과 해석에 관련된 불확실성을 고려하기 위한 안전계수
- 강성역 : 구조체 내부에서 다른 부분에 비해 변형을 무시할 수 있는 부분으로 강체로 볼 수 있는 범위
- 강재심부 : 합성기둥의 단면 중앙부에 배치된 구조강재
- 건조수축 : 콘크리트는 습기를 흡수하면 팽창하고 건조하면 수축하게 되는데, 이와 같이 습기가 증발함에 따라 콘크리트가 수축하는 현상
- 경계부재 : 축방향 철근과 횡방향 철근으로 보강된 벽이나 격막의 가장자리 부분(경계부재의 두께를 벽이나 격막의 두께보다 반드시 크게 할 필요는 없으며, 0520.6.6 또는 0520.7.8의 조건에 해당할 경우 벽과 격막의 개구부 가장자리 부분에 경계부재를 두어야 한다)
- 경량콘크리트 : 0502.2.1의 규정을 따르는 경량골재로 만든 경량콘크리트 또는 모래경량콘크리트(구조용 경량콘크리트)
- 계수하중 : 강도설계법으로 부재를 설계할 때 사용하중에 하중계수를 곱한 하중
- 고성능 감수제 : 감수제의 일종으로 소요의 작업성을 얻기 위해 필요한 단위수량을 감소시키고, 유동성을 증진시킬 목적으로 사용하는 혼화재료
- 고정하중 : 구조물의 수명기간 중 상시 작용하는 하중으로서 자중은 물론 벽, 바닥, 지붕, 천장, 계단 및 고정된 사용 장비 등을 포함한 하중
- 곡률마찰 : 긴장재를 곡선 배치한 경우 그 곡률에 의해 생기는 마찰
- 공칭강도 : 강도설계법의 규정과 가정에 따라 계산된 부재 또는 단면의 강도를 말하며, 강도감소계수를 적용하기 이전의 강도

- 구조격막 : 바닥이나 지붕 슬래브와 같은 관성력을 수평력 저항부재에 전달하는 구조부재
- 구조물의 밑면 : 지진이 구조물에 직접 가력된다고 보는 수평면(지표면과 반드시 일치하지 않을 수 있음)
- 구조벽 : 외력에 의한 축력, 전단력, 휨모멘트, 비틀림모멘트 등의 조합력을 받을 수 있는 벽. 전단벽은 구조벽의 하나로서 다음과 같이 분류함.
  (1) 보통철근콘크리트구조벽 : 0501에서 0516의 요구사항들을 만족시키는 벽
  (2) 보통무보강콘크리트구조벽 : 0518의 요구사항들을 만족시키는 벽
  (3) 특수철근콘크리트구조벽 : 0503, 0507 및 0520.1 과 0520.7의 요구사항들을 만족하고 또한 보통철근콘크리트구조벽에 대한 요건들을 만족하는 현장치기 콘크리트구조벽
- 구조용 경량콘크리트 : 골재의 전부 또는 일부를 인공경량골재를 사용하여 만든 콘크리트로서 재령 28일의 설계기준강도가 15MPa 이상이며, 기건 단위질량이 2,000kg/m³ 미만인 콘크리트
- 구조용 콘크리트 : 재령 28일의 설계기준강도가 18MPa 이상인 콘크리트
- 구조트러스 : 주로 축력을 받는 철근콘크리트 부재의 조립체
- 굽힘철근 : 구부려 올리거나 또는 구부려 내린 부재 길이방향으로 배치된 철근
- 균형철근비 : 인장철근이 설계기준항복강도에 도달함과 동시에 압축연단 콘크리트의 변형률이 그 극한변형률에 도달하는 단면의 인장철근비
- 기계적 정착 : 철근 또는 긴장재의 끝부분에 여러 형태의 정착장치를 설치하여 콘크리트에 정착하는 것
- 기둥 : 지붕, 바닥 등의 상부 하중을 받아서 토대 및 기초에 전달하고 벽체의 골격을 이루는 수직 구조체
- 기둥머리 : 2방향 슬래브인 플랫 슬래브나 플랫 플레이트를 지지하는 기둥의 상단에서 단면적이 증가된 부분
- 기둥밑판 : 기둥 아랫부분에 붙이는 강재판
- 긴장재 : 단독 또는 몇 개의 다발로 사용되는 프리스트레싱 강선, 강봉, 강연선
- 긴장재의 릴랙세이션 : 긴장재에 인장력을 주어 변형률을 일정하게 하였을 때 시간의 경과와 함께 일어나는 응력의 감소
- 깊은보 : 순경간 l_n이 부재깊이의 4배 이하이거나 하중이 받침부로부터 부재깊이의 2배 거리 이내에 작용하는 보, 0506.3.4와 0507.8.1 참조
- 나선철근 : 기둥에서 종방향 철근을 나선형으로 둘러싼 철근 또는 철선
- 내력벽 : 공간을 구획하기 위하여 쓰이는 수직방향의 부재로서 기둥 대신 중력방향의 힘에 견디거나 힘을 전달하기 위한 벽체

- 내진갈고리 : 철근 지름의 6배 이상(또한 75mm 이상)의 연장길이를 가진(최소) 135˚갈고리로 된 스터럽, 후프철근, 연결철근의 갈고리(다만 원형후프철근의 경우에는 단부에 최소 90˚의 절곡부를 가진다)
- 덕트 : 포스트텐션공법의 프리스트레스트콘크리트를 시공할 때 긴장재를 배치하기 위한 원형의 관
- 뒷부벽식 옹벽 : 옹벽의 안정 또는 강도를 보강하기 위하여 옹벽의 토압을 받는 쪽에 지지벽을 갖는 철근콘크리트 옹벽
- 등가묻힘길이 : 갈고리 또는 기계적 정착장치가 전달하는 응력과 동등한 응력을 전달할 수 있는 철근의 묻힘길이
- 띠철근 : 기둥에서 종방향 철근의 위치를 확보하고 전단력에 저항하도록 정해진 간격으로 배치된 횡방향의 보강철근 또는 철선
- 라멘 : 여러 개의 직선부재를 강절로 연결한 구조
- 레디믹스트 콘크리트 : 정비된 콘크리트 제조설비를 갖춘 공장에서 생산되어 굳지 않은 상태로 운반차에 의하여 구입자에게 공급되는 굳지 않은 콘크리트
- 리브 쉘 : 리브선을 따라 리브를 배치하고, 그 사이를 얇은 슬래브로 채우거나 또는 비워둔 쉘 구조물
- 리프트 슬래브 구조 : 지표면에서 슬래브를 시공한 후 슬래브 콘크리트가 굳은 후에 기둥을 따라 제자리에 들어 올려 조립하여 만드는 슬래브 구조
- 면외좌굴 : 트러스나 비교적 높이가 큰 보 등의 구조물이 구조물을 포함하는 평면 내의 하중을 받는 경우에 그 변위가 구조물을 포함하는 평면 밖으로(트러스의 복부 부재나 보의 복부판을 포함하는 면에 수직한 방향) 생기는 좌굴
- 모래경량콘크리트 : 잔골재로 자연산 모래를 사용하고, 굵은골재로는 경량골재를 사용하여 만든 콘크리트
- 모멘트골조 : 부재와 접합부가 휨모멘트, 전단력, 축력에 저항하는 골조. 다음과 같이 분류함.
  (1) 보통모멘트골조 : 0501에서 0516의 요구사항들을 만족시키는 현장치기 철근콘크리트 모멘트골조나 프리캐스트콘크리트 모멘트골조
  (2) 중간모멘트골조 : 통모멘트골조에 대한 요구사항뿐만 아니라 0520.3의 요구사항들을 만족하는 모멘트골조
  (3) 특수모멘트골조 : 보통모멘트골조에 대한 요구사항들과 0520.4, 0520.5, 0520.6까지의 요구사항을 만족하는 현장치기 철근콘크리트 모멘트골조
- 무근콘크리트 : 철근이 배치되지 않았거나 이 구조기준에서 규정하고 있는 최소 철근비 미만으로 배근된 구조용 콘크리트
- 묻힘길이 : 철근이 뽑히는 것을 방지하기 위하여 위험단면으로부터 연장된 철근의 연장길이

- 박벽관 : 비틀림에 대하여 설계할 때 단면의 속이 빈 것으로 가정한 가상의 관
- 발주자 : 구조물의 설계나 시공을 의뢰하는 개인 또는 단체로서, 민간 구조물의 경우에는 건축주, 공공 구조물의 경우에는 발주기관의 장
- 배력철근 : 하중을 분포시키거나 균열을 제어할 목적으로 주철근과 직각에 가까운 방향으로 배치한 보조철근
- 배합강도 : 콘크리트의 배합을 정할 때 목표로 하는 콘크리트의 압축강도
- 버팀재 : 격막의 개구부 주위의 연속성을 유지하기 위하여 쓰이는 구조격막의 일부분
- 부분균열등급 : 프리스트레스된 휨부재의 균열 발생 가능성을 나타내는 등급의 하나로서 사용하중에 의한 인장측 연단응력 f_t 가 $0.63\sqrt{f_{ck}}$ 보다 크고 $1.0\sqrt{f_{ck}}$ 이하로서 비균열단면과 균열단면의 중간수준으로 거동하는 단면에 해당하는 등급
- 부착긴장재 : 직접 또는 그라우팅을 통하여 콘크리트에 부착된 긴장재
- 브래킷과 내민받침 : 유효깊이에 대한 전단경간의 비가 1보다 크지 않은 내민보 또는 내민받침 부재
- 비균열등급 : 프리스트레스된 휨부재에서 사용하중에 의한 인장측 연단응력 f_t 가 $0.63\sqrt{f_{ck}}$ 이하로서 균열이 발생하지 않는 단면
- 비내력벽 : 자중 이외의 다른 하중을 받지 않는 벽체
- 비탄성해석 : 평형조건, 콘크리트와 철근의 비선형 응력-변형률 관계, 균열과 시간이력에 따른 영향, 변형 적합성 등을 근거로 한 변형과 내력의 해석법
- 비틀림단면 : 비틀림에 저항하는 유효단면의 보가 슬래브와 일체로 되거나 완전한 합성구조로 되어 있을 때, 보가 슬래브의 위 또는 아래로 내민 깊이 중 큰 깊이만큼을 보의 양측으로 연장한 슬래브 부분을 포함한 단면으로서 보의 한 측으로 연장되는 거리를 슬래브 두께의 4배 이하로 한 단면 0510.3.1(4) 참조
- 비틀림철근 : 비틀림모멘트가 크게 일어나는 부재에서 이에 저항하도록 배치하는 철근
- 비횡구속골조 : 횡방향의 층 변위가 구속되지 않은 골조, 0506. 5.2(4) 참조
- 사용하중 : 고정하중 및 활하중과 같이 이 기준에서 규정하는 각종 하중으로서 하중계수를 곱하지 않은 하중
- 설계강도 : 구조체 또는 부재의 공칭강도에 강도감소계수 ϕ를 곱한 강도
- 설계대 : 2차원 면 부재인 슬래브의 설계를 단순화하기 위하여 슬래브를 일정한 간격으로 나누어 구획한 슬래브, 0510.3.1(2),(3) 참조
- 설계변위 : 내진설계에서 설계지진에 대하여 예상되는 전체 횡변위
- 설계하중 : 부재를 설계할 때 적용되는 계수하중

- 설계하중조합 : 0503.3.2에서 규정한 계수하중의 조합
- 쉘의 보조부재 : 쉘을 보강하거나 지지하기 위한 리브 또는 테두리보. 일반적으로 보조부재는 쉘과 결합하여 거동함
- 소요강도 : 철근콘크리트 부재가 사용성과 안전성을 만족할 수 있도록 요구되는 단면의 단면력
- 수집재 : 격막 내의 관성력을 수평력 저항시스템 부재에 전달하는 부재
- 수축 · 온도철근 : 건조수축 또는 온도변화에 의하여 콘크리트에 발생하는 균열을 방지하기 위한 목적으로 배치되는 철근
- 수평력저항시스템 : 풍하중 또는 지진하중 등 수평하중에 저항하도록 배치된 부재 또는 시스템
- 수평전단 : 부재축과 나란한 방향으로 발생하는 전단
- 스터럽 : 보의 주철근을 둘러싸고 이에 직각이 되게 또는 경사지게 배치한 복부 보강근으로서 전단력 및 비틀림모멘트에 저항하도록 배치한 보강철근
- 슬래브 판 : 모든 변에서 기둥, 보 또는 벽체 중심선에 의해 구획되는 판으로서 설계할 때 축력의 영향을 무시할 수 있는 부재
- 스프링잉 : 아치 부재의 양단부
- 아치리브 : 아치구조물에서 아치를 보강하기 위하여 일정한 간격으로 배치되는 뼈대
- 아치의 세장비 : 아치의 유효경간을 단면의 최소 회전반지름으로 나눈 값
- 아치의 축선 : 아치 단면의 도심을 연결한 축선
- 압축대 : 주압축응력이 작용하는 콘크리트 부재 내부의 경로로서 폭이 일정한 스트럿이나 중앙부에 폭이 넓은 병모양으로 이루어진 스트럿-타이 모델의 압축부재
- 압축지배단면 : 공칭강도에서 최외단 인장철근의 순인장변형률이 압축지배변형률 한계 이하인 단면. 0506.2.2 참조
- 압축철근비 : 콘크리트의 유효단면적에 대한 압축철근 단면적의 비
- 앞부벽식 옹벽 : 흙과 접하지 않는 쪽에 옹벽의 안정 또는 강도를 확보하기 위하여 지지벽을 갖는 철근콘크리트 옹벽
- 앵커 : 기초 또는 콘크리트 구조체에 주각, 기둥 등 다른 부재를 정착하기 위하여 묻어두는 볼트 등을 말하며, 또는 그를 묻어 두는 일
- 얇은 쉘 : 두께가 다른 치수에 비해 작은 곡면 슬래브나 절판으로 이루어진 3차원 구조물(얇은 쉘은 기하학적인 형태, 지지 방법 및 작용응력의 성질에 의해 3차원 응력전달 거동이 결정되는 특성을 갖고 있다)

- 연결재 : 관성력을 전달하거나 또는 기초나 벽 등 건물을 구성하고 있는 부분이 분리되는 것을 방지하기 위해 사용되는 부재
- 연결철근 : 기둥단면에서 외곽타이 안에 외배치되는 띠철근으로서 한쪽 끝에서는 적어도 지름의 6배 이상의 연장길이(또한 75mm 이상)를 갖는 135°갈고리가 다른 끝에서는 적어도 지름의 6배 이상의 연장길이를 갖는 90°갈고리가 있는 철근(갈고리는 주위의 종방향 철근을 감싸야 하고, 동일한 종방향 철근에 고정된 2개의 연속철근의 90°갈고리는 그 끝이 반대 방향으로 되도록 엇갈려 배치하여야 한다)
- 연직하중 : 고정하중이나 활하중과 같이 구조물에 중력방향으로 작용하는 하중(중력하중이라고도 한다)
- 옵셋굽힘철근 : 상하 기둥 연결부에서 단면치수가 변하는 경우에 배치되는 구부린 주철근
- 완전균열등급 : 프리스트레스된 휨부재의 균열 발생 가능성을 나타내는 등급의 하나로서 사용하중에 의한 인장측 연단응력 f_t 가 $1.0\sqrt{f_{ck}}$ 를 초과하여 균열이 발생하는 단면에 해당하는 등급
- 원형철근 : 표면에 리브 또는 마디 등의 돌기가 없는 원형단면의 봉강으로서 KS D 3504(철근콘크리트용 봉강)에 규정되어 있는 철근
- 유효깊이 : 콘크리트 압축연단부터 모든 인장철근군의 도심까지의 거리
- 유효단면적 : 유효깊이에 유효폭을 곱한 면적
- 유효인장력 : 프리스트레스를 준 후 긴장재 응력의 릴랙세이션, 콘크리트의 크리프와 건조수축 등의 영향으로 프리스트레스 손실이 완전히 끝난 후 긴장재에 작용하고 있는 인장력
- 유효 프리스트레스 : 모든 응력 손실이 끝난 후의 긴장재에 남는 응력(다만 고정하중과 활하중의 영향은 제외)
- 응력 : 부재의 단면에서 단위면적에 발생하는 내력의 크기
- 2방향슬래브 : 직교하는 두 방향 휨모멘트를 전달하기 위하여 주철근이 배치된 슬래브
- 이형철근 : 표면에 리브와 마디 등의 돌기가 있는 봉강으로서 KS D 3504(철근콘크리트용 봉강)에 규정되어 있는 철근 또는 이와 동등한 품질과 형상을 가지는 철근
- 인장지배단면 : 공칭강도에서 최외단 인장철근의 순인장변형률이 인장지배 변형률 한계 이상인 단면. 0506.2.2 참조
- 인장철근비 : 콘크리트의 유효단면적에 대한 인장철근 단면적의 비
- 인장타이 : 스트럿-타이 모델에서 주인장력 경로로 선택되어 철근이나 긴장재가 배치되는 인장부재
- 1방향슬래브 : 한 방향으로만 주철근이 배치된 슬래브

- 장선구조 : 슬래브를 지지하는 작은 보 구조시스템으로서, 장선의 폭은 100mm 이상, 깊이는 장선 최소 폭의 3.5배 이하이고, 장선사이의 순간격은 750mm 이하이며 2방향으로 장선이 배치된 경우를 2방향 장선구조 또는 와플(waffle)구조라고 함
- 장주효과 : 기둥의 횡방향 변위와 축력으로 인한 2차 휨모멘트가 무시할 수 없는 크기로 발생하여 선형탄성 구조해석에 의한 휨모멘트보다 더 큰 휨모멘트가 기둥에 작용하는 효과. 장주효과가 과도한 경우 좌굴이 발생함. 장주효과의 해석을 수행할 때에는 재료 비선형성, 균열, 부재곡률, 횡이동, 재하기간, 건조수축과 크리프, 지지부재와의 상호작용을 고려하여야 함
- 재킹력 : 프리스트레스트콘크리트에 있어서 긴장재에 인장력을 도입할 때 잭에 의해 콘크리트에 가해지는 일시적인 힘
- 적합비틀림 : 균열의 발생 후 비틀림모멘트의 재분배가 일어날 수 있는 비틀림(재분배된 비틀림모멘트가 다른 하중 전달 경로에 의하여 지지될 수 있는 경우를 가리킨다.). 비틀림거동에 대한 부정정구조물에서 비틀림모멘트가 다른 위치로 재분배될 수 있어서 비틀림모멘트를 일정한 값만 고려하는 경우에 해당하는 비틀림 작용
- 전경량콘크리트 : 잔골재와 굵은골재 전부를 경량골재로 대체하여 만든 콘크리트
- 전단머리 : 보가 없는 2방향슬래브 시스템에서 전단보강을 위하여 기둥 상부의 슬래브 내에 배치하는 보강재
- 전단면 : 전단력이 작용하는 면으로서 균열면 또는 전단력에 의해 균열이 일어날 가능성이 있는 면
- 전단보강근 : 전단력에 저항하도록 배치한 철근
- 전도 : 저판 끝단을 기준으로 작용하는 수평력에 의한 휨모멘트(전도휨모멘트)가 연직력에 의한 휨모멘트(저항휨모멘트)를 초과하여 옹벽 및 벽체 등이 넘어지려는 현상
- 온통기초 : 건축물 또는 구조물의 밑바닥 전부를 기초판으로 구성한 기초
- 절판 : 얇은 평면 슬래브들을 굽혀 긴 경간을 지지할 수 있도록 만든 판 구조
- 접속장치 : 긴장재와 긴장재 또는 정착장치와 정착장치를 접속시키는 장치
- 정착길이 : 위험단면에서 철근의 설계기준항복강도를 발휘하는데 필요한 최소묻힘길이
- 정착장치 : 긴장재의 끝부분을 콘크리트에 정착시켜 프리스트레스를 부재에 전달하기 위한 장치
- 조립용철근 : 철근을 조립할 때 철근의 위치를 확보하기 위하여 사용하는 보조철근
- 종방향 철근 : 부재에 길이방향으로 배치한 철근
- 좌굴 : 압축력을 받는 기둥 또는 판부재가 안정성에 의해 파괴되는 현상
- 주각 : 기초 위에 돌출된 압축부재로서 단면의 평균 최소치수에 대한 높이의 비율이 3 이하인 부재

- 주열대 : 2방향 슬래브에서 기둥과 기둥을 잇는 슬래브의 중심선에서 양측으로 각각 $0.25l_1$과 $0.25l_2$ 중에서 작은 값과 같은 폭을 갖는 설계대. 보가 있는 경우 주열대는 그 보를 포함함
- 주철근 : 주된 단면력이 작용하는 방향으로 휨모멘트와 축력에 저항하기 위하여 배치하는 철근
- 중간대 : 2방향 슬래브에서 2개의 주열대 사이에 구획된 설계대
- 지반지지력 : 지반이 지지할 수 있는 힘의 크기
- 지속하중 : 장기간에 걸쳐서 지속적으로 작용하는 하중
- 지압강도 : 하중이 가해지는 면적에 대한 지지면 콘크리트의 압축강도
- 지진하중 : 지각변동으로 인해 발생하는 지진에 의해 구조물에 작용하는 힘
- 책임구조기술자 : 구조물에 대한 전문적인 지식, 풍부한 경험과 식견을 가진 구조기술사 또는 동등 이상의 자격을 갖춘 전문가로서, 이 구조기준에 따라 구조물의 구조 설계 및 구조 검토, 구조 감리, 안전진단 등 관련 업무를 책임지고 수행할 수 있는 능력을 가진 기술자(0106 참고)
- 철근콘크리트 : 외력에 대해 철근과 콘크리트가 일체로 거동하게 하고, 규정된 최소 철근량 이상으로 철근을 배치한 콘크리트
- 철근의 설계기준항복강도 : 철근콘크리트 부재를 설계할 때 기준이 되는 철근의 항복강도
- 침하 : 지반, 말뚝 등이 내려앉는 현상
- 캔틸레버식 옹벽 : 벽체에 널말뚝이나 부벽이 연결되어 있지 않고 저판 및 벽체만으로 토압을 받도록 설계된 철근콘크리트 옹벽
- 콘크리트용 순환골재 : 폐콘크리트의 파쇄 · 처리를 거쳐 생산된 재생골재 중에서 국토교통부장관이 정한 콘크리트용 품질기준을 만족하는 골재
- 콘크리트 설계기준압축강도 : 콘크리트 부재를 설계할 때 기준이 되는 콘크리트의 압축강도
- 크리프 : 지속하중으로 인하여 콘크리트에 일어나는 장기변형 [기본크리프(basic creep)와 건조크리프(drying creep)로 분류함]
- 탄성계수 : 재료의 비례한도 이하의 변형률에 대응하는 인장 또는 압축응력의 비(0503.4.3.1 참조), 콘크리트의 탄성계수는 크게 할선탄성계수 E_c(식(0503.4.1))과 초기접선탄성계수 E_{ci}(식(0502.2. 18))로 구분되며, 할선탄성계수를 간단히 탄성계수라고도 함. 강재의 경우 철근의 탄성계수 E_s(식(0503.4.5))와 프리스트레싱강재 E_{ps}(식(0503.4.6)) 및 형강 E_{ss}(식(0503.4.7.))로 구분함
- 특수경계요소 : 0520.6.6에 따르는 경계요소

- T형단면 : 보와 슬래브가 일체로 타설된 경우 슬래브가 양쪽 플랜지를 이루는 보의 단면(한쪽으로만 플랜지를 이루는 보는 반 T형 단면(half T-beam)이라 함.)
- 파상마찰 : 프리스트레스트콘크리트에 있어서 덕트관이 소정의 위치로부터 약간 어긋남으로써 일으키는 마찰
- 평형비틀림 : 비틀림모멘트의 재분배가 일어날 수 없는 비틀림
- 포스트텐셔닝 : 콘크리트가 굳은 후에 긴장재를 인장하고 그 끝부분을 콘크리트에 정착시켜서 프리스트레스를 부재에 도입시키는 방법
- 표준갈고리를 갖는 철근의 정착길이 : 위험단면(철근의 항복강도가 도달되어야 할 단면)과 90°갈고리의 외단 간의 최단길이
- 표피철근 : 전체 깊이가 900mm를 초과하는 휨부재 복부의 양 측면에 부재 축방향으로 배치하는 철근
- 풍하중 : 바람에 의하여 구조물에 작용하는 하중
- 프리스트레스 : 외력에 의하여 일어나는 인장응력을 소정의 한도로 상쇄할 수 있도록 미리 콘크리트에 도입된 응력
- 프리스트레스 도입 : 긴장재의 인장력을 콘크리트에 전달하기 위한 조작
- 프리스트레스 압축인장역 : 프리스트레싱을 하는 동안에 압축응력을 받았던 단면이 그 후 외부에서 작용한 하중에 의해 인장응력을 받게 되는 부분
- 프리스트레스 힘 : 프리스트레싱에 의하여 부재의 단면에 작용하고 있는 힘
- 프리스트레스트콘크리트 : 외력에 의하여 발생하는 응력을 소정의 한도까지 상쇄할 수 있도록 미리 계획적으로 압축력을 작용시킨 콘크리트. PS콘크리트 또는 PSC라고 약칭하기도 함
- 프리스트레싱 : 프리스트레스를 주는 일
- 프리스트레싱 강재 : 프리스트레스를 주기 위하여 쓰이는 강재
- 프리캐스트 콘크리트 : 콘크리트가 굳은 후에 제자리에 옮겨 놓거나 또는 조립하는 콘크리트 부재
- 프리텐셔닝 : 긴장재를 먼저 긴장한 후에 콘크리트를 치고 콘크리트가 굳은 다음 긴장재에 가해 두었던 인장력을 긴장재와 콘크리트의 부착에 의해서 콘크리트에 전달시켜 프리스트레스를 주는 방법
- 플랫슬래브 : 보 없이 지판에 의해 하중이 기둥으로 전달되며, 2방향으로 철근이 배치된 콘크리트 슬래브
- 플랫플레이트 : 보나 지판이 없이 기둥으로 하중을 전달하는 2방향으로 철근이 배치된 콘크리트 슬래브
- 피복두께 : 콘크리트 표면과 그에 가장 가까이 배치된 철근 표면 사이의 콘크리트 두께
- 하중 : 구조물 또는 부재에 응력 및 변형을 발생시키는 일체의 작용

- 하중계수 : 하중의 공칭값과 실제 하중 사이의 불가피한 차이 및 하중을 작용 외력으로 변환시키는 해석상의 불확실성, 환경작용 등의 변동을 고려하기 위한 안전계수
- 하중조합 : 구조물 또는 부재에 동시에 작용할 수 있는 각종 하중의 조합
- 합성구조 : 하나의 구조부재에 서로 다른 단일 재료를 두 가지 이상 합성하여 사용한 구조형식
- 합성콘크리트 압축부재 : 구조용 강재, 강관 또는 튜브로 축방향을 보강한 압축부재(종방향 철근은 사용할 수도 있고 사용하지 않을 수도 있다)
- 합성콘크리트 휨부재 : 현장이 아닌 곳에서 만들어진 프리캐스트 부재와 현장치기 콘크리트 요소로 구성되는 휨부재로서 그 요소가 하중에 대해서 일체가 되어 움직이도록 결합된 부재
- 현부재 : 트러스 상하 현부재와 유사하게 구조격막의 가장자리에서 압축 및 인장부재 역할을 담당하는 구조요소
- 확대기초판 : 상부 수직하중을 하부 지반에 분산시키기 위해 밑면을 확대시킨 철근콘크리트판
- 확대휨모멘트 : 세장한 부재에서 변형을 고려하여 계산한 증가된 휨모멘트
- 활동 : 흙에서 전단파괴가 일어나서 어떤 연결된 면을 따라서 엇갈림이 생기는 경우
- 활동방지턱 : 옹벽의 활동을 일으키는 수평하중에 충분히 저항할 만큼 큰 수동토압을 일으키기 위해 저판 아래에 만드는 턱
- 활하중 : 풍하중, 지진하중과 같은 환경하중이나 고정하중을 포함하지 않고, 건물이나 다른 구조물의 사용 및 점용에 의해 발생되는 하중으로서 사람, 가구, 이동칸막이, 창고의 저장물, 설비기계 등의 하중과 적설하중 또는 교량 등에서 차량에 의한 하중
- 횡하중 : 풍하중, 지진하중, 횡방향 토압 또는 유체압과 같이 수직방향 구조물에 수평으로 작용하는 하중
- 횡구속골조 : 횡방향으로의 층변위가 구속된 골조(0506.5.2.4 참조)
- 후프철근 : 폐쇄띠철근 또는 연속적으로 감은 띠철근(폐쇄띠철근은 양단에 내진갈고리를 가진 여러 개의 철근으로 만들 수 있음. 연속적으로 감은 띠철근은 그 양단에 반드시 내진갈고리를 가져야 함.)
- 휨부재 : 축력을 받지 않거나 축력의 영향을 무시할 수 있을 정도의 축력을 받는 부재로서 주로 휨모멘트와 전단력을 저항하는 부재
- 휨철근 : 휨모멘트에 저항하도록 배치하는 부재축방향의 철근

⑩ KDS 41 31 00 건축물 강구조 설계기준

- 1점 집중하중 : 부재의 플랜지에 직교방향으로 작용하는 인장력이나 압축력
- 2점 집중하중 : 부재의 한쪽 면에 1쌍으로 작용하는 동일한 힘
- 가새 : 골조에서 기둥과 기둥 간에 대각선상으로 설치한 사재로 수평력에 대한 저항부재의 하나
- 가새골조 : 횡력에 저항하기 위하여 건물골조시스템 또는 이중골조시스템에서 사용하는 중심형 또는 편심형의 수직트러스 또는 이와 동등한 구성체
- 가새실험체 : 프로토타입의 가새를 모형화하기 위하여 실험에 사용하는 단일의 좌굴방지가새
- 가우징 : 금속판의 뒷면깎기로 용접결함부의 제거 등을 위해 금속표면에 골을 파는 것
- 강도저항계수 : 공칭강도와 설계강도 사이의 불가피한 오차 또는 파괴모드 및 파괴결과가 부차적으로 유발하는 위험도를 반영하기 위한 계수, ϕ
- 강도한계상태 : 항복, 소성힌지의 형성, 골조 또는 부재의 안정성, 인장파괴, 피로파괴 등 안정성과 최대하중지지력에 대한 한계상태
- 강성 : 구조부재나 구조물의 변형에 대한 저항성으로써 적용된 하중(혹은 모멘트)에 대한 변위(혹은 회전)의 비율로 나타낼 수 있음
- 강재코어 : 좌굴방지가새골조에서 가새의 축력저항요소. 강재코어는 에너지소산을 위한 항복부와 인접요소로 축력을 전달하는 접합부를 포함
- 갭이음 : 교차하는 지강관 사이에 주강관의 면에서 간격 또는 공간이 존재하는 강관트러스이음
- 거셋플레이트 : 트러스의 부재, 스트럿 또는 가새재를 보 또는 기둥에 연결하는 판요소
- 건물사용그룹 : 제3장에 규정된 건축물 및 공작물의 점유 용도에 따른 분류
- 게이지 : 파스너 게이지선 사이의 응력 수직방향 중심간격
- 겹침이음 : 서로 평행하게 겹쳐진 두 접합부재간의 접합부
- 겹침판 : 집중하중에 대하여 내력을 향상시키기 위하여 보나 기둥에 웨브와 평행하도록 부착하는 판재
- 경계부재 : 강재단면과(또는) 수직과 수평보강근으로 보강되어 벽과 다이아프램 가장자리에 배치된 부재
- 계측휨강도 : 0722의 규정에 따라 수행된 보-기둥 실험시편에서 기둥 외주면에서 계측된 보의 휨모멘트
- 고성능강 : 일반강에 비하여 강도, 내진성능, 내후성능 등에 있어서 1개 이상의 성능이 향상된 강을 통칭
- 고정용 철근 : 합성부재 내의 철근으로 소요하중을 전달하도록 설계되지는 않았지만 다른 철근의 조립을 쉽게 하고 전단보강근을 고정시키는 앵커로 작용하는 철근. 일반적으로 이러한 고정용 철근은 연속되지 않음

- 공칭강도 : 하중효과에 저항하기 위한 구조체 혹은 구조부재의 강도(저항계수가 적용되지 않은 값)
- 공칭치수 : 단면의 특성을 산정하는데 적용되도록 인정된 치수
- 공칭하중 : 건축구조설계기준에서 규정한 하중값
- 공칭휨강도 : 구조체나 구조부재의 하중에 대한 휨저항능력으로서, 규정된 재료강도 및 부재치수를 사용하여 계산된 값
- 구속판요소 : 하중의 방향과 평행하게 양면이 직각방향의 판요소에 의해 연속된 압축을 받는 평판요소
- 구조요소 : 구조부재, 접합재, 피접합재 또는 집합체
- 구조용강재 : 건축, 토목, 선박 등의 구조재로서 이용되는 강재. 탄소함유량이 0.6% 이하의 탄소강
- 구조해석 : 구조역학의 원리에 근거하여 구조부재 또는 접합부에 작용하는 하중효과를 산정하는 것
- 국부좌굴 : 부재 전체의 파괴를 유발할 수도 있는 압축판 요소의 좌굴
- 국부크리플링 : 집중하중이나 반력에 바로 인접한 부분에서 웨브 판의 국부파괴의 한계상태
- 국부항복 : 부재의 국부적인 영역에서 발생하는 항복
- 국부휨 : 집중인장하중에 의한 플랜지변형의 한계상태
- 그루브용접 : 접합부재면에 그루브를 만들어(개선하여) 이루어지는 용접
- 극저항복점강 : 보통의 구조용강재에 비해 항복점이 매우 낮은 강재
- 극한강도 : 부재가 붕괴 또는 파괴에 달할 때의 최대하중 또는 최대응력
- 금속아크용접 : 아크의 고온을 이용하여 모재의 용접부를 가열하고 용가재 또는 용접봉을 용융시켜서 접합하는 방법
- 기둥 : 주로 축력을 저항하는 구조부재
- 기둥곡선 : 압축력을 받는 기둥의 좌굴강도와 세장비의 관계를 나타내는 곡선
- 기둥주각부 : 철골 상부구조와 기초 사이에 힘을 전달하는데 동원되는 기둥 하부의 판재, 접합재, 볼트 및 로드 등의 어셈블리를 지칭
- 끼움재, 끼움판 : 부재의 두께를 조절하기 위해 사용되는 판재
- 내진구조 : 지진하중에 대한 안전성, 사용성, 내구성 확보를 목적으로 설계, 시공된 구조물 또는 그 구조형식
- 내진기준 : 0713과 0714 및 0722를 지칭
- 내진설계범주 : 0306에 규정된 건물의 내진등급 및 설계응답스펙트럼가속도값에 의해 결정되는 내진설계상의 구분

- 내풍구조 : 강풍에 견디도록 설계된 구조
- 내화구조 : 화재에 견딜 수 있는 성능을 가진 구조로서 국토교통부령이 정하는 기준에 적합한 구조
- 내화시간 : 내화구조성능의 기준이 되며, 화재 시의 가열에 견딜 수 있는 시간. 3시간, 1시간, 30분 등으로 나누어져 있음
- 내후성강 : 적절히 조치된 고강도, 저합금강으로써 부식방지를 위한 도막 없이 대기에 노출되어 사용되는 강재
- 냉간성형 : 강판 또는 대강을 냉간으로 성형하여 제조하는 것
- 네킹 : 재료의 인장시험 시 극한하중에 도달하여 시험체가 잘록해지는 부분
- 노출형합성보 : 강재단면이 철근콘크리트에 완전히 매입되지 않으며 기계적 연결재에 의해 철근콘크리트슬래브나 합성슬래브와 합성적으로 거동하는 합성보
- 다이아프램 : 지지요소에 힘을 전달하도록 이용된 면내 전단강성과 전단강도를 갖고 있는 플레이트
- 단곡률 : 곡률에 반곡이 있는 복곡률에 반대되는 것으로서 1방향의 연속적인 원호를 그리는 변형상태
- 단부돌림 : 동일 평면상의 모서리 주변까지 연결되는 필릿용접의 길이
- 단부패널 : 한 쪽 면에만 인접하는 패널을 갖는 웨브패널
- 단순접합부 : 접합된 부재 간에 무시해도 좋을 정도로 약한 휨 모멘트를 전달하는 접합부
- 대각가새 : 골조가 수평하중에 대해 트러스거동을 통해서 저항할 수 있도록 경사지게 배치된(주로 축력이 지배적인) 구조부재
- 대각스티프너 : 기둥의 패널존의 한쪽 혹은 양쪽 웨브에서 플랜지를 향해 대각방향으로 설치된 웨브스티프너
- 대주축휨 : 비대칭단면의 주축(principle axis) 중에서 큰 값을 갖는 주축에 대한 휨
- 도급업자 : 강구조제작자 또는 강구조설치자를 지칭
- 뒤틀림 : 비틀림에 대한 전체저항 중 단면의 뒤틀림에 저항하는 부분
- 뒤틀림파단 : 각형 주강관의 사다리꼴형 뒤틀림에 근거한 강관트러스이음의 한계상태
- 뒷댐판 : 용접에서 부재의 밑에 대는 금속판으로 모재와 함께 용접됨
- 뚫림하중 : 주강관에 수직인 지강관의 하중성분
- 링크 : 편심가새골조에서, 두 대각가새단부 사이 또는 가새단부와 기둥 사이에 위치한 보의 부분을 칭함. 링크의 길이는 2가새단부 사이 또는 가새와 기둥외주면 사이의 안목거리로서 정의
- 링크전단설계강도 : 링크의 전단강도 또는 링크의 모멘트강도에 의해 발현 가능한 링크의 전단강도 중 작은 값
- 링크중간웨브스티프너 : 편심가새골조 링크 내에 설치된 수직 웨브스티프너

- 링크회전각 : 전체 층간변위가 설계층간변위에 도달했을 때, 링크와 링크 외측보 사이의 비탄성 회전각
- 마찰접합부 : 접합부의 밀착된 면에서 볼트의 조임력이 유발하는 마찰력에 의해 접합된 부재의 저항하도록 설계된 볼트접합부
- 맞댐용접 : 2개의 판 끝면을 거의 동일한 평면 내에서 맞대어 하는 용접
- 맞춤지압스티프너 : 지점이나 집중하중점에 사용되는 스티프너로써 지압을 통하여 하중을 전달하기 위하여 보의 한쪽 혹은 양쪽 플랜지에 꼭 맞도록 만든 스티프너
- 매입된 강재 : 철근콘크리트에 매입된 강재단면
- 매입형 합성기둥 : 콘크리트기둥과 하나 이상의 매입된 강재단면으로 이루어진 합성기둥
- 매입형 합성보 : 슬래브와 일체로 타설되는 콘크리트에 완전히 매입되는 보
- 메탈터치이음 : 강재와 강재를 빈틈없이 밀착시키는 것의 총칭. 밀피니시이음(mill finished joint)이라고도 함
- 면내불안정한계상태 : 횡좌굴(휨–비틀림좌굴)이 구속된 보가 압축력과 강축휨을 받는 경우에, $P-\delta$ 영향으로 강축휨모멘트가 확대되어 불안정해지는 한계상태
- 면외좌굴(또는 휨 – 비틀림좌굴)한계상태 : 횡좌굴(휨 – 비틀림좌굴)이 구속되지 않는 보가 압축력과 강축휨을 받는 경우에 횡좌굴이 발생하는 한계상태
- 면진 : 건축물의 기초부분 등에 적층고무 또는 미끄럼받이 등을 넣어서 지진에 의한 건축물의 흔들림을 감소시키는 것
- 모멘트골조 : 부재와 접합부가 휨모멘트, 전단력, 축력에 저항하는 골조로서 보통모멘트골조, 중간모멘트골조, 특수모멘트골조 등으로 분류
- 모멘트연성골조 : 수평력에 대한 저항성능을 증가시키기 위하여 부재와 접합부의 연성을 크게 한 입체골조를 말함
- 필릿용접 : 용접되는 부재의 교차되는 면 사이에 일반적으로 삼각형의 단면이 만들어지는 용접
- 필릿용접보강 : 그루브용접을 보강하기 위해 추가된 필릿용접
- 목두께 : 용접부가 그 면에서 파단된다고 예상한 단면의 두께
- 물고임 : 평지붕골조의 처짐을 유발하는 물의 고임현상
- 미끄러짐 : 볼트접합부에서 접합부가 설계강도에 도달하기 전에 피접합재간에 상대운동이 발생하는 한계상태
- 밀스케일 : 열간압연과정에서 생성되는 강재의 산화피막
- 밀착조임볼트 : 0710에서 기술된 견고하게 밀착되도록 조임한 볼트

- 밀착조임접합부 : 0710에 명시된 바와 같이 견고하게 밀착된 겹으로 연결된 접합부
- 반강접합성접합부 : 상부는 슬래브철근으로 하부플랜지는 시트앵글이나 유사한 방법으로 우력을 제공하여 기둥에 반강접이나 완전합성보로 휨저항하는 접합부
- 반응수정계수 : 한계상태설계법(혹은 강도설계법) 수준으로 지진하중을 저감시키는데 사용되는 계수, R. 0306 지진하중에 규정된 값 사용
- 변단면재 : 부재의 단면의 형상이나 치수가 길이방향에 따라 변하는 부재
- 변형도경화 : 응력을 가해 변형도를 증가시켰을 때 그 인장력이나 강성이 증가하는 현상
- 변형도적합법 : 각 재료의 응력-변형도 관계와 단면의 중립축에 대한 위치를 고려하여 합성부재의 응력을 결정하는 방법
- 보 : 주로 휨모멘트에 저항하는 기능을 갖는 구조부재
- 보단면감소부 : 부재의 특정 부위에 비탄성거동을 유도하기 위해 보단면 일부를 감소시킨 부분
- 보통내진시스템 : 설계지진에 대하여 몇몇 부재가 제한된 비탄성거동을 일으킨다는 가정 하에 설계된 내진시스템
- 보통모멘트골조 : 0713의 요구사항을 만족하는 모멘트골조시스템
- 보통중심가새골조 : 가새시스템의 모든 부재가 주로 축력을 받으며, 0713의 요구사항을 만족하는 대각가새골조
- 보통합성전단벽 : 0714의 요구사항을 만족시키는 합성전단벽
- 보호영역 : 제작이나 부대물의 부착 시에 제한을 받아야 하는 부재의 특정영역, 0713참조
- 복곡률 : 단부모멘트에 의해 부재가 S형태로 변형되는 휨상태
- 부분강접합성접합부 : 강재기둥과 부분합성보 또는 완전합성보를 접합하며, 상부슬래브의 철근과 하부플랜지의 시트앵글(또는 다른 유사한 접합요소)에 의해 발휘되는 우력으로 휨에 저항하는 접합부
- 부분골조시험체 : 프로토타입 가새의 축변형 및 휨변형을 가장 근접하게 모형화하기 위한 가새, 접합부 및 실험장비의 조합체
- 부분용입그루브용접 : 연결부재의 전체두께보다 적게 내부용입된 그루브용접
- 부분합성보 : 매입되지 않은 합성보로서 그 공칭휨강도가 스터드의 강도에 의해 결정되는 보
- 불완전강접합 : 접합되는 부재 사이에 어느 정도 상대적 회전변형이 발생하면서 모멘트를 전달하는 접합
- 블로홀 : 용접금속 중에 가스에 의해 생긴 구형의 공동

- 블록전단파단 : 접합부에서 인장파단 – 전단항복 혹은 인장항복 – 전단파단이 발생하는 한계상태
- 비가새골조 : 부재 및 접합부의 휨저항으로 수평하중에 저항하는 골조
- 비골조단부 : 스티프너나 접합부 부재에 의한 회전에 대하여 구속되지 않은 부재의 단부
- 비구속판요소 : 하중의 방향과 평행하게 한쪽 끝단이 직각방향의 판요소에 의해 연접된 평판요소(예 : H형강의 플랜지)
- 비균일분포하중 : 강관접합에서, 피접합재의 단면에 분포하는 응력을 용이하게 산정할 수 없는 하중조건
- 비선형해석 : 구조물에 큰 변형이 예상되거나 변형도의 변화가 큰 경우 또는 사용재료의 응력–변형도관계가 비선형인 경우에 이를 고려하여 실제거동에 가장 가깝게 부재력과 변위가 산출되도록 하는 해석
- 비지지길이 : 한 부재의 횡지지가새 사이의 간격으로서, 가새부재의 도심 간의 거리로 측정
- 비콤팩트(비조밀)단면 : 국부좌굴이 발생하기 전에 압축요소에 항복응력이 발생할 수 있으나 회전능력이 3을 갖지 못하는 단면
- 비탄성해석 : 소성해석을 포함한 재료의 비탄성거동을 고려한 구조해석
- 비탄성회전 : 실험체의 보와 기둥 또는 링크와 기둥 사이의 영구 또는 소성회전각. 비탄성회전은 실험체변형을 이용하여 산정한다. 비탄성회전은 부재의 항복, 접합부요소와 접합재의 항복 그리고 접합요소와 부재 사이의 미끄러짐 등에 의해 발생한다. 특수 및 중간모멘트골조의 보–기둥접합부에서 비탄성회전은 보중심선과 기둥중심선이 교차하는 한 점에 비탄성작용이 집중한다는 가정을 기초로 산정한다. 편심가새골조의 링크 – 기둥접합부에서 비탄성회전은 링크의 중심선과 기둥면이 교차하는 한 점에 비탄성작용이 집중한다는 가정을 기초로 산정
- 비틀림좌굴 : 압축부재가 전단중심축에 대해 비틀리는 좌굴모드
- 사양적 내화설계 : 건축법규에 명시된 사양적 규정에 의거하여 건축물의 용도, 구조, 층수, 규모에 따라 요구내화시간 및 부재의 선정이 이루어지는 내화설계방법
- 사용성 한계상태 : 구조물의 외형, 유지 및 관리, 내구성, 사용자의 안락감 또는 기계류의 정상적인 기능 등을 유지하기 위한 구조물의 능력에 영향을 미치는 한계상태
- 사용하중 : 사용성 한계상태를 평가하기 위한 하중
- 상향용접 : 머리 위에 있는 부재를 위로 향해서 용접하는 것. 용접선이 거의 수평인 이음에 대하여 밑에서 위로 향하는 자세로 하는 용접
- 샤르피V노치충격시험 : 시험편을 40mm 간격으로 벌어진 2개의 지지대에 올려놓고 V노치부분을 지지대 사이의 중간에 놓고 노치부의 배면을 해머로 1회 타격을 주어 시험편을 파단시켜 그 때의 흡수에너지, 충격치, 파면율, 천이온도 등을 측정하는 시험

- 서브머지드아크용접 : 두 모재의 접합부에 입상의 용제, 즉 플럭스를 놓고 그 플럭스 속에서 용접봉과 모재 사이에 아크를 발생시켜 그 열로 용접하는 방법
- 설계강도 : 공칭강도와 저항계수의 곱, ϕR_n
- 설계응력 : 설계강도를 적용되는 단면의 특성으로 나눈 값
- 설계지진 : 0306에서 규정한 설계응답스펙트럼으로 표현되는 지진
- 설계층간변위 : 0306에서 규정한 방식에 따라 산정되는 증폭 층간변위(설계지진 내습시 비탄성거동을 감안하여 산정된 변위)
- 설계판두께 : 단면의 특성을 산정하는데 가정되는 각형 강관의 판두께
- 설계하중 : 한계상태설계법의 하중조합에 따라 결정되는 적용하중
- 설계화재 : 건축물에 실제로 발행하는 내화설계의 대상이 되는 화재의 크기
- 설계휨강도 : 부재의 휨에 대한 저항력으로, 공칭강도와 저항계수의 곱
- 성능적 내화설계 : 건축물에 실제로 발생되는 화재를 대상으로 합리적이고 공학적인 해석방법을 사용하여 화재크기, 부재의 온도상승, 고온환경에서 부재의 내력 및 변형 등을 예측하여 건축물의 내화성능을 평가하는 내화설계방법
- 세장비 : 휨축과 동일한 축의 단면2차반경에 대한 유효길이의 비
- 세장판단면 : 탄성범위 내에서 국부좌굴이 발생할 수 있는 세장판요소가 있는 단면
- 소성단면계수 : 휨에 저항하는 완전항복단면의 단면계수로서, 소성중립축 상하의 단면적의 중립축에 대한 1차모멘트
- 소성모멘트 : 부재에 작용하는 휨모멘트가 완전소성에 도달하여 단면이 전체적으로 항복하는 것
- 소성해석 : 평형조건은 만족하고 응력은 항복응력이하인 완전소성거동의 가정에 근거한 구조해석
- 소요강도 : 한계상태설계 하중조합에 대한 구조해석 또는 0701 내지 0712 및 이 장의 규정에 의해 산정된 구조부재에 작용하는 힘, 응력 또는 변형을 지칭
- 소주축휨 : 비대칭단면의 주축 중에서 작은 값을 갖는 주축에 대한 휨
- 수직스티프너 : 웨브에 부착하는 플랜지와 직각을 이루는 웨브스티프너
- 순단면적 : 볼트구멍 등에 의한 단면손실을 고려한 총단면적
- 스캘럽 : 용접접합부에 있어서 용접이음새나 받침쇠의 관통을 위해 또한 용접이음새끼리의 교차를 피하기 위해 설치하는 원호상의 구멍. 용접접근공이라고도 함

- 스티프너 : 하중을 분배하거나, 전단력을 전달하거나, 좌굴을 방지하기 위해 부재에 부착하는 ㄱ형강이나 판재 같은 구조요소
- 슬롯용접 : 부재를 다른 부재에 부착시키기 위해 긴 을 뚫어서 하는 용접
- 시방서 : 강구조물의 일반설계에 적용되어야 하는 0701에서 0712를 지칭
- 시스템초과강도계수 : 이 절에서 요구하는 증폭지진하중을 산정할 경우 사용되는 계수, Ω_o. 0306에서 규정된 값을 사용
- 시험접합부 : 0722의 요구사항을 만족하는 접합부
- 신축롤러 : 둥근 강재봉 형태로, 부재의 신축을 수용할 수 있는 지지부
- 실험구성체 : 실험체와 관련실험장치의 조합
- 실험장치 : 실험체를 지지하고 가력하기 위해 사용되는 지지장치, 재하장비, 횡지지구조 등
- 실험체 : 프로토 타입을 모형화하기 위하여 실험에 사용하는 골조의 한 부분
- 심 : 접촉면이나 지압면 사이에 두께 차이시 공간을 메우기 위해 사용되는 얇은 판재
- 아이바 : 균일한 두께를 가진 특수한 형태의 핀접합부재로서 핀구멍이 있는 머리와 구멍이 없는 몸체에 거의 동일한 강도를 부여하도록 몸체의 폭보다 크게 단조되거나 산소절단된 머리 폭을 가진 인장부재
- 아크용접 : 모재와 전극 또는 2개의 전극 간에 생기는 아크열을 이용하는 용접법
- 안전계수 : 공칭강도와 실제강도 사이의 오차, 공칭하중과 실제하중 사이의 오차, 하중을 하중효과로 변환하는 해석 과정의 불확실성 또는 파괴모드 및 파괴 결과에 따른 위험도를 반영하기 위한 계수, Ω
- 안정성 : 구조부재, 골조 또는 구조체가 하중의 작은 변화 또는 기하학적인 변화에도 큰 변위를 발생하지 않고 안정한 평형상태에 있는 경우
- 압연강재 : 강을 압연해서 마무리 롤에 의해 막대나 판 등의 각종 형상으로 가공한 강재
- 압축강도 : 단순압축력을 받았을 때 최대응력도를 압축강도 또는 압축파괴강도라 함
- 앵커볼트 : 주각이나 토대를 콘크리트기초에 긴결하기 위하여 매입하는 볼트
- 언더컷 : 용접부의 끝부분에서 모재가 패어져 도랑처럼 된 부분
- 에너지흡수능력 : 구조물에 소성변형이 생겨 진동에너지의 일부를 열에너지로 해서 구조물이 흡수하는 능력 또는 그 크기
- 엔드탭 : 용접선의 단부에 붙인 보조판으로 아크의 시작부나 종단부의 크레이터 등의 결함 방지를 위하여 사용하고 그 판은 제거함

- 역V형가새골조 : V형가새골조 참조
- 연강 : 탄소함유량 0.3% 이하의 탄소강. 구조용강재로 이용됨. 경강에 비해서 신축률이 큼
- 연결보 : 인접한 철근콘크리트벽 부재를 연결하여 함께 횡력에 저항하게 하는 강재보 혹은 합성보
- 연단거리 : 리벳이나 볼트 등의 구멍중심으로부터 피접합재의 연단까지의 거리
- 연마면 : 기계를 사용하여 평평하고 매끄러운 상태로 만든 면
- 연성 : 항복점 이상의 응력을 받는 금속재료가 소성변형을 일으켜 파괴되지 않고 변형을 계속하는 성질
- 연성모멘트골조 : 횡력에 대한 저항능력을 증가시키기 위하여 부재와 접합부의 연성을 증가시킨 모멘트골조
- 연성한계상태 : 연성한계상태에는 부재와 접합부의 항복, 볼트구멍의 지압변형, 그리고 0713의 폭-두께비 제한을 만족하는 부재의 좌굴이 포함됨. 부재 및 접합부의 취성파괴 또는 접합요소의 좌굴은 연성한계상태에 포함되지 않음
- 연속판 : 패널존의 위와 아래에 설치되는 기둥스티프너, 수평스티프너로도 불림
- 열절단 : 가스, 플라즈마 및 레이저를 이용한 절단
- 예상인장강도 : 공칭인장강도 F_u에 R_t를 곱하여 산정되는 부재의 인장강도
- 예상항복강도 : 예상항복응력에 단면적 A_g를 곱하여 산정되는 부재의 인장강도
- 예상항복응력 : 공칭항복강도 F_y에 R_y를 곱하여 산정되는 재료의 항복응력
- 예열 : 균열발생이나 열영향부의 경화를 막기 위해서 용접 또는 가스절단하기 전에 모재에 미리 열을 가하는 것을 말함
- 오버랩이음 : 교차하는 지강관이 겹치는 강관트러스이음
- 오일러좌굴하중 : 압축하중을 받는 장주의 탄성좌굴하중
- 완전강접합 : 접합되는 부재 사이에 무시할 정도의 상대회전변형이 발생하면서 모멘트를 전달할 수 있는 접합
- 완전용입그루브용접 : 용접재가 조인트두께를 넘어 완전히 용접되는 그루브용접(강관구조 접합부에서는 예외로 한다)
- 완전재하주기 : 하중 0으로부터 다시 하중이 0이 되는 하나의 사이클로 각각 하나의 양과 음의 최대치가 포함
- 완전합성보 : 충분한 개수의 전단연결재를 사용하여 합성단면의 공칭소성휨강도를 발휘하는 합성보
- 외피 : 가새축에 직각방향의 힘에 저항함으로써 강재코어의 좌굴을 방지하는 케이싱. 외피는 이러한 힘을 좌굴방지시스템의 나머지 부분으로 전달하는 수단을 갖추고 있어야 한다. 외피는 가새의 축방향의 힘에는 전혀 또는 거의 저항하지 않음

- 용입재 : 용접접합을 구성하는데 첨가되는 금속 또는 합금재
- 용접선 : 긴 용접부를 하나의 선으로 나타낼 때의 가정선을 말한다. 필릿용접 및 맞댐용접의 비드방향을 나타내는 선
- 용접접근공 : 뒷받침판 등의 설치를 위한 구멍
- 용착금속 : 용접과정에서 완전히 용융된 부분. 용착금속은 용접과정에서 열에 의해 녹은 용입재와 모재로 구성
- 우각부 : 따내기나 용접접근공에서 오목한 노출면의 방향이 급변하는 절단면
- 웨브좌굴 : 웨브의 횡방향 불안정한계상태
- 웨브크리플링 : 보에서 집중하중이나 반력이 작용하는 위치의 웨브재에 발생하는 국부적인 파괴
- 웨브횡좌굴 : 집중압축력작용점 반대편의 인장플랜지의 횡방향좌굴한계상태
- 윙플레이트 : 철골주각부에 부착하는 강판으로서 사이드앵글을 거쳐서 또는 직접 용접에 의해 베이스플레이트에 기둥으로부터의 응력을 전함
- 유공보 : 웨브에 관통구멍이 규칙적 또는 불규칙적으로 있는 보
- 유효목두께 : 보강용접을 포함하지 않는 목두께로서 강도상 유효한 부분
- 유효순단면 : 전단지연의 영향을 고려하여 보정된 순단면적
- 유효좌굴길이 : 압축재 좌굴공식에 사용되는 등가좌굴길이 KL로서 분기좌굴해석으로부터 결정
- 유효좌굴길이계수 $\boldsymbol{K}$: 유효좌굴길이와 부재의 비지지길이의 비
- 응답스펙트럼 : 어떤 지진동이 일정한 감쇠정수를 갖는 임의주기의 한 절점계에 작용해서 생기는 최대응답값을 질점계의 주기에 대하여 구성한 것
- 응력 : 축방향력, 모멘트, 전단력이나 비틀림 등이 유발한 단위면적당 힘
- 응력집중 : 단면의 급변부위, 구멍, 결손부위 등의 주변에서 현저하게 응력이 집중되는 것을 말함
- 이음 : 두 부재를 접합하여 단일의 긴 부재를 형성하도록 두 부재의 단부를 연결하는 접합
- 이음부 : 2개 이상의 단부, 표면, 가장자리가 접합되는 영역. 사용되는 파스너 또는 용접의 형태와 하중전달방법에 의해 분류됨
- 이중골조시스템 : 다음과 같은 특성을 갖는 구조시스템을 지칭함

  (1) 중력하중에 대해서는 거의 완전한 입체골조가 지지

  (2) 최소한 25%의 밑면전단력을 지지할 수 있는 모멘트골조가 콘크리트전단벽, 강판전단벽, 또는 철골가새골조와 함께 횡력을 저항

(3) 전체 횡력을 각 상대강성에 비례하게 배분하여 각각의 시스템을 설계

- 인장강도 : 재료가 견딜 수 있는 최대인장응력도
- 인장역작용 : 플랫트러스와 유사하게 전단력이 작용할 때 웨브의 대각방향으로 인장력이 발생하고 수직스티프너에 압축력이 발생하는 패널의 거동
- 인장파단 : 인장력에 의한 파단한계상태
- 인장항복 : 인장에 의한 항복
- 인증접합부 : 0722의 요구사항을 만족하는 접합부
- 임계세장비 : 탄성좌굴과 비탄성좌굴과의 영역의 분계가 되는 세장비를 말함
- 임계용접부 : 0713과 0714의 내진기준에서 별도의 요구조건이 부과된 용접부
- 잔류응력 : 하중을 제거한 후에도 남아 있는 응력
- 저항계수 : 공칭강도와 실제강도 사이의 불가피한 오차 또는 파괴모드 및 파괴결과가 부차적으로 유발하는 위험도를 반영하기 위한 계수, ϕ
- 적용건축기준 : 구조물의 설계시 적용되는 상위기준으로서 건교부고시 건축구조설계기준(KBC, Korean Building Code, 이하 이 기준)을 지칭
- 전단연결재 : 합성부재의 두 가지 다른 재료사이의 전단력을 전달하도록 강재에 용접되고 콘크리트 속에 매입된 스터드, ㄷ형강, 플레이트 또는 다른 형태의 강재
- 전단좌굴 : 면내에 순수전단력에 의해 보의 웨브와 같은 판요소가 변형하는 좌굴모드
- 전단중심 : 단면에서 비틀림을 발생시키지 않는 점
- 전단파단 : 전단력에 의한 파단한계상태
- 전단항복(뚫림) : 강관접합에서, 지강관이 붙어 있는 주강관의 면외전단강도에 기반한 한계상태
- 전소성모멘트 : 완전히 항복한 단면의 저항모멘트
- 전이보 : 건물 상층부의 골조를 어떤 층의 하부에서 별개의 구조형식으로 전이하는 형식의 큰보
- 전체링크회전각 : 링크 한쪽 단부의 상대쪽 단부에 대한 상대 변위(변형되지 않은 링크의 재축의 횡방향으로 측정함)를 링크길이로 나눈 값. 전체링크회전각은 링크 및 링크단부에 접합된 부재의 탄성 및 비탄성변형요소를 모두 포함
- 접촉면 : 전단력을 전달하는 접합부요소의 접촉된 면

• 접합 : 2개 이상의 단부, 표면 혹은 모서리가 접착된 영역. 파스너 혹은 용접의 사용 여부와 하중전달방법에 따라 종류를 나눌 수 있음

• 접합부 : 2개 이상의 부재 사이에 힘을 전달하는데 사용되는 구조요소 또는 조인트의 집합체

• 접합부인증위원회 : 내진강구조접합부의 인증을 위하여 책임기관에서 권한을 위임받은 전문가위원회

• 정적항복강도 : 변형률효과 또는 관성력효과가 발생치 않게 느린 속도로 진행된 단조가력파괴실험을 기초로 산정된 구조부재 또는 접합부의 강도

• 정적해석 : 시간에 따라 변하지 않는 정적하중을 받는 구조물에 발생하는 응력의 크기 및 변형상태를 규명하기 위한 해석

• 제진구조 : 제진구조 중 특히 지진에 대한 흔들림을 억제하는 메커니즘을 설치한 구조

• 조립부재 : 용접, 볼트접합, 리벳접합으로 제작된 부재

• 조정가새강도 : 설계층간변위의 2.0배에 상당하는 변위에서의 좌굴방지가새골조의 가새강도

• 조합응력 : 휨모멘트와 축력 등 응력이 조합되어 부재내부에 생기는 응력을 말함. 합성응력이라고도 함

• 좌굴 : 임계하중상태에서 구조물이나 구조요소가 기하학적으로 갑자기 변화하는 한계상태

• 좌굴방지가새골조 : 0713의 요구사항을 만족하는 대각선가새골조로서, 가새시스템의 모든 부재가 주로 축력을 받고, 설계층간변위의 2.0배에 상당하는 힘과 변형에 대해서도 가새의 압축좌굴이 발생하지 않는 골조

• 좌굴방지시스템 : 좌굴방지가새골조에서 강재코어의 좌굴을 구속하는 시스템. 좌굴방지시스템에는 강재코어의 케이싱과 접합부를 연결하는 구조요소 모두가 포함된다. 좌굴방지시스템은 설계층간변위의 2.0배에 상당하는 변위에 대해서 강재코어의 횡방향 팽창과 길이방향 수축이 가능하도록 거동하여야 함

• 주강관 : 강관트러스접합의 주강관부재

• 주강관소성화 : 강관접합에서, 지강관이 접합된 주강관에서 면외 휨항복선기구에 기반한 한계상태

• 중간내진시스템 : 설계지진에 대하여 몇몇 부재가 중간정도의 비탄성거동을 일으킨다는 가정하에 설계된 내진시스템

• 중간모멘트골조 : 0713의 요구조건을 만족하는 모멘트골조시스템

• 중심가새골조 : 부재에 주로 축력이 작용하는 가새골조. 동심가새골조라고도 함

• 증폭지진하중 : 지진하중의 수평성분 E에 시스템초과강도계수 Ω_o를 곱한 것. 지진하중과 지진하중의 수평성분은 0306을 참조

• 지강관 : 강관접합에서 주강관 또는 주요부재에 붙어 있는 부재

- 지레작용 : 하중점과 볼트, 접합된 부재의 반력 사이에서 지렛대와 같은 거동에 의해 볼트에 작용하는 인장력이 증폭되는 작용
- 지압 : 볼트접합부에서 볼트가 접합요소에 전달하는 전달력에 의한 한계상태
- 지압형식볼트접합부 : 접합부재에 대한 볼트의 지압으로써 전단력이 전달되는 볼트접합부
- 지진반응수정계수 : 지지하중효과를 강도수준으로 감소하는 계수
- 지진하중저항시스템 : 스트럿, 컬렉터, 현재, 다이아프램과 트러스 등을 포함한 건물 내의 지진하중저항구조요소의 집합체
- 직접부착작용 : 합성단면의 강재와 콘크리트 사이에서 힘이 부착응력에 의해 전달되는 메커니즘
- 집합부재 : 바닥 다이아프램과 지진하중저항시스템의 부재 사이에 힘을 전달하기 위해 사용되는 부재
- 최소기대사용온도 : 100년의 평균 재현기간을 기준으로 1시간 평균 최저온도
- 충전형 합성기둥 : 콘크리트로 충전된 사각 또는 원형강관으로 이루어진 합성기둥
- 취성파괴 : 물체가 갖고 있는 강도 이상의 힘을 가할 경우, 변형이 어느 정도 진행이 되다가 급격히 내력이 저하되어 파괴에 이르는 현상
- 층간변위각 : 층간변위를 층고로 나눈 값
- 치올림 : 보나 트러스 등 수평부재에서 하중재하 시 생길 처짐을 고려하여 미리 중앙부를 들어 올리는 것
- 커버플레이트 : 단면적, 단면계수, 단면2차모멘트를 증가시키기 위하여 부재의 플랜지에 용접이나 볼트로 연결된 플레이트
- 커튼월 : 비내력벽의 총칭. 일반적으로 칸막이용으로 설치하는 금속패널, 유리, 블록, 콘크리트 기성판 등을 말함
- 콘크리트압괴 : 콘크리트가 극한변형률에 도달함으로써 압축파괴를 일으키는 한계상태
- 콘크리트충전강관 : 원형강관 또는 각형강관 속에 콘크리트를 충전한 것으로 주로 기둥부재에 쓰임
- 콘크리트헌치 : 데크플레이트를 사용하는 합성바닥구조에서 데크플레이트를 절단한 후 간격을 벌림으로써 형성되는 거더 위의 콘크리트단면
- 콤팩트(조밀)단면 : 완전소성 응력분포가 발생할 수 있고 국부좌굴이 발생하기 전에 약 3의 곡률연성비(회전능력)를 발휘할 수 있는 능력을 지닌 단면
- 크리플링 : 집중하중이나 반력이 작용하는 위치에서 발생하는 국부적인 파괴
- 타이플레이트 : 조립기둥, 조립보, 조립스트럿의 두 개의 나란한 요소를 결집하기 위한 판재. 두 나란한 요소에 타이플레이트는 강접되어야 하고 두 요소 사이의 전단력을 전달하도록 설계되어야 함

- 탄성해석 : 구조체가 하중을 제거한 후에 원 위치로 돌아온다는 가정에 근거한 구조해석
- 턴버클 : 와이어로프 등 선재의 긴장용 조임구
- 특수강판전단벽 : 0713의 요구사항을 만족하는 강판전단벽시스템
- 특수내진시스템 : 설계지진 하에서 몇몇 부재가 상당한 비탄성거동을 일으킨다는 가정 하에서 설계된 내진 시스템
- 특수모멘트골조 : 0713의 요구사항을 만족하는 모멘트골조시스템
- 특수중심가새골조 : 가새시스템의 모든 부재들이 주로 축력을 받고 0713의 요구사항을 만족하는 대각가새골조
- 파괴강도 : 재료가 외력에 의해 파괴할 때의 최대강도를 말한다. 파단강도라고도 함
- 파스너 : 볼트, 리벳 또는 다른 연결기구 등을 총괄해서 지칭하는 용어
- 패널존 : 접합부를 관통하는 보와 기둥의 플랜지의 연장에 의해 구성되는 보-기둥접합부의 웨브영역으로, 전단패널을 통하여 모멘트를 전달하는 영역
- 편심가새골조 : 0713의 요구사항을 만족하는 대각가새골조로서, 각 가새부재에서 최소한 한쪽 끝이 보-기둥접합부나 다른 쪽 보-가새접합부에서 짧은 거리로 떨어져 편심접합된 골조
- 표면지압판 : 철근콘크리트벽이나 기둥 안에 묻히는 강재에 접합되는 스티프너로 철근콘크리트의 표면에 위치하여 구속력을 제공하고 하중을 직접 지압에 의해 콘크리트에 전달하는 판
- 표준최소인장강도 : KS에 명시된 재료의 인장강도의 하한선
- 표준최소항복응력 : KS에 규정된 재료에 따른 최소항복응력의 하한선
- 품질관리 : 계약 및 제작 · 설치 요구사항을 만족시켰음을 입증하기 위해 철골제작자와 설치자가 수행하는 철골공장과 현장의 관리절차
- 품질보증 : 건물주나 그 대리인에게 신뢰를 주기 위해 철골공장과 현장의 행위절차 및 건물주 또는 관리감독자가 수행하는 관리절차
- 품질확보계획 : 품질요구사항, 시방서, 계약서류에 구조물이 부합토록 하기 위한 조건, 절차, 품질검사, 재료, 기록 등을 서면으로 기술한 문건. 프로토타입 특수 및 중간모멘트골조, 편심 및 좌굴방지가새골조 등의 건물에 실제로 사용될 접합부 또는 가새의 설계물
- 프로토타입 : 실제건물의 골조에서 사용되는 접합부, 부재크기 및 강재특성과 그 밖의 설계, 상세와 공사특성
- 프리텐션접합부 : 규정된 최소의 프리텐션으로 조여진 고장력볼트접합부
- 플러그용접 : 겹치기한 2매의 판재에 한쪽에만 구멍을 뚫고 그 구멍에 살붙이하여 용접하는 방법. 주요한 부재에는 사용하지 않음

- 플레이트거더 : 강판과 ㄱ형강 등을 리벳 또는 용접으로 I형의 큰 단면으로 만든 조립보 또는 강판만으로 용접한 용접보
- 피로 : 활하중의 반복작용에 따른 균열생성 및 성장한계상태
- 피복아크용접 : 피복아크용접봉을 전극으로 하는 아크용접
- 필러 : 요소의 두께를 증가시키는 데 사용하는 플레이트
- 하중저항철근 : 소요하중에 저항할 수 있도록 설계하고 배근한 합성부재 내의 철근
- 하향용접 : 아래보기 용접
- 한계상태 : 구조체 또는 구조요소가 사용하기에 부적당하게 되고 의도된 기능을 더 이상 발휘하지 못하는 상태(사용성한계상태) 또는 극한하중지지능력에 도달한 상태(강도한계상태)
- 한계상태설계법 : 한계상태설계법 하중조합 하에서 부재의 설계강도가 소요강도 이상이 되도록 구조요소를 설계하는 방법
- 한계상태설계법 하중조합 : 한계상태설계법에 적용되는 하중의 조합
- 합성 : 내부힘의 분산에 있어 강재요소와 콘크리트요소가 일체로서 거동하는 조건
- 합성가새 : 철근콘크리트에 매입된 강재단면(압연 또는 용접단면) 또는 콘크리트가 충전된 강재단면으로써 가새로 사용되는 부재
- 합성강판전단벽 : 면외강성을 제공함으로써 강판의 좌굴을 방지할 수 있도록, 양면 혹은 한 면에 철근콘크리트가 부착된 강판으로 이루어지며 0714의 요구사항을 만족하는 벽
- 합성기둥 : 철근콘크리트가 피복된 강재단면이나 철근콘크리트가 충전된 강재단면을 사용한 기둥
- 합성보 : 강재보가 슬래브와 연결되어 하나의 구조물로서 구조적 거동을 할 수 있는 보로서, 노출형합성보와 매입형합성보가 있음
- 합성보통가새골조 : 0714의 요구사항을 만족하는 합성가새골조
- 합성부분구속모멘트골조 : 0714의 요구사항을 만족하는 합성모멘트골조
- 합성슬래브 : 데크플레이트에 부착되고 지지된 콘크리트슬래브로, 지진하중저항시스템의 부재 사이에 하중을 전달하는 다이아프램으로 거동하는 것
- 합성전단벽 : 매입되지 않은 강재단면이나 철근콘크리트에 매입된 강재단면을 경계부재로 갖는 철근콘크리트벽
- 합성중간모멘트골조 : 0714의 요구사항을 만족시키는 합성모멘트골조
- 합성특수모멘트골조 : 0714의 요구사항을 만족하는 합성모멘트골조

- 합성특수전단벽 : 0716의 소요조건을 충족하는 합성전단벽
- 합성특수중심가새골조 : 0714의 요구사항을 만족하는 합성가새골조
- 합성편심가새골조 : 0714의 요구사항을 만족하는 합성가새골조
- 항복강도 : 응력과 변형의 비례상태의 규정된 변형한계를 벗어날 때의 응력
- 항복모멘트 : 부재에 작용하는 휨모멘트가 항복모멘트에 도달하여 단면의 최연단부가 항복하는 것
- 항복응력 : 항복점, 항복강도 또는 항복응력 레벨
- 허용강도 : 공칭강도를 안전계수로 나눈 값
- 허용강도설계법 : 허용강도설계법 하중조합을 받는 구조요소의 소요강도보다 구조요소의 허용강도가 동일하거나 초과되도록 구조요소를 설계하는 설계법
- 허용응력 : 허용강도를 단면특성으로 나눈 값
- 형상계수 : 단면의 차이에 따른 변화를 고려하기 위한 계수. 부재의 소성모멘트의 항복모멘트에 대한 비로써 부재단면의 형상과 치수에 의하여 결정되는 계수
- 확장록커 : 확장하면서 부재가 지압을 받는 곡면을 가진 지지대
- 확장롤러 : 확장하면서 부재가 지압을 받는 롤러
- 회전능력 : 초기항복에서 탄성회전에 대한 비탄성회전의 비
- 횡가새 : 대각가새, 전단벽 또는 이에 상응하는 방법으로 면내횡방향 안정을 제공하는 부재
- 횡방향스티프너 : 웨브에 부착되고 플랜지와 수직을 이루는 웨브스티프너
- 횡방향철근 : 매입형 합성기둥에서 강재코어 주위의 콘크리트를 구속하는 역할을 하는 폐쇄형타이나 용접철망과 같은 철근
- 횡비틀림좌굴 : 휨모멘트가 어떤 값에 달해서 부재가 가로방향으로 처지고 비틀림을 수반하면서 좌굴하는 현상
- 횡좌굴 : 휨모멘트를 받는 보가 면외하중면에 대해 횡방향으로 좌굴하는 현상
- 횡지지부재 : 주 골조부재의 횡좌굴 또는 횡비틀림좌굴이 방지되도록 설계된 부재
- 횡하중 : 풍하중 또는 지진하중과 같이 횡방향으로 작용하는 하중
- 휨 – 비틀림좌굴 : 단면형상의 변화 없이 압축부재에 휨과 비틀림변형이 발생하는 좌굴모드
- 휨좌굴 : 단면의 비틀림이나 형상의 변화 없이 압축부재가 휨에 의해 발생하는 좌굴모드
- 힘 : 일정 면적에 분포된 응력도의 합

- k영역 : k영역은 웨브와 플랜지 – 웨브필렛의 접점으로부터 38mm 만큼 “k” 치수를 넘어선 웨브를 포함하는 부분
- K – 이음 : 주강관을 횡단하는 지강관 또는 접합요소의 하중이 주강관의 같은 측면에서 다른 지강관 또는 접합요소의 하중에 의해 평형을 이루는 강관이음
- K형가새골조 : 다이아프램이나 면외지지가 없는 위치에서 기둥과 접합된 가새로 구성된 골조
- SN강재 : 용접성, 냉간가공성, 인장강도, 연성 등이 우수한 강재
- T – 이음 : 지강관 또는 접합요소가 주강관에 수직이고 주강관의 횡방향 하중을 주강관에서 전단에 의해 평형을 이루는 강관이음
- V형가새골조 : 보의 상부 또는 하부에 위치한 한 쌍의 대각선가새가 보의 경간 내의 한 점에 연결되어 있는 중심가새골조. 대각선가새가 보 아래에 있는 경우는 역V형가새골조라고도 함
- X – 이음 : 주강관을 횡단하는 지강관 또는 접합요소의 하중이 주강관의 반대편 다른 지강관 또는 접합요소의 하중에 의하여 평형을 이루는 강관이음
- X형가새골조 : 한 쌍의 대각가새들이 가새의 중간 근처에서 교차하는 중심가새골조
- Y – 이음 : 지강관 또는 접합요소가 주강관에 수직이 아니며 주강관을 횡단하는 하중이 주강관에서 전단에 의해 평형을 이루는 강관이음
- Y형가새골조 : Y자형의 스템 부분이 링크 역할을 하는 편심가새골조

⑪ KDS 41 33 01 목구조 일반사항

- 건조사용조건 : 목구조물의 사용 중에 평형함수율이 19 % 이하로 유지될 수 있는 온도 및 습도 조건
- 경간 : 지점의 중심으로부터 다른 지점의 중심까지의 거리
- 경간등급 : 구조용 목질판재를 목조건축의 덮개재료로 사용할 때에 적용할 수 있는 골조부재의 최대간격으로서 관례적으로 인치 단위로 표시
- 경골목구조 : 주요구조부가 공칭두께 50mm(실제두께 38mm)의 규격재로 건축된 목구조
- 경사면 : 목재의 섬유방향과 0° 또는 90° 이외의 경사각으로 절단된 재면
- 공칭치수 : 목재의 치수를 실제치수보다 큰 25의 배수로 올려서 부르기 편하게 사용하는 치수
- 구조용집성재 : 규정된 강도등급에 따라 선정된 제재목 또는 목재 층재를 섬유방향이 서로 평행하게 집성 · 접착하여 공학적으로 특정 응력을 견딜 수 있도록 생산된 제품

- 구조용목질판재 : 합판이나 OSB 등과 같이 구조용으로 사용되며, 목재를 원자재로 하여 제조된 목질판재
- 규격재 또는 1종구조재 : 공칭두께가 50mm 이상, 125mm 미만(실제두께 38mm 이상, 114mm 미만)이고, 공칭나비가 50mm(실제나비 38mm) 이상인 구조용목재
- 기계등급구조재 : 기계적으로 목재의 강도 및 강성을 측정하여 등급을 구분한 목재
- 기둥재 또는 3종구조재 : 두께와 나비가 공칭 125mm(실제 114mm) 이상이고, 두께와 나비의 치수 차이가 52mm 미만인 구조용목재
- 끝면나뭇결 : 목재부재의 길이방향(일반적으로 섬유방향)에 수직한 단면의 나뭇결
- 내력벽 : 목구조의 벽체 중에서 수직하중 및 수평하중을 지지하는 벽체
- 다락공간 : 천장과 지붕의 서까래 사이에 확보하여 주거용 또는 저장용으로 사용되는 공간
- 단일부재 : 동일한 기능을 갖는 부재가 인접하여 있지 않고 하나의 부재만을 사용하여 하중을 지지하는 구조부재
- 단판적층재 : 단판의 섬유방향이 서로 평행하게 배열하여 접착된 구조용목질재료
- 대형목구조 : 주요구조부가 공칭치수 125×125mm(실체치수 114×114mm) 이상의 부재로 건축되는 목구조
- 덮개 : 장선, 서까래 또는 스터드 위에 설치하여 이들 부재와 못으로 접합됨으로써 수평 또는 수직 격막구조를 이루고, 그 위에 마감재료가 설치되는 구조용목질판재
- 따냄 : 목재의 표면에 배관, 배선 또는 철물의 설치를 위하여 홈을 판 것
- 바닥격막구조 : 횡하중을 골조 또는 벽체 등의 수직재에 전달하기 위한 바닥 또는 지붕틀 구조
- 바닥밑공간 : 지하층이 없이 목구조로 1층의 바닥을 시공하는 경우에 목구조바닥의 썩음 방지를 위한 환기와 내부수리 등의 목적을 위하여 바닥 밑에 확보하는 공간
- 박스못 : 목구조에서 판재와 구조용재 사이의 접합에 많이 사용하며, 동일한 길이의 일반철못보다 지름이 가는 못
- 반복부재 : 3개 이상의 부재가 중심간격 600mm 이하의 간격으로 배치되고, 그 위에 하중을 분산시킬 수 있는 구조체로 덮어져 있음으로써 작용하는 하중을 서로 분담할 수 있는 구조부재
- 방청못 : 목구조에서 외기에 노출되는 부위에 사용할 수 있도록 표면에 아연도금처리 등을 하여 녹스는 것을 방지한 못
- 방화재료 : 화재로부터 보호하기 위하여 설치되는 불연재료, 준불연재료 및 난연재료로 제조된 건축재료
- 배향성 스트랜드보드 : 강도와 강성을 향상시키기 위하여 배향성을 부여한 스트랜드형 플레이크로 구성되는 일종의 파티클목질판재제품

- 보재 또는 2종구조재 : 두께와 나비가 공칭 125mm(실제 114mm) 이상이고, 두께와 나비의 치수 차이가 52mm 이상인 구조용목재
- 보통못 : 일반적으로 목구조에 많이 사용되고, 철선으로 제조되며, 동일한 길이의 박스못보다 지름이 더 굵은 못
- 섬유주행경사 : 부재의 길이방향에 대한 섬유방향의 경사
- 순단면적 : 목재의 단면에서 볼트 등의 철물을 위한 구멍이나 홈의 면적을 제외한 나머지 단면적
- 스터드 : 경골목구조에서 벽체의 뼈대를 구성하는 수직부재
- 습윤사용조건 : 목구조물의 사용 중에 평형함수율이 19%를 초과하게 되는 온도 및 습도 조건
- 실제치수 : 목재를 제재한 후 건조 및 대패 가공하여 최종제품으로 생산된 치수
- I형 장선 : 플랜지부재와 웨브부재로 구성된 I형 단면으로 제조된 구조용목질재료
- 육안등급구조재 : 육안으로 목재의 표면결점(옹이, 갈라짐, 섬유경사, 뒤틀림 등)을 검사하여 등급을 구분한 목재
- 인사이징 : 구조재에 방부제를 깊고 균일하게 침투시키기 위하여 약제처리가 어려운 목재의 재면에 칼자국 모양의 상처를 섬유방향으로 낸 후 방부제를 처리하는 방법
- 재하기간 : 구조물의 수명기간 중에 특정하중의 최대치(설계하중)가 연속하여 작용하는 것으로 가정되는 기간
- 전통목구조 : 주요구조재 사이의 접합부에서 철물을 사용하지 않고 전통공법에 따라 목재끼리의 맞춤에 의해서만 연결하는 목구조
- 절삭축 : 목재의 섬유방향과 상대적인 경사면의 방향
- 제재치수 : 원목을 제재하여 건조 및 대패가공이 되지 않은 치수
- 직각절삭면 : 목재의 끝면과 같이 섬유방향과 직각으로 절삭된 재면
- 측면나뭇결 : 목재부재의 길이방향(일반적으로 섬유방향)에 평행한 측면의 나뭇결
- 층전단 : 합판의 표면에 수직한 면내에 전단력이 작용하는 경우, 전단력의 방향에 직각으로 섬유방향이 배열된 가장 약한 단판 내에서 섬유가 전단파괴되는 현상
- 파스너 : 목구조에서 목재부재 사이의 접합을 보강하기 위하여 사용되는 못, 볼트, 래그나사못 등의 조임용 철물
- 표면 : 긴 수평보의 윗면, 밑면 및 측면과 같이 목재의 섬유방향과 평행한 재면
- 플랫폼구조 : 경골목구조에서 벽체의 스터드가 각 층마다 별도로 구조체로 건축되고 벽체 위에 위층의 바닥이 올려지고 그 위에 다시 위층의 벽체가 시공되는 공법

• 피에스엘 : 목재단판 스트랜드를 평행한 방향으로 접착한 고강도 구조용복합목재로서, 일명 패럴램이라 한다.

• 헤더 : 목구조에서 평행하게 배치된 구조부재를 가로질러서 개구부(창, 문, 계단 등)가 설치되는 경우에 개구부에 의하여 끊어지는 구조부재에 작용하는 하중을 효과적으로 좌우측의 부재에 전달하기 위하여 개구부의 양 끝에 평행부재를 가로질러 설치되는 구조부재

• 홀드다운 : 전단벽체의 상부에 작용하는 수평하중에 따른 상승 모멘트에 저항하기 위해 벽체 하부에 설치하는 철물 또는 장치

• 화염막이 : 구조체의 내부공간을 타고 화염이 인접한 구역으로 전파되는 것을 방지하기 위하여 구조체 내부를 가로질러 설치되는 부재

⑫ KDS 41 33 05 목구조 접합부의 설계

• 간격 : 볼트의 중심을 연결한 직선을 따라 측정된 볼트의 중심 사이의 거리

• 끝면거리 : 부재의 직각으로 절단된 끝면으로부터 가장 가까운 볼트의 중심까지 섬유에 평행하게 측정한 거리

• 볼트의 열 : 하중방향으로 배열된 2개 이상의 볼트

• 부하측면 : 섬유에 수직한 하중을 받는 부재에서 하중에 의하여 볼트가 움직이는 방향에 있는 측면

• 비부하측면 : 부하측면의 반대쪽 측면

• 연단거리 : 부재의 측면으로부터 가장 가까운 볼트의 중심까지 섬유에 수직하게 측정한 거리

⑬ KDS 41 34 01 조적식 구조 일반사항

• 가로줄눈 : 조적단위가 놓인 수평적인 모르타르 접합부

• 가로줄눈면적 : 가로줄눈에서 모르타르와 접한 조적단위의 표면적

• 겹 : 두께방향으로 단위 조적개체로 구성된 벽체

• 공칭치수 : 규정된 부재의 치수에 부재가 놓이는 접합부의 두께를 더한 치수

• 그라우트 : 시멘트 성분을 가진 재료와 골재의 혼합물로 구성되어 있으며, 조적개체의 사이 혹은 속빈 조적개체의 채움용으로 쓰이는 모르타르 혹은 콘크리트

• 기준치수 : 조적조, 조적단위, 접합부와 다른 구조요소의 시공과 제작을 위해 규정된 치수

• 대린벽 : 한 내력벽에 직각으로 교차하는 벽

- 면살 또는 살 : 조적을 쌓기 위한 속빈 블록 개체의 바깥살 부분
- 보강기둥 : 보강재와 조적체가 모두 압축력을 받는 수직부재
- 보강조적 : 보강근이 조적체와 결합하여 외력에 저항하는 조적시공형태
- 블록의 공동 : 전체 공동단면적이 967mm^{2}보다 큰 빈 공간
- 블록전단면적 : 블록의 수평면의 외곽 4변 안에 있는 면적, 즉 속이 빈 공간 등을 포함한 전체면적
- 비보강기둥 : 두께에 수직이 되는 수평치수가 두께의 3배를 넘지 않는 수직구조부재
- 세로줄눈 : 수직으로 평면을 교차하는 모르타르 접합부
- 속빈단위조적개체 : 중심공간, 미세공간 또는 깊은 홈을 가진 공간에 평행한 평면의 순단면적이 같은 평면에서 측정한 전단면적의 75%보다 적은 조적단위
- 속찬단위조적개체 : 중심공간, 미세공간 또는 깊은 홈을 가진 공간에 평행한 평면의 순단면적이 같은 평면에서 측정한 전단면적의 75% 이상인 조적단위
- 순단면적 : 전단면적에서 채워지지 않은 빈 공간을 뺀 면적
- 실제치수 : 규정된 부재의 실측치수
- 유효보강면적 : 보강면적에 유효면적방향과 보강면과의 사이각의 코사인값을 곱한 값
- 조적개체 : 규정한 요구조건을 만족하는 벽돌, 타일, 석재, 유리블록 또는 콘크리트블록
- 테두리보 : 조적조에 보강근으로 보강된 수평부재
- 프리즘 : 그라우트 또는 모르타르가 포함된 단위조적의 개체로 조적조의 성질을 규정하기 위해 사용하는 시험체
- 환산단면적 : 기준 물질과의 탄성비의 비례에 근거한 등가면적

⑭ KDS 41 70 01 막과 케이블 구조

- 막구조 : 자중을 포함하는 외력이 셸구조물의 기본원리인 막응력에 따라서 저항되는 구조물로서, 휨 또는 비틀림에 대한 저항이 작거나 또는 전혀 없는 구조
- 케이블구조 : 휨에 저항이 작은 구조로 인장응력만을 받을 목적으로 제작 및 시공되는 부재
- 초기 인장력 : 연성 막재의 형상을 유지하기 위해 도입하는 초기하중
- 공기막구조 : 공기막 내외부의 압력 차에 따라 막면에 강성을 주어 형태를 안정시켜 구성되는 구조물

- 내압 : 공기막구조를 형성하기 위한 내부압력
- 막재 : 직포, 코팅재에 따라 구성된 재료
  고무시트 등 구성재가 다른 재료는 고려하지 않음
- 직포 : 섬유실에 따른 직물 또는 망목상 직물
- 코팅재 : 직포의 마찰방지 등을 위하여 직포에 도포하는 재료
- 인장크리프 : 지속하중으로 인하여 막재에 일어나는 장기변형
- 인장강도 : 재료가 견딜 수 있는 최대 인장응력
- 인열강도 : 재료가 접힘 또는 굽힘을 받은 후 견딜 수 있는 최대 인장응력
- 열판용착접합 : 판을 눌러 막재의 겹치는 부분을 코팅제 또는 해당 부분에 삽입한 용착필름을 용융하여 막재를 압착하는 접합방식
- 봉제접합 : 접합하고자 하는 막재료의 겹친 부분을 다른 막재의 단부와 평행하게 봉제하는 접합방식
- 열풍용착접합 : 열풍에 따라 접합하고자 하는 막재의 겹친 부분의 코팅재를 용융하고 압착하여 접합하는 방식
- 고주파용착접합 : 고주파를 이용하여 막재의 겹친 부분의 코팅재를 용융하여 막재를 압착하여 접합하는 방식
- 형상해석 : 설계자의 의도와 역학적인 평형조건을 동시에 만족하는 형상을 찾는 일련의 해석과정이며, 막 구조물 및 케이블 구조물과 같은 연성구조물에 적용되는 해석방법

⑮ KDS 41 70 02 부유식 구조

- 건현 : 부유식 구조물의 중앙에서 수면부터 부유식 함체의 상부 슬래브 위까지 수직으로 잰 거리
- 계류시설 : 부유구조물이 바람, 유속에 따라 흘러가지 않도록 위치를 고정시키는 시설
- 밸러스트 : 함체의 안정을 유지하기 위해 함체의 바닥에 싣는 물이나 모래 따위의 중량물
- 부유식 건축물 : 대지 대신에 물 위에 뜨는 함체 위에 지어진 건축물
- 부유식 함체(floating pontoon) : 자체 부력에 따라 물 위에 뜨는 구조로 된 함체
- 부유식 구조물 : 부유식 함체 위에 설치되는 부유식 건축물을 포함한 구조물의 총칭
- 저면바닥 : 물과 접촉하는 부유식 함체의 바닥면
- 정온 수역 : 내수면 또는 해수면에서 항시 파고가 1m 이하인 곳을 의미한다.
- 정주형 : 거주용도의 건물을 의미하며, 장기 또는 단기 거주로 구분할 수 있다.

- 파랑하중 : 파도에 의해 구조물에 가해지는 하중
- 파압 : 파랑에 따라 함체가 물과 접하는 면에 발생하는 압력
- 측벽 : 함체에서 물과 접촉하는 외측벽
- 항주파 : 선박이 항해하면서 생기는 파도
- 흘수 : 함체가 떠 있을 때 수면에서 물에 잠긴 함체의 가장 밑 부분까지의 수직 거리

부록

02 건설기준코드 및 표준시방서코드 분류

1 건설기준 코드체계 표준화

① 각각 별도로 운영되던 기준들을 통폐합하여 중복·상충되는 부분을 정비하고, 개정이 용이하도록 코드화 추진

② 설계기준코드, 표준시방서 두 분류로 코드 통폐합

③ 공통편, 시설물편, 사업 분야편으로 구분

④ 건설기준 코드번호 예
- 대분류(2자리) KDS 11 00 00 지반설계
- 중분류(2자리) KDS 11 10 00 지반설계일반
- 소분류(2자리) KDS 11 10 10 지반계측

⑤ 건설기준코드 개편 효과
- 지침 개정의 용이성과 신속한 반영
- 각 지침간의 중복과 상충 최소화
- 성능중심을 지향하며 코드추가 확장성향상을 통한 사용자 편의증진

❷ 국가건실기준코드(KDS)

기존 설계기준 (총 21종)	구분	국가건설 기준코드(KDS)
콘크리트구조 설계기준		
강구조 설계기준 (허용응력설계법)	공통사항	• 공통 설계기준 (KDS 10 00 00)
강구조 설계기준 (하중저항설계법)	공통사항	• 지반 설계기준 (KDS 11 00 00)
구조물기초 설계기준	공통사항	• 구조 설계기준 (KDS 14 00 00)
건설공사 비탈면 설계기준	공통사항	• 내진 설계기준 (KDS 17 00 00)
건축구조 설계기준		
도로교 설계기준 (일반설계법)	시설물	• 가시설물 설계기준(KDS 21 00 00)
도로교 설계기준 (한계상태설계법)	시설물	• 교량 설계기준 (KDS 24 00 00)
터널 설계기준	시설물	• 터널 설계기준 (KDS 27 00 00)
도로 설계기준	시설물	• 설비 설계기준 (KDS 31 00 00)
공동구 설계기준	시설물	• 조경 설계기준 (KDS 34 00 00)
철도 설계기준		
하천 설계기준	사업분야	• 건축 구조기준 (KDS 41 00 00)
댐 설계기준	사업분야	• 도로 설계기준 (KDS 44 00 00)
항만 및 어항 설계기준	사업분야	• 철도 설계기준 (KDS 47 00 00)
건축전기설비 설계기준	사업분야	• 하천 설계기준 (KDS 51 00 00)
건축기계설비 설계기준	사업분야	• 댐 설계기준 (KDS 54 00 00)
조경 설계기준	사업분야	• 상수도 설계기준(KDS 57 00 00)
상수도 시설기준	사업분야	• 하수도 설계기준(KDS 61 00 00)
하수도 시설기준	사업분야	• 항만 및 어항 설계기준(KDS 64 00 00)
농업생산기반정비사업계획 설계기준	사업분야	• 농업생산기반시설 설계기준 (KDS 67 00 00)

③ 표준시방서(KCS) 코드

기존 시공기준 (총 21종)	표준시방서코드(KCS)
가설공사 표준시방서 강구조공사 표준시방서 건설공사 비탈면 표준시방서 건설환경관리 표준시방서 건축공사 표준시방서 건축기계설비공사 표준시방서 건축전기설비공사 표준시방서 공동구 표준시방서 농업토목공사 표준시방서 도로공사 표준시방서 도로교 표준시방서 도시철도공사(지하철) 표준시방서 산업환경설비공사 표준시방서 상수도공사 표준시방서 조경공사 표준시방서 콘크리트 표준시방서 터널 표준시방서 토목공사 표준일반시방서 하수관거공사 표준시방서 하천공사 표준시방서 항만 및 어항공사 표준시방서	공통사항 • 공통공사 (KCS 10 00 00) • 지반공사 (KCS 11 00 00) • 구조재료공사 (KCS 14 00 00) 시설물 • 가설공사 (KCS 21 00 00) • 교량공사 (KCS 24 00 00) • 터널공사 (KCS 27 00 00) • 설비공사 (KCS 31 00 00) • 조경공사 (KCS 34 00 00) 사업분야 • 건축공사 (KCS 41 00 00) • 도로공사 (KCS 44 00 00) • 철도공사 (KCS 47 00 00) • 하천공사 (KCS 51 00 00) • 댐공사 (KCS 54 00 00) • 상수도공사 (KCS 57 00 00) • 하수도공사 (KCS 61 00 00) • 항만 및 어항공사 (KCS 64 00 00)

④ 건설기준(설계)코드 개요표

대분류	중분류	코드번호	코드명
공통설계기준	공통설계기준	KDS 10 00 00	공통설계기준
	설계기준 총칙	KDS 10 10 00	설계기준 총칙
지반설계기준	지반설계 기준	KDS 11 00 00	지반설계기준
	지반설계 일반	KDS 11 10 05	지반설계일반사항
	지반설계 일반	KDS 11 10 10	지반조사
	지반설계 일반	KDS 11 10 15	지반계측
	연약지반설계	KDS 11 30 05	연약지반설계 일반사항
	공동구	KDS 11 44 00	공동구
	기초설계기준	KDS 11 50 05	얕은기초 설계기준(일반설계법)
	기초설계기준	KDS 11 50 10	얕은기초 설계기준(한계상태설계법)
	기초설계기준	KDS 11 50 15	깊은기초 설계기준(일반설계법)
	기초설계기준	KDS 11 50 20	깊은기초 설계기준(한계상태설계법)
	기초설계기준	KDS 11 50 25	기초 내진 설계기준
	기초설계기준	KDS 11 50 30	진동기계기초 설계기준
	앵커 설계기준	KDS 11 60 00	앵커 설계기준
	비탈면 설계기준	KDS 11 70 05	쌓기 · 깎기
	비탈면 설계기준	KDS 11 70 10	비탈면 보호공법
	비탈면 설계기준	KDS 11 70 15	비탈면 보강공법
	비탈면 설계기준	KDS 11 70 20	낙석 · 토석 대책시설
	비탈면 설계기준	KDS 11 70 25	비탈면 배수시설
	옹벽설계기준	KDS 11 80 05	콘크리트옹벽
	옹벽설계기준	KDS 11 80 10	보강토옹벽
	옹벽설계기준	KDS 11 80 15	돌망태옹벽
	옹벽설계기준	KDS 11 80 20	기대기옹벽
	옹벽설계기준	KDS 11 80 25	돌(블록)쌓기옹벽
	비탈면 내진설계기준	KDS 11 90 00	비탈면 내진설계기준
구조설계기준	구조설계기준	KDS 14 00 00	구조설계기준
	콘크리트구조 설계(강도설계법)	KDS 14 20 01	콘크리트구조 설계(강도설계법) 일반사항
	콘크리트구조 설계(강도설계법)	KDS 14 20 10	콘크리트구조 해석과 설계 원칙
	콘크리트구조 설계(강도설계법)	KDS 14 20 20	콘크리트구조 휨 및 압축 설계기준

콘크리트구조 설계(강도설계법)	KDS 14 20 22	콘크리트구조 전단 및 비틀림 설계기준
콘크리트구조 설계(강도설계법)	KDS 14 20 24	콘크리트구조 스트럿-타이모델 기준
콘크리트구조 설계(강도설계법)	KDS 14 20 26	콘크리트구조 피로 설계기준
콘크리트구조 설계(강도설계법)	KDS 14 20 30	콘크리트구조 사용성 설계기준
콘크리트구조 설계(강도설계법)	KDS 14 20 40	콘크리트구조 내구성 설계기준
콘크리트구조 설계(강도설계법)	KDS 14 20 50	콘크리트구조 철근상세 설계기준
콘크리트구조 설계(강도설계법)	KDS 14 20 52	콘크리트구조 정착 및 이음 설계기준
콘크리트구조 설계(강도설계법)	KDS 14 20 54	콘크리트용 앵커 설계기준
콘크리트구조 설계(강도설계법)	KDS 14 20 60	프리스트레스트 콘크리트구조 설계기준
콘크리트구조 설계(강도설계법)	KDS 14 20 62	프리캐스트 콘크리트구조 설계기준
콘크리트구조 설계(강도설계법)	KDS 14 20 64	구조용 무근콘크리트 설계기준
콘크리트구조 설계(강도설계법)	KDS 14 20 66	합성콘크리트 설계기준
콘크리트구조 설계(강도설계법)	KDS 14 20 70	콘크리트 슬래브와 기초판 설계기준
콘크리트구조 설계(강도설계법)	KDS 14 20 72	콘크리트 벽체 설계기준
콘크리트구조 설계(강도설계법)	KDS 14 20 74	기타 콘크리트구조 설계기준
콘크리트구조 설계(강도설계법)	KDS 14 20 80	콘크리트 내진설계기준
콘크리트구조 설계(강도설계법)	KDS 14 20 90	기존 콘크리트구조물의 안전성 평가기준
강구조설계(허용응력설계법)	KDS 14 30 05	강구조 설계 일반사항(허용응력설계법)
강구조설계(허용응력설계법)	KDS 14 30 10	강구조 부재 설계기준(허용응력설계법)
강구조설계(허용응력설계법)	KDS 14 30 20	강구조 피로 및 파단 설계기준(허용응력설계법)
강구조설계(허용응력설계법)	KDS 14 30 25	강구조 연결 설계기준(허용응력설계법)
강구조설계(허용응력설계법)	KDS 14 30 50	강구조 사용성 설계(허용응력설계법)
강구조설계(하중저항계수설계법)	KDS 14 31 05	강구조설계 일반사항(하중저항계수설계법)
강구조설계(하중저항계수설계법)	KDS 14 31 10	강구조 부재 설계기준(하중저항계수설계법)
강구조설계(하중저항계수설계법)	KDS 14 31 15	강구조 골조의 안정성 설계기준(하중저항계수설계법)
강구조설계(하중저항계수설계법)	KDS 14 31 20	강구조 피로 및 파단 설계기준(하중저항계수설계법)
강구조설계(하중저항계수설계법)	KDS 14 31 25	강구조 연결 설계기준(하중저항계수설계법)
강구조설계(하중저항계수설계법)	KDS 14 31 50	강구조 물고임 및 내화 설계기준(하중저항계수설계법)
강구조설계(하중저항계수설계법)	KDS 14 31 60	강구조 내진 설계기준(하중저항계수설계법)

내진설계기준	내진설계 일반	KDS 17 10 00	내진설계 일반
가시설물 설계기준	가설설계기준	KDS 21 00 00	가설설계기준
	가시설물 설계 일반사항	KDS 21 10 00	가시설물 설계 일반사항
	가설흙막이 설계기준	KDS 21 30 00	가설흙막이 설계기준
	가설교량 및 노면 복공 설계기준	KDS 21 45 00	가설교량 및 노면 복공 설계기준
	거푸집 및 동바리 설계기준	KDS 21 50 00	거푸집 및 동바리 설계기준
	비계 및 안전시설물 설계기준	KDS 21 60 00	비계 및 안전시설물 설계기준
교량설계기준	교량설계기준	KDS 24 00 00	교량설계기준
	교량설계 일반사항	KDS 24 10 10	교량설계 일반사항(일반설계법)
	교량설계 일반사항	KDS 24 10 11	교량 설계 일반사항(한계상태설계법)
	교량 설계 하중	KDS 24 12 10	교량 설계하중조합(일반설계법)
	교량 설계 하중	KDS 24 12 11	교량 설계하중조합(한계상태설계법)
	교량 설계 하중	KDS 24 12 20	교량 설계하중(일반설계법)
	교량 설계 하중	KDS 24 12 21	교량 설계하중(한계상태설계법)
	교량구조 설계	KDS 24 14 20	콘크리트교 설계기준(극한강도설계법)
	교량구조 설계	KDS 24 14 21	콘크리트교 설계기준(한계상태설계법)
	교량구조 설계	KDS 24 14 30	강교 설계기준(허용응력설계법)
	교량구조 설계	KDS 24 14 31	강교 설계기준(한계상태설계법)
	교량구조 설계	KDS 24 14 50	교량 하부구조 설계기준(일반설계법)
	교량구조 설계	KDS 24 14 51	교량 하부구조 설계기준(한계상태설계법)
	교량내진 설계	KDS 24 17 10	교량 내진설계기준(일반설계법)
	교량내진 설계	KDS 24 17 11	교량 내진설계기준(한계상태설계법)
	교량내진 설계	KDS 24 17 12	교량내진 설계기준(케이블교량)
	교량 기타시설 설계	KDS 24 90 10	교량 기타시설설계기준 (일반설계법)
	교량 기타시설 설계	KDS 24 90 11	교량 기타시설설계기준 (한계상태설계법)
터널설계기준	터널설계기준	KDS 27 00 00	터널설계기준
	터널설계 일반	KDS 27 10 05	터널설계 개요
	터널설계 일반	KDS 27 10 10	조사 및 계획
	터널설계 일반	KDS 27 10 15	설계일반
	터널설계 일반	KDS 27 10 20	터널 안정성 해석
	터널 내진설계	KDS 27 17 00	터널 내진설계
	터널굴착	KDS 27 20 00	터널굴착
	TBM	KDS 27 25 00	TBM

	터널지보재	KDS 27 30 00	터널지보재
	터널 라이닝	KDS 27 40 05	현장타설 라이닝
	터널 라이닝	KDS 27 40 10	세그먼트 라이닝
	터널 보강 및 안정	KDS 27 50 05	배수 및 방수
	터널 보강 및 안정	KDS 27 50 10	계측
	터널환기, 조명, 방재설비	KDS 27 60 00	터널환기, 조명, 방재설비
공동구 설계기준	공동구 설계 일반	KDS 29 10 00	공동구 설계 일반
	공동구 본체 설계	KDS 29 14 00	공동구 본체 설계
	공동구 내진 설계	KDS 29 17 00	공동구 내진 설계
	공동구 가설구조물 설계	KDS 29 21 00	공동구 가설구조물 설계
	공동구 부대설비 설계	KDS 29 31 00	공동구 부대설비 설계
설비설계기준	설비설계기준	KDS 31 00 00	설비설계기준
	설비설계 일반사항	KDS 31 10 10	기계설비일반사항
	설비설계 일반사항	KDS 31 10 20	건축전기설비일반사항
	설비설계 일반사항	KDS 31 10 21	전기설비 관련 시설공간
	공기조화설비설계	KDS 31 25 05	공기조화설비일반사항
	공기조화설비설계	KDS 31 25 06	에너지절약 친환경
	공기조화설비설계	KDS 31 25 10	열원기기
	공기조화설비설계	KDS 31 25 15	공기조화기기
	공기조화설비설계	KDS 31 25 20	환기설비
	공기조화설비설계	KDS 31 25 25	배관설비
	공기조화설비설계	KDS 31 25 30	덕트설비
	급배수위생설비 설계	KDS 31 30 05	위생설비 일반사항
	급배수위생설비 설계	KDS 31 30 10	위생기구
설비설계기준	급배수위생설비 설계	KDS 31 30 15	급수설비
	급배수위생설비 설계	KDS 31 30 20	급탕설비
	급배수위생설비 설계	KDS 31 30 25	배수통기설비
	급배수위생설비 설계	KDS 31 30 30	오수처리 물재이용설비
	급배수위생설비 설계	KDS 31 30 35	우수설비
	자동제어설비 설계	KDS 31 35 05	자동제어설비 일반사항
	자동제어설비 설계	KDS 31 35 10	중앙관제설비
	자동제어설비 설계	KDS 31 35 12	건물에너지관리 시스템
	자동제어설비 설계	KDS 31 35 15	현장제어설비

자동제어설비 설계	KDS 31 35 20	원격검침설비
냉동냉장설비	KDS 31 40 05	냉동냉장설비 일반사항
냉동냉장설비	KDS 31 40 10	냉동냉장 부하계산
냉동냉장설비	KDS 31 40 15	냉동냉장설비
냉동냉장설비	KDS 31 40 20	제빙저빙
기타설비 설계	KDS 31 50 05	가스설비
기타설비 설계	KDS 31 50 10	방음설비
기타설비 설계	KDS 31 50 15	방진설비
기타설비 설계	KDS 31 50 16	지열원열펌프설비
기타설비 설계	KDS 31 50 20	클린룸설비
건축물 전원설비 설계	KDS 31 60 10	수변전설비
건축물 전원설비 설계	KDS 31 60 20	예비전원설비
건축물 전원설비 설계	KDS 31 60 30	신전원설비
배선 및 부하 설비 설계	KDS 31 65 10	간선 및 배선설비(간선설비 + 배선설비)
배선 및 부하 설비 설계	KDS 31 65 20	동력설비
배선 및 부하 설비 설계	KDS 31 65 30	반송설비(전기분야)
조명설비 설계	KDS 31 70 10	옥내조명설비
조명설비 설계	KDS 31 70 20	옥외 및 경관조명설비 (옥외조명설비 + 경관 및 조경조명설비)
조명설비 설계	KDS 31 70 30	도로 및 터널조명설비 (도로조명 + 터널조명 설계기준)
제어 및 정보통신 설비 설계	KDS 31 75 10	감시제어설비(전기분야)
제어 및 정보통신 설비 설계	KDS 31 75 20	전기통신설비
제어 및 정보통신 설비 설계	KDS 31 75 30	정보설비
제어 및 정보통신 설비 설계	KDS 31 75 40	약전설비
건축물 방재설비 설계	KDS 31 80 10	피뢰설비
건축물 방재설비 설계	KDS 31 80 20	접지설비
건축물 방재설비 설계	KDS 31 80 30	소방전기설비
건축물 방재설비 설계	KDS 31 80 40	방범설비
건축물 방재설비 설계	KDS 31 80 50	항공장애표시등설비
시설물별전기설비설계	KDS 31 85 20	공동구 전기설비
시설물별전기설비설계	KDS 31 85 60	조경전기설비
산업환경설비 설계	KDS 31 90 05	산업환경설비 설계 일반사항

	산업환경설비 설계	KDS 31 90 10	생활폐기물 소각시설 설계 일반사항
	산업환경설비 설계	KDS 31 90 25	산업환경설비 지역난방시설 설계
	산업환경설비 설계	KDS 31 90 45	생활폐기물 이송관로 및 자동집하시설 설계
	산업환경설비 설계	KDS 31 90 55	산업환경설비 자동제어설비 설계
조경설계기준	조경설계기준	KDS 34 00 00	조경설계기준
	조경설계 일반사항	KDS 34 10 00	조경설계 일반사항
	정지 및 대지조형	KDS 34 20 10	지형보전
	정지 및 대지조형	KDS 34 20 15	포토보존
	정지 및 대지조형	KDS 34 20 20	지형변경
	정지 및 대지조형	KDS 34 20 25	대지조형
	식재기반조성	KDS 34 30 10	일반식재기반
	식재기반조성	KDS 34 30 15	인공지반식재기반
	식재기반조성	KDS 34 30 20	특수지반식재기반
	식재	KDS 34 40 10	수목식재
	식재	KDS 34 40 25	잔디 및 초화류식재
	조경시설	KDS 34 50 10	조경구조물
	조경시설	KDS 34 50 15	휴게시설
	조경시설	KDS 34 50 20	안내시설
	조경시설	KDS 34 50 25	놀이시설
	조경시설	KDS 34 50 30	운동 및 체력단련시설
	조경시설	KDS 34 50 35	수경시설
	조경시설	KDS 34 50 40	환경조형시설
	조경시설	KDS 34 50 45	조경석 및 인조암
	조경시설	KDS 34 50 50	조경동선시설
	조경시설	KDS 34 50 55	조경관리시설
	조경시설	KDS 34 50 60	경관조명시설
	조경시설	KDS 34 50 65	조경급·관수시설
	조경포장	KDS 34 60 10	보도포장
	조경포장	KDS 34 60 15	자전거도로포장
	조경포장	KDS 34 60 20	차도 및 주차장포장
	생태조경	KDS 34 70 10	자연친화적 하천조경
	생태조경	KDS 34 70 15	자연친화형 빗물처리시설
	생태조경	KDS 34 70 20	생태못 및 인공습지

	생태조경	KDS 34 70 25	훼손지복원
	생태조경	KDS 34 70 30	비탈면 녹화 및 조경
	생태조경	KDS 34 70 35	생태숲
	생태조경	KDS 34 70 40	생태통로
	생태조경	KDS 34 70 45	입체녹화
	생태조경	KDS 34 70 46	옥상녹화
	생태조경	KDS 34 70 50	폐도복원
	생태조경	KDS 34 70 55	환경친화적 단지조성
	조경 기타시설 설계	KDS 34 80 10	도시농업
	조경유지관리	KDS 34 99 10	식생유지관리
건축구조기준	건축구조기준	KDS 41 00 00	건축구조기준
	건축구조기준 일반사항	KDS 41 10 05	건축구조기준 총칙
	건축구조기준 일반사항	KDS 41 10 10	건축구조기준 구조검사 및 실험
	건축구조기준 일반사항	KDS 41 10 15	건축구조기준 설계하중
	건축물 내진설계기준	KDS 41 17 00	건축물 내진설계기준
	건축물 기초구조 설계기준	KDS 41 20 00	건축물 기초구조 설계기준
	건축물 콘크리트구조 설계기준	KDS 41 30 00	건축물 콘크리트구조 설계기준
	건축물 강구조 설계기준	KDS 41 31 00	건축물 강구조 설계기준
	목구조 설계기준	KDS 41 33 01	목구조 일반사항
	목구조 설계기준	KDS 41 33 02	목구조 재료 및 허용응력
	목구조 설계기준	KDS 41 33 03	목구조 설계요구사항
	목구조 설계기준	KDS 41 33 04	목구조 부재설계
	목구조 설계기준	KDS 41 33 05	목구조 접합부의 설계
	목구조 설계기준	KDS 41 33 06	목구조 전통목구조
	목구조 설계기준	KDS 41 33 07	목구조 경골목구조
	목구조 설계기준	KDS 41 33 08	목구조 내구계획 및 공법
	목구조 설계기준	KDS 41 33 09	목구조 방화설계
	조적식구조 설계기준	KDS 41 34 01	조적식구조 일반사항
	조적식구조 설계기준	KDS 41 34 02	조적식구조 재료의 기준
	조적식구조 설계기준	KDS 41 34 03	조적식 구조 설계일반사항
	조적식구조 설계기준	KDS 41 34 04	조적식구조 허용응력설계법
	조적식구조 설계기준	KDS 41 34 05	조적식구조 강도설계법
	조적식구조 설계기준	KDS 41 34 06	조적식구조 경험적 설계법

	조적식구조 설계기준	KDS 41 34 07	조적식 구조 조적조 문화재
	특수건축물 구조설계기준	KDS 41 70 01	막과 케이블 구조
	특수건축물 구조설계기준	KDS 41 70 02	부유식 구조
	소규모건축구조기준	KDS 41 90 05	소규모건축구조기준 일반
	소규모건축구조기준	KDS 41 90 20	기초 및 지하구조
	소규모건축구조기준	KDS 41 90 30	콘크리트구조
	소규모건축구조기준	KDS 41 90 31	강구조
	소규모건축구조기준	KDS 41 90 32	소규모건축구조기준 전통목구조
	소규모건축구조기준	KDS 41 90 33	소규모건축구조기준 목구조
	소규모건축구조기준	KDS 41 90 34	소규모건축구조기준 조적식구조
도로설계기준	도로설계기준	KDS 44 00 00	도로설계기준
	도로설계 일반사항	KDS 44 10 00	도로설계 일반사항
	도로의 구조	KDS 44 20 00	도로의 구조
	도로의 구조	KDS 44 20 05	횡단면설계
	도로의 구조	KDS 44 20 10	선형설계
	도로의 구조	KDS 44 20 15	평면교차
	도로의 구조	KDS 44 20 20	입체교차
	도로의 구조	KDS 44 20 25	철도 등과의 교차
	도로토공	KDS 44 30 00	도로토공
	도로배수시설	KDS 44 40 00	도로배수시설
	도로배수시설	KDS 44 40 05	노면배수
	도로배수시설	KDS 44 40 10	지하배수
	도로배수시설	KDS 44 40 15	횡단배수
	도로배수시설	KDS 44 40 20	도심지도로배수
	도로배수시설	KDS 44 40 25	수로이설
	도로배수시설	KDS 44 40 30	산지부 도로 배수
	도로포장설계	KDS 44 50 00	도로 포장 설계
	도로포장설계	KDS 44 50 05	아스팔트콘크리트 포장설계
	도로포장설계	KDS 44 50 10	시멘트콘크리트 포장설계
	도로포장설계	KDS 44 50 15	특수장소포장
	도로포장설계	KDS 44 50 20	포장 유지보수
	도로안전교통관리시설	KDS 44 60 00	도로안전、교통관리시설
	도로안전교통관리시설	KDS 44 60 05	도로안전시설

	도로안전교통관리시설	KDS 44 60 10	교통관리시설
	도로부대시설	KDS 44 70 00	도로부대시설
	도로부대시설	KDS 44 70 05	주차장 등
	도로부대시설	KDS 44 70 10	방호시설
	도로환경시설	KDS 44 80 00	도로환경시설
철도설계기준	철도설계기준	KDS 47 00 00	철도설계기준
	철도노반 설계	KDS 47 10 05	노반설계 일반사항
	철도노반 설계	KDS 47 10 15	철도계획
	철도노반 설계	KDS 47 10 20	측량 및 지반조사
	철도노반 설계	KDS 47 10 25	흙구조물
	철도노반 설계	KDS 47 10 30	구교 및 배수시설
	철도노반 설계	KDS 47 10 35	흙막이 구조물
	철도노반 설계	KDS 47 10 40	지하구조물
	철도노반 설계	KDS 47 10 45	교량 일반사항
	철도노반 설계	KDS 47 10 50	강교 및 강합성교
	철도노반 설계	KDS 47 10 55	콘크리트교
	철도노반 설계	KDS 47 10 70	터널
	철도노반 설계	KDS 47 10 75	정거장
	철도궤도설계	KDS 47 20 05	궤도설계 일반사항
	철도궤도설계	KDS 47 20 10	선형 및 배선
	철도궤도설계	KDS 47 20 15	자갈궤도
	철도궤도설계	KDS 47 20 20	콘크리트궤도
	철도궤도설계	KDS 47 20 40	장대레일
	철도궤도설계	KDS 47 20 45	궤도재료
	철도궤도설계	KDS 47 20 50	차량기지궤도
	철도궤도설계	KDS 47 20 55	궤도와 타분야 인터페이스
	철도궤도설계	KDS 47 20 60	궤도안전 부대시설
	철도궤도설계	KDS 47 20 65	궤도분야 소음.진동 저감방안
	철도궤도설계	KDS 47 20 70	공사계획수립
	철도전철전력 설계	KDS 47 30 10	전철전력설계 일반사항
	철도전철전력 설계	KDS 47 30 20	전철전원 설비
	철도전철전력 설계	KDS 47 30 30	전차선로
	철도전철전력 설계	KDS 47 30 40	배전선로와 터널전력 설비

철도전철전력 설계	KDS 47 30 50	원격감시제어 설비
철도신호 설계	KDS 47 40 05	신호설계일반사항
철도신호 설계	KDS 47 40 10	신호기 장치
철도신호 설계	KDS 47 40 15	선로전환기
철도신호 설계	KDS 47 40 20	궤도회로
철도신호 설계	KDS 47 40 25	폐색장치
철도신호 설계	KDS 47 40 30	연동장치
철도신호 설계	KDS 47 40 35	열차제어장치
철도신호 설계	KDS 47 40 45	전원설비
철도신호 설계	KDS 47 40 50	신호기능실
철도신호 설계	KDS 47 40 55	전선로
철도신호 설계	KDS 47 40 60	건널목안전설비
철도신호 설계	KDS 47 40 65	열차자동정지장치
철도신호 설계	KDS 47 40 70	보호설비
철도신호 설계	KDS 47 40 75	안전설비
철도신호 설계	KDS 47 40 85	신호설비 원격 집중장치
철도정보통신 설계	KDS 47 50 10	정보통신설계 일반사항
철도정보통신 설계	KDS 47 50 20	통신선로설비
철도정보통신 설계	KDS 47 50 30	전송망설비
철도정보통신 설계	KDS 47 50 40	열차무선설비
철도정보통신 설계	KDS 47 50 50	역무용 통신설비
철도정보통신 설계	KDS 47 50 60	역무자동화설비
철도정보통신 설계	KDS 47 50 70	정보통신설비 전원, 접지설비 및 유도대책
철도정보통신 설계	KDS 47 50 80	건축통신설비
철도시스템 인터페이스	KDS 47 60 00	철도시스템 인터페이스
철도건축 설계	KDS 47 70 10	건축설계 일반사항
철도건축 설계	KDS 47 70 20	건축계획
철도건축 설계	KDS 47 70 30	건축설계
철도건축 설계	KDS 47 70 40	건축구조
철도건축 설계	KDS 47 70 50	건축기계설비
철도건축 설계	KDS 47 70 60	터널 방재설비
철도건축 설계	KDS 47 70 70	조경
철도건축 설계	KDS 47 70 80	검수시설

	철도연계교통시설 설계	KDS 47 80 10	연계교통시설설계 일반사항
	철도연계교통시설 설계	KDS 47 80 20	고속、일반 철도역
	철도연계교통시설 설계	KDS 47 80 30	광역철도역
하천설계기준	하천설계기준	KDS 51 00 00	하천설계기준
	하천 설계 일반사항	KDS 51 10 05	하천 일반사항
	하천설계 조사	KDS 51 12 05	유역특성 조사
	하천설계 조사	KDS 51 12 10	강수량 조사
	하천설계 조사	KDS 51 12 15	수위 조사
	하천설계 조사	KDS 51 12 20	유량 조사
	하천설계 조사	KDS 51 12 25	지하수 조사
	하천설계 조사	KDS 51 12 30	유사 및 하상변동 조사
	하천설계 조사	KDS 51 12 35	하도 조사
	하천설계 조사	KDS 51 12 40	내수 및 우수유출 조사
	하천설계 조사	KDS 51 12 45	하천환경 조사
	하천설계 조사	KDS 51 12 50	하천이수 조사
	하천설계 조사	KDS 51 12 55	하천친수 조사
	하천설계 조사	KDS 51 12 60	하천치수경제 조사
	하천설계 조사	KDS 51 12 65	하천측량
	하천설계 계획	KDS 51 14 05	하천유역종합 계획
	하천설계 계획	KDS 51 14 10	설계수문량
	하천설계 계획	KDS 51 14 15	홍수방어 계획
	하천설계 계획	KDS 51 14 20	하도 계획
	하천설계 계획	KDS 51 14 25	유사조절 계획
	하천설계 계획	KDS 51 14 30	내수배제 및 우수유출저감 계획
	하천설계 계획	KDS 51 14 35	이수 계획
	하천설계 계획	KDS 51 14 40	내륙주운 계획
	하천설계 계획	KDS 51 14 45	하천환경 계획
	하천설계 계획	KDS 51 14 50	하천친수 계획
	하천 내진 설계	KDS 51 17 00	하천 내진 설계
	하천 이수시설물	KDS 51 40 05	하천보
	하천 이수시설물	KDS 51 40 10	하천어도
	하천 이수시설물	KDS 51 40 15	하천취수시설
	하천 이수시설물	KDS 51 40 20	내륙주운시설

	하천치수시설물	KDS 51 50 05	하천제방
	하천치수시설물	KDS 51 50 10	하천호안
	하천치수시설물	KDS 51 50 15	하천수제
	하천치수시설물	KDS 51 50 20	하천하상유지시설
	하천치수시설물	KDS 51 50 25	하천수문
	하천치수시설물	KDS 51 50 30	하천통문
	하천치수시설물	KDS 51 50 35	하천내수배제 및 우수유출저감시설
	하천치수시설물	KDS 51 50 40	하천사방시설
	하천치수시설물	KDS 51 50 45	하천하구시설
	하천환경시설	KDS 51 60 05	하천정화시설
	하천복원시설	KDS 51 70 05	여울과 소
	하천친수시설	KDS 51 80 05	하천친수시설
	하천 기타시설물	KDS 51 90 05	하천수로터널
	하천 기타시설물	KDS 51 90 10	하천교량
댐설계기준	댐설계기준	KDS 54 00 00	댐설계기준
	댐 설계 공통사항	KDS 54 10 05	댐 설계 일반사항
	댐 설계 공통사항	KDS 54 10 10	댐 설계 조사
	댐 설계 공통사항	KDS 54 10 15	댐 설계 계획
	댐내진설계기준	KDS 54 17 00	댐내진설계기준
	댐 공통 설계	KDS 54 20 10	댐유수전환
	댐 공통 설계	KDS 54 20 15	댐 여수로
	필댐	KDS 54 30 00	필댐
	콘크리트 표면차수벽형 석괴댐	KDS 54 40 00	콘크리트 표면차수벽형 석괴댐
	콘크리트 중력댐	KDS 54 50 00	콘크리트 중력댐
	롤러다짐콘크리트댐	KDS 54 60 00	롤러다짐콘크리트댐
	하드필댐	KDS 54 65 00	하드필댐
	아치댐	KDS 54 70 00	아치댐
	댐 기타시설 설계	KDS 54 80 10	댐 부속 수리구조물
상수도 설계기준	상수도설계기준	KDS 57 00 00	상수도설계기준
	상수도설계 일반사항	KDS 57 10 00	상수도설계 일반사항
	상수도 내진설계	KDS 57 17 00	상수도 내진설계
	기계전기계측 제어설비 설계기준	KDS 57 31 00	기계전기계측 제어설비 설계기준
	수원과 저수시설 설계기준	KDS 57 40 00	수원과 저수시설 설계기준

	취수시설 설계기준	KDS 57 45 00	취수시설 설계기준
	도수시설 설계기준	KDS 57 50 00	도수시설 설계기준
	정수시설 설계기준	KDS 57 55 00	정수시설 설계기준
	송수시설 설계기준	KDS 57 60 00	송수시설 설계기준
	배수시설 설계기준	KDS 57 65 00	배수시설 설계기준
	급수시설 설계기준	KDS 57 70 00	급수시설 설계기준
하수도 설계기준	하수도설계기준	KDS 61 00 00	하수도설계기준
	하수도설계 일반사항	KDS 61 10 00	하수도설계 일반사항
	하수도내진설계	KDS 61 15 00	하수도내진설계
	전기계측제어설비 설계기준	KDS 61 31 05	전기계측제어설비 설계기준
	관로시설 설계기준	KDS 61 40 00	관로시설 설계기준
	펌프장시설 설계기준	KDS 61 45 00	펌프장시설 설계기준
	수처리시설 설계기준	KDS 61 50 00	수처리시설 설계기준
	찌꺼기(슬러지)처리시설 설계기준	KDS 61 55 00	찌꺼기(슬러지)처리시설 설계기준
	분뇨처리시설 설계기준	KDS 61 60 00	분뇨처리시설 설계기준
	일반관리시설 및 설계시 고려사항	KDS 61 90 05	일반관리시설 및 설계시 고려사항
농업생산기반 시설설계기준	농업생산기반시설설계기준	KDS 67 00 00	농업생산기반시설설계기준
	농업용댐	KDS 67 10 05	농업용댐설계 일반사항
	농업용댐	KDS 67 10 10	농업용댐설계 계획
	농업용댐	KDS 67 10 15	농업용댐설계 조사
	농업용댐	KDS 67 10 20	농업용 필댐설계
	농업용댐	KDS 67 10 25	농업용댐 콘크리트댐설계
	농업용댐	KDS 67 10 30	농업용댐 콘크리트중력댐설계
	농업용댐	KDS 67 10 35	농업용댐 콘크리트아치댐설계
	농업용댐	KDS 67 10 40	농업용댐 가배수공 설계
	농업용댐	KDS 67 10 45	농업용댐 물넘이 및 부속구조물 설계
	농업용댐	KDS 67 10 90	농업용 댐 유지관리
	취입보	KDS 67 15 05	취입보 일반사항
	취입보	KDS 67 15 15	취입보 조사
	취입보	KDS 67 15 20	취입보 기본설계
	취입보	KDS 67 15 25	취입보 취수구 설계
	취입보	KDS 67 15 30	취입보 고정보 설계
	취입보	KDS 67 15 35	취입보 가동보 설계

취입보	KDS 67 15 40	취입보 배사구 설계
취입보	KDS 67 15 45	취입보 기초공 및 지수벽 설계
취입보	KDS 67 15 50	취입보 바닥보호공 설계
취입보	KDS 67 15 55	취입보 부대시설 설계
취입보	KDS 67 15 60	취입보 계류취수공 설계
취입보	KDS 67 15 90	취입보 유지관리
용배수로	KDS 67 20 05	용배수로 설계 일반사항
용배수로	KDS 67 20 10	용배수로 설계 기본사항
용배수로	KDS 67 20 20	용배수로 시설 설계
용배수로	KDS 67 20 90	용배수로 유지관리
농업용 관수로	KDS 67 25 05	농업용 관수로 일반사항
농업용 관수로	KDS 67 25 15	농업용 관수로 조사
농업용 관수로	KDS 67 25 20	농업용 관수로 설계
농업용 관수로	KDS 67 25 25	농업용 관수로 수리 설계
농업용 관수로	KDS 67 25 30	농업용 관수로 관체의 구조 설계
농업용 관수로	KDS 67 25 35	농업용 관수로 부대시설 설계
농업용 관수로	KDS 67 25 40	농업용 관수로 밸브 설계
농업용 관수로	KDS 67 25 45	농업용 관수로 물관리 자동화시설 설계
농업용 관수로	KDS 67 25 90	농업용 관수로 유지관리
양배수장	KDS 67 30 05	양배수장 일반사항
양배수장	KDS 67 30 15	양배수장 조사
양배수장	KDS 67 30 20	양배수장 펌프 설계
양배수장	KDS 67 30 25	양배수장 구조 설계
양배수장	KDS 67 30 30	양배수장 부대설비 설계
양배수장	KDS 67 30 35	양배수장 운전관리 설비 설계
양배수장	KDS 67 30 90	양배수장 유지관리
농도	KDS 67 35 05	농도 일반사항
농도	KDS 67 35 10	농도 계획
농도	KDS 67 35 15	농도 조사
농도	KDS 67 35 20	농도 설계
농도	KDS 67 35 30	농도 효과 및 평가
농도	KDS 67 35 90	농도 유지관리
농지관개	KDS 67 40 20	논관개

농지관개	KDS 67 40 30	밭관개
농지관개	KDS 67 40 40	농지관개 수질대책
농지관개	KDS 67 40 90	농지관개 유지관리
농지배수	KDS 67 45 05	농지배수 일반사항
농지배수	KDS 67 45 10	농지배수계획
농지배수	KDS 67 45 15	농지배수조사
농지배수	KDS 67 45 20	농지배수 계획기준치 및 유출량
농지배수	KDS 67 45 30	농지배수 지표배수 시설계획
농지배수	KDS 67 45 40	농지배수 지하배수계획
농지배수	KDS 67 45 50	농지배수 효과
농지배수	KDS 67 45 90	농지배수 유지관리
경지정리	KDS 67 50 05	경지정리 일반사항
경지정리	KDS 67 50 10	경지정리 계획
경지정리	KDS 67 50 20	경지정리 환지계획 설계
경지정리	KDS 67 50 90	경지정리 유지관리
개간	KDS 67 60 05	개간 일반사항
개간	KDS 67 60 10	개간 계획
개간	KDS 67 60 13	개간 영농계획
개간	KDS 67 60 15	개간 조사
개간	KDS 67 60 20	개간 환경성검토
개간	KDS 67 60 90	개간 유지관리
해면간척	KDS 67 65 05	해면간척 일반사항
해면간척	KDS 67 65 15	해면간척 조사
해면간척	KDS 67 65 20	해면간척 방조제 설계
해면간척	KDS 67 65 30	해면간척 용배수 설계
해면간척	KDS 67 65 40	해면간척 제염 설계 및 지구내 계획
해면간척	KDS 67 65 50	해면간척 환경보전 및 부대시설
해면간척	KDS 67 65 90	해면간척 유지관리
농지보전	KDS 67 70 05	농지보전 일반사항
농지보전	KDS 67 70 10	농지보전 계획
농지보전	KDS 67 70 15	농지보전 조사
농지보전	KDS 67 70 20	농지보전 설계
농지보전	KDS 67 70 30	농지보전 공법

농지보전	KDS 67 70 40	농지보전 사업효과
농업수질 및 환경	KDS 67 80 05	농업 수질 및 환경 일반사항
농업수질 및 환경	KDS 67 80 10	농업 수질 및 환경 저수지 일반사항
농업수질 및 환경	KDS 67 80 15	농업 수질 및 환경 저수지 조사
농업수질 및 환경	KDS 67 80 20	농업 수질 및 환경 저수지 계획
농업수질 및 환경	KDS 67 80 25	농업 수질 및 환경 저수지 설계
농업수질 및 환경	KDS 67 80 30	농업 수질 및 환경 용배수로 일반사항
농업수질 및 환경	KDS 67 80 35	농업 수질 및 환경 용배수로 조사
농업수질 및 환경	KDS 67 80 40	농업 수질 및 환경 용배수로 계획
농업수질 및 환경	KDS 67 80 45	농업 수질 및 환경 용배수로 설계
농업수질 및 환경	KDS 67 80 50	농업 수질 및 환경 양배수장 일반사항
농업수질 및 환경	KDS 67 80 55	농업 수질 및 환경 양배수장 조사
농업수질 및 환경	KDS 67 80 60	농업 수질 및 환경 양배수장 설계
농업수질 및 환경	KDS 67 80 90	농업 수질 및 환경 유지관리

부록

03 건축구조기준 개정사항

1 2021년 2월 구조설계기준 개정사항

개정 전

콘크리트의 최소피복두께

① 프리스트레스하지 않은 부재의 현장치기콘크리트의 최소피복두께

종류			피복두께
수중에서 타설하는 콘크리트			100mm
흙에 접하여 콘크리트를 친 후 영구히 흙에 묻혀있는 콘크리트			80mm
흙에 접하거나 옥외의 공기에 직접 노출되는 콘크리트	D29이상의 철근		60mm
	D25이하의 철근		50mm
	D16이하의 철근		40mm
옥외의 공기나 흙에 직접 접하지 않는 콘크리트	슬래브, 벽체, 장선	D35 초과 철근	40mm
		D35 이하 철근	20mm
	보, 기둥		40mm
	쉘, 절판부재		20mm

단, 보와 기둥의 경우 f_{ck}(콘크리트의 설계기준압축강도)가 40MPa 이상이면 위에 제시된 피복두께에서 최대 10mm만큼 피복두께를 저감시킬 수 있다.

개정 후

콘크리트의 최소피복두께

① 프리스트레스하지 않은 부재의 현장치기콘크리트의 최소피복두께

종류			피복두께
수중에서 타설하는 콘크리트			100mm
흙에 접하여 콘크리트를 친 후 영구히 흙에 묻혀있는 콘크리트			7mm
흙에 접하거나 옥외의 공기에 직접 노출되는 콘크리트	D19이상의 철근		50mm
	D16이하의 철근 지름 16mm이하의 철선		40mm
옥외의 공기나 흙에 직접 접하지 않는 콘크리트	슬래브, 벽체, 장선	D35 초과 철근	40mm
		D35 이하 철근	20mm
	보, 기둥	$f_{ck} < 40\text{MPa}$	40mm
		$f_{ck} \geq 40\text{MPa}$	30mm
	쉘, 절판부재		20mm

단, 보와 기둥의 경우 f_{ck}(콘크리트의 설계기준압축강도)가 40MPa 이상이면 위에 제시된 피복두께에서 최대 10mm만큼 피복두께를 저감시킬 수 있다.

② 프리스트레스하는 부재의 현장치기콘크리트의 최소피복두께

<table>
<tr><th colspan="3">종류</th><th>피복두께</th></tr>
<tr><td colspan="3">흙에 접하여 콘크리트를 친 후 영구히 흙에 묻혀있는 콘크리트</td><td>80mm</td></tr>
<tr><td rowspan="2">흙에 접하거나 옥외의 공기에 직접 노출되는 콘크리트</td><td colspan="2">벽체, 슬래브, 장선구조</td><td>30mm</td></tr>
<tr><td colspan="2">기타 부재</td><td>40mm</td></tr>
<tr><td rowspan="5">옥외의 공기나 흙에 직접 접하지 않는 콘크리트</td><td colspan="2">슬래브, 벽체, 장선</td><td>20mm</td></tr>
<tr><td rowspan="2">보, 기둥</td><td>주철근</td><td>40mm</td></tr>
<tr><td>띠철근, 스터럽, 나선철근</td><td>30mm</td></tr>
<tr><td rowspan="2">쉘부재 절판부재</td><td>D19 이상의 철근</td><td>철근 직경</td></tr>
<tr><td>D16 이하의 철근, 지름 16mm 이하의 철선</td><td>10mm</td></tr>
</table>

흙 및 옥외의 공기에 노출되거나 부식환경에 노출된 프리스트레스트콘크리트 부재로서 부분균열등급 또는 완전균열등급의 경우에는 최소 피복 두께를 50 % 이상 증가시켜야 한다. (다만 설계하중에 대한 프리스트레스트 인장영역이 지속하중을 받을 때 압축응력 상태인 경우에는 최소 피복 두께를 증가시키지 않아도 된다.)
공장제품 생산조건과 동일한 조건으로 제작된 프리스트레스하는 콘크리트 부재에서 프리스트레스되지 않은 철근의 최소 피복 두께는 프리캐스트콘크리트 최소피복두께규정을 따른다.

② 프리스트레스하는 부재의 현장치기콘크리트의 최소피복두께

<table>
<tr><th colspan="3">종류</th><th>피복두께</th></tr>
<tr><td colspan="3">흙에 접하여 콘크리트를 친 후 영구히 흙에 묻혀있는 콘크리트</td><td>75mm</td></tr>
<tr><td rowspan="2">흙에 접하거나 옥외의 공기에 직접 노출되는 콘크리트</td><td colspan="2">벽체, 슬래브, 장선구조</td><td>30mm</td></tr>
<tr><td colspan="2">기타 부재</td><td>40mm</td></tr>
<tr><td rowspan="5">옥외의 공기나 흙에 직접 접하지 않는 콘크리트</td><td colspan="2">슬래브,벽체,장선</td><td>20mm</td></tr>
<tr><td rowspan="2">보, 기둥</td><td>주철근</td><td>40mm</td></tr>
<tr><td>띠철근, 스터럽, 나선철근</td><td>30mm</td></tr>
<tr><td rowspan="2">쉘부재 절판부재</td><td>D19 이상의 철근</td><td>철근 직경</td></tr>
<tr><td>D16 이하의 철근, 지름 16mm 이하의 철선</td><td>10mm</td></tr>
</table>

흙 및 옥외의 공기에 노출되거나 부식환경에 노출된 프리스트레스트콘크리트 부재로서 부분균열등급 또는 완전균열등급의 경우에는 최소 피복 두께를 50 % 이상 증가시켜야 한다. (다만 설계하중에 대한 프리스트레스트 인장영역이 지속하중을 받을 때 압축응력 상태인 경우에는 최소 피복 두께를 증가시키지 않아도 된다.)
공장제품 생산조건과 동일한 조건으로 제작된 프리스트레스하는 콘크리트 부재에서 프리스트레스되지 않은 철근의 최소 피복 두께는 프리캐스트콘크리트 최소피복두께규정을 따른다.

③ 프리캐스트콘크리트의 최소피복두께

구분	부재	위치	최소피복두께
흙에 접하거나 또는 옥외의 공기에 직접 노출	벽	D35를 초과하는 철근 및 지름 40mm를 초과하는 긴장재	40mm
		D35 이하의 철근, 지름 40mm 이하인 긴장재 및 지름 16mm 이하의 철선	20mm
	기타	D35를 초과하는 철근 및 지름 40mm를 초과하는 긴장재	50mm
		D19 이상, D35 이하의 철근 및 지름 16mm를 초과하고 지름 40mm 이하인 긴장재	40mm
		D16 이하의 철근, 지름 16mm 이하의 철선 및 지름 16mm 이하인 긴장재	30mm
흙에 접하거나 또는 옥외의 공기에 직접 접하지 않는 경우	슬래브 벽체 장선	D35를 초과하는 철근 및 지름 40mm를 초과하는 긴장재	30mm
		D35 이하의 철근 및 지름 40mm 이하인 긴장재	20mm
		지름 16mm 이하의 철선	15
	보 기둥	주철근	철근직경 이상 15mm 이상 (40mm 이상일 필요는 없음)
		띠철근, 스터럽, 나선철근	10
	쉘 절판	긴장재	20
		D19 이상의 철근	15
		D16 이하의 철근, 지름 16mm 이하의 철선	10

③ 프리캐스트콘크리트의 최소피복두께

구분	부재	위치	최소피복두께
흙에 접하거나 또는 옥외의 공기에 직접 노출	벽	D35를 초과하는 철근 및 지름 40mm를 초과하는 긴장재	40mm
		D35 이하의 철근, 지름 40mm 이하인 긴장재 및 지름 16mm 이하의 철선	20mm
	기타	D35를 초과하는 철근 및 지름 40mm를 초과하는 긴장재	50mm
		D19 이상, D35 이하의 철근 및 지름 16mm를 초과하고 지름 40mm이하인 긴장재	40mm
		D16 이하의 철근, 지름 16mm 이하의 철선 및 지름 16mm 이하인 긴장재	30mm
흙에 접하거나 또는 옥외의 공기에 직접 접하지 않는 경우	슬래브 벽체 장선	D35를 초과하는 철근 및 지름 40mm를 초과하는 긴장재	30mm
		D35 이하의 철근 및 지름 40mm 이하인 긴장재	20mm
		지름 16mm이하의 철선	15mm
	보 기둥	주철근 (15mm 이상이어야 하고 40mm 이상일 필요는 없음)	철근직경 이상
		띠철근, 스터럽, 나선철근	10mm
	쉘 절판	긴장재	20mm
		D19 이상의 철근	15mm 또는 직경의 1/2 중 큰 값
		D16 이하의 철근, 지름 16mm 이하의 철선	10mm

④ 특수환경에 노출되는 콘크리트

해수 또는 해수 물보라, 제빙화학제 등 염화물에 노출되어 철근 또는 긴장재의 부식이 우려되는 환경에서는 다음 값 이상의 피복두께를 확보하여야 한다. (다만, 실험이나 기존 실적으로 입증된 별도의 부식 방지 대책을 적용하는 경우에는 별도의 규정을 적용할 수 있다.)

현장치기 콘크리트	벽체, 슬래브		50mm
	그 외의 모든 부재	노출등급 EC1, EC2	60mm
		노출등급 EC3	70mm
		노출등급 EC4	80mm
프리캐스트 콘크리트	벽체, 슬래브		40mm
	그 외의 모든 부재		50mm

부분균열등급 또는 완전균열등급의 프리스트레스트콘크리트 부재는 최소 피복 두께를 기준에서 규정된 최소 피복 두께의 50% 이상 증가시켜야 한다. (다만, 프리스트레스된 인장영역이 지속하중을 받을 때 압축응력을 유지하고 있는 경우에는 최소 피복 두께를 증가시키지 않아도 된다.)

⑤ 다발철근 미 확대머리 전단스터드 철근의 피복두께

- 다발철근의 피복두께 : 50mm와 다발철근의 등가지름 중 작은 값 이상이라야 한다. (다만, 흙에 접하여 콘크리트를 친 후 영구히 흙에 묻혀 있는 경우는 피복두께를 75mm 이상, 수중에서 콘크리트를 친 경우는 100mm 이상으로 하여야 한다.)
- 확대머리 전단 스터드 : 확대머리 전단 스터드가 설치되는 부재의 철근에 요구되는 피복 두께 이상이 되어야 한다.

④ 특수환경에 노출되는 콘크리트

해수 또는 해수 물보라, 제빙화학제 등 염화물에 노출되어 철근 또는 긴장재의 부식이 우려되는 환경에서는 다음 값 이상의 피복두께를 확보하여야 한다. (다만, 실험이나 기존 실적으로 입증된 별도의 부식 방지 대책을 적용하는 경우에는 별도의 규정을 적용할 수 있다.)

현장치기 콘크리트	벽체, 슬래브		50mm
	그 외의 모든 부재	노출등급 EC1, EC2	60mm
		노출등급 EC3	70mm
		노출등급 EC4	80mm
프리캐스트 콘크리트	벽체, 슬래브		40mm
	그 외의 모든 부재		50mm

부분균열등급 또는 완전균열등급의 프리스트레스트콘크리트 부재는 최소 피복 두께를 기준에서 규정된 최소 피복 두께의 50% 이상 증가시켜야 한다. (다만, 프리스트레스된 인장영역이 지속하중을 받을 때 압축응력을 유지하고 있는 경우에는 최소 피복 두께를 증가시키지 않아도 된다.)

⑤ 다발철근 미 확대머리 전단스터드 철근의 피복두께

- 다발철근의 피복두께 : 50mm와 다발철근의 등가지름 중 작은 값 이상이라야 한다. (다만, 흙에 접하여 콘크리트를 친 후 영구히 흙에 묻혀 있는 경우는 피복두께를 75mm 이상, 수중에서 콘크리트를 친 경우는 100mm 이상으로 하여야 한다.)
- 확대머리 전단 스터드 : 확대머리 전단 스터드가 설치되는 부재의 철근에 요구되는 피복 두께 이상이 되어야 한다.

인장 이형철근 및 이형철선의 정착 인장 이형철근 및 이형철선의 기본정착길이 l_{db}는 다음 식 (4.1-1)에 의해 구하여야 한다. 그리고 배근 위치, 철근표면 도막 혹은 도금 여부 및 콘크리트의 종류에 따른 보정계수는 표 4.1-1에 의해 구하여야 한다. $l_{db} = \frac{0.6 d_b f_y}{\lambda \sqrt{f_{ck}}}$ (4.1-1) (중략) 그리고 표 4.1-1에 수록된 α, β, λ는 다음과 같이 구할 수 있다. ① α =철근배치 위치계수 가. 상부철근(정착길이 또는 겹침이음부 아래 300 mm를 초과되게 굳지 않은 콘크리트를 친 수평철근) 1.3 나. 기타 철근 1.0 ② β =철근 도막계수 가. 피복 두께가 $3d_b$ 미만 또는 순간격이 $6d_b$ 미만인 에폭시 도막철근 또는 철선 1.5 나. 기타 에폭시 도막철근 또는 철선 1.2 다. 아연도금 혹은 철근 1.0 라. 도막되지 않은 철근 1.0	인장 이형철근 및 이형철선의 정착 인장 이형철근 및 이형철선의 기본정착길이 l_{db}는 다음 식 (4.1-1)에 의해 구하여야 한다. 그리고 배근 위치, 철근표면 도막 혹은 도금 여부 및 콘크리트의 종류에 따른 보정계수는 표 4.1-1에 의해 구하여야 한다. $l_{db} = \frac{0.6 d_b f_y}{\lambda \sqrt{f_{ck}}}$ (4.1-1) (중략) 그리고 표 4.1-1에 수록된 α, β는 다음과 같이 구할 수 있다. ① α =철근배치 위치계수 가. 상부철근(정착길이 또는 겹침이음부 아래 300 mm를 초과되게 굳지 않은 콘크리트를 친 수평철근) 1.3 나. 기타 철근 1.0 ② β = 도막계수 가. 피복 두께가 $3d_b$ 미만 또는 순간격이 $6d_b$ 미만인 에폭시 도막 혹은 아연-에폭시 이중 도막철근 또는 철선 1.5 나. 기타 에폭시 도막 혹은 아연-에폭시 이중 도막철근 또는 철선 1.2 다. 아연도금 혹은 도막되지 않은 철근 또는 철선1.0
표준갈고리를 갖는 인장 이형철근의 정착 기본정착길이 l_{hb}는 다음 식 (4.1-4)에 의해 구할 수 있다. β와 λ는 4.1.2(2)에 따라 구한다. $l_{hb} = \frac{0.24 \beta d_b f_y}{\lambda \sqrt{f_{ck}}}$ (4.1-4)	표준갈고리를 갖는 인장 이형철근의 정착 기본정착길이 l_{hb}는 다음 식 (4.1-4)에 의해 구할 수 있다. β는 에폭시 도막 혹은 아연-에폭시 이중 도막철근의 경우 1.2, 아연도금 또는 도막되지 않은 철근의 경우 1.0이며, λ는 KDS 14 20 10(4.4)에 따라 구한다. $l_{hb} = \frac{0.24 \beta d_b f_y}{\lambda \sqrt{f_{ck}}}$ (4.1-4)

확대머리 이형철근 및 기계적 인장 정착	확대머리 이형철근 및 기계적 인장 정착
(1) 확대머리 이형철근의 인장에 대한 정착길이는 다음과 같이 구할 수 있다. $l_{dt}=0.19\frac{\beta f_y d_b}{\sqrt{f_{ck}}}$ (4.1-5) 여기서, β는 에폭시 도막철근은 1.2, 다른 경우는 1.0이며, 정착길이는 $8d_b$, 또한 150 mm 이상이어야 한다. 식 (4.1-5)를 적용하기 위해서는 다음의 ①부터 ⑦까지 조건을 만족하여야 한다. ① 철근의 설계기준항복강도는 400MPa 이하이어야 한다. ② 콘크리트의 설계기준압축강도는 40MPa 이하이어야 한다. ③ 철근의 지름은 35mm 이하이어야 한다. ④ 경량콘크리트에는 적용할 수 없으며, 보통중량콘크리트를 사용한다. ⑤ 확대머리의 순지압면적(A_{brg})은 $4A_b$ 이상이어야 한다. ⑥ 순피복 두께는 $2d_b$ 이상이어야 한다. ⑦ 철근 순간격은 $4d_b$ 이상이어야 한다. 다만, 상하 기둥이 있는 보-기둥 접합부의 보 주철근으로 사용되는 경우, 접합부의 횡보강철근이 0.3% 이상이고 확대머리의 뒷면이 횡보강철근 바깥 면부터 50 mm 이내에 위치하면 철근 순간격은 $2.5d_b$ 이상으로 할 수 있다. (2) 확대머리 이형철근은 압축을 받는 경우에 유효하지 않다. (3) 철근의 설계기준항복강도가 발휘될 수 있는 어떠한 기계적 정착장치도 정착 방법으로 사용할 수 있다. 이 경우, 기계적 정착장치가 적합함을 보증하는 시험결과를 책임구조기술자에게 제시하여야 한다. 철근의 정착은 기계적 정착장치와 철근의 최대 응력점과 기계적 정착장치 사이의 묻힘길이의 조합으로 이루어질 수 있다.	(1) 인장을 받는 확대머리 이형철근의 정착길이 l_{dt}는 정착 부위에 따라 다음 (2) 또는 (3)으로 구할 수 있다. 다만, 이렇게 구한 정착길이 l_{dt}는 항상 $8d_b$ 또한 150mm 이상이어야 한다. 또한 다음 조건을 만족해야 한다. ① 확대머리의 순지압면적(A_{brg})은 $4A_b$ 이상이어야 한다. ② 확대머리 이형철근은 경량콘크리트에 적용할 수 없으며, 보통중량콘크리트에만 사용한다. (2) 최상층을 제외한 부재 접합부에 정착된 경우 $l_{dt}=\frac{0.22\beta d_b f_y}{\psi\sqrt{f_{ck}}}$ (4.1-5) $\psi=0.6+0.3\frac{c_{so}}{d_b}+0.38\frac{K_{tr}}{d_b}\leq 1.375$ (4.1-6) 여기서, β는 4.1.5(2)에 따라 구한다. ψ는 측면피복과 횡보강철근에 의한 영향계수이고, c_{so}는 철근표면에서의 측면피복두께이며, K_{tr}은 확대머리 이형철근을 횡구속한 경우에 4.1.2(3)③에 따라 산정하고 $1.0d_b$보다 큰 경우 $1.0d_b$을 사용한다. 식 (4.1-5)를 적용하기 위해서는 다음의 ①부터 ⑤까지 조건을 만족하여야 한다. ① 철근 순피복두께는 $1.35d_b$ 이상이어야 한다. ② 철근 순간격은 $2d_b$ 이상이어야 한다. ③ 확대머리의 뒷면이 횡보강철근 바깥 면부터 50mm 이내에 위치해야 한다. ④ 확대머리 이형철근이 정착된 접합부는 지진력저항시스템별로 요구되는 전단강도를 가져야 한다.

	⑤ $d/l_{dt} > 1.5$인 경우는 KDS 14 20 54 (4.3.2)에 따라 설계한다. 여기서, d는 확대머리 이형철근이 주철근으로 사용된 부재의 유효높이이다. (3) (2)외의 부위에 정착된 경우 $l_{dt} = \frac{0.24\beta d_b f_y}{\sqrt{f_{ck}}}$ (4.1-7) 단, 4.1.2(3)③에 따라 산정된 K_{tr}값이 $1.2d_b$ 이상이어야 한다. 또한 식 (4.1-7)을 적용하기 위해서는 다음의 ①과 ② 조건을 만족하여야 한다. ① 순피복두께는 $2d_b$ 이상이어야 한다. ② 철근 순간격은 $4d_b$ 이상이어야 한다. (4) 압축력을 받는 경우에 확대머리의 영향을 고려할 수 없다. (5) 철근의 설계기준항복강도가 발휘될 수 있는 어떠한 확대머리 이형철근도 정착방법으로 사용할 수 있다. 이 경우 확대머리 이형철근의 적합성을 보증하는 실험과 해석결과를 책임구조기술자에 제시하여 승인을 받아야 한다. 정착내력은 확대머리 정착판의 지압력과 최대 응력점부터 확대머리 정착판까지 부착력의 합으로 이루어질 수 있다.

2 2019년 3월 건축구조기준 개정사항

현행	개정안
0101.6 재검토기한 국토교통부장관은「훈령 · 예규 등의 발령 및 관리에 관한 규정」에 따라 이 기준에 대하여 2016년 1월 1일을 기준으로 매 3년이 되는 시점(매 3년째의 12월 31일까지를 말한다)마다 그 타당성을 검토하여 개선 등의 조치를 하여야 한다.	0101.6 재검토기한 국토교통부장관은 「훈령 · 예규 등의 발령 및 관리에 관한 규정」(대통령 훈령 334호)에 따라 이 고시에 대하여 2019년 1월 1일 기준으로 매3년이 되는 시점(매 3년째의 12월 31일까지를 말한다)마다 그 타당성을 검토하여 개선 등의 조치를 하여야 한다.

③ 2017년 12월 건축구조기준 개정사항

① 강재의 재료정수는 다음을 따른다.

탄성계수(E) (MPa)	전단탄성계수(G) (MPa)	푸아송비 ν	선팽창계수 α (1/℃)
210,000MPa	81,000MPa	0.3	0.000012

식 0703.3.4. 횡방향으로 구속된 부재의 휨평면에 대한 탄성좌굴저항식

$P_{e1} = \dfrac{\pi^2 EI^*}{(K_1 L)^2}$에 한해서 기존 강재의 탄성계수($E$)의 값을 205,000Mpa에서 210,000Mpa로 수정한다.

EI^* : 직접해석법이 사용되는 경우 $0.8\tau_b EI$을 적용하며 그 외에는 EI를 적용

K_1 : 횡방향으로 구속된 골조에 대해 산정한 휨평면에 대한 유효좌굴길이계수로 해석에 의해 더 작은 값의 사용이 확인되지 않은 경우 1.0을 적용한다.

② 기존의 강재의 재질표기는 아래와 같이 변경한다.

㉠ 구조용강재의 재질표기

번호	명칭	강종
KS D 3503	일반 구조용 압연 강재	SS275
KS D 3515	용접 구조용 압연 강재	SM275A, B, C, D, -TMC SM355A, B, C, D, -TMC SM420A, B, C, D, -TMC SM460B, C, -TMC
KS D 3529	용접 구조용 내후성 열간 압연 강재	SMA275AW, AP, BW, BP, CW, CP SMA355AW, AP, BW, BP, CW, CP
KS D 3861	건축구조용 압연 강재	SN275A, B, C SN355B, C
KS D 3866	건축구조용 열간 압연 형강	SHN275, SHN355
KS D 5994	건축구조용 고성능 압연강재	HSA650

㉡ 냉간가공재 및 주강의 재질규격

번호	명칭	강종
KS D 3530	일반 구조용 경량 형강	SSC275
KS D 3558	일반 구조용 용접 경량 H형강	SWH275, L
KS D 3602	강제갑판(데크플레이트)	SDP1, 2, 3
KS D 3632	건축구조용 탄소강관	SNT275E, SNT355E, SNT275A, SNT355A
KS D 3864	건축구조용 각형 탄소 강관	SNRT295E, SNRT275A, SNRT355A

㉢ 용접하지 않는 부분에 사용되는 강재의 재질 규격

번호	명칭	강종
KS D 3503	일반구조용 압연강재	SS315, SS410
KS D 3566	일반구조용 탄소강관	SGT275, SGT355
KS D 3568	일반구조용 각형강관	SRT275, SRT355
KS D 3710	탄소강 단강품	SF490A, SF540A

㉣ 볼트, 고장력볼트 등의 규격

번호	명칭	강종
KS B 1002	6각 볼트	4.6
KS B 1010	마찰 접합용 고장력 6각 볼트, 6각 너트, 평 와셔의 세트	1종(F8T/F10/F35)1) 2종(F10T/F10/F35)1) 4종(F13T/F13/F35)1), 2)
KS B 1012	6각 너트	4.6
KS B 1016	기초 볼트	모양: L형, J형, LA형, JA형 강도등급구분: 4.6, 6.8, 8.8
KS B 1324	스프링 와셔	–
KS B 1326	평 와셔	–
KS F 4512 KS F 4513	건축용 턴버클 볼트 건축용 턴버클 몸체	S, E, D ST, PT
KS F 4521	건축용 턴버클	–

주1) 각각 볼트/너트/와셔의 종류

주2) KS B 1010에 의하여 수소지연파괴민감도에 대하여 합격된 시험성적표가 첨부된 제품에 한하여 사용하여야 한다.

㉤ 용접재료의 규격

번호	명칭
KS D 3508	피복 아크 용접봉 심선재
KS D 3550	피복 아크 용접봉 심선
KS D 7004	연강용 피복아크 용접봉
KS D 7006	고장력 강용 피복아크 용접봉
KS D 7025	연강 및 고장력강용 마그용 용접 솔리드 와이어
KS D 7101	내후성강용 피복아크 용접봉
KS D 7104	연강, 고장력강 및 저온용 강용 아크용접 플럭스 코아선
KS D 7106	내후성강용 탄산가스 아크용접 솔리드 와이어
KS D 7109	내후성강용 탄산가스 아크용접 플럭스 충전 와이어

㉥ 주요 구조용 강재의 재료강도(MPa)

<table>
<tr><th>강도</th><th>강재기호
판 두께</th><th>SS275</th><th>SM275
SMA275</th><th>SM355
SMA355</th><th>SM420</th><th>SM460</th><th>SN275</th><th>SN355</th><th>SHN275</th><th>SHN355</th></tr>
<tr><td rowspan="4">F_y</td><td>16mm 이하</td><td>275</td><td>275</td><td>355</td><td>420</td><td>460</td><td rowspan="2">275</td><td rowspan="2">355</td><td rowspan="3">275</td><td rowspan="3">355</td></tr>
<tr><td>16mm 초과
40mm 이하</td><td>265</td><td>265</td><td>345</td><td>410</td><td>450</td></tr>
<tr><td>40mm 초과
75mm 이하</td><td rowspan="2">245</td><td>255</td><td>335</td><td>400</td><td>430</td><td rowspan="2">255</td><td rowspan="2">335</td></tr>
<tr><td>75mm 초과
100mm 이하</td><td>245</td><td>325</td><td>390</td><td>420</td><td>–</td><td>–</td></tr>
<tr><td rowspan="2">F_u</td><td>75mm 이하</td><td rowspan="2">410</td><td rowspan="2">410</td><td rowspan="2">490</td><td rowspan="2">520</td><td rowspan="2">570</td><td rowspan="2">410</td><td rowspan="2">490</td><td>410</td><td>490</td></tr>
<tr><td>75mm 초과
100mm 이하</td><td>–</td><td>–</td></tr>
</table>

강도	강재기호 판 두께	HSA650	SM275-TMC	SM355-TMC	SM420-TMC	SM460-TMC
F_y	80mm 이하	650	275	355	420	460
F_u	80mm 이하	800	410	490	520	570

ⓢ 냉간가공재 및 주강의 재료강도, MPa

강재종별		SSC275 SWH275	SNT275	SNT355	SNRT275A	SNRT295E	SNRT355A
판두께(mm)		2.3~6.0[1]	2.3~40[2]		6.0~40[2]		
강도	F_y	275	275	355	275	295	355
	F_u	410	410	490	410	400	490

주1) SWH275의 판두께는 12 mm 이하

주2) SNRT295E의 판두께는 22 mm 이하

비고1) 강제갑판(SDP)의 재료강도는 모재의 강도 적용

ⓞ 용접하지 않는 부분에 사용하는 강재 등의 재료강도, MPa

강도	강재종별 / 판두께	SS315	SS410	SGT275[1] SRT275[1]	SGT355 SRT355[2]	SF490A	SF540A
F_y	16mm 이하	315	410	275	355	245	275
	16mm 초과 40mm 이하	305	400				
	40mm 초과 100mm 이하	295	–	–	–	–	–
F_u	40mm 이하	490	540	410	500	490	540
	40mm 초과 100mm 이하		–	–	–	–	–

주1) SGT275, SRT275의 판두께는 22 mm 이하

주2) SRT355의 판두께는 30 mm 이하

ⓩ 고장력볼트의 최소인장강도

볼트의 등급 / 최소인장강도	F8T	F10T	F13T[1]
항복강도 F_y	640	900	1170
극한강도 F_u	800	1000	1300

주1) KS B 1010에 의하여 수소지연파괴민감도에 대하여 합격된 시험성적표가 첨부된 제품에 한하여 사용하여야 한다.

ⓒ 일반볼트의 최소인장강도(MPa)

볼트의 등급 / 최소인장강도	4.6[1]
항복강도 F_y	240
극한강도 F_u	400

주1) KS B 1002에 따른 강도 구분

㉪ 용접재료의 강도, MPa

용접재료	강도(MPa)		적용 가능 강종
	F_y	F_u	
KS D 7004 연강용 피복아크 용접봉	345	420	인장강도 400MPa급 연강
KS D 7006 고장력강용 피복아크 용접봉	390	490	인장강도 490MPa~780 MPa 고장력강
	410	520	
	490	570	
	500	610	
	550	690	
	620	750	
	665	780	
KS D 7104 연강, 고장력강 및 저온용 강용 아크용접 플럭스코어선	340	420	인장강도 400MPa급 연강 인장강도 490 MPa, 540 MPa, 590 MPa급 고장력강
	390	490	
	430	540	
	490	590	
KS D 7025 연강 및 고장력강용 마그용접용솔리드와이어	345	420	인장강도 400MPa급 연강인장강도 490 MPa, 590 MPa급 고장력강
	390	490	
	490	570	
KS D 7101 내후성강용 피복아크 용접봉	390	490	인장강도 490MPa ~ 570MPa급 내후성 고장력강
KS D 7106 내후성강용 탄산가스 아크용접 솔리드와이어 KS D 7109 내후성강용 탄산가스 아크용접 플럭스충전와이어	490	570	

비고1) 서브머지드아크용접(SAW) 용가재의 강도는 표의 피복아크 용접봉 값을 사용하거나, 구기준(KS B 0531 탄소강 및 저합금강용 서브머지드 아크 용착 금속의 품질 구분 및 시험방법)의 값을 참고한다.

ⓔ 볼트의 공칭강도(MPa)

강도 \ 볼트등급		고장력볼트			일반볼트
		F8T	F10T	F13T[1]	4.6[2]
공칭인장강도, F_{nt}		600	750	975	300
지압접합의 공칭전단강도, F_{nv}	나사부가 전단면에 포함될 경우	320	400	520	160
	나사부가 전단면에 포함되지 않을 경우	400	500	650	

주1) KS B 1010에 의하여 수소지연파괴민감도에 대하여 합격된 시험성적표가 첨부된 제품에 한하여 사용하여야 한다.
주2) KS B 1002에 따른 강도 구분

ⓕ 강재의 종류별 R_y 및 R_t 값

적용		R_y	R_t
구조용 압연형강 및 냉간가공재	KS D 3503 SS275 KS D 3530 SSC275 KS D 3558 SWH275 KS D 3566 SGT275 KS D 3568 SRT275 KS D 3632 SNT275, SNT355	1.2	1.2
	KS D 3515 SM275, SM355, SM420 KS D 3864 SNRT295E, SNRT275A SNRT355A	1.2	1.2
	KS D 3861 SN275, SN355 KS D 3866 SHN275, SHN355	1.1	1.1
플레이트	KS D 3503 SS275	1.2	1.2
	KS D 3515 SM355, SM355TMC, SM420, SM420TMC, SM460, SM460TMC, KS D 3529 SMA275, SMA355	1.2	1.2
	KS D 3861 SN275, SN355 KS D 5994 HSA650	1.1	1.1

현행	개정안
0701.4.3.1 구조용강재 (1) 〈표 0701.4.1〉에 나타낸 구조용강재의 항복강도 F_y 및 인장강도 F_u는 〈표 0701.4.8〉에 나타낸 값으로 한다. 다만 강재 판두께 100mm (SN490, SM490TMC, SM520TMC와 SM570TMC인 경우 80mm) 초과인 경우 2장(구조실험 및 검사)에 따라 안전성이 인정되어야 한다.	0701.4.3.1 구조용강재 (1) -------------------------- ------------------------------------ -------------------------- 강재 판두께 100 mm(HSA650, SM275TMC, SM355TMC, SM420TMC와 SM460TMC인 경우 80 mm) 초과인 경우 2장(구조실험 및 검사)에 따라 안전성이 인정되어야 한다.
0701.4.3.2 접합재료의 강도 (1) 고장력볼트의 재료강도는 〈표 0701.4.12〉에 나타낸 값으로 한다. (2) 볼트의 재료강도는 〈표 0701.4.13.〉과 같고, 표에서 규정하는 것 이외의 중볼트에 대한 항복강도 및 인장강도는 "KS B 1002"에 정해진 항복강도 및 인장강도의 최소값으로 한다.	0701.4.3.2 접합재료의 강도 (1) 고장력볼트의 최소인장강도는 〈표 0701.4.12〉에 나타낸 값으로 한다. (2) 일반볼트의 최소인장강도는 〈표 0701.4.13.〉에 나타낸 값으로 한다.

부록

04 시설물 안전점검

❶ 안전등급

등급	평가 기준
A등급(우수)	문제점이 없는 최상의 상태
B등급(양호)	보조부재의 경미한 결함이 있으나 기능발휘에는 지장이 없으며 내구성 증진을 위하여 일부의 보수가 필요한 상태
C등급(보통)	주요부재에 경미한 결함 또는 보조부재에 광범위한 결함이 발생하였으나 전체적인 건축물의 안전에는 지장이 없으며, 주요부재의 내구성, 기능성 저하방지를 위한 보수가 필요하거나 보조부재에 간단한 보강이 필요한 상태
D등급(미흡)	주요부재에 결함이 발생하여 긴급한 보수보강이 필요하며 사용제한 여부를 결정해야 하는 상태
E등급(불량)	주요부재에 발생한 심각한 결함으로 인하여 건축물의 안전에 위험이 있어 즉각 사용을 금지하고 보강 또는 개축을 하여야 하는 상태

❷ 정기점검

① A, B ,C 등급의 경우 : 반기에 1회 이상

② D, E 등급의 경우 : 해빙기, 우기, 동절기 전 각각 1회씩 1년애 3회 이상이며, 이 경우 해빙기 전 점검시기는 2월, 3월로하고 우기 전 점검시기는 5월, 6월로, 동절기 전 점검시기는 11월, 12월로 한다.

❸ 긴급점검

관리주체가 필요하다가 판단한 때 또는 관계 행정기관의 장이 필요하다고 판단하여 관리주체에게 긴급점검을 요청 한 때 실시한다.

❹ 정밀점검 및 정밀안전진단의 실기 주기

안전등급	정밀점검		정밀안전진단
	건축물	그 외 시설물	
A등급	4년에 1회 이상	3년에 1회 이상	6년에 1회 이상
B, C등급	3년에 1회 이상	2년에 1회 이상	5년에 1회 이상
C, E등급	2년에 1회 이상	1년에 1회 이상	4년에 1회 이상

① 최초로 실시하는 정밀점검은 시설물의 준공일 또는 사용승인(구조형태의 변경으로 시설물로 된 경우에는 구조형태의 변경에 따른 준공일 또는 사용승인일을 말한다)을 기준으로 3년 이내(건축물은 4년 이내)에 실시한다. (다만, 임시 사용승인을 받은 경우에는 임시 사용승인일을 기준으로 한다.)

② 최초로 실시하는 정밀안전진단은 준공일 또는 사용승인일(준공 또는 사용승인 후에 구조형태의 변경으로 제1종 시설물로 된 경우에는 최초 준공일 또는 사용승인일을 말한다)후 10년 이 지난 때에는 1년 이내에 실시한다. (다만, 준공 및 사용승인 후 10년이 지난 후에 구조형태의 변경으로 인하여 1층 시설물로 된 경우에는 구조형태의 변경에 따른 준공일 또는 사용승인일부터 1년 이내에 실시한다.)

TIP

국가안전대진단

중앙부처, 지방자치단체, 공공기관, 시설관리주체, 그리고 국민들이 함께 참여하여 사회전반에 대하여 안전관리실태를 집중점검하고 생활 속 안전 위험요소를 진단하는 예방활동이다. 매년 2월부터 4월까지 기관별 소관 시설에 대하여 중앙, 지방, 유관기관, 전문가 등이 참여하여 합동점검을 실시하고 지적사항에 대하여 개선 및 보수보강을 실시한다.

❺ 특정관리대상시설

1) 재난 및 안전관리기본법 제26조에 의거 재난발생의 위험이 높거나 재난예방을 위해 계속 관리할 필요가 있다고 인정되는 다음과 같은 시설들을 "특정관리대상시설"로 지정 · 관리한다.
   - 아파트 : 준공 후 15년 이상 경과된 5층 이상~15층 이하
   - 연립주택 : 준공 후 15년 이상 경과된 연면적 660제곱미터 초과, 4층 이하
   - 기존에 관리되고 있던 절개지/옹벽/급경사지/석축
   - 대형공사장

2) 특정관리대상시설은 시특법의 적용을 받는 대규모(1, 2종)시설물을 제외한 중소규모 이상의 시설 중 10년 이상(공동주택은 15년 이상) 경과된 시설을 대상으로 조사하여 지정한다.

3) 재난위험시설과 재난취약시설
   - 재난위험시설 : 지방자치단체의 장은 소관 공공시설 및 민간시설에 대하여 안전점검 · 안전진단 등을 실시하며

재난우려가 있는 시설 등은『재난 위험시설물』로 지정·관리하고 있다. 시설별 상태를 『A, B, C, D, E』급 등 5단계로 구분 평가, D, E급은 재난위험시설로 지정한다.

등급	평가 기준
A등급	문제점이 없는 최상의 상태이나 점기점검이 필요한 상태
B등급	보조부재에 경미한 손상이 있는 양호한 상태
C등급	보조부재에 손상이 있는 보통의 상태
D등급	주요부재에 진전된 노후화 또는 구조적 결함상태
E등급	주요부재에 심각한 노후화 또는 단면손실이 발생한 상태

• 재난취약시설: 자치구에서 자체적으로 취약하다고 판정한 절개지, 공사장, 건축물 등을 의미한다.

6 시특법(시설물의 안전관리에 관한 특별법)대상 시설물

1) 제정배경 : 1994년 성수대교붕괴, 1995년 삼풍백화점사건과 같은 대형시설물의 사고가 발생하면서 시특법이 제정되었다. 70~80년대 당시에는 공사비의 절감과 공기단축을 위해 돌관공사를 주로 하였고, 그 결과 상대적으로 안전 및 유지관리에 소홀하게 되어 90년대부터 안전사고가 연이어 발생되었다. 이에 정부는 시특법을 제정하게 된 것이다. 시특법이라는 특별법은 그 이름답게 시설물 안전관리에 관여하는 타법에 대해 우선시되는 권한을 가진다.

2) 시특법대상 시설물 : 1종과 2종으로 나뉘며 (관리주체의 지정요청 또는 관계행정기관장의 직권으로 1종과 2종을 구분하는데 보통 우리가 사용하는 대형구조물은 대부분 1종시설물이다.) 시특법 대상 시설물은 수만 여 곳에 이른다.

등급	평가 기준
A등급(우수)	문제점이 없는 최상의 상태
B등급(양호)	보조부재의 경미한 결함이 있으나 기능발휘에는 지장이 없으며 내구성 증진을 위하여 일부의 보수가 필요한 상태
C등급(보통)	주요부재에 경미한 결함 또는 보조부재에 광범위한 결함이 발생하였으나 전체적인 건축물의 안전에는 지장이 없으며, 주요부재의 내구성, 기능성 저하방지를 위한 보수가 필요하거나 보조부재에 간단한 보강이 필요한 상태
D등급(미흡)	주요부재에 결함이 발생하여 긴급한 보수보강이 필요하며 사용제한 여부를 결정해야 하는 상태
E등급(불량)	주요부재에 발생한 심각한 결함으로 인하여 건축물의 안전에 위험이 있어 즉각 사용을 금지하고 보강 또는 개축을 하여야 하는 상태

3) 시특법 대상이 아닌 중소규모 시설물, 이를 테면 교량, 터널, 육교, 지하도상가, 스키장, 삭도 · 궤도, 공공청사, 다중이용시설, 5층 이상 15층 미만 아파트 등은 '재난 및 안전관리기본법(이하 재난법)'에 의한 '특정관리 대상시설'로 분류돼 전국 지자체가 관리하고 있다.

	시설물 안전관리에 관한 특별법	재난 및 안전관리 기본법
소관	국토교통부	국민안전처
관리책임	시설물 관리주체	재난관리책임기관
대상시설물	국가주요시설 (제1종, 제2종 시설물)	시설물 안전관리에 관한 특별법에서 제외되는 소규모시설
시설개소수	약 70,000개	약 200,000개
점검주기	• 정기점검 : 반기 1회 • 정밀점검 : 건축물 – 2~4년에 1회 (그 외 – 1~3년에 1회) • 정밀안전진단 : 등급별 4~6년에 1회 (A는 6년에 1회, B,C는 5년에 1회, D,E는 4년에 1회 이상)	• 중점관리대상(A,B,C등급) : 반기 1회 • 재난위험시설 : D등급 월1회, E등급 월2회
점검사항	구조내력 및 안전에 관한 사항	건축토목분야 주요시설 상태 전기, 기계, 가스분야 상태관리
점검자	관리주체 또는 안전진단전문기관	담당공무원
점검수준	전문가에 의한 정밀점검 및 진단	비전문가(공무원 등)의 단순육안점검

최신기출문제

05 2022. 2. 26 제1회 서울특별시 시행

1 〈보기〉와 같이 트러스의 네 절점에 하중이 작용할 때, A부재와 B부재에 발생하는 부재력의 종류를 옳게 짝지은 것은? (단, 자중의 효과는 무시한다.)

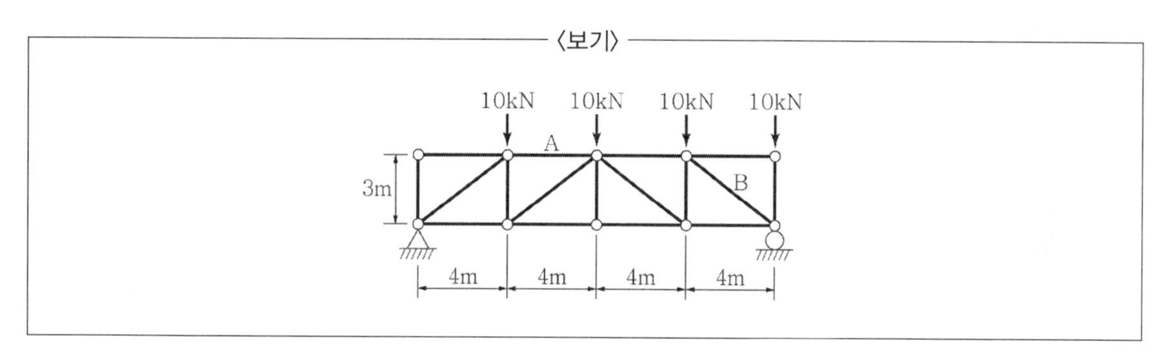

	A	B
①	압축력	압축력
②	압축력	인장력
③	인장력	압축력
④	인장력	인장력

TIP 양쪽 지점의 반력을 구하면 좌측지점은 15[kN], 우측지점은 25[kN]의 반력이 발생하게 된다. 트러스부재를 단면법을 이용하여 부재력을 계산하면 A는 −20[kN] B는 −9[kN]으로서 모두 압축력이 발생하게 된다.

Answer 1.①

2 **철근콘크리트부재의 전단설계에서 계수전단력이 콘크리트에 의한 설계전단강도의 1/2을 초과하는 휨부재에는 최소전단철근을 배치해야 한다. 〈보기〉에서 이 규정의 예외인 경우로 옳은 것만을 모두 고른 것은?**

〈보기〉

㉠ 교대 벽체 및 날개벽 ㉡ 옹벽의 벽체
㉢ 슬래브와 기초판 ㉣ 암거

① ㉠, ㉡
② ㉢, ㉣
③ ㉠ ,㉡ ,㉢
④ ㉠ ,㉡ ,㉢ ,㉣

TIP 철근콘크리트부재의 전단설계에서 계수전단력이 콘크리트에 의한 설계전단강도의 1/2을 초과하는 휨부재에는 최소전단철근을 배치해야하나 다음의 경우는 예외로 한다.
- 슬래브와 기초판(또는 확대기초)
- 콘크리트 장선구조
- 전체깊이가 250mm이하인 보
- I형보와 T형보에서 그 깊이가 플랜지 두께의 2.5배와 복부폭 1/2 중 큰값 이하인 보
- 교대 벽체 및 날개벽, 옹벽의 벽체, 암거 등과 같이 휨이 주거동인 판 부재

3 **상부 콘크리트 내력벽구조와 하부 필로티 기둥으로 구성된 3층 이상의 수직비정형 골조의 내진설계에 있어 가장 옳지 않은 것은?**

① 하부에 필로티 기둥, 상부구조에 내력벽구조가 사용되는 경우, 필로티 기둥과 내력벽이 연결되는 층바닥에서는 필로티 기둥과 내력벽을 연결하는 전이슬래브 또는 전이보를 설치하여야 한다.
② 필로티 기둥의 횡보강근에는 90도 갈고리정착을 사용하는 내진상세를 사용하여야 한다.
③ 필로티 기둥에서는 전 길이에 걸쳐서 후프와 크로스 타이로 구성되는 횡보강근의 수직 간격이 단면최소폭의 1/4 이하여야 한다.
④ 지진하중계산 시에 반응수정계수 등의 지진력저항 시스템의 내진설계계수는 내력벽구조에 해당하는 값을 사용한다.

TIP 필로티 기둥의 횡보강근에는 135도 갈고리정착을 사용하는 내진상세를 사용하여야 한다.

Answer 2.④ 3.②

4 조적식 구조의 경험적 설계법에 대한 설명으로 가장 옳지 않은 것은?

① 조적벽이 횡력에 저항하는 경우에는 전체높이가 13m, 처마높이가 9m 이하이어야 경험적 설계법을 적용할 수 있다.
② 2층 이상의 건물에서 조적내력벽의 공칭두께는 200mm 이상이어야 한다.
③ 파라펫 벽의 두께는 200mm 이상이어야 하고, 하부벽체보다 얇아야 한다.
④ 현장타설 콘크리트 바닥판의 경우, 조적전단벽간 최대간격은 전단벽길이의 5배를 초과할 수 없다.

TIP 파라펫 벽의 두께는 150mm 이상이어야 하고, 하부벽체보다 얇지 않아야 한다.

5 〈보기〉와 같은 내민보에 경사의 등분포하중이 작용할 때, A지점의 전단력[kN]과 휨모멘트[kN · m]의 크기(절댓값)는? (단, 자중의 효과는 무시한다.)

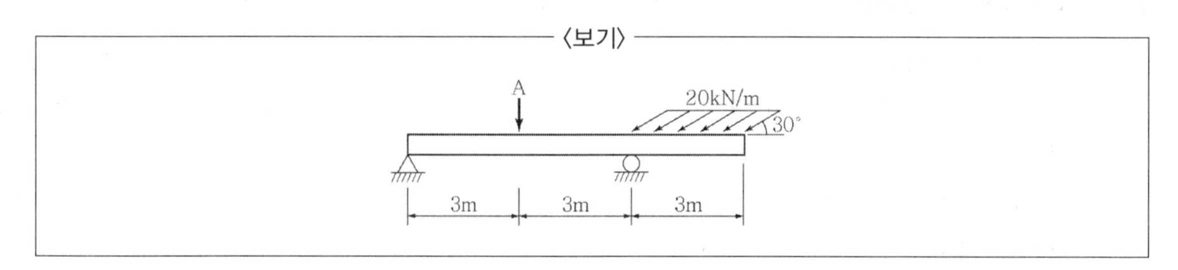

	전단력	휨모멘트		전단력	휨모멘트
①	7.5	22.5	②	7.5	45
③	$\frac{15\sqrt{3}}{2}$	$\frac{45\sqrt{3}}{2}$	④	$\frac{15\sqrt{3}}{2}$	$45\sqrt{3}$

TIP 문제에서 주어진 하중작용조건은 다음과 같이 집중하중으로 치환하여 각 지점의 반력을 구할 수 있다.

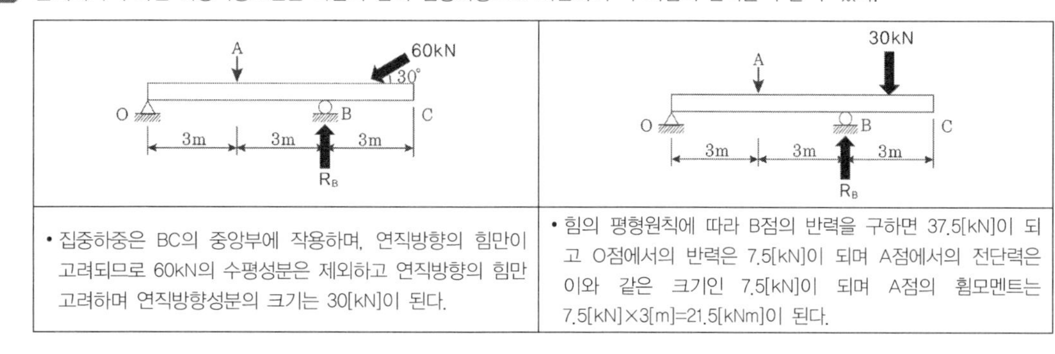

• 집중하중은 BC의 중앙부에 작용하며, 연직방향의 힘만이 고려되므로 60kN의 수평성분은 제외하고 연직방향의 힘만 고려하며 연직방향성분의 크기는 30[kN]이 된다.	• 힘의 평형원칙에 따라 B점의 반력을 구하면 37.5[kN]이 되고 O점에서의 반력은 7.5[kN]이 되며 A점에서의 전단력은 이와 같은 크기인 7.5[kN]이 되며 A점의 휨모멘트는 7.5[kN]×3[m]=21.5[kNm]이 된다.

Answer 4.③ 5.①

6 철골구조에서 고장력볼트에 대한 설명으로 가장 옳지 않은 것은?

① 고장력볼트의 구멍중심간의 거리는 공칭직경의 2.5배 이상으로 한다.

② 고장력볼트의 구멍중심에서 볼트머리 또는 너트가 접하는 재의 연단까지의 최대거리는 판두께의 12배 이하 또한 150mm 이하로 한다.

③ 설계볼트장력은 볼트의 인장강도에 볼트의 유효단면적을 곱한 값이다.

④ 볼트의 유효단면적은 공칭단면적의 0.75배이다.

TIP 설계볼트장력은 고장력볼트 인장강도의 0.7배에 고장력 볼트의 유효단면적(고장력 볼트의 공칭단면적의 0.75배)을 곱한 값이다.

7 기초구조에서 사용되는 말뚝의 중심간격에 대한 설명으로 가장 옳지 않은 것은?

① 나무말뚝을 타설할 때 그 중심간격은 말뚝머리지름의 2.5배 이상 또한 600mm 이상으로 한다.

② 기성콘크리트말뚝을 타설할 때 그 중심간격은 말뚝 머리지름의 2.5배 이상 또한 750mm 이상으로 한다.

③ 강재말뚝을 타설할 때 그 중심간격은 말뚝머리의 지름 또는 폭의 2.0배 이상 (다만, 폐단강관말뚝에 있어서 2.5배) 또한 750mm 이상으로 한다.

④ 현장타설콘크리트말뚝을 배치할 때 그 중심간격은 말뚝머리지름의 2.0배 이상 또한 750mm 이상으로 한다.

TIP 현장타설콘크리트말뚝을 배치할 때 그 중심간격은 말뚝머리지름의 2.5배 이상 또한 말뚝머리직경에 1,000mm를 더한 값 이상으로 한다.

Answer 6.③ 7.④

8 「건축구조기준」상 설계하중에서 규정된 등분포활하중에 대한 설명으로 가장 옳지 않은 것은?

① 진동, 충격 등이 있어 기본등분포활하중의 용도별 최솟값을 적용하기 적합하지 않은 경우의 활하중은 구조물의 실제상황에 따라 활하중의 크기를 증가하여 산정한다.
② 문서보관실 용도 사무실에서 가동성 경량칸막이벽이 설치될 가능성이 있는 경우에 칸막이벽 하중을 기본 등분포활하중에 추가하지 않을 수 있다.
③ 발코니의 기본등분포활하중의 최솟값은 출입 바닥 활하중의 1.5배이며, 최대 5.0kN/m^{2}이다.
④ 병원 건물에서 수술실의 기본등분포활하중의 최솟값은 1층 복도의 기본등분포활하중의 최솟값보다 크다.

TIP 병원 건물에서 수술실의 기본등분포활하중의 최솟값(3.0)은 1층 외의 모든 층 복도의 기본등분포활하중의 최솟값(4.0)보다 작다.

9 철근콘크리트구조 중 횡구속 골조의 압축부재에서 장주효과를 무시할 수 있는 세장비의 최댓값으로 가장 옳은 것은? (단, 휨모멘트에 의하여 압축부재는 단일 곡률로 변형하며, 단부계수휨모멘트는 각각 200kNm, 300kNm이다.)

① 16　　② 22
③ 26　　④ 42

TIP $\lambda = \frac{k \cdot l_u}{r} \leq 34 - 12 \cdot (\frac{M_1}{M_2}) \leq 40$ 이며 문제에서 주어진 조건을 대입하면 장주효과를 무시할 수 있는 세장비의 최대값은 $\lambda = \frac{k \cdot l_u}{r} \leq 34 - 12 \cdot (\frac{M_1}{M_2}) = 34 - 12 \cdot \frac{200}{300} = 26$ 이 된다.

세장비 $\lambda = \frac{k \cdot l_u}{r}$가 다음 값보다 작으면 장주로 인한 영향을 무시해서 단주로 해석할 수 있다.

비횡구속 골조 : $\lambda = \frac{k \cdot l_u}{r} \leq 22$

횡구속 골조 : $\lambda = \frac{k \cdot l_u}{r} \leq 34 - 12 \cdot (\frac{M_1}{M_2}) \leq 40$

- M_1 : 1차 탄성해석에 의해 구한 단모멘트 중 작은 값
- M_2 : 1차 탄성해석에 의해 구한 단모멘트 중 큰 값
- M_1/M_2 : 단곡률(−), 복곡률(+)이며 −0.5 이상의 값이어야 한다.

※ 비횡구속 골조란 횡방향 상대변위가 방지되어 있지 않은 압축부재이다.
※ **장주효과** : 기둥의 횡방향변위와 축력으로 인한 2차휨모멘트가 무시할 수 없는 크기로 발생하여 선형탄성 구조해석에 의한 휨모멘트보다 더 큰 휨모멘트가 기둥에 작용하는 효과이다.

Answer 8.④ 9.③

10 2축 대칭인 용접 H형강 H-800×600×20×24의 플랜지 및 웨브에 대한 판폭두께비는?

① 11.5, 37.6　　② 11.5, 38.6

③ 12.5, 37.6　　④ 12.5, 38.6

TIP 플랜지의 판폭두께비는 $\frac{B/2}{t_f}=\frac{(600/2)}{24}=12.5$

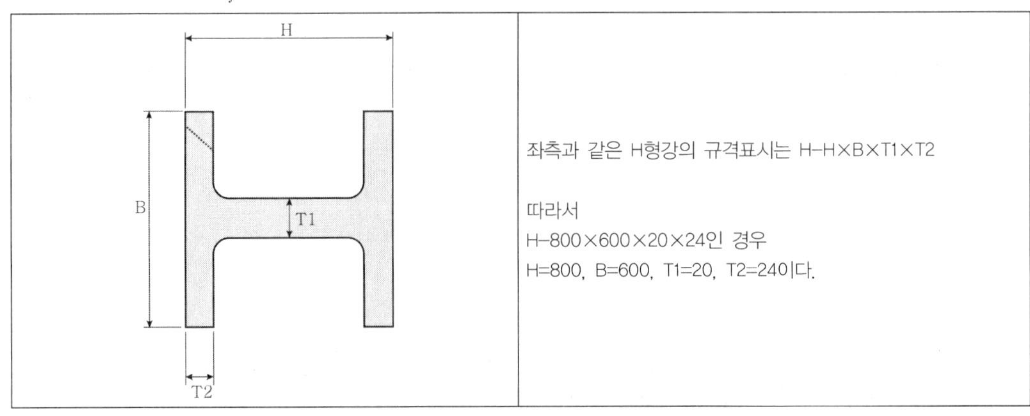

웨브의 판폭두께비는 $\frac{800-2\cdot 24}{20}=\frac{752}{20}=38.6$

11 〈보기〉와 같은 단순보에서 CD 구간의 전단력의 크기(절댓값)는? (단, P는 집중하중이며, 자중의 효과는 무시한다.)

〈보기〉

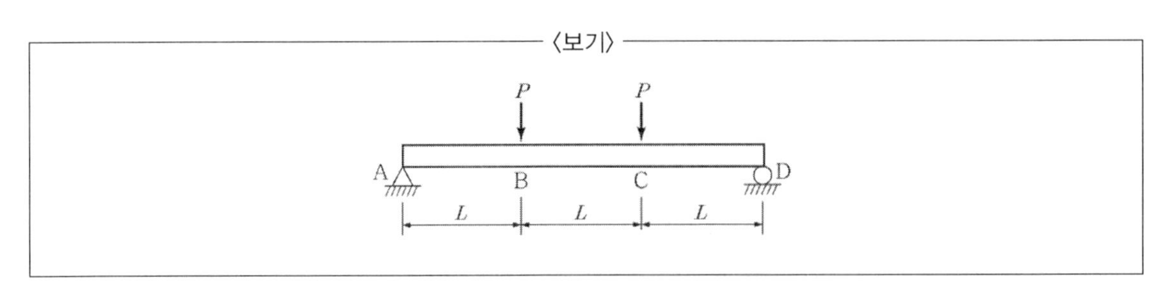

① 0　　② P

③ IP　　④ 2.5P

TIP 보자마자 바로 답이 떠올라야 하는 문제이다. D점의 반력이 P이며 CD구간에 작용하는 외력이 없으므로 CD구간의 전단력은 D점의 반력과 크기가 같게 되므로 P가 된다.

Answer 10.③ 11.②

12 건축물의 지진력저항시스템에 대한 설명으로 가장 옳은 것은?

① 내력벽시스템 중에서 무보강 조적 전단벽 시스템의 반응수정계수는 "5"이다.

② 내진설계범주가 D에 속하고 높이가 80m인 건축물을 내력벽시스템으로 설계하고자 할 때, 철근콘크리트 특수전단벽 시스템으로 내진설계해야 한다.

③ 내력벽시스템에 속하는 철근콘크리트 보통전단벽 시스템은 건물골조시스템에 속하는 철근콘크리트 보통전단벽시스템보다 반응수정 계수가 크다.

④ 역추형시스템에 속하지 않으면서 철근콘크리트구조 기준의 일반규정만을 만족하는 철근콘크리트구조시스템의 반응수정계수는 "5"이다.

TIP 내진설계범주가 D에 속하고 높이가 60m인 건축물을 내력벽(RC전단벽)시스템으로 설계하고자 할 때, 철근콘크리트 특수전단벽 시스템으로 내진설계해야 한다.

13 철근콘크리트구조의 압축부재 설계에 대한 설명으로 가장 옳지 않은 것은?

① 비합성 압축부재의 축방향 주철근 단면적은 전체단면적 (외)의 0.이배 이상, 0.08배 이하로 하여야 한다. 축방향 주철근이 겹침이음되는 경우의 철근비는 0.04를 초과하지 않도록 하여야 한다.

② 하중에 의해 요구되는 단면보다 큰 단면으로 설계된 압축부재의 경우, 감소된 유효단면적을 사용하여 최소 철근량과 설계강도를 결정할 수 있다. 이때 감소된 유효단면적은 전체 단면적의 1/2 이상이어야 한다.

③ 콘크리트 벽체나 교각구조와 일체로 시공되는 나선 철근 또는 띠철근 압축부재 유효단면 한계는 나선 철근이나 띠철근 외측에서 40mm보다 크지 않게 취하여야 한다.

④ 두 축방향의 횡하중, 인접 경간의 하중 불균형 등으로 인하여 압축부재에 2축 휨모멘트가 작용되는 경우에는 2축의 휨모멘트 중 큰 값을 받는 압축부재로 설계하여야 한다.

TIP 두 축방향의 횡하중, 인접 경간의 하중 불균형 등으로 인하여 압축부재에 2축 휨모멘트가 작용되는 경우에는 2축의 휨모멘트를 받는 압축부재로 설계하여야 한다.

Answer 12.② 13.④

14 옹벽이나 건축물 지하외벽 등에 작용하는 수평토압에는 정지토압, 수동토압, 주동토압이 있다. 이때 정지토압, 수동토압, 주동토압 크기의 일반적인 대소 관계로 가장 옳은 것은?

① 주동토압 < 정지토압 < 수동토압
② 정지토압 = 수동토압 = 주동토압
③ 수동토압 < 정지토압 < 주동토압
④ 정지토압 < 수동토압 < 주동토압

TIP 토압의 크기는 주동토압 < 정지토압 < 수동토압을 이룬다.

15 철근콘크리트구조의 설계에 대한 설명으로 가장 옳은 것은?

① 공칭강도에서 최외단 인장철근의 순인장변형률이 압축지배변형률 한계 이하인 단면을 인장지배단면이라고 한다.
② 콘크리트 압축연단부터 모든 인장철근군의 최외곽 표면까지의 거리를 유효깊이라고 한다.
③ 2방향 슬래브에서 기둥과 기둥을 잇는 슬래브의 중심선에서 양측으로 각각 슬래브 경간의 0.25배만큼의 폭을 갖는 설계대를 중간대라고 한다.
④ 축방향 철근과 횡방향 철근으로 보강된 벽이나 격막의 가장자리 부분을 경계부재라고 한다.

TIP ① 공칭강도에서 최외단 인장철근의 순인장변형률이 압축지배변형률 한계 이하인 단면을 압축지배단면이라고 한다.
② 콘크리트 압축연단부터 모든 인장철근군의 중심평균까지의 거리를 유효깊이라고 한다.
③ 2방향 슬래브에서 기둥과 기둥을 잇는 슬래브의 중심선에서 양측으로 각각 슬래브 경간의 0.25배만큼의 폭을 갖는 설계대를 주열대라고 한다. 중간대는 주열대 사이를 말한다.

Answer 14.① 15.④

16 **건축물 내진설계 방법 중에서 성능기반설계에 대한 설명으로 가장 옳지 않은 것은?**

① 성능기반설계법은 비선형해석법을 사용하여 구조물의 초과강도와 비탄성변형능력을 보다 정밀하게 구조모델링에 고려한다.

② 최대고려지진에서의 붕괴방지를 위한 층간변위는 내진2등급을 기준으로 3%를 초과할 수 없으며, 다른 내진등급에 대해서는 중요도계수로 나눈 값을 적용한다.

③ 성능기반설계 시, 구조체의 설계에 사용되는 밑면 전단력의 크기는 등가정적해석법에 의한 밑면 전단력의 70% 이상이어야 한다.

④ 내진특등급으로 분류되는 건축물은 최대고려지진에 대하여 "인명보호"의 성능수준을 달성해야 한다.

TIP 성능기반설계 시, 구조체의 설계에 사용되는 밑면 전단력의 크기는 등가정적해석법에 의한 밑면전단력의 75% 이상이어야 한다.

17 **〈보기〉에 나타난 캔틸레버보의 자유단에서 처짐(δ)이 가장 큰 경우는? (단, P는 자유단에서의 집중하중[kN], L은 보의 길이[m], E는 탄성계수[N/mm^2], I_z는 단면2차모멘트[mm^4]를 나타낸다.)**

〈보기〉

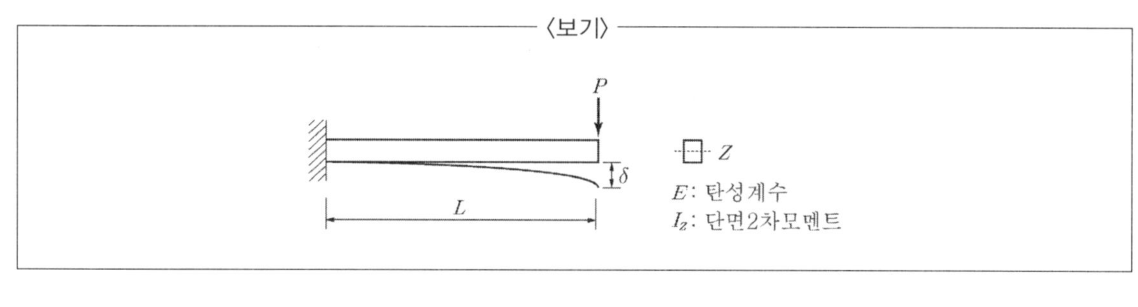

	P	L	E	I_z
①	1	4	2×10^5	4×10^5
②	2	3	2×10^5	3×10^5
③	3	2	2×10^5	2×10^5
④	4	1	2×10^5	1×10^5

TIP 캔틸레버보의 자유단 처짐은 $\delta=\frac{PL^3}{3EI}$ 이며 문제에서 주어진 E와 I의 값이 모두 105이므로 쉽게 처짐비를 구할 수 있다.

Answer 16.③ 17.②

18 연속합성보에서 부모멘트구간의 슬래브 내에 있는 길이 방향철근이 강재보와 합성으로 작용하는 경우, 부모멘트가 최대가 되는 위치와 모멘트가 0이 되는 위치 사이의 총수평전단력을 결정할 때 고려해야 하는 한계상태로 옳은 것만을 〈보기〉에서 모두 고른 것은?

〈보기〉

㉠ 콘크리트 압괴	㉡ 강재단면의 인장항복
㉢ 슬래브철근의 항복	㉣ 전단연결재의 강도

① ㉠, ㉢ ② ㉡, ㉣

③ ㉢, ㉣ ④ ㉠, ㉢, ㉣

TIP
- **부모멘트 구간에서의 하중전달**: 연속합성보에서 부모멘트구간의 슬래브 내에 있는 길이방향철근이 강재보와 합성으로 작용하는 경우, 부모멘트가 최대가 되는 위치와 모멘트가 0이 되는 위치 사이의 총수평전단력은 슬래브 철근의 항복과 시어커넥터의 강도 등의 2가지 한계상태로부터 구한 값 중에서 작은 값으로 한다.
- **정모멘트 구간에서의 하중전달**: (매입형 합성단면을 제외하고는) 강재보와 슬래브면사이의 전체 수평전단력은 시어커넥터에 의해서만 전달된다고 가정한다. 휨모멘트를 받는 강재보와 콘크리트가 합성작용을 하기 위해서는 모멘트가 최대가 되는 위치와 모멘트가 0이 되는 위치 사이의 총수평전단력은 콘크리트의 압괴, 강재단면의 인장항복, 그리고 시어커넥터의 강도 등의 3가지 한계상태로부터 구한 값 중에서 가장 작은 값으로 한다.

19 단면 1,000mm²를 갖는 길이 8m인 강봉에 100kN의 인장력이 작용할 경우, 인장응력[MPa]과 늘어난 길이[mm]는? (단, 강봉의 탄성계수는 200,000MPa이다.)

	인장응력	늘어난 길이
①	50	4
②	50	8
③	100	4
④	100	8

TIP

$$\sigma_t = \frac{100[kN]}{1,000[mm^2]} = 100[MPa]$$

$$\delta = \frac{PL}{AE} = \frac{100[kN] \cdot 8[m]}{1,000[mm^2] \cdot 2 \cdot 10^5[MPa]} = 4[mm]$$

Answer 18.③ 19.③

20 강구조 압축재에서 유효좌굴길이계수의 설계값이 가장 큰 단부조건은?

① 회전고정 및 이동고정 – 회전자유 및 이동자유
② 회전자유 및 이동고정 – 회전고정 및 이동자유
③ 회전고정 및 이동고정 – 회전고정 및 이동자유
④ 회전고정 및 이동고정 – 회전고정 및 이동고정

TIP

단부구속조건	양단고정	1단힌지 타단고정	양단힌지	1단회전구속 이동자유 타단고정	1단회전자유 이동자유 타단고정	1단회전구속 이동자유 타단힌지
좌굴형태	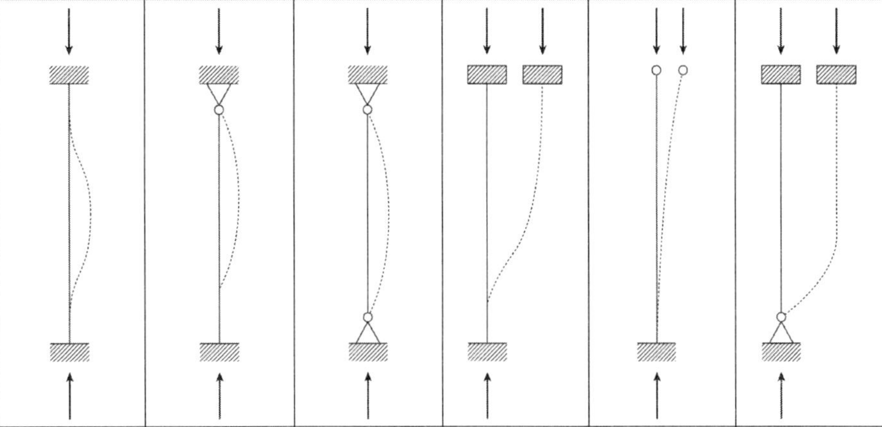					
이론적인 K값	0.50	0.70	1.0	1.0	2.0	2.0
이론적인 K값	0.65	0.80	1.0	1.2	2.1	2.4
절점조건의 범례		회전구속, 이동구속 : 고정단				
	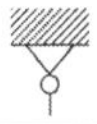	회전자유, 이동구속 : 힌지				
	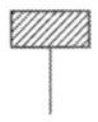	회전구속, 이동자유: 큰 보강성과 작은 기둥강성인 라멘				
		회전자유, 이동자유 : 자유단				

Answer 20.①

최신기출문제

06 2022. 4. 2 인사혁신처 시행

1 다음에서 설명하는 벽돌 쌓기 방법은?

> • 한 켜에서 길이 쌓기와 마구리 쌓기를 번갈아 가며 쌓는다.
> • 끝부분에는 이오토막, 반절, 칠오토막 등 토막 벽돌이 많이 필요하다.

① 영식 쌓기　② 불식 쌓기
③ 미식 쌓기　④ 화란식 쌓기

TIP
- **불식쌓기**: 입면상 매켜에 길이와 마구리가 번갈아 나오며 구조적으로 튼튼하지 못하다. 마구리에 이오토막을 사용하며 치장용쌓기로서 이오토막과 반토막 벽돌을 많이 사용한다.
- **영식쌓기**: 한켜는 길이쌓기, 한켜는 마구리쌓기식으로 번갈아가며 쌓는다. 벽의 모서리나 마구리에 반절이나 이오토막을 사용하며 가장 튼튼하다.
- **화란식쌓기**: 영식쌓기와 거의 같으나 모서리와 끝벽에 칠오토막을 사용하며 일하기 쉽고 비교적 견고하여 현장에서 가장 많이 사용된다.
- **미식쌓기**: 5켜는 치장벽돌로 길이쌓기, 다음 한켜는 마구리쌓기로 본 벽돌에 물리고 뒷면은 영식쌓기를 한다. 외부의 붉은 벽돌이나 시멘트 벽돌은 이 방식으로 주로 쌓는다.

2 용접되는 부재의 교차되는 면 사이에 일반적으로 삼각형의 단면이 만들어지는 용접은?

① 필릿용접　② 맞댐용접
③ 슬롯용접　④ 플러그용접

TIP
- **필릿용접**: 용접되는 부재의 교차되는 면 사이에 일반적으로 삼각형의 단면이 만들어지는 용접
- **플러그용접**: 겹치기한 2매의 판재에 한쪽에만 구멍을 뚫고 그 구멍에 살붙이하여 용접하는 방법. 주요한 부재에는 사용하지 않음
- **슬롯용접**: 모재를 겹쳐 놓고 한쪽 모재에만 홈을 파고 그 속에 용착 금속을 채워 용접하는 것

Answer 1.② 2.①

3 여러 개의 직선부재를 강절로 연결한 구조는?

① 라멘 구조
② 케이블 구조
③ 입체트러스 구조
④ 트러스 구조

TIP 라멘구조는 여러 개의 직선부재를 강절로 연결한 구조이나 트러스구조는 강절이 아닌 힌지절점으로 연결된 구조이다.

4 그림과 같은 하중이 작용할 때, O점에 대한 모멘트 합의 크기[kN·m]는?

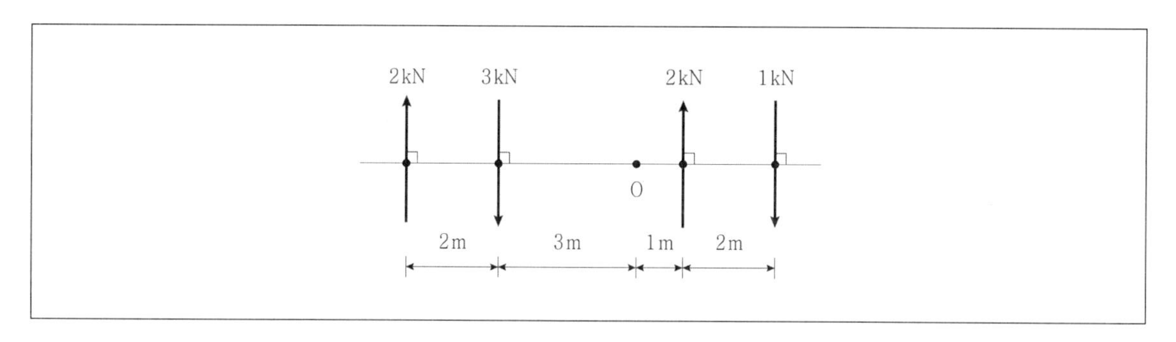

① 2
② 4
③ 6
④ 8

TIP 시계방향을 +로 정하면 2×(3+2) − 3×3 − 2×1 + 1×(1+2)=2

5 응력을 작용시킨 상태에서 탄성변형 및 건조수축 변형을 제외시킨 변형으로 시간이 경과함에 따라 변형이 증가되는 현상은?

① 레이턴스(Laitance)
② 크리프(Creep)
③ 블리딩(Bleeding)
④ 알칼리골재반응(Alkali aggregate reaction)

TIP **크리프**(Creep) : 응력을 작용시킨 상태에서 탄성변형 및 건조수축 변형을 제외시킨 변형으로 시간이 경과함에 따라 변형이 증가되는 현상
레이턴스 : 콘크리트를 친 후 양생(물이 상승하는 현상)에 따라 내부의 미세한 물질이 부상하여 콘크리트가 경화한 후, 표면에 형성되는 흰빛의 얇은 막

Answer 3.① 4.① 5.②

6 그림과 같은 정정보에 집중하중 14kN이 작용할 때, C점에서 휨모멘트의 크기[kN · m]는? (단, 보의 자중은 무시하며, 보의 전 길이에 걸쳐 재질 및 단면의 성질은 동일하다)

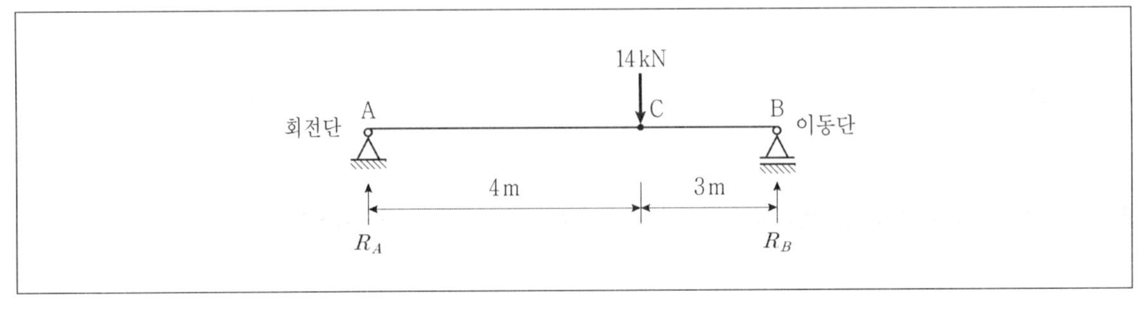

① 20
② 22
③ 24
④ 26

TIP A지점의 반력은 6kN, B점의 반력은 8kN이 되며 C의 위치는 A점으로부터 4m가 떨어져 있고 이 곳의 휨모멘트는 A지점의 반력과 C점과 A점 사이 거리를 곱한 값이므로 24가 된다.

7 건축물 기초구조에 대한 설명으로 옳은 것은?

① 기둥으로부터의 축력을 독립으로 지반 또는 지정에 전달하도록 하는 기초를 복합기초라고 한다.
② 2개 또는 그 이상의 기둥으로부터의 응력을 하나의 기초판을 통해 지반 또는 지정에 전달하도록 하는 기초를 독립기초라고 한다.
③ 상부구조의 광범위한 면적 내의 응력을 단일 기초판으로 연결하여 지반 또는 지정에 전달하도록 하는 기초를 줄기초라고 한다.
④ 벽 또는 일련의 기둥으로부터의 응력을 띠모양으로 하여 지반 또는 지정에 전달하도록 하는 기초를 연속기초라고 한다.

TIP ① 기둥으로부터의 축력을 독립으로 지반 또는 지정에 전달하도록 하는 기초를 독립기초라고 한다.
② 2개 또는 그 이상의 기둥으로부터의 응력을 하나의 기초판을 통해 지반 또는 지정에 전달하도록 하는 기초를 복합기초라고 한다.
③ 상부구조의 광범위한 면적 내의 응력을 단일 기초판으로 연결하여 지반 또는 지정에 전달하도록 하는 기초를 온통(매트)기초라고 한다.

Answer 6.③ 7.④

8 목구조에서 맞춤과 이음 접합부 일반사항에 대한 설명으로 옳은 것은?

① 길이를 늘이기 위하여 길이방향으로 접합하는 것을 맞춤이라고 하고, 경사지거나 직각으로 만나는 부재 사이에서 양 부재를 가공하여 끼워 맞추는 접합을 이음이라고 한다.
② 맞춤 부위의 보강을 위하여 파스너는 사용할 수 있으나 접착제는 사용할 수 없다.
③ 맞춤 부위의 목재에는 결점이 있어도 사용이 가능하다.
④ 인장을 받는 부재에 덧댐판을 대고 길이이음을 하는 경우에 덧댐판의 면적은 요구되는 접합면적의 1.5배 이상이어야 한다.

TIP ① 길이를 늘이기 위하여 길이방향으로 접합하는 것을 이음이라고 하고, 경사지거나 직각으로 만나는 부재 사이에서 양 부재를 가공하여 끼워 맞추는 접합을 맞춤이라고 한다.
② 맞춤 부위의 보강을 위하여 파스너는 사용할 수 있고 접착제도 사용할 수 있다.
③ 맞춤 부위의 목재에는 결점이 있으면 사용이 불가능하다.

9 철근콘크리트 압축부재에 사용되는 띠철근의 수직간격 규정에 대한 설명으로 옳은 것은?

① 축방향 철근지름의 16배 이하로 배근하여야 한다.
② 띠철근이나 철선지름의 48배 이상으로 배근하여야 한다.
③ 기둥단면의 최소 치수 이상으로 배근하여야 한다.
④ 500mm 이상으로 배근하여야 한다.

TIP 띠철근의 수직간격은 종방향철근지름의 16배 이하,띠철근이나 철선지름의 48배 이하, 또한 기둥단면의 최소치수 이하로 하여야 한다

Answer 8.④ 9.①

10 강구조에 대한 설명으로 옳지 않은 것은?

① 커버플레이트는 단면적, 단면계수, 단면2차모멘트를 증가시키기 위하여 부재의 플랜지에 용접이나 볼트로 연결된 플레이트이다.
② 가새는 골조에서 기둥과 기둥 간에 대각선상으로 설치한 사재로 수평력에 대한 저항부재이다.
③ 거셋플레이트는 조립기둥, 조립보, 조립스트럿의 두 개의 나란한 요소를 결집하기 위한 판재이다.
④ 스티프너는 하중을 분배하거나, 전단력을 전달하거나, 좌굴을 방지하기 위해 부재에 부착하는 ㄱ형강이나 판재 같은 구조요소이다.

TIP **거셋플레이트**: 트러스의 부재, 스트럿 또는 가새재를 보 또는 기둥에 연결하는 판요소이다.
타이플레이트: 조립기둥, 조립보, 조립스트럿의 두 개의 나란한 요소를 결집하기 위한 판재. 두 나란한 요소에 타이플레이트는 강접되어야 하고 두 요소 사이의 전단력을 전달하도록 설계되어야 한다.

11 다음 용도 중 기본등분포활하중이 가장 작은 곳은?

① 도서관 열람실　　② 학교 교실
③ 산책로 용도의 지붕　　④ 일반 사무실

TIP ① 도서관 열람실 : 3.0
② 학교 교실 : 3.0
③ 산책로 용도의 지붕 : 5.0
④ 일반 사무실 : 2.5
※ 기본 등분포 활하중(단위 : kN/m^2)

용도		건축물의 부분	활하중
1	주택	가. 주거용 건축물의 거실, 공용실, 복도	2.0
		나. 공동주택의 발코니	3.0
2	병원	가. 병실과 해당 복도	2.0
		나. 수술실, 공용실과 해당 복도	3.0
3	숙박시설	가. 객실과 해당 복도	2.0
		나. 공용실과 해당 복도	5.0
4	사무실	가. 일반 사무실과 해당 복도	2.5
		나. 로비	4.0
		다. 특수용도사무실과 해당 복도	5.0
		라. 문서보관실	5.0

Answer 10.③ 11.④

5	학교		가. 교실과 해당 복도	3.0
			나. 로비	4.0
			다. 일반 실험실	3.0
			라. 중량물 실험실	5.0
6	판매장		가. 상점, 백화점 (1층 부분)	5.0
			나. 상점, 백화점 (2층 이상 부분)	4.0
			다. 창고형 매장	6.0
7	집회 및 유흥장		가. 로비, 복도	5.0
			나. 무대	7.0
			다. 식당	5.0
			라. 주방 (영업용)	7.0
			마. 극장 및 집회장 (고정식)	4.0
			바. 집회장 (이동식)	5.0
			사. 연회장, 무도장	5.0
8	체육시설		가. 체육관 바닥, 옥외경기장	5.0
			나. 스탠드 (고정식)	4.0
			다. 스탠드 (이동식)	5.0
9	도서관		가. 열람실과 해당 복도	3.0
			나. 서고	7.5
10	주차장	옥내 주차구역	가. 승용차 전용	3.0
			나. 경량트럭 및 빈 버스 용도	6.0
			다. 총중량 18톤 이하의 중량차량[1] 용도	12.0
		옥내 경사차로	가. 승용차 전용	5.0
			나. 경량트럭 및 빈 버스 용도	8.0
			다. 총중량 18톤 이하의 중량차량[1] 용도	16.0
		옥외	가. 승용차, 경량트럭 및 빈 버스 용도	8.0
			나. 총중량 18톤 이하의 중량차량[1] 용도	16.0
11	창고		가. 경량품 저장창고	6.0
			나. 중량품 저장창고	12.0
12	공장		가. 경공업 공장	6.0
			나. 중공업 공장	12.0
13	지붕		가. 접근이 곤란한 지붕	1.0
			나. 적재물이 거의 없는 지붕	2.0
			다. 정원 및 집회 용도	5.0
			라. 헬리콥터 이착륙장	5.0
14	기계실		공조실, 전기실, 기계실 등	5.0
15	광장		옥외광장	12.0

12 그림과 같이 연약한 점성토 지반에서 땅파기 외측 흙의 중량으로 인하여 땅파기 된 저면이 부풀어 오르는 현상은?

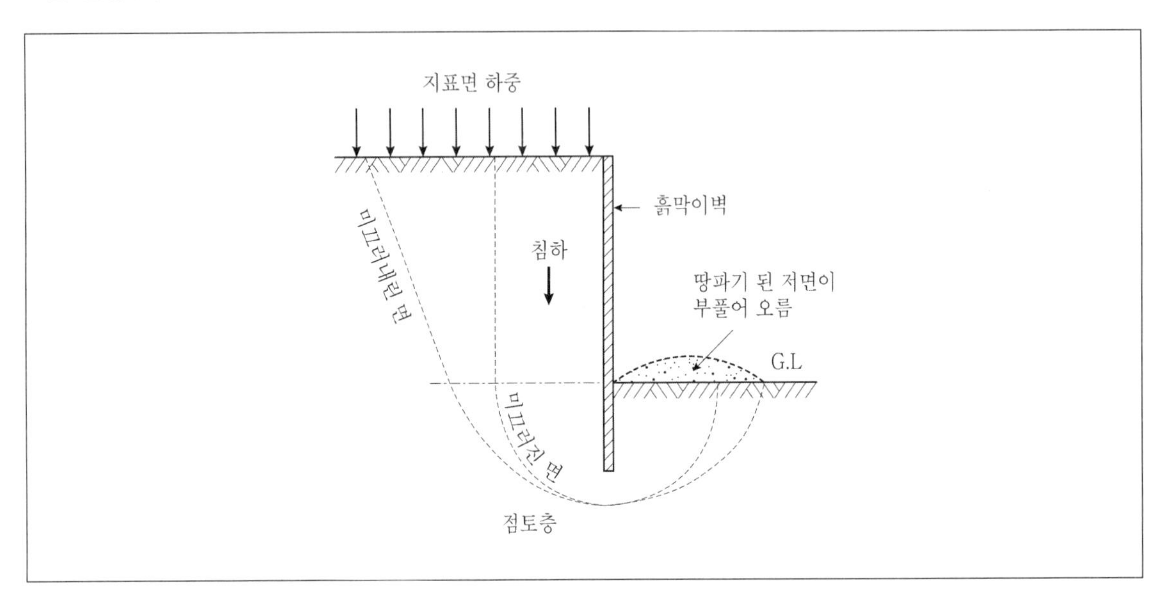

① 사운딩 현상 ② 융기 현상(히빙)
③ 분사 현상(보일링) ④ 액상화 현상

TIP
- **히빙**: 연약한 점성토 지반에서 땅파기 외측 흙의 중량으로 인하여 땅파기 된 저면이 부풀어 오르는 현상
- **보일링**: 사질지반에서 발생하며 굴착저면과 굴착배면의 수위차로 인해 침투수압이 모래와 같이 솟아오르는 현상이다.
- **액상화**(liquefaction): 포화된 사질토 등에서 지진동, 발파하중 등과 같은 동하중에 의하여, 지반 내에 과잉간극수압이 발생하고, 지반의 전단강도가 상실되어 액체처럼 거동하는 현상

Answer 12.②

13 그림과 같은 T형 단면의 도심거리 y는?

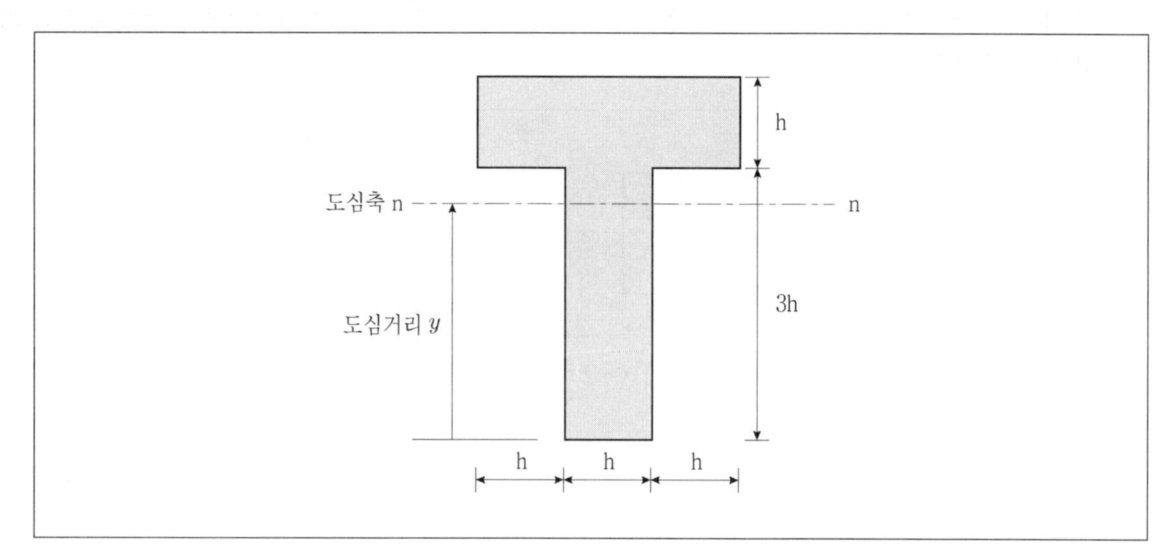

① $\frac{3}{2}$h
② $\frac{4}{2}$h
③ $\frac{5}{2}$h
④ $\frac{6}{2}$h

TIP

$$G_x = A \cdot y_o,\ y_o = \frac{G_x}{A} = \frac{G_1 + G_2}{A_1 + A_2} = \frac{\frac{21}{2}h^3 + \frac{9}{2}h^3}{3h^2 + 3h^2} = \frac{15h^3}{6h^2} = \frac{5}{2}h$$

$$G_1 = 3h \cdot h \cdot \frac{7}{2}h = \frac{21}{2}h^3,\ G_2 = h \cdot 3h \cdot \frac{3}{2}h = \frac{9}{2}h^3$$

Answer 13.③

14 그림과 같은 x－x 도심축에 대해 동일한 크기의 휨모멘트(M)가 작용할 때, 단면 A와 단면 B에 각각 작용하는 최대 휨응력의 비 $\sigma_A : \sigma_B$ 는? (단, 부재의 자중은 무시하며, 재료는 선형 탄성으로 거동하는 것으로 가정한다)

2a
x
M
x
a
단면 A
x
M
x
a
2a
단면 B

σ_A		σ_B
① 1	:	2
② 1	:	4
③ 1	:	8
④ 1	:	16

TIP 휨응력 $\sigma = \frac{M}{I}y$이므로 단면2차모멘트에 반비례하고 중립축으로부터의 거리에 비례한다. (y는 중립축으로부터 연단까지의 거리)
단면 A의 단면2차모멘트는 단면 B의 단면2차모멘트보다 4배가 더 크지만 중립축으로부터의 거리가 2배이므로 휨응력의 비는 1:2가 된다.

15 구조용 강재의 재료정수로 옳지 않은 것은?

① 탄성계수 200,000MPa
② 전단탄성계수 81,000MPa
③ 푸아송비 0.3
④ 선팽창계수 0.000012/℃

TIP 강재의 재료정수

탄성계수	전단탄성계수	푸아송비	선팽창계수(1/℃)
210,000MPa	81,000MPa	0.3	0.000012

Answer 14.① 15.①

16 **철근콘크리트구조에 대한 설명으로 옳지 않은 것은?**

① 구조물(또는 구조 부재)이 붕괴 또는 이와 유사한 파괴 등의 안전성능 요구조건을 더 이상 만족시킬 수 없는 상태를 극한한계상태라고 한다.

② 하중조합에 따른 계수하중을 저항하는 데 필요한 부재나 단면의 강도를 소요강도라고 한다.

③ 보나 지판이 없이 기둥으로 하중을 전달하는 2방향으로 철근이 배치된 콘크리트 슬래브를 플랫플레이트 슬래브라고 한다.

④ 공칭강도에서 최외단 인장철근의 순인장변형률이 인장지배변형률 한계 미만인 단면을 인장지배단면이라고 한다.

TIP 공칭강도에서 최외단 인장철근의 순인장변형률이 인장지배변형률 한계 이상인 단면을 인장지배단면이라고 한다.

17 **건축구조기준 총칙에서 공칭강도에 대한 설명으로 옳은 것은?**

① 강도설계법 또는 한계상태설계법으로 설계할 때 사용하중에 하중계수를 곱한 값이다.

② 구조체나 구조부재의 하중에 대한 저항능력으로 적합한 구조역학원리나 현장실험 또는 축소모형의 실험결과로부터 유도된 공식과 규정된 재료강도 및 부재치수를 사용하여 계산된 값이다.

③ 구조물이나 구조부재의 변형에 대한 저항능력을 말하며, 발생한 변위 또는 회전에 대한 적용된 힘 또는 모멘트의 비율이다.

④ 고정하중 및 활하중과 같이 건축구조기준에서 규정하는 각종 하중으로서 하중계수를 곱하지 않은 값이다.

TIP **공칭강도** : 구조체나 구조부재의 하중에 대한 저항능력으로 적합한 구조역학원리나 현장실험 또는 축소모형의 실험결과로부터 유도된 공식과 규정된 재료강도 및 부재치수를 사용하여 계산된 값

① 강도설계법 또는 한계상태설계법으로 설계할 때 사용하중에 하중계수를 곱한 값은 계수하중이다.

③ 구조물이나 구조부재의 변형에 대한 저항능력을 말하며, 발생한 변위 또는 회전에 대한 적용된 힘 또는 모멘트의 비율은 강성이다.

④ 고정하중 및 활하중과 같이 건축구조기준에서 규정하는 각종 하중으로서 하중계수를 곱하지 않은 값은 사용하중이다.

Answer 16.④ 17.②

18 철근의 정착에 대한 설명으로 옳지 않은 것은?

① 정착길이는 위험단면에서 철근의 설계기준항복강도를 발휘하는 데 필요한 최소한의 문힘길이를 말한다.

② 인장 이형철근의 정착길이는 항상 300mm 이상이어야 한다.

③ 압축 이형철근의 정착길이는 항상 200mm 이상이어야 한다.

④ 단부에 표준갈고리가 있는 인장 이형철근의 정착길이는 항상 $4d_b$ 이상, 또한 100mm 이상이어야 한다.

TIP 단부에 표준갈고리가 있는 인장 이형철근의 정착길이는 항상 $8d_b$ 이상, 또한 150mm 이상이어야 한다.

19 강구조 설계에서 적용되는 강도감소계수가 가장 작은 것은?

① 중심축 인장력을 받는 인장재 설계인장강도에서 총단면 항복한계상태의 ϕ_t

② 중심축 인장력을 받는 인장재 설계인장강도에서 유효순단면 파단한계상태의 ϕ_t

③ 중심축 압축력을 받는 압축재 설계압축강도의 ϕ_c

④ 휨부재 설계휨강도의 ϕ_b

TIP 중심축 인장력을 받는 인장재 설계인장강도에서 총단면 항복한계상태의 ϕ_t는 1.0
중심축 인장력을 받는 인장재 설계인장강도에서 유효순단면 파단한계상태의 ϕ_t는 0.6
중심축 압축력을 받는 압축재 설계압축강도의 ϕ_c는 0.9
휨부재 설계휨강도의 ϕ_b는 0.85

Answer 18.④ 19.②

20 막재를 구조내력상 주요한 부분에 사용할 경우, 기준에 적합하지 않은 것은?

① 막재의 인장강도가 폭 1cm당 320N인 경우

② 막재의 두께가 0.6mm인 경우

③ 막재의 인장크리프에 따른 신장률이 14%인 경우

④ 막재의 파단신율이 37%인 경우

TIP 막재의 파단신율(파단되기 전까지 늘어날 수 있는 양)은 35%이하여야 한다.
구조내력상 주요한 부분에 사용하는 막재는 다음의 기준을 충족해야 한다.
막재는 직포에 사용하는 섬유실의 종류와 코팅재(직포의 마찰방지 등을 위하여 직포에 도포)에 따라 분류된다.
두께는 0.5mm 이상이어야 한다.
$1m^2$ 당 중량은 아래의 표와 같다.
섬유밀도는 일정하여야한다.
인장강도는 폭 1cm당 300N 이상 이어야 한다.
파단신율은 35% 이하 이어야 한다.
인열강도는 100N 이상 또한 인장강도에 1cm를 곱해서 얻은 수치의 15% 이상 이어야 한다.
인장크리프에 따른 신장율은 15%(합성섬유 직포로 구성된 막재료에 있어서는 25%) 이하이어야 한다.
구조내력상 주요한 부분에서 특히 변질 또는 마찰손실의 위험이 있는 곳에 대해서는 변질 또는 마찰손상에 강한 막재를 사용하거나 변질 또는 마찰손상 방지를 위한 조치를 취한다.
막재에 대하여 빛의 반사율과 투과율을 고려한다.
구조물의 상황에 따라서 막재의 다양한 특성을 고려하여 재료를 채택한다.

인장강도	300N/cm 이상
파단 신장률	35% 이하
인열강도	100N 이상, 인장강도×1cm의 15% 이상
인장크리프 신장률	15% (합성섬유실에 따른 직포의 막재는 25% 이하)
변질 및 마모손상	변질·마모손상에 강한 막재, 또는 변질 혹은 마모손상 방지를 위한 조치를 한 막재

Answer 20.④

최신기출문제

07 2022. 6. 18 제1회 지방직 시행

1 프리스트레스트 콘크리트 부재에 대한 설명으로 옳지 않은 것은?

① 프리스트레스트 콘크리트 구조는 일반 철근콘크리트 구조에 비하여 전체 단면을 유효하게 이용할 수 있어서 단면의 크기를 경감할 수 있다.
② 콘크리트에 프리스트레싱을 하는 방법으로 프리텐션 방식과 포스트텐션 방식 등이 있다.
③ 포스트텐션 방식은 긴장재에 인장력을 가하여 긴장재가 늘어난 상태에서 콘크리트를 타설하는 방식이다.
④ 프리스트레싱에 의해 긴장재는 인장력을 받고 콘크리트는 압축력을 받게 된다.

TIP 긴장재에 인장력을 가하여 긴장재가 늘어난 상태에서 콘크리트를 타설하는 방식은 프리텐션 방식이다.

2 건축물 내진설계기준에서 수직하중은 입체골조가 저항하고, 지진하중은 전단벽이나 가새골조가 저항하는 구조방식은?

① 내력벽방식
② 필로티구조
③ 건물골조방식
④ 연성모멘트골조방식

TIP **건물골조방식**: 건축물 내진설계기준에서 수직하중은 입체골조가 저항하고, 지진하중은 전단벽이나 가새골조가 저항하는 ※ 구조방식

- **내력벽방식**: 수직하중과 횡력을 전단벽이 부담하는 구조방식
- **필로티**: 건물을 지상에서 분리시킴으로써 만들어지는 공간, 또는 그 기둥 부분

※ 연속모멘트골조방식이라는 개념은 건축구조기준에 제시되지 않은 용어이다.

Answer 1.③ 2.③

3 **건축물 지반조사와 기초구조 설계에 대한 설명으로 옳지 않은 것은?**

① 평판재하시험의 재하는 5단계 이상으로 나누어 시행하고 각 하중 단계에 있어서 침하가 정지되었다고 인정된 상태에서 하중을 증가시킨다.

② 평판재하시험의 재하판은 지름 300mm를 표준으로 한다.

③ 편심하중을 받는 독립 기초판의 접지압은 균등하게 분포되는 것으로 가정한다.

④ 연속기초의 접지압은 각 기둥의 지배면적 범위 안에서 균등하게 분포되는 것으로 가정할 수 있다.

TIP 편심하중을 받는 독립 기초판의 접지압은 불균등하게 발생한다.

4 **콘크리트구조 내구성 설계기준에서 규정하고 있는 내구성 평가의 주된 성능저하 인자와 가장 관련성이 적은 것은?**

① 크리프
② 탄산화
③ 화학적 침식
④ 염해

TIP 콘크리트 구조물의 내구성 평가는 염해, 탄산화, 동결융해, 화학적 침식, 알칼리 골. 재반응 등을 주된 성능저하원인으로 고려한다.

5 **건축물 강구조 설계기준에서 규정하고 있는 볼트의 강도에 대한 설명으로 옳지 않은 것은?**

① 고장력볼트 볼트등급 F8T의 최소인장강도는 800MPa이다.

② 고장력볼트 볼트등급 F10T의 최소항복강도는 900MPa이다.

③ 고장력볼트 볼트등급 F13T의 최소인장강도는 1,300MPa이다.

④ 일반볼트 볼트등급 4.6의 최소항복강도는 200MPa이다.

TIP 일반육각볼트의 머리에는 4.6, 8.8, 10.9, 12.9와 같은 숫자가 표기되어 있다. 앞자리 숫자는 최소인장강도를 나타내며 이 숫자에 100을 곱하면 해당볼트의 최소인장강도가 된다. 즉, 4.6으로 표기되어 있으면 400MPa가 최소인장강도가 된다. 뒷자리 숫자는 탄성한계를 퍼센트로 나타낸 것으로서 숫자에 10%를 곱한 값이 인장강도 대비 탄성한계의 비이다. 4.6으로 표기되어 있으면 400×10.6=240MPa가 탄성한계(항복강도)가 된다.

Answer 3.③ 4.① 5.④

6 내진 II등급 건축물의 지진력저항시스템에 대한 각 구조요소의 설계에서 층고에 따른 허용층간변위 Δ_a는? (단, h_{sx}는 x층의 층고이다)

① $0.010h_{sx}$
② $0.015h_{sx}$
③ $0.020h_{sx}$
④ $0.025h_{sx}$

TIP 내진 특등급인 경우 허용층간변위는 0.010 h_{sx}
내진 I등급인 경우 허용층간변위는 0.015h_{sx}
내진 II등급인 경우 허용층간변위는 0.020 h_{sx}

7 그림과 같은 삼각형 단면의 X축과 Y축에 대한 단면1차모멘트를 각각 Q_X와 Q_Y라고 한다면, Q_X와 Q_Y의 합은?

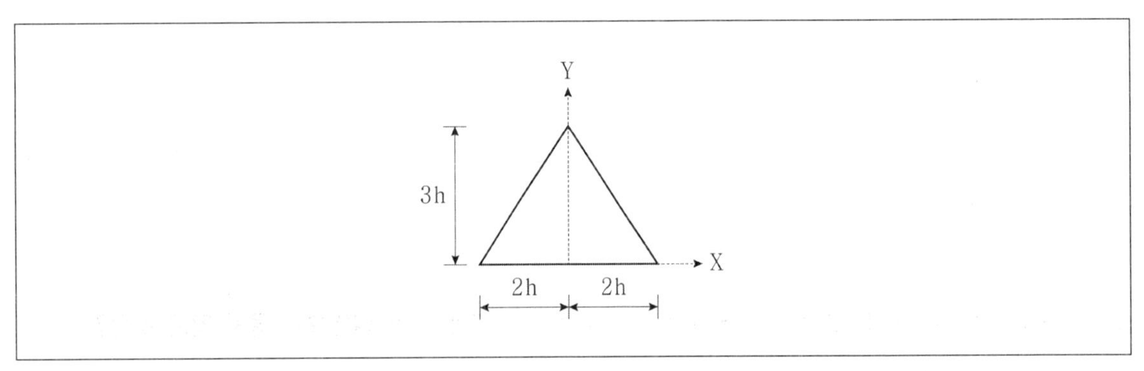

① $4h^3$
② $6h3^3$
③ $8h^3$
④ $12h^3$

TIP $G_X = 6h^2 \cdot h = 6h^3$, $G_Y = 0$

Answer 6.③ 7.②

8 **그림과 같이 동일한 크기의 집중하중을 받는 두 단순보에서 보 (가)가 보 (나)에 비하여 값이 큰 것은? (단, 보의 자중은 무시하며, 보의 전 길이에 걸쳐 재질 및 단면의 성질은 동일하다)**

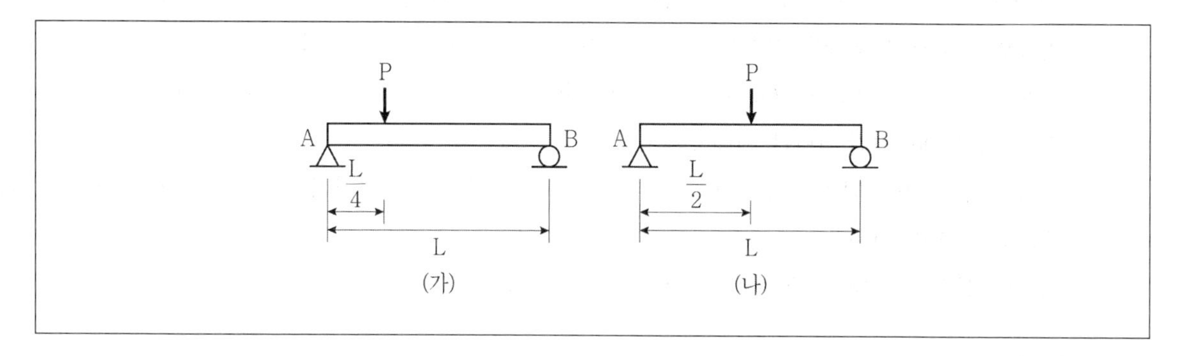

① 최대 전단력
② 최대 휨모멘트
③ 최대 수직처짐
④ 최대 처짐각

TIP (가)의 A점의 반력은 (나)의 A점의 반력보다 크다. 집중하중이 작용하면 지점에서 최대전단력이 발생하므로 (가)의 최대전단력은 (나)의 최대전단력보다 크다.

9 **강도설계법에 의한 보강조적조의 내진설계에 대한 설명으로 옳지 않은 것은?**

① 보 폭은 150mm보다 적어서는 안 된다.
② 기둥 폭은 300mm 이상이어야 한다.
③ 보 깊이는 적어도 200mm 이상이어야 한다.
④ 피어 유효폭은 200mm 이상이어야 하며, 500mm를 넘을 수 없다.

TIP
- 피어의 유효폭은 150mm 이상이어야 하며, 400mm를 넘을 수는 없다
- 피어의 횡지지 간격은 피어 폭의 30배를 넘을 수 없다.
- 피어의 길이는 피어 폭의 3배 보다 작아서는 안 되며, 6배 보다 커서는 안 된다. 피어의 높이는 피어 공칭길이의 5배를 넘을 수 없다.

Answer 8.① 9.④

10 **건축구조물 설계하중에서 풍하중에 대한 설명으로 옳지 않은 것은?**

① 가스트영향계수는 바람의 난류로 인해 발생되는 구조물의 동적 거동 성분을 나타내는 것으로 평균변위에 대한 최대변위의 비를 통계적인 값으로 나타낸 계수이다.

② 기본풍속은 지표면조도 구분 C인 지역의 지표면으로부터 10m 높이에서 측정한 10분간 평균풍속에 대한 재현기간 100년 기대풍속이다.

③ 지표면의 영향을 받아 마찰력이 작용함으로써 지상의 높이에 따라 풍속이 변하는 영역을 기준경도풍 높이라 한다.

④ 바람이 불어와 맞닿는 측의 반대쪽으로 바람이 빠져나가는 측을 풍하측이라 한다.

TIP 기준경도풍높이 : 풍속이 지표면의 조도에 의한 영향을 거의 받지 않는 지상으로부터의 높이

11 **기초구조 관련 용어에 대한 설명으로 옳지 않은 것은?**

① 접지압 : 직접기초에 따른 기초판 또는 말뚝기초에서 선단과 지반 간에 작용하는 압력

② 사운딩 : 연약한 점성토 지반에서 땅파기 외측의 흙의 중량으로 인하여 땅파기된 저면이 부풀어 오르는 현상

③ 슬라임 : 지반을 천공할 때 공벽 또는 공저에 모인 흙의 찌꺼기

④ 케이슨 : 지반을 굴삭하면서 중공대형의 구조물을 지지층까지 침하시켜 만든 기초형식구조물의 지하부분을 지상에서 구축한 다음 이것을 지지층까지 침하시켰을 경우의 지하부분

TIP
- 사운딩 : 지반 조사 시 로드(rod)의 끝에 설치한 저항체를 땅 속에 삽입하여 관입, 회전, 인발 등의 저항으로 토층의 성질에 대해 알아보는 일련의 방법
- 연약한 점성토 지반에서 땅파기 외측의 흙의 중량으로 인하여 땅파기된 저면이 부풀어 오르는 현상은 히빙이다.

Answer 10.③ 11.②

12 그림과 같이 직사각형 단면을 가지는 단순보에서 B점과 C점에 작용하는 최대 휨응력에 대한 설명으로 옳은 것은? (단, 보의 자중은 무시하며, 보의 전 길이에 걸쳐 재질은 동일하다)

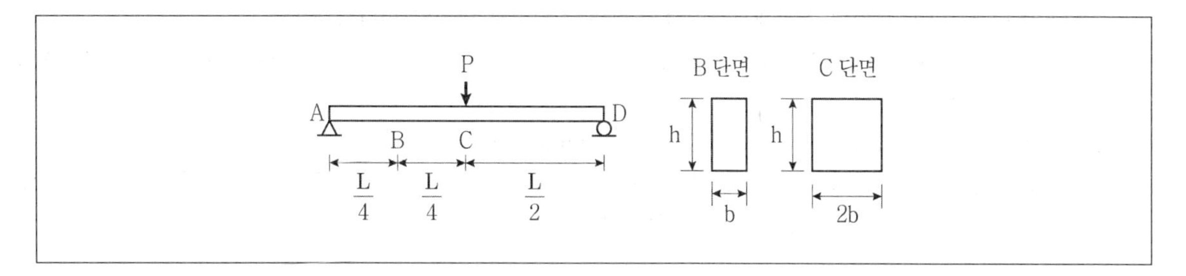

① B점 최대휨응력은 C점 최대휨응력의 1/4이다.

② B점 최대휨응력은 C점 최대휨응력의 1/2이다.

③ B점 최대휨응력은 C점 최대휨응력과 같다.

④ B점 최대휨응력은 C점 최대휨응력의 2배이다.

TIP B단면의 단면2차모멘트는 C단면의 단면2차모멘트의 2배이다.
휨응력은 휨모멘트에 비례하고 단면2차모멘트에 반비례한다.
B점의 휨모멘트는 C점의 휨모멘트의 1/2이고 B단면의 단면2차모멘트는 C단면의 단면2차모멘트의 1/2이므로 B점의 최대응력과 C점의 최대응력은 크기가 같다.

13 목구조기준 방화설계에 대한 설명으로 옳지 않은 것은?

① 내부마감재료는 방화상 지장이 없는 불연재료, 준불연재료 또는 난연재료를 사용한다.

② 보 및 기둥은 1시간에서 3시간의 내화성능을 가진 내화구조로 하여야 한다.

③ 주요구조부가 내화구조 또는 불연재료로 된 건축물은 연면적 1,000m^2 이내마다 방화구획을 설치하여야 하며, 이 방화구획은 1시간 이상의 내화구조로 하여야 한다.

④ 연소 우려가 있는 부분의 외벽 개구부는 방화문 설치 등의 방화설비를 갖추어야 한다.

TIP 주요구조부가 내화구조 또는 불연재료로 된 건축물은 연면적 1,000m^2 이내마다 방화구획을 설치하여야 하며, 이 방화구획은 2시간 이상의 내화구조로 하여야 한다.

Answer 12.③ 13.③

14 **콘크리트구조의 스트럿-타이 모델에 대한 설명으로 옳은 것만을 모두 고르면?**

> ㉠ 스트럿-타이 모델의 절점에서는 2개 이하의 스트럿과 타이가 만나야 한다.
> ㉡ 스트럿(strut)은 스트럿-타이 모델의 압축요소로서, 프리즘 모양 또는 부채꼴 모양의 압축응력장을 이상화한 요소이다.
> ㉢ 타이(tie)는 스트럿-타이 모델의 인장력 전달요소이다.
> ㉣ B 영역은 집중하중에 의한 하중 불연속부, 단면이 급변하는 기하학적 불연속부 그리고 보 이론의 평면유지원리가 적용되지 않는 영역을 뜻한다.

① ㉠, ㉡ ② ㉡, ㉢
③ ㉡, ㉣ ④ ㉢, ㉣

TIP ㉠ 스트럿-타이 모델의 절점에서는 3개이상의 타이의 연결점 또는 스트럿과 타이, 그리고 집중하중의 중심선이 교차한다.
㉣ B 영역은 보 이론의 평면유지원리가 적용되는 부분인 반면 D영역은 집중하중에 의한 하중 불연속부, 단면이 급변하는 기하학적 불연속부 그리고 보 이론의 평면유지원리가 적용되지 않는 영역을 뜻한다.

※ 스트럿-타이모델
- 스트럿, 타이 그리고 스트럿과 타이의 단면력을 받침부나 그 부근의 B영역으로 전달시켜주는 절점 등으로 구성된 콘크리트 부재 또는 부재 D영역의 설계를 위한 트러스모델이다.
- 스트럿-타이 모델의 절점에서는 3개 이상의 타이의 연결점 또는 스트럿과 타이, 그리고 집중하중의 중심선이 교차한다.
  - B 영역: 보 이론의 평면유지원리가 적용되는 부분이다.
  - D영역: 집중하중에 의한 하중 불연속부, 단면이 급변하는 기하학적 불연속부 그리고 보 이론의 평면유지원리가 적용되지 않는 영역을 뜻한다.
- **스트럿**: 스트럿-타이모델의 압축요소로서 프리즘 모양 또는 부채꼴 모양의 압축응력장을 이상화한 요소
- **타이**: 스트럿-타이모델의 인장력 전달요소
- **절점영역**: 스트럿과 타이의 힘이 절점을 통해서 전달될 수 있도록 하는 절점의 유한영역으로 2차원의 삼각형 또는 다각형 형태이거나 3차원에서는 입체의 유한영역이 있다.

Answer 14.②

15 **플랫 슬래브에서 기둥 상부의 부모멘트에 대한 철근 배근량을 줄이기 위하여 지판을 사용하는 경우, 지판에 대한 규정으로 옳지 않은 것은?**

① 지판은 받침부 중심선에서 각 방향 받침부 중심 간 경간의 1/6 이상을 각 방향으로 연장시켜야 한다.

② 지판이 있는 2방향 슬래브의 유효지지단면은 이의 바닥 표면이 기둥축을 중심으로 30° 내로 펼쳐진 기둥과 기둥머리 또는 브래킷 내에 위치한 가장 큰 정원추, 정사면추 또는 쐐기 형태의 표면과 이루는 절단면으로 정의된다.

③ 지판의 슬래브 아래로 돌출한 두께는 돌출부를 제외한 슬래브 두께의 1/4 이상으로 하여야 한다.

④ 지판 부위 슬래브 철근량을 계산 시, 슬래브 아래로 돌출한 지판두께는 지판의 외단부에서 기둥이나 기둥머리 면까지 거리의 1/4 이하이어야 한다.

TIP 지판이 있는 2방향 슬래브의 유효지지단면은 이의 바닥 표면이 기둥축을 중심으로 45° 내로 펼쳐진 기둥과 기둥머리 또는 브래킷 내에 위치한 가장 큰 정원추, 정사면추 또는 쐐기 형태의 표면과 이루는 절단면으로 정의된다.

16 **그림과 같은 2축 대칭 용접 H형강 단면에서 도심을 지나는 강축에 대한 소성단면계수 값은?**

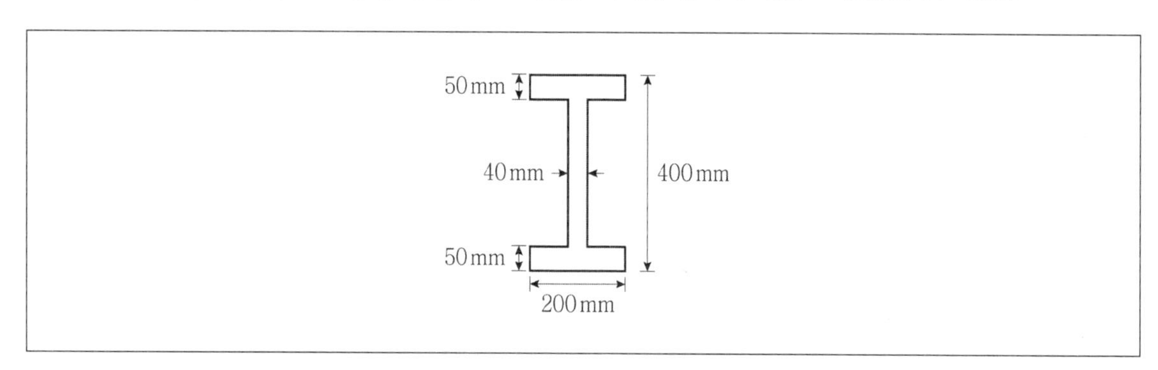

① 2.2×10^5mm3

② $3.2 \times 10^5 mm^3$

③ $2.6 \times 10^6 mm^3$

④ $4.4 \times 10^6 mm^3$

TIP $I = \frac{300 \cdot 400^3 - 2(40 \cdot 300^3)}{12} = 4.43 \times 10^6 [mm^3]$

Answer 15.② 16.④

17 **막구조에서 막재에 대한 설명으로 옳은 것은?**

① 막재는 흡수길이의 최대치가 20mm 이하이어야 한다.

② 막재의 최소 접힘 인장강도는 종사방향 및 횡사방향 각각의 인장강도 평균치가 동일한 로트에 있어 시험 전에 측정된 각 실 방향 인장강도 평균치의 80% 이상이어야 한다.

③ C종 막재는 외부 폭로에 대해 종사방향 및 횡사방향의 인장강도가 각각 초기인장강도의 70% 이상이어야 한다.

④ 직물의 휨 측정은 200mm 이상 간격으로 2개소 이상에 대하여 측정한다.

> **TIP**
> - 막재의 접힘 인장강도는 종사방향 및 횡사방향 각각의 인장강도 평균치가 동일한 로트에 있어 시험 전에 측정된 각 실 방향 인장강도 평균치의 70% 이상이어야 한다.
> - C종 막재는 외부 폭로에 대해 종사방향 및 횡사방향의 인장강도가 각각 초기인장강도의 80% 이상이어야 한다.
> - 직물의 휨 측정은 300mm 이상 간격으로 5개소 이상에 대하여 측정한다.

18 **철근콘크리트 횡구속 골조에서 압축을 받는 장주의 각 단부에 그림과 같이 모멘트 M_1, M_2가 작용할 때 등가균일 휨모멘트 보정계수 C_m 값은?**

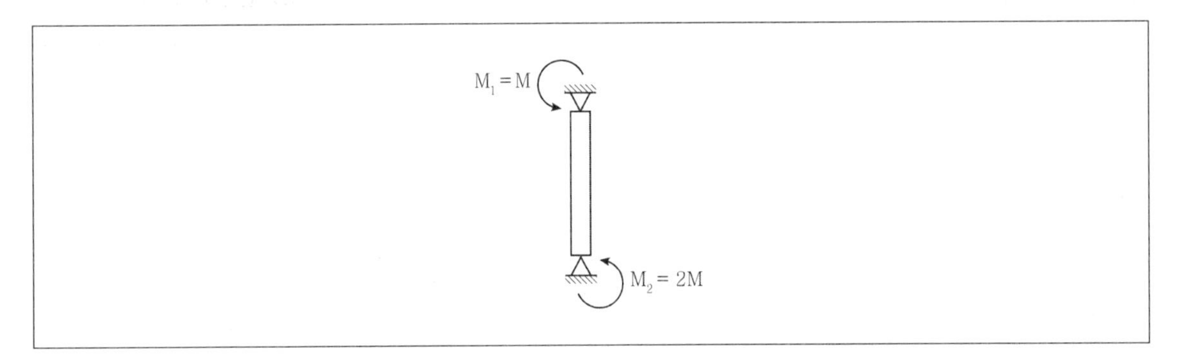

① 0.2

② 0.4

③ 1.0

④ 2.0

> **TIP**
> $$C_m = 0.6 + 0.4\frac{M_1}{M_2} = 0.6 + 0.4 \cdot (-1) \cdot \frac{M}{2M} = 0.4$$
> 등가균일 휨모멘트계수: 실제 휨모멘트도를 등가 균일 분포 휨모멘트도로 치환하는데 관련된 계수
> $C_m = 0.6 + 0.4\frac{M_1}{M_2}$에서 기둥이 단일곡률로 변형될 때 $\frac{M_1}{M_2}$의 값은 양(+)의 값을 취하고 복곡률로 변형될 때는 음(−)의 값을 취한다. 또한 기둥의 양단 사이에 횡하중이 있는 경우에는 C_m을 1.0으로 취하여야 한다.

Answer 17.① 18.②

19 강구조 골조의 안정성 설계 시 구조물의 안정성에 영향을 미치는 요소로 옳은 것만을 모두 고르면?

> ㉠ 2차효과(P－Δ, P－δ 효과)
> ㉡ 기하학적 불완전성
> ㉢ 비탄성에 기인한 강성감소
> ㉣ 강성과 강도의 불확실성

① ㉠, ㉡　　② ㉠, ㉢
③ ㉡, ㉢, ㉣　　④ ㉠, ㉡, ㉢, ㉣

TIP 강구조 골조의 안정성 설계 시 구조물의 안정성에 영향을 미치는 요소
- 2차효과(P－Δ, P－δ 효과)
- 기하학적 불완전성
- 비탄성에 기인한 강성감소
- 강성과 강도의 불확실성

20 그림과 같이 압축력을 받는 충전형 합성기둥에 대하여 건축물 강구조 설계기준의 설계전단강도 중 가장 큰 값은?

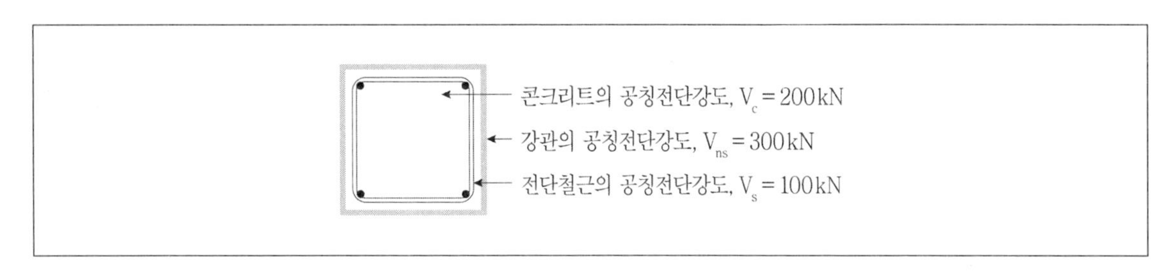

① 225kN　　② 300kN
③ 400kN　　④ 450kN

TIP 충전형 합성기둥의 경우 설계전단강도를 강재단면만의 전단강도, 콘크리트 단면만의 전단강도 중 하나를 택하여 적용할 수 있다. 따라서 문제에서 주어진 경우 강관의 공칭전단강도를 택하는 것이 설계전단강도 중 가장 큰 값이 된다.

Answer 19.④ 20.②

1 금융상식 2주 만에 완성하기

금융은행권, 단기간 공략으로 끝장낸다! 필기 걱정은 이제 NO! <금융상식 2주 만에 완성하기> 한 권으로 시간은 아끼고 학습효율은 높이자!

2 중요한 용어만 한눈에 보는 시사용어사전 1130

매일 접하는 각종 기사와 정보 속에서 현대인이 놓치기 쉬운, 그러나 꼭 알아야 할 최신 시사상식을 쏙쏙 뽑아 이해하기 쉽도록 정리했다!

3 중요한 용어만 한눈에 보는 경제용어사전 961

주요 경제용어는 거의 다 실었다! 경제가 쉬워지는 책, 경제용어사전!

4 중요한 용어만 한눈에 보는 부동산용어사전 1273

부동산에 대한 이해를 높이고 부동산의 개발과 활용, 투자 및 부동산 용어 학습에도 적극적으로 이용할 수 있는 부동산용어사전!

기출문제로 자격증 시험 준비하자!

건강운동관리사, 스포츠지도사, 손해사정사, 손해평가사,
농산물품질관리사, 수산물품질관리사, 관광통역안내사, 국내여행안내사, 보세사, 사회조사분석사